스스로 만드는 똑똑한 공부습관

스터디플래너

Step 1 출제과목별 이론

Part 1 산업위생학 개론
- Chapter 1 산업위생
- Chapter 2 산업피로
- Chapter 3 인간과 작업환경
- Chapter 4 실내환경
- Chapter 5 관련 법규
- Chapter 6 산업재해

Part 2 작업위생 측정 및 평가
- Chapter 1 작업환경 측정의 기초개념
- Chapter 2 측정 및 분석
- Chapter 3 평가 및 통계
- Chapter 4 작업환경측정 및 정도관리 등에 관한 고시

Part 3 작업환경 관리 대책
- Chapter 1 산업환기 기초
- Chapter 2 전체환기
- Chapter 3 국소배기장치 및 공기정화장치
- Chapter 4 작업공정 관리
- Chapter 5 개인보호구

Part 4 물리적 유해인자 관리
- Chapter 1 온열조건
- Chapter 2 이상기압
- Chapter 3 산소결핍
- Chapter 4 소음진동
- Chapter 5 방사선(복사선)

Part 5 산업독성학
- Chapter 1 입자상 물질
- Chapter 2 유해화학물질
- Chapter 3 중금속
- Chapter 4 인체 구조 및 대사

스스로 만드는 똑똑한 공부습관

스터디플래너

Step 2

기출문제 & 모의고사

최신(2020~2024년) 5개년 기출문제		1회독	2회독
	2020년 제1·2회	☐ ___월 ___일	☐ ___월 ___일
	2020년 제3회	☐ ___월 ___일	☐ ___월 ___일
	2020년 제4회	☐ ___월 ___일	☐ ___월 ___일
	2021년 제1회	☐ ___월 ___일	☐ ___월 ___일
	2021년 제2회	☐ ___월 ___일	☐ ___월 ___일
	2021년 제3회	☐ ___월 ___일	☐ ___월 ___일
	2022년 제1회	☐ ___월 ___일	☐ ___월 ___일
	2022년 제2회	☐ ___월 ___일	☐ ___월 ___일
	2022년 제3회	☐ ___월 ___일	☐ ___월 ___일
	2023년 제1회	☐ ___월 ___일	☐ ___월 ___일
	2023년 제2회	☐ ___월 ___일	☐ ___월 ___일
	2023년 제3회	☐ ___월 ___일	☐ ___월 ___일
	2024년 제1회	☐ ___월 ___일	☐ ___월 ___일
	2024년 제2회	☐ ___월 ___일	☐ ___월 ___일
	2024년 제3회	☐ ___월 ___일	☐ ___월 ___일

CBT 온라인 모의고사		최종 마무리
시험문제는 응시회차마다 랜덤으로 추출 · 구성되며, 모의고사를 응시할 수 있는 쿠폰번호와 응시방법 안내는 표지 안쪽에 수록되어 있습니다.	1회 응시	☐ ___월 ___일
	2회 응시	☐ ___월 ___일
	3회 응시	☐ ___월 ___일
	4회 응시	☐ ___월 ___일
	5회응시	☐ ___월 ___일

산업위생관리 기사 필기

서영민 지음

BM (주)도서출판 성안당

■ 도서 A/S 안내

성안당에서 발행하는 모든 도서는 저자와 출판사, 그리고 독자가 함께 만들어 나갑니다.

좋은 책을 펴내기 위해 많은 노력을 기울이고 있습니다. 혹시라도 내용상의 오류나 오탈자 등이 발견되면 **"좋은 책은 나라의 보배"**로서 우리 모두가 함께 만들어 간다는 마음으로 연락주시기 바랍니다. 수정 보완하여 더 나은 책이 되도록 최선을 다하겠습니다.

성안당은 늘 독자 여러분들의 소중한 의견을 기다리고 있습니다. 좋은 의견을 보내주시는 분께는 성안당 쇼핑몰의 포인트(3,000포인트)를 적립해 드립니다.

잘못 만들어진 책이나 부록 등이 파손된 경우에는 교환해 드립니다.

저자 문의 e-mail : po2505ten@hanmail.net(서영민)
본서 기획자 e-mail : coh@cyber.co.kr(최옥현)
홈페이지 : http://www.cyber.co.kr   전화 : 031) 950-6300

머리말

이 책은 한국산업인력공단의 최근 출제기준에 맞추어 구성하였으며, 산업위생관리기사 필기 시험을 준비하시는 수험생 여러분들이 가장 효율적으로 공부하실 수 있도록 필수 내용만을 정성껏 실었습니다.

이 책은 다음과 같은 내용으로 구성하였습니다.

첫째, 필수이론만을 간결하게 정리하였다.
둘째, 필수이론에 따른 적용문제를 기본개념과 계산문제 위주로 풀이해 정리하였다.
셋째, 각 단원 필수 총정리문제를 수록하였다.
넷째, 최근 기출문제를 수록하였으며, 기출문제는 해설을 통하여 이해도를 높였다.
다섯째, 가장 최근에 개정된 산업안전보건법의 내용을 정확하게 수록하고, 기출문제에도 개정 내용을 철저히 반영하여 해설하였다.

차후 실시되는 기출문제 해설을 통해 미흡하고 부족한 점을 계속 보완해 나가도록 노력하겠습니다.

끝으로, 이 책을 출간하기까지 끊임없는 성원과 배려를 해주신 성안당 관계자 여러분과 주경야독 윤동기 이사님, 김상아님, 달팽이 박수호님, 그리고 인천에 친구 김성기님에게 깊은 감사를 드립니다.

저자 서 영 민

1 국가직무능력표준이란?

국가직무능력표준(NCS ; National Competency Standards)은 산업현장에서 직무를 행하기 위해 요구되는 지식 · 기술 · 태도 등의 내용을 국가가 체계화한 것이다.

(1) NCS와 NCS 학습모듈

국가직무능력표준(NCS)이 현장의 '직무 요구서'라고 한다면, NCS 학습모듈은 NCS 능력단위를 교육훈련에서 학습할 수 있도록 구성한 '교수 · 학습 자료'이다. NCS 학습모듈은 구체적 직무를 학습할 수 있도록 이론 및 실습과 관련된 내용을 상세하게 제시하고 있다.

(2) 국가직무능력표준(NCS)의 개념도

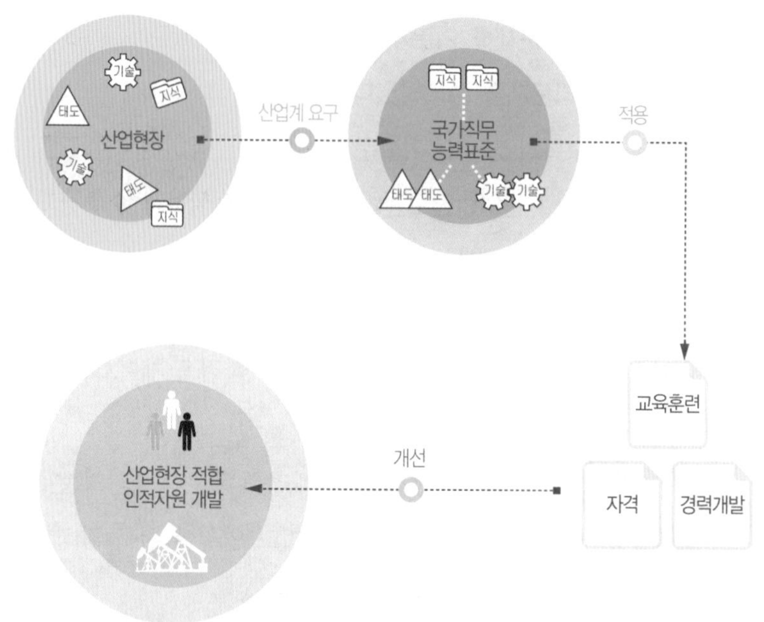

〈직무능력〉

능력=직업기초능력+직무수행능력

- **직업기초능력** : 직업인으로서 기본적으로 갖추어야 할 공통능력
- **직무수행능력** : 해당 직무를 수행하는 데 필요한 역량(지식, 기술, 태도)

〈보다 효율적이고 현실적인 대안 마련〉

- 실무중심의 교육 · 훈련 과정 개편
- 국가자격의 종목 신설 및 재설계
- 산업현장 직무에 맞게 자격시험 전면 개편
- NCS 채용을 통한 기업의 능력중심 인사관리 및 근로자의 평생 경력 개발 · 관리 · 지원

2 국가직무능력표준이 왜 필요한가?

능력 있는 인재를 개발해 핵심 인프라를 구축하고, 나아가 국가경쟁력을 향상시키기 위해 국가직무능력표준이 필요하다.

(1) 국가직무능력표준(NCS) 적용 전/후

지금은,

- 직업 교육 · 훈련 및 자격제도가 산업현장과 불일치
- 인적자원의 비효율적 관리 운용

→ 국가직무능력표준 →

바뀝니다.

- 각각 따로 운영되었던 교육 · 훈련, 국가직무능력표준 중심 시스템으로 전환 (일-교육 · 훈련-자격 연계)
- 산업현장 직무 중심의 인적자원 개발
- 능력중심사회 구현을 위한 핵심 인프라 구축
- 고용과 평생 직업능력개발 연계를 통한 국가경쟁력 향상

(2) 국가직무능력표준(NCS)의 활용범위

교육훈련기관
Education and training

기업체	교육훈련기관	자격시험기관
- 현장 수요 기반의 인력채용 및 인사관리 기준 - 근로자 경력개발 - 직무기술서	- 직업교육 훈련과정 개발 - 교수계획 및 매체, 교재 개발 - 훈련기준 개발	- 자격종목의 신설 · 통합 · 폐지 - 출제기준 개발 및 개정 - 시험문항 및 평가 방법

시험안내

1 기본 정보

(1) 개요

산업현장에서 쾌적한 작업환경의 조성과 근로자의 건강보호 및 증진을 위하여 작업과정이나 작업장에서 발생되는 화학적, 물리적, 인체공학적 혹은 생물학적 유해요인을 측정 · 평가하여 관리, 감소 및 제거할 수 있는 고도의 전문인력 양성이 시급하게 되어 전문적인 지식을 소유한 인력을 양성하고자 자격제도를 제정하였다.

(2) 진로 및 전망

① 환경 및 보건 관련 공무원, 각 산업체의 보건관리자, 작업환경 측정업체 등으로 진출할 수 있다.

② 종래 직업병 발생 등 사회문제가 야기된 후에야 수습대책을 모색하는 사후관리차원에서 벗어나 사전의 근본적 관리제도를 도입, 산업안전보건 사항에 대한 국제적 규제 움직임에 대응하기 위해 안전인증제도의 정착, 질병 발생의 원인을 찾아내기 위하여 역학조사를 실시할 수 있는 근거(「산업안전보건법」 제6차 개정)를 신설, 산업인구의 중 · 고령화와 과중한 업무 및 스트레스 증가 등 작업조건의 변화에 의하여 신체부담작업 관련 뇌 · 심혈관계 질환 등 작업 관련성 질병이 점차 증가, 물론 유기용제 등 유해화학물질 사용 증가에 따른 신종 직업병 발생에 대한 예방대책이 필요하는 등 증가 요인으로 인하여 산업위생관리기사 자격취득자의 고용은 증가할 예정이나, 사업주에 대한 안전 · 보건관련 행정규제 폐지 및 완화에 의하여 공공부문보다 민간부문에서 인력수요가 증가할 것이다.

(3) 연도별 검정현황

연 도	필 기			실 기		
	응 시	합 격	합격률	응 시	합 격	합격률
2023	10,554명	5,084명	48.2%	5,598명	3,274명	58.5%
2022	7,027명	3,343명	47.6%	4,613명	2,630명	57%
2021	5,474명	2,825명	51.6%	3,316명	1,967명	59.3%
2020	4,203명	2,088명	49.7%	2,964명	1,801명	60.8%
2019	4,084명	2,088명	51.1%	3,327명	1,692명	50.9%
2018	3,706명	1,766명	47.7%	3,114명	1,029명	33%
2017	3,910명	1,916명	49%	3,216명	1,419명	44.1%
2016	3,585명	1,772명	49.4%	2,518명	894명	35.5%
2015	3,163명	1,299명	41.1%	2,374명	1,191명	50.2%
2014	2,976명	1,346명	45.2%	1,944명	490명	25.2%
2013	2,190명	967명	44.2%	1,500명	615명	41%

2 시험 정보

(1) 시험 일정

회 차	필기시험 원서접수	필기시험	필기시험 합격 예정자 발표	실기시험 원서접수	실기시험	최종합격자 발표
제1회	1월	2월	3월	3월	4월	6월
제2회	4월	5월	6월	6월	7월	9월
제3회	6월	7월	8월	9월	10월	11월

[비고] 1. 원서접수 시간 : 원서접수 첫날 10시~마지막 날 18시까지입니다.
(가끔 마지막 날 밤 24:00까지로 알고 접수를 놓치는 경우도 있으니 주의하기 바람!)
2. 필기시험 합격예정자 및 최종합격자 발표시간은 해당 발표일 9시입니다.

※ 원서 접수 및 시험일정 등에 대한 자세한 사항은 Q-net 홈페이지(www.q-net.or.kr)에서 확인하시기 바랍니다.

(2) 시험 수수료

- 필기 : 19,400원
- 실기 : 22,600원

(3) 취득 방법

① 시행처 : 한국산업인력공단

② 관련학과 : 대학 및 전문대학의 보건관리학, 보건위생학 관련학과

③ 시험과목

- 필기 : [제1과목] 산업위생학 개론
  [제2과목] 작업위생 측정 및 평가
  [제3과목] 작업환경 관리대책
  [제4과목] 물리적 유해인자 관리
  [제5과목] 산업독성학
- 실기 : 작업환경관리 실무

④ 검정방법

- 필기 : 객관식(4지 택일형) / 100문제(과목당 20문항) / 1시간 40분(과목당 20분)
- 실기 : 필답형 / 10~20문제 / 3시간

⑤ 합격기준

- 필기 : 100점을 만점으로 하여 과목당 40점 이상, 전 과목 평균 60점 이상
- 실기 : 100점을 만점으로 하여 60점 이상

3 자격증 취득과정

(1) 원서 접수 유의사항

- 원서 접수는 온라인(인터넷, 모바일앱)에서만 가능하다.
  스마트폰, 태블릿 PC 사용자는 모바일앱 프로그램을 설치한 후 접수 및 취소/환불 서비스를 이용할 수 있다.
- 원서 접수 확인 및 수험표 출력기간은 접수 당일부터 시험 시행일까지이다.
  이외 기간에는 조회가 불가하며, 출력장애 등을 대비하여 사전에 출력하여 보관하여야 한다.
- 원서 접수 시 반명함 사진 등록이 필요하다.
  사진은 6개월 이내 촬영한 3.5cm×4.5cm 컬러사진으로, 상반신 정면, 탈모, 무 배경을 원칙으로 한다.
  ※ 접수 불가능 사진 : 스냅사진, 스티커사진, 측면사진, 모자 및 선글라스 착용 사진, 혼란한 배경사진, 기타 신분확인이 불가한 사진

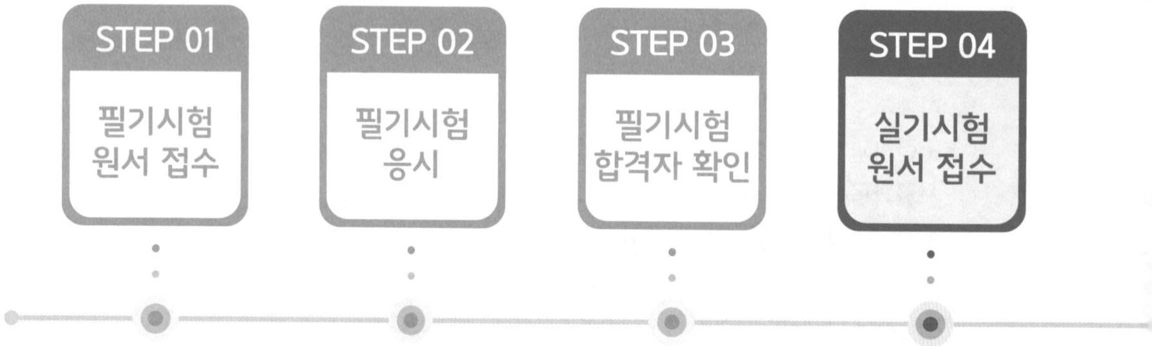

STEP 01
필기시험 원서 접수
- 필기시험은 온라인 접수만 가능
- Q-net(q-net.or.kr) 사이트 회원가입 및 응시자격 자가진단 확인 후 접수 진행

STEP 02
필기시험 응시
- 입실시간 미준수 시 시험 응시 불가
  (시험 시작 20분 전까지 입실)
- 수험표, 신분증, 필기구 지참
  (공학용 계산기 지참 시 반드시 포맷)

STEP 03
필기시험 합격자 확인
- 문자메시지, SNS 메신저를 통해 합격 통보
  (합격자만 통보)
- Q-net 사이트 또는 ARS(1666-0100)를 통해서 확인 가능

STEP 04
실기시험 원서 접수
- Q-net 사이트에서 원서 접수
- 응시자격서류 제출 후 심사에 합격 처리된 사람에 한하여 원서 접수 가능
  (응시자격서류 미제출 시 필기시험 합격예정 무효)

(2) 시험문제와 가답안 공개

- 필기 : 한국산업인력공단에서는 수험자의 편의도모를 위하여 국가기술자격 정기검정 필기시험(상시 · 수시 검정 제외) 응시자에 대하여 시험 종료 후 본인 문제지를 직접 가지고 갈 수 있도록 하고 있으므로 별도로 시험문제지의 인터넷 공개는 하지 않는다.
  가답안은 시험 종료 당일부터 8일간 인터넷으로 공개하며 공개기간이 지난 후에는 답을 볼 수 없다. 공개된 가답안에 관하여 의견이 있는 경우 공개기간 내에 의견제시방을 이용하여야 한다(가답안 공개기간 내 이용 가능).
- 실기 : 필답형 실기시험 시 특별한 시설과 장비가 필요하지 않고 시험장만 있으면 시험을 치를 수 있기 때문에 전 수험자를 대상으로 토요일 또는 일요일에 검정을 시행하고 있으며, 시험 종료 후 본인 문제지를 가지고 갈 수 없으며 별도로 시험문제지 및 가답안은 공개하지 않는다.

STEP 05 실기시험 응시

- 수험표, 신분증, 필기구, 공학용 계산기, 종목별 수험자 준비물 지참 (공학용 계산기는 허용된 종류에 한하여 사용 가능)

STEP 06 실기시험 합격자 확인

- 문자메시지, SNS 메신저를 통해 합격 통보 (합격자만 통보)
- Q-net 사이트 또는 ARS(1666-0100)를 통해서 확인 가능

STEP 07 자격증 교부 신청

- Q-net 사이트에서 신청 가능
- 상장형 자격증, 수첩형 자격증 형식 신청 가능

STEP 08 자격증 수령

- 상장형 자격증은 합격자 발표 당일부터 인터넷으로 발급 가능 (직접 출력하여 사용)
- 수첩형 자격증은 인터넷 신청 후 우편 수령만 가능

산업위생관리기사(필기)

• 적용기간 : 2025.01.01. ~ 2029.12.31.

[제1과목] 산업위생학 개론

주요 항목	세부 항목	세세 항목
1. 산업위생	(1) 정의 및 목적	① 산업위생의 정의 ② 산업위생의 목적 ③ 산업위생의 범위
	(2) 역사	① 외국의 산업위생 역사 ② 한국의 산업위생 역사
	(3) 산업위생 윤리강령	① 윤리강령의 목적 ② 책임과 의무
2. 인간과 작업환경	(1) 인간공학	① 들기작업 ② 단순 및 반복 작업 ③ VDT 증후군 ④ 노동 생리 ⑤ 근골격계 질환 ⑥ 작업부하 평가방법 ⑦ 작업환경의 개선
	(2) 산업피로	① 피로의 정의 및 종류 ② 피로의 원인 및 증상 ③ 에너지 소비량 ④ 작업강도 ⑤ 작업시간과 휴식 ⑥ 교대 작업 ⑦ 산업피로의 예방과 대책
	(3) 산업심리	① 산업심리의 정의 ② 산업심리의 영역 ③ 직무 스트레스 원인 ④ 직무 스트레스 평가 ⑤ 직무 스트레스 관리 ⑥ 조직과 집단 ⑦ 직업과 적성
	(4) 직업성 질환	① 직업성 질환의 정의와 분류 ② 직업성 질환의 원인과 평가 ③ 직업성 질환의 예방대책

주요 항목	세부 항목	세세 항목
3. 실내환경	(1) 실내오염의 원인	① 물리적 요인 ② 화학적 요인 ③ 생물학적 요인
	(2) 실내오염의 건강장애	① 빌딩증후군 ② 복합화학물질 민감 증후군 ③ 실내오염 관련 질환
	(3) 실내오염 평가 및 관리	① 유해인자 조사 및 평가 ② 실내오염 관리기준 ③ 관리적 대책
4. 관련 법규	(1) 산업안전보건법	① 법에 관한 사항 ② 시행령에 관한 사항 ③ 시행규칙에 관한 사항 ④ 산업보건기준에 관한 사항
	(2) 산업위생 관련 고시에 관한 사항	① 노출기준 고시 ② 작업환경측정 등에 관련 고시 ③ 물질안전보건자료(MSDS) 관련 고시 ④ 기타 관련 고시
5. 산업재해	(1) 산업재해 발생원인 및 분석	① 산업재해의 개념 ② 산업재해의 분류 ③ 산업재해의 원인 ④ 산업재해의 분석 ⑤ 산업재해의 통계
	(2) 산업재해 대책	① 산업재해의 보상 ② 산업재해의 대책

[제2과목] 작업위생 측정 및 평가

주요 항목	세부 항목	세세 항목
1. 측정 및 분석	(1) 시료채취 계획	① 측정의 정의 ② 작업환경 측정의 목적 ③ 작업환경 측정의 종류 ④ 작업환경 측정의 흐름도 ⑤ 작업환경 측정 순서와 방법 ⑥ 준비작업 ⑦ 유사 노출군의 결정 ⑧ 표준액 제조, 검량선, 탈착효율 작성 ⑨ 단위작업장소의 측정설계
	(2) 시료분석 기술	① 보정의 원리 및 종류 ② 정도관리 ③ 측정치의 오차 ④ 화학 및 기기 분석법의 종류 ⑤ 유해물질 분석절차 ⑥ 포집시료의 처리방법 ⑦ 기기분석의 감도와 검출한계 ⑧ 표준액 제조, 검량선, 탈착효율 작성
2. 유해인자 측정	(1) 물리적 유해인자 측정	① 노출기준의 종류 및 적용 ② 고온과 한랭 ③ 이상기압 ④ 소음 ⑤ 진동 ⑥ 방사선
	(2) 화학적 유해인자 측정	① 노출기준의 종류 및 적용 ② 화학적 유해인자의 측정원리 ③ 입자상 물질의 측정 ④ 가스 및 증기상 물질의 측정
	(3) 생물학적 유해인자 측정	① 생물학적 유해인자의 종류 ② 생물학적 유해인자의 측정원리 ③ 생물학적 유해인자의 분석 및 평가
3. 평가 및 통계	(1) 통계학 기본 지식	① 통계의 필요성 ② 용어의 이해 ③ 자료의 분포 ④ 평균 및 표준편차의 계산
	(2) 측정자료 평가 및 해석	① 자료 분포의 이해 ② 측정 결과에 대한 평가 ③ 노출기준의 보정 ④ 작업환경 유해도 평가

[제3과목] 작업환경 관리대책

주요 항목	세부 항목	세세 항목
1. 산업환기	(1) 환기 원리	① 산업환기의 의미와 목적 ② 환기의 기본원리 ③ 유체흐름의 기본개념 ④ 유체의 역학적 원리 ⑤ 공기의 성질과 오염물질 ⑥ 공기압력 ⑦ 압력손실 ⑧ 흡기와 배기
	(2) 전체환기	① 전체환기의 개념 ② 전체환기의 종류 ③ 건강보호를 위한 전체환기 ④ 화재 및 폭발 방지를 위한 전체환기 ⑤ 혼합물질 발생 시의 전체환기 ⑥ 온열관리와 환기
	(3) 국소배기	① 국소배기시설의 개요 ② 국소배기시설의 구성 ③ 국소배기시설의 역할 ④ 후드 ⑤ 덕트 ⑥ 송풍기 ⑦ 공기정화장치 ⑧ 배기구
	(4) 환기시스템 설계	① 설계 개요 및 과정 ② 단순 국소배기시설의 설계 ③ 다중 국소배기시설의 설계 ④ 특수 국소배기시설의 설계 ⑤ 필요환기량의 설계 및 계산 ⑥ 공기공급시스템
	(5) 성능검사 및 유지관리	① 점검의 목적과 형태 ② 점검 사항과 방법 ③ 검사장비 ④ 필요환기량 측정 ⑤ 압력 측정 ⑥ 자체점검
2. 작업공정 관리	작업공정 관리	① 분진공정 관리 ② 유해물질 취급공정 관리 ③ 기타 공정 관리
3. 개인보호구	(1) 호흡용 보호구	① 개념의 이해 ② 호흡기의 구조와 호흡 ③ 호흡용 보호구의 종류 ④ 호흡용 보호구의 선정방법 ⑤ 호흡용 보호구의 검정규격
	(2) 기타 보호구	① 눈 보호구 ② 피부 보호구 ③ 기타 보호구

[제4과목] 물리적 유해인자 관리

주요 항목	세부 항목	세세 항목
1. 온열조건	(1) 고온	① 온열요소와 지적온도 ② 고열장애와 생체 영향 ③ 고열 측정 및 평가 ④ 고열에 대한 대책
	(2) 저온	① 한랭의 생체 영향 ② 한랭에 대한 대책
2. 이상기압	(1) 이상기압	① 이상기압의 정의 ② 고압환경에서의 생체 영향 ③ 감압환경에서의 생체 영향 ④ 기압의 측정 ⑤ 이상기압에 대한 대책
	(2) 산소결핍	① 산소결핍의 정의 ② 산소결핍의 인체 장애 ③ 산소결핍 위험 작업장의 작업환경 측정 및 관리대책
3. 소음 · 진동	(1) 소음	① 소음의 정의와 단위 ② 소음의 물리적 특성 ③ 소음의 생체 작용 ④ 소음에 대한 노출기준 ⑤ 소음의 측정 및 평가 ⑥ 청력 보호구 ⑦ 소음 관리 및 예방 대책
	(2) 진동	① 진동의 정의 및 구분 ② 진동의 물리적 성질 ③ 진동의 생체 작용 ④ 진동의 평가 및 노출기준 ⑤ 방진 보호구
4. 방사선	(1) 전리방사선	① 전리방사선의 개요 ② 전리방사선의 종류 ③ 전리방사선의 물리적 특성 ④ 전리방사선의 생물학적 작용 ⑤ 관리대책
	(2) 비전리방사선	① 비전리방사선의 개요 ② 비전리방사선의 종류 ③ 비전리방사선의 물리적 특성 ④ 비전리방사선의 생물학적 작용 ⑤ 관리대책
	(3) 조명	① 조명의 필요성 ② 빛과 밝기의 단위 ③ 채광 및 조명방법 ④ 적정조명수준 ⑤ 조명의 생물학적 작용 ⑥ 조명의 측정방법 및 평가

[제5과목] 산업독성학

주요 항목	세부 항목	세세 항목
1. 입자상 물질	(1) 종류, 발생, 성질	① 입자상 물질의 정의 ② 입자상 물질의 종류 ③ 입자상 물질의 모양 및 크기 ④ 입자상 물질별 특성
	(2) 인체 영향	① 인체 내 축적 및 제거 ② 입자상 물질의 노출기준 ③ 입자상 물질에 의한 건강장애 ④ 진폐증 ⑤ 석면에 의한 건강장애 ⑥ 인체 방어기전
2. 유해화학물질	(1) 종류, 발생, 성질	① 유해물질의 정의 ② 유해물질의 종류 및 발생원 ③ 유해물질의 물리적 특성 ④ 유해물질의 화학적 특성
	(2) 인체 영향	① 인체 내 축적 및 제거 ② 유해화학물질에 의한 건강장애 ③ 감작물질과 질환 ④ 유해화학물질의 노출기준 ⑤ 독성물질의 생체 작용 ⑥ 표적장기 독성 ⑦ 인체의 방어기전
3. 중금속	(1) 종류, 발생, 성질	① 중금속의 종류 ② 중금속의 발생원 ③ 중금속의 성상 ④ 중금속별 특성
	(2) 인체 영향	① 인체 내 축적 및 제거 ② 중금속에 의한 건강장애 ③ 중금속의 노출기준 ④ 중금속의 표적장기 ⑤ 인체의 방어기전
4. 인체 구조 및 대사	(1) 인체구조	① 인체의 구성 ② 근골격계 해부학적 구조 ③ 순환기계 및 호흡기계 ④ 청각기관의 구조
	(2) 유해물질 대사 및 축적	① 생체 내 이동경로 ② 화학반응의 용량-반응 ③ 생체막 투과 ④ 흡수경로 ⑤ 분포작용 ⑥ 대사기전
	(3) 유해물질 방어기전	① 유해물질의 해독작용 ② 유해물질의 배출
	(4) 생물학적 모니터링	① 정의와 목적 ② 검사방법의 분류 ③ 체내 노출량 ④ 노출과 모니터링의 비교 ⑤ 생물학적 지표 ⑥ 생체 시료 채취 및 분석방법 ⑦ 생물학적 모니터링의 평가기준

차 례

PART 01. 산업위생학 개론

CHAPTER 01 산업위생 1-3

CHAPTER 02 산업피로 1-29

CHAPTER 03 인간과 작업환경 1-47

PART 02. 작업위생 측정 및 평가

PART 03. 작업환경 관리대책

CHAPTER 02 이상기압 4-22

CHAPTER 03 산소결핍 4-30

CHAPTER 04 소음진동 4-34

CHAPTER 05 방사선(복사선) 4-77

PART 05. 산업독성학

부록. 과년도 출제문제

산업위생관리기사는 2022년 3회 시험부터 CBT(Computer Based Test) 방식으로 시행되었습니다. 이에 따라, 수험생의 기억 등에 의해 복원된 기출복원문제를 수록하였으며, 성안당 문제은행서비스(exam.cyber.co.kr)에서 실제 CBT 형태의 온라인 모의고사를 제공하고 있습니다.

※ 온라인 모의고사 응시방법은 이 책의 표지 안쪽에 수록된 쿠폰에서 확인하실 수 있습니다.

별책부록. 핵심써머리

산업위생관리기사 필기

www.cyber.co.kr

PART 01

산업위생학 개론

산업위생관리기사 필기

PART 01. 산업위생학 개론

산업위생

01 산업위생의 정의

(1) 산업위생의 일반적 정의

산업위생은 근로자의 건강과 쾌적한 작업환경을 위해 공학적으로 연구하는 학문을 말하며, 산업위생의 가장 기본적인 과제는 작업능력의 신장 및 저하에 따른 작업조건의 연구이다.

(2) 미국산업위생학회(AIHA ; American Industrial Hygiene Association, 1994)

① AIHA에서 정한 산업위생의 정의(산업위생활동의 기본 4요소 : 예측, 측정, 평가, 관리)
근로자나 일반 대중(지역주민)에게 질병, 건강장애와 안녕방해, 심각한 불쾌감 및 능률 저하 등을 초래하는 작업환경 요인과 스트레스를 예측, 측정, 평가하고 관리하는 과학과 기술이다(예측, 인지(확인), 측정, 평가, 관리 의미와 동일함).

② 예측(anticipation)
산업위생활동에서 근로자들의 건강장애 및 영향을 예측하는 첫 단계

③ 인지(인식 ; recognition)의 특징
㉠ 건강에 장해를 줄 수 있는 물리적 · 화학적 · 생물학적 · 인간공학적 유해인자 목록을 작성하고, 작업내용을 검토하며, 설치된 각종 대책과 관련된 조치들을 조사하는 활동이다.
㉡ 상황이 존재(설치)하는 상태에서 존재 혹은 잠재하고 있는 유해인자에 대한 문제점을 찾아내는 것이다.
㉢ 인지(인식) 단계에서의 이러한 활동들은 사업장의 특성, 근로자의 작업특성, 유해인자의 특성에 근거한다.

④ 측정, 평가(evaluation)
㉠ 측정이란 작업환경에서 유해정도를 정성적 또는 정량적으로 계측하는 것을 말하며, 측정에 있어 중요한 요소는 정확한 공기시료의 채취(sampling)이다.
㉡ 평가란 유해인자에 대한 양, 농도가 근로자들의 건강에 어떤 영향을 미칠것인지를 기준값과 비교하는 단계로서, 넓은 의미에서는 측정까지도 포함된다.

ⓒ 평가에 포함되는 사항
ⓐ 시료의 채취와 분석
ⓑ 예비조사의 목적과 범위 결정
ⓒ 노출 정도를 노출기준과 통계적인 근거로 비교하여 판정

⑤ 관리(control)
관리는 크게 공학적 · 행정적 관리와 개인보호구로 구분되며, 유해인자로부터 근로자를 보호하는 모든 수단을 말한다.

(3) 산업보건의 정의

① 기관
세계보건기구(WHO)와 국제노동기구(ILO) 공동위원회

② 정의(일반적 목표)
㉠ 모든 작업에 종사하는 근로자들의 육체적 · 정신적 · 사회적 건강을 고도로 유지 · 증진시키는 것
㉡ 작업조건으로 인한 질병 예방 및 건강에 유해한 취업을 방지하는 것
㉢ 근로자를 생리적 · 심리적으로 적합한 작업환경(직무)에 배치하여 일하도록 하는 것
㉣ 작업이 인간에게, 또 일하는 사람이 그 직무에 적합하도록 마련하는 것

③ 기본 목표
질병의 예방

④ 일반적 목표(산업보건사업의 권장조건으로써 3가지 기본 목표)
㉠ 노동과 노동 조건으로 일어날 수 있는 건강장애로부터 근로자를 보호
㉡ 작업에 있어 근로자의 정신적 · 육체적 적응, 특히 채용 시 적정 배치
㉢ 근로자의 정신적 · 육체적 안녕상태를 최대한으로 유지 · 증진

⑤ 사업장의 산업보건관리 업무 구분
㉠ 작업관리
㉡ 건강관리
㉢ 환경관리

⑥ 국제노동기구(ILO) 협약에 제시된 산업보건관리 업무
㉠ 직장에서의 건강 유해요인에 대한 위험성의 확인과 평가
㉡ 작업환경 개선과 새로운 설비에 대한 건강상 계획의 참여
㉢ 산업보건 교육 · 훈련과 정보에 관한 협력

⑦ 국제노동기구(ILO)
㉠ 1919년에 창립된 근로자의 권익과 안전보건을 위한 국제기구이다.
㉡ 우리나라는 1982년부터 옵서버(참관인)로 총회에 참석하였으며, 1991년에 정식으로 가입하였다.
㉢ ILO 활동 중 가장 중요한 것은 국제노동기준의 설정이다.

(4) 산업의학의 정의

① 학자

Luffingham(1967)

② 정의

산업사회에 있어서 모든 근로자가 건강에 저해됨 없이 정당하게 활용할 수 있도록 하는 것을 목적으로 하는 산업환경에 있어서 의학의 실천활동이다.

02 산업위생 관리의 목적 및 중요성

(1) 산업위생 관리의 목적

① 작업환경과 근로조건의 개선 및 직업병의 근원적 예방

② 작업환경 및 작업조건의 인간공학적 개선(최적의 작업환경 및 작업조건으로 개선하여 질병을 예방)

③ 작업자의 건강보호 및 생산성 향상(근로자의 건강을 유지 · 증진시키고 작업능률을 향상)

④ 근로자들의 육체적 · 정신적 · 사회적 건강을 유지 및 증진

⑤ 산업재해의 예방 및 직업성 질환 유소견자의 작업 전환

(2) 산업위생의 중요성이 대두된 원인

① 근로자의 권익을 보호하고자 하는 시대적인 사회구조 대두

② 노동생산성 향상을 위하여 인력관리 측면에서 근로자 보호가 필요

③ 산업현장에서 취급하는 근로자 수의 급격한 증가

03 산업위생의 범위

(1) 산업위생의 영역

① 노동생리학에 기초를 둔다.

② 작업장 내부의 작업환경 관리를 위주로 한다.

③ 심리학, 공학, 이학, 통계학, 사회학, 경제학, 법학 등과 협력한다.

④ 산업사회의 질병을 퇴치하고 예방한다.

(2) 산업위생의 영역 중 기본 과제

① 작업능력의 향상과 저하에 따른 작업조건 및 정신적 조건의 연구
② 최적 작업환경 조성에 관한 연구 및 유해 작업환경에 의한 신체적 영향 연구
③ 노동력의 재생산과 사회 · 경제적 조건에 관한 연구

(3) 산업보건학 분야 및 학문

① 산업위생학
근로자의 건강과 쾌적한 작업환경 조성을 공학적으로 연구하는 학문
② 산업의학
근로자에게 생기는 사고나 질병을 예방 · 치료하고 유지하기 위해 연구하는 학문
③ 인간공학
인간과 직업, 기계, 환경, 근로의 관계를 과학적으로 연구하는 학문
④ 산업간호학
근로자의 질병 예방 및 건강 증진을 위해 교육 · 연구하는 학문

(4) 산업위생 관리 업무

① 유해 작업환경에 대한 공학적 조치
② 작업조건에 대한 인간공학적인 평가
③ 작업환경에 대한 정확한 분석기법의 개발

(5) 산업위생 관리 중점과제

① 작업 근로자의 작업자세와 육체적 부담의 인간공학적 평가
② 기존 및 신규 화학물질의 유해성평가 및 사용대책의 수립
③ 고령 근로자 및 여성 근로자의 작업조건과 정신적 조건의 평가

04 외국의 산업위생 역사

(1) Hippocrates(B.C. 4세기, B.C. 460~377 ; 그리스)

① 광산에서의 납중독 보고(역사상 최초로 기록된 직업병 : 납중독)
② 직업과 질병의 상관관계에 대한 예를 제시
③ 현대의학의 아버지

(2) Pliny the Elder(A.D. 1세기 ; 로마)

① 아연, 황의 유해성 주장
② 동물의 방광막을 이용하여 납을 제거하기 위해 방진마스크로 사용하도록 권장

(3) Galen(A.D. 2세기 ; 그리스)

① 해부학, 병리학에 관한 많은 이론 발표
② 구리 광산의 산증기의 유해성 제시(해결책은 밝혀내지 못함)

(4) Ulrich Ellenbog(1473년)

① 직업병과 위생에 관한 교육용 팸플릿 발간
② 납, 수은 중독증상을 기술하고 예방조치를 정리한 팸플릿 발간

(5) Philippus Paracelsus(1493~1541년 ; 스위스 의사, 연금술사)

① 폐질환의 원인물질은 수은, 황, 염이라고 주장
② 모든 화학물질은 독물이며, 독물이 아닌 화학물질은 없다. 따라서 적절한 양을 기준으로 독물 또는 치료약으로 구별된다. 즉, 모든 물질은 독성을 가지고 있으며, 중독을 유발하는 것은 용량(dose)에 의존한다고 주장(독성학의 아버지로 불림)

(6) Georgius Agricola(1494~1555년 ; 독일 의사)

① 저서 「광물에 대하여(De Re Metallica)」에서 광부들의 사고와 질병, 예방방법, 비소 독성 등을 포함한 광산업에 대한 상세한 내용 설명 즉 광업의 유해성 언급
② 광산에서의 환기와 마스크 착용을 권장
③ 먼지에 의한 규폐증을 기록하고, 광부들의 호흡기 질환을 상세히 기술

(7) Benardino Ramazzini(1633~1714년 ; 이탈리아 의사)

① 산업보건의 시조, 산업의학의 아버지로 불림
② 1700년에 저서 「직업인의 질병(De Morbis Artificum Diatriba)」에서 최초로 직업병 언급
③ 직업병의 원인을 크게 두 가지로 구분
㉠ 작업장에서 사용하는 유해물질
㉡ 근로자들의 불완전한 작업이나 과격한 동작
④ 20세기 이전에 인간공학 분야에 관하여 원인과 대책 언급

(8) Sir George Baker(18세기)

사이다 공장에서 납에 의한 복통 발표

(9) Percivall Pott(18세기)

① 영국의 외과의사로 직업성 암을 최초로 보고하였으며, 어린이 굴뚝청소부에게 많이 발생하는 음낭암(scrotal cancer) 발견
② 암의 원인물질을 검댕 속 여러 종류의 다환방향족 탄화수소(PAH)라고 규명
③ 「굴뚝청소부법」을 제정하도록 함(1788년)

(10) Alice Hamilton(20세기)

① 미국의 여의사이며, 미국 최초의 산업위생학자, 산업의학자로 인정받음
② 현대적 의미의 최초 산업위생전문가(최초 산업의학자)
③ 20세기 초 미국의 산업보건 분야에 크게 공헌
④ 유해물질(납, 수은, 이황화탄소) 노출과 질병의 관계 규명
⑤ 1910년 납공장에 대한 조사를 시작으로, 40년간 각종 직업병 발견 및 작업환경 개선에 힘을 기울임
⑥ 미국의 「산업재해보상법」을 제정하는 데 크게 기여

(11) Bismark

① 독일에서 「근로자질병보험법」(1883년)과 「공장재해보험법」(1884년) 제정
② 사회보장제도의 시조

(12) M.V. Pettenkofer(1866년)

① 환경위생학의 시조
② 실험위생학을 강조

(13) Rudolf Virchow

① 근대 병리학의 시조(독일의 병리학자)
② 의학의 사회성 속에서 노동자의 건강보호를 주장

(14) 공장법(1833년)

① 산업보건에 관한 최초의 법률로서 실제로 효과를 거둔 최초의 법
② 19세기 영국 산업보건의 발전 계기
③ 주요 내용
㉠ 감독관을 임명하여 공장 감독
㉡ 직업 연령을 13세 이상으로 제한
㉢ 18세 미만 야간작업 금지
㉣ 주간 작업시간 48시간으로 제한
㉤ 근로자 교육을 의무화

(15) 공장법(1864년)

① 산업위생에 관한 최초의 법률
② 오늘날 전체환기 및 희석환기의 시초

(16) Loriga(1911년)

진동공구에 의한 수지의 레이노(Raynaud) 현상을 상세히 보고

(17) Turner Thackrah

① Ramazzini보다 산업위생을 한 단계 발전시킴
② 직업에 의해 야기된 질병의 예방에 노력

(18) Robert Peel(1802년)

자신의 면직공장에서 발진티푸스가 집단적으로 발생함에 따라 그 원인에 대한 조사 등의 경험을 계기로 도제 건강 및 도덕법 제정에 주도적 역할을 함

05 한국의 산업위생 역사

(1) 1926년

「공장보건위생법」 제정

(2) 1953년

① 「근로기준법」 제정 · 공포(우리나라 산업위생에 관한 최초의 법령)
② 근로기준법의 주요 내용
안전과 위생에 관한 조항 규정 및 산업재해를 방지하기 위하여 사업주로 하여금 의무 강요
③ 「근로기준법」 시행령(1962년) 제정(위험 방지에 관한 규정)

(3) 1962년

① 가톨릭의대 산업의학연구소 설립(최초로 작업환경측정 실시)
② 「근로기준법」 시행령 제정

(4) 1963년

① 대한산업보건협회 창립 및 「산업재해보상보험법」 제정
② 노정국에서 노동청으로 승격
③ 전국 사업장 작업환경 조사 및 건강진단 실시

(5) 1977년

① 근로복지공사 설립 및 부속병원 개설
② 국립노동과학연구소 설립

(6) 1981년

① 「산업안전보건법」 제정 · 공포(「근로기준법」과 그 시행령으로 산업위생의 전반적인 내용을 규제하기는 미흡하여 새롭게 독립적으로 제정)

② 산업안전보건법의 목적
  ㉠ 근로자의 안전과 보건을 유지 · 증진
  ㉡ 산업재해 예방
  ㉢ 쾌적한 작업환경 조성

③ 산업안전보건법의 주요 내용
  ㉠ 안전보건관리 책임자 고용
  ㉡ 작업환경 측정의 의무화
  ㉢ 특수건강진단과 임시건강진단의 도입
  ㉣ 안전보건교육의 확립

④ 노동청에서 고용노동부로 승격

⑤ 산업안전보건법 시행 : 1982년 7월 1일

(7) 1986년

① 유해물질의 허용농도 제정

② 산업위생 관련 자격제도 도입

(8) 1987년

한국산업안전공단 및 한국산업안전교육원 설립

(9) 1988년

① '문송면' 군의 수은중독 사망

② 온도계, 형광등 제조회사에서 발생

(10) 1990년

한국산업위생학회 창립

(11) 1991년

① 원진레이온㈜에서 이황화탄소(CS_2) 중독 발생

② 1991년에 중독을 발견하고, 1998년에 집단적으로 발생, 즉 집단 직업병 유발

③ 사건 개요
  ㉠ 이황화탄소는 인조견, 셀로판 등에 이용되고, 실험실에서 추출용 등의 시약으로 쓰임
  ㉡ 펄프를 이황화탄소와 적용시켜 비스코스 레이온을 만드는 공정에서 발생
  ㉢ 중고기계를 가동하여 많은 오염물질 누출이 주원인이었으며, 사용했던 기기나 장비는 직업병 발생이 사회문제가 되자 중국으로 수출

㉣ 작업환경 측정 및 근로자 건강진단을 소홀히 하여 예방에 실패한 대표적인 예
㉤ 급성 고농도 노출 시 사망할 수 있고, 1,000ppm 수준에서는 환상을 보는 등 정신 이상을 유발
㉥ 만성중독으로는 뇌경색증, 다발성 신경염, 협심증, 신부전증 등을 유발
㉦ 장기간에 걸쳐 고농도로 폭로되면 기질적 뇌손상, 말초신경염, 신경행동학적 이상, 시각 · 청각 장애 등이 발생

(12) 1992년

① 작업환경 측정기관에 대한 정도관리 규정 제정
② 산업보건연구원 개원

(13) 2002년

대한산업보건협회 12개 산업보건센터 운영

06 윤리강령의 목적 및 책임과 의무

(1) 개요

산업위생전문가(industrial hygienist)는 사업장 내에 존재하는 물리적 · 화학적 · 생물학적, 인간공학적 및 사회 · 심리적 유해요인의 정성적 유무를 판단할 학문적 배경과 경험은 물론, 이를 정량적으로 예측할 수 있는 능력이 있어야 한다. 또한 기업주와 근로자 사이에서 엄격한 중립을 지켜야 한다.

(2) 산업위생 분야 종사자들의 윤리강령(미국산업위생학술원, AAIH) : 윤리적 행위의 기준

① 산업위생전문가로서의 책임
㉠ 성실성과 학문적 실력 면에서 최고수준을 유지한다(전문적 능력 배양 및 성실한 자세로 행동).
㉡ 과학적 방법의 적용과 자료의 해석에서 경험을 통한 전문가의 객관성을 유지한다(공인된 과학적 방법 적용 · 해석).
㉢ 전문 분야로서의 산업위생을 학문적으로 발전시킨다.
㉣ 근로자, 사회 및 전문 직종의 이익을 위해 과학적 지식을 공개하고 발표한다.
㉤ 산업위생활동을 통해 얻은 개인 및 기업체의 기밀은 누설하지 않는다(정보는 비밀 유지).
㉥ 전문적 판단이 타협에 의하여 좌우될 수 있거나 이해관계가 있는 상황에는 개입하지 않는다.

② 근로자에 대한 책임
  ㉠ 근로자의 건강보호가 산업위생전문가의 일차적 책임(주된 책임)임을 인지한다.
  ㉡ 근로자와 기타 여러 사람의 건강과 안녕이 산업위생전문가의 판단에 좌우된다는 것을 깨달아야 한다.
  ㉢ 위험요인의 측정, 평가 및 관리에 있어서 외부 영향력에 굴하지 않고 중립적(객관적) 태도를 취한다.
  ㉣ 건강의 유해요인에 대한 정보(위험요소)와 필요한 예방조치에 대해 근로자와 상담(대화)한다.

③ 기업주와 고객에 대한 책임
  ㉠ 결과 및 결론을 뒷받침할 수 있도록 정확한 기록을 유지하고, 산업위생 사업의 전문가답게 전문부서들을 운영·관리한다.
  ㉡ 기업주와 고객보다는 근로자의 건강보호에 궁극적 책임을 두고 행동한다.
  ㉢ 쾌적한 작업환경을 조성하기 위하여 산업위생 이론을 적용하고 책임감 있게 행동한다.
  ㉣ 신뢰를 바탕으로 정직하게 권하고 성실한 자세로 충고하며, 결과와 개선점 및 권고사항을 정확히 보고한다.

④ 일반 대중에 대한 책임
  ㉠ 일반 대중에 관한 사항은 학술지에 정직하게 사실 그대로 발표한다.
  ㉡ 적정(정확)하고도 확실한 사실(확인된 지식)을 근거로 전문적인 견해를 발표한다.

07 산업위생 단체와 관련 학술지

(1) 한국산업위생학회

① 1990년에 창립
② 국내 작업환경 측정기관의 분석능력 향상에 크게 기여함

(2) 미국산업위생학회(AIHA)

① AIHA ; American Industrial Hygiene Association
② 1939년에 창립
③ 산업위생 분야에서 가장 우수한 학술지로 인정받음

(3) 미국정부산업위생전문가협의회(ACGIH)

① ACGIH ; American Conference of Governmental Industrial Hygienists

② 1938년에 창립

③ 매년 화학물질과 물리적 인자에 대한 노출기준(TLV) 및 생물학적 노출지수(BEI)를 발간하여 노출기준 제정에 있어서 국제적으로 선구적인 역할을 담당하고 있는 기관

④ 「산업환기(Industrial Ventilation)」를 2년마다 개정하여 발간

⑤ 허용기준(TLVs) 제정에 있어서 국제적으로 선구적인 역할

(4) 영국산업위생학회(BOHS ; British Occupational Hygiene Society)

08 산업보건 허용기준

산업보건 허용기준(Occupational Health Standards)을 의미하는 용어는 국가 또는 제정 기관에 따라 다르며, 우리나라 고시에는 '노출기준'이라는 용어를 사용한다.

(1) 미국정부산업위생전문가협의회(ACGIH)

① 허용기준(TLVs ; Threshold Limit Values)
세계적으로 가장 널리 이용(권고사항)

② 생물학적 노출지수(BEIs ; Biological Exposure Indices)

㉠ 근로자가 특정한 유해물질에 노출되었을 때 체액이나 조직 또는 호기 중에 나타나는 반응을 평가함으로써 근로자의 노출 정도를 권고하는 기준

㉡ 근로자가 유해물질에 어느 정도 노출되었는지를 파악하는 지표로서, 작업자의 생체 시료에서 대사산물 등을 측정하여 유해물질의 노출량을 추정하는 데 사용

(2) 미국산업안전보건청(OSHA)

① OSHA ; Occupational Safety and Health Administration

② PEL(Permissible Exposure Limits) 기준 사용(법적 기준)

③ PEL 설정 시 건강상의 영향과 함께 사업장에 적용할 수 있는 기술 가능성도 고려한 것

④ 우리나라 고용노동부 성격과 유사함

⑤ 미국직업안전위생관리국이라고도 함

(3) 미국국립산업안전보건연구원(NIOSH)

① NIOSH ; National Institute for Occupational Safety and Health
② REL(Recommended Exposure Limits) 기준 사용(권고사항)
③ REL은 오직 건강상의 영향을 예방하는 것을 목적으로 함

(4) 미국산업위생학회(AIHA)

① AIHA ; American Industrial Hygiene Association
② WEEL 사용
③ 1939년에 창립된 학회(미국산업위생학회지 발간)

(5) 독일

① MAK(Maximal Arbeitsplatz Konzentration) 기준 사용
② 작업장 내 화학물질의 최대농도를 나타내며, MAK 값은 1일 8시간 시간가중 평균치(TWA)로 건강한 성인에게 적용

(6) 영국(WEL)

WEL ; Workplace Exposure Limits

(7) 스웨덴, 프랑스(OEL)

OEL ; Occupational Exposure Limits

09 대기의 조성

지표 부근의 표준상태에서 건조공기의 구성 성분은 부피농도로 '질소 > 산소 > 아르곤 > 이산화탄소'의 순이다.
① 질소(N_2) : 78.09%
② 산소(O_2) : 20.94%
③ 아르곤(Ar) : 0.93%
④ 이산화탄소(CO_2) : 0.035%
⑤ 기타 물질 : 0.005%

기본개념문제 01

대기의 구성이 조건과 같을 때 공기의 평균분자량(g) 및 공기밀도(kg/m^3)를 구하시오. (단, 표준상태 0℃, 1기압, 질소 78.09%, 산소 20.94%, 아르곤 0.93%, 이산화탄소 0.035%)

풀이 ① 공기의 평균분자량 = 각 성분 가스의 분자량(g) × 체적분율

$$= [28(N_2) \times 0.7809] + [32(O_2) \times 0.2094] + [39.95(Ar) \times 0.0093] + [44(CO_2) \times 0.00035]$$

$$= 28.95g$$

② 공기밀도 $= \frac{질량}{부피} = \frac{28.95g}{22.4L} = 1.29g/L (= 1.29kg/m^3)$

10 허용기준(노출기준)

(1) 정의

① 일반적 정의

근로자가 유해인자에 노출되는 경우 거의 모든 근로자에게 건강상 나쁜 영향을 미치지 아니하는 수준을 말한다.

② ACGIH 정의

거의 모든 근로자가 건강상 장애를 입지 않고 매일 반복하여 노출될 수 있다고 생각되는 공기 중 유해인자의 농도 또는 강도를 말한다.

(2) ACGIH(미국정부산업위생전문가협의회)에서 권고하는 허용농도(TLV) 적용상 주의사항

① 대기오염 평가 및 지표(관리)에 사용할 수 없다.

② 24시간 노출 또는 정상작업시간을 초과한 노출에 대한 독성 평가에는 적용할 수 없다.

③ 기존 질병이나 신체적 조건을 판단(증명 또는 반증자료)하기 위한 척도로 사용할 수 없다.

④ 작업조건이 다른 나라에서 ACGIH-TLV를 그대로 사용할 수 없다.

⑤ 안전농도와 위험농도를 정확히 구분하는 경계선이 아니다.

⑥ 독성의 강도를 비교할 수 있는 지표는 아니다.

⑦ 반드시 산업보건(위생)전문가에 의하여 설명(해석) · 적용되어야 한다.

⑧ 피부로 흡수되는 양은 고려하지 않은 기준이다.

⑨ 산업장의 유해조건을 평가하기 위한 지침이며, 건강장애를 예방하기 위한 지침이다.

(3) 종류

① 시간가중 평균농도(TWA ; Time Weighted Average)

㉠ 1일 8시간, 주 40시간 동안의 평균농도로서, 거의 모든 근로자가 평상 작업에서 반복하여 노출되더라도 건강장애를 일으키지 않는 공기 중 유해물질의 농도를 말함

㉡ 시간가중 평균농도 산출은 1일 8시간 작업을 기준으로 하여 각 유해인자의 측정치에 발생시간을 곱하여 8시간으로 나눈 값

$$\mathrm{TWA} = \frac{C_1 T_1 + \cdots + C_n T_n}{8}$$

여기서, C : 유해인자의 측정농도(ppm 또는 mg/m^3)

T : 유해인자의 발생시간(시간)

② 단시간 노출농도(STEL ; Short Term Exposure Limits)

㉠ 근로자가 1회 15분간 유해인자에 노출되는 경우의 기준(허용농도)

㉡ 이 기준 이하에서는 노출간격이 1시간 이상인 경우 1일 작업시간 동안 4회까지 노출이 허용될 수 있음. 또한 고농도에서 급성중독을 초래하는 물질에 적용

㉢ 작업장의 TWA가 기준치 이상이고 STEL 이하라면 1일 4회를 넘어서는 안 되며, 이 범위농도에서 반복 노출 시에는 1시간 간격이 필요

③ 최고노출기준(C ; Ceiling ≒ 최고허용농도)

㉠ 근로자가 작업시간 동안 잠시라도 노출되어서는 안 되는 기준(농도)

㉡ 노출기준 앞에 'C'를 붙여 표시

㉢ 어떤 시점에서 수치를 넘어서는 안 된다는 상한치를 뜻하는 것으로 항상 표시된 농도 이하를 유지해야 한다는 의미이며, 자극성 가스나 독작용이 빠른 물질에 적용

④ 시간가중 평균노출기준(TLV－TWA : ACGIH)

㉠ 하루 8시간, 주 40시간 동안에 노출되는 평균농도

㉡ 작업장의 노출기준을 평가할 때 시간가중 평균농도를 기본으로 함

㉢ 이 농도에서는 오래 작업하여도 건강장애를 일으키지 않는 관리지표로 사용

㉣ 안전과 위험의 한계로 해석해서는 안 됨

㉤ 오랜 시간 동안의 만성적인 노출을 평가하기 위한 기준으로 사용

㉥ ACGIH에서의 노출상한선과 노출시간 권고사항

ⓐ TLV－TWA의 3배 : 30분 이하

ⓑ TLV－TWA의 5배 : 잠시라도 노출 금지

⑤ 단시간 노출기준(TLV－STEL : ACGIH)

㉠ 근로자가 자극, 만성 또는 불가역적 조직장애, 사고유발, 응급 시 대처능력의 저하 및 작업능률 저하 등을 초래할 정도의 마취를 일으키지 않고 단시간(15분) 노출될 수 있는 기준

㉡ 시간가중 평균농도에 대한 보완적인 기준

㉢ 만성중독이나 고농도에서 급성중독을 초래하는 유해물질에 적용
㉣ 독성 작용이 빨라 근로자에게 치명적인 영향을 예방하기 위한 기준

⑥ 천장값 노출기준(TLV−C ; ACGIH)
㉠ 어떤 시점에서도 넘어서는 안 되는 상한치
㉡ 항상 표시된 농도 이하를 유지하여야 함
㉢ 노출기준에 초과되어 노출 시 즉각적으로 비가역적인 반응을 나타냄
㉣ 자극성 가스나 독작용이 빠른 물질 및 TLV−STEL이 설정되지 않는 물질에 적용
㉤ 측정은 실제로 순간농도 측정이 불가능하며 따라서 약 15분간 측정함

⑦ 장기간 평균노출기준(LTA)
발암물질이나 유리규산 등의 농도를 평가 시 건강상의 영향을 고려할 때의 노출기준

⑧ SKIN 또는 피부(ACGIH)
㉠ 유해화학물질의 노출기준 또는 허용기준에 '피부' 또는 'SKIN'이라는 표시가 있을 경우 그 물질은 피부(경피)로 흡수되어 전체 노출량(전신 영향)에 기여할 수 있다는 의미
㉡ 피부자극, 피부질환 및 감각 등과는 관련이 없음
㉢ 피부의 상처는 흡수에 큰 영향을 미치며 SKIN 표시가 있는 경우는 생물학적 지표가 되는 물질도 공기 중 노출농도 측정과 병행하여 측정

⑨ 단시간 상한값(EL)
TLV−TWA가 설정되어 있는 유해물질 중에 독성 자료가 부족하여 TLV−STEL이 설정되어 있지 않은 물질에 적용할 수 있음

(4) 노출기준(허용농도) 적용에 미치는 영향인자

① 근로시간
② 작업강도
③ 온열조건
④ 이상기압

(5) 노출기준에 피부(SKIN) 표시를 하여야 하는 물질

① 손이나 팔에 의한 흡수가 몸 전체 흡수에 지대한 영향을 주는 물질
② 반복하여 피부에 도포했을 때 전신작용을 일으키는 물질
③ 급성 동물실험 결과 피부 흡수에 의한 치사량(LD_{50})이 비교적 낮은 물질(동물을 이용한 급성중독실험 결과 피부 흡수에 의한 LD_{50}이 비교적 낮은 물질)
④ 옥탄올−물 분배계수가 높아 피부 흡수가 용이한 물질
⑤ 다른 노출경로에 비하여 피부 흡수가 전신작용에 중요한 역할을 하는 물질

(6) 우리나라 노출기준

① 노출기준은 1일 작업시간 동안의 시간가중 평균노출기준, 단시간 노출기준, 최고노출기준으로 표시한다.
② 각 유해인자에 대한 노출기준은 해당 유해인자가 단독으로 존재하는 경우의 노출기준을 말하며, 2종 또는 그 이상의 유해인자가 혼재하는 경우에는 각 유해인자의 상가작용 또는 상승작용으로 유해성이 증가할 수 있으므로 사용상 주의를 요한다.
③ 노출기준은 1일 8시간 작업을 기준으로 하여 제정된 것이므로 이를 이용할 때에는 근로시간, 작업강도, 온열조건, 이상기압 등 노출기준에 영향을 끼칠 수 있는 제반요인에 대해 특별히 고려하여야 한다.
④ 유해인자(유해요인)에 대한 감수성은 개인에 따라 차이가 있으며 노출기준 이하의 작업환경에서도 직업상 질병이 발생하는 경우가 있으므로 노출기준 이하의 작업환경이라는 이유만으로 직업성 질병의 이환을 부정하는 근거 또는 반증 자료로 사용할 수 없다.
⑤ 대기오염의 평가 또는 관리상의 지표로 사용할 수 없다.

(7) 주요 화학물질의 노출기준(TWA)

① 오존(O_3) : 0.08ppm
② 암모니아(NH_3) : 25ppm
③ 일산화탄소(CO) : 30ppm
④ 이산화탄소(CO_2) : 5,000ppm
⑤ 기타 분진의 산화규소 결정체 : 10mg/m^3(함유율 1% 이하)

기본개념문제 02

어느 작업장의 acetone의 농도를 측정 · 평가한 결과 1시간 350ppm, 3시간 200ppm, 4시간 150ppm에 폭로된 결과를 얻었다. TWA(시간가중 평균치, ppm)를 계산하시오.

풀이 $$\text{TWA} = \frac{C_1T_1 + C_2T_2 + C_3T_3}{8} = \frac{(1\times350)+(3\times200)+(4\times150)}{8} = 193.75\,\text{ppm}$$

여기서, C : 유해인자의 측정농도(단위 : ppm 또는 mg/m^3)
T : 유해인자의 발생기간(단위 : 시간)

기본개념문제 03

1일 8시간 도장 작업하는 근로자에게 톨루엔의 농도가 3시간 동안 75ppm, 2시간 동안 95ppm, 1시간 동안 100ppm, 1시간 동안 110ppm으로 노출되고 나머지 시간은 노출되지 않았다. 톨루엔의 시간가중 평균농도는 몇 ppm인가?

풀이 $$\text{TWA} = \frac{C_1T_1 + \cdots + C_nT_n}{8} = \frac{(3\times75)+(2\times95)+(1\times100)+(1\times110)+(1\times0)}{8} = 78.12\text{ppm}$$

기본개념문제 04

T.C.E. 세척작업을 수행하는 근로자에 대한 개인 폭로농도를 측정한 결과 다음 표와 같았다. 오후에는 T.C.E. 세척작업을 하지 않는 타 부서에서 근무하였다면 T.C.E.에 대한 8시간 TWA 농도는 얼마인가? (단, 1일 근무시간 08:00~12:00, 13:00~17:00)

측정시간	T.C.E. 농도(ppm)
08:00~10:00	15
10:00~12:00	12

풀이 $TWA = \dfrac{C_1T_1 + C_2T_2 + C_3T_3}{8} = \dfrac{(2\times15)+(2\times12)+(4\times0)}{8} = 6.75\text{ppm}$

기본개념문제 05

공기 중의 용접흄의 농도를 측정하기 위해 오전과 오후로 나누어 전체 2개의 시료를 연속적으로 포집하였고 측정농도 및 조건은 다음 표와 같다. 이때 시간가중 평균농도(TLV-TWA)는 얼마인가?

시 료	유량(L/min)	농도(mg/m^3)	포집시간(min)	필터 무게차(mg)
오전	2.0	7.5	200	3.0005
오후	2.0	4.4	280	2.475

풀이 $TWA = \dfrac{C_1T_2 + C_2T_2}{8}$

$200\text{min} \times \text{hr}/60\text{min} = 3.33\text{hr},\ 280\text{min} \times \text{hr}/60\text{min} = 4.67\text{hr}$

$= \dfrac{(3.33\times7.5)+(4.67\times4.4)}{3.33+4.67} = 5.69\text{mg/m}^3$

Note 작업환경 측정 내용과 결합된 문제이므로 작업환경 측정 과목을 학습 후 풀이하시면 좋습니다.

기본개념문제 06

다음 표는 어떤 작업장의 카르비닐 분진을 측정한 자료이다. 이 경우 시간가중 평균농도(TWA)는?

시 료	유량(LPM)	측정시간(min)	측정질량(mg)
A	2	240	3.005
B	2	240	2.475

풀이 ㉠ 시료 A 농도

$농도(\text{mg/m}^3) = \dfrac{질량}{부피} = \dfrac{3.005\text{mg}}{2\text{L/min}\times240\text{min}} = \dfrac{3.005\text{mg}}{480\text{L}\times(\text{m}^3/1{,}000\text{L})} = 6.26\text{mg/m}^3$

㉡ 시료 B 농도

$농도(\text{mg/m}^3) = \dfrac{질량}{부피} = \dfrac{2.475\text{mg}}{2\text{L/min}\times240\text{min}} = \dfrac{2.475\text{mg}}{480\text{L}\times(\text{m}^3/1{,}000\text{L})} = 5.15\text{mg/m}^3$

$\therefore\ TWA = \dfrac{(240\times6.26)+(240\times5.15)}{240+240} = 5.71\text{mg/m}^3$

Note 작업환경 측정 내용과 결합된 문제이므로 작업환경 측정 과목을 학습 후 풀이하시면 좋습니다.

11 혼합물의 허용기준(노출기준)

(1) 노출지수(EI ; Exposure Index)

① 2가지 이상의 독성이 유사한 유해화학물질이 공기 중에 공존할 때 대부분의 물질은 유해성의 상가작용(additive effect)을 나타내기 때문에 유해성 평가는 다음 식에 의하여 계산된 노출지수에 의하여 결정한다.

$$\text{노출지수(EI)} = \frac{C_1}{\mathrm{TLV}_1} + \frac{C_2}{\mathrm{TLV}_2} + \cdots\cdots + \frac{C_n}{\mathrm{TLV}_n}$$

여기서, C_n : 각 혼합물질의 공기 중 농도

TLV_n : 각 혼합물질의 노출기준

② 노출지수가 1을 초과하면 노출기준을 초과한다고 평가한다.

③ 다만, 혼합된 물질의 유해성이 상승작용 또는 상가작용이 없을 때는 각 물질에 대하여 개별적으로 노출기준 초과 여부를 결정한다(독립작용).

(2) 액체 혼합물의 구성 성분을 알 때 혼합물의 허용농도(노출기준)

$$\text{혼합물의 노출기준}(\mathrm{mg/m^3}) = \frac{1}{\dfrac{f_a}{\mathrm{TLV}_a} + \dfrac{f_b}{\mathrm{TLV}_b} + \cdots\cdots + \dfrac{f_n}{\mathrm{TLV}_n}}$$

여기서, f_a, f_b, …, f_n : 액체 혼합물에서의 각 성분 무게(중량) 구성비(%)

TLV_a, TLV_b, …, TLV_n : 해당 물질의 TLV(노출기준, $\mathrm{mg/m^3}$)

기본개념문제 07

작업환경 공기 중 헵탄(TLV=50ppm)이 20ppm이고, 트리클로로에틸렌(TLV=50ppm)이 10ppm이며, 테트라클로로에틸렌(TLV=50ppm)이 25ppm이다. 이러한 공기의 복합 노출지수는? (단, 각 물질은 상가작용을 일으킨다.)

풀이 $\text{노출지수(EI)} = \frac{C_1}{\mathrm{TLV}_1} + \frac{C_2}{\mathrm{TLV}_2} + \frac{C_3}{\mathrm{TLV}_3}$

$= \frac{20}{50} + \frac{10}{50} + \frac{25}{50} = 1.1$

기본개념문제 08

어느 작업장이 dibromoethane 10ppm(TLV=20ppm), carbon tetrachloride 5ppm(TLV=10ppm) 및 dichloroethane 20ppm(TLV=50ppm)으로 오염되었을 경우 평가결과는? (단, 이들은 상가작용을 일으킨다고 가정한다.)

풀이 노출지수(EI) $= \frac{C_1}{\text{TLV}_1} + \frac{C_2}{\text{TLV}_2} + \frac{C_3}{\text{TLV}_3}$

$= \frac{10}{20} + \frac{5}{10} + \frac{20}{50} = 1.4$

∴ 기준값 1을 초과하므로 허용기준 초과 평가

기본개념문제 09

공기 중 혼합물로서 carbon tetrachloride(TLV=10ppm) 5ppm, 1,2-dichloroethane(TLV=50ppm) 25ppm, 1,2-dibromoethane(TLV=20ppm) 5ppm으로 존재 시 허용농도 초과 여부를 평가하고, 허용기준(ppm)을 구하여라. (단, 혼합물은 상가작용을 한다.)

풀이 ① 노출지수(EI) $= \frac{C_1}{\text{TLV}_1} + \frac{C_2}{\text{TLV}_2} + \cdots + \frac{C_n}{\text{TLV}_n}$

$= \frac{5}{10} + \frac{25}{50} + \frac{5}{20} = 1.25$ (기준값 1을 초과하므로 허용농도 초과 평가)

② 보정된 허용농도(기준) $= \frac{\text{혼합물의 공기 중 농도}(C_1 + C_2 + C_3)}{\text{노출지수}}$

$= \frac{(5+25+5)\text{ppm}}{1.25} = \frac{35\text{ppm}}{1.25} = 28\text{ppm}$

기본개념문제 10

유기용제가 다음의 중량비로 혼합되어 공기 중으로 휘발(증발)되었을 때 공기 중 혼합물의 노출기준(허용농도 : mg/m^3)은?

- 50% 헵탄(TLV=1,640mg/m^3)
- 30% 메틸클로로포름(TLV=1,910mg/m^3)
- 20% 퍼클로로에틸렌(TLV=170mg/m^3)

풀이 혼합물의 노출기준(mg/m^3) $= \frac{1}{\frac{f_a}{\text{TLV}_a} + \frac{f_b}{\text{TLV}_b} + \frac{f_c}{\text{TLV}_c}}$

$= \frac{1}{\frac{0.5}{1{,}640} + \frac{0.3}{1{,}910} + \frac{0.2}{170}} = 610\text{mg/m}^3$

기본개념문제 11

산화철(TLV=5mg/m^3) 60%와 석회석(TLV=10mg/m^3) 40%를 함유한 혼합분진의 노출기준(mg/m^3)은?

풀이 혼합물의 노출기준(mg/m^3) $= \dfrac{1}{\dfrac{f_a}{TLV_a}+\dfrac{f_b}{TLV_b}} = \dfrac{1}{\dfrac{0.6}{5}+\dfrac{0.4}{10}} = 6.25\text{mg/m}^3$

기본개념문제 12

헵탄(TLV=1,640mg/m^3), 메틸클로로포름(TLV=1,910mg/m^3), 퍼클로로에틸렌(TVL=170mg/m^3)이 1 : 2 : 3의 비율로 혼합된 유해물질의 허용농도(mg/m^3, 노출기준)는?

풀이 각 유해물질의 중량비를 먼저 구하면

- 헵탄$=\dfrac{1}{6}\times 100 = 16.7\%$
- 메틸클로로포름$=\dfrac{2}{6}\times 100 = 33.3\%$
- 퍼클로로에틸렌$=\dfrac{3}{6}\times 100 = 50.0\%$

∴ 혼합물의 노출기준(mg/m^3) $= \dfrac{1}{\dfrac{0.167}{1,640}+\dfrac{0.333}{1,910}+\dfrac{0.500}{170}} = 310.81\text{mg/m}^3$

(3) 비정상 작업시간에 대한 허용농도 보정

① OSHA의 보정방법

㉠ 노출기준 보정계수를 구하여 노출기준에 곱하여 계산한다.

㉡ 급성중독을 일으키는 물질(대표적인 물질 : 일산화탄소)

$$\text{보정된 노출기준} = \text{8시간 노출기준} \times \frac{\text{8시간}}{\text{노출시간/일}}$$

㉢ 만성중독을 일으키는 물질(대표적인 물질 : 중금속)

$$\text{보정된 노출기준} = \text{8시간 노출기준} \times \frac{\text{40시간}}{\text{작업시간/주}}$$

㉣ 노출기준(허용농도)에 보정을 생략할 수 있는 경우

ⓐ 천장값(C ; Ceiling)으로 되어 있는 노출기준

ⓑ 가벼운 자극(만성중독을 야기하지 않는 정도)을 유발하는 물질에 대한 노출기준

ⓒ 기술적으로 타당성이 없는 노출기준

② Brief와 Scala의 보정방법

노출기준 보정계수(RF)를 구하여 노출기준에 곱하여 계산한다.

$$\text{보정된 노출기준} = \text{RF} \times \text{노출기준(허용농도)}$$

이때, 노출기준 보정계수(RF)

$$\text{RF} = \left(\frac{8}{H}\right) \times \frac{24-H}{16} \quad \left[\text{일주일 : RF} = \left(\frac{40}{H}\right) \times \frac{168-H}{128}\right]$$

여기서, H : 비정상적인 작업시간(노출시간/일, 노출시간/주)

16 : 휴식시간 의미(128 : 일주일 휴식시간 의미)

기본개념문제 13

허용농도가 100ppm인 톨루엔을 취급하는 작업을 하루 10시간 근무할 때 허용농도 보정계수 및 보정된 허용농도(ppm)를 구하시오. (단, Brief와 Scala 보정방법 이용)

풀이
① 허용농도 보정계수 $\text{RF} = \left(\frac{8}{H}\right) \times \frac{24-H}{16} = \left(\frac{8}{10}\right) \times \frac{24-10}{16} = 0.7$

② 보정된 허용농도 $= \text{TLV} \times \text{RF} = 100\text{ppm} \times 0.7 = 70\text{ppm}$

기본개념문제 14

Perchloroethylene(TLV=25ppm)에 대한 근로자의 노출평가를 위하여 작업장 내 농도를 측정한 결과 19.4ppm이었다. 실제 작업시간이 10시간이었다면 노출기준은 얼마로 보정해야 하며, 초과 여부를 판단하시오. (단, B · S 보정방법 이용)

풀이
우선 RF를 구하면, $\text{RF} = \left(\frac{8}{H}\right) \times \frac{24-H}{16} = \left(\frac{8}{10}\right) \times \frac{24-10}{16} = 0.7$

① 보정된 노출기준 $= \text{TLV} \times \text{RF} = 25\text{ppm} \times 0.7 = 17.5\text{ppm}$

② 측정된 농도 19.4ppm이 보정된 노출기준 17.5ppm보다 크므로 노출기준 초과 판정(평가)

기본개념문제 15

톨루엔(TLV=50ppm)을 사용하는 작업장의 작업시간이 10시간일 때 허용기준을 보정하여야 한다. OSHA 보정법과 Brief and Scala 보정법을 적용하였을 경우 보정된 허용기준치 간의 차이는?

풀이
- OSHA 보정방법

  $\text{보정된 노출기준} = \text{8시간 노출기준} \times \frac{\text{8시간}}{\text{노출시간/일}} = 50 \times \frac{8}{10} = 40\text{ppm}$

- Brief and Scala 보정방법

  $\text{RF} = \left(\frac{8}{H}\right) \times \frac{24-H}{16} = \left(\frac{8}{10}\right) \times \frac{24-10}{16} = 0.7$

  보정된 노출기준 $= \text{TLV} \times \text{RF} = 50 \times 0.7 = 35\text{ppm}$

∴ 허용기준치 차이 $= 40 - 35 = 5\text{ppm}$

12 공기 중 혼합물질의 화학적 상호작용(혼합작용)

(1) 상가작용(additive effect)

① 작업환경 중의 유해인자가 2종 이상 혼재하는 경우에 있어서 혼재하는 유해인자가 인체의 같은 부위에 작용함으로써 그 유해성이 가중되는 것을 말한다.

② 화학물질 및 물리적 인자의 노출기준에 있어 2종 이상의 화학물질이 공기 중에 혼재하는 경우에는 유해성이 인체의 서로 다른 조직에 영향을 미치는 근거가 없는 한 유해물질들 간의 상호작용을 나타낸다(동일한 작업장 내에서 서로 비슷한 인체부위에 영향을 주는 여러 가지 유독성 물질을 사용하는 경우에 인체에 미치는 작용).

③ 상대적 독성 수치로 표현하면,
2+3=5(여기서 수치는 독성의 크기를 의미)

(2) 상승작용(synergism effect)

① 각각 단일물질에 노출되었을 때 독성보다 훨씬 독성이 커짐을 말한다.
예 사염화탄소와 에탄올, 흡연자가 석면에 노출 시

② 상대적 독성 수치로 표현하면,
2+3=20

(3) 잠재작용(potentiation effect, 가승작용)

① 인체의 어떤 기관이나 계통에 영향을 나타내지 않는 물질이 다른 독성 물질과 복합적으로 노출되었을 때 그 독성이 커지는 것을 말한다.
예 이소프로필알코올은 간에 독성을 나타내지 않으나, 사염화탄소와 동시에 노출 시 독성이 나타남

② 상대적 독성 수치로 표현하면,
2+0=10

(4) 길항작용(antagonism effect, 상쇄작용)

① 두 가지 화합물이 함께 있을 때 서로의 작용을 방해하는 것을 말한다.
예 페노바비탈은 디란틴을 비활성화시키는 효소를 유도함으로써 급·만성의 독성이 감소됨

② 상대적 독성 수치로 표현하면,
2+3=1

③ 종류

㉠ 화학적 길항작용 : 두 화학물질이 반응하여 저독성의 물질을 형성하는 경우

㉡ 기능적 길항작용 : 동일한 생리적 기능에 길항작용을 나타내는 경우

㉢ 배분적(분배적) 길항작용 : 물질의 흡수, 대사 등에 영향을 미쳐 표적기관 내 축적기관의 농도가 저하되는 경우(독성 물질의 생체과정인 흡수, 분포, 생전환, 배설 등에 변화를 일으켜 독성이 낮아지는 길항작용)

㉣ 수용적 길항작용 : 두 화학물질이 같은 수용체에 결합하여 독성이 저하되는 경우

13 독립작용

독성이 서로 다른 물질이 혼합되어 있을 경우 각각 반응양상이 달라 각 물질에 대하여 독립적으로 노출기준을 적용한다.

예 SO_2와 HCN, 질산과 카드뮴, 납과 황산

기본개념문제 16

작업장 공기 중에 납 0.09mg/m^3(TLV=0.05mg/m^3), 황산 0.9mg/m^3(TLV=1mg/m^3)이 혼재되어 있는 경우 허용기준의 초과 여부를 판단하시오.

풀이 납과 황산은 전혀 다른 신체 부위에 독립적으로만 작용하므로 각각의 허용기준과 비교한다. 즉, 납은 허용기준 초과, 황산은 허용기준을 초과하지 않는다.

14 ACGIH에서 유해물질의 TLV 설정·개정 시 이용하는 자료

ACGIH에서 유해물질의 TLV를 설정하거나 개정하는 데 이용하는 자료에는 화학구조상 유사성, 동물실험 자료, 인체실험 자료, 산업장 역학자료 등이 있으며, 이는 노출기준 설정의 이론적 배경이 된다.

(1) 화학구조상 유사성

① TLV를 설정하는 가장 기초적인 단계

② 기타 자료(동물실험, 인체실험, 산업장 역학조사)가 부족할 때 이용

③ 유사한 화학구조라도 독성의 구조가 다른 경우가 많은 것이 한계점

(2) 동물실험 자료

① 인체실험, 산업장 역학조사 자료가 부족할 때 적용
② 동물실험 자료를 적용하여 노출기준을 정할 때는 안전계수를 충분히 고려해야 함
③ 동물실험은 단기간에 이루어지지 때문에 장기간 저농도에 노출 시에는 적용이 어렵고, 적용 시 전혀 다른 결과가 나오는 경우도 있음

(3) 인체실험 자료

① 인체실험이므로 제한적으로 실시
② 실험에 참여하는 자는 서명으로 실험에 참여할 것을 동의해야 함
③ 영구적 신체장애를 일으킬 가능성은 없을 것
④ 자발적으로 실험에 참여하는 자를 대상으로 할 것

(4) 산업장 역학조사 자료

① 근로자가 대상
② 가장 신뢰성을 가짐
③ 허용농도 설정에 있어서 가장 중요한 자료

15 노출기준과 Hatch의 양-반응관계 곡선

(1) 개요

① 노출량(dose)은 노출된 유해인자의 양을 의미한다.
② 반응(response)은 노출된 유해인자의 양에 따라 대상자가 나타내는 생리적 · 독성적 · 의학적 변화를 의미한다.
③ 독성 물질의 거동학으로부터 양-반응관계 곡선이 유도된다.
④ 양-반응관계 곡선은 항상성 유지단계, 보상단계, 고장단계로 구분된다.
⑤ 곡선의 기울기가 완만하나 보상단계를 넘어서면 곡선의 기울기가 급해지는데, 이것은 인체의 기능장애가 급격히 진행, 즉 고장장애단계를 의미한다.

(2) 기관장애 3단계

① 항상성(homeostasis) 유지단계

㉠ 정상적인 상태로 유해인자 노출에 적응할 수 있는 단계

㉡ 인체의 항상성 유지기전의 특성에는 보상성, 자가조절성, 되먹이기전 등이 있음

② 보상(compensation) 유지단계

㉠ 인체가 가지고 있는 방어기전에 의해서 유해인자를 제거하여 기능장애를 방지할 수 있는 단계

㉡ 노출기준의 설정단계로 질병이 일어나기 전을 의미

③ 고장(breakdown) 장애단계

㉠ 진단 가능한 질병이 시작되는 단계, 즉 기관의 파괴를 의미

㉡ 보상이 불가능한 비가역적 단계

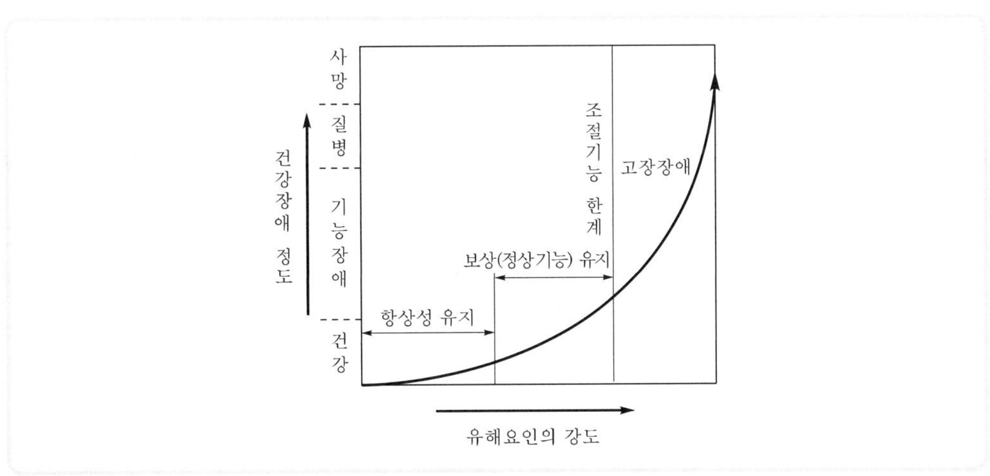

▌기관장애 3단계▐

(3) Haber 법칙

환경 속에서 중독을 일으키는 유해물질의 공기 중 농도(C)와 폭로시간(T)의 곱은 일정(K)하다는 법칙이다.

$$C \times T = K$$

※ 단시간 노출 시 유해물질지수는 농도와 노출시간의 곱으로 계산한다.

16 체내흡수량(안전흡수량, 안전폭로량, SHD)

체내흡수량(SHD)은 인간에게 안전하다고 여겨지는 양을 의미한다.

$$\mathrm{SHD(mg)} = C \times T \times V \times R$$

여기서, SHD : 체내흡수량(안전계수와 체중을 고려한 것)

C : 공기 중 유해물질 농도(mg/m^3)

T : 노출시간(hr)

V : 호흡률(폐환기율)(m^3/hr)

R : 체내잔류율(보통 1.0)

동물실험을 통하여 산출한 독물량의 한계치(NOEL ; No Observed Effect Level : 무관찰 작용량)를 사람에게 적용하기 위하여 인간의 안전폭로량(SHD)을 계산할 때 체중을 기준으로 외삽(extrapolation)한다.

기본개념문제 17

공기 중 납(Pb)의 농도가 $0.03mg/m^3$이다. 작업자의 노출시간은 8시간이며, 폐환기율은 $1.2m^3/hr$이라고 하면 체내흡수량(mg)은? (단, 체내잔류율은 1.0으로 가정한다.)

풀이 체내흡수량(mg) $= C \times T \times V \times R$

- C : 공기 중 유해물질 농도 → $0.03mg/m^3$
- T : 노출시간 → 8hr
- V : 폐환기율 → $1.2m^3/hr$
- R : 체내잔류율 → 1.0

$= 0.03mg/m^3 \times 8hr \times 1.2m^3/hr \times 1.0 = 0.29mg$

기본개념문제 18

구리(Cu) 독성에 관한 인체실험 결과 안전흡수량(일기준)이 체중 kg당 0.1mg이었다. 1일 8시간 작업 시 구리의 체내흡수를 안전흡수량 이하로 유지하려면 공기 중 구리 농도(mg/m^3)는 얼마이어야 하는가? (단, 성인 근로자 평균체중 70kg, 작업 시 폐환기율 $1.2m^3/hr$, 체내잔류율 1.0)

풀이 체내흡수량(mg) $= C \times T \times V \times R$

- 체내흡수량(SHD) → $0.1mg/kg \times 70kg = 7mg$
- T : 노출시간 → 8hr
- V : 폐환기율 → $1.2m^3/hr$
- R : 체내잔류율 → 1.0

$7 = C \times 8 \times 1.2 \times 1$

$$\therefore C = \frac{7mg}{8hr \times 1.2m^3/hr \times 1.0} = 0.73mg/m^3$$

산업피로

01 피로의 정의 및 종류

(1) 피로(산업피로)의 일반적 특징

① 피로는 고단하다는 주관적 느낌이라 할 수 있다.
② 피로 자체는 질병이 아니라, 가역적인 생체변화이다.
③ 피로가 오래되면 얼굴 부종, 허탈감 등의 증세가 온다.
④ 피로는 생리학적 기능 변동으로 인하여 생긴다고 할 수 있다.
⑤ 피로는 정신적 기능과 신체적 기능의 저하가 통합된 생체반응이다.
⑥ 피로는 작업강도에 반응하는 육체적 · 정신적 생체현상이다.
⑦ 육체적, 정신적, 그리고 신경적인 노동부하에 반응하는 생체의 태도이다.
⑧ 정신적 피로와 신체적 피로는 보통 함께 나타나 구별하기 어렵고, 정신적 피로나 육체적 피로가 각각 단독으로 생기는 일은 거의 없다.
⑨ 피로 측정 및 판정에 있어 가장 중요한 객관적인 자료는 생체기능의 변화이다.
⑩ 피로현상은 개인차가 심하므로 작업에 대한 개체의 반응을 어디서부터 피로현상이라고 타각적 수치로 나타내기 어렵다.
⑪ 피로의 자각증상은 피로의 정도와 반드시 일치하지는 않는다.
⑫ 피로는 자각적인 피로감과 더불어, 점차 기능적 저하가 일어난다.
⑬ 산업피로는 건강장애에 대한 경고반응이다.
⑭ 산업피로는 생산성(작업능률) 저하뿐만 아니라 재해와 질병의 원인이 된다.
⑮ 피로 조사를 통해 피로도를 판가름하는 데 그치지 않고 작업방법과 교대제 등을 과학적으로 검토할 필요가 있다.
⑯ 노동수명(turn over ratio)으로도 피로를 판정할 수 있다.
⑰ 작업시간이 등차급수적으로 늘어나면 피로 회복에 요하는 시간은 등비급수적으로 증가하게 된다.
⑱ 정신 피로는 주로 중추신경계의 피로를, 근육 피로는 주로 말초신경계의 피로를 의미한다.
⑲ 국소 피로와 전신 피로는 피로를 나타내는 신체의 부위가 어느 정도인지에 따라 상대적으로 구분된다.

(2) 피로의 영향인자

① 피로에 가장 큰 영향을 미치는 요소는 작업강도이다.
② 작업강도(작업부하)에 영향을 미치는 중요한 요인
　㉠ 작업의 정밀도
　㉡ 작업자세
　㉢ 대인접촉 빈도
　㉣ 에너지 소비량, 작업강도, 작업속도, 작업시간, 조작방법 등

(3) 산업피로의 구분인자

① 작업부하
② 노동시간
③ 휴식과 휴양
④ 개인적 적응조건

(4) 피로의 발생요인

① 내적 요인(개인적응조건)
　㉠ 적응능력
　㉡ 영양상태
　㉢ 숙련 정도
　㉣ 신체적 조건
② 외적 요인
　㉠ 작업환경(환기, 소음 · 진동, 온열조건)
　㉡ 작업부하(작업자세, 작업강도, 조작방법)
　㉢ 생활조건
　㉣ 작업관리, 1일 노동시간, 야간근무

(5) 피로의 발생 메커니즘(기전 ; 본태)

① 활성에너지 요소인 영양소, 산소 등 소모(에너지 소모)
② 물질대사에 의한 노폐물인 젖산 등의 축적(중간 대사물질의 축적)으로 인한 근육, 신장 등 기능 저하
③ 체내의 항상성 상실(체내에서의 물리화학적 변조)
④ 여러 가지 신체조절기능의 저하
⑤ 크레아틴, 젖산, 초성포도당, 시스테인, 시스틴, 암모니아, 잔여질소를 피로물질이라고 함
⑥ 근육 내 글리코겐 양의 감소

(6) 피로의 3단계

피로도가 증가하는 단계이며, 피로의 정도는 객관적 판단이 용이하지 않다.

① 보통피로(1단계)

하룻밤을 자고 나면 완전히 회복하는 상태

② 과로(2단계)

피로가 축적되어 다음날까지도 피로상태가 지속되는 것으로, 단기간 휴식으로 회복될 수 있으며, 발병 단계는 아님

③ 곤비(3단계)

과로의 축적으로 단시간에 회복될 수 없는 단계를 말하며, 심한 노동 후의 피로현상으로 병적 상태를 의미

(7) 산업피로 기능검사(객관적 피로 측정방법)

① 연속측정법

② 생리심리학적 검사법

㉠ 역치측정

㉡ 근력검사

㉢ 행위검사

③ 생화학적 검사법

㉠ 혈액검사

㉡ 뇨단백검사

④ 생리적 방법

㉠ 연속반응시간

㉡ 호흡순환기능

㉢ 대뇌피질활동

(8) 피로의 주관적 측정을 위해 사용하는 방법

CMI(Cornell Medical Index)로 피로의 자각증상을 측정

(9) 피로 측정 분류법과 측정대상 항목

① 자율신경검사 : 호흡기 중의 산소 농도

② 운동기능검사 : 시각, 청각, 촉각

③ 순환기능검사 : 심박수, 혈압, 혈류량

④ 심적기능검사 : GSR(피부 전기전도도), 연속반응시간

(10) 피로의 판정을 위한 평가(검사)항목

① 혈액
② 감각기능(근전도, 심박수, 민첩성 등)
③ 작업성적

(11) 플리커 테스트(flicker test) : 점멸-융합 테스트

① 플리커 테스트의 용도는 피로도 측정이다.
② 산업피로 판정을 위한 생리학적 검사법으로서 인지역치를 검사하는 것이다.

(12) 지적속도

작업자의 체격과 숙련도, 작업환경에 따라 피로를 가장 적게 하고 생산량을 최고로 올릴 수 있는 경제적인 작업속도를 말한다.

(13) 지적환경

일하는 데 가장 적합한 환경을 말하며, 지적환경을 평가하는 방법으로는 생리적 · 정신적 · 생산적 방법이 있다.

(14) 전신피로

① 전신피로의 일반적 특징
㉠ 작업대사량이 증가하면 산소소비량도 비례하여 계속 증가하나, 작업대사량이 일정 한계를 넘으면 산소소비량은 증가하지 않는다.
㉡ 작업강도가 높을수록 혈중 포도당 농도는 급속히 저하하며, 이에 따라 피로감이 빨리 온다.
㉢ 훈련받은 자와 그러지 않은 자의 근육 내 글리코겐 농도는 차이를 보인다.
㉣ 작업강도가 증가하면 근육 내 글리코겐 양이 비례적으로 감소되어 근육피로가 발생한다.
㉤ 작업부하 수준이 최대산소소비량 수준보다 높아지게 되면, 젖산의 제거속도가 생성속도에 못 미치게 된다.
㉥ 작업이 끝난 후에도 맥박과 호흡수가 작업개시 수준으로 즉시 돌아오지 않고 서서히 감소한다.

② 전신피로의 원인(전신피로의 생리학적 현상)

㉠ 혈중 포도당 농도 저하 ◀**가장 큰 원인**

㉡ 산소공급 부족

㉢ 혈중 젖산 농도 증가

㉣ 근육 내 글리코겐 양 감소

㉤ 작업강도 증가

③ 산소부채(oxygen debt)

㉠ 산소부채는 운동이 격렬하게 진행될 때 산소섭취량이 수요량에 미치지 못하여 일어나는 산소부족현상으로, 산소부채량은 원래대로 보상되어야 하므로 운동이 끝난 뒤에도 일정 시간 산소를 소비한다.

㉡ 산소부채현상은 작업이 시작되면서 발생하며 작업이 끝난 후에는 산소부채의 보상현상이 발생하고 작업이 끝난 후에 남아 있는 젖산을 제거하기 위해서는 산소가 더 필요하며, 이때 동원되는 산소소비량을 산소부채라 한다.

㉢ 작업강도에 따라 필요한 산소요구량과 산소공급량의 차이에 의하여 산소부채현상이 발생한다.

㉣ 작업 시 소비되는 산소소비량은 초기에 서서히 증가하다가 작업강도에 따라 일정한 양에 도달하고, 작업이 종료된 후 서서히 감소되어 일정 시간 동안 산소를 소비한다.

④ 전신피로 정도 평가

㉠ 전신피로의 정도를 평가하려면 작업종료 후 심박수(heart rate ; 분당 맥박수)를 측정하여 이용한다.

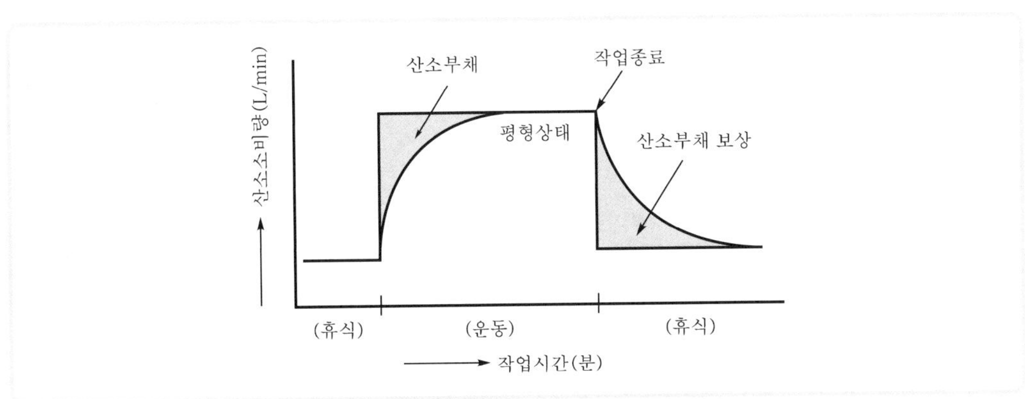

▌작업시간 및 종료 시의 산소소비량▐

㉡ 심한 전신피로상태

HR_1이 110을 초과하고 HR_3와 HR_2의 차이가 10 미만인 경우

여기서, HR_1 : 작업종료 후 30~60초 사이의 평균맥박수

HR_2 : 작업종료 후 60~90초 사이의 평균맥박수

HR_3 : 작업종료 후 150~180초 사이의 평균맥박수(회복기 심박수 의미)

(15) 국소피로

① 정의

단순반복작업에 의해 목, 어깨, 손목, 발목 등의 작은 근육에 국한하여 피로가 생기는 것으로, 대사산물의 근육 내 축적과 근육 내 에너지 고갈이 국소피로를 유발한다.

② 국소피로 증상(산업피로로 인한 생리적 현상)

㉠ 순환기능

ⓐ 맥박이 빨라지고 회복 시까지 시간이 걸림

ⓑ 혈압은 초기에 높아지나 피로가 진행되면서 낮아짐

㉡ 호흡기능

호흡이 얕고 빨라지며, 체온이 상승하여 호흡중추를 흥분시킴

㉢ 신경기능

중추신경 피로 시 판단력 저하, 권태감, 졸음 발생

㉣ 혈액

혈당치가 낮아지고 젖산과 탄산량이 증가하여 산혈증 발생

㉤ 소변

소변 양이 줄고 소변 내의 단백질 또는 교질물질의 배설량 증가

③ 국소피로 평가

㉠ 국소근육 활동피로를 측정 · 평가하는 데에는 객관적인 방법인 근전도(EMG)를 가장 많이 이용함

㉡ 정상 근육과 비교하여 피로한 근육에서 나타나는 EMG의 특징

ⓐ 저주파(0~40Hz) 영역에서 힘(전압)의 증가

ⓑ 고주파(40~200Hz) 영역에서 힘(전압)의 감소

ⓒ 평균주파수 영역에서 힘(전압)의 감소

ⓓ 총 전압의 증가

(16) 피로 측정 및 판정에 있어 가장 중요한 객관적인 자료

생체기능의 변화

02 피로의 원인 및 증상

(1) 피로의 증상

① 체온은 처음에는 높아지나, 피로 정도가 심해지면 오히려 낮아진다.
② 혈압은 초기에는 높아지나, 피로가 진행되면 오히려 낮아진다.
③ 혈액 내 혈당치가 낮아지고 젖산과 탄산량이 증가하여 산혈증으로 된다.
④ 맥박 및 호흡이 빨라지며 에너지 소모량이 증가된다.
⑤ 체온 상승과 호흡중추의 흥분이 온다(체온 상승이 호흡중추를 자극하여 에너지 소모량을 증가시킴).
⑥ 권태감과 졸음이 오고 주의력이 산만해지며 식은땀이 나고 입이 자주 마른다.
⑦ 호흡이 얕고 빨라진다(혈액 중 이산화탄소량이 증가하여 호흡중추를 자극하기 때문).
⑧ 맛, 냄새, 시각, 촉각 등 지각기능이 둔해지고 반사기능이 낮아진다.
⑨ 체온조절기능이 저하되고 판단력이 흐려진다.
⑩ 소변의 양이 줄고 진한 갈색으로 변하며, 심한 경우 단백뇨가 나타나고 소변 내의 단백질 또는 교질물질의 배설량(농도)이 증가한다.

(2) Viteles의 산업피로 본질 3대 요소

① 생체의 생리적 변화(의학적)
② 피로감각(심리학적)
③ 작업량의 감소(생산적)

(3) Shimonson의 산업피로현상

① 중간대사물질의 축적
② 활동자원의 소모
③ 체내의 물리화학적 변화
④ 조절기능의 장애

03 에너지소비량

(1) 산소소비량

① 근로자의 휴식 중 산소소비량 : 0.25L/min
② 근로자의 운동 중 산소소비량 : 5L/min

(2) 산소소비량을 작업대사량으로 환산

산소소비량 1L ≒ 5kcal(에너지량)

(3) 육체적 작업능력(PWC)

① 젊은 남성이 일반적으로 평균 16kcal/min(여성은 평균 12kcal/min) 정도의 작업을 피로를 느끼지 않고 하루에 4분간 계속할 수 있는 작업강도이다.
② 하루 8시간(480분) 작업 시에는 PWC의 1/3에 해당된다. 즉, 남성은 5.3kcal/min, 여성은 4kcal/min에 해당한다.
③ PWC를 결정할 수 있는 기능은 개인의 심폐기능이며, 결정요인은 대사정도, 호흡기계 활동, 순환기계 활동 등이다.
④ 육체적 작업능력에 영향을 미치는 요소와 내용
㉠ 정신적 요소
태도, 동기
㉡ 육체적 요소
성별, 연령, 체격
㉢ 환경 요소
고온, 한랭, 소음, 고도, 고기압
㉣ 작업특징 요소
강도, 시간, 기술, 위치, 계획

기본개념문제 01

어떤 사람의 육체적 작업능력(PWC)은 18kcal/min이다. 이때 하루 8시간 동안 작업할 수 있는 작업의 강도는?

풀이 하루 8시간 작업 시에는 PWC의 1/3에 해당하므로
$\therefore$ 18kcal/min × 1/3 = 6kcal/min

04 작업강도 및 작업시간과 휴식

(1) 피로예방 허용작업시간(작업강도에 따른 허용작업시간)

$$\log T_{end} = 3.720 - 0.1949E$$

여기서, E : 작업대사량(kcal/min)

T_{end} : 허용작업시간(min)

(2) 피로예방 휴식시간비

$$T_{rest}(\%) = \left(\frac{E_{max} - E_{task}}{E_{rest} - E_{task}}\right) \times 100 \text{ : Hertig 식}$$

여기서, $T_{rest}(\%)$: 피로예방을 위한 적정 휴식시간비(즉, 60분을 기준하여 산정)

E_{max} : 1일 8시간 작업에 적합한 작업대사량(PWC의 1/3)

E_{rest} : 휴식 중 소모대사량

E_{task} : 해당 작업의 작업대사량

기본개념문제 02

PWC가 16kcal/min인 근로자가 1일 8시간 동안 물체 운반작업을 하고 있다. 이때의 작업대사량은 7kcal/min일 때 이 사람이 쉬지 않고 계속하여 일을 할 수 있는 최대허용시간(min)은?

풀이 $\log T_{end} = 3.720 - 0.1949E$

E(작업대사량)$=7$kcal/min

$\log T_{end} = 3.720 - (0.1949 \times 7) = 2.356$

$\therefore$ 최대허용시간(T_{end})$=10^{2.356} = 227$min

기본개념문제 03

PWC가 16kcal/min인 근로자가 1일 8시간 동안 물체 운반작업을 하고 있다. 작업대사량은 8kcal/min이고 휴식 시의 대사량은 1.5kcal/min이다. 이 사람이 쉬지 않고 계속하여 일을 할 수 있는 최대허용시간(min)은?

풀이 $\log T_{end} = 3.720 - 0.1949E$

E(작업대사량) 8kcal/min을 적용하면(문제의 휴식대사량은 관계 없음)

$\log T_{end} = 3.720 - (0.1949 \times 8) = 2.161$

$\therefore$ 최대허용시간(T_{end})$=10^{2.161} = 145$min

기본개념문제 04

PWC가 16.5kcal/min인 근로자가 1일 8시간 동안 물체를 운반하고 있다. 이때의 작업대사량은 10kcal/min이고, 휴식 시의 대사량은 1.2kcal/min이다. Hertig의 식을 이용하여 적절한 휴식시간 비율(%)을 구하시오.

풀이 Hertig식

$$T_{\text{rest}}(\%) = \left[\frac{\text{PWC의 } \frac{1}{3} - \text{작업대사량}}{\text{휴식대사량} - \text{작업대사량}}\right] \times 100 = \left[\frac{\left(16.5 \times \frac{1}{3}\right) - 10}{1.2 - 10}\right] \times 100 = 51.14\%$$

기본개념문제 05

육체적 작업능력(PWC)이 16kcal/min인 근로자가 1일 8시간 동안 물체를 운반하고 있다. 이때의 작업대사량은 8kcal/min이고, 휴식 시의 대사량은 3kcal/min이라면 이 사람의 휴식시간과 작업시간를 배분하시오. (단, Hertig의 식 이용)

풀이 먼저 Hertig식을 이용 휴식시간 비율(%)을 구하면

$$T_{\text{rest}}(\%) = \left[\frac{\text{PWC의 } \frac{1}{3} - \text{작업대사량}}{\text{휴식대사량} - \text{작업대사량}}\right] \times 100 = \left[\frac{\left(16 \times \frac{1}{3}\right) - 8}{3 - 8}\right] \times 100 = 53.33\%$$

∴ 60분 중 53.33%인 32분(60분×0.5333) 휴식, 28분(60분−32분) 작업

(3) 작업종류별 바람직한 작업시간, 휴식시간 배분

① 사무작업
오전 4시간 중에 2회, 오후 1~4시 사이에 1회, 평균 10~20분 휴식

② 정신집중작업
30분간 작업에 5분간 휴식이 가장 효과적

③ 신경운동성의 경속도작업
40분간 작업에 20분간 휴식

④ 중근작업
1회 계속작업을 1시간 정도로 하고, 20~30분씩 오전에 3회, 오후에 2회 정도 휴식

(4) 작업강도(%MS) 및 적정 작업시간

① 개요

㉠ 국소피로 초래까지의 작업시간은 작업강도에 의해 결정된다.
㉡ 적정 작업시간은 작업강도와 대수적으로 반비례한다.
㉢ 작업강도가 10% 미만인 경우 국소피로는 발생하지 않는다.

㉣ 1kP는 질량 1kg을 중력의 크기로 당기는 힘을 의미한다.
㉤ 1kP는 2.2pound의 중력에 해당한다.

② 작업강도(%MS) 계산

$$\text{작업강도}(\%MS) = \frac{RF}{MS} \times 100$$

여기서, RF : 작업 시 요구되는 힘
MS : 근로자가 가지고 있는 최대 힘

③ 적정 작업시간(sec) 계산

$$\text{적정 작업시간}(sec) = 671{,}120 \times \%MS^{-2.222}$$

여기서, %MS : 작업강도(근로자의 근력이 좌우함)

기본개념문제 06

젊은 근로자에 있어서 약한 손(오른손잡이의 경우 왼손)의 힘은 평균 45kP(kilo pound)라고 한다. 이러한 근로자가 무게 8kg인 상자를 두 손으로 들어 올릴 경우 작업강도(%MS)는?

풀이 $\text{작업강도}(\%MS) = \frac{RF}{MS} \times 100$

- RF(작업 시 요구되는 힘) : 8kg 상자를 두 손으로 들어 올리므로 한 손에 미치는 4kP
- MS(근로자가 가지고 있는 최대 힘) : 45kP

$= \frac{4}{45} \times 100 = 8.9\%MS$

기본개념문제 07

운반작업을 하는 젊은 근로자의 약한 손(오른손잡이의 경우 왼손)의 힘은 45kP이다. 이 근로자가 무게 10kg인 상자를 두 손으로 들어 올릴 경우 적정 작업시간(sec)은?

풀이 먼저 작업강도(%MS)를 구하면

$(\%MS) = \frac{RF}{MS} \times 100$

- RF : 10kg 상자를 두 손으로 들어 올리므로 한 손에 미치는 힘은 5kP
- MS : 45kP

$= \frac{5}{45} \times 100 = 11.11\%MS$

$\therefore$ 적정 작업시간(sec) $= 671{,}120 \times \%MS^{-2.222} = 671{,}120 \times 11.11^{-2.222} = 3{,}185.84\text{sec}$

(5) 일반적 작업강도(근로강도)

① 일반적 사항

㉠ 작업강도는 하루 총 작업시간을 통한 평균작업대사량으로 표현되며, 일반적으로 열량소비량을 평가기준으로 한다. 즉, 작업을 할 때 소비되는 열량으로 작업의 강도를 측정한다.

㉡ 작업할 때 소비되는 열량을 나타내기 위하여 성별, 연령별 및 체격의 크기를 고려한 작업대사율(RMR)이라는 지수를 사용한다.

㉢ 작업대사량은 작업강도를 작업에 소요되는 열량(에너지소비량)의 측면에서 보는 한 지표에 지나지 않는다. 즉, 작업강도를 정확하게 나타냈다고는 할 수 없다.

㉣ 작업강도는 생리적으로 가능한 작업시간의 한계를 지배하는 가장 중요한 인자이다.

㉤ 작업대사량은 정신작업에는 적용이 불가하다.

㉥ 작업강도를 분류할 경우에는 실동률을 이용하기도 하며 작업강도가 클수록 실동률이 떨어지므로 휴식시간이 길어진다. 즉, 작업강도가 클수록 작업시간이 짧아진다.

② 작업강도를 분류하는 척도

㉠ 총에너지소비량

㉡ 심장박동률

③ 작업대사율(에너지대사율, RMR ; Relative Metabolic Rate)

㉠ 작업대사량을 소요시간에 대한 가중평균으로 나타낸다.

㉡ 작업강도의 단위로써 산소호흡량을 측정하여 에너지의 소모량을 결정하는 방식으로, RMR이 클수록 작업강도가 높음을 의미한다.

㉢ 작업강도는 작업을 할 때 소비되는 열량으로 측정하고 작업대사율로 주로 평가한다.

㉣ 연령을 고려한 심장박동률은 작업 시 필요한 에너지요구량(에너지대사율)에 의해 변화한다.

㉤ RMR 계산식

$$\text{RMR} = \frac{\text{작업대사량}}{\text{기초대사량}} = \frac{\text{작업 시 소요열량} - \text{안정 시 소요열량}}{\text{기초대사량}}$$

$$= \frac{\text{작업 시 산소소비량} - \text{안정 시 산소소비량}}{\text{기초대사량}}$$

여기서, • 기초대사량
- 인체가 안정 시 생체기능 유지에 필요한 최소의 열량을 의미
- 기초대사량의 2배까지를 노동강도 중 경노동으로 구분
- 노동 시 대사량은 단시간의 동작이면 기초대사량의 10배까지 될 수 있음
- 일반적으로 성인은 1,500~1,800kcal/day임

• 작업 시 소비된 에너지대사량은 휴식 후부터 작업종료 시까지의 에너지대사량을 나타낸다.

④ 작업강도에 영향을 주는 요소

㉠ 에너지소비량

㉡ 작업속도

㉢ 작업자세

㉣ 작업범위

㉤ 작업의 위험성 등

⑤ 작업강도가 커지는 경우(작업강도에 영향을 미치는 요인)

㉠ 정밀작업일 때

㉡ 작업 종류가 많을 때

㉢ 열량 소비량이 많을 때

㉣ 작업속도가 빠를 때

㉤ 작업이 복잡할 때

㉥ 판단을 요할 때

㉦ 작업인원이 감소할 때

㉧ 위험부담을 느낄 때

㉨ 대인접촉이나 제약조건이 빈번할 때

⑥ 작업강도를 적절하게 유지하기 위한 조치

㉠ 작업기간의 조정 및 교대

㉡ 일정 기간 휴식으로 피로회복

㉢ 작업환경 개선

⑦ 계속작업 한계시간(CMT)

$$\log \mathrm{CMT} = 3.724 - 3.25 \log \mathrm{RMR}$$

⑧ 실노동률(실동률)

$$\text{실노동률}(\%) = 85 - (5 \times \mathrm{RMR}) \ : \text{사이토} - \text{오시마 식}$$

기본개념문제 08

어느 근로자의 1시간 작업에 소요되는 열량이 500kcal/hr이었다면 작업대사율은? (단, 기초대사량은 60kcal/hr, 안정 시 열량은 기초대사량의 1.2배)

풀이
$$\text{작업대사율}(\mathrm{RMR}) = \frac{\text{작업 시 대사량} - \text{안정 시 대사량}}{\text{기초대사량}}$$
$$= \frac{[500\mathrm{kcal/hr} - (60\mathrm{kcal/hr} \times 1.2)]}{60\mathrm{kcal/hr}} = 7.13$$

〈RMR에 의한 작업강도 분류〉

RMR	작업(노동) 강도	실노동률 (%)	1일 소비열량 (kcal)	총 작업(근무시간 중) 소비열량(kcal)	비 고
0~1	경작업 (노동)	80 이상	남) 2,200 이하 여) 1,920 이하	남) 920 이하 여) 720 이하	사무작업 등 주로 의자에 앉아서 손으로 하는 작업
1~2	중등작업 (노동)	80~76	남) 2,200~2,550 여) 1,920~2,200	남) 920~1,250 여) 720~1,020	지적작업, 6시간 이상 쉬지 않고 하는 작업
2~4	강작업 (노동)	76~67	남) 2,550~3,050 여) 2,220~2,600	남) 1,250~1,750 여) 1,020~1,420	• 전형적인 지속작업 (계속작업한계는 RMR 4) • RMR 4 이상이면 휴식 필요
4~7	중작업 (노동)	67~50	남) 3,050~3,500 여) 2,600~2,920	남) 1,750~2,170 여) 1,420~1,780	• 휴식이 필요한 작업 (계속작업한계는 RMR 7) • RMR 7 이상 : 수시 휴식 필요
7 이상	격심작업 (노동)	50 이하	남) 3,500 이상 여) 2,920 이상	남) 2,170 이상 여) 1,780 이상	근육작업에 해당

기본개념문제 09

다음 조건을 적용하여 계산된 작업 시 소요열량(kcal)은? (단, 작업대사율 : 1.5, 안정 시 소요열량 700kcal, 기초대사량 600kcal)

풀이 $\text{작업대사율(RMR)} = \dfrac{\text{작업 시 대사량} - \text{안정 시 대사량}}{\text{기초대사량}}$

$1.5 = \dfrac{\text{작업 시 대사량} - 700\text{kcal}}{600\text{kcal}}$

$\therefore$ 작업대사량 $= 1{,}600$kcal

기본개념문제 10

작업대사량이 4,000kcal이고, 기초대사량이 1,500kcal인 작업자가 계속하여 작업할 수 있는 계속작업 한계시간(CMT)은 약 몇 분인가? (단, $\log CMT = 3.724 - 3.25\log RMR$ 적용)

풀이 우선 RMR을 구하면

$RMR = \dfrac{\text{작업대사량}}{\text{기초대사량}} = \dfrac{4{,}000\text{kcal}}{1{,}500\text{kcal}} = 2.67$

$\log CMT = 3.724 - 3.25\log 2.67 = 2.34$

$\therefore CMT = 10^{2.34} = 218.78\text{min}$

기본개념문제 11

RMR이 10인 격심한 작업을 하는 근로자의 실동률과 계속작업의 한계시간(min)을 구하시오. (단, 실동률은 사이토-오시마 식을 적용한다.)

풀이 ① 실동률 $= 85-(5\times RMR)=85-(5\times 10)=35\%$

② $\log(\text{계속작업 한계시간})=3.724-3.25\log(RMR)=3.724-3.25\times\log 10=0.474$

$\therefore$ 계속작업 한계시간 $=10^{0.474}=2.98\,\text{min}$

기본개념문제 12

작업의 강도가 클수록 작업시간이 짧아지고 휴식시간이 길어지며 실동률이 떨어진다. 사이토의 공식을 사용하여 작업대사율(RMR)이 4일 때 실동률(%)은?

풀이 사이토-오시마 실동률 공식에 RMR 4를 적용하면

$\therefore$ 실동률(%) $=85-(5\times RMR)=85-(5\times 4)=65\%$

기본개념문제 13

작업에 소모된 열량이 4,500kcal, 안정 시 열량이 1,000kcal, 기초대사량이 1,500kcal일 때 실동률(%)은 약 얼마인가? (단, 사이토와 오시마의 경험식을 적용한다.)

풀이 $RMR=\dfrac{\text{작업대사량}}{\text{기초대사량}}=\dfrac{(4{,}500-1{,}000)\text{kcal}}{1{,}500\text{kcal}}=2.33$

$\therefore$ 실동률(%) $=85-(5\times RMR)=85-(5\times 2.33)=73.35\%$

기본개념문제 14

기초대사량이 1.5kcal/min이고, 작업대사량이 225kcal/hr인 사람이 작업을 수행할 때, 작업의 실동률(%)은 얼마인가? (단, 사이토와 오시마의 경험식을 적용한다.)

풀이 $RMR=\dfrac{\text{작업대사량}}{\text{기초대사량}}=\dfrac{225\text{kcal/hr}}{1.5\text{kcal/min}\times 60\text{min/hr}}=2.5$

실동률(%) $=85-(5\times RMR)=85-(5\times 2.5)=72.5\%$

기본개념문제 15

기초대사량이 75kcal/hr이고, 작업대사량이 225kcal/hr인 작업을 수행할 때 작업의 실동률(%)과 이에 해당되는 작업강도의 분류를 쓰시오.

풀이 우선 RMR을 구하면

$RMR=\dfrac{\text{작업대사량}}{\text{기초대사량}}=\dfrac{225\text{kcal/hr}}{75\text{kcal/hr}}=3$

① 실동률(%) $=85-(5\times RMR)=85-(5\times 3)=70\%$

② 작업강도는 RMR 3, 실동률 70%에 해당하므로 작업강도의 분류는 강노동이다.

05 교대작업

(1) 개요

① 교대근무라 하는 것은 각각 다른 근무시간대에 서로 다른 사람들이 일을 할 수 있도록 작업조를 2개 조 이상으로 나누어 근무하는 것으로 일시적 혹은 임의적으로 시행되는 작업형태를 제외한 제도화된 근무형태를 말하며, 산업보건 면이나 관리 면에서 가장 문제가 되는 것은 3교대제이다.

② 교대근무는 일반적으로 생산량 확대와 기계 운영의 효율성 등을 높이기 위한 경제적 측면이 강조되고 작업자에 대한 별다른 고려 없이 도입된 측면이 있기 때문에 여러 가지 부작용을 초래하고 있다.

③ 교대근무를 해야만 하는 상황이라면 작업자 일주기성의 리듬(circadian rhythm)이 최대한 작업특성에 맞도록 조건을 갖추어 나가고 작업피로를 최대한 줄일 수 있도록 해야 한다.

④ 교대제 근무에 대한 일주일 리듬의 생리적 · 심리적 적응은 불완전하므로 생산적 이유 이외의 교대제는 하지 않는다.

⑤ 젊은 층의 교대근무자에게 있어서는 체중의 감소가 뚜렷하고 회복은 빠른 반면, 중년층에서는 체중의 변화가 적고 회복은 늦다.

⑥ 교대근무군은 주간근무군과 비교하여 대사증후군 발생률이 높다.

(2) 교대근무의 문제점

사람의 건강에 대한 악영향과 사고빈발로 인한 인적 · 물적 손실과 이로 인한 손실비용의 증가라고 볼 수 있다(교대근무자와 주간근무자의 재해발생률은 큰 차이가 있다).

(3) 교대근무제를 채택할 경우 고려사항

휴식과 수면에 중점을 두고 근무 일수, 작업시간, 교대순서, 휴일 수 등을 정해야 한다.

(4) 기업체에서 교대제를 채택하는 이유

① 의료, 방송 등 공공사업에서 국민생활과 이용자의 편의를 도모하는 경우

② 화학공업, 석유정제업, 제철업 등 생산과정이 주야로 연속되지 않으면 안 되는 경우

③ 기계공업, 방직공업 등 시설투자의 상각을 조속히 달성하기 위해 생산설비를 완전 가동하고자 하는 경우

(5) 야간근무의 생체 부담

① 야간작업 시 새로 만들어지는 바이오리듬의 형성기간은 수개월 걸린다.
② 야간근무 시 가면시간은 적어도 1시간 반 이상은 주어야 수면효과가 있다(주간수면은 효율이 좋지 않음).
③ 야근은 오래 계속하더라도 완전히 습관화되지 않는다.
④ 야간작업 시 체온상승은 주간작업 시보다 낮다.
⑤ 체중의 감소가 발생하고 주간근무에 비하여 피로가 쉽게 온다.
⑥ 주간작업에서 야간작업으로 교대 시 이미 형성된 신체리듬은 즉시 새로운 조건에 맞게 변화되지 않으므로 활동력이 떨어진다.
⑦ 주간수면 시 혈액 수분의 증가가 충분하지 않고, 에너지대사량이 저하되지 않아 잠이 깊이 들지 않는다.
⑧ 교감신경과 부교감신경을 합쳐 자율신경이라 하며 자율신경계의 조절기능이 주간의 교감신경, 야간의 부교감신경의 신경강화로 주간수면은 야간수면에 비해 효과가 떨어진다.

(6) 교대근무제 관리원칙(바람직한 교대제)

① 각 반의 근무시간은 8시간씩 교대로 하고, 야근은 가능한 짧게 한다.
② 2교대인 경우 최소 3조의 정원을, 3교대인 경우 4조를 편성한다.
③ 채용 후 건강관리로 체중, 위장증상 등을 정기적으로 기록해야 하며, 근로자의 체중이 3kg 이상 감소하면 정밀검사를 받아야 한다.
④ 평균 주작업시간은 40시간을 기준으로 '갑반 → 을반 → 병반'으로 순환하게 한다.
⑤ 근무시간의 간격은 15~16시간 이상으로 하는 것이 좋다.
⑥ 야근 주기는 4~5일로 한다.
⑦ 신체 적응을 위하여 야간근무의 연속일수는 2~3일로 하며, 야간근무를 3일 이상 연속으로 하는 경우에는 피로 축적현상이 나타나게 되므로 연속하여 3일을 넘기지 않도록 한다.
⑧ 야근 후 다음 반으로 가는 간격은 최저 48시간 이상의 휴식시간을 갖도록 하여야 한다.
⑨ 야근 교대시간은 상오 0시 이전에 하는 것이 좋다(심야시간을 피함).
⑩ 야근 시 가면은 반드시 필요하며, 보통 2~4시간(1시간 30분 이상)이 적합하다.
⑪ 야근 시 가면은 작업강도에 따라 30분에서 1시간 범위로 하는 것이 좋다.
⑫ 작업 시 가면시간은 적어도 1시간 30분 이상 주어야 수면효과가 있다고 볼 수 있다.
⑬ 야근은 가면을 하더라도 10시간 이내가 좋다.
⑭ 상대적으로 가벼운 작업은 야간근무조에 배치하는 등 업무내용을 탄력적으로 조정해야 하며, 야간작업자는 주간작업자보다 연간 쉬는 날이 더 많아야 한다.
⑮ 근로자가 교대일정을 미리 알 수 있도록 해야 한다.
⑯ 일반적으로 오전근무의 개시시간은 오전 9시로 한다.
⑰ 교대방식(교대근무 순환주기)은 낮근무, 저녁근무, 밤근무 순으로 한다. 즉, 정교대가 좋다.

(7) Flex-Time 제도

작업장의 기계화, 생산의 조직화, 기업의 경제성을 고려하여 모든 근로자가 근무를 하지 않으면 안 되는 중추시간(core time)을 설정하고, 지정된 주간 근무시간 내에서 자유 출퇴근을 인정하는 제도, 즉 작업상 전 근로자가 일하는 core time을 제외하고 주당 40시간 내외의 근로조건하에서 자유롭게 출퇴근하는 제도이다.

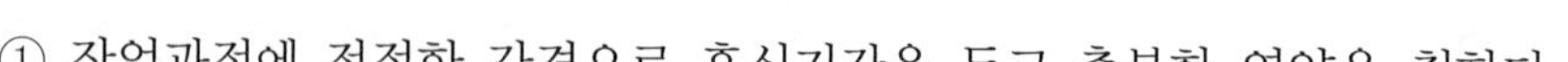

06 산업피로의 예방과 대책

① 작업과정에 적절한 간격으로 휴식기간을 두고 충분한 영양을 취한다.
② 작업환경을 정비 · 정돈한다.
③ 불필요한 동작을 피하고, 에너지 소모를 적게 한다.
④ 동적인 작업을 늘리고, 정적인 작업을 줄인다.
⑤ 개인의 숙련도에 따라 작업속도와 작업량을 조절한다(단위시간당 적정 작업량을 도모하기 위하여 일 또는 월간 작업량을 적정화하여야 함).
⑥ 작업시간 중 또는 작업 전후에 간단한 체조나 오락시간을 갖는다.
⑦ 장시간 한 번 휴식하는 것보다 단시간씩 여러 번 나누어 휴식하는 것이 피로회복에 도움이 된다(정신 신경작업에 있어서는 몸을 가볍게 움직이는 휴식이 좋음).
⑧ 과중한 육체적 노동은 기계화하여 육체적 부담을 줄인다.
⑨ 충분한 수면은 피로예방과 회복에 효과적이다.
⑩ 작업자세를 적정하게 유지하는 것이 좋다(근육을 지속적으로 수축시키기 때문에 불안정한 자세를 피함).
⑪ 작업에 주로 사용하는 팔은 심장 높이에 두도록 하며 작업물체와 눈과의 거리는 명시거리로 30cm 정도를 유지하도록 한다.
⑫ 의자의 높이는 조절할 수 있고 등받이가 있는 것이 좋다.
⑬ 원활한 혈액의 순환을 위해 작업에 사용하는 신체부위를 심장 높이보다 위에 두도록 한다.
⑭ 피로회복 대책으로는 작업 후 목욕, 마사지를 하여 혈액순환을 원활하게 하며, 커피, 홍차, 엽차를 마시며, 특히 비타민 B_1 섭취는 피로회복에 좋다.

인간과 작업환경

01 인간공학

(1) 정의

① NIOSH

인간공학은 일을 하는 사람의 능력에 업무의 요구도나 사업장의 상태와 조건을 맞추는 과학, 즉 인간과 기계의 조화있는 상관관계를 만드는 것이다.

② OSHA

인간공학이란 일을 인간에게 적합하게 하는 과학이다.

③ W.E. Woodson

인간공학이란 인간과 기계의 관계를 합리화시키는 것이다.

(2) 인간공학에서 고려해야 할 인간의 특성

① 인간의 습성
② 기술 · 집단에 대한 적응능력
③ 신체의 크기와 작업환경
④ 감각과 지각
⑤ 운동력과 근력
⑥ 민족

(3) 인간공학이 현대사회(산업)에서 중요시되는 이유

① 인간존중의 차원에서 볼 때 종전의 기계는 개선되어야 할 문제점이 많기 때문이다.
② 생산 경쟁이 격심해짐에 따라 이 분야를 합리화시킴으로써 생산성을 증대시키고자 하기 때문이다.
③ 자동화 또는 제어된 생산과정 속에서 일하고 있으므로 기계와 인간의 문제가 연구되어야 하기 때문이다.

(4) 인간공학 활용 3단계

인간공학은 공장의 기계시설에 있어 준비단계, 선택단계, 검토단계의 순서로 실제 적용하게 된다.

① 1단계 : 준비단계

㉠ 인간공학에서 인간과 기계 관계 구성인자의 특성이 무엇인지를 알아야 하는 단계

㉡ 인간과 기계가 각기 맡은 일과 인간과 기계 관계가 어떠한 상태에서 조작될 것인지 명확히 알아야 하는 단계

② 2단계 : 선택단계

각 작업을 수행하는 데 필요한 직종 간의 연결성, 공정 설계에 있어서의 기능적 특성, 경제적 효율, 제한점을 고려하여 세부 설계를 하여야 하는 인간공학의 활용단계

③ 3단계 : 검토단계

공장의 기계 설계 시 인간공학적으로 인간과 기계 관계의 비합리적인 면을 수정 · 보완하는 단계

(5) 인간공학적 측면에서 진동공구의 무게

10kg을 초과하지 않는 것이 좋다.

(6) 노이로제

① 노이로제란 어떤 원인으로 인해 과민해져서 과잉 주의집중을 일으키는 상태를 말하며, 신경증이라고도 한다.

② 기계화 또는 자동화로 인한 인간성 상실이 원인인 심인성 정신장애이다.

(7) 인간공학이 활용되는 대상

① 작업공간

② 작업방법

③ 작업조직

(8) 인간공학에 적용되는 인체 측정방법

① 정적 치수(static dimension)

㉠ 구조적 인체 치수라고도 함

㉡ 구조적 인체 치수의 종류로는 팔길이, 앉은키, 눈높이 등이 있음

㉢ 정적 자세에서 움직이지 않는 측정을 인체 계측기로 측정한 것

㉣ 골격 치수(팔꿈치와 손목 사이와 같은 관절 중심거리)와 외곽 치수(머리둘레, 허리둘레 등)로 구성

ⓜ 보통 표(table)의 형태로 제시
ⓑ 동적 치수에 비하여 상대적으로 데이터가 많음

② 동적 치수(dynamic dimension)
㉠ 기능적 치수라고도 함
㉡ 육체적인 활동을 하는 상황에서 측정한 치수
㉢ 정적인 데이터로부터 기능적 인체 치수로 환산하는 일반적인 원칙은 없음
㉣ 다양한 움직임을 표로 제시하기 어려움
㉤ 정적 치수에 비하여 상대적으로 데이터가 적음

(9) 인체 계측자료를 표현하는 방법

① 퍼센타일(percentile ; %ile)로 표현하며, 백분위수 의미이고 퍼센트를 보다 현실적으로 세분화하여 나타낸 것이다.
② 전체를 100으로 봤을 때 작은 쪽에서 몇 번째인가를 나타내는 것이다.

(10) 인간 실수

① 정의(Meister, 1971)
인간 실수를 시스템으로부터 요구된 작업 결과(performance)로부터의 차이(deviation)라고 하였다. 즉, 시스템의 안전, 성능, 효율을 저하시키거나 감소시킬 수 있는 잠재력을 갖고 있는 부적절하거나 원치 않는 인간의 결정 또는 행동으로 어떤 허용범위를 벗어난 일련의 동작이라고 하였다.

② 인간 실수와 기계 고장의 차이점
㉠ 인간 실수는 우발적으로 재발하는 유형이며, 설비의 기계 고장은 저절로 복구되지 않음
㉡ 인간은 기계와 다르게 학습에 의해 성능을 지속적으로 향상시킴
㉢ 인간 성능과 스트레스는 비선형 관계이므로 스트레스가 중간 정도일 때 성능수준은 최대에 이름

(11) 동작경제의 3원칙

인간의 능력을 낭비 없이 발휘하면서 편하게 일을 할수록 동작경제의 원칙에 따라 작업방법을 개선한다.
① 신체의 사용에 관한 원칙(use of the human body)
② 작업장의 배치에 관한 원칙(arrangement of the workplace)
③ 공구 및 설비의 설계에 관한 원칙(design of tools and equipment)

(12) 인간-기계 시스템 설계 시 고려사항

① 인간, 기계 혹은 목적으로 하는 대상물을 조합하는 종합 시스템 중에 존재하는 사실들을 파악하고 필요한 조건들을 명확히 표현한다.
② 인간이 수행하여야 할 조작이 연속적인가 아니면 불연속적인가를 알아보기 위해 특성조사를 실시한다.
③ 동작경제의 원칙이 만족되도록 고려하여야 한다.
④ 대상이 되는 시스템이 위치할 환경조건이 인간에 대한 한계치를 만족하는가의 여부를 조사한다.
⑤ 단독의 기계에 대하여 수행해야 할 배치는 인간의 심리 및 기능과 부합되어 있어야 한다.
⑥ 인간과 기계가 다같이 복수인 경우 전체를 포함하는 배치로부터 발생하는 종합적인 효과가 가장 중요하다.
⑦ 기계조작방법을 인간이 습득하려면 어떤 훈련방법이 필요한지 시스템을 활용하면서 인간에게 어느 정도 필요한지를 명확히 해두어야 한다.
⑧ 시스템 설계의 완료를 위해 조작의 안전성, 능률성, 보존의 용의성, 제작의 경제성 측면에서 재검토되어야 한다.
⑨ 완성된 시스템에 대해 최종적으로 불량의 여부에 대한 결정을 수행하여야 한다.

(13) 산업정신건강

① 사업장에서 볼 수 있는 심인성 정신장애로는 성격이상, 노이로제, 히스테리 등이 있다.
② 직장에서 정신면에서 건강관리상 특히 중요시되는 정신장애는 조현병, 조울병, 알코올중독 등이 있다.
③ 조현병이나 조울병은 과거에 내인성 정신병이라고 하였으나 최근에는 심인도 관련하여 발병하는 것으로 알려져 있다.
④ 정신건강은 단지 정신병, 신경증, 정신지체 등의 정신장애가 없는 것만을 의미하는 것이 아니고, 만족스러운 인간관계와 그것을 유지해 나갈 수 있는 능력을 의미한다.

(14) 인간공학적 의자 설계원칙

① 체중의 분포 설계
② 의자 좌판의 높이
③ 의자 좌판의 깊이와 폭
④ 의자 등, 팔, 발 받침대
⑤ 의자의 바퀴

(15) 공간의 효율적 배치의 적용원리

① 기능성 관리
② 중요도 원리
③ 사용빈도 원리

(16) 신체의 순응현상

외부환경의 변화에 신체반응의 항상성이 작용하는 현상

02 들기작업

(1) 직업성 요통

중량물 취급, 작업자세, 전신 진동, 기타 허리에 과도한 부담을 주는 작업에 의해 급성 혹은 만성적인 요통으로 나타나는 현상으로 일반적으로 장기간 반복하여 무리한 동작을 할 때 발생하는 경우가 많다.

(2) L_5/S_1 디스크(disc)

① 척추의 디스크 중 앉을 때와 서 있을 때, 물체를 들어 올릴 때 및 뛸 때 발생하는 압력이 가장 많이 흡수되는 디스크이다.
② 인체의 구조는 경추가 7개, 흉추가 12개, 요추가 5개이고 그 아래에 천골로서 골반의 후벽을 이룬다. 여기서 요추의 5번째 L_5와 천골 사이에 있는 디스크가 있다. 이곳의 디스크를 L_5/S_1 disc라 한다.
③ 물체와 몸의 거리가 멀 경우 지렛대의 역할을 하는 L_5/S_1 디스크에 많은 부담을 준다.

(3) 요통 발생에 관여하는 주된 요인

일반적으로 요통은 장기간 반복하여 무리한 동작을 할 때보다 한 번의 과격한 충격에 의하여 발생하는 경우가 많다.
① 작업습관과 개인적인 생활태도
② 작업빈도, 물체의 위치와 무게 및 크기 등과 같은 물리적 환경요인
③ 근로자의 육체적 조건
④ 요통 및 기타 장애의 경력(예 교통사고, 넘어짐 등)
⑤ 올바르지 못한 작업 방법 및 자세(예 버스운전기사, 이용사, 미용사 등의 직업인)

(4) 요통을 유발할 수 있는 작업자세의 예

① 큰 수레에서 물건을 꺼내기 위하여 과도하게 허리를 숙이는 작업자세
② 낮은 작업대로 인하여 반복적으로 숙이는 작업자세
③ 측면으로 20° 이상 기우는 작업자세

(5) 산업안전보건기준에 관한 규칙상 중량물의 표시

사업주는 5kg 이상의 중량물을 들어 올리는 작업에 근로자를 종사하도록 하는 때에는 다음의 조치를 하여야 한다.

① 주로 취급하는 물품에 대하여 근로자가 쉽게 알 수 있도록 물품의 중량과 무게중심에 대하여 작업장 주변에 안내표시를 할 것
② 취급하기 곤란한 물품에 대하여 손잡이를 붙이거나 갈고리, 진공빨판 등 적절한 보조도구를 활용할 것

(6) 산업안전보건기준에 관한 규칙상 작업자세

사업주는 중량물을 들어 올리는 작업에 근로자를 종사하도록 하는 때에는 무게중심을 낮추거나 대상물에 몸을 밀착하도록 하는 등 신체에 부담을 감소시킬 수 있는 자세에 대하여 널리 알려야 한다.

(7) 중량물 취급에 대한 기준(NIOSH) 적용범위

① 박스(box)인 경우는 손잡이가 있어야 하고, 신발이 미끄럽지 않아야 한다.
② 작업장 내의 온도가 적절해야 한다.
③ 물체의 폭이 75cm 이하로서 두 손을 적당히 벌리고 작업할 수 있는 공간이 있어야 한다.
④ 보통 속도로 두 손으로 들어 올리는 작업을 기준으로 한다.
⑤ 물체를 들어 올리는 데 자연스러워야 한다.

(8) 중량물 취급에 대한 기준에 영향을 미치는 요인

① 물체 무게
② 물체 위치(물체와 사람과의 거리 의미)
③ 물체 높이(바닥으로부터 물체가 처음 놓여 있는 장소의 높이)
④ 물체를 들어 올리는 거리
⑤ 작업횟수(빈도)
⑥ 작업시간

(9) NIOSH에서 제안한 중량물 취급작업의 권고치 중 감시기준(AL)

① 설정 배경(설정기준)

㉠ 역학조사 결과

AL을 초과하면 소수 근로자들에게 장애 위험도 증가하나, 대부분 작업이 가능

㉡ 생물역학적 연구 결과

L_5/S_1 디스크에 가하는 압력이 3,400N 미만인 경우 대부분의 근로자가 견딤

㉢ 노동생리학적 연구 결과

요구되는 에너지 대사량 3.5kcal/min

㉣ 정신물리학적 연구 결과

남자 99%, 여자 75% 이상에서 AL 수준의 작업 가능

② 감시기준(AL) 관계식

$$\mathrm{AL}(\mathrm{kg}) = 40\left(\frac{15}{H}\right)(1-0.004|V-75|)\left(0.7+\frac{7.5}{D}\right)\left(1-\frac{F}{F_{\max}}\right)$$

여기서, H : 대상물체의 수평거리(발목 중간점에서 대상 물체의 질량중심까지)

V : 대상물체의 수직거리(대상 물체를 들어 올리기 전 바닥으로부터 수직거리)

D : 대상물체의 이동거리(최초의 높이에서 이동한 수직이동거리)

F : 중량물 취급작업의 분당 빈도

$F_{\max}$: 인양대상 물체의 취급 최빈수

(10) NIOSH에서 제안한 중량물 취급작업의 권고치 중 최대허용기준(MPL)

① 설정 배경(설정기준)

㉠ 역학조사 결과

MPL을 초과하는 작업에서는 대부분의 근로자에게 근육, 골격 장애 나타남

㉡ 인간공학적 연구 결과

L_5/S_1 디스크에 6,400N 압력 부하 시 대부분의 근로자가 견딜 수 없음

㉢ 노동생리학적 연구 결과

요구되는 에너지 대사량 5.0kcal/min 초과

㉣ 정신물리학적 연구 결과

남성 25%, 여성 1% 미만에서만 MPL 수준의 작업 가능

② 최대허용기준(MPL) 관계식

$$\mathrm{MPL}(\text{최대허용기준}) = \mathrm{AL}(\text{감시기준}) \times 3$$

기본개념문제 01

중량물 취급작업에 대하여 미국 NIOSH에서는 감시기준과 최대허용기준을 설정하고 있다. 감시기준이 30kg일 때 최대허용기준은?

풀이 MPL(최대허용기준)=AL(감시기준)×3
∴ MPL=30kg×3=90kg

(11) 개정 NIOSH 중량물 취급작업의 권고기준(RWL)

① 중량물을 취급하는 동작을 분석하는 대표적인 인간공학 평가도구인 NLE(NIOSH Lifting Equation)를 이용하여 평가할 때 단일작업 시 RWL(추천 중량한계)를 구한다.

② 권고중량물 한계기준이라고도 하며, 감시기준과 최대허용기준의 보완적 의미이다.

③ 권고기준(RWL) 관계식

$$\mathrm{RWL\,(kg)} = L_C \times \mathrm{HM} \times \mathrm{VM} \times \mathrm{DM} \times \mathrm{AM} \times \mathrm{FM} \times \mathrm{CM}$$

여기서, L_C : 중량상수(부하상수)(23kg : 최적 작업상태 권장 최대무게, 즉 모든 조건이 가장 좋지 않을 경우 허용되는 최대중량의 의미)

HM : 수평계수(몸의 수직선상의 중심에서 물체를 잡는 손의 중앙까지의 수평거리(H)를 측정하여 $25/H$로 구함) ; 수평위치값의 기준 25cm

VM : 수직계수(바닥에서 손까지의 수직거리(V)를 측정하여 $1-(0.003|V-75|)$로 구함) ; 수직위치값의 기준 75cm

DM : 물체 이동거리계수(최초의 위치에서 최종 운반위치까지의 수직 이동거리를 의미)$=0.82+(4.5/D)$

AM : 비대칭각도계수(물건을 들어 올릴 때 허리의 비틀림 각도(A)를 측정하여 $1-0.0032A$에 대입)

FM : 작업빈도계수

CM : 물체를 잡는 데 따른 계수(커플링계수)

기본개념문제 02

다음 [표]를 이용하여 개정된 NIOSH의 들기작업 권고기준에 따른 권장무게한계(RWL)는 약 얼마인가?

계수 구분	값	계수 구분	값
수평계수(HM)	0.5	비대칭계수(AM)	1
수직계수(VM)	0.955	빈도계수(FM)	0.45
거리계수(DM)	0.91	커플링계수(CM)	0.95

풀이 $\mathrm{RWL(kg)} = L_C \times \mathrm{HM} \times \mathrm{VM} \times \mathrm{DM} \times \mathrm{AM} \times \mathrm{FM} \times \mathrm{CM}$(여기서, L_C : 중량상수(23kg))
$=23\mathrm{kg} \times 0.5 \times 0.955 \times 0.91 \times 1 \times 0.45 \times 0.95 = 4.27\mathrm{kg}$

(12) NIOSH 중량물 취급지수(들기지수, LI)

① 특정 작업에 의한 스트레스를 비교 · 평가 시 사용한다.

② 중량물 취급지수(LI) 관계식

$$LI = \frac{\text{물체 무게(kg)}}{RWL(kg)}$$

기본개념문제 03

무게 9kg의 물건을 근로자가 들어 올리려고 한다. 해당 작업조건의 권고기준(RWL)이 3.3kg이고 바닥으로부터 이동거리는 1.5cm일 때 중량물 취급지수(LI)는?

풀이 $LI = \frac{\text{물체 무게(kg)}}{RWL(kg)} = \frac{9kg}{3.3kg} = 2.73$

(13) NIOSH의 중량물 취급작업의 분류와 대책

① MPL(최대허용한계) 초과인 경우(MPL 초과 시 대부분의 근로자에게 근육 및 근골격계 장애 유발)
반드시 공학적 개념을 도입하여 설계

② RWL(AL)과 MPL 사이인 경우
㉠ 원인 분석, 행정적 및 경영학적 개선을 하여 작업조건을 AL 이하로 내려야 함
㉡ 적합한 근로자 선정 및 적정 배치, 훈련, 작업방법 개선 등 행정적인 조치가 필요함

③ RWL(AL) 이하인 경우
적합한 작업조건(대부분의 정상 근로자들에게 적절한 작업조건으로 현 수준을 유지)

(14) 중량물 취급작업 권고치(LI)에 영향 정도

작업빈도 > 수평거리 > 수직거리 > 이동거리

(15) 중량물 들기작업의 동작순서

① 중량물에 몸의 중심을 가능한 가깝게 한다.
② 발을 어깨 너비 정도로 벌리고, 몸은 정확하게 균형을 유지한다.
③ 무릎을 굽힌다.
④ 가능하면 중량물을 양손으로 잡는다.
⑤ 목과 등이 거의 일직선이 되도록 한다.
⑥ 등을 반듯이 유지하면서 무릎의 힘으로 일어난다.

(16) 앉아서 하는 운전작업 시 주의사항

① 방석과 수건을 말아서 허리에 받쳐 최대한 척추가 자연곡선을 유지하도록 한다.
② 운전대를 잡고 있을 때에는 상체를 앞으로 심하게 기울이지 않는다.
③ 상체를 반듯이 편 상태에서 허리를 약간 뒤로 젖힌 자세가 좋다.
④ 차 등을 타고 내릴 때 몸을 회전해서는 안 된다.
⑤ 큰 트럭에서 내릴 때에는 뛰어서는 안 된다.
⑥ 주기적으로 차에서 내려 걷는 등 가벼운 운동을 한다.

(17) 수공구를 이용한 작업개선 원리

① 손바닥 전체에 골고루 스트레스를 분포시키는 손잡이를 가진 수공구를 선택한다.
② 가능하면 손가락으로 잡는 pinch grip보다는 손바닥으로 감싸 안아 잡는 power grip을 이용한다.
③ 공구 손잡이의 홈은 손바닥의 일부분에 많은 스트레스를 야기하므로 손잡이 표면에 홈이 파진 수공구를 피한다.
④ 동력공구는 그 무게를 지탱할 수 있도록 매단다.
⑤ 차단이나 진동패드, 진동장갑 등으로 손에 전달되는 진동효과를 줄인다.

(18) 작업 평면 설계(인간공학적 방법에 의한 작업장 설계)

① 수평 작업영역
㉠ 정상작업역(표준영역, normal area)
ⓐ 상박부를 자연스런 위치에서 몸통부에 접하고 있을 때에 전박부가 수평면 위에서 쉽게 도착할 수 있는 운동범위
ⓑ 위팔(상완)을 자연스럽게 수직으로 늘어뜨린 채 아래팔(전완)만으로 편안하게 뻗어 파악할 수 있는 영역
ⓒ 움직이지 않고 전박과 손으로 조작할 수 있는 범위
ⓓ 앉은 자세에서 위팔은 몸에 붙이고, 아래팔만 곧게 뻗어 닿는 범위
ⓔ 약 34~45cm의 범위
㉡ 최대작업역(최대영역, maximum area)
ⓐ 팔 전체가 수평상에 도달할 수 있는 작업영역
ⓑ 어깨로부터 팔을 뻗어 도달할 수 있는 최대영역
ⓒ 아래팔(전완)과 위팔(상완)을 곧게 펴서 파악할 수 있는 영역
ⓓ 움직이지 않고 상지를 뻗어서 닿는 범위
ⓔ 약 55~65cm의 범위

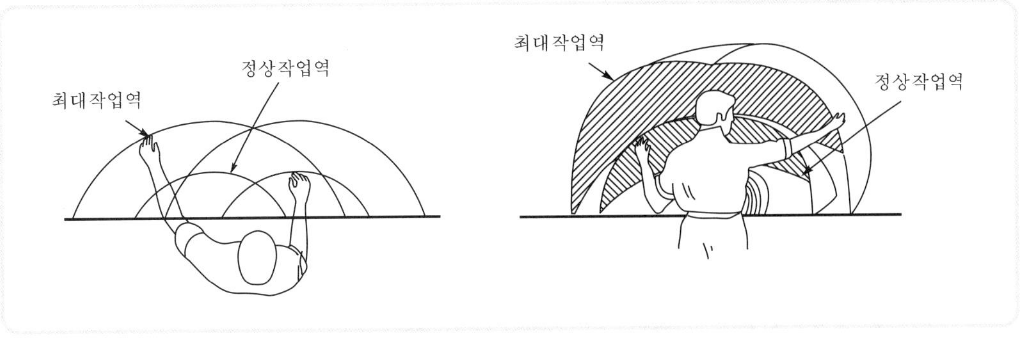

▌정상작업역 및 최대작업역(branes)▐

② 앉아서 하는 작업
- ㉠ 작업면의 높이를 개인의 신체치수에 맞춘다.
- ㉡ 작업 높이는 팔꿈치 높이와 같아야 한다.
- ㉢ 작업면 하부 여유공간은 대퇴부가 자유롭게 움직일 수 있어야 한다.
- ㉣ 미세 및 정밀 작업용 작업면은 팔꿈치 높이보다 각각 15cm 및 5cm 높아야 한다.

③ 서서 하는 작업
- ㉠ 선 작업자의 작업대 높이는 앉은 작업자의 경우와 같이 팔꿈치의 높이와 실행 중인 작업 종류에 관련이 있다.
- ㉡ 경작업과 중작업 시 권장작업대의 높이는 팔꿈치 높이보다 낮게 작업대를 설치한다.
- ㉢ 정밀작업 시에는 팔꿈치 높이보다 약간 높게(5~10cm) 설치된 작업대가 권장된다.
- ㉣ 작업대의 높이는 조절 가능한 것으로 선정하는 것이 좋다.

④ 앞으로 구부리고 수행하는 작업공정
- ㉠ 작업점의 높이는 팔꿈치보다 낮게 한다.
- ㉡ 바닥의 얼룩을 닦을 때는 허리를 구부리지 말고 다리를 구부려서 작업한다.
- ㉢ 상체를 구부리고 작업을 하다가 일어설 때는 무릎을 굴절시켰다가 다리 힘으로 일어난다.
- ㉣ 신체의 중심이 물체의 중심보다 앞쪽에 있도록 한다.

03 단순반복작업

(1) 단순반복작업의 의미

단순반복작업이란 오랜 시간 동안 반복되거나 지속되는 동작 또는 작업자세로 수행되는 모든 작업요소를 말하며, 이러한 작업들은 근골격계 질환과 관련된 작업형태이다. 일반적으로 작업량, 작업속도, 작업강도, 작업장 구조 등 작업자가 임의로 조정하기 어려운 작업들을 관리대상으로 하고 있다.

(2) 관리대상 작업(근골격계 부담작업)

① 하루에 4시간 이상 집중적으로 자료입력 등을 위해 키보드 또는 마우스를 조작하는 작업
② 하루에 총 2시간 이상 목, 어깨, 팔꿈치, 손목 또는 손을 사용하여 같은 동작을 반복하는 작업
③ 하루에 총 2시간 이상 머리 위에 손이 있거나, 팔꿈치가 어깨 위에 있거나, 팔꿈치를 몸통으로부터 들거나, 팔꿈치를 몸통 뒤쪽에 위치하도록 하는 상태에서 이루어지는 작업
④ 지지되지 않은 상태이거나 임의로 자세를 바꿀 수 없는 조건에서, 하루에 총 2시간 이상 목이나 허리를 구부리거나 펴는 상태에서 이루어지는 작업
⑤ 하루에 총 2시간 이상 쪼그리고 앉거나 무릎을 굽힌 자세에서 이루어지는 작업
⑥ 하루에 총 2시간 이상 지지되지 않은 상태에서 1kg 이상의 물건을 한 손의 손가락으로 집어 옮기거나, 2kg 이상에 상응하는 힘을 가하여 한 손의 손가락으로 물건을 쥐는 작업
⑦ 하루에 총 2시간 이상 지지되지 않은 상태에서 4.5kg 이상의 물건을 한 손으로 들거나 동일한 힘으로 쥐는 작업
⑧ 하루에 10회 이상 25kg 이상의 물체를 드는 작업
⑨ 하루에 25회 이상 10kg 이상의 물체를 무릎 아래에서 들거나, 어깨 위에서 들거나, 팔을 뻗은 상태에서 드는 작업
⑩ 하루에 총 2시간 이상, 분당 2회 이상 4.5kg 이상의 물체를 드는 작업
⑪ 하루에 총 2시간 이상, 시간당 10회 이상 손 또는 무릎을 사용하여 반복적으로 충격을 가하는 작업

04 VDT 증후군

(1) 영상(시각)표시 단말기(VDT ; Video Display Terminal)

음극선관(CRT) 화면, 액정표시(LCD) 화면, 가스플라스마(GP) 화면 등의 영상표시 단말기를 말한다.

(2) 영상표시 단말기 취급 근로자

영상표시 단말기의 화면을 감시 · 조정하거나 영상표시 단말기 등을 사용하여 입력, 출력, 검색, 편집, 수정 프로그래밍, 컴퓨터 설계(CAD) 등을 행하는 자를 말한다.

(3) VDT 증후군(VDT syndrome)

① 개요

VDT 증후군이란 VDT를 오랜 기간 취급하는 작업자에게 발생하는 근골격계 질환, 안정피로 등의 안장애, 정전기 등에 의한 피부발진, 정신적 스트레스, 전자기파와 관련된 건강장애 등을 모두 합하여 부르는 용어이다. 이들 증상들은 서로 독립적으로 나타나는 것이 아니라 복합적으로 발생하기 때문에 하나의 증후군이라 부른다.

② 피해(영향)

㉠ 근골격계 증상

ⓐ 주로 반복적인 키보드 입력작업과 고정된 자세에서의 지속된 동작(정적인 자세), 부적합한 작업자세, 장시간 작업 등이 원인이다.

ⓑ 목, 어깨, 팔꿈치, 손목 및 손가락 등에 나타나는 통증과 저림, 쑤심 등의 건강장애를 말한다.

㉡ 눈의 피로(안장애)

ⓐ 아직 의학적으로 확실하게 밝혀진 사실이 많지 않지만 주로 눈의 피로나 통증 등이 컴퓨터 작업과 관련된 것으로 알려져 있다.

ⓑ 눈의 피로가 VDT 작업만의 독특한 결과라기보다는 화질, 대비, 휘광 등의 작업환경의 복합적인 결과가 중요하다.

㉢ 피부 증상

날씨가 건조할 때 화면에서 발생되는 정전기에 의해 민감한 피부반응이 나타나는 경우가 있다.

㉣ 정신적 스트레스(정신 · 신경계 장애)

VDT 작업과 관련된 정신적인 스트레스와 관련되어 나타나는 현상은 정서적 불편(초조, 근심, 착란, 긴장, 무기력감)과 생리적 반응(혈압상승, 소화불량, 심박수 증가, 아드레날린 분비 촉진, 두통)이 있다.

㉤ 전자파 장애

ⓐ 컴퓨터 화면으로부터 발생되는 전자기파(EMF)에 의한 장애를 말한다.

ⓑ 최근에는 극저주파(ELF)의 장기간 노출에 의한 건강장애와 관련된 연구들이 진행 중이다.

(4) 바람직한 VDT 작업자세(CRT 취급 관련 작업기준)

① CRT 및 키보드 조건

㉠ CRT 방출 전리방사선은 자연방사선량 이하로 검출되어야 함

㉡ 비전리방사선은 차폐되어야 함

㉢ 키보드의 경사는 5~15°, 두께는 30mm가 적당함

② 설치거리

화면과 눈의 거리는 두 뼘(40cm) 이상 유지할 것

③ 휘도

너무 높게 되면 눈부심과 잔상효과가 나타남

④ 대조비

너무 높게 되면 번쩍거리는 현상이 일어나기 쉬움

⑤ 화면의 배경색

㉠ 문자는 어둡고 화면의 배경색은 밝게 하는 것이 눈의 피로현상을 감소시킴

㉡ 배경 휘도를 문자의 3배 이상으로 조절하는 것이 적당함

⑥ 채광

자연적 채광이 바람직하며, 화면에 반사광선이 비치지 않게 함

⑦ 조도

주변환경 조도는 화면의 바탕 색상이 검은색일 경우 300~500lux가 적당함

⑧ 소음

작업시간당 약 55dB 이하가 적당함

⑨ 조도비

CRT 화면 : 키보드 : 주변 = 1 : 3 : 10

⑩ 팔꿈치의 높이

의자 높이를 조절하여 키보드의 높이와 일치하는 자세

⑪ 팔의 각도

위쪽 팔과 아래쪽 팔이 이루는 각도(내각)는 90° 이상이 적당하고 위팔은 자연스럽게 늘어뜨리고 아래팔은 손등과 일직선을 유지하여 손목이 꺾이지 않도록 할 것

⑫ 문서 홀더(서류받침대)와 화면은 눈높이가 동일한 것이 좋음

⑬ 상박과 몸 중심선은 일치하는 것이 좋음. 또한 작업자의 어깨가 들리지 않아야 함

⑭ 화면을 향한 눈의 높이는 화면보다 약간 높은 것이 좋고 작업자의 시선은 수평선상으로부터 아래로 5~10°(10~15°) 이내일 것

⑮ 작업자의 발바닥 전면이 바닥면에 닿는 자세를 취하고 무릎의 내각은 90° 전후일 것

⑯ 작업자의 손목을 지지해 줄 수 있도록 작업대 끝 면과 키보드의 사이는 15cm 이상을 확보할 것

⑰ 키보드를 조작하여 자료를 입력할 때 양 손목을 바깥으로 꺾은 자세가 오래 지속되지 않도록 주의할 것

⑱ 화면상의 문자와 배경과의 휘도비를 낮출 것

⑲ 디스플레이의 화면 상단이 눈높이보다 약간 낮은 상태(약 10° 이하)가 되도록 할 것

⑳ 작업 중 시야에 들어오는 화면, 키보드, 서류 등의 주요 표면 밝기는 차이를 작게 할 것

㉑ 실내조명은 화면과 명암의 대조가 심하지 않고 동시에 눈부시지 않도록 하여야 할 것

㉒ 정전기 방지는 접지를 이용하거나 알코올 등으로 화면을 세척할 것

05 노동생리(작업생리)

(1) 개요

① 작업생리학은 여러 가지 활동에 필요한 에너지 소비량과 그에 따른 인체의 작업능력 한계를 연구하는 학문이다.

② 육체적인 작업에 있어서 필요한 에너지는 근육의 수축을 지원해 줄 수 있을 만큼 충분한 에너지가 필요하다.

③ 노동에 필요한 에너지원은 근육에 저장된 화학에너지(혐기성 대사)와 대사과정(구연산 회로, 호기성 대사)을 거쳐 생성되는 에너지로 구분된다.

④ 혐기성과 호기성 대사에 모두 에너지원으로 작용하는 것은 포도당(glucose)이며, 혐기성 대사의 에너지원은 글리코겐이다.

(2) 노동에 필요한 에너지원

① 혐기성 대사(anaerobic metabolism)

㉠ 근육에 저장된 화학적 에너지를 의미함

㉡ 혐기성 대사 순서(시간대별)

근육운동에 동원되는 주요 에너지원 중 가장 먼저 소비되는 것은 ATP이다.

ATP(아데노신삼인산) → CP(크레아틴인산) → [Glycogen(글리코겐) or Glucose(포도당)]

㉢ 기타 혐기성 대사(근육운동)

ⓐ ATP + H_2O ⇄ ADP + P + free energy

ⓑ creatine phosphate + ADP ⇄ creatine + ATP

ⓒ glucose + P + ADP → lactate + ATP

② 호기성 대사(aerobic metabolism)

㉠ 대사과정(구연산 회로)을 거쳐 생성된 에너지를 의미함

㉡ 대사과정

[포도당(탄수화물) / 단백질 / 지 방] + 산소 ⇨ 에너지원

(3) 식품과 영양소

① 3대 영양소

㉠ 당질(탄수화물)

ⓐ 포도당의 형태로 에너지원으로 이용

ⓑ 체내 연소 시 발생열량은 1g당 4.1kcal

㉡ 지방

ⓐ 육체적 작업을 하는 근로자가 필요로 하는 영양소 중에서 열량공급의 측면에서 가장 유리함

ⓑ 체내 연소 시 발생열량은 1g당 9.3kcal

㉢ 단백질

ⓐ 몸의 구성 성분이며, 활성 단백질로서도 중요함

ⓑ 체내 연소 시 발생열량은 1g당 4.1kcal

ⓒ 단백질 영양부족 시 전신 부종과 피부에 반점 생김

② 5대 영양소

㉠ 탄수화물
㉡ 지　　방
㉢ 단 백 질
→ 체내에서 산화 연소하여 에너지 공급(열량 공급원)

㉣ 무기질 : 신체의 생활기능을 조절하는 영양소

㉤ 비타민

ⓐ 신체의 생활기능을 조절하는 영양소

ⓑ 체내에서 합성되지 않기 때문에 식물의 성분으로 섭취해야 함

③ 체성분을 구성(체내 조직 구성 및 분해)하는 데 관여하는 영양소

㉠ 단백질

㉡ 무기질

㉢ 물

④ 여러 영양소의 영양적 작용의 매개가 되고 생활기능을 조절하는 영양소

㉠ 비타민

㉡ 무기질

㉢ 물

⑤ 비타민 결핍증

㉠ 비타민 A : 야맹증, 성장장애

㉡ 비타민 B_1 : 각기병, 신경염

ⓐ 작업강도가 높은 근로자의 근육에 호기적 산화를 촉진시켜 근육의 열량 공급을 원활히 해주는 영양소

ⓑ 근육운동(노동) 시 보급해야 함

㉢ 비타민 B_2 : 구강염

㉣ 비타민 C : 괴혈병
㉤ 비타민 D : 구루병
㉥ 비타민 E : 생식기능(노화 촉진)
㉦ 비타민 F : 피부병
㉧ 비타민 K : 혈액응고 지연작용

(4) 인체 내 열생산을 주로 담당하는 기관

① 골격근 : 체열 생산이 제일 많은 기관
② 간장

(5) 에너지 소요량에 미치는 영향인자

① 연령
② 성별
③ 체격
④ 운동량
⑤ 건강상태

(6) 작업 시 소비열량(작업대사량)에 따른 작업강도 분류(ACGIH, 우리나라 고용노동부에서 적용)

① 경작업 : 200kcal/hr까지 작업
② 중등도작업 : 200~350kcal/hr까지 작업
③ 중작업(심한 작업) : 350~500kcal/hr까지 작업

(7) 작업에 따른 영양관리

① 근육작업자의 에너지 공급은 당질을 위주로 한다.
② 고온작업자에게는 식수와 식염을 우선 공급한다.
③ 중작업자에게는 단백질을 공급한다.
④ 저온작업자에게는 지방질을 공급한다.

(8) 심한 작업이나 운동 시 호흡조절에 영향을 주는 요인

① O_2
② CO_2
③ 수소이온

06 근골격계 질환

(1) 정의

반복적인 동작, 부적절한 작업자세, 무리한 힘의 사용(물건을 잡는 손의 힘), 날카로운 면과의 신체접촉, 진동 및 온도(저온) 등의 요인에 의하여 발생하는 건강장애로서 목, 어깨, 허리, 상·하지의 신경근육 및 그 주변 신체조직 등에 나타나는 질환을 말한다.

(2) 근골격계 질환 관련 용어

① 누적외상성 질환(CTDs ; Cumulative Trauma Disorders)
② 근골격계 질환(MSDs ; Musculo Skeletal Disorders)
③ 반복성 긴장장애(RSI ; Repetitive Strain Injuries)
④ 경견완증후군(고용노동부, 1994, 업무상 재해 인정기준)

(3) 직업성 경견완증후군 발생과 연관이 있는 작업

① 전화교환 작업
② 키펀치 작업(컴퓨터 사무 작업)
③ 금전등록기의 계산 작업

(4) 근골격계 질환의 특징

① 노동력 손실에 따른 경제적 피해가 큼
② 근골격계 질환의 최우선 관리목표는 발생의 최소화임
③ 단편적인 작업환경 개선으로 좋아질 수 없음
④ 한 번 악화되어도 회복은 가능함(회복과 악화가 반복적)
⑤ 자각증상으로 시작되며 환자 발생이 집단적임
⑥ 손상의 정도 측정이 용이하지 않음
⑦ 생산공정이 기계화·자동화되어도 꾸준하게 증가하는 추세임
⑧ 우리나라의 경우 50명 미만의 영세 중소기업에서 약 70% 정도를 차지함
⑨ 업종별로는 '제조업>서비스업>건설업' 순으로 발생함

(5) 근골격 질환자의 사후관리방법

① 작업내용의 개선
② 작업시간과 휴식시간의 조정
③ 작업전환

(6) 근골격계 질환을 줄이기 위한 작업관리방법

① 수공구의 무게는 가능한 줄이고 손잡이는 접촉면적을 크게 한다.
② 손목, 팔꿈치, 허리가 뒤틀리지 않도록 한다. 즉, 부자연스러운 자세를 피한다.
③ 작업시간을 조절하고, 과도한 힘을 주지 않는다.
④ 동일한 자세로 장시간 하는 작업을 피하고 작업대사량을 줄인다.
⑤ 근골격계 질환을 예방하기 위한 작업환경 개선의 방법으로 인체 측정치를 이용한 작업환경 설계 시 가장 먼저 고려하여야 할 사항은 조절가능 여부이다.

(7) 근골격계 질환 예방관리 프로그램(산업안전보건기준에 관한 규칙)

① 근골격계 부담작업으로 인한 건강장애 예방관리를 위한 프로그램의 일종으로서 근골격계 부담작업에 대한 유해요인 조사, 작업환경 개선, 의학적 관리, 교육, 훈련, 평가에 관한 사항 등이 포함된 근골격계 질환 예방관리를 위한 종합적인 계획을 말한다.
② 근골격계 질환 예방관리 프로그램을 수립 · 시행하는 경우
㉠ 근골격계 질환으로 업무상 질병으로 인정받은 근로자가 연간 10명 이상 발생한 사업장 또는 5명 이상 발생한 사업장으로서 발생비율이 그 사업장 근로자 수의 10% 이상인 경우
㉡ 근골격계 질환 예방과 관련하여 노사 간 이견이 지속되는 사업장으로서 고용노동부장관이 필요하다고 인정하여 명령한 경우

(8) 근골격계 질환의 종류와 원인 및 증상

종 류	원 인	증 상
근육통증후군 (기용터널증후군)	목이나 어깨를 과다 사용하거나 굽히는 자세	목이나 어깨 부위 근육의 통증 및 움직임 둔화
요통 (건초염)	• 중량물 인양 및 옮기는 자세 • 허리를 비틀거나 구부리는 자세	추간판 탈출로 인한 신경 압박 및 허리 부위에 염좌가 발생하여 통증 및 감각마비
손목뼈터널증후군 (수근관증후군)	반복적이고 지속적인 손목 압박 및 굽힘 자세	손가락의 저림 및 통증, 감각저하
내 · 외상과염	과다한 손목 및 손가락의 동작	팔꿈치 내 · 외측의 통증
수완진동증후군	진동공구 사용	손가락의 혈관수축, 감각마비, 하얗게 변함

(9) 유해요인 조사

① 사업주는 근로자가 근골격계 부담작업을 하는 경우에 3년마다 유해요인 조사를 해야 한다. (신설 사업장의 경우 신설일로부터 1년 이내에 최초의 유해요인 조사)

② 유해요인 조사 포함사항

㉠ 설비, 작업공정, 작업량, 작업속도 등 작업장 상황

㉡ 작업시간, 작업자세, 작업방법 등 작업조건

㉢ 작업과 관련된 근골격계 질환 징후 및 증상 유무 등

(10) 근골격계 질환의 위험요인을 평가하는 평가도구

① OWAS : 핀란드의 철강회사에서 근육을 발휘하기에 부적절한 작업자세를 구별할 목적으로 개발한 평가기법이며, 작업자세에 의한 작업부하에 초점을 맞추었고, 현장 작업장에서 특별한 기구 없이 관찰에 의해서만 작업자세를 평가하는 도구이다.

② RULA : 어깨, 팔목, 손목, 목 등 상지의 분석에 초점을 두고 있기 때문에 하체보다는 상체의 작업부하가 많이 부과되는 작업의 자세에 대한 근육부하를 평가하는 도구이다.

③ JSI

㉠ 주로 상지 말단의 직업관련성 근골격계 유해요인을 평가하기 위한 도구로 각각의 작업을 세분하여 평가하며, 작업을 정량적으로 평가함과 동시에 질적인 평가도 함께 고려한다.

㉡ JSI 평가결과의 점수가 7점 이상은 위험한 작업이므로 즉시 작업개선이 필요한 작업으로 관리기준을 제시하게 된다.

㉢ 이 평가방법은 손목의 특이적인 위험성만을 평가하고 있어 제한적인 작업에 대해서만 평가가 가능하고, 손, 손목 부위에서 중요한 진동에 대한 위험요인이 배제되었다는 단점이 있다.

㉣ 평가과정은 지속적인 힘에 대해 5등급으로 나누어 평가하고, 힘을 필요로 하는 작업의 비율, 손목의 부적절한 작업자세, 반복성, 작업속도, 작업시간 등 총 6가지 요소를 평가한 후 각각의 점수를 곱하여 최종 점수를 산출하게 된다.

④ REBA

㉠ 신체 전체의 자세를 평가하며, RULA가 상지에 국한되어 평가하는 단점을 보완한 평가 도구로, RULA보다 하지의 분석을 좀 더 자세히 평가할 수 있다.

㉡ 의료 관련 직종이나 다른 산업에서 예측이 힘든 다양한 자세들이 발생하는 경우를 대비하여 만들어진다.

⑤ NLE : 들기작업에 대한 RWL을 쉽게 산출하여, 작업의 위험성을 예측하여 인간공학적인 작업방법의 개선을 통해 작업자의 직업성 요통을 사전에 예방하는 것이 목적이며, 정밀한 작업평가, 작업설계에 이용되는 평가도구이다.

⑥ WAC

⑦ PATH

(11) 근골격계 질환을 예방하기 위한 개선사항

① 반복적인 작업을 연속적으로 수행하는 근로자에게는 해당 작업 이외의 작업을 중간에 넣어 동일한 작업자세를 피한다.

② 반복의 정도가 심한 경우에는 공정을 자동화하거나 다수의 근로자들이 교대하도록 하여 한 근로자의 반복작업시간을 가능한 한 줄이도록 한다.

③ 작업대의 높이는 작업정면을 보면서 팔꿈치 각도가 90°를 이루는 자세로 작업할 수 있도록 조절하고, 근로자와 작업면의 각도 등을 적절히 조절할 수 있도록 한다.

④ 작업영역은 정상작업영역 이내에서 이루어지도록 하고 부득이한 경우에 한해 최대작업영역에서 수행하되 그 작업이 최소화되도록 한다.

⑤ 근골격계 질환을 예방하기 위한 작업환경 개선의 방법은 인체측정치를 이용한 작업환경의 설계가 이루어질 때 가장 먼저 고려해야 하는 사항은 '조절가능 여부'이다.

⑥ 근골격계 질환을 최대한 줄이기 위하여 조기발견, 작업환경 개선, 적절한 의학 조치 등을 취하여야 한다.

(12) 직업관련 근골격계 장애(Work-MSDs)가 문제로 인식되는 이유

① WMSDs는 다양한 작업장과 다양한 직무활동에서 발생한다.

② WMSDs는 생산성을 저하시키며, 제품과 서비스의 질을 저하시킨다.

③ WMSDs는 거의 모든 산업 분야에서 예방 가능한 질환이다.

④ WMSDs는 특히 허리가 포함되었을 때 비용이 가장 많이 소요되는 직업성 질환이다.

07 산업심리의 정의

(1) 산업심리 정의

산업활동에 종사하는 인간의 문제, 특히 산업현장의 근로자들이 심리적 특성, 그리고 이와 연관된 조직의 특성 등을 연구, 고찰, 해결하려는 응용 심리학의 한 분야이며, 산업 및 조직 심리학(industrial and organizational psychology)이라고 불리기도 한다.

(2) 산업심리학 정의

인간의 행동을 심리학적으로 연구하여 산업활동 전반에 어떠한 영향을 미치는가를 연구하는 실천과학이며, 주된 접근방법은 인지적 접근방법 및 행동적 접근방법이다.

(3) 산업심리학의 발전방향

① 초기의 산업심리학은 근로자들의 작업동작, 피로현상과 같은 개인의 활동을 연구대상으로 하였으며, 그 응용도 적성검사, 적정배치, 능률향상, 사고방지 등에 한정되어 있었다.
② 제2차 세계대전 후 작업에서의 동기부여, 직무만족, 직장에서의 인간관계 등 사회심리학적인 면이 강조됨과 함께 인간-기계 시스템에서의 휴먼에러에 대한 연구와 같은 공학심리학적인 면도 주목받게 되었다.

(4) 호손실험(Hawthorn experiment)

① 1932년부터 1942년까지 미국의 Hawthorn 공장에서 실시된 노무관리에 관한 실험의 총칭이며 생산성을 좌우하는 것은 작업시간, 조명, 임금과 같은 과학적 관리법에서 중시하는 것이 아니고 근로자가 자신이 속하는 집단에 대해서 갖는 감정, 태도 등의 심리조절, 사람과 사람의 관계, 특히 informal group의 작용이므로, 근로 생산성을 향상시키기 위해서는 근로자를 둘러싸고 있는 인적 환경을 개선하는 것이 필요하다는 것이다.
② 호손실험은 노무관리의 자세에 큰 영향을 주었다.

08 산업심리의 영역

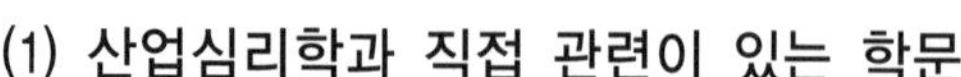

(1) 산업심리학과 직접 관련이 있는 학문

① 인사관리학　② 인간공학
③ 사회심리학　④ 심리학
⑤ 응용심리학　⑥ 안전관리학
⑦ 신뢰성공학　⑧ 행동과학
⑨ 노동과학

(2) 산업심리학과 간접 관련이 있는 학문

① 철학
② 윤리학
③ 교육학
④ 자연과학(물리학, 화학, 생물학)
⑤ 사회병리학
⑥ 위생학

(3) 개성, 욕구 및 사회행동의 기본형태

① 개성

㉠ 인간의 성격, 능력, 기질의 3가지 요인의 유기적 결합에 의해서 이루어진다.

㉡ 생활환경 및 인간관계에 의해 개인의 생리적 조건과 조화되면서 형성된다.

② 욕구

㉠ 생리적 욕구(의식적으로 통제가 힘든 순서)

호흡욕구 > 안전욕구 > 해갈욕구 > 배설욕구 > 수면욕구 > 식욕구 > 활동욕구

㉡ 사회활동욕구

③ 사회행동의 기본형태

㉠ 협력(cooperation) : 조력, 분업

㉡ 대립(opposition) : 공격, 경쟁

㉢ 도피(escape) : 고립, 정신병, 자살

㉣ 융합(accomodation) : 강제, 타협

09 직무 스트레스 원인

(1) 직무 스트레스의 정의

맡겨진 작업, 업무로 인한 여러 가지 조건으로 정신적 · 심적인 압박을 받아서 그것이 재해의 기본적 원인이 되고 있는 것을 말하며, 이러한 무리한 스트레스를 인간계에 주어지지 않도록 예방하는 것이 바람직하다.

(2) 스트레스(stress)의 특징

① 인체에 어떠한 자극이건 간에 체내의 호르몬계를 중심으로 한 특유의 반응이 일어나는 것을 적응증상군이라 하며, 이러한 상태를 스트레스라고 한다.

② 외부의 스트레서(stressor)에 의해 신체에 항상성이 파괴되면서 나타나는 반응이다.

③ 인간은 스트레스 상태가 되면 부신피질에서 코티솔(cortisol)이라는 호르몬이 과잉분비되어 뇌의 활동 등을 저하하게 된다.

④ 위협적인 환경 특성에 대한 개인의 반응이다.

⑤ 스트레스가 아주 없거나 너무 많을 때에는 역기능 스트레스로 작용한다.

⑥ 환경의 요구가 개인의 능력 한계를 벗어날 때 발생하는 개인과 환경과의 불균형상태이다.

⑦ 스트레스를 지속적으로 받게 되면 인체는 자기조절능력을 상실하여 스트레스로부터 벗어나지 못하고 심신장애 또는 다른 정신적 장애가 나타날 수 있다.

(3) 산업피로의 원인이 되고 있는 스트레스에 의한 신체반응 증상

① 혈압 상승
② 근육의 긴장 촉진
③ 소화기관에서의 위산분비 촉진
④ 뇌하수체에 아드레날린의 분비 증가

(4) 직무 스트레스의 잠재적인 원인 3가지

① 직업상의 요인
㉠ 과도한 업무부담
㉡ 대인관계
㉢ 업무역할
② 개인적인 요인
㉠ 욕구
㉡ 능력
㉢ 성격
③ 비직업성의 요인
㉠ 가족, 학연, 지연
㉡ 경제력
㉢ 개인적인 문제(성격, 나이)

(5) NIOSH에서 제시한 직무 스트레스 모형에서 직무 스트레스 요인

① 작업요인
㉠ 작업부하
㉡ 작업속도
㉢ 교대근무
② 환경요인(물리적 환경)
㉠ 소음 · 진동
㉡ 고온 · 한랭
㉢ 환기 불량
㉣ 부적절한 조명

③ 조직요인
- ㉠ 관리유형
- ㉡ 역할요구
- ㉢ 역할 모호성 및 갈등
- ㉣ 경력 및 직무 안전성

(6) 직무 스트레스의 원인

① 내적 자극요인
- ㉠ 자존심의 손상과 공격방어심리
- ㉡ 출세욕의 좌절감과 자만심의 상충
- ㉢ 지나친 과거의 집착과 허탈
- ㉣ 업무상의 죄책감
- ㉤ 지나친 경쟁심과 재물에 대한 욕심
- ㉥ 남에게 의지하려는 심리
- ㉦ 가족 간의 대화 단절, 의견의 불일치

② 외적 자극요인
- ㉠ 경제적인 어려움
- ㉡ 대인관계 갈등
- ㉢ 죽음, 질병
- ㉣ 상대적인 박탈감

10 직무 스트레스 평가

(1) 직무 스트레스 증상

① 직무 긴장(vocational strain)
- ㉠ 저조한 직무성
- ㉡ 직무 불만족
- ㉢ 회피행동(결근, 조퇴, 지각)

② 정신적(심리적) 증상
　㉠ 불안
　㉡ 우울
　㉢ 짜증
　㉣ 탈진

③ 대인관계 문제
　㉠ 부부 문제
　㉡ 가정 문제
　㉢ 조직 내 구성인원 문제

④ 신체적 증상
　㉠ 근골격계 질환 증상
　㉡ 심혈관계 질환 증상
　㉢ 위장관계 질환 증상
　㉣ 호흡기계 질환 증상

(2) 직무 스트레스 평가

질병의 주된 발생원인이 업무와 직접적으로 관련성이 없다 하더라도 업무상 피로나 스트레스가 질병의 주된 발생원인과 함께 질병을 발생 및 악화시킨 경우에는 그 인과관계가 있다는 경향의 평가를 하는 추세이다.

(3) 산업 스트레스 반응 결과

① 행동적 결과
　㉠ 흡연
　㉡ 알코올 및 약물 남용
　㉢ 행동 격양에 따른 돌발적 사고(행동)
　㉣ 식욕 감퇴

② 심리적 결과
　㉠ 가정 문제(가족 조직 구성인원 문제)
　㉡ 불면증으로 인한 수면부족(수면방해)
　㉢ 성적 욕구 감퇴

③ 생리적(의학적) 결과
　㉠ 심혈관계 질환(심장)
　㉡ 위장관계 질환
　㉢ 기타 질환(두통, 피부질환, 암, 우울증 등)

11 직무 스트레스 관리

(1) 개요

스트레스 요인은 서로 복합적으로 작용하여 완전해소가 불가능하기 때문에 가능하면 작업현장에서 각 스트레스 요인들이 부정적 영향을 미치지 않게 예방하는 것이 중요하다.

(2) 개인 차원의 관리기법

① 자신의 한계와 문제의 징후를 인식하여 해결방안을 도출
② 신체검사를 통하여 스트레스성 질환을 평가
③ 긴장이완 훈련(명상, 요가 등)을 통하여 생리적 휴식상태를 경험
④ 규칙적인 운동으로 스트레스를 줄이고, 직무 외적인 취미, 휴식 등에 참여하여 대처능력을 함양

(3) 집단(조직) 차원의 관리기법

① 개인별 특성 요인을 고려한 작업근로환경(개인의 적응수준 제고)
② 작업계획 수립 시 적극적 참여 유도(참여적 의사 결정)
③ 사회적 지위 및 일 재량권 부여
④ 근로자 수준별 작업 스케줄 운영(직무 재설계 및 직무의 순환)
⑤ 적절한 작업과 휴식시간
⑥ 조직구조와 기능의 변화
⑦ 우호적인 직장 분위기 조성
⑧ 사회적 지원 시스템 가동

(4) 산업 스트레스의 발생요인으로 작용하는 집단 갈등 해결방법

① 집단 간의 갈등이 심한 경우
㉠ 상위의 공동 목표 설정
㉡ 문제의 공동 해결법 토의
㉢ 집단 구성원 간의 직무 순환
㉣ 상위층에서 전제적 명령 및 자원의 확대
② 집단 간의 갈등이 너무 낮은 경우(갈등 촉진방법)
㉠ 경쟁의 자극(성과에 대한 보상)
㉡ 조직구조의 변경(경쟁부서 신설)
㉢ 의사소통(커뮤니케이션)의 증대
㉣ 자원의 축소

(5) 집단의 유형 및 특성

① 공식 집단(formal group)
- ㉠ 구체적 목적을 달성하기 위해 조직에 의해 의도적으로 형성된 집단
- ㉡ 집단 가입 동기는 지명 또는 선발에 의함
- ㉢ 구조적으로 안정적임
- ㉣ 통제는 투표 또는 공식적 지명으로 이루어짐
- ㉤ 과업은 정확한 범위가 정해져 있음
- ㉥ 집단의 유지기간은 미리 정해 놓음
- ㉦ 규범 설정 시 능률을 기본적으로 함

② 비공식 집단(informal group)
- ㉠ 구성원들 간의 공동 관심사 또는 인간관계에 의해 자연발생적으로 형성된 집단
- ㉡ 집단 가입 동기는 자의적 또는 자연적으로 이루어짐
- ㉢ 구조적으로 안정적이지 못하며 가변적임
- ㉣ 통제는 자연적으로 지도자가 형성됨
- ㉤ 과업은 다양하게 변화함
- ㉥ 집단의 유지기간은 구성원 간의 의도에 달려 있음
- ㉦ 규범 설정 시 감정의 논리를 기본적으로 함

12 직업과 적성

(1) 적성의 정의

특정 분야의 업무에 종사할 때에 그 영역에서 효과적으로 수행할 수 있는 가능성을 인간의 적성이라 한다.

(2) 적성배치

① 그 적성을 가지고 있는가의 여부를 사전에 검사하여 최적의 업무에 배치, 즉 근로자의 생리적 · 심리적 특성에 적합한 작업에 배치하는 것을 말한다.

② 적성배치는 기업이 필요로 하는 능력을 가진 자의 인적 능력을 최대한 발휘할 수 있는 적재적소에 배치하기 위한 노무관리상 필요한 것이다.

(3) 적성배치 결정인자

① 체력검사
② 감각능력검사
③ 동작능력검사
④ 작업능력검사
⑤ 일반지능검사
⑥ 성격검사
⑦ 생활환경검사

(4) 적성검사 분류 및 특성

① 신체검사(신체적 적성검사, 체격검사)
② 생리적 기능검사(생리적 적성검사)
　㉠ 감각기능검사
　㉡ 심폐기능검사
　㉢ 체력검사
③ 심리학적 검사(심리학적 적성검사)
　㉠ 지능검사 : 언어, 기억, 추리, 귀납 등에 대한 검사
　㉡ 지각동작검사 : 수족협조, 운동속도, 형태지각 등에 대한 검사
　㉢ 인성검사 : 성격, 태도, 정신상태에 대한 검사
　㉣ 기능검사 : 직무에 관련된 기본 지식과 숙련도, 사고력 등 직무평가에 관한 항목을 가지고 추리검사

(5) 직업성 변이(occupational stigmata)

직업에 따라서 신체 형태와 기능에 국소적 변화가 일어나는 것을 말한다.

(6) 퇴행(degeneration)

직장에서 당면 문제를 진지한 태도로 해결하지 않고 현재보다 낮은 단계의 정신상태로 되돌아가려는 행동반응을 나타내는 부적응현상을 말한다.

(7) 서한도

작업환경에 대한 인체의 적응한도, 즉 안전기준을 말한다.

(8) 순화

외부의 환경변화와 신체활동이 반복되거나 오래 계속되어 조절기능이 숙련된 상태를 말한다.

(9) 스트레스(적응증상군)

인체에 어떠한 자극이건 간에 체내의 호르몬계를 중심으로 한 특유의 반응이 일어나는 것을 말한다.

(10) 항상성(homeostasis)

인체가 외부의 환경 및 자극에 대하여 적응하고 인간의 신체상태를 일정하게 유지하려는 경향을 말한다.

(11) 사업장에 부적응 결과로 나타나는 현상

① 생산성 저하
② 사고 · 재해의 증가
③ 신경증의 증가
④ 규율의 문란

13 직업성 질환의 정의와 특성

(1) 직업성 질환의 정의 및 개요

① 직업성 질환이란 어떤 직업에 종사함으로써 발생하는 업무상 질병을 말하며, 직업상의 업무에 의하여 1차적으로 발생하는 질환을 원발성 질환이라 한다.

② 개개인의 맡은 직무로 인하여 가스, 분진, 소음, 진동 등 유해성 인자가 몸에 장·단기간 침투, 축적되어 이로 인하여 발생하는 질환의 총칭으로 직업과의 인과관계는 명확하게 구별하기가 어렵다.

③ 대표적인 예

직업관련성 근골격계 질환과 직업관련성 뇌·심혈관질환, 진폐증, 악성중피종, 소음성 난청 등이 있다.

(2) 직업성 질환의 분류

① 재해성 질환

㉠ 시간적으로 명확하게 재해에 의하여 발병한 질환을 말한다.

㉡ 부상에 기인하는 질환(재해성 외상)과 재해에 기인하는 질환(재해성 중독)으로 구분한다.

㉢ 재해성 질병의 인정 시 재해의 성질과 강도, 재해가 작용한 신체 부위, 재해가 발생할 때까지의 시간적 관계 등을 종합적으로 판단한다.

② 직업병

㉠ 재해에 의하지 않고 업무에 수반되어 노출되는 유해물질의 작용으로, 급성 또는 만성으로 발생하는 것을 말한다.

㉡ 저농도로 장시간에 걸쳐 반복 노출로 생긴 질병을 말한다.

㉢ 업무와 관련성이 인정되거나 4일 이상의 요양을 필요로 하는 경우 보상의 대상이 된다.

㉣ 작업내용과 그 작업에 종사한 기간 또는 유해작업의 정도를 종합적으로 판단한다.

㉤ 직업병은 일반적으로 젊은 연령층에서 발병률이 높다.

㉥ 작업의 종류가 같더라도 작업방법에 따라서 해당 직장에서 발생하는 질병의 종류와 발생빈도는 달라질 수 있다.

㉦ 작업장의 환경은 직업병의 발생과 증세의 악화를 조장하는 원인이 될 수 있다.

㉧ 작업강도와 작업시간 모두 직업병 발생의 중요한 요인이다.

㉨ 사업장에서 건강 영향이나 직업병 발생에 관여하는 것은 작업요인이 큰 연관성을 가지고 있으며, 작업요인으로는 적성배치 외에도 작업시간이나 교대제 등의 작업조건도 배려해야 한다.

(3) 직업성 질환의 특성

① 열악한 작업환경 및 유해인자에 장기간 노출된 후에 발생한다.
② 폭로 시작과 첫 증상이 나타나기까지 장시간이 걸린다(질병증상이 발현되기까지 시간적 차이가 큼).
③ 질병 유발물질에는 인체에 대한 영향이 확인되지 않은 신물질(새로운 물질)이 많아 정확한 판정이 어려운 경우가 많다.
④ 임상적 또는 병리적 소견이 일반 질병과 구별하기가 어렵다.
⑤ 많은 직업성 요인이 비직업성 요인에 상승작용을 일으킨다.
⑥ 임상의사가 관심이 적어 이를 간과하거나 직업력을 소홀히 할 경우 판정이 어렵다.
⑦ 보상과 관련이 있다.

(4) 직업성 질환의 범위

① 직업상 업무에 기인하여 1차적으로 발생하는 원발성 질환은 포함한다.
② 원발성 질환과 합병작용하여 제2의 질환을 유발하는 경우를 포함한다.
③ 합병증이 원발성 질환과 불가분의 관계를 가지는 경우를 포함한다.
④ 원발성 질환에 떨어진 다른 부위에 같은 원인에 의한 제2의 질환을 일으키는 경우를 포함한다.
⑤ 합병증은 원발성 질환에서 떨어진 다른 부위에 같은 원인에 의해 제2의 질환을 일으키는 경우를 의미한다.

(5) 직업병의 원인물질(직업성 질환 유발물질 ; 작업환경의 유해인자)

① **물리적 요인**
소음 · 진동, 유해광선(전리 · 비전리 방사선), 온도(온열), 이상기압, 한랭, 조명 등
② **화학적 요인**
화학물질(유기용제 등), 금속증기, 분진, 오존 등
③ **생물학적 요인**
각종 바이러스, 진균, 리케차, 쥐 등
④ **인간공학적 요인**
작업방법, 작업자세, 작업시간, 중량물 취급 등

Reference 산업위생에서 유해인자 구분

1. 물리화학적 유해인자
2. 생물학적 유해인자
3. 인간공학적 유해인자

(6) 직업병의 발생요인

① 직접적 원인
　㉠ 환경요인(물리적 · 화학적)
　　ⓐ 진동현상
　　ⓑ 대기조건 변화
　　ⓒ 화학물질의 취급 또는 발생
　㉡ 작업요인
　　ⓐ 격렬한 근육운동
　　ⓑ 높은 속도의 작업
　　ⓒ 부자연스러운 자세
　　ⓓ 단순반복작업
　　ⓔ 정신작업
② 간접적 원인
　㉠ 환경요인
　　ⓐ 고온환경
　　ⓑ 한랭환경
　㉡ 작업요인
　　ⓐ 작업강도
　　ⓑ 작업시간

(7) 직업병 예방대책

① 개인보호구 지급
② 작업환경의 정리정돈
③ 기업주, 모든 근로자에 대한 안전 · 보건 교육실시
④ 유해요인을 적절하게 관리
⑤ 유해요인에 노출되고 있는 모든 근로자를 보호하고, 새로운 유해요인이 발생되지 않도록 함
⑥ 근로자들이 업무를 수행하는 데 불편함이나 스트레스가 없도록 함

(8) 직업병 및 직업성 질환의 요인

① 직업병은 일반적으로 단일 요인에 의해, 직업관련성 질환은 다수의 원인요인에 의해서 발생한다.
② 직업관련성 질환은 작업에 의하여 악화되거나 작업과 관련하여 높은 발병률을 보이는 질병이다.

③ 직업관련성 질환은 작업환경과 업무수행상의 요인들이 다른 위험요인과 함께 질병발생의 복합적 원인 중 한 요인으로서 기여한다.
④ 직업관련성 질환은 다양한 원인에 의해 발생할 수 있는 질병으로 개인적인 소인에 직접적 요인이 부가되어 발생하는 질병을 말한다.

14 직업성 질환의 진단과 인정방법 및 예방대책

(1) 직업성 질환 진단 목표

① 예방대책 수립
② 적절한 치료
③ 직업성 질환 여부 확인

(2) 업무상 질환 진단

업무상 질환임을 진단하기 위해서는 우선 재해성 질환인지, 직업성 질환인지 확인해야 한다.
① **재해성 질환** : 업무기인성 판단이 비교적 양호하다.
② **직업성 질환** : 어떤 특정한 한 가지 물질이나 작업환경에 노출되어 생기는 것보다는 여러 독성물질이나 유해작업환경에 노출되어 발생하는 경우가 많기 때문에 진단 시 복잡하다.

(3) 직업성 질환 진단 시 조사내용

① 유해물질에 노출된 것을 인지하여 인과관계를 밝혀낸 후 원인물질의 유해성을 파악하고, 그 질환이 의학적으로 발생할 수 있는지 판단하여야 한다.
② 그 질환이 근로기준법상 질병에 해당하는가를 밝혀낸다.
③ 개인의 유전적 사항, 생활습관 및 정신적 · 사회적 요인에 대한 조사
④ 직력조사 및 현장조사
⑤ 임상적 진찰 소견 및 임상검사 소견

(4) 직업성 질환을 인정할 때 고려사항(직업병 판단 시 참고자료)

다음 사항을 조사하여 종합 판정한다.
① 작업내용과 그 작업에 종사한 기간 또는 유해작업의 정도
② 작업환경, 취급원료, 중간체, 부산물 및 제품 자체 등의 유해성 유무 또는 공기 중 유해물질의 농도

③ 유해물질에 의한 중독증
④ 직업병에서 특유하게 볼 수 있는 증상
⑤ 의학상 특징적으로 발생 예상되는 임상검사 소견의 유무
⑥ 유해물질에 폭로된 때부터 발병까지의 시간적 간격 및 증상의 경로
⑦ 발병 전의 신체적 이상
⑧ 과거 질병의 유무
⑨ 비슷한 증상을 나타내면서 업무에 기인하지 않은 다른 질환과의 상관성
⑩ 같은 작업장에서 비슷한 증상을 나타내면서도 업무에 기인하지 않은 다른 질환과의 상관성
⑪ 같은 작업장에서 비슷한 증상을 나타내는 환자의 발생 여부

(5) 직업성 질환의 예방

① 1차 예방
㉠ 원인 인자의 제거나 원인이 되는 손상을 막는 것이다.
㉡ 새로운 유해인자의 통제, 잘 알려진 유해인자의 통제, 노출관리를 통해 할 수 있다.
② 2차 예방
㉠ 근로자가 진료를 받기 전 단계인 초기에 질병을 발견하는 것이다.
㉡ 질병의 선별검사, 감시, 주기적 의학적 검사, 법적인 의학적 검사를 통해 할 수 있다.
③ 3차 예방
㉠ 치료와 재활 과정을 말한다.
㉡ 근로자들이 더 이상 노출되지 않도록 해야 하며, 필요 시 적절한 의학적 치료를 받아야 한다.

(6) 직업성 질환의 예방대책

직업성 질환의 예방대책 중 발생원에 대한 대책으로는 대치, 공정의 재설계, 격리 또는 밀폐 등이 있다.

① 생산기술 및 작업환경을 개선하여 철저하게 관리
㉠ 유해물질 발생 방지
㉡ 안전하고 쾌적한 작업환경 확립
② 근로자 채용 시부터 의학적 관리
㉠ 유해물질로 인한 이상소견을 조기발견, 적절한 조치 강구
㉡ 정기적인 신체검사
③ 개인위생 관리
㉠ 근로자 유해물질에 폭로되지 않도록 함
㉡ 개인보호구 착용(수동적, 즉 2차적 대책)

(7) 우리나라 직업병 발생의 예

① 1994년까지는 직업병 유소견자 현황에 진폐증이 차지하는 비율이 66~80% 정도로 가장 높았고, 여기에 소음성 난청을 합치면 대략 90%가 넘어 직업병 유소견자의 대부분은 진폐와 소음성 난청이었다.

② 1988년 15살의 '문송면' 군은 온도계 제조회사에 입사한지 3개월 만에 수은에 중독되어 사망에 이르렀다.

③ 경기도 화성시 모 디지털 회사에서 근무하는 외국인(태국)근로자 8명에게서 노말헥산의 과다노출에 따른 다발성 말초신경염이 발견되었다(2004년 외국인 근로자들의 하지마비사건 발생으로 인하여 크게 사회문제가 되었음).

④ 모 전자부품 업체에서 비소에 노출되어 생리 중단과 재생불량성 빈혈이라는 건강상 장해가 일어나 사회문제가 되었다.

(8) 직업병 및 직업성 질환의 작업공정 및 유해인자

① 작업공정에 따른 발생 가능 직업성 질환

㉠ 용광로 작업 : 고온장애(열경련 등)

㉡ 제강, 요업 : 열사병

㉢ 갱내 착암작업 : 산소 결핍

㉣ 채석, 채광 : 규폐증

㉤ 샌드블라스팅 : 호흡기 질환

㉥ 도금작업 : 비중격천공

㉦ 피혁 제조, 축산, 제분 : 탄저병, 파상풍

㉧ 축전지 제조 : 납중독

㉨ 시계공, 정밀기계공 : 근시, 안구진탕증

② 유해인자별 발생 직업병

㉠ 크롬 : 폐암

㉡ 수은 : 무뇨증

㉢ 망간 : 신장염

㉣ 석면 : 악성중피종

㉤ 이상기압 : 폐수종

㉥ 고열 : 열사병

㉦ 한랭 : 동상

㉧ 방사선 : 피부염, 백혈병

㉨ 소음 : 소음성 난청

ⓩ 진동 : 레이노(Raynaud) 현상
ⓚ 조명 부족 : 근시, 안구진탕증

③ 직업성 천식 발생작업
㉠ 밀가루 취급 근로자
㉡ 폴리비닐 필름으로 고기를 싸거나 포장하는 정육업자
㉢ 폴리우레탄 생산공정에서 첨가제로 사용되는 TDI(Toluene Di Isocyanate)를 취급하는 근로자
㉣ 목분진에 과도하게 노출되는 근로자

④ **화학적 원인에 의한 대표적 직업성 질환**
㉠ 치아산식증
㉡ 시신경장애
㉢ 수전증

(9) 근로자의 건강진단

① **목적**
㉠ 근로자가 가진 질병의 조기발견
㉡ 근로자가 일에 부적합한 인적 특성을 지니고 있는지 여부 확인
㉢ 일이 근로자 자신과 직장동료의 건강에 불리한 영향을 미치고 있는지의 여부 발견
㉣ 근로자의 질병을 예방하고 건강을 유지

② **종류**
㉠ 일반건강진단
ⓐ 상시근로자의 건강관리를 위하여 주기적으로 실시하는 검진
ⓑ 실시 목적
조기진단
ⓒ 실시 시기
사무직 근로자는 2년에 1회 이상, 기타 근로자는 1년에 1회 이상 실시

㉡ 특수건강진단
ⓐ 유해업무를 보유한 사업장이 해당 업무에 종사하고 있는 근로자의 건강관리를 위하여 실시하는 검진
ⓑ 실시 목적
직업병 조기발견 및 업무기인성을 역학적으로 추적하여 질병 발생을 예방
ⓒ 실시 시기
유해인자의 유해성에 따라 6개월, 1년 또는 2년의 주기마다 정기적으로 실시

ⓓ 특수건강진단 실시대상

상시근로자 1명 이상 사업장으로 다음의 특수건강진단 대상 유해인자에 노출되는 업무에 종사하는 근로자

- 화학적 인자(유기화합물 109종, 금속류 20종, 산 및 알카리류 8종, 가스상태물질 14종, 허가대상 물질 12종)
- 분진 7종(곡물 분진, 광물성 분진, 면 분진, 목재 분진, 용접흄, 유리섬유, 석면 분진)
- 물리적 인자 8종(소음작업, 강렬한 소음작업 및 충격소음작업 발생소음, 진동, 방사선, 고기압, 저기압, 유해광선(자외선, 적외선, 마이크로파, 라디오파))
- 야간작업 2종(6개월간 밤 12시부터 오전 5시까지의 시간을 포함하여 계속되는 8시간 작업을 월평균 4회 이상 수행하는 경우, 6개월간 오후 10시부터 다음날 오전 6시 사이의 시간 중 작업을 월평균 60시간 이상 수행하는 경우)

※ 근로자 건강진단 실시 결과 직업병 유소견자로 판정받은 후 작업전환을 하거나 작업장소를 변경하고, 직업병 유소견 판정의 원인이 된 유해인자에 대한 건강진단이 필요하다는 의사의 소견이 있는 경우에도 특수건강진단을 실시한다.

ⓔ 우리나라에서 최근 특수건강진단을 통해 가장 많이 발생되고 있는 직업병 유소견자는 소음성 난청 유소견자, 처음으로 학계에 보고된 직업병은 진폐증

㉢ 배치 전 건강진단

특수건강진단 대상 업무에 배치 전 업무적합성 평가를 위하여 사업주가 실시하는 건강진단

㉣ 수시건강진단

특수건강진단 대상 업무로 해당 유해인자에 의한 건강장애를 의심하게 하는 증상이나 의학적 소견이 있는 근로자에 대하여 실시하는 건강진단

㉤ 임시건강진단

특수건강진단 대상 유해인자 또는 그 밖의 유해인자에 의한 중독 여부, 질병에 걸렸는지 여부, 질병의 발생원인 등을 확인하기 위하여 실시하는 검진

③ 건강진단결과 건강관리 구분(건강진단결과의 판정결과)

건강관리 구분		건강관리 구분 내용
A		건강관리상 사후관리가 필요 없는 근로자(건강한 근로자)
C	C_1	직업성 질병으로 진전될 우려가 있어 추적검사 등 관찰이 필요한 근로자(직업병 요관찰자)
	C_2	일반 질병으로 진전될 우려가 있어 추적관찰이 필요한 근로자(일반 질병 요관찰자)
D_1		직업성 질병의 소견을 보여 사후관리가 필요한 근로자(직업병 유소견자)
D_2		일반 질병의 소견을 보여 사후관리가 필요한 근로자(일반 질병 유소견자)
R		건강진단 1차 검사결과 건강수준의 평가가 곤란하거나 질병이 의심되는 근로자(제2차 건강진단 대상자)

※ "U"는 2차 건강진단 대상임을 통보하고 30일을 경과하여 해당 검사가 이루어지지 않아 건강관리 구분을 판정할 수 없는 근로자

④ 특수건강진단 건강관리구분 판정(야간작업)

건강관리구분	건강관리구분 내용
A	건강관리상 사후관리가 필요 없는 근로자(건강한 근로자)
C_N	질병으로 진전될 우려가 있어 야간작업 시 추적관찰이 필요한 근로자(질병 요관찰자)
D_N	질병의 소견을 보여 야간작업 시 사후관리가 필요한 근로자(질병 유소견자)
R	건강진단 1차 검사결과 건강수준의 평가가 곤란하거나 질병이 의심되는 근로자(제2차 건강진단 대상자)

⑤ 특수건강진단의 시기 및 주기

구 분	대상 유해인자	시 기	주 기
		배치 후 첫 번째 특수건강진단	
1	N,N－디메틸아세트아미드, 디메틸포름아미드	1개월 이내	6개월
2	벤젠	2개월 이내	6개월
3	1,1,2,2－테트라클로로에탄, 아크릴로니트릴, 사염화탄소, 염화비닐	3개월 이내	6개월
4	석면, 면 분진	12개월 이내	12개월
5	광물성 분진, 목재 분진, 소음 및 충격소음	12개월 이내	24개월
6	1~5까지의 대상 유해인자를 제외한 특수건강진단 대상 유해인자의 모든 대상 유해인자	6개월 이내	12개월

⑥ 업무수행 적합 여부 판정

구 분	업무수행 적합 여부 내용
가	건강관리상 현재의 조건하에서 작업이 가능한 경우
나	일정한 조건(환경개선, 보호구 착용, 건강진단 주기의 단축 등)하에서 현재의 작업이 가능한 경우
다	건강장애가 우려되어 한시적으로 현재의 작업을 할 수 없는 경우(건강상 또는 근로조건상의 문제가 해결된 후 작업복귀 가능)
라	건강장애의 악화 또는 영구적인 장애의 발생이 우려되어 현재의 작업을 해서는 안 되는 경우

⑦ 신체적 결함과 부적합한 작업
㉠ 간기능 장애 : 화학공업(유기용제 취급 작업)
㉡ 편평족 : 서서 하는 작업
㉢ 심계항진 : 격심 작업, 고소 작업
㉣ 고혈압 : 이상기온 · 이상기압에서의 작업
㉤ 경견완증후군 : 타이핑 작업
㉥ 빈혈증 : 유기용제 취급 작업
㉦ 당뇨증 : 외상 입기 쉬운 작업

⑧ 법령상 건강진단기관이 건강진단을 실시하였을 때에 그 결과를 고용노동부장관이 정하는 건강진단 개인표에 기록하고, 건강진단 실시로부터 30일 이내에 근로자에게 송부하여야 한다.

⑨ 건강진단기관으로부터 송부받은 건강진단결과표, 근로자가 제출한 근로자 건강진단결과를 증명하는 서류 또는 전산입력자료의 보존기간은 5년이며, 발암성 확인물질을 취급하는 근로자에 대한 건강진단결과서류 또는 전산입력자료의 보존기간은 30년이며, 그 밖의 건강진단에 관한 서류는 3년간 보존하여야 한다.

Reference 산업안전보건법상 보관서류와 그 보존기간

1. 건강진단결과를 증명하는 서류 : 5년간
2. 보건관리업무 수탁에 관한 서류 : 3년간
3. 작업환경측정결과를 기록한 서류 : 5년간
4. 발암성 확인물질을 취급하는 근로자에 대한 건강진단결과의 서류 : 30년간

CHAPTER 04

실내환경

01 실내오염의 원인

(1) 물리적 요인

소음 · 진동, 전리방사선, 비전리방사선, 온열(고열), 빛(조명), 한랭, 습도, 이상기압 등

(2) 화학적 요인

악취, 일산화탄소, 이산화탄소, 질소산화물, 흡연, 분진, 석면, 포름알데히드, 유리섬유, 오존 등(오존의 발생원 : 복사기, 전기기구, 전기집진기형 공기정화기)

(3) 생물학적 요인

각종 바이러스, 세균, 진균, 벌레, 애완동물의 털, 곰팡이 등

(4) 실내공기 오염의 주요 원인

실내공기 오염의 주요 원인은 이동경로, 오염원, 공조시스템, 호흡, 흡연, 연소기기 등이다.

① 실내외 또는 건축물의 기계적 설비로부터 발생되는 오염물질
② 점유자에 접촉하여 오염물질이 실내로 유입되는 경우
③ 오염물질 자체의 에너지로 실내에 유입되는 경우
④ 점유자 스스로 생활에 의한 오염물질 발생
⑤ 불완전한 HVAC(Heating, Ventilation, and Air Conditioning, 공조시스템) system

(5) 실내공기를 지배하는 요인

① 기온
② 습도
③ 기류
④ 열복사
⑤ 감각온도

02 실내오염 관련 질환

실내공기 문제에 대한 증상은 명확히 정의된 질병들보다 불특정한 증상이 더 많으며, 일반적으로 호흡기 자극 및 과민성 질환이 발생할 수 있다.

(1) 빌딩증후군(SBS ; Sick Building Syndrome)

① 정의

빌딩 내 거주자가 밀폐된 공간에서 유해한 환경에 노출되었을 때 눈, 피부, 상기도의 자극, 피부발작, 두통, 피로감 등과 같이 단기간 내에 진행되는 급성적인 증상이며, 점유자들이 건물에서 보내는 시간과 관계하여 특별한 증상이 없이 건강과 편안함에 영향을 받는 것을 말한다.

② 원인

㉠ 저농도에서 다수 오염물질의 복합적인 영향
㉡ 스트레스 요인(과난방, 낮은 조명, 소음, 흡연 등)
㉢ 인간공학적 부적합한 자세 및 동작
㉣ 단열건축자재(라돈, 포름알데히드, 석면)의 사용 증가

③ 증상(영향)

㉠ 현기증, 두통, 메스꺼움, 졸음, 무기력, 불쾌감, 눈 및 인후의 자극, 집중력 감소, 피로, 피부발작 등 증상이 다양하게 나타난다.
㉡ 작업능률 저하를 가져온다.
㉢ 정신적 피로를 야기시킨다.

④ 대책

㉠ 실내에 공기정화식물 식재
㉡ 창문을 통한 잦은(2~3시간 간격) 실내환기
㉢ 오염발생원 제거
㉣ 공기청정기 등으로 공기정화

⑤ 특징

㉠ 빌딩증후군 증상은 개인적 요인에 비교적 감염성 질환에 걸리기 쉬운 사람들에게서 많이 나타나는 경향이 있다.
㉡ 빌딩증후군 증상은 건물의 특정 부분에 거주하는 거주자들에게 나타날 수도 있고, 건물 전체에 만연되어 있을 수도 있다.
㉢ 인공적인 공기조절이 잘 안 되고 실내공기가 오염된 상태에서 흡연에 의한 실내공기 오염이 가중되고 실내온도 · 습도 등이 인체의 생리기능에 부적합함으로써 생기는 일종의 환경유인성 신체 증후군이라 할 수 있다.

(2) 복합화학물질 민감 증후군(MCS ; Multiple Chemical Sensitivity)

① 정의

㉠ 오염물질이 많은 건물에서 살다가 몸에 화학물질이 축적된 사람들이 다른 곳에서 그와 유사한 물질에 노출만 되어도 심각한 반응을 나타내는 경우이며, 화학물질 과민증이라고도 한다.

㉡ 미국의 세론. G. 란돌프 박사는 특정 화학물질에 오랫동안 접촉하고 있으면 나중에 잠시 접하는 것만으로도 두통이나 기타 여러 가지 증상이 생기는 현상이라고 명명하였다.

② 증상

㉠ 자율신경 장애 : 땀분비 이상, 손발의 냉증, 쉽게 피로함

㉡ 신경 장애 : 불안, 불면, 우울증

㉢ 소화기 장애 : 설사, 변비, 오심

㉣ 말초신경 장애 : 목의 아픔, 갈증

㉤ 안과적 장애 : 결막의 자극적 증상

㉥ 면역 장애 : 피부염, 천식, 자기면역질환

③ 대책

㉠ 창문을 통한 잦은(2~3시간 간격) 실내환기

㉡ 특수 공기청정기 등으로 공기정화

㉢ 실내 온도 · 습도 조절

㉣ 체내 흡수 화학물질의 총량을 줄임

㉤ 체내 축적 화학물질을 체외로 배출시킴

㉥ 신체 면역기능 향상

(3) 새집증후군(SHS ; Sick House Syndrome)

① 정의

집, 건축물 신축 시 사용하는 건축자재나 벽지 등에서 나오는 유해물질로 인해 거주자들이 느끼는 건강상 문제 및 불쾌감을 이르는 용어이다.

② 주요 원인물질

마감재나 건축자재에서 배출되는 휘발성 유기화합물(VOCs) 중 포름알데히드(HCHO)와 벤젠, 톨루엔, 클로로포름, 아세톤, 스티렌 등이다.

③ 헌집증후군

겨울철에 난방과 가습기를 틀어 고온다습해진 집안에 곰팡이가 번식해 호흡기 및 피부질환 등을 일으키는 증세를 이르는 용어이다.

(4) 빌딩 관련 질병현상(BRI ; Building Related Illness)

① 건물 공기에 대한 노출로 인해 야기된 질병을 의미하며 병인균(etiologic agent)에 의해 발발되는 레지오넬라병(legionnaire's disease), 결핵, 폐렴 등이 있다.

② 증상의 진단이 가능하며 공기 중에 부유하는 물질이 직접적인 원인이 되는 질병을 의미한다.
③ 빌딩증후군(SBS)에 비해 비교적 증상의 발현 및 회복은 느리지만 병의 원인파악이 가능한 질병이다.
④ 레지오넬라 질환은 주요 호흡기 질병의 원인균 중 하나로 1년까지도 물속에서 생존하는 균으로 알려져 있다.
⑤ 레지오넬라균은 주로 여름과 초가을에 흔히 발생되고 강제기류, 난방장치, 가습장치, 저수조온수장치 등 공기를 순환시키는 장치들과 냉각탑 등에 기생하며, 실내외로 확산되어 호흡기 질환을 유발시키는 세균이다.

(5) 가습기열(Humidifier fever)

(6) 과민성 폐렴(Hypersensitivity pneumonitis)

고농도의 알레르기 유발물질에 직접 노출되거나 저농도에 지속적으로 노출될 때 발생한다.

03 실내오염 인자 및 물질

(1) 산소결핍

① 공기 중 산소 농도가 정상적인 상태보다 부족한 상태, 즉 산소 농도가 18% 미만인 상태를 말한다.
② 10% 이하가 되면 의식상실, 경련, 혈압강하, 맥박수 감소를 초래하게 되어 질식으로 인한 사망에 이르게 된다.

(2) 고온

높은 온도에 의한 열중증이 발생할 수 있다.

(3) 알레르기 질환

① 알레르기 질환 중 가장 흔한 증상은 천식, 알레르기성 비염, 아토피성 피부염이며, 유전적 요소와 환경적 요소의 상호작용으로 발생한다.
② 알렌르겐은 알레르기 반응을 일으키는 물질로, 가스상 물질이 아닌 꽃가루, 동물의 털, 생선, 꽃 등을 통해 발생한다.
③ 과민성 폐렴은 고농도의 알레르기 유발물질에 직접 노출되거나 저농도에 지속적으로 노출될 때 발생한다.

(4) 일산화탄소

불완전연소에 의한 일산화탄소(CO)는 혈중 헤모글로빈과 결합하여 (CO－Hb)의 결합체를 형성하여 중독증상을 일으켜 중추신경계의 기능을 저하시킨다.

(5) 흡연

① 담배 중에 입자상 물질인 벤조피렌, 니코틴, 페놀, 가스상 물질인 질소산화물, 암모니아, 피리딘, 일산화탄소 등의 유해물질이 함유되어 있다.

② 흡연은 자신뿐만 아니라 같은 공간에 있는 비흡연자에도 영향을 미치는 실내공기 오염의 중요한 원인물질이다.

(6) 석면

① 건축물의 단열재, 절연재, 흡음재로서 실내 천장과 벽에 이용된다.

② 악성중피종, 폐암, 피부질환 등의 주원인으로 작용한다.

(7) 포름알데히드

① 페놀수지의 원료로서 각종 합판, 칩보드, 가구, 단열재 등으로 사용된다.

② 눈과 상부 기도를 자극하여 기침과 눈물을 야기하고, 어지러움, 구토, 피부질환, 정서불안정의 증상을 나타낸다.

③ 접착제 등의 원료로 사용되며 피부나 호흡기에 자극을 준다.

④ 자극적인 냄새가 나고 무색의 수용성 가스로 메틸알데히드라고도 한다.

⑤ 일반주택 및 공공건물에 많이 사용하는 건축자재와 섬유 옷감이 그 발생원이다.

⑥ 동물실험 결과 발암성이 있는 것으로 알려졌으며, 「산업안전보건법」상 사람에 충분한 발암성 증거가 있는 물질(1A)로 분류한다.

(8) 라돈

① 자연적으로 존재하는 암석이나 토양에서 발생하는 토륨(thorium), 우라늄(uranium)의 붕괴로 인해 생성되는 자연방사성 가스로, 공기보다 9배 정도 무거워 지표에 가깝게 존재한다.

② 무색·무취·무미한 가스로, 인간의 감각으로 감지할 수 없다.

③ 라듐의 α붕괴에서 발생하며, 호흡하기 쉬운 방사성 물질이다.

④ 라돈의 동위원소에는 Rn^{222}, Rn^{220}, Rn^{219}가 있고, 이 중 반감기가 긴 Rn^{222}가 실내공간의 인체 위해성 측면에서 주요 관심대상이며, 지하공간에서 더 높은 농도를 보인다.

⑤ 방사성 기체로서 지하수, 흙, 석고실드(석고보드), 콘크리트, 시멘트나 벽돌, 건축자재 등에서 발생하여 폐암 등을 발생시킨다.

(9) 미생물성 물질

① 곰팡이, 박테리아, 바이러스, 꽃가루 등이며 가습기, 냉온방장치, 애완동물 등에서 발생한다.
② 알레르기성 질환, 호흡기 질환을 나타낸다.

(10) 오존(O_3)

① 특이한 냄새가 나며, 기체는 엷은 청색, 액체 · 고체는 각각 흑청색, 암자색을 나타낸다.
② 분자량 48, 비중 1.67로 물에 난용성이다.
③ 실내 복사기, 전기기구, 공기정화기(전기집진기 형태)에서 주로 발생하는 실내공기 오염 물질이다.

(11) 휘발성 유기화합물(VOCs)

① 증기압이 높아 대기 중으로 쉽게 증발한다.
② 물질에 따라 인체에 발암성을 보이기도 한다.
③ 대기 중에 반응하여 광화학스모그를 유발한다.
④ 지표면 부근 오존 생성에 관여하여 결과적으로 지구온난화에 간접적으로 기여한다.

04 실내오염 유해인자 조사 및 평가

(1) 이산화탄소

① 환기의 지표물질 및 실내오염의 주요 지표로 사용
② 실내 CO_2 발생은 대부분 거주자의 호흡에 의함. 즉, CO_2의 증가는 산소의 부족을 초래하기 때문에 주요 실내오염물질로 적용됨
③ 측정방법으로는 직독식 또는 검지관 kit로 측정
④ 쾌적한 사무실 공기를 유지하기 위해 CO_2는 1,000ppm 이하로 관리하여야 함

(2) 온도와 상대습도

① 실내가 안정된 상태에 있을 때 측정
② 측정방법으로는 온도계, 건습구온도계, 전자온도계로 측정

(3) 오염물질의 이동

① 화학적 연기의 흐름양상으로 HVAC system, 오염물질이 이동, 압력 차이에 관한 정보를 얻을 수 있음

② 화학적 연기의 속도와 방향으로 공기흐름의 양상을 알 수 있음
③ 화학적 연기는 압력이 높은 곳에서 낮은 곳으로 이동함

(4) 휘발성 유기화합물(VOC)

① 총VOC는 흡착튜브 또는 직독식 기기로 측정
② 개개 VOCs는 튜브로 포집하여 가스 크로마토그래피로 분석

(5) 미생물성 물질

① 펌프로 채취 후에 배양하여 분석
② 일반적으로 배양기구는 침전판(settling plate)을 많이 사용

(6) 분진

① 펌프로 필터에 포집하여 포집한 필터의 무게를 측정하거나 현미경으로 분석
② 직접측정방법으로는 광빔에 의하여 생긴 산란광을 광전자증배관에서 계수하는 방법

(7) 연소생성물

직독식 측정기구 또는 검지관으로 측정

05 사무실 공기관리 지침(고용노동부 고시)

제2조(오염물질 관리기준)

오염물질	관리기준
미세먼지(PM 10)	$100\mu g/m^3$ 이하
초미세먼지(PM 2.5)	$50\mu g/m^3$ 이하
이산화탄소(CO_2)	1,000ppm 이하
일산화탄소(CO)	10ppm 이하
이산화질소(NO_2)	0.1ppm 이하
포름알데히드(HCHO)	$100\mu g/m^3$ 이하
총휘발성 유기화합물(TVOC)	$500\mu g/m^3$ 이하
라돈(radon)	$148Bq/m^3$ 이하
총부유세균	$800CFU/m^3$ 이하
곰팡이	$500CFU/m^3$ 이하

㈜ 1. 관리기준은 8시간 시간가중 평균농도 기준이다.
2. 라돈은 지상 1층을 포함한 지하에 위치한 사무실에만 적용한다.

제3조(사무실의 환기기준)

① 공기정화시설을 갖춘 사무실에서 근로자 1인당 필요한 최소 외기량은 0.57m^3/min

② 환기횟수는 시간당 4회 이상

제4조(사무실 공기관리상태 평가방법)

① 근로자가 호소하는 증상(호흡기, 눈 · 피부 자극 등)에 대한 조사

② 공기정화설비의 환기량이 적정한지 여부 조사

③ 외부의 오염물질 유입경로 조사

④ 사무실 내 오염원 조사 등

제5조(사무실 공기질의 측정 등)

오염물질	측정횟수(측정시기)	시료채취시간
미세먼지(PM 10)	연 1회 이상	업무시간 동안 - 6시간 이상 연속 측정
초미세먼지(PM 2.5)	연 1회 이상	업무시간 동안 - 6시간 이상 연속 측정
이산화탄소(CO_2)	연 1회 이상	업무시작 후 2시간 전후 및 종료 전 2시간 전후 - 각각 10분간 측정
일산화탄소(CO)	연 1회 이상	업무시작 후 1시간 전후 및 종료 전 1시간 전후 - 각각 10분간 측정
이산화질소(NO_2)	연 1회 이상	업무시작 후 1시간 ~ 종료 1시간 전 - 1시간 측정
포름알데히드 (HCHO)	연 1회 이상 및 신축 (대수선 포함)건물 입주 전	업무시작 후 1시간 ~ 종료 1시간 전 - 30분간 2회 측정
총휘발성 유기화합물(TVOC)	연 1회 이상 및 신축 (대수선 포함)건물 입주 전	업무시작 후 1시간 ~ 종료 1시간 전 - 30분간 2회 측정
라돈(radon)	연 1회 이상	3일 이상 ~ 3개월 이내 연속 측정
총부유세균	연 1회 이상	업무시작 후 1시간 ~ 종료 1시간 전 - 최고 실내온도에서 1회 측정
곰팡이	연 1회 이상	업무시작 후 1시간 ~ 종료 1시간 전 - 최고 실내온도에서 1회 측정

제6조(시료 채취 및 분석 방법)

오염물질	시료채취방법	분석방법
미세먼지(PM 10)	PM 10 샘플러(sampler)를 장착한 고용량 시료채취기에 의한 채취	중량분석(천칭의 해독도 : 10μg 이상)
초미세먼지(PM 2.5)	PM 2.5 샘플러(sampler)를 장착한 고용량 시료채취기에 의한 채취	중량분석(천칭의 해독도 : 10μg 이상)
이산화탄소(CO_2)	비분산적외선검출기에 의한 채취	검출기의 연속 측정에 의한 직독식 분석
일산화탄소(CO)	비분산적외선검출기 또는 전기화학검출기에 의한 채취	검출기의 연속 측정에 의한 직독식 분석
이산화질소(NO_2)	고체흡착관에 의한 시료채취	분광광도계로 분석
포름알데히드(HCHO)	2,4-DNPH(2,4-Dinitrophenyl hydrazine)가 코팅된 실리카겔관(silicagel tube)이 장착된 시료채취기에 의한 채취	2,4-DNPH-포름알데히드 유도체를 HPLC UVD(High Performance Liquid Chromato graphy-Ultraviolet Detector) 또는 GC-NPD(Gas Chromato graphy-Nitrogen Phosphorous Detector)로 분석
총휘발성 유기화합물(TVOC)	1. 고체흡착관 또는 2. 캐니스터(canister)로 채취	1. 고체흡착열탈착법 또는 고체흡착용매추출법을 이용한 GC로 분석 2. 캐니스터를 이용한 GC 분석
라돈(radon)	라돈연속검출기(자동형), 알파트랙(수동형), 충전막 전리함(수동형) 측정 등	3일 이상 3개월 이내 연속 측정 후 방사능감지를 통한 분석
총부유세균	충돌법을 이용한 부유세균채취기(bioair sampler)로 채취	채취·배양된 균주를 새어 공기체적당 균주 수로 산출
곰팡이	충돌법을 이용한 부유진균채취기(bioair sampler)로 채취	채취·배양된 균주를 새어 공기체적당 균주 수로 산출

제7조(시료 채취 및 측정 지점)

① 공기의 측정시료는 사무실 내에서 공기질이 가장 나쁠 것으로 예상되는 2곳(다만, 사무실 면적이 500m^2를 초과하는 경우에는 500m^2당 1곳씩 추가) 이상에서 채취한다.

② 측정은 사무실 바닥면으로부터 0.9~1.5m 높이에서 한다.

제8조(측정결과의 평가)

① 사무실 공기질의 측정결과는 측정치 전체에 대한 평균값을 오염물질별 관리기준과 비교하여 평가한다.

② 이산화탄소는 각 지점에서 측정한 측정치 중 최고값을 기준으로 비교 · 평가한다.

제9조(건축자재의 오염물질 방출기준)

오염물질 종류	오염물질 방출농도($mg/m^2 \cdot h$)	
	접착제	일반자재
포름알데히드	4 미만	1.25 미만
휘발성 유기화합물	10 미만	4 미만

㈜ 일반자재란 벽지, 도장재, 바닥재, 목재 및 그 밖에 건축물 내부에 사용되는 건축자재를 말한다.

06 실내오염 관리적 대책

① HVAC의 관리

HVAC(실내공기질 공조설비)는 최소한 계절별로 적절한 시기마다 교환 점검을 실시하는 것이 관리상 중요하다.

② 환기횟수(실내공기 환기량 증대)

환기는 가장 중요한 실내공기질 관리방법이며, 가장 경제적이고 효과적이다.

③ 최적 실내온도 및 습도 유지

㉠ 최적온도 : 여름 24~27℃, 봄 · 가을 19~23℃, 겨울 18~21℃

㉡ 최적습도 : 여름 60%, 봄 · 가을 50%, 겨울 40%

④ 베이크아웃(bake out) 환기법에 의한 오염물질의 방출

실내공기의 온도를 높여 건축자재 등에서 방출되는 유해오염물질의 방출량을 일시적으로 증가시킨 후 환기를 하여 실내오염물질을 제거하는 방법으로, 새로운 건물이나 새로 지은 집에 입주하기 전 창문을 모두 닫고 실내를 30℃ 이상으로 5~6시간 유지시킨 후 1시간 정도 환기를 한다. 이를 여러 번 반복하여 실내 VOC나 포름알데히드의 저감 효과를 얻는 방법이다.

⑤ 친환경적인 건축자재 사용 및 공기청정기 설치

Reference 실내공기질 관리법

1. 유지기준 항목 : 미세먼지(PM 10), 이산화탄소, 폼알데하이드, 총부유세균, 일산화탄소, 미세먼지(PM 2.5)
2. 권고기준 항목 : 이산화질소, 라돈, 총휘발성유기화합물, 곰팡이

CHAPTER 05

관련 법규

01 산업안전보건법, 시행령, 시행규칙에 관한 사항

(1) 용어의 정의(법 제2조)

① **산업재해** : 노무를 제공하는 사람이 업무에 관계되는 건설물 · 설비 · 원재료 · 가스 · 증기 · 분진 등에 의하거나 작업 또는 그 밖의 업무로 인하여 사망 또는 부상하거나 질병에 걸리는 것

② **중대재해**

산업재해 중 사망 등 재해정도가 심하거나 다수의 재해자가 발생한 경우로서 고용노동부령으로 정하는 재해를 말한다.

㉠ 사망자가 1명 이상 발생한 재해

㉡ 3개월 이상의 요양을 요하는 부상자가 동시에 2명 이상 발생한 재해

㉢ 부상자 또는 직업성 질병자가 동시에 10명 이상 발생한 재해

③ **근로자** : 직업의 종류와 관계없이 임금을 목적으로 사업이나 사업장에 근로를 제공하는 사람

④ **사업주** : 근로자를 사용하여 사업을 하는 자

⑤ **근로자대표** : 근로자의 과반수로 조직된 노동조합이 있는 경우에는 그 노동조합을, 근로자의 과반수로 조직된 노동조합이 없는 경우에는 근로자의 과반수를 대표하는 자

⑥ **작업환경측정** : 작업환경 실태를 파악하기 위하여 해당 근로자 또는 작업장에 대하여 사업주가 유해인자에 대한 측정계획을 수립한 후 시료를 채취하고 분석 · 평가하는 것

⑦ **안전보건진단** : 산업재해를 예방하기 위하여 잠재적 위험성을 발견하고 그 개선대책을 수립할 목적으로 조사 · 평가하는 것

(2) 사업주 · 근로자의 의무

① 사업주의 의무(법 제5조)

㉠ 법과 법에 따른 명령으로 정하는 산업재해 예방을 위한 기준

㉡ 근로자의 신체적 피로와 정신적 스트레스 등을 줄일 수 있는 쾌적한 작업환경의 조성 및 근로조건 개선

㉢ 해당 사업장의 안전 및 보건에 관한 정보를 근로자에게 제공

② 근로자의 의무(법 제6조)

근로자는 법과 법에 의한 명령으로 정하는 산업재해 예방을 위한 기준을 지켜야 하며, 사업주 또는 근로감독관, 공단 등 관계인이 실시하는 산업재해 예방에 관한 조치에 따라야 한다.

(3) 산업재해 예방시설의 설치 · 운영(법 제11조)

① 산업안전 및 보건에 관한 지도시설, 연구시설 및 교육시설
② 안전보건진단 및 작업환경측정을 위한 시설
③ 노무를 제공하는 사람의 건강을 유지 · 증진하기 위한 시설
④ 그 밖에 고용노동부령으로 정하는 산업재해 예방을 위한 시설

Reference **안전보건표지의 종류와 형태**

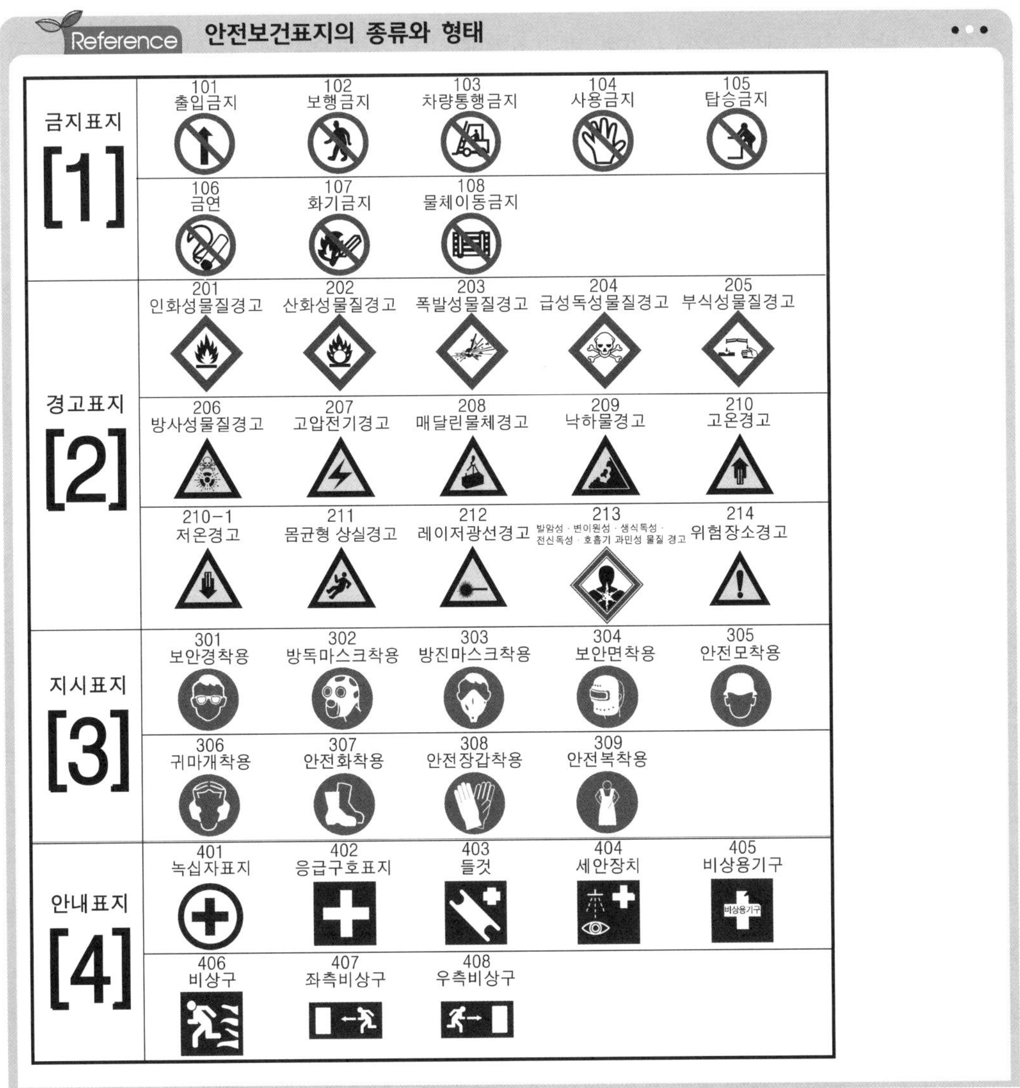

(4) 안전보건관리책임자(법 제15조)

총괄 관리할 안전보건관리책임자 업무

① 사업장의 산업재해 예방계획의 수립에 관한 사항
② 안전보건관리규정의 작성 및 변경에 관한 사항
③ 근로자의 안전보건교육에 관한 사항
④ 작업환경측정 등 작업환경의 점검 및 개선에 관한 사항
⑤ 근로자의 건강진단 등 건강관리에 관한 사항
⑥ 산업재해의 원인 조사 및 재발 방지대책 수립에 관한 사항
⑦ 산업재해에 관한 통계의 기록 및 유지에 관한 사항
⑧ 안전장치 및 보호구 구입 시 적격품 여부 확인에 관한 사항
⑨ 그 밖에 근로자의 유해·위험 방지조치에 관한 사항으로서 고용노동부령으로 정하는 사항

(5) 사업주 및 근로자의 작업중지(법 제51조, 제52조)

① 사업주는 산업재해가 발생할 급박한 위험이 있을 때에는 즉시 작업을 중지시키고 근로자를 작업장소에서 대피시키는 등 안전 및 보건에 관하여 필요한 조치를 하여야 한다.
② 근로자는 산업재해가 발생할 급박한 위험이 있는 경우에는 작업을 중지하고 대피할 수 있으며, 작업을 중지하고 대피한 근로자는 지체 없이 그 사실을 관리감독자 또는 그 밖에 부서의 장에게 보고하여야 한다.
③ 관리감독자 등은 보고를 받으면 안전 및 보건에 관하여 필요한 조치를 하여야 한다.
④ 사업주는 산업재해가 발생할 급박한 위험이 있다고 근로자가 믿을 만한 합리적인 이유가 있을 때에는 제②항에 따라 작업을 중지하고 대피한 근로자에 대하여 해고나 그 밖의 불리한 처우를 해서는 아니 된다.

(6) 보건관리자의 업무 등(시행령 제22조)

① 산업안전보건위원회 또는 노사협의체에서 심의·의결한 업무와 안전보건관리규정 및 취업규칙에서 정한 업무
② 안전인증대상 기계 등과 자율안전확인대상 기계 등 중 보건과 관련된 보호구(保護具) 구입 시 적격품 선정에 관한 보좌 및 지도·조언
③ 위험성평가에 관한 보좌 및 지도·조언
④ 작성된 물질안전보건자료의 게시 또는 비치에 관한 보좌 및 지도·조언
⑤ 산업보건의의 직무
⑥ 해당 사업장 보건교육계획의 수립 및 보건교육 실시에 관한 보좌 및 지도·조언

⑦ 해당 사업장의 근로자를 보호하기 위한 다음의 조치에 해당하는 의료행위
  ㉠ 자주 발생하는 가벼운 부상에 대한 치료
  ㉡ 응급처치가 필요한 사람에 대한 처치
  ㉢ 부상 · 질병의 악화를 방지하기 위한 처치
  ㉣ 건강진단 결과 발견된 질병자의 요양 지도 및 관리
  ㉤ ㉠부터 ㉣까지의 의료행위에 따르는 의약품의 투여
⑧ 작업장 내에서 사용되는 전체환기장치 및 국소배기장치 등에 관한 설비의 점검과 작업방법의 공학적 개선에 관한 보좌 및 지도 · 조언
⑨ 사업장 순회점검, 지도 및 조치 건의
⑩ 산업재해 발생의 원인 조사 · 분석 및 재발방지를 위한 기술적 보좌 및 지도 · 조언
⑪ 산업재해에 관한 통계의 유지 · 관리 · 분석을 위한 보좌 및 지도 · 조언
⑫ 법 또는 법에 따른 명령으로 정한 보건에 관한 사항의 이행에 관한 보좌 및 지도 · 조언
⑬ 업무 수행 내용의 기록 · 유지
⑭ 그 밖에 보건과 관련된 작업관리 및 작업환경관리에 관한 사항으로서 고용노동부장관이 정하는 사항

Reference 보건관리자를 두어야 하는 주요 사업의 종류, 사업장의 상시근로자 수 및 보건관리자의 수

사업의 종류	사업장의 상시근로자 수	보건관리자의 수
1. 광업(광업 지원 서비스업은 제외) 2. 섬유제품 염색, 정리 및 마무리 가공업 3. 모피제품 제조업 4. 그 외 기타 의복 액세서리 제조업(모피 액세서리에 한정) 5. 모피 및 가죽 제조업(원피가공 및 가죽 제조업은 제외) 6. 신발 및 신발부분품 제조업 7. 코크스, 연탄 및 석유정제품 제조업 8. 화학물질 및 화학제품 제조업(의약품 제외) 9. 의료용 물질 및 의약품 제조업 10. 고무 및 플라스틱제품 제조업 11. 비금속 광물제품 제조업 12. 1차 금속 제조업 13. 금속가공제품 제조업(기계 및 가구 제외) 14. 기타 기계 및 장비 제조업 15. 전자부품, 컴퓨터, 영상, 음향 및 통신장비 제조업 16. 전기장비 제조업 17. 자동차 및 트레일러 제조업 18. 기타 운송장비 제조업 19. 가구 제조업 20. 해체, 선별 및 원료 재생업 21. 자동차 종합 수리업, 자동차 전문 수리업	상시근로자 50명 이상 500명 미만	1명 이상
	상시근로자 500명 이상 2천명 미만	2명 이상
	상시근로자 2천명 이상	2명 이상

(7) 보건관리자의 자격(시행령 제21조)

① 「의료법」에 따른 의사
② 「의료법」에 따른 간호사
③ 산업보건지도사
④ 「국가기술자격법」에 따른 산업위생관리산업기사 또는 대기환경산업기사 이상의 자격을 취득한 사람
⑤ 「국가기술자격법」에 따른 인간공학기사 이상의 자격을 취득한 사람
⑥ 「고등교육법」에 따른 전문대학 이상의 학교에서 산업보건 또는 산업위생 분야의 학위를 취득한 사람

(8) 산업보건지도사의 직무(법 제142조)

① 작업환경의 평가 및 개선 지도
② 작업환경 개선과 관련된 계획서 및 보고서의 작성
③ 근로자 건강진단에 따른 사후관리 지도
④ 직업성 질병 진단(의사인 산업보건지도사만 해당) 및 예방 지도
⑤ 산업보건에 관한 조사 · 연구
⑥ 그 밖에 산업보건에 관한 사항으로서 대통령령으로 정하는 사항

(9) 물질안전보건자료(MSDS)의 작성 및 제출(법 제110조)

① 화학물질 또는 이를 함유한 혼합물로서 분류기준에 해당하는 것을 제조하거나 수입하려는 자는 다음 각 호의 사항을 적은 자료를 고용노동부령으로 정하는 바에 따라 작성하여 고용노동부장관에게 제출하여야 한다. 이 경우 고용노동부장관은 고용노동부령으로 물질안전보건자료의 기재사항이나 작성방법을 정할 때 「화학물질관리법」 및 「화학물질의 등록 및 평가 등에 관한 법률」과 관련된 사항에 대하여는 환경부장관과 협의하여야 한다.
㉠ 제품명
㉡ 물질안전보건자료 대상 물질을 구성하는 화학물질 중 분류기준에 해당하는 화학물질의 명칭 및 함유량
㉢ 안전 · 보건상의 취급 주의사항
㉣ 건강 및 환경에 대한 유해성, 물리적 위험성
㉤ 물리 · 화학적 특성 등 고용노동부령으로 정하는 사항

② 물질안전보건자료 대상 물질을 제조하거나 수입하려는 자는 물질안전보건자료 대상 물질을 구성하는 화학물질 중 법에서 정한 분류기준에 해당하지 아니하는 화학물질의 명칭 및 함유량을 고용노동부장관에게 별도로 제출하여야 한다. 다만, 다음 각 호의 어느 하나에 해당하는 경우는 그러하지 아니하다.

㉠ 제①항에 따라 제출된 물질안전보건자료에 이 항 각 호 외의 부분 본문에 따른 화학물질의 명칭 및 함유량이 전부 포함된 경우

㉡ 물질안전보건자료 대상 물질을 수입하려는 자가 물질안전보건자료 대상 물질을 국외에서 제조하여 우리나라로 수출하려는 자(국외제조자)로부터 물질안전보건자료에 적힌 화학물질 외에는 법에서 정한 분류기준에 해당하는 화학물질이 없음을 확인하는 내용의 서류를 받아 제출한 경우

③ 물질안전보건자료 대상 물질을 제조하거나 수입한 자는 제①항 각 호에 따른 사항 중 고용노동부령으로 정하는 사항이 변경된 경우 그 변경 사항을 반영한 물질안전보건자료를 고용노동부장관에게 제출하여야 한다.

(10) 산업보건의의 선임 및 직무(시행령 제29조, 제31조)

산업보건의를 두어야 할 사업의 종류와 사업장은 법상 보건관리자를 두어야 하는 사업으로서 상시근로자 수가 50명 이상인 사업장으로 한다.

① 건강진단 결과의 검토 및 그 결과에 따른 작업 배치, 작업 전환 또는 근로시간의 단축 등 근로자의 건강보호 조치

② 근로자의 건강장애의 원인 조사와 재발방지를 위한 의학적 조치

③ 그 밖에 근로자의 건강 유지 및 증진을 위하여 필요한 의학적 조치에 관하여 고용노동부장관이 정하는 사항

(11) 물질안전보건자료의 작성 · 제출 제외대상 화학물질(시행령 제86조)

① 건강기능식품

② 농약

③ 마약 및 향정신성 의약품

④ 비료

⑤ 사료

⑥ 원료물질

⑦ 안전확인대상 생활화학제품 및 살생물제품 중 일반소비자의 생활용으로 제공되는 제품

⑧ 식품 및 식품첨가물

⑨ 의약품 및 의약외품

⑩ 방사성 물질

⑪ 위생용품

⑫ 의료기기(첨단 바이오의 약품)

⑬ 화약류

⑭ 폐기물

⑮ 화장품
⑯ 화학물질 또는 혼합물로서 일반 소비자의 생활용으로 제공되는 것
⑰ 고용노동부장관이 정하여 고시하는 연구 · 개발용 화학물질 또는 화학제품
⑱ 그 밖에 고용노동부장관이 독성 · 폭발성 등으로 인한 위해의 정도가 적다고 인정하여 고시하는 화학물질

(12) 물질안전보건자료에 관한 교육내용(물질안전보건자료 교육 실시에 관한 지침)

① 대상 화학물질의 명칭(또는 제품명)
② 물리적 위험성 및 건강 유해성
③ 취급상의 주의사항
④ 적절한 보호구
⑤ 응급조치요령 및 사고 시 대처방법
⑥ 물질안전보건자료 및 경고표지를 이해하는 방법

(13) 물질안전보건자료에 관한 교육의 시기 · 내용 · 방법 등

① 사업주는 다음 각 호의 어느 하나에 해당하는 경우에는 작업장에서 취급하는 대상 화학물질의 물질안전보건자료에서 내용을 근로자에게 교육하여야 한다. 이 경우 교육받은 근로자에 대해서는 해당 교육시간만큼 안전 · 보건교육을 실시한 것으로 본다.
  ㉠ 대상 화학물질을 제조 · 사용 · 운반 또는 저장하는 작업에 근로자를 배치하게 된 경우
  ㉡ 새로운 대상 화학물질이 도입된 경우
  ㉢ 유해성 · 위험성 정보가 변경된 경우
② 사업주는 제①항에 따른 교육을 하는 경우에 유해성 · 위험성이 유사한 대상 화학물질을 그룹별로 분류하여 교육할 수 있다.
③ 사업주는 제①항에 따른 교육을 실시하였을 때에는 교육 시간 및 내용 등을 기록하여 보존하여야 한다.

(14) 작업공정별 관리요령에 포함되어야 할 게시사항(시행규칙 제168조)

① 제품명
② 건강 및 환경에 대한 유해성, 물리적 위험성
③ 안전 및 보건상의 취급 주의사항
④ 적절한 보호구
⑤ 응급조치요령 및 사고 시 대처방법

(15) 제조 등이 금지되는 유해물질(시행령 제87조)

① β-나프틸아민과 그 염
② 4-니트로디페닐과 그 염
③ 백연을 포함한 페인트(포함된 중량의 비율이 2% 이하인 것은 제외)
④ 벤젠을 포함하는 고무풀(포함된 중량의 비율이 5% 이하인 것은 제외)
⑤ 석면
⑥ 폴리클로리네이티드 터페닐
⑦ 황린(黃燐) 성냥
⑧ ①, ②, ⑤ 또는 ⑥에 해당하는 물질을 포함한 화합물(포함된 중량의 비율이 1% 이하인 것은 제외)
⑨ 「화학물질관리법」에 따른 금지물질
⑩ 그 밖에 보건상 해로운 물질로서 산업재해보상보험 및 예방심의위원회의 심의를 거쳐 고용노동부장관이 정하는 유해물질

(16) 신규 화학물질의 유해성 · 위험성 조사에서 제외되는 화학물질(시행령 제85조)

① 원소
② 천연으로 산출된 화학물질
③ 건강기능식품
④ 군수품
⑤ 농약 및 원제
⑥ 마약류
⑦ 비료
⑧ 사료
⑨ 살생물물질 및 살생물제품
⑩ 식품 및 식품첨가물
⑪ 의약품 및 의약외품(醫藥外品)
⑫ 방사성 물질
⑬ 위생용품
⑭ 의료기기
⑮ 화학류
⑯ 화장품과 화장품에 사용되는 원료
⑰ 고용노동부장관이 명칭, 유해성 · 위험성, 근로자의 건강장해 예방을 위한 조치사항 및 연간 제조량 · 수입량을 공표한 물질로서 공표된 연간 제조량 · 수입량 이하로 제조하거나 수입한 물질
⑱ 고용노동부장관이 환경부장관과 협의하여 고시하는 화학물질 목록에 기록되어 있는 물질

Reference 신규화학물질의 안전보건자료 작성 시 인용자료

1. 국내외에서 발간되는 저작권법상의 문헌에 등재되어 있는 유해성 · 위험성 조사자료
2. 유해성 · 위험성 시험 전문연구기관에서 실시한 유해성 · 위험성 조사자료
3. 관련 전문학회지에 게재된 유해성 · 위험성 조사자료
4. OECD 회원국의 정부기관 및 국제연합기구에서 인정하는 유해성 · 위험성 조사자료

(17) 산업안전보건위원회(법 제24조)

① 사업주는 사업장의 산업안전 · 보건에 관한 중요사항을 심의 · 의결하기 위하여 근로자 위원과 사용자 위원이 같은 수로 구성되는 산업안전보건위원회를 구성 · 운영하여야 한다.

② 구성

㉠ 근로자 위원

ⓐ 근로자대표

ⓑ 명예산업안전감독관이 위촉되어 있는 사업장의 경우 근로자대표가 지명하는 1명 이상의 명예산업안전감독관

ⓒ 근로자대표가 지명하는 9명 이내의 해당 사업장의 근로자

㉡ 사용자 위원

ⓐ 해당 사업의 대표자

ⓑ 안전관리자 1명

ⓒ 보건관리자 1명

ⓓ 산업보건의

ⓔ 해당 사업의 대표자가 지명하는 9명 이내의 해당 사업장 부서의 장

(18) 위험성평가 실시내용 및 결과의 기록 · 보존(시행규칙 제37조)

① 위험성평가 대상의 유해 · 위험 요인

② 위험성 결정의 내용

③ 위험성 결정에 따른 조치의 내용

④ 그 밖에 위험성평가의 실시내용을 확인하기 위하여 필요한 사항으로서 고용노동부장관이 정하여 고시하는 사항

사업주는 ①~④에 따른 자료를 3년간 보존해야 한다.

(19) 작업환경 측정 주기 및 횟수(시행규칙 제190조)

① 사업주는 작업장 또는 작업공정이 신규로 가동되거나 변경되는 등으로 작업환경 측정 대상 작업장이 된 경우에는 그 날부터 30일 이내에 작업환경 측정을 실시하고, 그 후 반기에 1회 이상 정기적으로 작업환경을 측정하여야 한다. 다만, 작업환경 측정결과가 다음 각 호의 어느 하나에 해당하는 작업장 또는 작업공정은 해당 유해인자에 대하여 그 측정일부터 3개월에 1회 이상 작업환경을 측정해야 한다.

㉠ 화학적 인자(고용노동부장관이 정하여 고시하는 물질만 해당)의 측정치가 노출기준을 초과하는 경우
㉡ 화학적 인자(고용노동부장관이 정하여 고시하는 물질은 제외)의 측정치가 노출기준을 2배 이상 초과하는 경우

② 제①항에도 불구하고 사업주는 최근 1년간 작업공정에서 공정 설비의 변경, 작업방법의 변경, 설비의 이전, 사용화학물질의 변경 등으로 작업환경 측정결과에 영향을 주는 변화가 없는 경우로서, 1년에 1회 이상 작업환경 측정을 할 수 있는 경우
㉠ 작업공정 내 소음의 작업환경 측정결과가 최근 2회 연속 85dB 미만인 경우
㉡ 작업공정 내 소음 외의 다른 모든 인자의 작업환경 측정결과가 최근 2회 연속 노출기준 미만인 경우

(20) 역학조사(법 제141조)

① 고용노동부장관은 직업성 질환의 진단 및 예방, 발생 원인의 규명을 위하여 필요하다고 인정할 때에는 근로자의 질환과 작업장의 유해요인의 상관관계에 관한 역학조사를 할 수 있다. 이 경우 사업주 또는 근로자대표, 그 밖에 고용노동부령으로 정하는 사람이 요구할 때 고용노동부령으로 정하는 바에 따라 역학조사에 참석하게 할 수 있다.
② 사업주 및 근로자는 고용노동부장관이 역학조사를 실시하는 경우 적극 협조하여야 하며, 정당한 사유 없이 역학조사를 거부·방해하거나 기피해서는 아니 된다.
③ 누구든지 역학조사 참석이 허용된 사람의 역학조사 참석을 거부하거나 방해해서는 아니 된다.
④ 역학조사에 참석하는 사람은 역학조사 참석과정에서 알게 된 비밀을 누설하거나 도용해서는 아니 된다.
⑤ 고용노동부장관은 역학조사를 위하여 필요하면 근로자의 건강진단 결과, 「국민건강보험법」에 따른 요양급여기록 및 건강검진 결과, 「고용보험법」에 따른 고용정보, 「암관리법」에 따른 질병정보 및 사망원인 정보 등을 관련 기관에 요청할 수 있다. 이 경우 자료의 제출을 요청받은 기관은 특별한 사유가 없으면 이에 따라야 한다.
⑥ 역학조사의 방법·대상·절차, 그 밖에 필요한 사항은 고용노동부령으로 정한다.

(21) 역학조사대상(시행규칙 제222조)

① 작업환경 측정 또는 건강진단의 실시결과만으로 직업성 질환에 걸렸는지 여부의 판단이 곤란한 근로자의 질병에 대하여 사업주·근로자대표·보건관리자(보건관리대행기관을 포함) 또는 건강진단기관의 의사가 역학조사를 요청하는 경우
② 근로복지공단이 고용노동부장관이 정하는 바에 따라 업무상 질병 여부의 결정을 위하여 역학조사를 요청하는 경우
③ 공단이 직업성 질환의 예방을 위하여 필요하다고 판단하여 역학조사평가위원회의 심의를 거친 경우

④ 그 밖에 직업성 질환에 걸렸는지 여부로 사회적 물의를 일으킨 질병에 대하여 작업장 내 유해요인과의 연관성 규명이 필요한 경우 등으로서 지방노동관서의 장이 요청하는 경우

(22) 기관석면 조사대상(시행령 제89조)

① 건축물의 연면적 합계가 50m^2 이상이면서 그 건축물의 철거 · 해체하려는 부분의 면적 합계가 50m^2 이상인 경우
② 주택의 연면적 합계가 200m^2 이상이면서 그 주택의 철거 · 해체하려는 부분의 면적 합계가 200m^2 이상인 경우
③ 설비의 철거 · 해체하려는 부분에 다음 어느 하나에 해당하는 자재를 사용한 면적의 합이 15m^2 이상 또는 그 부피의 합이 1m^3 이상인 경우
　㉠ 단열재
　㉡ 보온재
　㉢ 분무재
　㉣ 내화피복재
　㉤ 개스킷(누설방지재)
　㉥ 패킹재(틈막이재)
　㉦ 실링재(액상메움재)
④ 파이프 길이의 합이 80m 이상이면서 그 파이프의 철거 · 해체하려는 부분의 보온재로 사용된 길이의 합이 80m 이상인 경우

(23) 석면 해체 · 제거업자를 통한 석면 해체 · 제거대상(시행령 제94조)

① 철거 · 해체하려는 벽체 재료, 바닥재, 천장재 및 지붕재 등의 자재에 석면이 중량비율 1퍼센트가 넘게 포함되어 있고 그 자재의 면적의 합이 50m^2 이상인 경우
② 석면이 중량비율 1퍼센트가 넘게 포함된 분무재 또는 내화피복재를 사용한 경우
③ 석면이 중량비율 1퍼센트가 넘게 포함된 단열재, 보온재, 개스킷, 패킹재, 실링재의 면적의 합이 15m^2 이상 또는 그 부피의 합이 1m^3 이상인 경우
④ 파이프에 사용된 보온재에서 석면이 중량비율 1퍼센트가 넘게 포함되어 있고, 그 보온재 길이의 합이 80m 이상인 경우

(24) 질병자의 근로금지(시행규칙 제220조)

① 전염될 우려가 있는 질병에 걸린 사람. 다만, 전염을 예방하기 위한 조치를 한 경우에는 그러하지 아니하다.
② 조현병, 마비성 치매에 걸린 사람
③ 심장 · 신장 · 폐 등의 질환이 있는 사람으로서 근로에 의하여 병세가 악화될 우려가 있는 사람
④ 제①~③항까지의 규정에 준하는 질병으로서 고용노동부 장관이 정하는 질병에 걸린 사람

(25) 질병자 등의 근로 제한(시행규칙 제221조)

① 사업주는 건강진단 결과 유기화합물 · 금속류 등의 유해물질에 중독된 사람, 해당 유해물질에 중독될 우려가 있다고 의사가 인정하는 사람, 진폐의 소견이 있는 사람 또는 방사선에 피폭된 사람을 해당 유해물질 또는 방사선을 취급하거나 해당 유해물질의 분진 · 증기 또는 가스가 발산되는 업무 또는 해당 업무로 인하여 근로자의 건강을 악화시킬 우려가 있는 업무에 종사하도록 해서는 안 된다.

② 사업주는 다음의 어느 하나에 해당하는 질병이 있는 근로자를 고기압 업무에 종사하도록 해서는 안 된다.

㉠ 감압증이나 그 밖에 고기압에 의한 장해 또는 그 후유증

㉡ 결핵, 급성상기도감염, 진폐, 폐기종, 그 밖의 호흡기계의 질병

㉢ 빈혈증, 심장판막증, 관상동맥경화증, 고혈압증, 그 밖의 혈액 또는 순환기계의 질병

㉣ 정신신경증, 알코올중독, 신경통, 그 밖의 정신신경계의 질병

㉤ 메니에르씨병, 중이염, 그 밖의 이관(耳管)협착을 수반하는 귀 질환

㉥ 관절염, 류마티스, 그 밖의 운동기계의 질병

㉦ 천식, 비만증, 바세도우씨병, 그 밖에 알레르기성 · 내분비계 · 물질대사 또는 영양장해 등과 관련된 질병

(26) 근로자 안전보건교육시간(시행규칙 제26조)

<table>
<tr><th>교육과정</th><th colspan="2">교육대상</th><th>교육시간</th></tr>
<tr><td rowspan="4">가. 정기교육</td><td colspan="2">사무직 종사 근로자</td><td>매 분기 3시간 이상</td></tr>
<tr><td rowspan="2">사무직 종사 근로자 외의 근로자</td><td>판매업무에 직접 종사하는 근로자</td><td>매 분기 3시간 이상</td></tr>
<tr><td>판매업무에 직접 종사하는 근로자 외의 근로자</td><td>매 분기 6시간 이상</td></tr>
<tr><td colspan="2">관리감독자의 지위에 있는 사람</td><td>연간 16시간 이상</td></tr>
<tr><td rowspan="2">나. 채용 시 교육</td><td colspan="2">일용근로자</td><td>1시간 이상</td></tr>
<tr><td colspan="2">일용근로자를 제외한 근로자</td><td>8시간 이상</td></tr>
<tr><td rowspan="2">다. 작업내용 변경 시 교육</td><td colspan="2">일용근로자</td><td>1시간 이상</td></tr>
<tr><td colspan="2">일용근로자를 제외한 근로자</td><td>2시간 이상</td></tr>
<tr><td rowspan="3">라. 특별교육</td><td colspan="2">별표 5 제1호 라목 각 호의 어느 하나에 해당하는 작업에 종사하는 일용근로자</td><td>2시간 이상</td></tr>
<tr><td colspan="2">타워크레인 신호작업에 종사하는 일용근로자</td><td>8시간 이상</td></tr>
<tr><td colspan="2">별표 5 제1호 라목 각 호의 어느 하나에 해당하는 작업에 종사하는 일용근로자를 제외한 근로자</td><td>• 16시간 이상(최초 작업에 종사하기 전 4시간 이상 실시하고 12시간은 3개월 이내에서 분할하여 실시 가능)
• 단기간 작업 또는 간헐적 작업인 경우에는 2시간 이상</td></tr>
<tr><td>마. 건설업 기초 안전보건교육</td><td colspan="2">건설 일용근로자</td><td>4시간</td></tr>
</table>

Reference 근로자 휴게시설 설치·관리 기준의 주요 내용

1. 휴게시설 설치대상(시행령 제96조의 2)
   ① 상시근로자(관계수급인의 근로자 포함) 20명 이상을 사용하는 사업장(건설업은 해당 공사의 총공사금액이 20억원 이상인 사업장)
   ② 한국표준직업분류상 7개 직종(전화 상담원, 돌봄 서비스 종사원, 텔레마케터, 배달원, 청소원 및 환경미화원, 아파트 경비원, 건물 경비원)의 상시근로자가 2명 이상인 사업장으로서 상시근로자 10명 이상 20명 미만을 사용하는 사업장(건설업은 제외)
2. 휴게시설 설치·관리 기준(시행규칙 별표 21의 2)
   ① 크기
   - 휴게시설의 최소 바닥면적은 6m²로 한다. 다만, 둘 이상의 사업장의 근로자가 공동으로 같은 휴게시설(공동휴게시설)을 사용하게 하는 경우 공동휴게시설의 바닥면적은 6m²에 사업장의 개수를 곱한 면적 이상으로 한다.
   - 휴게시설의 바닥에서 천장까지의 높이는 2.1m 이상으로 한다.

   ② 위치
   근로자가 이용하기 편리하고 가까운 곳에 있어야 한다. 이 경우 공동휴게시설은 각 사업장에서 휴게시설까지의 왕복 이동에 걸리는 시간이 휴식시간의 20%를 넘지 않는 곳에 있어야 한다.
   ③ 온도
   적정한 온도(18~28℃)를 유지할 수 있는 냉난방기능이 갖춰져 있어야 한다.
   ④ 습도
   적정한 습도(50~55%)를 유지할 수 있는 습도 조절기능이 갖춰져 있어야 한다.
   ⑤ 조명
   적정한 밝기(100~200lux)를 유지할 수 있는 조명 조절기능이 갖춰져 있어야 한다.

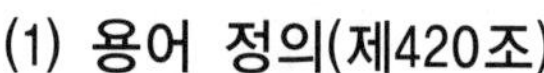

02 산업안전보건기준에 관한 규칙

(1) 용어 정의(제420조)

① **관리대상 유해물질**
근로자에게 상당한 건강장해를 일으킬 우려가 있어 건강장해를 예방하기 위한 보건상의 조치가 필요한 원재료·가스·증기·분진·흄, 미스트로서 유기화합물, 금속류, 산·알칼리류, 가스상태 물질류를 말한다.

② **유기화합물**
상온·상압에서 휘발성이 있는 액체로서 다른 물질을 녹이는 성질이 있는 유기용제를 포함한 탄화수소계 화합물을 말한다.

③ **금속류**
고체가 되었을 때 금속광택이 나고 전기·열을 잘 전달하며, 전성과 연성을 가진 물질을 말한다.

④ 산 · 알칼리류

수용액 중에서 해리하여 수소이온을 생성하고 염기와 중화하여 염을 만드는 물질과 산을 중화하는 수산화화합물로서 물에 녹는 물질을 말한다.

⑤ 가스상태 물질류

상온 · 상압에서 사용하거나 발생하는 가스상태의 물질을 말한다.

⑥ 특별관리물질

「산업안전보건법 시행규칙」에 따른 발암성 물질, 생식세포 변이원성 물질, 생식독성 물질 등 근로자에게 중대한 건강장애를 일으킬 우려가 있는 물질을 말한다.

㉠ 벤젠
㉡ 1,3-부타디엔
㉢ 1-브로모프로판
㉣ 2-브로모프로판
㉤ 사염화탄소
㉥ 에피클로로히드린
㉦ 트리클로로에틸렌
㉧ 페놀
㉨ 포름알데히드
㉩ 납 및 그 무기화합물
㉪ 니켈 및 그 화합물
㉫ 안티몬 및 그 화합물
㉬ 카드뮴 및 그 화합물
㉭ 6가크롬 및 그 화합물
㉮ pH 2.0 이하 황산
㉯ 산화에틸렌 외 20종

⑦ 유기화합물 취급 특별장소

㉠ 선박의 내부
㉡ 차량의 내부
㉢ 탱크의 내부(반응기 등 화학설비 포함)
㉣ 터널이나 갱의 내부
㉤ 맨홀의 내부
㉥ 피트의 내부
㉦ 통풍이 충분하지 않은 수로의 내부
㉧ 덕트의 내부
㉨ 수관(水管)의 내부
㉩ 그 밖에 통풍이 충분하지 않은 장소

⑧ 임시작업

일시적으로 하는 작업 중 월 24시간 미만인 작업을 말한다. 다만, 월 10시간 이상 24시간 미만인 작업이 매월 행하여지는 작업은 제외한다.

⑨ 단시간작업

관리대상 유해물질을 취급하는 시간이 1일 1시간 미만인 작업을 말한다. 다만, 1일 1시간 미만인 작업이 매일 수행되는 경우는 제외한다.

(2) 유기화합물의 설비 특례(제428조)

사업주는 전체환기장치가 설치된 유기화합물의 설비특례에 따라 다음 사항을 모두 갖춘 경우 밀폐설비 또는 국소배기장치를 설치하지 않을 수 있다.

① 유기화합물의 노출기준이 100ppm 이상인 경우
② 유기화합물의 발생량이 대체로 균일한 경우
③ 동일 작업장에 다수의 오염원이 분산되어 있는 경우
④ 오염원이 이동성이 있는 경우

Reference **허가대상 유해물질(베릴륨 및 석면은 제외) 국소배기장치의 제어풍속(제454조)**

물질의 상태	제어풍속(m/sec)
가스 상태	0.5
입자 상태	1.0

(3) 허가대상 유해물질을 제조 · 사용 시 작업장의 게시사항(제459조)

① 허가대상 유해물질의 명칭
② 인체에 미치는 영향
③ 취급상의 주의사항
④ 착용하여야 할 보호구
⑤ 응급처치와 긴급방재 요령

(4) 허가대상 유해물질을 제조 · 사용 시 근로자에게 알려야 할 유해성 주지사항(제460조)

① 물리적 · 화학적 특성
② 발암성 등 인체에 미치는 영향과 증상
③ 취급상의 주의사항
④ 착용하여야 할 보호구와 착용방법
⑤ 위급상황 시의 대처방법과 응급조치요령
⑥ 그 밖에 근로자의 건강장애 예방에 관한 사항

(5) 소음 및 진동에 의한 건강장애의 예방(제512조)

① 소음작업

1일 8시간 작업을 기준으로 85dB 이상의 소음이 발생하는 작업을 말한다.

② 강렬한 소음작업

㉠ 90dB 이상의 소음이 1일 8시간 이상 발생되는 작업

㉡ 95dB 이상의 소음이 1일 4시간 이상 발생되는 작업

㉢ 100dB 이상의 소음이 1일 2시간 이상 발생되는 작업

㉣ 105dB 이상의 소음이 1일 1시간 이상 발생되는 작업

㉤ 110dB 이상의 소음이 1일 30분 이상 발생되는 작업

㉥ 115dB 이상의 소음이 1일 15분 이상 발생되는 작업

③ 충격소음작업

소음이 1초 이상의 간격으로 발생하는 작업으로서 다음의 1에 해당하는 작업을 말한다.

㉠ 120dB을 초과하는 소음이 1일 1만 회 이상 발생되는 작업

㉡ 130dB을 초과하는 소음이 1일 1천 회 이상 발생되는 작업

㉢ 140dB을 초과하는 소음이 1일 1백 회 이상 발생되는 작업

④ 진동작업 기계 · 기구

㉠ 착암기

㉡ 동력을 이용한 해머

㉢ 체인톱

㉣ 엔진커터

㉤ 동력을 이용한 연삭기

㉥ 임팩트 렌치

㉦ 그 밖에 진동으로 인하여 건강장애를 유발할 수 있는 기계 · 기구

⑤ 청력보존프로그램

소음노출평가, 노출기준 초과에 따른 공학적 대책, 청력보호구의 지급 및 착용, 소음의 유해성과 예방에 관한 교육, 정기적 청력검사, 기록 · 관리 등이 포함된 소음성 난청을 예방 · 관리하기 위한 종합적인 계획을 말한다.

(6) 소음작업, 강렬한 소음작업, 충격소음작업 시 근로자에게 주지사항(제514조)

① 해당 작업장소의 소음수준

② 인체에 미치는 영향과 증상

③ 보호구의 선정과 착용방법

④ 그 밖에 소음으로 인한 건강장애 방지에 필요한 사항

(7) 소음성 난청 등의 건강장해가 발생, 발생우려 시 조치사항(제515조)

① 해당 작업장의 소음성 난청 발생원인 조사
② 청력손실을 감소시키고 청력손실의 재발을 방지하기 위한 대책 마련
③ 대책의 이행 여부 확인
④ 작업전환 등 의사의 소견에 따른 조치

(8) 국소배기장치 사용 전 점검 등(제612조)

① 국소배기장치
㉠ 덕트 및 배풍기의 분진상태
㉡ 덕트 접속부가 헐거워졌는지 여부
㉢ 흡기 및 배기 능력
㉣ 그 밖에 국소배기장치의 성능을 유지하기 위하여 필요한 사항
② 공기정화장치
㉠ 공기정화장치 내부의 분진상태
㉡ 여과제진장치에 있어서는 여과재의 파손 유무
㉢ 공기정화장치의 분진처리 능력
㉣ 그 밖에 공기정화장치의 성능 유지를 위하여 필요한 사항

(9) 상시 분진작업에 관련된 업무를 하는 경우 유해성 주지사항(제614조)

① 분진의 유해성과 노출경로
② 분진의 발산방지와 작업장의 환기방법
③ 작업장 및 개인 위생관리
④ 호흡용 보호구의 사용방법
⑤ 분진에 관련된 질병 예방방법

(10) 밀폐공간작업으로 인한 건강장애의 예방(제618조)

① 밀폐공간
산소결핍, 유해가스로 인한 질식 · 화재 · 폭발 등의 위험이 있는 장소를 말한다.
② 유해가스
이산화탄소, 일산화탄소, 황화수소 등의 기체로서 인체에 유해한 영향을 미치는 물질을 말한다.

③ 적정공기
㉠ 산소 농도의 범위가 18% 이상 23.5% 미만인 수준의 공기
㉡ 이산화탄소 농도가 1.5% 미만인 수준의 공기
㉢ 황화수소 농도가 10ppm 미만인 수준의 공기
㉣ 일산화탄소 농도가 30ppm 미만인 수준의 공기

④ 산소결핍
공기 중의 산소 농도가 18% 미만인 상태를 말한다.

⑤ 산소결핍증
산소가 결핍된 공기를 들이마심으로써 생기는 증상을 말한다.

(11) 밀폐공간 작업 프로그램 수립 · 시행 시 포함사항(제619조)

① 사업장 내 밀폐공간의 위치파악 및 관리방안
② 밀폐공간 내 질식, 중독 등을 일으킬 수 있는 유해 · 위험 요인의 파악 및 관리방안
③ 밀폐공간 작업 시 사전 확인이 필요한 사항에 대한 확인절차
④ 안전보건 교육 및 훈련
⑤ 그 밖에 밀폐공간 작업 근로자의 건강장애 예방에 관한 사항

(12) 밀폐공간 작업 시작 전 확인사항(제619조)

① 작업일시, 기간, 장소 및 내용 등 작업 정보
② 관리감독자, 근로자, 감시인 등 작업자 정보
③ 산소 및 유해가스 농도의 측정결과 및 후속조치사항
④ 작업 중 불활성 가스 또는 유해가스의 누출 · 유입 · 발생 가능성 검토 및 후속조치사항
⑤ 작업 시 착용하여야 할 보호구 종류
⑥ 비상연락체계

(13) 산소 및 유해가스 농도 측정(제619조의 2)

① 관리감독자
② 안전관리자 또는 보건관리자
③ 안전관리전문기관 또는 보건관리전문기관
④ 건설재해 예방전문 지도기관
⑤ 작업환경측정기관
⑥ 한국산업안전보건공단이 정하는 산소 및 유해가스 농도의 측정 · 평가에 관한 교육을 이수한 사람

(14) 밀폐공간 내 작업 시 조치사항(제620~626조)

① 환기
② 인원점검
③ 출입금지
④ 감시인 배치
⑤ 안전대, 구명밧줄, 공기호흡기 및 송기마스크 지급 · 착용
⑥ 대피용 기구의 비치

(15) 이상기압에 의한 건강장애의 예방에 관한 용어(제522조)

사업주는 잠함 또는 잠수작업 등 높은 기압에서 작업에 종사하는 근로자에 대하여 1일 6시간, 주 34시간을 초과하여 근로자에게 작업하게 하여서는 안 된다.

① 고압작업
고기압(1kg/cm^2 이상)에서 잠함공법 또는 그 외의 압기공법으로 행하는 작업을 말한다.

② 잠수작업
㉠ 표면공급식 잠수작업
수면 위의 공기압축기 또는 호흡용 기체통에서 압축된 호흡용 기체를 공급받으면서 하는 작업
㉡ 스쿠버 잠수작업
호흡용 기체통을 휴대하고 하는 작업

③ 기압조절실
고압작업을 하는 근로자 또는 잠수작업을 하는 근로자가 가압 또는 감압을 받는 장소를 말한다.

④ 압력
게이지압력을 말한다.

⑤ 비상 기체 등
주된 기체 공급장치가 고장난 경우 잠수작업자가 안전한 지역으로 대피하기 위하여 필요한 충분한 양의 호흡용 기체를 저장하고 있는 압력용기와 부속장치를 말한다.

(16) 가압의 속도(제532조)

사업주는 기압조절실에서 고압작업자 또는 잠수작업자에게 가압을 하는 경우 1분에 제곱센티미터당 0.8킬로그램 이하의 속도로 하여야 한다.

(17) 감압 시 기압조절실에서 조치사항(제535조)

① 기압조절실 바닥면의 조도를 20럭스 이상이 되도록 할 것
② 기압조절실 내의 온도가 섭씨 10도 이하가 되는 경우에 고압작업자 또는 잠수작업자에게 모포 등 적절한 보온용구를 지급하여 사용하도록 할 것
③ 감압에 필요한 시간이 1시간을 초과하는 경우에 고압작업자 또는 잠수작업자에게 의자 또는 그 밖의 휴식용구를 지급하여 사용하도록 할 것

(18) 온 · 습도에 의한 건강장애의 예방에 관한 용어(제558조)

① **고열** : 열에 의하여 근로자에게 열경련 · 열탈진 또는 열사병 등의 건강장애를 유발할 수 있는 더운 온도(갱내의 기온은 37℃ 이하로 유지해야 함)
② **한랭** : 냉각원에 의하여 근로자에게 동상 등의 건강장애를 유발할 수 있는 차가운 온도
③ **다습** : 습기로 인하여 근로자에게 피부질환 등의 건강장애를 유발할 수 있는 습한 상태

(19) 감염병 예방 조치사항(제594조)

① 감염병 예방을 위한 계획의 수립
② 보호구 지급, 예방접종 등 감염병 예방을 위한 조치
③ 감염병 발생 시 원인조사와 대책 수립
④ 감염병 발생 근로자에 대한 적절한 처치

(20) 병원체에 노출될 수 있는 작업 시 유해성 주지사항(제595조)

① 감염병의 종류와 원인
② 전파 및 감염경로
③ 감염병의 증상과 잠복기
④ 감염되기 쉬운 작업의 종류와 예방방법
⑤ 노출 시 보고 등 노출과 감염 후 조치

(21) 근골격계 부담작업으로 인한 건강장애의 예방에 관한 용어(제656조)

① 근골격계 부담작업
작업량 · 작업속도 · 작업강도 및 작업장 구조 등에 따라 고용노동부장관이 정하여 고시하는 작업을 말한다.

② 근골격계 질환

반복적인 동작, 부적절한 작업자세, 무리한 힘의 사용, 날카로운 면과의 신체접촉, 진동 및 온도 등의 요인에 의하여 발생하는 건강장애로서 목, 어깨, 허리, 상·하지의 신경·근육 및 그 주변 신체조직 등에 나타나는 질환을 말한다.

③ 근골격계 질환 예방관리프로그램

유해요인 조사, 작업환경 개선, 의학적 관리, 교육·훈련, 평가에 관한 사항 등이 포함된 근골격계 질환을 예방, 관리하기 위한 종합적인 계획을 말한다.

(22) 근골격계 부담작업에 근로자를 종사하도록 하는 경우의 유해요인 조사사항(제657조)

3년마다 유해요인 조사를 실시한다(단, 신설사업장은 신설일로부터 1년 이내).

① 설비·작업공정·작업량·작업속도 등 작업장 상황
② 작업시간·작업자세·작업방법 등 작업조건
③ 작업과 관련된 근골격계 질환 징후 및 증상 유무 등

(23) 근골격계 부담작업의 근로자에게 유해성 주지사항(제661조)

① 근골격계 부담작업의 유해요인
② 근골격계 질환의 징후 및 증상
③ 근골격계 질환 발생 시 대처요령
④ 올바른 작업자세 및 작업도구, 작업시설의 올바른 사용방법
⑤ 그 밖에 근골격계 질환 예방에 필요한 사항

(24) 직무 스트레스에 의한 건강장애 예방조치(제669조)

① 작업환경·작업내용·근로시간 등 직무 스트레스 요인에 대하여 평가하고 근로시간 단축, 장·단기 순환작업 등 개선대책을 마련하여 시행할 것
② 작업량·작업일정 등 작업계획수립 시 당해 근로자의 의견을 반영할 것
③ 작업과 휴식을 적정하게 배분하는 등 근로시간과 관련된 근로조건을 개선할 것
④ 근로시간 이외의 근로자 활동에 대한 복지차원의 지원에 최선을 다할 것
⑤ 건강진단결과·상담자료 등을 참고하여 적정하게 근로자를 배치하고 직무 스트레스 요인, 건강문제 발생가능성 및 대비책 등에 대하여 당해 근로자에게 충분히 설명할 것
⑥ 뇌혈관 및 심장질환 발병위험도를 평가하여 금연, 고혈압 관리 등 건강증진프로그램을 시행할 것

03 화학물질 및 물리적 인자의 노출기준(고용노동부 고시)

제2조(정의)

① "노출기준"이라 함은 근로자가 유해인자에 노출되는 경우 노출기준 이하 수준에서는 거의 모든 근로자에게 건강상 나쁜 영향을 미치지 아니하는 기준을 말하며, 1일 작업시간 동안의 시간가중 평균노출기준(TWA ; Time Weighted Average), 단시간 노출기준(STEL ; Short Term Exposure Limit) 또는 최고노출기준(C ; Ceiling)으로 표시한다.

② "시간가중 평균노출기준(TWA)"이라 함은 1일 8시간 작업을 기준으로 하여 유해인자의 측정치에 발생시간을 곱하여 8시간으로 나눈 값을 말한다.

$$\text{TWA환산값} = \frac{C_1T_1 + C_2T_2 + \cdots + C_nT_n}{8}$$

여기서, C : 유해인자의 측정치(단위 : ppm 또는 mg/m³)

T : 유해인자의 발생시간(단위 : 시간)

③ "단시간 노출기준(STEL)"이란 15분간의 시간가중 평균노출값으로서 노출농도가 시간가중 평균노출기준(TWA)을 초과하고 단시간 노출기준(STEL) 이하인 경우에는 1회 노출 지속시간이 15분 미만이어야 하고, 이러한 상태가 1일 4회 이하로 발생하여야 하며, 각 노출의 간격은 60분 이상이어야 한다.

④ "최고노출기준(C)"이라 함은 근로자가 1일 작업시간 동안 잠시라도 노출되어서는 아니 되는 기준을 말하며, 노출기준 앞에 'C'를 붙여 표시한다.

제3조(노출기준 사용상의 유의사항)

① 각 유해인자의 노출기준은 해당 유해인자가 단독으로 존재하는 경우의 노출기준을 말하며, 2종 또는 그 이상의 유해인자가 혼재하는 경우에는 각 유해인자의 상가작용으로 유해성이 증가할 수 있으므로 제6조의 규정에 의하여 산출하는 노출기준을 사용하여야 한다.

② 노출기준은 1일 8시간 작업을 기준으로 하여 제정된 것이므로 이를 이용할 때에는 근로시간, 작업의 강도, 온열조건, 이상기압 등이 노출기준 적용에 영향을 미칠 수 있으므로 이와 같은 제반요인에 대한 특별한 고려를 하여야 한다.

③ 유해인자에 대한 감수성은 개인에 따라 차이가 있으며 노출기준 이하의 작업환경에서도 직업성 질병에 이환되는 경우가 있으므로 노출기준을 직업병 진단에 사용하거나 노출기준 이하의 작업환경이라는 이유만으로 직업성 질병의 이환을 부정하는 근거 또는 반증자료로 사용하여서는 아니 된다.

④ 노출기준은 대기오염의 평가 또는 관리상의 지표로 사용하여서는 아니 된다.

제4조(적용범위)

① 노출기준은 작업장의 유해인자에 대한 작업환경 개선기준과 작업환경 측정결과의 평가기준으로 사용할 수 있다.

② 이 고시에 유해인자의 노출기준이 규정되지 아니하였다는 이유로 법, 영, 규칙 및 보건규칙의 적용이 배제되지 아니하며, 이와 같은 유해인자의 노출기준은 미국산업위생전문가회의(ACGIH)에서 매년 채택하는 노출기준(TLVs)을 준용한다.

제6조(혼합물)

① 화학물질이 2종 이상 혼재하는 경우 혼재하는 물질 간에 유해성이 인체의 서로 다른 부위에 작용한다는 증거가 없는 한 유해작용은 가중되므로 노출기준은 다음 식에 의하여 산출하는 수치가 1을 초과하지 아니하는 것으로 한다.

$$\frac{C_1}{T_1} + \frac{C_2}{T_2} + \cdots + \frac{C_n}{T_n}$$

여기서, C : 화학물질 각각의 측정치

T : 화학물질 각각의 노출기준

② 제①항의 경우와는 달리 혼재하는 물질 간에 유해성이 인체의 서로 다른 부위에 유해작용을 하는 경우에는 유해성이 각각 작용하므로 혼재하는 물질 중 어느 한 가지라도 노출기준을 넘는 경우 노출기준을 초과하는 것으로 한다.

제11조(표시단위)

① 가스 및 증기의 노출기준 표시단위는 ppm을 사용한다.

② 분진 및 미스트 등 에어로졸의 노출기준 표시단위는 mg/m^3를 사용한다. 다만, 석면 및 내화성 세라믹섬유의 노출기준 표시단위는 세제곱센티미터당 개수(개/cm^3)를 사용한다.

③ 고온의 노출기준 표시단위는 습구흑구온도지수(이하 'WBGT'라 한다)를 사용하며 다음 식에 의하여 산출한다.

㉠ 옥외(태양광선이 내리쬐는 장소)

WBGT(℃)=0.7×자연습구온도+0.2×흑구온도+0.1×건구온도

㉡ 옥내 또는 옥외(태양광선이 내리쬐지 않는 장소)

WBGT(℃)=0.7×자연습구온도+0.3×흑구온도

기본개념문제 01

옥외작업장(태양광선이 내리쬐는 장소)의 자연습구온도는 29℃, 건구온도는 33℃, 흑구온도는 36℃, 기류속도는 1m/sec일 때 WBGT 지수값을 구하시오.

풀이 옥외(태양광선이 내리쬐는 장소)의 WBGT(℃)
=(0.7×자연습구온도)+(0.2×흑구온도)+(0.1×건구온도)
=(0.7×29℃)+(0.2×36℃)+(0.1×33℃)
=30.8℃

기본개념문제 02

태양광선이 내리쬐지 않는 옥외작업장에서 자연습구온도가 20℃, 건구온도가 25℃, 흑구온도가 20℃일 때, 습구흑구온도지수(WBGT)를 구하시오.

풀이 WBGT(℃)=(0.7×자연습구온도)+(0.3×흑구온도)
=(0.7×20℃)+(0.3×20℃)
=20℃

Reference **우리나라 화학물질의 노출기준 주의사항**

1. SKIN 표시물질은 점막과 눈 그리고 경피로 흡수되어 전신영향을 일으킬 수 있는 물질을 말함(피부자극성을 뜻하는 것이 아님)
2. 발암성 정보물질의 표기는 「화학물질의 분류, 표시 및 물질안전보건자료에 관한 기준」에 따라 다음과 같이 표기함
   - 1A : 사람에게 충분한 발암성 증거가 있는 물질
   - 1B : 실험동물에서 발암성 증거가 충분히 있거나 실험동물과 사람 모두에게 제한된 발암성 증거가 있는 물질
   - 2 : 사람이나 동물에서 제한된 증거가 있지만, 구분 1로 분류하기에는 증거가 충분하지 않은 물질
3. 화학물질이 IARC(국제 암연구소) 등의 발암성 등급과 NTP(미국 독성프로그램)의 R등급을 모두 갖는 경우에는 NTP의 R등급은 고려하지 아니함
4. 혼합용매추출은 에틸에테르, 톨루엔, 메탄올을 부피비 1 : 1 : 1로 혼합한 용매나 이외 동등 이상의 용매로 추출한 물질을 말함
5. 노출기준이 설정되지 않은 물질의 경우 이에 대한 노출이 가능한 한 낮은 수준이 되도록 관리하여야 함
6. 라돈의 작업장 노출기준 : 600Bq/m^3 미만

04 화학물질의 분류 · 표시 및 물질안전보건자료에 관한 기준

제2조(정의)

① "화학물질"이란 원소 및 원소 간의 화학반응에 의하여 생성된 물질을 말한다.

② "혼합물"이란 두 가지 이상의 화학물질로 구성된 물질 또는 용액을 말한다.

③ "제조자"란 직접 사용 또는 양도 · 제공을 목적으로 화학물질 또는 혼합물을 생산 · 가공 또는 혼합하는 것, 직접 기획(성능 · 기능, 원재료 구성 설계 등)하여 다른 생산업체에 위탁해 자기 명의로 생산하게 하는 것을 말한다.

④ "수입"이란 직접 사용 또는 양도 · 제공을 목적으로 외국에서 국내로 화학물질 또는 혼합물을 들여오는 것을 말한다.

⑤ "용기"란 고체, 액체 또는 기체의 화학물질 또는 혼합물을 직접 담은 합성강제, 플라스틱, 저장탱크, 유리, 비닐포대, 종이포대 등을 말한다. 다만, 레미콘, 컨테이너는 용기로 보지 아니 한다.

⑥ "포장"이란 용기를 싸거나 꾸리는 것을 말한다.

⑦ "반제품용기"란 같은 사업장 내에서 상시적이지 않은 경우로서 공정 간 이동을 위하여 화학물질 또는 혼합물을 담은 용기를 말한다.

제5조(경고표지의 부착)

① 물질안전보건자료대상물질을 양도 · 제공하는 자는 해당 물질안전보건자료대상물질의 용기 및 포장에 한글로 작성한 경고표지(같은 경고표지 내에 한글과 외국어가 함께 기재된 경우를 포함한다)를 부착하거나 인쇄하는 등 유해 · 위험 정보가 명확히 나타나도록 하여야 한다.

다만, 실험실에서 실험 · 연구 목적으로 사용하는 시약으로서 외국어로 작성된 경고표지가 부착되어 있거나 수출하기 위하여 저장 또는 운반 중에 있는 완제품은 한글로 작성한 경고표지를 부착하지 아니할 수 있다.

② 국제연합(UN)의 「위험물 운송에 관한 권고」에서 정하는 유해성 · 위험성 물질을 포장에 표시하는 경우에는 「위험물 운송에 관한 권고」에 따라 표시할 수 있다.

③ 포장하지 않는 드럼 등의 용기에 국제연합(UN)의 「위험물 운송에 관한 권고」에 따라 표시를 한 경우에는 경고표지에 해당 그림문자를 표시하지 아니할 수 있다.

④ 용기 및 포장에 경고표지를 부착하거나 경고표지의 내용을 인쇄하는 방법으로 표시하는 것이 곤란한 경우에는 경고표지를 인쇄한 꼬리표를 달 수 있다.

⑤ 물질안전보건자료대상물질을 사용 · 운반 또는 저장하고자 하는 사업주는 경고표지의 유무를 확인하여야 하며, 경고표지가 없는 경우에는 경고표지를 부착하여야 한다.

⑥ 사업주는 물질안전보건자료대상물질의 양도 · 제공자에게 경고표지의 부착을 요청할 수 있다.

제6조(경고표지의 작성방법)

① 물질안전보건자료대상물질의 내용량이 100g 이하 또는 100mL 이하인 경우에는 경고표지에 명칭, 그림문자, 신호어 및 공급자 정보만을 표시할 수 있다.

② 물질안전보건자료대상물질을 해당 사업장에서 자체적으로 사용하기 위하여 담은 반제품용기에 경고표시를 할 경우에는 유해 · 위험의 정도에 따른 "위험" 또는 "경고"의 문구만을 표시할 수 있다. 다만, 이 경우 보관 · 저장 장소의 작업자가 쉽게 볼 수 있는 위치에 경고표지를 부착하거나 물질안전보건자료를 게시하여야 한다.

제8조(경고표지의 색상 및 위치)

① 경고표지 전체의 바탕은 흰색으로, 글씨와 테두리는 검정색으로 하여야 한다.

② 비닐포대 등 바탕색을 흰색으로 하기 어려운 경우에는 그 포장 또는 용기의 표면을 바탕색으로 사용할 수 있다.
다만, 바탕색이 검정색에 가까운 용기 또는 포장인 경우에는 글씨와 테두리를 바탕색과 대비색상으로 표시하여야 한다.

③ 그림문자는 유해성 · 위험성을 나타내는 그림과 테두리로 구성하며, 유해성 · 위험성을 나타내는 그림은 검은색으로 하고, 그림문자의 테두리는 빨간색으로 하는 것을 원칙으로 하되 바탕색과 테두리의 구분이 어려운 경우 바탕색의 대비색상으로 할 수 있으며, 그림문자의 바탕은 흰색으로 한다.
다만, 1L 미만의 소량 용기 또는 포장으로서 경고표지를 용기 또는 포장에 직접 인쇄하고자 하는 경우에는 그 용기 또는 포장 표면의 색상이 두 가지 이하로 착색되어 있는 경우에 한하여 용기 또는 포장에 주로 사용된 색상(검정색 계통은 제외한다)을 그림문자의 바탕색으로 할 수 있다.

④ 경고표지는 취급근로자가 사용 중에도 쉽게 볼 수 있는 위치에 견고하게 부착하여야 한다.

제10조(작성항목)

물질안전보건자료 작성 시 포함되어야 할 항목 및 그 순서

① 화학제품과 회사에 관한 정보

② 유해성 · 위험성

③ 구성 성분의 명칭 및 함유량

④ 응급조치요령

⑤ 폭발 · 화재 시 대처방법

⑥ 누출사고 시 대처방법
⑦ 취급 및 저장 방법
⑧ 노출방지 및 개인보호구
⑨ 물리화학적 특성
⑩ 안정성 및 반응성
⑪ 독성에 관한 정보
⑫ 환경에 미치는 영향
⑬ 폐기 시 주의사항
⑭ 운송에 필요한 정보
⑮ 법적 규제 현황
⑯ 그 밖의 참고사항

제11조(작성원칙)

① 물질안전보건자료는 한글로 작성하는 것을 원칙으로 하되 화학물질명, 외국기관명 등의 고유명사는 영어로 표기할 수 있다.

② 실험실에서 실험 · 연구 목적으로 사용하는 시약으로서 물질안전보건자료가 외국어로 작성된 경우에는 한국어로 번역하지 아니할 수 있다.

③ 실험결과를 반영하고자 하는 경우에는 해당 국가의 우수실험실기준(GLP) 및 국제공인시험기관인정(KOLAS)에 따라 수행한 시험결과를 우선적으로 고려하여야 한다.

④ 외국어로 되어 있는 물질안전보건자료를 번역하는 경우에는 자료의 신뢰성이 확보될 수 있도록 최초 작성 기관명 및 시기를 함께 기재하여야 하며, 다른 형태의 관련 자료를 활용하여 물질안전보건자료를 작성하는 경우에는 참고문헌의 출처를 기재하여야 한다.

⑤ 물질안전보건자료 작성에 필요한 용어, 작성에 필요한 기술지침은 한국산업안전보건공단이 정할 수 있다.

⑥ 물질안전보건자료의 작성단위는 「계량에 관한 법률」이 정하는 바에 의한다.

⑦ 각 작성항목은 빠짐없이 작성하여야 한다. 다만, 부득이 어느 항목에 대해 관련 정보를 얻을 수 없는 경우에는 작성란에 "자료 없음"이라고 기재하고, 적용이 불가능하거나 대상이 되지 않는 경우에는 작성란에 "해당 없음"이라고 기재한다.

⑧ 구성 성분의 함유량을 기재하는 경우에는 함유량의 ±5퍼센트포인트(%P) 내에서 범위(하한값 ~ 상한값)로 함유량을 대신하여 표시할 수 있다.

⑨ 물질안전보건자료를 작성할 때에는 취급근로자의 건강보호 목적에 맞도록 성실하게 작성하여야 한다.

제12조(혼합물의 유해성 · 위험성 결정)

① 물질안전보건자료를 작성할 때에는 혼합물의 유해성 · 위험성을 다음과 같이 결정한다.

㉠ 혼합물에 대한 유해 · 위험성의 결정을 위한 세부 판단기준은 별도로 정한다.

㉡ 혼합물에 대한 물리적 위험성 여부가 혼합물 전체로서 시험되지 않는 경우에는 혼합물을 구성하고 있는 단일화학물질에 관한 자료를 통해 혼합물의 물리적 잠재유해성을 평가할 수 있다.

② 혼합물로 된 제품들이 다음의 요건을 충족하는 경우에는 각각의 제품을 대표하여 하나의 물질안전보건자료를 작성할 수 있다.

㉠ 혼합물로 된 제품의 구성 성분이 같을 것

㉡ 각 구성 성분의 함유량 변화가 10퍼센트포인트(%P) 이하일 것

㉢ 유사한 유해성을 가질 것

제16조(대체자료 기재 제외물질)

영업비밀과 관련되어 화학물질의 명칭 및 함유량을 물질안전보건자료에 적지 아니하려는 자는 고용노동부령으로 정하는 바에 따라 고용노동부장관에게 신청하여 승인을 받아 해당 화학물질의 명칭 및 함유량을 대체할 수 있는 명칭 및 함유량(대체자료)으로 적을 수 있다. 다만, 근로자에게 중대한 건강장해를 초래할 우려가 있는 화학물질로서 「산업재해보상보험법」에 따른 산업재해보상보험 및 예방심의위원회의 심의를 거쳐 고용노동부장관이 고시하는 것은 그러하지 아니하다.

① 제조 등 금지물질

② 허가대상물질

③ 관리대상 유해물질

④ 작업환경측정대상 유해인자

⑤ 특수건강진단대상 유해인자

⑥ 「화학물질의 등록 및 평가 등에 관한 법률」에서 정하는 화학물질

Reference 유해인자 분류기준 중 급성독성물질(산업안전보건법)

급성독성물질은 입 또는 피부를 통하여 1회 투여 또는 24시간 이내에 여러 차례로 나누어 투여하거나 호흡기를 통하여 4시간 동안 흡입하는 경우 유해한 영향을 일으키는 물질을 말한다.

CHAPTER 06

산업재해

01 산업재해의 개념

(1) 산업재해의 정의

① 산업안전보건법

노무를 제공하는 사람이 업무에 관계되는 건설물, 설비, 원재료, 가스, 증기, 분진 등에 의하거나 작업 또는 그 밖의 업무로 인하여 사망 또는 부상하거나 질병에 걸리는 것을 말한다.

② 국제노동기구(ILO)

산업재해는 업무로 인한 외향성 상해 또는 질병을 말한다.

③ 재해

일반적으로 사고의 결과로 일어난, 인명이나 재산상의 손실을 가져올 수 있는 계획되지 않거나 예상하지 못한 사건을 의미한다.

(2) 산업재해 발생의 역학적 특성

① 작은 규모의 산업체에서 재해율이 높다.

② 오전 11~12시, 오후 2~3시에 빈발한다.

③ 손상 종류별로는 골절이 가장 많다.

④ 봄과 가을에 빈발한다.

(3) 중대재해

① 중대재해의 산업안전보건법상 정의는 산업재해 중 사망 등 재해의 정도가 심하거나 다수의 재해자가 발생한 경우로서 고용노동부령이 정하는 재해를 말한다.

② 산업재해 발생의 급박한 위험이 있을 때 또는 중대재해가 발생하였을 때에는 사업주는 작업을 중지시키고 근로자를 작업장소로부터 대피시켜야 하며 급박한 위험에 대한 합리적인 근거가 있을 경우에 작업을 중지하고 대피한 근로자에게 해고 등의 불리한 처우를 해서는 안 된다.

(4) 재해 빈발 발생부위

손 > 발 > 눈

(5) ILO의 상해 분류

① 사망

안전사고로 죽거나 혹은 사고 시 입은 부상의 결과 일정 기간 내에 생명을 잃는 것

② 영구 전노동 불능 상해

부상의 결과로 근로의 기능을 완전 영구적으로 잃는 상해 정도(신체장애등급 1~3급)

③ 영구 일부 노동 불능 상해

부상의 결과로 신체의 일부가 영구적으로 노동기능을 상실한 상해 정도(신체장애등급 4~14급)

④ 일시 전노동 불능 상해

의사의 진단에 따라 일정 기간 정규노동에 종사할 수 없는 상해 정도(완치 후 노동력 회복)

⑤ 일시 일부 노동 불능 상해

의사의 진단으로 일정 기간 정규노동에 종사할 수 없으나, 휴무상태가 아닌 일시 가벼운 노동에 종사할 수 있는 상해 정도

⑥ 응급조치 상해

응급처치 또는 자가치료(1일 미만)를 받고 정상작업에 임할 수 있는 상해 정도

⑦ 무상해 사고

(6) 재해의 분류

① 주요사고 혹은 주요재해(major accidents)

사망하지는 않았지만 입원할 정도의 상해

② 경미사고 혹은 경미재해(minor accidents)

㉠ 통원치료할 정도의 상해가 일어난 경우

㉡ 재산상의 큰 피해를 입히는 중대한 사고가 아니면서 동시에 중상자가 발생하지 않고 경상자만 발생한 사고

③ 유사사고 혹은 유사재해(near accidents)

상해 없이 재산피해만 발생하는 경우

④ 가사고 혹은 가재해(pseudo accidents)

재산상의 피해는 없고, 시간손실만 일어난 경우

02 산업재해의 원인

(1) 개요

하인리히의 재해발생이론, 도미노이론에서 재해 예방을 위한 가장 효과적인 대책은 불안전한 상태 및 행동 제거이다.

(2) 직접 원인(1차 원인)

① 불안전한 행위(인적 요인)
- ㉠ 위험장소 접근
- ㉡ 안전장치 기능제거(안전장치를 고장나게 함)
- ㉢ 기계 · 기구의 잘못 사용(기계설비의 결함)
- ㉣ 운전 중인 기계장치의 손실
- ㉤ 불안전한 속도 조작
- ㉥ 주변환경에 대한 부주의(위험물 취급 부주의)
- ㉦ 불안전한 상태의 방치
- ㉧ 불안전한 자세
- ㉨ 안전확인 경고의 미비(감독 및 연락 불충분)
- ㉩ 복장, 보호구의 잘못 사용(보호구를 착용하지 않고 작업)

② 불안전한 상태(물적 요인)
- ㉠ 물 자체의 결함
- ㉡ 안전보호장치 결함
- ㉢ 복장, 보호구의 결함
- ㉣ 물의 배치 및 작업장소 결함(불량)
- ㉤ 작업환경의 결함(불량)
- ㉥ 생산공장의 결함
- ㉦ 경계표시, 설비의 결함

(3) 간접 원인(2차 원인, 기초 원인, 관리적 원인)

① 기술적 요인
- ㉠ 건물 기계장치 설계 불량
- ㉡ 구조재료의 부적합
- ㉢ 생산공정의 부적당
- ㉣ 점검 · 정비 · 보존 불량

② 교육적 원인
- ㉠ 안전지식 부족(의식 부족)
- ㉡ 안전수칙의 오해
- ㉢ 경험훈련의 미숙
- ㉣ 작업방법의 교육 불충분
- ㉤ 위해 위험작업의 교육 불충분

③ 작업관리상 원인
- ㉠ 최고 책임자의 책임감 부족
- ㉡ 인원배치 부적당(부적절한 인사배치)
- ㉢ 작업기준의 불명확(안전기준의 불명확)
- ㉣ 안전관리조직 결함(점검, 보건제도의 결함)
- ㉤ 안전수칙 미제정
- ㉥ 작업지시 부적당

④ 신체적(생리적) 원인
- ㉠ 극도의 피로
- ㉡ 청각, 시각의 이상
- ㉢ 근육운동의 부적합
- ㉣ 육체적 능력 초과
- ㉤ 신경계통의 이상
- ㉥ 스트레스
- ㉦ 수면부족

⑤ 정신적 원인
- ㉠ 안전의식의 부족
- ㉡ 주의력의 부족
- ㉢ 방심 및 공상
- ㉣ 개성적 결함 요소
- ㉤ 판단력 부족 또는 그릇된 판단

Reference Gordon의 재해 및 상해 발생에 관여하는 3가지 요인

1. 환경요인
2. 기계요인
3. 개체요인

(4) 산업재해 발생 3대 요인

① 관리 결함

작업환경조건에 기인(환경적 요인)

② 생리적 결함

작업자의 심신 이상에 기인(인적 요인)

③ 작업방법 결함

작업방법의 결함(산업장의 환경 요인)

(5) 인적 원인 3가지

① 관리상 원인

② 생리적 원인

③ 심리적 원인

(6) 산업재해의 기본 원인(4M)

① Man(사람)

본인 이외의 사람으로 인간관계, 의사소통의 불량을 의미한다.

② Machine(기계, 설비)

기계, 설비 자체의 결함을 의미한다(위험방호장치 결함).

③ Media(작업환경, 작업방법)

인간과 기계의 매개체를 말하며 작업자세, 작업동작의 결함, 작업장소의 부적절, 작업환경조건의 불량을 의미한다.

④ Management(법규 준수, 관리)

안전교육과 훈련의 부족, 부하에 대한 지도 · 감독의 부족을 의미한다.

(7) 산업안전 심리의 5대 요소

① 동기(motive)

② 기질(temper)

③ 감성(feeling)

④ 습성(habit)

⑤ 습관(custom)

03 산업재해의 분석

(1) 하인리히(Heinrich) 재해발생비율

1 : 29 : 300으로 중상 또는 사망 1회, 경상해 29회, 무상해 300회의 비율로 재해가 발생한다는 것을 의미한다.

① 1 ⇨ 중상 또는 사망(중대사고, 주요재해)

② 29 ⇨ 경상해(경미한 사고, 경미재해)

③ 300 ⇨ 무상해사고(near accident), 즉 사고가 일어나더라도 손실을 전혀 수반하지 않은 재해(유사재해)

(2) 버드(Bird) 재해발생비율

1 : 10 : 30 : 600의 비율로 재해가 발생한다는 것을 의미한다.

① 1 ⇨ 중상 또는 폐질(사망, 질병에 이르거나 또는 시간의 손실 또는 치료가 필요하게 되었던 상해)

② 10 ⇨ 경상(응급치료만으로 끝난 상해, 물적 · 인적 상해)

③ 30 ⇨ 무상해사고(물적 손실 발생, 즉 재산손해사고 건수 의미)

④ 600 ⇨ 무상해, 무사고, 무손실고장(위험순간)

기본개념문제 01

하인리히 재해구성비율 중 무상해사고가 600건이라면 사망 또는 중상은 몇 건 발생하는가?

풀이 재해발생비율 1 : 29 : 300에서 무상해사고 300건에 대해서 중상 또는 사망 발생비율은 1건이므로 무상해사고 600건에 대해서는 2건의 중상 또는 사망이 발생한다.

기본개념문제 02

하인리히 학설을 기본으로 주요재해와 유사재해의 비율은?

풀이 재해발생비율 1 : 29 : 300에서 주요재해와 유사재해의 비율은 1 : 300이 된다.

(3) 재해원인 분석방법

① 파레토도

사고의 유형, 기인물 등 분류항목을 큰 순서대로 도표화하여 항목 간의 경중을 비교하는 통계적 원인 분석방법

② **특성요인도**
특정 결과와 원인이라고 생각되는 항목을 계통적으로 나타낸 도표, 즉 재해원인 간의 상호 인과관계를 화살표로 결부시키는 분석

③ **크로스 분석**
2개 항목 이상의 발생빈도를 분석

④ **관리도**
시간경과에 따른 재해발생 건수, 불안전행동률 등의 변화추이를 분석

04 산업재해의 통계

(1) 산업재해 통계 목적

① 과거 일정 기간 발생한 산업재해에 대해 그 재해 구성요소를 조사하여 올바른 통계기법으로 분석하기 위하여
② 재해의 공통적 발생요인을 수량적으로 통일성 있게 해명하기 위하여
③ 재해의 구성요소를 알고 분포상태를 파악하여 대책을 세우기 위하여
④ 설비상의 결함요인을 개선 · 시정시키는 데 활용하기 위하여
⑤ 근로자의 행동결함을 발견하여 안전재교육 훈련자료로 활용하기 위하여

(2) 산업재해 통계 작성 시 유의사항

① 활용목적을 수행할 수 있도록 충분한 내용이 포함되어야 한다.
② 재해통계는 구체적으로 표시되고 그 내용은 용이하게 이해되며 이용될 수 있어야 한다.
③ 재해통계는 정량적으로 표시하여야 한다.
④ 재해통계는 항목 내용들의 재해요소가 정확히 파악될 수 있도록 방지대책을 수립하여야 한다.

(3) 산업재해 지표 사용 시 주의사항

① 연근로시간수는 실적에 따라 산출하여야 하고 추정은 금물이다.
② 재해지수는 재해에 대한 원인 분석에 대치될 수 없다.
③ 집계된 재해의 범주를 명시해야 한다.
④ 재해지수는 연간 또는 월간으로 산출할 수 있으나 사업장 규모가 작고 재해발생 수가 적을 때에는 의미가 거의 없다.

(4) 산업재해 평가지표

① 연천인율

㉠ 정의

재직근로자 1,000명당 1년간 발생한 재해자 수

㉡ 계산식

$$연천인율 = \frac{연간\ 재해자\ 수}{연평균\ 근로자\ 수} \times 1{,}000$$

㉢ 특징

ⓐ 재해자 수는 사망자, 부상자, 직업병의 환자 수를 합한 것이다.

ⓑ 산업재해의 발생상황을 총괄적으로 파악하는 데 적합하다.

ⓒ 재해의 강도가 고려되지 않는다(사망이나 경상을 동일하게 적용).

ⓓ 근로자 수, 근로일수의 변동이 많은 사업장은 적합하지 않다.

ⓔ 산출이 용이하며 알기 쉬운 장점이 있다.

ⓕ 각 사업장 간의 재해상황을 비교하는 자료로 활용 가능하다.

ⓖ 근무시간이 같은 동종의 업체끼리만 비교가 가능하다.

ⓗ 연천인율이 가장 높은 업종은 광업이다.

② 도수율(빈도율, FR)

㉠ 정의

재해의 발생빈도를 나타내는 것으로 연 근로시간 합계 100만 시간당의 재해발생 건수

㉡ 계산식

$$도수율 = \frac{일정\ 기간\ 중\ 재해발생\ 건수(재해자\ 수)}{일정\ 기간\ 중\ 연\ 근로시간수} \times 1{,}000{,}000$$

㉢ 특징

ⓐ 현재 재해발생의 빈도를 표시하는 표준척도로 사용한다.

ⓑ 연 근로시간수의 정확한 산출이 곤란할 때는 1일 8시간, 1개월 25일, 연 300일을 시간으로 환산한 연 2,400시간으로 한다.

ⓒ 재해발생 건수 또는 재해자 수는 동일 개념으로 사용한다.

ⓓ 재해의 강도가 고려되지 않는다(사망이나 경상을 동일하게 적용).

ⓔ 재해발생 건수의 산정은 응급처치 이상의 사고를 모두 포함한다.

ⓕ 일평생 근로시간은 100,000시간으로 한다.

㉣ 환산도수율(F) : 100,000시간 중 1명당 재해 건수

$$환산도수율(F) = \frac{도수율}{10}$$

ⓜ 도수율과 연천인율 관계

$$도수율 = \frac{연천인율}{2.4}, \quad 연천인율 = 도수율 \times 2.4$$

③ 강도율(SR)

㉠ 정의

연 근로시간 1,000시간당 재해에 의해서 잃어버린 근로손실일수

㉡ 계산식

$$강도율 = \frac{일정\ 기간\ 중\ 근로손실일수}{일정\ 기간\ 중\ 연근로시간수} \times 1,000$$

㉢ 특징

ⓐ 재해의 경중(정도), 즉 강도를 나타내는 척도이다.

ⓑ 재해자의 수나 발생빈도에 관계없이 재해의 내용(상해 정도)을 측정하는 척도이다.

ⓒ 사망 및 1, 2, 3급(신체장애등급)의 근로손실일수는 7,500일이며, 근거는 재해로 인한 사망자의 평균연령을 30세로 보고 노동이 가능한 연령을 55세로 보며 1년 동안의 노동일수를 300일로 본 것이다.

ⓓ 근로손실일수 산정기준(입원, 휴업, 휴직, 요양 경우)

$$총\ 휴업일수 \times \frac{300}{365}$$

㉣ 환산강도율(S) : 100,000시간 중 1명당 근로손실일수

$$환산강도율 = 강도율 \times 100$$

기본개념문제 03

연평균 근로자 수가 200명이 근무하는 사업장에서 1년에 16명의 재해자가 발생하였으며 연 근로시간이 1명당 2,400시간이다. 연천인율은?

풀이 $연천인율 = \frac{연간\ 재해자\ 수}{연평균\ 근로자\ 수} \times 1,000 = \frac{16}{200} \times 1,000 = 80$

기본개념문제 04

50명의 근로자가 작업하는 사업장에서 1년 동안 3건, 작업손실일수 15일의 재해가 발생하였다면 도수율은? (단, 1일 8시간, 연평균 근로일수 300일 기준)

풀이 $도수율 = \frac{재해발생\ 건수(재해자\ 수)}{연\ 근로시간수} \times 10^6 = \frac{3}{8 \times 300 \times 50} \times 10^6 = 25$

PART 1

기본개념문제 05

어떤 공장에서 300명의 근로자가 1년 동안 작업하는 가운데 재해가 20건이 발생하였다. 이때 공장에서 발생한 재해의 도수율은? (단, 1년 작업일수 280일, 1일 8시간 근로시간)

풀이 $\text{도수율} = \dfrac{\text{재해발생 건수}}{\text{연 근로시간수}} \times 1{,}000{,}000 = \dfrac{20}{8 \times 280 \times 300} \times 1{,}000{,}000 = 29.76$

기본개념문제 06

300명의 근로자가 근무하는 공장에서 1년에 50건의 재해가 발생하였다. 이 가운데 근로자들이 질병, 기타의 사유로 인하여 총 근로시간 중 5%를 결근하였다면 도수율은? (단, 1주일에 40시간, 연간 50주 근무 기준)

풀이 $\text{도수율} = \dfrac{\text{재해발생 건수}}{\text{연 근로시간수}} \times 1{,}000{,}000$

- 재해발생 건수 : 50건
- 연 근로시간수 : 40시간×50주×300명=600,000
- 실제 연 근로시간수 : 600,000−(600,000×0.05)=570,000

$= \dfrac{50}{570{,}000} \times 1{,}000{,}000 = 87.72$

기본개념문제 07

연간 근로일수가 300일이며 연간 근로시간수가 20,000시간인 사업장에서 1년간 2건의 재해로 발생된 노동손실일수가 55일인 경우 강도율은?

풀이 $\text{강도율} = \dfrac{\text{근로손실일수}}{\text{연 근로시간수}} \times 1{,}000 = \dfrac{55}{20{,}000} \times 1{,}000 = 2.75$

기본개념문제 08

800명이 근무하는 사업장에서 연간 100건의 산업재해가 발생하였다. 1일 8시간, 연 300일을 작업한다면 강도율은? (단, 100건의 산업재해로 인한 근로손실일수는 3,000일)

풀이 $\text{강도율} = \dfrac{\text{근로손실일수}}{\text{연 근로시간수}} \times 1{,}000 = \dfrac{3{,}000}{8 \times 300 \times 800} \times 1{,}000 = 1.56$

기본개념문제 09

연간 총 재해 건수는 6건, 의사진단에 의한 총 휴업일수는 900일인 공장의 도수율과 강도율은 각각 약 얼마인가? (단, 평균 근로자는 1,000명, 근로자 1명당 1일 8시간씩 연간 300일을 근무하였다.)

풀이 ① $\text{도수율} = \dfrac{6}{1{,}000 \times 8 \times 300} \times 10^6 = 2.5$

② $\text{강도율} = \dfrac{900 \times \left(\dfrac{300}{365}\right)}{1{,}000 \times 8 \times 300} \times 10^3 = 0.31$

기본개념문제 10

상시근로자가 100명인 A사업장의 지난 1년간 재해통계를 조사한 결과 도수율이 4이고, 강도율이 1이었다. 이 사업장의 지난 해 재해발생 건수는 총 몇 건이었는가? (단, 근로자는 1일 10시간씩 연간 250일을 근무하였다.)

풀이 $\text{도수율} = \dfrac{\text{재해발생 건수}}{\text{연 근로시간수}} \times 10^6$

$4 = \dfrac{\text{재해발생 건수}}{10 \times 250 \times 100} \times 10^6$

∴ 재해발생 건수=1

④ 종합재해지수(FSI)

㉠ 정의

인적사고 발생의 빈도 및 강도를 종합한 지표

㉡ 계산식

$$\text{종합재해지수} = \sqrt{\text{도수율} \times \text{강도율}}$$

㉢ 특징

ⓐ 도수 강도치를 의미한다.

ⓑ 어느 기업의 위험도를 비교하는 수단과 안전에 대한 관심을 높이는 데 사용한다.

⑤ 사고사망만인율

㉠ 정의

임금근로자 10,000명당 발생하는 사망자 수의 비율이며, 건설업체의 산업재해 발생률 산정기준에 의거 산정한 재해율을 말한다.

㉡ 계산식

$$\text{사고사망만인율} = \frac{\text{사고사망자 수}}{\text{상시근로자 수}} \times 10{,}000$$

㉢ 특징

ⓐ 사고사망자 수는 사망 1명당 부상재해자의 10배로 환산하여 적용한다.

ⓑ 공동이행방식으로 공사를 수행하는 경우 당해 현장에서 발생한 재해자 수는 공동수급업체의 출자비율에 따라 재해자 수를 분배한다.

ⓒ 소수점 셋째 자리에서 반올림한다.

ⓓ 공공 공사 입찰 시 건설업체에 대한 사고사망만인율 실적을 파악하여 반영함으로써 건설업체의 자율적인 재해예방활동을 촉진하기 위함이다.

05 산업재해의 보상

(1) 하인리히(Heinrich)의 산업재해 손실평가

총 재해코스트=직접비+간접비(직접비와 간접비의 비 = 1 : 4)
=직접비×5

여기서, 직접비 : 법령으로 정한 피해자에게 지급되는 산재보상비
(종류 : 휴업보상비, 장애보상비, 요양보상비, 유족보상비, 장의비, 상병보상연금, 유족특별보상비, 장애특별보상비)
간접비 : 재산손실 및 생산중단으로 기업이 입은 손실
(종류 : 인적 손실, 물적 손실, 생산손실, 특수손실, 기타 손실)

(2) 시몬즈(Simonds)의 산업재해 손실평가

총 재해코스트=보험코스트+비보험코스트

여기서, 보험코스트 : 산재보험료
비보험코스트 : (휴업상해 건수×A)+(통원상해 건수×B)+(응급조치 건수×C)+(무상해사고 건수×D)
A, B, C, D는 장애 정도별에 의한 비보험코스트의 평균

Reference 산업재해에 따른 보상에 있어 보험급여 종류

1. 요양급여
2. 유족급여
3. 직업재활급여
4. 상병보상연금
5. 장애급여
6. 휴업급여
7. 장의비
8. 간병급여

기본개념문제 11

산업재해로 인하여 부상자 1명당 직접비용으로 300만원이 지출되었다면 총 재해손실비는?

풀이 총 재해코스트=직접비+간접비이고 비율이 1 : 4이므로
=직접비×5=300×5=1,500만원

06 산업재해 이론

(1) 하인리히의 도미노이론 : 사고 연쇄반응

사회적 환경 및 유전적 요소(선천적 결함)

⇩

개인적인 결함(인간의 결함)

⇩

불안전한 행동 및 상태(인적 원인과 물적 원인)

⇩

사고

⇩

재해

(2) 버드의 수정 도미노이론

통제의 부족(관리) : 제어 부족

⇩

기본 원인(기원)

⇩

직접 원인(징후) : 불안정한 행동 및 상태

⇩

사고(접촉)

⇩

상해(손실)

07 산업재해의 대책

(1) 산업재해 예방(방지) 4원칙

① 예방가능의 원칙
재해는 원칙적으로 모두 방지(예방)가 가능하다.

② 손실우연의 원칙
재해 발생과 손실 발생은 우연적이므로 사고 발생 자체의 방지가 이루어져야 한다. 즉 사고 예방이 가장 중요하다.

③ 원인계기의 원칙
재해 발생에는 반드시 원인이 있으며, 사고와 원인의 관계는 필연적이다.

④ 대책선정의 원칙
재해 예방을 위한 가능한 안전대책은 반드시 존재한다.

(2) 하인리히의 사고 예방(방지) 대책의 기본 원리 5단계

① 제1단계 : 안전관리조직 구성(조직)
㉠ 경영층의 참여
㉡ 안전관리자의 임명
㉢ 안전의 라인 및 참모 구성
㉣ 안전활동 방침 및 계획 수립

② 제2단계 : 사실의 발견
㉠ 사고 및 활동 기록의 검토
㉡ 사전조사
㉢ 안전회의 및 토의
㉣ 작업공정분석 및 안전진단(점검)

③ 제3단계 : 분석 평가
㉠ 사고 보고 시 및 현장조사 분석
㉡ 인적 · 물적 환경조건 분석
㉢ 안전수칙 및 작업표준 분석

④ 제4단계 : 시정방법의 선정(대책의 선정)
㉠ 인사조정 및 감독체제의 강화
㉡ 기술교육 및 훈련 개선
㉢ 안전행정의 개선 및 안전운동 전개

⑤ 제5단계 : 시정책의 적용(대책 실시)
㉠ 3E의 적용[3E : 교육(Education), 기술(Engineering), 규제(Enfocement)]
㉡ 기술적인 대책 우선 적용
㉢ 대책 실시에 따른 재평가

(3) 일반재해 발생 시 조치 순서

재해 발생 → 긴급처리 → 재해조사 → 원인분석 → 대책수립 → 평가

(4) 재해 발생 시 긴급처리 내용

① 기계 정지
② 피해자의 응급조치
③ 관계자에게 통보
④ 2차 재해 방지
⑤ 현장 보존

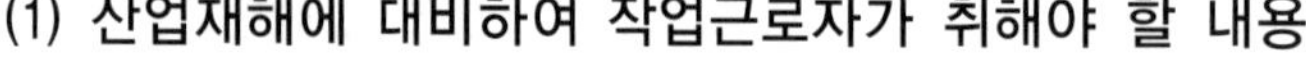

08 기타 사항

(1) 산업재해에 대비하여 작업근로자가 취해야 할 내용

① 사업장 내부 정리정돈
② 보호구 착용
③ 작업방법의 숙지

(2) 현재 우리나라에서 발생되고 있는 업무상 질병자 수 중 가장 많은 발생 건수를 차지하고 있는 질환은 뇌·심혈관 질환이다.

(3) 우리나라에서 가장 많이 발생하는 산업재해 형태는 협착(감김, 끼임)이다.

(4) 연간 재해자 수가 가장 많은 산업업종은 제조업이다.

(5) 탄광업의 경우 재해 건수가 가장 많이 발생되는 위험조건은 위험 방지의 미비이다.

(6) 건설업의 경우 재해 건수 비율이 가장 높은 위험조건은 위험한 작업 방법 및 공정이다.

(7) 산업별 사망재해 분포기준으로 사망 만인율 및 천인율이 가장 높은 산업은 광업이다.

(8) 건설재해로 인한 사망자 수는 추락의 형태가 가장 많이 차지한다.

(9) 재해 빈발자(누발자) 유형

① 소질성 빈발자
주의력이 산만하고, 주의력 지속불능, 흥분성, 비협조성이 있는 재해 빈발자

② 미숙성 빈발자
기능미숙이나 환경에 대한 부적응으로 인한 재해 빈발자

③ 습관성 빈발자
슬럼프상태, 재해에 대한 유경험으로 인해 신경과민으로 인한 재해 빈발자

④ 상황성 빈발자
작업의 어려움, 기계설비의 결함, 주의집중의 혼란, 의식의 우회, 심신에 근심 등으로 인한 재해 빈발자

당신을 만나는 모든 사람이 당신과 헤어질 때에는
더 나아지고 더 행복해질 수 있도록 해라…

- 마더 테레사 -

당신을 만나는 모든 사람들이 오늘보다 내일 더 행복해질 수 있도록
지금 당신의 하루가 행복했으면 좋겠습니다.
당신의 오늘을 응원합니다.^^

작업위생 측정 및 평가

산업위생관리기사 필기

PART 02. 작업위생 측정 및 평가

작업환경 측정의 기초개념

01 농도 및 표준상태

(1) 농도

일정한 용적의 용매 중에 섞여 있는 용질의 양을 농도라고 한다.

(2) 표준상태

① 산업위생 분야(작업환경 측정) : 25℃, 1기압이며, 이때 물질 1mol의 부피는 24.45L
② 산업환기 분야 : 21℃, 1기압이며, 이때 물질 1mol의 부피는 24.1L
③ 일반대기 분야 : 0℃, 1기압이며, 이때 물질 1mol의 부피는 22.4L

(3) 질량농도(mg/m^3)와 용량농도(ppm)의 환산(0℃, 1기압)

① ppm ⇨ mg/m^3

$$mg/m^3 = ppm\,(mL/m^3) \times \frac{\text{분자량}(mg)}{22.4mL}$$

② mg/m^3 ⇨ ppm

$$ppm\,(mL/m^3) = mg/m^3 \times \frac{22.4mL}{\text{분자량}(mg)}$$

(4) 용량농도(ppm)와 퍼센트(%) 관계

$$1\% = 10{,}000ppm$$

기본개념문제 01

작업장의 일산화탄소 농도가 14.9ppm이라면 이 공기 $1m^3$ 중에 일산화탄소는 약 몇 mg인가? (단, 0℃, 1기압 상태)

풀이 $CO(mg/m^3) = 14.9ppm\,(mL/m^3) \times \frac{28mg}{22.4mL} = 18.63mg/m^3$

기본개념문제 02

1,1,1-trichloroethane $1,750mg/m^3$를 ppm 단위로 환산하면? (단, 25℃, 1기압이고, 1,1,1-trichloroethane의 분자량은 133이다.)

풀이 $농도(ppm) = 1,750mg/m^3 \times \frac{24.45mL}{133mg} = 321.71mL/m^3(ppm)$

기본개념문제 03

0℃, 760mmHg일 때 CS_2가 $10mg/m^3$라면 몇 ppm인가?

풀이 0℃, 760mmHg(1atm)일 때 부피가 22.4L이므로

$농도(ppm) = mg/m^3 \times \frac{부피}{분자량} = 10mg/m^3 \times \frac{22.4mL}{76mg} = 2.95mL/m^3(ppm)$

기본개념문제 04

크실렌 농도 100ppm을 mg/m^3로 환산하시오. (단, 18℃, 1기압, 분자량 106)

풀이 우선 일반대기 분야 표준상태에 의해 부피를 환산하면

$22.4L \times \frac{273+18}{273} = 23.87L$

$농도(mg/m^3) = ppm \times \frac{분자량}{부피} = 100ppm\,(mL/m^3) \times \frac{106mg}{23.87mL} = 444.07mg/m^3$

기본개념문제 05

아세톤 2,000ppb는 몇 mg/m^3인가? (단, 아세톤 분자량은 58, 작업장은 25℃, 1기압)

풀이 $ppm = 2,000ppb \times ppm/10^3ppb = 2ppm$

$농도(mg/m^3) = ppm\,(mL/m^3) \times \frac{분자량}{부피} = 2ppm\,(mL/m^3) \times \frac{58mg}{24.45mL} = 4.74mg/m^3$

기본개념문제 06

포스겐($COCl_2$)가스 농도가 120μg/m^{3}이었을 때 ppm으로 환산하면 몇 ppm인가? (단, $COCl_2$의 분자량은 99이고, 25℃, 1기압 기준)

풀이 $$\text{농도(ppm)} = 120\mu g/m^3 \times 1mg/10^3\mu g \times \frac{24.45mL}{99mg} = 0.03mL/m^3(ppm)$$

기본개념문제 07

어느 작업장의 SO_2 농도가 5ppm이다. 이를 mg/m^{3}로 나타내면? (단, 온도 25℃, 압력 750mmHg)

풀이 우선 일반대기 분야 표준상태에 의해 부피를 환산하면

$$22.4L \times \frac{273+25}{273} = 24.45L$$

$$\text{농도}(mg/m^3) = 5ppm(mL/m^3) \times \frac{\text{분자량}}{\text{부피}} = \frac{64mg}{22.4mL \times \frac{273+25}{273} \times \frac{760}{750}} = 12.91mg/m^3$$

기본개념문제 08

공기 중 벤젠(분자량 78)을 0.5L/min으로 20분 동안 채취하여 분석한 결과 10mg이었다. 공기 중 벤젠 농도는 몇 ppm인가? (단, 25℃, 1기압)

풀이 우선 농도를 중량으로 나타내면

$$\frac{\text{질량}}{\text{부피}} = \frac{10mg}{0.5L/min \times 20min} = 1mg/L \times 10^3L/m^3 = 1{,}000mg/m^3$$

$$\text{농도(ppm)} = 1{,}000mg/m^3 \times \frac{24.45mL}{78mg} = 313.46mL/m^3(ppm)$$

기본개념문제 09

어느 작업장에서 SO_2를 측정한 결과 3ppm을 얻었다. 이를 mg/m^{3}로 환산하면 얼마인가? (단, 원자량 S는 32, 온도는 24℃, 기압은 730mmHg)

풀이 $$\text{농도}(mg/m^3) = 3ppm(mL/m^3) \times \frac{64mg}{\left(22.4mL \times \frac{273+24}{273} \times \frac{760}{730}\right)} = 7.57mg/m^3$$

기본개념문제 10

부피비로 0.001%는 몇 ppm인가?

풀이 $$ppm = 0.001\% \times \frac{10^4 ppm}{1\%} = 10ppm$$

기본개념문제 11

어느 사업장에서 0℃일 때 톨루엔($C_6H_5CH_3$)의 농도가 100ppm이었다. 기압의 변화 없이 기온이 25℃로 올라갈 때 농도는 약 몇 mg/m^{3}로 예측되는가?

풀이

$$농도(mg/m^3) = 100ppm\,(mL/m^3) \times \frac{92.13mg}{\left(22.4mL \times \frac{273+25}{273}\right)} = 376.8mg/m^3$$

기본개념문제 12

0.01%(v/v)는 몇 ppb인가?

풀이

$$ppm = 0.01\% \times \frac{10{,}000ppm}{1\%} = 100ppm$$

$$ppb = 100ppm \times \frac{10^3 ppb}{ppm} = 100{,}000ppb$$

02 보일-샤를의 법칙

(1) 보일의 법칙

일정한 온도에서 기체 부피는 그 압력에 반비례한다. 즉, 압력이 2배 증가하면 부피는 처음의 1/2배로 감소한다.

(2) 샤를의 법칙

일정한 압력에서 기체를 가열하면 온도가 1℃ 증가함에 따라 부피는 0℃ 부피의 1/273만큼 증가한다. 즉 일정한 압력조건에서 부피와 온도는 비례한다.

(3) 보일-샤를의 법칙

온도와 압력이 동시에 변하면 일정량의 기체 부피는 압력에 반비례하고, 절대온도에 비례한다.

$$\frac{PV}{T} = K(일정\ 상수)$$

기체의 양이 일정할 때, 온도 T_1, 압력 P_1에서 부피 V_1인 기체를 온도 T_2, 압력 P_2로 변화시켰을 때 부피가 V_2로 변했다면 다음 관계식이 성립한다.

$$\frac{P_1 V_1}{T_1} = \frac{P_2 V_2}{T_2}$$

$$V_2 = V_1 \times \frac{T_2}{T_1} \times \frac{P_1}{P_2}, \quad P_2 = P_1 \times \frac{V_1}{V_2} \times \frac{T_2}{T_1}$$

여기서, P_1, T_1, V_1 : 처음 압력, 온도, 부피
P_2, T_2, V_2 : 나중 압력, 온도, 부피

Reference 게이 - 뤼삭(Gay-Lussac) 기체반응의 법칙과 라울(Raoult)의 법칙

1. 게이-뤼삭(Gay-Lussac) 기체반응의 법칙
   화학반응에서 그 반응물 및 생성물이 모두 기체일 때는 등온, 등압 하에서 측정한 이들 기체의 부피 사이에는 간단한 정수비 관계가 성립한다는 법칙(일정한 부피에서 압력과 온도는 비례한다는 표준가스 법칙)
2. 라울(Raoult)의 법칙
   여러 성분이 있는 용액에서 증기가 나올 때 증기의 각 성분의 부분압은 용액의 분압과 평형을 이룬다는 법칙

기본개념문제 13

30℃, 750mmHg 상태의 배기가스 SO_2 2m^3를 표준상태로 환산하면 그 부피는 몇 m^3가 되는가?

풀이 실측상태 2m^3를 표준상태(0℃, 1기압)로 환산하면

$$\frac{P_1 V_1}{T_1} = \frac{P_2 V_2}{T_2}, \quad V_2 = V_1 \times \frac{T_2}{T_1} \times \frac{P_1}{P_2}$$

$$\text{부피}(m^3) = 2m^3 \times \frac{273}{273+30} \times \frac{750}{760} = 1.78m^3$$

기본개념문제 14

127℃, 700mmHg 상태에서 100m^3의 배기가스가 있다면 표준상태의 배기가스 용량(m^3)은?

풀이 실측상태 100m^3를 표준상태(0℃, 1기압)로 환산하면

$$\frac{P_1 V_1}{T_1} = \frac{P_2 V_2}{T_2}, \quad V_2 = V_1 \times \frac{T_2}{T_1} \times \frac{P_1}{P_2}$$

$$\text{부피}(m^3) = 100m^3 \times \frac{273}{273+127} \times \frac{700}{760} = 62.86m^3$$

기본개념문제 15

온도가 27℃인 때의 체적이 1m^3인 기체를 127℃까지 상승시켰을 때 변화된 최종 체적(m^3)은? (단, 기타 조건은 변화 없음)

풀이 $$\text{최종 체적}(m^3) = 1m^3 \times \frac{273+127}{273+27} = 1.33m^3$$

CHAPTER 02

측정 및 분석

01 측정의 정의

(1) 작업환경측정 정의(산업안전보건법 제2조)

작업환경의 실태를 파악하기 위하여 해당 근로자 또는 작업장에 대하여 사업주가 측정계획을 수립한 후 시료를 채취하고 분석 · 평가하는 것을 말한다.

(2) 작업환경측정 대상 유해인자 종류

① **유기화합물** : 글루타르알데히드 등(114종)
② **금속류** : 구리, 납, 니켈 등(24종)
③ **산 및 알칼리류** : 과산화수소, 불화수소 등(17종)
④ **가스상태 물질류** : 불소, 브롬, 염소 등(15종)
⑤ **허가대상 유해물질** : 베릴륨, 비소, 염화비닐 등(12종)
⑥ **금속가공유**
⑦ 물리적 인자 : 소음(80dB 이상), 고열(열경련, 열탈진, 열사병 등)
⑧ 분진 : 광물성, 곡물, 면, 목재, 석면, 용접흄, 유리섬유 등

(3) 작업장 내 유해물질 측정 시 기초개념

① 작업장 내 유해화학물질의 농도는 일반적으로 25℃, 760mmHg의 조건에서 기준농도로서 나타낸다.
② 유해물질의 측정에는 공기 중에 존재하는 유해물질의 농도를 그대로 측정하는 방법과 공기로부터 분리 농축하는 방법이 있다.
③ 가스란 상온 · 상압하에서 기체상으로 존재하는 것을 말하며, 증기란 상온 · 상압하에서 액체 또는 고체인 물질이 증기압에 따라 휘발 또는 승화하여 기체로 되는 것을 말한다.

02 작업환경측정의 목적(시료채취 목적)

(1) 일반적 작업환경측정 목적

① 유해물질에 대한 근로자의 허용기준 초과 여부를 결정한다.
② 환기시설을 가동하기 전과 후의 공기 중 유해물질 농도를 측정하여 환기시설의 성능을 평가한다.
③ 역학조사 시 근로자의 노출량을 파악하여 노출량과 반응과의 관계를 평가한다.
④ 근로자의 노출이 법적 기준인 허용농도를 초과하는지의 여부를 판단한다.
⑤ 최소의 오차범위 내에서 최소의 시료수를 가지고 최대의 근로자를 보호한다.
⑥ 작업공정, 물질, 노출요인의 변경으로 인해 근로자의 과대한 노출 가능성을 최소화한다.
⑦ 과거의 노출농도가 타당한가를 확인한다.
⑧ 노출기준을 초과하는 상황에서 근로자가 더 이상 노출되지 않도록 보호한다.
⑨ ①~⑧ 중 가장 큰 목적은 근로자의 노출정도를 알아내는 것으로, 질병에 대한 원인을 규명하는 것은 아니며 근로자의 노출수준을 간접적 방법으로 파악하는 것이다.

(2) 미국산업위생학회(AIHA) 작업환경측정 목적

① 근로자 노출에 대한 기초자료 확보를 위한 측정(유사노출그룹별로 유해물질의 농도범위 분포를 평가하기 위한 것)
② 진단을 위한 측정(작업장에서 근로자에게 가장 큰 위험을 초래하는 작업과 그 원인이 무엇인지를 알아내기 위한 것)
③ 법적인 노출기준 초과 여부를 판단하기 위한 측정(유해물질의 노출정도가 법에서 정한 노출기준과 비교하여 적절한지를 판단하기 위한 것)

03 작업환경측정의 종류

작업환경의 측정방법에는 측정기구와 여재를 이용하여 실험실에서 분석하는 방법과 현장에서 바로 직독식 측정기구를 이용하여 측정하는 방법이 있으며, 작업환경측정은 시료채취 위치 및 측정대상에 따라 개인시료 및 지역시료로 분류한다.

(1) 개인시료(personal sampling)

① 작업환경측정을 실시할 경우 시료채취의 한 방법으로서 개인시료채취기를 이용하여 가스·증기, 흄, 미스트 등을 근로자 호흡위치(호흡기를 중심으로 반경 30cm인 반구)에서 채취하는 것을 말한다.

② 개인시료채취방법은 분석화학의 발달로 미량분석이 가능하게 됨에 따라 시료채취기기의 소형화도 쉽게 이루어질 수 있다.

③ 작업환경측정은 개인시료채취를 원칙으로 하고 있으며 개인시료채취가 곤란한 경우에 한하여 지역시료를 채취할 수 있다(개인시료 위주, 지역시료 보조).

④ 대상이 근로자일 경우 노출되는 유해인자의 양이나 강도를 간접적으로 측정하는 방법이다.

⑤ 개인시료의 활용은 노출기준 평가 시 이용된다.

(2) 지역시료(area sampling)

① 작업환경측정을 실시할 때 시료채취의 한 방법으로서 시료채취기를 이용하여 가스·증기, 분진, 흄, 미스트 등 유해인자를 근로자의 정상 작업위치 또는 작업행동범위에서 호흡기 높이에 고정하여 채취하는 것을 말한다. 즉 단위작업장소에 시료채취기를 설치하여 시료를 채취하는 방법이다.

② 근로자에게 노출되는 유해인자의 배경농도와 시간별 변화 등을 평가하며, 개인시료채취가 곤란한 경우 등 보조적으로 사용한다.

③ 지역시료채취기는 개인시료채취를 대신할 수 없으며, 근로자의 노출정도를 평가할 수 없다.

④ **지역시료채취 적용 경우**

㉠ 유해물질의 오염원이 확실하지 않은 경우

㉡ 환기시설의 성능을 평가하는 경우(작업환경개선의 효과 측정)

㉢ 개인시료채취가 곤란한 경우

㉣ 특정 공정의 계절별 농도변화 및 공정의 주기별 농도변화를 확인하는 경우

04 작업환경측정의 흐름도

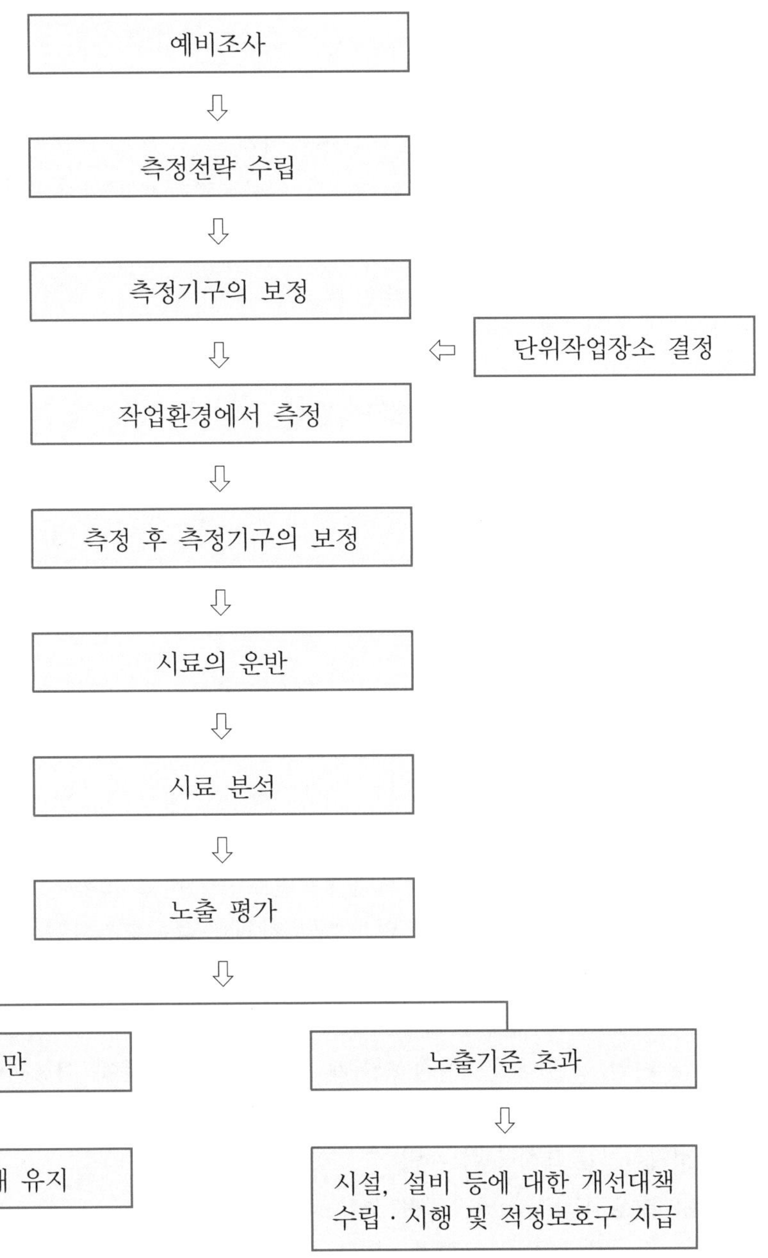

05 작업환경측정의 예비조사

작업장의 환경관리를 위해 작업장 내 유해인자를 측정하기 전에 예비조사를 실시해야 한다.

(1) 예비조사의 측정계획서 작성 시 포함사항

① 원재료의 투입과정부터 최종 제품 생산공정까지의 주요 공정 도식
② 해당 공정별 작업내용, 측정대상 공정 및 공정별 화학물질 사용실태
③ 측정대상 유해인자, 유해인자 발생주기, 종사근로자 현황
④ 유해인자별 측정방법 및 측정소요기간 등 필요한 사항

Reference 예비조사 내용(조사항목)

1. 근로자의 작업특성(작업 업무별 근로자 수, 작업내용 설명, 업무분석 등 파악)
2. 작업장과 공정특성(공정도면과 공정보고서 활용)
3. 유해인자의 특성(유해인자의 목록 작성, 월별 사용량, 사용시기, 물질별 유해성 자료)

(2) 예비조사 목적

① 유사노출그룹(동일노출그룹, SEG ; HEG)의 설정
㉠ 어떤 동일한 유해인자에 대하여 통계적으로 비슷한 수준(농도, 강도)에 노출되는 근로자 그룹이라는 의미이며 유해인자의 특성이 동일하다는 것은 노출되는 유해인자가 동일하고 농도가 일정한 변이 내에서 통계적으로 유사하다는 것이다.
㉡ 모든 근로자를 유사한 노출그룹별로 구분하고 그룹별로 대표적인 근로자를 선택하여 측정하면 측정하지 않은 근로자의 노출농도까지도 추정할 수 있다.
㉢ 작업환경측정 분야에서 유사노출군의 개념이 도입된 배경
한 작업장 내에 존재하는 근로자 모두에 대해 개인노출을 평가하는 것이 바람직하지만, 시간적, 경제적 사유로 불가능하기 때문에 대표적인 근로자를 선정하여 측정 · 평가를 실시하고 그 결과를 유사노출군에 적용하고자 하는 것이다.

② 정확한 시료채취 전략 수립
㉠ 발생되는 유해인자의 특성을 조사한다.
㉡ 작업장과 공정의 특성 및 근로자들의 작업특성을 파악한다.
㉢ 측정대상, 측정시간, 측정매체 등을 계획한다.

(3) 유사노출그룹(SEG) 설정 목적(활용)

① 시료채취 수를 경제적으로 할 수 있다.
② 모든 작업의 근로자에 대한 노출농도를 평가할 수 있다.
③ 역학조사 수행 시 해당 근로자가 속한 동일노출그룹의 노출농도를 근거로 노출 원인 및 농도를 추정할 수 있다.
④ 작업장에서 모니터링하고 관리해야 할 우선적인 그룹을 결정하기 위함이다.

(4) 설정방법

① 동일(유사)노출군을 가장 세분하여 분류하는 기준은 업무내용(유해인자)이다.
② 하부로 내려갈수록 유사한 노출특성을 갖게 된다.

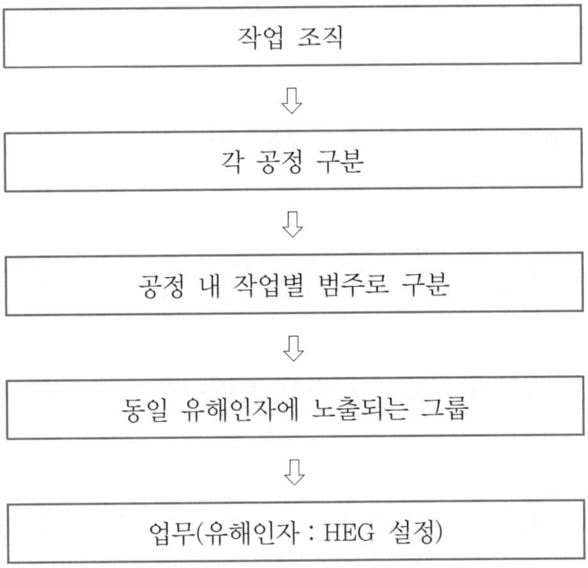

작업 조직
⇩
각 공정 구분
⇩
공정 내 작업별 범주로 구분
⇩
동일 유해인자에 노출되는 그룹
⇩
업무(유해인자 : HEG 설정)

(5) 주의사항

실제 작업환경측정을 실시하게 되는 경우 이 개념을 적용하기 위하여 많은 현장경험이 필요하며, 산업위생전문가가 특정 사업장의 환경을 관리하고자 하는 경우 여러 번의 시행착오를 거쳐야만 비로소 만족할만한 유사노출군을 결정하여 관리가 가능해지는 경우가 대부분이다.

06 시료채취

(1) 시료채취 목적

① 유해물질에 대한 근로자의 허용기준 초과 여부 결정
② 노출원 파악 · 평가 및 대책 수립
③ 과거 노출농도의 타당성 조사

(2) 시료채취 시간

독성에 따라 적정한 시료채취 시간을 선정하여야 한다.
① 급성 독성 물질 : 단시간(15분) 측정
② 만성 독성 물질 : 장시간(8시간) 측정

(3) 시료채취 시간에 따른 구분(장시간 포집방법)

① 전 작업시간 동안의 단일 시료채취(full-period single sample)
㉠ 일정 기간별 농도 변화를 알 수 없다.
㉡ 유기용제의 경우 파과, 금속이나 먼지 등은 과부하로 인하여 시료 손실을 야기할 수 있다.
② 전 작업시간 동안의 연속 시료채취(full-period consecutive sample)
㉠ 작업장에서 시료채취 시 가장 좋은 방법이다(오차가 가장 낮은 방법).
㉡ 여러 개의 시료를 나누어서 채취한 경우 위험을 방지할 수 있다.
㉢ 여러 개의 측정 결과로 작업시간 동안 노출농도의 변화와 영향을 알 수 있다.
㉣ 오염물질의 농도가 시간에 따라 변할 때, 공기 중 오염물질의 농도가 낮을 때, 시간가중평균치를 구하고자 할 때 연속 시료채취방법을 사용한다.
③ 부분 작업시간 동안의 연속 시료채취(partial-period consecutive sample)
측정되지 않은 시간에 대한 농도를 알 수 없다.

(4) 단시간 시료포집방법(순간 시료채취방법)

① 정의
작업시간 중 무작위적으로 선택한 시간에서 여러 번 단시간(15분) 동안 측정하는 방법을 말한다.

② 활용도

㉠ 밀폐공간 등 위험지역을 출입하기 전에 위험성 여부를 알아보고 출입 여부를 결정하기 위한 조사로 활용한다.

㉡ 장시간 시료포집을 정확하게 하기 위한 예비조사로 활용한다.

㉢ 공장이나 저장용기의 누출 여부를 조사하는 데 활용한다.

㉣ 근로자의 노출정도를 평가하기 위한 사전조사 목적으로 활용한다.

㉤ 측정방법의 제한으로 인하여 전 작업시간 동안 연속해서 채취할 수 없을 때 활용한다.

③ 주의점

근로자가 일한 모든 시간을 측정하지 않았기 때문에 TWA 등 8시간 허용기준과 비교할 수 없다.

④ 채취기구(가스나 증기상 물질을 직접 포집하는 기구)

㉠ 진공 플라스크(진공포집병)

ⓐ 재질은 유리, 폴리프로필렌, 스테인리스스틸이 사용된다.

ⓑ 크기는 200~1,000mL 정도이다.

㉡ 액체 치환병

ⓐ 액체로는 물이 가장 많이 사용된다.

ⓑ 분석대상 가스는 액체에 불용성이며 반응성이 없어야 한다.

㉢ 주사기(주사통)

가격이 저렴하고 사용하기 편리한 장점이 있다.

㉣ 시료채취백(포집백 ; 포집포대)

ⓐ 가볍고 가격이 저렴하다.

ⓑ 깨질 염려가 없다.

ⓒ 개인시료 포집 및 연속시료채취가 가능하다.

ⓓ 시료채취 후 장시간 보관이 불가능하다.

ⓔ 테들러백(tedlar bag)은 악취 및 가스 포집을 위한 포집백이다.

(5) 적정한 시료(공기)채취 용량 결정 시 고려사항

① 분석기기의 최저정량한계

② 공기 중의 예상농도

③ 채취유량(유속)

(6) 시료채취 제외시간

① 휴식 시

② 가동 휴지 시

③ 작업개시 후 1시간 이내

(7) 공시료(blank sample)

① 공시료는 공기 중의 유해물질, 분진 등을 측정 시 시료를 채취하지 않고 측정오차를 보정하기 위하여 사용하는 시료, 즉 채취하고자 하는 공기에 노출되지 않은 시료를 말한다.
② 모든 시료에는 공시료를 분석하고 이를 농도 산정에 고려하여 측정오차를 보정하기 위한 목적이 있으며, 공시료 수는 각 시료 세트당 10개(NIOSH)이다.
③ 현장시료와 동일한 방법으로 취급 · 운반 · 분석되어야 한다.
④ 활성탄관으로 유기용제시료를 채취할 때 공시료의 처리는 현장에서 관 끝을 깨고 그 끝을 폴리에틸렌 마개로 막아 현장시료와 동일한 방법으로 운반 · 보관한다.

(8) 공기채취기구(pump)의 채취유량

① 채취유량은 LPM(L/min)으로 나타내며, 비누거품이 지나간 용량(mL, L)에 소요되는 시간(sec or min)을 나누어준 값을 pump의 채취유량이라 한다.

$$\text{채취유량(L/min)} = \frac{\text{비누거품이 통과한 용량(L)}}{\text{비누거품이 통과한 시간(min)}}$$

② 저유량 pump
㉠ 유량 : 0.001~0.2L/min 범위
㉡ 용도 : 주로 흡착관을 이용한 가스나 증기 채취
③ 고유량 pump
㉠ 유량 : 0.5~5L/min 범위
㉡ 용도 : 주로 여과지를 이용한 입자상 물질 채취

(9) 작업환경 시료채취과정에서 발생하는 오차의 원인

① 시료채취기 공기유량의 오차
② 채취시간 기록 오류
③ 온도 및 기압 보정
④ 시료의 누출(leak)
⑤ 보관상태 불량

기본개념문제 01

시료채취량이 1.96L/min이고, 측정시간이 4hr일 경우 공기채취량(L)은?

풀이 공기채취량(L) = pump(LPM) × 측정(채취)시간 = 1.96L/min × 240min = 470.4L

만일, m^3로 답을 요구하면 $470.4\text{L} \times \frac{\text{m}^3}{1{,}000\text{L}} = 0.47\text{m}^3$

기본개념문제 02

시료채취 전의 유량은 28.4L/min이고, 시료채취 후의 유량은 28.8L/min이었다. 시료채취가 10분(T, min) 동안 시행되었다면 시료채취에 사용된 공기의 부피(L)는?

풀이 공기부피(L)$=\dfrac{28.4+28.8}{2}=28.6\text{L/min}\times 10\text{min}=286\text{L}$

기본개념문제 03

고유량 공기채취펌프를 수동 무마찰 거품관으로 보정하였다. 비눗방울이 600cm^{3}의 부피(V)까지 통과하는 데 12.6초(T) 걸렸다면 유량(Q)은 몇 L/min인가?

풀이

$$Q(\text{L/min})=\frac{\text{비누거품이 통과한 용량(L)}}{\text{비누거품이 통과한 시간(min)}}$$

$$=\frac{600\text{cm}^3\times 1{,}000\text{L/m}^3\times \text{m}^3/10^6\text{cm}^3}{12.6\text{sec}\times \text{min}/60\text{sec}}=2.86\text{L/min}$$

기본개념문제 04

비누거품미터를 이용하여 시료채취펌프의 유량을 보정하였다. 뷰렛의 용량이 1,000mL이고 비누거품미터의 통과시간은 28초일 때 유량(L/min)은?

풀이 유량(L/min)$=\dfrac{1{,}000\text{mL}\times \text{L}/1{,}000\text{mL}}{28\text{sec}\times \text{min}/60\text{sec}}=2.14\text{L/min}$

07 측정기구의 보정

(1) 보정의 개념

① 측정기구의 보정이란 어떤 특정 조건에서의 표준값과 측정기구값 사이의 상관관계를 설정하는 것이다.

② 시료채취과정에서 가장 큰 오차는 시료채취유량이다. 따라서 펌프의 유량은 시료채취 매체가 연결된 상태에서 사용 전과 후에 보정기구로 보정하여야 한다.

③ 직독식 측정기기에 대한 지시값 또는 농도 보정도 있다.

(2) 보정의 목적

측정과 분석 과정 중의 오차를 제거 또는 최소화하는 데 있다.

(3) 작업환경측정기구 보정 분류

① 공기시료채취펌프의 유량 보정

공기시료채취펌프에 시료채취매체를 연결한 상태에서 보정기구를 사용(주로 비누거품미터 사용)하여 유량을 결정한다.

② 직독식 측정기구의 지시값 또는 농도 보정

시험가스를 사용하여 측정기구의 눈금에 나타나는 농도값을 참값과 같도록 조절 보정한다.

(4) 표준기구(보정기구)

① 표준기구

표준기구는 공기(시료)채취 시의 공기유량을 보정하는 기구를 의미한다.

② 1차 표준기구(표준장비) : 1차 유량보정장치

물리적 크기에 의해서 공간의 부피를 직접 측정할 수 있는 기구를 말하며, 기구 자체가 정확한 값(±1% 이내)을 제시한다(비누거품미터 측정시간의 정확도는 ±1% 이내).

㉠ 비누거품미터

ⓐ 비교적 단순하고 경제적이며 정확성이 있기 때문에 작업환경측정에서 가장 널리 이용되는 유량보정기구이다.

ⓑ 뷰렛 → 필터 → 펌프를 호스로 연결한다.

ⓒ 측정시간의 정확도는 ±1% 이내이며 눈금 도달시간 측정 시 초시계의 측정한계 범위는 0.1sec까지 측정한다(단, 고유량에서는 가스가 거품을 통과할 수 있으므로 정확성이 떨어짐).

ⓓ 뷰렛의 일정 부피를 비누거품이 상승하는 데 걸리는 시간을 측정 후 시간으로 나누어 유량으로 표시하며, 단위는 L/min이다.

ⓔ 측정장비 및 유량보정계수는 Tygon tube로 연결한다.

ⓕ 보정을 시작하기 전에 충분히 충전된 펌프를 5분간 작동한다.

ⓖ 표준뷰렛 내부면을 세척제 용액으로 씻어서 비누거품이 쉽게 상승하도록 한다.

㉡ 폐활량계

실린더 형태의 종(bell)으로서 개구부는 아래로 향하고 있으며, 액체에 담겨 있다. 용량의 계산은 이동거리와 단면적을 곱하여 한다.

㉢ 가스치환병

주로 실험실에서 사용한다.

㉣ 피토튜브

ⓐ 기류를 측정하는 1차 표준으로서 보정이 필요 없다.

ⓑ 피토튜브의 정확성에는 한계가 있으며 기류가 12.7m/sec 이상일 때는 U자 튜브를 이용하고 그 이하에서는 기울어진 튜브(inclined)를 이용한다(정밀측정에서는 경사마노미터 사용).

〈공기채취기구의 보정에 사용되는 1차 표준기구의 종류〉

표준기구	일반 사용범위	정확도
비누거품미터(soap bubble meter)	1mL/분~30L/분	±1% 이내
폐활량계(spirometer)	100~600L	±1% 이내
가스치환병(mariotte bottle)	10~500mL/분	±0.05~0.25%
유리피스톤미터(glass piston meter)	10~200mL/분	±2% 이내
흑연피스톤미터(frictionless piston meter)	1mL/분~50L/분	±1~2%
피토튜브(Pitot tube)	15mL/분 이하	±1% 이내

Reference **피토튜브를 이용한 보정방법**

1. 공기흐름과 직접 마주치는 튜브 ⇨ 총(전체) 압력 측정
2. 외곽튜브 ⇨ 정압 측정
3. 총압력 − 정압 = 동압(속도압)
4. 유속 = $4.043\sqrt{\text{동압}}$

③ 2차 표준기구(표준장비) : 2차 유량보정장치

2차 표준기구는 공간의 부피를 직접 알 수 없으며, 유량과 비례관계가 있는 유속, 압력을 측정하여 유량으로 환산하는 방식, 즉 1차 표준기구로 다시 보정하여야 하며 정확도는 ±5% 이내이다. 1차 표준기구를 기준으로 보정하여 사용할 수 있는 기구를 의미하며, 온도와 압력에 영향을 받는다.

㉠ 로터미터

ⓐ 유량 측정 시 가장 흔히 사용하는 2차 표준기구이다.

ⓑ 밑쪽으로 갈수록 점점 가늘어지는 수직관과 그 안에서 자유롭게 상하로 움직이는 float(부자)로 구성되어 있다.

ⓒ 관은 유리나 투명 플라스틱으로 되어 있으며 눈금이 새겨져 있다.

ⓓ 원리는 유체가 위쪽으로 흐름에 따라 float도 위로 올라가며 float와 관벽 사이의 접촉면에서 발생되는 압력강하가 float를 충분히 지지해 줄 때까지 올라간 float(부자)로의 눈금을 읽는다.

ⓔ 최대유량과 최소유량의 비율이 10 : 1 범위이고 ±5% 이내의 정확성을 가진 보정선이 제공된다.

㉡ 습식 테스트미터

주로 실험실에서 사용한다.

㉢ 건식 가스미터

주로 현장에서 사용한다.

〈공기채취기구의 보정에 사용되는 2차 표준기구의 종류〉

표준기구	일반 사용범위	정확도
로터미터(rotameter)	1mL/분 이하	±1~25%
습식 테스트미터(wet-test-meter)	0.5~230L/분	±0.5% 이내
건식 가스미터(dry-gas-meter)	10~150L/분	±1% 이내
오리피스미터(orifice meter)	–	±0.5% 이내
열선식 풍속계(열선기류계, thermo anemometer)	0.05~40.6m/초	±0.1~0.2%

(5) 펌프의 유량변동에 의한 오차요인

① 과다한 시료포집량

② 부족한 보정횟수

③ 잘못된 펌프 보정

Reference 특이성과 선택성

1. 특이성
   다른 물질의 존재에 관계없이 분석하고자 하는 대상 물질을 정확하게 분석할 수 있는 능력으로, 정확도와 정밀도를 가진 다른 독립적인 방법과 비교하는 것이 특이성을 결정하는 일반적인 수단이다.
2. 선택성
   혼합물 중에 어느 한 물질을 정성적 또는 정량적으로 분석할 수 있는 능력으로, 방해물질의 방해정도에 영향을 받지 않고 정확도와 정밀도를 가지는 것을 의미한다.

기본개념문제 05

1L의 비누거품미터를 사용하여 공기시료채취펌프의 유량을 2.5L/min으로 보정하려고 한다. 비누거품이 1L를 통과하는 시간을 몇 초로 맞추어야 하는가?

풀이 pump 유량을 2.5L/min으로 보정하므로 비누거품이 통과하는 시간과 비로 풀이하면 된다.
즉, 2.5L : 60sec = 1L : x(통과시간 : sec)

$$\therefore \text{통과시간(sec)} = \frac{60\text{sec} \times 1\text{L}}{2.5\text{L}} = 24\text{sec}$$

기본개념문제 06

pump의 채취유량이 1.96L/min이었다면 비누거품이 뷰렛 '0'에서 '1,000mL'까지 올라가는 데 걸리는 시간(sec)은?

풀이 pump 유량과 비누거품이 올라가는 양은 같으므로 비로 풀이하면
1.96L : 60sec = 1L : x(소요시간 : sec)

$$\therefore \text{소요시간(sec)} = \frac{60\text{sec} \times 1\text{L}}{1.96\text{L}} = 30.61\text{sec}$$

08 가스상 물질에 대한 채취방법

(1) 가스와 증기의 구분

① 가스(기체)

㉠ 상온(25℃) · 상압(760mmHg)하에서 기체형태로 존재한다.

㉡ 공간을 완전하게 다 채울 수 있는 물질이다.

㉢ 공기의 구성 성분에는 질소, 산소, 아르곤, 이산화탄소, 헬륨, 수소 등이 있다.

② 증기

㉠ 상온 · 상압에서 액체 또는 고체인 물질이 기체화된 물질이다.

㉡ 임계온도가 25℃ 이상인 액체 · 고체 물질이 증기압에 따라 휘발 또는 승화하여 기체상태로 변한 것을 의미한다.

㉢ 농도가 높으면 응축하는 성질이 있다.

(2) 채취방법의 구분

① 연속 시료채취(continuous sampling)

㉠ 정의

유해물질이 포함된 공기를 흡착관이나 흡수액에 통과시켜 공기로부터 유해물질을 분리하는 방법이다.

㉡ 활용

ⓐ 오염물질의 농도가 시간에 따라 변할 때

ⓑ 공기 중 오염물질의 농도가 낮을 때

ⓒ 시간가중 평균치로 구하고자 할 때

㉢ 종류

ⓐ 능동식 시료채취방법

- 시료채취 pump를 이용, 강제적으로 시료공기를 통과시키는 방법
- 흡착관 시료채취유량은 0.2L/min 이하
- 흡수액 시료채취유량은 1.0L/min 이하
- 시료채취는 일반적으로 흡착제, 흡수액, 시료채취 플라스틱백 등을 사용

ⓑ 수동식 시료채취방법

- 가스상 물질의 확산원리를 이용하는 방법
- 시료채취는 일반적으로 수동식 시료채취기(pump 없음) 사용

② 순간 시료채취(grab sampling)

㉠ 정의

작업시간이 단시간이어서 시료의 포집이 불가능할 때는 순간 시료를 포집 · 분석하고 이것을 8시간으로 나누어 평가하는 방법으로 적당한 용기에 시료를 직접 포집하며, 근로자의 건강진단 시 채취하는 혈액과 소변은 대표적인 순간채취시료이다.

㉡ 활용

ⓐ 미지 가스상 물질의 동정을 알려고 할 때

ⓑ 간헐적 공정에서의 순간 농도 변화를 알고자 할 때

ⓒ 오염발생원 확인을 요할 때

ⓓ 직접 포집해야 되는 메탄, 일산화탄소, 산소 측정에 사용

㉢ 장점

ⓐ 농도의 즉시 인지가 가능하므로 긴급상황 시 개인보호구 착용이 용이함

ⓑ 누출원의 결정 및 밀폐장소의 입장 전 확인하는 데 유리함

ⓒ 채취시간이 짧고 피크농도를 알고자 할 경우 유용함

ⓓ 포집효율이 거의 100%임

㉣ 단점

ⓐ 장시간 동안의 농도 변화를 알 수 없음(TWA를 결정 시 부적합)

ⓑ 대기 중 농도가 낮은 경우에는 분석기기의 센서가 감지하지 못하여 정확한 측정이 불가능함

ⓒ 시료손실이 많고 농도가 시간마다 변할 때는 사용이 불가능함

㉤ 순간 시료채취방법을 적용할 수 없는 경우

ⓐ 오염물질의 농도가 시간에 따라 변할 때

ⓑ 공기 중 오염물질의 농도가 낮을 때(유해물질이 농축되는 효과가 없기 때문에 검출기의 검출한계보다 공기 중 농도가 높아야 함)

ⓒ 시간가중 평균치를 구하고자 할 때

㉥ 일반적으로 사용하는 순간 시료채취기

ⓐ 진공 플라스크

ⓑ 검지관

ⓒ 직독식 기기

ⓓ 스테인리스 스틸 캐니스터(수동형 캐니스터)

ⓔ 시료채취백(플라스틱 bag)

ⓢ 시료채취백 사용 시 주의사항

ⓐ 시료채취 전에 백의 내부를 불활성 가스 또는 순수공기로 몇 번 치환하여 내부 오염물질을 제거한다.

ⓑ 백의 재질은 채취하고자 하는 오염물질에 대한 투과성이 낮아야 한다.

ⓒ 백의 재질과 오염물질 간에 반응성이 없어야 한다.

ⓓ 분석할 때까지 오염물질이 안정하여야 한다.

ⓔ 연결부위에 그리스 등을 사용하지 않는다.

ⓕ 누출검사가 필요하며, 이전 시료채취로 인한 잔류효과가 작아야 한다.

ⓖ 정확성과 정밀성이 높지 않은 방법이다.

09 검출한계와 정량한계

(1) 검출한계(LOD ; Limit Of Detection)

① 정의

분석에 이용되는 공시료와 통계적으로 다르게 분석될 수 있는 가장 낮은 농도로 분석기기가 검출할 수 있는 가장 작은 양, 즉 주어진 신뢰수준에서 검출 가능한 분석물의 질량[분석기기마다 바탕선량(background)과 구별하여 분석될 수 있는 가장 적은 분석물질의 양]이다.

② 특징

㉠ 검출한계는 바탕신호의 통계적 요동 크기에 대한 분석신호의 크기의 비에 따라 달라진다.

㉡ 최근 분석신호가 바탕신호 표준편차의 3배일 때 검출의 신뢰수준은 95% 정도로 인정되고 있다.

③ 검출한계 계산방법

㉠ 시각에 의한 방법으로 신호/잡음비(S/N비)를 구하여 S/N의 비가 3을 초과하는 농도로 평가한다.

㉡ 회귀직선을 이용하는 방법으로 검량선에서 구한 방정식의 표준오차를 기울기로 나누어 3배한 값으로 구한다.

(2) 정량한계(LOQ ; Limit Of Quantization)

① 정의

분석결과가 어느 주어진 분석절차에 따라 합리적인 신뢰성을 가지고 정량 분석할 수 있는 가장 작은 양이나 농도이다.

② 도입 이유

검출한계가 정량분석에서 만족스런 개념을 제공하지 못하기 때문에 검출한계의 개념을 보충하기 위해서이다.

③ 특징

㉠ 정량한계를 기준으로 최소한으로 채취해야 하는 양이 결정된다.

㉡ 정량한계는 통계적인 개념보다는 일종의 약속이다.

④ 관계

㉠ 정량한계 = 표준편차 × 10

㉡ 정량한계 = 검출한계 × 3(또는 3.3)

기본개념문제 07

TCE(분자량 131.39)에 노출되는 근로자의 노출농도를 측정하고자 한다. 추정되는 농도는 25ppm이고 분석방법의 정량한계가 시료당 0.5mg일 때, 정량한계 이상의 시료량을 얻기 위하여 공기는 최소한 몇 L를 채취해야 하는가? (단, 25℃, 1기압 기준)

풀이 우선, 추정농도 25ppm을 mg/m^3로 환산하면

$$mg/m^3 = 25ppm \times \frac{131.39g}{24.45L} = 134.35mg/m^3$$

정량한계를 기준으로 최소한으로 채취해야 하는 양이 결정되므로

$$\text{부피} = \frac{LOQ}{\text{추정농도}} = \frac{0.5mg}{134.35mg/m^3} = 0.00372m^3 \times \frac{1,000L}{m^3} = 3.72L$$

기본개념문제 08

세척제로 사용하는 트리클로로에틸렌의 근로자 노출농도를 측정하고자 한다. 과거의 노출농도를 조사해 본 결과 평균 60ppm이었다. 활성탄관을 이용하여 0.17L/min으로 채취하였다. 트리클로로에틸렌의 분자량은 131.39이고 가스 크로마토그래피의 정량한계는 시료당 0.25mg이다. 채취하여야 할 최소한의 시간(분)은? (단, 25℃, 1기압 기준)

풀이 우선, 과거 농도 60ppm을 mg/m^3로 환산하면

$$mg/m^3 = 60ppm \times \frac{131.39g}{24.45L} = 322.43mg/m^3$$

정량한계를 기준으로 최소한으로 채취해야 하는 양이 결정되므로

$$\text{부피} = \frac{LOQ}{\text{과거 농도}} = \frac{0.25mg}{322.43mg/m^3} = 0.000775m^3 \times \frac{1,000L}{m^3} = 0.78L$$

따라서, 채취 최소시간은 최소채취량을 pump 용량으로 나누면

$$\text{채취 최소시간(분)} = \frac{0.78L}{0.17L/min} = 4.59min$$

기본개념문제 09

흑연로 장치가 부착된 원자흡광광도계로 카드뮴을 측정 시 blank 시료를 10번 분석한 결과 표준편차가 0.03μg/L였다. 이 분석법의 검출한계는 약 몇 μg/L인가?

풀이 정량한계=표준편차×10=검출한계×3.3

$$검출한계=\frac{표준편차\times 10}{3.3}=\frac{0.03\mu g/L\times 10}{3.3}=0.09\mu g/L$$

기본개념문제 10

어떤 유해물질을 분석하는 데 사용할 분석법의 검출한계는 5μg이다. 이 물질의 노출기준($0.5mg/m^3$)의 1/10에 해당되는 농도를 검출하기 위해서는 0.2L/분의 유량으로 몇 분을 채취하여야 하는가?

풀이

$$부피(L)=\frac{5\mu g\times mg/10^3\mu g}{0.05mg/m^3\times m^3/1{,}000L}=100L$$

$$채취시간(min)=\frac{100L}{0.2L/min}=500min$$

10 Dynamic method

(1) 정의

가스상 물질의 분석 및 평가를 위해 알고 있는 공기 중 농도를 만드는 방법, 즉 희석공기와 오염물질을 연속적으로 흘려주어 연속적으로 일정한 농도를 유지하면서 만드는 방법이다.

(2) 특징

① 농도 변화를 줄 수 있고 온도 · 습도 조절이 가능함
② 제조가 어렵고, 비용도 많이 듦
③ 다양한 농도범위에서 제조 가능
④ 가스, 증기, 에어로졸 실험도 가능
⑤ 소량의 누출이나 벽면에 의한 손실은 무시할 수 있음
⑥ 지속적인 모니터링이 필요함
⑦ 매우 일정한 농도를 유지하기가 곤란함

11 가스상 물질의 시료채취

(1) 흡착제(고체 채취방법)

① 흡착

흡착은 경계면에서 어느 물질의 농도가 증가하는 현상으로 기상, 용액들의 균일상으로부터 기체 혹은 용질 분자가 고체 표면과 액상의 계면에 머물게 되는 현상이며, 공기 중 가스와 증기를 포집하기 위해 가장 널리 사용되는 것은 고체흡착관이다.

② 흡착의 종류

㉠ 물리적 흡착

ⓐ 흡착제와 흡착분자(흡착질) 간의 van der Waals형의 비교적 약한 인력에 의해서 일어난다.

ⓑ 가역적 현상이므로 재생이나 오염가스 회수에 용이하다.

ⓒ 일반적으로 작업환경측정에서 사용된다.

ⓓ 흡착량은 온도가 높을수록, pH가 높을수록, 분자량이 작을수록 감소된다.

ⓔ 흡착물질은 임계온도 이상에서는 흡착되지 않는다.

ⓕ 기체 분자량이 클수록 잘 흡착된다.

㉡ 화학적 흡착

ⓐ 흡착제와 흡착된 물질 사이에 화학결합이 생성되는 경우로서 새로운 종류의 표면화합물이 형성된다.

ⓑ 비가역적 현상이므로 재생되지 않는다.

ⓒ 온도의 영향은 비교적 적다.

ⓓ 흡착과정 중 발열량이 많다(흡착열이 물리적 흡착에 비하여 높다).

③ 파과

㉠ 연속채취가 가능하며, 정확도 및 정밀도가 우수한 흡착관을 이용하여 채취 시 파과(breakthrough)를 주의하여야 한다.

㉡ 파과란 공기 중 오염물이 시료채취매체에 포함되지 않고 빠져나가는 현상이다.

㉢ 흡착관의 앞층에 포화된 후 뒤층에 흡착되기 시작하여 결국 흡착관을 빠져나가고, 파과가 일어나면 유해물질 농도를 과소평가할 우려가 있다.

㉣ 포집시료의 보관 및 저장 시 흡착물질의 이동현상(migration)이 일어날 수 있으며, 파과현상과 구별하기가 힘들다.

㉤ 시료채취유량이 높으면 파과가 일어나기 쉽고 코팅된 흡착제일수록 그 경향이 강하다.

㉥ 고온일수록 흡착성질이 감소하여 파과가 일어나기 쉽다.

㉦ 극성 흡착제를 사용할 경우 습도가 높을수록 파과가 일어나기 쉽다.

㉧ 공기 중 오염물질의 농도가 높을수록 파과용량(흡착된 오염물질량)은 증가한다.

④ 흡착관
  ㉠ 작업환경측정 시 많이 이용하는 흡착관은 앞층이 100mg, 뒤층이 50mg으로 되어 있는데 오염물질에 따라 다른 크기의 흡착제를 사용하기도 한다.
  ㉡ 표준형은 길이 7cm, 내경 4mm, 외경 6mm의 유리관에 20/40mesh의 활성탄이 우레탄폼으로 나뉜 앞층과 뒤층으로 구분되어 있다.
  ㉢ 앞 · 뒤 층의 구분 이유는 파과를 감지하기 위함이다.
  ㉣ 대용량의 흡착관은 앞층이 400mg, 뒤층이 200mg으로 되어 있으며, 휘발성이 큰 물질 및 낮은 농도의 물질을 채취할 경우 사용한다.
  ㉤ 일반적으로 앞층의 1/10 이상이 뒤층으로 넘어가면 파과가 일어났다고 하고 측정결과로 사용할 수 없다.
  ㉥ 채취효율을 높이기 위해 흡착제에 시약을 처리하여 사용하기도 한다.

⑤ 흡착제 이용 시료채취 시 영향인자
  ㉠ 온도
    ⓐ 온도가 낮을수록 흡착에 좋다.
    ⓑ 고온일수록 흡착대상 오염물질과 흡착제의 표면 사이 또는 2종 이상의 흡착대상 물질 간 반응속도가 증가하여 흡착성질이 감소하며, 파과가 일어나기 쉽다(모든 흡착은 발열반응이다).
  ㉡ 습도
    ⓐ 극성 흡착제를 사용할 때 수증기가 흡착되기 때문에 파과가 일어나기 쉬우며 비교적 높은 습도는 활성탄의 흡착용량을 저하시킨다.
    ⓑ 습도가 높으면 파과공기량(파과가 일어날 때까지의 채취공기량)이 적어진다.
  ㉢ 시료채취속도(시료채취량)
    시료채취속도가 크고 코팅된 흡착제일수록 파과가 일어나기 쉽다.
  ㉣ 유해물질 농도(포집된 오염물질의 농도)
    농도가 높으면 파과용량(흡착제에 흡착된 오염물질량)이 증가하나 파과공기량은 감소한다.
  ㉤ 혼합물
    혼합기체의 경우 각 기체의 흡착량은 단독성분이 있을 때보다 적어진다(혼합물 중 흡착제와 강한 결합을 하는 물질에 의하여 치환반응이 일어나기 때문).
  ㉥ 흡착제의 크기(흡착제의 비표면적)
    입자 크기가 작을수록 표면적 및 채취효율이 증가하지만 압력강하가 심하다(활성탄은 다른 흡착제에 비하여 큰 비표면적을 갖고 있다).
  ㉦ 흡착관의 크기(튜브의 내경; 흡착제의 양)
    흡착제의 양이 많아지면 전체 흡착제의 표면적이 증가하여 채취용량이 증가하므로 파과가 쉽게 발생되지 않는다.
  ㉧ 유해물질의 휘발성 및 다른 가스와의 흡착 경쟁력
  ㉨ 포집을 마친 후부터 분석까지의 시간

⑥ 흡착관의 종류

대개 극성 오염물질에는 극성 흡착제를, 비극성 오염물질에는 비극성 흡착제를 사용하나, 반드시 그러하지는 않다.

㉠ 활성탄관(charcoal tube)

ⓐ 활성탄은 탄소 함유물질을 탄화 및 활성화하여 만든 흡착능력이 큰 무정형 탄소의 일종으로, 다른 흡착제에 비하여 큰 비표면적을 가지며 제조과정 중 탄화과정은 약 600℃의 무산소상태에서 이루어진다.

ⓑ 비교적 높은 습도는 활성탄의 흡착용량을 저하시킨다.

ⓒ 공기 중 가스상 물질의 고체 포집법으로 이용되는 활성탄관은 유리관 안에 활성탄 100mg과 50mg을 두 개 층으로 충전하여 양 끝을 봉인한 것으로 유기용제 포집에 가장 많이 사용한다.

ⓓ 활성탄관을 사용하여 채취하기 용이한 시료

- 비극성류의 유기용제
- 각종 방향족 유기용제(방향족 탄화수소류)
- 할로겐화 지방족 유기용제(할로겐화 탄화수소류)
- 에스테르류, 알코올류, 에테르류, 케톤류

ⓔ 탈착용매로는 이황화탄소(CS_2)가 주로 사용되며, G.C로 미량 분석이 가능하다(비극성 물질의 탈착용매는 이황화탄소).

ⓕ 흡착과정

- 1단계 : 오염물질 중 활성탄에 흡착할 수 있는 흡착질 분자들이 흡착제 외부 표면으로 이동(느린 반응)
- 2단계 : 흡착제의 거대공극, 중간공극을 통한 확산에 의해 내부의 미세공극 쪽으로 이동(느린 반응)
- 3단계 : 확산된 흡착질이 미세공극에 채워짐으로써 시료채취 완료(빠른 반응)

ⓖ 유기용제 증기, 수은 증기와 같이 상대적으로 무거운 증기는 잘 흡착한다.

ⓗ 표면의 산화력으로 인해 반응성이 큰 멜캅탄, 알데히드 포집에는 부적합하다.

ⓘ 케톤의 경우 활성탄 표면에서 물을 포함하는 반응에 의하여 파과되어 탈착률과 안정성에 부적절하다.

ⓙ 메탄, 일산화탄소 등은 흡착되지 않는다.

ⓚ 휘발성이 큰 저분자량의 탄화수소화합물의 채취효율이 떨어진다.

ⓛ 끓는점이 낮은 저비점 화합물인 암모니아, 에틸렌, 염화수소, 포름알데히드 증기는 흡착속도가 높지 않아 비효과적이다.

ⓜ 탈착된 용출액은 가스 크로마토그래피 분석법으로 정량한다.

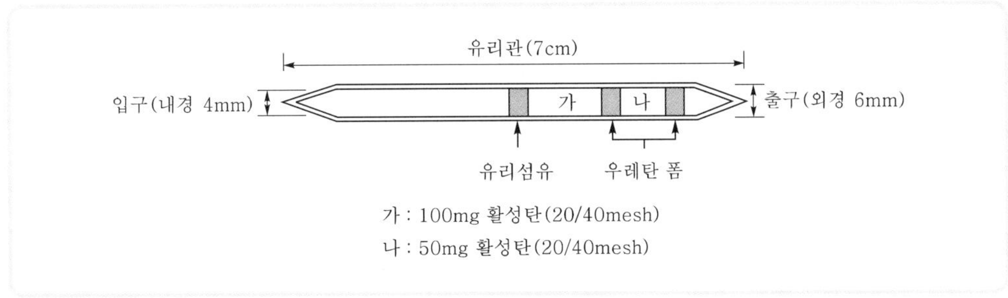

▌활성탄관▐

ⓝ 작업장 공기 중 벤젠 증기를 활성탄관 흡착제로 채취할 때 작업장 공기 중에 다량의 페놀이 존재하면 벤젠 증기를 효율적으로 채취할 수 없게 되는 이유는 벤젠과 흡착제와의 결합자리를 페놀이 우선적으로 차지하기 때문이다.

ⓞ 활성탄관으로 공시료의 처리는 현장에서 관 끝을 깨고 그 끝을 폴리에틸렌 마개로 막아 현장시료와 동일한 방법으로 운반 · 보관한다.

㉡ 실리카겔관(silica gel tube)

ⓐ 실리카겔은 규산나트륨과 황산과의 반응에서 유도된 무정형의 물질이다.

ⓑ 극성을 띠고 흡수성이 강하므로 습도가 높을수록 파과되기 쉽고 파과용량이 감소한다.

ⓒ 실리카 및 알루미나 흡착제는 탄소의 불포화결합을 가진 분자를 선택적으로 흡수한다(표면에서 물과 같은 극성 분자를 선택적으로 흡착).

ⓓ 실리카겔은 극성 물질을 강하게 흡착하므로 작업장에 여러 종류의 극성 물질이 공존할 때는 극성이 강한 물질이 약한 물질을 치환하게 된다.

ⓔ 실리카겔관을 사용하여 채취하기 용이한 시료

- 극성류의 유기용제, 산(무기산 : 불산, 염산)
- 방향족 아민류, 지방족 아민류
- 아미노에탄올, 아마이드류
- 니트로벤젠류, 페놀류, 메탄올

ⓕ 장점

- 극성이 강하여 극성 물질을 채취한 경우 물, 메탄올 등 다양한 용매로 쉽게 탈착한다.
- 추출용액(탈착용매)가 화학분석이나 기기분석에 방해물질로 작용하는 경우는 많지 않다.
- 활성탄으로 채취가 어려운 아닐린, 오르토-톨루이딘 등의 아민류나 몇몇 무기물질의 채취가 가능하다.
- 매우 유독한 이황화탄소를 탈착용매로 사용하지 않는다.

ⓖ 단점

- 친수성이기 때문에 우선적으로 물분자와 결합을 이루어 습도의 증가에 따른 흡착용량의 감소를 초래한다.
- 습도가 높은 작업장에서는 다른 오염물질의 파과용량이 작아져 파과를 일으키기 쉽다.

ⓗ 실리카겔의 친화력(극성이 강한 순서)

물 > 알코올류 > 알데하이드류 > 케톤류 > 에스테르류 > 방향족 탄화수소류 > 올레핀류 > 파라핀류

㉢ 다공성 중합체(porous polymer)

ⓐ 활성탄에 비해 비표면적, 흡착용량, 반응성은 작지만 특수한 물질 채취에 유용하다.

ⓑ 대부분 스티렌, 에틸비닐벤젠, 디비닐벤젠 중 하나와 극성을 띤 비닐화합물과의 공중 중합체이다.

ⓒ 특별한 물질에 대하여 선택성이 좋은 경우가 있다.

ⓓ 장점

- 아주 적은 양도 흡착제로부터 효율적으로 탈착이 가능
- 고온에서 매우 열안정성이 뛰어나기 때문에 열탈착이 가능
- 저농도 측정이 가능

ⓔ 단점

- 비휘발성 물질(이산화탄소 등)에 의하여 치환반응이 일어남
- 시료가 산화 · 가수 · 결합 반응이 일어날 수 있음
- 아민류 및 글리콜류는 비가역적 흡착이 발생함
- 반응성이 강한 기체(무기산, 이산화황)가 존재 시 시료가 화학적으로 변함

ⓕ 종류

- Tenax관(Tenax GC)
- XAD관
- Chromsorb
- Porapak
- Amberlite

ⓖ Tenax관의 특징

- 휘발성 유기화합물(VOC)의 측정 시 많이 사용
- 유기염류, 중성화합물, 끓는점이 높은 화합물의 채취에도 사용

- 다공성 중합체 중에서 가장 일반적으로 사용
- 375℃까지 고열에 안정하여 열탈착이 가능
- 저농도의 오염물질 채취에 적합
- 휘발성이며 비극성인 유기화합물의 채취에 이용
- 폭발성 물질 흡착제로 이용 가능

㉣ 냉각 트랩(cold trap)

ⓐ 일반채취방법으로 채취가 어려울 경우 냉각응축방법을 이용한다.

ⓑ 개인시료채취보다는 일반대기(실내오염) 측정 시 사용한다.

㉤ 분자체 탄소(Molecular seive)

ⓐ 비극성(포화결합) 화합물 및 유기물질을 잘 흡착하는 성질이 있다.

ⓑ 거대공극 및 무산소 열분해로 만들어지는 구형의 다공성 구조로 되어 있다.

ⓒ 사용 시 가장 큰 제한요인은 습도이다.

ⓓ 휘발성이 큰 비극성 유기화합물의 채취에 흑연체를 많이 사용한다.

(2) 흡수제(액체 포집법)

① 흡수액

㉠ 흡수액은 가스상 물질 등을 용해 및 화학반응 등에 이용하여 흡수 채취하는 용액이다.

㉡ 고체흡수관으로 채취가 불가능한 물질의 경우 임핀저나 버블러에 흡수액을 첨가하여 채취한다.

㉢ 흡수액을 이용한 작업환경측정은 운반의 불편성과 근로자 부착 시 흡수액이 누수될 우려가 있으며, 임핀저 등이 깨질 위험성이 있어 점차 사용이 제한되고 있다.

㉣ 흡수액으로 채취한 시료분석은 일반적으로 비색법을 이용하거나 이온선택성 전극을 이용한다.

㉤ 임핀저나 버블러를 튜브로 이용하여 펌프를 연결할 때 입구 쪽과 출구 쪽을 잘 구별하지 않으면 흡수액이 펌프 쪽으로 넘어가 펌프 고장의 원인이 된다.

㉥ 흡수액에 오염물질이 포화농도가 될 때까지 시료의 흡수는 지속된다.

㉦ 시료는 흡수액에 흡수된 후에도 증발하려는 성질이 있기 때문에 완전한 흡수는 일어나지 않는다.

㉧ 휘발성이 큰 물질을 용매로 사용하는 경우에는 계속해서 손실액을 보충해 주어야 한다.

㉨ 흡수액을 사용한 능동식 시료채취방법의 시료채취유량기준은 1.0L/min이다.

㉩ 유기용제 등의 휘발성 물질은 흡수액의 온도가 낮을수록 포집효율이 좋아진다.

② 흡수효율(채취효율)을 높이기 위한 방법

㉠ 포집액의 온도를 낮추어 오염물질의 휘발성을 제한한다.

㉡ 두 개 이상의 임핀저나 버블러를 연속적(직렬)으로 연결하여 사용하는 것이 좋다.

㉢ 시료채취속도(채취물질이 흡수액을 통과하는 속도)를 낮춘다.

㉣ 기포의 체류시간을 길게 한다.

㉤ 기포와 액체의 접촉면적을 크게 한다(가는 구멍이 많은 fritted 버블러 사용).

㉥ 액체의 교반을 강하게 한다.

㉦ 흡수액의 양을 늘려준다.

③ 채취기구

㉠ 미젯 임핀저(midget impinger)

ⓐ 가스상 물질을 채취할 때 사용하는 액체를 담는 유리로 된 채취기구로 가스상 물질인 가스, 산, 증기, 미스트 등을 액체 용액에 충돌 · 반응 · 흡수시켜 채취한다.

ⓑ 임핀저와 펌프를 연결하여 공기를 임핀저 배출구 쪽으로 잡아당기면 주입관을 통해 가스, 공기가 용액의 아랫부분을 통과하면서 용액에 의해 유해물질은 흡수되고 공기만 펌프 쪽으로 나가도록 구성되어 있다.

ⓒ 흡수액은 10~20mL(표준형 25mL) 정도로 하고, 채취유량은 1L/min이 추천되고 있다.

ⓓ 증류수에 의한 메탄올과 부탄올의 채취, 알코올 용액에 의한 에스테르류의 채취, 부탄올 용액에 의한 염소 유기물과 같이 반응성이 없는 가스 · 증기의 채취에 적정하다.

ⓔ 임핀저를 사용할 경우에는 깨지거나 용액이 엎질러지지 않도록 해야 한다.

ⓕ 용액이 너무 많으면 펌프 쪽으로 넘어갈 수 있으므로 주의한다. 넘을 경우에는 뒤쪽에 흡수액이 없는 임핀저를 연속적으로 달거나 트랩을 장착하여 용액이 넘치지 않도록 한다.

ⓖ 유리병에 액체가 담겨져 있는 채취기구이므로 근로자가 직접 착용하는 개인시료에 의한 채취는 불가능하다. 따라서 임핀저에 의한 채취는 노출량을 평가하는 방법으로는 바람직하지 않다.

ⓗ 입자상 물질을 임핀저로 포집할 경우의 주의사항

- 규정 유량대로 흡인한다. 규정대로 흡인을 지키지 않으면 포집률은 저하된다.
- 임핀저 등은 바닥면에 대하여 수직으로 장치하고 경사되지 않게 한다.
- 임핀저 등의 저면과 노즐면을 평행하고 그 간격을 5mm로 유지한다.
- 입도분포가 미세한 입자는 일반적으로 포집효율이 낮으므로 포집정밀도에 주의한다.

㉡ 프리티드 버블러(fritted bubbler)

ⓐ 수많은 미세구멍이 있는 유리로 되어 있어 공기가 흡수액에 접촉 전 미세방울로 나누어져 흡수액과 접촉표면적을 크게 높임으로써 채취효율을 향상시킨 기구이다.

ⓑ 채취유량은 일반적으로 0.5~1.0L/min이다.

ⓒ 플릿의 크기가 작을수록 채취속도를 작게 해야 하는데, 그 이유는 속도가 크면 미세공기방울이 다시 결합하여 커지기 때문이다.

㉢ 소형 가스흡수관 및 소형 버블러

(3) 수동식 시료채취기(passive sampler)

① 원리

수동채취기는 공기채취펌프가 필요하지 않고 공기층을 통한 확산 또는 투과되는 현상을 이용하여 수동적으로 농도구배에 따라 가스나 증기를 포집하는 장치이며, 확산포집방법(확산포집기)이라고도 한다.

② 표현방법

채취용량(SQ)이라는 표현 대신 채취속도(SR, 유량)라는 표현을 사용한다.

③ 적용원리

Fick의 제1법칙(확산)

$$W = D\left(\frac{A}{L}\right)(C_i - C_o)$$

또는

$$\frac{M}{At} = D\frac{C_i - C_o}{L}$$

여기서, W : 물질의 이동속도(ng/sec)

D : 확산계수(cm^2/sec)

A : 포집기에서 오염물질이 포집되는 면적(확산경로의 면적)(cm^2)

L : 확산경로의 길이(cm)

$C_i - C_o$: 공기 중 포집대상 물질의 농도와 포집매질에 함유한 포집대상 물질의 농도(ng/cm^3)

M : 물질의 질량(ng)

t : 포집기의 표면이 공기에 노출된 시간(채취시간)(sec)

④ 결핍(starvation)현상

㉠ 수동식 시료채취기 사용 시 최소한의 기류가 있어야 하는데, 최소기류가 없어 채취가 표면에서 일단 확산에 대하여 오염물질이 제거되면 농도가 없어지거나 감소하는 현상이다.

㉡ 수동식 시료채취기의 표면에서 나타나는 결핍현상을 제거하는 데 필요한 가장 중요한 요소는 최소한의 기류 유지(0.05~0.1m/sec)이다.

⑤ 장점

㉠ 시료채취(취급) 방법이 간편하다.

㉡ 시료채취 전후에 펌프 유량을 보정하지 않아도 된다.

㉢ 시료채취 개인용 펌프가 필요 없어 채취기구의 제한 없이 다수의 근로자에게 착용이 용이하다.

㉣ 착용이 편리하기 때문에 근로자가 불편 없이 착용이 가능하다(근로자의 작업에 방해되지 않음).

⑥ 단점

㉠ 능동식 시료채취기에 비해 시료채취속도가 매우 낮기 때문에 저농도 측정 시에는 장시간에 걸쳐 시료채취를 해야 한다. 따라서, 대상오염물질이 일정한 확산계수로 확산되도록 하여야 한다.

㉡ 채취 오염물질 양이 적어 재현성이 좋지 않다.

㉢ 가격이 비싸다.

㉣ 실험실에서 분석하여야 한다.

㉤ 높은 습도 같은 특정 조건에서 일부 물질의 포집효율이 감소한다.

(4) 탈착

① 개요

탈착은 경계면에 흡착된 어느 물질이 떨어져나가 표면 농도가 감쇠하는 현상으로, 기체분자의 운동에너지와 흡착된 상태에서 안정화된 에너지의 차이에 따라 흡착과 탈착의 변화방향이 결정된다.

② 탈착효율

㉠ 탈착효율은 분석 결과에 보정하여야 하며, 일반적으로 탈착률이 일정하지 않으므로 시험 시마다 탈착률을 측정해야 한다.

㉡ 탈착효율은 고체흡착관을 이용하여 채취한 유기용제를 분석하는 데 있어서 보정하는 것이다.

ⓒ 탈착효율은 채취에 사용하지 않은 동일한 흡착관에 첨가된 양과 분석량의 비로 표현되며, 탈착효율 시험을 위한 첨가량은 작업장 예상 농도 일정 범위(0.5~2배)에서 결정된다.

$$\text{탈착효율}(\%) = \frac{\text{분석량}}{\text{주입량(첨가량)}} \times 100$$

Reference 탈착효율 시험의 목적

1. 탈착효율의 보정
2. 시약의 오염 보정
3. 흡착관의 오염 보정

③ 탈착방법

㉠ 용매탈착

ⓐ 비극성 물질의 탈착용매는 이황화탄소(CS_2)를 사용하고 극성 물질에는 이황화탄소와 다른 용매를 혼합하여 사용한다.

ⓑ 활성탄에 흡착된 증기(유기용제-방향족 탄화수소)를 탈착시키는 데 일반적으로 사용되는 용매는 이황화탄소이다.

ⓒ 용매로 사용되는 이황화탄소의 단점

- 독성 및 인화성이 크며 작업이 번잡하다.
- 특히 심혈관계와 신경계에 독성이 매우 크고 취급 시 주의를 요한다.
- 전처리 및 분석하는 장소의 환기에 유의하여야 한다.

ⓓ 용매로 사용되는 이황화탄소의 장점

탈착효율이 좋고 가스 크로마토그래피의 불꽃이온화검출기에서 반응성이 낮아 피크의 크기가 적게 나오므로 분석 시 유리하다.

㉡ 열탈착

ⓐ 흡착관에 열을 가하여 탈착하는 방법으로 탈착이 자동으로 수행되며 탈착된 분석물질이 가스 크로마토그래피로 직접 주입되도록 되어 있다.

ⓑ 분자체 탄소, 다공중합체에서 주로 사용한다.

ⓒ 용매탈착보다 간편하나 활성탄을 이용하여 시료를 채취한 경우 열탈착에 필요한 300℃ 이상에서는 많은 분석물질이 분해되어 사용이 제한된다.

ⓓ 열탈착은 한 번에 모든 시료가 주입된다.

(5) 농도 계산

① 흡착관을 이용하여 채취하는 경우

$$C(\mathrm{mg/m^3}) = \frac{(W_f + W_b) - (B_f + B_b)}{V \times DE}$$

여기서, C : 농도($\mathrm{mg/m^3}$)

W_f : 앞층 분석시료량

W_b : 뒤층 분석시료량

B_f : 공시료 앞층 분석시료량

B_b : 공시료 뒤층 분석시료량

V : 공기채취량 ⇨ pump 평균유량(L/min)×시료채취시간(min)

DE : 탈착효율

② 흡수액을 이용하여 채취하는 경우

$$C(\mathrm{mg/m^3}) = \frac{W - B}{V \times DE}$$

여기서, C : 농도($\mathrm{mg/m^3}$)

W : 분석된 시료량

B : 공시료 분석시료량

V : 공기채취량 ⇨ pump 평균유량(L/min)×시료채취시간(min)

DE : 탈착효율

기본개념문제 11

어떤 작업장에서 톨루엔을 활성탄관을 이용하여 0.2L/min으로 30분 동안 시료를 포집하여 분석한 결과 활성탄관의 앞층에서 1.2mg, 뒤층에서 0.1mg씩 검출되었다. 탈착효율이 100%라고 할 때 공기 중 농도($\mathrm{mg/m^3}$)는? (단, 파과, 공시료는 고려하지 않음)

풀이 $\text{농도}(\mathrm{mg/m^3}) = \dfrac{(1.2+0.1)\mathrm{mg}}{0.2\mathrm{L/min} \times 30\mathrm{min} \times \mathrm{m^3}/1{,}000\mathrm{L}} = 216.67\mathrm{mg/m^3}$

기본개념문제 12

고체흡착관으로 활성탄을 연결한 저유량 펌프를 이용하여 벤젠 증기를 용량 $0.024\mathrm{m^3}$로 포집하였다. 실험실에서 앞부분과 뒷부분을 분석한 결과 총 550μg이 검출되었다. 벤젠의 농도(ppm)는? (단, 온도 25℃, 압력 760mmHg, 벤젠 분자량 78)

풀이 농도를 구하여 단위를 변환(mg/m³ ⇨ ppm)하는 문제이므로

$$\text{농도}(mg/m^3) = \frac{\text{질량(분석)}}{\text{부피(용량)}} = \frac{550\mu g}{0.024m^3 \times (1{,}000L/m^3)} = 22.92\mu g/L(=mg/m^3)$$

$$\therefore \text{농도}(ppm) = 22.92mg/m^3 \times \frac{24.45mL}{78mg} = 7.18mL/m^3(ppm)$$

기본개념문제 13

온도 25℃, 1기압하에서 분당 200mL씩 100분 동안 채취한 공기 중 톨루엔(분자량 92)이 5mg 검출되었다. 톨루엔은 부피단위로 몇 ppm인가?

풀이

$$\text{톨루엔}(mg/m^3) = \frac{5mg}{0.2L/min \times 100min \times m^3/1{,}000L} = 250mg/m^3$$

$$\therefore \text{톨루엔}(ppm) = 250mg/m^3 \times \frac{24.45mL}{92mg} = 66.44mL/m^3(ppm)$$

기본개념문제 14

25℃, 1atm에서 H_2S를 함유한 공기 500L를 흡수액 20mL에 통과시켰더니 액 중의 H_2S 양은 20mg이었다. 공기 중 H_2S의 농도(ppm)는?

포집효율 : 75%, S 원자량 : 32

풀이

$$H_2S(mg/m^3) = \frac{20mg}{500L \times m^3/1{,}000L \times 0.75} = 53.33mg/m^3$$

$$\therefore H_2S(ppm) = 53.33mg/m^3 \times \frac{24.45mL}{34mg} = 38.35mL/m^3(ppm)$$

기본개념문제 15

공기 중 벤젠(분자량 78.1)을 활성탄에 0.1L/min의 유량으로 2시간 동안 채취하여 분석한 결과 2.5mg이 나왔다. 공기 중 벤젠의 농도는 몇 ppm인가? (단, 공시료에서는 벤젠이 검출되지 않았으며, 25℃, 1기압)

풀이 농도를 구하여 단위를 변환(mg/m³ ⇨ ppm)하는 문제로

$\text{농도} = \frac{\text{질량(분석)}}{\text{공기채취량}}$ 이고, 공기채취량은 유량(L/min)×시료채취시간(min)이므로

$$\text{농도}(mg/m^3) = \frac{2.5mg}{0.1L/min \times 120min \times m^3/1{,}000L} = 208.33mg/m^3$$

$$\therefore \text{농도}(ppm) = 208.33mg/m^3 \times \frac{24.45mL}{78.1mg} = 65.22mL/m^3(ppm)$$

기본개념문제 16

탈착효율을 보정하기 전의 가스상 유해물질 측정농도가 2mg/m^{3}이다. 탈착효율을 95%로 보정할 경우의 농도(mg/m^3)는?

풀이 보정농도 $= \dfrac{\text{측정농도}}{\text{탈착효율}} = \dfrac{2\text{mg/m}^3}{0.95} = 2.11\text{mg/m}^3$

기본개념문제 17

2개의 흡수관을 연결하여 메탄올을 액체 채취하였다. 다음과 같은 분석 결과가 나왔다면 농도(mg/m^3)는?

[결과]
- 앞쪽 흡수관에서 정량된 분석량 35.75μg
- 뒤쪽 흡수관에서 정량된 분석량 6.25μg
- 공시료에서 분석시료량 2.35μg
- 포집유량 1.0L/min, 포집시간 365분
- 흡수관의 포집효율 80%

풀이 농도를 구하여 포집효율을 고려하여 계산하면

$\text{농도}(\text{mg/m}^3) = \dfrac{\text{질량(분석)}}{\text{공기채취량}} = \dfrac{(35.75+6.25)\mu\text{g} - (2.35)\mu\text{g}}{1.0\text{L/min} \times 365\text{min}} = 0.1086\mu\text{g/L}(=\text{mg/m}^3)$

흡수관의 포집효율을 고려한 보정농도를 구하면

$\text{보정농도} = \dfrac{\text{측정농도}}{\text{포집효율}} = \dfrac{0.1086\text{mg/m}^3}{0.8} = 0.14\text{mg/m}^3$

기본개념문제 18

일산화탄소 5m^{3}가 10,000m^{3}의 밀폐된 작업장에 방출되었다면 그 작업장 내 일산화탄소의 농도(ppm)는?

풀이 $\text{CO(ppm)} = \dfrac{5\text{m}^3}{10{,}000\text{m}^3} \times 10^6 = 500\text{ppm}$

기본개념문제 19

부탄올 흡수액을 이용하여 시료를 채취한 후 분석된 양이 75μg이며, 공시료에 분석된 평균 양은 0.5μg, 공기채취량은 10L일 때, 부탄의 농도(mg/m^3)는? (단, 탈착효율 100%)

풀이 $\text{농도}(\text{mg/m}^3) = \dfrac{(75-0.5)\mu\text{g} \times \text{mg}/10^3\mu\text{g}}{10\text{L} \times \text{m}^3/1{,}000\text{L}} = 7.45\text{mg/m}^3$

기본개념문제 20

작업장(25℃, 1기압)의 톨루엔을 활성탄관을 이용하여 0.3L/min으로 180분 동안 측정한 후 G.C로 분석하였더니 활성탄관 100mg층에서 3.3mg이, 50mg층에서 0.11mg이 검출되었다. 탈착효율이 95%라고 할 때 파과 여부와 공기 중 농도(ppm)는?

풀이 ① 파과 여부

앞층과 뒤층의 비를 구하여 확인한다.

$$\frac{\text{뒤층 검출량}}{\text{앞층 검출량}} = \frac{0.11\text{mg}}{3.3\text{mg}} \times 100 = 3.33\%$$

∴ 10%에 미치지 않기 때문에 파과 아님

② 공기 중 농도

$$\text{농도} = \frac{\text{질량}}{\text{부피}}$$

질량(톨루엔의 양)=3.3+0.11=3.41mg

실제 채취 톨루엔의 양은 탈착효율(95%)을 고려하여 구한다.

$$\frac{3.41\text{mg}}{0.95} = 3.59\text{mg}$$

부피(공기채취량)=pump 유량×채취시간=0.3L/min×180min=54L

$$\text{공기 중 농도}(\text{mg/m}^3) = \frac{3.59\text{mg}}{54\text{L} \times 10^{-3}\text{m}^3/\text{L}} = 66.48\text{mg/m}^3$$

$$\therefore \text{공기 중 농도(ppm)} = 66.48\text{mg/m}^3 \times \frac{24.45}{92.13} = 17.64\text{ppm}$$

12 검지관 측정법

(1) 개요

① 검지관은 작업환경 중 오염된 공기를 통과시켜 오염물질과 반응관 내 검지제의 화학적 작용으로 검지제가 변색되는 것을 이용하여 오염물질의 농도를 측정하는 직독식 측정 방법이다.

② 직독식 기구에는 가스검지관, 입자상 물질 측정기, 가스모니터, 휴대용 가스 크로마토그래피, 적외선 분광광도계 등이 있다.

③ 대표적으로 측정 가능한 물질은 톨루엔, 메탄올, 일산화탄소, 벤젠, 1,2-디클로로에틸렌 등이다.

(2) 구조

검지관은 내경 2~4mm의 가늘고 긴 유리관 속에 측정대상 물질에 대응하는 검지제를 넣어 양단을 밀봉한 것으로 측정할 때에는 양단을 개방한 후 한쪽은 측정하고자 하는 위치에, 한쪽은 흡인펌프에 끼워 사용한다.

(3) 검지관에 공기 흡인하는 수동식 펌프의 종류

① 피스톤식(piston-type)
② 주름식(bellow-type)
③ 구형(bulb-type)

(4) 작업환경측정, 단위작업장소에서 검지관을 사용할 수 있는 경우

① 예비조사 목적인 경우
② 검지관방식 외에 다른 측정방법이 없는 경우
③ 사업장 자체측정기관이 작업환경측정을 하는 때에 있어서 발생하는 가스상 물질이 단일물질인 경우

(5) 변색을 농도로 환산하는 방법

① 검지관에 표시된 농도 눈금에 의한 방법(사용이 가장 쉬움)
② 보정차트(calibration chart)에 의한 방법
③ 독립된 대조검지관을 이용하는 방법

(6) 장점

① 사용이 간편하다.
② 반응시간이 빨라 현장에서 바로 측정 결과를 알 수 있다.
③ 비전문가도 어느 정도 숙지하면 사용할 수 있지만 산업위생전문가의 지도 아래 사용되어야 한다.
④ 맨홀, 밀폐공간에서의 산소부족 또는 폭발성 가스로 인한 안전이 문제가 될 때 유용하게 사용된다.
⑤ 다른 측정방법이 복잡하거나 빠른 측정이 요구될 때 사용할 수 있다.

(7) 단점

① 민감도가 낮아 비교적 고농도에만 적용이 가능하다.
② 특이도가 낮아 다른 방해물질의 영향을 받기 쉽고 오차가 크다.
③ 대개 단시간 측정만 가능하다.

④ 한 검지관으로 단일물질만 측정 가능하여 각 오염물질에 맞는 검지관을 선정함에 따른 불편함이 있다.

⑤ 색변화에 따라 주관적으로 읽을 수 있어 판독자에 따라 변이가 심하며, 색변화가 시간에 따라 변하므로 제조자가 정한 시간에 읽어야 한다.

⑥ 미리 측정대상 물질의 동정이 되어 있어야 측정이 가능하다.

(8) 종류

① Gastec 검지관

② 북천식 검지관

③ 드래거 검지관

④ MSA 검지관

(9) 농도 판별방법

① 농도 표식

② 직독식

③ 비색식

Reference 직독식 기구

1. 측정과 작동이 간편하여 인력과 분석비를 절감할 수 있다.
2. 현장에서 실제 작업시간이나 어떤 순간에서 유해인자의 수준과 변화를 쉽게 알 수 있다.
3. 현장에서 즉각적인 자료가 요구될 때 민감성과 특이성이 있는 경우 매우 유용하게 사용될 수 있다.

13 입자상 물질의 시료채취

(1) 입자상 물질의 종류

① 에어로졸(aerosol)

㉠ 유기물의 불완전연소 시 발생한 액체와 고체의 미세한 입자가 공기 중에 부유되어 있는 혼합체이며 가장 포괄적인 용어이다.

㉡ 연무체 또는 연무질이라고도 하며 비교적 안정적으로 부유하여 존재하는 상태를 의미한다.

㉢ 기체 중에 콜로이드 입자가 존재하는 상태의 의미도 있다.

② 먼지(dust)

㉠ 입자의 크기가 비교적 큰 고체 입자로 석탄, 재, 시멘트와 같이 물질의 운송 처리과정에서 방출되며, 톱밥, 모래흙과 같이 기계의 작동 및 연마, 절삭, 분쇄에 의하여 방출되기도 한다.

㉡ 입자의 크기는 1~100μm 정도이다.

㉢ 입경이 커서 지상으로 낙하하는 먼지를 강하먼지(dust fall)라고 부른다.

㉣ 일반적으로 특별한 유해성이 없는 먼지를 불활성 먼지 또는 공해성 먼지라고 하며, 이러한 먼지에 노출될 경우 일반적으로 폐 용량에 이상이 나타나지 않으며, 먼지에 대한 폐의 조직반응은 가역적이다.

㉤ 일반적으로 호흡성 먼지란 종말모세기관지나 폐포 영역의 가스교환이 이루어지는 영역까지 도달하는 미세먼지를 말한다.

③ 분진(particulates)

㉠ 일반적으로 공기 중에 부유하고 있는 모든 고체의 미립자로서 공기나 다른 가스에 단시간 동안 부유할 수 있는 고체 입자를 말한다.

㉡ 산업조건에서는 근로자가 작업하는 장소에서 발생하거나 흩날리는 미세한 분말상의 물질을 분진으로 정의하고 있다.

㉢ 입자의 크기에 따라 폐까지 도달되어 진폐증을 일으킬 수 있는 분진을 호흡성 분진이라 하며, 크기는 0.5~5.0μm 정도이다.

㉣ 분진 입자의 크기는 보통 0.1~30μm 정도이며 직경이 작을수록 공기 중에 부유시간이 길어지고 인체에 흡인될 수 있는 가능성이 높아지게 된다.

④ 미스트(mist)

㉠ 상온에서 액체인 물질이 교반, 발포, 스프레이 작업 시 액체의 입자가 공기 중에서 발생 · 비산하여 부유 · 확산되어 있는 액체 미립자를 말한다.

㉡ 증기의 응축 또는 화학반응에 의해 생성되는 액체 입자로서 주성분은 물로 안개와 구별된다.

㉢ 미스트가 증발되면 증기화될 수 있다.

㉣ 입자의 크기는 보통 100μm(0.1~10μm) 이하이며, 수평 시정거리가 1km 이상으로 회백색을 띤다.

㉤ 미스트를 포집하기 위한 장치로는 벤투리스크러버(venturi scrubber) 등이 사용된다.

⑤ 흄(fume)

㉠ 상온에서 고체 물질(금속)이 용해되어 액상 물질로 되고 이것이 가스상 물질로 기화된 후 다시 응축된 고체 미립자이다. 즉, 흄은 금속이 용해되어 공기에 의해 산화되어 미립자가 분산하는 것을 말한다.

㉡ 보통 크기가 0.1(1)μm 이하이므로 호흡성 분진의 형태로 체내에 흡입되어 유해성도 커진다.

㉢ 육안으로 확인이 가능하며, 작업장에서 흔히 경험할 수 있는 대표적 작업은 용접 작업이다.

㉣ 용접공정에서 흄이 발생되며 미세하여 폐포에 쉽게 도달한다.

㉤ 흄의 독성이 먼지보다 강하며, 흄은 공기 중에서 쉽게 산화된다.

㉥ 일반적으로 흄은 금속의 연소과정에서 생기며 입자 크기가 균일성을 갖는다.

㉦ 활발한 브라운(Brown) 운동에 의해 상호충돌에 응집하며 응집한 후 재분리는 쉽지 않다.

㉧ 생성기전 3단계

ⓐ 금속의 증기화

ⓑ 증기물의 산화

ⓒ 산화물의 응축

⑥ 섬유상(fiber) 입자

㉠ 길이가 5μm 이상이고 길이 대 너비의 비가 3 : 1 이상인 가늘고 긴 먼지로 석면섬유, 식물섬유, 유리섬유, 암면 등이 있다.

㉡ 석면은 폐포에 침입하여 섬유화 유발, 호흡기능 저하 및 폐질환을 발생시키는데, 이 현상을 석면폐증이라고 한다.

⑦ 안개(fog)

㉠ 증기가 응축되어 생성되는 액체 입자이며, 크기는 1~10μm 정도이다.

㉡ 습도가 100% 정도이며 수평 가시거리는 1km 미만이다.

⑧ 연기(smoke)

㉠ 유해물질이 불완전연소하여 만들어진 에어로졸의 혼합체로 크기는 0.01~1.0μm 정도이다.

㉡ 기체와 같이 활발한 브라운 운동을 하며 쉽게 침강하지 않고 대기 중에 부유하는 성질이 있다.

㉢ 액체나 고체의 2가지 상태로 존재할 수 있다.

⑨ 스모그(smog)

smoke와 fog가 결합된 상태이며, 광화학 생성물과 수증기가 결합하여 에어로졸로 변한다.

⑩ 검댕(soot)

㉠ 탄소 함유물질의 불완전연소로 형성된 입자상 오염물질로서 탄소입자의 응집체이다.

㉡ 검댕의 대표적 물질은 다환방향족 탄화수소(PAH)는 발암물질로 알려져 있다.

(2) 입자상 물질의 크기 결정방법

① 가상 직경

㉠ 공기역학적 직경(aero-dynamic diameter)

ⓐ 대상 먼지와 침강속도가 같고 단위밀도가 $1g/cm^3$이며, 구형인 먼지의 직경으로 환산된 직경이다.

ⓑ 입자의 크기를 입자의 역학적 특성, 즉 침강속도(setting velocity) 또는 종단속도(terminal velocity)에 의하여 측정되는 입자의 크기를 말한다.

ⓒ 입자의 공기 중 운동이나 호흡기 내의 침착기전을 설명할 때 유용하게 사용한다.

㉡ 질량 중위 직경(mass median diameter)

ⓐ 입자 크기별로 농도를 측정하여 50%의 누적분포에 해당하는 입자 크기를 말한다.

ⓑ 입자를 밀도, 크기의 형태에 따라 측정기기의 단계별로 질량을 측정한 것이다.

ⓒ 직경분립충돌기(cascade impactor)를 이용하여 측정한다.

② 기하학적(물리적) 직경

입자 직경의 크기는 페렛 직경, 등면적 직경, 마틴 직경의 순으로 작아진다.

㉠ 마틴 직경(Martin diameter)

ⓐ 먼지의 면적을 2등분하는 선의 길이로 선의 방향은 항상 일정하여야 한다.

ⓑ 과소평가할 수 있는 단점이 있다.

ⓒ 입자의 2차원 투영상을 구하여 그 투영면적을 2등분한 선분 중 어떤 기준선과 평행인 것의 길이(입자의 무게중심을 통과하는 외부 경계면에 접하는 이론적인 길이)를 직경으로 사용하는 방법이다.

㉡ 페렛 직경(Feret diameter)

ⓐ 먼지의 한쪽 끝 가장자리와 다른 쪽 가장자리 사이의 거리이다.

ⓑ 과대평가될 가능성이 있는 입자상 물질의 직경이다.

㉢ 등면적 직경(projected area diameter)

ⓐ 먼지의 면적과 동일한 면적을 가진 원의 직경으로 가장 정확한 직경이다.

ⓑ 측정은 현미경 접안경에 porton reticle을 삽입하여 측정한다.

$$D = \sqrt{2^n}$$

여기서, D : 입자 직경(μm)

n : porton reticle에서 원의 번호

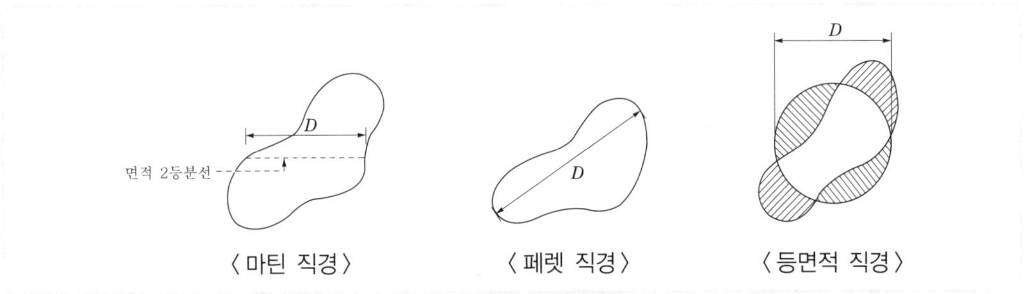

▌물리적 직경▐

(3) 침강속도

① 스토크스(Stokes) 법칙에 의한 침강속도

$$V(\text{cm/sec}) = \frac{g \cdot d^2(\rho_1 - \rho)}{18\mu}$$

여기서, V : 침강속도(cm/sec)

g : 중력가속도(980cm/sec^2), d : 입자 직경(cm)

ρ_1 : 입자 밀도(g/cm^3), ρ : 공기 밀도(0.0012g/cm^3)

μ : 공기 점성계수(20℃ : 1.81×10^{-4}g/cm · sec, 25℃ : 1.85×10^{-4}g/cm · sec)

② Lippman 식에 의한 침강속도

입자 크기가 1~50μm인 경우 적용한다.

$$V(\text{cm/sec}) = 0.003 \times \rho \times d^2$$

여기서, V : 침강속도(cm/sec)

ρ : 입자 밀도(비중)(g/cm^3)

d : 입자 직경(μm)

기본개념문제 21

분진의 입경을 측정하기 위하여 현미경 접안경에 porton reticle을 삽입하여 분진을 측정한 결과 입자의 크기가 8로 적혀 있는 원의 크기와 비슷하였을 때, 분진의 입경은 약 몇 μm인가?

풀이 분진 입경$= \sqrt{2^n} = \sqrt{2^8} = 16\mu m$

기본개념문제 22

입경이 7μm이고, 밀도가 1.3g/cm^{3}인 입자의 침강속도(cm/sec)는?

풀이 Lippman 식을 이용

$V(\text{cm/sec}) = 0.003 \times \rho \times d^2 = 0.003 \times 1.3 \times 7^2 = 0.19\text{cm/sec}$

기본개념문제 23

입경이 10μm이고 밀도가 1.2g/cm^{3}인 입자의 침강속도(cm/sec)는? (단, 공기 밀도 0.0012g/cm^3, 중력가속도 980cm/sec^2, 공기 점성계수 1.78×10^{-4}g/cm · sec)

풀이 $V(\text{cm/sec}) = \dfrac{g \cdot d^2(\rho_1 - \rho)}{18\mu}$

$1\mu\text{m} = 10^{-4}\text{cm}$ 이므로, $[1\text{m}=10^2\text{cm}=10^3\text{mm}=10^6\mu\text{m}=10^9\text{nm}]$

$$V = \frac{980 \times (10\times10^{-4})^2 \times (1.2-0.0012)}{18\times(1.78\times10^{-4})} = 0.37\text{cm/sec}$$

기본개념문제 24

종단속도가 0.5m/hr인 입자가 있다. 이 입자의 크기(직경)가 3μm라고 할 때 비중을 구하시오.

풀이 Lippman 식을 이용

$V(\text{cm/sec}) = 0.003\times\rho\times d^2$에서, $\rho(\text{밀도, 비중}) = \dfrac{V}{0.003\times d^2}$이므로

(V는 문제에서 0.5m/hr를 cm/sec 단위로 환산하여 구한다.)

$$\rho = \frac{0.5\text{m/hr}\times\text{hr}/3{,}600\text{sec}\times100\text{cm/m}}{0.003\times(3^2)} = 0.51$$

기본개념문제 25

어떤 작업장에 입자의 직경이 5μm, 비중 2.3인 입자상 물질이 있다. 작업장의 높이가 3m일 경우 모든 입자가 바닥에 가라앉은 후 청소를 하려고 하면 몇 분 후에 시작하여야 하는가?

풀이 Lippman 식을 이용하여 침강속도를 구하고 작업장 높이를 고려하여 구한다.

$V(\text{cm/sec}) = 0.003\times\rho\times d^2 = 0.003\times2.3\times5^2 = 0.1725\text{cm/sec}$

$$\therefore \text{시간} = \frac{\text{작업장 높이}}{\text{침강속도}} = \frac{300\text{cm}}{0.1725\text{cm/sec}} = 1739.12\text{sec}\times\text{min}/60\text{sec} = 28.99\text{min}$$

기본개념문제 26

높이가 4.0m인 곳에서 비중이 2.0, 입경이 10μm인 분진입자가 발생하였다. 신장이 170cm인 작업자의 호흡영역은 바닥으로부터 대략 150cm로 본다. 이 분진입자가 작업자의 호흡영역까지 다 가오는 시간은 대략 몇 분이 소요되겠는가?

풀이 침강속도$= 0.003\times\rho\times d^2 = 0.003\times2.0\times10^2 = 0.6\text{cm/sec}$

$$\therefore \text{소요시간(분)} = \frac{\text{작업자 호흡높이}}{\text{침강속도}} = \frac{(400-150)\text{cm}}{0.6\text{cm/sec}} = 416.67\text{sec}\times\text{min}/60\text{sec} = 6.94\text{min}$$

(4) ACGIH 입자 크기별 기준(TLV)

① 흡입성 입자상 물질(IPM ; Inspirable Particulates Mass)

㉠ 호흡기 상기도 어느 부위(비강, 인후두, 기관 등 호흡기의 기도 부위)에 침착하더라도 독성을 유발하는 분진

㉡ 입경범위는 0~100μm

㉢ 평균입경(폐침착의 50%에 해당하는 입자의 크기)은 100μm

㉣ 침전분진은 재채기, 침, 코 등의 벌크(bulk) 세척기전으로 제거됨

㉤ 비암이나 비중격천공을 일으키는 입자상 물질이 여기에 속함

㉥ 채취기구는 IOM sampler

② 흉곽성 입자상 물질(TPM ; Thoracic Particulates Mass)

㉠ 기도나 하기도(가스교환 부위 ; 폐포나 폐기도)에 침착하여 독성을 나타내는 물질

㉡ 평균입경은 10μm(공기역학적 지름 30μm 이하의 크기)

㉢ 채취기구는 PM 10

③ 호흡성 입자상 물질(RPM ; Respirable Particulates Mass)

㉠ 가스교환 부위, 즉 폐포에 침착할 때 유해한 물질

㉡ 평균입경은 4μm(입경의 기하평균치가 3.5μm이고 공기역학적 직경이 10μm 미만의 먼지가 호흡성 입자상 물질)

㉢ 채취기구는 10mm nylon cyclone

Reference 영국 BMR의 호흡성 먼지 정의

1952년 영국 BMR(British Medical Research Council)에서는 입경 7.1μm 미만의 먼지를 호흡성 먼지로 정의하였다.

(5) 여과포집원리(기전)

입자 크기는 직접 차단, 관성충돌 등의 메커니즘에 영향을 미치는 중요한 요소이다.

① 포집원리 6가지

㉠ 직접 차단(간섭, interception)

ⓐ 기체유선에 벗어나지 않는 크기의 미세입자가 섬유와 접촉에 의해서 포집되는 집진기구이다.

ⓑ 입자 크기와 필터 기공의 비율이 상대적으로 클 때 중요한 포집기전이다.

ⓒ 영향인자

- 분진입자의 크기(직경)
- 섬유의 직경
- 여과지의 기공 크기(직경)
- 여과지의 고형성분(solidity)

㉡ 관성충돌(inertial impaction)

ⓐ 입경이 비교적 크고 입자가 기체유선에서 벗어나 급격하게 진로를 바꾸면 방향의 변화를 따르지 못한 입자의 방향지향성, 즉 관성 때문에 섬유층에 직접 충돌하여 포집되는 원리, 즉 공기의 흐름방향이 바뀔 때 입자상 물질은 계속 같은 방향으로 유지하려는 원리를 이용한 것이다(입자의 크기에 따라 비교적 큰 분진은 가스 통과 경로를 따라 발산하지 못하고, 작은 분진은 가스와 같이 발산한다).

ⓑ 유속이 빠를수록, 필터 섬유가 조밀할수록 이 원리에 의한 포집비율이 커진다.

ⓒ 관성충돌은 $1\mu m$ 이상인 입자에서 공기의 면속도가 수 cm/sec 이상일 때 중요한 역할을 한다.

ⓓ 영향인자

- 입자의 크기(직경) 및 밀도
- 섬유로의 접근속도(면속도)
- 섬유의 직경
- 여과지의 기공 직경

㉢ 확산(diffusion)

ⓐ 유속이 느릴 때 포집된 입자층에 의해 유효하게 작용하는 포집기구로서 미세입자의 불규칙적인 운동, 즉 브라운 운동에 의한 포집원리이다.

ⓑ 입자상 물질의 채취(카세트에 장착된 여과지 이용) 시 펌프를 이용, 공기를 흡인하여 시료채취 시 크게 작용하는 기전이 확산이다.

ⓒ 영향인자

- 입자의 크기(직경) ◂ **가장 중요한 인자**
- 입자의 농도 차이(여과지 표면과 포집공기 사이의 농도구배(기울기) 차이)
- 섬유로의 접근속도(면속도)
- 섬유의 직경
- 여과지의 기공 직경

㉣ 중력 침강(gravitional settling)

ⓐ 입경이 비교적 크고 비중이 큰 입자가 저속기류 중에서 중력에 의하여 침강되어 포집되는 원리이다.

ⓑ 면속도 약 5cm/sec 이하에서 작용한다.

ⓒ 영향인자

- 입자의 크기(직경) 및 밀도
- 섬유로의 접근속도(면속도)
- 섬유의 공극률

㉤ 정전기 침강(electrostatic settling)

입자가 정전기를 띠는 경우에는 중요한 기전이나 정량화하기가 어렵다.

㉥ 체질(sieving)

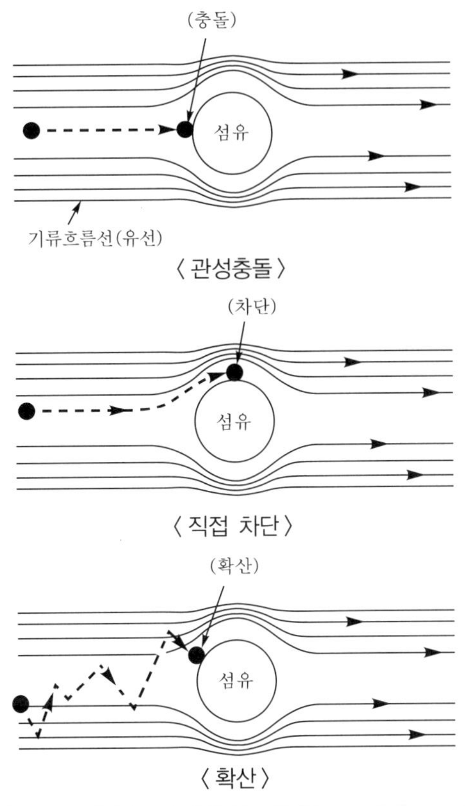

▌여과포집원리(기전)▐

② 여과포집원리에 중요한 3가지 기전

㉠ 관성충돌

㉡ 직접 차단(간섭)

㉢ 확산

③ **입자상 물질이 호흡기도(폐)에 침착하는 데 중요한 3가지 기전**

㉠ 관성충돌

㉡ 확산

㉢ 중력 침강

④ 각 여과기전에 대한 입자 크기별 포집효율

㉠ 입경 0.1μm 미만 입자 : 확산

㉡ 입경 0.1~0.5μm : 확산, 직접 차단(간섭)

㉢ 입경 0.5μm 이상 : 관성충돌, 직접 차단(간섭)

※ 가장 낮은 포집효율의 입경은 0.3μm이다.

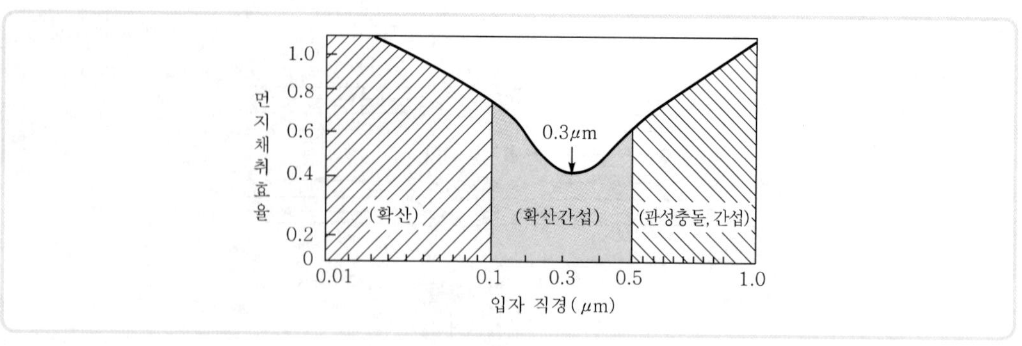

▌입자 크기별 채취 포집기전▐

⑤ 산업위생 분야 여과채취 시 일반적 기준
  ㉠ 여과지 직경 : 37mm
  ㉡ 채취공기유량 : 1.0~2.5L/min
  ㉢ 여과지 면속도 : 2~5cm/sec

⑥ 여과지의 포집효율
  ㉠ 여과지 특성 요인
    ⓐ 섬유의 직경
    ⓑ 여과지의 기공 직경
    ⓒ 여과지의 고형성분
    ⓓ 여과지의 두께 및 재료
  ㉡ 여과지 성능 요인
    ⓐ 포집효율
    ⓑ 압력강하

(6) 입자상 물질 채취기구

① 카세트
  ㉠ 카세트에 장착된 여과지에 여과원리를 이용한다.
  ㉡ 총 분진, 금속성 입자상 물질을 측정할 때 일반적인 이용방법이다.

② 10mm nylon cyclone(사이클론 분립장치)
  ㉠ 호흡성 입자상 물질을 측정하는 기구이며, 원심력을 이용하는 채취원리이다.
  ㉡ 10mm nylon cyclone과 여과지가 연결된 개인시료채취펌프의 채취유량은 1.7L/min이 가장 적절하다. 왜냐하면 이 채취유량으로 채취하여야만 호흡성 입자상 물질에 대한 침착률을 평가할 수 있기 때문이다.
  ㉢ 10mm nylon cyclone의 입구(orifice)는 0.7mm이며, 일반적으로 직경이 소형인 10mm cyclone이 사용된다.

㉣ 호흡성 먼지 채취 시 입자의 크기가 10μm 이상인 경우의 채취효율(폐의 침착률 : ACGIH 기준)은 0%이다.

㉤ 입경분립충돌기에 비해 갖는 장점

ⓐ 사용이 간편하고 경제적임

ⓑ 호흡성 먼지에 대한 자료를 쉽게 얻을 수 있음

ⓒ 시료입자의 되튐으로 인한 손실 염려가 없음

ⓓ 매체의 코팅과 같은 별도의 특별한 처리가 필요 없음

㉥ 오차발생 요인

ⓐ 펌프의 채취유량(1.7L/min)이 일정하지 않은 경우

ⓑ 재질이 플라스틱인 경우 정전기 영향에 의하여

ⓒ 반응성이 있는 물질을 채취하는 경우

③ Cascade impactor(**입경분립충돌기, 직경분립충돌기, 충돌형 분립장치**, anderson impactor)

㉠ 원리

ⓐ 흡입성 입자상 물질, 흉곽성 입자상 물질, 호흡성 입자상 물질의 크기별로 측정하는 기구이며, 공기흐름이 층류일 경우 입자가 관성력에 의해 시료채취 표면에 충돌하여 채취하는 원리이다

ⓑ 노즐로 주입되는 에어로졸의 유선이 충돌판 부근에서 급속하게 꺾이면 에어로졸 상의 입자들 중 특정 크기(절단입경 ; cut diameter)보다 큰 입자들은 유선을 따라가지 못하고 충돌판에 부착되고 절단입경보다 작은 입자들은 공기의 유선을 따라 이동하여 충돌판을 빠져나가는 원리이다.

㉡ 장점

ⓐ 입자의 질량 크기 분포를 얻을 수 있다(공기흐름속도를 조절하여 채취입자를 크기별로 구분 가능).

ⓑ 호흡기의 부분별로 침착된 입자 크기의 자료를 추정할 수 있다.

ⓒ 흡입성, 흉곽성, 호흡성 입자의 크기별로 분포와 농도를 계산할 수 있다.

㉢ 단점

ⓐ 시료채취가 까다롭다. 즉 경험이 있는 전문가가 철저한 준비를 통해 이용해야 정확한 측정이 가능하다(작은 입자는 공기흐름속도를 크게 하여 충돌판에 포집할 수 없음).

ⓑ 비용이 많이 든다.

ⓒ 채취준비시간이 과다하다.

ⓓ 되튐으로 인한 시료의 손실이 일어나 과소분석결과를 초래할 수 있어 유량을 2L/min 이하로 채취한다.

ⓔ 공기가 옆에서 유입되지 않도록 각 충돌기의 조립과 장착을 철저히 해야 한다.

Reference Cascade impactor의 충돌이론

1. 충돌이론에 의하여 차단점 직경(cutpoint diameter)을 예측할 수 있다.
2. 충돌이론에 의하여 포집효율곡선의 모양을 예측할 수 있다.
3. 충돌이론은 Stokes수와 관계되어 있다. 즉, Stokes수가 0인 경우는 입자가 완전히 유선을 따라 이동하며 Stokes수가 증가할수록 입자는 유선을 따라 그 운동방향을 변화시키기 어렵게 된다.
4. Reynolds수가 500~3,000 사이일 때 포집효율곡선이 가장 이상적인 곡선에 가깝게 된다.

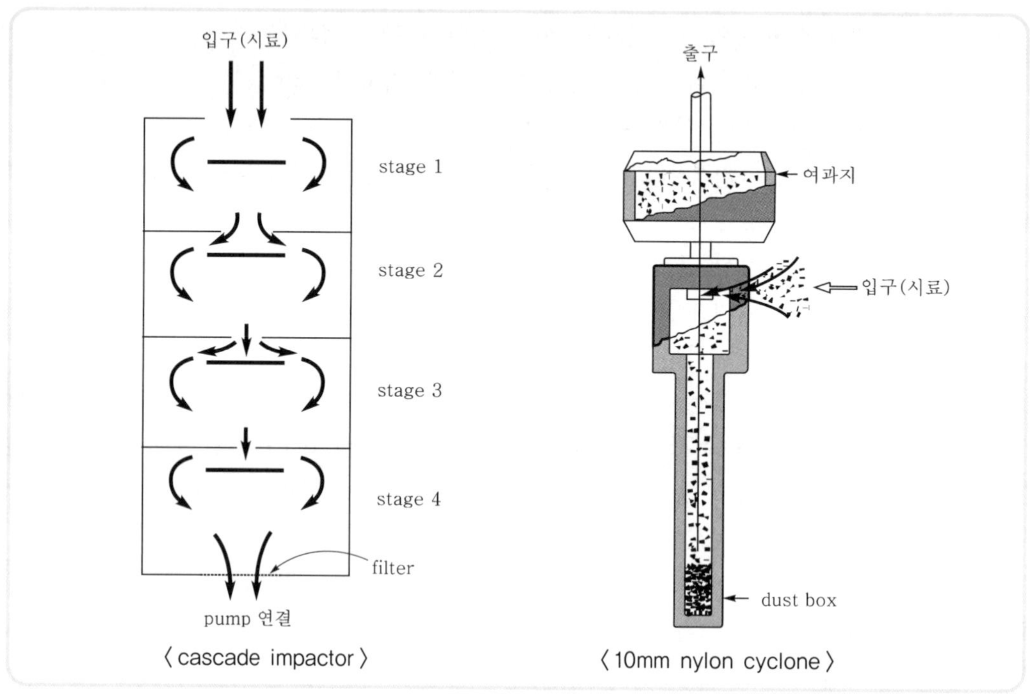

▎Cascade impactor와 10mm nylon cyclone ▎

(7) 여과지의 종류

① 여과지(여과재) 선정 시 고려사항(구비조건)

㉠ 포집대상 입자의 입도분포에 대하여 포집효율이 높을 것
㉡ 포집 시의 흡인저항은 될 수 있는 대로 낮을 것(압력손실이 적을 것)
㉢ 접거나 구부리더라도 파손되지 않고 찢어지지 않을 것
㉣ 될 수 있는 대로 가볍고 1매당 무게의 불균형이 적을 것
㉤ 될 수 있는 대로 흡습률이 낮을 것
㉥ 측정대상 물질의 분석상 방해가 되는 것과 같은 불순물을 함유하지 않을 것

② 막 여과지(membrane filter)

셀룰로오스에스테르, PVC, 니트로아크릴 같은 중합체를 일정한 조건에서 침착시켜 만든 다공성의 얇은 막 형태이다.

㉠ 특징

ⓐ 작업환경측정 시 공기 중에 부유하고 있는 입자상 물질을 포집하기 위하여 사용되는 여과지이며, 유해물질은 여과지 표면이나 그 근처에 채취된다.

ⓑ 섬유상 여과지에 비하여 공기저항이 심하다.

ⓒ 여과지 표면에 채취된 입자들이 이탈되는 경향이 있다.

ⓓ 섬유상 여과지에 비하여 채취 입자상 물질이 작다.

㉡ 종류

ⓐ MCE막 여과지(Mixed Cellulose Ester membrane filter)

- 산업위생에서는 거의 대부분이 직경 37mm, 구멍 크기 0.45~0.8μm의 MCE막 여과지를 사용하고 있어 작은 입자의 금속과 fume 채취가 가능하다.
- 산에 쉽게 용해되고 가수분해되며, 습식 회화되기 때문에 공기 중 입자상 물질 중의 금속을 채취하여 원자흡광법으로 분석하는 데 적당하다.
- 시료가 여과지의 표면 또는 가까운 곳에 침착되므로 석면, 유리섬유 등 현미경 분석을 위한 시료채취에도 이용된다.
- 흡습성(원료인 셀룰로오스가 수분 흡수)이 높은 MCE막 여과지는 오차를 유발할 수 있어 중량분석에 적합하지 않다.
- 산에 의해 쉽게 회화되기 때문에 원소분석에 적합하고, NIOSH에서는 금속, 석면, 살충제, 불소화합물 및 기타 무기물질에 추천되고 있다.

ⓑ PVC막 여과지(Polyvinyl chloride membrane filter)

- 가볍고, 흡습성이 낮기 때문에 분진의 중량분석에 사용된다.
- 유리규산을 채취하여 X-선 회절법으로 분석하는 데 적절하고 6가 크롬, 그리고 아연산화합물의 채취에 이용한다.
- 수분에 영향이 크지 않아 공해성 먼지, 총 먼지 등의 중량분석을 위한 측정에 사용한다.
- 석탄먼지, 결정형 유리규산, 무정형 유리규산, 별도로 분리하지 않은 먼지 등을 대상으로 무게농도를 구하고자 할 때 PVC막 여과지로 채취한다.
- 습기에 영향을 적게 받으려 전기적인 전하를 가지고 있어 채취 시 입자를 반발하여 채취효율을 떨어뜨리는 단점이 있는 것으로 채취 전에 이 필터를 세정용액으로 처리함으로써 이러한 오차를 줄일 수 있다.

ⓒ PTFE막 여과지(Polytetrafluoroethylene membrane filter, 테프론)

- 열, 화학물질, 압력 등에 강한 특성을 가지고 있어 석탄건류나 증류 등의 고열 공정에서 발생하는 다핵방향족 탄화수소를 채취하는 데 이용된다.
- 농약, 알칼리성 먼지, 콜타르피치 등을 채취한다.
- 1μm, 2μm, 3μm의 여러 가지 구멍 크기를 가지고 있다.

ⓓ 은막 여과지(silver membrane filter)

- 균일한 금속은을 소결하여 만들며 열적 · 화학적 안정성이 있다.
- 코크스 제조공정에서 발생되는 코크스 오븐 배출물질, 콜타르피치 휘발물질, X선 회절분석법을 적용하는 석영 또는 다핵방향족 탄화수소 등을 채취하는 데 사용한다.
- 결합제나 섬유가 포함되어 있지 않다.

ⓔ Nuclepore 여과지

- 폴리카보네이트 재질에 레이저빔을 쏘아 만들며, 구조가 막 여과지처럼 여과지 구멍이 겹치는 것이 아니고 체(sieve)처럼 구멍(공극)이 일직선으로 되어 있다.
- TEM(전자현미경) 분석을 위한 석면의 채취에 이용된다.
- 화학물질과 열에 안정적이다.
- 표면이 매끄럽고 기공의 크기는 일반적으로 0.03~8μm 정도이다.

③ 섬유상 여과지

20μm 이하의 직경을 가진 섬유를 압착 제조한 것이다.

㉠ 특징

ⓐ 막 여과지에 비하여 가격이 높고 물리적 강도가 약하며 흡수성이 작다.

ⓑ 막 여과지에 비해 열에 강하고 과부하에서도 채취효율이 높다.

ⓒ 여과지 표면뿐만 아니라 단면 깊게 입자상 물질이 들어가므로 더 많은 입자상 물질을 채취할 수 있다.

㉡ 종류

ⓐ 유리섬유 여과지(glass fiber filter)

- 흡습성이 없지만 부서지기 쉬운 단점이 있어 중량분석에 사용하지 않는다.
- 부식성 가스 및 열에 강하다.
- 높은 포집용량과 낮은 압력강하 성질을 가지고 있다.
- 다량의 공기시료채취에 적합하다.
- 농약류(멜캅탄), 벤지딘, 나프틸아민, 다핵방향족 탄화수소화합물 등의 유기화합물 채취에 널리 사용된다.
- 유리섬유가 여과지 측정물질과 반응을 일으킨다고 알려졌거나 의심되는 경우에는 PTFE를 사용할 수 있다.
- 유해물질이 여과지의 안층에도 채취되며, 결합제 첨가형과 결합제 비첨가형이 있다.

ⓑ 셀룰로오스섬유 여과지(cellulose fiber filter)

- 작업환경측정보다는 실험실 분석에 많이 유용하게 사용한다.
- 셀룰로오스펌프로 조제하고 친수성이며, 습식 회화가 용이하다.
- 대표적 여과지는 와트만(Whatman) 여과지이다.

(8) 입자상 물질 채취

① 채취유량 및 채취위치

㉠ 채취유량 : 1~4L/min

㉡ 채취위치 : 호흡기를 중심으로 반경 30cm 이내인 반구

② 저울

NIOSH 공정시험법 : 0.001mg의 정밀도 요함

③ 농도 계산

$$C(\text{mg/m}^3) = \frac{(W' - W) - (B' - B)}{V}$$

여기서, C : 농도(mg/m^3)

W' : 시료채취 후 여과지 무게

W : 시료채취 전 여과지 무게

B' : 시료채취 후 공여과지 평균무게

B : 시료채취 전 공여과지 평균무게

V : 공기채취량

이때, V = pump 평균유량(L/min) × 시료채취시간(min)

기본개념문제 27

공기 중 호흡성 분진의 측정자료가 다음과 같을 때 공기 중 분진의 농도(mg/m^3)는?

[조건]
- 시료채취시간 : 8시간
- 펌프유량 : 2.0L/min
- 시료채취 전 시료 여과지 무게 : 14.10mg
- 시료채취 후 시료 여과지 무게 : 19.10mg
- 공시료는 0으로 가정

풀이 $\text{농도(mg/m}^3) = \frac{\text{시료채취 후 여과지 무게} - \text{시료채취 전 여과지 무게}}{\text{공기채취량}}$

공기채취량 = 유량(L/min) × 채취시간(min)이므로

$$= \frac{(19.10 - 14.10)\text{mg}}{2.0\text{L/min} \times 480\text{min} \times \text{m}^3/1{,}000\text{L}}$$

$= 5.20\text{mg/m}^3$

기본개념문제 28

금속 흄 시료를 7시간 동안 채취하였다. 여과지의 초기 무게는 15.0mg이었고 최종 무게는 20.0mg이었다. 시료는 2.0L/min으로 채취하였다. 공기 중 금속 흄의 농도(mg/m^3)는?

풀이 문제상 공시료에 대한 제시가 없으므로 제외하고 농도를 구하면

$$C(\mathrm{mg/m^3}) = \frac{\text{시료채취 후 여과지 무게} - \text{시료채취 전 여과지 무게}}{\text{공기채취량}}$$

공기채취량 = 유량(L/min) × 채취시간(min)이므로

$$= \frac{(20.0-15.0)\mathrm{mg}}{2.0\mathrm{L/min} \times 420\mathrm{min} \times \mathrm{m^3}/1{,}000\mathrm{L}} = 5.95\mathrm{mg/m^3}$$

기본개념문제 29

공기 중 납을 막 여과지로 시료 포집한 후 분석한 결과 시료 여과지에서 4μg, 공시료 여과지에서는 0.005μg 검출되었다. 회수율은 95%이고 공기시료채취량은 400L이었다면 공기 중 납의 농도(mg/m^3)는? (단, 표준상태기준)

풀이

$$C(\mathrm{mg/m^3}) = \frac{\text{시료 분석량} - \text{공시료 분석량}}{\text{공기채취량} \times \text{회수율}}$$

$$= \frac{(4-0.005)\mu\mathrm{g}}{400\mathrm{L} \times 0.95} = \frac{3.995\mu\mathrm{g} \times 10^{-3}\mathrm{mg}/\mu\mathrm{g}}{400\mathrm{L} \times \mathrm{m^3}/1{,}000\mathrm{L} \times 0.95} = 0.01\mathrm{mg/m^3}$$

기본개념문제 30

채취유량 2.5L/min, 채취시간 5시간, 분석 결과 납은 10μg이었다. 공시료는 검출되지 않았고 회수율은 95%이다. 납의 농도($\mu g/m^3$)는?

풀이

$$C(\mathrm{mg/m^3}) = \frac{\text{분석량}}{\text{공기채취량} \times \text{회수율}}$$

$$= \frac{10\mu\mathrm{g}}{2.5\mathrm{L/min} \times 300\mathrm{min} \times 0.95} = 0.0140\mu\mathrm{g/L} \times 1{,}000\mathrm{L/m^3} = 14.04\mu\mathrm{g/m^3}$$

기본개념문제 31

납이 발생되는 공정에서 공기 중 납 농도를 측정하기 위해 공기시료를 0.55m^3 채취하였다. 납을 채취한 시료를 10mL의 10% 질산에 용해시켰다. 원자흡광분석기를 이용하여 시료 중 납을 분석하였고 검량선과 비교한 결과 시료용액 중 납의 농도는 23μg/mL로 나타났다. 채취한 시간 동안의 공기 중 납의 농도(mg/m^3)는?

풀이

$$C(\mathrm{mg/m^3}) = \frac{\text{분석농도} \times \text{용액 부피}}{\text{공기채취량}}$$

$$= \frac{23\mu\mathrm{g/mL} \times 10\mathrm{mL}}{0.55\mathrm{m^3}} = 418.2\mu\mathrm{g/m^3} \times 10^{-3}\mathrm{mg}/\mu\mathrm{g} = 0.42\mathrm{mg/m^3}$$

④ 용접 흄

㉠ 입자상 물질의 한 종류인 고체이며 기체가 온도의 급격한 변화로 응축 · 산화된 형태이다.

㉡ 용접 흄을 채취할 때에는 카세트를 헬멧 안쪽에 부착하고 glass fiber filter를 사용하여 포집한다.

㉢ 호흡기계에 가장 깊숙이 들어갈 수 있는 입자상 물질로 용접공폐의 원인이 된다.

㉣ 용접 흄 측정분석방법

ⓐ 중량분석방법

ⓑ 원자흡광분광계를 이용한 분석방법

ⓒ 유도결합플라스마를 이용한 분석방법

㉤ 용접작업 시 개인위생보호구

ⓐ 보호안경(유해광선 차광)

ⓑ 방열장갑(고열로부터 보호)

ⓒ 방진마스크(흄으로부터 호흡기 보호)

㉥ 용접방법 중 미그(MIG) 용접

용융용접이며, 아르곤이나 헬륨 등의 불활성 가스를 사용하여 스테인리스강, 알루미늄합금, 동, 티탄합금 등의 용접에 주로 사용하고 흄의 발생이 많은 용접방법이다.

㉦ 건강보호를 위한 작업환경관리

ⓐ 용접 흄 노출농도가 적절한지 살펴보고 특히 망간 등 중금속의 노출정도를 파악하는 것이 중요하다.

ⓑ 자외선의 노출 여부 및 노출강도를 파악하고 적절한 보안경 착용 여부를 점검한다.

ⓒ 용접작업 주변에 TCE 세척작업 등 TCE의 노출이 있는지 확인한다.

㉧ 용접 시 발생가스

ⓐ 강한 자외선에 의해 산소가 분해되면서 오존이 형성된다.

ⓑ CO_2 용접에서 CO_2가 CO로 환원된다.

ⓒ 포스겐은 TCE로 세정된 철강재 용접 시에 발생한다.

ⓓ 아크전압이 높을 경우 불완전연소로 인하여 흄 및 가스 발생이 증가한다.

㉨ 아크용접 시 용접 흄의 증가 원인

ⓐ 봉극성이 (－) 극성인 경우

ⓑ 아크전압이 높은 경우

ⓒ 아크길이가 긴 경우

ⓓ 토치의 경사각도가 큰 경우

14 정도관리

(1) 정의

① 일반적 정의
정밀도와 정확도를 관리하는 것을 말한다.

② 산업안전보건법상 정의
작업환경측정 또는 특수건강진단을 하는 경우 작업환경측정과 특수건강진단의 정확도 및 정밀도를 확보하기 위하여 통계적 처리를 통한 일정한 신뢰한계 내에서 측정 또는 검진능력을 평가하고, 그 결과에 따라 지도 및 교육, 기타 측정 또는 검진능력 향상을 위하여 행하는 모든 관리적 수단으로 정의한다.

③ 작업환경측정 및 정도관리 등에 관한 고시상 정의
작업환경 측정 · 분석치에 대한 정확도와 정밀도를 확보하기 위하여 통계적 처리를 통한 일정한 신뢰한계 내에서 측정 · 분석치를 평가하고, 그 결과에 따라 지도 및 교육, 기타 측정 · 분석 능력 향상을 위하여 행하는 모든 관리적 수단을 말한다.

(2) 목적

① 공인된 시험법에 따라 실험을 수행하였는지 그 부합성을 확인할 수 있다.
② 자료의 질 정도를 평가할 수 있다.
③ 작업환경평가 시 중요한 자료로 사용할 수 있다.
④ 분석자의 수행능력을 평가할 수 있다.
⑤ 자료의 신뢰성이 증가된다.
⑥ 내 · 외부 고객을 만족시킬 수 있다.

15 측정치의 오차

(1) 개요

① 측정값과 참값 사이의 차이를 오차라고 하며 산업위생 분야에서 작업환경측정 결과치 등도 오차를 수반하게 된다.
② 오차는 크게 규칙성이 있는 계통오차(systematic error)와 완전히 불규칙한 우발오차(확률오차, random error)로 구분한다.
③ 오차의 발생은 시료채취와 분석과정에서 가장 많이 발생한다.
④ 유효숫자란 측정 및 분석값의 정밀도를 표시하는 데 필요한 숫자이다.

(2) 계통오차

① 특징

㉠ 참값과 측정치 간에 일정한 차이가 있음을 나타낸다.

㉡ 대부분의 경우 변이의 원인을 찾아낼 수 있으며, 크기와 부호를 추정 및 보정할 수 있다.

㉢ 계통오차가 작을 때는 정확하다고 말한다.

② 원인

㉠ 부적절한 표준물질 제조(시약의 오염)

㉡ 표준시료의 분해

㉢ 잘못된 검량선

㉣ 부적절한 기구 보정

㉤ 분석물질의 낮은 회수율 적용

㉥ 부적절한 시료채취 여재의 사용

③ 종류

㉠ 외계오차(환경오차)

ⓐ 측정 및 분석 시 온도나 습도와 같은 외계의 환경으로 생기는 오차

ⓑ 대책 : 보정값을 구하여 수정함으로써 오차를 제거할 수 있다.

㉡ 기계오차(기기오차)

ⓐ 사용하는 측정 및 분석 기기의 부정확성으로 인한 오차

ⓑ 대책 : 기계의 교정에 의하여 오차를 제거할 수 있다.

㉢ 개인오차

ⓐ 측정자의 습관이나 선입관에 의한 오차

ⓑ 대책 : 두 사람 이상 측정자의 측정을 비교하여 오차를 제거할 수 있다.

④ 계통오차 확인방법

㉠ 표준시료 분석 후 인증서값과 일치하는지 확인하는 방법

㉡ Spliked된 시료분석 후 이론값과 비교 확인하는 방법

㉢ 독립적 분석방법과 서로 비교 확인하는 방법

(3) 우발오차(임의오차, 확률오차, 비계통오차)

① 특징

㉠ 어떤 값보다 큰 오차와 작은 오차가 일어나는 확률이 같을 때 이 값을 확률오차라 한다.

㉡ 참값의 변이가 기준값과 비교하여 불규칙하게 변하는 경우로, 정밀도로 정의되기도 한다.
㉢ 오차원인 규명 및 그에 따른 보정도 어렵다.
㉣ 한 가지 실험측정을 반복할 때 측정값의 변동으로 발생되는 오차이며 보정이 힘들다.
㉤ 측정횟수를 될 수 있는 대로 많이 하여 오차의 분포를 살펴 가장 확실한 값을 추정할 수 있다.

② 원인
㉠ 전력의 불안정으로 인한 기기반응이 불규칙하게 변하는 경우
㉡ 기기로 시료주입량의 불일정성이 있는 경우
㉢ 분석 시 부피 및 질량에 대한 측정의 변이가 발생한 경우

(4) 상대오차

측정오차를 참값으로 나눈 값을 의미한다.

$$\text{상대오차} = \frac{\text{근사값} - \text{참값}}{\text{참값}}$$

(5) 누적오차(총 측정오차)

여러 가지 요소에 의한 오차의 합을 의미한다. 오차를 최소화하기 위해서는 오차의 절대값이 큰 항부터 개선해야 한다.

$$E_c = \sqrt{E_1^2 + E_2^2 + E_3^2 + \cdots + E_n^2}$$

여기서, E_c : 누적오차(%)
$E_1,\ E_2,\ E_3,\ \cdots,\ E_n$: 각 요소에 대한 오차

기본개념문제 32

유량, 측정시간, 회수율, 분석 등에 의한 오차가 각각 15, 5, 10 및 −7%일 때 누적오차(%)는?

풀이 $E_c = \sqrt{E_1^2 + E_2^2 + E_3^2 + \cdots + E_n^2}$
$= \sqrt{15^2 + 5^2 + 10^2 + (-7)^2} = 19.97\%$

기본개념문제 33

유량, 측정시간, 회수율 및 분석 등에 의한 오차가 각 10, 5, 7 및 5%였다. 만일 유량에 의한 오차를 5%로 개선시켰다면 개선 후의 누적오차(%)는?

풀이 유량오차의 적용을 개선 후 오차(%)를 적용하면
$E_c = \sqrt{E_1^2 + E_2^2 + E_3^2 + \cdots + E_n^2}$
$= \sqrt{5^2 + 5^2 + 7^2 + 5^2} = 11.14\%$

16 가스상 물질의 분석

(1) 가스 크로마토그래피(GC ; Gas Chromatography)

① 원리

㉠ 기체시료 또는 기화한 액체나 고체시료를 운반가스(carrier gas)에 의해 분리관(칼럼) 내 충전물의 흡착성 또는 용해성 차이에 따라 전개(분석시료의 휘발성을 이용)시켜 분리관 내에서 이동속도가 달라지는 것을 이용, 각 성분의 크로마토그래피적(크로마토그램)을 이용하여 성분을 정성 및 정량하는 분석기기이다.

㉡ 크로마토그램에서 피크의 모양은 선처럼 가늘지 않고 일정한 폭을 가진 형태로 나타나고, 소용돌이확산, 세로확산 비평형 물질전달의 요소에 의해 폭이 넓어진다.

㉢ 가스 크로마토그래피는 이동상 기체(가스), 고성능 액체 크로마토그래피는 액체이다.

② 적용범위

㉠ 휘발성 유기화합물(유기용제 등)에 대한 정성 및 정량 분석에 적용된다.

㉡ 사용되는 시료는 휘발성인 것으로 분자량이 500 이하이다.

③ 구분

분리관의 고정상에 따라 다음과 같이 구분한다.

㉠ 가스-고체 크로마토그래피(GSC)

고정상(분리관)의 충진물로 흡착성 고체분말을 사용하여 흡착·탈착 기전에 의해 성분의 분리가 일어난다(분리기전 : 흡착 → 탈착 → 분배).

㉡ 가스-액체 크로마토그래피(GLC)

고정상의 지지체로 고체를 사용하여 엷은 액상 물질을 입혀 분배기전에 의하여 분리가 일어난다.

④ 장치 구성

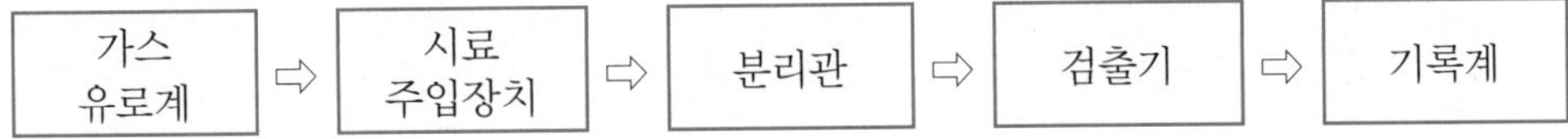

㉠ 가스 유로계(carrier gas)

ⓐ 운반가스 입구, 압력조절밸브, 유량조절기, 압력계, 유량계로 구성된다.

ⓑ 운반가스의 조건으로는 비활성 기체이면서 순수해야 한다.

ⓒ 주로 사용되는 가스는 헬륨, 질소, 수소 등이다.

㉡ 시료 주입장치(시료도입부 ; injection)

ⓐ 시료주입부는 열안정성이 좋고 탄성이 좋은 실리콘 고무와 같은 격막이 있는 시료 기화실로서 칼럼온도와 동일하거나 또는 그 이상의 온도를 유지할 수 있는 가열기구가 갖추어져야 한다.

ⓑ 온도를 조절할 수 있는 기구 및 이를 측정할 수 있는 기구가 갖추어져야 한다.

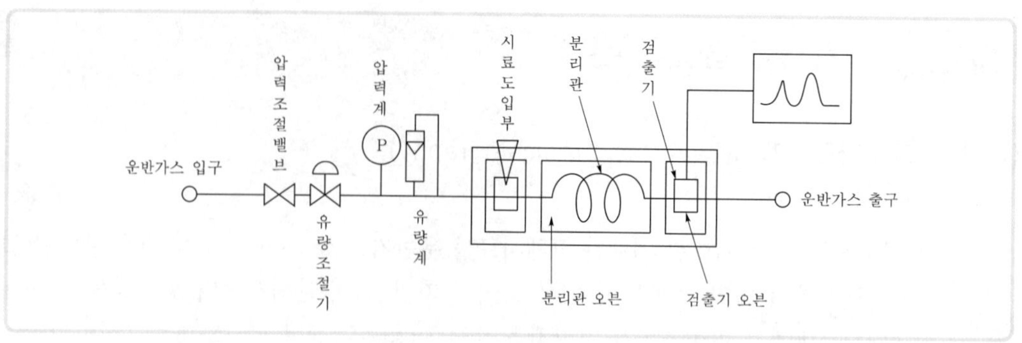

▌장치의 기본 구성(가스 크로마토그래피)▐

ⓒ 주입부는 충진칼럼(packed column) 또는 캐필러리칼럼(capillary column)에 적합한 것이어야 한다.

ⓓ 분석하고자 하는 시료를 기화시켜 분리관으로 보내기 위한 부분으로 가열기와 온도센서가 내장되어 있어 분석성분을 기화시킬 정도로 높여야 한다.

ⓔ 주입량은 충진용 분리관 경우 4~10μL, 모세분리관 경우 2μL 이하로 한다.

ⓕ 주입기의 형태는 충진분리관용 주입기, 모세분리관용 주입기(분할 · 비분할 방식), 분리관상 직접 주입기로 구분할 수 있다.

㉢ 분리관(칼럼오븐 ; column)

ⓐ 분리관은 주입된 시료가 각 성분에 따라 분리(분배)가 일어나는 부분으로 G.C에서 분석하고자 하는 물질을 지체시키는 역할을 한다.

ⓑ 분배계수값 차이가 크다는 것은 분리가 잘된다는 것을, 분배계수가 크다는 것은 분리관에 머무르는 시간이 길다는 것을 의미한다.

ⓒ 칼럼오븐의 내용적은 분석에 필요한 길이의 칼럼을 수용할 수 있는 크기여야 한다. 또한 칼럼 내부의 온도를 조절할 수 있는 가열기구 및 이를 측정할 수 있는 측정기구가 갖추어져야 한다.

ⓓ 오븐 내 전체 온도가 균일하게 조절되고 가열 및 냉각이 신속하여야 한다.

ⓔ 설정온도에 대한 온도조절 정밀도는 ±0.5℃의 범위 이내, 전원의 전압변동 10%에 대하여도 온도변화가 ±0.5℃ 범위 이내이어야 한다.

ⓕ 분리관은 직경에 따라 충진분리관과 모세분리관으로 구분한다.

ⓖ 분리관 충전물질(액상) 조건

- 분석대상 성분을 완전히 분리할 수 있어야 한다.
- 사용온도에서 증기압이 낮고 점성, 휘발성이 작아야 한다.
- 화학적 성분이 일정하고 안정된 성질을 가진 물질이어야 한다.
- 열에 대해 안정해야 하고 시료성분을 잘 녹일 수 있어야 한다.
- 분리관의 최대온도보다 100℃ 이상에서 끓는점을 가져야 한다.

ⓗ 분할비(분리관으로 들어가지 않는 양과 들어가는 양의 비)는 보통 20~30 : 1 정도이다.

ⓘ 분리관의 성능은 분해능과 효율로 표시할 수 있으며 분해능은 인접한 두 피크를 다르다고 인식하는 능력을 말한다.

ⓙ 분리관 선정 시 고려사항

- 극성
- 분리관 내경
- 도포물질 두께
- 도포물질 길이

ⓚ 분리관의 분해능을 높이기 위한 방법

- 시료와 고정상의 양을 적게 함
- 고체 지지체의 입자 크기를 작게 함
- 온도를 낮춤
- 분리관의 길이를 길게 함(분해능은 길이의 제곱근에 비례)

㉣ 검출기(detector)

ⓐ 검출기는 복잡한 시료로부터 분석하고자 하는 성분을 선택적으로 반응, 즉 시료에 대하여 선형적으로 감응해야 하며, 약 400℃까지 작동해야 한다.

ⓑ 검출기의 특성에 따라 전기적인 신호로 바꾸게 하여 시료를 검출하는 장치이다.

ⓒ 시료의 화학종과 운반기체의 종류에 따라 각기 다르게 감도를 나타내므로 선택에 주의해야 한다.

ⓓ 검출기의 온도를 조절할 수 있는 가열기구 및 이를 측정할 수 있는 측정기구가 갖추어져야 한다.

ⓔ 감도가 좋고 안정성과 재현성이 있어야 한다.

ⓕ 검출기의 종류 및 특징

검출기의 종류	특 징
불꽃이온화 검출기(FID)	• 분석물질(유기화합물)을 운반기체와 함께 수소와 공기의 불꽃 속에 도입함으로써 생기는 이온의 증가를 이용하는 원리 • 유기용제 분석 시 가장 많이 사용하는 검출기(운반기체 : 질소, 헬륨) • 매우 안정한 보조가스(수소−공기)의 기체흐름이 요구됨 • 큰 범위의 직선성, 비선택성, 넓은 용융성, 안정성, 높은 민감성 • 할로겐 함유 화합물에 대하여 민감도가 낮음 • 주분석대상 가스는 다핵방향족 탄화수소류, 할로겐화 탄화수소류, 알코올류, 방향족 탄화수소류, 이황화탄소, 니트로메탄, 멜캅탄류
열전도도 검출기(TCD)	• 분석물질마다 다른 열전도도 차를 이용하는 원리 • 민감도는 FID의 약 1/1,000(운반가스 : 순도 99.8% 이상 수소, 헬륨) • 주분석대상 가스는 벤젠
전자포획형 검출기 또는 전자화학 검출기(ECD)	• 유기화합물의 분석에 많이 사용(운반가스 : 순도 99.8% 이상 헬륨) • 검출한계는 50pg • 주분석대상 가스는 헬로겐화 탄화수소화합물, 사염화탄소, 벤조피렌니트로화합물, 유기금속화합물, 염소를 함유한 농약의 검출에 널리 사용 • 불순물 및 온도에 민감

검출기의 종류	특 징
불꽃광도(전자) 검출기(FPD)	• 악취관계 물질 분석에 많이 사용(이황화탄소, 멜캅탄류, 니트로메탄) • 잔류 농약의 분석(유기인, 유기황화합물)에 대하여 특히 감도가 좋음
광이온화 검출기 (PID)	주분석대상 가스는 알칸계, 방향족, 에스테르류, 유기금속류
질소인 검출기 (NPD)	• 매우 안정한 보조가스(수소－공기)의 기체흐름이 요구됨 • 주분석대상 가스는 질소포함 화합물, 인포함 화합물

ⓜ 운반기체

ⓐ 운반기체는 충전물이나 시료에 대하여 불활성이고 불순물 또는 수분이 없어야 하고 사용하는 검출기의 작동에 적합하며 순도는 99.99% 이상이어야 한다(단, ECD의 경우 99.999% 이상).

ⓑ 운반기체를 기기에 연결시킬 때 누출부위가 없어야 하고 불순물을 제거할 수 있는 트랩을 장치한다.

ⓒ 운반기체의 선택은 분석기기 지침서나 NIOSH 공정시험법에서 추천하는 가스를 사용하는 것이 바람직하다.

검출기의 종류	운반기체	특 징
FID	질소	적합
	수소, 헬륨	사용 가능
ECD	질소	가장 우수한 감도 제공
	아르곤, 메탄	가장 넓은 시료 농도범위에서 직선성을 가짐
FPD	질소	적합

(2) 가스 크로마토그래피－질량분석기(GC-MSD ; Gas Chromatography-Mass Selective Detector)

① 개요

㉠ 가스 크로마토그래피와 질량분석기를 결합하여 다성분의 유기화합물의 화합물을 가스 크로마토그래피로 분리해, 분리된 각 성분을 질량분석기에 의해 정성 · 정량 분석하는 장치이다.

㉡ 질량분석기는 가스 크로마토그래피의 검출기라기보다는 하나의 독립된 분석기로서, 가스 크로마토그래피보다 고가이고 다루기도 복잡하다.

② 원리

가스 크로마토그래피의 칼럼 뒤에 이동(캐리어)가스(헬륨가스)의 분리장치를 장착하여 이동가스의 농도를 낮춰서 질량분석기의 이온원으로 도입해 전 이온을 포획하고 각 성분의 양을 측정함과 동시에 분리된 각 성분의 질량스펙트럼을 수 초 이내로 주사해 측정 분석한다.

③ 장치 구성

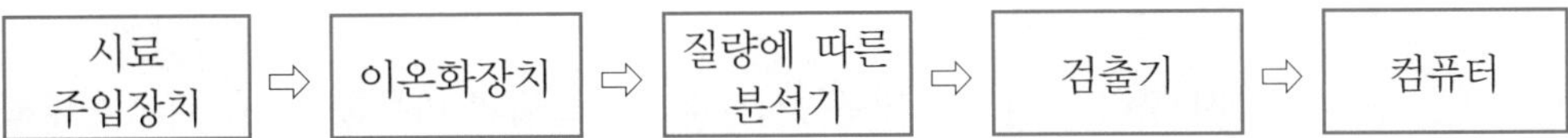

④ 적용

㉠ 다성분 회분석

㉡ 생체 내 미량 성분의 구조 결정

㉢ 대기오염물질로의 다종류의 극미량 유기물질의 정성 · 정량 평가에 가장 유효한 방법

(3) 고성능 액체 크로마토그래피(HPLC ; High Performance Liquid Chromatography)

① 개요

물질을 이동상과 충진제와의 분배에 따라 분리하므로 분리물질별로 적당한 이동상으로 액체를 사용하는 분석기이며 이동상인 액체가 분리관에 흐르게 하기 위해 압력을 가할 수 있는 펌프가 필요하다.

② 원리

고정상과 액체 이동상 사이의 물리화학적 반응성의 차이(주 : 분석시료의 용해성)를 이용하여 분리한다.

③ 특징

㉠ 시료의 전처리가 거의 필요 없이 직접적 분석이 이루어지며, 장점으로는 빠른 분석 속도, 해상도, 민감도를 들 수 있다.

㉡ 시료의 회수가 용이하여 열안정성의 고려가 필요 없는 것이 장점이다.

㉢ 가스 크로마토그래피에 비해 실험법이 쉬우나 분해물질이 이동상에 녹아야 하는 제한점이 있다.

④ 검출기 종류

㉠ 자외선검출기

㉡ 형광검출기

㉢ 전자화학검출기

⑤ 적용

㉠ 방향족 유기용제의 소변 중 대사산물 측정에 유리한 방법

㉡ 끓는점이 높아 가스 크로마토그래피를 적용하기 곤란한 고분자(분자량 500 이상) 화합물이나 열에 불안정한 물질

㉢ 다핵방향족 탄화수소류(PAHs), PCB

㉣ 포름알데히드, 2,4－톨루엔 디이소시아네이트

⑥ 측정방법

㉠ 물질 확인

분리관에서 분리된 피크의 머무름시간과 표준물질의 머무름시간을 비교하여 확인한다.

㉡ 농도 확인

분리관에서 분리된 피크의 높이 또는 면적을 표준물질로 만든 검량선에 맞추어서 정량 분석한다.

⑦ 장치 구성

(4) 이온 크로마토그래피(IC ; Ion Chromatography)

① 원리

이동상 액체시료를 고정상의 이온교환수지가 충전된 분리관 내로 통과시켜 시료성분의 용출상태를 전기전도도검출기로 검출하여 그 농도를 정량하는 기기이다.

② 특징 및 적용

㉠ 액체 크로마토그래피의 한 종류로 이온성 물질 분석에 주로 사용된다.

㉡ 강수, 대기 중 먼지, 하천수 중의 이온성분을 정성 · 정량 분석에 사용한다.

㉢ 음이온(황산, 질산, 인산, 염소) 및 무기산류(염산, 불산, 황산, 크롬산), 에탄올아민류, 알칼리, 황화수소 특성 분석에 이용된다.

③ 검출기

전기전도도검출기

④ 장치 구성

Reference 유령피크(ghost peak)

1. 정의

시료 측정 시 측정하고자 하는 시료의 피크와는 전혀 관계없는 피크가 크로마토그램에 때때로 나타나는 경우가 있는데 이것을 유령피크라 한다.

2. 유령피크 발생원인

① 칼럼이 충분하게 묵힘(aging)되지 않아서 칼럼에 남아있던 성분들이 배출되는 경우

② 주입부에 있던 오염물질이 증발되어 배출되는 경우

③ 주입부에 사용하는 격막(septum)에서 오염물질이 방출되는 경우

17 입자상 물질의 분석

(1) 중량분석방법(gravimetric or weight analysis method)

① 개요

㉠ 질량농도분석법이라고 하며 작업환경의 공기 중 토석, 암석, 광물 또는 탄소 등의 입자상 물질을 여과포집장치를 사용하여 여과재에 포집한 질량을 화학천평에 의해서 구한 뒤 채취한 공기량으로 질량 농도를 구하는 방법이다.

㉡ 작업환경측정 및 정도관리 등에 관한 고시에 의거하여 환기 중의 토석, 암석, 광물질분진(석면분진 제외) 및 흄의 농도 또는 탄소의 분진 농도, 토석, 암석 또는 광물의 분진 중 유리규산 함유율 및 콜타르의 농도 측정에 대해서 중량분석방법으로 측정하도록 하고 있다.

② 시료채취

㉠ 근로자 호흡위치에서 시료채취를 한다.

㉡ 여과지에 입자상 물질이 2mg 이상 채취되지 않도록 주의한다.

㉢ 시료채취 중 펌프의 상태를 일정한 간격으로 점검한다.

㉣ 카세트는 위쪽을 향하지 않도록 하고 사이클론은 채취 중 거꾸로 하면 안 된다.

③ 주의사항

㉠ 시료채취 전후 여과지의 수분에 의한 영향을 제거한다.

㉡ 여과지는 정전기 중화장치에 통과시켜 정전기를 제거한다.

㉢ 호흡성 먼지 측정의 경우 측정 전 사이클론의 내부 먼지 퇴적상태 및 사이클론과 카세트의 연결부 누출상태를 점검한다.

④ 농도

$$C(\mathrm{mg/m^3}) = \frac{[(WS_p - WS_i) - (WB_p - WB_i)]}{V}$$

여기서, C : 분진 농도($\mathrm{mg/m^3}$)

WS_p : 채취 후 여과지의 무게(mg)

WS_i : 채취 전 여과지의 무게(mg)

WB_p : 채취 후 공시료의 무게(mg)

WB_i : 채취 전 공시료의 무게(mg)

V : 공기채취량($\mathrm{m^3}$)

(2) 금속의 분석

① 금속채취

㉠ 셀룰로오스에스테르 여과지(MCE)로 채취한다.

㉡ MCE의 규격은 직경이 37mm이고, 공극은 약 0.8μm 정도이다.

㉢ MCE의 장점은 산에 의해서 쉽게 용해되어 회화(ashing)되기가 쉬우며, 분석 시 방해물이 거의 없는 것이다.

② 전처리과정(회화과정)

㉠ 분석하고자 하는 금속만 남겨두고 여과지 및 금속 이외의 불순물을 강산으로 용해하여 제거하는 과정을 말한다.

㉡ 회화용액으로 주로 사용되는 것은 염산과 질산이다.

㉢ 회화방법

ⓐ 습식 회화방법(강산을 이용)

ⓑ 건식 회화방법

ⓒ 가압분해 회화방법

ⓓ 마이크로파 회화방법

㉣ 시료가 다상의 성분일 경우에는 여러 종류의 산을 혼합하여 사용한다.

㉤ 회화 시 실험용기에 의한 영향이 있으므로 테프론 재질의 제품을 사용한다.

③ 분석기기

일반적으로 금속분석에 이용되는 분석기기는 유도결합플라스마와 원자흡광분석기(원자흡광광도계)이다.

④ 검량선 작성

㉠ 원자흡광광도계는 금속마다 분석이 가능한 농도범위가 정해져 있다.

㉡ 검량선은 일반적으로 저농도 영역에서는 직선성을 나타내지만, 그 이상에서는 농도의 증가에 따라 흡광도가 비례적으로 증가하지 않는다.

㉢ 정량을 위한 경우에는 직선성이 좋은 농도 또는 흡광도의 영역을 사용하여야 한다.

㉣ 시료가 검량선의 범위를 벗어나는 경우 외삽하여 추정하지 말고 시료를 희석하여 범위 내로 들어오게 한다.

⑤ 정량법

㉠ 절대검정곡선법

㉡ 표준물첨가법

㉢ 상대검정곡선법

⑥ 회수율

㉠ 시료채취에 사용하지 않은 동일한 여과지에 첨가된 양과 분석량의 비로 나타내며, 여과지를 이용하여 채취한 금속을 분석하는 데 보정하기 위해 행하는 실험이다.

㉡ MCE막 여과지에 금속 농도 수준별로 일정량을 첨가한(spiked) 다음 분석하여 검출된(detected) 양의 비(%)를 구하는 실험은 회수율을 알기 위한 것이다.

㉢ 금속시료의 회화에 사용되는 왕수는 염산과 질산을 3 : 1의 몰비로 혼합한 용액이다.

㉣ 관련식

$$\text{회수율(\%)} = \frac{\text{분석량}}{\text{주입량(첨가량)}} \times 100$$

기본개념문제 34

여과지에 금속 농도 100mg을 첨가한 후 분석하여 검출된 양이 80mg이었다면 회수율(%)은?

풀이 $\text{회수율} = \frac{\text{검출량}}{\text{첨가량}} \times 100 = \frac{80\text{mg}}{100\text{mg}} \times 100 = 80\%$

(3) 흡광광도법(분광광도계, AA ; Absorptiometric Analysis)

① 원리

빛(백색광)이 시료용액을 통과할 때 흡수나 산란 등에 의하여 강도가 변화하는 것을 이용하는 것으로서 시료물질의 용액 또는 여기에 적당한 시약을 넣어 발색시킨 용액의 흡광도를 측정하여 시료 중의 목적성분을 정량하는 방법이다. 즉 특정 파장의 빛이 특정한 자유원자층을 통과하면서 선택적인 흡수가 일어나는 것을 이용하는 것이다.

② 개요

㉠ 일반적으로 사용하는 파장대는 주로 자외선(180~320nm)이나 가시광선(320~800nm) 영역이다.

㉡ 광원에서 나오는 빛을 단색화장치(monochrometer) 또는 필터(filter)를 이용해서 좁은 파장범위의 빛만을 선택하여 액층을 통과시킨 다음 광전관(photoelectric tube)으로 흡광도를 측정하여 목적성분의 농도를 정량하는 방법이다.

㉢ 표준액에 대한 흡광도와 농도의 관계를 구한 후, 시료의 흡광도를 측정하여 농도를 구한다.

③ 램버트-비어(Lambert-Beer)의 법칙

세기 I_o인 빛이 농도 C, 길이 L이 되는 용액층을 통과하면 이 용액에 빛이 흡수되어 입사광의 강도가 감소한다. 통과한 직후의 빛의 세기 I_t와 I_o 사이에는 램버트-비어(Lambert-Beer)의 법칙에 의하여 다음의 관계가 성립한다.

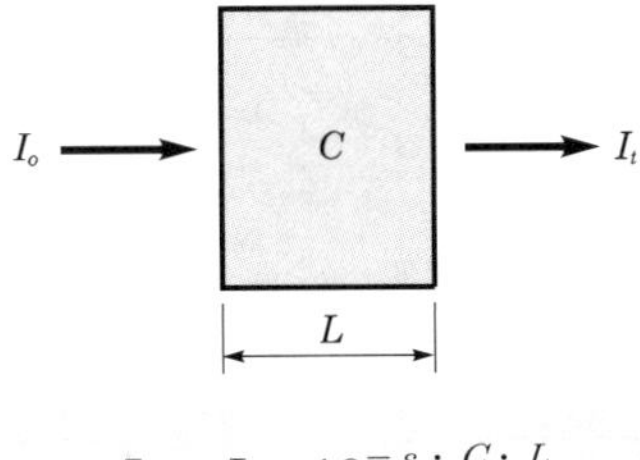

$$I_t = I_o \cdot 10^{-\varepsilon \cdot C \cdot L}$$

여기서, I_o : 입사광의 강도, I_t : 투사광의 강도

C : 농도, L : 빛의 투사거리(석영 cell의 두께)

ε : 비례상수로서 흡광계수

㉠ 투과도(투광도, 투과율)(T)

$$T=\frac{I_t}{I_o}$$

㉡ 흡광도(A)

$$A=\xi LC=\log\frac{I_o}{I_t}=\log\frac{1}{\text{투과율}}$$

여기서, ξ : 몰 흡광계수

기본개념문제 35

흡광광도계로 측정 시 최초광의 80%가 흡수되었을 때 흡광도는?

풀이 흡광도 $=\log\frac{1}{\text{투과율}}$ 이므로

$$\text{투과율}=\frac{100-80}{100}=\frac{20}{100}=0.2$$

$$=\log\frac{1}{0.2}=0.7$$

기본개념문제 36

흡광광도 측정에서 투과율 50%일 때 흡광도는?

풀이 흡광도 $=\log\frac{1}{\text{투과율}}=\log\frac{1}{0.5}=0.3$

기본개념문제 37

흡광광도법에서 단색광이 시료액을 통과하여 그 광의 30%가 흡수되었을 때 흡광도는?

풀이 흡광도 $=\log\frac{1}{\text{투과율}}=\log\frac{1}{(1-0.3)}=0.15$

④ 장치 구성

광원부 ⇨ 파장선택부 ⇨ 시료부 ⇨ 검출기, 지시기

㉠ 광원부

ⓐ 가시부와 근적외부 광원 : 텅스텐램프

ⓑ 자외부의 광원 : 중수소방전관

㉡ 파장선택부

ⓐ 단색화장치 : 프리즘, 회절격자 또는 이 두 가지를 조합시킨 것을 사용하며, 단색광을 내기 위하여 슬릿(slit)을 부속시킨다.

ⓑ 필터 : 색유리 필터, 젤라틴 필터, 간접 필터 등을 사용한다.

㉢ 시료부(시료용기 ; cuvette holder)

ⓐ 시료액을 넣은 흡수셀(시료셀)과 대조액을 넣는 흡수셀(대조셀)이 있다.

ⓑ 흡수셀의 재질

- 유리 : 가시부 · 근적외부 파장에 사용
- 석영 : 자외부 파장에 사용
- 플라스틱 : 근적외부 파장에 사용

ⓒ 흡수셀의 길이는 지정하지 않았을 경우 10mm 셀을 사용한다.

㉣ 측광부(검출기, 지시기)

ⓐ 자외부 · 가시부 파장 : 광전관, 광전자증배관 사용

ⓑ 근적외부 파장 : 광전도셀 사용

ⓒ 가시부 파장 : 광전지 사용

⑤ 측정

㉠ 자동기록식 광전분광광도계의 파장 교정은 홀뮴 유리의 흡수스펙트럼을 사용한다.

㉡ 흡광도 눈금보정은 $K_2Cr_2O_7$(중크롬산칼륨)을 사용한다.

㉢ 미광(stray light)의 유무는 커트필터(cut filter)를 사용하여 조사한다.

㉣ 셀의 선정

ⓐ 석영 및 경질 유리 : 시료액 흡수파장이 370nm 이상일 때 사용한다.

ⓑ 석영셀 : 시료액 흡수파장이 370nm 이하일 때 사용한다.

㉤ 셀의 길이는 일반적으로 10mm 셀을 사용한다.

㉥ 시료셀은 시험용액을 넣고 대조셀은 규정이 없는 한 증류수를 넣는다.

㉦ 셀의 세척

ⓐ 일반세척

Na_2CO_3 용액(탄산나트륨용액 : 2W/V%)에 소량의 음이온계면활성제를 가한 용액에 흡수셀을 담가 놓고 필요하면 40~50℃로 약 10분간 가열한다.

ⓑ 급히 사용할 경우

물기를 제거한 후 에틸알코올로 씻고, 다시 에틸에테르로 씻은 다음 드라이어로 건조해도 상관없다.

ⓒ 빈번하게 사용의 경우

물로 잘 씻은 다음 증류수를 넣은 용기에 담아 두어도 무방하다.

⑥ 정량방법

㉠ 검량선의 작성

ⓐ 검량선은 표준액의 여러 가지 농도에 대하여 적당한 대조액을 사용하며 흡광도를 측정하고 표준액의 농도를 횡측, 흡광도를 종축에 취하여 그래프 용지 위에 양자의 관계선을 구하여 작성한다.

ⓑ 검량선은 거의 직선을 나타내는 범위 내에서 사용하는 것이 좋다. 시약이 바뀌거나 시험자가 바뀔 때에는 검량선을 다시 작성하는 것이 좋다.

㉡ 표준액

분석하려는 성분의 순물질 또는 일정 농도의 표준액을 단계적으로 취하여 규정된 방법에 따라 표준액 계열을 만든다. 이때의 표준액 농도는 시험용액 중의 분석하려는 성분의 추정농도와 거의 같은 농도범위로 한다.

㉢ 대조액

일반적으로 용매를 사용하며 분석하려는 성분이 들어있지 않은 같은 종류의 시료를 사용하여 규정된 방법에 따라 제조한다.

⑦ 정량조건의 검토

흡광광도법으로 정량분석을 할 때는 다음과 같은 조건을 검토하여 결정하여야 한다.

㉠ 발색반응 검토

ⓐ 발색한 시험용액에 대한 흡수곡선과 최대흡수파장

ⓑ 바탕시험액의 흡수곡선과 바탕시험치

ⓒ 액성의 변화에 따른 흡광도의 변화

ⓓ 최적 pH 범위와 완충액의 종류 및 첨가량

ⓔ 마스킹이 필요할 때는 마스킹제의 종류와 첨가량

ⓕ 안정제, 산화방지제 등의 종류와 첨가량

ⓖ 온도변화 및 방치시간에 의한 흡광도의 변화

ⓗ 시약의 농도, 첨가량, 첨가순서의 영향

ⓘ 시료액 중의 피검성분의 최적농도범위

ⓙ 시료액에 대한 빛의 영향

ⓚ 용매를 추출할 때는 최적 용매의 선정

㉡ 측정조건의 검토

ⓐ 측정파장은 원칙적으로 최고의 흡광도가 얻어질 수 있는 최대흡수파장을 선정한다. 단, 방해성분의 영향, 재현성 및 안정성 등을 고려하여 차선의 측정파장 또는 필터를 선정하는 수도 있다.

ⓑ 대조액은 용매, 바탕시험액, 기타 적당한 용액을 선정한다.

ⓒ 측정된 흡광도는 되도록 0.2~0.8의 범위에 들도록 시험용액의 농도 및 흡수셀의 길이를 선택한다.

ⓓ 부득이 흡광도를 0.1 미만에서 측정할 때는 눈금확대기를 사용하는 것이 좋다.

(4) 원자흡광광도법(AAS ; Atomic Absorption Spectrophotometry)

① 원리 및 적용범위

시료를 적당한 방법으로 해리시켜 중성원자로 증기화하여 생긴 기저상태의 원자가 이 원자 증기층을 투과하는 특유 파장의 빛을 흡수하는 현상을 이용하여 광전 측광과 같은 개개의 특유 파장에 대한 흡광도를 측정하여 시료 중의 원소 농도를 정량하는 방법으로 대기 또는 배출가스 중의 유해중금속, 기타 원소의 분석에 적용한다.

② 개요

측정하려는 물질의 원자를 불꽃(flame), 흑연로(graphite furnace) 등으로 가열하여 기체상태의 중성원자로 만든 다음 이 중성원자에 적당한 복사에너지(자외선 또는 가시선 영역)를 쪼여주면 중성원자는 복사에너지 중 일부를 흡수하여 들뜬 상태의 원자가 되는데, 이때 흡수된 복사에너지(흡광도)를 측정하여 정량분석을 하게 된다.

③ 적용이론

램버트-비어 법칙

④ 장치 구성

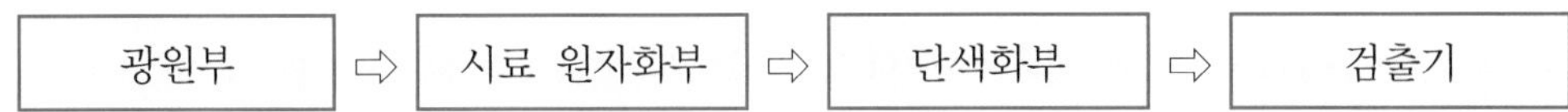

㉠ 광원부

ⓐ 속빈 음극램프(중공음극램프, hollow cathode lamp)

분석하고자 하는 원소가 잘 흡수할 수 있는 특정 파장의 빛을 방출하는 역할을 하며, 가장 널리 쓰이는 광원이다.

ⓑ 방전램프

금속의 할로겐화물을 봉입한 것이며, 고주파 방전에 의하여 점등된다.

ⓒ 열음극램프

나트륨(Na), 칼륨(K), 칼슘(Ca), 루비듐(Rb), 세슘(Cs), 카드뮴(Cd), 수은(Hg), 탈륨(Ti)과 같이 비점이 낮은 원소에 사용된다.

㉡ 시료 원자화부

원자화장치는 금속화합물을 원자화시켜 빛의 통로까지 올리는 역할, 즉 분석대상 원소를 자유상태로 만들어 광원에서 나온 빛의 통로에 위치시킨다.

Ⓐ 불꽃원자화장치

ⓐ 조연체와 연료를 적절히 혼합하여 최적의 불꽃온도와 화학적 분위기를 유도하여 원자화시키는 방법이다.

ⓑ 빠르고 정밀도가 좋으며, 매질효과에 의한 영향이 적다는 장점이 있다.

ⓒ 금속화합물을 원자화시키는 것으로 가장 일반적인 방법이다.

ⓓ 버너에서 불꽃에 의한 연소와 원자화가 일어난다.

ⓔ 버너 종류
- 전분무버너 : 시료용액을 직접 불꽃 중으로 분무하는 버너
- 예혼합버너 : 시료용액을 일단 미리 분무실에 넣어 혼합시킨 다음 미세한 입자만을 불꽃 중으로 분무하는 버너

ⓕ 불꽃을 만들기 위한 조연성 가스와 가연성 가스의 조합
- [수소-공기]
  대부분의 연소 분석
- [아세틸렌-공기]
  - 대부분의 연소 분석 ◀ **일반적으로 많이 사용**
  - 불꽃의 화염온도 2,300℃ 부근
- [아세틸렌-아산화질소]
  - 내화성 산화물을 만들기 쉬운 원소 분석(B, V, Ti, Si)
  - 불꽃의 화염은 2,700℃ 부근
- [프로판-공기]
  - 불꽃온도가 낮음
  - 일부 원소에 대하여 높은 감도

ⓖ 장점
- 쉽고 간편하다.
- 가격이 흑연로장치나 유도결합플라스마-원자발광분석기보다 저렴하다.
- 분석시간이 빠르다(흑연로장치에 비해 적게 소요됨).
- 기질의 영향이 작다.
- 정밀도가 높다.

ⓗ 단점
- 많은 양의 시료(10mL)가 필요하며, 감도가 제한되어 있어 저농도에서 사용이 힘들다.
- 용질이 고농도로 용해되어 있는 경우, 버너의 슬롯을 막을 수 있으며 점성이 큰 용액은 분무구를 막을 수 있다.
- 고체시료의 경우 전처리에 의하여 기질(매트릭스)을 제거해야 한다.

Ⓑ 전열고온로법(흑연로방식)

ⓐ 전열고온로장치에 의한 원자화는 불꽃에 의한 것보다 50~500배 정도 감도가 높아 저농도 시료분석에 적당하다.

ⓑ 원자화 단계에서는 금속화합물을 원자화시키는 것으로 보통 필요한 온도는 2,500℃ 정도이다.

ⓒ 전열고온로(흑연로)에서 시료가 머무르는 시간은 불꽃에 의한 방법에 비해서 길다. 이것이 민감도를 높게 한다.

ⓓ 장점
- 높은 감도가 있다.
- 시료량이 적고(10~100μL) 전처리가 간단하다.

ⓔ 단점
- 시료를 분석하는 데 시간이 오래 걸린다.
- 기질에 의한 바탕 보정이 필요하다.
- 경비가 많이 든다.

ⓕ 적용

주로 미량의 생체시료 중 금속성분 분석에 이용되며 근로자의 생물학적 시료인 소변, 혈액 등은 존재하는 기질이 많고 농도가 낮기 때문에 전열고온로를 주로 사용한다(존재하는 기질 : 방해물질).

Ⓒ 기화법(증기발생법)

ⓐ 화학적 반응을 유도하여 분석하고자 하는 원소를 기화시켜 분석하는 방법이다. 즉, 환원제를 이용하여 휘발성 금속화합물을 형성할 수 있을 때 사용하며 As, Hg, Bi, Sb, Se 등에 적용한다.

ⓑ 장점
- 불꽃방식보다 감도가 약 100배 정도 좋다.
- 방해물질의 영향이 적다.

Ⓓ 광학계

간단한 렌즈 또는 거울과 렌즈를 병합시켜 불꽃으로 투과시키는 장치이다.

㉢ 단색화부

ⓐ 광원램프에서 발산되는 휘선스펙트럼 중에서 분석에 필요한 파장 또는 주파수의 스펙트럼 대역만을 선택하여 통과시키는 장치이다.

ⓑ 특정 파장만 분리하여 검출기로 보내는 역할을 한다.

ⓒ 회절격자와 프리즘으로 구성된 분광기가 사용된다.

㉣ 검출부

검출부는 단색화장치에서 나오는 빛의 세기를 측정 가능한 전기적 신호로 증폭시킨 후 이 전기적 신호를 판독장치를 통해 흡광도나 흡광률 또는 투과율로 표시한다. 원자화된 시료에 의하여 흡수된 빛의 흡수강도를 측정하는 것으로, 검출기, 증폭기 및 지시계기로 구성된다.

ⓐ 검출기
- 사용하는 분석선의 파장에 따라 적당한 분광감도 특성을 갖는 검출기가 사용된다.
- 광전자증배관(광증배관)은 원자외 영역에서부터 근적외 영역에 걸쳐 널리 사용되며 광전관, 광전도셀, 광전지 등도 이용된다.

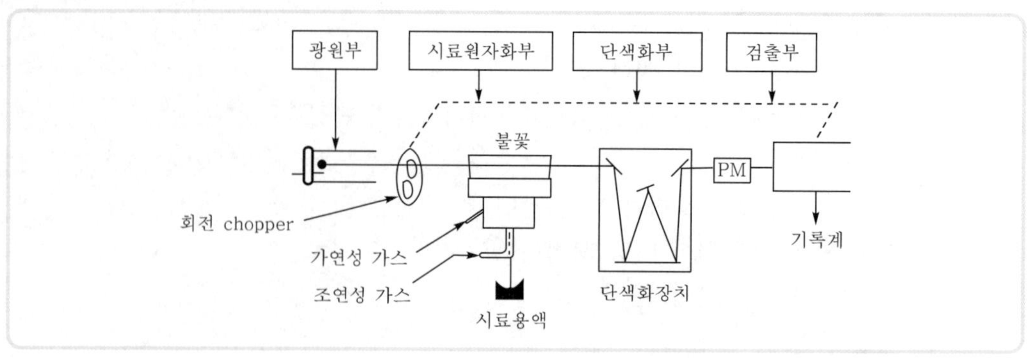

▌장치의 기본 구성(원자흡광광도계)▌

ⓑ 증폭기

직류방식일 때는 검출기에서 나오는 출력신호를 직류증폭기에서 증폭하고 교류방식일 때는 교류증폭기에서 증폭시킨 후 정류하여 지시계기로 보낸다.

ⓒ 지시계

지시계기는 증폭기에서 나오는 신호를 흡광도로 변환하여 나타내는 것이다.

⑤ 검량선 작성과 정량법

㉠ 개요

원자흡광분석에 있어서의 검량선은 일반적으로 저농도 영역에서는 양호한 직선성을 나타내지만, 고농도 영역에서는 여러 가지 원인에 의하여 휘어진다. 따라서 정량을 행하는 경우에는 직선성이 좋은 농도 또는 흡광도의 영역을 사용하지 않으면 안 된다.

㉡ 정량법 종류

ⓐ 절대검정곡선법

- 검량선은 최소 세 종류 이상 농도의 표준시료용액에 대하여 흡광도를 측정하여 표준물질의 농도를 가로대에, 흡광도를 세로대에 취하여 그래프를 그려서 작성한다.
- 그림에 따라서 분석시료에 대하여 흡광도를 측정하고 검량선의 직선 영역에 의하여 목적성분의 농도를 구한다.
- 이 방법은 분석시료의 조성과 표준시료와의 조성이 일치하거나 유사하여야 한다.

ⓑ 표준물첨가법

- 같은 양의 분석시료를 여러 개 취하고 여기에 표준물질이 각각 다른 농도로 함유되도록 표준용액을 첨가하여 용액열을 만든다. 이어 각각의 용액에 대한 흡광도를 측정하여 가로대에 용액 영역 중의 표준물질 농도를, 세로대에는 흡광도를 취하여 그래프 용지에 그려 검량선을 작성한다.
- 목적성분의 농도는 검량선이 가로대와 교차하는 점으로부터 첨가표준물질의 농도가 0인 점까지의 거리로써 구한다.

ⓒ 상대검정곡선법

- 이 방법은 분석시료 중에 다량으로 함유된 공존원소 또는 새로 분석시료 중에 가한 내부 표준원소(목적원소와 물리적 화학적 성질이 아주 유사한 것이어야 한다.)와 목적원소와의 흡광도 비를 구하는 동시 측정을 행한다.
- 목적원소에 의한 흡광도 A_S와 표준원소에 의한 흡광도 A_R과의 비를 구하고 A_S/A_R 값과 표준물질 농도와의 관계를 그래프에 작성하여 검량선을 만든다.
- 이 방법은 측정치가 흩어져 상쇄하기 쉬우므로 분석값의 재현성이 높아지고 정밀도가 향상된다.

Reference 원자흡광광도계의 표준시약(표준용액)

적어도 순도가 1급 이상의 것을 사용하며 풍화, 조해, 화학변화 등에 의한 농도 변화가 없는 것이어야 한다.

⑥ 간섭

㉠ 분광학적 간섭
㉡ 물리적 간섭
㉢ 화학적 간섭
㉣ 이온화 간섭
㉤ 불특정 간섭

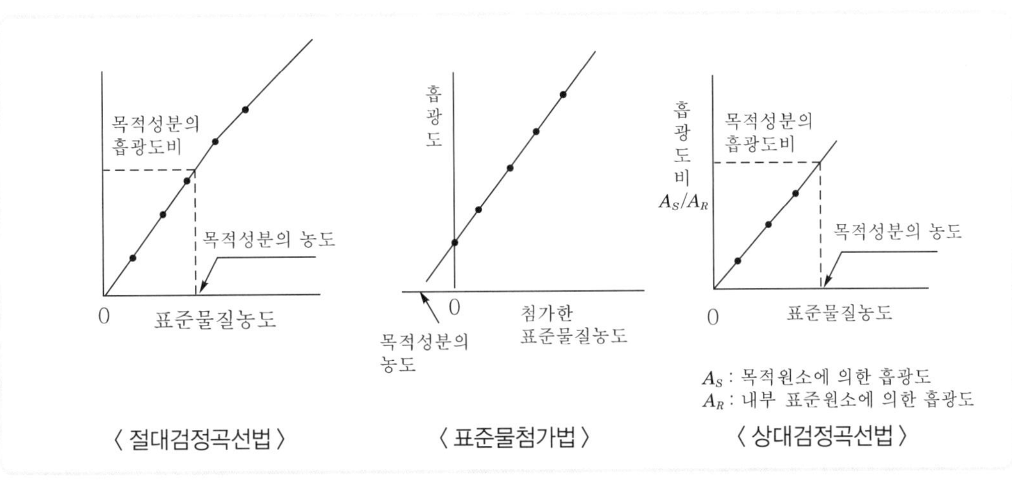

▌검량선의 작성과 정량법▐

Reference 금속의 전처리방법

1. 납과 화합물 : 질산
2. 크롬과 화합물 : 염산+질산
3. 카드뮴과 화합물 : 질산+염산
4. 다성분 금속과 화합물 : 질산+과염소산

(5) 유도결합플라스마 분광광도계(ICP ; Inductively Coupled Plasma, 원자발광분석기)

① 개요 및 원리

㉠ 모든 원자는 고유한 파장(에너지)을 흡수하면 바닥상태(안정된 상태)에서 여기상태(들뜬 상태, 흥분된 상태)로 된다.

㉡ 여기상태의 원자는 다시 안정한 바닥상태로 되돌아올 때 에너지를 방출한다.

㉢ 금속원자마다 그들이 흡수하는 고유한 특정 파장과 고유한 파장이 있다. 전자의 원리를 이용한 분석이 원자흡광광도계이고, 후자의 원리(원자가 내놓는 고유한 발광에너지)를 이용한 것이 유도결합플라스마 분광광도계이다(발광에너지=방출스펙트럼).

② 장치 구성

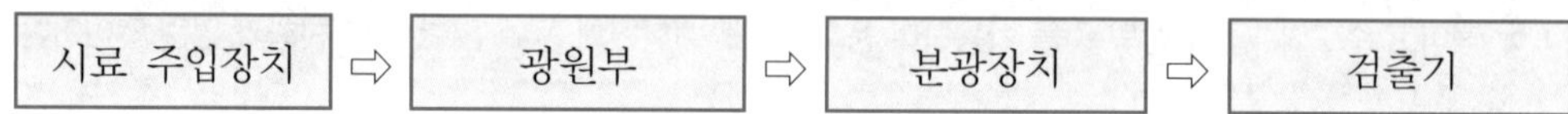

㉠ 시료 주입장치

ⓐ 수용액 시료를 pump(주입속도 : 1~2mL/min)로 분무 도입시킨다.

ⓑ 가장 일반적으로 시료를 플라스마로 보내는 방법은 액체 에어로졸을 직접 주입하는 분무기에 의한 것이다.

㉡ 광원부(플라스마 토치+라디오 주파수 발생기)

별도의 광원이 필요 없고 아르곤가스를 6,000℃ 이상의 초고온상태로 만들어 아르곤 플라스마를 생성시켜 플라스마가 금속원자를 들뜨게 한다.

㉢ 분광장치(파장분리기)

플라스마에서 이온화되어 들뜬 상태의 금속에서 내놓는 발광에너지들은 광학시스템에 모아져 분광장치로 보내진다.

③ 장점

㉠ 비금속을 포함한 대부분의 금속을 ppb 수준까지 측정할 수 있다.

㉡ 적은 양의 시료를 가지고 한 번에 많은 금속을 분석할 수 있는 것이 가장 큰 장점이다.

㉢ 한 번에 시료를 주입하여 10~20초 내에 30개 이상의 원소를 분석할 수 있다. 즉 여러 가지 금속을 동시에 분석할 수 있다.

㉣ 화학물질에 의한 방해로부터 거의 영향을 받지 않는다.

㉤ 검량선의 직선성 범위가 넓다. 즉, 직선성 확보가 유리하다.

㉥ 원자흡광광도계보다 더 좋거나 적어도 같은 정밀도를 갖는다.

④ 단점

㉠ 원자들은 높은 온도에서 많은 복사선을 방출하므로 분광학적 방해영향이 있다.

㉡ 시료분해 시 화합물 바탕방출이 있어 컴퓨터 처리과정에서 교정이 필요하다.

㉢ 유지관리 및 기기 구입가격이 높다.

㉣ 이온화 에너지가 낮은 원소들은 검출한계가 높고, 다른 금속의 이온화에 방해를 준다.

(6) 현미경 분석

① 섬유

㉠ 현미경을 이용하여 실제 크기를 측정하며 일반적으로 입자 크기를 포톤-레티큘을 삽입한 현미경으로 측정하는 방법을 이용한다.

㉡ 공기 중에 있는 길이가 5μm 이상이고, 너비가 5μm보다 얇으면서 길이와 너비의 비가 3 : 1 이상의 형태를 가진 고체로서 석면섬유, 식물섬유, 유리섬유, 암면 등이 있다.

㉢ 섬유는 흡입성, 흉곽성, 호흡성으로 구분하지 않으며 농도는 중량 대신 섬유의 개수로 나타낸다.

㉣ 섬유는 위상차 현미경을 통하여 측정하며 물리적 크기로 표시한다(일반 먼지 : 공기역학적 직경으로 표시).

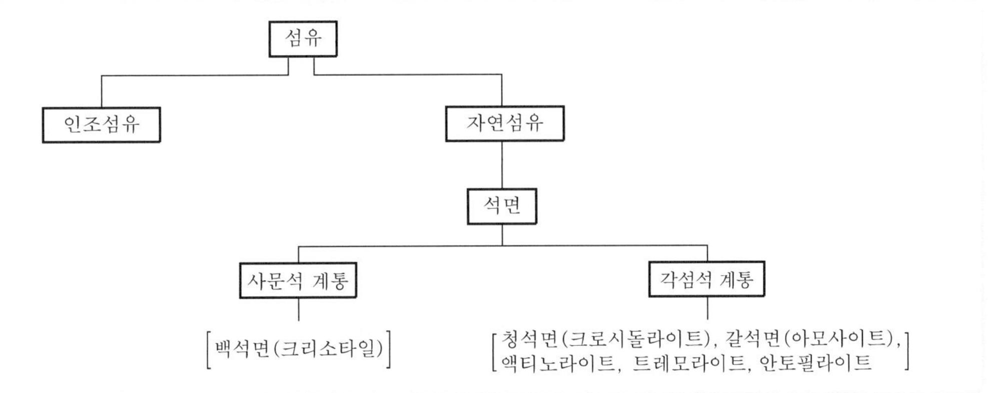

▌섬유의 구분▐

② 석면

㉠ 개요

광물성 규산염의 총칭이며 사문석, 각섬석이 지열 및 지하수의 작용으로 인하여 섬유화된 것이다.

㉡ 성질

내열성과 내압성이 높고 산, 알칼리 등 화학약품에 강하다.

㉢ 용도

보온재 또는 석면 슬레이트, 브레이크라이닝의 원료 등으로 사용된다.

㉣ 영향

ⓐ 만성장애로 석면폐를 일으키며 기침, 가래 등 기관지염 증상이 따르며 호흡곤란, 심계항진 등을 호소하며 폐기능 장애가 인정된다.

ⓑ 폐암, 중피종암, 늑막암, 위암을 발생시킨다.

㉤ 노출기준

고용노동부의 노출기준은 8시간가중 평균농도(TWA)로 0.1개/cc이며, 발암성 물질로 확인된 물질군(A1)에 포함되어 있다(작업측정 결과 노출기준 초과 시 향후 측정주기는 3개월에 1회 이상으로 한다).

㉥ 채취 및 분석

ⓐ 공기 중 석면시료의 채취는 MCE막 여과지를 이용하여 'open face'로 시료채취를 하여 전처리한 후 월톤-베켓 눈금자가 있는 위상차 현미경으로 분석한다.

ⓑ 석면 측정방법

- 위상차 현미경법
  - 석면 측정에 이용되는 현미경으로 일반적으로 가장 많이 사용된다.
  - 막 여과지에 시료를 채취한 후 전처리하여 위상차 현미경으로 분석한다.
  - 다른 방법에 비해 간편하나 석면의 감별이 어렵다.
- 전자 현미경법
  - 석면분진 측정방법에서 공기 중 석면시료를 가장 정확하게 분석할 수 있다.
  - 석면의 성분분석(감별분석)이 가능하다.
  - 위상차 현미경으로 볼 수 없는 매우 가는 섬유도 관찰 가능하다.
  - 값이 비싸고 분석시간이 많이 소요된다.
- 편광 현미경법
  - 고형 시료 분석에 사용하며 석면을 감별 분석할 수 있다.
  - 석면 광물이 가지는 고유한 빛의 편광성을 이용한 것이다.
- X선 회절법
  - 단결정 또는 분말시료(석면 포함 물질을 은막 여과지에 놓고 X선 조사)에 의한 단색 X선의 회절각을 변화시켜가며 회절선의 세기를 계수관으로 측정하여 X선의 세기나 각도를 자동적으로 기록하는 장치를 이용하는 방법이다.
  - 값이 비싸고, 조작이 복잡하다.
  - 고형 시료 중 크리소타일 분석에 사용하며 토석, 암석, 광물성 분진 중의 유리규산(SiO_2) 함유율도 분석한다.

ⓒ NIOSH의 석면 측정방법

충전식 휴대용 pump를 이용하여 여과지를 통하여 공기를 통과시켜 시료를 채취한 다음, 이 여과지에 아세톤 증기를 씌우고 트리아세틴 시약을 가한 후 위상차 현미경으로 400~450배의 배율에서 섬유 수를 개수한다. 이 측정방법은 길이 5μm 이상이고, 길이 : 직경의 비율이 3 : 1인 석면만을 측정한다. 장점은 간편하게 단시간에 분석할 수 있는 점이고, 단점은 석면과 다른 섬유를 구별할 수 없다는 점이다.

(7) 기타 분진 측정

① 상대농도계

㉠ 상대농도란 분진의 질량농도 및 입자수 농도와 같은 절대농도와 1 대 1의 관계에 있는 물리량(예를 들면 산란광 강도, 흡수광량, 진동주파수 등)을 측정하는 것에 따라 얻어지는 지수로 표시되는 농도를 의미한다.

㉡ 분진 농도는 [상대농도계의 수치×질량변환계수]로 구한다.

㉢ 감도가 예민하고 저농도 분진이라도 측정하기 쉽다.

㉣ 취급법이 간단하고 취급상 개인차가 적으며, 한 지점 측정 소요시간은 1~2분이다.

㉤ 축전지 또는 건전지를 내장하고 교류전원을 필요로 하지 않는 것이 많다.

㉥ 상대농도와 절대농도의 관계는 분진의 입도분포, 밀도, 형상, 광학적 성질 등에 영향을 받는다.

② 디지털 분진계

㉠ 개요

ⓐ 공기 중 부유하고 있는 분진을 부유상태 그대로 농도를 측정하는 상대농도 지시계의 하나이다.

ⓑ 현장에서 사용하기 쉬운 분진측정법으로 부유분진을 기기 내에 통과시키면서 광을 투사하여 분진에 의한 산란광을 광전자증배관에 받아 광전류를 적분하여 이 광전류와 시간의 곱이 일정치에 도달하면 하나의 전기적 펄스를 발생하도록 한 장치이다.

㉡ 장점

ⓐ 소형, 경량으로 사용법이 간단하다.

ⓑ 특별한 숙련이 필요치 않아 측정자에 따른 개인차가 작다.

ⓒ 단시간에 측정이 이루어진다.

ⓓ 축전지 또는 건전지를 내장하고 있어 교류전원을 필요로 하지 않다.

ⓔ 감도가 예민하여 저농도 분진이라도 측정하기가 쉬워 빈번히 사용된다.

㉢ 단점

ⓐ 정밀기계이기 때문에 함부로 취급하면 고장이 나기 쉽다.

ⓑ 스모그나 미스트 등 분진 이외의 입자상 부유물질이 존재하면 그 영향을 받아 측정결과가 과대평가될 수 있다.

㉣ 종류

ⓐ 산란광식(광산란식 ; 분진광도계)

- 분진에 빛을 쏘이면 반사하여 발광하게 되는데 그 반사광을 측정하여 분진의 개수, 입자의 반경을 측정하는 방식
- 빛의 종류에 따라 레이저식, 할로겐식으로 구분

ⓑ 압전천징식(piezobalance, piezo-electric, 저울식 측정기)

- 분진측정 시 작업장 내의 분진이 중량으로 직접 숫자로 표시되며 압전형 분진계라고도 함
- 포집된 분진에 의하여 달라진 압전결정판의 진동주파수에 의해 질량농도를 구하는 방식
- 공명된 진동을 이용한 직독식 기구(압전결정판이 일정한 주파수로 진동할 때 분진으로 인하여 결정판의 질량이 달라지면 그 변화량에 비례하여 진동주파수가 달라짐)

③ **중량분석방법**

㉠ 개요

질량농도분석법이라고 하며 작업환경 공기 중의 토석, 암석, 광물, 금속 또는 탄소 등의 입자상 물질을 여과포집장치를 사용해서 여과재 위에 분진의 질량을 화학천칭에 의해서 구한 뒤 채취공기량으로 나누어 질량농도를 구하는 방법이다.

㉡ 종류

ⓐ 용매추출법

- 시료 중 목적성분을 유기용매로 추출 분리하고 추출액의 용매를 증발시킨 후 추출성분의 중량을 측정하는 방법
- 일반적으로 끓는점이 높은 유기화합물의 분석에 사용

ⓑ 침전법

- 침전반응을 이용하여 시료로부터 목적성분을 분리하는 정량방법
- 가장 널리 사용되고 있는 중량분석법

ⓒ 휘발법

일정 시료를 가열 또는 반응 처리를 하고 목적성분을 휘발시킨 후 시료 감소량을 측정하는 방법

ⓓ 전해법

정전류전해법 및 정전위전해법이 있음

④ **용량분석방법**

㉠ 용량분석방법의 적용조건

ⓐ 반응이 정량적으로 진행하고 역·부 반응을 동반하지 않을 것

ⓑ 반응속도가 빠를 것

ⓒ 반응이 끝나는 점을 확인할 수 있을 것

㉡ 종류

ⓐ 중화 적정법

산과 알칼리의 중화반응을 이용하여 정량하는 방법

ⓑ 산화환원 적정법
- 하나의 물질이 다른 물질에 의해 산화(환원)되는 반응을 이용하여 정량하는 방법
- 과망간산칼륨 적정, 중크롬산칼륨 적정, 요오드법 적정이 있음

ⓒ 침전 적정법
- 침전을 생성시키는 반응을 이용하는 방법
- 질산은 적정이 대표적이며 mohr method, fajans method, volhard method 등이 있음

ⓓ 킬레이트 적정법
- 금속이온과 킬레이트 시약의 반응에 의해 킬레이트 화합물이 생성하는 반응을 이용하여 정량하는 방법
- 금속착제의 생성반응을 이용하는 적정

CHAPTER 03

평가 및 통계

01 통계의 기본 지식

(1) 개요

작업장 내 유해물질의 농도를 여러 번 측정할 경우 대체로 대수정규분포를 이루고 있다. 즉 산업위생통계의 일반적인 분포는 대수정규분포이다. 이처럼 대수로 자료를 변환하는 가장 큰 이유는 원재료가 정규분포를 하지 않으므로 자료 간의 변이를 줄여서 정규분포하도록 하기 위한 것이다.

(2) 중요성(필요성)

① 산업위생관리에 어떤 문제점을 제시해 준다.
② 계획의 수립과 방침 결정에 큰 도움을 준다.
③ 효과 판정에 큰 도움을 준다.
④ 원인 규명의 자료가 되므로 다음 행동에 참고가 된다.

(3) 통계처리 시 고려사항

① 대표성
② 불변성
③ 통계적 평가

(4) 용어의 이해

산업위생통계에 있어 대푯값에 해당하는 것은 기하평균, 중앙값, 산술평균값, 가중평균값, 최빈값 등이다.

① 산술평균(M or $\overline{M}$)

평균을 구하기 위해 모근 수치를 합하고, 그것을 총 개수로 나누면 평균이 된다.

$$M = \frac{X_1 + X_2 + X_3 + \cdots + X_n}{N} = \frac{\sum_{i=1}^{N} X_i}{N}$$

여기서, M : 산술평균

N : 개수(측정치)

② 가중평균($\overline{X}$)

작업환경 유해물질 평균농도 산출에 이용되며 자료의 크기를 고려한 평균을 가중평균이라 한다. 즉, 빈도를 가중치로 택하여 평균값을 계산한다.

$$\overline{X} = \frac{X_1 N_1 + X_2 N_2 + X_3 N_3 + \cdots + X_n N_k}{N_1 + N_2 + N_3 + \cdots + N_k}$$

여기서, $\overline{X}$: 가중평균

N_1, N_2, …, N_k : k개의 측정치에 대한 각각의 크기

③ 중앙치(median)

㉠ N개의 측정치를 크기 중앙값 순서로 배열 시 $X_1 \le X_2 \le X_3 \le \cdots \le X_n$이라 할 때 중앙에 오는 값을 중앙치라 한다.

㉡ 값이 짝수일 때는 중앙값이 유일하지 않고 두 개가 될 수 있다. 이 경우 두 값의 평균을 취한다.

㉢ 조화평균이란 상이한 반응을 보이는 집단의 중심 경향을 파악하고자 할 때 유용하게 이용된다.

④ 기하평균(GM)

㉠ 모든 자료를 대수로 변환하여 평균 후 평균한 값을 역대수 취한 값 또는 N개의 측정치 X_1, X_2, …, X_n이 있을 때 이들 수의 곱의 N제곱근의 값이다.

㉡ 산업위생 분야에서는 작업환경측정 결과가 대수정규분포를 하는 경우 대푯값으로서 기하평균을, 산포도로서 기하표준편차를 널리 사용한다.

㉢ 기하평균이 산술평균보다 작게 되므로 작업환경관리 차원에서 보면 기하평균치의 사용이 항상 바람직한 것이라고 보기는 어렵다.

$$\log(\text{GM}) = \frac{\log X_1 + \log X_2 + \cdots + \log X_n}{N}$$

※ 위 식에서 GM을 구함(가능한 위의 계산식 사용을 권장)

$$\text{GM} = \sqrt[N]{X_1 \cdot X_2 \cdot \cdots \cdot X_n}$$

⑤ 최빈치(M_O)

㉠ 측정치 중에서 도수(빈도)가 가장 큰 것을 최빈치(유행치)라 한다.

㉡ 주어진 자료에서 평균이나 중앙값을 구하기 어려운 경우에 특히 유용하다.

$$M_O = \overline{M} - 3(\overline{X} - \text{med})$$

⑥ 표준편차(SD)

㉠ 표준편차는 관측값의 산포도(dispersion), 즉 평균 가까이에 분포하고 있는지의 여부를 측정하는 데 많이 쓰인다.

㉡ 표준편차가 0일 때는 관측값의 모두가 동일한 크기이고 표준편차가 클수록 관측값 중에는 평균에서 떨어진 값이 많이 존재한다.

$$\text{SD} = \sqrt{\frac{\sum_{i=1}^{N}(X_i - \overline{X})^2}{N-1}}$$

여기서, SD : 표준편차

X_i : 측정치

$\overline{X}$: 측정치의 산술평균치

N : 측정치의 수

※ 측정횟수 N이 큰 경우는 다음 식을 사용한다.

$$\text{SD} = \sqrt{\frac{\sum_{i=1}^{N}(X_i - \overline{X})^2}{N}}$$

⑦ 표준오차(SE)

㉠ 표준편차는 각 측정치가 평균과 얼마나 차이를 가지느냐를 알려주는 반면에 표준오차는 추정량의 정도를 나타내는 척도로써 샘플링을 여러 번 했을 때 각 측정치들의 평균이 전체 평균과 얼마나 차이를 보이는가를 알 수 있는 통계량이다.

㉡ 표준오차를 가지고 평균이 얼마나 정확한지를 알 수 있는 것이다.

$$SE = \frac{SD}{\sqrt{N}}$$

여기서, SE : 표준오차
SD : 표준편차
N : 자료의 수

⑧ 기하표준편차(GSD)

㉠ 작업환경측정으로 얻어지는 공기 중 유해물질의 분포는 경험적으로 대수정규분포에 가깝다. 즉 공기 중 유해물질 농도의 분포를 대수변환하였을 때 정규분포에 따른다는 특징을 가지고 있다.

㉡ 대수변환된 변화량의 평균치, 표준편차 수치를 다시 역대수화한 수치를 각각 기하평균, 기하표준편차라 하며 작업환경평가에서 평가치 계산의 기준으로 널리 사용되고 있다.

㉢ 기하표준편차값이 작을수록 유해인자 노출특성은 유사한 것으로 평가하며, 기하표준편차의 단위는 없다.

$$\log(\mathrm{GSD}) = \left[\frac{(\log X_1 - \log\mathrm{GM})^2 + (\log X_2 - \log\mathrm{GM})^2 + \cdots + (\log X_N - \log\mathrm{GM})^2}{N-1}\right]^{0.5}$$

여기서, GSD : 기하표준편차
GM : 기하평균
N : 측정치의 수
X_i : 측정치

⑨ 변이계수(CV)

㉠ 측정방법의 정밀도를 평가하는 계수이며, %로 표현되므로 측정단위와 무관하게 독립적으로 산출된다.

㉡ 통계집단의 측정값에 대한 균일성과 정밀성의 정도를 표현한 계수이다.

㉢ 단위가 서로 다른 집단이나 특성값의 상호산포도를 비교하는 데 이용될 수 있다.

㉣ 변이계수가 작을수록 자료가 평균 주위에 가깝게 분포한다는 의미이다(평균값의 크기가 0에 가까울수록 변이계수의 의미는 작아진다).

㉤ 표준편차의 수치가 평균치에 비해 몇 %가 되느냐로 나타낸다.

$$\mathrm{CV}(\%) = \frac{\text{표준편차}}{\text{평균치}} \times 100$$

(5) 자료의 분포

① 자료가 정규분포할 경우

㉠ 평균추정치는 산술평균

㉡ 변이는 표준편차

② 기하정규분포할 경우

㉠ 대표치는 기하평균

㉡ 변이는 기하표준편차

③ 기하평균, 기하표준편차 구하는 방법

㉠ 그래프로 구하는 법

ⓐ 기하평균

누적분포에서 50%에 해당하는 값

ⓑ 기하표준편차

84.1%에 해당하는 값을 50%에 해당하는 값으로 나누는 값

$$\text{GSD} = \frac{84.1\%\text{에 해당하는 값}}{50\%\text{에 해당하는 값}} = \frac{50\%\text{에 해당하는 값}}{15.9\%\text{에 해당하는 값}}$$

㉡ 계산에 의한 방법

ⓐ 기하평균

모든 자료를 대수로 변환하여 평균을 구한 값을 역대수 취해 구한 값

ⓑ 기하표준편차

모든 자료를 대수로 변환하여 표준편차를 구한 값을 역대수 취해 구한 값

Reference 측정결과의 통계처리를 위한 산포도 측정방법

1. 변량 상호 간의 차이에 의하여 측정하는 방법(평균차)
2. 평균값에 대한 변량의 편차에 의한 측정방법(변이계수)

기본개념문제 01

측정값이 17, 5, 3, 13, 8, 7, 12, 10일 때 중앙값을 구하시오.

풀이 3, 5, 7, 8, 10, 12, 13, 17

$\therefore$ 중앙값 $= \frac{8+10}{2} = 9$

기본개념문제 02

작업환경측정 결과 다음과 같을 때 산술평균, 표준편차, 기하평균, 기하표준편차를 구하시오.

[결과]

측정치(10회, ppm) : 51, 53, 61, 67, 72, 122, 75, 110, 93, 190

풀이 ① 산술평균

$$M = \frac{X_1 + X_2 + X_3 + \cdots + X_n}{N}$$

$$= \frac{51+53+61+67+72+122+75+110+93+190}{10} = 89.4\text{ppm}$$

② 표준편차

$$\text{SD} = \left[\frac{\sum_{i=1}^{N}(X_i - \overline{X})^2}{N-1}\right]^{0.5}$$

$$= \sqrt{\frac{\sum_{i=1}^{N}(X_i - \overline{X})^2}{N-1}}$$

$$= \left[\frac{\begin{array}{l}(51-89.4)^2+(53-89.4)^2+(61-89.4)^2+(67-89.4)^2+(72-89.4)^2\\ +(122-89.4)^2+(75-89.4)^2+(110-89.4)^2+(93-89.4)^2+(190-89.4)^2\end{array}}{10-1}\right]^{0.5}$$

$$= \left[\frac{16238.4}{9}\right]^{0.5} = 42.48\text{ppm}$$

③ 기하평균

$$\log(\text{GM}) = \frac{\log X_1 + \log X_2 + \cdots + \log X_n}{N}$$

$$= \frac{\log 51+\log 53+\log 61+\log 67+\log 72+\log 122+\log 75+\log 110+\log 93+\log 190}{10}$$

$$= \frac{19.15}{10}$$

$$= 1.92$$

$$\therefore \text{GM} = 10^{1.92} = 83.18\text{ppm}$$

④ 기하표준편차

$$\log(\text{GSD}) = \left[\frac{(\log X_1 - \log\text{GM})^2 + (\log X_2 - \log\text{GM})^2 + \cdots + (\log X_N - \log\text{GM})^2}{N-1}\right]^{0.5}$$

$$= \left[\frac{\begin{array}{l}(\log 51-1.92)^2+(\log 53-1.92)^2+(\log 61-1.92)^2+(\log 67-1.92)^2\\ +(\log 72-1.92)^2+(\log 122-1.92)^2+(\log 75-1.92)^2+(\log 110-1.92)^2\\ +(\log 93-1.92)^2+(\log 190-1.92)^2\end{array}}{10-1}\right]^{0.5}$$

$$= \left[\frac{0.29}{9}\right]^{0.5}$$

$$= 0.179$$

$$\therefore \text{GSD} = 10^{0.179} = 1.51$$

02 측정 결과에 대한 평가

(1) 용어

① **시료채취 및 분석오차(SAE ; Sampling and Analytical Errors)**

㉠ 측정치와 실제 농도와의 차이이며 어쩔 수 없이 발생되는 오차를 허용한다는 의미이다.

㉡ 시료채취 및 분석과정에서의 오차를 모두 포함한다(이 오차는 측정 결과가 현장시료채취와 실험실 분석만을 거치면서 발생되는 것만을 말한다).

㉢ 작업환경측정 분야에서 가장 널리 알려진 오차이다.

㉣ 엄격한 의미에서는 확률오차만을 의미하며 "1"을 기준으로 표준화된 수치로 표현된다.

㉤ SAE가 0.15라는 의미는 노출기준과 같은 정해진 수치로부터 15%의 오차를 의미하게 된다.

② **신뢰하한값(LCL)과 신뢰상한값(UCL)**

유해물질의 측정치에 대한 오차계수 의미

(2) 평가

① 측정한 유해인자의 시간가중 평균값 및 단시간 노출값을 구한다.

㉠ X_1(시간가중 평균값)

$$X_1 = \frac{C_1 \cdot T_1 + C_2 \cdot T_2 + \cdots + C_n \cdot T_n}{8}$$

여기서, C : 유해인자의 측정농도(단위 : ppm, mg/m^3 또는 개/cm^3)

T : 유해인자의 발생시간(단위 : 시간)

㉡ X_2(단시간 노출값)

STEL 허용기준이 설정되어 있는 유해인자가 작업시간 내 간헐적(단시간)으로 노출되는 경우에는 15분씩 측정하여 단시간 노출값을 구한다.

※ 단, 시료채취시간(유해인자의 발생시간)은 8시간으로 한다.

② $X_1(X_2)$를 허용기준으로 나누어 Y(표준화값)를 구한다.

$$Y(\text{표준화값}) = \frac{X_1(X_2)}{\text{허용기준}}$$

③ 95%의 신뢰도를 가진 하한치를 계산한다.

$$\text{하한치} = Y - \text{시료채취 분석오차}$$

④ 허용기준 초과 여부를 판정한다.

㉠ 하한치>1일 때 허용기준을 초과한 것으로 판정된다.

㉡ 상기 ①에서 ㉡의 값을 구한 경우 이 값이 허용기준 TWA를 초과하고 허용기준 STEL 이하인 때에는 다음 어느 하나 이상에 해당되면 허용기준을 초과한 것으로 판정한다(STEL과 TWA 값 사이일 때 노출기준 초과로 평가해야 하는 경우).

ⓐ 1회 노출지속시간이 15분 이상인 경우

ⓑ 1일 4회를 초과하여 노출되는 경우

ⓒ 각 회의 간격이 60분 미만인 경우

기본개념문제 03

어떤 물질을 분석한 결과가 다음과 같을 때 변이계수를 구하시오.

[결과] 분석값 : 0.18, 0.17, 0.17, 0.16

풀이 변이계수(CV)

$$CV(\%)=\frac{표준편차}{평균}\times 100$$

• $평균(M)=\frac{0.18+0.17+0.17+0.16}{4}=0.17$

• $표준편차(SD)=\left[\frac{(0.18-0.17)^2+(0.17-0.17)^2+(0.17-0.17^2)+(0.16-0.17)^2}{4-1}\right]^{0.5}=0.0082$

$$=\frac{0.0082}{0.17}\times 100=4.8\%$$

기본개념문제 04

근로자의 납 노출농도를 8시간 작업시간 동안 측정한 결과 0.075mg/m^{3}이었다. 고용노동부의 통계적인 평가방법에 따라 이 근로자의 노출을 평가하시오. (단, 시료채취 및 분석오차(SAE)는 0.131이고 납에 대한 고용노동부 노출기준은 0.05mg/m^{3}이다. 95% 신뢰도)

풀이 ㉠ $Y(표준화값)=\frac{X(시간가중\ 평균농도)}{허용기준}$

• X : 0.075mg/m^3

• 허용기준 : 0.05mg/m^3

$$=\frac{0.075}{0.05}=1.5$$

㉡ LCL(하한치)$=Y-$시료채취 분석오차$=1.5-0.131=1.369$

㉢ 판정 : LCL>1(1.369>1)이므로 허용기준 초과 판정

03 작업환경 유해 · 위험성 평가

(1) 개요

① 위험이 가장 큰 유해인자를 결정하는 것이며, 유해 · 위험성 평가 결과에 따라 유사노출그룹(HEG)과 유해인자가 결정된다.
② 화학물질이 유해인자인 경우 우선순위를 결정하는 요소는 화학물질의 위해성, 공기 중으로 확산 가능성, 노출 근로자 수, 물질 사용시간이다.
③ 유해인자가 본래 가지고 있는 위해성과 노출요인에 의해 결정된다.

(2) 유해인자의 노출기준을 설정 시 고려사항(산업안전보건법 시행규칙)

① 그 유해인자에 의한 건강장애에 관한 연구 및 실태조사의 결과
② 그 유해인자의 유해 · 위험성의 평가 결과
③ 그 유해인자의 노출기준 적용에 관한 기술적 타당성

(3) 유해 · 위험성 평가단계

① 유해성 확인(hazard identification)
② 용량-반응 평가(dose-response assessment)
③ 노출평가(exposure assessment)
④ 위험성 결정(risk characterization)

(4) 유해 · 위험성 평가방법

① 노출지수에 따른 평가
㉠ 노출경로는 호흡기, 피부, 소화기계를 통한 흡수를 고려하고 시간, 공간적 노출 가능성에 따라 노출지수가 결정된다.
㉡ 노출지수 결정 시 이용자료
ⓐ 과거 노출자료
ⓑ 전문가 판단
ⓒ 노출모델
- 화학물질 사용에 따른 공기 농도 확인방법
- 화학물질 증기압에 따른 최고농도 가정방법

$$\text{최고농도(ppm)} = \frac{P_c}{760} \times 10^6$$

여기서, P_c : 화학물질의 증기압(분압)

㉢ 노출지수의 구분

범 주	내 용
0	노출이 없음
1	낮은 농도에서 드물게 노출
2	낮은 농도에서 자주 노출 또는 높은 농도에서 드물게 노출
3	높은 농도에서 자주 노출
4	매우 높은 농도에서 자주 노출

② 위해성 지수에 따른 평가

범 주	내 용
0	건강상의 영향이 의심되는 경우
1	가역적인 건강상의 영향이 있는 경우
2	심각한 가역적인 건강상의 영향이 있는 경우
3	비가역적인 건강상의 영향이 있는 경우
4	생명 위협, 치명적 상해, 질병에 대한 영향이 있는 경우

③ 위해도 평가 순위

노출지수와 위해성 지수가 각각 4로 평가된 HEG는 노출평가에서 가장 우선순위로 평가하여야 하고 즉각 대책을 취하여야 한다.

(5) 증기화 위험지수(VHI)에 의한 평가

증기화 위험지수는 독성과 증발력을 고려한 지수이다. 화학물질의 평가 우선순위를 결정하기 위해서는 VHI에다 노출근로자 수 및 노출시간을 고려해야 한다.

$$\mathrm{VHI} = \log\left(\frac{C}{\mathrm{TLV}}\right)$$

여기서, VHI : 증기화 위험지수(포텐도르프가 제안)

TLV : 노출기준

C : 포화농도(최고농도 : 대기압과 해당 물질 증기압 이용하여 계산)

이때, $\dfrac{C}{\mathrm{TLV}}$: VHR(Vaper Hazard Ratio)

(6) 위해성 평가에 영향을 미치는 요인

① 유해인자의 위해성

② 유해인자에 노출되는 근로자 수

③ 노출되는 시간 및 공간적인 특성과 빈도

기본개념문제 05

분압(증기압)이 3.0mmHg인 물질이 공기 중에서 도달할 수 있는 최고농도(포화농도, ppm)는?

풀이 $\text{최고농도(ppm)} = \dfrac{\text{화학물질의 증기압}}{760} \times 10^6 = \dfrac{3.0}{760} \times 10^6 = 3{,}947.37\text{ppm}$

만일, 문제에서 %로 답을 요구하면, $\dfrac{3.0}{760} \times 10^2 = 0.39\%$

기본개념문제 06

hexane의 부분압이 100mmHg(OEL 500ppm)이었을 때 VHR_{Hexane}은?

풀이 $VHR_{Hexane} = \dfrac{C}{TLV} = \dfrac{\left(\dfrac{100}{760}\right) \times 10^6}{500} = 263.16$

기본개념문제 07

특정 상황에서는 측정기구 없이 수학적인 모델링 또는 공식을 이용하여 공기 중 해당 물질의 농도를 추정할 수 있다. 온도가 25℃(1기압)인 밀폐된 공간에서 수은증기가 포화상태에 도달했을 때 공기 중 수은의 농도(mg/m^3)는? [단, 수은(원자량 201)의 증기압은 25℃, 1기압에서 0.002mmHg이다.]

풀이 $\text{포화농도(ppm)} = \dfrac{0.002}{760} \times 10^6 = 2.63\text{ppm}$

$\text{포화농도}(mg/m^3) = 2.63\text{ppm}\,(mL/m^3) \times \dfrac{201mg}{24.45mL} = 21.63mg/m^3$

기본개념문제 08

수은(알킬수은 제외)의 노출기준은 $0.05mg/m^3$이고, 증기압은 0.0018mmHg인 경우, VHR은? (단, 25℃ 1기압 기준, 수은 원자량 200.59)

풀이 $VHR = \dfrac{C}{TLV} = \dfrac{\left(\dfrac{0.0018mmHg}{760mmHg} \times 10^6\right)}{\left(0.05mg/m^3 \times \dfrac{24.45mL}{200.59mg}\right)} = 388.61$

작업환경측정 및 정도관리 등에 관한 고시(고용노동부 고시)

✏ 시험에 반영률이 다소 높으므로 필독을 요함!

제1편 통칙

제2조(정의)

1. 액체채취방법
   시료공기를 액체 중에 통과시키거나 액체의 표면과 접촉시켜 용해 · 반응 · 흡수 · 충돌 등을 일으키게 하여 해당 액체에 작업환경측정(이하 '측정'이라 한다)을 하려는 물질을 채취하는 방법을 말한다.
2. 고체채취방법
   시료공기를 고체의 입자층을 통해 흡입 · 흡착하여 당해 고체입자에 측정하고자 하는 물질을 채취하는 방법을 말한다.
3. 직접채취방법
   시료공기를 흡수, 흡착 등의 과정을 거치지 아니하고 직접 채취대 또는 진공채취병 등의 채취용기에 물질을 채취하는 방법을 말한다.
4. 냉각응축채취방법
   시료공기를 냉각된 관 등에 접촉 응축시켜 측정하고자 하는 물질을 채취하는 방법을 말한다.
5. 여과채취방법
   시료공기를 여과재를 통하여 흡인함으로써 당해 여과재에 측정하고자 하는 물질을 채취하는 방법을 말한다.
6. 개인시료채취
   개인시료채취기를 이용하여 가스 · 증기 · 분진 · 흄(fume) · 미스트(mist) 등을 근로자의 호흡위치(호흡기를 중심으로 반경 30cm인 반구)에서 채취하는 것을 말한다.
7. 지역시료채취
   시료채취기를 이용하여 가스 · 증기 · 분진 · 흄(fume) · 미스트(mist) 등을 근로자의 작업 행동범위에서 호흡기 높이에 고정하여 채취하는 것을 말한다.
8. 노출기준
   작업환경평가기준을 말한다.

9. 최고노출근로자
   작업환경측정대상 유해인자의 발생 및 취급원에서 가장 가까운 위치의 근로자이거나 작업환경측정대상 유해인자에 가장 많이 노출될 것으로 간주되는 근로자를 말한다.
10. 단위작업장소
   작업환경측정대상이 되는 작업장 또는 공정에서 정상적인 작업을 수행하는 동일노출집단의 근로자가 작업을 행하는 장소를 말한다.
11. 호흡성 분진
   호흡기를 통하여 폐포에 축적될 수 있는 크기의 분진을 말한다.
12. 흡입성 분진
   호흡기의 어느 부위에 침착하더라도 독성을 일으키는 분진을 말한다.
13. 입자상 물질
   화학적 인자가 공기 중으로 분진 · 흄(fume) · 미스트(mist) 등의 형태로 발생되는 물질을 말한다.
14. 가스상 물질
   화학적 인자가 공기 중으로 가스 · 증기의 형태로 발생되는 물질을 말한다.
15. 정도관리
   작업환경 측정 · 분석치에 대한 정확도와 정밀도를 확보하기 위하여 통계적 처리를 통한 일정한 신뢰한계 내에서 측정 · 분석치를 평가하고, 그 결과에 따라 지도 및 교육, 기타 측정 · 분석 능력 향상을 위하여 행하는 모든 관리적 수단을 말한다.
16. 정확도
   분석치가 참값에 얼마나 접근하였는가 하는 수치상의 표현이다.
17. 정밀도
   일정한 물질에 대해 반복 측정 · 분석을 했을 때 나타나는 자료 분석치의 변동 크기가 얼마나 작은가 하는 수치상의 표현이다.

Reference 정도관리(미국산업위생학회)의 정의

정도관리는 정확도와 정밀도의 크기를 알고 그것이 수용할 만한 분석결과를 확보할 수 있는 작동적 절차를 포함하는 것이다.

제 2 편 작업환경측정

제 1 장 작업환경측정 시기 등

제4조(측정실시 시기 및 기간)

① 측정 시기는 전회(前回) 측정을 완료한 날부터 다음 각 호에서 정하는 간격을 두어야 한다.

1. 측정 횟수가 6월에 1회 이상인 경우 3월 이상
2. 측정 횟수가 3월에 1회 이상인 경우 45일 이상
3. 측정 횟수가 1년에 1회 이상인 경우 6월 이상

② 사업주는 사업장 위탁측정기관에 의하여 측정을 실시할 경우 그 측정실시 소요기간에 대하여는 예비조사 결과에 따라 사업장 위탁측정기관과 협의 · 결정하여야 한다.

제4조의 2(측정대상의 제외)

"작업환경측정대상 유해인자의 노출수준이 노출기준에 비하여 현저히 낮은 경우로서 고용노동부장관이 정하여 고시하는 작업장"이라 함은 「석유 및 석유대체연료사업법 시행령」에 의한 주유소를 말한다. 다만, 다음 각 호의 어느 하나에 해당하는 경우에는 1개월 이내에 측정을 실시하여야 한다.

1. 근로자 건강진단 실시결과 직업병유소견자 또는 직업성 질병자가 발생한 경우
2. 근로자대표가 요구하는 경우로서 산업위생전문가가 필요하다고 판단한 경우
3. 그 밖에 지방노동관서장이 필요하다고 인정하여 명령한 경우

제6조의 2(측정시료의 분석 의뢰)

사업장 자체측정기관과 작업환경측정자는 측정한 시료의 분석을 사업장 위탁측정기관에 의뢰할 수 있다.

제 2 장 작업환경측정기관의 지정

제 1 절 신청 및 지정

제7조(사업장 위탁측정기관의 수 · 담당지역 등)

① 지방고용노동관서의 장이 지정할 수 있는 사업장 위탁측정기관의 수는 2개 이상을 원칙으로 하며, 사업장 위탁측정기관의 담당지역을 관내의 측정대상 사업장 수, 업종 등을 고려하여 정할 수 있다. 제②항의 규정에 의한 추가지정의 경우에도 또한 같다.

② 제①항의 규정에 의하여 이미 지정받은 측정기관이 타 지방고용노동관서에서 추가지정을 받으려면 지정측정기관 지정신청서의 소재지 기재란 여백에 추가지정을 받고자 하는 지방노동관서 관내에서 측정하고자 하는 사업장 수(이하 '측정대상 사업장 수'라 한다)를 기재하여 신청하여야 한다. 다만, 다른 지방고용노동관서의 추가지정은 최초 지정한 지방고용노동관서를 포함하여 4개 지방고용노동관서를 초과하지 못한다.

③ 제②항의 규정에 의하여 지방고용노동관서의 장이 추가지정을 하고자 하는 경우에는 그 측정기관을 최초로 지정한 지방고용노동관서에 지정사항을 확인하고, 측정대상 사업장 수 및 측정한계 등을 확인하여야 한다.

④ 지방노동관서의 장은 측정기관을 지정(변경, 취소, 반납 등을 포함)한 경우 관련 내용을 고용노동부 전산시스템에 입력하고, 지속적으로 관리하여야 한다.

제9조(측정지역에 대한 특례)

① 지방고용노동관서의 장은 다음 각 호의 어느 하나에 해당하는 경우에는 지정지역에 관계없이 측정을 실시하도록 할 수 있다.

1. 유해인자별 · 업종별 작업환경 전문연구기관이 해당 사업장을 측정하는 경우(필수장비로 측정 불가능한 유해인자에 대하여 지정받은 기관에 한한다)
2. 사업장 위탁측정기관의 지정취소 · 일시업무정지 등의 사유로 관내의 사업장 위탁측정기관만으로는 관내 사업장에 대한 원활한 측정실시가 어렵다고 판단한 지방노동관서장의 요청이 있는 경우로서 측정기관으로 최초로 지정한 지방고용노동관서의 장이 이를 승인한 경우
3. 사업주가 노 · 사 합의로 관내 사업장 위탁측정기관 이외의 측정기관에서 측정을 받고자 관할 지방고용노동관서의 장에게 신고한 경우

② 관할지역 외에서의 측정을 하는 경우 당해 사업장 위탁 측정기관을 최초 지정한 지방노동관서의 장은 지정지역 내의 측정대상 사업장에 대한 측정에 지장이 초래되지 않도록 지도 감독하여야 한다.

제10조(사업장 자체측정기관의 관리)

① 지방노동관서의 장이 사업장 자체측정기관을 지정한 경우에는 지정한 날부터 10일 이내에 지정내용을 사업장 자체측정기관의 측정대상 사업장을 관할하는 지방고용노동관서의 장에게 통보하여야 한다.

② 지방고용노동관서의 장은 사업장 자체측정기관이 측정하는 사업장이 작업공정변경 등에 의하여 유해인자가 추가 또는 변경되는 때에는 그에 따른 시설 · 장비 요건의 보완을 명하는 등 지도 · 감독하여야 한다.

③ 제②항의 명령에 응하지 아니한 사업장 자체측정기관은 추가 또는 변경된 유해인자에 대한 측정을 실시할 수 없다.

제 2 절 지정의 취소 등

제12조(행정처분 등 결과보고)

지방고용노동관서의 장은 지정측정기관의 지정 등과 관련하여 다음 각 호의 하나에 해당하는 사유가 발생한 경우에는 그 사유발생일부터 10일 이내에 고용노동부장관에게 보고하여야 한다.

1. 지정측정기관을 지정한 경우
2. 지정측정기관에 대하여 지정취소 또는 업무정지 등 행정처분을 행한 경우
3. 지정측정기관이 휴업 또는 폐업한 경우
4. 지정측정기관의 기관명, 소재지, 대표자 또는 측정한계 등 지정사항의 변경이 있는 경우

제13조(지정측정기관 점검)

① 지정측정기관을 최초 지정한 지방고용노동관서의 장은 지정측정기관에 대하여 인력, 시설 및 장비 기준 등 지정요건과 작업환경측정 업무실태를 매년 1월 중에 정기적으로 점검하여야 한다. 다만, 지정측정기관이 타 지방고용노동관서의 관할지역에 소재하는 경우에는 소재지 관할 지방고용노동관서의 장에게 동 점검을 의뢰할 수 있다.

② 지방고용노동관서의 장은 다음 각 호의 경우 제①항의 정기점검 외에 해당 측정기관에 대하여 수시점검을 실시할 수 있다.

1. 부실측정과 관련한 민원이 발생한 경우
2. 작업환경측정 신뢰성 평가결과 지정측정기관의 업무수행에 중대한 문제가 있다고 인정하는 경우
3. 그 밖에 지방고용노동관서의 장이 필요하다고 인정하는 경우

③ 지방고용노동관서의 장은 평가등급이 우수한 평가대상기관에 대해서는 정기점검을 면제할 수 있다.

Reference 작업환경측정기관의 취소

작업환경측정기관의 지정이 취소된 경우 지정이 취소된 날부터 2년 이내에 관련 기관으로 지정받을 수 없다.

제 3 장 유해인자별 및 업종별 작업환경 전문연구기관

제14조(유해인자별 · 업종별 작업환경 전문연구기관의 지정신청 및 지정 등)

① 고용노동부장관은 작업환경 전문연구기관을 다음 각 호의 구분에 따라 지정할 수 있다.

1. 유해인자별 전문연구기관 : 작업환경측정대상 유해인자 또는 그 밖의 새로운 유해인자에 대한 전문연구 수행
2. 업종별 전문연구기관 : 복합적이고 다양한 유해인자가 발생하는 업종이나 특수한 작업환경을 가진 업종에 대한 전문연구 수행

② 고용노동부장관은 전문연구기관을 지정하고자 하는 경우 매년 12월 말까지 홈페이지 등을 통해 이를 공고하여야 한다. 이 경우 고용노동부장관은 전문연구가 필요한 특정 유해인자나 업종을 정하여 공고할 수 있다.

③ 전문연구기관으로 지정받고자 하는 기관은 신청서에 작업환경측정기관지정서, 사업계획서 등을 첨부하여 매년 2월 말까지 고용노동부장관에게 제출하여야 한다.

④ 고용노동부장관은 매년 3월 말까지 전문연구기관 신청서 등을 심사하여 지정여부를 결정하고 그 결과를 해당 기관에 통보하여야 한다. 이때 고용노동부장관은 사업계획의 타당성과 연구결과의 활동가능성, 신청기관의 전문성 등을 심사하기 위해 한국산업안전보건공단 및 한국산업보건학회 소속의 전문가를 참여시킬 수 있다.

제 4 장 작업환경측정방법

제 1 절 측정방법 및 단위

제17조(예비조사 및 측정계획서의 작성)

① 예비조사를 실시하는 경우 측정계획서 포함사항

1. 원재료의 투입과정부터 최종 제품 생산공정까지의 주요 공정 도식
2. 해당 공정별 작업내용, 측정대상 공정 및 공정별 화학물질 사용실태 및 그 밖에 이와 관련된 운전조건 등을 고려한 유해인자 노출 가능성
3. 측정대상 유해인자, 유해인자 발생주기, 종사근로자 현황
4. 유해인자별 측정방법 및 측정소요기간 등 필요한 사항

② 측정기관이 전회측정을 실시한 사업장으로서 공정 및 취급인자 변동이 없는 경우에는 서류상의 예비조사만을 실시할 수 있다.

제18조(노출기준의 종류별 측정시간)

① 「화학물질 및 물리적 인자의 노출기준(고용노동부 고시, 이하 '노출기준 고시'라 한다)」에 시간가중 평균기준(TWA)이 설정되어 있는 대상 물질을 측정하는 경우에는 1일 작업시간 동안 6시간 이상 연속 측정하거나 작업시간을 등간격으로 나누어 6시간 이상 연속 분리하여 측정하여야 한다.

다만, 다음 각 호의 경우에는 대상 물질의 발생시간 동안 측정할 수 있다.

1. 대상 물질의 발생시간이 6시간 이하인 경우
2. 불규칙작업으로 6시간 이하의 작업
3. 발생원에서의 발생시간이 간헐적인 경우

② 노출기준 고시에 단시간 노출기준(STEL)이 설정되어 있는 물질로서 작업특성상 노출이 균일하여 단시간 노출평가가 필요하다고 자격자(작업환경측정의 자격을 가진 자를 말한다. 이하 '자격자'라 한다) 또는 지정측정기관이 판단하는 경우에는 제①항의 측정에 추가하여 단시간 측정을 할 수 있다. 이 경우 1회에 15분간 측정하되 유해인자 노출특성을 고려하여 측정횟수를 정할 수 있다.

③ 노출기준 고시에 최고노출기준(Ceiling, C)이 설정되어 있는 대상 물질을 측정하는 경우엔 최고노출수준을 평가할 수 있는 최소한의 시간 동안 측정하여야 한다.

다만, 시간가중 평가기준(TWA)이 함께 설정되어 있는 경우에는 제①항에 따른 측정을 병행해야 한다.

제19조(시료채취 근로자 수)

① 단위작업장소에서 최고 노출근로자 2명 이상에 대하여 동시에 개인시료방법으로 측정하되, 단위작업장소에 근로자가 1명인 경우에는 그러하지 아니하며, 동일 작업근로자 수가 10명을 초과하는 경우에는 매 5명당 1명 이상 추가하여 측정하여야 한다.

다만, 동일 작업근로자 수가 100명을 초과하는 경우에는 최대 시료채취근로자 수를 20명으로 조정할 수 있다.

② 지역시료채취방법으로 측정을 하는 경우 단위작업장소 내에서 2개 이상의 지점에 대하여 동시에 측정하여야 한다.
다만, 단위작업장소의 넓이가 50평방미터 이상인 경우에는 매 30평방미터마다 1개 지점 이상을 추가로 측정하여야 한다.

제20조(단위)

① 화학적 인자의 가스, 증기, 분진, 흄(fume), 미스트(mist) 등의 농도는 피피엠(ppm) 또는 세제곱미터당 밀리그램(mg/m^3)으로 표시한다.
다만, 석면의 농도 표시는 세제곱센티미터당 섬유 개수(개/cm^3)로 표시한다.

② 피피엠(ppm)과 세제곱미터당 밀리그램(mg/m^3) 간의 상호 농도 변환은 다음의 식에 의한다.

$$\text{노출기준}(mg/m^3) = \frac{\text{노출기준}(ppm) \times \text{그램 분자량}}{24.45(25℃,\ 1\text{기압})}$$

③ 소음수준의 측정단위는 데시벨[dB(A)]로 표시한다.

④ 고열(복사열 포함)의 측정단위는 습구흑구온도지수(WBGT)를 구하여 섭씨온도(℃)로 표시한다.

Reference mppcf(million particle per cubic feet)

1. 분진의 질이나 양과는 관계없이 단위공기 중에 들어있는 분자량
2. 우리나라는 공기 mL 속에 분자 수로 표시하고, 미국의 경우는 $1ft^3$당 몇백만 개 mppcf로 사용
3. 1mppcf=35.31입자(개)/mL=35.31입자(개)/cm^3
4. OSHA 노출기준(PEL) 중 mica와 graphite는 mppcf로 표시

제 2 절 입자상 물질

제21조(측정 및 분석방법)

입자상 물질에 대한 측정은 다음 각 호의 방법에 의하여야 한다.

1. 석면의 농도는 여과채취방법에 의한 계수방법 또는 이와 동등 이상의 분석방법으로 측정할 것
2. 광물성 분진은 여과채취방법에 의하여 석영, 크리스토바라이트, 트리디마이트를 분석할 수 있는 적합한 분석방법으로 측정한다. 다만, 규산염과 기타 광물성 분진은 중량분석방법으로 측정할 것
3. 용접흄은 여과채취방법으로 하되 용접보안면을 착용한 경우에는 그 내부에서 채취하고 중량분석방법과 원자흡광분광계 또는 유도결합플라스마를 이용한 분석방법으로 측정할 것

4. 석면, 광물성 분진 및 용접흄을 제외한 입자상 물질은 여과채취방법에 의한 중량분석방법이나 유해물질 종류에 따른 적합한 분석방법으로 측정할 것
5. 호흡성 분진은 호흡성 분진용 분립장치 또는 호흡성 분진을 채취할 수 있는 기기를 이용한 여과채취방법으로 측정할 것
6. 흡입성 분진은 흡입성 분진용 분립장치 또는 흡입성 분진을 채취할 수 있는 기기를 이용한 여과채취방법으로 측정할 것

제22조(측정위치)

1. 개인시료채취방법으로 작업환경측정을 하는 경우에는 측정기기를 작업근로자의 호흡기 위치에 장착하여야 한다.
2. 지역시료채취방법의 경우에는 측정기기를 발생원의 근접한 위치 또는 작업근로자의 주 작업행동범위의 작업근로자 호흡기 높이에 설치하여야 한다.

제22조의 2(측정시간 등)

입자상 물질을 측정하는 경우 측정시간은 제18조의 규정을 준용한다.

제 3 절 가스상 물질

제23조(측정 및 분석 방법)

① 가스상 물질의 측정은 개인시료채취기 또는 이와 동등 이상의 특성을 가진 측정기기를 사용하여, 채취방법에 따라 시료를 채취한 후 원자흡광분석, 가스 크로마토그래프 분석 또는 이와 동등 이상의 분석방법으로 정량 분석하여야 한다.

제24조(측정위치 및 측정시간 등)

가스상 물질의 측정위치, 측정시간 등은 제22조 및 제22조의 2의 규정을 준용한다.

제25조(검지관방식의 측정)

① 제23조 및 제24조의 규정에도 불구하고 다음 각 호의 어느 하나에 해당하는 경우에는 검지관방식으로 측정할 수 있다.
   1. 예비조사 목적인 경우
   2. 검지관방식 외에 다른 측정방법이 없는 경우
   3. 발생하는 가스상 물질이 단일물질인 경우. 다만, 자격자가 측정하는 사업장에 한한다.

② 자격자가 해당 사업장에 대하여 검지관방식으로 측정을 하는 경우 사업주는 2년에 1회 이상 사업장 위탁측정기관에 의뢰하여 제23조 및 제24조에 따른 방법으로 측정을 하여야 한다.

③ 검지관방식의 측정결과가 노출기준을 초과하는 것으로 나타난 경우에는 즉시 제23조 및 제24조에 따른 방법으로 재측정하여야 하며, 해당 사업장에 대하여는 측정치가 노출기준 이하로 나타날 때까지는 검지관방식으로 측정할 수 없다.

④ 검지관방식으로 측정하는 경우에는 해당 작업근로자의 호흡기 및 가스상 물질 발생원에 근접한 위치 또는 근로자 작업행동범위의 주 작업위치에서 근로자 호흡기 높이에서 측정하여야 한다.

⑤ 검지관방식으로 측정하는 경우에는 1일 작업시간 동안 1시간 간격으로 6회 이상 측정하되 측정시간마다 2회 이상 반복 측정하여 평균값을 산출하여야 한다.
다만, 가스상 물질의 발생시간이 6시간 이내일 때에는 작업시간 동안 1시간 간격으로 나누어 측정하여야 한다.

제 4 절 소 음

제26조(측정방법)

1. 측정에 사용되는 기기(이하 '소음계'라 한다)는 누적소음노출량 측정기, 적분형 소음계 또는 이와 동등 이상의 성능이 있는 것으로 하되 개인시료채취방법이 불가능한 경우에는 지시소음계를 사용할 수 있으며, 발생시간을 고려한 등가소음레벨방법으로 측정하여야 한다. 다만, 소음발생 간격이 1초 미만을 유지하면서 계속적으로 발생되는 소음(이하 '연속음'이라 한다)을 지시소음계 또는 이와 동등 이상의 성능이 있는 기기로 측정할 경우에는 그러하지 아니할 수 있다.
2. 소음계의 청감보정회로는 A특성으로 행하여야 한다.
3. 제1호 단서규정에 의한 소음측정은 다음과 같이 행하여야 한다.
   가. 소음계 지시침의 동작은 느린(slow) 상태로 한다.
   나. 소음계의 지시치가 변동하지 않는 경우에는 당해 지시치를 그 측정점에서의 소음수준으로 한다.
4. 누적소음노출량 측정기로 소음을 측정하는 경우에는 criteria=90dB, exchange rate=5dB, threshold=80dB로 기기설정을 하여야 한다.
5. 소음이 1초 이상의 간격을 유지하면서 최대음압수준이 120dB(A) 이상의 소음(이하 '충격소음'이라 한다)인 경우에는 소음수준에 따른 1분 동안의 발생횟수를 측정하여야 한다.

제27조(측정위치)

① 개인시료채취방법으로 작업환경측정을 하는 경우에는 소음측정기의 센서부분을 작업근로자의 귀 위치(귀를 중심으로 반경 30cm인 반구)에 장착하여야 한다.

② 지역시료채취방법의 경우에는 소음측정기를 측정대상이 되는 근로자의 주 작업행동범위의 작업근로자 귀 높이에 설치하여야 한다.

제28조(측정시간)

① 단위작업장소에서 소음수준은 규정된 측정위치 및 지점에서 1일 작업시간 동안 6시간 이상 연속 측정하거나 작업시간을 1시간 간격으로 나누어 6회 이상 측정하여야 한다.
다만, 소음의 발생특성이 연속음으로서 측정치가 변동이 없다고 자격자 또는 지정측정기관이 판단한 경우에는 1시간 동안을 등 간격으로 나누어 3회 이상 측정할 수 있다.

② 단위작업장소에서의 소음발생시간이 6시간 이내인 경우나 소음발생원에서의 발생시간이 간헐적인 경우에는 발생시간 동안 연속 측정하거나 등간격으로 나누어 4회 이상 측정하여야 한다.

제 5 절 고 열

제30조(측정기기)

고열은 습구흑구온도지수(WBGT)를 측정할 수 있는 기기 또는 이와 동등 이상의 성능을 가진 기기를 사용한다.

제31조(측정방법)

1. 측정은 단위작업장소에서 측정대상이 되는 근로자의 주작업위치에서 측정한다.
2. 측정기의 위치는 바닥면으로부터 50센티미터 이상, 150센티미터 이하의 위치에서 측정한다.
3. 측정기를 설치한 후 충분히 안정화시킨 상태에서 1일 작업시간 중 가장 높은 고열에 노출되는 시간을 10분 간격으로 연속하여 측정한다.

제 6 절 평가 및 작업환경측정 결과보고

제34조(입자상 물질 농도)

① 측정한 입자상 물질 농도는 8시간 작업 시의 평균농도로 한다. 다만, 6시간 이상 연속 측정한 경우에 있어 측정하지 아니한 나머지 작업시간 동안의 입자상 물질 발생이 측정기간보다 현저하게 낮거나 입자상 물질이 발생하지 않은 경우에는 측정시간 동안의 농도를 8시간 시간가중 평균하여 8시간 작업 시의 평균농도로 한다.

② 1일 작업시간 동안 6시간 이내 측정을 한 경우의 입자상 물질 농도는 측정시간 동안의 시간가중 평균치를 산출하여 그 기간 동안의 평균농도로 하고 이를 8시간 시간가중 평균하여 8시간 작업 시의 평균농도로 한다.

③ 1일 작업시간이 8시간을 초과하는 경우에는 다음의 식에 따라 보정노출기준을 산출한 후 측정농도와 비교하여 평가하여야 한다.

$$\text{보정노출기준(1일간 기준)} = \text{8시간 노출기준} \times \frac{8}{h}$$

여기서, h : 노출시간/일

④ 제18조 제②항 또는 제③항에 따른 측정을 한 경우에는 측정시간 동안의 농도를 해당 노출기준과 직접 비교 평가하여야 한다.

다만, 2회 이상 측정한 단시간 노출농도값이 단시간 노출기준과 시간가중 평균기준값 사이의 경우로서 다음 각 호의 어느 하나의 경우에는 노출기준 초과로 평가하여야 한다.

1. 15분 이상 연속 노출되는 경우
2. 노출과 노출 사이의 간격이 1시간 이내인 경우
3. 1일 4회를 초과하는 경우

제36조(소음수준의 평가)

① 1일 작업시간 동안 연속 측정하거나 작업시간을 1시간 간격으로 나누어 6회 이상 소음수준을 측정한 경우에는 이를 평균하여 8시간 작업 시의 평균소음수준으로 한다(제34조 제①항 단서의 규정은 이 경우에도 이를 준용한다).
다만, 제28조 제①항 단서규정에 의하여 측정한 경우에는 이를 평균하여 8시간 작업 시의 평균소음수준으로 한다.

② 제28조 제②항의 규정에 의하여 측정한 경우에는 이를 평균하여 그 기간 동안의 평균소음수준으로 하고 이를 1일 노출시간과 소음강도를 측정하여 등가소음레벨방법으로 평가한다.

③ 지시소음계로 측정하여 등가소음레벨방법을 적용할 경우에는 다음의 식에 따라 산출한 값을 기준으로 평가하여야 한다.

$$\text{Leq[dB(A)]} = 16.61 \log \frac{n_1 \times 10^{\frac{LA_1}{16.61}} + n_2 \times 10^{\frac{LA_2}{16.61}} + n_N \times 10^{\frac{LA_N}{16.61}}}{\text{각 소음레벨측정치의 발생시간 합}}$$

여기서, LA : 각 소음레벨의 측정치[dB(A)]
n : 각 소음레벨측정치의 발생시간(분)

④ 단위작업장소에서 소음의 강도가 불규칙적으로 변동하는 소음 등을 누적소음노출량 측정기로 측정하여 노출량으로 산출되었을 경우에는 시간가중 평균소음수준으로 환산하여야 한다. 다만, 누적소음노출량 측정기에 의한 노출량 산출치가 별표에 주어진 값보다 작거나 크면 시간가중 평균소음은 다음의 식에 따라 산출한 값을 기준으로 평가할 수 있다.

$$\text{TWA} = 16.61 \log\left(\frac{D}{100}\right) + 90$$

여기서, TWA : 시간가중 평균소음수준[dB(A)]
D : 누적소음노출량(%)

⑤ 1일 작업시간이 8시간을 초과하는 경우에는 다음 계산식에 따라 보정노출기준을 산출한 후 측정치와 비교하여 평가하여야 한다.

$$\text{소음의 보정노출기준[dB(A)]} = 16.61 \log\left(\frac{100}{12.5 \times h}\right) + 90$$

여기서, h : 노출시간/일

제39조(작업환경측정 결과표의 보고)

① 사업장 위탁측정기관이 작업환경측정을 실시하였을 때에는 측정을 완료한 날부터 30일 이내에 작업환경측정 결과표 2부를 작성하여 1부는 사업장 위탁측정기관이 보관하고, 1부는 사업주에게 송부하여야 한다.

② 전자적 방법이란 한국산업안전보건공단이 고용노동부장관의 승인을 받아 제공하는 전산 프로그램이나 이와 호환이 되는 프로그램에 측정결과를 입력하는 것을 말하며, 지정측정기관이 이 프로그램에 작업환경측정 결과를 입력하여 공단에 송부함으로써 사업주가 지방고용노동관서에 제출한 것으로 본다.

③ 사업주는 작업환경측정 결과 노출기준을 초과한 경우에는 작업환경측정 결과보고서에 개선계획서 또는 개선을 증명할 수 있는 서류를 첨부하여 제출하여야 한다.

④ 시료채취를 마친 날부터 30일 이내에 보고하는 것이 어려운 사업주 또는 지정측정기관은 다음 각 호의 내용이 포함된 지연사유서를 작성하여 지방고용노동관서의 장에게 제출하면 30일의 범위에서 제출기간을 연장할 수 있다.

1. 측정기관 정보(사업장명 또는 작업환경측정기관명, 소재지, 전화번호)
2. 측정대상 사업장 정보(사업장명, 소재지, 전화번호)
3. 측정일
4. 지연사유
5. 제출자(기관) 직인
6. 지연사유를 증명할 수 있는 첨부서류

제40조(작업환경측정 결과의 알림 등)

① 사업주는 작업환경측정 결과를 다음 각 호의 어느 하나에 방법으로 당해 사업장 근로자에게 알려야 하며, 근로자대표가 작업환경측정 결과나 평가내용의 통지를 요청하는 경우에는 성실히 응하여야 한다.

1. 사업장 내의 게시판에 부착하는 방법
2. 사보에 게재하는 방법
3. 자체정례조회 시 집합교육에 의한 방법
4. 해당 근로자들이 작업환경측정 결과를 알 수 있는 방법

② 사업주는 산업안전보건위원회 또는 근로자대표가 작업환경측정 결과에 대한 설명회 개최의 요구가 있는 경우에는 측정기관으로부터 결과를 통보받은 날로부터 10일 이내에 설명회를 실시하여야 한다.

③ 사업주는 당해 사업장의 근로자에 대한 건강관리를 위해 특수건강진단기관 등에서 작업환경측정의 결과를 요청할 때에는 이에 협조하여야 한다.

제41조(작업환경측정 결과에 대한 검토)

① 지방고용노동관서의 장은 제39조 제②항에 따라 제출받은 작업환경측정 결과표에 또는 제39조 제③항에 따라 사업주로부터 제출받은 작업환경측정 결과보고서에 대하여 다음 각 호의 사항을 공단에 검토 의뢰할 수 있다.

1. 내용의 정확성 여부
2. 측정의 적정 실시 여부
3. 측정의 누락 여부
4. 측정 결과에 대한 개선의견의 적정 여부
5. 그 밖에 측정과 관련하여 해당 사업장에 대하여 필요한 조치에 관한 사항

② 공단은 제①항에 따른 검토의뢰를 받은 때에는 지체 없이 관련 내용을 검토하여 그 의견을 해당 고용노동관서의 장에게 통보하여야 한다.

제 3 편 작업환경측정에 관한 정도관리

제 1 장 적용범위 및 조직 · 기능

제48조(적용범위)

제3편의 규정은 지정측정기관, 유해인자별 및 업종별 작업환경전문연구기관(이하 '대상 기관'이라 한다)에 적용한다.

다만, 정도관리에 참여를 희망하는 기관 · 단체 및 사업장에 대하여도 적용할 수 있다.

제49조(실시기관)

① 이 규정에 의한 정도관리실시기관(이하 '실시기관'이라 한다)은 산업안전보건공단 산업안전보건연구원(이하 '연구원'이라 한다)으로 한다.

② 연구원은 연간 세부계획을 수립하여 대상 기관에 대한 정도관리를 실시하고, 그 결과에 대한 평가 및 사후관리를 하여야 한다.

③ 연구원은 정도관리를 위하여 국제적으로 공신력이 있는 정도관리기구에 가입하여야 한다.

제50조(실시기관의 업무)

1. 정도관리 운영계획의 수립
2. 분석방법의 표준화 도모
3. 관리기준 설정
4. 정도관리용 시료 조제 및 분배

5. 정도관리용 시료분석
6. 분석시료의 객관적인 분석능력 평가
7. 기관 간 분석자료 수집 및 결과 통보
8. 시료의 교환 및 분석
9. 정도관리 운영계획에 필요한 서식 작성
10. 대상 기관에 대한 교육
11. 기타 정도관리에 필요한 사항

제51조(정도관리운영위원회의 구성)

① 실시기관은 대상 기관에 대한 효율적 정도관리를 위하여 정도관리운영위원회(이하 '운영위원회'라 한다)를 구성 · 운영하여야 한다.

② 정도관리운영위원회는 위원장을 포함하여 10명 이내의 위원으로 구성한다.

③ 위원장은 연구원장으로 한다.

④ 위원은 위원장이 위촉하되, 연구원 및 한국산업위생학회에서 추천하는 위원이 각각 3명 이상이 되도록 하여야 한다.

제52조(운영위원회의 기능)

1. 정도관리 표준시료의 농도 결정
2. 정도관리 표준시료의 조제방법
3. 정도관리제도의 평가방법 및 결과처리
4. 정도관리에 필요한 교육
5. 정도관리에 필요한 시료분석
6. 연구원장이 정하는 사항
7. 기타 정도관리운영에 필요한 사항

제53조(운영위원회 회의개최)

정도관리운영위원회는 정도관리에 관한 회의를 연 1회 이상 정기 개최하여야 하며, 위원장이 필요하다고 인정하는 경우에는 임시회의를 수시 개최할 수 있다.

제54조(실무위원회의 구성)

① 정도관리운영위원장은 위원회를 효율적으로 운영하기 위하여 정도관리실무위원회를 두어야 한다.

② 정도관리실무위원회는 연구원 및 한국산업위생학회가 추천하는 전문가 3명 이상 5명 이하의 위원으로 구성한다.

제55조(정도관리실무위원회의 기능)

1. 정도관리 세부일정 수립
2. 정도관리 기준시료 조제
3. 정도관리 분석시료에 대한 평가
4. 정도관리 결과에 대한 검토
5. 정도관리운영위원회에서 결정된 사항
6. 기타 정도관리 세부시행에 필요한 사항

제 2 장 정도관리 실시

제56조(실시시기 및 구분)

① 정도관리는 정기정도관리와 특별정도관리로 구분한다.

1. 정기정도관리는 분석자의 분석능력을 평가하기 위해 실시하는 정도관리로서 연 1회 이상 다음 각 목의 구분에 따라 실시하는 것을 말한다.
   가. 기본분야 : 기본적인 유기화합물과 금속류에 대한 분석능력을 평가
   나. 자율분야 : 특수한 유해인자에 대한 분석능력을 평가
2. 특별정도관리는 다음 각 목의 어느 하나에 해당하는 경우 실시하는 것을 말한다.
   가. 작업환경측정기관으로 지정받고자 하는 경우
   나. 직전 정기정도관리에 불합격한 경우
   다. 대상기관이 부실측정과 관련한 민원을 야기하는 등 운영위원회에서 특별정도관리가 필요하다고 인정하는 경우

② 정기정도관리의 세부실시계획은 실무위원회가 정하는 바에 따른다.

③ 정기 · 특별 정도관리 결과 부적합 평가를 받았거나 분석자가 변경된 대상기관은 최초 도래하는 해당 정도관리를 다시 받아야 한다. 다만, 제①항 제2호 가목의 경우에는 그러하지 아니하다.

제57조(정도관리 항목)

① 대상기관에 대한 정도관리 항목은 다음과 같다.

1. 정기정도관리 평가항목 : 분석자의 분석능력으로 하며 세부사항은 운영위원회에서 정한다.
2. 특별정도관리 평가항목 : 분석 장비·설비, 분석준비현황, 분석자의 분석능력 및 운영위원회에서 결정하는 그 밖의 항목으로 한다.

② 분석자의 분석능력 항목은 유기화합물, 금속 및 자율분야로 하며 각 분야별 세부항목은 운영위원회에서 정한다.
다만, 사업장 자체측정기관은 해당 측정대상작업장에 일부 분야의 유해인자만 존재하는 경우에는 해당 측정 항목에 한정하여 정도관리를 받을 수 있다.

제58조(평가기준)

1. 정기정도관리 대상기관이 시료분석 결과값이 분야별로 100분의 75 이상 적합범위에 포함되었을 때 분야별 적합으로 평가한다. 다만, 사업장 자체측정기관의 경우에는 정도관리 참여 항목만 평가한다.
2. 특별정도관리 대상기관이 각 항목의 배점을 합산하고 100점 만점으로 환산한 점수 중 75점 이상을 받은 경우에 적합으로 평가한다.
3. 1호 및 2호 규정에도 불구하고, 분석관련 자료를 제출하지 않거나, 분석관련 자료가 적합하지 아니할 경우 해당 분야는 부적합으로 판정한다.

제60조(정도관리 결과보고)

실시기관은 정도관리를 종료한 날로부터 10일 이내에 대상기관별 정도관리 실시결과를 고용노동부장관에게 보고하여야 한다.
다만, 특별한 사유가 있는 경우에는 그러하지 아니하다.

제61조(판정기준)

① 고용노동부장관은 결과보고를 검토하여 다음 각 호의 기준에 따라 종합적으로 판정하여야 한다.
  1. 정기정도관리 결과 동일한 분야에서 어느 한 분야라도 2회 연속 부적합 평가를 받은 경우 불합격으로 판정한다. 다만, 자율항목분야는 제외한다.
  2. 특별정도관리에서 1회 부적합 평가를 받은 경우에는 불합격으로 판정한다. 또한, 특별정도관리 대상기관이 해당 정도관리를 받지 아니한 경우에도 불합격으로 판정한다.
  3. 정기정도관리에 참여하지 않은 경우에는 부적합으로 처리하여 규정에 준하여 판정한다.
  4. 제1호 내지 제3호 규정에도 불구하고 사업장 자체측정기관으로 지정받고자 하거나 지정받은 기관은 해당 사업장에 일부 유해인자만 존재할 경우 정도관리 항목 중 해당 분야만 적합평가를 받은 경우 합격으로 인정한다.

제62조(정도관리실시계획의 공고)

실시기관은 정도관리 시행 30일 전까지 연구원 홈페이지에 정도관리실시계획을 공고하고 대상 기관에 안내문을 발송하여 정도관리실시계획을 알려야 한다.
다만, 임시 및 수시 정도관리를 실시할 경우에는 그러하지 아니한다.

제64조(시료의 분석 등)

① 대상 기관은 정도관리용 시료를 배부받은 날부터 20일 이내에 그 분석결과와 분석관련 자료를 실시기관에 통보하여야 한다.
② 실시기관이 분석결과와 분석관련 자료를 검토하여 필요하다고 인정되는 경우 대상기관을 방문하여 자료의 적정성, 분석자의 자격 및 능력을 조사할 수 있다.

[별표 2] 허용기준대상 유해인자의 노출농도 측정 및 분석 방법

제1장 총 칙

1. 일반사항

① 이 기준의 내용은 총칙, 일반측정사항, 물질별 노출농도 측정 및 분석 방법, 측정농도의 평가방법으로 구성된다.

② 어원, 분자식 및 화학명 등은 특별한 언급이 없는 한 (　　) 안에 기재한다.

③ 검출한계, 탈착효율, 회수율 등의 표시는 해당되는 조건에서 얻을 수 있는 값을 참고하도록 한 것이므로 실제 측정 시 분석조건 등에 따라 달라질 수 있다.

④ 이 기준에서 사용하는 수치의 맺음법은 따로 규정이 없는 한 한국산업표준 KS A 3251-1(데이터의 통계적 해석방법-제1부 : 데이터의 통계적 기술)에 따른다.

⑤ 이 기준에 정하지 않은 사항에 대해서는 일반적인 화학적 상식에 따르며, 세부조작에 관한 사항은 측정의 본질에 영향을 주지 않는 범위 내에서 일부를 변경 또는 조정할 수 있다.

⑥ 이 기준에서 정한 방법만이 반드시 최고의 정밀도와 정확도를 갖는다고 할 수는 없으며, 규정되지 않은 방법이라도 이 규정에서 정한 방법과 동등 이상의 정밀도 및 정확도가 인정될 때에는 그 측정 및 분석 방법을 사용할 수 있다.

제2장 일반측정사항

제1절 화학시험의 일반사항

1. 원자량

원자량은 국제 순수 및 응용화학연맹(IUPAC)에서 정한 원자량 표에 따르되, 분자량은 소수점 이하 셋째 자리에서 반올림하여 둘째 자리까지 표시한다.

2. 단위 및 기호

주요 단위 및 기호는 아래 표와 같고, 여기에 표시되어 있지 않은 단위는 KS A ISO 80000-1(양 및 단위-제1부 일반사항)에 따른다.

〈SI 단위 및 기호〉

종 류	단 위	기 호	종 류	단 위	기 호
길이	미터 센티미터 밀리미터 마이크로미터(미크론) 나노미터(밀리미크론)	m cm mm μm(μ) nm(mμ)	농도	몰농도 노르말농도 그램/리터 밀리그램/리터 퍼센트	M N g/L mg/L %

종 류	단 위	기 호	종 류	단 위	기 호
압력	기압 수은주밀리미터 수주밀리미터	atm mmHg mmH_2O	부피	세제곱미터 세제곱센티미터 세제곱밀리미터	m^3 cm^3 mm^3
넓이	제곱미터 제곱센티미터 제곱밀리미터	m^2 cm^2 mm^2	무게	킬로그램 그램 밀리그램 마이크로그램 나노그램	kg g mg μg ng
용량	리터 밀리리터 마이크로리터	L mL μL			

3. 온도 표시

① 온도의 표시는 셀시우스(Celcius)법에 따라 아라비아 숫자의 오른쪽에 ℃를 붙인다. 절대온도는 K으로 표시하고, 절대온도 0K은 −273℃로 한다.

② 상온은 15~25℃, 실온은 1~35℃, 미온은 30~40℃로 하고, 찬 곳은 따로 규정이 없는 한 0~15℃의 곳을 말한다.

③ 냉수(冷水)는 15℃ 이하, 온수(溫水)는 60~70℃, 열수(熱水)는 약 100℃를 말한다.

4. 농도 표시

① 중량백분율을 표시할 때에는 %의 기호를 사용한다.

② 액체단위부피 또는 기체단위부피 중의 성분질량(g)을 표시할 때에는 %(W/V)의 기호를 사용한다.

③ 액체단위부피 또는 기체단위부피 중의 성분용량을 표시할 때에는 %(V/V)의 기호를 사용한다.

④ 백만분율(parts per million)을 표시할 때에는 ppm을 사용하며 따로 표시가 없으면, 기체인 경우에는 용량 대 용량(V/V)을, 액체인 경우에는 중량 대 중량(W/W)을 의미한다.

⑤ 10억분율(parts per billion)을 표시할 때에는 ppb를 사용하며 따로 표시가 없으면, 기체인 경우에는 용량 대 용량(V/V)을, 액체인 경우에는 중량 대 중량(W/W)을 의미한다.

⑥ 공기 중의 농도를 mg/m^3로 표시했을 때는 25℃, 1기압상태의 농도를 말한다.

5. 초순수(물)

측정 · 분석 방법에 사용하는 초순수는 따로 규정이 없는 한 정제증류수 또는 이온교환수지로 정제한 탈염수(脫鹽水)를 말한다.

6. 시약, 표준물질

① 분석에 사용하는 시약은 따로 규정이 없는 한 특급 또는 1급 이상이거나 이와 동등한 규격의 것을 사용하여야 한다.

단, 단순히 염산, 질산, 황산 등으로 표시하였을 때 따로 규정이 없는 한 아래 표에 규정한 농도 이상의 것을 말한다.

〈시약의 농도〉

물질명	화학식	농도(%)	비중(약)
염산	HCl	35.0~37.0	1.18
질산	HNO_3	60.0~62.0	1.38
황산	H_2SO_4	95% 이상	1.84
아세트산	CH_3COOH	99.0% 이상	1.05
인산	H_3PO_4	85.0% 이상	1.69
암모니아수	NH_4OH	28.0~30.0(NH_3로서)	0.90
과산화수소	H_2O_2	30.0~35.0	1.11
불화수소산	HF	46.0~48.0	1.14
요오드화수소산	HI	55.0~58.0	1.70
브롬화수소산	HBr	47.0~49.0	1.48
과염소산	$HClO_4$	60.0~62.0	1.54

② 분석에 사용되는 표준품은 원칙적으로 특급 시약을 사용한다.

③ 광도법, 전기화학적 분석법, 크로마토그래피법, 고성능 액체 크로마토그래피법에 사용되는 시약은 순도에 유의해야 하고, 불순물이 분석에 영향을 미칠 우려가 있을 때에는 미리 검정하여야 한다.

④ 분석에 사용하는 지시약은 따로 규정이 없는 한 KS M 0015(화학분석용 지시약 조제방법)에 규정된 지시약을 사용한다.

⑤ 시료의 시험, 바탕시험 및 표준액에 대한 시험을 일련의 동일 시험으로 행할 때에 사용하는 시약 또는 시액은 동일 로트(Lot)로 조제된 것을 사용한다.

7. 기구

① 측정방법에서 사용하는 모든 유리기구는 KS L 2302(이화학용 유리기구의 형상 및 치수)에 적합한 것 또는 이와 동등 이상의 규격에 적합한 것으로 국가 또는 국가에서 지정하는 기관에서 검정을 필한 것을 사용해야 한다.

② 부피플라스크, 피펫, 뷰렛, 메스실린더, 비커 등 화학분석용 유리기구는 국가검정을 필한 것을 사용한다.

③ 여과용 기구 및 기기의 기재 없이 "여과한다"라고 표시한 것은 KS M 7602(화학분석용 거름종이) 거름종이 5종 또는 이와 동등한 여과지를 사용하여 여과함을 말한다.

8. 용기

① 용기란 시험용액 또는 시험에 관계된 물질을 보존, 운반 또는 조작하기 위하여 넣어두는 것으로 시험에 지장을 주지 않도록 깨끗한 것을 말한다.

② 밀폐용기(密閉容器)란 물질을 취급 또는 보관하는 동안에 이물(異物)이 들어가거나 내용물이 손실되지 않도록 보호하는 용기를 말한다.

③ 기밀용기(機密容器)란 물질을 취급하거나 보관하는 동안에 외부로부터의 공기 또는 다른 기체가 침입하지 않도록 내용물을 보호하는 용기를 말한다.

④ 밀봉용기(密封容器)란 물질을 취급 또는 보관하는 동안에 기체 또는 미생물이 침입하지 않도록 내용물을 보호하는 용기를 말한다.

⑤ 차광용기(遮光容器)란 광선이 투과되지 않는 갈색 용기 또는 투과하지 않도록 포장한 용기로서 취급 또는 보관하는 동안에 내용물의 광화학적 변화를 방지할 수 있는 용기를 말한다.

9. 분석용 저울

이 기준에서 사용하는 분석용 저울은 국가검정을 필한 것으로서 소수점 다섯째 자리 이상을 나타낼 수 있는 것을 사용하여야 한다.

10. 전처리기기

① 가열판(hot plate) : 이 기준에서 사용하는 가열판은 국가검정을 필한 것으로서 200℃ 이상으로 가열할 수 있는 것을 사용하여야 한다.

② 마이크로웨이브(microwave) 회화기 : 온도와 압력의 조절이 가능하도록 설계되어야 하며, 베셀(vessel)은 내산성(耐酸性) 재료로 만들어져야 한다.

11. 용어

① "항량이 될 때까지 건조한다 또는 강열한다"란 규정된 건조온도에서 1시간 더 건조 또는 강열할 때 전후 무게의 차가 매 g당 0.3mg 이하일 때를 말한다.

② 시험조작 중 "즉시"란 30초 이내에 표시된 조작을 하는 것을 말한다.

③ "감압 또는 진공"이란 따로 규정이 없는 한 15mmHg 이하를 뜻한다.

④ "이상", "초과", "이하", "미만"이라고 기재하였을 때 이(以)자가 쓰인 쪽은 어느 것이나 기산점(起算點) 또는 기준점(基準點)인 숫자를 포함하며, "미만" 또는 "초과"는 기산점 또는 기준점의 숫자를 포함하지 않는다. 또 "a～b"라 표시한 것은 a 이상 b 이하를 말한다.

⑤ "바탕시험(空試驗)을 하여 보정한다"란 시료에 대한 처리 및 측정을 할 때, 시료를 사용하지 않고 같은 방법으로 조작한 측정치를 빼는 것을 말한다.

⑥ 중량을 "정확하게 단다"란 지시된 수치의 중량을 그 자릿수까지 단다는 것을 말한다.

⑦ "약"이란 그 무게 또는 부피에 대하여 ±10% 이상의 차가 있지 아니한 것을 말한다.

⑧ "검출한계"란 분석기기가 검출할 수 있는 가장 적은 양을 말한다.

⑨ "정량한계"란 분석기기가 정량할 수 있는 가장 적은 양을 말한다.

⑩ "회수율"이란 여과지에 채취된 성분을 추출과정을 거쳐 분석 시 실제 검출되는 비율을 말한다.

⑪ "탈착효율"이란 흡착제에 흡착된 성분을 추출과정을 거쳐 분석 시 실제 검출되는 비율을 말한다.

12. 측정결과의 표시

① 측정결과의 표시는 산업안전보건법에서 규정한 허용기준의 단위로 표시하여야 한다.

② 시험성적수치는 마지막 유효숫자의 다음 단위까지 계산하여 KS Q 5002(데이터의 통계적 해석방법-제1부 : 데이터의 통계적 기술)에 따라 기록한다.

제2절 시료 채취 및 분석 시 고려사항

1. 시료채취 시 고려사항

① 시료채취 시에는 예상되는 측정대상 물질의 농도, 방해인자, 시료채취시간 등을 종합적으로 고려하여야 한다.

② 시간가중 평균허용기준을 평가하기 위해서는 정상적인 작업시간 동안 최소한 6시간 이상 시료를 채취해야 하고, 단시간 허용기준 또는 최고허용기준을 평가하기 위해서는 10~15분 동안 시료를 채취해야 한다.

③ 시료채취 시 오차를 발생시키는 주요 원인은 시료채취 시 흡입한 공기 총량이 정확히 측정되지 않아서 발생되는 경우가 많다. 따라서 시료채취용 펌프는 유량변동폭이 적은 안정적인 펌프를 선택하여 사용하여야 하고, 시료채취 전 · 후로 펌프의 유량을 확인하여 공기 총량을 산출하여야 한다.

2. 검량선 작성을 위한 표준용액 조제

① 측정대상 물질의 표준용액을 조제할 원액(시약)의 특성(분자량, 비중, 순도(함량), 노출기준 등)을 파악한다.

② 표준용액의 농도범위는 채취된 시료의 예상농도(0.1~2배 수준)에서 결정하는 것이 좋다.

③ 표준용액 조제방법은 표준원액을 단계적으로 희석시키는 희석식과 표준원액에서 일정량씩 줄여가면서 만드는 배취식이 있다. 희석식은 조제가 수월한 반면 조제 시 계통오차가 발생할 가능성이 있고, 배취식은 조제가 희석식에 비해 어려운 점은 있으나 계통오차를 줄일 수 있는 장점이 있다.

④ 표준용액은 최소한 5개 수준 이상을 만드는 것이 좋으며, 이때 분석하고자 하는 시료의 농도는 반드시 포함되어져야 한다.

⑤ 원액의 순도, 제조일자, 유효기간 등은 조제 전에 반드시 확인되어져야 한다.

⑥ 표준용액, 탈착효율 또는 회수율에 사용되는 시약은 같은 로트(Lot)번호를 가진 것을 사용하여야 한다.

3. 내부 표준물질

① 내부 표준물질은 시료채취 후 분석 시 칼럼의 주입손실, 퍼징손실, 또는 점도 등에 영향을 받은 시료의 분석결과를 보정하기 위해 인위적으로 시료 전처리과정에서 더해지는 화학물질을 말한다.

② 내부 표준물질도 각 측정방법에서 정하는 대로 모든 측정시료, 정도관리시료, 그리고 공시료에 가해지며, 내부 표준물질 분석결과가 수용한계를 벗어난 경우 적절한 대응책을 마련한 후 다시 분석을 실시하여야 한다.

③ 내부 표준물질로 사용되는 물질은 다음의 특성을 갖고 있어야 한다.

㉠ 머무름시간이 분석대상 물질과 너무 멀리 떨어져 있지 않아야 한다.

㉡ 피크가 용매나 분석대상 물질의 피크와 중첩되지 않아야 한다.

㉢ 내부 표준물질의 양이 분석대상 물질의 양보다 너무 많거나 적지 않아야 한다.

④ 내부 표준물질은 탈착용매 및 표준용액의 용매로 사용되는 물질에 적당한 양을 직접 주입한 후 이를 표준용액 조제용 용매와 탈착용매로 사용하는 것이 좋다.

4. 탈착효율 실험을 위한 시료조제방법

탈착효율 실험을 위한 첨가량은 작업장에서 예상되는 측정대상 물질의 일정 농도범위(0.5~2배)에서 결정한다. 이러한 실험의 목적은 흡착관의 오염 여부, 시약의 오염 여부 및 분석대상 물질이 탈착용매에 실제로 탈착되는 양을 파악하여 보정하는 데 있으며, 그 시험방법은 다음과 같다.

① 탈착효율 실험을 위한 첨가량을 결정한다. 작업장의 농도를 포함하도록 예상되는 농도(mg/m^3)와 공기채취량(L)에 따라 첨가량을 계산한다. 만일 작업장의 예상농도를 모를 경우 첨가량은 노출기준과 공기채취량 20L(또는 10L)를 기준으로 계산한다.

② 예상되는 농도의 3가지 수준(0.5~2배)에서 첨가량을 결정한다. 각 수준별로 최소한 3개 이상의 반복 첨가시료를 다음의 방법으로 조제하여 분석한 후 탈착효율을 구하도록 한다.

㉠ 탈착효율 실험용 흡착튜브의 뒤층을 제거한다.

㉡ 계산된 첨가량에 해당하는 분석대상 물질의 원액(또는 희석용액)을 마이크로실린지를 이용하여 정확히 흡착튜브 앞층에 주입한다.

㉢ 흡착튜브를 마개로 즉시 막고 하룻밤 동안 상온에서 놓아둔다.

㉣ 탈착시켜 분석한 후 분석량/첨가량으로서 탈착효율을 구한다.

③ 탈착효율은 최소한 75% 이상이 되어야 한다.

④ 탈착효율 간의 변이가 심하여 일정성이 없으면 그 원인을 찾아 교정하고 다시 실험을 실시해야 한다.

5. 회수율 실험을 위한 시료조제방법

회수율 실험을 위한 첨가량은 측정대상 물질의 작업장 예상농도 일정 범위(0.5~2배)에서 결정한다. 이러한 실험의 목적은 여과지의 오염, 시약의 오염 여부 및 분석대상 물질이 실제로 전처리과정 중에 회수되는 양을 파악하여 보정하는 데 있으며, 그 시험방법은 다음과 같다.

① 회수율 실험을 위한 첨가량을 결정한다. 작업장의 농도를 포함하도록 예상되는 농도(mg/m^3)와 공기채취량(L)에 따라 첨가량을 계산한다. 만일 작업장의 예상농도를 모를 경우 첨가량은 노출기준과 공기채취량 400L(또는 200L)를 기준으로 계산한다.

② 예상되는 농도의 3가지 수준(0.5~2배)에서 첨가량을 결정한다. 각 수준별로 최소한 3개 이상의 반복 첨가시료를 다음의 방법으로 조제하여 분석한 후 회수율을 구하도록 한다.
  ㉠ 3단 카세트에 실험용 여과지를 장착시킨 후 상단 카세트를 제거한 상태에서 계산된 첨가량에 해당하는 분석대상 물질의 원액(또는 희석용액)을 마이크로실린지를 이용하여 주입한다.
  ㉡ 하룻밤 동안 상온에 놓아둔다.
  ㉢ 시료를 전처리한 후 분석하여 분석량/첨가량으로서 회수율을 구한다.

③ 회수율은 최소한 75% 이상이 되어야 한다.

④ 회수율 간의 변이가 심하여 일정성이 없으면 그 원인을 찾아 교정하고 다시 실험을 실시해야 한다.

제3절 분석기기

1. 가스 크로마토그래피

① 원리 및 적용범위

가스 크로마토그래피는 기체시료 또는 기화한 액체나 고체 시료를 운반가스로 고정상이 충진된 칼럼(또는 분리관) 내부를 이동시키면서 시료의 각 성분을 분리·전개시켜 정성 및 정량하는 분석기기로서 허용기준대상 유해인자 중 휘발성 유기화합물의 분석방법에 적용한다.

② 주요 구성

가스 크로마토그래피는 주입부(injector), 칼럼(column)오븐 및 검출기(detector)의 3가지 주요 요소로 구성되어 있으며, 여기에 이동상인 운반가스를 공급해 주는 가스공급장치(압축가스통 또는 가스발생기) 및 검출기에서 나오는 신호결과를 처리해 주는 데이터처리시스템이 있어야 한다.

㉠ 주입부
  ⓐ 시료주입부는 열안정성이 좋고 탄성이 좋은 실리콘 고무와 같은 격막이 있는 시료기화실로서 칼럼온도와 동일하거나 또는 그 이상의 온도를 유지할 수 있는 가열기구가 갖추어져야 하고, 또한 이들 온도를 조절할 수 있는 기구 및 이를 측정할 수 있는 기구가 갖추어져야 한다.
  ⓑ 주입부는 충진칼럼(packed column) 또는 캐필러리칼럼(capillary column)에 적합한 것이어야 하고, 미량주사기를 이용하여 수동으로 시료를 주입하거나 또는 자동주입장치를 이용하여 시료를 주입할 수 있어야 한다.

㉡ 칼럼오븐
  ⓐ 칼럼오븐의 내용적은 분석에 필요한 길이의 칼럼을 수용할 수 있는 크기이어야 한다. 또한 칼럼 내부의 온도를 조절할 수 있는 가열기구 및 이를 측정할 수 있는 측정기구가 갖추어져야 한다.

ⓑ 오븐 내 전체 온도가 균일하게 조절되고 가열 및 냉각이 신속하여야 한다. 설정온도에 대한 온도조절 정밀도는 ±0.5℃의 범위 이내, 전원의 전압변동 10%에 대하여도 온도변화가 ±0.5℃ 범위 이내이어야 한다.

ⓒ 충진칼럼과 캐필러리칼럼의 일반적인 특성을 비교하면 다음 표와 같다.

인 자	충진칼럼	캐필러리칼럼
길이(m)	1~5	5~100
내경(mm)	2~4	0.1~0.8
칼럼의 주요재질	유리, 스테인리스스틸	fused silica
운반기체 유량(mL/min)	10~100	0.5~10
운반기체 압력(psig)	10~40	3~40
이론단수(단수/m)	2,000~3,000	5,000 이상
총 이론단수	5,000(2m인 경우)	150,000(50m인 경우)
피크당 성분용 질량(μg)	10	0.05 미만
고정상 필름두께(μm)	1~10	0.1~2

ⓓ 최근에는 캐필러리칼럼이 주로 사용되며, 그 종류는 제조회사별로 다양하다. 다음 표는 캐필러리칼럼의 대표적인 규격과 그 특성을 비교한 것이다.

분리관 내경(mm)	시료용 질량(ng)	효율(이론단수/m)	최적유량(mL/min)
0.20	5~30	5,000	0.4
0.25	50~100	4,170	0.6
0.32	400~500	3,330	1.0
0.53	1,000~2,000	1,670	2.8
0.75	10,000~15,000	1,170	5.6

㉢ 검출기

ⓐ 검출기의 온도를 조절할 수 있는 가열기구 및 이를 측정할 수 있는 측정기구가 갖추어져야 한다.

ⓑ 검출기는 감도가 좋고 안정성과 재현성이 있어야 하며, 시료에 대하여 선형적으로 감응해야 하고, 약 400℃까지 작동 가능해야 한다.

ⓒ 검출기는 시료의 화학종과 운반기체의 종류에 따라 각기 다르게 감도를 나타내므로 선택에 주의해야 하고, 검출기를 오랫동안 사용하면 감도가 저하되므로 용매에 담가 씻거나 분해하여 부드러운 붓으로 닦아주는 등 감도를 유지할 수 있도록 해야 한다.

ⓓ 검출기의 종류 중 하나인 불꽃이온화검출기(FID)의 작동원리는 분리관에서 분리된 물질이 검출기 내부로 들어와 수소가스와 혼합되고 혼합된 기체는 공기가 통과하고 있는 제트(jet)로 들어가서 제트 위에 형성된 2,100℃ 정도의 불꽃 안에서 연소가 되면서 이온화가 이루어지는 것이다. 발생된 이온은 직류전위차를 측정할 수 있는 전극에 의해 전류의 양으로 변환되는데, 이는 전하를 띤 이온의 농도에 비례하게 되며 다음과 같은 특징이 있다.

- 검출기에 공급되는 공기와 수소의 비율은 기기 제조사와 모델에 따라 다르지만 대개 수소는 30~40mL/분, 공기는 200~500mL/분 정도이다. 이러한 공급기체의 비율은 검출기의 감응도에 영향을 미치므로 반드시 기기 제조사가 권고한 대로 유량을 맞추어야 한다.
- FID는 성분의 탄소수에 비례하여 높은 감응도를 보이는데, 일반적인 유기화합물에 대한 감응수준은 10~100pg이며, 직선범위는 1×10^7 수준이다.
- FID에 감응하지 않는 화학성분들은 H_2O, CO_2, CO, N_2, NH_4, O_2, SO_2, SiO_4 등이다.
- FID는 불꽃을 사용하므로 검출기의 온도가 너무 낮은 경우에는 검출기 내부에 수분이 응축되어 기기가 부식될 가능성이 있으므로 적어도 80~100℃ 이상의 온도를 유지할 필요가 있다.

ⓔ 검출기의 종류 중 하나인 전자포획검출기(ECD)의 작동원리는 시료와 운반가스가 β선을 방출하는 검출기를 통과할 때 이 β선에 의해 운반가스(흔히 질소를 사용함)의 원자로부터 많은 전자를 방출하게 만들고 따라서 일정한 전류가 흐르게 하는 것이다. 그러나 운반기체와 함께 이송되는 시료성분인 유기화합물에 의해 운반기체에서 방출된 전자와 결합하기 때문에 검출기로부터 나오는 전류량은 유기화합물의 농도에 비례하여 감소하게 된다.

- ECD는 할로겐, 과산화물, 퀴논, 니트로기와 같은 전기음성도가 큰 작용기에 대하여 대단히 예민하게 반응한다.
- 아민, 알코올류, 탄화수소와 같은 화합물에는 감응하지 않는다.
- 염소를 함유한 농약의 검출에 널리 사용되고, ECD를 통과한 화합물은 파과되지 않는다는 장점이 있다.
- 검출한계는 약 50pg 정도이고, 1×10^7까지 반응의 직선성을 가진다.

ⓕ 검출기의 종류 중 하나인 불꽃광전자검출기(FPD)의 작동원리는 시료가 검출기 내부에 형성된 불꽃을 통과할 때 연소하는 과정에서 화합물들이 에너지가 높은 상태로 들뜨게 되고, 다시 바닥상태로 돌아올 때 특정한 빛을 내놓는 불꽃 발광현상을 이용한 것이다. 이 빛은 광증배관에 의해 수집되고 측정되며 광학필터에 의해 황 및 인을 함유한 화합물에 매우 높은 선택성을 갖게 된다.

ⓖ 이상의 검출기 이외에도 질소인 검출기(NPD), 열전도도검출기(TCD), 광이온화검출기(PID) 등이 있다.

㉣ 운반기체

운반기체는 충전물이나 시료에 대하여 불활성이고 사용하는 검출기의 작동에 적합하고 순도는 99.99% 이상이어야 한다. 일반적으로 검출기의 종류에 따라 쓰이는 운반기체의 종류 및 특징은 다음과 같다.

검출기의 종류	운반기체	특 징
FID	질소	적합
	수소, 헬륨	사용 가능
ECD	질소	가장 우수한 감도 제공
	아르곤, 메탄	가장 넓은 시료 농도범위에서 직선성을 가짐
FPD	질소	적합

③ 조작방법

㉠ 설치조건

ⓐ 설치장소는 진동이 없고, 분석에 사용되는 유해물질을 안전하게 처리하게 할 수 있으며, 부식가스나 먼지가 적고 상대습도 85% 이하의 직사광선이 비추지 않는 곳이 적절하다.

ⓑ 공급전원은 지정된 전력용량 및 주파수이어야 하고, 전원변동은 지정전압의 ±10% 이내로서 주파수변동이 없어야 한다.

ⓒ 대형 변압기, 고주파 가열로와 같은 것으로부터 전자기 유도를 받지 않아야 하고, 접지저항은 10Ω 이하이어야 한다.

㉡ 장치의 설치 및 점검

ⓐ 장치를 설치하고 가스배관을 연결한 다음, 가스의 누출이 없는지 확인해야 한다. 장치에 가스를 공급하는 가스통은 넘어지지 않도록 고정해야 한다.

ⓑ 각 분석방법에 규정된 칼럼을 참고하여 선택된 칼럼을 장치에 부착한 후 운반기체의 압력을 사용압력 이상으로 올려 연결부에 가스누출이 일어나는지 여부를 비눗물 등을 이용하여 점검한다.

㉢ 분석을 위한 장비의 가동

ⓐ 각 분석방법에 규정된 내용과 기기회사의 권고내용을 참고하여 기기의 조건을 설정하고 최적화시킨다.

ⓑ 분석시스템 바탕선(base line)의 안정상태를 확인한다.

ⓒ 시료를 주입하여 분석하고자 하는 물질이 다른 물질과 완전히 분리가 일어나는지 여부를 확인한 다음 실제 시료분석을 실시한다.

④ 정성 및 정량 분석

㉠ 정성분석은 동일조건하에서 표준물질의 피크 머무름시간(retention time)값과 미지물질의 머무름시간값을 비교하여 실시한다. 일반적으로 5~30분 정도에서 측정하는 피크의 머무름시간은 반복시험을 할 때 ±3% 오차범위 이내여야 한다.

㉡ 정량분석은 각 분석방법에서 규정된 방법에 따라 시험하여 크로마토그램의 재현성, 시료분석의 양, 피크 면적 또는 높이의 관계, 회수율(탈착효율) 등을 고려하여 분석한다.

㉢ 검출한계는 분석기기의 검출한계와 분석방법의 검출한계로 구분되며, 분석기기의 검출한계라 함은 최종시료 중에 포함된 분석대상 물질을 검출할 수 있는 최소량을 말하고, 분석방법의 검출한계라 함은 작업환경측정시료 중에 포함된 분석대상 물질을 검출할 수 있는 최소량을 말하며, 구하는 요령은 다음과 같다.

ⓐ 기기 검출한계 : 분석대상 물질을 용매에 일정량을 주입한 후 이를 점차 희석하여 가면서 분석기기가 반응하는 가능한 낮은 농도를 확인한 후 이 최저농도를 7회 반복 분석하여 반복 시 기기의 반응값들로부터 표준편차를 가한 후 다음과 같이 검출한계 및 정량한계를 구한다.

- 검출한계=3.143×표준편차
- 정량한계=검출한계×4

ⓑ 분석방법의 검출한계 : 분석기기가 검출할 수 있는 가능한 저농도의 분석대상 물질을 시료채취기구에 직접 주입시켜 흡착시킨 후 시료 전처리방법과 동일한 방법으로 탈착시켜, 이를 7회 반복 분석하여 기기 검출한계 및 정량한계 계산방법과 동일한 방법으로 구한다.

2. 원자흡광광도계

① 원리 및 적용범위

분석대상 원소가 포함된 시료를 불꽃이나 전기열에 의해 바닥상태의 원자로 해리시키고, 이 원자의 증기층에 특정 파장의 빛을 투과시키면 바닥상태의 분석대상 원자가 그 파장의 빛을 흡수하여 들뜬 상태의 원자로 되는데, 이때 흡수하는 빛의 세기를 측정하는 분석기기로서 허용기준대상 유해인자 중 금속 및 중금속의 분석방법에 적용한다.

② 주요 구성

원자흡광광도계는 광원, 원자화장치, 단색화장치, 검출부의 주요 요소로 구성되어 있어야 한다.

㉠ 광원

ⓐ 광원은 분석하고자 하는 금속의 흡수파장의 복사선을 방출하여야 하며, 주로 속빈 음극램프가 사용된다.

ⓑ 전류를 필요 이상 높여주면 발광선의 폭이 넓어져 흡광도가 감소하고 검량선의 직선성이 떨어지므로 속빈 음극램프에 사용하는 전류는 추천치 이하로 사용하는 것이 바람직하다.

ⓒ 전류와 전압을 램프에 일정하게 공급할 수 있고 사용되는 전류량은 정밀하게 조절될 수 있어야 한다.

ⓛ 원자화장치

원자화장치는 불꽃원자화장치와 비불꽃원자화장치 두 가지로 분류된다. 불꽃원자화방법은 조연제와 연료를 적절히 혼합하여 최적의 불꽃온도와 화학적 분위기를 유도하여 원자화시키는 방법으로 빠르고 정밀도가 좋으며, 매질효과에 의한 영향이 적다는 장점이 있는 방법으로 대부분의 금속물질을 분석하는 데 널리 사용된다. 비불꽃원자화방법은 전열고온로법(graphite furnace)과 기화법이 있으며, 전열고온로법은 감도가 좋아 미량의 생체시료 중 금속성분을 분석하는 데 주로 사용되고 있으며, 기화법은 화학적 반응을 유도하여 분석하고자 하는 원소를 시료로부터 기화시켜 분석하는 방법으로 이 방법 또한 미량분석이 가능하므로 수은이나 비소의 분석에 사용된다.

시료분석에 널리 사용되는 불꽃원자화장치의 원자화 단계 및 각 단계에서 주의해야 할 사항은 다음과 같다.

ⓐ 분석 시 표준용액과 시료용액의 분무현상은 동일해야 한다. 이를 위해 표준용액이나 시료의 물성, 특히 표면장력과 점도까지도 동일한 것이 좋으므로 용매의 조성 및 사용되는 산의 농도가 동일하게 관리되어야 한다.

ⓑ 불꽃 속으로 진입하는 입자의 크기가 미세하고 균일할수록 원자화가 골고루 일어나 흡광도가 안정적으로 생성된다.

ⓒ 연료가스 및 산화가스가 용액 입자에 얼마나 잘 혼합되느냐에 따라 분석 시 감도 및 재현성이 달라진다. 따라서 모든 가스는 추천등급에 맞아야 하고, 유량이 적절히 조절되어서 버너로 보내져야 하며, 분무장치가 막히는 일이 없도록 해야 한다.

ⓓ 불꽃을 만들기 위한 연료가스와 조연가스의 조합에는 프로판－공기, 수소－공기, 아세틸렌－공기, 아세틸렌－아산화질소 등이 있다. 작업환경 분야 분석에 가장 널리 사용되는 것은 아세틸렌－공기와 아세틸렌-아산화질소로서 분석대상 금속에 따라 이를 적절히 선택하여 사용해야 한다.

ⓒ 단색화장치

단색화장치는 슬릿, 거울, 렌즈 및 회절발로 구성된 장치로 입사된 빛 중에 원하는 파장의 빛만을 골라내기 위해 사용되며, 분석대상 금속에 따라 슬릿의 폭을 바꾸어 목적하는 분석선만을 선택해내야 한다. 이때 슬릿의 폭은 목적하는 분석선을 분리해낼 수 있는 범위 내에서 되도록 넓게 설정하는 것이 좋다.

ⓔ 검출부

검출부는 단색화장치에서 나오는 빛의 세기를 측정 가능한 전기적 신호로 증폭시킨 후 이 전기적 신호를 판독장치를 통해 흡광도나 흡광률 또는 투과율 등으로 표시한다. 일반적으로 증폭장치로 사용되는 것은 광전증배관이다.

③ 조작방법

㉠ 설치조건

ⓐ 설치장소는 진동이 없고, 분석에 사용되는 유해물질을 안전하게 처리하게 할 수 있으며, 부식가스나 먼지가 적고 상대습도 85% 이하의 직사광선이 비추지 않는 곳이 적절하다.

ⓑ 공급전원은 지정된 전력용량 및 주파수이어야 하고, 전원변동은 지정전압의 ±10% 이내로서 주파수 변동이 없어야 한다.

ⓒ 대형 변압기, 고주파 가열로와 같은 것으로부터 전자기 유도를 받지 않아야 하고, 접지저항은 10Ω 이하이어야 한다.

㉡ 장치의 설치 및 점검

장치를 설치하고 가스배관을 연결한 다음, 가스의 누출이 없는지 확인해야 한다. 장치에 가스를 공급하는 가스통은 넘어지지 않도록 고정해야 한다.

㉢ 분석을 위한 장비의 가동

ⓐ 각 분석방법에 규정된 내용과 기기회사의 권고내용을 참고하여 기기의 조건을 설정하고 최적화시킨다.

- 광원의 최적화
  - 광원에서 방사되는 복사선이 버너의 적정 높이에서 평행하게 지나가도록 램프 위치를 설정해야 한다. 기기마다 램프의 수직과 수평 위치를 조절하는 나사가 있으므로 이것을 조절하면서 흡광도를 관찰하여 가장 최대의 흡광도를 나타내고 변화가 적은 램프 위치를 설정한다.
  - 제조회사가 제시한 기기의 작동지침서에는 대부분 금속별로 2개 이상의 고유 파장이 주어져 있다. 이러한 파장 중에서 분석예상농도를 분석하는 데 가장 적절한 파장을 선택하도록 한다.
- 원자화장치의 최적화
  - 분무장치에서 시료의 원자화에 가장 큰 영향을 미치는 변수는 시료방울의 크기이다. 따라서 유입된 시료는 분무장치의 유리구슬에 효율적으로 충돌되어 작은 물방울로 분산되어야 한다.
  - 시료주입량이 너무 느리면 흡광도가 낮고, 너무 빠르면 용매의 과잉공급으로 불꽃이 불안정해진다. 따라서 적정 주입량은 보통 분당 2~5mL나 기기마다 적정 유량을 참조하는 것이 바람직하다.
  - 분석조건에 따라 적정 불꽃의 상태(산화상태 또는 환원상태)와 버너의 높이를 조절하여 최대의 흡광도가 일어나는 조건을 찾아야 한다.

ⓑ 기기회사가 제시한 농도에서 그에 해당하는 적절한 흡광도가 얻어지는지를 확인한다. 적절한 흡광도가 얻어지지 않을 때는 시료주입량, 버너의 위치, 불꽃의 상태, 광원의 전류량 조절 등을 통해 원하는 흡광도가 얻어질 수 있도록 조정해야 한다. 다음은 최적화상태를 확인하는 방법이다.

- 기기 제조회사가 제시한 작동지침서에서 제시한 금속별 최적농도범위 내에서 표준용액을 조제하고 그 중 한 농도를 선택한다.
- 앞서 설명한 기기의 최적화에 영향을 미치는 변수들을 차례대로 조절하여 가장 높은 흡광도를 나타내는 기기 상태와 조건을 설정한다.
- 가장 높은 흡광도를 나타내는 상태에서 정확도와 정밀도를 제공할 수 있는지를 확인한다.

ⓒ 적정흡광도가 이루어지면 공시료, 표준용액 및 현장시료의 분석을 실시한다.

④ 정성 및 정량 분석

㉠ 원자흡광분석에 있어 검량선은 저농도 영역에서는 양호한 직선성을 나타내지만 고농도 영역에서는 여러 가지 원인에 의해 휘어진다. 따라서 정량을 행하는 경우 직선성을 나타내는 농도나 흡광도 영역에서 시험을 실시하여야 한다.

㉡ 정량분석은 각 분석방법에 규정된 방법에 따라 시험하여 흡광도의 재현성, 회수율 등을 고려하여 분석한다.

㉢ 검출한계는 분석기기의 검출한계와 분석방법의 검출한계로 구분되며, 분석기기의 검출한계란 최종시료 중에 포함된 분석대상 물질을 검출할 수 있는 최소량을 말하고, 분석방법의 검출한계란 노출농도 측정시료 중에 포함된 분석대상 물질을 검출할 수 있는 최소량을 말하며, 구하는 요령은 가스 크로마토그래피법에서 규정한 방법과 동일하다.

3. 고성능 액체 크로마토그래피

① 원리 및 적용범위

고성능 액체 크로마토그래피(HPLC)는 끓는점이 높아 가스 크로마토그래피를 적용하기 곤란한 고분자화합물이나 열에 불안정한 물질, 극성이 강한 물질들을 고정상과 액체이동상 사이의 물리화학적 반응성의 차이를 이용하여 서로 분리하는 분석기기로서, 허용기준대상 유해인자 중 포름알데히드, 2,4-톨루엔디이소시아네이트 등의 정성 및 정량 분석방법에 작용한다.

② 주요 구성

고성능 액체 크로마토그래피는 용매, 탈기장치(degassor), 펌프, 시료주입기, 칼럼, 그리고 검출기로의 주요 구성요소를 가지며 검출기에서 나오는 신호결과를 처리하는 데이터 처리시스템이 있어야 한다.

㉠ 용매

ⓐ 용매를 저장하는 용기는 유리 또는 폴리에틸렌 재질로 만들어져 있는 것을 사용하며, 시료분석에 영향을 주지 않아야 한다.

ⓑ 용매는 HPLC용 등급의 고순도 용매만을 사용해야 하고, 초순수가 용매로 사용되는 경우에는 저항값이 18MΩ 이상의 것을 사용해야 한다.

ⓒ 두 용매를 혼합하여 사용하는 경우 혼화성 지수의 차가 15 미만이어야 하고, 시료는 반드시 용매(이동상)에 녹아야 하지만, 이 이동상은 고정상을 녹여서는 안 된다.

ⓓ 용매는 사용하는 파장에서 흡광이 일어나지 않아야 한다.

ⓔ 다음은 HPLC 용매로 사용되는 주요 물질의 혼화성 지수를 나타낸 것이다.

물질명	혼화성 지수	물질명	혼화성 지수
acetone	15	ethyl acetate	19
acetonitrile	11	ethyl ether	23
n-butyl acetate	22	heptane	29
n-butyl alcohol	15	hexane	29
chlorobenzene	21	iso-octane	29
chloroform	19	isobutyl alcohol	15
cyclohexane	28	isopropyl alcohol	15
dichloromethane	20	methanol	12
n,n-dimethyl foramide	12	methyl ethyl ketone	17
dimethylsulfoxide	9	tetrahydrofuran	17
1,4-dioxane	17	toluene	23

㉡ 탈기장치

이동상 중의 용존산소, 질소, 기포 등을 제거하여 칼럼 내에서 이동상에 대한 댐핑현상을 줄여주는 장치이다. 탈기방법으로는 이동상 용매에 헬륨가스를 주입하여 기포 등을 제거하는 헬륨퍼징방법(helium sparging), 이동상 용매를 사용하기 전에 막 여과지를 이용하여 여과시키는 방법(vacuum filteration), 초음파를 이용하여 탈기시키는 방법(sonication)이 있다.

㉢ 펌프

이동상으로 사용되는 용매를 저장용기로부터 시료주입기를 거쳐 칼럼으로 연속적으로 밀어주어 최종적으로 검출기를 통과하여 이동상인 용매와 시료주입기를 통해 주입된 시료가 밖으로 나올 수 있도록 압력을 가해주는 장치로, 이러한 펌프가 기본적으로 갖추어야 할 요건은 다음과 같다.

ⓐ 펌프 내부는 용매와의 화학적인 반응이 없어야 한다.

ⓑ 최소한 500psi의 고압에도 견딜 수 있어야 하고, 0.1~10mL/min 정도의 유량조절이 가능해야 한다.

ⓒ 일정한 유속과 압력을 유지할 수 있어야 한다.

ⓓ 기울기 용리가 가능해야 한다.

㉣ 시료주입기

분석하고자 하는 시료를 이동상인 용매의 흐름에 실어주는 장치로서, 시료주입용 밸브를 이용하는 방법이 가장 일반적으로 사용된다. 시료주입기는 수동형 시료주입기와 자동형 시료주입기가 있다.

㉤ 칼럼

물질의 분리가 일어나는 곳으로 일반적으로 스테인리스스틸을 사용하여 만든 관 모양의 용기에 충진제를 채워서 사용하는데, 분석하고자 하는 시료의 종류에 따라서 칼럼의 직경과 길이 및 충진제의 종류를 선택하여 사용할 수 있다.

일반적으로 많이 사용되는 칼럼은 길이 10~30cm, 내경 4.6mm, 충진제의 크기 5μm, 이론단수 40,000~60,000단/m인 것이며, 이러한 분석용 칼럼을 보호하기 위한 가드칼럼(guard column)이 사용되기도 한다. 가드칼럼은 5~10cm 정도의 길이이며 분석칼럼의 수명을 연장시키고, 오염물질을 제거하는 역할을 한다. 보통 가드칼럼은 분석용 칼럼과 같은 충진제를 사용하며 분석용 칼럼 앞단에 설치한다. 칼럼의 내경에 따른 이동상의 최적유량은 칼럼의 제조사마다 다르며 다음은 일반적인 최적유속을 나타낸 것이다.

내경(mm)	길이(cm)	유 량	
		입경(5μm)	입경(3μm)
4.0~4.6	3~25	1.0~2.0	-
4.0~4.6	3~10	-	2.0~4.0
3.2	4~0	0.5	0.7
2.1	15~30	0.2	0.3
1.0	3~10	0.05	0.07

㉥ 검출기

HPLC에 사용되는 검출기로는 자외선-가시광선 검출기(ultraviolet-visible detector), 굴절률검출기(refractive index detector), 전기화학검출기(electrochemical detector), 형광검출기(fluorescence detector), 전기전도도검출기(electrical conductivity detector), 질량분석계(mass spectrometer) 등 여러 종류가 있으나, 노출농도 측정시료에 주로 사용하는 검출기는 자외선-가시광선 검출기와 형광검출기이다.

ⓐ 자외선-가시광선 검출기

HPLC 검출기 중에서 가장 많이 사용되는 검출기로서 분석대상물질이 자외선-가시광선 영역에서 흡수하는 에너지의 양을 측정하는 검출기이다. 광원에서 특정 파장의 빛이 광로를 거쳐 검출기 셀 내의 시료에 투사되면 특정 파장의 빛이 시료에 의해 흡수된다. 검출기에서는 이러한 빛의 흡수량을 전기적 신호로 나타내어 이 신호의 크기로서 시료의 정량분석이 이루어진다.

ⓑ 형광검출기

분자는 외부로부터 에너지를 흡수하면 들뜬 상태(exciting state)로 되었다가 안정화되기 위해 에너지를 방출하면서 기저상태(ground state)로 돌아가려는 성질을 가지고 있는데, 이러한 과정에서 빛이나 열 또는 소리 등을 발생시킨다. 형광검출기는 이러한 에너지 평형상태 중 형광을 발생하는 화합물을 특이적으로 검출하는 검출기로서 자외선-가시광선 검출기와 같은 흡광도검출기에 비해 10~100배 이상의 좋은 감도를 가진다.

③ 조작방법

㉠ 설치조건

ⓐ 설치장소는 진동이 없고, 분석에 사용되는 유해물질을 안전하게 처리하게 할 수 있으며, 부식가스나 먼지가 적고 상대습도 85% 이하의 직사광선이 비추지 않는 곳이 적절하다.

ⓑ 공급전원은 지정된 전력용량 및 주파수이어야 하고, 전원변동은 지정전압의 ±10% 이내로서 주파수변동이 없어야 한다.

ⓒ 대형 변압기, 고주파 가열로와 같은 것으로부터 전자기유도를 받지 않아야 하고, 접지저항은 10Ω 이하이어야 한다.

㉡ 분석을 위한 장비의 가동

ⓐ 각 분석방법에 규정된 내용과 기기회사의 권고내용을 참고하여 기기의 조건을 설정하고 최적화시킨다.

ⓑ 분석시스템 바탕선(base line)의 안정상태를 확인한다.

ⓒ 시료를 주입하여 분석하고자 하는 물질이 다른 물질과 완전히 분리가 일어나는지 여부를 확인한 다음 실제 시료분석을 실시한다.

④ 정성 및 정량 분석

㉠ 전체 시스템을 작동시켜 유속을 1~2mL/분으로 고정시킨 다음 이동상 용매를 흘려보내면서 펌프의 압력 및 검출기의 신호가 일정하게 유지될 때까지 기다린 다음, 기기의 바탕선이 안정화되면 각 분석방법에서 규정한 표준용액 조제방법을 참고하여 표준용액을 조제한 다음 이를 기기에 주입하여 검량선을 작성한다.

㉡ 검량선 작성 후 실제 시료 등을 주입하여 정성 및 정량 분석을 실시한다.

㉢ 검출한계는 분석기기의 검출한계와 분석방법의 검출한계로 구분되며, 분석기기의 검출한계라 함은 최종시료 중에 포함된 분석대상 물질을 검출할 수 있는 최소량을 의미하고, 분석방법의 검출한계라 함은 노출농도 측정시료 중에 포함된 분석대상 물질을 검출할 수 있는 최소량을 의미하며, 구하는 요령은 가스 크로마토그래피법에서 규정한 방법과 동일하다.

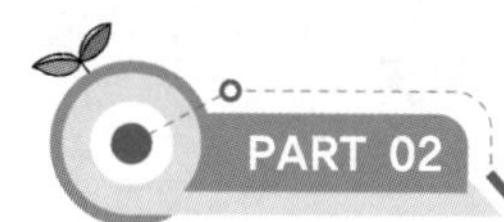

4. 분광광도계

① 원리 및 적용범위

일반적으로 빛(백색광)이 물질에 닿으면 그 빛은 물질이 표면에서 반사, 물질의 표면에서 조금 들어간 후 반사, 물질에 흡수 또는 물질을 통과하는 빛으로 나누어지는데, 물질에 흡수되는 빛의 양(흡광도)은 그 물질의 농도에 따라 다르다. 분광광도계는 이와 같은 빛의 원리를 이용하여 일정한 파장에서 시료용액의 흡광도를 측정하여 그 파장에서 빛을 흡수하는 물질의 양을 정량하는 원리를 갖는 분석기기이다. 사용하는 파장대는 주로 자외선(180~320nm)이나 가시광선(320~800nm) 영역이다.

② 주요 구성

분광광도계는 광원, 파장선택장치, 시료용기(큐벳홀더, cuvette holder), 그리고 검출기와 지시기로 구성되어 있다.

㉠ 광원

ⓐ 시료 중에 존재하는 흡광물질의 농도를 측정하는 데 필요한 일정한 파장의 빛을 낼 수 있어야 한다.

ⓑ 대부분의 분광광도계는 가시광선범위의 분석에는 텅스텐을 사용하고, 자외선범위의 분석에는 수소 등을 사용한다.

㉡ 파장선택장치

프리즘이나 회절격자와 같은 단색화장치가 있어 원하는 파장범위의 빛을 시료에 투과할 수 있도록 해야 한다.

㉢ 시료 용기부

시료용액의 흡광도가 측정되는 곳으로 파장선택장치로부터 나온 일정한 파장의 빛에 의하여 시료가 조사되는 장소로, 외부로부터 빛이 완전히 차단될 수 있어야 한다.

ⓐ 두 개 이상의 큐벳을 사용할 때에는 표준화된 한 벌의 큐벳을 사용해야 한다. 표준화된 큐벳이란 빛의 50%를 통과시키는 용액에 대하여 큐벳 사이의 흡광도 차이가 1% 이하인 것을 말한다.

ⓑ 큐벳은 항상 큐벳 홀더의 정위치에 위치시켜야 한다.

ⓒ 큐벳에 여러 종류의 흠이 있거나 지문, 용매 등이 묻어있을 수 있는데, 이들 역시 흡광도에 영향을 미치기 때문에 조심스럽게 잘 닦은 후 사용하도록 해야 한다.

㉣ 검출기와 지시기

시료용액을 통과한 빛에너지를 전기에너지로 변환하여 시료용액의 흡광도를 나타낼 수 있어야 한다.

③ 조작방법

㉠ 설치조건

ⓐ 설치장소는 진동이 없고, 분석에 사용되는 유해물질을 안전하게 처리하게 할 수 있으며, 부식가스나 먼지가 적고 상대습도 85% 이하의 직사광선이 비추지 않는 곳이 적절하다.

ⓑ 공급전원은 지정된 전력용량 및 주파수이어야 하고, 전원변동은 지정전압의 ±10% 이내로서 주파수변동이 없어야 한다.

ⓒ 대형 변압기, 고주파 가열로와 같은 것으로부터 전자기유도를 받지 않아야 하고, 접지저항은 10Ω 이하이어야 한다.

㉡ 분석을 위한 장비의 가동

ⓐ 각 분석방법에 규정된 내용과 기기회사의 권고내용을 참고하여 기기의 조건을 설정하고 최적화시킨다.

ⓑ 분석시스템의 바탕선(base line)의 안정상태를 확인한다.

ⓒ 시료를 주입하여 분석하고자 하는 물질의 흡광도가 적정한지를 확인한 다음 실제 시료분석을 실시한다.

④ 정성 및 정량 분석

㉠ 전체 시스템을 작동시켜 최적화시킨 후 각 분석방법에서 규정한 대로 바탕 공시료와 표준용액을 조제한다.

㉡ 바탕 공시료를 시료용기(cuvette)에 넣고 투광도가 100% 되게 조절한다.

㉢ 표준용액을 농도 순서에 따라 차례로 시료용기에 넣고 흡광도를 측정한 다음 검량선을 작성한다.

㉣ 검량선 작성 후 현장시료를 넣어 분석한 후 검량선으로부터 농도를 구한다.

㉤ 검출한계는 분석기기의 검출한계와 분석방법의 검출한계로 구분되며, 분석기기의 검출한계란 최종시료 중에 포함된 분석대상 물질을 검출할 수 있는 최소량을 말하고, 분석방법의 검출한계란 노출농도 측정시료 중에 포함된 분석대상 물질을 검출할 수 있는 최소량을 말하며, 구하는 요령은 가스 크로마토그래피법에서 규정한 방법과 동일하다.

5. 위상차 현미경

① 원리 및 적용범위

위상차 현미경은 표본에서 입자를 투과한 빛과 투과하지 않은 빛 사이에서 발생하는 미세한 위상의 차이를 진폭의 차이로 바꾸어 현미경 표본 내의 얇고 투명한 입자를 높은 명암비로 또렷하게 관찰할 수 있도록 고안된 광학 현미경의 한 종류인 분석기기이다. 허용기준대상 유해인자 중 석면의 공기 중 섬유 농도 정량분석에 적용한다.

② 주요 구성

Köhler 조명을 잘 구현할 수 있는 투과조명방식이며, Binocular 타입 이상의 현미경을 사용한다.

㉠ 광원

ⓐ 표본을 밝고 균일하게 조명하기 위한 것으로 30W 이상의 할로겐램프를 사용한다.

ⓑ 광원상에 그린필터(λ ≒ 530nm) 또는 블루필터가 장착되어 있어야 한다.

㉡ 집광기

ⓐ 표본의 일정 부위를 빛을 모아 일정한 개구수로 조명하기 위한 것으로 대물렌즈의 개구수보다 큰 개구수를 갖는 것을 사용한다.

ⓑ 시야상에서 40배 대물렌즈의 위상판 고리 이미지와 중첩되는 크기의 집광고리가 있는 것을 사용한다.

㉢ 재물대

X, Y-축으로 이동 가능한 형태로 슬라이드 고정을 위한 표본고정 클립이 있는 것을 사용한다.

㉣ 대물렌즈

위상차 이미지 구현을 위해 위상차 판이 삽입되어 있는 확대배율 40배의 위상차 대물렌즈로 개구수가 0.65~0.75인 것을 사용한다.

㉤ 대안렌즈

ⓐ Wide-eyefield 또는 Huygenian 타입의 10배 배율의 렌즈를 사용해야 한다.

ⓑ Walton-Beckett 그래티큘 삽입이 가능한 형태의 렌즈여야 한다.

㉥ Walton-Beckett 그래티큘

ⓐ 400배 배율로 관찰 시 시야상 그래티큘 원의 지름이 $100 \pm 2\mu m$를 만족해야 한다.

ⓑ 원의 지름 선상에 수직으로 $3\mu m$와 $5\mu m$의 스케일이 있어 섬유의 크기를 쉽게 가늠할 수 있어야 한다.

ⓒ 그래티큘 원 주위에 섬유의 길이를 가늠할 수 있는 $5\mu m$, $10\mu m$, $20\mu m$의 선과 길이 대 지름의 비 3 : 1의 섬유형태가 인쇄되어 있는 그래티큘을 사용해야 한다.

③ 조작방법

㉠ 설치 · 운반 조건

ⓐ 현미경의 설치장소는 바닥이 평평하며 진동이 없고, 먼지가 발생하지 않는 곳에 설치하도록 한다.

ⓑ 현미경을 옮길 때에는 광학계에 충격이 가지 않도록 한 손으로는 지지손잡이(Arm)를 잡고 한 손으로는 현미경 바닥을 받치고 옮긴다.

㉡ 분석을 위한 장비의 가동

ⓐ 위상차 현미경의 좋은 이미지 관찰을 위하여 Köhler illumination을 구현하여 기기의 조건을 설정하고 최적화시킨다.

ⓑ HSE/NPL 터스트 슬라이드를 이용하여 현미경의 해상도를 확인한다.

ⓒ 스테이지 마이크로미터(stage micrometer, 0.01mm/div 이상)를 이용하여 Walton-Beckett 그래티큘의 지름을 측정하여 계수면적을 계산한다.

④ 계수분석

㉠ 길이가 5μm보다 크고 길이 대 넓이의 비가 3 : 1 이상인 섬유만 계수한다.

㉡ 섬유가 계수면적 내에 있으면 1개로, 섬유의 한쪽 끝만 있으면 1/2개로 계수한다.

㉢ 계수면적 내에 있지 않고 밖에 있거나 계수면적을 통과하는 섬유는 세지 않는다.

㉣ 섬유 다발뭉치는 각 섬유의 끝단이 또렷이 보이지 않으면 1개로 계수하고, 또렷하게 보이면 각각 계수한다.

㉤ 100개의 섬유가 계수될 때까지 최소 20개 이상 충분한 수의 계수면적을 계수하되, 계수한 면적의 수가 100개를 넘지 않도록 한다.

Reference 디티존분석법과 디페닐카바지드법

1. 디티존분석법
   납분석 시 구연산 및 시안염을 가하여 약알칼리성으로 조제한 납용액에 디페닐티오카아비존을 가하면 납이온과의 반응에 의하여 생성되는 적색의 킬레이트 화합물을 유기용매로 추출해서 흡광도를 정량하는 분석
2. 디페닐카바지드법
   크롬에 대한 흡광도분석법에서 사용되는 발색액

길을 가다가 돌이 나타나면
약자는 그것을 걸림돌이라고 말하고,
강자는 그것을 디딤돌이라고 말한다.

- 토마스 칼라일(Thomas Carlyle) -

같은 돌이지만 바라보는 시각에 따라 그리고 마음가짐에 따라
걸림돌이 되기도 하고 디딤돌이 되기도 합니다.
자기에게 주어진 상황을 활용할 줄 아는 자만이
성공의 문에 도달할 수 있습니다. ^^

PART 03

작업환경 관리대책

산업위생관리기사 필기

PART 03. 작업환경 관리대책

산업환기 기초

01 산업환기의 의미와 목적

(1) 개요

근로자가 작업하고 있는 옥내 작업장의 공기가 건강장애를 주지 않도록 오염된 공기를 배출하는 동시에 신선한 공기를 도입해서 순환시키는 처리계통을 산업환기라 한다. 즉, 화학적·물리적 인자가 포함된 공기를 제거·교환·희석하는 방법이다.

(2) 산업환기의 종류(Ⅰ)

① **강제환기(기계환기)** : 송풍기(fan)를 사용하여 강제적으로 환기하는 방식, 즉 기계적인 힘을 이용하는 것이다.

㉠ 장점 : 필요한 공기량을 송풍기 용량으로 조절이 가능하므로 작업환경을 일정하게 유지할 수 있다.

㉡ 단점 : 송풍기 가동에 따른 소음·진동의 발생과 에너지비용이 많이 소요된다.

② **자연환기** : 자연통풍, 즉 동력을 사용하지 않고 단지 자연의 힘, 온도차에 의한 부력이나 바람에 의한 풍력을 이용하는 것이다. 즉, 실내외의 온도차와 풍력차에 의한 자연적 공기흐름에 의한 환기이다.

㉠ 장점 : 소음·진동이 발생하지 않고 운전비가 필요 없으므로 적당한 온도차와 바람이 있으면 강제환기보다 효과적이다.

㉡ 단점 : 기상조건이나 작업장 내부조건 등에 따라 환기량의 변화가 심하다.

(3) 산업환기의 종류(Ⅱ)

① **전체환기(희석환기)** : 작업장 전체를 대상으로 환기시키는 방식으로 유해인자가 발생한 후에 공기를 희석함으로써 유해인자의 농도를 낮추는 것을 의미한다.

② **국소배기** : 오염물질 발생지점 근처에서 바로 흡인하여 환기시키는 방식으로 유해인자가 근로자에게 도달하기 전에 미리 오염된 공기를 제거하는 방법이다.

(4) 산업환기의 목적

① 유해물질의 농도를 감소시켜 근로자들의 건강을 유지 · 증진시키는 데 있다(허용기준치 이하로 낮추는 의미).
② 화재나 폭발 등의 산업재해를 예방한다.
③ 작업장 내부의 온도와 습도를 조절한다.
④ 작업생산능률을 향상시킨다.

02 유체흐름의 기본개념

(1) 단위

- 기본단위 : 질량, 시간, 길이가 하나의 단위로 표시되는 것
- 유도단위 : 1개 이상의 기본단위가 복합적으로 구성되어 있는 것
- 절대단위계 ┌ MKS 단위계 ⇨ 길이(m), 질량(kg), 시간(sec)으로 표시하는 단위계
  └ CGS 단위계 ⇨ 길이(cm), 질량(g), 시간(sec)으로 표시하는 단위계
- SI 단위계 : 국제적으로 표준화된 단위계로서 MKS 단위계를 보다 발전시킨 단위계

물리량	기 호	명 칭	비 고
길이	m	미터	기본단위
질량	kg	킬로그램	기본단위
시간	s	초	기본단위
전류	A	암페어	기본단위
온도(열역학)	K	켈빈	기본단위
물질의 양	mol	몰	기본단위
광도	cd	칸델라	기본단위
평면각	rad	라디안	보조단위
입체각	sr	스테라디안	보조단위
주파수	Hz	헤르츠	유도단위, $1\text{Hz}=\frac{1}{\text{s}}$
힘	N	뉴턴	유도단위, $1\text{N}=1\text{kg}\cdot\text{m/s}^2$
압력	Pa	파스칼	유도단위, $1\text{Pa}=1\text{N/m}^2$
에너지(일)	J	줄	유도단위, $1\text{J}=1\text{N}\cdot\text{m}$
동력	W	와트	유도단위, $1\text{W}=1\text{J/s}$

① 길이

$1m = 10^2 cm = 10^3 mm = 10^6 \mu m = 10^9 nm$ [$1km = 10^3 m = 10^5 cm = 10^6 mm$]

$1\mu m = 10^{-3} mm = 10^{-6} m$

② 질량

$1kg = 10^3 g = 10^6 mg = 10^9 \mu g = 10^{12} ng$

$1ton = 10^3 kg = 10^6 g = 10^9 mg$

$1\mu g = 10^{-3} mg = 10^{-6} g$

③ 시간

1day = 24hr = 1,440min = 86,400sec

④ 넓이(면적)

$1m^2 = 10^4 cm^2 = 10^6 mm^2$

⑤ 체적(부피)

$1m^3 = 10^6 cm^3 = 10^9 mm^3$

$1L = 10^{-3} kL = 10^3 mL = 10^6 \mu L$ [$1L = 1,000mL = 1,000cm^3 = 1,000cc$]

⑥ 온도

공학적으로 쓰이는 온도는 일반적으로 섭씨온도(Centigrade temperature)와 화씨온도(Fahrenheit temperature)이다.

㉠ 섭씨온도(℃)

1기압에서 물의 끓는점(100℃)과 어는점(0℃) 사이를 100등분하여 1등분을 1℃로 정한 것

㉡ 화씨온도(°F)

1기압에서 물의 끓는점(212°F)과 어는점(32°F) 사이를 180등분하여 1등분을 1°F로 정한 것

㉢ 절도온도(K)

절대영도를 기준으로 하여 온도를 나타낸 것

㉣ 관계식

$$섭씨온도(℃) = \frac{5}{9}[화씨온도(°F) - 32]$$

$$화씨온도(°F) = \left[\frac{9}{5} \times 섭씨온도(℃)\right] + 32$$

절대온도(K) = 273 + 섭씨온도(℃)

랭킨온도(°R) = 460 + 화씨온도(°F)

⑦ 압력

㉠ 물체의 단위면적에 작용하는 수직방향의 힘

㉡ $1Pa = 1N/m^2 = 10^{-5}bar(0.1\mu bar) = 10dyne/cm^2 = 1.020 \times 10^{-1}mmH_2O$
$= 9.869 \times 10^{-6}atm$

㉢ $1mmH_2O = 9.8N/m^2 = 9.8Pa = 0.0735mmHg$

㉣ 1기압 $= 1atm = 760mmHg = 10,332mmH_2O = 1.0332kg_f/cm^2 = 10,332kg_f/m^2$
$= 14.69psi(lb/ft^2) = 760Torr = 10,332mmAq = 10.332mH_2O = 1013.25hPa$
$= 1013.25mb = 1.01325bar = 10,113 \times 10^5 dyne/cm^2 = 1.013 \times 10^5 Pa$

(2) 유체의 물리적 성질

① 유체의 특성

㉠ 대부분의 물질은 고체, 액체, 기체의 상태로 크게 나누어 어느 한 상태로 존재하며 유체란 액체나 기체 상태로 흐름을 가진 물질이다.

㉡ 유체는 물질을 구성하는 분자 상호간의 거리와 운동범위가 커서 스스로 형상을 유지할 수 있는 능력이 없고 용기에 따라 형상이 결정되는 물질이다.

㉢ 유체는 아주 작은 힘이라도 외력을 받으면 비교적 큰 변형을 일으키며, 유체 내에 전단응력이 작용하는 한 계속해서 변형하는 물질이다.

② 밀도(density, ρ)

㉠ 정의 : 단위체적당 유체의 질량

㉡ 단위 : g/cm^3, kg/m^3

㉢ 관계식

$$\text{밀도}(\rho) = \frac{\text{질량}}{\text{부피}}$$

㉣ 0℃, 1기압의 건조한 공기의 밀도는 $1.293kg/m^3$이고 산업환기에서의 적용밀도는 21℃, 1기압에서 $1.203kg/m^3$이다.

③ 비중량(specific weight, γ)

㉠ 정의 : 단위체적당 유체의 중량

㉡ 단위 : g_f/cm^3, kg_f/m^3

㉢ 관계식

$$\text{비중량}(\gamma) = \frac{\text{중량}}{\text{부피}}$$

㉣ 비중량(γ), 밀도(ρ), 중력가속도(g)의 관계식 : $\gamma = \rho \cdot g$

㉤ 0℃, 1기압에서 공기의 비중량은 $\frac{28.97kg_f}{22.4m^3} = 1.293kg_f/m^3$이다.

④ 비중(specific gravity, S)

㉠ 정의 : 표준물질의 밀도를 기준으로 실제 물질에 대한 밀도의 비

㉡ 단위 : 무차원

㉢ 관계식

$$\text{비중}(S) = \frac{\text{어떤 대상 물질의 밀도}}{\text{표준물질의 밀도}}$$

㉣ 표준물질의 적용

ⓐ 기체인 경우 0℃, 1기압 상태의 공기밀도(1.293kg/m^3)

ⓑ 고체, 액체의 경우 4℃, 1기압 상태의 물의 밀도(1,000kg/m^3)

⑤ 비체적(specific volume, V_S)

㉠ 정의 : 단위질량이 갖는 유체의 체적

㉡ 단위 : m^3/kg, cm^3/g

㉢ 관계식

$$\text{비체적}(V_S) = \frac{1}{\rho}$$

여기서, ρ : 밀도(kg/m^3)

⑥ 점성계수(dynamic viscosity, μ)

㉠ 정의 : 유체에 미치는 전단응력과 그 속도 사이에 비례상수, 즉 전단응력에 대한 저항의 크기를 나타냄

㉡ 단위 : N · s/m^2, kg/m · s, g/cm · s, kg_f · sec/m^2

1Poise=1g/cm · s=1dyne · s/cm^2

1centipoise=10^{-2}Poise=1mg/mm · s

㉢ 점도는 온도에 따라 변화한다.

ⓐ 액체는 온도가 증가하면 점도는 감소

ⓑ 기체는 온도가 증가하면 점도는 증가

⑦ 동점성계수(kinematic viscosity, ν)

㉠ 정의 : 점성계수를 밀도로 나눈 값

㉡ 단위 : m^2/sec, cm^2/sec

1stokes=1cm^2/s

1cstoke=10^{-2}stokes

㉢ 관계식

$$\text{동점성계수}(\nu) = \frac{\mu}{\rho}$$

기본개념문제 01

25℃에서 공기의 점성계수 $\mu=1.607\times10^{-5}$Poise, 밀도 $\rho=1.203$kg/m^{3}이다. 동점성계수(m^2/sec)는?

풀이 $동점성계수(\nu)=\frac{점성계수}{밀도}$

$$=\frac{1.607\times10^{-5}\text{g/cm}\cdot\text{sec}\times100\text{cm/m}\times\text{kg/1,000g}}{1.203\text{kg/m}^3}=1.34\times10^{-6}\text{m}^2/\text{sec}$$

기본개념문제 02

45.5mmH_2O는 몇 mmHg인가?

풀이 10,332mmH_2O=760mmHg

$$압력(\text{mmHg})=45.5\text{mmH}_2\text{O}\times\frac{760\text{mmHg}}{10{,}332\text{mmH}_2\text{O}}=3.35\text{mmHg}$$

기본개념문제 03

1mmH_2O는 몇 파스칼(Pa)인가?

풀이 $$압력(\text{Pa})=1\text{mmH}_2\text{O}\times\frac{1.013\times10^5\text{Pa}}{10{,}332\text{mmH}_2\text{O}}=9.8\text{Pa}$$

기본개념문제 04

0℃, 1기압에서 CO_2의 비중은?

풀이 $$비중=\frac{\text{CO}_2\ 분자량}{공기\ 분자량}=\frac{44}{28.95}=1.52$$

(3) 표준공기

① 정의

표준상태(STP)란 0℃, 1atm 상태를 말하며, 물리 · 화학 등 공학 분야에서 기준이 되는 상태로서 일반적으로 사용한다.

② 환경공학에서 표준상태는 기체의 체적을 Sm^3, Nm^{3}으로 표시하여 사용한다.

③ 산업환기 분야

21℃(20℃), 1atm, 상대습도 50%인 상태의 공기를 표준공기로 사용한다.

④ 산업환기 분야(21℃, 1atm에서의 값)

㉠ 표준공기 밀도 : $1.203kg/m^3$

㉡ 표준공기 비중량 : $1.203kg_f/m^3$

㉢ 표준공기 동점성계수 : $1.502 \times 10^{-5}m^2/s$

기본개념문제 05

온도 200℃, 압력 700mmHg인 상태에서 배기가스 체적이 $100m^3$라면 온도 21℃, 압력 760mmHg인 상태에서의 배기가스의 체적(m^3)은?

풀이 $\frac{P_1V_1}{T_1} = \frac{P_2V_2}{T_2}$ 이므로

$$체적(V_2,\ m^3) = V_1 \times \frac{P_1}{P_2} \times \frac{T_2}{T_1} = 100m^3 \times \frac{700}{760} \times \frac{273+21}{273+200} = 57.25m^3$$

기본개념문제 06

기온 130℃, 기압 690mmHg 상태에서 $50m^3/min$의 기체가 관내를 흐르고 있다. 표준상태(0℃, 1atm)의 유량(m^3/min)은?

풀이 $\frac{P_1V_1}{T_1} = \frac{P_2V_2}{T_2}$ 이므로

$$유량(V_2,\ m^3/min) = V_1 \times \frac{P_1}{P_2} \times \frac{T_2}{T_1} = 50m^3/min \times \frac{690}{760} \times \frac{273}{273+130} = 30.75m^3/min$$

기본개념문제 07

50℃의 관 내부를 $15m^3/min$의 기체가 흐르고 있을 때 0℃에서의 유량(m^3/min)은? (단, 기압은 760mmHg로 일정)

풀이 $유량(V_2,\ m^3/min) = V_1 \times \frac{T_2}{T_1} = 15m^3/min \times \frac{273}{273+50} = 12.68m^3/min$

기본개념문제 08

80℃에서 공기의 부피가 $5m^3$일 때 21℃에서 이 공기의 부피(m^3)는? (단, 공기밀도는 $1.2kg/m^3$이고, 기압의 변동은 없다.)

풀이 $부피(V_2,\ m^3) = V_1 \times \frac{T_2}{T_1} = 5m^3 \times \frac{273+21}{273+80} = 4.16m^3$

03 유체의 역학적 원리

(1) 연속방정식

① 개요

정상류가 흐르고 있는 유체 유동에 관한 연속방정식을 설명하는 데 적용된 법칙은 질량 보전의 법칙이다. 즉, 정상류로 흐르고 있는 유체가 임의의 한 단면을 통과하는 질량은 다른 임의의 한 단면을 통과하는 단위시간당 질량과 같아야 한다.

② 관계식(비압축성 유체흐름 가정)

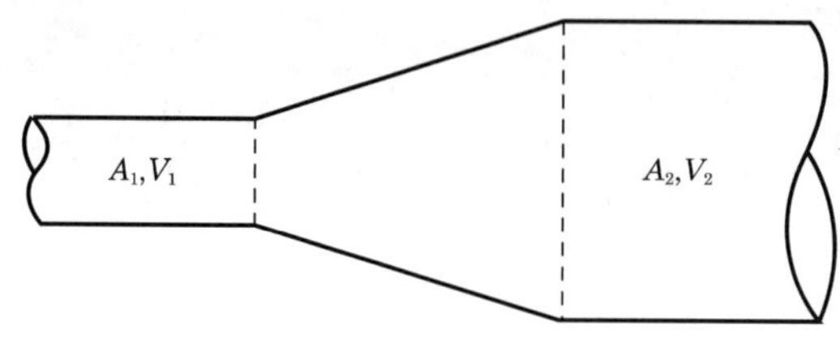

$$Q = A_1 V_1 = A_2 V_2$$

여기서, Q : 단위시간에 흐르는 유체의 체적(유량)(m^3/min)

A_1, A_2 : 각 유체의 통과 단면적(m^2)

V_1, V_2 : 각 유체의 통과 유속(m/sec)

③ 유체역학의 질량보전 원리를 환기시설에 적용하는 데 필요한 네 가지 공기 특성의 주요 가정(전제조건)

㉠ 환기시설 내외(덕트 내부와 외부)의 열전달(열교환) 효과 무시

㉡ 공기의 비압축성(압축성과 팽창성 무시)

㉢ 건조공기 가정

㉣ 환기시설에서 공기 속 오염물질의 질량(무게)과 부피(용량)를 무시

기본개념문제 09

직경이 200mm인 관에 유량이 $100m^3/min$인 공기가 흐르고 있을 때, 공기의 속도(m/sec)는?

풀이 $V(\text{m/sec}) = \dfrac{Q}{A} = \dfrac{100\text{m}^3/\text{min} \times \text{min}/60\text{sec}}{\left(\dfrac{3.14 \times 0.2^2}{4}\right)\text{m}^2} = 53.08\text{m/sec}$

기본개념문제 10

그림과 같이 Q_1과 Q_2에서 유입된 기류가 합류관인 Q_3로 흘러갈 때 Q_3의 유량(m³/min)은? (단, Q_3의 직경은 350mm)

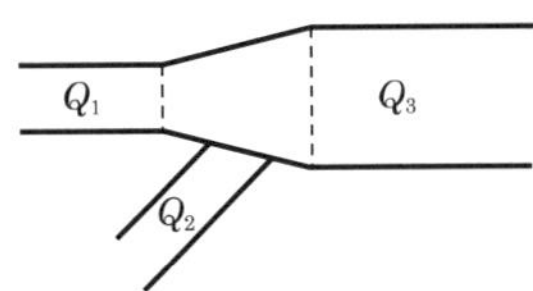

Q_1 ⇨ 직경 200mm, 유속 10m/sec

Q_2 ⇨ 직경 150mm, 유속 14m/sec

풀이 연속방정식 이론에 의해 유체의 질량보전 법칙이 성립하므로

$$Q_3 = Q_1 + Q_2$$

$$Q_1 = A \times V$$

$$= \frac{3.14 \times D^2}{4} \times V = \frac{3.14 \times (0.2\text{m})^2}{4} \times 10\text{m/sec} = 0.314\text{m}^3/\text{sec}$$

$$Q_2 = A \times V = \frac{3.14 \times (0.15\text{m})^2}{4} \times 14\text{m/sec} = 0.247\text{m}^3/\text{sec}$$

$$= 0.314 + 0.247 = 0.56\text{m}^3/\text{sec} \times 60\text{sec/min} = 33.68\text{m}^3/\text{min}$$

기본개념문제 11

기체유량이 $10\text{m}^3/\text{sec}$로 그림의 A지점을 지나 원형관 내를 흐르고 있다. B지점에서의 유속(m/sec)은? (단, $d_1 = 0.2\text{m}$, $d_2 = 0.4\text{m}$)

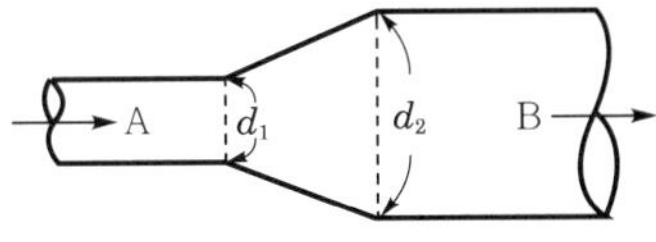

풀이 A지점이나 B지점에서 유량은 동일하므로

$$Q = A \times V$$

$$V = \frac{Q}{A} = \frac{10\text{m}^3/\text{sec}}{\left(\frac{3.14 \times 0.4^2}{4}\right)\text{m}^2} = 79.62\text{m/sec}$$

기본개념문제 12

산업환기시스템에서 공기유량이 일정할 때, 덕트 직경을 3배로 하면 유속은 어떻게 변하겠는가?

풀이 $Q = A \times V = \left(\frac{3.14 \times D^2}{4}\right) \times V$에서, Q 일정

$V = \frac{D^2}{(3D)^2} = \frac{1}{9}$ (유속은 $\frac{1}{9}$로 줄어듦)

기본개념문제 13

원형 덕트의 송풍량이 24m³/min이고, 반송속도가 12m/sec일 때 필요한 덕트의 내경은 약 몇 m인가?

풀이 $A(m^2)=\dfrac{Q}{V}=\dfrac{24m^3/min}{12m/sec\times 60sec/min}=0.033m^2$

$A=\dfrac{3.14\times D^2}{4}$

$\therefore\ D=\sqrt{\dfrac{A\times 4}{3.14}}=\sqrt{\dfrac{0.033m^2\times 4}{3.14}}=0.206m$

(2) 베르누이 정리(Bernouili 정리)

① 개요

㉠ 동일 유선상에서 정상상태로 흐르는 유체에 대한 베르누이 정리의 적용조건은 비압축성·비점성 유체이다. 즉, 베르누이 방정식은 임의의 두 점이 같은 유선상에 있고 비압축성이며 비점성인 이상유체가 정상상태(정상류)로 흐르는 조건하에 성립한다.

㉡ 산업환기시설 내에서의 기류흐름은 후드나 덕트와 같은 관내의 유동이며, 이 유동은 두 점 사이의 압력차에 기인하여 일어나며 여기서 압력은 단위체적의 유체가 갖는 에너지를 의미한다.

㉢ 베르누이 정리에 의해 국소배기장치 내의 에너지 총합은 에너지의 득실이 없다면 언제나 일정하다. 즉, 에너지 보존법칙이 성립한다.

② 베르누이 정리(방정식)

$$\frac{P}{\gamma}+\frac{V^2}{2g}+Z=\text{constant}(H)$$

여기서, $\dfrac{P}{\gamma}$: 압력수두(m) ⇨ 단위질량당 압력에너지

$\dfrac{V^2}{2g}$: 속도수두(m) ⇨ 단위질량당 속도에너지

Z : 위치수두(m) ⇨ 단위질량당 위치에너지

H : 전수두(m)

③ 산업환기, 즉 유체가 기체인 경우 위치수두 Z의 값이 매우 작아 무시한다. 그러므로 이때 베르누이 방정식은 다음과 같다.

$$\frac{P}{\gamma}+\frac{V^2}{2g}=\text{constant}(H)$$

④ 베르누이 방정식 적용조건

다음 중 한 조건이라도 만족하지 않을 경우 적용할 수 없다.

㉠ 정상 유동

㉡ 비압축성 · 비점성 유동

㉢ 마찰이 없는 흐름, 즉 이상 유동

㉣ 동일한 유선상의 유동

(3) 레이놀즈수 및 층류와 난류

① 층류(laminar flow)

㉠ 유체의 입자들이 규칙적인 유동상태가 되어 질서정연하게 흐르는 상태, 즉 유체가 관내를 아주 느린 속도로 흐를 때 소용돌이나 선회운동을 일으키지 않고 관 벽에 평행으로 유동하는 흐름을 말한다.

㉡ 관내에서의 속도분포가 정상 포물선을 그리며 평균유속은 최대유속의 약 1/2이다.

② 난류(turbulent flow)

유체의 입자들이 불규칙적인 유동상태가 되어 상호간 활발하게 운동량을 교환하면서 흐르는 상태, 즉 속도가 빨라지면 관내 흐름은 크고 작은 소용돌이가 혼합된 형태로 변하여 혼합상태로 유동하는 흐름을 말한다.

③ 레이놀즈수(Reynolds number, Re)

㉠ 정의

유체 흐름에서 관성력과 점성력의 비를 무차원 수로 나타낸 것을 말한다.

㉡ 적용

ⓐ 레이놀즈수는 유체흐름에서 층류와 난류를 구분하는 데 사용된다.

ⓑ 유체에 작용하는 마찰력의 크기를 결정하는 데 중요한 인자이다.

㉢ 층류흐름

레이놀즈수가 작으면 관성력에 비해 점성력이 상대적으로 커져서 유체가 원래의 흐름을 유지하려는 성질을 갖는다.

$$\text{관성력} < \text{점성력}$$

㉣ 난류흐름

레이놀즈수가 커지면 점성력에 비해 관성력이 지배하게 되어 유체의 흐름에 많은 교란이 생겨 난류흐름을 형성한다.

$$\text{관성력} > \text{점성력}$$

ⓜ 관계식

$$Re = \frac{\rho Vd}{\mu} = \frac{Vd}{\nu} = \frac{\text{관성력}}{\text{점성력}}$$

여기서, Re : 레이놀즈수(무차원)

ρ : 유체의 밀도(kg/m^3)

d : 유체가 흐르는 직경(m)

V : 유체의 평균유속(m/sec)

μ : 유체의 점성계수(kg/m · s (Poise))

ν : 유체의 동점성계수(m^2/sec)

ⓑ 레이놀즈수의 크기에 따른 구분

ⓐ 층류($Re < 2,100$)

ⓑ 천이영역($2,100 < Re < 4,000$)

ⓒ 난류($Re > 4,000$)

ⓢ 상임계 레이놀즈수는 층류로부터 난류로 천이될 때의 레이놀즈수이며 12,000~14,000 범위이다.

ⓞ 하임계 레이놀즈수는 난류에서 층류로 천이될 때의 레이놀즈수이며 2,100~4,000 범위이다(하임계 레이놀즈수를 층류, 난류 구분 기준인 임계 레이놀즈수로 정함).

ⓙ 일반적 산업환기 배관 내 기류 흐름의 레이놀즈수 범위는 10^5~10^6이다.

ⓒ 표준공기가 관내 유동인 경우 레이놀즈수

$$Re = \frac{Vd}{\nu} = \frac{Vd}{1.51 \times 10^{-5}} = 0.666\, Vd \times 10^5$$

기본개념문제 14

관내 유속 5m/sec, 관경 0.1m일 때 레이놀즈수는? (단, 20℃, 1기압, 동점성계수는 $1.5 \times 10^{-5} m^2/sec$)

풀이 $Re = \frac{Vd}{\nu} = \frac{5m/sec \times 0.1m}{1.5 \times 10^{-5} m^2/sec} = 3.33 \times 10^4$

기본개념문제 15

덕트 직경 30cm, 공기유속이 10m/sec인 경우 레이놀즈수는? (단, 공기의 점성계수는 1.85×10^{-5} kg/m · sec이고, 공기밀도는 $1.2kg/m^3$로 가정)

풀이 $Re = \frac{\rho Vd}{\mu} = \frac{1.2kg/m^3 \times 10m/sec \times 0.3m}{1.85 \times 10^{-5} kg/m \cdot sec} = 194,595$

기본개념문제 16

21℃에서 동점성계수가 $1.5\times10^{-5}m^2/sec$이다. 직경이 20cm인 관에 층류로 흐를 수 있는 최대의 평균속도(m/sec)와 유량(m^3/min)을 구하여라.

풀이 ① 공기의 최대평균속도

관내를 층류로 흐를 수 있는 $Re=2,100$이므로

$Re=\frac{Vd}{\nu}$에서 V를 구하면

$$\therefore\ V=\frac{Re\times\nu}{d}=\frac{2,100\times(1.5\times10^{-5}\mathrm{m^2/sec})}{0.2\mathrm{m}}=0.16\mathrm{m/sec}$$

② 유량

$$Q=A\times V$$
$$=\left(\frac{3.14\times0.2^2}{4}\right)\mathrm{m^2}\times0.16\mathrm{m/sec}$$
$$=5.02\times10^{-3}\mathrm{m^3/sec}\times60\mathrm{sec/min}=0.3\mathrm{m^3/min}$$

기본개념문제 17

직경이 30cm인 관으로 유체가 5m/sec로 흐르고 있다. 유체의 점도가 1.85×10^{-5}kg/m · s라 할 때 이 유체의 흐름 특성을 평가하면? (단, 유체의 밀도는 $1.2kg/m^3$로 가정)

풀이 $$Re=\frac{\rho Vd}{\mu}=\frac{1.2\mathrm{kg/m^3}\times5\mathrm{m/sec}\times0.3\mathrm{m}}{1.85\times10^{-5}\mathrm{kg/m\cdot sec}}=97,297$$

∴ 유체흐름 특성은 Re값이 4,000보다 큰 값이므로 난류상태

기본개념문제 18

1기압, 20℃의 동점성계수가 $1.5\times10^{-5}m^2/sec$이고, 유속이 20m/sec이다. 원형 duct의 단면적이 $0.385m^2$이면 레이놀즈수는?

풀이 $$Re=\frac{V\cdot d}{\nu}$$

$$d=\sqrt{\frac{A\times4}{3.14}}=\sqrt{\frac{0.385\mathrm{m^2}\times4}{3.14}}=0.7\mathrm{m}$$

$$=\frac{20\mathrm{m/sec}\times0.7\mathrm{m}}{1.5\times10^{-5}\mathrm{m^2/sec}}=933,333$$

04 공기의 성질과 오염물질

(1) 밀도보정

① 오염물질의 농도 계산 시 공기는 온도, 압력 변화에 따라서 밀도와 비중이 변하므로 표준상태에서의 밀도보정을 하여 표준화하여야 한다.

② 정확한 송풍기의 정압, 동력을 구하기 위해서는 반드시 공기의 밀도를 고려하여 계산하여야 하며, 이때 사용되는 보정치를 밀도보정계수(d_f)라 한다.

(2) 밀도보정계수(d_f)

① 고도 및 기압이 일정한 상태에서 온도가 증가할수록 밀도보정계수는 감소한다.

② 고도 및 온도가 일정한 상태에서 압력이 증가할수록 밀도보정계수는 증가한다.

③ 계산식

$$\text{밀도보정계수}(d_f,\ \text{무차원}) = \frac{(273+21)(P)}{(℃+273)(760)}$$

여기서, P : 대기압(mmHg, inHg)

℃ : 온도

$$\rho_{(a)} = \rho_{(s)} \times d_f$$

여기서, $\rho_{(a)}$: 실제 공기의 밀도

$\rho_{(s)}$: 표준상태(21℃, 1atm)의 공기밀도(1.203kg/m^3)

Reference 공기밀도

1. 온도가 상승하면 공기가 팽창하여 밀도가 작아진다.
2. 고공으로 올라갈수록 압력이 낮아져 공기는 팽창하고, 밀도는 작아진다.
3. 공기 1m^{3}와 물 1m^{3}의 무게는 다르다.
4. 다른 모든 조건이 일정할 경우 공기밀도는 절대온도에 반비례하고, 압력에 비례한다.

기본개념문제 19

공기의 온도가 40℃, 압력이 730mmHg인 경우 공기의 밀도보정계수는?

풀이 $d_f = \frac{(273+21)(P)}{(℃+273)(760)} = \frac{(273+21)\times(730)}{(40+273)\times(760)} = 0.902$

기본개념문제 20

0℃, 1기압인 표준상태에서 공기의 밀도가 1.293kg/m³라고 할 때 25℃, 1기압에서의 공기밀도 (kg/m³)는?

풀이 $d_f = \left(\frac{273+0}{℃+273}\right) \times \frac{P}{760} = \left(\frac{273+0}{25+273}\right) \times \frac{760}{760} = 0.916$

$\therefore \rho_{(a)} = \rho_{(s)} \times d_f = 1.293\text{kg/m}^3 \times 0.916 = 1.18\text{kg/m}^3$

Reference

25℃, 1atm에서의 공기밀도(kg/m³)는? (단, 표준 공기밀도 1.203kg/m³)

$d_f = \left(\frac{21+273}{25+273}\right) \times \frac{760}{760} = 0.987$

$\therefore \rho_{(a)} = 1.203\text{kg/m}^3 \times 0.987 = 1.19\text{kg/m}^3$

기본개념문제 21

1,830m 고도에서의 압력이 608mmHg일 때 공기밀도는 약 몇 kg/m³인가? (단, 1기압, 21℃일 때 공기의 밀도는 1.203kg/m³이다.)

풀이 공기밀도 $= 1.203\text{kg/m}^3 \times \frac{608}{760} = 0.96\text{kg/m}^3$

(3) 공기 중 가스와 증기

① 공기 중 농도는 일정한 온도, 기압에서는 최고(포화)농도를 갖는다.

$$\text{최고(포화)농도} = \frac{P}{760} \times 10^2(\%) = \frac{P}{760} \times 10^6(\text{ppm})$$

여기서, P : 물질의 증기압(분압)

② 공기 중에서 증기 발생률 영향인자

㉠ 온도

㉡ 압력

㉢ 물질 사용량

㉣ 노출 표면적

㉤ 물질의 비점(증기압)

③ 더운 공기가 차가운 공기보다 많은 증기를 포함하고 어떤 온도와 압력에서도 공기는 최대의 증기량을 포함한다.

④ 증기압이 높을수록 증발속도가 빨라진다.

(4) 혼합비중(유효비중)

① 오염된 공기 중에 포함되어 있는 아주 소량의 증기 유효비중(혼합비중)은 순수한 공기 비중과 거의 동일하다.

② 환기시설 설계 시 오염물질의 비중만을 고려하여 후드 설치위치를 선정하면 안 된다. 즉, 유효비중(혼합비중)을 고려하여 설계하여야 한다.

기본개념문제 22

15℃, 1기압인 밀폐된 작업장에 어떤 물질이 증발하고 있다. 이 온도에서 이 물질의 증기압이 11.5mmHg라고 할 때 공기 중 이 물질의 포화농도(ppm)는?

풀이 $\text{포화농도} = \frac{\text{분압(증기압)}}{760} \times 10^6 = \frac{11.5}{760} \times 10^6 = 15{,}132\text{ppm}$

기본개념문제 23

분압이 1.5mmHg인 물질이 표준상태의 공기 중에서 도달할 수 있는 최고농도(%)는?

풀이 $\text{최고농도}(\%) = \frac{\text{분압}}{760} \times 10^2 = \frac{1.5}{760} \times 10^2 = 0.20\%$

기본개념문제 24

정상적인 공기 중의 산소함유량은 21%이며 그 절대량, 즉 산소분압은 해면에 있어서는 몇 mmHg인가?

풀이 $\text{포화농도}(\%) = \frac{\text{분압(증기압)}}{760} \times 10^2, \ 21 = \frac{\text{분압}}{760} \times 10^2$

$\therefore$ 분압=159.6mmHg

기본개념문제 25

산업환기에서의 표준상태에서 수은의 증기압은 0.0035mmHg이다. 이때 공기 중 수은증기의 최고농도는 약 몇 mg/m^3인가? (단, 수은의 분자량은 200.59이다.)

풀이 $\text{최고농도(ppm)} = \frac{0.0035}{760} \times 10^6 = 4.6\text{ppm}$

$\therefore \text{최고농도}(mg/m^3) = 4.6\text{ppm}\,(mL/m^3) \times \frac{200.59mg}{24.1mL} = 38.33mg/m^3$

기본개념문제 26

사염화탄소가 7,500ppm인 경우 유효비중은 얼마인가? (단, 공기비중 1.0, 사염화탄소 비중 5.7)

풀이 $\text{유효비중} = \frac{(7{,}500 \times 5.7) + (992{,}500 \times 1.0)}{1{,}000{,}000} = 1.0353$

기본개념문제 27

작업장에 퍼져 있는 트리클로로에틸렌(T.C.E)의 농도가 10,000ppm이고 비중이 5.3이라면 오염공기의 유효비중은?

풀이 $유효비중=\frac{(10{,}000\times5.3)+(990{,}000\times1.0)}{1{,}000{,}000}$

$=1.043$(문제상 공기비중이 주어지지 않으면 1.0으로 계산함)

기본개념문제 28

작업장에서 20,000ppm의 사염화에틸렌(분자량 166)이 공기 중에 함유되어 있다면 이 작업장의 공기비중은?

풀이 $혼합비중=\frac{\left(20{,}000\times\frac{166}{29}\right)+(980{,}000\times1.0)}{1{,}000{,}000}=1.0945$

기본개념문제 29

실내공간이 $50m^3$인 빈 실험실에 MEK 2mL가 기화되어 완전히 혼합되었다고 가정하면, 이때 실내의 MEK 농도는 몇 ppm인가? (단, MEK 비중=0.805, 분자량=72.1, 25℃, 1기압 기준)

풀이 MEK 발생농도를 중량단위(mg/m^3)로 구하면

$\frac{2mL}{50m^3}\times0.805g/mL=0.032g/m^3\times1{,}000mg/g=32.2mg/m^3$

중량농도를 용량단위(ppm)으로 구하면

$\therefore\ ppm=32.2mg/m^3\times\frac{24.45mL}{72.1mg}=10.92ppm\,(mL/m^3)$

기본개념문제 30

공기 100L 중에서 톨루엔(분자량 78.1, 비중 0.866) 1mL가 모두 증발하였다면 톨루엔의 농도는 몇 ppm인가? (단, 25℃, 1기압 기준)

풀이 톨루엔 발생농도를 중량단위(mg/m^3)로 구하면

$\frac{1mL}{100L}\times0.866g/mL=0.00866g/L\times1{,}000mg/g\times1{,}000L/m^3=8{,}660mg/m^3$

중량농도를 용량단위(ppm)로 구하면

$\therefore\ ppm=8{,}660mg/m^3\times\frac{24.45mL}{78.1mg}=2{,}711ppm\,(mL/m^3)$

05 공기압력

(1) 공기흐름 원리

두 지점 사이의 공기가 이동하려면 두 지점 사이에 압력의 차이가 있어야 하며, 이 압력 차이가 공기에 힘을 가하여 압력이 높은 지점에서 낮은 지점으로 공기를 흐르게 한다.

$$Q = A \times V$$

여기서, Q : 공기흐름의 유량(m^3/min)
A : 공기가 흐르고 있는 단면적(duct)(m^2)
V : 공기흐름 속도(m/min)

(2) 압력의 종류

① 압력은 단위면적당 단위체적의 유체가 가지고 있는 에너지를 의미한다.

② 베르누이 정리에 의해 속도수두를 동압(속도압), 압력수두를 정압이라 하고, 동압과 정압의 합을 전압이라 한다.

전압(TP ; Total Pressure) = 동압(VP ; Velocity Pressure) + 정압(SP ; Static Pressure)

㉠ 정압

ⓐ 밀폐된 공간(duct) 내 사방으로 동일하게 미치는 압력, 즉 모든 방향에서 동일한 압력이며 송풍기 앞에서는 음압, 송풍기 뒤에서는 양압이다(송풍기가 덕트 내의 공기를 흡인하는 경우 정압은 음압).

ⓑ 공기흐름에 대한 저항을 나타내는 압력이며, 위치에너지에 속한다.

ⓒ 밀폐공간에서 전압이 50mmHg이면 정압은 50mmHg이다.

ⓓ 정압이 대기압보다 낮을 때는 음압(negative pressure)이고, 대기압보다 높을 때는 양압(positive pressure)으로 표시한다.

ⓔ 정압은 단위체적의 유체가 압력이라는 형태로 나타나는 에너지이다.

ⓕ 양압은 공간벽을 팽창시키려는 방향으로 미치는 압력이고 음압은 공간벽을 압축시키려는 방향으로 미치는 압력이다. 즉, 유체를 압축시키거나 팽창시키려는 잠재 에너지의 의미가 있다.

ⓖ 정압을 때로는 저항압력 또는 마찰압력이라고 한다.

ⓗ 정압은 속도압과 관계없이 독립적으로 발생한다.

㉡ 동압(속도압)

ⓐ 공기의 흐름방향으로 미치는 압력이고 단위체적의 유체가 갖고 있는 운동에너지이다. 즉, 동압은 공기의 운동에너지에 비례한다.

ⓑ 정지상태의 유체에 작용하여 일정한 속도 또는 가속을 일으키는 압력으로 공기를 이동시킨다.

ⓒ 공기의 운동에너지에 비례하여 항상 0 또는 양압을 갖는다. 즉, 동압은 공기가 이동하는 힘으로 항상 0 이상이다.

ⓓ 동압은 송풍량과 덕트 직경이 일정하면 일정하다.

ⓔ 정지상태의 유체에 작용하여 현재의 속도로 가속시키는 데 요구하는 압력이고 반대로 어떤 속도로 흐르는 유체를 정지시키는 데 필요한 압력으로서 흐름에 대항하는 압력이다.

ⓕ 덕트(duct)에서 속도압은 덕트의 반송속도를 추정하기 위해 측정한다.

ⓖ 공기속도(V)와 속도압(VP)의 관계

$$\text{속도압(동압)}(VP) = \frac{\gamma V^2}{2g} \text{에서,} \quad V = \sqrt{\frac{2g\,VP}{\gamma}}$$

여기서, 표준공기인 경우 $\gamma = 1.203\text{kg}_f/\text{m}^3$, $g = 9.81\text{m/s}^2$이므로

위의 식에 대입하면

$$V = 4.043\sqrt{VP}$$

$$VP = \left(\frac{V}{4.043}\right)^2$$

여기서, V : 공기속도(m/sec)

VP : 동압(속도압)(mmH_2O)

㉢ 전압

ⓐ 전압은 단위유체에 작용하는 정압과 동압의 총합이다.

ⓑ 시설 내에 필요한 단위체적당 전에너지를 나타낸다.

ⓒ 유체의 흐름방향으로 작용한다.

ⓓ 정압과 동압은 상호변환 가능하며, 그 변환에 의해 정압, 동압의 값이 변화하더라도 그 합인 전압은 에너지의 득실이 없다면 관의 전 길이에 걸쳐 일정하다. 이를 베르누이 정리라 한다. 즉, 유입된 에너지의 총량은 유출된 에너지의 총량과 같다는 의미이다.

ⓔ 속도변화가 현저한 축소관 및 확대관 등에서는 완전한 변환이 일어나지 않고 약간의 에너지손실이 존재하며, 이러한 에너지손실은 보통 정압손실의 형태를 취한다.

ⓕ 흐름이 가속되는 경우 정압이 동압으로 변화될 때의 손실은 매우 적지만 흐름이 감속되는 경우 유체가 와류를 일으키기 쉬우므로 동압이 정압으로 변화될 때의 손실은 크다.

기본개념문제 31

속도압이 10mmH₂O인 덕트의 유속 V(m/sec)는? (단, 공기밀도 1.2kg/m³)

풀이 $V=\sqrt{\frac{2gVP}{\gamma}}=\sqrt{\frac{2\times 9.8\times 10}{1.2}}=12.78\text{m/sec}$

기본개념문제 32

표준공기 21℃(비중량 γ=1.2kg/m³)에서 800m/min의 유속으로 흐르는 공기의 속도압(mmH_2O)은?

풀이 $VP=\frac{\gamma V^2}{2g}$

$V=800\text{m/min}\times\text{min/60sec}=13.33\text{m/sec}$

$=\frac{1.2\text{kg/m}^3\times(13.33\text{m/sec})^2}{2\times 9.8\text{m/sec}^2}=10.88\text{mmH}_2\text{O}$

기본개념문제 33

송풍관 내를 20℃의 공기가 20m/sec의 속도로 흐를 때 속도압(mmH_2O)을 구하여라. (단, 0℃ 공기밀도는 1.293kg/m³, 기압 1atm)

풀이 $VP(\text{속도압})=\frac{\gamma V^2}{2g}=\frac{1.293\text{kg/m}^3\times(20\text{m/sec})^2}{2\times 9.8\text{m/sec}^2}=26.38\text{mmH}_2\text{O}$ 온도보정하면

$=26.38\text{mmH}_2\text{O}\times\frac{273}{273+20}=24.57\text{mmH}_2\text{O}$

기본개념문제 34

직경 40cm인 덕트 내부를 유량 120m³/min의 공기가 흐르고 있을 때, 덕트 내의 동압은 약 몇 mmH_2O인가? (단, 덕트 내의 공기는 21℃, 1기압으로 가정한다.)

풀이 $\text{VP}=\left(\frac{V}{4.043}\right)^2$

$V=\left(\frac{Q}{A}\right)=\frac{120\text{m}^3/\text{min}\times\text{min/60sec}}{\left(\frac{3.14\times 0.4^2}{4}\right)\text{m}^2}=15.92\text{m/sec}$

$=\left(\frac{15.92}{4.043}\right)^2=15.51\text{mmH}_2\text{O}$

기본개념문제 35

건조공기가 원형관 내를 흐르고 있다. 속도압이 6mmH₂O이면 풍속(m/sec)은?

풀이 $V=4.043\sqrt{VP}=4.043\sqrt{6}=9.9\text{m/sec}$

기본개념문제 36

표준공기가 15m/sec로 흐르고 있다. 이때 송풍기 앞쪽에서 정압을 측정하였더니 $10mmH_2O$였다. 전압(mmH_2O)은 얼마인가?

풀이 $TP = VP + SP$이므로

$$VP = \left(\frac{V}{4.043}\right)^2 = \left(\frac{15}{4.043}\right)^2 = 13.76mmH_2O$$

$SP = -10mmH_2O$(송풍기 앞쪽이므로)

$= 13.76 + (-10) = 3.76mmH_2O$

기본개념문제 37

직경이 150mm인 덕트 내 정압은 $-64.5mmH_2O$이고, 전압은 $-31.5mmH_2O$이다. 이때 덕트 내의 공기속도(m/sec)는?

풀이 $V(m/sec) = 4.043\sqrt{VP}$

$VP = TP - SP = -31.5 - (-64.5) = 33mmH_2O$

$= 4.043\sqrt{33}$

$= 23.23m/sec$

기본개념문제 38

직경 180mm 덕트 내 정압은 $-80.5mmH_2O$, 전압은 $28.9mmH_2O$이다. 이때 공기유량(m^3/sec)은?

풀이 $Q = A \times V$

$$A(\text{단면적}) = \frac{3.14 \times D^2}{4} = \frac{3.14 \times 0.18^2}{4} = 0.025m^2$$

V(유속)은 동압을 우선 구하여야 한다.

동압 = 전압 − 정압 $= 28.9 - (-80.5) = 109.4mmH_2O$

$V = 4.043\sqrt{VP} = 4.043\sqrt{109.4} = 42.29m/sec$

$= 0.025 \times 42.29 = 1.06m^3/sec$

기본개념문제 39

기압의 변화가 없는 상태에서 고열 작업장의 건구온도가 40℃라면 이때 그 작업장 내의 공기밀도(kg/m^3)는 약 얼마인가? (단, 0℃, 1기압 공기밀도는 $1.293kg/m^3$이다.)

풀이 $$\text{공기밀도}(kg/m^3) = 1.293kg/m^3 \times \frac{273}{273+40} \times \frac{760}{760} = 1.13kg/m^3$$

기본개념문제 40

15℃, 1기압의 공기가 덕트 내에서 15m/sec의 속도로 흐를 때 속도압(mmH_2O)은? (단, 표준상태에서 가스의 비중량 1.2kg/m³)

풀이 $VP(\mathrm{mmH_2O}) = \dfrac{\gamma V^2}{2g}$

$$\gamma = \gamma' \times \frac{273}{273+℃} \times \frac{P}{760} = 1.2\mathrm{kg/m^3} \times \frac{273}{273+15} \times \frac{760}{760} = 1.14\mathrm{kg/m^3}$$

$$= \frac{1.14\mathrm{kg/m^3} \times (15\mathrm{m/sec})^2}{2 \times 9.8\mathrm{m/sec^2}} = 13.09\mathrm{mmH_2O}$$

기본개념문제 41

0℃, 1기압에서 공기의 비중량은 1.293kg_f/m^3이다. 65℃의 공기가 송풍관 내를 15m/sec의 유속으로 흐를 때, 속도압은 약 몇 mmH_2O인가?

풀이 $$\mathrm{VP} = \frac{\gamma V^2}{2g} = \frac{\left(1.293\mathrm{kg_f/m^3} \times \dfrac{273}{273+65}\right) \times (15\mathrm{m/sec})^2}{2 \times 9.8\mathrm{m/sec^2}} = 11.99\mathrm{mmH_2O}$$

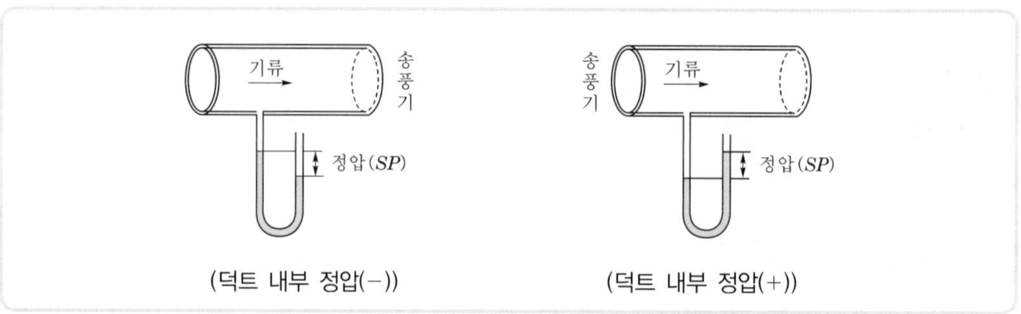

▌정압의 특징▐

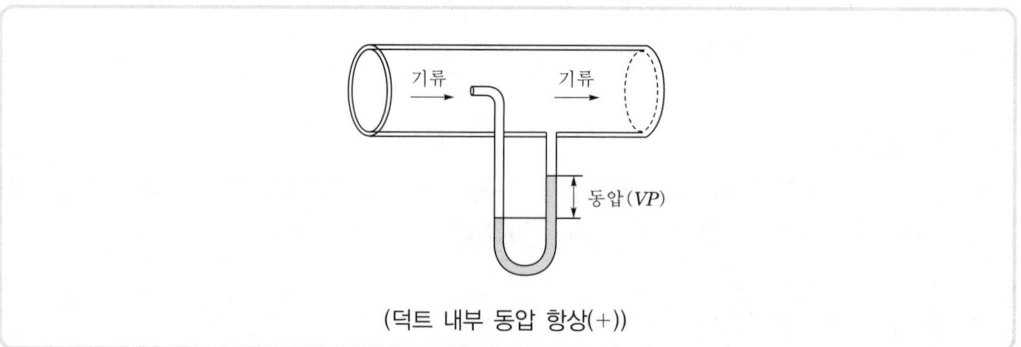

▌동압(속도압)의 측정▐

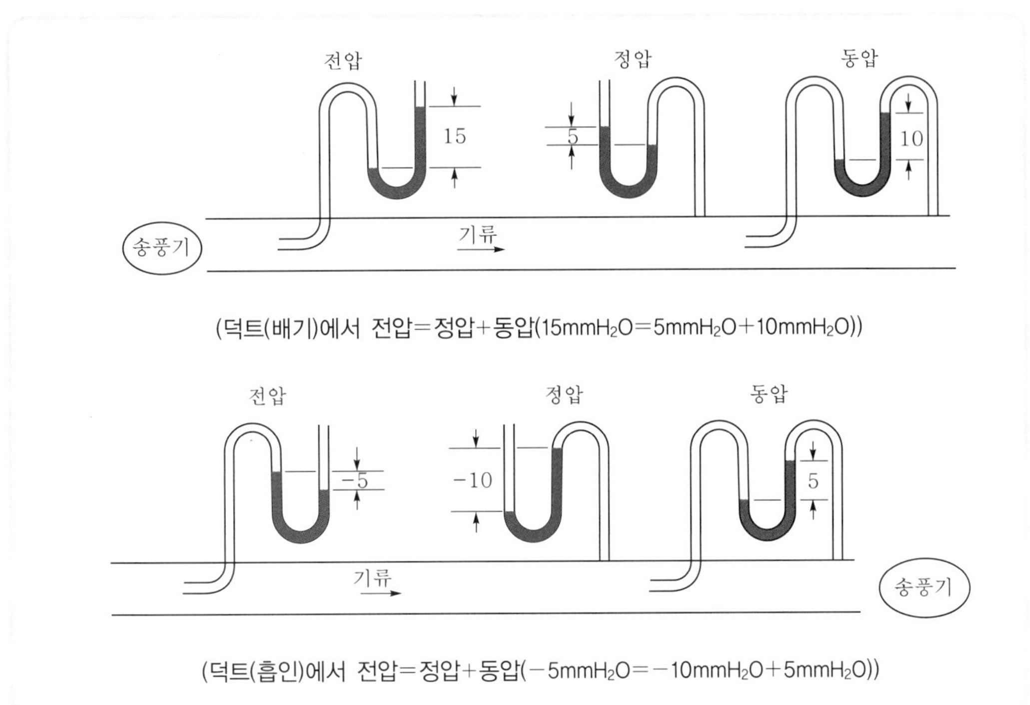

‖ 송풍기 위치에 따른 정압, 동압, 전압의 관계 ‖

06 압력손실

(1) Hood 압력손실

공기가 후드 내부로 유입될 때 가속손실(acceleration loss)과 유입손실(entry loss)의 형태로 압력손실이 발생한다.

① 가속손실

㉠ 정지상태의 실내공기를 일정한 속도로 가속화시키는 데 필요한 운동에너지이다.

㉡ 가속화시키는 데는 동압(속도압)에 해당하는 에너지가 필요하다.

㉢ 공기를 가속시킬 시 정압이 속도압으로 변화될 때 나타나는 에너지손실, 즉 압력손실이다.

㉣ 관계식

$$\text{가속손실}(\Delta P) = 1.0 \times VP$$

여기서, VP : 속도압(동압)(mmH_2O)

② 유입손실

㉠ 공기가 후드나 덕트로 유입될 때 후드, 덕트의 모양에 따라 발생되는 난류가 공기의 흐름을 방해함으로써 생기는 에너지손실을 의미한다.

㉡ 후드 개구에서 발생되는 베나수축(vena contractor)의 형성과 분리에 의해 일어나는 에너지손실이다.

㉢ 관계식

$$\text{유입손실}(\Delta P) = F \times VP$$

여기서, F : 유입손실계수(요소)

VP : 속도압(동압)(mmH_2O)

㉣ 베나수축

ⓐ 관내로 공기가 유입될 때 기류의 직경이 감소하는 현상, 즉 기류면적의 축소현상을 말한다.

ⓑ 베나수축에 의한 손실과 베나수축이 다시 확장될 때 발생하는 난류에 의한 손실을 합하여 유입손실이라 하고 후드의 형태에 큰 영향을 받는다.

ⓒ 베나수축은 덕트의 직경 D의 약 $0.2D$ 하류에 위치하며 덕트의 시작점에서 duct 직경 D의 약 2배쯤에서 붕괴된다.

ⓓ 베나수축 관 단면상에서의 유체 유속이 가장 빠른 부분은 관 중심부이다.

ⓔ 베나수축현상이 심할수록 후드 유입손실은 증가되므로 수축이 최소화될 수 있는 후드 형태를 선택해야 한다.

ⓕ 베나수축이 일어나는 지점의 기류 면적은 덕트 면적의 70~100% 정도의 범위이다.

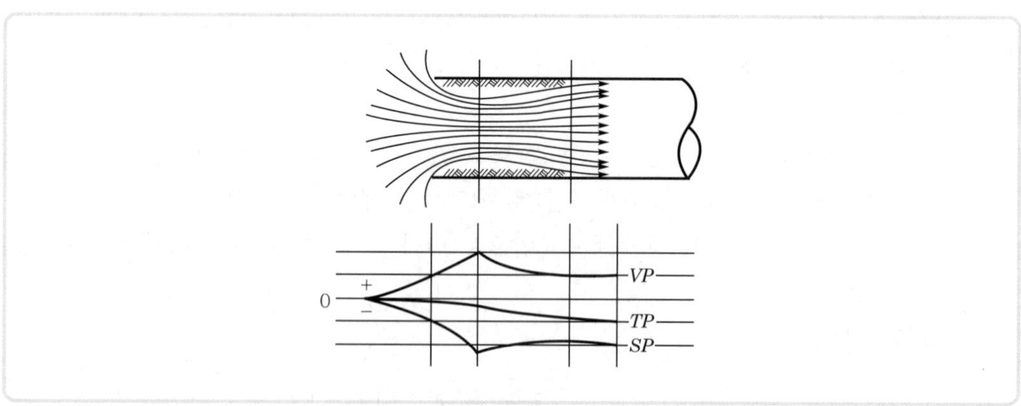

▌베나수축▐

③ 후드(hood) 정압(SP_h)

㉠ 후드 정압은 가속손실과 유입손실을 합한 것이다. 즉, 공기를 가속화시키는 힘인 속도압과 후드 유입구에서 발생되는 후드의 압력손실을 합한 것이다.

㉡ 관계식

$$\text{후드정압}(SP_h) = VP + \Delta P = VP + (F \times VP) = VP(1+F)$$

여기서, VP : 속도압(동압)(mmH_2O)

ΔP : hood 압력손실(mmH_2O) ⇨ 유입손실

F : 유입손실계수(요소) ⇨ 후드 모양에 좌우됨

㉢ 유입계수(Ce)

ⓐ 실제 후드 내로 유입되는 유량과 이론상 후드 내로 유입되는 유량의 비를 의미하며 후드에서의 압력손실이 유량의 저하로 나타나는 현상이다.

ⓑ 후드의 유입효율을 나타내며, Ce가 1에 가까울수록 압력손실이 작은 hood를 의미한다.

즉, 후드에서의 유입손실이 전혀 없는 이상적인 후드의 유입계수는 1.0이다.

ⓒ 관계식

$$\text{유입계수}(Ce) = \frac{\text{실제 유량}}{\text{이론적인 유량}} = \frac{\text{실제 흡인유량}}{\text{이상적인 흡인유량}}$$

$$\text{후드 유입손실계수}(F) = \frac{1}{Ce^2} - 1$$

$$\text{유입계수}(Ce) = \sqrt{\frac{1}{1+F}}$$

④ 후드에서 정압과 속도압을 동시에 측정하고자 할 때 측정공의 위치

후드 또는 덕트의 연결로부터 덕트 직경의 4~6배 정도 떨어져 있는 것이 가장 적당하다.

기본개념문제 42

후드의 유입계수가 0.85인 후드의 압력손실계수는?

풀이 $\text{압력손실계수}(F) = \frac{1}{Ce^2} - 1 = \frac{1}{0.85^2} - 1 = 0.38$

기본개념문제 43

후드의 유입손실계수가 0.7일 때 유입계수는?

풀이 유입계수$(Ce)=\sqrt{\frac{1}{1+F}}=\sqrt{\frac{1}{1+0.7}}=0.77$

기본개념문제 44

유입계수가 0.82, 속도압이 20mmH$_2$O일 때 후드의 압력손실(mmH$_2$O)은?

풀이 후드의 정압이 아니라 압력손실 계산문제이므로
후드 압력손실$(\Delta P)=F\times VP$

$$F=\frac{1}{Ce^2}-1=\frac{1}{0.82^2}-1=0.487$$

$$VP=20\text{mmH}_2\text{O}$$

$$=0.487\times 20=9.74\text{mmH}_2\text{O}$$

기본개념문제 45

후드의 유입계수가 0.7, 후드의 압력손실이 1.6mmH$_2$O일 때 후드의 속도압(mmH$_2$O)은?

풀이 후드의 압력손실$(\Delta P)=F\times VP$

$$VP=\frac{\Delta P}{F}$$

$$F=\frac{1}{Ce^2}-1=\frac{1}{0.7^2}-1=1.04$$

$$\Delta P=1.6\text{mmH}_2\text{O}$$

$$=\frac{1.6}{1.04}=1.54\text{mmH}_2\text{O}$$

기본개념문제 46

어떤 단순 후드의 유입계수가 0.82이고, 기류속도가 18m/sec일 때 후드의 정압(mmH$_2$O)은? (단, 공기밀도는 1.2kg/m^3)

풀이 $\text{SP}_h=VP(1+F)$

$$F=\frac{1}{Ce^2}-1=\frac{1}{0.82^2}-1=0.487$$

$$VP=\frac{\gamma V^2}{2g}=\frac{1.2\text{kg/m}^3\times(18\text{m/sec})^2}{2\times 9.8\text{m/sec}^2}=19.84\text{mmH}_2\text{O}$$

$=19.84(1+0.487)=29.5\text{mmH}_2\text{O}$[실질적으로 $-29.5\text{mmH}_2\text{O}$]

기본개념문제 47

후드의 정압이 20mmH₂O이고, 속도압이 12mmH₂O일 때 유입계수(Ce)는?

풀이 유입계수$(Ce) = \sqrt{\dfrac{1}{1+F}}$ 이므로 우선 F(유입손실계수)를 구하면

$$SP_h = VP(1+F)$$

$$F = \frac{SP_h}{VP} - 1 = \frac{20}{12} - 1 = 0.67$$

$$= \sqrt{\frac{1}{1+0.67}} = 0.77$$

기본개념문제 48

환기시스템에서 공기유량(Q)이 0.14m^3/sec, 덕트 직경이 9.0cm, 후드 유입손실요소(F_h)가 0.5일 때 후드의 정압(mmH_2O)은?

풀이 후드의 정압$(SP_h) = VP(1+F)$

VP를 구하기 위하여 V(속도)를 먼저 구하면

$Q = A \times V$에서

$$V = \frac{Q}{A} = \frac{0.14\text{m}^3/\text{sec}}{\left(\dfrac{3.14 \times 0.09^2}{4}\right)\text{m}^2} = 22.02\text{m/sec}$$

$$VP = \left(\frac{V}{4.043}\right)^2 = \left(\frac{22.02}{4.043}\right)^2 = 29.66\text{mmH}_2\text{O}$$

$$= 29.66\text{mmH}_2\text{O} \times (1+0.5) = 44.49\text{mmH}_2\text{O}[\text{실제적으로 } -44.49\text{mmH}_2\text{O}]$$

기본개념문제 49

유입계수 $Ce = 0.78$ 플랜지 부착 원형 후드가 있다. 덕트의 원면적이 0.0314m^{2}이고 필요환기량 Q는 30m^3/min이라고 할 때 후드의 정압(mmH_2O)은? (단, 공기밀도 1.2kg/m^3)

풀이 후드의 정압$(SP_h) = VP(1+F)$

여기서, VP를 구하기 위하여 V(속도)를 먼저 구하면

$Q = A \times V$에서

$$V = \frac{Q}{A} = \frac{30\text{m}^3/\text{min}}{0.0314\text{m}^2} = 955.41\text{m/min}(=15.92\text{m/sec})$$

$$VP = \frac{\gamma V^2}{2g} = \frac{1.2 \times 15.92^2}{2 \times 9.8} = 15.51\text{mmH}_2\text{O}$$

$$F = \frac{1}{Ce^2} - 1 = \frac{1}{0.78^2} - 1 = 0.64$$

$$= 15.51(1+0.64) = 25.49\text{mmH}_2\text{O}[\text{실제적으로 } -25.49\text{mmH}_2\text{O}]$$

기본개념문제 50

후드의 유입계수를 구하여보니 0.9이었고, 덕트의 기류를 측정해보니 14m/sec였다. 이 후드의 유입손실(mmH_2O)은? (단, 오염공기의 밀도 1.2kg/m^3)

풀이 후드의 압력손실(ΔP) $= F \times VP$

$$F(\text{유입손실계수}) = \frac{1}{Ce^2} - 1 = \frac{1}{0.9^2} - 1 = 0.23$$

$$VP = \frac{\gamma V^2}{2g} = \frac{1.2\text{kg/m}^3 \times (14\text{m/sec})^2}{2 \times 9.8\text{m/sec}^2} = 12\text{mmH}_2\text{O}$$

$$= 0.23 \times 12\text{mmH}_2\text{O} = 2.76\text{mmH}_2\text{O}$$

기본개념문제 51

유입계수가 0.6인 플랜지 부착 원형 후드가 있다. 덕트의 직경은 10cm이고, 필요환기량이 20m^3/min라고 할 때 후드정압(SP_h)은 약 몇 mmH_2O인가?

풀이 $SP_h = VP(1+F)$

$$F = \frac{1}{Ce^2} - 1 = \frac{1}{0.6^2} - 1 = 1.78$$

$$VP = \left(\frac{V}{4.043}\right)^2$$

$$V = \frac{Q}{A} = \frac{20\text{m}^3/\text{min}}{\left(\frac{3.14 \times 0.1^2}{4}\right)\text{m}^2} = 2547.77\text{m/min} \times \text{min/60sec} = 42.46\text{m/sec}$$

$$= \left(\frac{42.46}{4.043}\right)^2 = 110.29\text{mmH}_2\text{O}$$

$$= 110.29(1+1.78) = 306.62\text{mmH}_2\text{O}[\text{실제적으로 } -306.62\text{mmH}_2\text{O}]$$

(2) Duct 압력손실

후드에서 흡입된 공기가 덕트를 통과할 때 공기 기류는 마찰 및 난류로 인해 마찰 압력손실과 난류 압력손실이 발생한다.

① 마찰 압력손실

㉠ 공기가 덕트면과 접촉에 의한 마찰에 의해 발생한다.

㉡ 마찰손실에 미치는 영향인자

ⓐ 공기속도

ⓑ 덕트면의 성질(조도, 거칠기)

ⓒ 덕트 직경

ⓓ 공기밀도

ⓔ 공기점도

ⓕ 덕트의 형상

② 난류 압력손실

곡관에 의한 공기 기류의 방향전환이나 수축, 확대 등에 의한 덕트 단면적의 변화에 따른 난류속도의 증감에 의해 발생한다.

③ 덕트 압력손실 계산 종류

㉠ 등가길이(등거리) 방법

덕트의 단위길이당 마찰손실을 유속과 직경의 함수로 표현하는 방법, 즉 같은 손실을 갖는 직관의 길이로 환산하여 표현하는 방법이다.

㉡ 속도압방법

ⓐ 유량과 유속에 의한 덕트 1m당 발생하는 마찰손실로 속도압을 기준으로 표현하는 방법

ⓑ 산업환기 설계에 일반적으로 사용

ⓒ 장점으로는 정압평형법 설계 시 덕트 크기를 보다 신속하게 재계산 가능

④ 원형 직선 duct의 압력손실

압력손실은 덕트 길이 · 공기 밀도 · 유속의 제곱에 비례하고, 덕트 직경에 반비례한다. 원칙적으로 마찰계수는 Moody chart(레이놀즈수와 상대조도에 의한 그래프)에서 구한 값을 적용한다.

$$\text{압력손실}(\Delta P) = F \times VP(\text{mmH}_2\text{O}) \ : \text{Darcy}-\text{weisbach식}$$

여기서, $F(\text{압력손실계수}) = 4 \times f \times \frac{L}{D}\left(= \lambda \times \frac{L}{D}\right)$

여기서, λ : 관마찰계수(무차원)($\lambda = 4f$, f : 페닝마찰계수)

D : 덕트 직경(m)

L : 덕트 길이(m)

$$VP(\text{속도압}) = \frac{\gamma \cdot V^2}{2g}(\text{mmH}_2\text{O})$$

여기서, γ : 비중(kg/m^3)

V : 공기속도(m/sec)

g : 중력가속도(m/sec^2)

$$f(\text{페닝마찰계수 : 표면마찰계수}) = \frac{\lambda}{4}$$

여기서, λ : 달시마찰계수(관마찰계수)

⑤ 장방형 직선 duct 압력손실

압력손실 계산 시 원형 상당직경을 구하여 원형 직선 duct 계산과 동일하게 한다.

$$압력손실(\Delta P) = F \times VP\,(\mathrm{mmH_2O})$$

여기서, $F(압력손실계수) = \lambda(f) \times \frac{L}{D}$

여기서, λ : 달시마찰계수(무차원)

f : 페닝마찰계수(무차원)

D : 덕트 직경(상당직경, 등가직경)(m)

L : 덕트 길이(m)

$$VP(속도압) = \frac{\gamma \cdot V^2}{2g}\,(\mathrm{mmH_2O})$$

여기서, γ : 비중($\mathrm{kg/m^3}$)

V : 공기속도(m/sec)

g : 중력가속도($\mathrm{m/sec^2}$)

상당직경(등가직경, equivalent diameter)이란 사각형(장방형)관과 동일한 유체역학적인 특성을 갖는 원형관의 직경을 의미한다.

$$상당직경(d_e) = \frac{2ab}{a+b}$$

여기서, $\frac{2ab}{a+b} = 수력반경 \times 4 = \frac{유로단면적}{접수길이} \times 4 = \frac{ab}{2(a+b)} \times 4$

여기서, a, b : 각 변의 길이

양변의 비가 75% 이상일 경우,

$$상당직경(d_e) = 1.3 \times \frac{(ab)^{0.625}}{(a+b)^{0.25}}$$

기본개념문제 52

장방형 직관에서 가로 400mm, 세로 800mm일 때 상당직경(m)을 구하시오.

풀이 $상당직경(d_e) = \frac{2ab}{a+b} = \frac{2 \times (400\mathrm{mm} \times 800\mathrm{mm})}{400\mathrm{mm} + 800\mathrm{mm}} = 533.33\mathrm{mm} \times \mathrm{m}/1{,}000\mathrm{mm} = 0.533\mathrm{m}$

기본개념문제 53

원형 송풍관의 길이 30m, 내경 0.2m, 직관 내 속도압이 15mmH₂O, 철판의 관마찰계수(λ)가 0.016일 때 압력손실(mmH₂O)은?

풀이 압력손실$(\Delta P) = \lambda \times \dfrac{L}{D} \times VP$

$$= 0.016 \times \frac{30\text{m}}{0.2\text{m}} \times 15\text{mmH}_2\text{O}$$

$$= 36\text{mmH}_2\text{O}$$

기본개념문제 54

장방형 덕트의 단변 0.13m, 장변 0.26m, 길이 15m, 속도압 20mmH₂O, 관마찰계수(λ)가 0.004일 때 덕트의 압력손실(mmH₂O)은?

풀이 압력손실$(\Delta P) = \lambda \times \dfrac{L}{D} \times VP$

$$\text{상당직경}(d_e) = \frac{2ab}{a+b} = \frac{2 \times (0.13\text{m} \times 0.26\text{m})}{0.13\text{m} + 0.26\text{m}} = 0.173\text{m}$$

$$= 0.004 \times \frac{15\text{m}}{0.173\text{m}} \times 20\text{mmH}_2\text{O}$$

$$= 6.94\text{mmH}_2\text{O}$$

기본개념문제 55

송풍량이 110m³/min일 때 관 내경이 400mm이고, 길이가 5m인 직관의 마찰손실(mmH₂O)은? (단, 유체밀도 1.2kg/m³, 관마찰손실계수 0.02를 직접 적용함)

풀이 압력손실$(\Delta P) = \left(\lambda \times \dfrac{L}{D}\right) \times VP$

VP(속도압)을 구하려면 먼저 V(속도)를 구하여야 한다.

$Q = A \times V$

$$V = \frac{Q}{A} = \frac{110\text{m}^3/\text{min}}{\left(\dfrac{3.14 \times 0.4^2}{4}\right)\text{m}^2} = 875.79\text{m/min} \times \text{min}/60\text{sec} = 14.59\text{m/sec}$$

$$= 0.02 \times \frac{5\text{m}}{0.4\text{m}} \times \frac{1.2\text{kg/m}^3 \times (14.59\text{m/sec})^2}{2 \times 9.8\text{m/sec}^2}$$

$$= 3.26\text{mmH}_2\text{O}$$

기본개념문제 56

직경 0.1m인 원형 직관 내를 $10m^3/min$의 공기가 흐르고 있다. 길이가 2m일 때 압력손실(mmH_2O)은? (단, Re가 1.18×10^5일 때 달시마찰계수는 0.023, 공기밀도 $1.2kg/m^3$)

풀이 압력손실$(\Delta P) = \lambda \times \frac{L}{D} \times VP$

λ(달시마찰계수) : 0.023

VP(속도압)을 구하기 위해 먼저 V(속도)를 구하여야 한다.

$Q = A \times V$

$$V = \frac{Q}{A} = \frac{10m^3/min}{\left(\frac{3.14 \times 0.1^2}{4}\right)m^2} = 1273.89m/min \times min/60sec = 21.23m/sec$$

$$= 0.023 \times \frac{2m}{0.1m} \times \frac{1.2kg/m^3 \times (21.23m/sec)^2}{2 \times 9.8m/sec^2} = 12.7mmH_2O$$

기본개념문제 57

높이 760mm, 폭 380mm인 각 관내를 풍량 $280m^3/min$의 표준공기가 흐르고 있을 때 길이 10m당 관마찰손실은? (단, 관마찰계수는 0.019)

풀이 관마찰손실 $= \lambda \times \frac{L}{D} \times VP$

$$VP = \left(\frac{V}{4.043}\right)^2 = \left(\frac{16.16}{4.043}\right)^2 = 15.97mmH_2O$$

$$V = \frac{Q}{A} = \frac{280m^3/min \times min/60sec}{(0.76 \times 0.38)m^2} = 16.16m/sec$$

$$D = \frac{2ab}{a+b} = \frac{2 \times (0.76m \times 0.38m)}{0.76m + 0.38m} = 0.51m$$

$$= 0.019 \times \frac{10m}{0.51m} \times 15.97mmH_2O = 5.95mmH_2O$$

기본개념문제 58

산업환기시스템에서 공기유량이 일정할 때, 직경은 그대로 하고 유속을 $\frac{1}{4}$로 하면 압력손실은?

풀이 $\Delta P = \lambda \times \frac{L}{D} \times \frac{\gamma V^2}{2g}$에서, D 일정

$$\Delta P = \frac{\left(\frac{1}{4}V\right)^2}{V^2} = \frac{1}{16}$$ (압력손실은 $\frac{1}{16}$로 줄어듦)

⑥ 달시마찰계수(λ, Darcy friction factor)

㉠ 달시마찰계수는 레이놀즈수(Re)와 상대조도(절대표면조도÷덕트 직경)의 함수이다.

㉡ 각 유체영역에서의 함수

ⓐ 층류영역 ⇨ λ는 Re만의 함수

ⓑ 전이영역 ⇨ λ는 Re와 상대조도에 의한 함수

ⓒ 난류영역 ⇨ λ는 상대조도에 의한 함수

⑦ 곡관 압력손실

㉠ 곡관 압력손실은 곡관의 덕트 직경(D)과 곡률반경(R)의 비, 즉 곡률반경비(R/D)에 의해 주로 좌우되며 곡관의 크기, 모양, 속도, 연결, 덕트 상태에 의해서도 영향을 받는다.

㉡ 곡관의 반경비(R/D)를 크게 할수록 압력손실이 작아진다.

㉢ 곡관의 구부러지는 경사는 가능한 한 완만하게 하도록 하고 구부러지는 관의 중심선의 반지름(R)이 송풍관 직경의 2.5배 이상이 되도록 한다.

㉣ 압력손실은 곡관의 각도가 90°가 아닌 경우 ΔP에 $\dfrac{\theta}{90°}$을 곱하여 구한다.

$$\text{압력손실}(\Delta P)=\left(\xi\times\frac{\theta}{90}\right)\times VP$$

여기서, ξ : 압력손실계수

θ : 곡관의 각도

VP : 속도압(동압)(mmH_2O)

㉤ 새우등 곡관

ⓐ 직경이 $D\leq 15cm$인 경우에는 새우등 3개 이상, $D>15cm$인 경우에는 새우등 5개 이상을 사용

ⓑ 덕트 내부 청소를 위한 청소구를 설치하는 것이 유지관리상 바람직

㉥ 후드가 곡관덕트로 연결되는 경우 속도압의 측정위치
덕트 직경의 4~6배 되는 지점

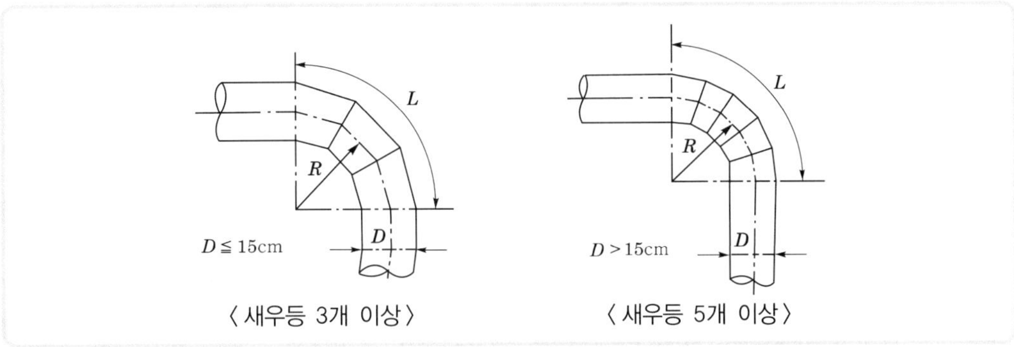

▌새우등 곡관 사용의 경우▐

기본개념문제 59

90° 곡관의 반경비가 2.0일 때 압력손실계수는 0.27이다. 속도압이 14mmH_2O라면 곡관의 압력손실(mmH_2O)은?

풀이 $\text{압력손실}(\Delta P) = \left(\xi \times \frac{\theta}{90}\right) \times VP = 0.27 \times \frac{90}{90} \times 14\text{mmH}_2\text{O} = 3.78\text{mmH}_2\text{O}$

기본개념문제 60

곡관의 각이 90°, 곡관반경이 2.50, 속도압이 15mmAq일 때 압력손실계수는 0.22이다. 이러한 곡관의 곡률반경과 여타 조건이 같을 때 곡관의 각을 45°로 변동한다면 압력손실(mmH_2O)은?

풀이 $\text{압력손실}(\Delta P) = \left(\xi \times \frac{\theta}{90}\right) \times VP = 0.22 \times \frac{45}{90} \times 15\text{mmAq} = 1.65\text{mmH}_2\text{O}(\text{mmAq})$

기본개념문제 61

직경 10cm, 중심선반경 25cm인 60° 곡관의 속도압이 20mmH_2O일 때 이 곡관의 압력손실(mmH_2O)은? (단, 다음 표를 이용하라.)

반경비(r/d)	1.25	1.50	1.75	2.00	2.25	2.50	2.75
압력손실계수(ξ)	0.55	0.39	0.32	0.27	0.26	0.22	0.26

풀이 $\text{압력손실}(\Delta P) = \left(\xi \times \frac{\theta}{90}\right) \times VP$

여기서, ξ는 $\frac{r}{d} = \frac{25}{10} = 2.5$이므로 ξ는 0.22이다.

$= 0.22 \times \frac{60}{90} \times 20\text{mmH}_2\text{O} = 2.93\text{mmH}_2\text{O}$

⑧ 합류관 압력손실

합류관 연결방법은 다음과 같다.

㉠ 주관과 분지관을 연결 시 확대관을 이용하여 엇갈리게 연결한다.

㉡ 분지관과 분지관 사이 거리는 덕트 지름의 6배 이상이 바람직하다.

㉢ 분지관이 연결되는 주관의 확대각은 15° 이내가 적합하다.

㉣ 주관측 확대관의 길이는 확대부 직경과 축소부 직경차의 5배 이상 되는 것이 바람직하다.

㉤ 합류관의 압력손실(ΔP)은 주관의 압력손실(ΔP_1)과 분지관의 압력손실(ΔP_2)을 합한 값으로 된다.

$$\text{압력손실}(\Delta P) = \Delta P_1 + \Delta P_2 = (\xi_1 VP_1) + (\xi_2 VP_2)$$

㉥ 분지관의 수를 가급적 적게 하여 압력손실을 줄인다.

㉦ 합류각이 클수록 분지관의 압력손실은 증가한다.

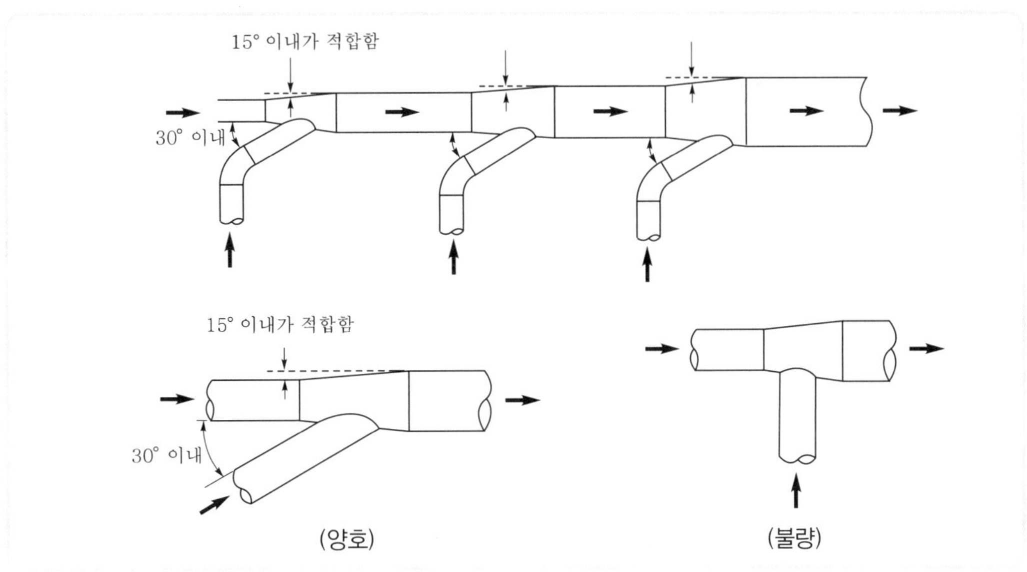

▌분지관(가지관)의 연결▐

기본개념문제 62

주관에 45°로 분지관이 연결되어 있다. 주관과 분지관의 반송속도는 모두 18m/sec이고, 주관의 압력손실계수는 0.2이며, 분지관의 압력손실계수는 0.28이다. 주관과 분지관의 합류에 의한 압력손실은? (단, 공기밀도는 1.2kg/m^3)

풀이 압력손실$(\Delta P) = \Delta P_1 + \Delta P_2 = (\xi_1 VP_1) + (\xi_2 VP_2)$

$$VP_1 = VP_2 = \frac{\gamma V^2}{2g} = \frac{1.2 \times 18^2}{2 \times 9.8} = 19.84\text{mmH}_2\text{O}$$

$$= (0.2 \times 19.84) + (0.28 \times 19.84) = 9.52\text{mmH}_2\text{O}$$

기본개념문제 63

압력손실계수 F, 속도압 P_{V_1}이 각각 0.59, 10mmH$_2$O이고, 유입계수 Ce, 속도압 P_{V_2}가 각각 0.92, 10mmH$_2$O인 후드 2개의 전체 압력손실은 약 얼마인가?

풀이 $\Delta P_T = \Delta P_1 + \Delta P_2$

$$\Delta P_1 = F \times \text{VP} = 0.59 \times 10\text{mmH}_2\text{O} = 5.9\text{mmH}_2\text{O}$$

$$\Delta P_2 = F \times \text{VP} = \left(\frac{1}{0.92^2} - 1\right) \times 10\text{mmH}_2\text{O} = 1.81\text{mmH}_2\text{O}$$

$$= 5.9 + 1.81 = 7.71\text{mmH}_2\text{O}$$

기본개념문제 64

주관에 15°로 분지관이 연결되어 있고 주관과 분지관의 속도압이 모두 $15mmH_2O$일 때, 주관과 분지관의 합류에 의한 압력손실은 몇 mmH_2O인가? (단, 원형 합류관의 압력손실계수는 다음 표를 참고한다.)

합류각	압력손실계수	
	주 관	분지관
15°	0.2	0.09
20°		0.12
25°		0.15
30°		0.18
35°		0.21

풀이 합류관의 압력손실 $= \Delta P_1 + \Delta P_2 = (0.2 \times 15) + (0.09 \times 15) = 4.35\text{mmH}_2\text{O}$

⑨ 확대관 압력손실

㉠ 확대관 속도압이 감소한 만큼 정압이 증가되어야 하나 실제로는 완전한 변환이 어려워 속도압 중 정압으로 변환하지 않은 나머지는 압력손실로 나타난다.

㉡ 확대관에서는 확대각이 클수록 압력손실은 증가한다.

㉢ 관련식

$$\text{정압회복계수}(R) = 1 - \xi$$

여기서, ξ : 압력손실계수

$$\text{압력손실}(\Delta P) = \xi \times (VP_1 - VP_2)$$

여기서, VP_1 : 확대 전의 속도압(mmH_2O)
VP_2 : 확대 후의 속도압(mmH_2O)

$$\text{정압회복량}(SP_2 - SP_1) = (VP_1 - VP_2) - \Delta P$$

여기서, SP_2 : 확대 후의 정압(mmH_2O)
SP_1 : 확대 전의 정압(mmH_2O)

$$\begin{aligned} SP_2 - SP_1 &= (VP_1 - VP_2) - [\xi(VP_1 - VP_2)] \\ &= (1-\xi)(VP_1 - VP_2) \\ &= R(VP_1 - VP_2) \end{aligned}$$

$$\text{확대측정압}(SP_2) = SP_1 + R(VP_1 - VP_2)$$

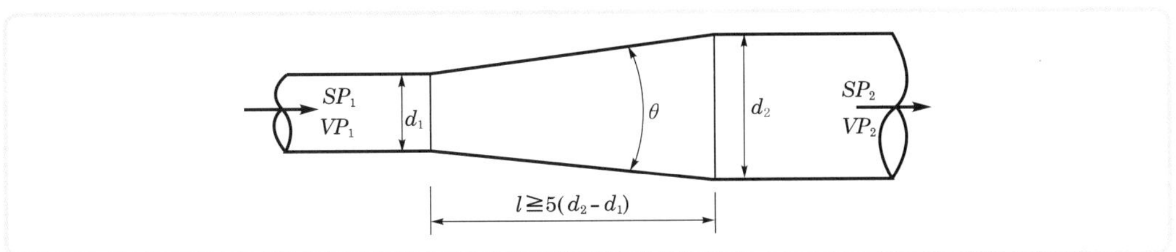

▌원형 확대관▐

기본개념문제 65

원형 확대관에서 입구 직관의 속도압은 30mmH₂O, 확대된 출구 직관의 속도압은 20mmH₂O이다. 압력손실계수가 0.28일 때 정압회복량(mmH₂O)은?

풀이 정압회복량$(SP_2 - SP_1) = (VP_1 - VP_2) - \Delta P$

$$= (1-\xi) \times (VP_1 - VP_2) = (1-0.28) \times (30-20) = 7.2\text{mmH}_2\text{O}$$

기본개념문제 66

확대각이 10°인 원형 확대관에서 입구 직관의 정압은 −10mmH₂O, 속도압은 30mmH₂O, 확대된 출구 직관의 속도압은 15mmH₂O이다. 압력손실과 확대측의 정압(mmH₂O)은? (단, $\theta = 10°$일 때 압력손실계수는 0.28)

풀이 ① 압력손실$(\Delta P) = \xi \times (VP_1 - VP_2) = 0.28 \times (30-15) = 4.2\text{mmH}_2\text{O}$

② 확대측 정압$(SP_2) = SP_1 + R(VP_1 - VP_2) = -10 + [(1-0.28) \times (30-15)] = 0.8\text{mmH}_2\text{O}$

기본개념문제 67

그림과 같은 덕트의 Ⅰ과 Ⅱ 단면에서 압력을 측정한 결과 Ⅰ 단면의 정압(PS_1)은 −10mmH₂O였고, Ⅰ과 Ⅱ 단면의 동압은 각각 20mmH₂O와 15mmH₂O였다. Ⅱ 단면의 정압(PS_2)이 −20mmH₂O이었다면 단면 확대부에서의 압력손실(mmH₂O)은?

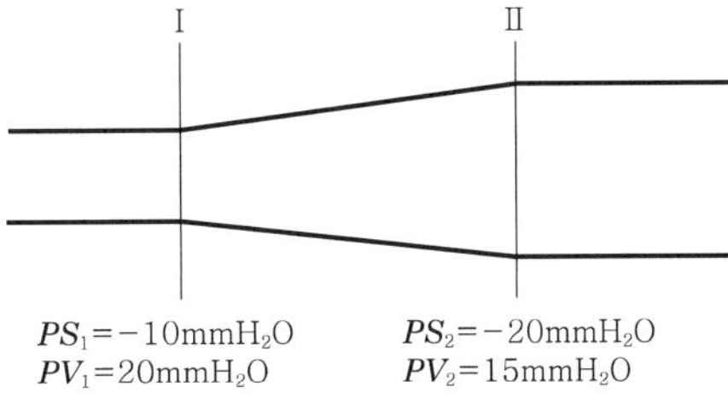

풀이 $\Delta P = (VP_1 - VP_2) - (SP_2 - SP_1)$

$$= (20-15) - [-20-(-10)] = 15\text{mmH}_2\text{O}$$

기본개념문제 68

정압회복계수가 0.72이고 정압회복량이 7.2mmH₂O인 원형 확대관의 압력손실은?

풀이 $(SP_2 - SP_1) = (VP_1 - VP_2) - \Delta P$

$$7.2 = \frac{\Delta P}{\xi} - \Delta P$$

$$\frac{\Delta P}{(1-0.72)} - \Delta P = 7.2$$

$$\frac{\Delta P - 0.28\Delta P}{0.28} = 7.2$$

$$\Delta P(1-0.28) = 7.2 \times 0.28$$

$$\therefore \Delta P = \frac{7.2 \times 0.28}{0.72} = 2.8\text{mmH}_2\text{O}$$

⑩ 축소관 압력손실

㉠ 덕트의 단면 축소에 따라 정압이 속도압으로 변환되어 정압은 감소하고 속도압은 증가한다.

㉡ 축소관은 확대관에 비해 압력손실이 작으며, 축소각이 45° 이하일 때는 무시한다.

㉢ 축소관에서는 축소각이 클수록 압력손실은 증가한다.

㉣ 관련식

$$압력손실(\Delta P) = \xi \times (VP_2 - VP_1)$$

여기서, VP_2 : 축소 후의 속도압(mmH₂O)

VP_1 : 축소 전의 속도압(mmH₂O)

$$정압감소량(SP_2 - SP_1) = -(VP_2 - VP_1) - \Delta P = -(1+\xi)(VP_2 - VP_1)$$

여기서, SP_2 : 축소 후의 정압(mmH₂O)

SP_1 : 축소 전의 정압(mmH₂O)

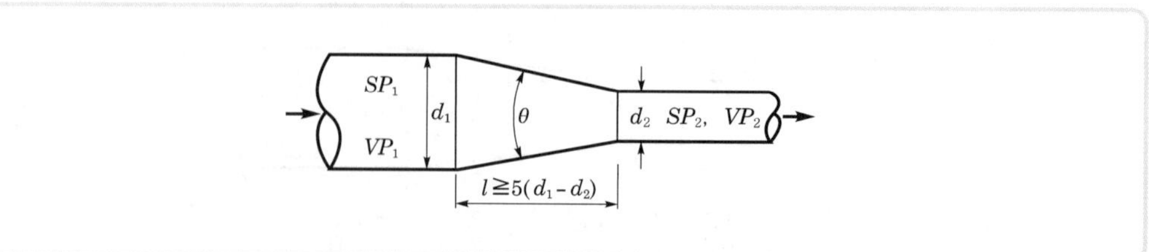

▌원형 축소관▌

기본개념문제 69

원형 축소관이 있다. 입구 직관의 속도압은 20mmH_2O이고, 축소된 출구 직관의 속도압은 25mmH_2O로 두 관을 연결한 축소관의 각도가 20°로서 압력손실계수는 0.08이라면 이 축소관의 압력손실(mmH_2O)은?

풀이 압력손실$(\Delta P) = \xi \times (VP_2 - VP_1) = 0.08 \times (25-20) = 0.4\text{mmH}_2\text{O}$

기본개념문제 70

축소각이 20°인 원형 축소관에서 입구 직관의 정압은 −10mmH_2O, 속도압은 15mmH_2O이고, 축소된 출구 직관의 속도압은 30mmH_2O이다. 압력손실과 축소 측 정압(mmH_2O)을 계산하면? (단, $\theta = 20°$일 때 $\xi = 0.06$)

풀이 ① 압력손실$(\Delta P) = \xi \times (VP_2 - VP_1) = 0.06 \times (30-15) = 0.9\text{mmH}_2\text{O}$

② 축소 측 정압$(SP_2) = SP_1 - [(1+\xi) \times (VP_2 - VP_1)]$

$= -10 - [(1+0.06) \times (30-15)] = -25.9\text{mmH}_2\text{O}$

⑪ 배기구 압력손실

㉠ 배기구를 통과하는 공기기류의 속도압에 압력손실계수를 곱하여 압력손실을 계산한다.

㉡ 국소배기장치의 배출구 압력은 항상 대기압보다 높아야 한다.

㉢ 비마개형 배기구에서 직경에 대한 높이의 비(높이/직경)가 작을수록 압력손실은 증가한다.

㉣ 관련식

$$\text{압력손실}(\Delta P) = \xi \times VP$$

$$\text{배기구의 정압}(SP) = (\xi - 1) \times VP$$

기본개념문제 71

직경 0.2m, 높이 1.5m인 비마개가 붙은 원형 배기구의 속도압이 10mmH_2O이다. 압력손실과 배기구의 정압(mmH_2O)은? (단, $\xi = 1.18$)

풀이 ① 압력손실$(\Delta P) = \xi \times VP = 1.18 \times 10 = 11.8\text{mmH}_2\text{O}$

② 배기구의 정압$(SP) = (\xi - 1) \times VP = (1.18-1) \times 10 = 1.8\text{mmH}_2\text{O}$

07 흡기와 배기

① 송풍기에 의한 기류의 흡기와 배기 시 흡기는 흡입면의 직경 1배인 위치에서는 입구 유속의 10%로 되고, 배기는 출구면의 직경 30배인 위치에서 출구 유속의 10%로 된다. 따라서, 국소배기시스템의 후드는 흡입기류가 취출기류에 비해서 거리에 따른 감소속도가 커서 오염발생원으로부터 가능한 최대로 가까운 곳에 설치해야 한다.

② 공기속도는 송풍기로 공기를 불 때 덕트 직경의 30배 거리에서 1/10로 감소하나, 공기를 흡인할 때는 기류의 방향과 관계없이 덕트 직경과 같은 거리에서 1/10로 감소한다(점흡인의 경우 후드의 흡인에 있어 개구부로부터 거리가 멀어짐에 따라 속도는 급격히 감소하는데, 이때 개구면의 직경만큼 떨어질 경우 후드 흡인기류의 속도는 1/10 정도 감소).

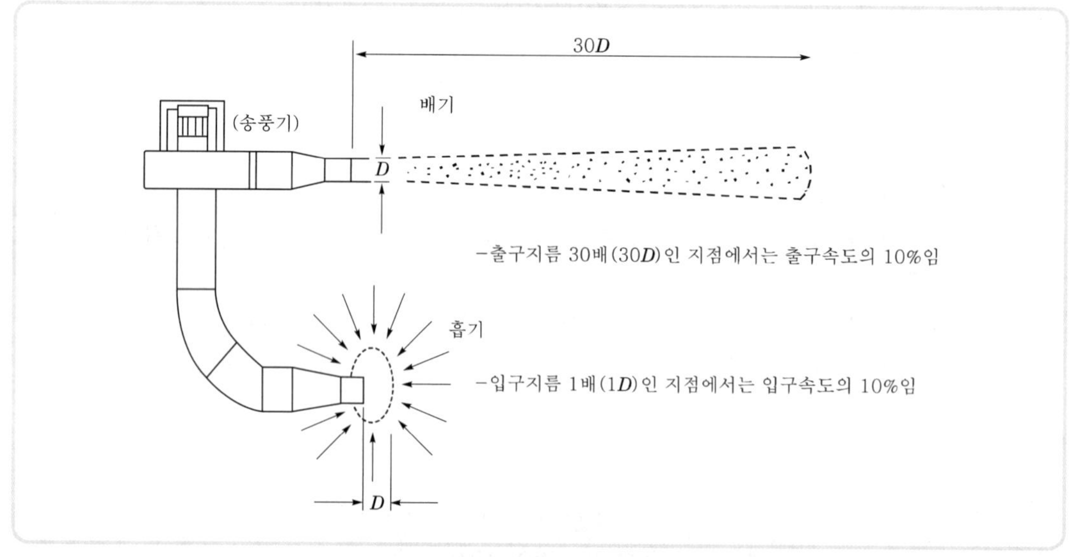

▌배기(송풍력)와 흡기(흡인력)의 차이▌

전체환기

01 전체환기의 개념

(1) 개요

① 전체환기는 유해물질을 외부에서 공급된 신선한 공기와의 혼합으로 유해물질의 농도를 희석시키는 방법으로 자연환기방식과 인공환기방식으로 구분된다.

② 자연환기방식은 작업장 내외의 온도, 압력 차이에 의해 발생하는 기류의 흐름을 자연적으로 이용하는 방식이다.

③ 인공환기방식이란 환기를 위한 기계적 시설을 이용하는 방식이다.

④ 환기방식을 결정할 때 실내압의 압력에 주의해야 한다.

(2) 목적

① 유해물질 농도를 희석 · 감소시켜 근로자의 건강을 유지 · 증진한다.

② 화재나 폭발을 예방한다.

③ 실내의 온도 및 습도를 조절한다.

(3) 종류

① 자연환기

㉠ 기계적 시설이 필요 없다.

㉡ 작업장의 개구부(문, 창, 환기공 등)를 통하여 바람(풍력)이나 작업장 내외의 온도, 기압 차이에 의한 대류작용으로 행해지는 환기를 의미한다.

㉢ 실내 · 외 온도차가 높을수록, 건물이 높을수록 환기효율이 증가하며, 자연환기의 가장 큰 원동력은 실내 · 외 온도차이다.

㉣ 급기는 자연상태, 배기는 벤틸레이터를 사용하는 경우에 실내압을 언제나 음압으로 유지가 가능하다.

ⓜ 장점
ⓐ 설치비 및 유지보수비가 적게 든다.
ⓑ 적당한 온도 차이와 바람이 있다면 운전비용이 거의 들지 않는다.
ⓒ 효율적인 자연환기는 에너지비용을 최소화할 수 있어 냉방비 절감효과가 있다.
ⓓ 소음 발생이 적다.

ⓗ 단점
ⓐ 외부 기상조건과 내부 조건에 따라 환기량이 일정하지 않아 작업환경 개선용으로 이용하는 데 제한적이다.
ⓑ 계절변화에 불안정하다. 즉, 여름보다 겨울철이 환기효율이 높다.
ⓒ 정확한 환기량 산정이 힘들다. 즉, 환기량 예측자료를 구하기 힘들다.

② 인공환기(기계환기)

㉠ 자연환기의 작업장 내외의 압력차는 몇 mmH_2O 이하의 차이이므로 공기를 정화해야 할 때는 인공환기를 해야 한다.

㉡ 장점
ⓐ 외부 조건(계절변화)에 관계없이 작업조건을 안정적으로 유지할 수 있다.
ⓑ 환기량을 기계적(송풍기)으로 결정하므로 정확한 예측이 가능하다.

㉢ 단점
ⓐ 소음 발생이 크다.
ⓑ 운전비용이 증대하고, 설비비 및 유지보수비가 많이 든다.

㉣ 종류
ⓐ 급배기법
- 급 · 배기를 동력에 의해 운전한다.
- 가장 효과적인 인공환기방법이다.
- 실내압을 양압이나 음압으로 조정 가능하다.
- 정확한 환기량이 예측 가능하며, 작업환경 관리에 적합하다.

ⓑ 급기법
- 급기는 동력, 배기는 개구부로 자연 배출한다.
- 고온 작업장에 많이 사용한다.
- 실내압은 양압으로 유지되어 청정산업(전자산업, 식품산업, 의약산업)에 적용한다.
- 청정공기가 필요한 작업장은 실내압을 양압(+)으로 유지한다.

ⓒ 배기법
- 급기는 개구부, 배기는 동력으로 한다.
- 실내압은 음압으로 유지되어 오염이 높은 작업장에 적용한다.
- 오염이 높은 작업장은 실내압을 음압(−)으로 유지해야 한다.

(4) 전체환기시설 설계를 위한 계획의 목적에 따른 구분

① 환기장치법
공장 입지의 기상조건과 환경장치의 조건에 따라 환기량을 산출하는 방법

② 필요환기량법
공장의 종류에 따라 그 목적에 맞는 환기량을 결정한 후 필요한 환기시설을 선정하는 방법으로, 원칙적인 환기설계 기획법

02 건강보호를 위한 전체환기

(1) 전체환기(희석환기) 적용 시 조건

① 유해물질의 독성이 비교적 낮은 경우, 즉 TLV가 높은 경우 ◀ 가장 중요한 제한조건
② 동일한 작업장에 다수의 오염원이 분산되어 있는 경우
③ 소량의 유해물질이 시간에 따라 균일하게 발생될 경우
④ 유해물질의 발생량이 적은 경우 및 희석공기량이 많지 않아도 될 경우
⑤ 유해물질이 증기나 가스일 경우
⑥ 국소배기로 불가능한 경우
⑦ 배출원이 이동성인 경우
⑧ 가연성 가스의 농축으로 폭발의 위험이 있는 경우
⑨ 오염원이 근무자가 근무하는 장소로부터 멀리 떨어져 있는 경우

(2) 전체환기(강제환기)시설 설치 기본원칙

① 오염물질 사용량을 조사하여 필요환기량을 계산한다.
② 배출공기를 보충하기 위하여 청정공기를 공급한다.
③ 오염물질 배출구는 가능한 한 오염원으로부터 가까운 곳에 설치하여 '점환기'의 효과를 얻는다.
④ 공기 배출구와 근로자의 작업위치 사이에 오염원이 위치해야 한다.
⑤ 공기가 배출되면서 오염장소를 통과하도록 공기 배출구와 유입구의 위치를 선정한다.
⑥ 작업장 내 압력을 경우에 따라서 양압이나 음압으로 조정해야 한다(오염원 주위에 다른 작업공정이 있으면 공기공급량을 배출량보다 작게 하여 음압을 형성시켜 주위 근로자에게 오염물질이 확산되지 않도록 한다).
⑦ 배출된 공기가 재유입되지 못하게 배출구 높이를 적절히 설계하고 창문이나 문 근처에 위치하지 않도록 한다.
⑧ 오염된 공기는 작업자가 호흡하기 전에 충분히 희석되어야 한다.
⑨ 오염물질 발생은 가능하면 비교적 일정한 속도로 유출되도록 조정해야 한다.

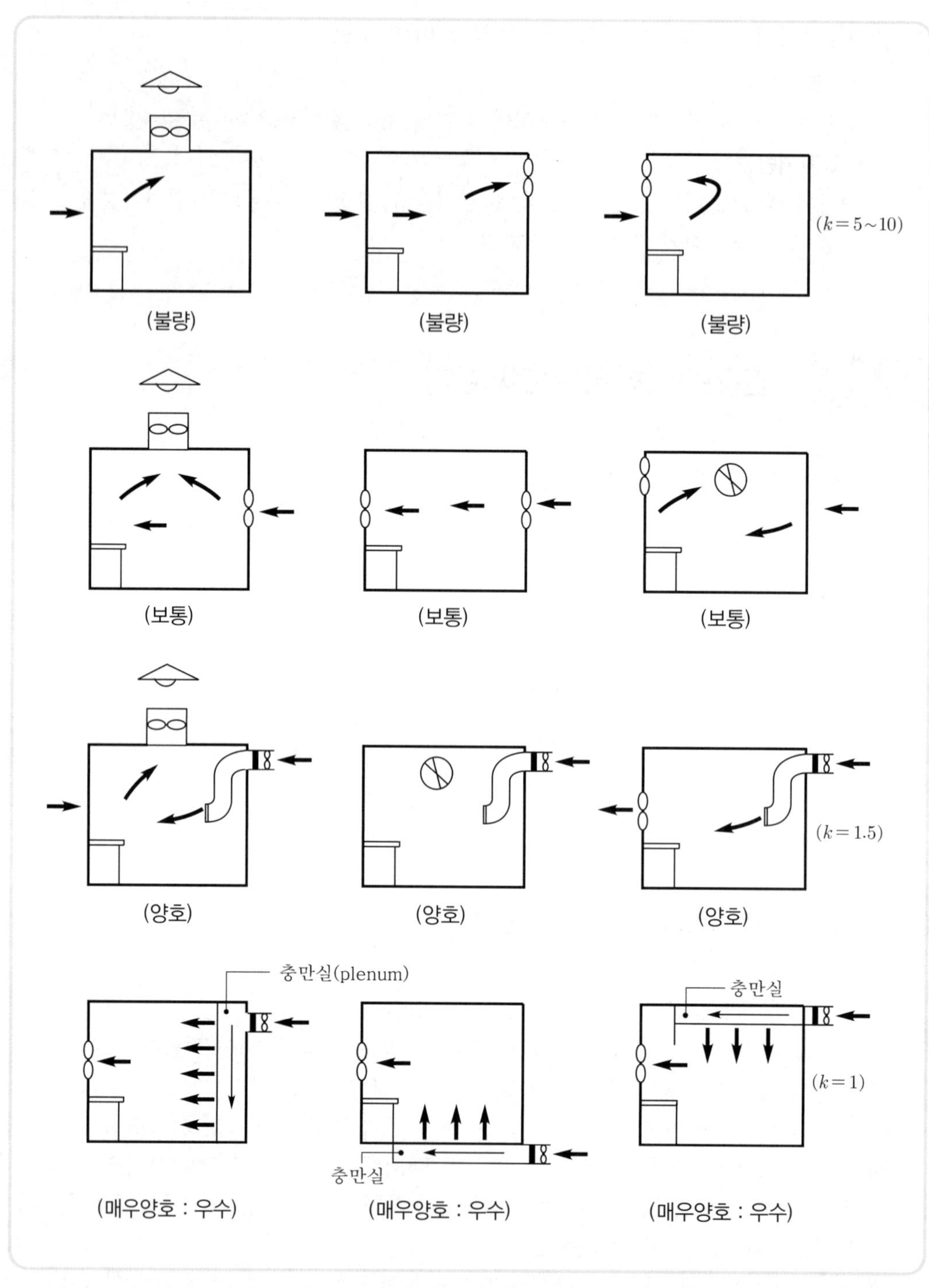
(k=5~10)
(불량)
(불량)
(불량)
(보통)
(보통)
(보통)
(k=1.5)
(양호)
(양호)
(양호)
충만실(plenum)
충만실
충만실
(k=1)
(매우양호 : 우수)
(매우양호 : 우수)
(매우양호 : 우수)

▌송풍기와 배기구의 위치▐

(3) 전체환기량(필요환기량, 희석환기량) : 평형상태일 경우

① 유해물질(화학물질)의 농도가 일정하게 유지되는 경우 전체환기량은 유해물질의 발생량, 유해물질의 허용농도, 환기를 위한 혼합상태에 따른 여유계수 등에 좌우된다.

② 유효환기량(Q')

$$Q' = \frac{G}{C}$$

여기서, G : 유해물질 발생률(L/hr)(영향인자 : 물질의 비중 · 사용량 · 증기압)
C : 공기 중 유해물질 농도

③ 실제 환기량(Q)

$$Q = Q' \times K$$

여기서, Q' : 유효환기량(m^3/min)
K : 작업장 내 공기의 불완전 혼합에 대해 안전확보를 위한 안전계수 (여유계수－무차원)

④ K(안전계수) 결정 시 고려할 요인

㉠ K의 의미

ⓐ $K=1$은 전체환기가 제대로 이루어져 유효환기량만큼 실제 환기시켜도 충분한 환기가 이루어진 경우

ⓑ $K=2$는 작업장 내의 혼합이 보통인 경우, $K=3$은 작업장 내의 혼합이 불완전한 경우

ⓒ $K=10$인 경우는 사각지대가 생겨서 환기가 제대로 이루어지지 않기 때문에 실제 환기량을 유효환기량의 10배만큼 늘려야 한다는 의미

㉡ 고려요인

ⓐ 유해물질의 허용기준(TLV) ◀ **유해물질의 독성을 고려한다.**

- 독성이 약한 물질 : TLV $\geq$ 500ppm
- 독성이 중간 물질 : 100ppm $<$ TLV $<$ 500ppm
- 독성이 강한 물질 : TLV $\leq$ 100ppm

ⓑ 환기방식의 효율성(성능) 및 실내유입 보충용 공기의 혼합과 기류분포를 고려

ⓒ 유해물질의 발생률

ⓓ 공정 중 근로자들의 위치와 발생원과의 거리

ⓔ 작업장 내 유해물질 발생점의 위치와 수

⑤ 필요환기량(Q : m^3/min)

$$Q = \frac{G}{\text{TLV}} \times K$$

여기서, G : 시간당 공기 중으로 발생된 유해물질의 용량(발생률 : L/hr)
TLV : 허용기준
K : 안전계수(여유계수)

Reference 전체환기량(ACGIH) 계산방법

$$Q(\mathrm{m^3/min}) = \frac{24.1 \times S \times W \times 10^6}{\mathrm{M.W} \times C} \times K$$

여기서, S : 비중(유해물질)
W : 단위시간당 증발률(소모율)(L/min)
M.W : 분자량(유해물질)
C : 노출기준(ppm)
K : 안전계수

기본개념문제 01

A물질이 균일하게 0.95L/hr가 공기 중으로 증발되는 작업장에서 노출기준(TLV=100ppm)의 50%로 유지하기 위한 전체환기량(m^3/min)은? (단, 비중 0.88, A물질 분자량 95.13, 안전계수 6)

풀이
- 사용량(g/hr)
  $0.95\mathrm{L/hr} \times 0.88\mathrm{g/mL} \times 1{,}000\mathrm{mL/L} = 836\mathrm{g/hr}$
- 발생률(G : L/hr)
  $95.13\mathrm{g} : 24.1\mathrm{L} = 836\mathrm{g/hr} : G$
  $$G = \frac{24.1\mathrm{L} \times 836\mathrm{g/hr}}{95.13\mathrm{g}} = 211.79\mathrm{L/hr}$$

∴ 필요환기량(Q)

$$Q = \frac{G}{\mathrm{TLV}} \times K \text{ (TLV 100ppm의 50\% 적용)}$$
$$= \frac{211.79\mathrm{L/hr}}{50\mathrm{ppm}} \times 6$$
$$= \frac{211.79\mathrm{L/hr} \times 1{,}000\mathrm{mL/L}}{50\mathrm{mL/m^3}} \times 6$$
$$= 25{,}414.82\mathrm{m^3/hr} \times \mathrm{hr/60min} = 423.58\mathrm{m^3/min}$$

기본개념문제 02

분자량이 119.38, 비중이 1.49인 클로로포름 1L/hr를 사용하는 작업장에서 필요한 전체환기량(m^3/min)은 약 얼마인가? (단, ACGIH의 방법을 적용하며, 여유계수는 6, 클로로포름의 노출기준(TWA)은 10ppm이다.)

풀이

$$Q = \frac{0.4 \times S \times W \times 10^6}{\mathrm{M.W} \times C} \times K$$
$$= \frac{0.4 \times 1.49 \times 1 \times 10^6}{119.38 \times 10} \times 6 \left(\text{이때, } \frac{24.1}{60} = 0.4\right)$$
$$= 2995.48\mathrm{m^3/min}$$

기본개념문제 03

1시간에 2L의 MEK가 증발되어 공기를 오염시키는 작업장이 있다. K는 5, 분자량 72.06, 허용기준 200ppm, 비중 0.805일 때 전체환기 필요환기량(m^3/min)은?

풀이 필요환기량$(Q)=\dfrac{G}{\text{TLV}}\times K$

우선 사용량(g/hr)을 구하면

$2\text{L/hr}\times0.805\text{g/mL}\times1{,}000\text{mL/L}=1{,}610\text{g/hr}$

다음 발생률(G : L/hr)을 구하면

$72.06\text{g} : 24.1\text{L}=1{,}610\text{g/hr} : G$

$G=\dfrac{24.1\text{L}\times1{,}610\text{g/hr}}{72.06\text{g}}=538.45\text{L/hr}$

(21℃, 1기압에서 MEK 1g 분자량은 72.06이다. 이것이 공기 중으로 발생 시 차지하는 용적이 24.1L라는 의미, 즉 1,610g/hr 사용 시 차지하는 용적을 의미)

필요환기량(Q)을 구하면

$$\therefore \text{필요환기량}(Q)=\frac{G}{\text{TLV}}\times K=\frac{538.45\text{L/hr}}{200\text{ppm}}\times5=\frac{538.45\text{L/hr}\times1{,}000\text{mL/L}}{200\text{mL/m}^3}\times5$$

$$=13461.25\text{m}^3/\text{hr}\times\text{hr}/60\text{min}$$

$=224.35\text{m}^3/\text{min}$ (분당 224.35m^3의 외부 신선한 공기를 공급하면 MEK 농도를 200ppm 이하로 유지할 수 있음을 의미함)

기본개념문제 04

공장에서 이황화탄소(분자량 76, 허용기준 10ppm)를 시간당 100g을 사용하고 있다. 실내의 이황화탄소를 허용기준 이하로 유지하기 위하여 공급해야 할 필요환기량(m^3/min)은? (단, 작업장의 조건은 21℃, 1기압을 가정, 혼합여유계수는 5이다.)

풀이

- 사용량(g/hr)
  100g/hr
- 발생률(G : L/hr)
  $76\text{g} : 24.1\text{L}=100\text{g/hr} : G$
  $G=\dfrac{24.1\text{L}\times100\text{g/hr}}{76\text{g}}=31.71\text{L/hr}$

∴ 필요환기량(Q)

$$Q=\frac{G}{\text{TLV}}\times K=\frac{31.71\text{L/hr}}{10\text{ppm}}\times5=\frac{31.71\text{L/hr}\times1{,}000\text{mL/L}}{10\text{mL/m}^3}\times5$$

$$=15{,}855\text{m}^3/\text{hr}\times\text{hr}/60\text{min}$$

$$=264.25\text{m}^3/\text{min}$$

기본개념문제 05

벤젠 1L가 모두 증발하였다면 벤젠이 차지하는 부피(L)는? (단, 벤젠의 비중은 0.88이고, 분자량은 78, 21℃, 1기압)

풀이 벤젠 사용량을 우선 구하면

$1\text{L} \times 0.88\text{g/mL} \times 1{,}000\text{mL/L} = 880\text{g}$

벤젠 발생 부피는

$78\text{g} : 24.1\text{L} = 880\text{g} : x$(부피)

$\therefore$ 부피$= \dfrac{24.1\text{L} \times 880\text{g}}{78\text{g}} = 272\text{L}$

기본개념문제 06

벤젠 1kg이 모두 증발하였다면 벤젠이 차지하는 부피(L)는? (단, 벤젠의 비중 0.88, 분자량 78, 21℃, 1기압)

풀이 벤젠 사용량(1kg)을 문제에서 주어졌으므로 벤젠 발생 부피는

$78\text{g} : 24.1\text{L} = 1{,}000\text{g} : x$(부피)

$\therefore$ 부피$= \dfrac{24.1\text{L} \times 1{,}000\text{g}}{78\text{g}} = 309\text{L}$

기본개념문제 07

20℃, 1기압에서 100L의 공기 중에 벤젠 1mg을 혼합시켰다. 이때의 벤젠 농도(V/V ppm)는?

풀이 벤젠 발생량(G)

$78{,}000\text{mg} : 24\text{L} = 1\text{mg} : G$

$G(\text{L}) = \dfrac{24\text{L} \times 1\text{mg}}{78{,}000\text{mg}} = 0.0003077\text{L}$

벤젠 농도(V/V ppm)$= \dfrac{0.0003077\text{L}}{100\text{L}} \times 10^6 = 3.08\text{ppm}$

(4) 전체환기량(필요환기량, 희석환기량) : 유해물질 농도 증가 시

① 초기상태를 $t_1=0$, $C_1=0$(처음 농도 0)이라 하고 농도 C에 도달하는 데 걸리는 시간(t)

$$t=-\frac{V}{Q'}\left[\ln\left(\frac{G-Q'C}{G}\right)\right]$$

여기서, t : 농도 C에 도달하는 데 걸리는 시간(min)
V : 작업장의 기적(용적)(m^3)
Q' : 유효환기량(m^3/min)
G : 유해가스의 발생량(m^3/min)
C : 유해물질농도(ppm) : 계산 시 10^6으로 나누어 계산

② 처음 농도 0인 상태에서 t시간 후의 농도(C)

$$C=\frac{G\left(1-e^{-\frac{Q'}{V}t}\right)}{Q'}$$

기본개념문제 08

작업장의 용적이 2,500m^3이며 작업장에서 메틸클로로포름 증기가 0.03m^3/min으로 발생하고, 이때 유효환기량은 50m^3/min이다. 작업장의 초기 농도가 0인 상태에서 200ppm에 도달하는 데 걸리는 시간(min) 및 1시간 후의 농도(ppm)는?

풀이 ① 200ppm에 도달하는 데 걸리는 시간(t)

$$t=-\frac{V}{Q'}\left[\ln\left(\frac{G-Q'C}{G}\right)\right]$$

- V : 2,500m^3
- G : 0.03m^3/min
- Q' : 50m^3/min

$$=-\frac{2,500}{50}\left[\ln\left(\frac{0.03-(50\times200\times10^{-6})}{0.03}\right)\right]=20.27\text{min}$$

② 1시간 후의 농도(C)

$$C=\frac{G\left(1-e^{-\frac{Q'}{V}t}\right)}{Q'}$$

- G : 0.03m^3/min
- V : 2,500m^3
- Q' : 50m^3/min
- t : 1hr(60min)

$$=\frac{0.03\left(1-e^{-\frac{50}{2,500}\times60}\right)}{50}=0.000419\times10^6=419.28\text{ppm}$$

(5) 전체환기량(필요환기량, 희석환기량) : 유해물질 농도 감소 시

① 초기시간 $t_1 = 0$에서의 농도 C_1으로부터 C_2까지 감소하는 데 걸린 시간(t)

$$t = -\frac{V}{Q'}\ln\left(\frac{C_2}{C_1}\right)$$

② 작업중지 후 C_1인 농도로부터 t분 지난 후 농도(C_2)

$$C_2 = C_1 e^{-\frac{Q'}{V}t}$$

기본개념문제 09

작업장의 기적이 1,000m³이고 50m³/min이 작업장 내로 유입되고 있다. 작업장의 toluene의 농도가 40ppm에서 10ppm으로 감소하는 데 걸리는 시간(min)은? 또한 1시간 후의 공기 중 농도(ppm)는 얼마인가?

풀이 ① 40ppm에서 10ppm으로 감소하는 데 걸리는 시간(t)

$$t = -\frac{V}{Q}\ln\left(\frac{C_2}{C_1}\right)$$

- V : $1{,}000\text{m}^3$
- Q' : $50\text{m}^3/\text{min}$
- C_1 : 40ppm
- C_2 : 10ppm

$$= -\frac{1{,}000}{50}\ln\left(\frac{10}{40}\right) = 27.73\text{min}$$

② 1시간 후의 농도(C)

$$C = C_1 e^{-\frac{Q'}{V}t}$$

- V : $1{,}000\text{m}^3$
- Q' : $50\text{m}^3/\text{min}$
- C_1 : 40ppm
- t : 60min

$$= 40e^{-\frac{50}{1{,}000}\times 60} = 1.99\text{ppm}$$

Reference 연돌효과(stack effect)

1. 연돌효과는 대류현상에 의해 발생하는 공기의 흐름을 의미한다.
2. 따뜻한 공기가 건물의 상층에서 새어나올 경우 실내공기는 하층에서 고층으로 이동하며 외부공기는 건물 저층의 입구를 통해 안으로 들어오게 된다.
3. 연돌효과의 공기흐름은 계단같은 수직공간, 엘리베이터 통로, 기타 다른 구멍을 통해 층 사이에 오염물질을 이동시킬 수 있다.

(6) 전체환기량(필요환기량, 희석환기량) : 이산화탄소 제거가 목적일 경우

① 실내공기 오염의 지표(환기지표)로 CO_2 농도를 이용하며 실내허용농도는 0.1%이다.

② CO_2 자체는 건강에 큰 영향을 주는 물질이 아니며 측정하기 어려운 다른 실내 오염물질에 대한 지표물질로 사용된다.

③ 실내 작업장 공기의 체적과 환기 기준(산업안전보건기준에 관한 규칙)

㉠ 바닥으로부터 4미터 이상 높이의 공간을 제외한 나머지 공간의 공기의 부피는 근로자 1명당 10세제곱미터 이상이 되도록 할 것

㉡ 직접 외부를 향하여 개방할 수 있는 창을 설치하고 그 면적은 바닥면적의 20분의 1 이상으로 할 것

㉢ 기온이 섭씨 10도 이하인 상태에서 환기를 하는 경우에는 근로자가 매초 1미터 이상의 기류에 닿지 않도록 할 것

④ 관련식

일정 부피를 갖는 작업장 내에서 매 시간 $M(\text{m}^3)$의 CO_2가 발생할 때 필요환기량(m^3/hr)

$$\text{필요환기량}(Q : \text{m}^3/\text{hr}) = \frac{M}{C_S - C_O} \times 100$$

여기서, M : CO_2 발생량(m^3/hr)

C_S : 작업환경 실내 CO_2 기준농도(%)(≒0.1%)

C_O : 작업환경 실외 CO_2 기준농도(%)(≒0.03%)

⑤ 1시간당 공기교환횟수(ACH)

㉠ 필요환기량 및 작업장 용적

$$\text{ACH} = \frac{\text{필요환기량}(\text{m}^3/\text{hr})}{\text{작업장 용적}(\text{m}^3)}$$

㉡ 경과된 시간 및 CO_2 농도 변화

$$\text{ACH} = \frac{\ln(\text{측정 초기 농도} - \text{외부 } CO_2 \text{ 농도}) - \ln(\text{시간 경과 후 } CO_2 \text{ 농도} - \text{외부 } CO_2 \text{ 농도})}{\text{경과된 시간}}$$

⑥ 실내환기량 평가방법

㉠ 시간당 공기교환횟수

㉡ 이산화탄소 농도를 이용하는 방법

㉢ Tracer 가스를 이용하는 방법

기본개념문제 10

실내에서 발생하는 CO_2 양이 0.2m^3/hr일 때 필요환기량(m^3/hr)은? (단, 외기 CO_2 농도 0.03%, CO_2 허용농도 0.1%)

풀이 $\text{필요환기량}(Q) = \dfrac{M}{C_S - C_O} \times 100 = \dfrac{0.2\text{m}^3/\text{hr}}{(0.1-0.03)\%} \times 100 = 285.71\text{m}^3/\text{hr}$

기본개념문제 11

대기의 이산화탄소 농도가 0.03%, 실내 이산화탄소의 농도가 0.3%일 때 한 사람의 시간당 이산화탄소 배출량이 21L라면, 1인 1시간당 필요환기량(m^3/hr · 인)은 약 얼마인가?

풀이 $\text{필요환기량}(\text{m}^3/\text{hr}\cdot\text{인}) = \dfrac{M}{C_s - C_o} \times 100 = \dfrac{0.021\text{m}^3/\text{hr}\cdot\text{인}}{(0.3-0.03)\%} \times 100 = 7.78\text{m}^3/\text{hr}\cdot\text{인}$

$[M = 21\text{L}/\text{hr}\cdot\text{인} \times \text{m}^3/1{,}000\text{L} = 0.021\text{m}^3/\text{hr}\cdot\text{인}]$

기본개념문제 12

작업장의 용적이 세로 10m, 가로 30m, 높이 6m이고 필요환기량(Q)이 90m^3/min이다. 1시간당 공기교환 횟수(ACH)는?

풀이 $\text{1시간당 공기교환 횟수(ACH)} = \dfrac{\text{필요환기량}}{\text{작업장 용적}} = \dfrac{90\text{m}^3/\text{min} \times 60\text{min/hr}}{1{,}800\text{m}^3} = 3\text{회(시간당)}$

기본개념문제 13

흡연실에서 발생되는 담배연기를 배기시키기 위해 전체환기를 실시하고자 한다. 흡연실의 크기는 2m(H)×4m(W)×4m(L)이고, 필요한 시간당 공기교환율(ACH)을 10회로 할 경우 필요한 환기량(m^3/min)은? (단, 안전계수(K)는 3임)

풀이 $\text{ACH} = \dfrac{\text{필요환기량}}{\text{작업장 용적}}$

$\therefore \text{필요환기량} = \text{ACH} \times \text{용적} = 10\text{회/hr} \times (2 \times 4 \times 4)\text{m}^3$

$= 320\text{m}^3/\text{hr} \times 1\text{hr}/60\text{min} = 5.33\text{m}^3/\text{min} \times \text{안전계수}(3) = 16\text{m}^3/\text{min}$

기본개념문제 14

어느 실내의 길이, 넓이, 높이가 각각 25m, 10m, 3m이며 실내에 1시간당 18회의 환기를 하고자 한다. 직경 50cm의 개구부를 통하여 공기를 공급하고자 하면 개구부를 통과하는 공기의 유속(m/sec)은?

풀이 $\text{ACH} = \dfrac{\text{필요환기량}}{\text{작업장 용적}}$

$\text{필요환기량} = \text{ACH} \times \text{용적} = 18\text{회/hr} \times (25 \times 10 \times 3)\text{m}^3$

$= 13{,}500\text{m}^3/\text{hr} \times 1\text{hr}/3{,}600\text{sec} = 3.75\text{m}^3/\text{sec}$

$Q = A \times V$

$\therefore\ V(\text{m/sec}) = \dfrac{Q}{A} = \dfrac{3.75\text{m}^3/\text{sec}}{\left(\dfrac{3.14 \times 0.5^2}{4}\right)\text{m}^2} = 19.11\text{m/sec}$

기본개념문제 15

재순환 공기의 CO_2 농도는 900ppm이고, 급기의 CO_2 농도는 700ppm이다. 급기 중의 외부 공기 포함량(%)은? (단, 외부 공기의 CO_2 농도는 330ppm)

풀이 $\text{급기 중 재순환량(\%)} = \dfrac{\text{급기 공기 중 } CO_2 \text{ 농도} - \text{외부 공기 중 } CO_2 \text{ 농도}}{\text{재순환 공기 중 } CO_2 \text{ 농도} - \text{외부 공기 중 } CO_2 \text{ 농도}} \times 100$

$= \dfrac{700 - 330}{900 - 330} \times 100 = 64.91\%$

$\therefore\ \text{급기 중 외부 공기 포함량(\%)} = 100 - 64.91 = 35.1\%$

기본개념문제 16

직원이 모두 퇴근한 직후인 오후 6시에 측정한 공기 중 CO_2 농도는 1,200ppm, 사무실이 빈 상태로 2시간 경과한 오후 8시에 측정한 CO_2 농도는 500ppm이었다면 이 사무실의 시간당 공기교환횟수는? (단, 외부 공기 CO_2 농도 330ppm)

풀이 시간당 공기교환횟수

$= \dfrac{\ln(\text{측정 초기 농도} - \text{외부 } CO_2 \text{ 농도}) - \ln(\text{시간 경과 후 } CO_2 \text{ 농도} - \text{외부 } CO_2 \text{ 농도})}{\text{경과된 시간(hr)}}$

$= \dfrac{\ln(1{,}200 - 330) - \ln(500 - 330)}{2\text{hr}} = 0.82\text{회(시간당)}$

03 화재 및 폭발 방지를 위한 전체환기량

(1) 필요환기량(Q)

$$Q = \frac{24.1 \times S \times W \times C \times 10^2}{\mathrm{MW} \times \mathrm{LEL} \times B}$$

여기서, Q : 필요환기량($\mathrm{m^3/min}$)

S : 물질의 비중 ┐ 유해물질 발생량
W : 인화물질 사용량(L/min) ┘

C : 안전계수

- 안전한 조건을 유지하기 위하여 LEL의 몇 %를 물질의 농도로 유지할 것인가에 좌우되는 계수
- LEL의 25%$\left(\frac{1}{4}\text{ 유지}\right)$인 경우 $C=4$
- 안전계수가 4라는 의미는 화재 · 폭발이 일어날 수 있는 농도에 대해 25% 이하로 낮춘다는 의미이다.
- 공기의 재순환이 없거나 환기가 잘 되지 않는 곳에서는 C값을 10보다 크게 적용한다.

MW : 물질의 분자량

LEL : 폭발농도 하한치(%)

- 혼합가스의 연소가능범위를 폭발범위라 하며 그 최저농도를 폭발농도하한치(LEL), 최고농도를 폭발농도상한치(UEL)라 한다.
- 폭발 방지를 위한 환기량은 해당 물질의 공기 중 농도를 폭발농도하한치 25% 이하로 감소시키는 것이다.
- LEL이 25%이면 화재나 폭발을 예방하기 위해서는 공기 중 농도가 250,000ppm 이하로 유지되어야 한다는 의미이다.
- 폭발성 · 인화성이 있는 가스 및 증기 혹은 입자상 물질을 대상으로 한다.
- LEL은 근로자의 건강을 위해 만들어 놓은 TLV보다 높은 값이다.
- 단위는 %이며, 오븐이나 덕트처럼 밀폐되고 환기가 계속적으로 가동되고 있는 곳에서는 LEL의 1/4를 유지하는 것이 안전하다.
- 가연성 가스가 공기 중의 산소와 혼합되어 있는 경우 혼합가스 조성에 따라 점화원에 의해 착화된다.

B : 온도에 따른 보정상수

- 120℃까지 $B=1.0$
- 120℃ 이상 $B=0.7$

(2) 화재 및 폭발 방지 환기

화재 및 폭발 방지 환기는 고온 작업공장에서 환기가 필요한 경우이므로 실제 운전상태의 환기량으로 반드시 보정해야 한다.

$$Q_a = Q \times \frac{273+t}{273+21}$$

여기서, Q : 표준공기(21℃)에 의한 환기량(m^3/min)

t : 실제 발생원 공기의 온도(℃) : 발생원 온도

Q_a : 실제 필요환기량(m^3/min)

기본개념문제 17

선반 제조공정에서 선반을 에나멜에 담갔다가 건조시키는 작업이 있다. 이 공정의 온도는 170℃이고 에나멜이 건조될 때 xylene 2L/hr가 증발한다. 폭발방지를 위한 실제 환기량(m^3/min)은? (단, xylene의 LEL=1%, SG=0.88, MW=106, C=10)

풀이 $$Q = \frac{24.1 \times S \times W \times C \times 10^2}{\text{MW} \times \text{LEL} \times B}$$

$$= \frac{24.1 \times 0.88 \times (2/60) \times 10 \times 10^2}{106 \times 1 \times 0.7} = 9.53\text{m}^3/\text{min}(\text{표준공기 환기량})$$

온도 보정에 따른 환기량(Q_a)

$$\therefore\ Q_a = 9.53 \times \frac{273+170}{273+21} = 14.36\text{m}^3/\text{min}$$

기본개념문제 18

200℃ 건조로 내에서 톨루엔(비중 0.87, 분자량 92)이 1시간에 0.24L씩 증발한다. 톨루엔의 LEL은 1.3%이고, LEL의 25% 이하 농도로 유지하고자 한다. 실제 폭발방지를 위한 환기량(m^3/min)은?

풀이 $$Q = \frac{24.1 \times S \times W \times C \times 10^2}{\text{MW} \times \text{LEL} \times B}$$

$$= \frac{24.1 \times 0.87 \times (0.24/60) \times 4 \times 10^2}{92 \times 1.3 \times 0.7} = 0.4\text{m}^3/\text{min}(\text{표준공기 환기량})$$

온도 보정에 따른 환기량(Q_a)

$$\therefore\ Q_a = 0.4 \times \frac{273+200}{273+21} = 0.65\text{m}^3/\text{min}$$

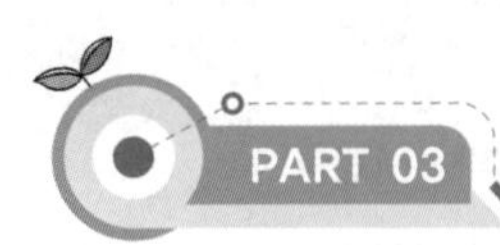

04 혼합물질 발생 시의 전체환기량

(1) 상가작용인 경우

각 유해물질의 환기량을 계산하고 그 환기량을 모두 합하여 필요환기량으로 결정한다.

$$Q = Q_1 + Q_2 + \cdots + Q_n$$

(2) 독립작용인 경우

각 유해물질의 환기량을 계산하고 그중 가장 큰 값을 선택하여 필요환기량으로 결정한다.

기본개념문제 19

어느 작업장에서 톨루엔(분자량 92, 허용기준 100ppm)과 이소프로필알코올(분자량 60, 허용기준 400ppm)을 각각 100g/hr 사용하며, 여유계수(K)는 각각 10이다. 필요환기량(m^3/hr)은? (단, 21℃, 1기압 기준, 두 물질은 상가작용을 한다.)

풀이 ㉠ 톨루엔

- 사용량(g/hr) = 100g/hr
- 발생률(G : L/hr)

  $92\text{g} : 24.1\text{L} = 100\text{g/hr} : G,\ G = \dfrac{24.1\text{L} \times 100\text{g/hr}}{92\text{g}} = 26.19\text{L/hr}$
- 필요환기량(Q) $= \dfrac{G}{\text{TLV}} \times K = \dfrac{26.19\text{L/hr}}{100\text{ppm}} \times 10 = \dfrac{26.19\text{L/hr} \times 1{,}000\text{mL/L}}{100\text{mL/m}^3} \times 10$

  $= 2{,}619.57\text{m}^3\text{/hr}$

㉡ 이소프로필알코올

- 사용량(g/hr) = 100g/hr
- 발생률(G : L/hr)

  $60\text{g} : 24.1\text{L} = 100\text{g/hr} : G,\ G = \dfrac{24.1\text{L} \times 100\text{g/hr}}{60\text{g}} = 40.17\text{L/hr}$
- 필요환기량(Q) $= \dfrac{G}{\text{TLV}} \times K = \dfrac{40.17\text{L/hr}}{400\text{ppm}} \times 10 = \dfrac{40.17\text{L/hr} \times 1{,}000\text{mL/L}}{400\text{mL/m}^3} \times 10$

  $= 1{,}004.25\text{m}^3\text{/hr}$

상가작용을 하므로 각 환기량을 합하여 필요환기량으로 한다.

$\therefore\ 2619.57 + 1004.25 = 3623.32\text{m}^3\text{/hr}$

기본개념문제 20

유해작용이 다르고, 서로 독립적인 영향을 나타내는 물질 3종류를 다루는 작업장에서 각 물질에 대한 필요환기량을 계산한 결과 120, 150, 180(m^3/min)이었다. 이 작업장에서의 필요환기량은?

풀이 독립작용의 필요환기량은 가장 큰 환기량값을 택한다. 즉, 180m^3/min이 필요환기량이다.

05 온열관리와 환기

(1) 열평형 방정식

① 개요

㉠ 생체(인체)의 열생산과 주변 작업환경 사이의 열교환(체열 생산 및 체열 방산) 관계를 나타내는 식이다.

㉡ 인체와 작업환경 사이의 열교환은 주로 체내 열생산량(작업대사량), 전도, 대류, 복사, 증발 등에 의해 이루어진다.

㉢ 안정된 상태에서 열발산(체열 방산) 순서는 '전도 및 대류 > 피부증발 > 호기증발 >배뇨' 순이다.

② 열평형 방정식(열역학적 관계식)

$$\Delta S = M \pm C \pm R - E$$

여기서, ΔS : 생체열용량의 변화(인체의 열축적 또는 열손실)

M : 작업대사량(체내열생산량)

$(M-W)$ W : 작업 수행으로 인한 손실열량

C : 대류에 의한 열교환

R : 복사에 의한 열교환

E : 증발(발한)에 의한 열손실(피부를 통한 증발)

③ 특징

㉠ 열평형은 물리적 현상이며, 인체의 기관 중 관계 주요 기관은 피부이며, 단위는 피부면적당 watt로 표현된다.

㉡ 작업환경에서 인체가 가장 쾌적한 상태가 되기 위해서는 $\Delta S = 0$
즉, $0 = M \pm C \pm R - E$의 상태가 되는 것이다.

㉢ $\Delta S = 0$의 의미는 생체 내에서 대사로 말미암아 생성된 열은 모두 방산되는 것이다.

㉣ 열교환(전도, 대류, 복사, 증발)에 영향을 미치는 환경요소(온열조건)는 기온, 기습(습도), 복사열, 기류(공기유동)이다.

㉤ 작업대사량에 가장 큰 영향을 미치는 요소는 작업강도이다.

㉥ 인체와 환경 사이의 열평형에 의하여 인체는 적절한 체온을 유지하려고 노력한다.

㉦ 기본적인 열평형 방정식에 있어 신체 열용량의 변화가 0보다 크면 생산된 열이 축적하게 되고 체온조절중추인 시상하부에서 혈액온도를 감지하거나 신경망을 통하여 정보를 받아들여 체온방산작용이 활발히 시작되는데, 이것을 물리적 조절작용(physical thermo regulation)이라 한다.

㉧ 인체의 체온조절중추는 시상하부에 있으며 체열 생산이 필요한 경우 부신피질호르몬의 분비 증가, 근육활동 증가, 피부혈관의 수축작용을 한다.

(2) 환경요소지수(온열지수)

환경요소지수 중 가장 널리 쓰이고 있는 것은 습구흑구온도지수(WBGT)와 실효온도(ET)이다.

① 습구흑구온도지수(WBGT)(℃)

㉠ WBGT는 태양복사열의 영향을 받은 옥외 환경을 평가하는 데 사용되도록 고안된 것이며 감각온도 대신 사용된다.

㉡ 주위 환경 내의 열(고온)압박의 존재 여부를 판단할 수 있는 지수이다.

㉢ 사용하기 간편한 장점이 있다.

㉣ 습구흑구온도지수의 측정

ⓐ 옥외(태양광선이 내리쬐는 장소)

$$\text{WBGT}(℃)=0.7\times\text{자연습구온도}+0.2\times\text{흑구온도}+0.1\times\text{건구온도}$$

ⓑ 옥내 또는 태양광선이 내리쬐지 않는 옥외

$$\text{WBGT}(℃)=0.7\times\text{자연습구온도}+0.3\times\text{흑구온도}$$

ⓒ 고열작업장 노출기준

습구흑구온도지수의 노출기준은 작업강도에 따라 달라지며, 그 기준은 다음과 같다.

작업과 휴식 시간 비	작업강도(단위 : WBGT(℃))		
	경작업	중등작업	중작업
계속작업	30.0	26.7	25.0
매 시간 75% 작업, 25% 휴식	30.6	28.0	25.9
매 시간 50% 작업, 50% 휴식	31.4	29.4	27.9
매 시간 25% 작업, 75% 휴식	32.2	31.1	30.0

㈜ 1. 경작업 : 시간당 200kcal까지의 열량이 소요되는 작업을 말하며, 앉아서 또는 서서 기계의 조정을 하기 위하여 손 또는 팔을 가볍게 쓰는 일 등을 뜻함
2. 중등작업 : 시간당 200~350kcal까지의 열량이 소요되는 작업을 말하며, 물체를 들거나 밀면서 걸어다니는 일 등을 뜻함
3. 중작업 : 시간당 350~500kcal까지의 열량이 소요되는 작업을 말하며, 곡괭이질 또는 삽질하는 일 등을 뜻함

② 실효온도(ET)

㉠ 온도, 습도, 기류가 인체에 미치는 열적 효과를 나타내는 수치이다.

㉡ 상대습도가 100%일 때의 건구온도에서 느끼는 것과 동일한 온도감각을 의미한다.

(3) 발열 시 필요환기량(방열 목적의 필요환기량)

불필요한 고열로 인한 작업장을 환기시키려고 할 때 필요환기량을 의미하며 환기량 계산 시 현열(sensible heat)에 의한 열부하만 고려하여 계산한다.

$$Q = \frac{H_s}{0.3\Delta t}$$

여기서, Q : 필요환기량(m^3/hr)

Δt : 급배기(실내 · 외)의 온도차(℃)

H_s : 작업장 내 열부하량(kcal/hr)

기본개념문제 21

작업장 내 열부하량이 10,000kcal/hr, 온도가 35℃였다. 외기 온도가 20℃라면 필요환기량(m^3/hr)은?

풀이 $Q = \frac{H_s}{0.3\Delta t} = \frac{10,000}{0.3 \times (35-20)} = 2222.22 m^3/hr$

기본개념문제 22

작업장 내의 열부하량이 200,000kcal/hr이며, 외부의 기온은 25℃이고, 작업장 내의 기온은 35℃이다. 이러한 작업장의 전체환기에 필요환기량(m^3/min)은 약 얼마인가?

풀이 $Q(m^3/min) = \frac{H_s}{0.3\Delta t} = \frac{200,000 kcal/hr \times hr/60min}{0.3 \times (35-25)} = 1111.11 m^3/min$

(4) 수증기 발생 시 필요환기량(수증기 제거 목적의 필요환기량)

$$Q = \frac{W}{1.2\Delta G}$$

여기서, Q : 필요환기량(m^3/hr)

W : 수증기 부하량(kg/hr)

ΔG : 급 · 배기 절대습도 차이(kg/kg 건기)

기본개념문제 23

실내 중량 절대습도가 80%, 외부 중량 절대습도가 60%, 실내 수증기가 시간당 3kg씩 발생할 때 수분 제거를 위하여 중량단위로 필요한 환기량(m^3/min)은 약 얼마인가? (단, 공기의 비중량은 1.2kg_f/m^3로 한다.)

풀이 필요환기량(m^3/min)$= \frac{W}{1.2\Delta G} = \frac{3kg/hr \times hr/60min}{1.2 \times (0.8-0.6)} \times 100 = 0.21 m^3/min$

(5) 복사열 관리

① 복사열 발생원으로는 태양광선 중 적외선에 의한 열과 발열물체(전기로, 가열로, 용해로, 건조로)에 의한 것이다.

② 차폐란 설치와 더불어 외부 차가운 공기의 유입으로 작업자의 체온상승을 막는 것도 효과적인 관리방법이다.

③ 열이 직접 이동하며 이동경로 중간에 있는 공기나 진공과는 관계없이 공간을 통과하기 때문에 열전달이 직접적이고 순간적이어서 관리차원에서는 알루미늄 차폐판을 설치하여 복사열을 차단하는 것이 효과적이다. 다만, 시야 방해가 없어야 하는 경우는 적외선을 반사시키는 유리판, 방열망이 좋다.

④ 측정(작업환경)에서는 통상 WBGT 측정기를 사용한다.

국소배기 및 공기정화장치

01 국소배기시설의 개요

(1) 개요

① 국소배기는 유해물질의 발생원에 되도록 가까운 장소에서 동력에 의하여 발생되는 유해물질을 흡인·배출하는 장치이다. 즉, 유해물질이 발생원에서 이탈하여 확산되기 전에 포집·제거하는 환기방법이 국소배기이다(압력차에 의한 공기의 이동을 의미).

② 비교적 높은 증기압과 낮은 허용기준치를 갖는 유기용제를 사용하는 작업장을 관리할 때 국소배기가 효과적인 방법이다.

③ 국소배기에서 효율성 있는 운전(투자비용과 운전비가 적음)을 하기 위해서 가장 먼저 고려할 사항은 필요송풍량 감소이다.

(2) 국소배기 적용조건

① 높은 증기압의 유기용제

② 유해물질 발생량이 많은 경우

③ 유해물질 독성이 강한 경우(낮은 허용기준치를 갖는 유해물질)

④ 근로자 작업위치가 유해물질 발생원에 가까이 근접해 있는 경우

⑤ 발생주기가 균일하지 않은 경우

⑥ 발생원이 고정되어 있는 경우

⑦ 법적 의무 설치사항인 경우

(3) 전체환기와 비교 시 국소배기의 장점

① 전체환기는 희석에 의한 저감으로서 완전 제거가 불가능하지만, 국소배기는 발생원상에서 포집·제거하므로 유해물질의 완전 제거가 가능하다.

② 국소배기는 유해물질의 발생 즉시 배기시키므로 전체환기에 비해 필요환기량이 적어 경제적이다.

③ 작업장 내의 방해기류나 부적절한 급기에 의한 영향을 적게 받는다.
④ 유해물질로부터 작업장 내의 기계 및 시설물을 보호할 수 있다.
⑤ 비중이 큰 침강성 입자상 물질도 제거 가능하므로 작업장 관리(청소 등)비용을 절감할 수 있다.
⑥ 유해물질 독성이 클 때도 효과적 제거가 가능하다.

(4) 국소배기시설로 관리 가능한 인자

① 분진(입자상 물질)
② 흄
③ 가스, 증기
④ 악취
⑤ 고열

(5) 국소배기장치의 설계순서

국소배기시설 설계 시 가장 먼저 실시하는 것은 후드의 형식 선정이다. 즉 후드의 적절한 선택과 위치 선정이 가장 중요한 부분이다.

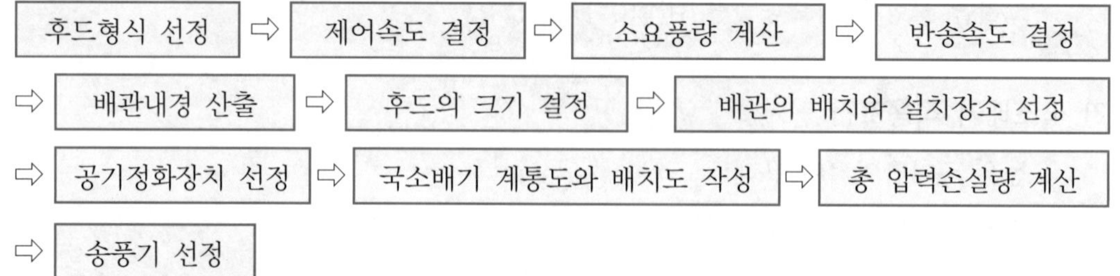

(6) 국소배기시설의 구성

① 국소배기시설(장치)은 후드(hood), 덕트(duct), 공기정화장치(air cleaner equipment), 송풍기(fan), 배기덕트(exhaust duct)의 각 부분으로 구성되어 있다.
② 송풍기는 정화 후의 공기가 통하는 위치, 즉 공기정화장치 후단에 설치한다. 그 이유는 공기정화장치는 각종 유해물질이 송풍기로 유입되기 전에 정화시켜서 송풍기의 부식 및 고장을 방지하기 때문이다. 다만, 흡인된 물질에 의해서 폭발의 우려가 없고 배풍기의 날개가 부식될 우려가 없는 경우에는 공기정화장치 전 위치에 송풍기를 설치할 수 있다.

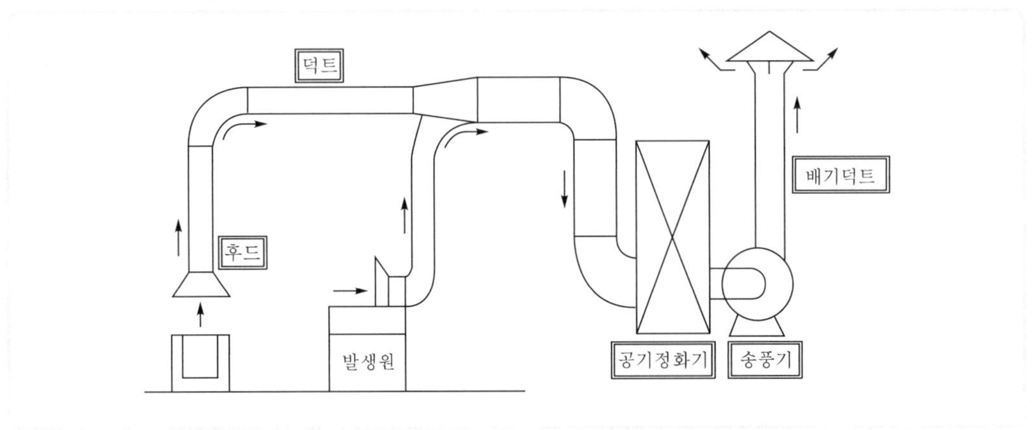

▌국소배기시설의 계통도▐

02 후드(hood)

(1) 개요

① 후드는 발생원에서 발생된 유해물질을 작업자 호흡영역까지 확산되기 전에 한 곳으로 포집하고 흡인하는 장치이다.

② 최소의 배기량과 최소의 동력비로 유해물질을 효과적으로 처리하기 위해 가능한 오염원 가까이 설치한다.

(2) 후드 모양과 크기 선정 시 고려인자

① 작업형태(작업공정)

② 오염물질의 특성과 발생특성

③ 작업공간의 크기(근로자와 발생원 사이의 관계)

(3) 법상 후드 설치기준(산업안전보건기준에 관한 규칙)

① 유해물질이 발생하는 곳마다 설치할 것

② 유해인자의 발생형태와 비중, 작업방법 등을 고려하여 해당 분진 등의 발산원을 제어할 수 있는 구조로 설치할 것

③ 후드 형식은 가능하면 포위식 또는 부스식 후드를 설치할 것

④ 외부식 또는 리시버식 후드는 해당 분진 등의 발산원에 가장 가까운 위치에 설치할 것

(4) 제어속도(포촉속도, 포착속도)

① 정의

후드 근처에서 발생하는 오염물질을 주변의 방해기류를 극복하고 후드 쪽으로 흡인하기 위한 유체의 속도, 즉 유해물질을 후드 쪽으로 흡인하기 위하여 필요한 최소풍속을 말한다.

② 특징

㉠ 후드 앞 오염원에서의 기류로 오염공기를 후드로 흡인하는 데 필요하며, 방해기류를 극복해야 한다.

㉡ 제어속도는 주변 공기의 흐름이나 열 등에 많은 영향을 받으며, 먼지나 가스의 성상, 확산조건, 발생원 주변 기류 등에 따라 크게 달라진다.

㉢ 국소배기장치의 제어풍속은 모든 후드를 개방한 경우의 제어풍속을 말한다.

㉣ 포위식 후드에서는 해당 후드 개구면에서의 풍속을, 외부식 후드에서는 해당 후드의 개구면으로부터 가장 먼 작업위치(발생원)에서의 풍속을 말한다.

③ 제어속도 결정 시 고려사항

㉠ 유해물질의 비산방향(확산상태)

㉡ 유해물질의 비산거리(후드에서 오염원까지 거리)

㉢ 후드의 형식(모양)

㉣ 작업장 내 방해기류(난기류의 속도)

㉤ 유해물질의 성상(종류) : 유해물질의 사용량 및 독성

④ 작업장 내 방해기류 발생원

㉠ 고열 작업 시 열에 의한 기류

㉡ 기계의 운전 시 동작에 의한 기류

㉢ 원료의 이동 작업 시 발생하는 기류

㉣ 작업자의 동적인 움직임에 의한 기류

㉤ 작업장 내 개구부에 의한 기류 ◀ **가장 큰 영향**

Reference 관리대상 유해물질 · 특별관리물질 관련 국소배기장치 후드의 제어풍속

물질의 상태	후드 형식	제어풍속(m/sec)
가스 상태	포위식 포위형	0.4
	외부식 측방흡인형	0.5
	외부식 하방흡인형	0.5
	외부식 상방흡인형	1.0
입자 상태	포위식 포위형	0.7
	외부식 측방흡인형	1.0
	외부식 하방흡인형	1.0
	외부식 상방흡인형	1.2

⑤ 제어속도 범위(ACGIH)

제어속도는 이론적 결정이 아니라 방해기류(발산속도, 난기류속도) 등을 고려하여 실험적 및 경험적으로 결정한다.

작업조건	작업공정 사례	제어속도(m/sec)
• 움직이지 않는 공기 중에서 속도 없이 배출되는 작업조건 • 조용한 대기 중에 실제 거의 속도가 없는 상태로 발산하는 경우의 작업조건	• 액면에서 발생하는 가스나 증기, 흄 • 탱크에서 증발 · 탈지 시설	0.25~0.5
비교적 조용한(약간의 공기 움직임) 대기 중에서 저속도로 비산하는 작업조건	• 용접 · 도금 작업 • 스프레이 도장 • 주형을 부수고 모래를 터는 장소	0.5~1.0
발생기류가 높고 유해물질이 활발하게 발생하는 작업조건	• 스프레이 도장, 용기 충전 • 컨베이어 적재 • 분쇄기	1.0~2.5
초고속기류가 있는 작업장소에 초고속으로 비산하는 경우	• 회전연삭 작업 • 연마 작업 • 블라스트 작업	2.5~10

⑥ 제어속도 범위 적용 시 기준

범위가 낮은 쪽	범위가 높은 쪽
• 작업장 내 기류가 낮거나 제어하기 유리하게 작용될 때 • 유해물질의 독성이 낮을 때 • 유해물질 발생량이 적고, 발생이 간헐적일 때 • 대형 후드로 공기량이 다량일 때	• 작업장 내 기류가 국소배기효과를 방해할 때 • 유해물질의 독성이 높을 때 • 유해물질 발생량이 높을 때 • 소형 후드로 국소적일 때

(5) 후드가 갖추어야 할 사항(필요환기량을 감소시키는 방법)

① 가능한 한 오염물질 발생원에 가까이 설치한다(포집형 및 리시버식 후드).

② 제어속도는 작업조건을 고려하여 적정하게 선정한다.

③ 작업이 방해되지 않도록 설치하여야 한다.

④ 오염물질 발생특성(오염공기의 성질, 발생상태, 발생원인)을 충분히 고려하여 설계하여야 한다.

⑤ 가급적이면 공정을 많이 포위한다.

⑥ 후드 개구면에서 기류가 균일하게 분포되도록 설계한다.

⑦ 공정에서 발생 또는 배출되는 오염물질의 절대량을 감소시킨다.

⑧ 공정 내 측면 부착 차폐막이나 커튼 사용을 늘려 오염물질의 희석을 방지한다.

(6) 후드 입구의 공기흐름을 균일하게 하는 방법(후드 개구면 면속도를 균일하게 분포시키는 방법)

① 테이퍼(taper, 경사접합부) 설치
경사각은 60° 이내로 설치하는 것이 바람직하다.

② 분리날개(splitter vanes) 설치
㉠ 후드 개구부를 몇 개로 나누어 유입하는 형식이다.
㉡ 부식 및 유해물질 축적 등의 단점이 있다.

③ 슬롯(slot) 사용
도금조와 같이 길이가 긴 탱크에서 가장 적절하게 사용한다.

④ 차폐막 이용

(7) 플레넘(plenum) : 충만실

① 후드 뒷부분에 위치하며 개구면 흡입유속의 강약을 작게 하여 일정하게 되므로 압력과 공기흐름을 균일하게 형성하는 데 필요한 장치이다.

② 가능한 설치는 길게 한다.

③ 국소배기시스템에 설치된 충만실에 있어 가장 우선적으로 높여야 하는 효율은 배기효율이다.

④ 플레넘형 환기시설
㉠ 주관의 어느 위치에서도 분지관을 추가하거나 제거할 수 있다.
㉡ 주관은 입경이 큰 분진을 제거할 수 있는 침강식의 역할이 가능하다.
㉢ 분지관으로부터 송풍기까지 낮은 압력손실을 제공하여 운전동력을 최소화할 수 있 있다.
㉣ 연마분진과 같이 끈적거리거나 보풀거리는 분진의 처리는 곤란하다.

(8) 후드 선택 시 유의사항(후드의 선택지침)

① 필요환기량을 최소화하여야 한다(후드를 최대한 발생원 부근에 설치).

② 작업자의 호흡영역을 유해물질로부터 보호해야 한다(작업자가 후드에 흡인되는 오염기류 내에 들어가거나 노출되지 않도록 배치).

③ ACGIH 및 OSHA의 설계기준을 준수해야 한다.

④ 작업자의 작업방해를 최소화할 수 있도록 설치되어야 한다.

⑤ 상당거리 떨어져 있어도 제어할 수 있다는 생각, 공기보다 무거운 증기는 후드 설치위치를 작업장 바닥에 설치해야 한다는 생각의 설계오류를 범하지 않도록 유의해야 한다.

⑥ 후드는 덕트보다 두꺼운 재질을 선택하고 오염물질의 물리화학적 성질을 고려하여 후드 재료를 선정한다.

⑦ 후드는 발생원의 상태에 맞는 형태와 크기여야 하고, 발생원 부근에 최소제어속도를 만족하는 정상 기류를 만들어야 한다.

(9) 무효점(제로점, null point) 이론 : Hemeon 이론

① 무효점이란 발생원에서 방출된 유해물질이 초기 운동에너지를 상실하여 비산속도가 0이 되는 비산한계점을 의미한다.

② 무효점 이론이란 필요한 제어속도는 발생원뿐만 아니라 이 발생원을 넘어서 유해물질이 초기 운동에너지가 거의 감소되어 실제 제어속도 결정 시 이 유해물질을 흡인할 수 있는 지점까지 확대되어야 한다는 이론이다.

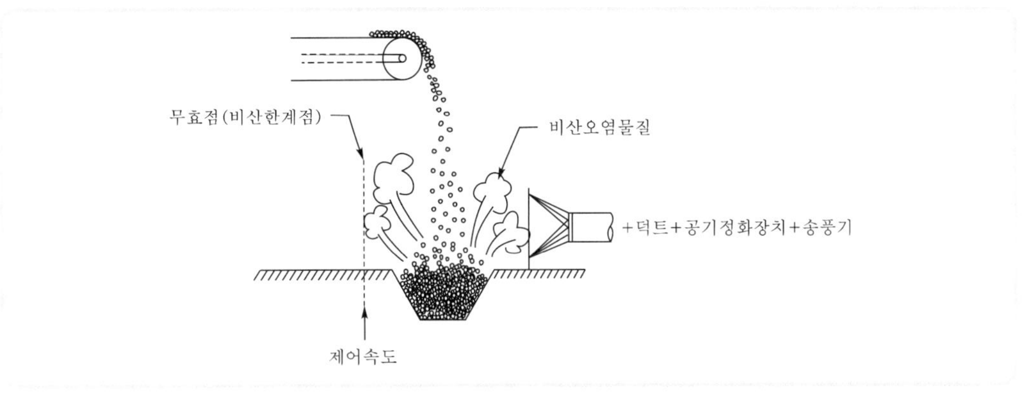

▌null point ▌

(10) 후드의 형태

- 후드의 형태는 작업형태(작업공정), 유해물질의 발생특성, 근로자와 발생원 사이의 관계 등에 의해서 결정된다.
- 포위식(부스식), 외부식, 리시버식 후드로 구분된다.
- 후드 흡입효과(포집효과)는 포위식, 부스식, 외부식 순으로 크다(포위식>부스식>외부식).
- 방형 후드에서 제어속도와 단면적이 일정하다면 같은 수치의 등속선이 가장 멀리까지 영향을 줄 수 있는 가로와 세로비는 1 : 4이다.

① 포위식 후드

㉠ 정의 및 특성

ⓐ 발생원을 완전히 포위하는 형태의 후드이고, 후드의 개구면에서 측정한 속도로서 면속도가 제어속도가 된다.

ⓑ 국소배기시설의 후드 형태 중 가장 효과적인 형태이다. 즉, 필요환기량을 최소한으로 줄일 수 있다.

ⓒ 유해물질의 완벽한 흡입이 가능하다(단, 충분한 개구면 속도를 유지하지 못할 경우 오염물질이 외부로 누출될 우려가 있음).

ⓓ 유해물질 제거 공기량(송풍량)이 다른 형태보다 훨씬 적으며, 유해물질을 포위하고 영향을 미치는 외부 기류를 사방면에서 차단한다.

ⓔ 작업장 내 방해기류(난기류)의 영향을 거의 받지 않는다(영향을 미치는 외부 기류를 사방면에서 차단하기 때문).

ⓕ 부스식 후드는 포위식 후드의 일종이며, 포위식보다 큰 것을 의미한다.

㉡ 종류

ⓐ Cover type

유해물질의 제거효과가 가장 크며, 주로 분쇄, 혼합, 파쇄 공정에 사용한다.

ⓑ Glove box type(장갑부착 상자형)

박스(box) 내부가 음압이 형성되므로 독성 가스 및 방사성 동위원소 취급공정, 발암성 물질에 주로 사용한다.

㉢ 필요송풍량

$$Q = A \times V = (K \times A \times V)$$

여기서, Q : 필요송풍량(m^3/min)

A : 후드 개구면적(m^2)

V : 제어속도(m/sec)

K : 불균일에 대한 계수(개구면 평균유속과 제어속도의 비로서 기류분포가 균일할 때 K=1로 본다.)

㉣ 포위식(부스식)의 송풍량 절약방법(K값을 작게 함을 의미)

ⓐ 부스의 안을 가능한 깊게 한다. 즉, 가급적 공정의 포위를 최대화한다.

ⓑ 개구면의 상부를 밀폐한다.

ⓒ take off를 경사지게 하며 되도록 구석에 부착한다.

기본개념문제 01

덕트의 단면적이 $0.5m^2$이고, 덕트에서 반송속도는 30m/sec였다면 유량(m^3/min)은?

풀이 $Q = A \times V = 0.5m^2 \times 30m/sec \times 60sec/min = 900m^3/min$

기본개념문제 02

크롬 도금작업에 가로 0.5m, 세로 2.0m인 부스식 후드를 설치하여 크롬산 미스트를 처리하고자 한다. 이때 제어풍속을 0.5m/sec로 하면 송풍량(m^3/min)은?

풀이 $Q = A \times V = (0.5 \times 2.0)m^2 \times 0.5m/sec \times 60sec/min = 30m^3/min$

기본개념문제 03

환기장치에서 관경이 300mm인 직관을 통하여 풍량 $95m^3/min$의 표준공기를 송풍할 때 관내 평균 유속(m/sec)은?

풀이 $Q = A \times V$이므로

$$\therefore V = \frac{Q}{A} = \frac{95m^3/min}{\left(\frac{3.14 \times 0.3^2}{4}\right)m^2} = 1{,}344.66m/min \times min/60sec = 22.41m/sec$$

② 외부식 후드

㉠ 정의 및 특성

ⓐ 후드의 흡인력이 외부까지 미치도록 설계한 후드이며, 포집형 후드라고 한다.

ⓑ 작업여건상 발생원에 독립적으로 설치하여 유해물질을 포집하는 후드로 후드와 작업지점과의 거리를 줄이면 제어속도가 증가한다.

ⓒ 다른 후드 형태에 비해 작업자가 방해를 받지 않고 작업을 할 수 있어 일반적으로 많이 사용하고 있다.

ⓓ 포위식에 비하여 필요송풍량이 많이 소요된다.

ⓔ 방해기류(외부 난기류)의 영향이 작업장 내에 있을 경우 흡인효과가 저하된다.

ⓕ 기류속도가 후드 주변에서 매우 빠르므로 쉽게 흡인되는 물질(유기용제, 미세분말 등)의 손실이 크다.

㉡ 종류

ⓐ 슬롯형(slot) : 도금, 세척작업, 분무도장 공정에 적용된다.

ⓑ 루버형(louver) : 주물사 제거공정 등에 적용된다.

ⓒ 그리드형(grid) : 도장 및 분쇄 공정 등에 적용된다.

ⓓ 자립형(free standing)

㉢ 필요송풍량(Q)

외부식 후드의 필요송풍량은 후드 설치위치, 플랜지 부착 유무에 따라 4가지 방법으로 산출할 수 있다.

ⓐ 자유공간(공중) 위치, 플랜지 미부착

$$Q = V_c(10X^2 + A) \Rightarrow \text{Della Valle식(기본식)}$$

여기서, Q : 필요송풍량(m^3/min)
V_c : 제어속도(m/sec), A : 개구면적(m^2)
X : 후드 중심선으로부터 발생원(오염원)까지의 거리(m)

위 공식은 오염원에서 후드까지의 거리가 덕트 직경의 1.5배 이내일 때만 유효하며 필요송풍량에 가장 큰 영향을 주는 인자는 후드로부터 오염원까지의 거리이다.

ⓑ 바닥면(작업테이블면)에 위치, 플랜지 미부착

$$Q = V_c(5X^2 + A)$$

여기서, Q : 필요송풍량(m^3/min)
V_c : 제어속도(m/sec)
A : 개구면적(m^2)
X : 후드 중심선으로부터 발생원(오염원)까지의 거리(m)

ⓒ 자유공간(공중) 위치, 플랜지 부착

$$Q = 0.75 \times V_c(10X^2 + A)$$

- 일반적으로 외부식 후드에 플랜지(flange)를 부착하면 후방 유입기류를 차단하고 후드 전면에서 포집범위가 확대되어 flange가 없는 후드에 비해 동일 지점에서 동일한 제어속도를 얻는 데 필요한 송풍량을 약 25% 감소시킬 수 있다.
- 등속흡인곡선에서 덕트직경만큼 떨어진 부위의 유속이 덕트 유속의 7.5%를 초과한다.
- 플랜지 폭은 후드 단면적의 제곱근($\sqrt{A}$) 이상이 되어야 한다.

ⓓ 바닥면(작업 테이블면)에 위치, 플랜지 부착

외부식 후드 중 필요송풍량을 가장 많이 줄일 수 있는 경제적 후드 형태, 즉 필요송풍량을 가장 작게 하여도 동일한 성능을 나타낼 수 있는 후드이다.

$$Q = 0.5 \times V_c(10X^2 + A)$$

㉣ 외부식 후드의 송풍량 절약방법

ⓐ 가능한 발생원의 형태와 특성 및 크기에 맞는 후드 형식을 선정하고, 후드 개구면을 발생원에 근접하여 설치한다.

ⓑ 작업상 방해가 되지 않는 범위에서 플랜지, 칸막이, 커튼, 풍향판 등을 사용하여 주위에서 유입되는 난기류(방해기류)의 영향을 최소화한다.

ⓒ 후드의 크기는 오염물질이 새지 않는 한 작은 편이 좋고 가능하면 발생원의 일부만이라도 후드개구 안에 들어가도록 설치한다.

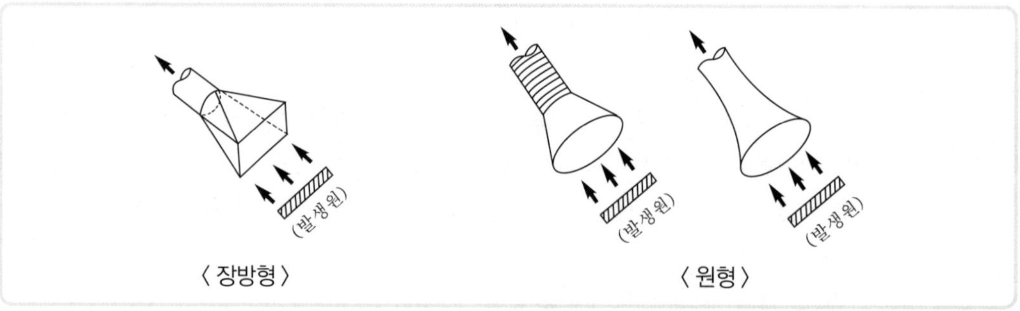

▌외부식 후드▐

Reference 후드 효율이 우수한 순서

포위식 후드 > 외부식 후드(테이블 고정, 플랜지 부착) > 외부식 후드(자유공간, 플랜지 부착) > 외부식 후드(자유공간, 플랜지 미부착)

기본개념문제 04

용접작업 시 발생되는 fume을 제거하기 위하여 외부식 후드를 설치하려고 한다. 후드 개구면에서 흄 발생지점까지의 거리가 0.25m, 제어속도는 0.5m/sec, 후드 개구면적이 0.5m^{2}일 때 필요한 송풍량(m^3/min)은?

풀이 문제 내용 중 후드 위치 및 플랜지에 대한 언급이 없으므로 기본식으로 구한다.

$Q = V_c(10X^2 + A)$

- V_c(제어속도) : 0.5m/sec
- X(후드 개구면부터 거리) : 0.25m
- A(개구단면적) : 0.5m^2

$= 0.5\text{m/sec} \times [(10 \times 0.25^2)\text{m}^2 + 0.5\text{m}^2] \times 60\text{sec/min} = 33.75\text{m}^3/\text{min}$

기본개념문제 05

후드로부터 0.25m 떨어진 곳에 있는 금속제품의 연마공정에서 발생되는 금속먼지를 제거하기 위해 원형 후드를 설치하였다면 환기량(m^3/sec)은? (단, 제어속도는 5m/sec, 후드 직경 0.4m)

풀이 $Q(\text{m}^3/\text{sec}) = V_c(10X^2 + A)$

$$= 5\text{m/sec} \times \left[(10 \times 0.25^2)\text{m}^2 + \left(\frac{3.14 \times 0.4^2}{4}\right)\text{m}^2\right]$$

$$= 3.75\text{m}^3/\text{sec}$$

기본개념문제 06

용접기에서 발생되는 용접흄을 배기시키기 위해 외부식 원형 후드를 설치하기로 하였다. 제어속도를 1m/sec로 했을 때 플랜지 없는 원형 후드의 설계유량이 20m^3/min으로 계산되었다면, 플랜지 있는 원형 후드를 설치할 경우 설계유량(m^3/min)은 얼마겠는가? (단, 기타 조건은 같음)

풀이 flange 부착 시 25%의 송풍량이 절약되므로

$\therefore\ 20\text{m}^3/\text{min} \times (1 - 0.25) = 15\text{m}^3/\text{min}$

기본개념문제 07

전자부품을 납땜하는 공정에 외부식 국소배기장치를 설치하고자 한다. 후드의 규격은 400mm ×400mm, 제어거리(X)를 20cm, 제어속도(V_c)를 0.5m/sec로 하고자 할 때의 소요풍량(m^3/min)보다 후드에 플랜지를 부착하여 공간에 설치하면 소요풍량(m^3/min)은 얼마나 감소하는가?

풀이 소요풍량 $Q = V_c(10X^2 + A)$

$= 0.5\text{m/sec} \times [(10 \times 0.2^2)\text{m}^2 + (0.4 \times 0.4)\text{m}^2] \times 60\text{sec/min} = 16.8\text{m}^3/\text{min}$

감소 소요풍량(Q') $= 16.8\text{m}^3/\text{min} \times 0.25 = 4.20\text{m}^3/\text{min}$

기본개념문제 08

플랜지가 붙고 면에 고정된 외부식 국소배기 후드의 개구면적이 3m^{2}이고 오염물 발산원의 포착속도는 0.8m/sec이며, 발산원이 개구면으로부터 2.5m 거리에 위치하고 있다면 흡인공기량(m^3/min)은?

풀이 후드 바닥면에 위치, 플랜지 부착 조건이므로

$Q = 0.5 \times V_c(10X^2 + A)$

- V_c(포착속도, 제어속도) : 0.8m/sec
- X(후드 개구면부터 거리) : 2.5m
- A(개구단면적) : 3m^2

$= 0.5 \times 0.8\text{m/sec} \times [(10 \times 2.5^2)\text{m}^2 + 3\text{m}^2)] \times 60\text{sec/min} = 1{,}572\text{m}^3/\text{min}$

기본개념문제 09

직경이 10cm인 원형 후드가 있다. 관 내를 흐르는 유량이 0.1m^3/sec라면 후드 입구에서 15cm 떨어진 후드 축선상에서의 제어속도(m/sec)는? (단, Dalla Valle의 경험식을 이용한다.)

풀이 $Q = V_c(10X^2 + A)$

$$V_c = \frac{Q}{10X^2 + A}$$

$$A = \left(\frac{3.14 \times 0.1^2}{4}\right)\text{m}^2 = 0.00785\text{m}^2$$

$$= \frac{0.1\text{m}^3/\text{sec}}{(10 \times 0.15^2)\text{m}^2 + 0.00785\text{m}^2} = 0.43\text{m/sec}$$

기본개념문제 10

용접흄이 발생하는 공정의 작업대에 부착, 고정하여 개구면적이 0.6m^{2}인 측방 외부식 플랜지 부착 장방형 후드를 설치하고자 한다. 제어속도가 0.4m/sec, 소요송풍량이 37.2m^3/min이라면, 발생원으로부터 어느 정도 떨어진 위치(m)에 후드를 설치해야 하는가?

풀이 후드 바닥면에 위치, 플랜지 부착 조건이므로

$Q = 60 \times 0.5 \times V_c(10X^2 + A)$

$$10X^2 + A = \frac{Q}{60 \times 0.5 \times V_c}$$

$$\therefore X = \left[\frac{\left(\frac{37.2}{60 \times 0.5 \times 0.4} - 0.6\right)}{10}\right]^{\frac{1}{2}} = 0.5\text{m}$$

기본개념문제 11

국소환기장치에서 플랜지(flange)가 벽, 바닥, 천장 등에 접하고 있는 경우 필요환기량은 약 몇 %가 절약되는가?

풀이
- 외부식 후드 기본식
  $Q = V_c(10X^2 + A)$
- 외부식 후드(Flange 부착, Table상 위치)
  $Q = 0.5 \times V_c(10X^2 + A)$

∴ 필요환기량 절약(%) $= \dfrac{1-0.5}{1} \times 100 = 50\%$

기본개념문제 12

용접 시 발생하는 용접흄을 제어하기 위해 발생원 상단에 플랜지가 붙은 외부식 후드를 설치하였다. 후드에서 오염원의 거리가 0.25m, 제어속도 0.5m/sec, 개구면적이 $0.5m^2$일 때 필요송풍량(m^3/min)은? (단, 후드는 공간에 설치)

풀이 후드는 자유공간에 위치, 플랜지 부착 조건이므로

$Q = 0.75 \times V_c(10X^2 + A)$
- V_c(제어속도) : 0.5m/sec
- X(후드 개구면부터 거리) : 0.25m
- A(개구단면적) : $0.5m^2$

$= 0.75 \times 0.5\text{m/sec} \times [(10 \times 0.25^2)\text{m}^2 + 0.5\text{m}^2] \times 60\text{sec/min} = 25.31\text{m}^3/\text{min}$

기본개념문제 13

외부식 후드에서 플랜지가 붙고 공간에 설치된 후드와 플랜지가 붙고 면에 고정 설치된 후드의 필요공기량을 비교할 때, 플랜지가 붙고 면에 고정 설치된 후드는 플랜지가 붙고 공간에 설치된 후드에 비하여 필요공기량을 약 몇 % 절감할 수 있는가? (단, 후드는 장방형 기준)

풀이 ㉠ 플랜지 부착, 자유공간 위치 송풍량(Q_1)

$Q_1 = 60 \times 0.75 \times V_c[(10X^2) + A]$

㉡ 플랜지 부착, 작업면 위치 송풍량(Q_2)

$Q_2 = 60 \times 0.5 \times V_c[(10X^2) + A]$

∴ 절감효율(%) $= \dfrac{0.75 - 0.5}{0.75} \times 100 = 33.33\%$

기본개념문제 14

자유공간에 떠 있는 직경 20cm인 원형 개구 후드의 개구면으로부터 20cm 떨어진 곳의 입자를 흡인하려고 한다. 제어풍속을 0.8m/sec로 할 때 덕트에서의 속도(m/sec)는 약 얼마인가?

풀이 $Q = V_c(10X^2 + A) = 0.8\text{m/sec} \times \left[(10 \times 0.2^2)\text{m}^2 + \left(\dfrac{3.14 \times 0.2^2}{4}\right)\text{m}^2\right] = 0.345\text{m}^3\text{/sec}$

$$\therefore\ V = \frac{Q}{A} = \frac{0.345\text{m}^3\text{/sec}}{\left(\dfrac{3.14 \times 0.2^2}{4}\right)\text{m}^2} = 10.99\text{m/sec}$$

기본개념문제 15

자유공간에 떠 있는 직경 20cm인 원형 개구 후드의 개구면으로부터 20cm 떨어진 곳의 입자를 흡인하려고 한다. 제어풍속을 0.8m/sec로 할 때 속도압(mmH_2O)은 약 얼마인가? (단, 기체 조건은 21℃, 1기압 상태이다.)

풀이

$$\text{VP} = \left(\frac{V}{4.043}\right)^2$$

$$V = \frac{Q}{A}$$

$$Q = 0.8\text{m/sec} \times \left[(10 \times 0.2^2)\text{m}^2 + \left(\frac{3.14 \times 0.2^2}{4}\right)\text{m}^2\right] = 0.345\text{m}^3\text{/sec}$$

$$= \frac{0.345\text{m}^3\text{/sec}}{\left(\dfrac{3.14 \times 0.2^2}{4}\right)\text{m}^2} = 10.99\text{m/sec}$$

$$= \left(\frac{10.99}{4.043}\right)^2 = 7.39\text{mmH}_2\text{O}$$

기본개념문제 16

자유공간에 떠 있는 직경 30cm인 원형 개구 후드의 개구면으로부터 30cm 떨어진 곳의 입자를 흡인하려고 한다. 제어풍속을 0.6m/sec로 할 때 후드 정압 SP_h는 약 몇 mmH_2O인가? (단, 원형 개구 후드의 유입손실계수 F는 0.93이다.)

풀이 $\text{SP}_h = \text{VP}(1 + F)$

$$Q = V_c(10X^2 + A) = 0.6\text{m/sec} \times \left[(10 \times 0.3^2)\text{m}^2 + \left(\frac{3.14 \times 0.3^2}{4}\right)\text{m}^2\right] = 0.582\text{m}^3\text{/sec}$$

$$V = \frac{Q}{A} = \frac{0.582\text{m}^3\text{/sec}}{\left(\dfrac{3.14 \times 0.3^2}{4}\right)\text{m}^2} = 8.24\text{m/sec}$$

$$\text{VP} = \left(\frac{V}{4.043}\right)^2 = \left(\frac{8.24}{4.043}\right)^2 = 4.16\text{mmH}_2\text{O}$$

$\therefore\ \text{SP}_h = 4.16(1 + 0.93) = 8.02\text{mmH}_2\text{O}$(실제적으로 $-8.02\text{mmH}_2\text{O}$)

기본개념문제 17

전자부품을 납땜하는 공정에 플랜지가 부착되지 않은 외부식 국소배기장치를 설치하고자 한다. 후드의 규격은 400mm×400mm, 제어거리를 20cm, 제어속도를 0.5m/sec, 그리고 반송속도를 1,200m/min으로 하고자 할 때 덕트의 직경은 약 몇 m로 해야 하는가?

풀이 필요송풍량(Q)$=A\times V$이므로

$$A=\frac{Q}{V}$$

$$Q=V_c(10X^2+A)=0.5\text{m/sec}\times[(10\times0.2^2)\text{m}^2+(0.4\times0.4)\text{m}^2]\times60\text{sec/min}=16.8\text{m}^3/\text{min}$$

$$V=1{,}200\text{m/min}$$

$$A=\frac{16.8\text{m}^3/\text{min}}{1{,}200\text{m/min}}=0.014\text{m}^2$$

$$=\frac{3.14\times D^2}{4}$$

$$\therefore D=\sqrt{\frac{A\times4}{3.14}}=\sqrt{\frac{0.014\text{m}^2\times4}{3.14}}=0.13\text{m}$$

③ 외부식 슬롯 후드

㉠ 정의 및 특성

ⓐ slot 후드는 후드 개방부분의 길이가 길고, 높이(폭)가 좁은 형태로 [높이(폭)/길이]의 비가 0.2 이하인 것을 말한다.

ⓑ slot 후드에서도 플랜지를 부착하면 필요배기량을 줄일 수 있다(ACGIH : 환기량 30% 절약).

ⓒ slot 후드의 가장자리에서도 공기의 흐름을 균일하게 하기 위해 사용한다.

ⓓ slot 속도는 배기송풍량과는 관계가 없으며, 제어풍속은 slot 속도에 영향을 받지 않는다.

ⓔ 플레넘 속도를 슬롯속도의 1/2 이하로 하는 것이 좋다.

㉡ 필요송풍량(Q)

$$Q=C\times L\times V_c\times X$$

여기서, Q : 필요송풍량(m^3/min)

C : 형상계수[(전원주 ⇨ 5.0(ACGIH : 3.7)

$\frac{3}{4}$원주 ⇨ 4.1

$\frac{1}{2}$원주(플랜지 부착 경우와 동일) ⇨ 2.8(ACGIH : 2.6)

$\frac{1}{4}$원주 ⇨ 1.6)]

V_c : 제어속도(m/sec)

L : slot 개구면의 길이(m)

X : 포집점까지의 거리(m)

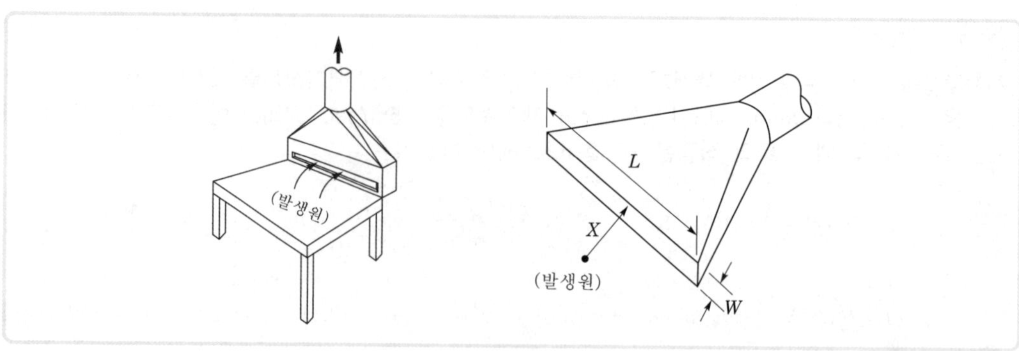

▌슬롯 후드▌

기본개념문제 18

Hood의 길이가 1.25m, 폭이 0.25m인 외부식 슬롯형 후드를 설치하고자 한다. 포집점과의 거리가 1.0m, 포집속도는 0.5m/sec일 때 송풍량(m^3/min)은? (단, 플랜지가 없으며 공간에 위치하고 있음)

풀이 전원주 형상계수를 사용하면

$Q = C \times L \times V_c \times X$

- C(형상계수) : 5.0
- L(slot 개구면의 길이) : 1.25m
- X(포착점까지의 거리) : 1.0m
- V_c(제어속도) : 0.5m/sec

$= 5.0 \times 1.25\text{m} \times 0.5\text{m/sec} \times 1.0\text{m} \times 60\text{sec/min} = 187.50\text{m}^3/\text{min}$

기본개념문제 19

Flange 부착 slot 후드가 있다. slot의 길이가 40cm이고 제어풍속이 1m/sec, 제어풍속이 미치는 거리가 20cm인 경우 필요환기량(m^3/min)은?

풀이 Flange 부착 경우 형상계수는 원주 $\frac{1}{2}$에 해당하는 2.8 적용

$Q = C \times L \times V_c \times X = 2.8 \times 0.4\text{m} \times 1\text{m/sec} \times 0.2\text{m} \times 60\text{sec/min} = 13.44\text{m}^3/\text{min}$

기본개념문제 20

플랜지가 붙은 1/4 원주형 슬롯형 후드가 있다. 포착거리가 30cm이고, 포착속도가 1m/sec일 때 필요송풍량(m^3/min)은? (단, slot의 폭은 0.1m, 길이는 0.9m이다.)

풀이 $Q = C \times L \times V_c \times X = 1.6 \times 0.9\text{m} \times 1\text{m/sec} \times 0.3\text{m} \times 60\text{sec/min} = 25.92\text{m}^3/\text{min}$

PART 3

④ 외부식 천개형 후드

고열이 없는 캐노피 후드를 의미한다.

[필요송풍량]

㉠ 4측면 개방 외부식 천개형 후드(Thoms식)

$$Q = 14.5 \times H^{1.8} \times W^{0.2} \times V_c$$

여기서, Q : 필요송풍량(m^3/min)

H : 개구면에서 배출원 사이의 높이(m)

W : 캐노피 단변(직경)(m)

V_c : 제어속도(m/sec)

상기 Thoms식은 $0.3 < H/W \leq 0.75$ 일 때 사용한다.

$H/L \leq 0.3$ 인 장방형의 경우 필요송풍량(Q)은 다음과 같다.

$$Q = 1.4 \times P \times H \times V_c$$

여기서, L : 캐노피 장변(m)

P : 캐노피 둘레길이 ⇨ $2(L+W)$(m)

㉡ 3측면 개방 외부식 천개형 후드(Thoms식)

$$Q = 8.5 \times H^{1.8} \times W^{0.2} \times V_c$$

단, $0.3 < H/W \leq 0.75$ 인 장방형, 원형 캐노피에 사용

⑤ 리시버식(수형) 천개형 후드

㉠ 정의 및 특성

ⓐ 작업공정에서 발생되는 오염물질이 운동량(관성력)이나 열상승력을 가지고 자체적으로 발생될 때, 발생되는 방향 쪽에 후드의 입구를 설치함으로써 보다 적은 풍량으로 오염물질을 포집할 수 있도록 설계한 후드이다.

ⓑ 필요송풍량 계산 시 제어속도의 개념이 필요 없다.

ⓒ 비교적 유해성이 적은 유해물질을 포집하는 데 적합하다.

ⓓ 잉여공기량이 비교적 많이 소요된다.

ⓔ 한랭 공정에는 사용을 금하고 있다.

ⓕ 가열로, 용융로, 단조, 연마, 연삭 공정에 적용한다.

㉡ 종류

ⓐ 천개형(canopy type)

ⓑ 그라인더형(grinder type)

ⓒ 자립형(free standing)

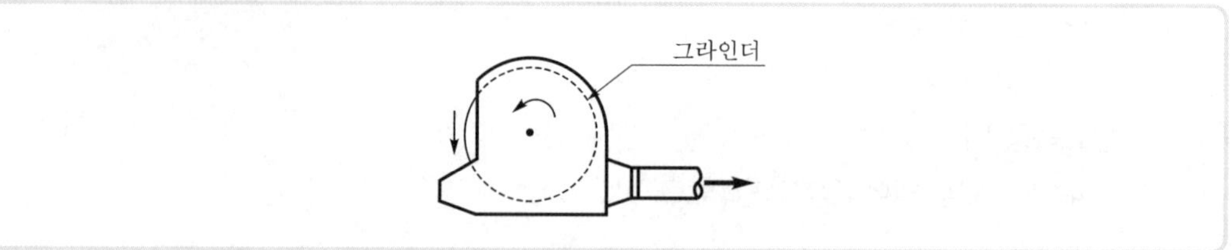

▌연삭(연마) 작업 리시버식 후드▐

㉢ 열원과 캐노피 후드와의 관계

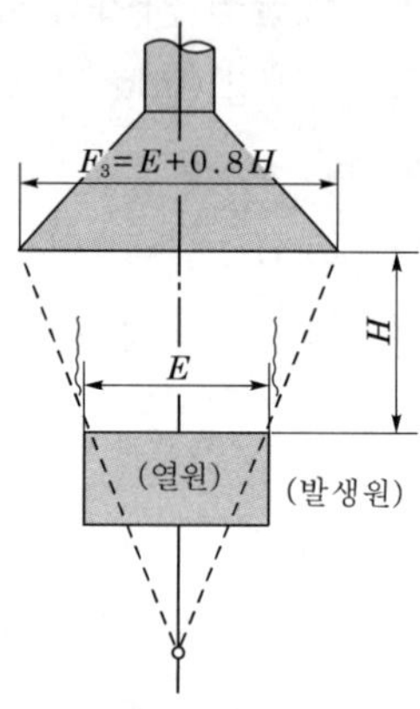

$$F_3 = E + 0.8H$$

여기서, F_3 : 후드의 직경

E : 열원의 직경(직사각형은 단변)

H : 후드 높이

ⓐ 배출원의 크기(E)에 대한 후드면과 배출원 간의 거리(H)의 비(H/E)는 0.7 이하로 설계하는 것이 바람직하다.

ⓑ 열원 주위 상부 퍼짐 각도는 난기류가 없으면 약 20°이고, 난기류가 있는 경우에는 약 40°를 갖는다.

㉣ 필요송풍량(Q)

ⓐ 난기류가 없을 경우(유량비법)

$$Q_T = Q_1 + Q_2 = Q_1\left(1 + \frac{Q_2}{Q_1}\right) = Q_1(1 + K_L)$$

여기서, Q_T : 필요송풍량(m^3/min)

Q_1 : 열상승기류량(m^3/min)

Q_2 : 유도기류량(m^3/min)

K_L : 누입한계유량비 ⇨ 오염원의 형태, 후드의 형식 등에 영향을 받는다.

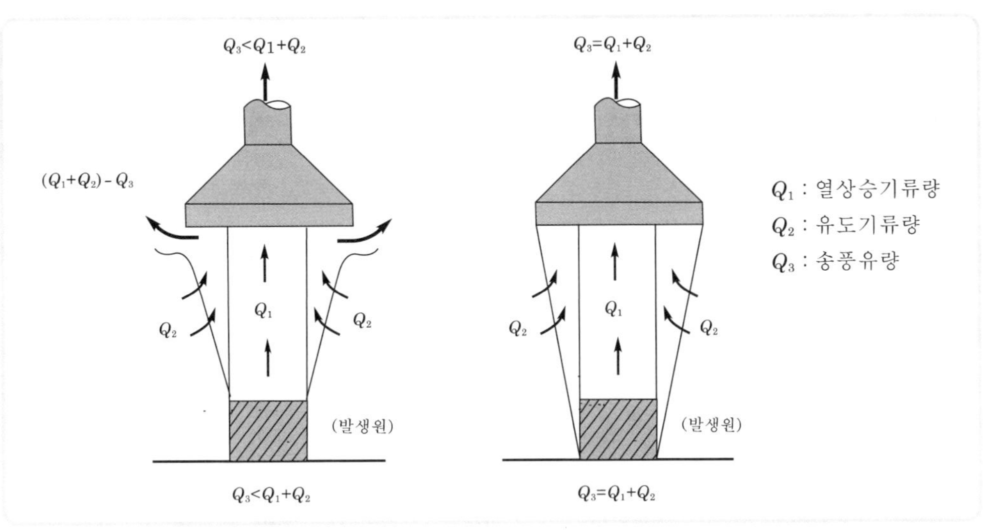

▌난기류가 없는 경우 열상승기류량과 유도기류량▐

ⓑ 난기류가 있을 경우(유량비법)

$$Q_T = Q_1 \times [1 + (m \times K_L)] = Q_1 \times (1 + K_D)$$

여기서, Q_T : 필요송풍량(m^3/min)

Q_1 : 열상승기류량(m^3/min)

m : 누출안전계수(난기류의 크기에 따라 다름)

K_L : 누입한계유량비

K_D : 설계유량비($K_D = m \times K_L$)

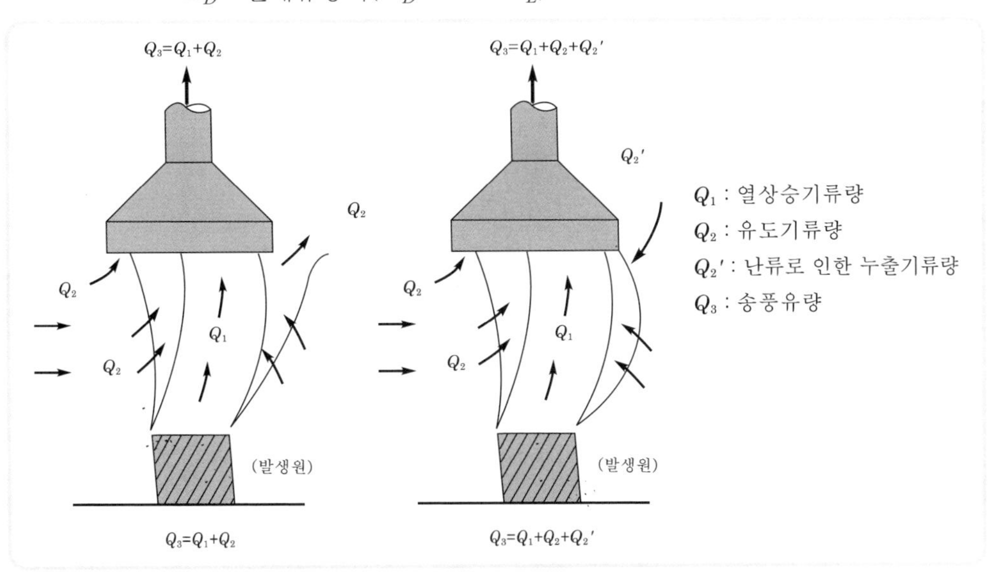

▌난기류가 있는 경우 필요송풍량▐

Reference 후드의 형식과 적용 작업

식	형	적용 작업의 예
포위식	포위형 장갑부착 상자형	• 분쇄, 마무리작업, 공작기계, 체분저조 • 농약 등 유독물질 또는 독성 가스 취급
부스식	드래프트 챔버형 건축부스형	• 연마, 포장, 화학 분석 및 실험, 동위원소 취급, 연삭 • 산세척, 분무도장
외부식	슬롯형 루바형 그리드형 원형 또는 장방형	• 도금, 주조, 용해, 마무리작업, 분무도장 • 주물의 모래털기작업 • 도장, 분쇄, 주형 해체 • 용해, 체분, 분쇄, 용접, 목공기계
리시버식	캐노피형 원형 또는 장방형 포위형(그라인더형)	• 가열로, 소입, 단조, ~~용융~~ • 연삭, 연마 • 탁상 그라인더, ~~용융~~, 가열로

기본개념문제 21

다음 [조건]에서 캐노피(canopy) 후드의 필요환기량(m^3/sec)은?

- 장변 : 2m
- 단변 : 1.5m
- 개구면과 배출원과의 높이 : 0.6m
- 제어속도 : 0.25m/sec
- 고열배출원이 아니며, 사방이 노출된 상태

풀이 $H/L \le 0.3$ 조건 필요송풍량(Q)

$Q = 1.4 \times P \times H \times V = 1.4 \times 7\text{m} \times 0.6\text{m} \times 0.25\text{m/sec} = 1.47\text{m}^3/\text{sec}$

기본개념문제 22

한 면이 1m인 정사각형 외부식 캐노피형 후드를 설치하고자 한다. 높이가 0.7m, 제어속도가 18m/min일 때 소요송풍량(m^3/min)은? (단, 다음 공식 중 적합한 수식을 선택 적용)

[공식] $Q = 1.4 \times 2(L+W) \times H \times V_c$, $Q = 14.5 \times H^{1.8} \times W^{0.2} \times V_c$

풀이 $0.3 < H/W \leq 0.75$에 해당

$Q = 14.5 \times H^{1.8} \times W^{0.2} \times V_c = 14.5 \times 0.7^{1.8} \times 1^{0.2} \times 18 = 137.35\text{m}^3/\text{min}$

기본개념문제 23

용해로에 리시버식 캐노피형 국소배기장치를 설치한다. 열상승기류량 Q_1은 50m³/min, 누입한계 유량비 K_L은 2.5라 할 때 소요송풍량(m³/min)은? (단, 난기류가 없다고 가정함)

풀이 소요송풍량 $Q_T = Q_1 \times (1+K_L) = 50\text{m}^3/\text{min} \times (1+2.5) = 175\text{m}^3/\text{min}$

기본개념문제 24

고열 발생원에 후드를 설치할 때 주위환경의 난류형성에 따른 누출안전계수는 소요송풍량 결정에 크게 작용한다. 열상승기류량 30m³/min, 누입한계유량비 3.0, 누출안전계수 7이라면 소요송풍량 (m³/min)은?

풀이 소요송풍량 $Q_T = Q_1 \times [1+(m \times K_L)] = 30\text{m}^3/\text{min} \times [1+(7 \times 3.0)] = 660\text{m}^3/\text{min}$

기본개념문제 25

후드의 열상승기류량이 10m³/min이고, 유도기류량이 20m³/min일 때 누입한계유량비(K_L)는?

풀이 $K_L = \dfrac{\text{유도기류량}}{\text{열상승기류량}} = \dfrac{20}{10} = 2.0$

⑥ push－pull 후드(밀어 당김형 후드)

㉠ 정의 및 특성

ⓐ 제어길이가 비교적 길어서 외부식 후드에 의한 제어효과가 문제가 되는 경우, 즉 공정상 포착거리가 길어서 단지 공기를 제어하는 일반적인 후드로는 효과가 낮을 때 이용하는 장치로 공기를 불어주고(push) 당겨주는(pull) 장치로 되어 있다.

ⓑ 개방조 한 변에서 압축공기를 이용하여 오염물질이 발생하는 표면에 공기를 불어 반대쪽에 오염물질이 도달하게 한다.

ⓒ 제어속도는 push 제트기류에 의해 발생한다.

ⓓ 공정에서 작업물체를 처리조에 넣거나 꺼내는 중에 공기막이 파괴되어 오염물질이 발생한다.

ⓔ 노즐로는 하나의 긴 슬롯, 구멍 뚫린 파이프 또는 개별 노즐을 여러 개 사용하는 방법이 있다.

ⓕ 노즐의 각도는 제트 공기가 방해받지 않도록 하향 방향을 향하고 최대 20° 내를 유지하도록 한다.

ⓖ 노즐 전체면적은 기류분포를 고르게 하기 위해서 노즐 충만실 단면적의 25%를 넘지 않도록 해야 한다.

ⓗ push-pull 후드에 있어서는 여러 가지의 영향인자가 존재하므로 ±20% 정도의 유량조정이 가능하도록 설계되어야 한다.

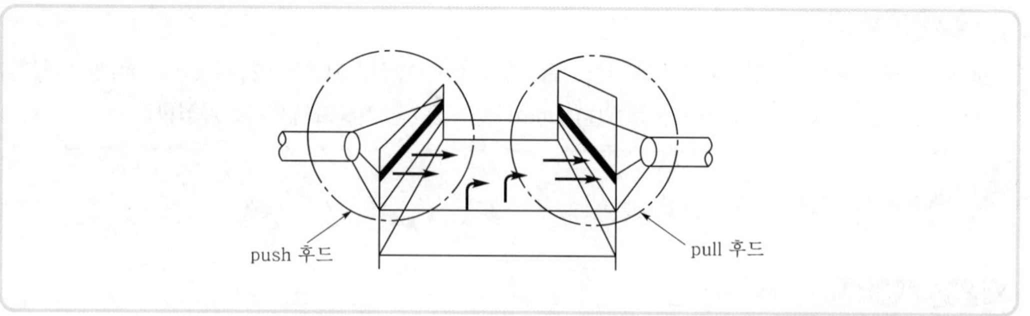

▌push-pull 후드▌

ⓘ 흡인후드의 송풍량은 근사적으로 가압노즐 송풍량의 1.5~2.0배의 표준기준이 사용된다.

ⓙ 흡인기류는 취출기류에 비해서 거리에 따른 감소속도가 크므로 후드는 가능한 오염원 가까이 설치해야 한다.

ⓛ 적용

ⓐ 도금조 및 자동차 도장공정과 같이 오염물질 발생원의 상부가 개방되어 있고 개방면적이 큰(발산면의 폭이 넓은) 작업공정에 주로 많이 적용된다(효율적인 tank의 길이는 1.2~2.4m).

ⓑ 포착거리(제어거리)가 일정 거리 이상일 경우 push-pull형 환기장치가 적용된다.

ⓒ 한쪽 후드에서의 흡입만으로 충분한 흡인력이 발생하지 않는 경우에 적합하다.

ⓒ 장점

ⓐ 포집효율을 증가시키면서 필요유량을 대폭 감소시킬 수 있다.

ⓑ 작업자의 방해가 적고 적용이 용이하다.

ⓒ 일반적인 국소배기장치의 후드보다 동력비가 적게 든다.

ⓔ 단점

ⓐ 원료의 손실이 크다.

ⓑ 설계방법이 어렵다.

ⓒ 효과적으로 기능을 발휘하지 못하는 경우가 있다.

⑦ 저용량 고속 후드

㉠ 수공구 등에 부착하여 사용하는 포집형 후드이다.

㉡ 석면작업, 연삭, 용접작업에 적용한다.

㉢ 오염물질 발생원에 아주 근접하여 아주 높은 흡인효율을 나타내므로, 작은 필요환기량으로도 포집이 용이하다.

㉣ 초고속 포집속도(≒50m/sec 이상)를 갖는다.

㉤ 다른 후드 사용이 불가능한 동력용 공구나 공정에 유용하게 사용한다.

㉥ 소음이 크고, 덕트 내 마모가 심하며, 정전기가 발생하고, 유입구로 작은 공구 등이 빨려나갈 수 있다는 단점이 있다.

(11) 후드의 분출기류

① 잠재중심부

㉠ 분출중심속도(V_c)가 분사구출구속도(V_o)와 동일한 속도를 유지하는 지점까지의 거리이다.

㉡ 분출중심속도의 분출거리에 대한 변화는 배출구 직경의 약 5배 정도까지 분출중심속도의 변화는 거의 없다.

② 천이부

㉠ 분출중심속도가 작아지기 시작하는 점이 천이부의 시작이며 분출중심속도가 50%까지 줄어드는 지점까지를 말한다.

㉡ 배출구 직경의 5배부터 30배 정도까지를 의미한다.

③ 완전개구부

분사구로부터 어느 정도 떨어진 위치 이하에서는 위치변화에 관계없이 분출속도분포가 유사한 형태를 보이는 영역을 의미한다.

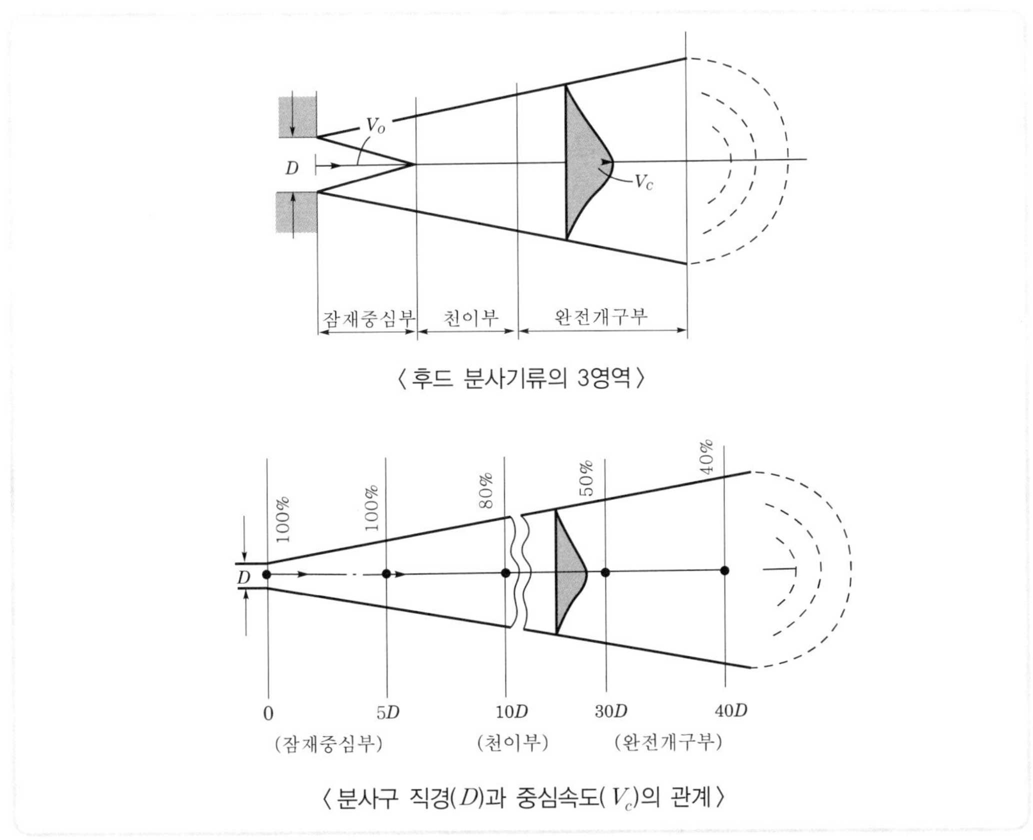

▌후드의 분출기류▐

(12) 공기공급(make-up air) 시스템

① 정의

공기공급시스템은 환기시설에 의해 작업장 내에서 배기된 만큼의 공기를 작업장 내로 재공급하는 시스템을 말한다.

② 의미

환기시설을 효율적으로 운영하기 위해서는 공기공급시스템이 필요하다. 즉, 국소배기장치가 효과적인 기능을 발휘하기 위해서는 후드를 통해 배출되는 것과 같은 양의 공기가 외부로부터 보충되어야 한다.

③ 공기공급시스템이 필요한 이유

㉠ 국소배기장치의 원활한 작동을 위하여
㉡ 국소배기장치의 효율 유지를 위하여
㉢ 안전사고를 예방하기 위하여
㉣ 에너지(연료)를 절약하기 위하여
㉤ 작업장 내의 방해기류(교차기류)가 생기는 것을 방지하기 위하여
㉥ 외부공기가 정화되지 않은 채로 건물 내로 유입되는 것을 막기 위하여
㉦ 근로자에게 영향을 미치는 냉각기류를 제거하기 위하여

(13) 작업장 내 교차기류 형성 시 영향

① 작업장 내 오염된 공기를 다른 곳으로 분산시킨다.
② 작업장의 음압으로 인해 형성된 높은 기류는 근로자에게 불쾌감을 준다.
③ 국소배기장치의 제어속도가 영향을 받는다.
④ 먼지 발생공정인 경우 침강된 먼지를 비산 · 이동시켜 다시 오염되는 결과를 야기한다.

03 덕트(duct)

(1) 개요

① 후드에서 흡인한 유해물질을 공기정화기를 거쳐 송풍기까지 운반하는 송풍관 및 송풍기로부터 배기구까지 운반하는 관을 덕트라 한다.
② 후드로 흡인한 유해물질이 덕트 내에 퇴적하지 않게 공기정화장치까지 운반하는 데 필요한 최소속도를 반송속도라 한다. 또한 압력손실을 최소화하기 위해 낮아야 하지만 너무 낮게 되면 입자상 물질의 퇴적이 발생할 수 있어 주의를 요한다.

(2) 덕트 설치기준(설치 시 고려사항)

① 가능하면 길이는 짧게 하고 굴곡부의 수는 적게 할 것
② 접속부의 안쪽은 돌출된 부분이 없도록 할 것
③ 청소구를 설치하는 등 청소하기 쉬운 구조로 할 것
④ 덕트 내부에 오염물질이 쌓이지 않도록 이송속도를 유지할 것
⑤ 연결부위 등은 외부 공기가 들어오지 않도록 할 것(연결방법을 가능한 한 용접할 것)
⑥ 가능한 후드의 가까운 곳에 설치할 것
⑦ 송풍기를 연결할 때는 최소 덕트 직경의 6배 정도 직선구간을 확보할 것
⑧ 직관은 하향구배로 하고 직경이 다른 덕트를 연결할 때에는 경사 30° 이내의 테이퍼를 부착할 것
⑨ 원형 덕트가 사각형 덕트보다 덕트 내 유속분포가 균일하므로 가급적 원형 덕트를 사용하며, 부득이 사각형 덕트를 사용할 경우에는 가능한 정방형을 사용하고 곡관의 수를 적게 할 것
⑩ 곡관의 곡률반경은 최소 덕트 직경의 1.5 이상, 주로 2.0을 사용할 것
⑪ 수분이 응축될 경우 덕트 내로 들어가지 않도록 경사나 배수구를 마련할 것
⑫ 덕트의 마찰계수는 작게 하고, 분지관을 가급적 적게 할 것
⑬ 덕트가 여러 개인 경우 덕트의 직경을 조절하거나 송풍량을 조절하여 전체적으로 균형이 맞도록 설계할 것
⑭ 덕트의 직경, 조도, 단면 확대 또는 수축, 곡관 수 및 모양 등을 고려하여 설계할 것

(3) 반송속도

① 정의
반송속도는 후드로 흡인한 오염물질을 덕트 내에 퇴적시키지 않고 이송하기 위한 송풍관 내 기류의 최소속도를 말한다.

② 반송속도 선정 시 고려인자
㉠ 덕트의 직경
㉡ 조도
㉢ 단면 확대 또는 수축
㉣ 곡관 수 및 모양 등

유해물질	예	반송속도(m/sec)
가스, 증기, 흄 및 극히 가벼운 물질	각종 가스, 증기, 산화아연 및 산화알루미늄 등의 흄, 목재 분진, 솜먼지, 고무분, 합성수지분	10
가벼운 건조먼지	원면, 곡물분, 고무, 플라스틱, 경금속 분진	15
일반 공업 분진	털, 나무 부스러기, 대패 부스러기, 샌드블라스트, 글라인더 분진, 내화벽돌 분진	20
무거운 분진	납 분진, 주조 후 모래털기 작업 시 먼지, 선반 작업 시 먼지	25
무겁고 비교적 큰 입자의 젖은 먼지	젖은 납 분진, 젖은 주조 작업 발생 먼지, 철분진, 요업분진	25 이상

(4) 송풍관(덕트)의 재질

① 유기용제(부식이나 마모의 우려가 없는 곳) : 아연도금 강판
② 강산, 염소계 용제 : 스테인리스스틸 강판
③ 알칼리 : 강판
④ 주물사, 고온가스 : 흑피 강판
⑤ 전리방사선 : 중질 콘크리트

(5) 총 압력손실의 계산

① 개요
총 압력손실의 계산은 덕트 합류 시 균형 유지를 위한, 즉 압력평형을 이루기 위한 계산방법을 의미한다.

② 총 압력손실 계산 목적
㉠ 제어속도와 반송속도를 얻는 데 필요한 송풍량을 확보하기 위해
㉡ 환기시설 전체의 압력손실을 극복하는 데 필요한 풍량과 풍압을 얻기 위한 송풍기 형식 및 동력, 규모를 결정하기 위해

③ 총 압력손실 계산방법
㉠ 정압조절평형법(유속조절평형법, 정압균형유지법)
ⓐ 정의
저항이 큰 쪽의 덕트 직경을 약간 크게 또는 덕트 직경을 감소시켜 저항을 줄이거나 증가시켜, 또는 유량을 재조정하여 합류점의 정압이 같아지도록 하는 방법이다.
ⓑ 적용
분지관의 수가 적고 고독성 물질이나 폭발성 및 방사성 분진을 대상으로 사용
ⓒ 계산식

$$Q_c = Q_d\sqrt{\frac{\mathrm{SP}_2}{\mathrm{SP}_1}}$$

여기서, Q_c : 보정유량(m^3/min)
Q_d : 설계유량(m^3/min)
SP_2 : 압력손실이 큰 관의 정압(지배정압)(mmH_2O) : 정압 절대치
SP_1 : 압력손실이 작은 관의 정압(mmH_2O) : 정압 절대치
(계산결과 높은 쪽 정압과 낮은 쪽 정압의 비(정압비)가 1.2 이하인 경우는 정압이 낮은 쪽의 분지관 유량을 증가시켜 압력을 조정하고 정압비가 1.2보다 클 경우는 정압이 낮은 분지관을 재설계하여야 한다)

ⓓ 두 개의 덕트가 합류 시 정압(SP)에 따른 개선사항

- 두 개의 덕트가 합류 시 정압의 차이가 없는 것 : 이상적
- $\frac{\text{낮은 SP}}{\text{높은 SP}} < 0.8$: 정압이 낮은 덕트 직경을 재설계
- $0.8 \le \frac{\text{낮은 SP}}{\text{높은 SP}} < 0.95$: 정압이 낮은 쪽의 유량 조정
- $0.95 \le \frac{\text{낮은 SP}}{\text{높은 SP}}$: 차이를 무시함

ⓔ 장점

- 예기치 않은 침식, 부식, 분진퇴적으로 인한 축적(퇴적) 현상이 일어나지 않는다.
- 분지관 설계 또는 최대저항경로(저항이 큰 분지관) 선정이 잘못되어도 설계 시 쉽게 발견할 수 있다.
- 설계가 정확할 때에는 가장 효율적인 시설이 된다.
- 유속의 범위가 적절히 선택되면 덕트의 폐쇄가 일어나지 않는다.

ⓕ 단점

- 설계 시 잘못된 유량을 고치기 어렵다(임의의 유량을 조절하기 어려움).
- 설계가 복잡하고 시간이 걸린다.
- 설계유량 산정이 잘못되었을 경우 수정은 덕트의 크기 변경을 필요로 한다.
- 때에 따라 전체 필요한 최소유량보다 더 초과될 수 있다.
- 설치 후 변경이나 확장에 대한 유연성이 낮다.
- 효율 개선 시 전체를 수정해야 한다.

ⓛ 저항조절평형법(댐퍼조절평형법, 덕트균형유지법)

ⓐ 정의

각 덕트에 댐퍼를 부착하여 압력을 조정, 평형을 유지하는 방법이다.

ⓑ 특징

- 후드를 추가 설치해도 쉽게 정압조절이 가능하다.
- 사용하지 않는 후드를 막아 다른 곳에 필요한 정압을 보낼 수 있어 현장에서 가장 편리하게 사용할 수 있는 압력균형방법이다.
- 총 압력손실 계산은 압력손실이 가장 큰 분지관을 기준으로 산정한다.

ⓒ 적용

분지관의 수가 많고 덕트의 압력손실이 클 때 사용(배출원이 많아서 여러 개의 후드를 주관에 연결한 경우)

ⓓ 장점

- 시설 설치 후 변경에 유연하게 대처가 가능하다.
- 최소설계풍량으로 평형 유지가 가능하다.
- 공장 내부의 작업공정에 따라 적절한 덕트 위치 변경이 가능하다.
- 설계 계산이 간편하고, 고도의 지식을 요하지 않는다.
- 설치 후 송풍량의 조절이 비교적 용이하다. 즉, 임의의 유량을 조절하기가 용이하다.
- 덕트의 크기를 바꿀 필요가 없기 때문에 반송속도를 그대로 유지한다.

ⓔ 단점

- 평형상태 시설에 댐퍼를 잘못 설치 시 또는 임의의 댐퍼 조정 시 평형상태가 파괴될 수 있다.
- 부분적 폐쇄댐퍼는 침식, 분진퇴적의 원인이 된다.
- 최대저항경로 선정이 잘못되어도 설계 시 쉽게 발견할 수 없다.
- 댐퍼가 노출되어 있는 경우가 많아 누구나 쉽게 조절할 수 있어 정상기능을 저해할 수 있다.

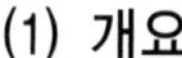

04 송풍기

(1) 개요

국소배기장치의 일부로서 오염공기를 후드에서 덕트 내로 유동시켜서 옥외로 배출하는 원동력을 만들어내는 흡인장치를 말한다.

(2) 분류

① 팬(fan)

㉠ 토출압력과 흡입압력비가 1.1 미만인 것을 말한다.

㉡ 압력상승의 한계가 1,000mmH_2O 미만인 것을 말한다.

② 블로어(blower)

㉠ 토출압력과 흡입압력비가 1.1 이상 2 미만인 것을 말한다.

㉡ 압력상승의 한계가 1,000~10,000mmH_2O인 것을 말한다.

(3) 종류

① 원심력 송풍기(centrifugal fan)

㉠ 개요

ⓐ 원심력 송풍기는 축방향으로 흘러들어온 공기가 반지름방향으로 흐를 때 생기는 원심력을 이용한다.

ⓑ 달팽이 모양으로 생겼으며, 흡입방향과 배출방향이 수직이다.

ⓒ 날개의 방향에 따라 다익형, 평판형, 터보형으로 구분한다.

㉡ 다익형(multi blade fan)

ⓐ 전향 날개형(전곡 날개형, forward-curved blade fan)이라고 하며, 많은 날개(blade)를 갖고 있다.

ⓑ 송풍기의 임펠러가 다람쥐 쳇바퀴 모양으로 회전날개가 회전방향과 동일한 방향으로 설계되어 있다.

ⓒ 동일 송풍량을 발생시키기 위한 임펠러 회전속도가 상대적으로 낮아 소음 문제가 거의 없다.

ⓓ 강도 문제가 그리 중요하지 않기 때문에 저가로 제작이 가능하다.

ⓔ 상승구배 특성이다.

ⓕ 높은 압력손실에서는 송풍량이 급격하게 떨어지므로 이송시켜야 할 공기량이 많고 압력손실이 작게 걸리는 전체환기나 공기조화용으로 널리 사용된다.

ⓖ 구조상 고속회전이 어렵고, 큰 동력의 용도에는 적합하지 않다.

ⓗ 장점

- 동일 풍량, 동일 풍압에 대해 가장 소형이므로 제한된 장소에 사용 가능
- 설계가 간단하며, 저가로 제작 가능
- 회전속도가 작아 소음이 낮음
- 분지관의 송풍에 적합

ⓘ 단점

- 구조 · 강도상 고속 회전이 불가능
- 효율이 낮음(약 60%)
- 동력 상승률이 크고 과부하되기 쉬우므로 큰 동력의 용도에 적합하지 않음
- 청소가 곤란

㉢ 평판형(radial fan)

ⓐ 플레이트(plate) 송풍기, 방사 날개형 송풍기라고도 한다.

ⓑ 날개(blade)가 다익형보다 적고 직선이며, 평판 모양을 하고 있어 강도가 매우 높게 설계되어 있다.

ⓒ 깃의 구조가 분진을 자체 정화할 수 있도록 되어 있다.

ⓓ 시멘트, 미분탄, 곡물, 모래 등의 고농도 분진 함유 공기나 마모성이 강한 분진 이송용으로 사용된다.

ⓔ 부식성이 강한 공기를 이송하는 데 많이 사용된다.

ⓕ 압력손실은 다익팬보다 약간 높으며, 효율도 65%로 다익팬보다는 약간 높으나 터보팬보다는 낮다.(송풍기 효율 : 터보형 > 평판형 > 다익형)

ⓖ 습식 집진장치의 배기에 적합하며, 소음은 중간정도이다.

㉣ 터보형(turbo fan)

ⓐ 후향 날개형(후곡 날개형)(backward-curved blade fan)은 송풍량이 증가해도 동력이 증가하지 않는 장점을 가지고 있어 한계부하 송풍기라고도 한다.

ⓑ 회전날개(깃)가 회전방향 반대편으로 경사지게 설계되어 있어 충분한 압력을 발생시킬 수 있다.

ⓒ 동력 특성의 상승도 완만하여 소요정압이 떨어져도 동력은 크게 상승하지 않으므로 시설저항 및 운전상태가 변하여도 과부하가 걸리지 않는다.

ⓓ 송풍기 성능곡선에서 동력곡선이 최대송풍량의 60~70%까지 증가하다가 감소하는 경향을 띠는 특성이 있다.

ⓔ 고농도 분진 함유 공기를 이송시킬 경우 깃 뒷면에 분진이 퇴적하며 집진기 후단에 설치하여야 한다.

ⓕ 깃의 모양은 두께가 균일한 것과 익형이 있다.

ⓖ 장점

- 장소의 제약을 받지 않음
- 통상적으로 최고속도가 높으므로 송풍기 중 효율이 가장 좋음
- 하향구배 특성이기 때문에 풍압이 바뀌어도 풍량의 변화가 적음
- 통상적으로 최고속도가 높으므로 송풍량이 증가해도 동력은 크게 상승하지 않음
- 송풍기를 병렬로 배치해도 풍량에는 지장이 없음
- 규정 풍량 이외에서도 효율이 갑자기 떨어지지 않음

ⓗ 단점

- 소음이 큼
- 고농도 분진 함유 공기 이송 시에 집진기 후단에 설치해야 함

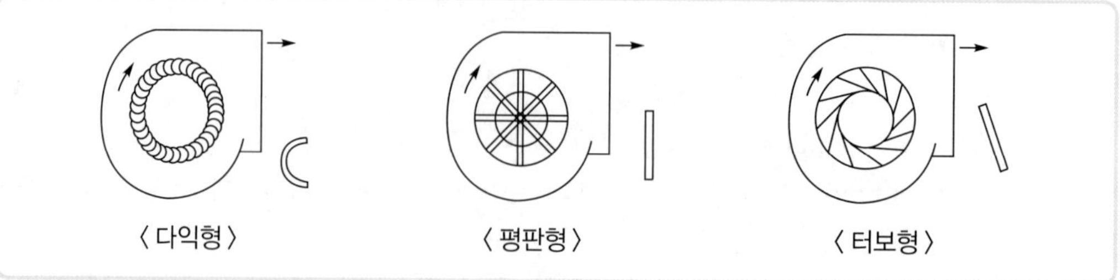

▍원심형 송풍기▍

② 축류 송풍기(axial flow fan)

㉠ 개요

ⓐ 전향 날개형 송풍기와 유사한 특징을 가지고 있으며 원통형으로 되어 있다.

ⓑ 공기 이송 시 공기가 회전축(프로펠러)을 따라 직선방향으로 이송된다.

ⓒ 국소배기용보다는 압력손실이 비교적 작은 전체환기량으로 사용해야 한다.

ⓓ 공기는 날개의 앞부분에서 흡인되고 뒷부분 날개에서 배출되므로 공기의 유입과 유출은 동일한 방향을 가지고 유출된다.

ⓔ 프로펠러형 송풍기는 구조가 가장 간단하고 많은 양의 공기를 이송시킬 수 있으며 국소배기용보다는 압력손실이 비교적 적은 전체환기용으로 사용해야 한다.

㉡ 장점

ⓐ 축방향 흐름이기 때문에 덕트에 바로 삽입할 수 있어 설치비용이 저렴

ⓑ 전동기와 직결할 수 있음

ⓒ 경량이고 재료비 및 설치비용이 저렴

㉢ 단점

ⓐ 풍압이 낮기 때문에 압력손실이 비교적 많이 걸리는 시스템에 사용했을 때 서징현상으로 진동과 소음이 심한 경우가 생김

ⓑ 최대송풍량의 70% 이하가 되도록 압력손실이 걸릴 경우 서징현상을 피할 수 없음

ⓒ 원심력송풍기보다 주속도가 커서 소음이 큼

ⓓ 규정풍량 외에는 효율이 갑자기 떨어지기 때문에 가열공기 또는 오염공기의 취급에는 부적당함

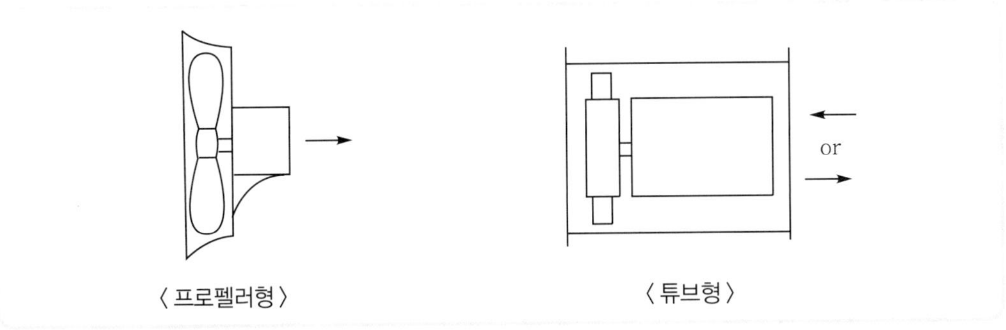

〈프로펠러형〉 〈튜브형〉

▌축류형 송풍기▐

(4) 특수 송풍기

심한 부식, 마모, 고열에 대한 용도로 제작된 송풍기를 특수 송풍기라 하며, 종류에는 사류팬, 횡류팬, 송풍관이 붙은 원심팬 등이 있다.

① 사류팬(mixed flow fan)

㉠ 원심력송풍기와 축류송풍기의 중간적 흐름, 즉 공기가 축방향으로 흘러들어와서 90°가 아닌 경사방향으로 흘러나가는 형태의 송풍기이다.

㉡ 폭넓은 유량범위에 있어서도 효율 저하가 적고 동력 변화가 적다.

㉢ 원심력과 양력을 동시에 이용하는 송풍기이다.

㉣ 국소 통풍용으로 사용하나 기타 용도로는 사용이 드물다.

② 횡류팬(cross flow fan)

㉠ 회전차 폭이 직경에 비해 너무 커 공기가 회전차의 반경방향으로 흡인되어 반경방향으로 배출되는 형태를 나타낸다.

㉡ 회전차의 형상은 다익팬과 유사하다.

㉢ 소형으로 큰 풍량을 처리할 수 있어 주로 공기조화용으로 사용하나 효율도 그렇게 좋지는 않다.

③ 송풍관이 붙은 원심팬(tubular centrifugal)

㉠ 회전차는 후경깃을 가진 익형팬과 유사하나 케이싱은 와권형이 아니고 정익붙이 축류팬과 유사하게 설계된 송풍기이다.

㉡ 풍압이 낮고 풍량도 작으며, 효율도 낮아 주로 공기순환용 및 환기통풍용으로 사용된다.

(5) 송풍기 전압 및 정압

① 송풍기 전압(FTP)

배출구 전압(TP_{out})과 흡입구 전압(TP_{in})의 차로 표시한다.

$$FTP = TP_{out} - TP_{in} = (SP_{out} + VP_{out}) - (SP_{in} + VP_{in})$$

② 송풍기 정압(FSP)

송풍기 전압(FTP)과 배출구 속도압(VP_{out})의 차로 표시한다.

$$\begin{aligned} FSP &= FTP - VP_{out} \\ &= (SP_{out} - SP_{in}) + (VP_{out} - VP_{in}) - VP_{out} \\ &= (SP_{out} - SP_{in}) - VP_{in} \\ &= (SP_{out} - TP_{in}) \end{aligned}$$

기본개념문제 26

송풍기의 흡입구 및 배출구 내의 속도압은 각각 18mmH₂O로 같고, 흡입구의 정압은 −55mmH₂O이며, 배출구 내의 정압은 20mmH₂O이다. 송풍기의 전압(mmH₂O)과 정압(mmH₂O)은 각각 얼마인가?

풀이 ① 송풍기 전압(FTP)

$$FTP = (SP_{out} + VP_{out}) - (SP_{in} + VP_{in}) = (20+18) - (-55+18) = 75mmH_2O$$

② 송풍기 정압(FSP)

$$FSP = (SP_{out} - SP_{in}) - VP_{in} = [20-(-55)] - 18 = 57mmH_2O$$

(6) 송풍기 소요동력(kW)

$$kW = \frac{Q \times \Delta P}{6,120 \times \eta} \times \alpha$$

여기서, Q : 송풍량(m^3/min)

ΔP : 송풍기 유효전압(=전압=정압)(mmH₂O)

η : 송풍기 효율(%)

α : 안전인자(여유율)(%)

$$HP = \frac{Q \times \Delta P}{4,500 \times \eta} \times \alpha$$

기본개념문제 27

송풍량이 100m³/min, 송풍기 유효전압이 150mmH₂O, 송풍기 효율이 70%, 여유율이 1.2인 송풍기의 소요동력(kW)은? (단, 송풍기 효율과 원동기 여유율을 고려함)

풀이 $kW = \frac{Q \times \Delta P}{6,120 \times \eta} \times \alpha = \frac{100m^3/min \times 150mmH_2O}{6,120 \times 0.7} \times 1.2 = 4.2kW$

기본개념문제 28

송풍기 풍량 Q는 200m³/min이고 풍정압(SP_f)은 150mmH₂O이다. 송풍기의 효율이 0.8이라면 소요동력(kW)은?

풀이 $kW = \frac{Q \times \Delta P}{6,120 \times \eta} \times \alpha = \frac{200m^3/min \times 150mmH_2O}{6,120 \times 0.8} \times 1 = 6.13kW$

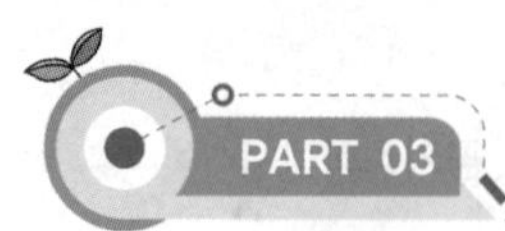

기본개념문제 29

풍량이 200m³/min, 풍전압이 100mmH₂O, 송풍기 소요동력이 5kW라면 송풍기의 효율(η)(%)은?

풀이 $\text{kW} = \dfrac{Q \times \Delta P}{6,120 \times \eta} \times \alpha$

$$\eta = \frac{Q \times \Delta P}{6,120 \times \text{kW}} \times \alpha = \frac{200\text{m}^3/\text{min} \times 100\text{mmH}_2\text{O}}{6,120 \times 5} \times 1 = 0.65 \times 100 = 65\%$$

기본개념문제 30

송풍기 전압이 125mmH₂O이고, 송풍기의 총 송풍량이 20,000m³/hr일 때 소요동력(kW)은? (단, 송풍기 효율 80%, 안전율 50%)

풀이 $\text{소요동력} = \dfrac{(20,000\text{m}^3/\text{hr} \times \text{hr}/60\text{min}) \times 125\text{mmH}_2\text{O}}{6,120 \times 0.8} \times 1.5 = 12.77\text{kW}$

(7) 송풍기 법칙(상사 법칙, law of similarity)

송풍기 법칙이란 송풍기의 회전수와 송풍기 풍량, 송풍기 풍압, 송풍기 동력과의 관계이며, 송풍기의 성능 추정에 매우 중요한 법칙이다.

① 송풍기 크기가 같고, 공기의 비중이 일정할 때 : 회전수(비)

㉠ 풍량은 회전속도(회전수)비에 비례한다.

$$\frac{Q_2}{Q_1} = \frac{\text{rpm}_2}{\text{rpm}_1}$$

여기서, Q_1 : 회전수 변경 전 풍량(m³/min)

Q_2 : 회전수 변경 후 풍량(m³/min)

rpm_1 : 변경 전 회전수(rpm), rpm_2 : 변경 후 회전수(rpm)

㉡ 풍압(전압)은 회전속도(회전수)비의 제곱에 비례한다.

$$\frac{\text{FTP}_2}{\text{FTP}_1} = \left(\frac{\text{rpm}_2}{\text{rpm}_1}\right)^2$$

여기서, FTP_1 : 회전수 변경 전 풍압(mmH₂O)

FTP_2 : 회전수 변경 후 풍압(mmH₂O)

㉢ 동력은 회전속도(회전수)비의 세제곱에 비례한다.

$$\frac{\text{kW}_2}{\text{kW}_1} = \left(\frac{\text{rpm}_2}{\text{rpm}_1}\right)^3$$

여기서, kW_1 : 회전수 변경 전 동력(kW)

kW_2 : 회전수 변경 후 동력(kW)

② 송풍기 회전수, 공기의 중량이 일정할 때 : 송풍기 크기(비)

㉠ 풍량은 송풍기의 크기(회전차 직경)의 세제곱에 비례한다.

$$\frac{Q_2}{Q_1} = \left(\frac{D_2}{D_1}\right)^3$$

여기서, D_1 : 변경 전 송풍기의 크기(회전차 직경)

D_2 : 변경 후 송풍기의 크기(회전차 직경)

㉡ 풍압(전압)은 송풍기의 크기(회전차 직경)의 제곱에 비례한다.

$$\frac{\text{FTP}_2}{\text{FTP}_1} = \left(\frac{D_2}{D_1}\right)^2$$

여기서, FTP_1 : 송풍기 크기 변경 전 풍압(mmH_2O)

FTP_2 : 송풍기 크기 변경 후 풍압(mmH_2O)

㉢ 동력은 송풍기의 크기(회전차 직경)의 오제곱에 비례한다.

$$\frac{\text{kW}_2}{\text{kW}_1} = \left(\frac{D_2}{D_1}\right)^5$$

여기서, kW_1 : 송풍기 크기 변경 전 동력(kW)

kW_2 : 송풍기 크기 변경 후 동력(kW)

③ 송풍기 회전수와 송풍기 크기가 같을 때

㉠ 풍량은 비중(량)의 변화에 무관하다.

$$Q_1 = Q_2$$

여기서, Q_1 : 비중(량) 변경 전 풍량(m^3/min)

Q_2 : 비중(량) 변경 후 풍량(m^3/min)

㉡ 풍압과 동력은 비중(량)에 비례, 절대온도에 반비례한다.

$$\frac{\text{FTP}_2}{\text{FTP}_1} = \frac{\text{kW}_2}{\text{kW}_1} = \frac{\rho_2}{\rho_1} = \frac{T_1}{T_2}$$

여기서, FTP_1, FTP_2 : 변경 전후의 풍압(mmH_2O)

kW_1, kW_2 : 변경 전후의 동력(kW)

ρ_1, ρ_2 : 변경 전후의 비중(량)

T_1, T_2 : 변경 전후의 절대온도

기본개념문제 31

송풍기 풍압 50mmH₂O에서 200m³/min의 송풍량을 이동시킬 때 회전수가 500rpm이고 동력은 4.2kW이다. 만약 회전수를 600rpm으로 하면 송풍량(m³/min), 풍압(mmH₂O), 동력(kW)은?

풀이 ① 송풍량

$$\frac{Q_2}{Q_1}=\left(\frac{\text{rpm}_2}{\text{rpm}_1}\right)$$

$$\therefore\ Q_2=Q_1\times\left(\frac{\text{rpm}_2}{\text{rpm}_1}\right)=200\text{m}^3/\text{min}\times\left(\frac{600}{500}\right)=240\text{m}^3/\text{min}$$

② 풍압

$$\frac{\text{FTP}_2}{\text{FTP}_1}=\left(\frac{\text{rpm}_2}{\text{rpm}_1}\right)^2$$

$$\therefore\ \text{FTP}_2=\text{FTP}_1\times\left(\frac{\text{rpm}_2}{\text{rpm}_1}\right)^2=50\text{mmH}_2\text{O}\times\left(\frac{600}{500}\right)^2=72\text{mmH}_2\text{O}$$

③ 동력

$$\frac{\text{kW}_2}{\text{kW}_1}=\left(\frac{\text{rpm}_2}{\text{rpm}_1}\right)^3$$

$$\therefore\ \text{kW}_2=\text{kW}_1\times\left(\frac{\text{rpm}_2}{\text{rpm}_1}\right)^3=4.2\text{kW}\times\left(\frac{600}{500}\right)^3=7.3\text{kW}$$

기본개념문제 32

회전차 외경이 600mm인 원심송풍기의 풍량은 300m³/min, 풍압은 100mmH₂O, 축동력은 10kW이다. 회전차 외경이 1,200mm인 동류(상사구조)의 송풍기가 동일한 회전수로 운전된다면 이 송풍기의 풍량(m³/min), 풍압(mmH₂O), 축동력(kW)은? (단, 두 경우 모두 표준공기를 취급한다.)

풀이 ① 송풍량

$$\frac{Q_2}{Q_1}=\left(\frac{D_2}{D_1}\right)^3$$

$$\therefore\ Q_2=Q_1\times\left(\frac{D_2}{D_1}\right)^3=300\text{m}^3/\text{min}\times\left(\frac{1{,}200}{600}\right)^3=2{,}400\text{m}^3/\text{min}$$

② 풍압

$$\frac{\text{FTP}_2}{\text{FTP}_1}=\left(\frac{D_2}{D_1}\right)^2$$

$$\therefore\ \text{FTP}_2=\text{FTP}_1\times\left(\frac{D_2}{D_1}\right)^2=100\text{mmH}_2\text{O}\times\left(\frac{1{,}200}{600}\right)^2=400\text{mmH}_2\text{O}$$

③ 축동력

$$\frac{\text{kW}_2}{\text{kW}_1}=\left(\frac{D_2}{D_1}\right)^5$$

$$\therefore\ \text{kW}_2=\text{kW}_1\times\left(\frac{D_2}{D_1}\right)^5=10\text{kW}\times\left(\frac{1{,}200}{600}\right)^5=320\text{kW}$$

기본개념문제 33

21℃ 기체를 취급하는 어떤 송풍기의 풍량이 20m^3/min, 송풍기 정압이 70mmH$_2$O, 축동력이 2kW이다. 동일한 회전수로 50℃인 기체를 취급한다면 이때 풍량(m^3/min), 송풍기 정압(mmH$_2$O), 축동력(kW)은?

풀이 ① 풍량

동일 송풍기로 운전되므로 풍량은 비중량의 변화와 무관

$\therefore\ Q_1 = Q_2 = 20\text{m}^3/\text{min}$

② 송풍기 정압

$\dfrac{\text{FTP}_2}{\text{FTP}_1} = \dfrac{T_1}{T_2}$ (정압은 절대온도에 반비례)

$\therefore\ \text{FTP}_2 = \text{FTP}_1 \times \left(\dfrac{T_1}{T_2}\right) = 70\text{mmH}_2\text{O} \times \left(\dfrac{273+21}{273+50}\right) = 63.72\text{mmH}_2\text{O}$

③ 축동력

$\dfrac{\text{kW}_2}{\text{kW}_1} = \dfrac{T_1}{T_2}$ (축동력은 절대온도에 반비례)

$\therefore\ \text{kW}_2 = \text{kW}_1 \times \left(\dfrac{T_1}{T_2}\right) = 2\text{kW} \times \left(\dfrac{273+21}{273+50}\right) = 1.82\text{kW}$

기본개념문제 34

흡인유량을 320m^3/min에서 200m^3/min으로 감소시킬 경우 소요동력은 몇 % 감소하는가?

풀이 동력은 유량의 3승에 비례

$\left(\dfrac{\text{kW}_2}{\text{kW}_1}\right) = \left(\dfrac{Q_2}{Q_1}\right)^3$

$\dfrac{320^3 - 200^3}{320^3} \times 100 = 75.59\%$

감소율(%) $= 100 - 75.59 = 24.21\%$

(8) 송풍기의 풍량 조절방법

① 회전수 조절법(회전수 변환법)

㉠ 풍량을 크게 바꾸려고 할 때 가장 적절한 방법이다.

㉡ 구동용 풀리의 풀리비 조정에 의한 방법이 일반적으로 사용된다.

㉢ 비용은 고가이나 효율은 좋다.

② 안내익 조절법(vane control법)

㉠ 송풍기 흡입구에 6~8매의 방사상 blade를 부착, 그 각도를 변경함으로써 풍량을 조절한다.

㉡ 다익, 레이디얼 팬보다 터보팬에 적용하는 것이 효과가 크다.

㉢ 큰 용량의 제진용으로 적용하는 것은 부적합하다.

③ 댐퍼 부착법(damper 조절법)

㉠ 후드를 추가로 설치해도 쉽게 압력조절이 가능하다.

㉡ 사용하지 않는 후드를 막아 다른 곳에 필요한 정압을 보낼 수 있어 현장에서 배관 내에 댐퍼를 설치하여 송풍량을 조절하기 가장 쉬운 방법이다.

㉢ 저항곡선의 모양을 변경해서 교차점을 바꾸는 방법이다.

(9) 송풍기 분진부착 및 날개 마모대책

① 공기정화장치 뒤쪽에 송풍기를 설치한다.

② 라이너(liner)를 발라서 날개나 케이싱을 마모로부터 보호한다.

③ 날개 자체를 소모품으로 생각하여 교환이 쉽도록 고려한다.

④ 일반적으로 평판형 송풍기를 사용하는 것이 좋다.

(10) 송풍기 설계 시 주의사항

① 송풍량과 송풍압력을 완전히 만족시켜 예상되는 풍량의 범위 내에서 과부하하지 않고 안전한 운전이 되도록 한다.

② 송풍관의 중량을 송풍기에 가중시키지 않는다.

③ 송풍배기의 입자 농도와 마모성을 고려하여 송풍기의 형식과 내마모구조를 고려한다.

④ 먼지와 함께 부식성 가스를 흡인하는 경우 송풍기의 자재 선정에 유의하여야 한다.

⑤ 흡입 및 배출 방향이 송풍기 자체 성능에 영향을 미치지 않도록 한다.

⑥ 송풍기와 덕트 사이에 flexible을 설치하여 진동을 절연한다.

⑦ 송풍기 정압이 1대의 송풍기로 얻을 수 있는 정압보다 더 필요한 경우 송풍기를 직렬로 연결한다.

(11) 송풍기 선정

① 송풍기 평가표에 명시사항(송풍기 선정 시 필요 요소)

송풍량, 송풍기 정압, 송풍기 전압, 회전속도(rpm), 브레이크 마력, 송풍기 크기

② 송풍기 선정과정

㉠ 덕트계의 압력손실 계산결과에 의하여 배풍기 전후의 압력차를 구한다.

㉡ 특성선도를 사용하여 필요한 정압, 풍량을 얻기 위한 회전수, 축동력, 사용모터 등을 구한다.

㉢ 배풍기와 덕트의 설치장소를 고려해서 회전방향, 토출방향을 결정한다.

③ 송풍기 성능곡선, 시스템 곡선 및 동작점

㉠ 성능곡선

ⓐ 송풍기에 부하되는 송풍기 정압에 따라 송풍량이 변하는 경향을 나타내는 곡선이다.

ⓑ 송풍유량, 송풍기 정압, 축동력, 효율의 관계에서 나타낸다.

㉡ 시스템 (요구)곡선

송풍량에 따라 송풍기 정압이 변하는 경향을 나타내는 곡선이다($P \propto Q^2$).

㉢ 동작점

ⓐ 송풍기 성능곡선과 시스템 요구곡선이 만나는 점

ⓑ 만일 Ⓐ점을 동작점으로 한다면 시스템 압력손실이 과대평가된 것이고, 너무 큰 송풍기를 선정한 것을 의미한다.

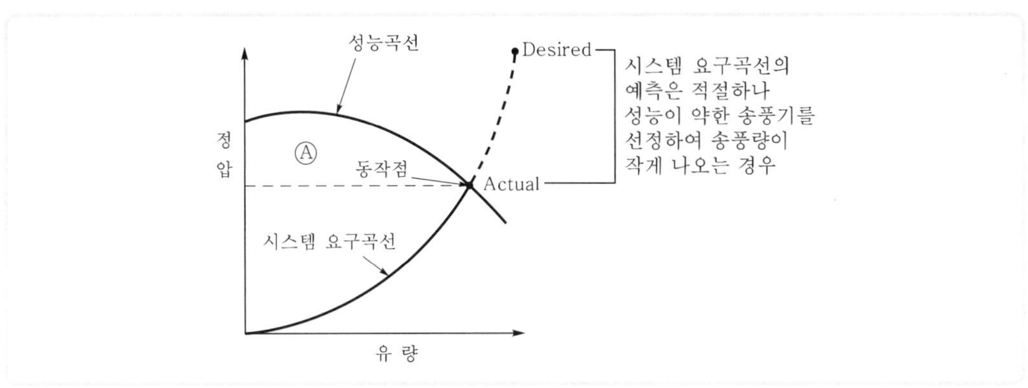

▌송풍기 동작점(운전곡선)▐

05 공기정화장치 – 집진장치

공기정화장치는 입자상 물질을 처리하는 집진장치와 유해가스를 처리하는 유해가스 처리장치로 분류된다.

(1) 개요

① 공기 중에 부유하고 있는 먼지 등 입자상 물질을 분리 · 포집함으로써 공기를 정화하는 장치이다.

② 집진장치는 집진원리에 의한 작용력에 따라 중력집진장치, 관성력집진장치, 원심력집진장치, 세정집진장치, 여과집진장치, 전기집진장치 등으로 분류된다.

③ 고농도의 분진이 발생되는 작업장에서는 후드로 유입된 공기가 공기정화장치로 유입되기 전에 입경과 비중이 큰 입자를 제거할 수 있도록 전처리장치를 두며 전처리를 위한 집진기는 일반적으로 효율이 비교적 낮은 중력집진장치, 관성력집진장치, 원심력집진장치를 사용한다.

(2) 집진장치 선정 시 고려할 사항

① 오염물질의 농도(비중) 및 입자크기, 입경분포
② 유량, 집진율, 점착성, 전기저항
③ 함진가스의 폭발 및 가연성 여부
④ 배출가스 온도, 분진 제거 및 처분방법, 총 에너지요구량
⑤ 처리가스의 흐름특성과 용량

(3) 중력집진장치

① 원리

함진가스 중의 입자를 중력에 의한, 즉 Stokes의 법칙에 의거 자연침강을 이용하여 분리 · 포집하는 장치이다.

② 개요

㉠ 취급입자 : 50μm 이상
㉡ 기본유속 : 1~2m/sec
㉢ 압력손실 : 5~10mmH_2O
㉣ 집진효율 : 40~60%

③ 특징

㉠ 전처리장치로 많이 이용된다.
㉡ 다른 집진장치에 비해 상대적으로 압력손실이 적다.
㉢ 설치 · 유지비가 낮다.
㉣ 유지관리가 용이하다.
㉤ 부하가 높고, 고온가스 처리가 용이하다.
㉥ 넓은 설치면적이 요구된다.
㉦ 상대적으로 집진효율이 낮다.
㉧ 먼지부하 및 유량변동에 적응성이 낮다.

④ Stokes 종말침전속도(분리속도)

$$V_g = \frac{d_p^2(\rho_p - \rho)g}{18\mu}$$

여기서, V_g : 종말침강속도(m/sec)
d_p : 입자의 직경(m)
ρ_p : 입자의 밀도(kg/m^3)
ρ : 가스(공기)의 밀도(kg/m^3)
g : 중력가속도(9.8m/sec^2)
μ : 가스의 점도(점성계수)(kg/m · sec)

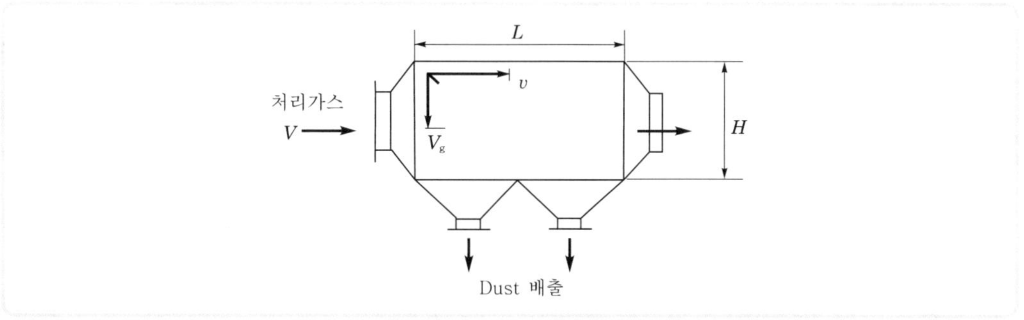

▍중력집진장치▍

⑤ 집진효율 향상방안

$$\eta = \frac{V_g}{V} \times \frac{L}{H} \times n = \frac{{d_p}^2 \times (\rho_p - \rho) g L}{18 \mu H V} \times n$$

여기서, η : 집진효율

V_g : 종말침강속도(m/sec)

V : 처리가스 속도(m/sec)

L : 장치의 길이 ; 수평도달거리(m)

H : 장치의 높이

n : 침전실의 단수(바닥면 포함)

㉠ 침강실 내의 처리가스 속도가 작을수록 미세입자를 포집한다.

㉡ 침강실 내의 H가 낮고, L이 길수록 집진효율이 높아진다.

㉢ 침강실 내의 배기 기류를 균일하게 한다.

기본개념문제 35

80μm인 분진입자를 중력침강실에서 처리하려고 한다. 입자의 밀도는 2g/cm^3, 가스의 밀도는 1.2kg/m^3, 가스의 점성계수는 2.0×10^{-3}g/cm · s일 때 침강속도(m/sec)는? (단, Stokes식 적용)

풀이 침강속도$= \dfrac{{d_p}^2(\rho_p - \rho)g}{18\mu}$

- $d_p = 80\mu\text{m} \times \text{m}/10^6\mu\text{m} = 80 \times 10^{-6}\text{m}$
- $\rho_p = 2\text{g/cm}^3 \times \text{kg}/10^3\text{g} \times 10^6\text{cm}^3/\text{m}^3 = 2{,}000\text{kg/m}^3$
- $\mu = 2.0 \times 10^{-3}\text{g/cm} \cdot \text{sec} \times 10^2\text{cm/m} \times \text{kg}/10^3\text{g} = 0.0002\text{kg/m} \cdot \text{sec}$

$$= \frac{(80 \times 10^{-6})^2\text{m}^2 \times (2{,}000 - 1.2)\text{kg/m}^3 \times 9.8\text{m/sec}^2}{18 \times 0.0002\text{kg/m} \cdot \text{sec}}$$

$= 0.0348\text{m/sec} (= 3.48 \times 10^{-2}\text{m/sec})$

기본개념문제 36

상온에서 밀도가 1.5g/cm³, 입경이 30μm의 입자상 물질의 종말침강속도(m/sec)는? (단, 공기의 점도 1.7×10⁻⁵kg/m · sec, 공기의 밀도 1.3kg/m³이다.)

풀이 Stokes' law에 의한 침강속도

$$V_g = \frac{d_p^2(\rho_p - \rho)g}{18\mu}$$

- $d_p = 30\mu m \times m/10^6\mu m = 30\times 10^{-6}m$
- $\rho_p = 1.5g/cm^3 \times kg/10^3g \times 10^6cm^3/m^3 = 1,500kg/m^3$

$$= \frac{(30\mu m \times 10^{-6}m/\mu m)^2 \times (1,500 - 1.3)kg/m^3 \times 9.8m/sec^2}{18\times(1.7\times 10^{-5})kg/m \cdot sec} = 0.043m/sec$$

(4) 관성력집진장치

① 원리

함진배기를 방해판에 충돌시켜 기류의 방향을 급격하게 전환시켜 입자의 관성력에 의하여 분리 · 포집하는 장치이다.

② 개요

㉠ 취급입자 : 10~100μm 이상
㉡ 기본유속 : 1~2m/sec
㉢ 압력손실 : 30~70mmH$_2$O
㉣ 집진효율 : 50~70%

③ 특징

㉠ 구조 및 원리가 간단하다.
㉡ 미세입자보다는 입경이 큰 입자를 제거하는 전처리장치로 많이 이용된다.
㉢ 운전비용이 적고, 고온가스 중의 입자상 물질 제거가 가능하다.
㉣ 큰 입자 제거에 효율적이며 미세입자의 효율은 낮다.
㉤ 덕트 중간에 설치가 가능하다.
㉥ 유속이 너무 빠르면 압력손실 증가와 포집된 분진의 재비산 문제가 발생하기 때문에 20μm 이상 입자에 적용한다.
㉦ 집진효율을 높이기 위해서는 충돌 전 처리 배기가스 속도는 입자의 성상에 따라 적당히 빠르게 하고 충돌 후 집진기 후단의 출구 기류속도를 가능한 적게 한다.
㉧ 기류의 방향전환각도가 클수록 제진효율이 높아지고 기류의 방향전환횟수가 많을수록 압력손실은 증가한다(집진효율을 높이기 위해서는 압력손실이 증가하더라도 기류의 방향전환 횟수를 늘린다).

(5) 원심력집진장치(cyclone)

① 원리

분진을 함유하는 가스에 선회운동을 시켜서 가스로부터 분진을 분리 · 포집하는 장치이며, 가스 유입 및 유출 형식에 따라 접선유입식과 축류식으로 나누어진다.

② 개요

㉠ 취급입자 : 3~10μm 이상

㉡ 압력손실 : 50~150mmH_2O

㉢ 집진효율 : 60~90%

㉣ 입구 유속

ⓐ 접선유입식 : 7~15m/sec

ⓑ 축류식 : 10m/sec 전후

㉤ 입구 유속 선정 시 고려사항

ⓐ 압력손실

ⓑ 집진효율

ⓒ 경제성

③ 특징

㉠ 설치장소에 구애받지 않고 설치비가 낮으며 고온가스, 고농도에서 운전 가능하다.

㉡ 가동부분이 적은 것이 기계적인 특징이고, 구조가 간단하여 유지 · 보수 비용이 저렴하다.

㉢ 미세입자에 대한 집진효율이 낮고, 분진 농도가 높을수록 집진효율이 증가하며, 먼지부하, 유량변동에 민감하다.

㉣ 점착성 · 마모성 · 조해성 · 부식성 가스에 부적합하다.

㉤ 먼지 퇴적함에서 재유입 · 재비산 가능성이 있다.

㉥ 단독 또는 전처리장치로 이용된다.

㉦ 배출가스로부터 분진회수 및 분리가 적은 비용으로 가능하다. 즉, 비교적 적은 비용으로 큰 입자를 효과적으로 제거할 수 있다.

㉧ 미세한 입자를 원심분리하고자 할 때 가장 큰 영향인자는 사이클론의 직경이다.

㉨ 직렬 또는 병렬로 연결하여 사용이 가능하기 때문에 사용폭을 넓힐 수 있다.

㉩ 처리가스량이 많아질수록 내관경이 커져서 미립자의 분리가 잘되지 않는다.

㉪ 사이클론 원통의 길이가 길어지면 선회기류가 증가하여 집진효율이 증가한다.

㉫ 입경과 밀도가 클수록 집진효율이 증가한다.

㉬ 사이클론의 원통 직경이 클수록 집진효율이 감소한다.

㉭ 집진된 입자에 대한 블로다운 영향을 최대화하여야 한다.

㉮ 원심력과 중력을 동시에 이용하기 때문에 입경이 크면 효율적이다.

④ 성능 특성

㉠ 최소입경(임계입경)

사이클론에서 100% 처리효율로 제거되는 입자의 크기 의미

㉡ 절단입경(cut－size)

사이클론에서 50% 처리효율로 제거되는 입자의 크기 의미

㉢ 분리계수(separation factor)

사이클론의 잠재적인 효율(분리능력)을 나타내는 지표로 이 값이 클수록 분리효율이 좋다.

$$분리계수 = \frac{원심력(가속도)}{중력(가속도)} = \frac{V^2}{R \cdot g}$$

여기서, V : 입자의 접선방향속도(입자의 원주속도)

R : 입자의 회전반경(원추 하부반경)

g : 중력가속도

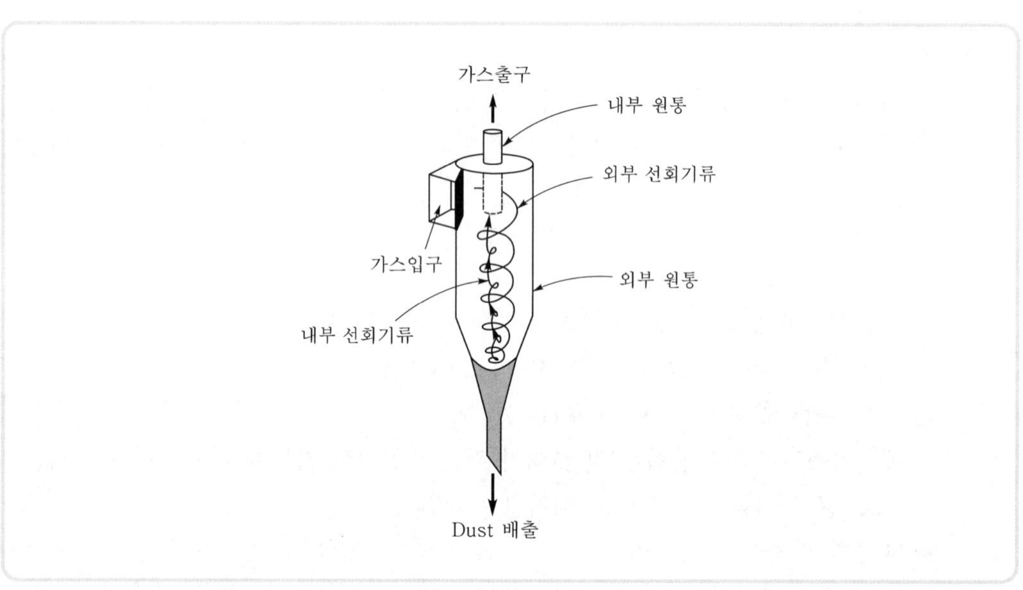

▌원심력집진시설▌

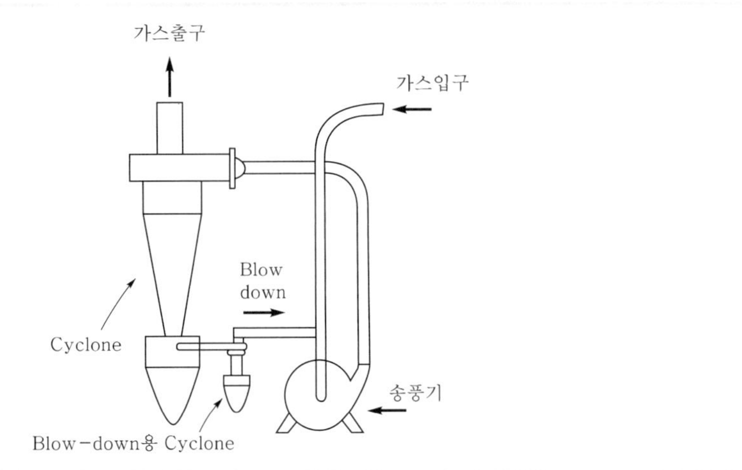

‖ Blow-down cyclone ‖

⑤ 블로다운(blow-down)

㉠ 정의

사이클론의 집진효율을 향상시키기 위한 하나의 방법으로서 더스트박스 또는 호퍼부에서 처리가스의 5~10%를 흡인하여 선회기류의 교란을 방지하는 운전방식

㉡ 효과

ⓐ 사이클론 내의 난류현상을 억제시킴으로써 집진된 먼지의 비산을 방지(유효원심력 증대)

ⓑ 집진효율 증대

ⓒ 장치 내부의 먼지 퇴적을 억제하여 장치의 폐쇄현상을 방지(가교현상 방지)

(6) 세정식 집진장치(wet scrubber)

① 원리

세정액을 분사시키거나 함진가스를 분산시켜 생성되는 액적(물방울), 액막(공기방울), 기포(거품) 등에 의해서 함진가스를 세정시킴으로써 입자의 부착 또는 응집을 일으켜 입자를 분리·포집하는 장치이다.

㉠ 액적과 입자의 충돌

㉡ 미립자 확산에 의한 액적과의 접촉

㉢ 배기의 증습에 의한 입자가 서로 응집

㉣ 입자를 핵으로 한 증기의 응결

㉤ 액적·기포와 입자의 접촉

② 장점

㉠ 습한 가스, 점착성 입자를 폐색 없이 처리가 가능하다.

㉡ 인화성 · 가열성 · 폭발성 입자를 처리할 수 있다.

㉢ 고온가스의 취급이 용이하다.

㉣ 설치면적이 작아 초기비용이 적게 든다.

㉤ 단일장치로 입자상 외에 가스상 오염물을 제거할 수 있다.

㉥ Demister 사용으로 미스트 처리가 가능하다.

㉦ 부식성 가스와 분진을 중화시킬 수 있다.

㉧ 집진효율을 다양화할 수 있다.

③ 단점

㉠ 폐수 발생 및 폐슬러지 처리비용이 발생한다.

㉡ 공업용수를 과잉 사용한다.

㉢ 포집된 분진은 오염 가능성이 있고 회수가 어렵다.

㉣ 연소가스가 포함된 경우에는 부식 잠재성이 있다.

㉤ 추운 경우에 동결방지장치를 필요로 한다.

㉥ 백연 발생으로 인한 재가열시설이 필요하다.

㉦ 배기의 상승 확산력을 저하한다.

④ 구분

세정집진장치의 형식은 유수식, 가압수식, 회전식으로 크게 구분한다.

㉠ 유수식(가스분산형)

ⓐ 물(액체) 속으로 처리가스를 유입하여 다량의 액막을 형성하여, 함진가스를 세정하는 방식이다.

ⓑ 종류 : S형 임펠러형, 로터형, 분수형, 나선안내익형, 오리피스 스크러버

㉡ 가압수식(액분산형)

ⓐ 물(액체)을 가압 공급하여 함진가스를 세정하는 방식이다.

ⓑ 종류 : 벤투리 스크러버, 제트 스크러버, 사이클론 스크러버, 분무탑, 충진탑

ⓒ 벤투리 스크러버는 가압수식에서 가장 집진율이 높아 광범위하게 사용한다.

㉢ 회전식

ⓐ 송풍기의 회전을 이용하여 액막, 기포를 형성시켜 함진가스를 세정하는 방식이다.

ⓑ 종류 : 타이젠 워셔, 임펄스 스크러버

PART 3

⑤ 집진율 향상조건

㉠ 유수식에서는 세정액의 미립화 수, 가스 처리속도가 클수록 집진율이 높아진다.

㉡ 가압수식(충진탑 제외)에서는 목(throat) 부의 가스 처리속도가 클수록 집진율이 높아진다.

㉢ 회전식에서는 주속도를 크게 하면 집진율이 높아진다.

㉣ 충진탑에서는 공탑 내의 속도를 1m/sec 정도로 작게 한다.

㉤ 분무압력을 높게 하여야 수적이 다량 생성되어 세정효과가 증대된다.

㉥ 충전재의 표면적, 충전밀도를 크게 하고 처리가스의 체류시간이 길수록 집진율이 높아진다.

㉦ 최종단에 사용되는 기액분리기의 수적생성률이 높을수록 집진율이 높아진다.

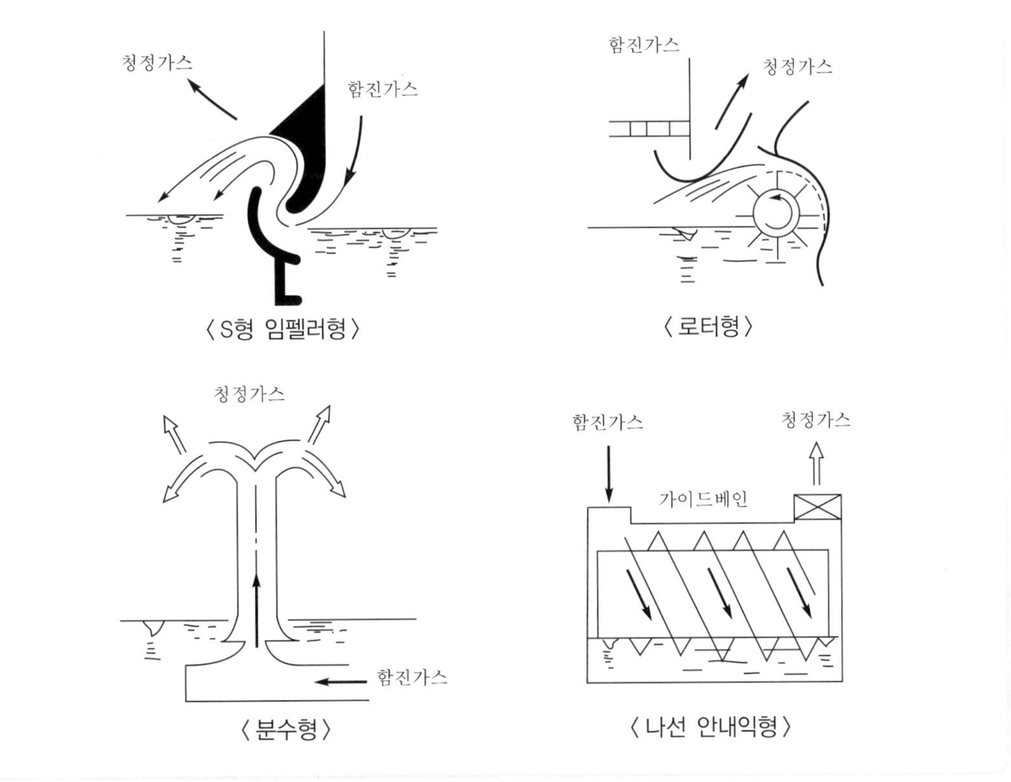

▌유수식 세정집진장치▐

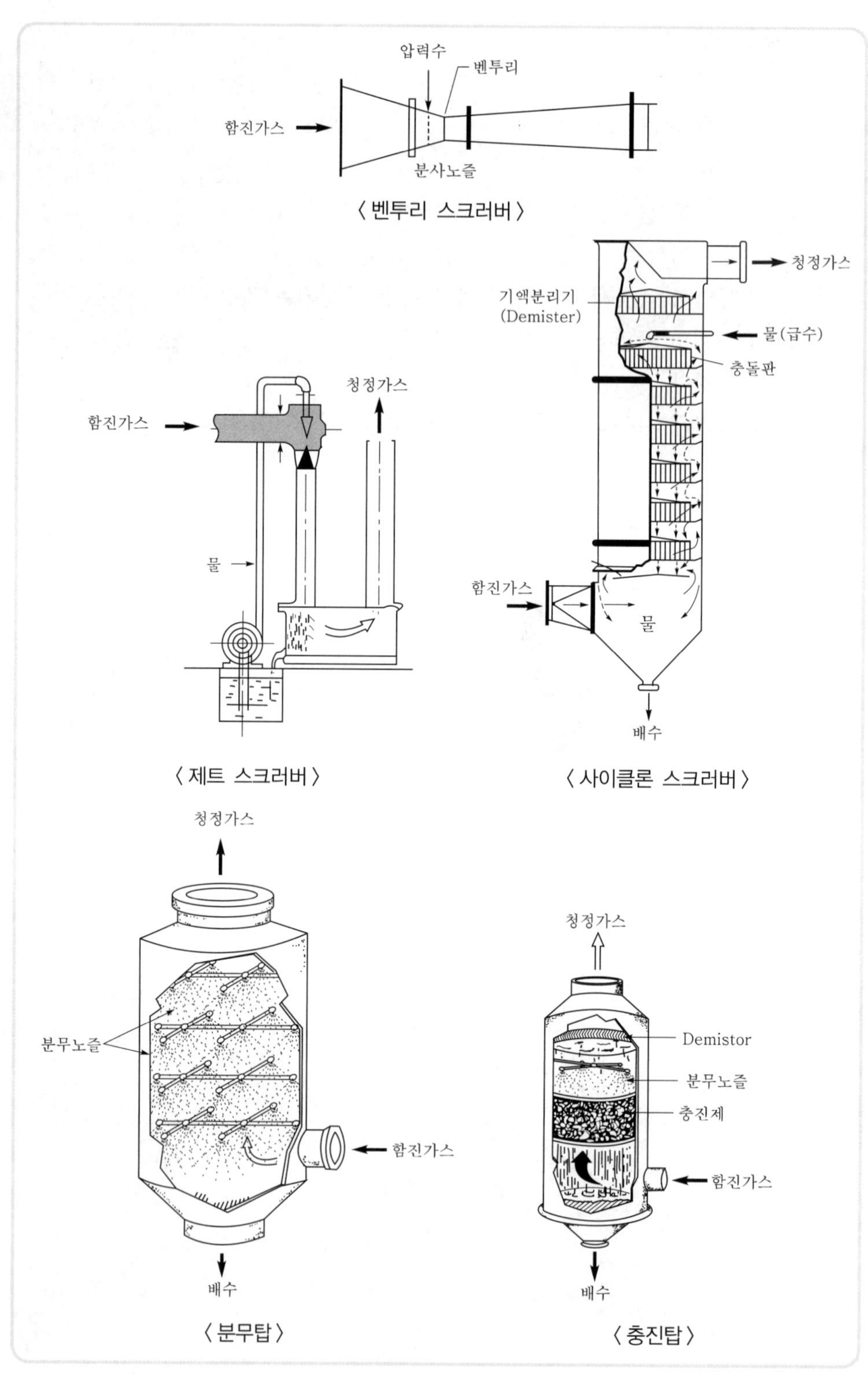
압력수
벤투리
함진가스
분사노즐
〈 벤투리 스크러버 〉
청정가스
기액분리기
(Demister)
물(급수)
충돌판
함진가스
물
배수
〈 사이클론 스크러버 〉
청정가스
함진가스
물
〈 제트 스크러버 〉
청정가스
분무노즐
함진가스
배수
〈 분무탑 〉
청정가스
Demistor
분무노즐
충진제
함진가스
배수
〈 충진탑 〉

▌가압식 세정집진장치▐

PART 3

(7) 여과집진장치(bag filter)

① 원리

함진가스를 여과재(filter media)에 통과시켜 입자를 분리 · 포집하는 장치로서 1μm 이상의 분진의 포집은 99%가 관성충돌과 직접 차단에 의하여 이루어지고, 0.1μm 이하의 분진은 확산과 정전기력에 의하여 포집하는 집진장치이다.

② 형식

㉠ 여포 모양
- ⓐ 원통형(tube type)
- ⓑ 평판형(flat screen type)
- ⓒ 봉투형(envelope type)

㉡ 탈진방법
- ⓐ 진동형(shaker type)
- ⓑ 역기류형(reverse air flow type)
- ⓒ 펄스제트형(pulse－jet type)

③ 장점

㉠ 집진효율이 높으며, 집진효율은 처리가스의 양과 밀도변화에 영향이 적다.
㉡ 다양한 용량을 처리할 수 있다.
㉢ 연속집진방식일 경우 먼지부하의 변동이 있어도 운전효율에는 영향이 없다.
㉣ 건식 공정이므로 포집먼지의 처리가 쉽다. 즉, 여러 가지 형태의 분진을 포집할 수 있다.
㉤ 여과재에 표면 처리하여 가스상 물질을 처리할 수도 있다.
㉥ 설치 적용범위가 광범위하다.
㉦ 탈진방법과 여과재의 사용에 따른 설계상의 융통성이 있다.

④ 단점

㉠ 고온 · 산 · 알칼리 가스일 경우 여과백의 수명이 단축된다.
㉡ 250℃ 이상 고온가스를 처리할 경우 고가의 특수 여과백을 사용해야 한다.
㉢ 산화성 먼지 농도가 50g/m^3 이상일 때는 발화 위험이 있다.
㉣ 여과백 교체 시 비용이 많이 들고 작업방법이 어렵다.
㉤ 가스가 노점온도 이하가 되면 수분이 생성되므로 주의를 요한다.
㉥ 섬유여포상에서 응축이 일어날 때 습한 가스를 취급할 수 없다.

⑤ 집진율 향상조건

㉠ 겉보기 여과속도를 작게 하면 미세입자 포집이 가능하다.
㉡ 간헐식 탈진방식은 저농도 소량 가스를 높은 집진율로 집진할 때 유리하며 연속식 탈진방식은 고농도, 대용량의 처리에 유리하다.
㉢ 함진가스의 성상 및 탈진방식에 적합한 여과재를 선택해야 한다.

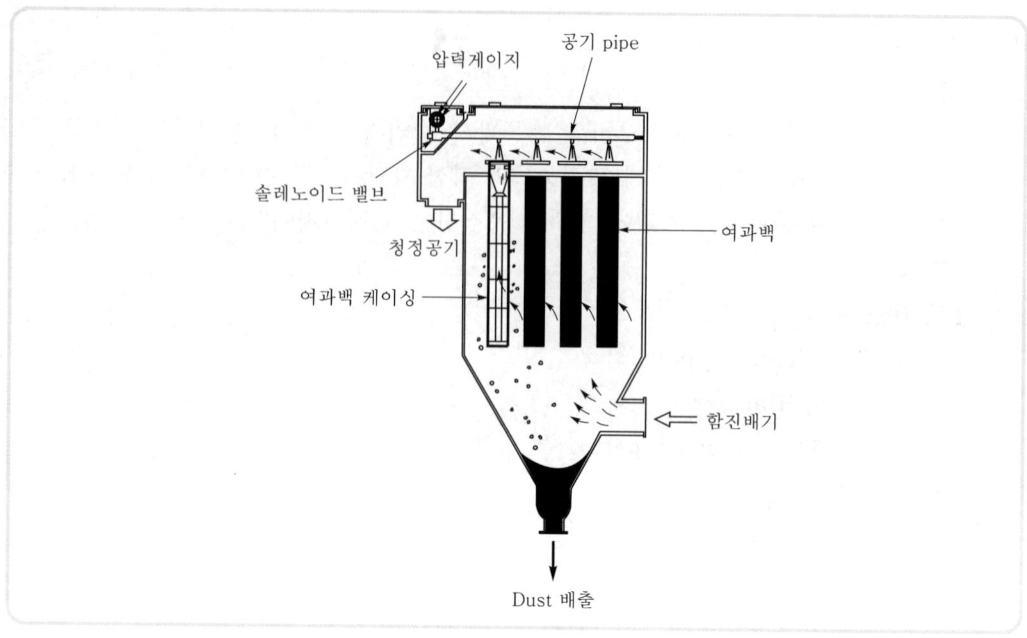

▌여과집진장치▐

⑥ **여과속도**

㉠ 공기여재비(A/C ; Air to Cloth ratio)

단위시간 동안 단위면적당 통과하는 여과재의 총 면적으로 나눈 값

$$\text{여과속도} = \frac{\text{총 처리가스량}}{\text{총 여과면적(여과포 1개의 면적}\times\text{여과포 개수)}}$$

㉡ 여과포 개수

전체 가스량(전체 면적)을 여과포 하나의 통과가스량(면적)으로 나눈 값

$$\text{여과포 개수} = \frac{\text{전체 가스량}}{\text{여과포 하나의 가스량}} = \frac{\text{전체 여과면적}}{\text{여과포 하나의 면적}}$$

㉢ 여과재의 조건

ⓐ 포집대상 입자의 입도 분포에 대하여 포집효율이 높을 것

ⓑ 포집 시의 흡인저항은 될 수 있는 대로 낮을 것

ⓒ 가능한 흡습률을 작게 할 것

ⓓ 될 수 있는 대로 가볍고 1매당 무게의 불균형이 적을 것

ⓔ 여과재의 특성을 나타내는 항목 : 기공 크기, 여과재의 두께 등

기본개념문제 37

직경이 38cm, 유효높이 5m의 원통형 백 필터를 사용하여 $0.5m^3/sec$의 함진가스를 처리할 때 여과속도(cm/sec)는?

풀이 $\text{여과속도} = \dfrac{\text{총 처리가스량}}{\text{총 여과면적}(\text{원통형} = \pi \times D \times L)}$

$= \dfrac{0.5m^3/sec}{3.14 \times 0.38m \times 5m}$

$= 0.084m/sec \times 100cm/m = 8.4cm/sec$

기본개념문제 38

직경이 30cm, 유효높이 10m의 원통형 bag filter를 사용하여 $1,000m^3/min$의 함진가스를 처리할 때 여과속도를 1.5cm/sec로 하면 여과포 소요 개수는?

풀이 총 여과면적을 구하고 여과포 하나의 면적의 비를 구하면

$\text{총 여과면적} = \dfrac{\text{총 처리가스량}}{\text{여과속도}}$

$= \dfrac{1,000m^3/min}{1.5cm/sec \times 60sec/min \times 1m/100cm} = 1111.11m^2$

$\therefore \text{여과포 소요 개수} = \dfrac{\text{전체 여과면적}}{\text{여과포 하나의 면적}(\pi \times D \times L)}$

$= \dfrac{1111.11m^2}{3.14 \times 0.3m \times 10m} = 117.95(118\text{개})$

(8) 전기집진장치

① 원리

㉠ 특고압 직류 전원을 사용하여 집진극을 (+), 방전극을 (−)로 불평등 전계를 형성하고 이 전계에서의 코로나(corona)방전을 이용하여, 함진가스 중의 입자에 전하를 부여, 대전입자를 쿨롬력(coulomb)으로 집진극에 분리 · 포집하는 장치이다.

㉡ 집진에 관여하는 4가지 힘

ⓐ 대전입자의 하전에 의한 쿨롱력

ⓑ 전계강도에 의한 힘

ⓒ 입자 간의 흡인력

ⓓ 전기풍에 의한 힘

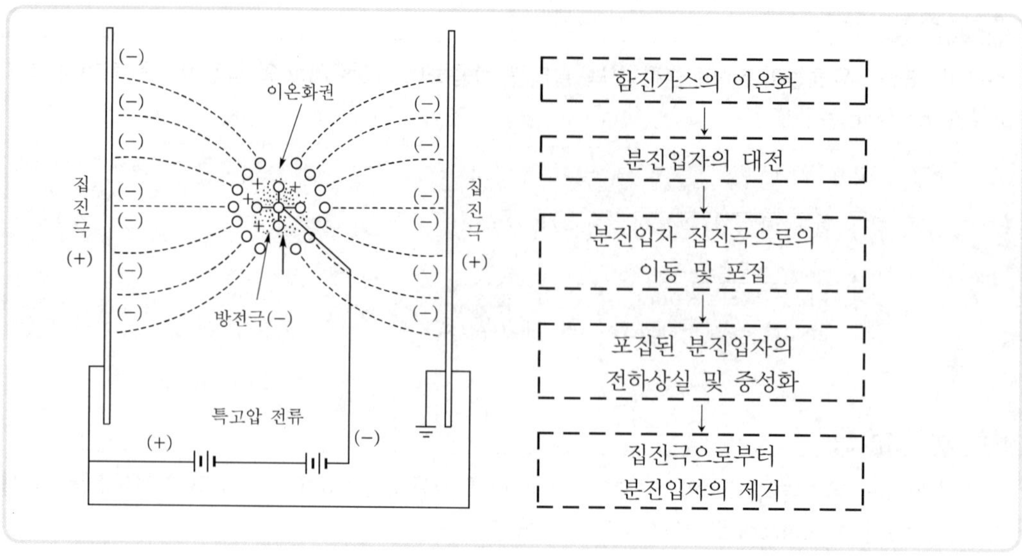

▍전기집진장치 원리▍

② 개요

㉠ 취급입자 : 0.01μm 이상

㉡ 압력손실 : 건식(10mmH_2O), 습식(20mmH_2O)

㉢ 집진효율 : 99.9% 이상

㉣ 입구유속 : 건식(1~2m/sec), 습식(2~4m/sec)

③ 장점

㉠ 집진효율이 높다(0.01μm 정도 포집 용이, 99.9% 정도 고집진 효율).

㉡ 광범위한 온도범위에서 적용이 가능하며, 폭발성 가스의 처리도 가능하다.

㉢ 고온의 입자상 물질(500℃ 전후) 처리가 가능하여 보일러와 철강로 등에 설치할 수 있다.

㉣ 압력손실이 낮고 대용량의 가스 처리가 가능하고 배출가스의 온도강하가 적다.

㉤ 운전 및 유지비가 저렴하다.

㉥ 회수가치 입자 포집에 유리하며, 습식 및 건식으로 집진할 수 있다.

㉦ 넓은 범위의 입경과 분진농도에 집진효율이 높다.

④ 단점

㉠ 설치비용이 많이 든다.

㉡ 설치공간을 많이 차지한다.

㉢ 설치된 후에는 운전조건의 변화에 유연성이 적다.

㉣ 먼지 성상에 따라 전처리시설이 요구된다.

㉤ 분진 포집에 적용되며, 기체상 물질 제거에는 곤란하다.

㉥ 전압변동과 같은 조건변동(부하변동)에 쉽게 적응이 곤란하다.

㉦ 가연성 입자의 처리가 곤란하다.

⑤ 분진의 비저항(전기저항)

㉠ 전기집진장치의 성능 지배요인 중 가장 큰 것이 분진의 비저항

㉡ 집진율이 가장 양호한 범위는 비저항이 $10^4 \sim 10^{11}\Omega \cdot cm$ 범위

㉢ 비저항이 높을 경우 대책

SO₃ 주입, 습식 집진장치 사용, 타격빈도 높임, 물, 수증기, 염산 등 주입

㉣ 비저항이 낮을 경우 대책

NH_3 주입, 온 · 습도 조절, 트리메틸아민 주입

㉤ SO_3에 의한 부식 방지대책

NH_3 주입

㉥ 집진효율 계산 ⇨ Deuche－Enderson식 이용

$$\eta = 1 - \exp\left(-\frac{A \cdot W_e}{Q}\right)$$

여기서, η : 집진효율

W_e : 분진입자 이동속도(m/sec)

A : 유효 집진단면적(m^2), Q : 처리가스량(m^3/sec)

ⓐ 관형 : $A = 2\pi RL$(원주×길이), $Q = \pi R^2 V$(단면적×유속)

ⓑ 판형 : $A = 2HL$(2×폭×길이), $Q = 2RHV$(단면적×유속)

06 집진효율과 분진 농도

(1) 집진효율(η)

$$\eta(\%) = \frac{S_c}{S_i} \times 100 = \left(1 - \frac{S_o}{S_i}\right) \times 100$$

여기서, η : 집진효율(%)

S_i : 집진장치에 유입된 분진량(g/hr)

S_c : 집진장치에 포집된 분진량(g/hr)

S_o : 집진장치 출구 분진량(g/hr)

$$\eta(\%) = \left(1 - \frac{C_o \times Q_o}{C_i \times Q_i}\right) \times 100 = \left(1 - \frac{C_o}{C_i}\right) \times 100$$

여기서, C_i, C_o : 집진장치 입 · 출구 분진농도(g/m^3)

Q_i, Q_o : 집진장치 입 · 출구 가스유량(m^3/hr)

(2) 통과율(P)

$$P(\%) = \frac{S_o}{S_i} \times 100 = 100 - \eta$$

(3) 부분집진효율(η_f)

부분집진효율이란 함진가스에 함유된 분진 중 어느 특정한 입경범위의 입자를 대상으로 한 집진효율을 말한다.

$$\eta_f(\%) = \left(1 - \frac{C_o \times f_o}{C_i \times f_i}\right) \times 100$$

여기서, f_i, f_o : 특정 입경범위의 분진입자의 전입자에 대한 입·출구 중량비

(4) 직렬조합(1차 집진 후 2차 집진) 시 총 집진율(η_T)

$$\eta_T = \eta_1 + \eta_2(1 - \eta_1)$$

여기서, η_T : 총 집진율(%)
η_1 : 1차 집진장치 집진율(%)
η_2 : 2차 집진장치 집진율(%)

$$\eta_T = 1 - (1 - \eta_c)^n$$

여기서, η_T : 총 집진율(%) ⇨ 동일 집진효율 집진장치 직렬 시 총 집진율
η_c : 단위집진효율(%)
n : 집진장치 개수

기본개념문제 39

각각의 집진효율이 80%인 집진장치 2개를 직렬로 연결 시 총 집진효율(%)은?

풀이 총 집진효율 $= \eta_1 + \eta_2(1 - \eta_1)$
$= [0.8 + \{0.8(1 - 0.8)\}] \times 100$
$= 96.0\%$

기본개념문제 40

2개의 집진장치를 직렬로 연결하였다. 집진효율 70%인 사이클론을 전처리장치로 사용하고 전기집진장치를 후처리장치로 사용한다. 총 집진효율이 98.5%라면 전기집진장치의 집진효율(%)은?

풀이 $\eta_T(\%) = \eta_1 + \eta_2(1-\eta_1)$

$$0.985 = 0.7 + \eta_2(1-0.7)$$

$$\eta_2 = \frac{0.985-0.7}{0.3} \times 100 = 95\%$$

기본개념문제 41

배출가스 중의 먼지농도가 1,000mg/m^{3}인 어느 사업장의 배기가스 중 먼지를 처리하기 위해 원심력, 세정 집진장치를 직렬 연결하였다면 전체의 효율(%)은? (단, 원심력집진장치 효율 70%, 세정식 집진시설 효율 85%)

풀이 전체효율$(\eta_T) = \left(1-\dfrac{C_o}{C_i}\right)\times 100$

$$C_i(\text{입구농도}) = 1{,}000\text{mg/m}^3$$

$$C_o(\text{출구농도}) = C_i \times (1-\eta_1)\times(1-\eta_2)$$

$$= 1{,}000\text{mg/m}^3 \times (1-0.7)\times(1-0.85) = 45\text{mg/m}^3$$

$$= \left(1-\frac{45}{1{,}000}\right)\times 100 = 95.5\%$$

기본개념문제 42

발생 먼지를 원심력(cyclone)집진시설로 전처리한 후 여과집진장치로 제거하고 있다. 측정결과가 다음과 같다면 집진장치의 총 집진율(%)은?

구 분	cyclone	여과집진장치	
	입 구	입 구	출 구
가스량(m^3/hr)	50,000	60,000	60,000
먼지농도(g/m^3)	70	20.5	1.21

풀이 총 집진율$(\eta_T) = \eta_1 + \eta_2(1-\eta_1)$

$$\text{cyclone 집진율}(\eta_1) = \left(1-\frac{C_o \cdot Q_o}{C_i \cdot Q_i}\right) = \left(1-\frac{20.5\times 60{,}000}{70\times 50{,}000}\right) = 0.6486$$

$$\text{여과집진장치 집진율}(\eta_2) = \left(1-\frac{C_o \cdot Q_o}{C_i \cdot Q_i}\right) = \left(1-\frac{1.21\times 60{,}000}{20.5\times 60{,}000}\right) = 0.941$$

$$= 0.6486 + [0.941\times(1-0.6486)] = 0.98\times 100 = 98\%$$

07 배기구

(1) 개요

① 배기구는 국소배기장치에서 오염된 공기를 포집하여 외부로 배출되는 통로를 말한다.
② 배기구는 가능한 높은 곳에서 배출, 대기 확산효율을 높이고 재유입되지 않도록 하여야 한다.
③ 배기저항이 크지 않은 형태가 바람직하다.

(2) 배기구의 압력손실

배기구의 압력손실은 배기구 바로 전의 에너지와 같다.

$$\text{압력손실}(\Delta P) = \xi \times VP$$

여기서, ξ : 압력손실계수
VP : 배기구를 통과하는 기류의 속도압(mmH_2O)
정압$(SP) = (\xi - 1) \times VP$

(3) 배기구의 형태상 분류

① 직관형
② 비마개형(weather cap)
③ 엘보형
④ 루버형

(4) 배기구 설치규칙(15-3-15)

① 배출구와 공기를 유입하는 흡입구는 서로 15m 이상 떨어져야 한다.
② 배출구의 높이는 지붕꼭대기나 공기유입구보다 위로 3m 이상 높게 하여야 한다.
③ 배출되는 공기는 재유입되지 않도록 배출가스 속도를 15m/s 이상 유지한다.

기본개념문제 43

직경 25cm, 높이 17.5cm인 비마개가 붙은 원형 배기구의 속도압이 10mmH_2O이다. 압력손실과 배기구 정압(mmH_2O)을 계산하면? (단, 높이/직경=0.7에서 압력손실계수는 1.22이다.)

풀이 ① 압력손실$(\Delta P) = \xi \times VP = 1.22 \times 10mmH_2O = 12.2mmH_2O$
② 배기구 정압(SP)$= (\xi - 1) \times VP = (1.22 - 1) \times 10mmH_2O = 2.2mmH_2O$

08 유해가스 처리장치

유해농도가 낮은 경우는 전체환기를 적용하나 고농도의 유해가스는 국소환기시설을 통한 처리가 되어야 한다. 유해가스 처리방법은 유해가스의 물리 · 화학적 특성에 따라 흡수법, 흡착법, 연소법, 중화법이 주로 사용된다.

(1) 흡수법

① 원리

유해가스가 액상에 잘 용해되거나 화학적으로 반응하는 성질을 이용하며 주로 물이나 수용액을 사용하기 때문에 물에 대한 가스의 용해도가 중요한 요인이다.

② 제거효율에 미치는 인자

㉠ 접촉시간

㉡ 기액 접촉면적

㉢ 흡수제의 농도

㉣ 반응속도

③ 헨리법칙(Henry's law)

㉠ 기체의 용해도와 압력의 관계, 즉 일정 온도에서 기체 중에 있는 특정 성분의 분압과 이와 접한 액체상 중 액농도와의 평형관계를 나타낸 법칙이다.

㉡ 용해도가 크지 않은 기체가 일정 온도에서 용매에 용해될 경우 질량은 그 기체의 압력에 비례한다.

㉢ 헨리법칙에 잘 적용되는 기체(난용성 : 용해도가 적은 가스)

H_2, O_2, N_2, CO, CH_2, NO, CO_2, NO_2, H_2S

㉣ 헨리법칙에 잘 적용되지 않는 기체(가용성 : 용해도가 큰 가스)

HCl, NH_3, SO_2, HF, Cl_2, SiF_4

㉤ 헨리법칙

$$P = H \cdot C$$

여기서, P : 부분압력(용질가스의 기상분압, atm)

H : 헨리상수($atm \cdot m^3/kmol$)

C : 액체성분 몰분율($kmol/m^3$)

기본개념문제 44

유해가스와 흡수액이 일정 온도에서 평형상태에 있고 기체상의 유해가스 부분압이 70mmHg일 때 액상 중의 유해가스 농도가 1.8kmol/m³라면 헨리상수는?

풀이 $P=H\cdot C$

$$H=\frac{P}{C}$$

P는 부분압력이므로 $\frac{70}{760}=0.092\text{atm}$

$$=\frac{0.092\text{atm}}{1.8\text{kmol/m}^3}=0.051\text{atm}\cdot\text{m}^3/\text{kmol}$$

④ 흡수액의 구비조건
  ㉠ 용해도가 클 것
  ㉡ 점성이 작고, 화학적으로 안정할 것
  ㉢ 독성이 없고, 휘발성이 적을 것
  ㉣ 부식성이 없고, 가격이 저렴할 것
  ㉤ 용매의 화학적 성질과 비슷할 것

⑤ 특징(장단점)
  ㉠ 유해가스 처리비용이 저렴
  ㉡ 가스온도가 고온일 경우 냉각 등 전처리시설이 필요하지 않음
  ㉢ 부대적으로 폐수처리시설이 필요
  ㉣ 가스의 증습으로 인한 배연확산이 원활하지 않음

⑥ 흡수탑의 높이(H)

$$H=\text{NTU}\times\text{HTU}$$

여기서, NTU : • 기상총괄이동단위수
• 물질이동의 난이도를 나타내는 지수
• 흡수물질 농도와 용해도에 좌우

HTU : • 총 이동단위높이(m)
• 충진제, 가스용액 유입량에 의한 실험값(0.1~1.5m)

⑦ 충진제 구비조건(충진탑)

㉠ 압력손실이 적고, 충전밀도가 클 것

㉡ 단위부피 내에 표면적이 클 것

㉢ 대상 물질에 부식성이 작을 것

㉣ 세정액의 체류현상(hold－up)이 작을 것

㉤ 내식성이 크고, 액가스 분포를 균일하게 유지할 수 있을 것

⑧ 충진제 종류

Rasching ring, pall ring, berl saddle 등

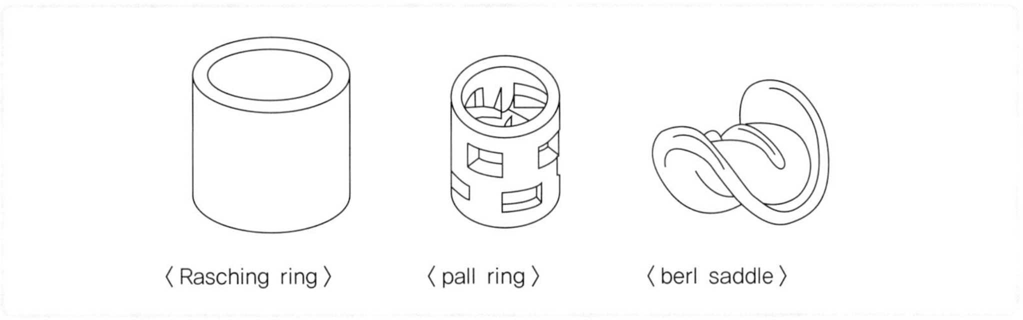

▌충진제 종류▐

(2) 흡착법

① 원리

유체가 고체상 물질의 표면에 부착되는 성질을 이용하여 오염된 기체(유기용제 등)를 제거하는 원리이다.

② 적용

회수가치가 있는 불연성 희박농도 가스의 처리에 가장 적합한 방법이 흡착법이다.

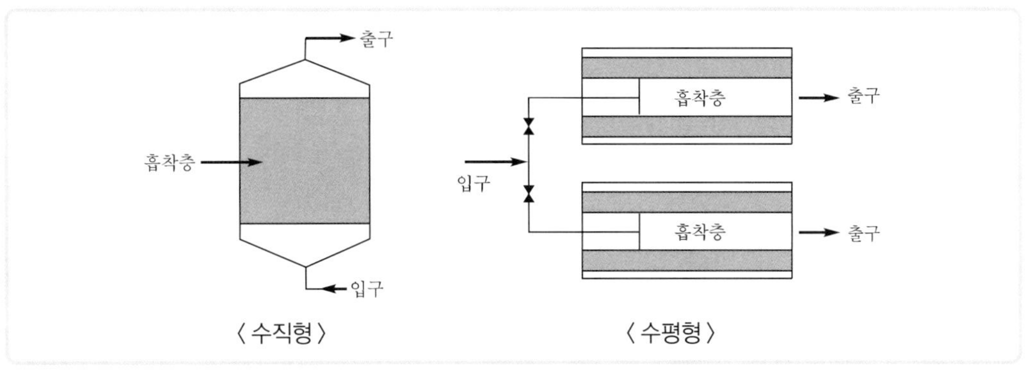

▌흡착법▐

③ 흡착제 기본요건

흡착제의 비표면적과 흡착될 물질에 대한 친화력이 클수록 흡착효과가 증대한다.

④ 흡착의 분류

㉠ 물리적 흡착

ⓐ 기체와 흡착제가 분자 간의 인력(van der Waals force)에 의하여 서로 부착하는 것을 의미한다.

ⓑ 가역적 반응이기 때문에 흡착제 재생 및 오염가스 회수에 매우 유용하다.

ⓒ 흡착물질은 임계온도 이상에서는 흡착되지 않는다.

ⓓ 온도가 낮을수록, 분자량이 클수록 흡착에 유리하다.

ⓔ 흡착량은 단분자층과는 관계가 적다.

㉡ 화학적 흡착

ⓐ 기체와 흡착제가 화학적 반응에 의해 결합력은 물리적 흡착보다 크다.

ⓑ 비가역반응이기 때문에 흡착제 재생 및 오염가스 회수를 할 수 없다.

ⓒ 분자 간의 결합력이 강하여 흡착과정에서 발열량이 많다.

ⓓ 흡착력은 단분자층의 영향을 받는다.

⑤ 흡착제 선정 시 고려사항

㉠ 흡착탑 내에서 기체흐름에 대한 저항(압력손실)이 작을 것

㉡ 어느 정도의 강도와 경도가 있을 것

㉢ 흡착률이 우수할 것

㉣ 흡착제의 재생이 용이할 것

㉤ 흡착물질의 회수가 용이할 것

⑥ 특징

㉠ 처리가스의 농도변화에 대응할 수 있다.

㉡ 오염가스 제거가 거의 100%에 가깝다.

㉢ 회수가치가 있는 불연성, 희박농도 가스 처리에 적합하다.

㉣ 조작 및 장치가 간단하다.

㉤ 처리비용이 높다.

㉥ 분진, 미스트를 함유하는 가스는 예비 처리시설이 필요하다.

㉦ 고온가스 처리 시 냉각장치가 필요하다.

⑦ 흡착제의 종류

㉠ 활성탄(일반적으로 사용되고, 비극성의 유기용제를 흡착 제거)

㉡ 실리카겔

㉢ 활성알루미나

㉣ 합성제올라이트

㉤ 보크사이트

⑧ 흡착제의 재생방법
- ㉠ 가열공기탈착법
- ㉡ 수세탈착법
- ㉢ 수증기 송입탈착법
- ㉣ 감압탈착법

(3) 연소법

① 장점
- ㉠ 폐열을 회수하여 이용할 수 있다.
- ㉡ 배기가스의 유량과 농도의 변화에 잘 적용할 수 있다.
- ㉢ 가스연소장치의 설계 및 운전조절을 통해 유해가스를 거의 완전히 제거할 수 있다.

② 단점

시설투자비 및 유지관리비가 많이 소요된다.

③ 적용

유해가스의 농도가 낮은 경우 악취 등에 주로 적용한다.

④ 분류
- ㉠ 직접연소(불꽃연소)
  - ⓐ 유해가스를 연소기 내에서 직접 태우는 방법이다.
  - ⓑ CO, HC, H_2, NH_3의 유독가스 제거 및 정유공장의 비상구조설비로부터 비정상적으로 발생되는 고농도 VOC를 처리하는 데 사용된다.
  - ⓒ 연소조건(시간, 온도, 혼합 : 3T)이 적당하면 유해가스의 완벽한 산화처리가 가능하다.
- ㉡ 간접연소(가열연소)
  - ⓐ 오염가스 중 가연성 성분 농도가 낮아 직접연소가 불가능할 때 사용되는 방법이다.
  - ⓑ 악취 제거용도로 자주 사용된다.
- ㉢ 촉매연소
  - ⓐ 오염가스 중 가연성 성분을 연소시설 내에서 촉매를 사용하여 불꽃 없이 산화시키는 방법으로 직접연소법에 비해 낮은 온도에서도 가능하고 짧은 체류시간에서도 처리가 가능하다.
  - ⓑ 분자량이 큰 탄화수소류 가스 제거에 적합하다.
  - ⓒ 촉매로는 백금, 팔라디움 등이 사용된다.

09 국소배기시설의 점검

(1) 점검 목적

① 국소배기시설의 초기 성능과 설계의 비교 검토를 위함
② 국소배기시설의 일정 기간 운영 후 자체검사(성능검사) 및 유지관리를 위한 자료의 확보를 위함
③ 불량 개소 및 고장 부분의 발견과 응급처리 및 보수 여부의 판단을 위함
④ 미래의 시설확충 가능성에 대비하기 위함(송풍량 점검)
⑤ 국소배기시설 성능 및 운전상태에 대한 정상 여부를 판단하기 위함
⑥ 미래의 동일 특성의 국소배기시설 설계 및 개선에 필요한 자료를 확보하기 위함
⑦ 행정적 검토를 하기 위함(법규나 각종 규제 기준)

(2) 흡기 및 배기 능력 검사

① 제어속도

㉠ 포위식(부스식 및 리시버식(그라인더) 포함) 후드의 경우에는 개구면을 한 변이 0.5m 이하가 되도록 16개 이상(개구면이 현저히 작은 경우에는 2개 이상)의 등면적으로 분할하여 각 부분의 중심위치에서 후드 유입기류속도를 열선식 풍속계로 측정하여 얻은 값의 최소치를 제어풍속으로 한다.

㉡ 외부식(열원상부설치 캐노피형 리시버식 포함) 후드의 경우에는 후드 개구면으로부터 가장 멀리 떨어진 작업위치에서 후드 유입기류속도를 열선식 풍속계로 측정한다.

② 허용농도

㉠ 작업시작 1시간 경과 후 작업이 정상적으로 진행되고, 국소배기장치가 정상적으로 가동되고 있을 때 각 측정지점마다 매일 1회 이상 공기 중의 유해물질농도를 측정하여 기하평균농도와 허용농도를 비교 평가한다. 이때 시료채취시간은 10분(직접포집방법 및 검지관법 제외) 이상으로 한다.

㉡ 포위식 후드에서는 모든 틈을 측정지점으로 하고, 만일 양측에 2개 이상의 틈새가 있을 때 큰 틈새변의 1개 측정점을 선택 측정지점으로 한다.

㉢ 외부식(상방향) 원형 후드의 경우 측정지점은 동심원상으로 한다.

(3) 후드의 흡입기류 방향 검사

① 포위식(부스식, 리시버식 포함) 후드의 경우에는 개구면을 한 변이 0.5m 이하가 되도록 16개 이상(개구면이 현저히 작은 경우에는 제외)의 등면적으로 분할하여 각 부분의 중심위치에서 발연관(smoke tester)을 사용하여 연기가 흐르는 방향을 조사한다.

② 외부식 후드의 경우에는 후드 개구면으로부터 가장 멀리 떨어진 쪽의 바깥면을 16등분하고, 각 등분점에서 발연관을 사용하여 연기가 흐르는 방향을 조사한다.

(4) 송풍관(duct) 검사

① 외면의 마모, 부식, 변형

분지 송풍관에 대해서는 후드 접속부로부터 합류부로 향하여, 주 송풍관에 대해서는 상류로부터 하류로 향해서 송풍관 외면을 관찰하고 이상 유무를 조사한다.

② 내면의 마모, 부식, 분진의 축적

㉠ 점검구가 설치되어 있는 경우에는 점검구를 열고 점검구가 설치되지 않은 경우에는 송풍관 접속부를 떼고 내면의 상태를 관찰한다.

㉡ 수직 송풍관 하부의 분진 등이 축적되기 쉬운 장소에 대하여 테스트 함마(두꺼운 송풍관), 나무 또는 대나무 등의 가는 봉(얇은 송풍관)의 용구를 이용하여 송풍관 외면을 가볍게 타격하여 타성음을 듣는다. ⇨ 판정기준 : 이상음 유무

㉢ 두꺼운 송풍관에서 부식, 마모 등에 의해 파손의 위험이 있는 경우에는 송풍관계의 적당한 장소에 초음파 측정기를 사용하여 송풍관의 두께를 측정한다. ⇨ 판정기준 : 전 측정점에 있어서 초음파 측정기를 사용하여 판의 두께가 처음의 1/4 이상일 것

㉣ 송풍관계의 적당한 곳에 설치된 측정구에 있어서 수주마노미터 또는 정압탐침계(probe)를 부착한 열식 미풍속계를 사용하여 송풍관 내의 정압을 측정한다. ⇨ 판정기준 : 초기 정압을 P_s라고 할 때 $P_s \pm 10\%$ 이내일 것

③ 댐퍼의 작동상태 확인

㉠ 유량조절용 댐퍼에 있어서는 규정된 위치에 고정되어 있는지를 확인한다.

㉡ 유로변경용 및 폐쇄용 댐퍼에 대해서는 작동시켜 보고, 개방 및 폐쇄 시에 해당 댐퍼에 의한 유로의 변경 또는 폐쇄된 후드의 흡입 유무를 별연관을 사용하여 관찰한다.

④ 접속부의 이완 유무

㉠ 플랜지의 고정용 볼트, 너트 및 패킹의 손상 유무를 관찰한다.

㉡ 발연관을 사용하여 접속부의 가스가 새는지의 유무를 관찰한다.

㉢ 송풍관계의 적당한 장소에 측정구에 있어서 수주마노미터 또는 정압탐침계를 부착한 열식 미풍속계를 사용하여 송풍관 내의 정압을 측정한다. ⇨ 판정기준 : 초기 정압을 P_s라고 할 때 $P_s \pm 10\%$ 이내일 것

(5) 송풍기 및 모터의 검사

① 케이스의 마모, 부식, 변형, 분진 등의 부착

점검구에 의해 케이스 내면의 상태를 관찰하고 이상 유무를 관찰한다.

② 날개 및 풍향계의 마모, 부식, 변형, 분진 등의 부착

점검부 및 접속부를 열고 날개 및 풍향계의 상태를 관찰하고 이상 유무를 조사한다.

③ 벨트 등의 상태

㉠ 송풍기를 정지하고, 벨트의 손상 및 고르지 못함, 활차의 손상, 편심키(잠금장치)의 헐거움 등의 유무를 조사한다.

㉡ 벨트를 손으로 눌러서 늘어진 치수를 조사한다. ⇨ 판정기준 : 벨트의 늘어짐이 10~20mm일 것

㉢ 송풍기를 운전하여 벨트의 미끄러짐 및 흔들림의 유무를 조사한다.

㉣ 회전계를 사용하여 송풍기 회전수를 측정한다.

④ 축수의 상태

㉠ 축수에 청음기 또는 청음봉을 대어 이상음의 유무를 조사한다.

㉡ 송풍기를 정상상태로 1시간 이상 운전한 후 정지하고 축수의 표면을 손으로 만져본다. ⇨ 판정기준 : 손으로 만질 수 있을 것

㉢ 송풍기를 정상상태로 1시간 이상 운전하고 일정 시간 동안의 표면온도를 표면온도계를 사용하여 측정하거나 또는 온도계를 접착제로 축수의 상반에 붙여서 측정한다. ⇨ 판정기준 : 주위온도에서 +40℃까지 허용, 최고 70℃를 초과하지 않을 것

⑤ 모터의 상태

㉠ 송풍기의 정상상태로 1시간 이상 운전하고 일정 시간 동안의 표면온도를 표면온도계 또는 온도계를 접착제로 붙여서 측정한다.

㉡ 가동 시의 전류 및 송풍기를 정상상태에서 1시간 이상 운전한 후의 정상전류를 전류계로 측정한다. ⇨ 판정기준 : 규정치 이하로 될 것

㉢ 코일과 케이스 또는 접지단자 간의 절연저항을 절연저항계를 사용하여 측정한다. ⇨ 판정기준 : 규정치 이상으로 될 것

⑥ 송풍기의 풍량

송풍기의 입구 측 또는 출구 측에 설치한 측정구에 피토관 또는 풍속계를 이용하여 송풍관 내의 풍속분포를 측정, 풍속을 계산한다.

(6) 공기정화기의 점검

① 사이클론

㉠ 분진배출구의 외관 및 내부 상태 및 분진 배출기능의 원활성을 확인한다.

㉡ 막힘의 유무를 테스트 함마로 조사한다.

㉢ 목부의 마찰도를 초음파 측정기 등으로 조사한다.

㉣ 배출부의 공기 유입상태를 확인한다.

② 가압수식 세정집진장치

㉠ 벤투리 스크러버

ⓐ 벤투리관, 전후의 압력차를 마노미터로 측정

ⓑ 목(슬롯)부의 유속 측정

ⓒ 세정액의 분무상태를 눈으로 확인 및 세정수의 규정량 분출 여부

ⓓ 급수부, 노즐부의 슬러지, 스케일 등의 축적 등에 의한 막힘, 부식, 파손 여부 확인

㉡ 충전탑 및 분무탑

ⓐ 충전물의 양, 막힘, 파손 유무 확인

ⓑ 탑, 단 등의 부식 파손 유무 확인

ⓒ 분무노즐, 액분포기의 분무상태 막힘, 부식 유무 확인

③ 여과집진장치

㉠ 여과재 전후의 정압차를 마노미터로 확인

㉡ 고정볼트, 너트, 패킹 등의 상태를 육안으로 확인

㉢ 탈진장치의 마모, 부식, 파손 등의 유무 확인

㉣ 탈진장치 작동의 원활 및 이상음, 진동의 유무 확인

㉤ 역기류방식의 탈진장치인 경우 송풍기 회전방향 확인

㉥ 압축공기의 분사음 및 공기가 새는지를 확인

④ 전기집진장치

㉠ 방전극, 집진극판, 정류판의 상태 및 접합상태를 육안 확인

㉡ 방전극과 집진극 사이의 길이의 적절성 확인

㉢ 탈진장치 및 그 부속장치의 상태 확인

㉣ 습식 전기제진장치 경우 습식벽 또는 분무노즐의 상태 확인

㉤ 애자 및 애자실의 불량, 파손, 부식 등의 상태 육안 확인

㉥ 급전단자 및 각 접속부의 상태 확인

㉦ 연동장치의 작동상태 확인

㉧ 전원장치의 상태 확인

10 국소배기장치 성능시험 시 시험장비

(1) 반드시 갖추어야 할 측정기(필수장비)

① 발연관(연기발생기, smoke tester)
② 청음기 또는 청음봉
③ 절연저항계
④ 표면온도계 및 초자온도계
⑤ 줄자

(2) 필요에 따라 갖추어야 할 측정기

① 테스트 함마
② 나무봉 또는 대나무봉
③ 초음파 두께 측정기
④ (수주)마노미터
⑤ 열선식 풍속계
⑥ 정압 프로브(prove) 부착 열선식 풍속계
⑦ 스크레이퍼
⑧ 회전계(rpm 측정기)
⑨ 피토관(pitot tube)
⑩ 공기 중 유해물질 측정기
⑪ 스톱워치 또는 시계

(3) 발연관(smoke tester)

① 개요
㉠ 염화제2주석이 공기와 반응, 흰색 연기를 발생시키는 원리이며, 통풍이나 환기상태 정도를 인지할 수 있도록 한 기구이다.
㉡ 연기발생기에서 발생되는 연기는 부식성과 화재 위험성이 있을 수 있다.

② 적용 및 특징
㉠ 오염물질 확산이동의 관찰에 유용하게 사용된다.
㉡ 후드로부터 오염물질의 이탈요인의 규명에 사용된다.
㉢ 후드 성능에 미치는 난기류의 영향에 대한 평가에 사용된다.

㉣ 덕트 접속부의 공기 누출입 및 집진장치의 배출부에서의 기류의 유입 유무 판단 등에 사용된다.

㉤ 대략적인 후드의 성능을 평가할 수 있다.

㉥ 작업장 내 공기의 유동현상과 이동방향을 알 수 있다.

(4) 송풍관 내의 풍속측정계기

① 피토관

② 풍차 풍속계

③ 열선식 풍속계

④ 마노미터

Reference 덕트 내에서 피토관으로 속도압을 측정하여 반송속도 추정 시 반드시 필요한 자료

1. 횡단 측정지점에서의 덕트 면적
2. 횡단 측정지점과 측정시간에서 공기의 온도
3. 횡단 지점에서 지점별로 측정된 속도압

(5) 기류의 속도(공기유속) 측정기기

① 피토관(pitot tube)

㉠ 피토관은 끝부분의 정면과 측면에 구멍을 뚫은 관을 말하며 이것을 유체의 흐름에 따라 놓으면 정면에 뚫은 구멍에는 유체의 정압과 동압을 더한 전압이, 측면 구멍에는 정압이 걸리므로 양쪽의 압력차를 측정함으로써 베르누이의 정압에 따라 흐름의 속도가 구해진다.

㉡ 유체흐름의 전압과 정압의 차이를 측정하고 그것에서 유속을 구하는 장치이다.

$$V(\mathrm{m/sec}) = 4.043\sqrt{VP}$$

㉢ 「산업안전보건법」에서는 환기시설 덕트 내에 형성되는 기류의 속도를 측정하는 데 사용한다.

② 회전날개형 풍속계(rotating vane anemometer)

㉠ 공기 공급 및 배기용으로 큰 송풍량을 정확히 측정하는 데 사용한다.

㉡ 자주 점검하여야 한다.

㉢ 덕트 내의 유속측정은 풍속계가 너무 크기 때문에 적절하지 않다.

㉣ 단점으로는 파손되기 쉬우며, 분진량이 많은 경우와 부식성의 공기에서는 사용할 수 없다.

③ 그네날개형 풍속계(swining vane anemometer, 벨로미터)

㉠ 휴대가 편하며 적용범위가 광범위하고 판독은 직독식이기 때문에 편리하다.

㉡ 사용 전에 'Z' 조정기를 사용하여 0점 보정을 하여야 한다. 방법은 눈금을 0점에 맞춘 후 양쪽의 개구부를 막았을 때 바늘이 0점으로부터 오차범위가 1/8인치 이상 벗어나지 않아야 한다.

④ 열선식 풍속계(thermal anemometer)

㉠ 미세한 백금 또는 텅스텐의 금속선이 공기와 접촉하여 금속의 온도가 변하고 이에 따라 전기저항이 변하여 유속을 측정한다. 따라서 기류속도가 낮을 때도 정확한 측정이 가능하다.

㉡ 가열된 공기가 지나가면서 빼앗는 열의 양은 공기의 속도에 비례한다는 원리를 이용하며 국소배기장치 검사에 공기유속을 측정하는 유속계 중 가장 많이 사용된다.

㉢ 속도센서 및 온도센서로 구성된 프로브(probe)을 사용하며 probe는 급기, 배기 개구부에서 직접 공기의 속도 측정, 저유속 측정, 실내공기 흐름 측정, 후드 유속을 측정하는 데 사용한다.

㉣ 부식성 환경, 가연성 환경, 분진량이 많은 경우에는 사용할 수 없다.

⑤ 카타온도계(kata thermometer)

㉠ 기기 내의 알코올이 위의 눈금(100°F)에서 아래 눈금(95°F)까지 하강하는 데 소요되는 시간을 측정하여 기류를 간접적으로 측정한다.

㉡ 기류의 방향이 일정하지 않던가, 실내 0.2~0.5m/sec 정도의 불감기류 측정 시 사용한다.

⑥ 풍차 풍속계

㉠ 풍차의 회전속도로 풍속(1~150m/sec 범위)을 측정하며, 옥외용이다.

㉡ 기류가 아주 낮을 때는 적합하지 않다.

⑦ 풍향 풍속계

⑧ 마노미터

(6) 압력측정기기

① 피토관

② U자 마노미터(U튜브형 마노미터)

㉠ 가장 간단한 압력측정기기이다.

㉡ U튜브에 상용하는 매체는 주로 물, 알코올, 수은, 기름 등이다.

③ 경사 마노미터
　㉠ 일반적으로 10 : 1의 경사기울기를 갖는다.
　㉡ 정밀측정 시 사용한다.

④ 아네로이드 게이지
　㉠ 현장용으로 많이 사용한다.
　㉡ 피토튜브로 정압, 속도압, 전압을 측정하고, 단일튜브로 정압을 측정한다.

⑤ 마크네헬릭 게이지
　㉠ 휴대가 간편하며, 판독이 쉽다.
　㉡ 마노미터보다 응답성능이 좋으며, 유지관리가 용이하다.

11 국소배기장치 유지관리

(1) 유지관리를 위한 점검 시 준비사항

① 국소배기장치의 개략도(약도)

② 점검 기록지

③ 측정공
　㉠ 측정공 위치(정압 측정용)
　　ⓐ 후드 송풍관의 주요 장소
　　ⓑ 공기정화기의 전후
　　ⓒ 송풍기의 전후
　㉡ 특징
　　ⓐ 후드가 직관 덕트와 일직선으로 연결된 경우 후드 정압의 측정지점은 일반적으로 덕트 직경의 2~4배 떨어진 지점으로 한다.
　　ⓑ 측정공의 크기는 측정기기의 감지부가 손쉽게 삽입될 수 있을 정도로 한다.
　　ⓒ 측정공의 내면이 날이 서지 않도록 매끈하게 한다.
　　ⓓ 측정공을 사용하지 않을 경우 고무마개 등으로 막을 수 있도록 한다.

(2) 국소배기장치의 고장 발견

① 국소배기장치에서 흡입 중단 및 흡입능력 부족현상이 나타나면 고장이라고 판단하여 각 지점에서 정압을 측정하여 설계정압과 비교하여 고장지점을 발견한다.

② 고장부품 발견 시 즉시 조치 가능하도록 항상 설계사양치의 부품을 준비해야 한다.

(3) 정압측정에 따른 고장의 주원인

① 송풍기의 정압이 갑자기 증가한 경우의 원인
㉠ 공기정화장치의 분진 퇴적
㉡ 덕트 계통의 분진 퇴적
㉢ 후드 댐퍼 닫힘
㉣ 후드와 덕트, 덕트 연결부위의 풀림
㉤ 공기정화장치의 분진 취출구가 열림

② 공기정화장치 전방 정압 감소, 후방 정압이 증가한 경우의 원인
공기정화장치의 분진 퇴적으로 인한 압력손실의 증가

③ 공기정화장치 전후에 정압이 감소한 경우의 원인
㉠ 송풍기 자체의 성능 저하
㉡ 송풍기 점검구의 마개 열림
㉢ 배기 측 송풍관 막힘
㉣ 송풍기와 송풍관의 플랜지(flange) 연결부위가 풀림

④ 공기정화장치 전후에 정압이 증가한 경우의 원인
㉠ 공기정화장치 앞쪽 주송풍관 내에 분진 퇴적
㉡ 공기정화장치 앞쪽 주송풍관 내에 이물질

(4) 후드 성능의 불량 원인과 대책

① 송풍기의 송풍량 부족
㉠ 소량 부족 시 송풍기 회전수 증가
㉡ 절대적 부족 시 새 송풍기로 교환
㉢ 벨트(마찰), 축수(마모), 날개 및 케이싱(분진 부착), 날개(손상) 발견 시 조치

② 발생원에서 후드 개구면 거리가 긺
㉠ 작업에 지장이 없는 한 후드를 발생원에 가까이 설치
㉡ 플랜지 부착 후드로 변경

③ 송풍관 분진 퇴적(압력손실 증대)
㉠ 반송속도 부족 및 저하로 인한 경우 ①의 '송풍기의 송풍량 부족' 시 대책과 동일
㉡ 설계오류로 인해 부족한 경우 적절한 반송속도에 따른 송풍관 관경을 개선
㉢ 분진 점착성에 의한 분진 퇴적의 경우 수분방지를 위한 송풍관 보온

④ 외기영향으로 후두 개구면 기류제어 불량
후드 주위 배플(baffle)을 설치하여 난기류 저감

⑤ 유해물질의 비산속도가 큼
㉠ 비산속도가 작아질 수 있도록 작업방법 변경
㉡ 후드를 발생원에 가까이 설치
㉢ 플랜지 부착 후드로 변경
㉣ 비산방향에 따라 개구면 방향 조정
⑥ 집진장치 내 분진 퇴적(압력손실 증대)
㉠ 흡입 측 덕트 작업측정공 설치 시 항상 압력손실 점검
㉡ 설계 시의 압력손실보다 1.5배 정도 되면 반드시 덕트 내 청소 실시
⑦ 송풍관 계통에서 다량 공기 유입
송풍관의 접속부 및 파손된 곳 즉시 보수
⑧ 설비 증가로 인한 분지관 추후 설치로 송풍기 용량 부족
소요 송풍량 및 풍압에 맞게 송풍기 교환
⑨ 후드 가까이에 장애물 존재
즉시 철거
⑩ 후드 형식이 작업조건에 부적합
작업조건에 맞는 후드로 교체

(5) 덕트의 불량 원인과 대책

① 설치 시 충격, 내부 고부하압력에 의한 변형
㉠ 설치 시 충격을 주지 않음
㉡ 송풍관 두께 증대 및 장방형이면 원형으로 개조
㉢ 보강재(앵글 등)로 보강
② 마모, 부식, 인위적 손상에 의한 파손
㉠ 곡관 등 마모가 심한 곳 내마모성 재료 사용
㉡ 내부식성, 내식성 재료 사용
㉢ 개구홀이 생긴 경우는 완전하게 막음
③ 접속부의 헐거움
너트의 조임상태를 확인하여 스프링와셔를 사용, 단단히 조임
④ 퇴적 분진의 중량이 원인되어 휨
송풍관의 지지 보강을 잘함
⑤ 송풍관 분진 퇴적(압력손실 증대)
'(4) 후드 성능의 불량 원인과 대책'에서 ③의 '송풍관 분진 퇴적' 시 대책과 동일

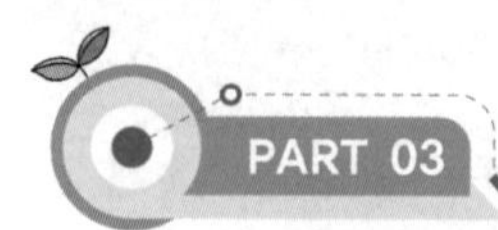

(6) 공기정화장치의 불량 원인과 대책

① 원심력집진장치

㉠ 각 부위(특히 외통상부, 원추하부)에 마모에 의한 구멍 생김 : 즉시 보수

㉡ 분진실(dust box) 및 분진실 도어에 구멍으로 인한 공기 유입 : 즉시 보수

㉢ 내부에 돌기, 요철, 분진 퇴적에 의한 역류현상 : 장치 전후에 정압측정공 설치하여 측정 후 문제점 조치

② 벤투리 스크러버(venturi-scrubber)

㉠ 세정수에 의한 부식된 부위 : 내식성 재료 사용으로 조치

㉡ 목부의 마모가 심함 : 즉시 교체

㉢ 급수노즐 및 벤투리관 폐색 : 정지 시 철저히 청소하고, 점착성 분진인 경우 액기비를 여유있게 하며, 심하면 즉시 교체

③ 여과집진장치

㉠ 가연성 고온가스 처리 시 연소 또는 폭발 위험
분진 발생 정지 후 공회전으로 5~10분간 여과집진장치 운전(가스 완전 제거 위함)

㉡ 여과포의 눈막힘 현상

ⓐ 여과집진장치 내 각부 온도를 산노점 이상으로 유지

ⓑ 여과집진장치 정지 후 탈진 실시

㉢ 압력손실 감소에 따른 효율 저하 : 보수 및 해당 부위 교체

(7) 송풍기의 불량 원인과 대책

① 분진 부착 및 날개 손상

㉠ 공기정화장치 후단에 송풍기 설치

㉡ 날개 및 케이싱의 내면에 라이너(liner) 코팅

㉢ 레이디얼 송풍기 사용

② 부식성 가스에 의한 날개 부식

㉠ 가스에 접촉되는 부분을 내식성 재료로 제작

㉡ 터보 송풍기 사용

③ 고온가스에 의한 각부 변형

㉠ 가스 최고온도 파악 후 송풍기 결정

㉡ 레이디얼 송풍기, 터보 송풍기 사용

④ 송풍기 이상소음 발생

송풍기의 베어링 점검 후 교체

작업공정 관리

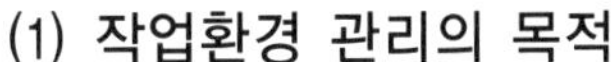

01 작업환경 개선대책

(1) 작업환경 관리의 목적

① 산업재해 예방 및 방지
② 근로자 의욕 고취
③ 작업능률 향상
④ 작업환경 개선

(2) 작업환경 개선의 기본원칙

① 대치
② 격리(밀폐)
③ 환기
④ 교육

(3) 작업환경 관리의 과정

유해요인 확인 → 유해요인 인식 → 작업환경 측정 → 작업환경 평가 → 개선대책 실시

Reference 작업환경 관리의 우선순위

제거 → 대체 → 환기 → 교육 → 보호구 착용

(4) 작업환경 감시(monitoring)의 목적

잠재적인 인체에 대한 유해성을 평가하고 적절한 보호대책을 결정하기 위함이다.

(5) 작업환경 개선원칙의 공학적 대책

① 대치(대체, substitution)

- 가동 중인 시설에 대한 작업환경 관리를 위하여 공정을 대치하는 경우 대용할 시설과 안전관계시설에 대한 지식이 필요하다.
- 유해성이 적은 물질로 대치하는 방법은 근본적인 개선방법이다.
- 효과도 크지만 경제성, 작업의 특성, 생산조건의 제약 때문에 적용할 수 없거나 공정기술의 전문적 지식이 뒷받침되어야 성공확률이 높은 방법이다.
- 공정의 변경, 시설의 변경, 유해물질 변경 등이 있다.

㉠ 공정의 변경

ⓐ 알코올, 디젤, 전기력을 사용한 엔진 개발

ⓑ 금속을 두드려 자르던 공정을 톱으로 절단하는 공정으로 변경

ⓒ 페인트를 분사하는 방식에서 담그는 형태(함침, dipping)로 변경 또는 전기흡착식 페인트 분무방식 사용

ⓓ 제품의 표면 마감에 사용되는 고속 회전식 그라인더 작업을 저속 왕복형 연마작업으로 변경

ⓔ 분진이 비산되는 작업에 습식 공법을 채택

ⓕ 작은 날개로 고속 회전시키던 송풍기를 큰 날개로 저속 회전시킴

ⓖ 자동차산업에서, 땜질한 납을 깎을 때 이용하는 고속 회전 그라인더를 oscillating-type sander로 대치

ⓗ 자동차산업에서, 리베팅 작업을 볼트 · 너트 작업으로 대치

ⓘ 도자기 제조공정에서, 건조 후 실시하던 점토 배합을 건조 전에 실시

ⓙ 유기용제 세척공정을 스팀 세척이나 비눗물 사용공정으로 대치

ⓚ 압축공기식 임팩트 렌치 작업을 저소음 유압식 렌치로 대치

㉡ 시설의 변경

ⓐ 고소음 송풍기를 저소음 송풍기로 교체

ⓑ 가연성 물질 저장 시, 유리병을 안전한 철제통으로 교체

ⓒ 흄 배출 후드의 창을 안전유리로 교체

ⓓ 염화탄화수소 취급장에서 네오프렌 장갑 대신 폴리비닐알코올 장갑을 사용

ⓔ 금속제품 이송 시 롤러의 재질을 철제에서 고무 또는 플라스틱으로 교체

㉢ 유해물질의 변경
ⓐ 아조염료의 합성원료인 벤지딘을 디클로로벤지딘으로 전환
ⓑ 금속제품의 탈지(세척)에 사용되는 트리클로로에틸렌(TCE)을 계면활성제로 전환
ⓒ 분체의 원료를 입자가 작은 것에서 큰 것으로 전환
ⓓ 유기합성용매로 사용하는 벤젠(방향족)을 지방족 화합물로 전환
ⓔ 성냥 제조 시 황린(백린) 대신 적린 사용 및 단열재(석면)를 유리섬유로 전환
ⓕ 금속제품 도장용 유기용제를 수용성 도료로 전환
ⓖ 세탁 시 세정제로 사용하는 벤젠을 1,1,1－트리클로로에탄으로 전환
ⓗ 세탁 시 화재예방을 위해 석유나프타를 퍼클로로에틸렌(4－클로로에틸렌)으로 전환
ⓘ 야광시계 자판으로 라듐 대신 인 사용
ⓙ 세척작업에 사용되는 사염화탄소를 트리클로로에틸렌으로 전환
ⓚ 주물공정에서 주형에 채우는 실리카 모래를 그린(green) 모래로 전환
ⓛ 금속 표면을 블라스팅(샌드블라스트)할 경우 사용하는 모래를 철구슬(철가루)로 전환
ⓜ 단열재(보온재)로 사용하는 석면을 유리섬유나 암면으로 전환
ⓝ 페인트 희석재를 석유나프타에서 사염화탄소로 전환
ⓞ 유연휘발유를 무연휘발유로 전환
ⓟ 페인트에 들어있는 납성분을 아연성분으로 전환

② 격리(isolation)
물리적 · 거리적 · 시간적인 격리를 의미하며, 쉽게 적용할 수 있고 효과도 비교적 좋다. 시간적인 격리는 유해한 작업을 별도로 모아 일정한 시간에 처리하는 것을 말한다.
㉠ 저장물질의 격리
인화성이 강한 물질 저장 시 저장탱크 사이에 도랑을 파고 제방을 만듦
㉡ 시설의 격리
ⓐ 방사능물질은 원격 조정이나 자동화 감시체제
ⓑ 시끄러운 기기류에 방음커버를 씌운 경우
ⓒ 고열, 소음 발생 작업장에 근로자용 부스 설치
ⓓ 도금조, 세척조, 분쇄기 등을 밀폐
ⓔ 소음이 발생하는 경우 방음재와 흡음재를 보강한 상자로 밀폐
ⓕ 고압이나 고속 회전이 필요한 기계인 경우 강력한 콘크리트시설에 방호벽을 쌓고 원격 조정
㉢ 공정의 격리
ⓐ 일반적으로 비용이 많이 듦
ⓑ 자동차의 도장공정, 전기도금에 일반화되어 있음
㉣ 작업자의 격리
위생보호구 사용

③ 환기(ventilation)

㉠ 유해물질을 취급하는 공정에서 가장 널리 이용되며, 효과가 좋아 대체 · 격리와 함께 사용되지만, 한 번 시공에 많은 비용이 들고 설계에 따라 그 효과도 크게 차이가 나므로 반드시 전문가의 설계가 필요하다.

㉡ 국소배기와 전체환기가 있다.

㉢ 유해물질을 발산하는 공정에서 작업자가 수동 작업을 하는 경우, 유해인자의 농도를 깨끗한 공기를 이용하여 그 유해물질을 관리하는 데 가장 현실적인 작업환경 관리대책은 환기이다.

④ 교육(education)

㉠ 같은 작업을 하더라도 작업자에 따라 개인의 노출정도가 크게 차이나는 것을 흔히 볼 수 있으며, 이는 올바른 작업방법에 대한 교육과 습관화가 중요함을 의미한다.

㉡ 교육은 작업자에게만 필요한 것이 아니라 경영자, 엔지니어, 관리자 모두에게 필요한 사항이다.

(6) 공학적 작업환경 관리대책과 유의점

① **물질 대치**

경우에 따라 지금까지 알려지지 않은 전혀 다른 장애를 줄 수 있다.

② **장치 대치**

적절한 대치방법 개발이 어렵다.

③ **환기**

설계, 시설 설치, 유지 · 보수가 필요하다.

④ **격리**

비용이 많이 소요된다.

02 분진작업장의 작업환경 관리대책

(1) 분진 발생 억제(발진의 방지)

① 작업공정 습식화

㉠ 분진의 방진대책 중 가장 효과적인 개선대책

㉡ 착암, 파쇄, 연마, 절단 등의 공정에 적용

㉢ 취급 물질은 물, 기름, 계면활성제 사용

㉣ 물을 분사할 경우 국소배기시설과의 병행 사용 시 주의(작은 입자들의 부유 가능성이 있고, 이들이 덕트 등에 쌓여 굳게 됨으로써 국소배기시설의 효율성을 저하시킴)
㉤ 시간이 경과하여 바닥에 굳어 있다 건조되면 재비산되므로 주의
㉥ 작업장의 바닥에 적절히 수분을 공급

② 대치
㉠ 원재료 및 사용재료의 변경(연마재의 사암을 인공마석으로 교체)
㉡ 생산기술의 변경 및 개량
㉢ 작업공정의 변경

(2) 발생분진 비산 방지방법

① 해당 장소를 밀폐 및 포위 ◂ **가장 완벽한 대책**

② 국소배기
㉠ 밀폐가 되지 못하는 경우에 사용
㉡ 포위형 후드의 국소배기장치를 설치하며, 해당 장소를 음압으로 유지시킬 것

③ 전체환기
유해 작업장의 분진이 바닥이나 천장에 쌓여서 2차 발진되는데, 이를 방지하기 위한 공학적 대책으로써 오염농도를 희석시키는 방법으로 전체환기(희석환기) 적용

(3) 분진작업장 환경관리

① 습식 작업
② 발산원 밀폐
③ 대치(원재료 및 사용재료)
④ 방진마스크(개인보호구)
⑤ 생산공정의 자동화 또는 무인화
⑥ 작업장 바닥을 물세척이 가능하도록 처리

(4) 분진이 발생되는 사업자의 작업공정대책

① 생산공정을 자동화 또는 무인화
② 비산 방지를 위하여 공정을 습식화
③ 작업장 바닥을 물세척이 가능하게 처리
④ 분진에 의한 폭발도 고려하여 작업공정 개선대책을 하여야 함
⑤ 샌드블래스팅 작업 시에는 모래 대신 철을 사용
⑥ 유리규산 함량이 낮은 모래를 사용하여 마모를 최소화

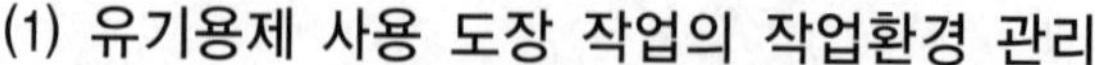

03 유기용제 사용 및 용접 작업의 작업환경 관리대책

(1) 유기용제 사용 도장 작업의 작업환경 관리

① 흡연 및 화기 사용을 금지한다.
② 작업장의 바닥을 청결하게 유지한다.
③ 보호장갑은 유기용제에 대한 흡수성이 없는 것을 사용한다.
④ 옥외에서 스프레이 도장 작업 시 유해가스용 방독마스크를 착용한다.

(2) 용접(아크용접) 작업 근로자의 건강보호를 위한 작업환경 관리

① 용접 흄 노출농도가 적절한지 살펴보고, 특히 망간 등 중금속의 노출정도를 파악하는 것이 중요하다.
② 자외선의 노출 여부 및 노출강도를 파악하고 적절한 보안경 착용 여부를 점검한다.
③ 용접작업 주변에 TCE 세척작업 등 TCE의 노출이 있는지 확인한다.

개인보호구

01 보호구 개념의 이해

(1) 개요

① 보호구란 근로자가 작업환경에서 받을 수 있는 건강장애를 예방할 목적으로 사용하는 것이다.

② 재해예방을 대상으로 한 것을 안전보호구, 건강장애 방지의 목적으로 사용하는 것을 위생보호구라 한다.

③ 위생보호구에는 보호 부위에 따라 호흡기 보호구, 눈 보호구, 귀 보호구, 안면 보호구, 피부 보호구 등으로 세분할 수 있다.

④ 근로자 스스로 폭로대책으로 사용할 수 있으며, 사용자는 손질방법 및 착용방법을 숙지해야 한다.

⑤ 규격에 적합한 것을 사용해야 하며, 보호구 착용만으로 유해물질로부터의 모든 신체적 장해를 막을 수는 없다.

(2) 위생보호구의 개념

① 위생보호구는 공정상 개선(환기시설, 작업장 격리 등과 같은 적극적인 작업환경 개선)이 불가능할 경우에 차선책으로 양질의 위생보호구를 제공하여 근로자들의 건강을 보호하는 마지막 수단이다.

② 위생보호구 착용은 다음과 같은 경우에 한해서만 이루어져야 한다.

㉠ 작업환경을 개선하기 전 일정 기간 동안 임시로 착용하는 경우

㉡ 일상 작업이 아닌 특수한 경우에만 간헐적으로 작업이 이루어지는 경우

㉢ 작업공정상 작업환경 개선을 통해 유해요인을 줄이거나 완전히 제거하지 못하는 경우

(3) 안전보호구 및 위생보호구의 종류

① 안전보호구

안전화, 안전모, 안전대, 안전장갑, 보안면, 방한복, 반사조끼, 내전복, 작업복 등

② 위생보호구

방진장갑, 차광안경(보안경), 방호면, 귀마개, 귀덮개, 방진마스크, 방열장갑, 방열복, 송기마스크, 위생장갑, 내산복, 방독마스크, 절연복, 고무장화, 우의, 토시 등

(4) 작업과 적정보호구

① 전기용접 : 차광안경, 흄용 방진마스크
② 탱크 내 분무도장 : 송기마스크
③ 노면 토석 굴착 : 방진마스크
④ 병타기 공정 : 청력보호구(귀마개, 귀덮개)
⑤ 철판 절단을 위한 프레스 작업 : 청력보호구
⑥ 도금공장 : 방독마스크

Reference 일반 작업별 보호구(산업안전보건기준에 관한 규칙)

작업 종류	보호구	보호대상
물체가 떨어지거나 날아올 위험 또는 근로자가 추락할 위험이 있는 작업	안전모	머리
높이 또는 깊이 2m 이상의 추락할 위험이 있는 장소에서 하는 작업	안전대(安全帶)	몸
물체의 낙하·충격, 물체에의 끼임, 감전 또는 정전기의 대전(帶電)에 의한 위험이 있는 작업	안전화	발
물체가 흩날릴 위험이 있는 작업	보안경	눈
용접 시 불꽃이나 물체가 흩날릴 위험이 있는 작업	보안면	눈, 얼굴
감전의 위험이 있는 작업	절연용 보호구	머리, 손
고열에 의한 화상 등의 위험이 있는 작업	방열복	몸
선창 등에서 분진(粉塵)이 심하게 발생하는 하역 작업	방진마스크	호흡기
섭씨 영하 18도 이하인 급냉동어창에서 하는 하역 작업	방한모·방한복·방한화·방한장갑	몸

(5) 보호구 선택의 일반적 구비조건

① 가벼울 것
② 사용이 간편할 것
③ 착용감이 좋을 것
④ 흡기나 배기 저항이 작아 호흡하기 편할 것
⑤ 시야가 우수할 것
⑥ 대화가 가능할 것
⑦ 안면부가 부드러울 것
⑧ 위생적일 것
⑨ 보관·세척이 편리하고 보수가 간편할 것
⑩ 얼굴, 체형에 맞게 밀착이 잘 될 것
⑪ 공인기관으로부터 성능에 대한 검정을 받은 것

(6) 보호구 손질 및 보관 방법

① 보호구의 수시점검은 작업자 개인이 수시로 할 수 있도록 하고, 정기점검은 해당 부서 및 공정별로 적임자를 선정하여 주기적으로 실시한다.
② 보호구는 항상 서늘하고 건조한 독립된 장소에 보관하도록 한다.
③ 보호구의 보관장소는 직사광선이 비치지 않아야 한다.
④ 보호구는 주위의 유해물질에 의해 오염되지 않도록 비닐팩 등을 이용하여 밀봉한 상태로 보관한다.
⑤ 보호구를 부분적으로 세척하고자 할 때는 중성세제 또는 시판되는 보호구 전용 세제를 이용하여 면체가 변형되지 않도록 주의해야 하고, 반드시 그늘에서 건조시켜야 한다.
⑥ 보호구의 수는 사용하여야 할 근로자의 수 이상으로 준비한다.
⑦ 호흡용 보호구는 사용 전·사용 후 여재의 성능을 점검하여 성능이 저하된 것은 폐기, 보수, 교환 등의 조치를 취한다.
⑧ 보호구의 청결 유지에 노력하고, 보관할 때에는 건조한 장소와 분진이나 가스 등에 영향을 받지 않는 일정한 장소에 보관한다.
⑨ 호흡용 보호구나 귀마개 등은 특정 유해물질 취급이나 소음에 노출될 때 사용하는 것으로, 그 목적에 따라 반드시 개별로 사용해야 한다.

(7) 보호장구 재질에 따른 적용물질

① Neoprene 고무
비극성 용제와 극성 용제 중 알코올, 물, 케톤류 등에 효과적

② 천연고무(latex)
극성 용제 및 수용성 용액에 효과적(절단 및 찰과상 예방)

③ Viton
비극성 용제에 효과적

④ 면
고체상 물질(용제에는 사용 못함)

⑤ 가죽
용제에는 사용 못함(기본적인 찰과상 예방)

⑥ Nitrile 고무
비극성 용제에 효과적

⑦ Butyl 고무
극성 용제에 효과적(알데히드, 지방족)

⑧ Ethylene vinyl alcohol
대부분의 화학물질을 취급할 경우 효과적

⑨ Polyvinyl chloride
수용성 용제

02 호흡용 보호구

(1) 개요

① 유해물질은 대부분 코, 입 등의 호흡기를 통해 체내로 흡입되면서 건강장애를 초래하게 되는데, 호흡기를 통해 흡입되는 유해물질을 강제로 차단하거나 공기를 정화해 주는 보호구를 호흡용 보호구라 한다.

② 분진의 체내 침입을 방지하는 방진마스크, 가스나 증기가 체내로 들어가는 것을 방지하는 방독마스크, 송기마스크, 자급식 호흡기 등이 있다.

③ 방진마스크와 방독마스크는 외기를 여과하여 오염물질을 제거하므로 산소결핍장소에서 착용해서는 안 된다. 산소결핍장소에서는 송기마스크, 공기호흡기를 착용한다.

④ 보호구의 능력을 과대평가하지 않아야 하고, 보호구 내 유해물질 농도는 허용기준 이하로 유지해야 한다.

⑤ 밀폐공간 작업에서 사용하는 호흡보호구는 송기마스크, 공기호흡기이다.

⑥ 흡기저항이 낮은 호흡용 보호구는 분진 제거효율이 높아 안전성이 확보된다.

(2) 구분

오염물질을 정화하는 방법에 따라 공기정화식과 공기공급식으로 구분된다.

① 여과식 호흡용 보호구(공기정화식)

㉠ 방진마스크

ⓐ 종류

- 특급
- 1급
- 2급

ⓑ 방진마스크는 분진, 미스트 및 흄이 호흡기를 통하여 인체에 유입되는 것을 방지하기 위하여 사용한다.

ⓒ 방진마스크는 비휘발성 입자에 대한 보호가 가능하다.

㉡ 방독마스크

ⓐ 종류

- 격리식
- 직결식
- 직결식 소형

ⓑ 방독마스크는 유해가스, 증기 등이 호흡기를 통하여 인체에 유입되는 것을 방지하기 위하여 사용한다.

ⓒ 방독마스크는 공기 중 산소가 부족하면 사용할 수 없다.

ⓓ 방독마스크는 일시적 작업 또는 긴급용으로 사용하여야 한다.

② 공기공급식 호흡용 보호구

㉠ 송기마스크

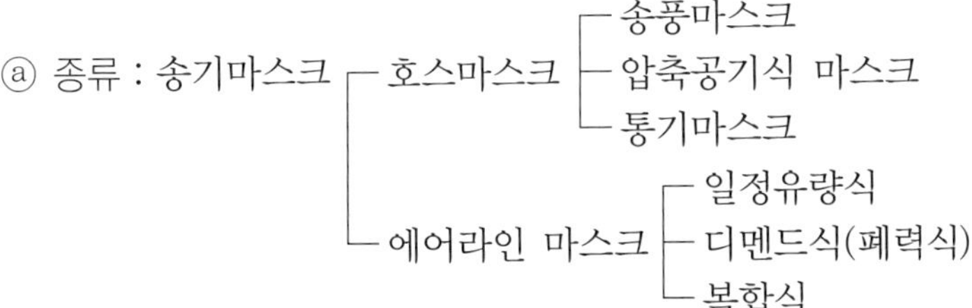

ⓑ 송기마스크는 신선한 공기원을 사용하여 공기를 호스를 통하여 송기함으로써 산소결핍으로 인한 위험을 방지하기 위하여 사용한다.

㉡ 공기호흡기

ⓐ 종류 : 공기호흡기 – 개방식(폐력식) ┬ 1단식 / └ 2단식

ⓑ 공기호흡기는 압축공기를 충전시킨 소형 고압공기 용기를 사용하여 공기를 공급함으로써 산소결핍으로 인한 위험을 방지하기 위하여 사용한다.

03 방진마스크

(1) 개요

① 공기 중의 유해한 분진, 미스트, 흄 등을 여과재를 통해 제거하여 유해물질이 근로자의 호흡기를 통하여 체내에 유입되는 것을 방지하기 위해 사용되는 보호구를 말하며, 분진 제거용 필터는 일반적으로 압축된 섬유상 물질을 사용한다.

② 산소농도가 정상적(18% 이상)이고 유해물의 농도가 규정 이하 농도의 먼지만 존재하는 작업장에서는 방진마스크를 사용한다.

③ 방진마스크는 비휘발성 입자에 대한 보호가 가능하다.

(2) 종류

① 사용목적에 따른 구분
- ㉠ 분진용 : 일반적인 먼지
- ㉡ 미스트용 : 작은 액체방울 형태의 미스트
- ㉢ 흄용 : 납땜이나 용접작업 시 발생하는 흄

② 안면부의 형상에 따른 구분
- ㉠ 전면형
  - ⓐ 눈, 코, 입 등 얼굴 전체를 보호할 수 있는 형태
  - ⓑ 얼굴과의 밀착성은 양호하지만, 안경을 낀 사람은 착용이 불편함
- ㉡ 반면형
  - ⓐ 입과 코 부위만을 보호할 수 있는 형태
  - ⓑ 착용에는 다소 편리한 점이 있지만, 눈과 얼굴, 피부를 보호할 수 없고 얼굴과의 밀착성이 떨어짐

③ 구조에 따른 구분
- ㉠ 직결식(일반적으로 많이 사용)
- ㉡ 격리식
- ㉢ 안면부 여과식(면체 여과식 : 마스크 본체 자체가 필터 역할)

④ 여과재의 분진포집능력에 따른 구분(분리식, 성능기준치)

방진마스크의 여과효율을 결정 시 국제적으로 사용하는 먼지의 크기는 채취효율이 가장 낮은 입경인 $0.3\mu m$이다.
- ㉠ 특급 : 분진포집효율 99.95% 이상(안면부 여과식 : 99.0% 이상)
- ㉡ 1급 : 분진포집효율 94.0% 이상(안면부 여과식 동일)
- ㉢ 2급 : 분진포집효율 80.0% 이상(안면부 여과식 동일)

(3) 방진마스크의 선정조건(구비조건)

① 흡기저항 및 흡기저항 상승률이 낮을 것(일반적 흡기저항 범위 : 6~8mmH_2O)
② 배기저항이 낮을 것(일반적 배기저항 기준 : 6mmH_2O 이하)
③ 여과재 포집효율이 높을 것
④ 착용 시 시야 확보가 용이할 것(하방시야가 60° 이상이 되어야 함)
⑤ 중량은 가벼울 것
⑥ 안면에서의 밀착성이 클 것
⑦ 침입률 1% 이하까지 정확히 평가 가능할 것
⑧ 피부 접촉부위가 부드러울 것
⑨ 사용 후 손질이 간단할 것
⑩ 무게중심은 안면에 강한 압박감을 주지 않는 위치에 있을 것

(4) 방진마스크 사용상 주의사항

① 포집효율과 흡·배기 시 발생하는 저항은 상반된 조건으로 방진마스크의 정화효율을 높이기 위해서는 저항이 낮아야 한다.
② 여과효율이 좋으려면 여과재에 사용되는 섬유의 직경이 작아야 한다.
③ 즉각적으로 생명과 건강에 위험을 줄 수 있는 농도(IDLH)에서 착용해서는 안 된다.
④ 분진, 미스트, 흄 등이 문제되는 작업장에서만 착용하여야 하고, 증기 또는 가스상의 유해물질이 공존하는 곳에서는 방진마스크를 착용해서는 절대 안 되며, 방독마스크에 필터가 부착된 마스크를 착용해야 한다.
⑤ 공기 중 산소농도가 18% 이하인 산소결핍 장소에서는 착용해서는 안 된다.
⑥ 얼굴에 손수건 등을 대고서 마스크를 착용하면 방진효율이 떨어지기 때문에 주의해야 한다.
⑦ 독성이 아주 높은 분진(허용농도$<0.05mg/m^3$) 또는 방사선 분진, 석면분진 등이 발산되는 작업장에서는 고효율 필터가 내장된 방진마스크를 착용해야 한다.
⑧ 필터를 자주 교체하여 일정한 포집효율을 유지해 주어야 한다(필터의 수명은 환경상태나 보관정도에 따라 달라지나 일반적으로 1개월 이내로 교체하여 착용).
⑨ 마스크의 고무 면체에 의한 안면부에 알레르기성 습진 등이 생길 수 있으므로 얼굴을 청결히 하고 땀을 자주 닦아주어야 한다.
⑩ 면체의 손질은 중성세제로 닦아 말리고 고무 부분은 자외선에 약하므로 그늘에서 말려야 하며 시너 등은 사용하지 말아야 한다.
⑪ 필터에 부착된 분진은 세게 털지말고 가볍게 털어준다.
⑫ 보관은 전용 보관상자에 넣거나 깨끗한 비닐봉지 등을 이용하고 습기를 막아주어야 한다.
⑬ 장시간 사용 시 분진의 포집효율이 감소하고 압력강하는 증가한다.

(5) 방진마스크 여과재(필터)의 재질

① 면, 모
② 유리섬유
③ 합성섬유
④ 금속섬유

(6) 일반적 방진마스크 적용 사업장소

① 광산과 채석장
② 톱밥분진이 발생되는 사업장
③ 금속산화물 흄이 생기는 작업장

Reference 방진마스크의 등급 구분

등 급	사용장소
특급	• 베릴륨 등과 같이 독성이 강한 물질들을 함유한 분진 등 발생장소 • 석면 취급장소
1급	• 특급 마스크 착용장소를 제외한 분진 등 발생장소 • 금속흄 등과 같이 열적으로 생기는 분진 등 발생장소 • 기계적으로 생기는 분진 등 발생장소(규소 등과 같이 2급 마스크를 착용하여도 무방한 경우는 제외한다)
2급	특급 및 1급 마스크 착용장소를 제외한 분진 등 발생장소

※ 단, 배기밸브가 없는 안면부 여과식 마스크는 특급 및 1급 마스크 착용장소에서 사용하여서는 아니 된다.

04 방독마스크

(1) 개요

공기 중 유해가스, 증기 등을 흡수관을 통해 제거하여 근로자의 호흡기 내로 침입하는 것을 가능한 적게 하기 위해 착용하는 호흡보호구이다.

(2) 종류

① 정화통의 연결형태에 따른 구분

㉠ 격리식

ⓐ 정화통, 연결관, 흡기밸브, 안면부, 배기밸브 및 머리끈으로 구성되어 있다.
ⓑ 가스 또는 증기의 농도가 2%(암모니아 3%) 이하의 대기 중에서 사용한다.

㉡ 직결식
ⓐ 정화통, 흡기밸브, 안면부, 배기밸브 및 머리끈으로 구성되어 있다.
ⓑ 가스 또는 증기의 농도가 1%(암모니아 1.5%) 이하의 대기 중에서 사용한다.
㉢ 직결식 소형
ⓐ 정화통, 흡기밸브, 안면부, 배기밸브 및 머리끈으로 구성되어 있다.
ⓑ 가스 또는 증기의 농도가 0.1% 이하의 대기 중에서 사용하지만, 긴급용으로는 사용할 수 없다.

② 안면부의 형상에 다른 구분
㉠ 전면형
ⓐ 작업자의 눈이나 피부 흡수 가능성이 있는 유해물질의 발생 시 사용한다.
ⓑ 착용 시 대화가 불가능하여 작업 중 의사소통을 필요로 하는 작업장에서는 통신 장비가 부착된 마스크를 착용한다.
㉡ 반면형
ⓐ 폭로되는 유해물질이 작업자의 눈이나 안면 노출 부위에 자극성이 없거나 피부 흡수 가능성이 없을 때 사용한다.
ⓑ 보호계수 10일 때(보통 허용농도의 10배 수준) 사용한다.

(3) 흡수제(흡착제)의 재질

① 활성탄(activated carbon)
㉠ 가장 많이 사용되는 물질
㉡ 비극성(유기용제)에 일반적 사용
② 실리카겔(silicagel)
극성에 일반적 사용
③ 염화칼슘(soda lime)
④ 제오라이트(zeolite)

(4) 방독마스크 정화통(카트리지, cartridge) 수명에 영향을 주는 인자

① 작업장 습도(상대습도) 및 온도
② 착용자의 호흡률(노출조건)
③ 작업장 오염물질의 농도
④ 흡착제의 질과 양
⑤ 포장의 균일성과 밀도
⑥ 다른 가스, 증기와 혼합 유무

(5) 방독마스크 사용상 주의점

① 고농도 작업장(IDLH : 순간적으로 건강이나 생명에 위험을 줄 수 있는 유해물질의 고농도 상태)이나 산소결핍의 위험이 있는 작업장(산소농도 18% 이하)에서는 절대 사용해서는 안 되며 대상 가스에 맞는 정화통을 사용하여야 한다.

② 정화통의 종류에 따라 더 이상 유해물질을 흡수할 수 없는 사용한도시간(파과시간)이 있으므로, 마스크 사용시간을 기록하여 사용한도시간을 넘지 않도록 한다.

③ 마스크 착용 중 가스 냄새가 나거나 숨 쉬기가 답답하다고 느낄 때에는 즉시 작업을 중지하고 새로운 정화통으로 교환해야 한다(정화통은 한 번 개봉하면 재사용을 피하는 것이 좋음).

④ 정화통은 작업자가 필요에 따라 언제든지 교환할 수 있도록 작업자가 쉽게 찾을 수 있는 곳에 보관해야 한다.

⑤ 가스나 증기상의 물질과 분진이 동시에 발생하는 작업장에서는 1차적으로 분진을 걸러줄 수 있는 필터가 장착된 마스크를 착용해야 한다.

⑥ 유해물질이 존재하는 곳에 마스크를 보관하게 되면 정화통의 사용한도시간이 단축되므로 반드시 신선하고 건조한 장소에서 비닐팩 속에 넣어 보관해야 한다.

⑦ 마스크 본체를 세척할 필요가 있을 때는 적당한 세척제를 푼 따뜻한 물이나 위생액으로 닦아낸 후 파손상태를 정기적으로 검사하고 정화통은 절대로 세척해서는 안 된다.

⑧ 방독마스크는 일시적인 작업 또는 긴급용으로 사용하여야 한다.

⑨ 산소결핍 위험이 있는 경우, 유효시간이 불분명한 경우는 송기마스크나 자급식 호흡기를 사용한다.

(6) 흡수관 수명

① 흡수관의 수명은 시험가스가 파과되기 전까지의 시간을 의미한다.

② 검정 시 사용하는 물질은 사염화탄소(CCl_4)이다.

③ 방독마스크의 사용 가능 여부를 가장 정확히 확인할 수 있는 것은 파과곡선이다.

④ **파과시간(유효시간)**

$$\text{유효시간} = \frac{\text{표준유효시간} \times \text{시험가스 농도}}{\text{작업장의 공기 중 유해가스 농도}}$$

기본개념문제 01

공기 중의 사염화탄소 농도가 0.2%이며 사용하는 정화통의 정화능력이 사염화탄소 0.5%에서 60분간 사용 가능하다면 방독면의 사용 가능 시간(분)은?

풀이 사용 가능 시간(유효시간) $= \dfrac{\text{표준유효시간} \times \text{시험가스 농도}}{\text{공기 중 유해가스 농도}} = \dfrac{0.5 \times 60}{0.2} = 150\text{분}$

(7) 정화통(흡수관) 종류 구분

흡수관 종류	색
유기화합물용	갈색
할로겐용, 황화수소용, 시안화수소용	회색
아황산용	노란색
암모니아용	녹색
복합용 및 겸용	• 복합용의 경우 : 해당 가스 모두 표시(2층 분리) • 겸용의 경우 : 백색과 해당 가스 모두 표시(2층 분리)

※ 증기밀도가 낮은 유기화합물 정화통의 경우 색상표시 및 화학물질명 또는 화학기호를 표기

※ 유기화합물용(유기용제용) 정화통은 습도가 낮을수록, 산성용(황화수소, 아황산가스, 할로겐가스 등) 정화통은 습도가 높을수록(50% 이상) 수명이 길어진다.

05 공기공급식 마스크

(1) 개요

① 산소가 결핍된 환경 또는 유해물질의 농도가 높거나 독성이 강한 작업장에서 사용해야 한다(산소결핍장소에서는 송기마스크 사용).

② 대표적인 보호구로서 에어라인 마스크와 자가공기공급장치(SCBA)가 대표적이다.

(2) 에어라인 마스크

① 정의 : 에어라인(air－line)은 송풍기에서 호흡할 수 있는 공기를 보호구 안면부에 연결된 관을 통하여 공급하는 호흡용 보호구이다.

② 단점 : 긴 공기호스를 이용해서 공기를 공급받기 때문에 작업반경이 큰 곳에서는 사용이 곤란하다.

③ NIOSH 기준 : 관의 길이 최대 300피트, 최대압력 125psi로 정해져 있다.

④ 종류

㉠ 폐력식(demand)
착용자가 호흡 시 발생하는 압력에 따라 레귤레이터에 의해 공기를 공급하는 방식으로, 보호구 내부 음압이 생기므로 누설 가능성이 있어 주의를 요함

㉡ 압력식(pressure demand)
흡기 및 호기 시 일정량의 압력이 보호구 내부에 항상 걸리도록 레귤레이터에 의해 공기를 공급하는 방식으로, 항상 보호구 내부 양압이 걸리므로 누설현상 적음

㉢ 연속흐름식(continuous flow)
압축기에서 일정량의 공기가 항상 충분히 공급

(3) 호스마스크 송풍량

송풍형 호스마스크의 기계송풍 시 송풍량은 다음과 같다.

① **경작업** : 150L/min

② **중작업** : 200L/min

(4) 자가공기공급장치(SCBA)

① **정의**

공기통식이라고도 하며, 산소나 공기 공급 실린더를 직접 착용자가 지니고 다니는 호흡용 보호구이다.

② **장점**

작업공간에 제한을 받지 않는다.

③ **단점**

배터리 수명, 공급되는 공기의 양에 한계가 있기 때문에 작업시간에 많은 제약이 있다.

④ **종류**

㉠ 폐쇄식(closed circuit)

ⓐ 호기 시 배출공기가 외부로 빠져나오지 않고 장치 내에서 순환

ⓑ 개방식보다 가벼운 것이 장점

ⓒ 사용시간은 30분 ~ 4시간 정도

ⓓ 산소 발생장치는 KO_2 사용

ⓔ 반응이 시작하면 멈출 수 없는 것이 단점

㉡ 개방식(open circuit)

ⓐ 호기 시 배출공기가 장치 밖으로 배출

ⓑ 사용시간은 30분 ~ 60분 정도

ⓒ 호흡용 공기는 압축공기를 사용(단, 압축산소 사용은 폭발위험이 있기 때문에 절대 사용 불가)

ⓓ 주로 소방관이 사용

(5) 공기공급식 마스크 사용상 주의점

① 전동식 공기정화형 호흡보호구는 생명과 건강에 즉각적으로 위험을 줄 수 있는 고농도의 작업장에서 사용할 수 없으며, 유해물질의 종류에 맞는 정화물질을 잘 선택하여 사용해야 한다.

② 동력장치의 경우 작업 중 동력이 떨어지지 않도록 주기적으로 동력(배터리)을 체크해야 한다.

③ 공기공급식 호흡보호구는 외부에서 신선한 공기를 공급해 주기 때문에 만약 공급되는 공기가 오염되어 있으면 오히려 건강을 해치거나 작업자가 두통을 호소하는 등 부작용이 있을 수 있으므로 주기적으로 공기의 신선도를 체크해 주고, 필터 등을 점검하여 자주 교체해 주어야 한다.

④ 고농도의 아주 위험한 작업을 수행할 때는 외부에서 공급되는 공기가 갑자기 차단되거나 전동장치에 문제가 있을 때 대처할 수 있도록 비상용 공기통을 준비하여 바로 사용할 수 있도록 한다.

⑤ 외부에서 공급되는 공기의 압력에 의해 소음이 발생될 수 있으므로 소음을 체크하여 작업에 방해가 될 때에는 소음기를 부착해야 한다.

⑥ 유해물질의 농도가 극히 높으면 자기공급식 장치를 사용한다.

(6) 송기마스크를 착용하여야 할 작업(산업안전보건기준에 관한 규칙)

① 환기를 할 수 없는 밀폐공간에서의 작업

② 밀폐공간에서 비상시에 근로자를 피난시키거나 구출 작업

③ 탱크, 보일러 또는 반응탑의 내부 등 통풍이 불충분한 장소에서의 용접 작업

④ 지하실 또는 맨홀의 내부 기타 통풍이 불충분한 장소에서 가스 배관의 해체 또는 부착 작업을 할 때 환기가 불충분한 경우

⑤ 국소배기장치를 설치하지 아니한 유기화합물 취급 특별장소에서 관리대상 물질의 단시간 취급 업무

⑥ 유기화학물을 넣었던 탱크 내부에서 세정 및 도장 업무

06 호흡용 보호구의 선정방법

(1) 보호계수(PF ; Protection Factor)

보호구를 착용함으로써 유해물질로부터 보호구가 얼마만큼 보호해 주는가의 정도를 의미한다.

$$\mathrm{PF} = \frac{C_o}{C_i}$$

여기서, PF : 보호계수(항상 1보다 크다)

C_i : 보호구 안의 농도

C_o : 보호구 밖의 농도

(2) 할당보호계수(APF ; Assigend Protection Factor)

① 일반적인 PF 개념의 특별한 적용으로 적절히 밀착이 이루어진 호흡기 보호구를 훈련된 일련의 착용자들이 작업장에서 보호구 착용 시 기대되는 최소보호정도치를 의미한다.

② APF 50의 의미는 APF 50의 보호구를 착용하고 작업 시 착용자는 외부 유해물질로부터 적어도 50배만큼 보호를 받을 수 있다는 의미이다.

③ APF가 가장 큰 것은 양압 호흡기 보호구 중 공기공급식(SCBA, 압력식) 전면형이다.

④ APF를 이용하여 보호구에 대한 최대사용농도를 구할 수 있다.

$$\mathrm{APF} \geq \frac{C_{\mathrm{air}}}{\mathrm{PEL}}(=\mathrm{HR})$$

여기서, APF : 할당보호계수
PEL : 노출기준
C_{air} : 기대되는 공기 중 농도
HR : 유해비 ⇨ 호흡용 보호구 선정 시 유해비(HR)보다 APF가 큰 것을 선택해야 한다는 의미의 식

기본개념문제 02

톨루엔을 취급하는 근로자의 보호구 밖에서 측정한 톨루엔 농도가 30ppm이었고, 보호구 안의 농도가 2ppm으로 나왔다면 보호계수(Protection Factor, PF) 값은? (단, 표준상태 기준)

풀이 $\mathrm{PF} = \frac{\text{보호구 밖의 농도}}{\text{보호구 안의 농도}} = \frac{30}{2} = 15$

기본개념문제 03

기대되는 공기 중의 농도가 30ppm이고 노출기준이 2ppm이면 적어도 호흡기 보호구의 할당보호계수(APF)는 최소 얼마 이상인 것을 선택해야 하는가?

풀이 $\mathrm{APF} \geq \frac{\text{기대되는 공기 중의 농도}}{\text{노출기준}}$

$\geq \frac{30}{2}(15)$, 즉 APF가 15 이상인 것을 선택함

(3) 최대사용농도(MUC ; Maximum Use Concentration)

APF의 이용 보호구에 대한 최대사용농도의 의미이다.

$$\mathrm{MUC} = \text{노출기준} \times \mathrm{APF}$$

기본개념문제 04

할당보호계수(APF)가 10인 반면형 호흡기 보호구를 구리 흄(노출기준 0.1mg/m³)이 존재하는 작업장에서 사용한다면 최대사용농도(MUC : mg/m³)는?

풀이 $MUC = 노출기준 \times APF = 0.1 \times 10 = 1mg/m^3$

(4) 경고 특성(warning properties)

① 허용농도 이하에서 가스, 증기의 냄새, 맛, 눈 또는 호흡기 자극 등으로 그 물질의 존재 여부를 감지하는 것을 의미한다.

② 경고 특성이 건강유지를 위해 절대적인 것은 아니다.

③ 약한 경고 특성을 가진 유해물질에 대해서는 유효수명표시(ESLI)가 된 보호구를 사용해야 한다.

(5) 정화통(카트리지) 수명 예측 시 적용한계

① 끓는점이 70℃ 이상이고 농도가 200ppm 이하인 유기증기에 대한 카트리지 수명은 정상작업하에서 8시간 사용

② 경작업 호흡유량(30L/min)에 역비례

③ 농도가 10배 감소하면 수명은 5배 증가

④ 습도 85% 이상에서는 50%의 수명 감소

(6) 밀착도 검사(fit test)

① 개요

㉠ 얼굴 피부 접촉면과 보호구 안면부가 적합하게 밀착되는지를 측정하는 것이다.

㉡ 작업자가 작업장에 들어가기 전 누설정도를 최소화시키기 위함이다.

㉢ 어떤 형태의 마스크가 작업자에게 적합한 지 마스크를 선택하는 데 도움을 주어 작업자의 건강을 보호한다.

㉣ 음압밀착도 자가점검은 흡입구를 막고 숨을 들이마시며, 양압밀착도 자가점검은 배출구를 막고 숨을 내쉰다.

② 측정방법

㉠ 정성적인 방법(QLFT) : 냄새, 맛, 자극물질을 이용

㉡ 정량적인 방법(QNFT) : 보호구 안과 밖에서 농도, 압력의 차이를 수적인 방법으로 나타냄

③ 밀착계수(FF)

㉠ QNFT를 이용하여 밀착정도를 나타내는 것을 의미한다.

㉡ 보호구 안 농도(C_i)와 밖에서 농도(C_o)를 측정하여 비로 나타낸다.

㉢ 높을수록 밀착정도가 우수하여 착용자 얼굴에 적합하다.

(7) 작업장 보호계수(WPF ; Workplace Protection Factor)

① 적절한 기능을 가진 보호구를 실제 작업장에서 사용할 때 보호구 밖과 안의 농도비를 말한다.

② 농도비 계산 시 안과 밖의 농도는 실제 작업장에서 정상적인 작업에 대해 정상적인 작업활동을 하는 동안 TWA 계산에 의해 구한다.

07 눈 보호구

(1) 개요

① 먼지나 이물질로부터 눈을 보호하기 위하여 착용하는 보호구를 눈 보호구라 한다.

② 주로 적외선, 가시광선, 자외선 등의 유해광선이 문제되는 용해, 주조, 용접작업장과 산이나 알칼리 등과 같이 화학물질이 눈에 들어갈 수 있는 작업 등에서 착용한다.

③ 보안경, 보안면 등을 안면보호구라고 한다.

④ 눈을 보호하는 보호구로는 유해광선 차광보호구와 먼지나 이물질을 막아주는 방진안경이 있다.

(2) 종류

① 보안경

㉠ 먼지나 화학물질, 기타 비산물로부터 눈을 보호하기 위한 것이다.

㉡ 안경테의 형상에 따라 보통 안경형과 측판부착 안경형이 있다.

② 차광안경(차광보호구, goggle)

㉠ 유해광선을 차단하여 근로자의 눈을 보호하기 위한 것이다.

㉡ 유해광선에 맞는 차광도를 선택해야 하며 차광도번호가 크면 차광효과가 크다.

ⓐ 차광도번호 1.5~3.0 : 반사광, 절단, 용접작업 시 휘광, 복사선

ⓑ 차광도번호 4.0 : 복사선 강도가 강한 경우 적용

ⓒ 400A 이상의 아크용접 시 차광도번호 14의 차광도 보호안경 사용

(3) 착용 및 선택 시 주의점

① 안경의 유리는 외부의 강한 압력이나 충격에 견딜 수 있는 재질을 사용하여 절대 깨지는 일이 없어야 한다.

② 평소에 안경을 끼는 시력이 나쁜 사람은 도수렌즈 안경을 별도로 준비하여야 한다.

③ 차광안경의 경우 해당되는 유해광선을 차광할 수 있는 적당한 차광도를 가져야 한다.

④ 보안경의 경우 안면부에 밀착이 잘 되어 틈새 등으로 이물질이 들어오지 못하도록 해야 한다.

⑤ 투시력이 높아야 하고 굴절이 되지 않아야 한다.

⑥ 안경테의 재질이 화학물질 등에 견딜 수 있는 것이어야 한다.

⑦ 단순히 눈의 외상을 막는 데 사용하는 보호안경이라도 열처리를 하거나 색깔을 넣은 렌즈를 사용할 필요가 있다.

08 피부 보호구

(1) 개요

① 작업장에서 사용하는 유해물질이 직접 피부에 접촉하거나 혹은 작업자의 작업복에 심한 오염을 일으킬 염려가 있을 때 또는 고열로부터 몸을 보호하고자 할 때 신체의 일부 혹은 전체에 착용하는 것을 피부 보호구라 한다.

② 주로 도장 작업, 산 세척작업, 고열 작업 등에서 많이 이용되고 있다.

(2) 종류

① 특정 부위 보호

㉠ 손 보호구(장갑)

ⓐ 면장갑

- 날카로운 물체를 다루거나 찰과상의 위험이 있는 경우 사용
- 가죽이나 손가락 패드가 붙어 있는 면장갑 권장
- 촉감, 구부러짐 등이 우수하나 마모가 잘 됨
- 선반 및 회전체를 취급 시 안전상 장갑을 사용하지 않음

ⓑ 방열처리장갑

고열 물체 취급 시 사용

ⓒ 용접용 보호장갑

아크 및 가스용접 등 화상 방지를 위한 보호구

ⓓ 위생보호장갑

산, 알칼리, 화학약품으로부터 손을 보호하기 위한 보호구

ⓔ 방진장갑

진동공구 취급 시 사용

ⓕ Latex 또는 Latex coating 장갑

- 산, 알칼리, 강한 산화제에 사용
- 비극성 용제에는 쉽게 질 저하 현상

ⓖ Polyvinyl alcohol 장갑

일부 용제에 효과적이나 물에 대해서 약한 성질이 있어 장갑 안쪽에 땀 흡수 lining 부착

ⓗ 전기용 장갑

외측 파손을 막기 위해 가죽장갑을 착용하고 작업 실시

㉡ 장화

ⓐ 장화의 재질은 PVC, butyl 고무, nitrile, neoprene 고무 등 사용

ⓑ 장화 바닥은 찰과상을 막아주어야 함

㉢ 앞치마

② **보호의(보호복)**

보호의는 화학물질과의 접촉이 불가피한 경우, 즉 엎질러지거나 튈 가능성이 있는 작업에 온몸을 전부 둘러싸 인체를 전면적으로 보호해 주는 보호구로, 내열방화복, 정전복, 위생보호복, 앞치마 등이 있다.

㉠ 방열복(내열방화복)

고온 작업 시 사용되며, 방열의에는 석면제나 섬유에 알루미늄 등을 증착한 알루미나이즈 방열의가 사용된다.

㉡ 방한복(방한복, 방한화, 방한모는 −18℃ 이하인 급냉동창고 하역 작업 등에 이용)

한랭 작업 시 사용

㉢ 위생복(일반작업복)

산, 알칼리, 가스, 강한 산화제 등으로부터 피부를 보호

㉣ 정전복

마찰에 의하여 발생되는 정전기의 대전을 방지하기 위하여 사용

㉤ 재질

ⓐ 고무 : 강한 산, 알칼리 취급 시(천연고무 : 수용성, 극성 용제)

ⓑ 알루미늄 : 방열복, 방열장갑에서 복사열 반사

ⓒ Butyle 고무 : 극성 용제

ⓓ 면 : 고체상 물질(용제에는 사용하지 못함)

ⓔ Ethyene vinyl alcohol
대부분의 화학물질에 이용되며, 쉽게 파손되어 강한 물질과 병행 사용

ⓕ Neoprene 고무
비극성 용제, 부식성 물질

ⓖ Nitrile 고무
비극성 용제(일부 극성 용제)

ⓗ Polyvinyl chloride
수용성 용액, 산, 부식성 물질(일부 극성 용제)

③ 산업용 피부보호제(피부보호용 도포제)

㉠ 피부에 유해물질이 직접 접촉하지 않도록 하는 피부보호제를 의미한다.

㉡ 종류

ⓐ 피막형성형 피부보호제(피막형 크림)
- 적용 화학물질 : 정제 벤드나이겔, 염화비닐수지
- 분진, 유리섬유 등에 대한 장해 예방
- 피막형성 도포제를 바르고 장시간 작업 시 피부에 장해를 줄 수 있으므로 작업 완료 후 즉시 닦아내야 함
- 분진, 전해약품 제조, 원료 취급 작업 시 사용

ⓑ 소수성 물질 차단 피부보호제
- 적용 화학물질 : 밀랍, 탈수라노린, 파라핀, 유동파라핀, 탄산마그네슘
- 내수성 피막을 만들고 소수성으로 산을 중화함
- 광산류, 유기산, 염류(무기염류) 취급 작업 시 사용

ⓒ 차광성 물질 차단 피부보호제
- 적용 화학물질 : 글리세린, 산화제이철
- 타르, 피치, 용접작업 시 예방
- 주 원료는 산화철, 아연화산화티탄

ⓓ 광과민성 물질 차단 피부보호제
자외선 예방

ⓔ 지용성 물질 차단 피부보호제
지용성 물질에 대한 장해 예방

ⓕ 수용성 물질 차단 피부보호제
수용성 물질에 대한 장해 예방

Reference 유해인자별 작업 종류, 보호구

유해인자	작업 종류	보호구
관리대상 유해물질	1. 유기화합물을 넣었던 탱크(유기화합물의 증기가 발산할 우려가 없는 탱크는 제외) 내부에서의 세척 및 페인트칠 업무 2. 유기화합물 취급 특별장소에서 유기화합물을 취급하는 업무	송기마스크
	1. 밀폐설비나 국소배기장치가 설치되지 아니한 장소에서의 유기화합물 취급 업무 2. 유기화합물 취급장소에 설치된 환기장치 내의 기류가 확산될 우려가 있는 물체를 다루는 유기화합물 취급 업무 3. 유기화합물 취급장소에서 유기화합물의 증기 발산원을 밀폐하는 설비(청소 등으로 유기화합물이 제거된 설비는 제외)를 개방하는 업무	송기마스크 또는 방독마스크
	금속류, 산·알칼리류, 가스상태 물질류 등을 취급하는 작업	호흡용 보호구
	피부자극성 또는 부식성 관리대상 유해물질을 취급하는 작업	불침투성 보호복·보호장갑·보호장화 및 피부보호용 바르는 약품
	관리대상 유해물질이 흩날리는 업무	보안경
허가대상 유해물질	허가대상 유해물질을 제조하거나 사용하는 작업	방진마스크 또는 방독마스크
	피부장해 등을 유발할 우려가 있는 허가대상 유해물질을 취급하는 경우	불침투성 보호복·보호장갑·보호장화 및 피부보호용 약품
석면	석면 해체·제거 작업	방진마스크(특등급만 해당)나 송기마스크 또는 전동식 호흡보호구, 고글(goggles)형 보호안경, 신체를 감싸는 보호복, 보호장갑 및 보호신발
금지 유해물질	금지유해물질을 취급하는 경우	불침투성 보호복·보호장갑(개인 전용), 별도의 정화통을 갖춘 호흡용 보호구
소음	소음작업, 강렬한 소음 작업 또는 충격소음 작업	청력보호구(귀마개, 귀덮개)
진동	진동 작업	방진장갑 등 진동보호구
이상기압	고압 작업	호흡용 보호구, 섬유로프, 그 밖에 비상시 고압 작업자를 피난시키거나 구출하기 위하여 필요한 용구
고열	다량의 고열 물체를 취급하거나 매우 더운 장소에서 작업	방열장갑, 방열복
저온	다량의 저온 물체를 취급하거나 현저히 추운 장소에서 작업	방한모, 방한화, 방한장갑 및 방한복
산소결핍	밀폐공간에서 작업	공기호흡기 또는 송기마스크, 사다리 및 섬유로프
	밀폐공간에서 위급한 근로자를 구출하는 작업	공기호흡기 또는 송기마스크
	밀폐공간에서 작업하는 근로자가 산소결핍이나 유해가스로 인하여 추락할 우려가 있는 경우	안전대나 구명밧줄, 공기호흡기 또는 송기마스크

09 청력 보호구(방음 보호구)

(1) 개요

강렬한 소음 또는 충격소음 등으로 인한 인체의 청력손실을 막기 위해 귀에 착용하는 보호구로서, 귀마개, 귀덮개 등이 있다.

(2) 청각 기구

① 외이
㉠ 구성
이개(귓바퀴), 외이도, 고막
㉡ 음의 전달매질
기체(공기)

② 중이
㉠ 구성
고실, 이관(유스타키오관)
㉡ 역할
ⓐ 이소골에 의해 고막의 진동을 고체 진동으로 변환시켜 진동음압을 20배 증폭하는 임피던스 변환기 역할
ⓑ 이관은 고막의 진동을 쉽게 하도록 외이와 중이의 기압을 조정
㉢ 음의 전달매질
고체

③ 내이
㉠ 구성
난원창, 원형창, 인두, 평형기, 청신경, 와우각
㉡ 음의 전달매질
액체

(3) 청력보호구 종류

종 류	등 급	기 호	성 능
귀마개	1종	EP－1	저음부터 고음까지 차음하는 것
	2종	EP－2	주로 고음을 차음하여 회화음 영역인 저음은 차음하지 않는 것
귀덮개	－	EM	－

(4) 귀마개(ear plug)

① 정의

소음이 많이 발생하는 작업장에서 근로자의 청력을 보호하기 위하여 외이도에 삽입함으로써 차음효과를 나타내는 방음 보호구이다.

② 방음효과

㉠ 일반적으로 양질의 보호구일 경우 귀마개의 감음효과는 주로 고주파영역(4,000Hz)에서 크게 나타난다. 귀마개는 25~35dB(A) 정도, 귀덮개는 35~45dB(A) 정도의 차음효과가 있으며 두 개를 동시에 착용하면 추가로 3~5dB(A)의 감음효과를 얻을 수 있다.

㉡ 귀마개는 40dB 이상의 차음효과가 있어야 하나 귀마개를 끼면 사람들과의 대화가 방해되므로 사람의 회화영역인 1,000Hz 이하의 주파수영역에서는 25dB 이상의 차음효과만 있어도 충분한 방음효과가 있는 것으로 인정한다.

㉢ 고음만 차단해 주는 귀마개(EP－2)와 저음부터 고음까지 차단해 주는 것(EP－1)이 있으므로, 작업 도중 작업자 간의 대화가 반드시 필요한 곳에서는 고음은 차단하고 저음은 통과해 주는 귀마개(EP－2)를 선택한다.

㉣ 외청도에 이상이 없는 경우에 사용이 가능하며 덥고 습한 환경, 장시간 사용 시, 연속적 소음에 노출 시, 다른 보호구와 동시 사용할 때 좋다.

③ 구조

㉠ 귀(외이도)에 잘 맞을 것

㉡ 사용 중에 심한 불쾌감이 없을 것

㉢ 사용 중에 쉽게 빠지지 않을 것

㉣ 분실하지 않게 적당한 곳에 끈으로 연결시킬 것

④ 장점

㉠ 부피가 작아서 휴대가 쉬움

㉡ 착용하기가 간편

㉢ 안경과 안전모 등에 방해가 되지 않음

㉣ 고온 작업에서도 사용 가능

㉤ 좁은 장소에서도 사용 가능

㉥ 가격이 귀덮개보다 저렴

⑤ 단점

㉠ 귀에 질병이 있는 사람은 착용 불가능

㉡ 여름에 땀이 많이 날 때는 외이도에 염증 유발 가능성

㉢ 제대로 착용하는 데 시간이 걸리며 요령을 습득하여야 함

㉣ 차음효과가 일반적으로 귀덮개보다 떨어짐

㉤ 사람에 따라 차음효과 차이가 큼(개인차가 큼)

㉥ 더러운 손으로 만짐으로써 외청도를 오염시킬 수 있음(귀마개에 묻어 있는 오염물질이 귀에 들어갈 수 있음)

(5) 귀덮개(ear muff)

① 정의

소음이 많이 발생하는 작업장에서 근로자의 청력을 보호하기 위하여 양쪽 귀 전체를 덮어서 차음효과를 나타내는 방음보호구이며, 간헐적 소음에 노출 시 사용한다.

② 방음효과

㉠ 저음영역에서 20dB 정도, 고음영역에서 45dB까지 차음효과가 있다.

㉡ 귀마개를 착용하고서 귀덮개를 착용하면 훨씬 차음효과가 커지게 되므로 120dB 이상의 고음 작업장에서는 동시 착용할 필요가 있다.

㉢ 간헐적 소음에 노출되는 경우 귀덮개를 착용한다.

㉣ 차음성능기준상 중심주파수가 1,000Hz인 음원의 차음치는 25dB 이상이다.

③ 구조

㉠ 덮개는 귀 전체를 덮을 수 있는 크기로 하고 발포 플라스틱 등의 흡음재료로 감쌀 것

㉡ 귀 주위를 덮는 덮개의 안쪽 부위는 발포 플라스틱 또는 액체를 봉입한 플라스틱 튜브 등에 의해 귀 주위에 완전히 밀착되는 구조로 할 것

㉢ 머리띠 또는 걸고리 등은 길이를 조절할 수 있는 것으로서 철재인 경우에는 적당한 탄성을 가져 착용자에게 압박감이나 불쾌감을 주지 않을 것

④ 장점

㉠ 귀마개보다 일관성 있는 차음효과를 얻을 수 있다.

㉡ 귀마개보다 차음효과가 일반적으로 높다.

㉢ 동일한 크기의 귀덮개를 대부분의 근로자가 사용할 수 있다(크기를 여러 가지로 할 필요가 없다).

㉣ 귀에 염증이 있어도 사용할 수 있다(질병이 있을 때도 가능).

㉤ 귀마개보다 차음효과의 개인차가 적다.

㉥ 근로자들이 귀마개보다 쉽게 착용할 수 있고 착용법을 틀리거나 잃어버리는 일이 적다(멀리서도 착용 유무를 확인할 수 있다).

㉦ 고음영역에서 차음효과가 탁월하다.

⑤ 단점

㉠ 부착된 밴드에 의해 차음효과가 감소될 수 있다.

㉡ 고온에서 사용 시 불편하다(보호구 접촉면에 땀이 난다).

㉢ 머리카락이 길 때와 안경테가 굵거나 잘 부착되지 않을 때는 사용하기가 불편하다.

㉣ 장시간 사용 시 꼭 끼는 느낌이 든다.

㉤ 보안경과 함께 사용하는 경우 다소 불편하며, 차음효과가 감소한다.

㉥ 가격이 비싸고 운반과 보관이 쉽지 않다.

㉦ 오래 사용하여 귀걸이의 탄력성이 줄었을 때나 귀걸이가 휘었을 때는 차음효과가 떨어진다.

(6) 청력보호구의 차음효과를 높이기 위한 유의사항

① 사용자 머리의 모양이나 귓구멍에 잘 맞아야 할 것
② 기공이 많은 재료를 선택하지 말 것
③ 청력보호구를 잘 고정시켜서 보호구 자체의 진동을 최소화할 것
④ 귀덮개 형식의 보호구는 머리카락이 길 때와 안경테가 굵어서 잘 부착되지 않을 때에는 사용하지 말 것

(7) 청력보호구 재료

① 강도, 경도, 탄성 등이 각 부위별 용도에 적합할 것
② 인체에 접촉되는 부분에 사용하는 재료는 해로운 영향을 주지 않는 것으로 간이 소독이 용이한 것으로 할 것
③ 금속으로 된 재료는 녹 방지 처리가 된 것으로 할 것

(8) 차음효과(OSHA)

$$\text{차음효과} = (\text{NRR} - 7) \times 0.5$$

여기서, NRR : 차음평가지수

기본개념문제 05

어떤 작업장의 음압수준이 90dB이고, 근로자는 귀덮개(NRR=17)를 착용하고 있다. 미국산업안전보건청 계산방법을 이용하여 차음효과와 근로자가 노출되는 음압수준값은?

풀이 ① 차음효과 = (NRR − 7) × 0.5 = (17 − 7) × 0.5 = 5dB
② 노출되는 음압수준 = 90 − 차음효과(5) = 85dB

PART 04

물리적 유해인자 관리

산업위생관리기사 필기

PART 04. 물리적 유해인자 관리

온열조건

01 고온(고열) 작업

(1) 개요

① 사람과 환경 사이에 일어나는 열교환에 영향을 미치는 것은 기온, 기류, 습도 및 복사열 4가지이다.

② 기후인자 가운데서 기온, 기류, 습도(기습) 및 복사열 등 온열요소가 동시에 인체에 작용하여 관여할 때 인체는 온열감각을 느끼게 되며, 온열요소를 단일척도로 표현하는 것을 온열지수라 한다.

(2) 온열요소

① 기온(air temperature)

기온(온도)은 태양의 복사열에 의해 좌우되고 대류와 관계가 있다.

㉠ 지적온도(적정온도, optimum temperature)

ⓐ 정의

인간이 활동하기에 가장 좋은 상태인 이상적인 온열조건으로 환경온도를 감각온도로 표시한 것을 지적온도라 하고, 주관적 · 생리적 · 생산적 지적온도의 3가지 관점에서 볼 수 있다.

ⓑ 종류

- 쾌적감각온도
- 최고생산온도
- 기능지적온도

ⓒ 특징

- 작업량이 클수록 체열 방산이 많아 지적온도는 낮아진다.
- 여름철이 겨울철보다 지적온도가 높다.
- 더운 음식물, 알코올, 기름진 음식 등을 섭취하면 지적온도는 낮아진다.
- 노인들보다 젊은 사람의 지적온도가 낮다.

㉡ 각 조건온도

ⓐ 안전보건활동 적정온도 : 18~21℃

ⓑ 안락 한계온도 : 17~24℃

ⓒ 불쾌 한계온도 : 17℃ 미만 24℃ 이상

ⓓ 손재주 저하온도 : 13~13.5℃ 이하

ⓔ 옥외작업 제한온도 : 10℃ 이하

㉢ 단위

ⓐ 섭씨(℃)와 Kelvin(K) 관계

$$K = (℃) + 273$$

ⓑ 섭씨(℃)와 화씨(℉) 관계

$$℉ = \left[\frac{9}{5} \times (℃)\right] + 32$$

㉣ 기온 측정기기 종류

ⓐ 아스만(assmann) 통풍온습도계

ⓑ 액체봉상온도계

ⓒ 자기저온계(연속 측정 시)

㉥ 감각온도(실효온도, 유효온도)

기온, 습도, 기류(감각온도 3요소)의 조건에 따라 결정되는 체감온도

㉦ 실효복사온도

흑구온도와 기온의 차이

② 기습(humidity)

기습(습도)은 보통 상대습도로, 공기 중 실제로 함유되어 있는 수증기량과 공기가 그 온도에서 함유할 수 있는 최대한도의 수증량과의 비를 말하며, 증발과 관계가 있다.

㉠ 상대습도(비교습도)

ⓐ 정의

단위부피의 공기 속에 현재 함유되어 있는 수증기의 양과 그 온도에서 단위부피의 공기 속에 함유할 수 있는 최대의 수증기량(포화수증기량)과의 비를 백분율(%)로 나타낸 것, 즉 기체 중의 수증기압과 그것과 같은 온도의 포화수증기압을 백분율로 나타낸 값이다.

$$상대습도(\%) = \frac{e}{eW} \times 100 = \frac{절대습도}{포화습도} \times 100$$

여기서, e : 공기의 수증기압

eW : 공기와 같은 압력과 기온일 때의 포화수증기압

e는 일정하나 eW는 기온에 따라 변하므로, 같은 수증기를 함유해도 온도가 변하면 상대습도는 변한다. 또한 온도변화에 따라 포화수증기량도 변한다.

ⓒ 특징
- 상대습도는 기온과는 반대로 새벽에 가장 높아지고 오후에 가장 낮아진다.
- 연간 변화는 여름철에 높고 겨울철에 낮다.
- 공기 중 상대습도가 높으면 불쾌감을 느낀다.
- 인체에 바람직한 상대습도는 30~60(70)%이다.

ⓓ 측정
- 건구와 습구 2개의 온도계로 측정하고, 이 수치에서 상대습도를 읽는 표에 의하여 간접적으로 산출한다.
- 모발습도계 등에서 직접 측정한다.

㉡ 절대습도

ⓐ 정의

절대적인 수증기의 양으로 나타내는 것으로 단위부피의 공기 속에 함유된 수증기량의 값, 즉 주어진 온도에서 공기 $1m^3$ 중에 함유된 수증기량(g)을 의미한다.

ⓑ 특징
- 수증기량이 일정하면 절대습도는 온도가 변하더라도 절대 변하지 않는다.
- 기온에 따라 수증기가 공기에 포함될 수 있는 최대값이 정해져 있어, 그 값은 기온에 따라 커지거나 작아진다.

㉢ 포화습도

ⓐ 정의

공기 $1m^3$가 포화상태에서 함유할 수 있는 수증기량의 의미이다.

ⓑ 특징

일정 공기 중의 수증기량이 한계를 넘을 때 공기 중의 수증기량(g)으로 나타낸다.

㉣ 습도 측정기기 종류

ⓐ 아스만(assmann) 통풍온습도계

ⓑ 회전습도계

ⓒ 자기모발습도계

ⓓ 전기저항습도계

③ 기류(air movement)

㉠ 기류(풍속)를 느끼고 측정할 수 있는 최저한계는 0.5m/sec이고, 기류는 대류 및 증발과 관계가 있다.

㉡ 불감기류는 0.5m/sec 미만의 기류로, 실내에 항상 존재한다. 이는 신진대사를 촉진(생식선 발육 촉진)시키고, 한랭에 대한 저항을 강화시킨다.

PART 4

㉢ 인체에 적당한 기류 속도의 범위는 6~7m/min이다.

㉣ 작업장 관리기준(산업보건기준에 관한 규칙)에서 기온 10℃ 이하일 때는 1m/sec 이상의 기류에 직접 접촉을 금지한다.

④ 복사열(radiant heat)

㉠ 인체는 실외에서는 항상 직접적으로 태양에서 방출되는 복사열에, 산업현장에서는 전기로, 가열로, 용해로, 건조로 등에서 발생되는 복사열에 노출되어 있다.

㉡ 인간의 피부는 흑체에 가까우며, 흑체는 복사열을 모두 흡수하는 물체를 말한다.

㉢ 복사열 측정기기 종류

ⓐ 습구흑구온도지수(WBGT) 측정기

ⓑ 열전기쌍복사계

ⓒ 복사고온계

ⓓ 볼로미터

02 고열장애와 생체영향

(1) 개요

고열환경에 노출되면 체온조절기능에 생리적 변조 또는 장애를 초래하여 자각적으로나 임상적으로 증상을 나타내는 것을 총칭하여 열중증 또는 고열장애라고 한다.

(2) 고열장애에 미치는 영향요소

① 작업환경 조건

② 환경의 기후 조건

③ 고온순화의 정도

④ 건강상태

⑤ 작업량

(3) 고열장애 생성요인

① 고열장애를 일으키는 데 기본적으로 관여하는 요인은 작업으로 인한 체내에서의 열생산과 환경온도가 높아지는 것이다.

② 고열환경에서 체온조절기능을 유지하기 위하여 땀을 많이 흘려 체내의 수분과 염분이 부족하게 되어 2차적으로 생기는 경우도 있다.

(4) 고열장애 분류

① 열사병(heat stroke)

㉠ 개요

ⓐ 열사병은 고온다습한 환경(육체적 노동 또는 태양의 복사선을 두부에 직접적으로 받는 경우)에 노출될 때 뇌 온도의 상승으로 신체 내부의 체온조절중추에 기능장애를 일으켜서 생기는 위급한 상태를 말한다.

ⓑ 고열로 인해 발생하는 장애 중 가장 위험성이 크다.

ⓒ 태양광선에 의한 열사병은 일사병(sunstroke)이라고 한다.

㉡ 발생

ⓐ 체온조절중추(특히 발한중추)의 기능장애에 의하여 발생한다(체내에 열이 축적되어 발생).

ⓑ 혈액 중의 염분량과는 관계없다.

ⓒ 대사열의 증가는 작업부하와 작업환경에서 발생하는 열부하가 원인이 되어 발생하며, 열사병을 일으키는 데 크게 관여한다.

㉢ 증상

ⓐ 일차적인 증상은 정신착란, 의식결여, 경련, 혼수, 건조하고 높은 피부온도, 체온상승 등이 있다.

ⓑ 중추신경계의 장애를 일으킨다.

ⓒ 뇌막혈관이 노출되면 뇌 온도의 상승으로 체온조절중추의 기능에 장애를 일으킨다.

ⓓ 전신적인 발한 정지가 발생한다(땀을 흘리지 못하여 체열 방산을 하지 못해 건조할 때가 많음).

ⓔ 직장 온도가 상승(40℃ 이상의 직장 온도), 즉 체열 방산을 하지 못하여 체온이 41~43℃까지 급격하게 상승하여 사망에 이를 수 있다.

ⓕ 초기에 조치를 취하지 않으면 사망에 이를 수도 있다.

ⓖ 40%의 높은 치명률을 보이는 응급성 질환이다.

ⓗ 치료 후 4주 이내에는 다시 열에 노출되지 않도록 주의한다.

㉣ 치료

ⓐ 체온조절중추의 손상이 있을 경우 치료효과를 거두기 어려우며 체온을 급히 하강시키기 위한 응급조치방법으로 얼음물에 담가서 체온을 39℃까지 내려주어야 한다.

ⓑ 얼음물에 의한 응급조치가 불가능할 때는 찬물로 닦으면서 선풍기를 사용하여 증발 냉각이라도 시도해야 한다.

ⓒ 호흡곤란 시에는 산소를 공급해 준다.

ⓓ 체열의 생산을 억제하기 위하여 항신진대사제 투여가 도움이 되나 체온 냉각 후 사용하는 것이 바람직하다.

ⓔ 울열 방지와 체열 이동을 돕기 위하여 사지를 격렬하게 마찰시킨다.

② **열피로(heat exhaustion), 열탈진(열소모)**

㉠ 개요

ⓐ 고온환경에서 장시간 힘든 노동을 할 때 주로 미숙련공(고열에 순화되지 않은 작업자)에 많이 나타나며, 과다 발한으로 수분 · 염분 손실에 의하여 발생한다.

ⓑ 현기증, 두통, 구토 등의 약한 증상에서부터 심한 경우는 허탈(collapse)로 빠져 의식을 잃을 수도 있다.

ⓒ 체온은 그다지 높지 않고(39℃ 정도까지), 맥박은 빨라지면서 약해지고, 혈압은 낮아진다.

㉡ 발생

ⓐ 땀을 많이 흘려(과다 발한) 수분과 염분 손실이 많을 때

ⓑ 탈수로 인해 혈장량이 감소할 때

ⓒ 말초혈관 확장에 따른 요구 증대만큼의 혈관운동 조절이나 심박 출력의 증대가 없을 때(말초혈관 운동신경의 조절장애와 심박출력의 부족으로 순환 부전)

ⓓ 대뇌피질의 혈류량이 부족할 때

㉢ 증상

ⓐ 체온은 정상범위를 유지하고, 혈중 염소 농도는 정상이다.

ⓑ 구강 온도는 정상이거나 약간 상승하고, 맥박수는 증가한다.

ⓒ 혈액농축은 정상범위를 유지한다(혈당치는 감소하나 혈액 및 소변 소견은 현저한 변화가 없음).

ⓓ 실신, 허탈, 두통, 구역감, 현기증 증상을 주로 나타낸다.

ⓔ 권태감, 졸도, 과다 발한, 냉습한 피부 등의 증상을 보이며, 직장 온도가 경미하게 상승할 경우도 있다.

㉣ 치료

휴식 후 5% 포도당을 정맥 주사한다.

③ **열경련(heat cramp)**

㉠ 개요

ⓐ 가장 전형적인 열중증의 형태로서 주로 고온환경에서 지속적으로 심한 육체적인 노동을 할 때 나타나며 주로 작업 중에 많이 사용하는 근육에 발작적인 경련이 일어나는데, 작업 후에도 일어나는 경우가 있으며 팔이나 다리뿐만 아니라 등 부위의 근육, 위에도 생기는 경우가 있다.

ⓑ 더운 환경에서 고된 육체적인 작업을 장시간하면서 땀을 많이 흘릴 때 많은 물을 마시지만 신체의 염분 손실을 충당하지 못해(혈중 염분 농도가 낮아짐) 발생하는 것으로 혈중 염분 농도 관리가 중요한 고열장애이다.

㉡ 발생
ⓐ 지나친 발한에 의한 수분 및 혈중 염분 손실이 많을 때(혈액의 현저한 농축 발생)
ⓑ 땀을 많이 흘리고 동시에 염분이 없는 음료수를 많이 마셔서 염분이 부족할 때
ⓒ 전해질이 유실될 때

㉢ 증상
ⓐ 체온이 정상이거나 약간 상승하고 혈중 Cl^- 농도가 현저히 감소한다.
ⓑ 낮은 혈중 염분 농도와 팔 · 다리의 근육경련이 일어난다(수의근 유통성 경련).
ⓒ 수의근의 유통성 경련(주로 작업 시 사용한 근육에서 발생)이 일어나기 전에 현기증, 이명, 두통, 구역, 구토 등의 전구증상이 일어난다.
ⓓ 통증을 수반하는 경련은 주로 작업 시 사용한 근육에서 흔히 발생한다.
ⓔ 일시적으로 단백뇨가 나온다.
ⓕ 중추신경계통의 장애는 일어나지 않는다.
ⓖ 복부와 사지 근육에 강직, 동통이 일어나고 과도한 발한이 발생된다.

㉣ 치료
ⓐ 수분 및 NaCl을 보충한다(생리식염수 0.1% 공급).
ⓑ 바람이 잘 통하는 곳에 눕혀 안정시킨다.
ⓒ 체열 방출을 촉진시킨다(작업복을 벗겨 전도와 복사에 의한 체열 방출).
ⓓ 증상이 심하면 생리식염수 1,000~2,000mL를 정맥 주사한다.

④ 열실신(heat syncope), 열허탈(heat collapse)

㉠ 개요
ⓐ 고열환경에 노출될 때 혈관운동장애(말초혈관 확장)가 일어나 정맥혈이 말초혈관에 저류되고 심박출량 부족으로 초래하는 순환부전, 특히 대뇌피질의 혈류량 부족이 주원인으로 저혈압, 뇌의 산소부족으로 실신하거나 현기증을 느낀다.
ⓑ 고열 작업장에 순화되지 못한 근로자가 고열 작업을 수행할 경우 신체 말단부에 혈액이 과다하게 저류되어 혈액 흐름이 좋지 못하게 됨에 따라 뇌에 산소부족이 발생하며, 운동에 의한 열피비라고도 한다.

㉡ 발생
ⓐ 고온에 순화되지 못한 근로자가 고열 작업 수행 시
ⓑ 갑작스런 자세변화, 장시간의 기립상태, 강한 운동 시, 즉 중근작업을 적어도 2시간 이상 하였을 경우
ⓒ 염분과 수분의 부족현상은 관계없음

㉢ 증상
ⓐ 체온조절기능이 원활하지 못해 결국 뇌의 산소부족으로 의식 잃는다.
ⓑ 말초혈관 확장 및 신체 말단부 혈액이 과다하게 저류된다.

㉣ 치료(예방)

ⓐ 예방 관점에서 작업 투입 전 고온에 순화되도록 한다.

ⓑ 시원한 그늘에서 휴식시키고 염분과 수분을 경구로 보충한다.

⑤ 열성발진(heat rashes), 열성혈압증

㉠ 개요

ⓐ 작업환경에서 가장 흔히 발생하는 피부장애로 땀띠(plickly heat)라고도 하며, 끊임없이 고온다습한 환경에 노출될 때 주로 문제가 된다.

ⓑ 피부의 케라틴(keratin)층 때문에 막혀 땀샘에 염증이 생기고 피부에 작은 수포가 형성되기도 한다.

㉡ 발생

피부가 땀에 오래 젖어서 생기고, 옷에 덮혀 있는 피부 부위에 자주 발생한다.

㉢ 증상

ⓐ 땀이 증가 시 따갑고 통증 느낀다.

ⓑ 불쾌하며 작업자의 내열성도 크게 저하시킨다.

㉣ 치료

냉목욕 후 차갑게 건조시키고 세균 감염 시 칼라민 로션이나 아연화 연고를 바른다.

⑥ 열쇠약(heat prostration)

㉠ 개요

고열에 의한 만성 체력소모를 의미한다.

㉡ 증상

건강장애로 전신권태, 위장장애, 불면, 빈혈 등을 나타낸다.

03 고온 순화(순응)

(1) 개요

① 순화란 외부의 환경변화나 신체활동이 반복되어 인체조절기능이 숙련되고 습득된 상태이며, 고온 순화는 외부의 환경영향 요인이 고온일 경우이다.

② 신체의 순응현상이란 외부 환경의 변화에 신체반응의 항상성이 작용하는 현상이다.

③ 고온의 영향으로 나타나는 일차적 생리적 영향은 발한이다.

④ 고온에 순응된 사람들이 고온에 계속적으로 노출되었을 때 땀의 분비속도가 증가하는 현상이 나타난다.

(2) 순화의 예

① 열대지방 사람들은 수분 섭취량이 감소한다.
② 고산지대 사람들은 적혈구 수가 많다.
③ 음주가들은 알코올 분해효소의 작용이 강하다.
④ 병원균의 침범을 받으면 이에 대한 면역이 생긴다.

(3) 고온에 순화되는 과정(생리적 변화)

① 체표면의 한선(땀샘)의 수 증가 및 땀 속 염분 농도 희박해짐
② 간기능 저하(cholesterol/cholesterol ester의 비 감소)
③ 처음에는 에너지 대사량이 증가하고 체온이 상승하나 후에 근육이 이완되고, 열생산도 정상으로 됨
④ 위액 분비가 줄고 산도가 감소하여 식욕부진, 소화불량 유발
⑤ 교감신경에 의한 피부혈관 확장 및 갑상선자극호르몬 분비 감소
⑥ 노출피부 표면적 증가 및 피부온도 현저하게 상승
⑦ 장관 내 온도 하강, 맥박수 감소 및 발한과 호흡 촉진
⑧ 심장박출량이 증가하다가 정상으로 됨
⑨ 혈중 염분량 현저히 감소 및 수분 부족상태
⑩ 알도스테론 분비가 증가되어 염분 배설량이 억제됨
⑪ 1차적 생리적 반응
　㉠ 발한(불감발한) 및 호흡 촉진
　㉡ 교감신경에 의한 피부혈관 확장
　㉢ 체표면 증가(한선)
⑫ 2차적 생리적 반응
　㉠ 혈중 염분량 현저히 감소 및 수분 부족
　㉡ 심혈관, 위장, 신경계, 신장 장해

(4) 특징

① 고온 순화는 매일 고온에 반복적이며 지속적으로 폭로 시 4~6일에 주로 이루어진다.
② 순화방법은 하루 100분씩 폭로하는 것이 가장 효과적이며, 하루의 고온 폭로시간이 길다고 하여 고온 순화가 빨리 이루어지는 것은 아니다.
③ 고온에 폭로된 지 12~14일에 거의 완성되는 것으로 알려져 있다.
④ 고온 순응의 정도는 폭로된 고온의 정도에 따라 부분적으로 순응되며, 더 심한 온도에는 내성이 없다.
⑤ 고온에 순응된 상태에서 계속 노출되면 땀의 분비속도가 증가한다.
⑥ 고온 순화에 관계된 가장 중요한 외부 영향요인은 영양과 수분보충이다.

(5) 불감발한

땀이 나지 않더라도 피부 표면과 호흡기를 통하여 수분이 증발하는데, 이를 불감발한이라 하며, 땀과 구별되는 불감발한의 발생정도는 약 0.6L/day이다.

(6) 고온 순화기전

① 체온조절기전의 항진
② 더위에 대한 내성 증가
③ 열생산 감소
④ 열방산능력 증가

04 고열 측정 및 평가

(1) 고열 측정

① 온도 · 습도 측정

㉠ 작업환경 평가 시 온도는 일반적으로 아스만통풍건습계를 사용하며, 습도는 건구온도와 습구온도의 차를 구하여 습도환산표를 이용하여 구한다.

㉡ 아스만통풍건습계

ⓐ 눈금의 간격은 0.5℃
ⓑ 측정시간은 5분 이상(온도 안정시간)
ⓒ 2개의 같은 눈금을 갖는 봉상수은온도계 사용
ⓓ 한 개는 기온 측정에 사용되는 건구온도계로, 다른 하나는 습구온도를 측정하는 데 사용

② 기류 측정

㉠ 풍차풍속계

ⓐ 1~150m/sec 범위의 풍속 측정
ⓑ 옥외용으로 사용
ⓒ 풍차의 회전속도로 풍속 측정

㉡ 카타온도계

ⓐ 카타의 냉각력을 이용하여 측정, 즉 알코올 눈금이 100°F(37.8℃)에서 95°F(35℃)까지 내려가는 데 소요되는 시간을 4~5회 측정 · 평균하여 카타 상수값을 이용하여 구하는 간접적 측정방법
ⓑ 작업환경 내에 기류의 방향이 일정하지 않을 경우 기류속도 측정
ⓒ 실내 0.2~0.5m/sec 정도의 불감기류 측정 시 기류속도를 측정

㉢ 열선식 풍속계

ⓐ 가열된 금속선에 바람이 접촉하면 열을 빼앗겨 이를 풍속과 관련지어 측정하는 원리로, 기온과 정압을 동시에 구할 수 있어 환기시설의 점검에 유용함

ⓑ 기류속도가 아주 낮을 때 사용하여야 정확함

ⓒ 측정범위는 0~50m/sec

㉣ 가열온도풍속계

ⓐ 풍속과 기온과의 차이의 관계에서 풍속을 구함

ⓑ 작업환경 측정의 표준방법으로 사용

③ **복사열 측정**

㉠ 표준형의 직경 15cm(0.5mm 동판), 무광택의 흑색 도료(황화동, $CuSO_4$)로 도색

㉡ 실효복사온도는 흑구온도와 기온의 차이를 말함

㉢ 작업환경 측정의 표준방법으로 사용하며, 흑구온도계는 복사온도를 측정함

④ **습구 · 흑구 온도 측정**

㉠ 아스만통풍건습계를 이용하여 건구 및 자연습구온도를 측정, 흑구온도계로 복사온도(흑구온도)를 측정하여 계산한다.

㉡ 계산방법

옥외 : WBGT(℃)=0.7×자연습구온도(℃)+0.2×흑구온도(℃)+0.1×건구온도(℃)
옥내 : WBGT(℃)=0.7×자연습구온도(℃)+0.3×흑구온도(℃)

㉢ WBGT의 고려대상은 기온, 기류, 습도, 복사열이다.

㉣ 고열의 작업환경 평가 시 가장 일반적인 방법은 습구흑구온도(WBGT)를 측정하는 방법이다.

㉤ 자연습구온도는 대기온도를 측정하긴 하지만 습도와 공기의 움직임에 영향을 받으며, 습도가 높고 대기흐름이 적을 때 높은 습구온도를 발생한다.

㉥ 흑구온도는 복사열에 의해 발생하는 온도이며, 흑구온도계는 복사열을 측정하는 데 사용되는 기본적인 방법이다.

㉦ 대기 중 온도를 측정하는 가장 일반적인 방법은 수은이 있는 유리관으로 구성된 건구온도계를 사용하는 것이다.

㉧ 건구온도계의 측정범위는 −5~50℃이고, ±0.5℃까지 정확하게 측정이 가능하나 측정범위 이하의 온도일 경우에는 부서질 수 있다.

㉨ 건구온도계는 대기온도만을 측정할 수 있게 복사열원으로부터 차단되어야 한다.

㉩ 흑구온도계의 직경은 6인치로, 검은색으로 도색된 속이 빈 구리 재질의 구모형으로 구성되어 있다. 측정 가능한 범위는 −5~100℃이고, 0.5℃까지 정확하게 측정할 수 있으며, 흑구는 복사열을 흡수한다.

㉪ 공기의 습도는 일반적으로 습구온도계와 같이 건구온도계를 사용하여 측정한다.

㉫ 자연습구온도는 젖은 거즈로 구부를 싼 온도계로 측정하며, 싸여진 온도계 구는 심지가 젖은 채로 유지하기 위해 일부분이 물속에 잠겨 있도록 해야 한다.

> **Reference 건습구온도계**
>
> 1. 건구온도란 대기 중 상대습도가 100% 이하에서의 온도를 말하며, 건구온도와 기온은 같다.
> 2. 습구온도는 상대습도가 100%가 되는 온도를 말하며, 물이 거즈를 타고 습구온도계의 구부에 올라왔다가 증발하기 때문에 건구온도보다 낮게 나타난다.
> 3. 건습구온도계는 두 개의 온도계를 이용하여 물이 증발되는 것의 빠르고 느림을 전후 공기의 습도를 재는 습도계를 말하며, 한 개의 온도계는 온도계의 구부를 거즈로 감싸고 거즈는 항상 젖어 있도록 하는데 이 온도계를 습구온도계라 하며, 거즈로 감싸지 않은 온도계를 건구온도계라 한다.

(2) 평가

① 온열요소를 단일척도로 표현하는 것을 온열지수라 하며, 이것은 단순히 물리적인 것이라기보다는 생리적이며 보건학적인 견지에서 만들어진 것이다.

② 고열 작업장을 평가하는 지표 중 가장 보편적으로 쓰이는 온열지수는 WBGT 지수이다.

③ 온열지수 종류

- ㉠ 습구흑구온도지수(WBGT)
- ㉡ 감각온도(ET) : WBGT에 기류를 고려한 지수
- ㉢ Kata 냉각력
- ㉣ TGE 지수
- ㉤ 4시간 발한량 예측치(B_4SR)
- ㉥ 온열부하지수(HSI)
- ㉦ 습구건구지수(WD)
- ㉧ 풍냉지수(WC)

④ 고열로 인한 스트레스를 평가하는 지수

- ㉠ 열평형
- ㉡ 유효온도
- ㉢ 대사열

⑤ 고열작업의 노출기준(고용노동부, ACGIH)

작업과 휴식 시간 비	작업강도(단위 : WBGT(℃))		
	경작업	중등작업	중작업
계속작업	30.0	26.7	25.0
매 시간 75% 작업, 25% 휴식	30.6	28.0	25.9
매 시간 50% 작업, 50% 휴식	31.4	29.4	27.9
매 시간 25% 작업, 75% 휴식	32.2	31.1	30.0

㈜ 1. 경작업 : 시간당 200kcal까지의 열량이 소요되는 작업을 말하며, 앉아서 또는 서서 기계의 조정을 하기 위하여 손 또는 팔을 가볍게 쓰는 일 등을 뜻함
2. 중등작업 : 시간당 200~350kcal까지의 열량이 소요되는 작업을 말하며, 물체를 들거나 밀면서 걸어다니는 일 등을 뜻함
3. 중작업 : 시간당 350~500kcal까지의 열량이 소요되는 작업을 말하며, 곡괭이질 또는 삽질하는 일 등을 뜻함

05 고열에 대한 대책

(1) 고열 발생원 대책

① 방열재(insulator)를 이용하여 표면을 덮음
대류와 복사열에 대한 영향을 막는 원리로 잠재적인 열을 차단하는 것이다.

② 전체환기(상승기류 제어를 위해 환기) 및 국소배기

③ 복사열 차단(shielding)
㉠ 근무작업복 흰색 계통 착용 시 태양복사열을 50% 정도 감소시킬 수 있다.
㉡ 고열 작업공정(용광로, 가열로 등)에서 발생하는 복사열은 차열판(알루미늄 재질)을 이용하여 복사열을 차단시킬 수 있다(절연방법).

④ 냉방장치 설치
대규모 고열 작업장의 경우 냉방보다 시원한 휴식장소를 마련하는 것이 좋다.

⑤ 대류(공기흐름) 증가
작업장 주위 공기 온도가 작업자 신체 피부 온도보다 낮을 경우에만 적용 가능하다.

⑥ 냉방복 착용
Vortex tube 원리를 이용한다.

⑦ 작업의 자동화 · 기계화
고열 작업의 경감을 꾀한다.

(2) 보호구에 의한 대책

① 방열복 착용
㉠ 가능한 한 흰색의 방열복으로 착용한다.
㉡ 몸에 조금 넉넉하게 착용하는 것이 좋다.
㉢ 방열복을 착용하여 복사열을 차단하거나 여의치 않을 경우에는 긴소매 옷을 입는 것이 더 효과적이다.
㉣ 피복의 외피는 통기성이 큰 것이 좋다.

② 기타 보조 보호구 착용
얼음조끼, 냉풍조끼(vortex tube), 방열장갑, 방열화 등을 착용한다.

(3) 보건관리상 대책

① 적성 배치
㉠ 고열 작업장 근로자 적성 배치 시 고려인자
ⓐ 개인의 질병이나 연령 및 적성
ⓑ 고온 순화능력

㉡ 고열 작업장 부적합 근로자
ⓐ 비만자 및 위장 장애가 있는 자
ⓑ 비타민 B 결핍증이 있는 자
ⓒ 심혈관계에 이상이 있는 자
ⓓ 발열성 질환을 앓고 있거나 회복기에 있는 자
ⓔ 고령자(일반적으로 45세 이상)

② 고온 순화
㉠ 수분과 염분의 부족상태인 근로자는 고온 순화가 늦게 이루어진다.
㉡ 완전 고온 순화된 작업자가 고열 작업을 쉬면 순화효과는 부분적으로 사라지고 1개월이면 순화 전과 비슷한 상태가 되어 재순화절차를 실시해야 한다.

③ 작업량의 조절(경감) 및 작업의 자동화 · 기계화

④ 작업주기 단축 및 휴식시간 확보

⑤ 휴게실 설치
휴게실의 적정온도조건은 일반적으로 25℃(26℃), 습도 50~60%를 기준삼거나 외부환경온도보다 5~6℃ 낮은 정도로 유지한다.

⑥ 물 및 소금의 공급
㉠ 물의 공급은 소량씩 자주 마시게 하는 것이 좋다(일반적으로 20분당 1컵).
㉡ 소금의 공급은 순화되지 않은 작업자에게는 0.1% 식염수를 공급한다.
㉢ 정제나 분말상태의 소금을 섭취 시 위장 장애 및 탈수현상을 초래할 수 있으므로 꼭 식염수를 공급한다.

⑦ 부적응자의 조기 발견으로 예방조치

(4) 고열 작업장의 작업환경 관리대책

① 작업자에게 국소적인 송풍기를 지급한다.
② 작업장 내에 낮은 습도를 유지한다.
③ 열 차단판인 알루미늄박판에 기름먼지가 묻지 않도록 청결을 유지한다.
④ 기온이 35℃ 이상이면 피부에 닿는 기류를 줄이고 옷을 입혀야 한다.
⑤ 노출시간을 한 번에 길게 하는 것보다는 짧게 자주하고, 휴식하는 것이 바람직하다.
⑥ 증발방지복(vapor barrier)보다는 일반 작업복이 적합하다.
⑦ 작업대사량을 줄이고 격심작업은 기계의 도움을 받아 인체 열생산 증가를 관리한다.
⑧ 복사열은 가능한 몸의 노출부분을 덮어 관리한다.

06 한랭(저온)의 생체영향

(1) 개요

① 저온환경에서는 환경온도와 대류가 체열을 방출하는 이화학적 조절에 가장 중요하게 영향을 미친다.
② 한랭환경에서 생체열용량의 변화는 대사에 의한 체열 생산에서 증발 · 복사 · 대류에 의한 체열 방산을 뺀 것과 같다.
③ 한랭에 대한 순화는 고온 순화보다 느리다.
④ 혈관의 이상은 저온 노출로 유발되거나 악화된다.
⑤ 저온 작업에서 손가락, 발가락 등의 말초부위는 피부온도 저하가 가장 심한 부위이다.

(2) 한랭(저온)환경에서의 생리적 기전(반응)

한랭환경에서는 체열 방산 제한, 체열 생산을 증가시키기 위한 생리적 반응이 일어난다.
① 피부혈관이 수축(말초혈관이 수축)한다.
　㉠ 피부혈관 수축과 더불어 혈장량 감소로 신체 내 열을 보호하는 기능을 한다.
　㉡ 말초혈관의 수축으로 표면조직의 냉각이 오며, 피부혈관의 수축으로 피부온도가 감소되고 순환능력이 감소되어 혈압은 일시적으로 상승된다.
② 근육긴장의 증가와 떨림 및 수의적인 운동이 증가한다.
③ 갑상선을 자극하여 호르몬 분비가 증가(화학적 대사작용이 증가)한다.
④ 부종, 저림, 가려움증, 심한 통증 등이 발생한다.
⑤ 피부 표면의 혈관 · 피하조직이 수축 및 체표면적이 감소한다.
⑥ 피부의 급성일과성 염증반응은 한랭에 대한 폭로를 중지하면 2~3시간 내에 없어진다.
⑦ 피부나 피하조직을 냉각시키는 환경온도 이하에서는 감염에 대한 저항력이 떨어지며 회복과정에 장애가 온다.
⑧ 1차적 생리적 반응
　㉠ 피부혈관 수축 및 체표면적 감소
　㉡ 근육긴장 증가 및 떨림
　㉢ 화학적 대사(호르몬 분비) 증가
⑨ 2차적 생리적 반응
　㉠ 말초혈관의 수축으로 표면조직의 냉각
　㉡ 식욕 변화(식욕 항진 ; 과식)
　㉢ 혈압 일시적 상승(혈류량 증가)
　㉣ 피부혈관의 수축으로 순환기능이 감소

(3) 한랭(저온)환경에 의한 건강장애

① 전신체온 강하(저체온증, general hypothermia)

㉠ 정의

저체온증은 심부온도가 37℃에서 26.7℃ 이하로 떨어지는 것을 말하며, 한랭환경에서 바람에 노출, 얇거나 습한 의복 착용 시 급격한 체온강하가 일어난다.

㉡ 증상

ⓐ 전신 저체온의 첫 증상은 억제하기 어려운 떨림과 냉감각이 생기고, 심박동이 불규칙하게 느껴지며 맥박은 약해지고 혈압이 낮아진다.

ⓑ 32℃ 이상이면 경증, 32℃ 이하이면 중증, 21~24℃이면 사망에 이른다.

㉢ 특징

ⓐ 장시간의 한랭 폭로에 따른 일시적 체열(체온) 상실에 따라 발생한다.

ⓑ 급성 중증 장애이다.

ⓒ 피로가 극에 달하면 체열의 손실이 급속히 이루어져 전신의 냉각상태가 수반된다.

㉣ 치료

ⓐ 치료방법은 신속하게 몸을 데워주어 정상체온으로 회복시켜 주어야 한다.

ⓑ 진정제 복용과 음주는 체온하강의 위험을 더욱 증대시킨다.

② 동상(frostbite)

㉠ 정의

강렬한 한랭으로 조직장애가 오거나 심부혈관의 변화를 초래하는 장애로 실제 조직의 동결을 말한다.

㉡ 증상

ⓐ 동상에 대한 저항은 개인에 따라 차이가 있다.

ⓑ 발가락은 12℃에서 시린 느낌이 생기며, 6℃에서는 아픔을 느낀다.

ⓒ 피부의 동결온도는 0~−2℃(≒−1℃)에서 발생한다.

ⓓ 피부는 감각이 둔해지며 점차 황백색이 된다.

㉢ 특징

ⓐ 손가락, 발가락, 코, 귀, 안면 등에 주로 발생한다.

ⓑ 물에 젖었을 때 풍속의 증가 시 특히 잘 유발되는 국소조직이 심해지는 증후군이다.

ⓒ 한랭의 정도, 한랭 작용시간, 환자의 저항력 등에 따라 병상이 좌우된다.

ⓓ 그 정도에 따라 제1도, 제2도, 제3도까지 구분된다.

㉣ 구분

ⓐ 제1도 동상(발적)

- 홍반성 동상이라고도 한다.
- 처음에는 말단부로의 혈행이 정체되어서 국소성 빈혈이 생기고, 환부의 피부는 창백하게 되어서 다소의 동통 또는 지각 이상을 초래한다.
- 한랭작용이 이 시기에 중단되면 반사적으로 충혈이 일어나서 피부에 염증성 조홍을 일으키고 남보라색 부종성 조홍을 일으킨다.

ⓑ 제2도 동상(수포형성과 염증)

- 수포성 동상이라고도 한다.
- 물집이 생기거나 피부가 벗겨지는 결빙을 말한다.
- 수포를 가진 광범위한 삼출성 염증이 생긴다.
- 수포에는 혈액이 섞여 있는 경우가 많다.
- 피부는 청남색으로 변하고 큰 수포를 형성하여 궤양, 화농으로 진행한다.

ⓒ 제3도 동상(조직괴사로 괴저발생)

- 괴사성 동상이라고도 한다.
- 한랭작용이 장시간 계속되었을 때 생기며 혈행은 완전히 정지된다. 동시에 조직성분도 붕괴되며, 그 부분의 조직괴사를 초래하여 괴상을 만든다.
- 심하면 근육, 뼈까지 침해해서 이환부 전체가 괴사성이 되어 탈락되기도 한다.

㉤ 치료

ⓐ 우선 온실 또는 25℃의 실내에서 손 또는 마른 헝겊으로 장시간 가볍게 마찰한다.

ⓑ 가벼운 동상에는 부신피질호르몬제가 함유되어 있는 크림 또는 연고를 바른다.

③ **참호족, 침수족**

㉠ 참호족과 침수족은 지속적인 한랭으로 모세혈관벽이 손상되는데, 이는 국소부위의 산소결핍 때문이다.

㉡ 참호족과 침수족의 임상증상과 증후는 거의 비슷하고, 발생시간은 침수족이 참호족에 비해 길다.

㉢ 참호족(trench foot)

ⓐ 지속적인 국소의 산소결핍 때문이며 저온으로 모세혈관벽이 손상되는 것이다.

ⓑ 근로자의 발이 한랭에 장기간 노출됨과 동시에 지속적으로 습기나 물에 잠기게 되면 발생한다.

ⓒ 저온 작업에서 손가락, 발가락 등의 말초부위에서 피부온도 저하가 가장 심한 부위이다.

ⓓ 조직 내부의 온도가 10℃에 도달하면 조직 표면은 얼게 되며, 이러한 현상을 참호족이라 한다.

㉣ 침수족(immersion foot)

ⓐ 동결온도 이상의 냉수에 오랫동안 폭로 시 생긴다.

ⓑ 부종, 저림, 가려움, 심한 통증 등이 생기고 점차 물집이 생기며 피부조직이 괴사를 일으킨다.

ⓒ 27℃에서는 떨림이 멎고 혼수에 빠지게 되며, 23~25℃에 이르면 사망하게 된다.

ⓓ 체온이 32.2~35℃에 이르면 신경학적 억제증상으로 운동실조, 자극에 대한 반응속도 저하와 언어이상 등이 온다.

ⓔ 직장 온도가 35℃ 수준 이하로 저하되는 경우를 의미한다.

④ Raynaud 증상(병)

㉠ 정의

한랭환경에서 국소진동에 노출되는 경우에 나타나는 현상이다.

㉡ 특징

ⓐ 수지(손, 발가락)의 감각마비 증상이 나타난다.

ⓑ 청색증이라고도 하며, 심할 시 극심한 통증이 유발된다.

⑤ 선단지람증(지단자람증 ; acrocyanosis)

⑥ 폐색성 혈전장애

⑦ 알레르기반응(두드러기, 부종 등의 국소반응 일으킴)

⑧ 상기도 손상

⑨ 피로 증상

07 한랭에 대한 대책

(1) 일반적 대책

① 고혈압자, 심장혈관장애 질환자와 간장 및 신장 질환자는 한랭작업을 피하도록 한다.

② 작업환경기온은 10℃ 이상으로 유지하고, 바람이 있는 작업장은 방풍시설을 하여야 한다.

③ 노출된 피부나 전신의 온도가 떨어지지 않도록 온도를 높이고 기류의 속도를 낮추어야 한다.

④ 필요하다면 작업을 자신이 조절하게 한다.

⑤ 외부 액체가 스며들지 않도록 방수 처리된 의복을 입는다.

(2) 한랭장애 예방조치(산업안전보건기준에 관한 규칙)

① 혈액순환을 원활히 하기 위한 운동지도를 할 것
② 적정한 지방과 비타민 섭취를 위한 영양지도를 할 것
③ 체온 유지를 위하여 더운물을 비치할 것
④ 젖은 작업복 등은 즉시 갈아입도록 할 것

(3) 한랭 작업장에서 취해야 할 개인위생상 준수사항

① 팔다리 운동으로 혈액순환 촉진
② 약간 큰 장갑과 방한화의 착용
③ 건조한 양말의 착용
④ 과도한 음주, 흡연 삼가
⑤ 과도한 피로를 피하고 충분한 식사
⑥ 더운물과 더운 음식 자주 섭취
⑦ 외피는 통기성이 적고 함기성이 큰 것 착용
⑧ 오랫동안 찬물, 눈, 얼음에서 작업하지 말 것
⑨ 의복이나 구두 등의 습기를 제거할 것
⑩ 체온을 유지하기 위해 앉아서 장시간 작업을 금함
⑪ 금속의자 사용을 금함
⑫ 외부 액체가 스며들지 않도록 방수처리된 의복을 착용

(4) 한랭 작업을 피해야 하는 대상자

① 고혈압 환자
② 심혈관질환 환자
③ 간장장애 환자
④ 위장장애 환자
⑤ 신장장애 환자

이상기압

01 이상기압의 정의

(1) 개요

① 이상기압은 정상기압인 760mmHg(1atm)보다 높거나 낮은 기압을 말한다.
② 1기압 이상의 압축공기에 노출되는 작업으로는 잠함작업, 해저 또는 하저의 터널작업 등이 있다.
③ 고기압은 신체기능에 치통, 부비강 통증 등 기계적 장애와 질소마취, 산소중독 등 화학적 장애를 일으킬 수 있고, 고기압으로부터 저기압으로의 급격한 기압변동에 의한 감압병을 초래할 수 있다.
④ 1기압 이하의 저기압은 항공기 조종사 및 승무원들에게서 볼 수 있는 저산소증 등의 문제가 있다.

(2) 기압

① 기압은 단위면적당 작용하는 공기의 무게, 즉 대기의 압력을 말한다.
② 해면에서 중력가속도(g)가 9.86m/sec^2의 경우 0℃의 수은주 높이 760mm에 상당하는 대기의 압력, 즉 지구 표면에서의 공기 압력은 1kg/cm^2이며, 이를 1기압이라 하고 수주로는 $10,332\text{mmH}_2\text{O}$에 해당한다.
③ **단위환산**

1기압 = 1atm = 76cmHg = 760mmHg = 1,013.25hPa
= $33.96\text{ftH}_2\text{O}$ = $407.52\text{inH}_2\text{O}$ = $10,332\text{mmH}_2\text{O}$
= 1,013mbar = 29.92inHg = 14.7psi = 1.0336kg/cm^2

④ 국소배기의 압력을 나타내는 수주(mmH_2O)는 대기의 기압(760mmHg)을 기준으로 표현하며, 1기압에서 수주는 $10,332\text{mmH}_2\text{O}$이다.
⑤ 정상적인 대기 중 해면에서의 산소분압은 약 160mmHg(760mmHg×0.21)이다.

(3) 이상기압(산업안전보건기준에 관한 규칙)

압력이 매 제곱센티미터당 1킬로그램 이상인 기압을 말한다.

02 고압환경에서의 생체영향

(1) 고압 작업

① 정의

㉠ 대기압보다 높은 압력하에서 작업하는 것을 말한다.

㉡ 「산업안전보건기준에 관한 규칙」에서는 이상기압(압력이 $1kg_f/cm^2$ 이상인 기압)하에서 잠함 공법, 기타 가압 공법으로 하는 작업으로 정의하고 있다.

② 작업조건

㉠ 고압 작업에는 1일 6시간, 주 34시간을 초과하여 작업하면 안 된다.

㉡ 작업실 공기의 체적이 근로자 1인당 $4m^3$ 이상이 되도록 해야 한다.

㉢ 호흡용 보호구, 섬유로프, 기타 비상시 고압 작업자를 피난시키거나 구출하기 위하여 필요한 용구를 비치하여야 한다.

③ 고압 작업 전에 고압환경의 적응

㉠ 기압조절실에서 가압을 하는 경우에는 1분에 $0.8kg_f/cm^2$ 이하의 속도로 한다.

㉡ 감압을 하는 때에는 고압 작업시간과 압력에 따라 고용노동부장관이 고시하는 기준에 따르도록 하고 있다.

④ 특징

㉠ 고압환경의 대표적인 것은 잠함 작업이다.

㉡ 수면하에서의 압력은 수심이 10m 깊어질 때 1기압씩 증가한다.

㉢ 수심 20m인 곳의 절대압은 3기압이며, 작용압은 2기압이다.

㉣ 고압환경에서 작업을 행할 때에는 규정시간을 넘지 않도록 해야 한다.

㉤ 예방으로는 수소 또는 질소를 대신하여 마취현상이 적은 헬륨 같은 불활성 기체들로 대치한 공기를 호흡시킨다.

기본개념문제 01

잠수부가 해저 30m에서 작업을 할 때 인체가 받는 절대압은?

풀이 절대압=작용압+1기압(대기압)$=\left(30\text{m}\times\frac{1\text{기압}}{10\text{m}}\right)+1\text{기압}=4\text{기압}$

(2) 고압환경의 인체작용

청력의 저하, 귀의 압박감이 일어나며 심하면 고막 파열이 일어날 수 있으며 부비강 개구부 감염 혹은 기형으로 폐쇄된 경우 심한 구토, 두통 등의 증상을 일으킨다.

① 1차적 가압현상

㉠ 기계적 장애라고도 하며, 인체와 환경 사이의 기압 차이로 인해 일어나는 현상이다.

㉡ 1차적으로 1psi 이하의 기압 차이에도 부종, 출혈, 동통(근육통, 관절통) 등을 동반한다.

㉢ 부비강, 치아가 기압증가에 의하여 압박장해를 일으킨다.

② 2차적 가압현상

고압하의 대기가스의 독성 때문에 나타나는 현상으로 2차성 압력현상이다.

㉠ 질소가스의 마취작용

ⓐ 공기 중의 질소가스는 정상기압에서는 비활성이지만, 4기압 이상에서 마취작용을 일으키며 이를 다행증이라 한다(공기 중의 질소가스는 3기압 이하에서는 자극작용을 한다).

ⓑ 질소가스 마취작용은 알코올 중독의 증상과 유사하다.

ⓒ 작업력의 저하, 기분의 변환, 여러 종류의 다행증(euphoria)이 일어난다.

ⓓ 수심 90~120m에서 환청, 환시, 조현증, 기억력 감퇴 등이 나타난다.

㉡ 산소중독

ⓐ 산소의 분압이 2기압이 넘으면 산소중독 증상을 보인다. 즉, 3~4기압의 산소 혹은 이에 상당하는 공기 중 산소분압에 의하여 중추신경계의 장애에 기인하는 운동장애를 나타내는데 이것을 산소중독이라 한다.

ⓑ 수중의 잠수자는 폐압착증을 예방하기 위하여 수압과 같은 압력의 압축기체를 호흡하여야 하며, 이로 인한 산소분압 증가로 산소중독이 일어난다.

ⓒ 고압산소에 대한 폭로가 중지되면 증상은 즉시 멈춘다. 즉, 가역적이다.

ⓓ 1기압에서 순산소는 인후를 자극하나 비교적 짧은 시간의 폭로라면 중독증상은 나타나지 않는다.

ⓔ 산소중독 작용은 운동이나 이산화탄소로 인해 악화된다.

ⓕ 수지나 족지의 작열통, 시력장애, 정신혼란, 근육경련 등의 증상을 보이며 나아가서는 간질 모양의 경련을 나타낸다.

㉢ 이산화탄소의 작용

ⓐ 이산화탄소 농도의 증가는 산소의 독성과 질소의 마취작용을 증가시키는 역할을 하고 감압증의 발생을 촉진시킨다.

ⓑ 이산화탄소 농도가 고압환경에서 대기압으로 환산하여 0.2%를 초과해서는 안 된다.

ⓒ 동통성 관절장애(bends)도 이산화탄소의 분압 증가에 따라 보다 많이 발생한다.

(3) 고압 및 고압산소 요법의 질병 치료기전

① 간장 및 신장 등 내분비계 감수성 감소효과

② 체내에 형성된 기포의 크기를 감소시키는 압력효과

③ 혈장 내 용존산소량을 증가시키는 산소분압 상승효과

④ 모세혈관 신생촉진 및 백혈구의 살균능력 항진 등 창상 치료효과

03 감압환경(저압환경)에서의 생체영향

(1) 감압병(decompression, 잠함병)

① 고압환경에서 Henry의 법칙에 따라 체내에 과다하게 용해되었던 불활성 기체(질소 등)는 압력이 낮아질 때 과포화상태로 되어 혈액과 조직에 기포를 형성하여 혈액순환을 방해하거나 주위 조직에 기계적 영향을 줌으로써 다양한 증상을 일으키는데, 이 질환을 감압병이라 하며 증상에 따른 진단은 매우 용이하다.

② 감압병의 치료는 재가압 산소 요법이 최상이다.

③ 감압병을 케이슨병이라고도 한다.

④ 중추신경계 감압병의 경우 고공 비행사는 뇌에, 잠수사는 척수에 더 잘 발생한다.

(2) 감압환경의 인체작용

깊은 물에서 올라오거나 감압실 내에서 감압을 하는 도중에 폐압박의 경우와는 반대로 폐속의 공기가 팽창한다. 이때는 감압에 의한 가스 팽창과 질소기포 형성의 두 가지 건강상의 문제가 발생한다.

① 감압에 의한 가스 팽창효과

㉠ 감압에 따라 팽창된 공기가 폐혈관으로 유입되어 뇌공기전색증(air embolism)을 일으켜 즉시 재가압조치를 하지 않으면 사망에 이르게 된다.

㉡ 감압속도가 너무 빠르면 폐포가 파열되고 흉부조직 내로 유입된 질소가스 때문에 여러 증상(종격기종, 기흉, 공기전색)이 나타난다.

② 감압에 따른 용해질소의 기포 형성효과

㉠ 용해질소의 기포는 감압병(잠함병)의 증상을 대표적으로 나타내며, 잠함병의 직접적인 원인은 체액 및 지방조직의 질소기포 증가이다.

㉡ 질소의 지방용해도는 물에 대한 용해도보다 5배가 크다.

㉢ 감압 시 조직 내 질소기포 형성량에 영향을 주는 요인

ⓐ 조직에 용해된 가스량(폐 내의 CO_2 농도)

체내 지방량, 고기압 폭로의 정도와 시간으로 결정

ⓑ 혈류변화 정도(혈류를 변화시키는 상태)

- 감압 시나 재감압 후에 생기기 쉬움
- 연령, 기온, 운동, 공포감, 음주와 관계가 있음

ⓒ 감압속도

③ 감압환경의 인체 증상

㉠ 용해성 질소의 기포 형성 때문으로 동통성 관절장애, 호흡곤란, 무균성 골괴사 등을 일으킨다.

㉡ 동통성 관절장애(bends)는 감압증에서 흔히 나타나는 급성장애이며 발생에 따른 감수성은 연령, 비만, 폐손상, 심장장애, 일시적 건강장애 소인(발생소질)에 따라 달라진다.

㉢ 질소의 기포가 뼈의 소동맥을 막아서 비감염성 골괴사(ascptic bone necrosis : 혈액응고로 인한 뼈력괴사)를 일으키기도 한다. 비감염성 골괴사는 감압환경으로 인한 장애 중 대표적인 만성장애로 고압환경에 반복 노출 시 가장 일어나기 쉬운 속발증이다.

㉣ 마비는 감압증에서 주로 나타나는 중증합병증이다.

04 이상기압에 대한 대책

(1) 개요

「산업안전보건법」에서의 이상기압환경은 고압환경과 감압환경으로 구분한다.

(2) 고기압에 대한 대책

① 시설

잠함작업, 해저터널 굴진 작업 시 필요한 장비(컴프레서, 압력계 등)를 점검한다.

② 작업방법

㉠ 가압은 신중히 행함

㉡ 작업시간의 규정을 엄격히 지킴

㉢ 특히 감압 시 신중하게 천천히 단계적으로 함

③ 감압병의 예방 및 치료

㉠ 고압환경에서의 작업시간을 제한하고 고압실 내의 작업에서는 이산화탄소의 분압이 증가하지 않도록 신선한 공기를 송기시킨다.

㉡ 감압이 끝날 무렵에 순수한 산소를 흡입시키면 예방적 효과가 있을 뿐 아니라 감압시간을 25% 가량 단축시킬 수 있다.

㉢ 고압환경에서 작업하는 근로자에게 질소를 헬륨으로 대치한 공기를 호흡시킨다.

㉣ 헬륨-산소 혼합가스는 호흡저항이 작아 심해잠수에 사용한다.
㉤ 일반적으로 1분에 10m 정도씩 잠수하는 것이 안전하다.
㉥ 감압병의 증상 발생 시에는 환자를 곧장 원래의 고압환경상태로 복귀시키거나 인공 고압실에 넣어 혈관 및 조직 속에 발생한 질소의 기포를 다시 용해시킨 다음 천천히 감압한다.
㉦ Haldene의 실험근거상 정상기압보다 1.25기압을 넘지 않는 고압환경에는 아무리 오랫동안 폭로되거나 빨리 감압하더라도 기포를 형성하지 않는다.
㉧ 비만자의 작업을 금지시키고, 순환기에 이상이 있는 사람은 취업 또는 작업을 제한한다.
㉨ 헬륨은 질소보다 확산속도가 커서 인체 흡수속도를 높일 수 있으며, 체외로 배출되는 시간이 질소에 비하여 50% 정도 밖에 걸리지 않는다. 또한 헬륨은 고압에서 마취작용이 약하다.
㉩ 귀 등의 장애를 예방하기 위해서는 압력을 가하는 속도를 매 분당 $0.8kg_f/cm^2$ 이하가 되도록 한다.

05 저기압

(1) 저압환경

① 고도의 상승에 따라 기압이 저하되는 환경을 말하며 산소결핍증(anoxia)을 주로 일으킨다.
② 고도의 상승으로 기압이 저하되면 공기의 산소분압이 저하되고, 폐포 내의 산소분압도 저하한다.
③ 산소결핍을 보충하기 위하여 호흡수, 맥박수가 증가한다.

(2) 저기압이 인체에 미치는 영향

① 고공증상
㉠ 5,000m 이상의 고공에서 비행업무에 종사하는 사람에게 가장 큰 문제는 산소부족(저산소증, hypoxia)이다.
㉡ 항공치통, 항공이염, 항공부비강염이 일어날 수 있다.
㉢ 고도 10,000ft(3,048m)까지는 시력, 협조운동의 가벼운 장애 및 피로를 유발한다.
㉣ 고도 18,000ft(5,468m) 이상이 되면 21% 이상의 산소가 필요하게 된다.

② 고공성 폐수종

㉠ 고공성 폐수종은 어른보다 순화 적응속도가 느린 어린이에게 많이 일어난다.

㉡ 고공 순화된 사람이 해면에 돌아올 때 자주 발생한다.

㉢ 산소공급과 해면 귀환으로 급속히 소실되며, 이 증세는 반복해서 발병하는 경향이 있다.

㉣ 진해성기침, 호흡곤란, 폐동맥의 혈압 상승현상이 나타난다.

③ 급성 고산병

㉠ 가장 특징적인 것은 흥분성이다.

㉡ 극도의 우울증, 두통, 식욕상실을 보이는 임상증세군이다.

㉢ 증상은 48시간 내에 최고도에 도달하였다가 2~3일이면 소실된다.

④ 신경장애

(3) 저산소증

① 산소결핍이라고 하며, 체내 조직 내의 산소가 고갈된 상태를 말한다.

② 산소결핍에 가장 민감한 조직은 뇌(대뇌피질)이며, 뇌의 1일 산소 소비량은 100L 정도이다.

③ 저산소증은 잠수부가 급속하게 감압할 때와 같은 증상을 나타낸다.

(4) 저기압에 대한 대책

① 허용기준(산소농도 18%)을 준수한다.

② 예방대책으로 환기, 산소농도 측정, 보호구 등을 적용한다.

③ 저산소증에 의해 영향을 받을 수 있는 근로자는 작업 관련 배치에 있어 신중하여야 한다.

④ 사고발생 즉시 소생술을 실시할 수 있는 훈련 및 장비가 필요하다.

06 기압의 측정

(1) 아네로이드 기압계(aneroid barometer)

① 얇은 동판이 기압변화에 따라 수축과 팽창하는 성질을 이용하여 기압을 측정하는 장비이다.

② 종류로는 부르동관 기압계와 박스 기압계가 있다.

(2) 퍼틴 수은기압계(fortin barometer)

① 토리첼리의 원리를 이용하여 수은주의 높이로 기압을 측정하는 장비이다.

② 정밀도가 높은 기압계이다.

③ 수은주는 수은조 안의 수은 면으로부터 76cm(80cm)의 높이에 멈추게 되는데, 수은주의 높이는 기압에 비례하므로 그 높이를 측정하면 기압을 알 수 있다.

④ 수은기압계의 눈금은 기온 0℃, 표준중력일 때 올바른 측정값이 되므로, 기압계에서 얻은 수은주의 높이의 측정값에는 온도보정과 중력보정을 해야만 한다.

(3) 피라니기압계

도선에 전류를 흐르게 하여 가열하면 이 도선은 주위의 공기에 의하여 차가워지지만, 그 냉각의 정도는 주위의 공기의 양에 의해서 변하며, 이 변화를 측정함으로써 기압을 측정하는 장비이다.

기본개념문제 02

고도가 높은 곳에서 대기압을 측정하였더니 90,659Pa이었다. 산소분압(mmHg)은? (단, 공기 중 산소 21vol%)

풀이 산소분압(mmHg) $= 90{,}659\text{Pa} \times \dfrac{760\text{mmHg}}{101{,}325\text{Pa}} \times 0.21 = 142.80\text{mmHg}$

기본개념문제 03

1기압에서 혼합기체는 N_2 66%, O_2 14%, CO_2 20%로 구성되어 있다. 산소가스분압(mmHg)은?

풀이 산소가스분압(mmHg) $= 760\text{mmHg} \times 0.14 = 106.4\text{mmHg}$

PART 4

CHAPTER 03

산소결핍

01 산소결핍의 개념

(1) 개요

① 산소결핍이란 21% 정도의 공기 중 산소 비율이 상대적으로 적어져 대기압하에서의 산소농도가 18% 미만인 상태를 말한다.

② 미국의 산업안전보건연구원(NIOSH)에서는 19.5% 미만을 관리기준으로 설정하여 더욱 엄격하게 관리하고 있다.

③ 산소가 결핍된 공기를 흡입하게 되면 '산소결핍증'이라는 건강장애가 나타날 수 있는데, 초기 증상으로는 안면이 창백하거나 홍조를 띠고, 맥박과 호흡이 빨라지며, 호흡곤란과 현기증, 두통 등이 나타나고, 말기에는 의식이 혼미하며 호흡이나 심장이 정지되어 사망에 이르는 상태이다.

④ 일반적으로 공기의 산소분압의 저하는 바로 동맥혈의 산소분압 저하와 연결되어 뇌에 대한 산소공급량의 감소를 초래한다.

⑤ 생체 중에서 산소결핍에 대하여 가장 민감한 조직은 뇌이다.

(2) 용어 정의(산업안전보건기준에 관한 규칙)

① 밀폐공간

산소결핍, 유해가스로 인한 질식 · 화재, 폭발 등의 위험이 있는 장소

② 적정한 공기

㉠ 산소농도의 범위가 18% 이상 23.5% 미만인 수준의 공기

㉡ 이산화탄소의 농도가 1.5% 미만인 수준의 공기

㉢ 황화수소의 농도가 10ppm 미만인 수준의 공기

㉣ 일산화탄소의 농도가 30ppm 미만인 수준의 공기

③ 산소결핍

공기 중의 산소농도가 18% 미만인 상태를 말한다.

④ 산소결핍증
산소가 결핍된 공기를 들이마심으로써 생기는 증상을 말한다.

(3) 밀폐공간에서 산소결핍이 발생하는 원인

① 화학반응(금속의 산화, 녹)
② 연소(용접, 절단, 불)
③ 미생물 작용
④ 제한된 공간 내에서의 사람의 호흡

02 산소결핍의 인체장애

산소결핍 진행 시 생체영향 순서는 '가벼운 어지러움 → 대뇌피질의 기능 저하 → 중추성 기능 저하 → 사망'이다.

(1) 산소결핍증(hypoxia, 저산소증)

① 정의
저산소증이라고도 하며, 저산소상태에서 산소분압의 저하, 즉 저기압에 의하여 발생되는 질환이다.

② 특징
㉠ 산소결핍에 의한 질식사고가 가스재해 중에서 큰 비중을 차지한다.
㉡ 무경고성이고 급성적 · 치명적이기 때문에 많은 희생자를 발생시킬 수 있다. 즉, 단시간 내에 비가역적 파괴현상을 나타낸다.
㉢ 생체 중 최대산소 소비기관은 뇌신경세포이다.
㉣ 산소결핍에 가장 민감한 조직은 대뇌피질이다.
㉤ 뇌는 산소 소비가 가장 큰 장기로, 중량은 1.4kg에 불과하지만 소비량은 전신의 약 25%에 해당한다.
㉥ 혈액의 총 산소 함량은 혈액 100mL당 산소 20mL 정도이며, 인체 내에서 산소전달 역할을 한다. 즉, 혈액 중 적혈구가 산소전달 역할을 한다.
㉦ 신경조직 1g은 근육조직 1g과 비교하면 약 20배 정도의 산소를 소비한다.

③ 인체증상
㉠ 산소공급 정지가 2분 이상일 경우 뇌의 활동성이 회복되지 않고 비가역적 파괴가 일어난다.
㉡ 산소농도가 5~6%라면 혼수, 호흡 감소 및 정지, 6~8분 후 심장이 정지된다.

(2) 산소농도에 따른 인체장애

산소농도 (%)	산소분압 (mmHg)	동맥혈의 산소포화도(%)	증 상
12~16	90~120	85~89	호흡수 증가, 맥박수 증가, 정신집중 곤란, 두통, 이명, 신체기능조절 손상 및 순환기 장애자 초기증상 유발
9~14	60~105	74~87	불완전한 정신상태에 이르고 취한 것과 같으며 당시의 기억상실, 전신탈진, 체온상승, 호흡장애, 청색증 유발, 판단력 저하
6~10	45~70	33~74	의식불명, 안면창백, 전신근육경련, 중추신경장애, 청색증유발, 경련, 8분 내 100% 치명적, 6분 내 50% 치명적, 4~5분 내 치료로 회복 가능
4~6 및 이하	45 이하	33 이하	40초 내에 혼수상태, 호흡정지, 사망

※ 정상공기 중의 산소분압은 해면에 있어서 159.6mmHg(760mmHg×0.21) 정도이다.

03 산소결핍 위험 작업장의 작업환경 측정 및 관리대책

(1) 개요

① 산소결핍 정도를 알아보기 위하여, 위험 작업장의 공기 중 산소농도를 정확히 측정하기 위하여 산소농도 측정기가 사용된다.

② 감각에 의한 농도 감지가 불가능하며 일반적으로 당일 작업 시작 전, 작업장소 이탈 후 재작업 개시 전, 근로자 신체 · 환기장치 등에 이상이 발견될 시에는 반드시 산소농도를 측정해야 한다.

③ 산소결핍 위험장소에서는 사람을 지명하여 산소농도나 가연성 물질 등의 농도를 측정하여야 하며 가연성 물질의 경우 농도수준이 폭발한계의 10% 이하로 유지되어야 한다.

④ 산소결핍장소에서는 방독마스크는 절대 착용하지 않는다.

(2) 산소농도 측정기

① 전기화학식 측정법(갈바니전자식 산소계)

㉠ 갈바니전지방식

ⓐ 안전성, 조작과 보수의 간편성, 견고성 등의 장점이 있어 현재 사용되는 대부분의 현장용 측정기에는 이 방식이 사용된다.

ⓑ 산소의 감극작용을 응용한 것으로 전해액 중에 양극, 음극을 넣어 외부에서 전압을 가하지 않고 양극에서 흐르는 전해전류를 측정하는 원리이다.

㉡ 폴라로그래프식

산소의 감극작용을 응용한 것으로 전해액 중에 양극, 음극을 넣어 0.5~0.8V의 전압을 가하였을 때 흐르는 전해전류를 측정하는 원리이다.

② 검지관식 산소측정기
   ㉠ 활성 알루미나 입자에 피로가롤과 수산화칼륨을 흡착시켜 건조한 것으로 흑갈색으로 변하는 것 또는 산소가 삼염화티탄과 반응하여 백색으로 변하는 것이 있다.
   ㉡ 검지관에 일정한 속도와 양의 공기를 통과시켰을 때 변색하는 길이를 이용하여 산소농도를 알 수 있다.
   ㉢ 오차범위가 상대적으로 크므로 주로 간이 측정법에만 이용된다.

(3) 산소농도 측정

① 작업시간 동안 측정하여 최고값을 산출한다.
② 사용하기 전 측정기를 보정하고 성능을 확인한다.
③ 자동측정기 또는 검지기에 의한 검지관측정법 중 한 가지를 선택하여 측정한다.
④ 측정은 공기를 채취관으로 측정기까지 흡인하여 측정기 내에 부착된 센서로 산소농도를 검출하는 채취식과 센서를 측정지점에 투입하여 검출하는 확산식이 있다.

(4) 산소결핍 위험 작업장의 관리대책

① 환기
작업 직전 및 작업 중에 해당 작업장을 적정한 공기상태로 유지되도록 환기(환기는 배기량보다 급기량이 10% 정도 약간 많도록 조절)

② 보호구 착용
호스마스크, 공기호흡기, 산소호흡기 지급 및 상시 점검

③ 작업 전 산소농도와 유해물질농도 측정
작업 전에 산소농도가 18% 이상이 되는지 확인

④ 안전대, 구명밧줄

⑤ 감시자 배치 및 응급처치
작업지휘자를 선임하여 작업을 지휘

⑥ 작업자의 교육

⑦ 작업 전에 폭발가스농도가 폭발하한농도의 10% 이하가 되는지 확인

⑧ 비상시 탈출할 수 있는 경로를 확인 후 작업을 시작

Reference 밀폐공간 작업 시 작업부하 인자

1. 모든 옥외 작업의 경우와 거의 같은 양상의 근력부하를 갖는다.
2. 탱크 바닥에 있는 슬러지 등으로부터 황화수소가 발생한다.
3. 철의 녹 사이에 황화물이 혼합되어 있으면 황산화물이 공기 중에서 산화되어 발열하면서 아황산가스가 발생할 수 있다.
4. 산소농도가 18% 이하(「산업안전보건법」 규정)가 되면 산소결핍증이 되기 쉽다.

CHAPTER 04

소음진동

01 소음의 정의와 단위

(1) 소음의 정의

① 소음은 공기의 진동에 의한 음파 중 인간에게 감각적으로 바람직하지 못한 소리, 즉 지나치게 강렬하여 불쾌감을 주거나 주의력을 빗나가게 하여 작업에 방해가 되는 음향을 말한다. 즉, 소음은 불쾌하고 원하지 않는 소리를 말한다.

② 「산업안전보건법」에서는 소음성 난청을 유발할 수 있는 85dB(A) 이상의 시끄러운 소리로 정의하고 있다.

③ 사람의 귀는 자극의 절대물리량에 대수적으로 비례하여 반응한다(웨버-훼이너 법칙).

(2) 소음공해의 특징

① 축적성이 없다.

② 국소다발적이다.

③ 대책 후에 처리할 물질이 발생되지 않는다.

④ 감각적 공해이다.

⑤ 민원 발생이 많다.

(3) 소음의 단위

소음수준(noise level)은 소음계로 측정한 음원수준을 말하며 소음계에는 청감보정회로가 들어 있어 이를 통해 측정한 음압수준을 의미한다. 단위는 dB, Sone, Phon 등이 있다.

① dB

㉠ 음압수준의 단위는 dB(decibel)로 표시한다.

㉡ 사람이 들을 수 있는 음압은 0.00002~60N/m^2의 범위이며, 이것을 dB로 표시하면 0~130dB이 된다(2×10^{-5}N/m^2는 1,000Hz에서 가청할 수 있는 최소음압 실효치).

㉢ 음압을 직접 사용하는 것보다 dB로 변환하여 사용하는 것이 편리하다.

② Sone

㉠ 감각적인 음의 크기(loudness)를 나타내는 양이며, 1,000Hz에서의 압력수준 dB을 기준으로 하여 등청감곡선을 소리의 크기로 나타내는 단위이다.

㉡ 1,000Hz 순음의 음의 세기레벨 40dB의 음의 크기를 1Sone으로 정의한다.

③ Phon

㉠ 감각적인 음의 크기를 나타내는 양이다.

㉡ 1,000Hz 순음의 크기와 평균적으로 같은 크기로 느끼는 1,000Hz 순음의 음의 세기 레벨로 나타낸 것이 Phon이다.

㉢ 1,000Hz에서 압력수준 dB을 기준으로 하여 등감곡선을 소리의 크기로 나타낸 단위이다.

④ 음의 크기(Sone)와 음의 크기 레벨(Phon)의 관계

$$S = 2^{\frac{(L_L - 40)}{10}} \text{(Sone)}$$
$$L_L = 33.3\log S + 40 \text{(Phon)}$$

여기서, S : 음의 크기(Sone)

L_L : 음의 크기 레벨(Phon)

기본개념문제 01

200Sones인 음은 몇 Phons인가?

풀이 $\text{Phon} = 33.3\log S + 40 = (33.3 \times \log 200) + 40 = 116.6\text{Phons}$

(4) 소음의 계산

① 합성소음도(전체소음, 소음원 동시 가동 시 소음도)

$$L = 10\log(10^{\frac{L_1}{10}} + 10^{\frac{L_2}{10}} + \cdots\cdots + 10^{\frac{L_n}{10}})\text{(dB)}$$

여기서, L : 합성소음도(dB)

$L_1 \sim L_n$: 각각 소음원의 소음(dB)

② 소음도 차이

$$L' = 10\log\left(10^{\frac{L_1}{10}} - 10^{\frac{L_2}{10}}\right)\text{(dB)(단, } L_1 > L_2)$$

③ 평균소음도

$$\overline{L} = 10\log\left[\frac{1}{n}(10^{\frac{L_1}{10}} + 10^{\frac{L_2}{10}} + \cdots\cdots + 10^{\frac{L_n}{10}})\right]\text{(dB)}$$

여기서, $\overline{L}$: 평균소음도(dB)

n : 소음원의 개수

기본개념문제 02

세 개의 소음원 소음수준을 한 지점에서 각각 측정해 보니 첫 번째 소음원만 가동될 때 88dB, 두 번째 소음원만 가동될 때 86dB, 세 번째 소음원만이 가동될 때 91dB이었다. 세 개의 소음원이 동시에 가동될 때 그 지점에서의 음압수준(dB)은?

풀이 $\text{합성소음도}(L) = 10\log\left(10^{\frac{88}{10}} + 10^{\frac{86}{10}} + 10^{\frac{91}{10}}\right) = 93.59\text{dB}$

기본개념문제 03

어떤 공장에 80dB인 선반기가 4대 있다. 이때 작업장 내 소음의 합성음압도(dB)는?

풀이 $\text{합성소음도}(L) = 10\log\left(10^{\frac{80}{10}} \times 4\right) = 86.02\text{dB}$

기본개념문제 04

B공장 집진기용 송풍기의 소음을 측정한 결과, 가동 시는 90dB(A)이었으나, 가동 중지 상태에서는 85dB(A)이었다. 이 송풍기의 실제 소음도(dB)는?

풀이 $\text{송풍기 소음} = 10\log(10^{9} - 10^{8.5}) = 88.35\text{dB}$

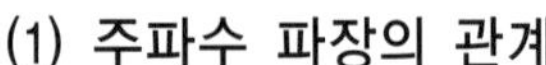

02 소음의 물리적 특성

(1) 주파수 파장의 관계

① 파장

㉠ 위상의 차이가 360°가 되는 거리, 즉 1주기의 거리를 파장이라 한다.

㉡ 보통 λ로 표시하고, 단위는 m를 사용한다.

② 주파수

㉠ 한 고정점을 1초 동안에 통과하는 고압력 부분과 저압력 부분을 포함한 압력변화의 완전한 주기(cycle) 수를 말하고 음의 높낮이를 나타낸다.

㉡ 보통 f로 표시하고 단위는 Hz(1/sec) 및 cps(cycle per second)를 사용한다.

㉢ 정상 청력을 가진 사람의 가청주파수 영역은 20~20,000Hz이다.

㉣ 회화음역은 250~3,000Hz 정도이다.

③ 주기

㉠ 한 파장이 전파되는 데 소요되는 시간을 말한다.

㉡ 보통 T로 표시하고, 단위는 sec를 사용한다.

㉢ 주기와 주파수의 관계는 역비례이다$\left(T=\frac{1}{f}\right)$.

④ 진폭

㉠ 음원으로부터 주어진 거리만큼 떨어진 위치에서 발생되는 음의 최대변위치를 말한다.

㉡ 단위는 m이다.

⑤ 음속

음파의 속도를 말한다.

※ 음파 : 음압의 변화에 따라 매질을 통하여 전달하는 종파(소밀파, 압력파, P파)

$$음속(C)=f\times\lambda$$

여기서, C : 음속(m/sec)

f : 주파수(1/sec)

λ : 파장(m)

$$음속(C)=331.42+0.6(t)$$

여기서, C : 음속(m/sec)

t : 음전달 매질의 온도(℃)

기본개념문제 05

상온에서의 음속은 약 344m/sec이다. 주파수가 2kHz인 음의 파장(m)은 얼마인가?

풀이 음의 파장$=\frac{음속}{주파수}=\frac{344\text{m/sec}}{2{,}000\ 1/\text{sec}}=0.172\text{m}$

기본개념문제 06

공기의 온도가 20℃에서 500Hz인 음의 파장(m)은?

풀이 음속$(C)=f\times\lambda$

$\lambda=\frac{C}{f}$

매질의 온도 20℃를 고려하면, $C=331.42+(0.6\times20)=343.42\text{m/sec}$

$=\frac{343.42\text{m/sec}}{500\ 1/\text{sec}}=0.69\text{m}\ (=69\text{cm})$

기본개념문제 07

0℃, 1기압의 공기 중에서 파장이 2m인 음의 주파수(Hz)는?

풀이 음속$(C) = f \times \lambda$

$f = \dfrac{C}{\lambda}$

매질의 온도 0℃를 고려하면, $C = 331.42 + (0.6 \times 0) = 331.42\text{m/sec}$

$= \dfrac{331.42\text{m/sec}}{2\text{m}} = 165.71\text{Hz}$

(2) 음의 물리적 현상

① 음의 반사, 흡수, 투과

㉠ 음파가 장애물에 입사되면 일부는 반사되고, 일부는 장애물을 통과하면서 흡수되며, 나머지는 장애물을 투과한다.

㉡ 음향에너지 보존 법칙이 성립한다.

$$I_i = I_r + I_a + I_t$$

여기서, I_i : 입사음의 세기
I_r : 반사음의 세기
I_a : 흡수음의 세기
I_t : 투과음의 세기

② 음의 회절

㉠ 장애물 뒤쪽으로 음이 전파되는 현상이다.

㉡ 음의 회절은 파장이 길수록, 장애물이 작을수록, 틈 구멍이 작을수록 잘 된다.

③ 음의 간섭

㉠ 서로 다른 파동 사이의 상호작용으로 나타나는 현상이다.

㉡ 보강 간섭, 소멸 간섭, 맥놀이의 간섭이 있다.

㉢ 맥놀이(beat)는 주파수가 약간 다른 두 개의 음원으로부터 나오는 음은 보강 간섭과 소멸 간섭을 교대로 이루어 어느 한 순간에 큰 소리가 들리면 다음 순간에는 조용한 소리로 들리는 현상이다.

㉣ 맥놀이 수는 두 음원의 주파수 차와 같다.

④ 음의 지향성

㉠ 지향성은 음원에서 방사되는 음의 강도가 방향에 의해서 변화하는 상태를 나타낸다.

㉡ 지향계수(Q, directivity factor)는 특정 방향에 대한 음의 저항도를 나타내며 특정 방향의 에너지와 평균에너지의 비를 말한다.

ⓒ 지향지수(DI, Directivity Index)는 지향계수를 dB단위로 나타낸 것으로 지향성이 큰 경우 특정 방향 음압레벨과 평균 음압레벨과의 차이를 말한다.

ⓔ 지향계수와 지향지수와의 관계

$$\mathrm{DI} = 10\log Q(\mathrm{dB})$$

ⓜ 음원의 위치에 따른 지향성

ⓐ 음원이 자유공간(공중)에 있을 때

$Q=1$, $\mathrm{DI}=10\log 1=0\mathrm{dB}$

ⓑ 음원이 반자유공간(바닥 위)에 있을 때

$Q=2$, $\mathrm{DI}=10\log 2=3\mathrm{dB}$

ⓒ 음원이 두 면이 접하는 구석에 있을 때

$Q=4$, $\mathrm{DI}=10\log 4=6\mathrm{dB}$

ⓓ 음원이 세 면이 접하는 구석에 있을 때

$Q=8$, $\mathrm{DI}=10\log 8=9\mathrm{dB}$

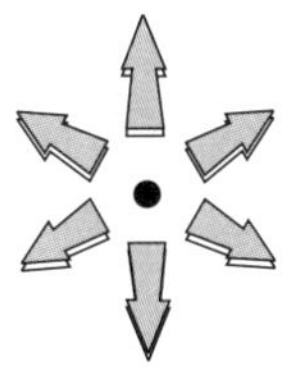

지향계수(Q) : 1
지향지수(DI) : 0dB

〈음원 : 자유공간〉

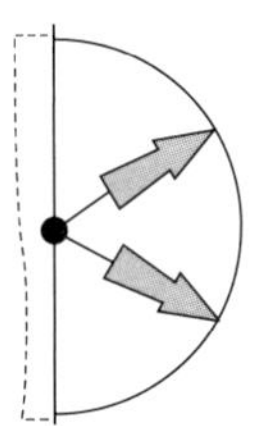

지향계수(Q) : 2
지향지수(DI) : 3dB

〈음원 : 반자유공간〉

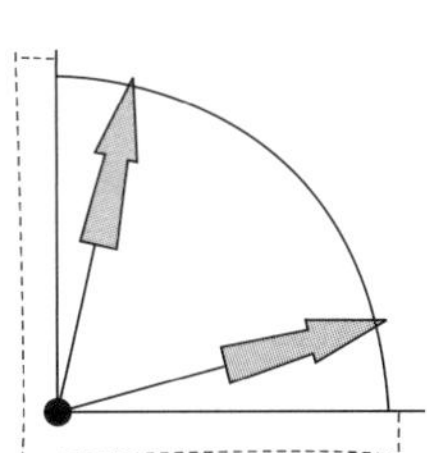

지향계수(Q) : 4
지향지수(DI) : 6dB

〈음원 : 두 면이 접하는 공간〉

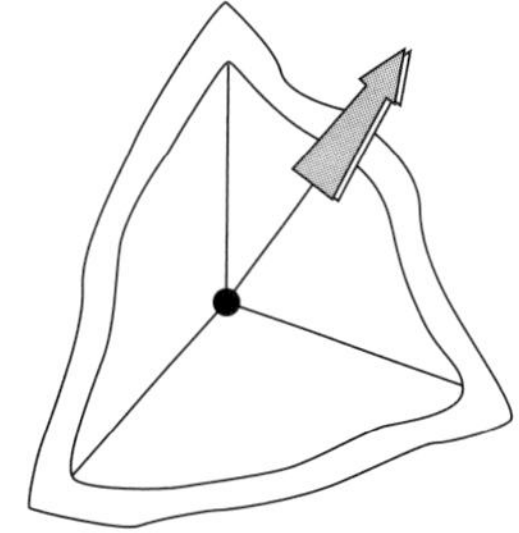

지향계수(Q) : 8
지향지수(DI) : 9dB

〈음원 : 세 면이 접하는 공간〉

▌음원의 위치별 지향성▐

(3) 음의 압력 및 음압수준(음압도, 음압레벨)

① 음의 압력(음압)

㉠ 음에너지에 의해 매질에는 미세한 압력변화가 생기고, 이 압력부분을 음압이라 한다.

㉡ 단위는 Pa(N/m^2)이다.

② 음압진폭(피크치, 최대값)과 음압실효치(rms값)의 관계

$$P_{\text{rms}} = \frac{P_m}{\sqrt{2}}$$

여기서, P_{rms} : 음압의 실효치(N/m^2)

P_m : 음압진폭(피크, 최대값)(N/m^2)

③ 음압수준(SPL)

$$\text{SPL} = 20\log\left(\frac{P}{P_o}\right)(\text{dB})$$

여기서, SPL : 음압수준(음압도, 음압레벨)(dB)

P : 대상 음의 음압(음압실효치)(N/m^2)

P_o : 기준 음압실효치($2\times10^{-5}N/m^2$, $20\mu Pa$, $2\times10^{-4}dyne/cm^2$)

기본개념문제 08

음압 $6N/m^2$의 음압도(dB)를 구하시오.

풀이 $\text{SPL} = 20\log\left(\frac{P}{P_o}\right)$

여기서 P는 실효치 적용(문제상 음압은 실효치 의미)

$$= 20\log\left(\frac{6}{2\times10^{-5}}\right) = 110\text{dB}$$

기본개념문제 09

음의 실효치가 $7.0dynes/cm^2$일 때 음압수준(SPL)을 구하시오.

풀이 $\text{SPL} = 20\log\left(\frac{P}{P_o}\right)$

$$= 20\log\frac{7.0}{2\times10^{-4}} = 90.9\text{dB}$$

기본개념문제 10

음압이 10배 증가하면 음압수준은 몇 dB 증가하는가?

풀이 음압수준(SPL) $= 20\log\left(\dfrac{P}{P_o}\right)$

P_o는 일정하므로

$= 20\log\left(\dfrac{10}{1}\right) = 20\text{dB}$

기본개념문제 11

측정한 음압의 최대값이 0.63N/m^{2}라면 음압수준은?

풀이 음압수준(SPL) $= 20\log\left(\dfrac{P}{P_o}\right)$

여기서 P는 실효치이므로 문제상 음압 최대값을 실효치로 적용

$= 20\log\left(\dfrac{0.63/\sqrt{2}}{2\times 10^{-5}}\right) = 87\text{dB}$

기본개념문제 12

음압레벨이 80dB인 소음과 40dB인 소음과의 음압 차이는?

풀이

- $80 = 20\log\dfrac{P_1}{2\times 10^{-5}}$

  $4 = \log\dfrac{P_1}{2\times 10^{-5}}$

  $P_1 = 10^4 \times 2\times 10^{-5}\text{N/m}^2$

- $40 = 20\log\dfrac{P_2}{2\times 10^{-5}}$

  $2 = \log\dfrac{P_2}{2\times 10^{-5}}$

  $P_2 = 10^2 \times 2\times 10^{-5}\text{N/m}^2$

$\therefore$ 음압 차이$= \dfrac{10^4\times 2\times 10^{-5}}{10^2\times 2\times 10^{-5}} = 10^2 = 100$배

(4) 음의 세기(강도) 및 음의 세기레벨(음의 세기수준)

① 음의 세기

음의 진행방향에 수직하는 단위면적을 단위시간에 통과하는 음에너지를 음의 세기라 하며, 단위는 watt/m^2이다.

$$I=\frac{P^2}{\rho c}=P\times V$$

여기서, I : 음의 세기(W/m^2)

P : 음압(실효치)(N/m^2)

ρc : 음향 임피던스(rayls)

V : 매질에서의 입자 속도(m/sec)

② 음의 세기레벨(SIL)

$$\text{SIL}=10\log\left(\frac{I}{I_o}\right)(\text{dB})$$

여기서, SIL : 음의 세기레벨(dB)

I : 대상음의 세기(W/m^2)

I_o : 최소가청음 세기(10^{-12}W/m^2)

(5) 음향출력 및 음향파워레벨(음력수준)

① 음향출력(음향파워, 음력)

㉠ 음원으로부터 단위시간당 방출되는 총 음에너지(총 출력)를 말한다.

㉡ 단위는 watt(W)이다.

② 음향파워레벨(PWL, 음력수준)

$$\text{PWL}=10\log\left(\frac{W}{W_o}\right)(\text{dB})$$

여기서, PWL : 음향파워레벨(dB)

W : 대상음원의 음향파워(watt)

W_o : 기준 음향파워(10^{-12}watt)

기본개념문제 13

음향출력 0.1W를 발생하는 소형 사이렌의 음향파워레벨은 몇 dB인가?

풀이 $\text{PWL}=10\log\left(\frac{W}{W_o}\right)=10\log\left(\frac{0.1}{10^{-12}}\right)=110\text{dB}$

기본개념문제 14

음의 세기가 10배로 되면 음의 세기수준은?

풀이 음의 세기수준(SIL) $= 10\log\left(\dfrac{I}{I_o}\right)$에서 I_o는 일정하므로

$= 10\log 10 = 10\text{dB}$ 증가

기본개념문제 15

음의 세기레벨이 80dB에서 83dB로 증가되려면 음의 세기는 몇 %가 증가되어야 하는가?

풀이 $\text{SIL} = 10\log\dfrac{I}{I_0}$ 이므로

$$80 = 10\log\frac{I_1}{10^{-12}},\ I_1 = 10^8 \times 10^{-12} = 1 \times 10^{-4}(\text{W/m}^2)$$

$$83 = 10\log\frac{I_2}{10^{-12}},\ I_2 = 10^{8.3} \times 10^{-12} = 1.995 \times 10^{-4}(\text{W/m}^2)$$

$$\text{증가율}(\%) = \frac{I_2 - I_1}{I_1} = \frac{1.995 \times 10^{-4} - 1 \times 10^{-4}}{1 \times 10^{-4}} \times 100 = 99.53\%$$

(6) SPL과 PWL의 관계식

PWL은 절대적인 값이고, SPL은 거리에 따라 변하는 상대적인 값이다.

① 무지향성 점음원

㉠ 자유공간(공중, 구면파)에 위치할 때

$$\text{SPL} = \text{PWL} - 20\log r - 11(\text{dB})$$

㉡ 반자유공간(바닥, 벽, 천장, 반구면파)에 위치할 때

$$\text{SPL} = \text{PWL} - 20\log r - 8(\text{dB})$$

② 무지향성 선음원

㉠ 자유공간(공중, 구면파)에 위치할 때

$$\text{SPL} = \text{PWL} - 10\log r - 8(\text{dB})$$

㉡ 반자유공간(바닥, 벽, 천장, 반구면파)에 위치할 때

$$\text{SPL} = \text{PWL} - 10\log r - 5(\text{dB})$$

여기서, r : 소음원으로부터의 거리(m)

PART 4

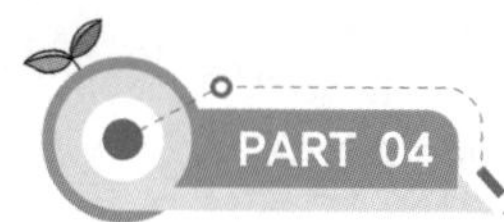

(7) SIL과 SPL의 관계식

고유임피던스(ρc)가 약 400rayls일 경우 SIL과 SPL은 같은 것으로 본다.

$$\mathrm{SIL} = 10\log\left(\frac{P^2/\rho c}{I_o}\right)$$

$$= 10\log\left(\frac{P^2}{4\times 10^{-10}}\right) = 10\log\left(\frac{P}{2\times 10^{-5}}\right)^2$$

$$= 20\log\left(\frac{P}{P_o}\right)(=\mathrm{SPL})$$

기본개념문제 16

출력 1watt의 점음원으로부터 100m 떨어진 곳의 SPL은? (단, 무지향성 음원, 자유공간의 경우)

풀이 $\mathrm{SPL} = \mathrm{PWL} - 20\log r - 11$

$\mathrm{PWL} = 10\log\left(\frac{1}{10^{-12}}\right) = 120\mathrm{dB}$

$r = 100\mathrm{m}$

$= 120 - 20\log 100 - 11 = 69\mathrm{dB}$

기본개념문제 17

출력이 0.1watt인 작은 점음원으로부터 100m 떨어진 곳의 SPL은? (단, 무지향성 음원, 반자유공간)

풀이 $\mathrm{SPL} = \mathrm{PWL} - 20\log r - 8$

$\mathrm{PWL} = 10\log\left(\frac{0.1}{10^{-12}}\right) = 110\mathrm{dB}$

$r = 100\mathrm{m}$

$= 110 - 20\log 100 - 8 = 62\mathrm{dB}$

(8) 거리감쇠

① 점음원

$$\mathrm{SPL}_1 - \mathrm{SPL}_2 = 20\log\left(\frac{r_2}{r_1}\right)(\mathrm{dB})$$

여기서, SPL_1 : 음원으로부터 r_1(m) 떨어진 지점의 음압레벨

SPL_2 : 음원으로부터 r_2(m)($r_2 > r_1$) 떨어진 지점의 음압레벨

$\mathrm{SPL}_1 - \mathrm{SPL}_2$: 거리감쇠치(dB)

역2승법칙 : 점음원으로부터 거리가 2배 멀어질 때마다 음압레벨이 6dB(=20log2)씩 감쇠한다.

② 선음원

$$SPL_1 - SPL_2 = 10\log\left(\frac{r_2}{r_1}\right)$$

선음원으로부터 거리가 2배 멀어질 때마다 음압레벨이 3dB(=10log2)씩 감쇠한다.

기본개념문제 18

자유공간(free-field)에서 거리가 5배 멀어지면 소음수준은 초기보다 몇 dB 감소하는가? (단, 점음원 기준)

풀이 $dB = 20\log\frac{r_2}{r_1} = 20\log 5 = 13.98dB$

기본개념문제 19

공장 내 지면에 설치된 한 기계에서 5m 떨어진 지점에서 소음이 70dB(A)이었다. 기계의 소음이 50dB(A)로 들리는 지점은 기계에서 몇 m 떨어진 곳인가?

풀이 점음원의 거리감쇠

$$SPL_1 - SPL_2 = 20\log\left(\frac{r_2}{r_1}\right)$$

$$70dB(A) - 50dB(A) = 20\log\left(\frac{r_2}{5}\right)$$

$$\therefore\ r_2 = 50m$$

기본개념문제 20

지표면에 무지향성 점음원으로 볼 수 있는 소음원이 있다. 출력을 원래의 1/2로 하고 거리를 2배로 멀어지게 하면 SPL은 원래보다 몇 dB 감소하는가?

풀이 $\Delta dB = 10\log\frac{W}{W_0} - 20\log\frac{r_2}{r_1} = 10\log 0.5 - 20\log 2 = -9dB$ (9dB 감소)

기본개념문제 21

벌판에 세워진 어느 공장으로부터 2m 떨어진 지점에서 소음도는 59dB이었다. 8m 떨어진 지점의 소음도는?

풀이 $SPL_1 - SPL_2 = 20\log\frac{r_2}{r_1}$

$$59 - SPL_2 = 20\log\frac{8}{2}$$

$$\therefore\ SPL_2 = 59 - 20\log 4 = 46.9dB$$

PART 4

(9) 주파수 분석

① 개요

㉠ 소음의 특성을 정확히 평가, 즉 문제가 되는 주파수 대역을 알아내어 그에 따른 대책을 세우기 위해 주파수 분석을 한다.

㉡ 분석에는 정비형과 정폭형이 있고, 일반적으로 정비형을 주로 사용한다.

② 정비형

대역(band)의 하한 및 상한 주파수를 f_L 및 f_U라 할 때 어떤 대역에서도 f_U/f_L의 비가 일정한 필터이다.

$$\frac{f_U}{f_L} = 2^n$$

여기서, n : 일반적으로 1/1, 1/3 옥타브밴드

③ 1/1 옥타브밴드 분석기

$$\frac{f_U}{f_L} = 2^{\frac{1}{1}}$$

$$f_U = 2f_L$$

$$\text{중심주파수}(f_c) = \sqrt{f_L \times f_U} = \sqrt{f_L \times 2f_L} = \sqrt{2}\, f_L$$

$$\text{밴드폭}(bw) = f_c\left(2^{\frac{n}{2}} - 2^{-\frac{n}{2}}\right) = f_c\left(2^{\frac{1/1}{2}} - 2^{-\frac{1/1}{2}}\right) = 0.707 f_c$$

④ 1/3 옥타브밴드 분석기

$$\frac{f_U}{f_L} = 2^{\frac{1}{3}}$$

$$f_U = 1.26 f_L$$

$$\text{중심주파수}(f_c) = \sqrt{f_L \times f_U} = \sqrt{f_L \times 1.26 f_L} = \sqrt{1.26}\, f_L$$

$$\text{밴드폭}(bw) = f_c\left(2^{\frac{n}{2}} - 2^{-\frac{n}{2}}\right) = f_c\left(2^{\frac{1/3}{2}} - 2^{-\frac{1/3}{2}}\right) = 0.232 f_c$$

⑤ %밴드폭(%bw)

$$\%bw = \frac{bw}{f_c} \times 100(\%)$$

기본개념문제 22

중심주파수가 8,000Hz인 경우, 하한주파수와 상한주파수를 구하여라. (단, 1/1옥타브밴드)

풀이 ① f_c(중심주파수)$= \sqrt{2} f_L$

$\therefore f_L$(하한주파수)$= \dfrac{f_c}{\sqrt{2}} = \dfrac{8{,}000}{\sqrt{2}} = 5{,}656\text{Hz}$

② f_c(중심주파수)$= \sqrt{f_L \times f_U}$

$\therefore f_U$(상한주파수)$= \dfrac{{f_c}^2}{f_L} = \dfrac{(8{,}000)^2}{5{,}656} = 11{,}315\text{Hz}$

기본개념문제 23

중심주파수가 1,000Hz일 때 밴드폭(bw)을 구하시오. (단, 1/1옥타브밴드)

풀이 밴드폭$(bw) = f_c(2^{\frac{n}{2}} - 2^{-\frac{n}{2}})$

$= f_c(2^{\frac{1/1}{2}} - 2^{-\frac{1/1}{2}})$

$= 1{,}000 \times 0.707 = 707\text{Hz}$ (단위 주의 요함)

(10) 등청감곡선 및 청감보정회로

① 등청감곡선

㉠ 정의

정상 청력을 가진 젊은 사람을 대상으로 한 주파수로 구성된 음에 대하여 느끼는 소리의 크기(loudness)를 실험한 곡선이 등청감곡선이다.

㉡ 특징

ⓐ 인간의 청감은 4,000Hz 주위의 음에서 가장 예민하며 저주파 영역에서는 둔하다.

ⓑ 사람이 느끼는 크기는 음의 주파수에 따라 다르며, 동일한 크기를 느끼기 위해서 저주파 음에서는 고주파음보다 높은 압력수준이 요구된다.

ⓒ 같은 크기의 에너지를 가진 소리라도 주파수에 따라 크기를 다르게 느낀다.

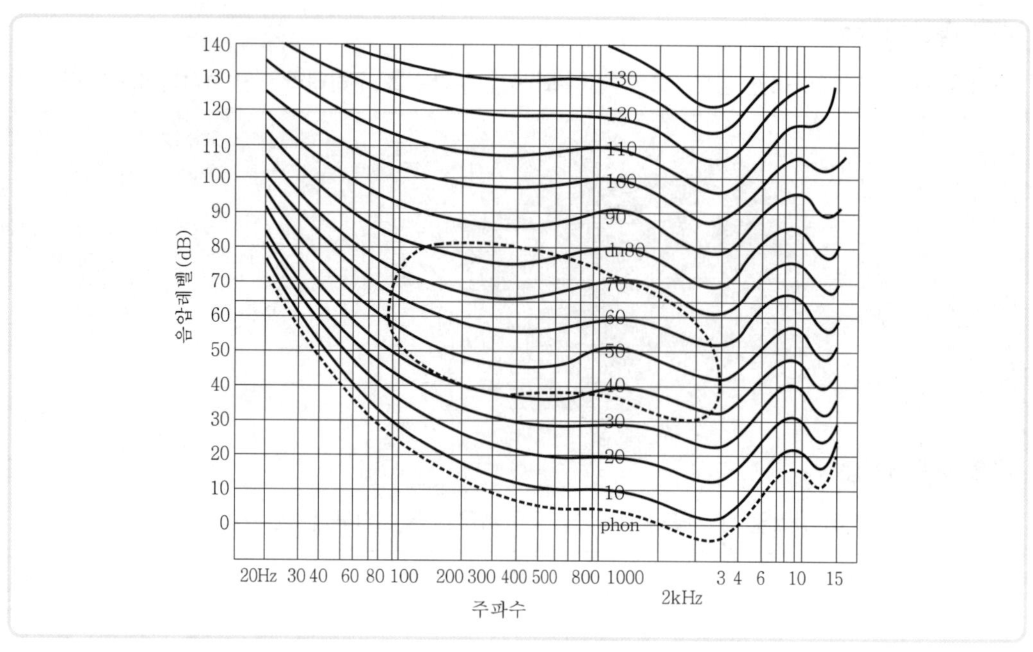

▌등청감곡선▌

② 청감보정회로

㉠ 정의

40, 70, 100phon의 등청감곡선과 비슷하게 주파수에 따른 반응을 보정하여 측정한 음압수준으로 순차적으로 A, B, C 청감보정회로(특성)라 하며, 등청감곡선을 역으로 한 보정회로로 소음계에 내장되어 있다.

㉡ A특성

ⓐ 사람의 청감에 맞춘 것으로 순차적으로 40phon 등청감곡선과 비슷하게 주파수에 따른 반응을 보정하여 측정한 음압수준을 말한다.

ⓑ dB(A)로 표시하며, 저주파 대역을 보정한 청감보정회로이다.

㉢ C특성

ⓐ 실제적인 물리적인 음에 가까운 100phon의 등청감곡선과 비슷하게 보정하여 측정한 값이다.

ⓑ dB(C)로 표시하며, 평탄 특성을 나타낸다.

㉣ 어떤 소음을 소음계의 청감보정회로 A 및 C에 놓고 측정한 소음레벨이 dB(A) 및 dB(C)일 때 $dB(A) \ll dB(C)$이면 저주파성분이 많고, $dB(A) \approx dB(C)$이면 고주파가 주성분이다.

㉤ 소음의 특성치를 알아보기 위해서 A, B, C 특성치(청감보정회로)로 측정한 결과 세 가지의 값이 거의 일치되는 주파수는 1,000Hz이다. 즉, A, B, C 특성 모두 1,000Hz에서 보정치는 0이다.

㉥ 일반적으로 소음계는 A, B, C 특성에서 음압을 측정할 수 있도록 보정되어 있으며 모든 주파수의 음압수준을 보정 없이 그대로 측정할 수 있다.

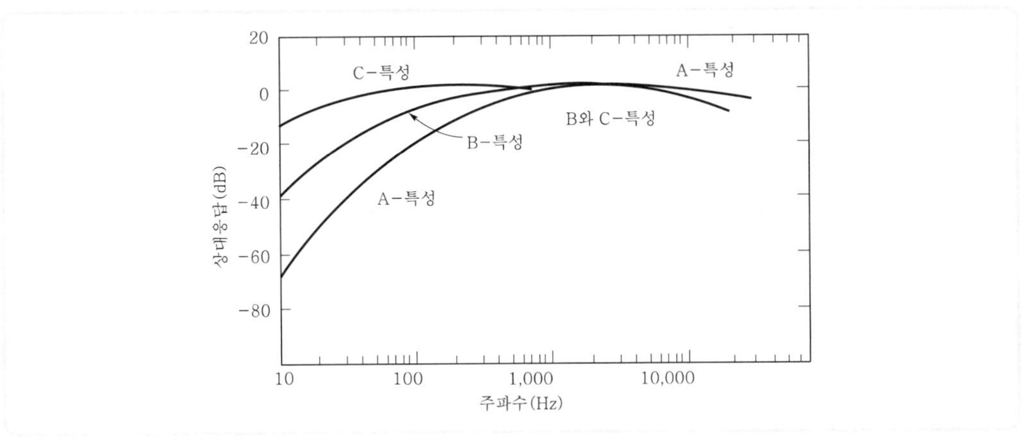

▎청감보정회로▎

③ C_5-dip 현상

㉠ 소음성 난청의 초기단계로 4,000Hz에서 청력장애가 현저히 커지는 현상이다.

㉡ 우리 귀는 고주파음에 대단히 민감하다. 특히 4,000Hz에서 소음성 난청이 가장 많이 발생한다.

03 소음의 생체작용

(1) 평균청력손실 평가방법

① 4분법

$$\text{평균청력손실} = \frac{a+2b+c}{4}(\text{dB})$$

여기서, a : 옥타브밴드 중심주파수 500Hz에서의 청력손실(dB)

b : 옥타브밴드 중심주파수 1,000Hz에서의 청력손실(dB)

c : 옥타브밴드 중심주파수 2,000Hz에서의 청력손실(dB)

평균청력손실값이 25dB 이상이면 난청이라 평가한다.

② 6분법

$$\text{평균청력손실} = \frac{a+2b+2c+d}{6}$$

여기서, d : 옥타브밴드 중심주파수 4,000Hz에서의 청력손실(dB)

③ Audio meter

근로자 개인의 청력손실 여부를 알기 위하여 사용하는 청력 측정용 기기이다.

④ OSHA의 청력변화 기준

OSHA에서는 2,000, 3,000, 4,000Hz에서 10dB 이상의 차이가 있을 때 유의한 청력변화가 발생했다고 규정한다.

기본개념문제 24

청력손실이 500Hz에서 6dB, 1,000Hz에서 10dB, 2,000Hz에서 10dB, 4,000Hz에서 20dB일 때 6분법에 의한 평균청력손실은?

풀이 $\text{평균청력손실} = \frac{a+2b+2c+d}{6}$

$= \frac{6+(2\times10)+(10\times2)+20}{6}$

$= 11\text{dB}$

(2) 난청

청력장애는 일시적 청력손실인 청각피로부터 회복과 치료가 불가능한 영구적 장애까지 있다.

① 일시적 청력손실(TTS)

㉠ 강력한 소음에 노출되어 생기는 난청으로 4,000~6,000Hz에서 가장 많이 발생한다.

㉡ 청신경세포의 피로현상으로, 회복되려면 12~24시간을 요하는 가역적인 청력저하이며, 영구적 소음성 난청의 예비신호로 볼 수 있다.

㉢ 일시적 청력변화 때의 각 주파수에 대한 청력손실의 양상은 같은 소리에 의하여 생긴 영구적 청력변화 때의 청력손실과 유사하다.

② 영구적 청력손실(PTS)

㉠ 소음성 난청이라고도 하며 비가역적 청력저하, 강렬한 소음이나 지속적인 소음 노출에 의해 청신경말단부의 내이 corti기관의 섬모세포 손상으로 회복될 수 없는 영구적인 청력저하가 발생한다.

㉡ 먼저 3,000~6,000Hz의 범위에서 나타나고, 특히 4,000Hz에서 가장 심하게 발생한다.

㉢ 일주일 정도가 지나도록 회복되지 않는 청력치의 감소부분은 영구적 난청에 해당된다.

③ 노인성 난청

㉠ 노화에 의한 퇴행성 질환으로 감각신경성 청력손실이 양측 귀에 대칭적 · 점진적으로 발생하는 질환이다.

㉡ 일반적으로 고음역에 대한 청력손실이 현저하며 6,000Hz에서부터 난청이 시작된다.

(3) 신체적(생리적) 영향

① 혈압 상승, 맥박 증가, 말초혈관 수축
② 호흡횟수 증가, 호흡깊이 감소
③ 타액분비량 증가, 위액산도 저하, 위 수축운동의 감퇴
④ 혈당도 상승, 백혈구 수 증가, 아드레날린 증가
⑤ 집중력 감소
⑥ 강한 소음은 달팽이관 주변의 모세혈관 수축을 일으켜 이 부근에 저산소증 유발

(4) 기타 영향

① 회화방해
② 정서적 영향
③ 수면방해
④ 작업방해

(5) 소음성 난청(직업성 난청)

① 정의

심한 소음에 반복하여 노출되면 일시적 청력변화는 영구적 청력변화(PTS)로 변하여 코르티기관에 손상이 온 것이므로 회복이 불가능하다. 즉 감각세포의 손상이며, 청력손실의 원인이 되는 코르티기관의 총체적인 파괴이다.

② 특징

㉠ 항상 내이의 모세포에 작용하는 감각신경성 난청이다. 즉 전음계가 아니라 감음계의 장애를 말한다.
㉡ 거의 항상 양측성이며, 처음 중음부에서 시작되어 고음부 순서로 파급된다.
㉢ 소음 노출이 중단되었을 때 소음 노출 결과로 인한 청력손실이 진행하지 않는다. 심한 소음에 노출되면 처음에는 일시적 변화(TTS)를 초래하는데, 이것은 소음 노출을 중단하면 다시 노출 전의 상태로 회복되는 변화이다.
㉣ 과거의 소음성 난청으로 인해 소음 노출에 더 민감하게 반응하지 않는다.
㉤ 초기 저음역(500, 1,000, 2,000Hz)에서보다 고음역(3,000, 4,000, 6,000Hz)에서 청력손실이 현저히 나타나고, 특히 4,000Hz에서 심하다. 그 이유는 인체가 저주파보다 고주파에 대해 민감하게 반응하기 때문이다.
㉥ 지속적인 소음 노출 시 고음역에서의 청력손실이 보통 10~15년에 최고치에 이른다. 즉, 장기적인 소음 노출에 의해서 발생된다.
㉦ 소음성 난청은 주로 주파수 4,000Hz 영역에서 시작하여 전 영역으로 파급된다.
㉧ 음이 강해짐에 따라 정상인에 비해 음이 급격하게 들린다.

③ 소음성 난청에 영향을 미치는 요소

㉠ 소음 크기

음압수준이 높을수록 영향이 큼(유해함)

㉡ 개인감수성

소음에 노출된 모든 사람이 똑같이 반응하지 않으며 감수성이 매우 높은 사람이 극소수 존재함

㉢ 소음의 주파수 구성

고주파음이 저주파음보다 영향이 큼

㉣ 소음의 발생 특성

지속적인 소음 노출이 단속적인(간헐적인) 소음 노출보다 더 큰 장애를 초래함

(6) 초음파의 생체작용

① 초음파

㉠ 정의

가청영역 이상의 주파수(20kHz 이상)를 가진 음을 초음파라 한다.

㉡ 특징

ⓐ 고주파성 초음파는 공기 중에 잘 흡수된다. 즉, 공기 중에서 쉽게 전파되지 않는다.

ⓑ 초음파는 흡수매체를 가열하는 성질을 지녔으나 주파수가 높을수록 전달매체 내에 크게 흡수되어 조직투과력은 약해진다.

ⓒ 미국 EPA에서는 초음파의 소음도가 105dB 이하가 되도록 권장한다.

㉢ 발생원

제트엔진, 고속드릴, 세척장비 등

㉣ 응용분야

초음파클리닝, 태아의 심장운동 청취 등

② 생체작용

㉠ 작업자가 초음파에 폭로되더라도 8kHz까지의 가청음에 대한 청력장애는 오지 않는다.

㉡ 인체의 피부는 폭로된 초음파의 1%만을 흡수하고, 나머지는 반사한다.

㉢ 자각증상으로는 초음파폭로 3개월 이내에 음에 대한 불쾌감이 가장 많이 오며 두통, 피로, 구역질 등이 나타난다.

04 소음에 대한 노출기준

작업환경에서 노출되는 소음은 크게 연속음, 단속음, 충격음, 폭발음으로 구분한다.

(1) 우리나라 노출기준 : 8시간 노출에 대한 기준 90dB(5dB 변화율)

1일 노출시간(hr)	소음수준[dB(A)]	1일 노출시간(hr)	소음수준[dB(A)]
8	90	1	105
4	95	$\frac{1}{2}$	110
2	100	$\frac{1}{4}$	115

㈜ 115dB(A)를 초과하는 소음수준에 노출되어서는 안 된다.

(2) ACGIH 노출기준 : 8시간 노출에 대한 기준 85dB(3dB 변화율)

1일 노출시간(hr)	소음수준[dB(A)]	1일 노출시간(hr)	소음수준[dB(A)]
8	85	1	94
4	88	$\frac{1}{2}$	97
2	91	$\frac{1}{4}$	100

(3) 우리나라 충격소음 노출기준

소음수준[dB(A)]	1일 작업시간 중 허용횟수
140	100
130	1,000
120	10,000

㈜ 1. 충격소음은 최대음압수준이 120dB 이상인 소음이 1초 이상의 간격으로 발생하는 것을 말한다.
2. 충격소음이 발생하는 작업장은 6월에 1회 이상 소음수준을 측정하고, 소음에 노출되는 근로자에게는 특수건강진단을 실시하여야 한다.

기본개념문제 25

어떤 작업환경에서 100dB(A)의 소음이 1시간(TLV 2hr), 95dB(A)의 소음이 3시간(TLV 4hr) 발생하고 있을 때 소음허용기준 초과 여부를 판정하시오.

풀이 소음허용기준 초과 여부 $= \dfrac{C_1}{T_1} + \cdots + \dfrac{C_n}{T_n}$

여기서, $C_1 \sim C_n$: 각 소음노출시간(hr)

$T_1 \sim T_n$: 각 노출허용기준(TLV)에 따른 노출시간(hr)

$= \dfrac{1}{2} + \dfrac{3}{4} = 1.25$ ⇨ 이 값이 1 이상이므로 허용기준 초과 판정

기본개념문제 26

어떤 환경에서 8시간 작업 중 95dB(A)인 단속음의 소음이 3시간, 90dB(A)의 소음이 3시간 발생하고, 그 외 2시간은 기준 이하의 소음이 발생되었을 경우 소음허용기준 초과 여부를 판정하시오.

풀이 소음허용기준 초과 여부 $= \dfrac{3}{4} + \dfrac{3}{8} = 1.13$(허용기준 초과)

(4) 배경소음

어떤 음을 대상으로 생각할 때 그 음이 아니면서 그 장소에 있는 소음을 대상음에 대한 배경소음이라 한다. 즉 환경소음 중 어느 특정 소음을 대상으로 할 경우 그 이외의 소음을 말한다.

(5) 연속음

소음발생 간격이 1초 미만을 유지하면서 계속적으로 발생되는 소음을 말한다.

(6) 단속음

소음발생 간격이 1초 이상의 간격으로 발생되는 소음을 말한다.

05 소음의 측정 및 평가

(1) 소음의 측정

① 소음계의 종류

주파수 범위와 청감보정 특성의 허용범위의 정밀도 차이에 의해 정밀소음계, 지시소음계, 간이소음계의 3종류로 분류한다.

② 누적소음 노출량 측정기(noise dose meter)

소음에 대한 작업환경 측정 시 소음의 변동이 심하거나 소음수준이 다른 여러 작업장소를 이동하면서 작업하는 경우 소음의 노출평가에 가장 적합한 소음기, 즉 개인의 노출량을 측정하는 기기로서 노출량(dose)은 노출기준에 대한 백분율(%)로 나타낸다.

③ 누적소음 노출량 측정기의 법정 설정기준

㉠ criteria : 90dB

㉡ exchange rate : 5dB

㉢ threshold : 80dB

④ 소음계의 성능

㉠ 측정 가능 주파수 범위는 31.5Hz~8kHz 이상이어야 한다.

㉡ 측정 가능 소음도 범위는 35~130dB 이상이어야 한다(다만, 자동차 소음 측정에 사용되는 것은 45~130dB 이상으로 한다).

㉢ 특성별(A특성 및 C특성) 표준입사각의 응답과 그 편차는 KS C IEC 61672-1을 만족하여야 한다.

㉣ 레벨레인지 변환기가 있는 기기에 있어서 레벨레인지 변환기의 전환오차는 0.5dB 이내이어야 한다.

㉤ 지시계기의 눈금오차는 0.5dB 이내이어야 한다.

(2) 소음의 평가

① 등가소음레벨(등가소음도, Leq)

변동이 심한 소음의 평가방법이며 이렇게 변동하는 소음을 일정 시간 측정하여 그 평균 에너지 소음레벨로 나타낸 값이 등가소음도이다.

$$\text{등가소음도(Leq)} = 16.61\log\frac{n_1\times 10^{\frac{L_{A1}}{16.61}} + \cdots + n_n\times 10^{\frac{L_{An}}{16.61}}}{\text{각 소음레벨 측정치의 발생시간 합}}$$

여기서, Leq : 등가소음레벨[dB(A)]

L_A : 각 소음레벨의 측정치[dB(A)]

n : 각 소음레벨 측정치의 발생시간(분)

$$\text{일정 시간간격 등가소음도(Leq)} = 10\log\frac{1}{n}\sum_{i=1}^{n}10^{\frac{L_i}{10}}$$

여기서, n : 소음레벨측정치의 수

L_i : 각 소음레벨의 측정치[dB(A)]

② 누적소음폭로량

단위작업장소에서 소음의 강도가 불규칙적으로 변동하는 소음 등을 누적소음노출량 측정기로 측정하여 평가한다.

$$누적소음폭로량(D) = \left(\frac{C_1}{T_1} + \frac{C_2}{T_2} + \cdots + \frac{C_n}{T_n}\right) \times 100$$

여기서, D : 누적소음폭로량(%)

C : 각 소음레벨발생시간

T : 각 폭로허용시간(TLV)

$$\text{TWA} = 16.61 \log\left[\frac{D(\%)}{100}\right] + 90[\text{dB(A)}]$$

여기서, TWA : 시간가중 평균소음수준[dB(A)]

D : 누적소음폭로량(%)

$100 = 12.5 \times T$(T : 노출시간)

③ 기타 평가단위

㉠ SIL : 회화방해레벨

㉡ PSIL : 우선회화방해레벨

㉢ NC : 실내소음평가척도

㉣ NRN : 소음평가지수

㉤ TNI : 교통소음지수

㉥ Lx : 소음통계레벨

㉦ Ldn : 주야 평균소음레벨

㉧ PNL : 감각소음레벨

㉨ WECPNL : 항공기소음평가량

기본개념문제 27

다음 측정값의 등가소음레벨(Leq)은?

- 소음도 구간(dB) : 60~65, 65~70, 70~75, 75~80
- 소음지속시간(min) : 11, 8, 24, 17

풀이 소음도 구간으로 주어지면 중앙값으로 계산한다.

$$\therefore \text{Leq} = 16.61 \log \frac{11 \times 10^{\frac{62.5}{16.61}} + 8 \times 10^{\frac{67.5}{16.61}} + 24 \times 10^{\frac{72.5}{16.61}} + 17 \times 10^{\frac{77.5}{16.61}}}{60} = 73.1\text{dB(A)}$$

기본개념문제 28

다음 측정값의 등가소음레벨(Leq)은?

- 소음레벨(dB) : 80, 85, 90, 95
- 소음지속시간(min) : 15, 8, 5, 2

풀이 $$Leq=16.61\log\frac{15\times10^{\frac{80}{16.61}}+8\times10^{\frac{85}{16.61}}+5\times10^{\frac{90}{16.61}}+2\times10^{\frac{95}{16.61}}}{30}=85.8\text{dB}(A)$$

기본개념문제 29

5초 간격으로 10번의 소음을 측정한 결과 다음과 같다. Leq은?

- 측정치 : 75, 78, 80, 74, 82, 90, 88, 82, 76, 72

풀이 $$Leq=10\log\frac{1}{10}(10^{7.5}+10^{7.8}+10^{8.0}+10^{7.4}+10^{8.2}+10^{9.0}+10^{8.8}+10^{8.2}+10^{7.6}+10^{7.2})=83.47\text{dB}(A)$$

기본개념문제 30

작업환경 내의 소음을 측정하였더니 105dB(A)의 소음(허용노출시간 60분)이 20분, 110dB(A)의 소음(허용노출시간 30분)이 20분, 115dB(A)의 소음(허용노출시간 15분)이 10분 발생되었다. 이때 소음노출량은 약 몇 %인가?

풀이 $$\text{소음노출량}(\%)=\left(\frac{C_1}{T_1}+\cdots+\frac{C_n}{T_n}\right)\times100=\left(\frac{20}{60}+\frac{20}{30}+\frac{10}{15}\right)\times100=166.67\%$$

기본개념문제 31

근로자가 단위작업 장소에서 소음의 강도가 불규칙적으로 변동하는 소음을 누적소음노출량 측정기로 측정한 결과 소음의 노출량이 135%에 노출되었다면 이를 TWA〔dB(A)〕로 환산하면 약 얼마인가?

풀이 $$TWA=16.61\log\left[\frac{D(\%)}{100}\right]+90=16.61\log\left(\frac{135}{100}\right)+90=92.17\text{dB}(A)$$

기본개념문제 32

누적노출량계로 5시간 측정한 값이 60%이었을 때 측정시간 동안의 소음평균치는 몇 dB(A)인가?

풀이 $$TWA=16.61\log\left(\frac{60}{12.5\times5}\right)+90=89.71\text{dB}(A)$$

(3) 지시소음계와 옥타브밴드 분석소음계

① 지시소음계(sound level meter)

㉠ 마이크로폰, 증폭기 및 지시계 등으로 구성되어 있으며, 소리의 세기 또는 에너지량을 음압수준으로 표시한다.

㉡ 음량조절장치는 A특성, B특성, C특성을 나타내는 3가지의 주파수 보정회로로 되어 있다.

㉢ 보정회로를 붙인 이유는 주파수별로 음압수준에 대한 귀의 청각반응이 다르기 때문에 이를 보정하기 위함이다.

㉣ 대부분의 소음에너지가 1,000Hz 이하일 때에는 A, B, C의 각 특성치의 차이는 커진다.

② 옥타브밴드 분석소음계

근로자가 노출되는 소음의 주파수 특성을 파악하여 공학적인 소음관리대책을 세우고자 할 때 적용하는 소음계이다.

06 소음관리 및 예방대책

(1) 실내 평균흡음률 계산

① 평균흡음률($\overline{\alpha}$)

$$\overline{\alpha} = \frac{\Sigma S_i \alpha_i}{\Sigma S_i} = \frac{S_1\alpha_1 + S_2\alpha_2 + S_3\alpha_3 + \cdots}{S_1 + S_2 + S_3 + \cdots}$$

여기서, S_1, S_2, S_3 : 실내 각 부의 면적(m^2)
일반적으로 실내는 천장, 바닥, 벽면을 고려
α_1, α_2, α_3 : 실내 각 부의 흡음률

② 흡음력(A)

$$A = S\overline{\alpha} = \sum_{i=1}^{n} S_i \alpha_i \, (m^2, \text{sabin})$$

여기서, S : 실내 내부의 전 표면적(m^2)
$\overline{\alpha}$: 평균흡음률
S_i, α_i : 각 흡음재의 면적과 흡음률

③ 실정수(R)

$$R = \frac{S\overline{\alpha}}{1-\overline{\alpha}} \, (m^2, \text{sabin})$$

여기서, S : 실내 내부의 전 표면적(m^2)
$\overline{\alpha}$: 평균흡음률

(2) 실내소음의 저감량

흡음대책에 따른 실내소음 저감량(감음량, NR)

$$NR = SPL_1 - SPL_2 = 10\log\left(\frac{R_2}{R_1}\right) = 10\log\left(\frac{A_2}{A_1}\right) = 10\log\left(\frac{A_1 + A_\alpha}{A_1}\right)$$

여기서, NR : 감음량(dB)

SPL_1, SPL_2 : 실내면에 대한 흡음대책 전후의 실내 음압레벨(dB)

R_1, R_2 : 실내면에 대한 흡음대책 전후의 실정수(m^2, sabin)

A_1, A_2 : 실내면에 대한 흡음대책 전후의 실내흡음력(m^2, sabin)

A_α : 실내면에 대한 흡음대책 전 실내흡음력에 부가된(추가된) 흡음력(m^2, sabin)

PART 4

기본개념문제 33

바닥면적이 6m×7m이고 높이가 2.5m인 방이 있다. 바닥, 벽, 천장의 흡음률이 0.1, 0.35, 0.55일 때 이 방의 평균흡음률은?

풀이 $\bar{\alpha} = \dfrac{S_{천}\alpha_{천} + S_{벽}\alpha_{벽} + S_{바}\alpha_{바}}{S_{천} + S_{벽} + S_{바}}$

$S_{천} = 6 \times 7 = 42m^2$

$S_{벽} = (6 \times 2.5 \times 2) + (7 \times 2.5 \times 2) = 65m^2$

$S_{바} = 6 \times 7 = 42m^2$

$= \dfrac{(42 \times 0.55) + (65 \times 0.35) + (42 \times 0.1)}{42 + 65 + 42} = 0.34$

기본개념문제 34

바닥면적이 5m×5m이고 높이 3m인 방이 있다. 바닥 및 천장의 흡음률이 0.3일 때 벽체에 흡음재를 부착하여 실내의 평균흡음률을 0.55 이상으로 하고자 한다면 벽체 흡음재의 흡음률은 얼마 정도가 되어야 하는가?

풀이 $\bar{\alpha} = \dfrac{S_{천}\alpha_{천} + S_{벽}\alpha_{벽} + S_{바}\alpha_{바}}{S_{천} + S_{벽} + S_{바}}$

$S_{천} = 5 \times 5 = 25m^2$

$S_{벽} = 5 \times 3 \times 4 = 60m^2$

$S_{바} = 5 \times 5 = 25m^2$

$0.55 = \dfrac{(25 \times 0.3) + (60 \times \alpha_{벽}) + (25 \times 0.3)}{25 + 60 + 25}$

$\therefore \alpha_{벽} = 0.76$

기본개념문제 35

가로 10m, 세로 7m, 높이 4m인 작업장의 흡음률이 바닥은 0.1, 천장은 0.2, 벽은 0.15이다. 이 방의 평균흡음률은?

풀이 $평균흡음률 = \dfrac{\Sigma s_i \alpha_i}{\Sigma s_i}$

$바닥면적 = 10 \times 7 = 70\text{m}^2$

$천장면적 = 10 \times 7 = 70\text{m}^2$

$벽면적 = (10 \times 4 \times 2) + (7 \times 4 \times 2) = 136\text{m}^2$

$$= \frac{(70 \times 0.1) + (70 \times 0.2) + (136 \times 0.15)}{70 + 70 + 136} = 0.15$$

기본개념문제 36

작업장에서 현재 총 흡음량은 600sabins이다. 이 작업장을 천장과 벽 부분에 흡음재를 이용하여 3,000sabins을 추가하였을 때 흡음대책에 따른 실내소음의 저감량은?

풀이 $\text{NR}(저감량) = 10\log\dfrac{대책\ 전\ 총\ 흡음력 + 부가된\ 흡음력}{대책\ 전\ 총\ 흡음력}$

$$= 10\log\frac{600 + 3{,}000}{600} = 7.78\text{dB}$$

기본개념문제 37

현재 총 흡음량이 1,200sabins인 작업장의 천장에 흡음물질을 첨가하여 2,800sabins을 더할 경우 예측되는 소음감음량(NR)은?

풀이 $\text{NR}(저감량) = 10\log\dfrac{1{,}200 + 2{,}800}{1{,}200} = 5.2\text{dB}$

기본개념문제 38

작업장의 소음을 낮추기 위한 방안으로 천장과 벽에 흡음재를 설치하여 개선 전의 총 흡음량 1,170sabins이 개선 후에 2,950sabins이 되었다. 개선 전 소음수준이 95dB이었다면 개선 후의 소음수준은?

풀이 $\text{NR}(저감량) = 10\log\dfrac{대책\ 후}{대책\ 전} = 10\log\dfrac{2{,}950}{1{,}170} = 4\text{dB}$

$\therefore$ 개선 후 소음 $= 95\text{dB} - 4\text{dB} = 91\text{dB}$

(3) 잔향시간(반향시간) 측정에 의한 방법

① 잔향시간은 실내에서 음원을 끈 순간부터 직선적으로 음압레벨이 60dB(에너지밀도가 10^{-6} 감소) 감쇠되는 데 소요되는 시간(sec)이다.
② 잔향시간을 이용하면 대상 실내의 평균흡음률을 측정할 수 있다.
③ 잔향시간과 작업장의 공간부피만 알면 흡수음량을 추정할 수 있다.
④ 소음원에서 소음발생이 중지한 후 소음의 감소는 시간에 반비례하여 감소한다.
⑤ 잔향시간은 소음이 닿는 면적을 계산하기 쉬운 실내에서의 흡음량을 측정하기 위하여 주로 사용한다.
⑥ 소음원에서 발생하는 소음과 배경소음 간의 차이가 40dB 이상일 경우 잔향시간을 측정할 수 있다.

$$T = \frac{0.161\,V}{A} = \frac{0.161\,V}{S\bar{\alpha}}\,(\text{sec})$$

$$\bar{\alpha} = \frac{0.161\,V}{ST}$$

여기서, T : 잔향시간(sec)
V : 실의 체적(부피)(m^3)
A : 총 흡음력($\Sigma\alpha_i S_i$)(m^2, sabin)
S : 실내 내부의 전 표면적(m^2)

기본개념문제 39

어느 작업장의 용적이 400m^3, 표면적이 200m^2, 벽면의 평균흡음률이 0.1이면 잔향시간(sec)은?

풀이 잔향시간 $T = \frac{0.161 \times V}{A} = \frac{0.161 \times V}{S\bar{\alpha}} = \frac{0.161 \times 400}{200 \times 0.1} = 3.22\text{sec}$

기본개념문제 40

가로 15m, 세로 25m, 높이 3m인 어느 작업장의 음의 잔향시간을 측정해보니 0.238sec였다. 이 작업장의 총 흡음력(sound absorption)을 51.6% 증가시키면 잔향시간은 몇 sec가 되겠는가?

풀이 잔향시간(T) $= \frac{0.161\,V}{A}$

$$0.238 = \frac{0.161 \times (15 \times 25 \times 3)\text{m}^3}{A}$$

총 흡음력(A) $= 761.03\text{m}^2$(sabins)

$$= \frac{0.161 \times (15 \times 25 \times 3)}{761.03 \times (1.516)} = 0.157\text{sec}$$

(4) Sabin method

① 공장 내부에 기계 및 설비가 복잡하게 설치되어 있는 경우에 작업장 기계에 의한 흡음이 고려되지 않아 실제 흡음보다 과소평가되기 쉬운 흡음 측정방법이다.

$$\text{평균흡음률}(\overline{\alpha}) = \frac{0.161\,V}{ST}$$

② Eyring method

큰 실내에서 공기흡음을 고려하고 $\overline{\alpha} > 0.3$ 이상의 큰 흡음률을 가질 경우의 흡음 측정방법이다.

(5) 흡음재의 특성

① 성상

경량의 다공성 자재이며, 차음재로는 바람직하지 않다.

② 기능 및 사용상 주의사항

㉠ 음에너지를 열에너지로 변환시킨다.

㉡ 소음의 흡음 처리는 음파를 흡수하여 감쇠시키는 것이다.

㉢ 음파를 흡수한다는 것은 음파의 파동에너지를 감소시켜 매질 입자의 운동에너지를 열에너지로 전환한다는 것이다.

㉣ 공기에 의하여 전파되는 음을 저감시킨다.

㉤ 흡음효과에 방해를 주지 않기 위해서, 다공질 재료 표면에 종이를 입혀서는 안 된다.

㉥ 흡음효과를 높이기 위해서는 흡음재를 실내의 틈이나 가장자리에 부착하는 것이 좋다.

㉦ 고주파 성분이 큰 공장이나 기계실 내에서는 다공질 재료에 의한 흡음 처리가 효과적이다.

㉧ 실의 모서리나 가장자리 부분에 흡음재를 부착시키면 흡음효과가 좋아진다.

㉨ 다공질 재료는 산란되기 쉬우므로 표면을 얇은 직물로 피복하는 것이 바람직하다.

㉩ 흡음재료를 벽면에 부착할 때 한 곳에 집중하는 것보다 전체 내벽에 분산하여 부착하는 것이 흡음력을 증가시킨다.

③ 용도

잔향음의 에너지 저감에 사용된다.

④ 다공질 흡음재의 종류

암면, 발포수지, 펠트(felt)

(6) 차음

① 투과손실(Transmission Loss)

투과손실은 투과율(τ)의 역수를 사용대수로 취한 후 10을 곱한 값으로 정의한다.

$$투과손실(TL) = 10\log\frac{1}{\tau} = 10\log\left(\frac{I_i}{I_t}\right)(\text{dB})$$

$$\tau(투과율) = \frac{투과음의\ 세기(I_t)}{입사음의\ 세기(I_i)}\left(\tau = 10^{-\frac{TL}{10}}\right)$$

② 총합 투과손실($\overline{TL}$)

벽이 여러 가지 재료로 구성되어 있는 경우 벽 전체의 투과손실을 총합 투과손실이라 한다.

$$총합\ 투과손실(\overline{TL}) = 10\log\frac{1}{\overline{\tau}} = 10\log\frac{\Sigma S_i}{\Sigma S_i\overline{\tau}} = 10\log\frac{S_1+S_2+\cdots}{S_1\overline{\tau_1}+S_2\overline{\tau_2}+\cdots}$$

$$이때,\ \overline{\tau}(평균투과율) = \frac{\Sigma S_i\overline{\tau_i}}{\Sigma S_i} = \frac{S_1\overline{\tau_1}+S_2\overline{\tau_2}+\cdots}{S_1+S_2+\cdots}$$

여기서, S_i : 벽체 각 구성부의 면적(m^2), $\overline{\tau_i}$: 해당 각 벽체의 투과율

③ 벽에 개구부가 있는 경우에는 그 면적이 작을지라도 투과율(τ)이 1이 되기 때문에 총합 투과손실은 현저히 저하된다.

PART 4

기본개념문제 41

투과손실이 30dB인 벽의 투과율은?

풀이 $T = 10\log\frac{1}{\tau}$

$\therefore\ \tau = 10^{-\frac{TL}{10}} = 10^{-\frac{30}{10}} = 0.001$

기본개념문제 42

벽체면적 100m^2 중 유리창의 면적이 20m^{2}이다. 벽체의 투과손실은 35dB이고 유리창의 투과손실이 20dB이라고 할 때 총합 투과손실(dB)은?

풀이 $\overline{TL} = 10\log\frac{1}{\overline{\tau}} = 10\log\frac{S_1+S_2}{S_1\tau_1+S_2\tau_2}$

구 분	면적(m^2)	투과손실(dB)	투과율
벽체	80	35	$10^{-(35/10)}$
유리창	20	20	$10^{(-20/10)}$

$\therefore\ \overline{TL} = 10\log\frac{80+20}{\left(80\times10^{-\frac{35}{10}}\right)+\left(20\times10^{-\frac{20}{10}}\right)} = 26.5\text{dB}$

(7) 단일벽 투과손실

① 음파가 수직입사할 경우

㉠ 단일벽체의 전부가 피스톤 진동을 하고 양쪽 면에 입사하는 공기의 속도는 동일하다고 가정하면 단일벽 투과손실은 다음과 같다. 이때, 벽체의 면밀도가 2배 증가할 때마다 투과손실은 약 6dB씩 증가한다.

$$TL = 20\log(m \cdot f) - 43\,(\text{dB})$$

여기서, TL : 투과손실(dB)

m : 벽체의 면밀도(kg/m^2)

f : 벽체에 수직입사되는 주파수(Hz)

㉡ 질량 법칙(mass law)

투과손실은 벽의 면밀도와 주파수의 곱의 대수값에 비례한다. 이것을 단일벽의 수직입사음에 대한 차음의 질량 법칙(mass law)이라 한다.

② 음파가 난입사할 경우

$$TL = 18\log(m \cdot f) - 44\,(\text{dB})$$

기본개념문제 43

면밀도가 7.5kg/m²인 단일벽면에 550Hz의 순음이 수직입사한다고 할 때 단일벽의 투과손실(dB)은? (단, 일치효과는 없다.)

풀이 수직입사 시 투과손실(TL)

$TL = 20\log(m \cdot f) - 43(\text{dB}) = 20\log(7.5 \times 550) - 43 = 29.3\text{dB}$

기본개념문제 44

밀도가 950kg/m³인 벽체(두께 : 25cm)에 600Hz의 순음이 통과할 때의 TL(dB)은? (단, 음파는 벽면에 난입사한다.)

풀이 난입사 시 투과손실(TL)

$TL = 18\log(m \cdot f) - 44(\text{dB})$

$m(\text{면밀도}) = \text{밀도} \times \text{두께} = 950\text{kg/m}^3 \times 0.25\text{m} = 237.5\text{kg/m}^2$

$= 18\log(237.5 \times 600) - 44 = 48.8\text{dB}$

기본개념문제 45

소음에 대한 차음효과는 벽체의 단위면적에 대하여 벽체의 무게를 2배로 할 때마다 몇 dB씩 증가하는가? (단, 음파가 벽면에 수직입사하며 질량 법칙 적용)

풀이 투과손실(TL) $= 20\log(m \cdot f) - 43$(dB)
에서 벽체의 무게와 관계는 m(면밀도)만 고려하면 된다.
$TL = 20\log 2 = 6$dB, 즉 면밀도가 2배되면 약 6dB의 투과손실치가 증가된다(주파수도 동일).

(8) 차음재의 특성

차음효과는 밀도가 큰 재질일수록 좋다.

① **성상** : 상대적으로 고밀도이며, 기공이 없고 흡음재로는 바람직하지 않다.
② **기능** : 음에너지를 감쇠시킨다. 즉, 음의 투과를 저감하여 음을 억제시킨다.
③ **용도** : 음의 투과율 저감(투과손실 증가)에 사용된다.

(9) 실내음향수준 결정요소

① 밀폐정도
② 방(room)의 크기와 모양
③ 벽이나 실내장치의 흡음도

(10) 소음대책

소음발생의 대책으로 가장 먼저 고려할 사항은 소음원 밀폐, 소음원 제거 및 억제이다.

① 발생원 대책(음원대책)
  ㉠ 발생원에서의 저감
    ⓐ 유속 저감
    ⓑ 마찰력 감소
    ⓒ 충돌방지
    ⓓ 공명방지
    ⓔ 저소음형 기계의 사용
      - 병타법을 용접법으로 변경
      - 단조법을 프레스법으로 변경
      - 압축공기 구동기기를 전동기기로 변경
      - 기계의 부분적 개량을 위하여 노즐, 버너 등을 개량하거나 공명부분을 차단
  ㉡ 소음기 설치
  ㉢ 방음 커버
  ㉣ 방진, 제진

② 전파경로 대책

㉠ 흡음

실내 흡음처리에 의한 음압레벨 저감

㉡ 차음

벽체의 투과손실 증가

㉢ 거리감쇠

㉣ 지향성 변환(음원 방향의 변경)

③ 수음자 대책

㉠ 청력보호구(귀마개, 귀덮개)

㉡ 작업방법 개선

(11) 고체음의 대책

① 가진력 억제(강제력 저감)

② 방사면의 축소(방사율의 저감)

③ 공명 방지

④ 제진(차진, 방진)

(12) 공기음(기류음)의 대책

① 분출 유속의 저감

② 관의 곡률 완화

③ 밸브의 다단화

(13) 관(tube) 토출 시 발생하는 취출음의 대책

① 소음기 부착

② 토출 유속 저하

③ 음원을 취출구 부근에 집중(음의 전파를 방지)

(14) 소음기 성능 표시

① 삽입손실치(IL)

소음원에 소음기를 부착하기 전과 후의 공간상의 어떤 특정 위치에서 측정한 음압레벨의 차와 그 측정 위치로 정의한다.

② 감쇠치(ΔL)

소음기 내의 두 지점 사이의 음향파워의 감쇠치로 정의한다.

③ 감음량(NR)
소음기가 있는 상태에서 소음기 입구 및 출구에서 측정된 음압레벨의 차로 정의한다.

④ 투과손실치(TL)
소음기를 투과한 음향출력에 대한 소음기에 입사된 음향출력의 비(입사된 음향출력/투과된 음향출력)를 상용대수 취한 후 10을 곱한 값으로 정의한다.

(15) 소음의 공학적 대책의 예

① 고주파음은 저주파음보다 격리 및 차폐로서의 소음 감소효과가 크다.
② 넓은 드라이브 벨트는 가는 드라이브 벨트로 대치하여 벨트 사이에 공간을 두는 것이 소음발생을 줄일 수 있다.
③ 원형 톱날에는 고무 코팅재를 톱날 측면에 부착시키면 소음의 공명현상을 줄일 수 있다.
④ 덕트 내에 이음부를 많이 부착하면 마찰저항력에 의한 소음이 증가한다.

07 청각기관의 구조와 역할

(1) 외이

① 이개(귓바퀴)
음을 모으는 집음기 역할을 한다.

② 외이도
㉠ 개구관의 형태를 가지며, 고막까지의 거리는 약 2.7cm이다.
㉡ 일종의 공명기로 약 3kHz의 소리를 증폭시켜 고막에 전달하여 진동시킨다.

③ 고막
㉠ 둥근 모양의 얇은 막으로 외이와 중이의 경계 사이에 위치한다.
㉡ 마이크로폰의 진동판과 같은 역할을 한다.
㉢ 고막의 진동은 망치뼈, 모루뼈, 등자뼈(추골)를 통하여 내이에 있는 난원창에 진동을 전달한다.

④ 외이의 음전달 매질
공기(기체)

(2) 중이

① 고실(빈 공간)

㉠ 3개의 청소골(망치뼈, 모루뼈, 등자뼈, 침골, 등골)을 담고 있는 공간이 고실이다.

㉡ 청소골은 외이와 내이의 임피던스 매칭을 담당한다. 즉, 망치뼈(고막과 연결되어 있음)에서의 높은 임피던스를 등자뼈에서는 낮은 임피던스로 바꿈으로써 외이의 높은 압력을 내이의 유효한 속도 성분으로 바꾸는 역할을 한다.

㉢ 3개의 뼈들은 고막에서 전달되는 소리의 진폭을 작게 하는 대신 힘을 약 10~20배 증가시켜 준다(즉, 진동을 내이로 전달하는 기능을 함).

㉣ 고실의 넓이는 1~2cm^2로 이소골이 있다.

㉤ 이소골은 진동음압(진폭의 힘)을 약 10~20배 정도 증폭하는 임피던스 변환기의 역할을 하며 뇌신경으로 전달한다.

㉥ 이소골은 고막의 운동진폭을 감소시키며, 그 대신 진동력을 15~20배 정도 확대시켜 난원창에 전달하기도 하고 경우에 따라 감소시키기도 한다.

㉦ 이소골은 고막의 진동을 고체진동으로 변환시켜 외이와 내이의 임피던스를 매칭하는 역할을 한다.

② 이관(유스타키오관)

㉠ 외이와 중이의 기압을 조정하여 고막의 진동을 쉽게 할 수 있도록 한다. 즉, 귀 바깥쪽 중이의 압력을 평형화시켜서 정확한 소리를 감지할 수 있도록 하는 기능을 가진 기관이다.

㉡ 큰 음압에 대해서는 중이의 근육이 수축작용을 하여 진폭 제한작용을 한다.

㉢ 고막 내외의 기압을 같게 하는 기능이 있다.

③ 중이의 음전달매질

고체

(3) 내이

① 난원창(전정창)

난원창은 이소골의 진동을 와우각(달팽이관) 중의 림프액에 전달하는 진동판 역할을 한다.

② 달팽이관(와우각)

㉠ 지름이 3mm, 길이는 약 33~35mm 정도이고, 약 3회권이다.

㉡ 달팽이관 내에는 기저막이 있고, 이 기저막에는 신경세포가 있어 소리의 감각을 대뇌에 전달시켜 준다.

㉢ 상층 기저막을 덮고 있는 섬모를 림프액이 진동하면 청신경이 이를 대뇌에 전달하여 수음한다.

㉣ 섬모(hair cell)는 약 23,000~24,000개 정도이며, 감음기 역할을 한다.

㉤ 음의 대소(세기)는 섬모가 받는 자극의 크기(기저막의 진폭 크기)에 따라 결정된다.

ⓑ 음의 고저(주파수)는 와우각 내에서 자극받는 섬모의 위치(기저막의 진동위치)에 따라 결정된다.

ⓢ 고주파는 난원창의 가까이에서 최대점을 가지고 주파수가 감소됨에 따라 달팽이관 쪽으로 최대점이 이동한다.

ⓞ 내이의 세반고리관 및 전정기관은 초저주파 소음의 전달과 진동에 따르는 인체의 평형을 담당한다.

ⓙ 달팽이관 내부 청각의 핵심부라고 할 수 있는 코르티기관은 텍토리알막과 외부 섬모세포 및 나선형 섬모, 내부 섬모세포, 반경방향성 섬모, 청각신경, 나선형 인대로 이루어져 있다.

③ 원형창(고실창), 인두, 평형기, 청신경 등도 내이의 구성요소이다.

④ 내이의 음전달 매질

액체

Reference 소음 전달경로 및 내이의 전달경로

1. 소음 전달경로
   이개 → 외이도 → 고막 → 이소골 → 달팽이관 → 청각세포 → 청각신경세포
2. 내이의 소음 전달경로
   난형창 → 진정관 → 고실계 → 원형창

08 진동의 정의 및 구분

(1) 진동의 정의

① 어떤 물체가 외력에 의하여 평형상태에 있는 위치에서 좌우 또는 상하로 평형점을 중심으로 흔들리는 현상을 말한다.

② 공해진동이란 사람에게 불쾌감을 주는 진동을 말한다.

(2) 진동수(주파수)에 따른 구분

① 전신진동 진동수(공해진동 진동수)

1~80Hz(2~90Hz, 1~90Hz, 2~100Hz)

② 국소진동 진동수

8~1,500Hz

③ 인간이 느끼는 최소진동역치

55±5dB

(3) 진동의 크기를 나타내는 단위(진동크기 3요소)

① 변위(displacement)

㉠ 물체가 정상정지위치에서 일정 시간 내에 도달하는 위치까지의 거리

㉡ 단위 : mm(cm, m)

② 속도(velocity)

㉠ 변위의 시간변화율이며, 진동체가 진동의 상한 또는 하한에 도달하면 속도는 0이고, 그 물체가 정상위치인 중심을 지날 때 그 속도의 최대가 된다.

㉡ 단위 : cm/sec(m/sec)

③ 가속도(acceleration)

㉠ 속도의 시간변화율이며 측정이 간편하고 변위와 속도로 산출할 수 있기 때문에 진동의 크기를 나타내는 데 주로 사용한다.

㉡ 단위 : cm/sec^2(m/sec^2), gal($1cm/sec^2$)

(4) 진동 시스템을 구성하는 3요소

① 질량(mass)

② 탄성(elasticity)

③ 댐핑(damping)

(5) 진동의 종류

① 정현진동(조화진동)

② 충격진동

③ 감쇠진동

④ 자유진동

⑤ 강제진동

(6) 가속도계(accelerometer)

진동의 가속도를 측정 · 기록하는 진동계의 일종으로, 어떤 물체의 속도변화비율(가속도)을 측정하는 장치이다.

09 진동의 물리적 설정

진동의 진동량은 변위, 속도, 가속도로 표현한다.

(1) 변위진폭

① 정현진동에서 시간 t에 대한 진동변위(x)

$$x = A\sin\omega t$$

여기서, x : 진동변위(m)
A : 변위진폭(m) ⇨ 정상위치로부터의 최대변위진폭
ω : 각진동수[$=2\pi f$, f(진동수)]

② 변위진폭 ⇨ A(m)

(2) 속도진폭

① 진동속도(v)는 진동변위식($x = A\sin\omega t$)을 시간 t로 미분하면

$$v = \frac{dx}{dt} = A\omega\cos\omega t$$

여기서, v : 진동속도(m/sec)

② 속도진폭 ⇨ $A\omega$(m/sec)

(3) 가속도진폭

① 가속도진폭(a)은 진동속도 식($v = A\omega\cos\omega t$)을 시간 t로 미분하면

$$a = \frac{dv}{dt} = -A\omega^2\sin\omega t$$

여기서, a : 진동가속도(m/sec^2)

② 가속도진폭 ⇨ $A\omega^2$(m/sec^2)

(4) 등감각 곡선

① 정의
소음의 등청감 곡선과 같은 의미이고 인체의 진동에 대한 감각도 진동수에 따라 다르다는 것을 나타내는 실험곡선이다.

② 특징
진동수에 따른 등감각 곡선은 수직진동은 4~8Hz범위, 수평진동은 1~2Hz 범위에서 가장 민감하다.

PART 4

(5) 진동가속도 레벨(VAL ; Vibration Acceleration Level)

음의 음압레벨에 상당하는 값으로 진동의 물리량을 dB 값으로 나타낸 것이다.

$$\mathrm{VAL} = 20\log\left(\frac{A_{rms}}{A_0}\right)\mathrm{dB}$$

여기서, A_{rms} : 측정대상 진동가속도 진폭의 실효치값

A_0 : 기준 실효치값($10^{-5}\mathrm{m/sec^2}$)

$$A_{rms} = \frac{A_{max}}{\sqrt{2}}\,(\mathrm{m/s^2})$$

(6) 기본음 주파수

$$\text{기본음 주파수}(f) = \frac{\mathrm{rpm}}{60} \times \text{날개 수}(\mathrm{Hz})$$

기본개념문제 46

어떤 공장의 진동을 측정한 결과 측정대상 진동의 가속도 실효치가 0.03198m/sec²이었다. 이때 진동가속도레벨(VAL)은? (단, 주파수 : 18Hz, 정현진동 기준)

풀이 $\mathrm{VAL} = 20\log\left(\frac{A_{rms}}{A_0}\right)$

$= 20\log\left(\frac{0.03198}{10^{-5}}\right) = 70.1\mathrm{dB}$

10 진동의 생체영향

(1) 진동장애

교통기관, 중장비차량, 공구, 기계장치 등의 진동이 생체에 전파되어 일어나는 건강장애를 총칭해서 진동장애라 한다. 진동장애를 최소화하기 위해서는 발진원격리, 진동노출기간 최소화, 진동을 최소화하기 위한 공학적 설계 및 관리 등이 있다.

(2) 전신진동에 의한 생체반응에 관여하는 인자

① 진동의 강도

② 진동수

③ 진동의 방향(수직, 수평, 회전)

④ 진동 폭로시간(노출시간)

(3) 진동장애 구분

① 전신진동(4~12Hz에서 가장 민감)

㉠ 개요

ⓐ 전신진동은 100Hz까지 문제이나, 대개는 30Hz에서 문제가 되고, 60~90Hz에서는 시력장애가 나타난다.

ⓑ 외부 진동의 진동수와 고유장기 진동수가 일치하면 공명현상이 일어날 수 있다.

ⓒ 전신진동에 대해 인체는 약 0.01m/sec^{2}에서 10m/sec^{2}까지의 진동을 느낄 수 있다.

ⓓ 자율신경, 특히 순환기에 영향을 크게 나타나며, 평형감각에도 영향을 준다.

ⓔ 수평 및 수직 진동이 동시에 가해지면 2배의 자각현상이 발생한다.

ⓕ 공명은 외부에서 발생한 진동에 맞추어 생체가 진동하는 성질을 가리키며 실제로는 진동이 증폭된다.

ⓖ 작업능력과 집중력 저하를 유발한다.

ⓗ 전신진동을 받을 수 있는 대표적 작업자는 교통기관 승무원

㉡ 인체영향

ⓐ 말초혈관의 수축과 혈압 상승 및 맥박수 증가

ⓑ 발한, 피부 전기저항의 유발(저하)

ⓒ 산소 소비량 증가와 폐환기 촉진(폐환기량 증가) 및 내분비계, 심장, 평형감각에 영향

ⓓ 위장장애, 내장하수증, 척추 이상, 내분비계 장애

㉢ 공명(공진) 진동수

ⓐ 두부와 견부는 20~30Hz 진동에 공명(공진)하며, 안구는 60~90Hz 진동에 공명

ⓑ 3Hz 이하 : motion sickness 느낌(급성적으로 상복부 통증과 팽만감 및 구토 증상)

ⓒ 6Hz : 가슴, 등에 심한 통증

ⓓ 13Hz : 머리, 안면, 볼, 눈꺼풀 진동

ⓔ 4~14Hz : 복통, 압박감 및 동통감

ⓕ 9~20Hz : 대 · 소변 욕구, 무릎 탄력감

ⓖ 20~30Hz : 시력 및 청력 장애

② 국소진동

㉠ 개요

ⓐ 산소 소비량과 폐환기량이 급감하여 대뇌혈류에 영향을 미치고 중추신경계, 특히 내분비계통의 만성작용으로 나타난다.

ⓑ 심한 진동에 노출될 경우 일부 노출군에서 뼈, 관절 및 신경, 근육, 혈관 등 연부조직에서 병변이 나타난다(부종이 때때로 발생하며 동통은 통상적으로 주 증상은 아니다).

㉡ 레이노 현상(Raynaud's 현상)

ⓐ 손가락에 있는 말초혈관운동의 장애로 인하여 수지가 창백해지고 손이 차며 저리거나 통증이 오는 현상

ⓑ 한랭 작업조건에서 특히 증상이 악화됨

ⓒ 압축공기를 이용한 진동공구, 즉 착암기 또는 해머 같은 공구를 장기간 사용한 근로자들의 손가락에 유발되기 쉬운 직업병

ⓓ Dead finger 또는 White finger라고도 하고, 발증까지 약 5년 정도 걸림

ⓔ 진동증후군(HAVS)에 대한 스톡홀름 워크숍의 분류 : Raynaud's 현상
진동증후군의 단계를 0부터 4까지 5단계로 구분하였다.

단 계	정 도	증상내용
0	없음	없음
1	미미	가벼운 증상으로 하나 또는 하나 이상의 손가락 끝부분이 하얗게 변하는 증상을 의미하며 이따금씩 나타남
2	보통	하나 또는 그 이상의 손가락 가운데 마디 부분까지 하얗게 변하는 증상이 나타남(손바닥 가까운 기저부에는 드물게 나타남)
3	심각	대부분의 손가락에 빈번하게 나타남
4	매우 심각	대부분의 손가락이 하얗게 변하는 증상과 함께 손끝에서 땀의 분비가 제대로 일어나지 않는 등의 변화가 나타남

㉢ 대책

ⓐ 작업 시에는 따뜻하게 체온을 유지해준다(14℃ 이하의 옥외 작업에서는 보온 대책 필요).

ⓑ 진동공구의 무게는 10kg 이상 초과하지 않도록 한다.

ⓒ 진동공구는 가능한 한 공구를 기계적으로 지지하여 준다.

ⓓ 작업자는 공구의 손잡이를 너무 세게 잡지 않는다.

ⓔ 진동공구의 사용 시에는 장갑(두꺼운 장갑)을 착용한다.

ⓕ 총 동일한 시간을 휴식한다면 여러 번 자주 휴식하는 것이 좋다.

ⓖ 체인톱과 같이 발동기가 부착되어 있는 것을 전동기로 바꾼다.

ⓗ 진동공구를 사용하는 작업은 1일 2시간을 초과하지 말아야 한다.

11 진동 관리 및 대책

(1) 진동 방지대책

① 발생원 대책
- ㉠ 가진력(기진력, 외력) 감쇠
- ㉡ 불평형력의 평형 유지
- ㉢ 기초중량의 부가 및 경감
- ㉣ 탄성지지(완충물 등 방진재 사용)
- ㉤ 진동원 제거(가장 적극적 대책)
- ㉥ 동적 흡진(공진 감소효과)

② 전파경로 대책
- ㉠ 진동의 전파경로 차단(수진점 근방의 방진구)
- ㉡ 거리감쇠

③ 수진측 대책
- ㉠ 작업시간 단축 및 교대제 실시
- ㉡ 보건교육 실시
- ㉢ 수진 측 탄성지지 및 강성 변경

(2) 방진재료

① 금속스프링
- ㉠ 장점
  - ⓐ 저주파 차진에 좋다.
  - ⓑ 환경요소에 대한 저항성이 크다.
  - ⓒ 최대변위가 허용된다.
- ㉡ 단점
  - ⓐ 감쇠가 거의 없다.
  - ⓑ 공진 시에 전달률이 매우 크다.
  - ⓒ 로킹(rocking)이 일어난다.

Reference 코일스프링

강철로 코일용수철을 만들면 설계를 자유스럽게 할 수 있으나, Oil damper 등의 저항요소가 필요할 수 있다.

② 방진고무

소형 또는 중형 기계에 주로 많이 사용하며, 적절한 방진설계를 하면 높은 효과를 얻을 수 있는 방진방법이다.

㉠ 장점

ⓐ 고무 자체의 내부 마찰로 적당한 저항을 얻을 수 있다.

ⓑ 공진 시의 진폭도 지나치게 크지 않다.

ⓒ 설계자료가 잘 되어 있고 동적 배율이 타 방진재료보다 높아 용수철정수(스프링 상수)를 광범위하게 선택할 수 있다.

ⓓ 형상의 선택이 비교적 자유로워 여러 가지 형태로 된 철물에 견고하게 부착할 수 있다.

ⓔ 고주파 진동의 차진에 양호하다.

㉡ 단점

ⓐ 내후성, 내유성, 내열성, 내약품성이 약하다.

ⓑ 공기 중의 오존(O_3)에 의해 산화된다.

ⓒ 내부 마찰에 의한 발열 때문에 열화되기 쉽다.

③ 공기스프링

㉠ 장점

ⓐ 지지하중이 크게 변하는 경우에는 높이 조정변에 의해 그 높이를 조절할 수 있어 설비의 높이를 일정 레벨로 유지시킬 수 있다.

ⓑ 하중부하 변화에 따라 고유진동수를 일정하게 유지할 수 있다.

ⓒ 부하능력이 광범위하고 자동제어가 가능하다.

ⓓ 스프링정수를 광범위하게 선택할 수 있다.

㉡ 단점

ⓐ 사용 진폭이 적은 것이 많아 별도의 댐퍼가 필요한 경우가 많다.

ⓑ 구조가 복잡하고 시설비가 많이 든다.

ⓒ 압축기 등 부대시설이 필요하다.

ⓓ 안전사고(공기누출) 위험이 있다.

④ 코르크

㉠ 재질이 일정하지 않고 재질이 여러 가지로 균일하지 않으므로 정확한 설계가 곤란하다.

㉡ 처짐을 크게 할 수 없으며 고유진동수가 10Hz 전후밖에 되지 않아 진동 방지라기보다는 강체 간 고체음의 전파 방지에 유익한 방진재료이다.

CHAPTER 05

방사선(복사선)

01 방사선

(1) 개요

① 방사선이란 에너지가 전자기파(electromagnetic wave)의 형태로 한 위치에서 다른 위치로 이동하는 방식을 의미한다.

② 파장과 진동수에 따라 이온화방사선(전리방사선)과 비이온화방사선(비전리방사선)으로 구분된다.

③ 유해광선의 노출량은 거리의 제곱에 반비례한다.

(2) 전리방사선과 비전리방사선의 구분

① 전리방사선과 비전리방사선의 경계가 되는 광자에너지의 강도는 12eV이다.

② 생체에서 이온화시키는 데 필요한 최소에너지는 대체로 12eV가 되고, 그 이하의 에너지를 갖는 방사선을 비이온화방사선이라 하고 그 이상 큰 에너지를 갖는 것을 이온화방사선이라 한다.

③ 방사선을 전리방사선과 비전리방사선으로 분류하는 인자

㉠ 이온화하는 성질

㉡ 주파수

㉢ 파장

(3) 방사선의 공통적인 성질

① 전리작용

② 사진작용

③ 형광작용

(4) 방사선의 특성

① 전자기파로서의 전자기방사선은 파동의 형태로 매개체가 없어도 진공상태에서 공간을 통하여 전파된다.
② 파장으로서 빛의 속도로 이동 · 직진한다.
③ 물질과 만나면 흡수 또는 산란한다. 또한 반사, 굴절, 확산될 수 있다.
④ 간섭을 일으킨다.
⑤ Filtering 형태로 극성화될 수 있다.
⑥ 자장이나 전장에 영향을 받지 않는다.
⑦ 방사선 작업 시 작업자의 실질적인 방사선 폭로량을 위해 사용되는 것은 필름배지(film badge ; X-선필름), Pocket dosemeter 등이다.
⑧ 방사선 피폭으로 인한 체내 조직의 위험정도를 하나의 양으로 유효선량을 구하기 위해서는 조직가중치를 곱하는데, 가중치가 가장 높은 조직은 생식선이다.
⑨ 원자력 산업 등에서 내부 피폭장애를 일으킬 수 있는 위험 핵종은 ^{3}H, ^{54}Mn, ^{59}Fe 등이다.

(5) 산업안전보건법상 방사선 정의

전자파 또는 입자선 중 직접 또는 간접으로 공기를 전리하는 능력을 가진 것으로서 알파선, 중양자선, 양자선, 베타선, 기타 중하전입자선, 중성자선, 감마선, 엑스선 및 5만 전자볼트 이상 에너지를 가진 전자선(엑스선 발생장치의 경우 5천 전자볼트 이상)으로 정의

 02 전리방사선(이온화방사선)

(1) 개요

① 이온화방사선은 짧은 파장을 가지고 있어 어떤 원자에서 전자를 떼어 내어 이온화시킬 수 있는 광선을 말한다.
② 이온화란 원자구조의 외부에서 강한 에너지를 가해주면 불안정해지고 주위에 있는 전자가 바깥으로 튀어나가게 되는 현상이다.
③ 이온화를 일으킬 수 있는 강한 에너지를 가진 방사선을 전리방사선(이온화방사선)이라 한다. 즉, 비이온화방사선에 비해 에너지가 큰 방사선이다.
④ 건강상의 영향은 암, 생식독성 등이다.
⑤ 전리방사선이 영향을 미치는 부위는 염색체, 세포, 조직이며, 전리방사선이 인체에 영향을 미치는 정도는 복사선(방사선)의 형태, 조사량, 신체조직, 연령 등에 따라 다르다.

⑥ 방사선은 생체 내 구성원자나 분자에 결합되어 전자를 유리시켜 이온화하고 원자의 들뜸현상을 일으킨다.

⑦ 반응성이 매우 큰 자유라디칼이 생성되어 단백질, 지질, 탄수화물, 그리고 DNA 등 생체 구성 성분을 손상시킨다.

(2) 종류

이온화방사선(전리방사선) ─┬─ 전자기방사선(X－Ray, γ선)
　　　　　　　　　　　　　└─ 입자방사선(α입자, β입자, 중성자)

① X선(X-ray)

㉠ X선은 전자를 가속화시키는 장치로부터 얻어지는 인공적인 전자파이다.

㉡ X선의 에너지는 파장에 역비례하여 에너지가 클수록 파장은 짧아진다.

㉢ 고속전자의 흐름을 물질에 충돌시켰을 때 생기는 파장이 짧은 전자기파로 뢴트겐선이라고도 한다.

㉣ X선의 본질은 빛을 비롯해서 라디오파, 감마선(γ선) 등과 함께 파장이 각기 다른 전자기파에 속한다.

㉤ X선은 감마선과 유사한 성질을 가지며 투과력도 비슷하다.

② α선(α입자)

㉠ 방사선 동위원소의 붕괴과정 중에서 원자핵에서 방출되는 입자로서 헬륨 원자의 핵과 같이 2개의 양자와 2개의 중성자로 구성되어 있다. 즉, 선원(major source)은 방사선 원자핵이고 고속의 He 입자 형태이다.

㉡ 질량과 하전여부에 따라서 그 위험성이 결정된다.

㉢ 투과력은 가장 약하나(매우 쉽게 흡수) 전리작용은 가장 강하다.

㉣ 투과력이 약해 외부조사로 건강상의 위해가 오는 일은 드물며 피해부위는 내부노출이다. 즉, 피부를 통한 영향은 매우 작다.

㉤ 외부조사보다 동위원소를 체내 흡입, 섭취할 때의 내부조사의 피해가 가장 큰 전리방사선이다.

③ β선(β입자)

㉠ 선원은 원자핵이며, 형태는 고속의 전자(입자)이다.

㉡ 원자핵에서 방출되며 음전기로 하전되어 있다.

㉢ 원자핵에서 방출되는 전자의 흐름으로 α입자보다 가볍고 속도는 10배 빠르므로 충돌할 때마다 튕겨져서 방향을 바꾼다.

㉣ 외부조사도 잠재적 위험이 되나 내부조사가 더 큰 건강상 위해를 일으킨다.

④ γ선

㉠ X선과 동일한 특성을 가지는 전자파 전리방사선으로 입자가 아니다.

㉡ 원자핵 전환 또는 원자핵 붕괴에 따라 방출하는 자연발생적인 전자파이다.

㉢ 투과력이 커 인체를 통할 수 있어 외부 조사가 문제시되며, 전리방사선 중 투과력이 강하다.

㉣ 산란선이 문제가 되며 산업에 이용되는 γ선에는 Cs^{137}과 Co^{60}이 있다.

⑤ 중성자

㉠ 전기적인 성질이 없거나 파동성을 갖고 있는 입자방사선 등을 일컫는 간접전리방사선에 속한다.

㉡ 외부 조사가 문제시되며, 전리방사선 중 투과력이 가장 강하다.

㉢ 큰 질량을 가지나 하전되어 있지 않으며, 즉 전하를 띠지 않는 입자이다.

㉣ 수소동위원소를 제외한 모든 원자핵에 존재하고 고속 중성입자의 형태이다.

㉤ 중성자의 차폐물질로는 물, 파라핀, 붕소 함유물질, 흑연, 콘크리트 등이 사용된다.

⑥ 양자

조직 전리작용이 있으며, 비정거리는 같은 에너지의 α입자보다 길다.

(3) 물리적 특성

① 발생원

㉠ 인공적 발생원 : TV, 컴퓨터 모니터, 의료치료기구, 기타 각종 산업분야

㉡ 자연적 발생원 : 토양, 식품, 물, 공기

② 단위

보통 전리방사선의 에너지수준은 전자볼트 단위인 KeV 또는 MeV가 있다.
QF(Quality Factor)는 선질계수라 하며 동일한 방사능에 노출 시 인체에 미치는 손상 정도를 상대적인 값으로 나타낸 값이다.

㉠ 뢴트겐(Röntgen, R)

ⓐ 조사선량 단위(노출선량의 단위)

ⓑ 공기 중 생성되는 이온의 양으로 정의

ⓒ 공기 1kg당 1쿨롬의 전하량을 갖는 이온을 생성하는 주로 X선 및 감마선의 조사량을 표시할 때 사용

ⓓ 1R(뢴트겐)은 표준상태하에서 X선을 공기 1cc(cm^3)에 조사해서 발생한 1정전단위(esu)의 이온(2.083×109개의 이온쌍)을 생성하는 조사량

ⓔ 1R은 1g의 공기에 83.3erg의 에너지가 주어질 때의 선량 의미

ⓕ 1R은 2.58×10^{-4}쿨롬/kg

㉡ 래드(rad)

ⓐ 흡수선량 단위

ⓑ 방사선이 물질과 상호작용한 결과 그 물질의 단위질량에 흡수된 에너지 의미

ⓒ 모든 종류의 이온화방사선에 의한 외부노출, 내부노출 등 모든 경우에 적용

ⓓ 조사량에 관계없이 조직(물질)의 단위질량당 흡수된 에너지량을 표시하는 단위

ⓔ 관용단위인 1rad는 피조사체 1g에 대하여 100erg의 방사선에너지가 흡수되는 선량단위(=100erg/gram=10^{-2}J/kg)

ⓕ 100rad를 1Gy(Gray)로 사용

㉢ 큐리(Curie, Ci), Bq(Becquerel)

ⓐ 방사성 물질의 양 단위

ⓑ 단위시간에 일어나는 방사선 붕괴율을 의미

ⓒ radium이 붕괴하는 원자의 수를 기초로 해서 정해졌으며, 1초간 3.7×10^{10}개의 원자붕괴가 일어나는 방사성 물질의 양(방사능의 강도)으로 정의

ⓓ 1Bq=2.7×10^{-11}Ci

㉣ 렘(rem)

ⓐ 전리방사선의 흡수선량이 생체에 영향을 주는 정도를 표시하는 선당량(생체실효선량)의 단위

ⓑ 생체에 대한 영향의 정도에 기초를 둔 단위

ⓒ Röntgen equivalent man 의미

ⓓ 관련식

$$\text{rem}=\text{rad}\times\text{RBE}$$

여기서, rem : 생체실효선량

rad : 흡수선량

RBE : 상대적 생물학적 효과비(rad를 기준으로 방사선효과를 상대적으로 나타낸 것)

X선, γ선, β입자 ⇨ 1(기준)

열중성자 ⇨ 2.5

느린중성자 ⇨ 5

α입자, 양자, 고속중성자 ⇨ 10

ⓔ 1rem=0.01Sv

㉤ 노출선량

공기 1kg당 1쿨롬의 전하량을 갖는 이온을 생성하는 X선 또는 감마선량 의미

ⓗ Gy(Gray)

ⓐ 흡수선량의 단위(흡수선량 : 방사선에 피폭되는 물질의 단위질량당 흡수된 방사선의 에너지를 말함)

ⓑ 방사선이 물질과 상호작용한 결과 그 물질의 단위질량에 흡수된 에너지

ⓒ 1Gy=100rad=1J/kg

ⓢ Sv(Sievert)

ⓐ 흡수선량이 생체에 영향을 주는 정도로 표시하는 선당량(생체실효선량)의 단위

ⓑ 등가선량의 단위(등가선량 : 인체의 피폭선량을 나타낼 때 흡수선량에 해당 방사선의 방사선 가중치를 곱한 값을 말함)

ⓒ 생물학적 영향에 상당하는 단위

ⓓ RBE를 기준으로 평준화하여 방사선에 대한 보호를 목적으로 사용하는 단위

ⓔ 1Sv=100rem

Reference 방사선 단위의 비교

구 분	일반단위	국제단위(SI)	관 계
방사능	Ci	Bq	$1Ci=3.7\times10^{10}Bq$
조사선량	R	C/kg	$1R=2.58\times10^{-4}C/kg$
흡수선량	rad	Gy	1Gy=100rad
등가선량	rem	Sv	1Sv=100rem

(4) 생물학적 작용(생체에 대한 작용)

① 전리방사선이 인체에 미치는 영향인자

㉠ 전리작용

㉡ 피폭선량

㉢ 조직의 감수성

㉣ 피폭방법

㉤ 투과력

※ 피폭선량은 일시에 받는 쪽이 여러 번 나누어서 받는 쪽보다 영향이 더 크다.

② 인체의 투과력 순서

중성자 > X선 or $\gamma > \beta > \alpha$

③ 전리작용 순서

$\alpha > \beta >$ X선 or γ

④ 감수성이 큰 신체조직 특성

㉠ 세포핵 분열이 계속적인 조직

㉡ 증식과 재생기전이 큰 조직

㉢ 형태와 기능이 미완성된 조직

㉣ 유아나 어린이에게 가장 위험

⑤ 전리방사선에 대한 감수성 순서

[골수, 흉선 및 림프조직(조혈기관) / 눈의 수정체, 임파선(임파구)] > 상피세포 / 내피세포 > 근육세포 > 신경조직

⑥ 피폭방법

㉠ 체외피폭

㉡ 표면오염

㉢ 체내피폭

⑦ 생체구성 성분의 손상이 일어나는 순서

분자수준에서의 손상 > 세포수준의 손상 > 조직, 기관의 손상 > 발암현상

(5) 관리대책(방사선의 외부 노출에 대한 방어대책)

전리방사선 방어의 궁극적 목적은 가능한 한 방사선에 불필요하게 노출되는 것을 최소화하는 데 있다.

① 노출시간

㉠ 작업절차 등을 고려하여 방사선에 노출되는 시간을 최대로 단축(조업시간 단축)

㉡ 충분한 시간 간격을 두고 방사능 취급 작업을 하는 것은 반감기가 짧은 방사능 물질에 유용

② 거리

방사능은 거리의 제곱에 비례해서 감소하므로 먼 거리일수록 쉽게 방어 가능

③ 차폐

㉠ 방사선의 종류, 에너지에 따라 적절한 차폐대책을 수립

㉡ 큰 투과력을 갖는 방사선 차폐물은 원자번호가 크고 밀도가 큰 물질이 효과적

㉢ α선의 투과력은 약하여 얇은 알루미늄판으로도 방어 가능

㉣ 방사선을 납, 철, 콘크리트 등으로 차폐하여 작업장의 방사선량률을 저하시킴

(6) 국제 방사선방호위원회(ICRP)의 노출 최소화 원칙

① 작업의 최적화
② 작업의 정당성
③ 개개인의 노출량 한계

(7) 장애와 예방

① 방사선은 Geiger－Muller counter 등을 사용하여 측정한다.
② 개인근로자의 피폭량은 pocket dosimeter, film badge 등을 이용하여 측정한다.
③ 기준 초과의 가능성이 있는 경우에는 경보장치를 설치한다.

03 비전리방사선(비이온화방사선)

(1) 개요

① 비이온화방사선은 비교적 긴 파장을 가지고 있어 원자를 이온화시키지 못하는 광선을 말한다. 즉, 전리현상을 일으키지 않는 방사선이다.
② 비전리복사선(비전리방사선)의 에너지수준이 분자구조에 영향을 끼치지 못하더라도 세포조직 분자에서 에너지준위를 변화시키고 생물학적 세포조직에 영향을 미칠 수도 있다.
③ 종류
㉠ 자외선(UV)
㉡ 가시광선(VR)
㉢ 적외선파(IR)
㉣ 라디오파(RF)
㉤ 마이크로파(MW)
㉥ 저주파(LF)
㉦ 극저주파(ELF)
㉧ 레이저

(2) 자외선

① 발생원
㉠ 인공적 발생원
아크용접 및 전기용접, 고압수은증기등, 형광램프, VDT, 금속 절단, 유리 제조 등
㉡ 자연적 발생원
태양광선(약 5%)

② 물리적 특성

㉠ 자외선 분류

가시광선과 전리복사선(X선) 사이의 파장을 가진 전자파로 UV-C는 대기 중의 오존 분자 등의 가스성분에 의해 그 대부분이 흡수되어 지표면에 거의 도달하지 않는다.

ⓐ UV-C(100~280nm) : 발진, 경미한 홍반

ⓑ UV-B(280~315nm) : 발진, 경미한 홍반, 피부노화, 피부암, 광결막염

ⓒ UV-A(315~400nm) : 발진, 홍반, 백내장, 피부노화 촉진

㉡ 자외선은 대략 100~400nm(12.4~3.2eV) 범위이고 구름이나 눈에 반사되며, 고층 구름이 낀 맑은 날에 가장 많고 대기오염의 지표로도 사용된다.

㉢ 자외선영역에서 나타나는 흡수 및 발광 스펙트럼을 이용하여 물질의 정성 · 정량 분석에 쓰인다.

㉣ 전리작용은 없고 사진작용, 형광작용, 광이온작용을 가지고 있다.

㉤ 280(290)~315nm[2,800(2,900)~3,150Å, 1Å(angstrom) ; SI 단위로 10^{-10}m]의 파장을 갖는 자외선을 도노선(Dorno-ray)이라고 하며 인체에 유익한 작용을 하여 건강선(생명선)이라고도 한다. 또한 소독작용, 비타민 D 형성, 피부의 색소침착 등 생물학적 작용이 강하다.

㉥ 200~315nm의 파장을 갖는 자외선을 안전과 보건측면에서 중시하여 화학적 UV(화학선)라고도 하며 광화학반응으로 단백질과 핵산분자의 파괴, 변성작용을 한다.

③ 생물학적 작용(홍반작용, 색소침착, 피부암 발생)

㉠ 건강장애

ⓐ UV-A는 자외선 중 가장 에너지가 낮고, 상대적으로 유해성이 적어 대부분 광치료법과 인공선탠을 할 때 UV-A lamp를 이용한다.

ⓑ UV-B는 자외선 중 생물조직에 손상을 줄 정도의 충분한 에너지를 가지고 있어 인체에 피부암을 일으킬 수 있다.

ⓒ UV-C는 대기 중 대부분 쉽게 흡수되며 살균효과가 있기 때문에 수술 시 수술용 램프로 사용한다.

ⓓ 자외선이 생물학적 영향을 미치는 주요부위는 눈과 피부이며 눈에 대해서는 270nm에서 가장 영향이 크고, 피부에서는 295nm에서 가장 민감한 영향을 준다.

ⓔ 자외선의 전신작용으로는 자극작용이 있으며 대사가 항진되고 적혈구, 백혈구, 혈소판이 증가한다. 즉, 생체반응으로 적혈구, 백혈구에 영향을 미친다.

ⓕ 생체조직을 통과하는 거리는 수 mm 정도이다.

ⓖ 자외선은 일명 화학선이라고도 하며, 여러 물질(주로 눈과 피부에 장애)에 화학변화를 일으킨다.

ⓗ 자외선은 광화학적 반응에 의해 O_3 또는 트리클로로에틸렌(trichloro ethylene)을 독성이 강한 포스겐(phosgene)으로 전환시킨다. 즉, 광화학반응으로 단백질과 핵산 분자의 파괴, 변성작용을 한다.

ⓘ 자외선 조사량이 너무 많을 때에는 모세혈관의 투과성이 증가한다.

ⓙ 태양자외선과 산업장에서 발생하는 자외선은 공기 중의 NOx와 올레핀계 탄화수소와 광화학적 반응을 일으켜 오존과 산화성 물질을 발생시킨다.

㉡ 피부에 대한 작용(장애)

ⓐ 자외선에 의하여 피부의 표피와 진피두께가 증가하여 피부의 비후가 온다.

ⓑ 280nm 이하의 자외선은 대부분 표피에서 흡수, 280~320nm 자외선은 진피에서 흡수, 320~380nm 자외선은 표피(상피 : 각화층, 말피기층)에서 흡수된다.

ⓒ 각질층 표피세포(말피기층)의 histamine의 양이 많아져 모세혈관 수축, 홍반형성에 이어 색소침착이 발생하며, 홍반형성은 300nm 부근(2,000~2,900Å)의 폭로가 가장 강한 영향을 미치며 멜라닌 색소침착은 300~420nm에서 영향을 미친다.

ⓓ 반복하여 자외선에 노출될 경우 피부가 건조해지고 갈색을 띠게 하며 주름살이 많이 생기게 한다. 즉 피부노화에 영향을 미친다.

ⓔ 피부투과력은 체표에서 0.1~0.2mm 정도이고 자외선 파장, 피부색, 피부표피의 두께에 좌우된다.

ⓕ 옥외작업을 하면서 콜타르의 유도체, 벤조피렌, 안트라센화합물과 상호작용하여 피부암을 유발하며, 관여하는 파장은 주로 280~320nm이다.

ⓖ 피부색과의 관계는 피부가 흰색일 때 가장 투과가 잘되며, 흑색이 가장 투과가 안 된다. 따라서 백인과 흑인의 피부암 발생률 차이가 크다.

ⓗ 자외선 노출에 가장 심각한 만성영향은 피부암이며, 피부암의 90% 이상은 햇볕에 노출된 신체부위에서 발생한다. 특히 대부분의 피부암은 상피세포 부위에서 발생한다.

㉢ 눈에 대한 작용(장애)

ⓐ 전기용접, 자외선 살균취급자 등에서 발생되는 자외선에 의해 전광성 안염인 급성각막염이 유발될 수 있다(일반적으로 6~12시간에 증상이 최고도에 달함).

ⓑ 나이가 많을수록 자외선 흡수량이 많아져 백내장을 일으킬 수 있다.

ⓒ 자외선의 파장에 따른 흡수정도에 따라 'arc－eye(welder's flash)'라고 일컬어지는 광각막염 및 결막염 등의 급성영향이 나타나며, 이는 270~280nm의 파장에서 주로 발생한다(눈의 각막과 결막에 흡수되어 안질환 유발).

㉣ 비타민 D의 생성(합성)

비타민 D 생성은 주로 280~320nm의 파장에서 광화학적 작용을 일으켜 진피층에서 형성되고 부족 시 구루병환자가 발생할 수 있다.

㉤ 살균작용

ⓐ 살균작용은 254~280nm(254nm파장 정도에서 가장 강함)에서 핵단백을 파괴하여 이루어진다.

ⓑ 실내공기의 소독 목적으로 사용한다.

㉥ 전신 건강장애

ⓐ 자극작용이 있고 적혈구, 백혈구, 혈소판이 증가한다.

ⓑ 2차적인 증상으로 두통, 흥분, 피로, 불면, 체온상승이 나타난다.

④ 관리대책

㉠ 노출기준

ⓐ 우리나라 고용노동부 노출기준은 설정되어 있지 않아 ACGIH에서 정한 TLV를 참조하도록 제시되어 있고, 자외선의 허용노출기준은 피부와 눈의 영향 정도에 기초하고 있다.

ⓑ ACGIH 및 NIOSH의 TLV는 UV-A와 화학자외선(actinic radiation or UV B.C)으로 구분하여 irradiance(W/m^2), radiant exposure(J/m^2)로 제시하고 있다.

ⓒ 평가는 자외선 파장 270nm값을 기준으로 생물학적인 영향에 대한 가중치를 주어 계산된 유효방사도(E_{eff})를 이용하고 있다.

㉡ 대책

ⓐ 폭로시간을 줄여 자외선의 강도를 낮춘다.

ⓑ 영향을 미칠 수 있는 파장에 대한 폭로를 제한하고 피부보호제로 특정 파장에 대한 보호를 한다.

ⓒ 자외선을 흡수할 수 있는 물질로 차폐한다.

(3) 적외선

① 발생원

㉠ 인공적 발생원

제철 · 제강업, 주물업, 용융유리 취급업(용해로 ; 초자 제조산업), 열처리작업(가열로), 용접작업, 야금공정, 레이저, 가열램프, 금속의 용해작업, 노작업

㉡ 자연적 발생원

태양광(태양복사에너지≒52%)

② 물리적 특성

㉠ 적외선 분류

ⓐ IR-C(0.1~1mm : 원적외선)

ⓑ IR-B(1.4~10μm : 중적외선)

ⓒ IR-A(700~1,400nm : 근적외선)

㉡ 적외선은 가시광선보다 파장이 길고 약 760nm(700nm)에서 1mm 범위에 있으며 가시광선에 가까운 곳을 근적외선, 먼 쪽을 원적외선이라 한다.

㉢ 적외선은 대부분 화학작용을 수반하지 않는다.

㉣ 태양복사에너지는 적외선(52%), 가시광선(34%), 자외선(5%)의 분포를 갖는다.

㉤ 절대온도 이상의 모든 물체는 온도에 비례하여 적외선을 복사한다.

㉥ 적외선은 쉽게 식별이 된다는 점에서 자외선보다는 관리가 용이하다.

㉦ 적외선은 지구 기온의 근원이라 할 수 있다.

㉧ 물질에 흡수되어 열작용을 일으키므로 열선 또는 열복사라고 부른다(온도에 비례하여 적외선을 복사).

㉨ 파장의 범위는 가시광선과 라디오파(마이크로파)의 중간 정도이다.

③ 생물학적 작용(안장애, 피부장애, 두부장애)

㉠ 적외선이 체외에서 신체에 조사되면 일부는 피부에서 반사되고 나머지는 조직에 흡수된다.

㉡ 조직에서의 흡수는 수분 함량에 따라 다르며 1,400nm 이상의 장파장 적외선은 1cm의 수층을 통과하지 못한다.

㉢ 조사 부위의 온도가 오르면 혈관이 확장되어 혈액량이 증가하며, 심하면 홍반을 유발하고, 근적외선은 급성 피부화상, 색소침착 등을 유발한다.

㉣ 적외선이 흡수되면 화학반응을 일으키는 것이 아니라, 구성분자의 운동에너지를 증가시킨다.

㉤ 적외선의 피부투과성은 700~760nm 파장 범위에서 가장 강하다.

㉥ 피부투과력이 강해 파장 1.4μm선은 피하 1.5~4mm까지 투과하여 모세혈관을 자극하며 국소혈관의 확장, 혈액순환 촉진(치료에 응용) 및 진통작용, 괴사를 일으킨다.

㉦ IR-C(원적외선)은 급성피부 화상 및 백내장을 일으킬 수 있다.

㉧ 유리가공작업(초자공), 용광로의 근로자들은 초자공 백내장(만성폭로)이 수정체의 뒷부분에서 발병되어 초자공백내장이라 불린다.

㉨ 강력한 적외선은 뇌막 자극으로 인한 의식상실(두부장애) 유발, 경련을 동반한 열사병으로 사망을 초래한다.

㉩ 적외선에 강하게 노출되면 안검록염, 각막염, 홍채위축, 백내장 장애를 일으킨다.

㉪ 눈의 각막(망막) 손상 및 만성적인 노출로 인한 안구건조증을 유발할 수 있고 1,400nm 이상의 적외선은 각막 손상을 나타낸다.

④ 관리대책

㉠ 노출기준

ⓐ IR－A, IR－B에 대하여 노출시간을 제한하고 있다(ACGIH).

ⓑ 적외선 검출에는 광전도도검출기, 열전기쌍, 볼로미터, 압력검출기 등이 있다.

ⓒ 적외선 측정에는 열전도도복사계, 광전자식 적외선계 등이 있다.

㉡ 대책

ⓐ 폭로시간(노출강도)을 제한함으로써 망막을 주로 보호할 수 있다.

ⓑ 폭로강도를 낮추는 목적으로 유해광선을 차단할 수 있는 차광보호구를 착용한다.

ⓒ 차폐에 의해서 노출강도를 줄일 수 있다.

(4) 가시광선

① 발생원

조명불량상태의 모든 작업(특히 정밀작업 종사자, 조각공, 시계공)

② 물리적 특성

가시광선은 380~770nm(400~760nm)의 파장 범위이며, 480nm 부근에서 최대강도를 나타낸다.

③ 생물학적 작용(열에 의한 각막손상, 피부화상)

㉠ 신체반응은 주로 간접작용으로 나타난다. 즉 단독작용이 아닌 외인성 요인, 대사산물 피부이상과의 상호공동작용으로 발생된다.

㉡ 가시광선의 장애는 주로 조명부족(근시, 안정피로, 안구진탕증)과 조명과잉(시력장애, 시야협착, 암순응의 저하), 망막변성으로 나타난다.

㉢ 녹내장, 백내장, 망막변성 등 기질적 안질환은 조명부족과 무관하다.

㉣ 망막을 자극해서 광각을 일으킨다.

㉤ 광화학적이거나 열에 대한 각막 손상, 피부 화상을 유발시킨다.

④ 관리대책

㉠ 노출기준

ⓐ 작업장에서의 조도기준(산업보건기준에 관한 규칙)

작업등급	작업등급에 따른 조도기준
초정밀작업	750lux 이상
정밀작업	300lux 이상
보통작업	150lux 이상
단순일반작업	75lux 이상

ⓑ 작업장에서의 조도는 전체조명과 국부조명을 병행하는 것이 좋으며, 전체조명의 조도는 국부조명 조도의 1/10~1/5 정도가 좋다.

㉡ 대책

ⓐ 에너지원을 밀폐하여 빛이 조사되지 못하게 한다.

ⓑ 강도를 제한한다(차광보호구 착용).

ⓒ 눈과 에너지원 사이를 차폐한다.

(5) 마이크로파

① 발생원

자동차산업, 식료품 제조, 고무제품 제조, 마이크로파 관련 응용장치

② 물리적 특성

㉠ 마이크로파는 파장이 1mm~1m(10m)의 파장(또는 약 1~300cm)과 30MHz(10Hz)~300GHz(300MHz~300GHz)의 주파수를 가지며 라디오파의 일부이다. 단, 지역에 따라 주파수 범위의 규정이 각각 다르다.

㉡ 라디오파는 파장이 1m~100km, 주파수가 약 3kHz~300GHz까지를 말한다.

㉢ 에너지량은 거리의 제곱에 반비례한다.

③ 생물학적 작용(눈장애, 혈액변화, 열작용)

㉠ 마이크로파와 라디오파는 하전을 시키지는 못하지만 생체분자의 진동과 회전을 시킬 수 있어 조직의 온도를 상승시키는 열작용에 의한 영향을 준다.

㉡ 인체에 흡수된 마이크로파는 기본적으로 열로 전환된다(열작용 : 체표면 조기에 온감 느낌).

㉢ 마이크로파의 열작용에 가장 영향을 받는 기관은 생식기와 눈이며 유전에도 영향을 준다.

㉣ 마이크로파의 생물학적 작용은 파장뿐만 아니라 출력, 피폭시간, 피폭된 조직에 따라 다르다.

㉤ 마이크로파에 의한 표적기관은 눈이다(1,000~10,000MHz에서 백내장이 생기고, ascorbic산의 감소증상이 나타나고, 백내장은 조직온도의 상승과 관계함).

㉥ 마이크로파는 중추신경계통에 작용하여 혈압은 폭로 초기에 상승하나 곧 억제효과를 내어 저혈압을 초래하며 증상으로는 성적흥분 감퇴, 정서 불안정 등이 유발된다.

㉦ 중추신경에 대한 작용은 300~1,200MHz에서 민감하고, 특히 대뇌측두엽 표면부위가 민감하며, 두통, 피로감, 기억력 감퇴 등의 증상을 유발시킨다.

㉧ 마이크로파로 인한 눈에 변화를 예측하기 위해 수정체의 ascorbic산 함량을 측정한다.

㉨ 혈액 내의 변화 즉, 백혈구 수 증가, 망상 적혈구 출현, 혈소판의 감소가 나타난다.

㉩ 백내장은 주파수, 파워밀도, 폭로시간, 폭로간격 등에 좌우되며, 1,000~10,000Hz에서 발생한다.

㉠ 일반적으로 150MHz 이하의 마이크로파와 라디오파는 신체에 흡수되어도 감지되지 않으므로 즉, 신체를 완전히 투과하며 신체조직에 따른 투과력은 파장에 따라서 다르다(3cm 이하 파장은 외부 피부에 흡수, 3~10cm 파장은 1mm~1cm 정도 피부 내로 투과하며 25~200cm 파장은 세포조직과 신체기관까지 통과한다. 또한 200cm 이상은 거의 모든 인체 조직을 투과한다).

㉡ 마이크로파의 유용한 측면의 이용은 디아테르미이다. 이는 인체관절 및 세포조직 치료에 이용하며 100mW/cm^2까지의 마이크로파가 사용된다.

㉢ 생화학적 변화로는 콜린에스테라제의 활성치가 감소한다.

④ 관리대책

㉠ 노출기준

ⓐ ACGIH는 전기와 자기장 세기, 방사조도, 유도조도 등을 고려한 주파수별 기준을 정하고 있다.

ⓑ OSHA는 파워밀도가 0.1hr 이상의 폭로시간에 대해 10mW/cm^2로 제한하고 있다.

ⓒ 측정은 열, 전기 감지기를 이용한 계측장치로 한다(광역 서베이미터).

㉡ 대책

ⓐ 마이크로파의 강도 및 폭로시간을 제한한다.

ⓑ 폭로기준에 의한 사전 분석 및 측정을 요한다.

ⓒ 개인보호구 착용 시에는 보호구 재질을 울, 폴리에스터, 나일론 등을 사용하고 밀폐하여 착용하여야 한다.

(6) 레이저

① 발생원

산업, 과학기술, 의료의 광범위한 범위에서 이용되고 발생한다.

② 물리적 특성

㉠ LASER는 Light Amplification by Stimulated Emission of Radiation의 약자이다.

㉡ 자외선, 가시광선, 적외선 가운데 인위적으로 특정한 파장부위를 강력하게 증폭시켜 얻은 복사선이다(양자역학을 응용하여 아주 짧은 파장의 전자기파를 증폭 또는 발진하여 발생시킴).

㉢ 레이저는 유도방출에 의한 광선증폭을 뜻하며 단색성, 지향성, 집속성, 고출력성의 특징이 있어 집광성과 방향조절이 용이하다.

㉣ 레이저는 보통광선과는 달리 단일파장으로 강력하고 예리한 지향성을 가졌다.

ⓜ 레이저광은 출력이 강하고 좁은 파장을 갖으며 쉽게 산란하지 않는 특성이 있다.
ⓗ 레이저파 중 맥동파는 레이저광 중 에너지의 양을 지속적으로 축적하여 강력한 파동을 발생시키는 것을 말한다.
ⓢ 단위면적당 빛에너지가 대단히 크다. 즉, 에너지밀도가 크다.
ⓞ 위상이 고르고 간섭현상이 일어나기 쉽다.
ⓙ 단색성이 뛰어나다.

③ 생물학적 작용
㉠ 레이저장애는 광선의 파장과 특정 조직의 광선흡수 능력에 따라 장애 출현 부위가 달라진다.
㉡ 레이저광 중 맥동파는 지속파보다 그 장애를 주는 정도가 크다.
㉢ 감수성이 가장 큰 신체부위, 즉 인체표적기관은 눈이다.
㉣ 피부에 대한 작용은 가역적이며 피부손상, 화상, 홍반, 수포형성, 색소침착 등이 생길 수 있다.
㉤ 레이저장애는 파장, 조사량 또는 시간 및 개인의 감수성에 따라 피부에 여러 증상을 나타낸다.
㉥ 눈에 대한 작용은 각막염, 백내장, 망막염 등이 있다.
㉦ 660nm 파장의 레이저는 피부 내피속을 약 1cm 정도 투과한다.
㉧ 200~400nm의 자외선 레이저광에서는 파장이 짧아질수록 눈에 대한 투과력이 감소한다.
㉨ 위험정도는 광선의 강도와 파장, 노출시간, 노출된 신체부위에 따라 달라진다.

④ 관리대책
㉠ 노출기준
ACGIH에서 노출기준은 제한구경, 눈, 피부로 구분되어 있다.
㉡ 폭로량 평가 시 주지사항
ⓐ 각막 표면에서의 조사량(J/cm^2) 또는 폭로량(W/cm^2)을 측정한다.
ⓑ 조사량의 서한도(노출기준)는 1mm 구경에 대한 평균치이다.
ⓒ 레이저광은 직사광이고 형광등, 백열등은 확산광이다.
ⓓ 레이저광에 대한 눈의 허용량은 그 파장에 따라 수정되어야 한다.
㉢ 대책
ⓐ 레이저 발생원을 밀폐시킨다.
ⓑ 보호안경, 보호복을 착용한다.
ⓒ 레이저 사용장소에 대한 근로자 교육을 실시한다.

(7) 극저주파 방사선

① 개요

㉠ 극저주파(ELF)는 주파수의 범위가 1~3,000Hz에 해당하며, 통상 1~300Hz 범위로 보기도 한다.

㉡ 노출범위와 생물학적 영향 면에서 가장 관심을 갖는 주파수 영역은 전력공급계통의 교류와 관련되는 50~60Hz 범위이다. 특히 교류전기는 1초에 60번씩 극성이 바뀌는 60Hz의 저주파를 나타내므로 이에 대한 노출평가, 생물학적 및 인체영향 연구가 많이 이루어져 왔다.

㉢ 직업적으로 지하철 운전기사, 발전소기사 등 고압전선 가까이서 근무하는 근로자들의 노출이 크며 작업장에서 발전, 송전, 전기사용에 의해 발생되며 이들 경로에 있는 발전기에서 전력선, 전기설비, 기계, 기구 등도 잠재적인 노출원이다.

㉣ 장기적으로 노출 시 대표적인 증상은 두통, 불면증 등의 생리적인 신경장애와 각종 순환기에 영향을 미친다.

② 전기장

㉠ 발생원은 고전압장비이다.

㉡ 전기기구의 전선이 플러그에 꽂혀 있으면 비록 스위치를 켜지 않았어도 전압이 존재하면 발생하게 된다.

㉢ 측정단위는 V/m, kV/m를 사용한다.

㉣ 전계장(electric field)이라고도 한다.

㉤ 나무, 건물, 사람의 피부에 닿으면 쉽게 약화 또는 차폐된다.

㉥ ACGIH에서 0~100Hz 범위에서 25kV/m를 초과하지 말도록 권고하고 있다.

③ 자기장

㉠ 발생원은 고전류장비이다.

㉡ 자장은 자석 상호 간, 전류 상호 간, 자석과 전류 간의 힘이 작용하는 장을 말한다.

㉢ 자기장의 단위는 전류의 크기를 나타내는 가우스(G, Gauss)이다.

㉣ 자장의 강도는 자속밀도와 자화의 강도로 구한다.

㉤ 자속밀도 단위는 테슬러(T, Tesla)이다.

㉥ G와 T의 관계는 $1T=10^4G$, 1mT=10G, 1μT=10mG이고, 1mG는 80mA와 같다.

㉦ 자계의 강도단위는 A/m(mA/m), T(μT), G 등을 사용한다.

㉧ 자기장은 전류가 흐를 때 흐르는 방향의 수직 방향으로 또 다른 힘의 장이 형성되는 것을 말한다.

㉨ 자기장은 대부분의 물체를 통과하기 때문에 차폐하기 어렵다.

㉩ 자장측정장치는 gaussmeter electronic 자속계(작업환경 측정용), fluxgate meter NMR계, SQUID 자속계가 쓰인다.

04 조 명

(1) 조명 개요

① 조명이란 채광(자연광, 천연광)과 인공조명을 합하여 부른다.

② 채광과 자연조명이 불량한 상태가 되면 피로의 증대, 작업능률 저하, 산업재해 등을 야기시킨다.

③ 사람의 밝기에 대한 감각은 방사되는 광속과 파장에 의해 결정된다.

(2) 작업장 내의 조명상태를 조사하고자 할 때 측정 기본항목

① 조명도

② 휘도

㉠ 단위 평면적에서 발산 또는 반사되는 광량, 즉 눈으로 느끼는 광원 또는 반사체의 밝기

㉡ 광원으로부터 복사되는 빛의 밝기를 의미

㉢ 단위는 nit($nt = cd/m^2$)

③ 반사율

(3) 조명을 작업환경의 한 요인으로 볼 때 고려해야 할 중요한 사항

① 조도와 조도의 분포

② 눈부심과 휘도

③ 빛의 색

(4) 빛과 밝기의 단위(조도의 단위)

① 럭스(lux) ; 조도

㉠ 1루멘(lumen)의 빛이 $1m^2$의 평면상(구면상)에 수직으로 비칠 때의 밝기이다.

㉡ 1cd의 점광원으로부터 1m 떨어진 곳에 있는 광선의 수직인 면의 조명도를 의미한다.

㉢ 조도는 어떤 면에 들어오는 광속의 양에 비례하고, 입사면의 단면적에 반비례한다.

$$\text{조도}(E) = \frac{\text{lumen}}{\text{m}^2}$$

㉣ 조도는 입사면의 단면적에 대한 광속의 비를 의미한다.

② 칸델라(candela, cd) ; 광도

㉠ 광원으로부터 나오는 빛의 세기를 광도라고 한다.

㉡ 단위는 칸델라(cd)를 사용한다.

㉢ 101,325N/m^2 압력하에서 백금의 응고점 온도에 있는 흑체의 1m^2인 평평한 표면 수직 방향의 광도를 1cd라 한다.

③ 촉광(candle)

㉠ 빛의 세기인 광도를 나타내는 단위로 국제촉광을 사용한다.

㉡ 지름이 1인치인 촛불이 수평 방향으로 비칠 때 빛의 광강도를 나타내는 단위이다.

㉢ 밝기는 광원으로부터 거리의 제곱에 반비례한다.

$$\text{조도}(E) = \frac{I}{r^2}$$

여기서, I : 광도(candle)

r : 거리(m)

④ 루멘(lumen, lm) ; 광속

㉠ 광속의 국제단위로 기호는 lm으로 나타낸다.

㉡ 1촉광의 광원으로부터 한 단위입체각으로 나가는 광속의 단위이다.

㉢ 광속이란 광원으로부터 나오는 빛의 양을 의미하고 단위는 lumen이다.

㉣ 1촉광과의 관계는 1촉광=4π(12.57)루멘으로 나타낸다.

⑤ 풋 캔들(foot candle)

㉠ 1루멘의 빛이 1ft 떨어진 1ft^2의 평면상에 수직으로 비칠 때 그 평면의 빛 밝기이다.

$$\text{풋 캔들(ft cd)} = \frac{\text{lumen}}{\text{ft}^2}$$

㉡ 럭스와의 관계는 1ft cd=10.8lux, 1lux=0.093ft cd로 나타낸다.

㉢ 빛의 밝기

ⓐ 광원으로부터 거리의 제곱에 반비례한다.

ⓑ 광원의 촉광에 정비례한다.

ⓒ 조사평면과 광원에 대한 수직평면이 이루는 각(cosine)에 반비례한다.

ⓓ 색깔과 감각, 평면상의 반사율에 따라 밝기가 달라진다.

⑥ 램버트(lambert)

빛의 휘도 단위로서 빛을 완전히 확산시키는 평면의 $1ft^2(1cm^2)$에서 1lumen의 빛을 발하거나 반사시킬 때의 밝기를 나타내는 단위이다.

$$1lambert = 3.18candle/m^2$$
($candle/m^2$ = nit ; 단위면적에 대한 밝기)

⑦ 반사율

㉠ 조도에 대한 휘도의 비(조도/휘도)로 나타낸다.
㉡ 빛을 받은 평면에서 반사되는 빛의 밝기를 나타낸다.
㉢ 흰색 계통의 평면에서의 반사율은 100%에 근접, 검은색 계통은 0에 근접한다.

⑧ 광속발산도(luminance)

㉠ 단위면적당 표면에서 반사 또는 방출되는 빛의 양을 나타낸다.
㉡ 광속발산비는 주어진 장소와 주위의 광속발산도의 비이다.
㉢ 사무실 및 산업현장에서의 추천 광속발산비는 일반적으로 3 : 1 정도이다.

⑨ 주광률(daylight factor)

실내의 일정 지점의 조도와 옥외의 조도와의 비율을 %로 표시한 것이다.

(5) 채광 및 조명방법

① 개요

㉠ 자연의 광원은 태양복사에너지에 의한 광이며, 이 광은 하늘에서 확산 · 산란되어 천공광(sky light)을 형성한다.
㉡ 지상에서의 태양조도는 약 100,000lux 정도이며, 건물의 창 내측에서는 약 2,000lux 정도이다.

② 채광(자연조명)방법

㉠ 태양광선이 창을 통하여 실내를 밝힘으로써 필요한 밝기를 얻는 것을 채광이라고 한다.
㉡ 자연채광은 작업장의 면적, 건물의 높이와 간격, 창의 면적과 높이 등에 의하여 그 적부가 결정된다.
㉢ 유리창은 청결하여도 10~15% 조도가 감소한다.
㉣ 창의 방향
ⓐ 창의 방향은 많은 채광을 요구할 경우 남향이 좋다.
ⓑ 균일한 평등을 요하는 조명을 요구하는 작업실은 북향(or 동북향)이 좋다.
ⓒ 북쪽 광선은 일중 조도의 변동이 작고 균등하여 눈의 피로가 적게 발생할 수 있다.

ⓜ 창의 높이와 면적

ⓐ 보통 조도는 창을 크게 하는 것보다 창의 높이를 증가시키는 것이 효과적이다.

ⓑ 횡으로 긴 창보다 종으로 넓은 창이 채광에 유리하다.

ⓒ 채광을 위한 창의 면적은 방바닥 면적의 15~20%$\left(\frac{1}{5} \sim \frac{1}{6}\right.$ 또는 $\left.\frac{1}{5} \sim \frac{1}{7}\right)$가 이상적이다.

ⓑ 개각과 입사각(앙각)

ⓐ 창의 자연채광량은 광원면인 창으로부터의 거리와 창의 대소 및 위치에 따라 달라진다.

ⓑ 창의 실내 각 점의 개각은 4~5°, 입사각은 28° 이상이 좋다.

ⓒ 개각이 클수록 또는 입사각이 클수록 실내는 밝다.

ⓓ 개각 1°의 감소를 입사각으로 보충하려면 2~5° 증가가 필요하다.

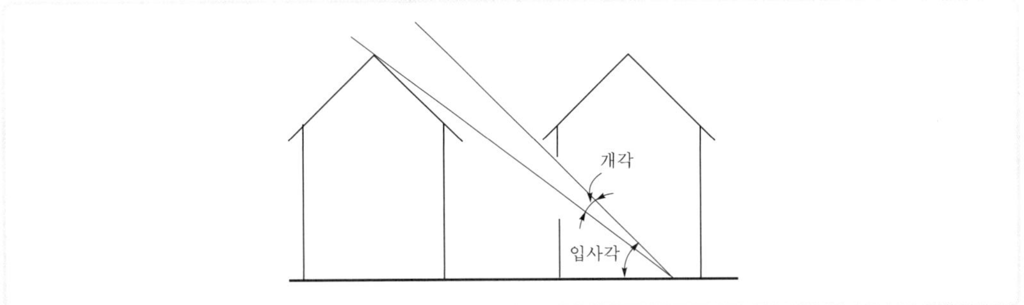

▌개각과 입사각▐

③ 조명방법

일반적으로 분류하는 인공적인 조명방법은 직접조명과 간접조명, 반간접조명으로 구분할 수 있다.

㉠ 직접조명

ⓐ 작업면의 빛 대부분이 광원 및 반사용 삿갓에서 직접 온다.

ⓑ 기구의 구조에 따라 눈을 부시게 하거나 균일한 조도를 얻기 힘들다.

ⓒ 반사갓을 이용하여 광속의 90~100%가 아래로 향하게 하는 방식이다.

ⓓ 일정량의 전력으로 조명 시 가장 밝은 조명을 얻을 수 있다.

ⓔ 장점

효율이 좋고, 천장면의 색조에 영향을 받지 않으며, 설치비용이 저렴하다.

ⓕ 단점

눈부심이 있고, 균일한 조도를 얻기 힘들며, 강한 음영을 만든다.

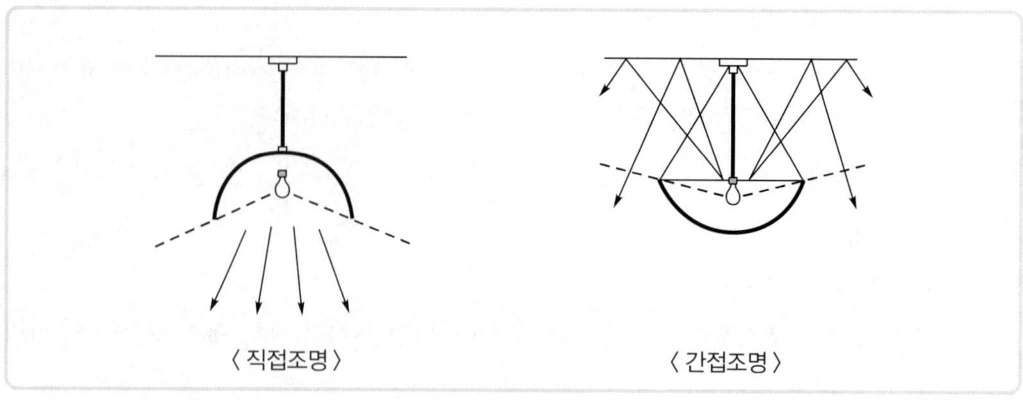

▌직접조명과 간접조명▐

㉡ 간접조명

ⓐ 광속의 90~100%를 위로 향해 발산하여 천장, 벽에서 확산시켜 균일한 조명도를 얻을 수 있는 방식이다.

ⓑ 천장과 벽에 반사하여 작업면을 조명하는 방법이다.

ⓒ 장점

눈부심이 없고, 균일한 조도를 얻을 수 있으며, 그림자가 없다.

ⓓ 단점

효율이 나쁘고, 설치가 복잡하며, 실내의 입체감이 작아지고, 설비비가 많이 소요된다.

㉢ 전반조명

ⓐ 작업면에 균일한 조도 목적일 때 공장 등에서 사용한다.

ⓑ 광원을 일정한 간격과 높이로 설치하여 균일한 조도를 얻기 위함이다.

ⓒ 눈부심이 없고 부드러운 빛을 얻을 수 있다.

㉣ 국소조명

ⓐ 작업면상의 필요한 장소만 높은 조도를 취하는 방식이다.

ⓑ 밝고 어둠의 차이가 많아 눈부심을 일으켜 눈을 피로하게 한다.

④ **조명도를 고르게 하는 방법**

㉠ 국부조명에만 의존할 경우에는 작업장의 조도가 너무 균등하지 못해서 눈의 피로를 가져올 수 있으므로 전체조명과 병용하는 것이 보통이다.

㉡ 전체조명의 조도는 국부조명에 의한 조도의 1/5 ~ 1/10 정도가 되도록 조절한다.

⑤ 인공조명 시 고려사항

㉠ 작업에 충분한 조도를 낼 것

㉡ 조명도를 균등히 유지할 것(천장, 마루, 기계, 벽 등의 반사율을 크게 하면 조도를 일정하게 얻을 수 있음)

㉢ 폭발성 또는 발화성이 없으며, 유해가스를 발생하지 않을 것

㉣ 경제적이며, 취급이 용이할 것

㉤ 주광색에 가까운 광색으로 조도를 높여줄 것(백열전구와 고압수은등을 적절히 혼합시켜 주광에 가까운 빛을 얻음)

㉥ 장시간 작업 시 가급적 간접조명이 되도록 설치할 것(직접조명, 즉 광원의 광밀도가 크면 나쁨)

㉦ 일반적인 작업 시 빛은 작업대 좌상방에서 비추게 할 것

㉧ 작은 물건의 식별과 같은 작업에는 음영이 생기지 않는 국소조명을 적용할 것

㉨ 광원 또는 전등의 휘도를 줄일 것

㉩ 광원을 시선에서 멀리 위치시킬 것

㉪ 눈이 부신 물체와 시선과의 각을 크게 할 것

㉫ 광원 주위를 밝게 하며, 조도비를 적정하게 할 것

(6) 적정 조명수준

① 초정밀작업 : 750lux 이상

② 정밀작업 : 300lux 이상

③ 보통작업 : 150lux 이상

④ 기타 작업 : 75lux 이상

(7) 부적당한 조명으로 인한 피해증상

① 조명 부족하에서 작은 대상물을 장시간 직시하면 근시를 유발하며 안정피로, 안구진탕증 등도 발생한다.

② 조명 과잉은 망막을 자극해서 잔상을 동반한 시력장애 또는 시력 협착을 일으킨다.

③ 조명이 불충분한 작업환경에서는 눈이 쉽게 피로해지며 작업능률이 저하된다.

④ 전광성 안염

(8) 조도를 증가하여야 하는 경우(작업장 근로자 눈 보호)

① 피사체의 반사율이 감소할 때
② 시력이 나쁘거나 눈에 결함이 있을 때
③ 계속적으로 눈을 뜨고 정밀작업을 할 때
④ 취급물체가 주위와의 색깔 대조가 뚜렷하지 않을 때

(9) 조명의 측정방법 및 평가

① 광전관 조도계
금속전극에 빛을 조사하면 전자가 튀어나오는 현상을 이용한 것으로 시간의 지체없이 조도와 전류가 비례하고 빛에 민감하여 피로현상을 나타내지 않는 장점을 갖는 조도계이다.

② 럭스계
간이조도계의 대표적인 조도계이다.

③ 맥버스 조도계

PART 05

산업독성학

산업위생관리기사 필기

PART 05. 산업독성학

입자상 물질

01 입자상 물질의 개요

(1) 정의

① 입자상 물질(aerosol)은 공기 중에 포함된 고체 및 액체상의 미립자를 말한다.

② 입자상 물질은 먼지 또는 에어로졸(aerosol)로 통용되고 있으며, 주로 물질의 파쇄, 선별 등 기계적 처리 혹은 연소, 합성, 분해 시에 발생하는 고체상 또는 액체상의 미세한 물질이다.

(2) 특징

① 고체상 물질은 먼지, 흄, 검댕 등이고, 액체의 미립자는 미스트, 스모그, 박무 등이다.

② 스모그와 스모크 등은 고체이거나 액체로 존재한다.

③ 대기 중에 존재하는 입자상 물질은 태양 및 지구의 복사에너지를 분산시키거나 흡수하기도 하는데, 특히 0.1~1μm 크기의 입자가 가시거리에 많은 영향을 미친다.

④ 입자상 물질 발생 작업장에서 가장 완벽한 대책은 발생원을 밀폐시키는 것이다.

02 입자상 물질의 인체 내 축적 및 제거

(1) 입자의 호흡기계 침적(축적)기전

① 충돌(관성충돌, impaction)

㉠ 충돌은 공기흐름 속도, 각도 변화, 입자 밀도, 입자 직경에 따라 변화한다.

㉡ 충돌은 지름이 크고(1μm 이상), 공기흐름이 빠르며, 불규칙한 호흡기계에서 잘 발생한다.

② 침강(중력침강, sedimentation)

㉠ 침강속도는 입자의 밀도, 입자 지름의 제곱에 비례하여 지름이 크고(1μm), 공기흐름 속도가 느린 상태에서 빨라진다.

㉡ 중력침강은 입자 모양과는 관계가 없다.
㉢ 먼지의 운동속도가 낮은 미세먼지나 폐포에서 주로 작용하는 기전이다.

③ 차단(interception)
㉠ 차단은 길이가 긴 입자가 호흡기계로 들어오면 그 입자의 가장자리가 기도의 표면을 스치게 됨으로써 일어나는 현상이다.
㉡ 섬유(석면)입자가 폐 내에 침착되는 데 중요한 역할을 담당한다.

④ 확산(diffusion)
㉠ 미세입자의 불규칙적인 운동, 즉 브라운 운동에 의해 침적된다.
㉡ 지름 0.5μm 이하의 것이 주로 해당되며, 전 호흡기계 내에서 일어난다.
㉢ 입자의 지름에 반비례하며, 밀도와는 관계가 없다.
㉣ 입자의 침강속도가 0.001cm/sec 이하인 경우 확산에 의한 침착이 중요하다.

⑤ 정전기(static electricity)

(2) 입자크기에 따른 작용기전

① 1μm 이하 입자
㉠ 확산에 의한 축적이 이루어진다.
㉡ 호흡기계 중 폐포 내에 축적이 이루어진다.

② 1~5(8)μm 입자
㉠ 주로 침강(침전)에 의한 축적이 이루어진다.
㉡ 호흡기계 중 기관, 기관지(세기관지) 내에 축적이 이루어진다.

③ 5~30μm 입자
㉠ 주로 관성충돌에 의한 축적이 이루어진다.
㉡ 호흡기계 중 코와 인후 부위에 축적이 이루어진다.

(3) 인체 내 축적이 미치는 물리적 영향인자

① 입자의 크기
0.5~5.0μm 크기 입자는 폐포 내에 침투하여 진폐증 유발 가능성이 높다.

② 입자의 모양
입자의 모양이 침투 및 이동에 유리한 것이 위험하다.

③ 입자의 용해도
용해도가 낮은 입자는 국소반응, 용해도가 큰 입자는 전신반응을 일으킨다.

④ 흡수성
연무질의 입자상 물질은 흡수성의 영향이 크다.

⑤ 변각경로
와류를 형성하여 입자의 침적을 증가시킨다.

(4) 인체 방어기전

① 점액 섬모운동

㉠ 가장 기초적인 방어기전(작용)이며, 점액 섬모운동에 의한 배출 시스템으로 폐포로 이동하는 과정에서 이물질을 제거하는 역할을 한다.

㉡ 기관지(벽)에서의 방어기전을 의미한다.

㉢ 정화작용을 방해하는 물질
카드뮴, 니켈, 황화합물, 수은, 암모니아 등이다.

② 대식세포에 의한 작용(정화)

㉠ 대식세포가 방출하는 효소에 의해 서서히 용해되어 제거된다(용해작용).

㉡ 폐포의 방어기전을 의미한다.

㉢ 대식세포에 의해 용해되지 않는 대표적 독성물질
유리규산, 석면 등

03 직업성 천식

(1) 개요

직업성 천식은 근무시간에 증상이 점점 심해지고, 휴일 같은 비근무시간에 증상이 완화되거나 없어지는 특징이 있고 일단 질환에 이환하게 되면 작업환경에서 추후 소량의 동일한 유발물질에 노출되더라도 지속적으로 증상이 발현된다.

(2) 원인 물질 및 관련 직업(작업)

구 분	원인 물질	직업 및 작업
금속	백금	도금
	니켈, 크롬, 알루미늄	도금, 시멘트 취급자, 금고 제작공
화학물	Isocyanate(TDI, MDI)	페인트, 접착제, 도장작업
	산화무수물	페인트, 플라스틱 제조업
	송진 연무	전자업체 납땜 부서
	반응성 및 아조 염료	염료공장
	trimellitic anhydride(TMA)	레진, 플라스틱, 계면활성제 제조업
	persulphates	미용사
	ethylenediamine	래커칠, 고무공장
	formaldehyde	의료 종사자

구 분	원인 물질	직업 및 작업
약제	항생제, 소화제	제약회사, 의료인
생물학적 물질	동물 분비물, 털(말, 쥐, 사슴)	실험실 근무자, 동물 사육사
	목재분진	목수, 목재공장 근로자
	곡물가루, 쌀겨, 메밀가루, 카레	농부, 곡물 취급자, 식품업 종사자
	밀가루	제빵공
	커피가루	커피 제조공
	라텍스	의료 종사자
	응애, 진드기	농부, 과수원(귤, 사과)

Reference TDI(Toluene Diisocyanate)

1. 직업성 천식의 원인물질로 자동차 정비업체에서 우레탄 도료를 사용하는 도장공장, 피혁 제조에 사용되는 포르말린 · 크롬화합물, 식물성기름 제조에 사용되는 아마씨, 목화씨에서 주로 발생한다.
2. TMA(Trimellitic Anhydride)도 직업성 천식의 원인물질이다.

(3) 직업성 천식을 확진하는 방법

① 작업장 내 유발검사
② 증상변화에 의한 추정
③ 특이항원 기관지 유발 검사

(4) 직업성 천식 발생기전과 관계되는 것

① 항원공여세포
② IgG
③ Histamine

Reference 폐에 침착된 먼지의 정화과정

1. 일부 먼지는 폐포벽을 뚫고 림프계나 다른 부위로 들어가기도 한다.
2. 먼지는 세포가 방출하는 효소에 의해 용해된다.
3. 폐에서 먼지를 포위하는 식세포는 수명이 다한 후 사멸하고 다시 새로운 식세포가 먼지를 포위하는 과정이 계속적으로 일어난다.
4. 폐에 침착된 먼지는 식세포에 의하여 포위되어, 포위된 먼지의 일부는 미세 기관지로 운반되고 점액 섬모운동에 의하여 정화된다.

04 진폐증

(1) 개요

① 호흡성 분진(0.5~5μm) 흡입에 의해 폐에 조직반응을 일으킨 상태, 즉 폐포가 섬유화되어(굳게 되어) 수축과 팽창을 할 수 없고, 결국 산소교환이 정상적으로 이루어지지 않는 현상을 말한다.

② 흡입된 분진이 폐 조직에 축적되어 병적인 변화를 일으키는 질환을 총괄적으로 의미하는 용어를 진폐증이라 한다.

③ 호흡기를 통하여 폐에 침입하는 분진은 크게 무기성 분진과 유기성 분진으로 구분된다.

④ 진폐증의 대표적인 병리소견인 섬유증(fibrosis)이란 폐포, 폐포관, 모세기관지 등을 이루고 있는 세포들 사이에 콜라겐 섬유가 증식하는 병리적 현상이다.

⑤ 콜라겐 섬유가 증식하면 폐의 탄력성이 떨어져 호흡곤란, 지속적인 기침, 폐기능 저하를 가져온다.

⑥ 일반적으로 진폐증의 유병률과 노출기간은 비례하는 것으로 알려져 있다.

(2) 진폐증 발생에 관여하는 요인

① 분진의 종류, 농도 및 크기

② 폭로시간 및 작업강도

③ 보호시설이나 장비 착용 유무

④ 개인차

(3) 진폐증 분류

① 분진 종류에 따른 분류(임상적 분류)

㉠ 유기성 분진에 의한 진폐증

농부폐증, 면폐증, 연초폐증, 설탕폐증, 목재분진폐증, 모발분진폐증

㉡ 무기성(광물성) 분진에 의한 진폐증

규폐증, 탄소폐증, 활석폐증, 탄광부진폐증, 철폐증, 베릴륨폐증, 흑연폐증, 규조토폐증, 주석폐증, 칼륨폐증, 바륨폐증, 용접공폐증, 석면폐증

② 병리적 변화에 따른 분류

㉠ 교원성 진폐증

ⓐ 폐포 조직의 비가역적 변화나 파괴가 있다.

ⓑ 간질반응이 명백하고 그 정도가 심하다.

ⓒ 폐 조직의 병리적 반응이 영구적이다.

ⓓ 대표적 진폐증으로는 규폐증, 석면폐증, 탄광부진폐증이 있다.

㉡ 비교원성 진폐증

ⓐ 폐 조직이 정상이며 망상섬유로 구성되어 있다.

ⓑ 간질반응이 경미하다.

ⓒ 분진에 의한 조직반응은 가역적인 경우가 많다.

ⓓ 대표적 진폐증으로는 용접공폐증, 주석폐증, 바륨폐증, 칼륨폐증이 있다.

③ **분진의 분류와 유발물질의 종류**

㉠ 진폐성 분진

규산, 석면, 활석, 흑연

㉡ 불활성 분진

석탄, 시멘트, 탄화수소

㉢ 알레르기성 분진

꽃가루, 털, 나뭇가루

㉣ 발암성 분진

석면, 니켈카보닐, 아연계 색소

(4) 진폐증 원인 인자와 종류

① **석탄**

석탄폐증, 탄광부진폐증

② **석면**

석면폐증

③ **유리규산(모래)**

규폐증

④ **면분진**

면폐증

⑤ **용접흄**

용접공폐증

⑥ **철분진(주로 산화철)**

철폐증

Reference 규산(silica)

1. 결정형 유리규산(free silica)은 규산의 종류에 따라 Cristobalite, Quartz, Tridymite, Tripoli가 있다.
2. 용융규산(fused silica)은 비결정형 규산으로, 노출기준은 총먼지로 10mg/m^{3}이다.

(5) 각 진폐증의 특징

① 규폐증(silicosis)

㉠ 개요

규폐증은 이집트의 미라에서도 발견되는 오랜 질병이며, 채석장 및 모래분사 작업장에 종사하는 작업자들이 석영을 과도하게 흡입하여 잘 걸리는 폐질환으로 SiO_2 함유 먼지 0.5~5μm 크기에서 잘 유발된다.

㉡ 원인

ⓐ 결정형 규소(암석 : 석영분진, 이산화규소, 유리규산)에 직업적으로 노출된 근로자에게 발생한다.

ⓑ 주요 원인물질은 혼합물질이며, 건축업, 도자기 작업장, 채석장, 석재공장, 주물공장, 석탄공장, 내화벽돌 제조 등의 작업장에서 근무하는 근로자에게 발생한다.

ⓒ 유리규산(석영) 분진에 의한 규폐성 결정과 폐포벽 파괴 등 망상내피계 반응은 분진입자의 크기가 2~5μm일 때 자주 일어난다.

㉢ 규폐결절의 형성학설

ⓐ 기계적 자극설

ⓑ 화학적 자극설

ⓒ 면역학설

ⓓ 용해설

㉣ 인체영향 및 특징

ⓐ 폐조직에서 섬유상 결절이 발견된다.

ⓑ 유리규산(SiO_2) 분진 흡입으로 폐에 만성섬유증식이 나타난다.

ⓒ 자각증상으로는 호흡곤란, 지속적인 기침, 다량의 담액 등이 있지만, 일반적으로는 자각증상 없이 서서히 진행된다(만성규폐증의 경우 10년 이상 지나서 증상이 나타남).

ⓓ 증상으로는 발열, 호흡부전 등이 관찰되고, 폐암, 결핵과 같은 질환에 이완될 가능성이 있다.

ⓔ 고농도의 규소입자에 노출되면 급성규폐증에 걸리며 열, 기침, 체중감소, 청색증이 나타난다.

ⓕ 폐결핵은 합병증으로 폐하엽 부위에 많이 생긴다.

ⓖ 폐에 실리카가 쌓인 곳에서는 상처가 생기게 된다.

ⓗ 석영분진이 직업적으로 노출 시 발생하는 진폐증의 일종이다.

② 석면폐증(asbestosis)

㉠ 개요

ⓐ 흡입된 석면섬유가 폐의 미세기관지에 부착하여 기계적인 자극에 의해 섬유증식증이 진행한다.

ⓑ 석면분진의 크기는 길이가 5~8μm보다 길고, 두께가 0.25~1.5μm보다 얇은 것이 석면폐증을 잘 일으킨다.

㉡ 인체영향 및 특징

ⓐ 석면을 취급하는 작업에 4~5년 종사 시 폐하엽 부위에 주로 발생하며 폐의 탄력성이 감소되어 산소흡수가 저해되고 악성중피종은 약 30~40년의 잠복기를 거쳐서 발생되기도 한다.

ⓑ 인체에 대한 영향은 규폐증과 거의 비슷하지만, 폐암을 유발한다는 점으로 구별된다(결정형 실리카가 폐암을 유발하며 폐암 발생률이 높은 진폐증).

ⓒ 증상으로는 흉부가 야위고 객담에서 석면소체가 배출된다.

ⓓ 늑막과 복막에 악성중피종이 생기기 쉽다.

ⓔ 폐암, 중피종암, 늑막암, 위암을 일으킨다.

③ 농부폐증(farmers lung)

㉠ 유기성 분진, 즉 동물 조직, 분비물, 사료, 미생물 혼합체가 주요원인 물질이다.

㉡ 체내 반응보다는 직접적인 알레르기 반응을 일으킨다.

㉢ 호열성 방선균류의 과민증상이 많다.

(6) 분진으로 인한 진폐증 예방대책

① 분진발생원이 비교적 많고 분진농도가 높은 경우에는 방진마스크 착용보다 국소배기장치의 설치를 우선적으로 고려한다.

② 2차 비산분진이 발생하지 않도록 작업장 바닥을 청결히한다.

③ 분진발생원과 근로자를 분리하는 방법으로 원격조정장치 등을 사용할 수 있다.

④ 연마, 분쇄, 주물작업 시에는 습식으로 작업하여 부유분진을 감소시키도록 해야 한다.

Reference 폐암 유발 주요물질

1. 석면
2. 니켈
3. 결정형 실리카
4. 비소

※ β-나프틸아민은 췌장암, 방광암을 유발하는 물질이다.

05 석 면

(1) 정의(NIOSH)

① 석면이란 주성분으로 규산과 산화마그네슘 등을 함유하며 백석면(크리소타일), 청석면(크로시돌라이트), 갈석면(아모사이트), 안토필라이트, 트레모라이트 또는 액티노라이트의 섬유상이라고 정의하고 있다.

② 섬유를 위상차현미경으로 관찰했을 때 길이가 5μm이고, 길이 대 너비의 비가 최소한 3 : 1 이상인 입자상 물질이라고 정의하고 있다.
③ 석면 함유물질이란 순수한 석면만으로 제조되거나 석면에 다른 섬유물질이나 비섬유질이 혼합된 물질을 의미한다.

(2) 특성

① 불연성, 내열성, 저항성, 내전기전도성이 뛰어나기 때문에 작업장에서 많이 사용된다.
② 일반 먼지는 공기역학적 직경으로 크기를 표시하지만, 섬유는 위상차현미경으로 측정한 물리적 크기로 표시한다.
③ 일반 입자상 물질과 달리 폐 내에 위험을 줄 수 있기 때문에 공기역학적 특성과 더불어 길이와 너비도 동시에 고려한다.
④ 섬유는 흡입성 · 흉곽성 · 호흡성으로 구분하지 않고, 섬유의 개수로 나타낸다.
⑤ 건축물에 사용되는 석면 대체품은 유리면, 암면 등 인조광물섬유 보온재와 석고보드, 세라믹섬유 등의 규산칼슘 보온재가 있다.

PART 5

(3) 장애

① 석면 종류 중 청석면(크로시돌라이트, crocidolite)이 직업성 질환(폐암, 중피종) 발생 위험률이 가장 높다.
② 일반적으로 석면폐증, 폐암, 악성중피종을 발생시켜 1급 발암물질군에 포함된다.
③ 쉽게 소멸되지 않는 특성이 있어 인체 흡수 시 제거되지 않고 폐 및 폐포 등에 박혀 유해증이 증가된다.

(4) 대책

① **석면 발생 억제**
대체물질 사용, 가능한 습식작업, 석면작업 근로자와 격리
② **석면 발생 최소화**
작업실 음압 유지, 밀폐가 곤란한 경우 국소배기장치 설치
③ **석면 노출 최소화**
불침투성 보호장갑 지급, 고성능 호흡용 보호구 지급, 작업복 외부 유출 금지
④ **작업환경 측정**
공기 중 석면 노출농도를 측정하여 작업환경 개선대책 강구

CHAPTER 02

유해화학물질

01 유해화학물질의 개요

(1) 정의

인체에 흡입, 섭취 또는 피부를 통하여 흡수될 때 급성 또는 만성 장애를 일으킬 우려가 있는 물질을 총칭하는 것이다.

(2) 분류

① 급성독성 물질

㉠ 단기간(1~14일)에 독성이 발생하는 물질을 말한다.

㉡ 산업안전보건법상 급성독성 물질은 입 또는 피부를 통하여 1회 투여 또는 24시간 이내에 여러 차례로 나누어 투여하거나 호흡기를 통하여 4시간 동안 흡입하는 경우 유해한 영향을 일으키는 물질을 말한다.

② 아급성독성 물질

장기간(1년 이상)에 걸쳐서 독성이 발생하는 물질을 말한다.

③ 그 밖에 장애물질

㉠ 해당 물질에 반복적으로 또는 장기적으로 노출될 경우 사망 또는 심각한 손상을 가져오는 물질

㉡ 임상관찰 또는 기타 적절한 방법에 따른 평가에 의해 시각, 청각 및 후각을 포함한 중추 또는 말초 신경계에서의 주요 기능장애를 일으키는 물질

㉢ 혈액의 골수세포 생산 감소 등 임상학적으로 나타나는 일관된 변화를 일으키는 물질

㉣ 간, 신장, 신경계, 폐 등의 표적기관의 손상을 주는 물질

㉤ 헤모글로빈의 기능을 약화시키는 등 혈액이나 조혈계의 장애를 일으키는 물질

㉥ 그 밖에 해당 물질로 인한 신체기관의 기능장애 또는 비가역적 변화를 일으키는 물질

㉦ 실험동물에 외인성 물질을 투여하는 경우 만성독성에 해당하는 기간은 3개월~1년 정도이다.

(3) 유해물질이 인체에 미치는 영향인자

① 유해물질의 농도(독성)
② 유해물질에 폭로되는 시간(폭로빈도)
③ 개인의 감수성
④ 작업방법(작업강도, 기상조건)

(4) 화학물질 노출기준 용어

① NEL(No Effect Level)
실험동물에서 어떠한 영향도 나타나지 않은 수준을 의미한다. 즉 주로 동물실험에서 유효량으로 이용된다.

② NOEL(No Observed Effect Level)
㉠ 현재의 평가방법으로 독성 영향이 관찰되지 않은 수준을 말한다.
㉡ 무관찰 영향 수준, 즉 무관찰 작용 양을 의미한다.
㉢ NOEL 투여에서는 투여하는 전 기간에 걸쳐 치사, 발병 및 생리학적 변화가 모든 실험대상에서 관찰되지 않는다.
㉣ 양-반응 관계에서 안전하다고 여겨지는 양으로 간주된다.
㉤ 아급성 또는 만성독성 시험에 구해지는 지표이다.
㉥ 밝혀지지 않은 독성이 있을 수 있다는 것과 다른 종류의 동물을 실험하였을 때는 독성이 있을 수 있음을 전제로 한다.

③ NOAEL(No Observed Adverse Effect Level)
악영향도 관찰되지 않은 수준을 의미한다.

④ 위 ①~③의 수준은 화학물질의 노출기준(TLV)을 설정하기 위하여 사용된다.

(5) 유해물질의 인체침입 경로

① 개요
유해물질이 작업환경 중에서 인체에 들어오는 가장 영향이 큰 침입경로는 호흡기이고, 다음이 피부를 통해 흡수되고 전신중독을 일으킨다.

② 호흡기
㉠ 유해물질의 흡수속도는 그 유해물질의 공기 중 농도와 용해도에 의해, 폐까지 도달하는 양은 그 유해물질의 용해도에 의해서 결정된다. 따라서 가스상 물질의 호흡기계 축적을 결정하는 가장 중요한 인자는 물질의 수용성 정도이다.
㉡ 수용성 물질은 눈, 코, 상기도 점막의 수분에 용해된다.

PART 5

㉢ 공기 중 농도가 낮을 경우는 거의 폐의 위치까지 도달하지 않는다(scrubbing effect, 마찰효과).

㉣ 불용성 유해물질은 폐의 종말부위까지 침입하여 폐수종을 유발시키며, 대표적 유해물질은 포스겐, 이산화질소이다.

㉤ 일산화탄소는 호흡기 부분은 자극하지 않으나 혈액으로 흡수 시 전신중독을 일으킨다.

③ 피부

㉠ 피부를 통한 흡수량은 접촉 피부면적과 그 유해물질의 유해성과 비례하며, 유해물질이 침투될 수 있는 피부면적은 약 $1.6m^2$이다.

㉡ 피부 흡수량은 전 호흡량의 15% 정도이다.

㉢ 유해물질이 피부 접촉 시 발생하는 작용

ⓐ 피부는 효과적인 보호막으로 작용한다.

ⓑ 유해물질이 피부와 반응, 국소염증을 유발한다.

ⓒ 피부감작을 유발한다.

ⓓ 피부를 통과하여 혈관으로 침입 후 혈류로 들어간다.

④ 소화기

㉠ 소화기(위장관)를 통한 흡수량은 위장관의 표면적, 혈류량, 유해물질의 물리적 성질에 좌우되며 우발적, 고의에 의하여 섭취된다.

㉡ 소화기 계통으로 침입하는 것은 위장관에서 산화, 환원 분해과정을 거치면서 해독되기도 한다.

㉢ 입으로 들어간 유해물질은 침이나 그 밖의 소화액에 의해 위장관에서 흡수된다.

㉣ 위의 산도에 의하여 유해물질이 화학반응을 일으켜 다른 물질로 되기도 한다.

㉤ 입을 통해 인체로 들어온 금속이 소화기(위장관)에서 흡수되는 작용

ⓐ 단순확산 또는 촉진확산

ⓑ 특이적 수송과정

ⓒ 음세포 작용

㉥ 흡수율에 영향을 미치는 요인

ⓐ 위액의 산도(pH)

ⓑ 음식물의 소화기관 통과속도

ⓒ 화합물의 물리적 구조와 화학적 성질

(6) 효소

유해화학물질이 체내로 침투되어 해독되는 경우 해독반응에 가장 중요한 작용을 하는 것이 효소이다.

02 화학적 유해물질의 생리적 작용에 의한 분류

1 자극제

(1) 정의

① 자극제(irritants) : 피부와 점막에 작용하여 부식작용을 하거나 수포를 형성하는 물질을 말하며, 고농도가 눈에 들어가면 결막염과 각막염을 일으키고 호흡이 정지된다.

② 자극 : 독물이 조직에 접촉하여 영향을 주는 것으로 얼굴과 상기도에 자극제가 접촉하면 눈, 피부, 점막과 구강에 영향을 주는 것을 말한다.

③ 자극성 물질 : 흡입하거나 피부 또는 눈과 접촉할 때 자극을 일으키는 물질이다.

㉠ 피부자극성 물질

㉡ 눈자극성 물질

㉢ 호흡기계자극성 물질

(2) 호흡기에 대한 자극작용(유해물질의 용해도에 따른 구분)

① 상기도 점막 자극제

② 상기도 점막 및 폐 조직 자극제

③ 종말기관지 및 폐포 점막 자극제

(3) 상기도 점막 자극제

① 개요

㉠ 수용성이 높은 화학물질이 대부분이다.

㉡ 상기도(비점막, 인후, 기관지) 표면에 용해된다.

② 종류

㉠ 암모니아(NH_3)

ⓐ 알칼리성으로 자극적인 냄새가 강한 무색의 기체

ⓑ 주요 사용공정은 비료, 냉동제 등

ⓒ 물에 대한 용해 잘 됨(수용성)

ⓓ 폭발성(폭발범위 16~25%) 있음

ⓔ 피부, 점막(코와 인후부)에 대한 자극성과 부식성이 강하여 고농도의 암모니아가 눈에 들어가면 시력장애를 일으키고, 기관지경련 등을 초래

ⓕ 중등도 이하의 농도에서 두통, 흉통, 오심, 구토 등을 일으킴

ⓖ 고농도의 가스 흡입 시 폐수종을 일으키고 중추작용에 의해 호흡 정지 초래

ⓗ 고용노동부 노출기준은 8시간 시간가중 평균농도(TWA)로 25ppm이고, 단시간 노출기준(STEL)은 35ppm임
ⓘ 암모니아중독 시 비타민 C가 해독에 효과적임

㉡ 염화수소(HCl)
ⓐ 무색의 자극성 기체로 물에 녹는 것은 염산
ⓑ 염소화합물, 염화비닐 제조에 이용되고 주요 사용공정은 합성, 세척 등에 쓰임
ⓒ 물에 대한 용해가 잘 됨(수용성)
ⓓ 피부나 점막에 접촉하면 염산이 되어 염증, 부식 등이 커지며 장기간 흡입하면 폐수종(폐렴)을 일으킴
ⓔ 주로 눈과 기관지계를 자극
ⓕ 고용노동부 노출기준은 TWA로 1ppm, STEL은 2ppm임
ⓖ 산업안전보건규칙상 관리대상 유해물질의 산 · 알칼리류임

㉢ 아황산가스(SO_2)
ⓐ 자극적인 냄새가 나는 가스
ⓑ 유황의 제조, 표백제 등에 이용되고 주요 사용공정은 합성, 비료, 표백, 기폭제 등에 쓰임
ⓒ 물에 대한 용해도는 25℃에서 8.5% 정도
ⓓ 호흡기에서 체내로 유입, 호흡기 자극증상을 일으키며 티아노제, 폐수종으로 사망
ⓔ 만성중독으로는 치아산식증, 빈혈, 만성기관지폐렴, 간장장애가 나타남
ⓕ 단기간의 대량폭로보다 장기간의 소량폭로 쪽이 장애도가 강함
ⓖ 고용노동부 노출시간은 TWA로 2ppm, STEL은 5ppm임
ⓗ 인간에 대한 발암가능성은 의심되나 근거자료가 부족한 물질군(A4)

㉣ 포름알데히드(HCHO)
ⓐ 매우 자극적인 냄새가 나는 무색의 액체로 인화되기 쉽고, 폭발 위험성이 있음
ⓑ 주로 합성수지의 합성원료로 폴리비닐 중합체를 생산하는 데 많이 이용되며, 물에 대한 용해도는 최대 550g/L
ⓒ 건축물에 사용되는 단열재와 섬유옷감에서 주로 발생
ⓓ 메틸알데히드라고도 하며, 메탄올을 산화시켜 얻은 기체로 환원성이 강함
ⓔ 눈과 코를 자극하며, 동물실험 결과 발암성이 있음(간장해, 발암작용)
ⓕ 피부, 점막에 대한 자극이 강하고, 고농도 흡입으로는 기관지염, 폐수종을 일으킴
ⓖ 만성 노출 시 감작성 현상 발생(접촉성 피부염 및 알레르기 반응)
ⓗ 고용노동부 노출기준은 TWA로 0.3ppm
ⓘ 발암성 물질로 추정되는 물질군(A2)에 포함(비인두암, 혈액암, 비강암)

㉤ 아크롤레인($CH_2=CHCHO$)

ⓐ 무색 또는 노란색의 액체

ⓑ 눈에 강한 자극

ⓒ TLV-C는 0.1ppm, TWA 0.1ppm, STEL 0.3ppm

㉥ 아세트알데히드(CH_3CHO)

ⓐ 자극성 냄새가 나는 무색의 액체로 인화되기 쉽고, 폭발 위험성이 있음

ⓑ 유기합성의 원료로 이용

ⓒ 피부, 점막 자극작용, 마취작용 있음

ⓓ 고용노동부 노출기준은 8시간 시간가중 평균농도(TWA)로 50ppm이고, 단시간 노출기준(STEL)은 150ppm임

ⓔ 동물에 대한 발암성이 확인된 물질군(A3)에 포함

㉦ 크롬산

ⓐ 크롬산은 거의 수용성이며 6가 크롬에 해당

ⓑ 크롬도금이나 아노다이징을 할 때 미스트로 발생

ⓒ 인체에 대한 영향은 폐, 간, 신장 부위에 암 유발(A1)

ⓓ 고용노동부 노출기준은 8시간 시간가중 평균농도(TWA)로 $0.05mg/m^3$

㉧ 산화에틸렌(C_2H_4O, CH_2CH_2O)

ⓐ 상온 · 상압에서 무색의 기체이며 기체상태에서 인화성이 강함

ⓑ 병원에서 소독용으로 사용 및 결빙 방지제로도 사용

ⓒ 급성중독으로는 눈, 상기도, 피부에 자극작용

ⓓ 만성독성으로는 신경장애, 혈액이상, 생식 및 발육기능 장애, 발암성

ⓔ 고용노동부 노출기준은 8시간 시간가중 평균농도(TWA)로 1ppm

ⓕ 발암성 물질로 추정되는 물질군(A2)에 포함

㉨ 염산(HCl의 수용액)

㉩ 불산(HF)

(4) 상기도 점막 및 폐 조직 자극제

① 개요

㉠ 수용성이 상기도 자극제에 비해 낮아 상기도나 폐 조직을 자극시키는 물질이다.

㉡ 물에 대한 용해도는 중등도 정도이다.

㉢ 상기도 점막과 호흡기관지에 작용하는 자극제이다.

② 종류

㉠ 불소(F_2)

ⓐ 자극성이 있는 황갈색 기체로 물과 반응하여 불화수소가 발생

ⓑ 불소화합물은 유기합성, 도금, 유리부식에 이용하며, 알루미늄 제조 시에 발생

ⓒ 체내에 들어온 불소는 뼈에 가장 많이 축적되어 뼈를 연화시키고, 그 칼슘화합물이 치아에 침착되어 반상치를 나타냄

ⓓ 고용노동부 노출기준은 8시간 시간가중 평균농도(TWA)로 0.1ppm

ⓛ 요오드(I_2)

ⓐ 암자색, 금속광택이 나는 고체

ⓑ 증기는 강한 자극성이 있으며 눈물, 눈이 타는 듯한 통증, 비염, 인후, 인두염을 유발하고, 고농도 흡입 또는 장시간 흡입 시 폐수종

ⓒ 고용노동부 노출기준은 최고노출농도(ceiling)로 0.1ppm, TWA 0.01ppm, STEL 0.1ppm

ⓒ 염소(Cl_2)

ⓐ 강한 자극성 냄새가 나는 황록색 기체

ⓑ 산화제, 표백제, 수돗물의 살균제 및 염소화합물 제조에 이용

ⓒ 물에 대한 용해도는 0.7%

ⓓ 피부나 점막에 부식성 · 자극성 작용(부식성 염화수소의 20배)

ⓔ 기관지염을 유발하며 만성작용으로 치아산식증 일어남

ⓕ 고용노동부 노출기준은 8시간 시간가중 평균농도(TWA)로 0.5ppm이며, 단시간 노출기준(STEL)은 1ppm임

ⓖ 발암성은 의심되나 근거자료가 부족한 물질군(A4)에 포함

ⓡ 오존(O_3)

ⓐ 매우 특이한 자극성 냄새를 갖는 무색의 기체로 액화하면 청색을 나타냄

ⓑ 물에 잘 녹으며 알칼리용액, 클로로포름에도 녹음

ⓒ 복사기, 전기기구, 플라스마 이온방식의 공기청정기 등에서 공통적으로 발생함

ⓓ 강력한 산화제이므로 화재의 위험성 높고 약간의 유기물 존재 시 즉시 폭발을 일으킴

ⓔ 0.1ppm을 2시간 흡입하면 폐활량이 20% 감소하고, 1ppm을 6시간 흡입하면 두통, 기관지염 유발

ⓕ 고용노동부 노출기준은 TWA로 0.08ppm이며, STEL은 0.2ppm임

ⓖ 발암성은 의심되나 근거자료가 부족한 물질군(A4)에 포함

ⓜ 브롬(Br_2, 브롬화합물)

ⓐ 자극적인 냄새가 나는 적갈색의 액체

ⓑ 의약, 염료, 브롬화합물 제조, 살균제 등에 이용

ⓒ 피부, 점막에 대한 자극과 부식작용

ⓓ 고용노동부 노출기준은 TWA로 0.1ppm이며, STEL은 0.3ppm임

ⓗ 청산화물
ⓢ 황산디메틸 및 황산디에틸
ⓞ 사염화인 및 오염화인

(5) 종말(세)기관지 및 폐포 점막 자극제

① 개요
상기도에 용해되지 않고 폐 속 깊이 침투하여 폐 조직에 작용한다.

② 종류

㉠ 이산화질소(NO_2)

ⓐ 물에 대하여 비교적 용해성이 낮고 물에 용해 시 분해되어 일산화질소나 질산을 생성함
ⓑ 적갈색의 기체이며 비교적 용해도가 낮음
ⓒ 로켓 연료의 질화나 산화에 사용되며 질산의 중간체임
ⓓ 눈, 점막, 호흡기 자극을 유발
ⓔ 폐수종(폐기종) 유발
ⓕ 고용노동부 노출기준은 TWA로 3ppm이며, STEL은 5ppm임
ⓖ 발암성은 의심되나 근거자료가 부족한 물질군(A4)임

㉡ 포스겐($COCl_2$)

ⓐ 무색의 기체로서 시판되고 있는 포스겐은 담황록색이며 독특한 자극성 냄새가 나며 가수분해되고 일반적으로 비중이 1.38정도로 큼
ⓑ 태양자외선과 산업장에서 발생하는 자외선은 공기 중의 NO_2와 올레핀계 탄화수소와 광학적 반응을 일으켜 트리클로로에틸렌을 독성이 강한 포스겐으로 전환시키는 광화학작용을 함
ⓒ 공기 중에 트리클로로에틸렌이 고농도로 존재하는 작업장에서 아크용접을 실시하는 경우 트리클로로에틸렌이 포스겐으로 전환될 수 있음
ⓓ 독성은 염소보다 약 10배 정도 강함
ⓔ 호흡기, 중추신경, 폐에 장애를 일으키고 폐수종을 유발하여 사망에 이름
ⓕ 고용노동부 노출기준은 TWA로 0.1ppm

㉢ 염화비소(삼염화비소 ; $AsCl_3$)

(6) 기타 자극제

사염화탄소(CCl_4)

㉠ 특이한 냄새가 나는 무색의 액체로 소화제, 탈지세정제, 용제로 이용
㉡ 신장장애 증상으로 감뇨, 혈뇨 등이 발생하며 완전 무뇨증이 되면 사망할 수 있음

㉢ 피부, 간장, 신장, 소화기, 신경계에 장애를 일으키는데 특히 간에 대한 독성작용이 강하게 나타남. 즉, 간에 중요한 장애인 중심소엽성 괴사를 일으킴
㉣ 고온에서 금속과의 접촉으로 포스겐, 염화수소를 발생시키므로 주의를 요함
㉤ 고농도로 폭로되면 중추신경계 장애 외에 간장이나 신장에 장애가 일어나 황달, 단백뇨, 혈뇨의 증상을 보이는 할로겐 탄화수소임
㉥ 초기증상으로 지속적인 두통, 구역 및 구토, 간 부위의 압통 등의 증상을 일으킴
㉦ 고용노동부 노출기준은 TWA로 5ppm
㉧ 인간에 대한 발암성이 의심되는 물질군(A2)에 포함

2 질식제

질식제(asphyxiants)는 조직의 호흡을 방해하여 질식시키는 물질이다. 즉, 조직 내 산화작용(폐 속으로 들어가는 산소의 활용)을 방해한다.

(1) 단순 질식제

① 개요
㉠ 환경 공기 중에 다량 존재하여 정상적 호흡에 필요한 혈중 산소량을 낮추는 생리적으로는 아무 작용도 하지 않는 불활성 가스를 말한다.
㉡ 원래 그 자체는 독성작용이 없으나 공기 중에 많이 존재하면 산소분압의 저하로 산소공급 부족을 일으키는 물질을 말한다.

② 종류
㉠ 이산화탄소(CO_2)
㉡ 메탄가스(CH_4)
㉢ 질소가스(N_2)
㉣ 수소가스(H_2)
㉤ 에탄, 프로판, 에틸렌, 아세틸렌, 헬륨

(2) 화학적 질식제

① 개요
㉠ 직접적 작용에 의해 혈액 중의 혈색소와 결합하여 산소운반능력을 방해하여 질식시키는 물질을 말한다.
㉡ 조직 중의 산화효소를 불활성화시켜 질식작용(세포의 산소수용능력 상실)을 일으킨다.
㉢ 화학적 질식제에 심하게 노출 시 폐 속으로 들어가는 산소의 활용을 방해하기 때문에 사망에 이르게 된다.

② 종류

㉠ 일산화탄소(CO)

ⓐ 탄소 또는 탄소화합물이 불완전연소할 때 발생되는 무색무취의 기체

ⓑ 산소결핍 장소에서 보건학적 의의가 가장 큰 물질

ⓒ 혈액 중 헤모글로빈과의 결합력이 매우 강하여 체내 산소공급능력을 방해하므로 대단히 유해함

ⓓ 생체 내에서 혈액과 화학작용을 일으켜서 질식을 일으키는 물질

ⓔ 정상적인 작업환경 공기에서 CO 농도가 0.1%로 되면 사람의 헤모글로빈 50%가 불활성화됨

ⓕ CO 농도가 1%(10,000ppm)에서 1분 후에 사망에 이름(COHb : 카복시헤모글로빈 20% 상태가 됨)

ⓖ 물에 대한 용해도 23mL/L

ⓗ 중추신경계에 강하게 작용하여 사망에 이르게 함

ⓘ 고용노동부 노출기준은 TWA로 30ppm이며, STEL은 200ppm임

㉡ 황화수소(H_2S)

ⓐ 부패한 계란 냄새가 나는 무색의 기체로 폭발성 있음

ⓑ 공업약품 제조에 이용되며 레이온공업, 셀로판 제조, 오수조 내의 작업 등에서 발생하며, 천연가스, 석유정제산업, 지하석탄광업 등을 통해서도 노출

ⓒ 급성중독으로는 점막의 자극증상이 나타나며 경련, 구토, 현기증, 혼수, 뇌의 호흡중추신경의 억제와 마비 증상

ⓓ 만성작용으로는 두통, 위장장애 증상

ⓔ 치료로는 100% 산소를 투여

ⓕ 고용노동부 노출기준은 TWA로 10ppm이며, STEL은 15ppm임

㉢ 시안화수소(HCN)

ⓐ 상온에서 무색의 기체 또는 청백색의 액체

ⓑ 유성섬유, 플라스틱, 시안염 제조에 사용

ⓒ 독성은 두통, 갑상선 비대, 코 및 피부자극 등이며 중추신경계의 기능 마비를 일으켜 심한 경우 사망에 이름

ⓓ 원형질(protoplasmic) 독성이 나타남

ⓔ 호기성 세포가 산소 이용에 관여하는 시토크롬산화제를 억제함

ⓕ 시안이온이 존재하여 산소를 얻을 수 없음

ⓖ 고용노동부 노출기준은 최고노출 4.7ppm

㉣ 아닐린($C_6H_5NH_2$)

ⓐ 특유의 냄새가 나는 투명 기체

ⓑ 연료 중간체와 향료의 제조원료로 이용
ⓒ 메트헤모글로빈(methemoglobin)을 형성하여 간장, 신장, 중추신경계 장애를 일으킴
ⓓ 시력과 언어장애 증상
ⓔ 고용노동부 노출기준 TWA로 2ppm
ⓕ 동물에 대한 발암성이 확인된 물질군(A3)에 포함

(3) 전신독(systemic poisons)

① 혈액에 흡수되어 전신 장기에 중독을 나타내는 물질이다.
② 종류
㉠ 신경계 침입물질
ⓐ 4에틸납
ⓑ 이황화탄소
ⓒ 메틸알코올
㉡ 혈액과 호흡기에 관련된 물질
ⓐ 일산화탄소
ⓑ 비소
ⓒ H_3
㉢ 방향족 유기용제 물질
ⓐ 벤젠
ⓑ 톨루엔
ⓒ 크실렌
※ 급성 전신중독 시 독성이 강한 순서 : 톨루엔 > 크실렌 > 벤젠
㉣ 유독성 비금속의 무기물질
ⓐ 비소
ⓑ 인
ⓒ 유황
ⓓ 불소
㉤ 중금속 중독물질
ⓐ 납
ⓑ 수은
ⓒ 카드뮴
ⓓ 망간
ⓔ 베릴륨

ⓑ 발암성 유발물질
ⓐ 크롬화합물
ⓑ 니켈
ⓒ 석면
ⓓ 비소
ⓔ tar(PAH)
ⓕ 방사선

03 유기용제

(1) 정의 및 개요

① 유기용제의 일반적인 정의
다른 물질을 녹이는 용해능력(피용해 물질의 성질을 변화시키지 않고 다른 물질을 녹일 수 있는 액체성 유기화학물질)을 가진 물질을 말한다.

② 유기용제의 「산업안전보건기준에 관한 규칙」에서의 정의
상온 · 상압하에서 휘발성이 있는 액체로서 다른 물질을 녹이는 성질이 있는 것으로 명시되었다.

③ 유기용제의 증기가 가장 활발하게 발생될 수 있는 환경조건
높은 온도와 낮은 기압이다.

④ 유기용제 중 극성이 가장 강한 것
알코올이며 호흡기를 통하여 인체로 흡입되는 경우가 많다.

⑤ 중추신경계 독성물질
뇌, 척수에 작용하여 마취작용, 신경염, 정신장애 등을 일으킨다.

⑥ 유기용제는 지방, 콜레스테롤 등 각종 유기물질을 녹이는 성질 때문에 여러 조직에 다양한 영향을 미친다.

⑦ 중추신경계에 작용하여 마취, 환각현상을 일으키고, 간장장애도 일으킨다.

⑧ 장기간 노출 시 만성중독이 발생한다.

⑨ 유기용제가 인체로 들어오는 경로는 호흡기를 통한 경우가 가장 많으며, 휘발성이 강하기 때문에 호흡기를 통하여 들어간 경우 다시 호흡기로 상당량이 배출된다.

⑩ 대부분의 유기용제는 물에 용해되어 수용성 대사산물로 전환되어 체외로 배설된다.

⑪ 체내로 들어온 유기용제는 산화, 환원, 가수분해로 이루어지는 생전환과 포합체를 형성하는 포합반응인 두 단계의 대사작용을 거친다.

PART 5

(2) 유기용제의 독성과 반응기전

① 중추신경계(CNS)의 억제작용(활성 억제)

㉠ 유기용제의 공통적인 비특이적인 독성작용은 중추신경계의 활성 억제작용이다.

㉡ 중추신경계(CNS) 억제제는 마취제와 같이 뇌 및 척추의 활동 억제, 중추신경 억제, 작업자를 자극하여 의식이 없거나 혼수상태로 되게 한다.

㉢ 유기용제와 같은 지용성 화학물질은 지질(지방)에 대한 친화력은 높지만 물에 대한 친화력이 낮아 신체조직의 지방, 지질 부분에 축적성이 높다.

㉣ 신경세포의 지질막에 축적되어 흥분성을 떨어뜨려 정상적인 신경전달을 방해한다.

㉤ 유기인제는 'cholinesterase' 효소를 억압하여 신경증상을 나타낸다.

② 중추신경계에 대한 독성기전

㉠ 탄소사슬의 길이가 길수록 유기화학물질의 중추신경 억제효과는 증가한다.

㉡ 유기분자의 중추신경 억제 특성은 할로겐화하면 크게 증가하고 알코올 작용기에 의하여 다소 증가한다.

㉢ 탄소사슬의 길이가 증가하면 수용성은 감소하고 반면 지용성은 증가한다.

㉣ 불포화화합물은 포화화합물보다 더욱 강력한 중추신경 억제물질이다.

③ 생체막과 조직의 자극

㉠ 유기화학물질은 생체막과 조직의 자극 특성을 갖고 있다.

㉡ 유기분자에 어떤 작용기가 반응하면 해당 화학물질의 자극 특성은 증가한다.

㉢ 불포화탄화수소는 포화탄화수소보다 더 자극성이 크다.

④ 할로겐화 탄화수소의 일반적 독성작용

㉠ 중독성

㉡ 연속성

㉢ 중추신경계의 억제작용

㉣ 점막에 대한 중등도의 자극효과

⑤ 할로겐화 탄화수소 독성의 일반적 특성

㉠ 냉각제, 금속 세척, 플라스틱과 고무의 용제 등으로 사용되고 불연성이며, 화학반응성이 낮다.

㉡ 대표적이고 공통적인 독성작용은 중추신경계 억제작용이다.

㉢ 일반적으로 할로겐화 탄화수소의 독성의 정도는 화합물의 분자량이 클수록, 할로겐원소가 커질수록 증가한다.

㉣ 대개 중추신경계의 억제에 의한 마취작용이 나타난다.

㉤ 포화탄화수소는 탄소 수가 5개 정도까지는 길수록 중추신경계에 대한 억제작용이 증가한다.

㉥ 할로겐화된 기능기가 첨가되면 마취작용이 증가하여 중추신경계에 대한 억제작용이 증가하며, 기능기 중 할로겐족(F, Cl, Br 등)의 독성이 가장 크다.

ⓢ 유기용제가 중추신경계를 억제하는 원리는 유기용제가 지용성이므로 중추신경계의 신경세포의 지질막에 흡수되어 영향을 미친다.

ⓞ 알켄족이 알칸족보다 중추신경계에 대한 억제작용이 크다.

(3) 유기화학물질의 중추신경계 억제작용 및 자극작용의 순서

① 중추신경계 억제작용 순서

알칸 < 알켄 < 알코올 < 유기산 < 에스테르 < 에테르 < 할로겐화합물(할로겐족)

② 중추신경계 자극작용 순서

알칸 < 알코올 < 알데히드 또는 케톤 < 유기산 < 아민류

(4) 방향족 유기용제

① 정의

1개 이상의 벤젠고리로 구성된 화합물이며 벤젠과 알킬유도체(알킬벤젠, 톨루엔, 크실렌)가 대표적이다.

② 용도

잉크, 플라스틱, 접착제, 가솔린 제조에 이용된다.

③ 특징

㉠ 주로 치환반응을 하고 고농도에서 주로 중추신경계에 영향을 미친다.

㉡ 독성(자극성)은 지방족 화합물에 비해 훨씬 강하다.

㉢ 급성독성 시 중추신경계를 억제하지만 지방족 화합물 급성독성과는 기전이 다르다.

④ 중추신경계에 영향크기 순서

벤젠 < 알킬벤젠 < 아릴벤젠 < 치환벤젠 < 고리형 지방족 치환벤젠

⑤ 종류별 건강장애

㉠ 벤젠(C_6H_6)

ⓐ 상온·상압에서 향긋한 냄새를 가진 무색투명한 액체로 방향족 화합물

ⓑ 분자량 78.11, 끓는점(비점) 80.1℃, 물에 대한 용해도 1.8g/L

ⓒ ACGIH에서는 인간에 대한 발암성이 확인된 물질군(A1)에 포함하고, 우리나라에서는 발암성 물질로 추정되는 물질군(A2)에 포함

ⓓ 벤젠은 영구적 혈액장애를 일으키지만 벤젠치환화합물(톨루엔, 크실렌 등)은 노출에 따른 영구적 혈액장애는 일으키지 않음

ⓔ 염료, 합성고무 등의 원료 및 페놀 등의 화학물질 제조에 사용되며 중추신경계에 대한 독성이 큼

ⓕ 주요 최종 대사산물은 페놀이며 이것은 황산 혹은 클루크론산과 결합하여 소변으로 배출된다. 즉 페놀은 벤젠의 생물학적 노출지표로 이용됨

ⓖ 방향족 탄화수소 중 저농도에 장기간 폭로(노출)되어 만성중독(조혈장애)을 일으키는 경우에는 벤젠의 위험도가 가장 크고 조혈장해를 유발함

ⓗ 장기간 폭로 시 혈액장애, 간장장애를 일으키고 노출 초기에는 재생불량성 빈혈, 백혈병(급성뇌척수성)을 일으킴

ⓘ 혈액 조직에서 벤젠이 유발하는 가장 일반적인 독성은 백혈구 수의 감소로 인한 응고작용 결핍임

ⓙ 장기간 노출에 의한 혈액장애는 혈소판 감소, 백혈구 감소증, 빈혈증을 말하며 범혈구 감소증이라 함(혈액의 모든 세포성분을 감소시킴)

ⓚ 만성장애로서 조혈장애는 비가역적 골수손상(골수독성 : 골수이상증식증후군) 등을 의미하며 천천히 진행함

ⓛ 골수 독성물질이라는 점에서 다른 유기용제와 다름

ⓜ 급성중독은 주로 마취작용이며 현기증, 정신착란, 뇌부종, 혼수, 호흡정지에 의한 사망에 이름

ⓝ 고농도 벤젠증기는 마취작용이 있고, 약하기는 하지만 눈과 호흡기 점막을 자극함

ⓞ 조혈장애는 벤젠중독의 특이증상(모든 방향족 탄화수소가 조혈장애를 유발하지 않음)

Reference 혈액 조직에서 벤젠이 유발하는 특징적 변화(3단계)

단 계	변 화
1단계	• 가장 일반적인 독성으로 백혈구 수 감소로 인한 응고작용 결핍 및 혈액성분 감소로 인한 범혈구 감소증(pancytopenia), 재생불량성 빈혈 유발 • 신속하고 적절하게 진단된다면 가역적일 수 있음
2단계	• 벤젠 노출이 계속되면, 골수가 과다증식(hyperplastic)하여 백혈구의 생성을 자극 • 초기에도 임상학적인 진단이 가능
3단계	• 더욱 장시간 노출되면 성장부전증(hypoplasia)이 나타나며, 심한 경우 빈혈과 출혈도 나타남 • 비록 만성적으로 노출되면 백혈병을 일으키는 것으로 알려져 있지만, 재생불량성 빈혈이 만성적인 건강문제일 경우가 많음

ⓛ 톨루엔($C_6H_5CH_3$)

ⓐ 방향의 무색 액체로 인화 · 폭발의 위험성

ⓑ 분자량 92.13, 끓는점(비점) 110.63℃, 물에 대한 용해도 5.15g/L

ⓒ 인간에 대한 발암성은 의심되나 근거자료가 부족한 물질군(A4)에 포함

ⓓ 방향족 탄화수소 중 급성 전신중독을 유발하는 데 독성이 가장 강한 물질(뇌손상)

ⓔ 급성 전신중독 시 독성이 강한 순서는 톨루엔 > 크실렌 > 벤젠

ⓕ 피부로도 흡수되며 증기형태로 흡입 시 약 50% 정도가 체내에 남음

ⓖ 벤젠보다 더 강하게 중추신경계의 억제재로 작용
ⓗ 영구적인 혈액장애를 일으키지 않음(벤젠은 영구적 혈액장애) 또한 골수장애도 일어나지 않음
ⓘ 생물학적 노출지표는 소변 중 o-크레졸
ⓙ 주로 간에서 o-크레졸로 되어 소변으로 배설됨

ⓒ 다핵방향족 탄화수소류(PAH, 일반적으로 시토크롬 P-448이라 함)
ⓐ PAH는 벤젠고리가 2개 이상 연결된 것으로 20여 가지 이상이 있음
ⓑ PAH는 대사가 거의 되지 않아 방향족 고리로 구성되어 있음
ⓒ 철강 제조업의 코크스 제조공정, 담배의 흡연, 연소공정, 석탄건류, 아스팔트 포장, 굴뚝 청소 시 발생
ⓓ PAH는 비극성의 지용성 화합물이며, 소화관을 통하여 흡수됨
ⓔ PAH는 시토크롬 P-450의 준개체단에 의하여 대사되고, PAH의 대사에 관여하는 효소는 P-448로 대사되는 중간산물이 발암성을 나타냄
ⓕ 대사 중에 산화아렌(arene oxide)을 생성하고 잠재적 독성이 있음
ⓖ 연속적으로 폭로된다는 것은 불가피하게 발암성으로 진행됨을 의미
ⓗ PAH는 배설을 쉽게 하기 위하여 수용성으로 대사되는데 체내에서 먼저 PAH가 hydroxylation(수산화)되어 수용성을 도움
ⓘ PAH의 발암성 강도는 독성 강도와 연관성이 큼

(5) 알코올 유기용제(R-OH)

① 개요

㉠ 대표적 물질로 메탄올, 에탄올, 에틸글리콜이 있다.
㉡ 메탄올과 에탄올은 폐 · 피부, 에틸글리콜은 경피를 통해 흡수되며, 독성작용으로는 중추신경계 억제작용, 조직독성, 자극작용이 있다.

② 메탄올(CH_3OH)

㉠ 메탄올은 공업용제로 사용되며 자극성이 있고 중추신경계를 억제하는 신경독성물질이다.
㉡ 플라스틱, 필름 제조와 휘발유 첨가제 등에 이용된다.
㉢ 메탄올의 주요 독성은 시각장애, 중추신경 억제, 혼수상태를 야기한다.
㉣ 메탄올은 호흡기 및 피부로 흡수된다.
㉤ 메탄올의 대사산물(생물학적 노출지표)은 소변 중 메탄올이다.
㉥ 메탄올의 시각장애기전(메탄올의 대사산물인 포름알데히드가 망막 조직을 손상시킴)은 '메탄올 → 포름알데히드 → 포름산 → 이산화탄소'이다. 즉, 중간대사체에 의하여 시신경에 독성을 나타낸다.
㉦ 메탄올 중독 시 중탄산염의 투여와 혈액투석 치료가 도움이 된다.

③ 에탄올(C_2H_5OH)

㉠ 에탄올은 국소자극제로 작용하며 중추신경에 심한 영향을 미친다.

㉡ 고농도에서 심장, 골격에 근병증을 유발한다.

㉢ 간경화증을 유발시켜 간암으로 진행한다.

㉣ 피부혈관을 확장시켜 심장혈관을 억압하고 위액분비를 증가시켜 궤양을 일으킨다.

④ 에틸렌글리콜($C_6H_6O_2$)

㉠ 무색무취의 액체로 용제, 부동액, 추출제에 이용된다.

㉡ 노출 초기에는 호흡마비, 말기에는 단백뇨, 신부전 증상이 나타난다.

㉢ 독성은 약하며, 눈에 들어가면 가역적인 결막염이 생기고, 피부자극성은 없다.

㉣ 약 100mL 정도 경구 섭취 시 사망에 이를 수도 있다.

㉤ 시너(thinner)에 소량 포함되어 있다.

(6) 알데히드류 유기용제(R-CHO)

① 개요

㉠ 호흡기에 대한 자극작용이 심한 것이 특징이다(감작성, sensitization).

㉡ 지용성 알데히드는 기관지 및 폐를 자극한다.

② 포르말린

㉠ 공업용 포름말린은 포름알데히드(HCHO) 37% 수용액에 소량(9~13%)의 메탄올을 중합 방지를 위해 혼합한 것이다.

㉡ 매우 자극적인 냄새가 나는 무색의 액체로 인화 · 폭발의 위험이 있다.

㉢ 독성은 감작성이 나타나고 고농도 폭로 시 소화관의 손상을 초래한다.

㉣ 피부 · 점막에 대한 자극이 강하고, 고농도 흡입은 기관지염 폐수종을 일으킬 수 있다.

㉤ 동물실험에서는 발암성이 증명되었다(A2).

③ 아세트알데히드(C_2H_4O)

㉠ 자극성 냄새가 나는 무색의 액체로 인화되기 쉽고 폭발 위험성이 크다.

㉡ 주로 유기합성의 원료로 이용된다.

㉢ 피부 · 점막의 자극작용, 마취작용이 있다.

㉣ 동물에 대한 발암성이 확인된 물질군(A2)에 포함된다.

④ 아크로레인(CH_2CHCOH)

㉠ Propionaldehyde의 불포화유도체로서 이 유도체의 2중 결합이 독성을 크게 증가시킨다.

㉡ 독성이 특별히 강하여 눈, 폐를 심하게 자극하며 피부에는 괴저현상을 유발시킨다.

(7) 케톤류 유기용제(R-COR′)

① 개요

㉠ 인체의 흡수경로는 호흡기, 피부이다.

㉡ 독성은 중추신경계 억제작용, 자극작용, 호흡부전증이다.

㉢ 고농도 케톤류 증기는 진전작용을 유발하여 눈, 호흡기를 자극한다.

② 아세톤(CH_3COCH_3)

㉠ 무색 투명한 방향의 액체로, 인화되기 쉽다.

㉡ 용제, 유기합성의 원료로 이용된다.

㉢ 마취작용이 있으며 반복적으로 접촉 시 피부에 국소적으로 염증을 일으킨다.

㉣ 인간에 대한 발암성은 의심되나 근거가 부족한 물질군(A4)에 포함된다.

㉤ 물에 대한 용해도는 높다.

㉥ ACGIH의 생물학적 노출기준(BEI)은 소변 중 아세톤이 50mL이다.

③ 메틸부틸케톤(MBK), 메틸에틸케톤(MEK)

㉠ 투명 액체로 인화·폭발성이 있다.

㉡ 장기 폭로 시 중독성 지각운동 말초신경장애를 유발한다.

㉢ MBK는 체내 대사과정을 거쳐 2,5-hexanedione을 생성한다.

(8) 아민류 유기용제($R-NH_3$)

① 아민류는 다른 유기용제보다 자극성이 강하므로 취급상 위험성이 크며, 가장 독성이 강한 유기용제이다.

② 심한 부식성이 있고, pH 10 이상의 염기성이므로 접촉 시 장애가 유발된다.

③ 아민류의 공통적 특징은 적혈구에서의 MetHb(methemoglobin)의 생성과 해당 화학물질에 대한 감작화이다.

④ 안료공장에서 베타나프탈아민에 장기적으로 노출되는 작업장에서 일어날 수 있는 질환은 방광염 등 요도 질환이다.

⑤ 염료산업의 벤지딘, 2-나트틸아민, 4-아미노디페닐, 디페닐아민화합물은 방광 종양을 유발한다.

⑥ 아민류의 노출기준은 대부분 인체발암확정물질(A1)로 분류한다.

(9) 유기할로겐화합물

① 사염화탄소(CCl_4)

㉠ 특이한 냄새(에테르와 비슷)가 나는 무색의 액체로 소화제, 탈지세정제, 용제로 이용된다.

PART 5

㉡ 고농도로 폭로 시 간이나 신장 장애를 유발하며, 초기 증상으로 지속적인 두통, 구역 및 구토, 간 부위의 압통 등의 증상을 일으키는 할로겐화 탄화수소이다.

㉢ 피부로도 흡수되며 피부, 간장, 신장, 소화기, 중추신경계에 장애를 일으키는데, 특히 간장에 대한 독성작용을 가진 물질로 유명하다.

㉣ 가열하면 포스겐이나 염소(염화수소)로 분해되어 주의를 요한다.

㉤ 폐를 통해 흡수되어 간에서 과산화작용에 의해 중심소엽성 괴사를 일으킨다.

㉥ 간에서 발암성 물질(A2)로 규정되어 있다.

② **트리클로로에틸렌(삼염화에틸렌, 트리클렌, $CHCl=CCl_2$)**

㉠ 클로로포름과 같은 냄새가 나는 무색투명한 휘발성 액체이며 인화성·폭발성이 있다.

㉡ 도금사업장 등에서 금속 표면의 탈지·세정제, 일반용제로 널리 사용된다.

㉢ 마취작용이 강하며, 피부·점막에 대한 자극은 비교적 약하다.

㉣ 고농도 노출에 의해 간 및 신장에 대한 장애를 유발한다.

㉤ 폐를 통하여 흡수, 삼염화에탄올과 삼염화초산으로 대사된다.

㉥ 염화에틸렌은 화기 등에 접촉하면 유독성의 포스겐이 발생하여 폐수종을 일으킨다.

③ **염화비닐(C_2H_3Cl)**

㉠ 클로로포름과 비슷한 냄새가 나는 무색의 기체로 공기와 폭발성 혼합가스를 만든다.

㉡ 염화비닐수지 제조에 사용된다.

㉢ 장기간 폭로될 때 간조직세포에서 여러 소기관이 증식하고 섬유화 증상이 나타나 간에 혈관육종(hemangiosarcoma)을 일으킨다.

㉣ 장기간 흡입한 근로자에게 레이노 현상이 나타난다.

㉤ 그 자체 독성보다 대사산물에 의하여 독성작용을 일으킨다.

④ **브롬화메틸(CH_3Br)**

㉠ 클로로포름 냄새가 나는 무색의 기체로 유기합성의 원료, 소화제, 용제, 훈증제에 이용된다.

㉡ 중추신경계에 장애를 일으키며, 떨림, 경련, 신경계 장애 등이 나타난다.

㉢ 피부에 접촉 시 심한 화상을 유발하고 자극성이 매우 강해 중독되기 전 초기에 인지할 수 있다.

(10) 기타 유해화학물질

① **이황화탄소(CS_2)**

㉠ 상온에서 무색무취의 휘발성이 매우 높은(비점 46.3℃) 액체이며, 인화·폭발의 위험성이 있다.

㉡ 주로 인조견(비스코스레이온)과 셀로판 생산 및 농약공장, 사염화탄소 제조, 고무제품의 용제 등에서 사용된다.

㉢ 지용성 용매로 피부로도 흡수되며 독성작용으로는 급성 혹은 아급성 뇌병증을 유발한다.

㉣ 중추신경계통을 침해하고 말초신경장애 현상으로 파킨슨증후군을 유발하며 급성마비, 두통, 신경증상 등도 나타난다(감각 및 운동신경 모두 유발).

㉤ 급성으로 고농도 노출 시 사망할 수 있고 1,000ppm 수준에서 환상을 보는 정신이상을 유발(기질적 뇌손상, 말초신경병, 신경행동학적 이상)하며, 심한 경우 불안, 분노, 자살성향 등을 보이기도 한다.

㉥ 만성독성으로는 뇌경색증, 다발성 신경염, 협심증, 신부전증 등을 유발한다.

㉦ 고혈압의 유병률과 콜레스테롤 수치의 상승빈도가 증가되어 뇌 · 심장 및 신장의 동맥경화성 질환을 초래한다.

㉧ 청각장애는 주로 고주파 영역에서 발생한다.

㉨ 생물학적 노출기준(BEI)은 소변 중 TTCA(2-thiothiazolidine-4-carboxylic acid) 5mg/g-크레아틴이다(iodine-azide 검사).

② 노말헥산(n-헥산, $CH_3(CH_2)_4CH_3$)

㉠ 투명한 휘발성 액체로 파라핀계 탄화수소의 대표적 유해물질이며 휘발성이 크고 극도로 인화하기 쉽다.

㉡ 페인트, 시너, 잉크 등의 용제로 사용되며 정밀기계의 세척제 등으로 사용한다.

㉢ 장기간 폭로될 경우 독성 말초신경장애가 초래되어 사지의 지각상실과 신근마비 등 다발성 신경장애를 일으킨다.

㉣ 2000년대 외국인 근로자에게 다발성 말초신경증을 집단으로 유발한 물질이다.

㉤ 체내 대사과정을 거쳐 2,5-hexanedione 물질로 배설된다.

③ PCB(polychlorinated biphenyl)

㉠ Biphenyl 염소화합물의 총칭이며 전기공업, 인쇄잉크용제 등으로 사용된다.

㉡ 체내 축적성이 매우 높기 때문에 발암성 물질로 분류한다.

㉢ 생식독성물질로도 알려져 있다.

④ 클로로포름($CHCl_3$)

㉠ 에테르와 비슷한 향이 나며 마취제로 사용하고 증기는 공기보다 약 4배 무겁다.

㉡ 페니실린을 비롯한 약품을 정제하기 위한 추출제 혹은 냉동제 및 합성수지에 이용된다.

㉢ 가연성이 매우 작지만 불꽃, 열 또는 산소에 노출되면 분해되어 독성물질이 된다.

⑤ 에스테르류

㉠ 물과 반응하여 알코올과 유기산 또는 무기산이 되는 유기화합물이다.

㉡ 염산이나 황산 존재하에서 카르복실산과 알코올과의 반응(에스테르반응)으로 생성된다.

㉢ 단순 에스테르 중에서 독성이 가장 높은 물질은 부틸산염이다.

PART 5

㉣ 직접적인 마취작용은 없으나 체내에서 가수분해(유기산과 알코올 형성)하여 2차적으로 마취작용을 나타낸다.

⑥ 페놀
㉠ 백색 또는 담황색의 고체로 물, 에탄올, 클로로포름 등에 녹는다.
㉡ 피부와의 접촉으로 피부의 색소변성을 일으켜 피부의 색소를 감소시킨다.

⑦ 아크릴로니트릴(C_3H_3N)
㉠ 플라스틱 산업, 합성섬유 제조, 합성고무 생산공정 등에서 노출되는 물질이다.
㉡ 폐와 대장에 주로 암을 발생시킨다.

⑧ 아크리딘($C_{13}H_9N$)
㉠ 화학적으로 안정한 물질로서 강산 또는 강염기와 고온에서 처리해도 변하지 않는다.
㉡ 콜타르에서 얻은 안트라센 오일 중에 소량 함유되어 있다.
㉢ 특정 파장의 광선과 작용하여 광알레르기성 피부염을 유발시킨다.

⑨ 디메틸포름아미드(DMF ; Dimethylformamide, $HCON(CH_3)_2$)
㉠ DMF는 다양한 유기물을 녹이며, 무기물과도 쉽게 결합하기 때문에 각종 용매로 사용된다.
㉡ 피부에 묻었을 경우 피부를 강하게 자극하고, 피부로 흡수되어 건강장애 등의 중독증상을 일으킨다.
㉢ 현기증, 질식, 숨가쁨, 기관지 수축을 유발시키며, 전형적인 급성간염 증상을 발생시킨다.

⑩ 벤지딘
㉠ 염료, 직물, 제지, 화학공업, 합성고무경화제의 제조에 사용
㉡ 급성중독으로 피부염, 급성방광염 유발
㉢ 만성중독으로는 방광, 요로계 종양 유발

⑪ 농약
㉠ 독성이 가장 강한 것은 유기인산제
㉡ 중추신경, 자율신경 자극현상 유발
㉢ 호흡곤란, 폐부종
㉣ 유기인제 살충제의 급성독성 원인으로는 아세틸콜린에스테라제의 활동 억제
㉤ 인체에 대한 독성이 강한 유기인제 농약은 대표적으로 파라치온, 말라치온, TEPP 등이 있다.

⑫ 유기용제별 대표적 특이증상(가장 심각한 독성 영향)
㉠ 벤젠 : 조혈장애
㉡ 염화탄화수소 : 간장애
㉢ 이황화탄소 : 중추신경 및 말초신경 장애, 생식기능장애
㉣ 메틸알코올(메탄올) : 시신경장애
㉤ 메틸부틸케톤 : 말초신경장애(중독성)
㉥ 노말헥산 : 다발성 신경장애

ⓢ 에틸렌글리콜에테르 : 생식기장애
ⓞ 알코올, 에테르류, 케톤류 : 마취작용
ⓙ 염화비닐 : 간장애
ⓒ 톨루엔 : 중추신경장애
ⓚ 2-브로모프로판 : 생식독성

04 직업성 피부질환

(1) 개요

① 직업과 연관되어 접촉물질에 의해 발생되는 모든 피부질환, 즉 작업환경 내 유해인자에 노출되어 피부 및 부속기관에 병변이 발생되거나 악화되는 질환을 직업성 피부질환이라 한다.
② 지용성이 높은 화학물질이 체내에 침입하는 경로가 용이한 것이 피부이다.
③ 대부분의 화학물질이 피부를 투과하는 과정은 단순확산이다.

(2) 일반적 특징

① 피부는 크게 표피층과 진피층으로 구성되며 표피에는 색소침착이 가능한 표피층 내의 멜라닌세포와 랑거한스세포가 존재한다.
② 표피는 대부분 각질세포로 구성되며, 각화세포를 결합하는 조직은 케라틴 단백질이다(피부의 각질층은 유해인자의 흡수에 관한 장벽으로 가장 중요한 역할을 하고, 전체 피부에 비해 매우 얇으며 수분의 증발을 막고 보호하는 기능을 함).
③ 진피 속의 모낭은 유해물질이 피부에 부착하여 체내로 침투되도록 확산측로의 역할을 한다.
④ 자외선(햇빛)에 노출되면 멜라닌세포가 증가하여 각질층이 비후되어 자외선으로부터 피부를 보호한다.
⑤ 랑거한스세포는 피부의 면역반응에 중요한 역할을 한다.
⑥ 피부에 접촉하는 화학물질의 통과속도는 일반적으로 각질층에서 가장 느리다.
⑦ 보통 직업성 피부질환은 일반인에게서는 거의 발생하지 않고 직업적으로 직접 접할 수 있는 원인물질에 의하여 발생하는 피부질환에 국한한다.
⑧ 직업성 피부질환의 발생빈도는 타 질환에 비하여 월등히 많다는 것이 특징이며, 이로 인해 생산성을 크게 저해하여 큰 경제적 손실을 가져온다(근로자의 휴지 일수의 25% 정도).
⑨ 생명에 큰 지장을 초래하지 않는 경우가 많아 보고되는 것은 실제의 질환 빈도보다 매우 작다.
⑩ 직업성 피부질환은 대부분 화학물질에 의한 접촉피부염이다.

⑪ 근로자의 직업병으로 집계되지 않는 경우가 대부분이며, 정확한 발생빈도와 원인물질의 추정은 거의 불가능하다.

⑫ 피부 흡수는 수용성보다 지용성 물질의 흡수가 빠르다. 즉, 비극성, 비이온화성 성분의 흡수가 용이하다.

⑬ 수용성 및 지용성 물질은 땀이나 피지에 녹아서 피부로 침입하여 국소적인 피부장애를 일으키거나 한선 및 피지선에 있는 모세혈관으로부터 흡수되어 전신적인 장애를 일으킨다.

⑭ 허용기준에 '피부' 또는 'SKIN' 표시는 그 물질은 피부로 흡수되어 전체 노출량에 기여할 수 있다는 의미이다.

⑮ 피부종양은 발암물질과 피부의 직접접촉뿐만 아니라 다른 경로를 통한 전신적인 흡수에 의하여도 발생될 수 있다.

⑯ 광독성 반응은 홍반·부종·착색을 동반하기도 하고, 담마진반응은 접촉 후 보통 30~60분 후에 발생한다.

⑰ 극성 유해물질의 피부 흡수는 피부의 수분함량에 영향을 많이 받는다.

Reference **환경호르몬**

1. 내분비계 교란물질이라고 한다.
2. 플라스틱(합성 화학물질)에 잔류된 화학물질이 사용 중 인체에 미량 흡수되어 영향을 미친다.
3. 호르몬의 생성, 분비, 이동 등에 혼란을 준다.

(3) 피부흡수에 영향을 미치는 인자

① 피부를 통한 흡수는 진피에서 일어난다.

② 피부를 통한 흡수는 수동 확산에 의한 Ficks(픽스) 법칙에 의한다.

$$A = N_P \times C$$

여기서, A : 흡수

N_P : 투과상수

C : 접촉용액의 농도

③ 영향인자

㉠ 피부에 노출된 양

㉡ 노출시간

㉢ 발한 및 주변 온도

㉣ 해당 부위의 각질층 두께

㉤ 피모 유무

④ 피부독성에 있어 피부흡수에 영향을 주는 인자(경피흡수에 영향을 주는 인자)

㉠ 개인의 민감도

㉡ 용매
㉢ 화학물질

⑤ 피부의 색소변성에 영향을 주는 물질
㉠ 타르(tar)
㉡ 피치(pitch)
㉢ 페놀(phenol)

⑥ 화학물질의 노출로 인한 색소 증가 원인물질
㉠ 콜타르
㉡ 햇빛
㉢ 만성피부염

⑦ 화학물질의 노출로 인한 색소 감소 원인물질
㉠ 모노벤질에테르
㉡ 하이드로퀴논

(4) 직업성 피부질환의 요인

① 직접적 요인
㉠ 물리적 요인
ⓐ 열 : 열성홍반, 다한증, 피부자극, 화상
ⓑ 한랭 : 피부발진, 레이노 현상, 동상
ⓒ 비전리방사선이 대표적(자외선) : 열상, 피부암, 백내장, 색소침착
ⓓ 진동 : 레이노 현상
ⓔ 반복작업에 의한 마찰 : 수포 형성
㉡ 생물학적 요인
ⓐ 세균 : 세균성 질환
ⓑ 바이러스 : 단순포진, 두드러기
ⓒ 진균 : 족부백선, 백선균증, 칸디다증
ⓓ 기생충 : 모낭충증
㉢ 화학적 요인 ◀ **90% 이상 차지하며, 여러 요인 중 가장 중요함**
ⓐ 물 : 피부손상, 피부자극
ⓑ tar, pictch : 색소침착(색소변성)
ⓒ 절삭유(기름) : 모낭염, 접촉성 피부염
ⓓ 산, 알칼리, 용매 : 원발성 접촉피부염
ⓔ 공업용 세제 : 피부표면 지질막 제거
ⓕ 산화제 : 피부손상, 피부자극(크롬, PAH)
ⓖ 환원제 : 피부 각질에 부종

② 간접적 요인

㉠ 인종

인종에 따라 주로 발생되는 직업성 피부질환의 종류는 큰 차이를 보이지 않는다.

㉡ 피부의 종류

ⓐ 지루성 피부(oily skin)는 비누, 용제, 절삭유 등에 자극을 덜 받는 것으로 알려져 있다.

ⓑ 털이 많이 난 사람들은 비용해성 기름, 타르, 왁스 등에 민감한 자극을 받는다.

㉢ 연령, 성별

ⓐ 젊은 근로자들이나 일에 미숙할수록 피부질환이 많이 발생하는 경향이 있다.

ⓑ 일반적으로 여자는 남자보다 접촉피부염이 많이 발생한다.

㉣ 땀

과다한 땀의 분비는 땀띠를 유발하며, 이는 때로 2차적 피부감염을 유발하기도 한다.

㉤ 계절

여름에 빈발하게 되는 경향이 있다.

㉥ 비직업성 피부질환의 공존(유무)

아토피성 피부염, 건선, 습진 등의 병력이 있는 작업자는 직업성 질환으로 악화되는 경향이 있다.

㉦ 온도, 습도

㉧ 청결(개인 위생)

(5) 접촉성 피부염

① 개요

㉠ 작업장에서 발생빈도가 가장 높은 피부질환으로 외부 물질과의 접촉에 의하여 발생하는 피부염으로 정의한다.

㉡ 접촉성 피부염의 경우는 과거 노출경험이 없어도 반응이 나타난다.

㉢ 접촉성 피부염은 습진의 일종이며, 주요 발생부위는 손이다.

② 원인물질

㉠ 수분 : 피부의 습윤작용을 방해하는 역할을 한다.

㉡ 합성 화학물질 : 계면활성제, 산, 알칼리, 유기용제 등이 포함된다.

㉢ 생물성 화학물질 : 특이체질 근로자에게 미치는 물질로 동물 또는 식물이 이에 속한다.

③ 종류

㉠ 자극성 접촉피부염

ⓐ 접촉피부염의 대부분을 차지한다.

ⓑ 자극에 의한 원발성 피부염이 가장 많은 부분을 차지한다.

ⓒ 원발성 피부염의 원인물질은 산, 알칼리, 용제, 금속염 등이다.

ⓓ 원인물질은 크게 수분, 합성 화학물질, 생물성 화학물질로 구분한다.

ⓔ 증상은 다양하지만 홍반과 부종을 동반하는 것이 특징이다.
ⓕ 면역학적 반응에 따라 과거 노출경험과는 관계가 없다.
ⓖ 진정한 의미의 알레르기 반응이 수반되는 것은 포함시키지 않는다.

㉡ 알레르기성 접촉피부염
ⓐ 어떤 특정 물질에 알레르기성 체질이 있는 사람에게만 발생한다.
ⓑ 면역학적 기전이 관계되어 있다.
ⓒ 알레르기성 접촉피부염의 진단에 병력이 가장 중요하고 진단 허가를 증명하기 위해 첩포시험을 시행한다.
ⓓ 항원에 노출되고 일정 시간이 지난 후에 다시 노출되었을 때 세포 매개성 과민반응에 의하여 나타나는 부작용의 결과이다.
ⓔ 알레르기성 반응은 극소량에 의해서도 피부염이 발생할 수 있는 것이 특징이다.
ⓕ 알레르기원에 노출되고 이 물질이 알레르기원으로 작용하기 위해서는 일정 기간이 소요되는데, 이 기간(2~3주)을 유도기라고 한다.
ⓖ 알레르기 반응을 일으키는 관련 세포는 대식 세포, 림프구, 랑거한스세포로 구분된다.
ⓗ 첩포시험(patch test)
- 알레르기성 접촉피부염의 진단에 필수적이며 가장 중요한 임상시험이다.
- 피부염의 원인물질로 예상되는 화학물질을 피부에 도포하고, 48시간 동안 덮어둔 후 피부염의 발생 여부를 확인한다.
- 첩포시험 결과 침윤, 부종이 지속된 경우를 알레르기성 접촉피부염으로 판독한다.

④ 피부독성 평가 시 고려사항
㉠ 피부흡수 특성
㉡ 작업환경(열, 습기 등)
㉢ 사용물질의 상호작용에 따른 독성학적 특성

PART 5

05 발 암

(1) 구분

① 국제암연구위원회(IARC)의 발암물질 구분
㉠ Group 1 : 인체 발암성 확인물질
ⓐ 사람, 동물에게 발암성 평가

ⓑ 인체에 대한 발암물질로서 충분한 증거가 있음(sufficient evidence)

ⓒ 확실하게 발암물질이 과학적으로 규명된 인자

예 벤젠, 알코올, 담배, 다이옥신, 석면 등

㉡ Group 2A : 인체 발암성 예측 · 추정 물질

ⓐ 동물에게만 발암성 평가

ⓑ 발암물질로서 증거는 불충분함(단, 동물에는 충분한 증거가 있음, limited evidence)

ⓒ 발암가능성이 십중팔구 있다고(probably) 인정되는 인자

예 자외선, 태양램프, 방부제, DDT, 무기납화합물 등

㉢ Group 2B : 인체 발암성 가능 물질

ⓐ 발암물질로서 증거는 부적절함(inadequate evidence)

ⓑ 인체 발암성 가능 물질을 말함

ⓒ 사람에 있어서 원인적 연관성 연구결과들이 상호 일치되지 못하고 아울러 통계적 유의성도 약함

ⓓ 실험동물에 대한 발암성 근거가 충분하지 못하여 사람에 대한 근거 역시 제한적임

ⓔ 아마도, 혹시나, 어쩌면 발암 가능성이 있다고 추정하는 인자

예 커피, pickle, 고사리, 클로로포름, 삼염화안티몬, 가솔린, 코발트 등

㉣ Group 3 : 인체 발암성 미분류물질

ⓐ 발암물질로서 증거는 부적절함(inadequate evidence)

ⓑ 발암물질로 분류하지 않아도 되는 인자

ⓒ 인간 및 동물에 대한 자료가 불충분하여 인간에게 암을 일으킨다고 판단할 수 없는 물질

예 카페인, 홍차, 콜레스테롤, 페놀, 톨루엔 등

㉤ Group 4 : 인체 비발암성 추정물질

ⓐ 십중팔구 발암물질이 아닌 인자(발암물질일 가능성이 거의 없음)

ⓑ 동물실험, 역학조사 결과 인간에게 암을 일으킨다는 증거가 없는 물질

예 카프로락탐 등

② **미국산업위생전문가협의회(ACGIH)의 발암물질 구분**

㉠ A1

인체 발암 확인(확정)물질

예 석면, 우라늄, Cr^{6+} 화합물, 아크릴로니트릴, 벤지딘, 염화비닐, β-나프틸아민, 베릴륨 등

㉡ A2

인체 발암이 의심되는 물질(발암 추정물질)

㉢ A3

ⓐ 동물 발암성 확인물질

ⓑ 인체 발암성을 모름

㉣ A4

ⓐ 인체 발암성 미분류 물질

ⓑ 인체 발암성이 확인되지 않은 물질

㉤ A5

인체 발암성 미의심 물질

(2) 암의 발생원인 기여도

노화 > 부적절한 음식 섭취 > 담배흡연 = 만성감염 > 호르몬 > 직업 > 환경오염

(3) 화학물질에 의한 다단계 암 발생이론(발암과정)

① 개시(initiation)
② 촉진(promotion)
③ 전환(conversion)
④ 진행(progression)

(4) 정상 세포와 악성종양 세포의 차이점

① 정상 세포의 세포질/핵 비율이 악성종양 세포보다 높다. 즉 발암성은 세포질/핵의 비율이 낮을 경우 관계가 있다.
② 정상 세포는 세포와 세포 연결이 정상적이고, 악성종양 세포는 세포와 세포 연결이 소실되어 있다.
③ 정상 세포는 전이성 · 재발성이 없고, 악성종양 세포는 전이성 · 재발성이 있다.
④ 성장속도는 정상 세포가 느리고, 악성종양 세포는 빠르다.

(5) 화학적 발암작용 기전인 체세포 변이원설의 증거

① 암이란 세포 차원, 즉 세포에서 다음 세대의 세포로 유전된다.
② 암세포는 한 개의 분지계로부터 유래된다.
③ 발암물질들은 그 자체로써 또는 대사됨으로써 DNA와 공유결합을 형성한다.
④ 대다수의 발암물질은 또한 돌연변이원으로서도 작용한다.
⑤ 실험관 내에서 유전자의 손상을 야기시키는 물질은 거의 모두 발암원으로 작용한다.
⑥ 전부는 아니지만 대부분의 암은 염색체 이상을 나타낸다.

(6) 화학적인 발암물질의 분류

① 유전독성 발암물질

㉠ 대사적인 활성화의 필요 없이 화학물질 자체가 직접적으로 DNA에 작용하여 암을 유발하는 물질 : 알킬화제(alkylating agents)

㉡ 대사적 활성화가 필요하여 간접적으로 작용하는 발암물질(대사산물이 암을 초래하는 인자) : PAHs, CCl_4

㉢ 무기 발암물질 : 비소, 니켈, 크롬

② 비유전독성 발암물질

㉠ 후천적인 기전에 의하여 암을 유발시키는 것이다.

㉡ 암의 촉진제들은 후천적인 발암기전에 의하여 암의 유발을 촉진시킨다.

㉢ 후천적인 발암기전에 대한 배경

ⓐ 암이란 세포의 분화가 비정상적으로 발생된다.

ⓑ 암 형성에는 일부에 한하여 가역적인 단계도 있다.

ⓒ 암은 돌연변이 물질이 아닌 것에 의해서도 발생된다.

ⓓ 발암원은 항상 돌연변이를 발생시키지 않는다.

ⓔ DNA의 메틸화의 변화만으로도 암이 발생된다.

㉣ 비유전독성 발암물질

ⓐ 면역기능 억제제

ⓑ 석면

ⓒ 호르몬

ⓓ Phenobarbital

(7) 조발암물질

① 정의

단독 투여 시 발암물질이 아니지만, 발암물질과 함께 투여 시 발암효과를 증진시키는 화학물질을 조발암물질이라 한다.

② 조발암물질의 암 형성 작용기전

㉠ 발암물질이 세포 내에서 흡수되는 것을 도와준다.

㉡ 발암물질의 대사적 활성화의 정도를 증가시키며, 반면에 해독기능은 억제시킨다.

㉢ DNA 수복기전을 억제시킨다.

㉣ DNA 손상을 가중시켜 영구적인 변화의 결과를 가져온다.

③ 조발암물질의 예

㉠ 담배(벤조피렌, 니트로사민)

㉡ 에탄올

(8) 발암촉진제

① 정의
물질 자체로는 발암물질이 아니지만 발암과정을 촉진시키는 물질을 발암촉진제라 한다.

② 발암촉진제의 예
㉠ 담즙산 : 대장암의 촉진제
㉡ 사카린 : 방광암의 촉진제
㉢ 프로락틴 : 유방암의 촉진제
㉣ TPA : 암 형성 촉진제

(9) 경태반 발암

태반을 통한 화학물질의 이동으로 인하여 다음 세대까지 암을 일으킨다는 것을 의미한다.

(10) 발암 개시단계 및 발암 촉진단계

① 발암 개시단계
㉠ 세포 내 비가역적인 변화가 초래되는 시기이다.
㉡ 형태학적으로 정상 세포와 구분이 되지 않는다.
㉢ 발암원에 의해 단순돌연변이가 발생한다.

② 발암 촉진단계
㉠ 돌연변이가 세포분열을 통하여 유전자 내에서 분리되는 시기이다.
㉡ 암세포의 증식과 발현을 쉽게 하는 과정이다.
㉢ 정상적인 면역작용에서 탈피된다.

Reference 암발생 돌연변이 유전자와 발암물질의 구분

1. 암발생 돌연변이 유전자
   ① jum
   ② integrin
   ③ VEGF(Vascular Endothelial Growth Factor)
2. 선행 발암물질(procarcinogen)
   ① PAH
   ② nitrosamine
3. 직접 발암물질
   ① 알킬화화합물
   ② 방사선
4. 간접 발암물질
   ① Benzo(a)pyrene
   ② Ethylbromide

CHAPTER 03

중금속

01 금속의 흡수와 배설

(1) 금속의 흡수(저장)

① 개요

㉠ 금속은 생체와 원소상태로 상호작용하는 경우는 거의 없고, 대부분은 이온상태로 작용하며, 생리과정에 이온상태의 금속이 활용되는 정도는 용해도에 달려있다.

㉡ 용해성 금속염은 생체 내 여러 가지 물질과 작용하여 지용성(불용성) 화합물로 전환된다.

㉢ 불용성 금속염은 흡수가 거의 일어나지 않는다.

㉣ 일부 금속은 알킬화합물을 형성하며, 고지용성으로 생체막을 쉽게 통과한다.

② 호흡기계에 의한 흡수

㉠ 호흡기를 통하여 흡입된 금속물의 물리화학적 특성에 따라 흡입된 금속의 침전, 분배, 흡수, 체류는 달라진다.

㉡ 공기 중 금속물질은 대부분 입자상 물질(흄, 먼지, 미스트)이며, 대부분 호흡기계를 통해 흡수된다.

③ 소화기계에서의 흡수

작업장 내에서 휴식시간에 음료수, 음식 등에 오염된 채로 소화관을 통해서 흡수된다.

㉠ 금속이 소화기(위장관)에서 흡수되는 작용

ⓐ 단순확산 및 촉진확산

ⓑ 특이적 수송과정

ⓒ 음세포 작용

㉡ 금속이 소화기계에서 흡수에 미치는 영향인자

ⓐ 용해도

ⓑ 화학적 특성

ⓒ 타 물질의 존재 유무 및 조성

ⓓ 유사 금속과의 흡수 경쟁

ⓔ 노출 근로자의 상태(연령, 생리적 상태)

④ 피부에서의 흡수

납의 인체 내 침입경로가 피부인 것은 유기납(4에틸납, 4메틸납)이다.

(2) 금속의 배설

금속이온화 유기화합물 사이의 강한 결합력은 배설 후에도 영향을 미친다.

① 신장
금속이 배설되는 가장 중요한 배설경로이다.
② 소화기계
(① ~ ② 중요 배설경로)

③ 간장순환
㉠ 간에서 담즙과 함께 배설된다.
㉡ 화학물질, 기존 질병에 의하여 담즙 분비를 증가 · 감소시키므로 담즙 배설량에 영향을 미친다.

④ 땀, 타액

⑤ 머리카락, 손톱, 발톱

⑥ 산모 젖

(3) 금속의 독성작용 기전

① 효소 억제 : 효소의 구조 및 기능을 변화시킨다.
② 간접영향 : 세포성분의 역할을 변화시킨다.
③ 필수금속성분의 대체 : 생물학적 과정들이 민감하게 변화된다.
④ 필수금속 평형의 파괴 : 필수금속성분의 농도를 변화시킨다.
⑤ 단백질 기능의 변화 : 술피드릴(sulfhydryl)기와의 친화성으로 단백질 기능을 변화시킨다.

Reference 유해물질의 흡수, 배설

1. 흡수된 유해물질은 원래의 형태든, 대사산물의 형태든 배설되기 위해서 수용성으로 대사된다.
2. 유해물질은 조직에 분포되기 전에 먼저 몇 개의 막을 통과하여야 한다.
3. 흡수속도는 유해물질의 물리화학적 성상과 막의 특성에 따라 결정된다.
4. 흡수된 유해화학물질은 다양한 비특이적 효소에 의하여 이루어지는 유해물질의 대사로 수용성이 증가되어 체외 배출이 용이하게 된다.
5. 간은 화학물질을 대사시키고, 콩팥과 함께 배설시키는 기능을 가지고 있어 다른 장기보다 여러 유해물질의 농도가 높다.

02 중금속의 종류별 특징

1 납(Pb)

(1) 개요

① 기원전 370년 히포크라테스는 금속추출 작업자들에게서 심한 복부산통이 나타난 것을 기술하였는데, 이는 역사상 최초로 기록된 직업병이다.

② 우리나라에서는 1970년 초, 축전지 제조 사업장에서 납중독을 보고한 기록이 있고, 매년 약 100명 정도의 납중독이 발생하는 것으로 알려져 있다.
③ 납중독은 그 영향이 서서히 점진적으로 나타나고 특별한 증상을 보이지 않기 때문에 'silent disease'라고도 한다.

(2) 발생원

① 납 제련소(납 정련) 및 납 광산
② 납축전지(배터리 제조) 생산
③ 납이 포함된 페인트(안료) 생산
④ 납 용접작업 및 절단작업
⑤ 인쇄소(활자의 문선, 조판 작업)
⑥ 합금
⑦ PVC 압출 · 혼합 작업

(3) 성상(특성)

① 원자량 207.21, 비중 11.34, 원자번호 82의 청색 또는 은회색의 연한 중금속이다.
② 대부분의 납화합물은 물에 잘 녹지 않는다.
③ 용해된 납은 500~600℃에서 흄을 발생하며 발생량은 온도 상승에 비례하여 증가한다.
④ 융점은 327℃, 끓는점 1,620℃이고, 무기납과 유기납으로 구분한다.

(4) 납의 구분

① 무기납
㉠ 금속납(Pb)과 납의 산화물[일산화납(PbO), 삼산화이납(Pb_2O_3), 사산화납(Pb_3O_4)] 등이다.
㉡ 납의 염류(아질산납, 질산납, 과염소산납, 황산납) 등이다.
㉢ 금속납을 가열하면 330℃에서 PbO, 450℃ 부근에서 Pb_3O_4, 600℃ 부근에서 납의 흄이 발생한다.

② 유기납
㉠ 4메틸납(TML)과 4에틸납(TEL)이며, 이들의 특성은 비슷하다.
㉡ 물에 잘 녹지 않고 유기용제, 지방, 지방질에는 잘 녹는다.
㉢ 유기납화합물은 약품과 킬레이트화합물에 반응하지 않는다.

(5) 인체 내 축적 및 제거

① 흡수
㉠ 무기납
호흡기, 소화기를 통하여 체내에 흡수

㉡ 유기납
피부를 통하여 체내에 흡수(대표적인 물질 : 4메틸)

㉢ 작업장에서의 흡수는 주로 호흡기를 통하여 행하여지며, 일반적으로 입경이 5μm 이하의 호흡성 분진 및 흄만이 체내에 흡수된다.

㉣ 호흡기를 통하여 흡수된 납의 30~40% 정도가 폐의 혈액을 통해 체내에 흡수된다.

㉤ 소화기를 통하여 흡수된 납의 30~40% 정도가 체내에 흡수, 나머지는 배설된다.

② 축적

㉠ 납은 적혈구와 친화력이 강해 납의 95% 정도는 적혈구에 결합되어 있다.

㉡ 인체 내에 남아 있는 총 납량을 의미하며, 납의 90%는 신체 장기 중 뼈 조직에 축적된다.

㉢ 혈중 납은 최근에 노출된 납을 나타낼 뿐이다.

③ 배설

㉠ 호흡기를 통하여 흡수된 납 : 약 50%는 폐, 기도에 침착, 침착된 납의 입자는 기도 점액에 섞여서 섬모운동에 의하여 배출 후 나머지는 소화기로 들어간다.

㉡ 소화기를 통하여 흡수된 납 : 약 10%는 소장에서 흡수, 나머지는 대변으로 배설한다.

㉢ 혈액 중 유리된 납 : 소변과 땀으로 배설된다.

㉣ 배설은 아주 느리게 진행하므로 체내 축적이 쉽게 일어나며, 납의 반감기는 약 10~20년으로 길다.

(6) 납에 의한 건강장애

납중독의 초기 증상은 식욕부진, 변비, 복부팽만감, 더 진행되면 급성복통이 나타나기도 한다. 즉, 조혈장애가 나타난다(납의 주요 표적기관 : 중추신경계와 조혈기계).

① 납중독의 주요 증상(임상증상)

㉠ 위장 계통의 장애(소화기장애)

ⓐ 복부팽만감, 급성복부 선통

ⓑ 권태감, 불면증, 안면창백, 노이로제

ⓒ 연선(lead line)이 잇몸에 생김

㉡ 신경, 근육 계통의 장애

ⓐ 손처짐, 팔과 손의 마비

ⓑ 근육통, 관절통

ⓒ 신장근의 쇠약

ⓓ 근육의 피로로 인한 납경련

㉢ 중추신경장애

ⓐ 뇌중독 증상으로 나타남

ⓑ 유기납에 폭로로 나타나는 경우 많음

ⓒ 두통, 안면창백, 기억상실, 정신착란, 혼수상태, 발작

② 납중독 4대 증상

㉠ 납빈혈

초기에 나타남

㉡ 망상적혈구와 친염기성 적혈구(적혈구 내 프로토포르피린)의 증가

염기성 과립적혈구 수의 증가 의미

㉢ 잇몸에 특징적인 연선(lead line)

ⓐ 치은연에 감자색의 착색이 생긴 것

ⓑ 황화수소와 납이온이 반응하여 만들어진 황화납이 치은에 침착된 것

㉣ 소변에 코프로포르피린(coproporphyrin) 검출

소변 중 δ-aminolevulinic acid(ALAD) 증가(δ-ALAD 활성치 저하)

③ 이미증(pica)

㉠ 1~5세의 소아환자에게서 발생하기 쉬움

㉡ 매우 낮은 농도에서 어린이에게 학습장애 및 기능저하 초래

㉢ 어린이의 납 노출원은 가정 및 주거환경에 광범위하게 분포하기 때문

④ 기타 증상

㉠ 적혈구 안에 있는 혈색소(헤모글로빈)량 저하, 망상적혈구 수 증가, 혈청 내 철 증가

㉡ δ-ALAD 활성치 저하, 혈청 및 소변 중 δ-ALA 증가

㉢ 연산통 및 만성신부전

㉣ 피로와 쇠약, 불면증

㉤ 골수침입

㉥ 납은 알레르기성 접촉피부염을 일으키지 않음

⑤ 급성(아급성), 만성장애 분류

㉠ 급성(아급성)장애

ⓐ 위장, 경련

ⓑ 복부산통, 신장장애

ⓒ 변비, 소화기장애

㉡ 만성장애

ⓐ 피로감, 불안감(피로와 쇠약)

ⓑ 위장장애

ⓒ 체중 감소 및 식욕부진

ⓓ 주의력 부족

ⓔ 극심한 빈혈

ⓕ 근육통(근육약화)

(7) 납중독 확인 시험사항

① 혈액 내의 납 농도(만성중독의 지표 : 혈액 중 2ppm 농도)

㉠ 혈액 중 납 농도가 높아지면 망상적혈구와 친염기성 적혈구가 증가한다.

㉡ 심할 경우 용혈성 빈혈증상이 나타난다.

② 헴(heme)의 대사

㉠ 세포 내에서 -SH기와 결합하여 포르피린과 heme의 합성에 관여하는 효소를 포함한 여러 세포의 효소작용을 방해한다.

㉡ 헴 합성의 장애로 주요 증상은 빈혈증이며 혈색소량이 감소, 적혈구의 생존기간이 단축, 파괴가 촉진된다.

③ 말초신경의 신경 전달속도

납은 신경자극이 전달되는 속도를 저하시킨다.

④ Ca-EDTA 이동시험

㉠ 체내의 납량을 측정할 수 있다.

㉡ Ca-EDTA 투여 24시간 동안 소변 채취 시 납의 총량이 500~600μg을 초과하면 과다노출을 의미한다.

⑤ β-ALA(Amino Levulinic Acid) 축적

(8) 적혈구에 미치는 작용(조혈기능에 미치는 영향)

① K^+과 수분이 손실된다.

② 삼투압이 증가하여 적혈구가 위축된다.

③ 적혈구 생존기간이 감소한다.

④ 적혈구 내 전해질이 감소한다.

⑤ 미숙적혈구(망상적혈구, 친염기성 혈구)가 증가한다.

⑥ 혈색소량 저하 및 혈청 내 철이 증가한다.

⑦ 적혈구 내 프로토포르피린이 증가한다.

(9) 납의 노출기준

① 고용노동부 노출기준

8시간 시간가중 평균농도(TWA)로 0.05mg/m^3

② 미국산업위생전문가협의회(ACGIH)

8시간 시간가중 평균농도(TWA)로 0.05mg/m^3

③ 생물학적 노출기준(BEI)

혈중의 납으로 30μg/100mL

PART 5

(10) 납중독의 진단

① 근로자의 직력조사
② 병력조사
③ 임상검사[납중독 확인(진단)검사]
  ㉠ 소변 중 코프로포르피린(coproporphyrin) 배설량 측정
  ㉡ 소변 중 델타아미노레블린산(δ-ALA) 측정
  ㉢ 혈중 징크프로토포르피린(ZPP) 측정(Zinc protoporphyrin)
  ㉣ 혈중 납량 측정
  ㉤ 소변 중 납량 측정
  ㉥ 빈혈검사
  ㉦ 혈액검사
  ㉧ 혈중 α-ALA 탈수효소 활성치 측정

(11) 납중독의 치료

① 급성중독
  ㉠ 섭취 시 즉시 3% 황산소다용액으로 위세척
  ㉡ Ca-EDTA을 하루에 1~4g 정도 정맥 내 투여하여 치료(5일 이상 투여 금지)
  ㉢ Ca-EDTA는 무기성 납으로 인한 중독 시 원활한 체내 배출을 위해 사용하는 배설촉진제임(단, 배설촉진제는 신장이 나쁜 사람에게는 금지)
② 만성중독
  ㉠ 배설촉진제 Ca-EDTA 및 페니실라민(penicillamine) 투여
  ㉡ 대중요법으로 진정제, 안정제, 비타민 $B_1 \cdot B_2$ 등 사용

(12) 납 노출에 대한 평가활동 순서

① 납이 어떻게 발생되는지 조사
② 납에 대한 독성, 노출기준 등을 MSDS를 통하여 찾아봄
③ 납에 대한 노출을 측정하고 분석
④ 납에 대한 노출 정도를 노출기준과 비교
⑤ 납에 대한 노출은 부적합하므로 개선시설을 해야 함

(13) 예방대책

① 작업환경 개선
  ㉠ 국소배기장치 설치
  ㉡ 작업공정 습식화
  ㉢ 작업의 자동화

② 개인보호구 착용
㉠ 납먼지 : 특급 방진마스크
㉡ 납증기 : 방독마스크
③ 교대작업, 개인위생 철저, 계속적인 생물학적 모니터링

2 수은(Hg)

(1) 개요

① 수은은 인간의 연금술, 의약품 분야에서 가장 오래 사용해온 중금속의 하나이며, 로마 시대에는 수은광산에서 수은중독 사망이 발생하였다.
② 우리나라에서는 형광등 제조업체에 근무하던 '문송면' 군에게 직업병을 야기시킨 원인인자가 수은이다.
③ 금속 중 증기를 발생시켜 산업중독을 일으킨다.
④ 17세기 유럽에서 신사용 중절모자를 제조하는 데 사용함으로써 근육경련(hatter's shake)을 일으킨 기록이 있다.

(2) 발생원

① 무기수은(금속수은)
㉠ 형광등, 수은온도계 제조
㉡ 체온계, 혈압계, 기압계 제조
㉢ 수은전지 제조
㉣ 아말감(금, 은, 동 등) 제조
㉤ 페인트, 농약, 살균제 제조
㉥ 모자용 모피 및 벨트 제조
㉦ 뇌홍[$Hg(ONC)_2$] 제조
② 유기수은
㉠ 의약, 농약 제조
㉡ 종자 소독
㉢ 펄프 제조
㉣ 농약 살포
㉤ 가성소다 제조

(3) 성상(특성)

① 원자량 200.61g, 비중 13.546, 원자번호 80의 은백색을 띠며, 아주 무거운 금속이다.
② 상온에서 액체상태의 유일한 금속이며, 수은 합금(아말감)을 만드는 특징이 있다.
③ 주광석은 진사이다.

④ 융점 38.97℃, 비등점 356.6℃로, 상온상태에서 기화하여 수은증기를 만든다.
⑤ 상온에서는 산화되지 않으나 비등점보다 낮은 온도에서 가열 시 독성이 강한 산화수은이 발생하며, 수은화합물은 유기수은화합물과 무기수은화합물로 대별된다.
⑥ 수은중독의 위험성이 높은 작업은 수은광산과 수은 추출작업으로, 수은중독자는 대부분 수은 증기에 폭로되어 발생한다.
⑦ 유기수은 중 알킬수은 화합물의 독성은 무기수은화합물의 독성보다 매우 강하다.
⑧ 무기수은 화합물

질산수은, 승홍, 감홍 등이 있으며, 철, 니켈, 알루미늄, 백금 이외에 대부분의 금속과 화합하여 아말감을 만든다. 또한 상온에서 기화하는 특징이 있다.

⑨ 유기수은화합물

아릴수은화합물과 알킬수은 화합물, 페닐수은, 에틸수은 등이 있다.

(4) 인체 내 축적 및 제거

① 흡수

㉠ 금속수은

주로 증기가 기도를 통해서 흡수되고 일부는 피부로 흡수되며, 소화관으로는 2~7% 정도 소량 흡수된다.

㉡ 무기수은

무기수은염류는 호흡기나 경구적 어느 경로라도 흡수되며 주로 기도, 피부를 통해 흡수되지만 금속수은보다 흡수율은 낮다.

㉢ 유기수은

ⓐ 대표적 메틸수은, 에틸수은은 모든 경로로 흡수가 잘되고 특히 소화관으로부터 흡수는 100% 정도이다.
ⓑ 페닐수은은 약 50% 정도가 소화관으로부터 흡수된다.

㉣ 수은에 폭로되지 않더라도 인간은 음식물을 통하여 약 하루에 5~20μg의 수은을 섭취한다.
㉤ 흡수된 증기의 약 80%는 폐포에서 빨리 흡수된다.

② 축적

㉠ 금속수은은 전리된 수소이온이 단백질을 침전시키고 -SH기 친화력을 가지고 있어 세포 내 효소반응을 억제함으로써 독성작용을 일으킨다. 즉, -SH기능기와 친화력이 높아 -SH기능기를 가진 효소에 작용하여 기능장해를 일으킨다.
㉡ 신장 및 간에 고농도 축적 현상이 일반적이다.

ⓐ 금속수은은 뇌, 혈액, 심근 등에 분포
ⓑ 무기수은은 신장, 간장, 비장, 갑상선 등에 주로 분포
ⓒ 알킬수은은 간장, 신장, 뇌 등에 분포

㉢ 뇌에서 가장 강한 친화력을 가진 수은화합물은 메틸수은이다.

㉣ 혈액 내 수은 존재 시 약 90%는 적혈구 내에서 발견된다.

③ 배설

㉠ 금속수은(무기수은화합물)

대변보다 소변으로 배설이 잘된다.

㉡ 유기수은화합물

ⓐ 대변으로 주로 배설되고 일부는 땀으로도 배설된다.

ⓑ 알킬수은은 대부분 담즙을 통해 소화관으로 배설되지만 소화관에서 재흡수도 일어난다.

㉢ 무기수은화합물

생물학적 반감기는 약 6주이다.

(5) 수은에 의한 건강장애

① 수은중독의 특징적인 증상은 구내염, 근육진전, 정신증상으로 분류된다.

② 수족신경마비, 시신경장애, 정신이상, 보행장애, 뇌신경세포 손상 등의 장애가 나타난다.

③ 만성 노출 시 식욕부진, 신기능부전, 구내염을 발생시킨다.

④ 치은부에는 황화수은의 청회색 침전물이 침착된다.

⑤ 혀나 손가락의 근육이 떨린다(수전증).

⑥ 전신증상으로는 중추신경계통, 특히 뇌 조직에 심한 증상이 나타나 정신기능이 상실될 수 있다(정신장애).

⑦ 유기수은(알킬수은) 중 메틸수은은 미나마타(minamata)병을 발생시킨다.

⑧ 수은은 혈액 뇌장벽이나 태반을 통과할 수 있다.

(6) 수은의 노출기준

① 고용노동부 노출기준

8시간 시간가중 평균농도(TWA)로 하여 다음과 같다.

㉠ 수은(아릴화합물) : 0.1mg/m^3

㉡ 수은 및 무기형태(아릴 및 알킬화합물 제외) : 0.025mg/m^3

㉢ 수은(알킬화합물) : 0.01mg/m^3

② 미국산업위생전문가협의회(ACGIH)

8시간 시간가중 평균농도(TWA)로 하여 다음과 같다.

㉠ 무기수은화합물 및 금속수은 : 0.025mg/m^3

㉡ 아릴수은화합물 : 0.1mg/m^3

㉢ 알킬수은화합물 : 0.01mg/m^3

③ 생물학적 노출기준(BEI)

㉠ 무기수은화합물 및 금속수은 : 소변 중 총 무기수은 35μg/g-크레아티닌

㉡ 소변 중 총 무기수은 : 15μg/L

(7) 수은중독의 진단

① 급성중독 : 중독 발생 시 상황, 접촉유무 및 정도 조사

② 만성중독 : 직력조사 및 현직근로 연수조사

③ 임상증상 확인

㉠ 수지진전, 보행실조 증상

㉡ 지속적 불면증, 두통, 침흘림, 구내염, 치은염, 수지경련, 치아부식 증상

④ 간기능 및 신기능 검사

⑤ 소변 중 수은량 측정

⑥ 개인적 수은약제 사용 유무 조사

(8) 수은중독의 치료

① 급성중독

㉠ 우유와 계란의 흰자를 먹여 단백질과 해당 물질을 결합시켜 침전시킨다.

㉡ 마늘계통의 식물을 섭취한다.

㉢ 위세척(5~10% S.F.S 용액)을 한다. 다만, 세척액은 200~300mL를 넘지 않도록 한다.

㉣ BAL(British Anti Lewisite)을 투여한다(체중 1kg당 5mg의 근육주사).

② 만성중독

㉠ 수은 취급을 즉시 중지시킨다.

㉡ BAL(British Anti Lewisite) 투여한다.

㉢ 1일 10L의 등장식염수를 공급(이뇨작용으로 촉진)한다.

㉣ N-acetyl-D-penicillamine을 투여한다.

㉤ 땀을 흘려 수은배설을 촉진한다.

㉥ 진전증세에 genascopalin을 투여한다.

㉦ Ca-EDTA의 투여는 금기사항이다.

(9) 예방대책

① 작업환경관리대책

㉠ 수은 주입과정을 자동화한다.

㉡ 수거한 수은은 물통에 보관한다.

㉢ 바닥은 틈이나 구멍이 나지 않는 재료를 사용하여 수은이 외부로 노출되는 것을 막는다.

㉣ 실내온도를 가능한 한 낮고 일정하게 유지시킨다.
㉤ 공정은 수은을 사용하지 않는 공정으로 변경한다.
㉥ 작업장 바닥에 흘린 수은은 즉시 제거, 청소한다.
㉦ 수은증기 발생 상방에 국소배기장치를 설치한다.

② 개인위생관리대책
㉠ 술, 담배 금지
㉡ 고농도 작업 시 호흡 보호용 마스크 착용
㉢ 작업복 매일 새것으로 공급
㉣ 작업 후 반드시 목욕
㉤ 작업장 내 음식섭취 삼가

③ 의학적 관리
㉠ 채용 시 건강진단 실시
㉡ 정기적 건강진단 실시(6개월마다 특수건강진단 실시)

④ 교육 실시

3 카드뮴(Cd)

(1) 개요

① 1945년 일본에서 '이타이이타이'병이란 중독사건이 생겨 수많은 환자가 발생한 사례가 있으며 우리나라에서는 1988년 한 도금업체에서 카드뮴 노출에 의한 사망 중독사건이 발표되었으나 정확한 원인규명은 하지 못했다.
② 이타이이타이병은 생축적, 먹이사슬의 축적에 의한 카드뮴 폭로와 비타민 D의 결핍에 의한 것이다.

(2) 발생원

① 납광물이나 아연 제련 시 부산물
② 주로 전기도금, 알루미늄과의 합금에 이용
③ 축전기 전극
④ 도자기, 페인트의 안료
⑤ 니켈 · 카드뮴 배터리 및 살균제

(3) 성상(특성)

① 원자량 112.4, 비중 8.6인 청색을 띤 은백색의 금속으로, 부드럽고 연성이 있는 금속이다.
② 아연, 동, 연 등의 광석에 소량 섞여 있으며, 특히 아연광물이나 납광물 제련 시 부산물로 얻어진다.

③ 물에는 잘 녹지 않고 산에는 잘 녹으며, 가열 시 쉽게 증기화한다.
④ 산소와 결합 시 흄을 만들며, 흄이 많이 발생할 때에는 갈색의 연기처럼 보인다.
⑤ 내식성이 강하다.

(4) 인체 내 축적 및 제거

① 흡수
㉠ 인체에 대한 노출경로는 주로 호흡기이며, 소화관에서는 별로 흡수되지 않는다.
㉡ 경구흡수율은 5~8%로 호흡기 흡수율보다 적으나 단백질이 적은 식사를 할 경우 흡수율이 증가된다.
㉢ 칼슘 결핍 시 장 내에서 칼슘 결합 단백질의 생성이 촉진되어 카드뮴의 흡수가 증가한다.
㉣ 체내에서 이동·분해하는 데는 분자량 10,500 정도의 저분자 단백질인 metallothionein(혈장단백질)이 관여한다.
㉤ metallothionein은 방향족 아미노산이 없으며, 주로 간장과 신장에 많이 축적되고 시스테인이 주성분인 아미노산으로 구성된다.
㉥ 카드뮴이 체내에 들어가면 간에서 metallothionein 생합성이 촉진되어 폭로된 중금속의 독성을 감소시키는 역할을 하나 다량의 카드뮴일 경우 합성이 되지 않아 중독작용을 일으킨다.

② 축적
㉠ 체내에 흡수된 카드뮴은 혈액을 거쳐 2/3는 간과 신장으로 이동한다.
㉡ 체내에 축적된 카드뮴의 50~75%는 간과 신장에 축적되고 일부는 장관벽에 축적된다.
㉢ 반감기는 약 수년에서 30년까지이다.
㉣ 흡수된 카드뮴은 혈장단백질과 결합하여 최종적으로 신장에 축적된다.

③ 배설
㉠ 체내로부터 카드뮴이 배설되는 것은 대단히 느리다.
㉡ 소변 속의 카드뮴 배설량은 카드뮴 흡수를 나타내는 지표가 된다.

(5) 독성 메커니즘

① 호흡기, 경구로 흡수되어 체내에서 축적작용을 한다.
② 간, 신장, 장관벽에 축적하여 효소의 기능유지에 필요한 -SH기와 반응하여(SH 효소를 불활성화하여) 조직세포에 독성으로 작용한다.
③ 호흡기를 통한 독성이 경구독성보다 약 8배 정도 강하다.
④ 산화카드뮴에 의한 장애가 가장 심하며 산화카드뮴, 에어로졸 노출에 의해 화학적 폐렴을 발생시킨다.
⑤ 경구 또는 흡입을 통한 만성중독 시 표적장기는 신장이며, 가장 흔한 증상은 효소뇨와 단백뇨이다.

(6) 카드뮴의 건강장애

① 급성중독

㉠ 호흡기 흡입

ⓐ 호흡기도, 폐에 강한 자극 증상(화학성 폐렴)

ⓑ 초기에는 인두부 통증, 기침, 두통 현상이 나며 나중에는 호흡곤란, 폐수종 증상으로 사망에 이르기도 함(카드뮴 흄이나 먼지에 급성적으로 노출되면 호흡기가 손상되며 사망에 이르기도 함)

ⓒ 대표적 물질 : 산화카드뮴(CdO)

ⓓ CdO의 치사량(LD_{50})은 치사폭로 지수(CT)로 표시
[CT=공기 중 농도(mg/m^3)×폭로시간(min), 일반사람의 경우 CT 200~2,900 정도]

㉡ 경구흡입

ⓐ 구토와 설사, 급성위장염

ⓑ 근육통, 복통, 체중 감소, 착색뇨

ⓒ 간·신장 장애

② 만성중독

㉠ 신장기능 장애

ⓐ 저분자 단백뇨 다량 배설, 신석증 유발

ⓑ 칼슘대사에 장애를 주어 신결석을 동반한 신증후군이 나타남

㉡ 골격계 장애

ⓐ 다량의 칼슘 배설(칼슘 대사장애)이 일어나 뼈의 통증, 골연화증 및 골수공증 유발

ⓑ 철분결핍성 빈혈증 나타남

㉢ 폐기능 장애

ⓐ 폐활량 감소, 잔기량 증가 및 호흡곤란의 폐증세가 나타나며, 이 증세는 노출기간과 노출농도에 의해 좌우됨

ⓑ 폐기종, 만성폐기능장애를 일으킴

ⓒ 기도 저항이 늘어나고 폐의 가스교환기능 저하

ⓓ 고환의 기능 쇠퇴(atrophy)

㉣ 자각 증상

ⓐ 기침, 가래, 후각 이상

ⓑ 식욕부진, 위장장애, 체중 감소

ⓒ 치은부의 연한 황색 색소침착 유발

(7) 카드뮴의 노출기준

① 고용노동부 노출기준
8시간 시간가중 평균농도(TWA)로 0.01mg/m^3(호흡성 0.002mg/m^3)

② 미국산업위생전문가협의회(ACGIH)
8시간 시간가중 평균농도(TWA)로,
㉠ 총 분진 : 0.01mg/m^3
㉡ 호흡성 카드뮴분진 : 0.002mg/m^3

③ 생물학적노출기준(BEI)
㉠ 소변 중 카드뮴이 5μg/g-크레아티닌
㉡ 혈중 카드뮴이 5μg/L

(8) 카드뮴의 진단

① 초기에 저분자량의 단백뇨(B_2-microglobulin) 검사, 검출 시에는 신장기능장애를 유발하며 이때는 칼슘, 아미노산, 포도당, 인산염의 배설량도 증가한다.
② 정기적 근로자 체중 측정
③ 위장장애, 후각, 만성비염, 치아이상, 빈혈 등 초기증상을 확인한다.

(9) 카드뮴중독의 치료

① BAL 및 Ca-EDTA를 투여하면 신장에 대한 독성작용이 더욱 심해져 금한다.
② 안정을 취하고 대중요법을 이용, 동시에 산소흡입, 스테로이드를 투여한다.
③ 치아에 황색 색소침착 유발 시 클루쿠론산칼슘 20mL를 정맥주사한다.
④ 비타민 D를 피하 주사한다(1주 간격 6회가 효과적).

(10) 예방대책

① 공학적 대책(국소배기시설)
② 개인보호구 착용
③ 장기간 폭로된 경우 작업 전환
④ 채용 및 정기 신체검사 시 호흡기 질환 유무 확인

4 크롬(Cr)

(1) 개요

① 금속 크롬, 여러 형태로 산화화합물로 존재하며 2가 크롬은 매우 불안정하고, 3가 크롬은 매우 안정된 상태, 6가 크롬은 비용해성으로 산화제, 색소로서 산업장에서 널리 사용된다.

② 비중격연골에 천공이 대표적 증상이며, 근래에 와서는 직업성 피부질환도 다량 발생하는 경향이 있다.
③ 3가 크롬은 피부 흡수가 어려우나 6가 크롬은 쉽게 피부를 통과하여 6가 크롬이 더 해롭다.
④ 크롬중독은 소변 중의 크롬 양을 검사하여 진단한다.

(2) 발생원

① 전기도금 공장
② 가죽, 피혁 제조
③ 염색, 안료 제조
④ 방부제, 약품 제조

(3) 성상(특성)

① 원자량 52.01, 비중 7.18, 비점 2,200℃의 은백색의 금속이다.
② 자연 중에는 주로 3가 형태로 존재하고, 6가 크롬은 적다.
③ 인체에 유해한 것은 6가 크롬(중크롬산)이며, 부식작용과 산화작용이 있다.
④ 세포막을 통과한 6가 크롬은 세포 내에서 수 분 내지 수 시간 만에 체내에서 발암성을 가진 3가 형태로 환원된다.
⑤ 6가에서 3가로의 환원이 세포질에서 일어나면 독성이 적으나 DNA의 근위부에서 일어나면 강한 변이원성을 나타낸다.
⑥ 3가 크롬은 세포 내에서 핵산, nuclear, enzyme, nucleotide와 같은 세포핵과 결합될 때만 발암성을 나타낸다.
⑦ 크롬은 생체에 필수적인 금속으로 결핍 시에는 인슐린의 저하로 인한 대사장애를 일으킨다.

(4) 인체 내 축적 및 제거

① 흡수
㉠ 호흡기, 소화기 및 피부를 통하여 체내에 흡수되며 호흡기가 가장 중요하다.
㉡ 화합물의 용해도에 따라 3가 크롬(0.2~3%)과 6가 크롬(1~10%)이 구강을 통해 체내에 흡수된다.
㉢ 6가 크롬이 독성이 강하고 발암성도 크며, 6가 크롬이 3가 크롬보다 체내 흡수가 많이 된다.
㉣ 3가 크롬은 정상적으로 피부 흡수가 안 되지만, 피부의 진피가 소실된 경우에는 가능하다.

② 축적

6가 크롬은 생체막을 통해 세포 내에서 3가로 환원되어 간, 신장, 부갑상선, 폐, 골수에 축적된다.

③ 배설

대부분 소변을 통해 배설된다.

(5) 크롬에 의한 건강장애

① 급성중독

㉠ 신장장애 : 과뇨증(혈뇨증) 후 무뇨증을 일으키며, 요독증으로 10일 이내에 사망

㉡ 위장장애 : 심한 복통, 빈혈을 동반하는 심한 설사 및 구토

㉢ 급성폐렴 : 크롬산 먼지, 미스트 대량 흡입 시

② 만성중독

㉠ 점막장애

점막이 충혈되어 화농성 비염이 되고 차례로 깊이 들어가서 궤양이 되고, 코 점막의 염증, 비중격천공 증상

㉡ 피부장애

ⓐ 피부궤양을 야기(둥근 형태의 궤양)

ⓑ 수용성 6가 크롬은 저농도에서도 피부염 야기

ⓒ 손톱 주위, 손 및 전박부에 잘 발생

㉢ 발암작용

ⓐ 장기간 흡입에 의한 기관지암, 폐암, 비강암(6가 크롬) 발생

ⓑ 크롬 취급자의 폐암에 의한 사망률은 정상인보다 약 13~31배로 상당히 높음

㉣ 호흡기 장애

크롬폐증 발생

(6) 크롬의 노출기준

① 고용노동부 노출기준

8시간 시간가중 평균농도(TWA)로 하여 다음과 같다.

㉠ 크롬광 가공(크롬산) : 0.05mg/m^3

㉡ 크롬(금속) : 0.5mg/m^3

㉢ 크롬(6가)화합물(불용성 무기화합물) : 0.01mg/m^3

㉣ 크롬(6가)(수용성) : 0.05mg/m^3

② 미국산업위생전문가협의회(ACGIH)
8시간 시간가중 평균농도(TWA)로 하여 다음과 같다.
㉠ 금속 및 3가 크롬 : 0.2mg/m^3
㉡ 크롬광 : 0.05mg/m^3

③ 생물학적 노출기준(BEI)
수용성 6가 크롬 경우, 소변 중 총 크롬의 농도는 다음과 같다.
㉠ 주말작업의 작업종료 시 : 25μg/L
㉡ 주간작업 중 : 10μg/L

(7) 크롬의 진단

① 소변 중 크롬량 검사(0.05mg/L 이상 시 정밀검사)
② 장기 취급 근로자(5년 이상)는 X선 진찰

(8) 크롬중독의 치료

① 크롬 폭로 시 즉시 중단(만성 크롬중독의 특별한 치료법은 없음)하여야 하며, BAL, Ca-EDTA 복용은 효과가 없다.
② 사고로 섭취 시 응급조치로 환원제인 우유와 비타민 C를 섭취한다.
③ 피부궤양에는 5% 티오황산소다(sodium thiosulfate)용액, 5~10% 구연산소다(sodium citrate)용액, 10% Ca-EDTA 연고를 사용 한다.

(9) 예방과 대책

① 공학적 대책(push-pull 국소배기시설)
② 개인보호구 착용(고무장갑, 호흡용 마스크, 피부보호용 크림)
③ 채용 및 정기 신체검사 시 X선 소견 확인(5년 이상 근로자 흉부 X선 촬영)

5 베릴륨(Be)

(1) 개요

① 원자량 9.01, 비중 1.8477, 끓는점 2,500℃의 회백색의 육방정 결정체로서 이제까지 알려진 가장 가벼운 금속 중의 하나이다.
② 합금 제조, 원자로 작업, 산소 화학합성, 베릴륨 제조, 금속재생공정, 우주항공산업 등에서 발생한다.
③ 더운물에 약간 용해, 약산과 약알칼리에는 용해되는 성질이 있다.
④ 저농도에서도 장애는 일반적으로 아주 크다.

(2) 인체 내 축적 및 제거

① 주요 흡수경로는 호흡기이고, 위장관계나 피부를 통하여 흡수될 수 있다.
② 체내 침입한 베릴륨화합물 대부분은 폐에 침적한다.
③ 용해성 화합물은 침입 후 다른 조직에 분포하며 산모의 모유를 통하여 태아에게까지 영향을 미친다.
④ 주로 소변이나 대변으로 배설한다.

(3) 베릴륨에 의한 건강장애

① 급성중독
㉠ 염화물, 황화물, 불화물과 같은 용해성 베릴륨화합물은 급성중독을 일으킨다.
㉡ 인후염, 기관지염, 모세기관지염, 폐부종, 피부염(접촉성 피부염) 등이 발생한다.
② 만성중독
㉠ 육아 종양, 화학적 폐렴 및 폐암을 발생시킨다.
㉡ 피부 등에 육아 형성을 일으킨다.
㉢ 체중 감소, 전신쇠약 등이 나타난다.
㉣ 'neighborhood cases'라고도 불린다.

(4) 베릴륨의 노출기준

① 고용노동부 노출기준
8시간 시간가중 평균농도(TWA)로 0.002mg/m^3
② 미국산업위생전문가협의회(ACGIH)
㉠ TWA : 0.002mg/m^3
㉡ STEL : 0.01mg/m^3
③ 인간에 대한 발암성이 확인된 물질군(A1)에 포함

(5) 베릴륨의 치료

① 급성 베릴륨폐증인 경우 즉시 작업을 중단한다.
② 금속배출촉진제 chelating agent를 투여한다.

(6) 예방대책

① 공학적 대책(근로자 차단)
② 개인보호구 착용(호흡용 마스크, 작업의, 보호안경, 보호장갑)
③ 채용 및 정기 신체검사 시 X선 촬영과 폐기능 검사
④ 정기적인 특수건강진단 실시

6 비소(As)

(1) 개요

① 은빛 광택을 내는 비금속으로서 가열하면 녹지 않고 승화된다.
② 피부, 특히 겨드랑이나 국부 등에 습진형 피부염이 생기며 피부암이 유발되는 물질이다.
③ 우리나라에서는 사약으로도 사용된 바 있다.

(2) 발생원

① 토양의 광석 등 자연계에 널리 분포
② 벽지, 조화, 색소 등의 제조
③ 살충제, 구충제, 목재 보존제 등에 많이 이용
④ 베어링 제조
⑤ 유리의 착색제, 피혁 및 동물의 박제에 방부제로 사용
⑥ 반도체이온 주입공정

(3) 성상(특성)

① 원자량 74.92, 비중 5.72(결정체 고체)의 은빛 광택이 나는 유사금속(metaled)이다.
② 공기 중에서 400℃로 가열하면 녹지 않고 승화되어 삼산화비소가 생성된다.
③ 자연계에서는 3가 및 5가의 원소로서 삼산화비소, 오산화비소의 형태로 존재하여 독성작용은 5가보다는 3가의 비소화합물이 강하다. 특히 물에 녹아 아비산을 생성하는 삼산화비소가 가장 강력하다.

(4) 인체 내 축적 및 제거

① 흡수
㉠ 비소의 분진과 증기는 호흡기를 통해 체내에 흡수되고, 작업현장에서의 호흡기 노출이 가장 문제가 되며, 무기물질의 경우 장관계에서 매우 잘 흡수된다.
㉡ 비소화합물이 상처에 접촉됨으로써 피부를 통하여 흡수될 수 있다.
㉢ 체내에 침입된 3가 비소가 5가 비소 상태로 산화되며 반대현상도 나타날 수 있다.
㉣ 체내에서 -SH기 그룹과 유기적인 결합을 일으켜서 독성을 나타낸다.
㉤ 체내에서 -SH기를 갖는 효소작용을 저해시켜 세포호흡에 장애를 일으킨다.

② 축적
㉠ 주로 뼈, 모발, 손톱 등에 축적되며 간장, 신장, 폐, 소화관벽, 비장 등에도 축적된다.
㉡ 뼈 조직 및 피부는 비소의 주요한 축적장기이다.
㉢ 뼈에는 비산칼륨 형태로 축적된다.

③ 배설

대부분 소변으로 배출되고, 일부는 대변으로 배출되며 극히 일부는 모발, 피부를 통해서 배설된다.

(5) 비소에 대한 건강장애

① 급성중독

㉠ 용혈성 빈혈을 일으킨다. 특히 비화수소에 노출될 경우 혈관에서 용혈이 발생한다.

㉡ 심한 구토, 설사, 근육경직, 안면부종, 심장이상, 쇼크 등이 발생된다.

㉢ 혈뇨 및 무뇨증이 발생된다(신장기능 저하).

㉣ 급성피부염 및 상기도 점막에 염증을 일으킨다.

② 만성중독

㉠ 피부각화 등의 피부증상이 가장 흔하게 나타나며, 피부의 색소침착(흑피증), 각질화가 심하면 피부암이 나타난다.

㉡ 다발성 신경염 등의 말초신경장애로 인한 질환, 빈혈, 심혈관계, 간장장애 등이 나타난다. 특히 지각마비 및 근무력증이 생긴다.

③ 분말(고형)비소화합물의 중독

㉠ 분진에 의해 피부, 겨드랑이 등 습한 부위에 낭창형 또는 습진형의 피부염이 발생하며, 피부염이 심하면 피부암을 유발한다.

㉡ 비중격궤양을 유발한다.

㉢ 폐암을 유발한다.

㉣ 생식독성 원인물질로 작용할 수 있다.

(6) 비소의 노출기준

① 고용노동부 노출기준

8시간 시간가중 평균농도(TWA)로 0.01mg/m^3

② 미국산업위생전문가협의회(ACGIH)

8시간 시간가중 평균농도(TWA)로 0.01mg/m^3

③ 생물학적노출기준(BEI)

무기비소 및 메틸화된 대사물이 35μg As/L

④ 인간에 대한 발암성이 확인된 물질군(A1)에 포함

(7) 비소의 치료

① 비소 폭로가 심한 경우는 전체 수혈을 행한다.

② 만성중독 시에는 작업을 중지시킨다.

③ 급성중독 시 활성탄과 하제를 투여하고 구토를 유발시킨 후 BAL을 투여한다.

④ 급성중독 시 확진되면 dimercaprol 약제로 처치한다(삼산화비소 중독 시 dimercaprol이 효과 없음).
⑤ 쇼크의 치료는 강력한 정맥수액제와 혈압상승제를 사용한다.

(8) 예방대책

① 공학적 대책(국소배기장치 설치)
② 개인보호구 착용(고무장갑, 호흡용 마스크, 피부보호용 크림)
③ 호흡기질환, 신경질환, 간염, 신장염 소견자 채용 제한
④ 비소 농도가 높은 작업 시에는 3개월마다 소변 중 비소 농도를 분석

7 망간(Mn)

(1) 개요

① 철강 제조 분야에서 직업성 폭로가 가장 많다.
② 합금, 용접봉의 용도로 사용된다.
③ 계속적인 폭로로 전신의 근무력증, 수전증, 파킨슨증후군이 나타나며 금속열을 유발한다.

(2) 발생원

MMT를 함유한 연료 제조에 종사하는 근로자에게 노출되는 일이 많다.
① 특수강철 생산(망간 함유 80% 이상 합금)
② 망간건전지
③ 전기용접봉 제조업, 도자기 제조업
④ 산화제(화학공업)
⑤ 유리 착색 및 페인트의 안료
⑥ 망간광산

(3) 성상(특성)

① 원자량 54.94, 비중 7.21~7.4, 비점 1,962℃의 은백색, 금색이며 통상 2가, 4가의 원자가를 갖는다.
② 마모에 강한 특성 때문에 최근 금속제품에 널리 활용된다.
③ 망간광석에서 산출되는 회백색의 단단하지만 잘 부서지는 금속으로 산화제일망간, 이산화망간, 사산화망간 등 8가지의 산화형태로 존재한다.

PART 5

④ 인간을 비롯한 대부분 생물체에는 필수적인 원소이다.
⑤ 망간의 직업성 폭로는 철강 제조에서 많다.

(4) 인체 내 축적 및 제거

① **흡수** : 호흡기, 소화기 및 피부를 통하여 체내에 흡수되며 이 중 호흡기를 통한 경로가 가장 많고 또 가장 위험하다.

② **축적**

㉠ 체내에 흡수된 망간은 혈액에서 신속하게 제거되어 10~30%는 간에 축적되며 뇌혈관막과 태반을 통과하기도 한다.

㉡ 폐, 비장에도 축적되며 손톱, 머리카락 등에서도 망간이 검출된다.

(5) 망간에 의한 건강장애

① 급성중독

㉠ MMT(Methylcyclopentadienyl Manganese Trialbonyls)에 의한 피부와 호흡기 노출로 인한 증상이다.

㉡ 이산화망간 흄에 급성노출되면 열, 오한, 호흡곤란 등의 증상을 특징으로 하는 금속열을 일으킨다.

㉢ 급성 고농도에 노출 시 조증(들뜸병)의 정신병 양상을 나타낸다.

② 만성중독

㉠ 무력증, 식욕감퇴, 수면방해 등의 초기증세를 보이다 심해지면 중추신경계의 특정부위를 손상(뇌기저핵에 축적되어 신경세포 파괴)시켜 노출이 지속되면 파킨슨 증후군과 보행장애가 두드러진다.

㉡ 안면의 변화, 즉 무표정하게 되며 배근력의 저하를 가져온다(소자증 증상).

㉢ 언어가 느려지는 언어장애 및 균형감각 상실 증세가 나타난다.

㉣ 신경염, 신장염 등의 증세가 나타난다.

㉤ 조혈장기의 장애와는 관계가 없다.

(6) 망간의 노출기준

① 고용노동부 노출기준

8시간 시간가중 평균농도(TWA)로 다음과 같다.

㉠ 망간 및 무기화합물 : 1mg/m^3

㉡ 망간(흄) : 1mg/m^3

② 미국산업위생전문가협의회(ACGIH)
8시간 시간가중 평균농도(TWA)로 다음과 같다.
무기망간화합물 : 0.2mg/m^3

(7) 예방 및 치료 대책

① 망간에 폭로되지 않도록 격리
② 증상 초기에는 킬레이트 제재를 사용하면 어느 정도 효과를 볼 수 있으나 망간에 의한 신경손상이 진행되어 일단 증상이 고정되면 회복이 어려움
③ 공학적 대책(국소배기장치 설치)
④ 개인보호구 착용(호흡기 보호구)

8 인(P)

① 황린, 인산염 증기의 흡입에 의해 중독되며 독성이 매우 강하다.
② 주로 농약 제조, 농약 사용 시에 중독 위험이 있다.
③ 증상은 X-ray를 거쳐 정확한 진단을 내려야 한다.
④ 건강장애 증상
권태, 식욕부진, 소화기장애, 빈혈, 황달 증세, 골격의 기능장애가 나타난다.

9 니켈(Ni)

① 니켈은 모넬(monel), 인코넬(inconel), 인콜리(incoloy)와 같은 합금과 스테인리스강에 포함되어 있고 허용농도는 1mg/m^3이다.
② 도금, 합금, 제강 등의 생산과정에서 발생한다.
③ 정상작업에서는 용접으로 인하여 유해한 농도까지 니켈흄이 발생되지 않는다. 그러나 스테인리스강이나 합금을 용접할 때에는 고농도의 노출에 대해 주의가 필요하다.
④ 급성중독 장애
폐부종, 폐렴, 접촉성 피부염
⑤ 만성중독 장애
㉠ 폐, 비강, 부비강에 암이 발생되고 간장에도 손상이 발생
㉡ 호흡기 장애와 전신중독
⑥ 대책
㉠ 배설을 촉진하도록 Dithiocarb를 투여한다.
㉡ 중추신경증상이 일산화탄소 중독의 경우와 같다.
㉢ 니켈에 노출되지 않도록 격리시킨다.

10 철(Fe)

① 철은 강의 주성분이며, 산화철은 용접작업에 노출되었을 때 발생되는 주요 물질이다.
② 산화철 흄은 코, 목, 폐에 자극을 일으키며 장기간 노출되면 폐에 축적되고 이를 흉부 촬영 시 X선으로 확인할 수 있다. 이러한 상태를 산화철폐증이라고 하며 용접진폐증의 주된 형태이다.

11 구리(Cu)

① 청동, 모넬(monel)과 같이 비철합금, 도금, 용접봉 등에 함유되어 있다.
② 급성장애로는 코, 목의 자극증상과 메스꺼움, 금속열 등을 유발한다.

12 아연(Zn)

① 납땜용 자재에서 주로 발생되며 가장 중요한 건강장애로 알려져 있는 것은 금속열이다.
② fume(흄)이 공기 중에 산화한 것을 흡입하면 금속열을 일으킨다.

13 불소(F)

① 자극성의 황갈색 기체로 체내에 들어온 불소는 뼈를 연화시키고, 그 칼슘화합물이 치아에 침착되어 반상치를 나타낸다.
② 일반적으로 뼈에 가장 많이 축적되는 물질이 불소이다.

03 금속증기열(metal fume fever)

(1) 개요

① 금속이 용융점 이상으로 가열될 때 형성되는 고농도의 금속산화물을 흄 형태로 흡입함으로써 발생되는 일시적인 질병이다.
② 금속증기를 들이마심으로써 일어나는 열, 특히 아연에 의한 경우가 많으므로 이것을 아연열이라고 하는데 구리, 니켈 등의 금속증기에 의해서도 발생한다.
③ 용접, 전기도금, 금속의 제련 및 용해과정에서 발생하는 경우가 많으며 주로 비교적 융점이 낮은 아연과 마그네슘, 망간산화물의 증기가 원인이 되지만 다른 금속에 의하여 생기기도 한다.
④ 금속열이 발생하는 작업장에서는 개인 보호구를 착용해야 한다.

(2) 발생원인 물질

① 아연
② 구리
③ 망간
④ 마그네슘
⑤ 니켈
⑥ 카드뮴
⑦ 안티몬

(3) 증상

① 금속증기에 폭로 후 몇 시간 후에 발병되며 체온상승, 목의 건조, 오한, 기침, 땀이 많이 발생하고 호흡곤란이 생긴다.
② 금속흄에 노출된 후 일정 시간의 잠복기를 지나 감기와 비슷한 증상이 나타난다.
③ 증상은 12~24시간(또는 24~48시간) 후에는 자연적으로 없어지게 된다.
④ 기폭로 된 근로자는 일시적 면역이 생긴다.
⑤ 특히 아연 취급작업장에는 당뇨병 환자는 작업을 금지한다.
⑥ 금속증기열은 폐렴, 폐결핵의 원인이 되지는 않는다.
⑦ 철폐증은 철분진 흡입 시 발생되는 금속열의 한 형태이다.
⑧ 월요일열(monday fever)이라고도 한다.

Reference 결정형 실리카 / 화학적 폐렴 / 발암성 중금속

1. 결정형 실리카는 폐암을 유발한다.
2. 화학적 폐렴은 베릴륨, 산화카드뮴, 에어로졸 노출에 의해 발생하며, 발열, 기침, 폐기종이 동반된다.
3. 발암성을 나타내는 중금속은 니켈, 6가 크롬, 비소 등이며, 망간은 발암성이 밝혀지지 않았다.

인체 구조 및 대사

01 인체의 구성

(1) 인체의 기본적 구성

① 세포
- ㉠ 인체의 구성과 기능을 수행하는 최소단위를 말한다.
- ㉡ 근육세포, 신경세포, 상피세포, 결합조직 체세포 등으로 분류된다.

② 조직
- ㉠ 세포들이 분화된 집단을 말한다.
- ㉡ 근육조직, 신경조직, 상피조직, 결합조직 등으로 분류된다.

③ 기관
- ㉠ 세포들이 특수 기능을 실행하기 위해 결합된 형태를 말한다.
- ㉡ 실질성 기관(간, 심장 등), 유강성 기관(위, 방광 등) 등으로 분류한다.
- ㉢ 신장의 기본단위조직은 네프론이며, 간의 기본단위조직은 간소엽이다.

④ 계통
- ㉠ 기관이 모여진 것을 말한다.
- ㉡ 골격계(뼈, 연골, 관절), 근육계(골격근, 심장근, 평활근, 근막 등), 신경계(중추신경, 말초신경), 순환계(심장, 혈액, 혈관, 림프, 림프관 등), 소화기계(입, 위, 소장, 대장, 간, 췌장 등), 호흡계(코, 인후두, 기관, 기관지, 폐 등), 비뇨기계(신장, 방광, 요도 등), 생식기계, 내분비계(뇌하수체, 갑상선 등) 등으로 분류된다.

(2) 인체의 구조

① 인체의 구분
- ㉠ 몸통 : 머리, 목, 가슴, 배의 4개 부분으로 구분한다.
- ㉡ 사지 : 상지(팔)와 하지(다리)로 구분된다.

② 인체의 단면
- ㉠ 정중단면(시상단면) : 인체를 오른쪽과 왼쪽으로 나누는 절단면을 말한다.
- ㉡ 관상단면(전두단면) : 인체를 앞과 뒤로 나누는 단면을 말한다.
- ㉢ 수평단면(가로단면) : 인체를 위와 아래로 나누는 절단면을 말한다.

02 근골격계 해부학적 구조

(1) 골격

① 골격은 신체를 지지하는 역할을 한다.
② 206개의 뼈로 구성되어 있다.
③ 뼈는 뼈기질, 연골질, 골수, 골막으로 구성되어 있다.
④ 주요 기능
㉠ 중요 기관 보호
㉡ 몸을 지탱
㉢ 장기 보호
㉣ 조혈작용(골수)
㉤ 인체활동 수행
⑤ 몸통 골격은 두개골(뇌두개골과 안면골로 구분), 척추(경추, 흉추, 요추, 천추, 미추로 구분), 흉막(흉골, 늑골, 늑연골로 구분)으로 구성되어 있다.
⑥ 사지 골격은 상지대(견갑골과 쇄골로 구분), 상지(위팔, 아래팔, 수근, 손, 손가락으로 구분), 하지대(관골, 천골, 미골로 구분), 하지(대퇴, 하퇴, 발목, 발, 발가락으로 구분)로 구성되어 있다.

(2) 관절

① 뼈와 뼈를 연결하는 역할을 한다.
② 부동성 관절은 섬유성 관절, 연골성 관절, 뼈결합 관절로 구분한다.
③ 가동성 관절은 절구관절, 타원관절, 안장관절, 경첩관절, 차축관절, 평면관절로 구분한다.

(3) 골격근

① 근세포(근섬유)가 모여 형성된 것이 근육이다.
② 근육의 종류는 골격근(횡무늬근, 가로무늬근으로 구분하며 인체에서 유일한 수의근임), 평활근(내장근이며 불수의근임), 심근(황무늬근이며 불수의근임)으로 구분한다.
③ 주요 기능
㉠ 화학적 에너지를 기계적 에너지로 전환
㉡ 지렛대와 같은 작용
④ 인체의 골격근은 약 650개이다.
⑤ 건(tendon)은 근육과 뼈를 연결하는 섬유조직이다.
⑥ 근육의 기본단위조직은 근섬유이다.

(4) 신경계

① 중추신경계(뇌와 척수신경으로 구분), 말초신경계, 자율신경계(교감신경계, 부교감신경계로 구분)로 구분한다.

② 구조에 따른 분류는 단일극 신경원, 양극 신경원, 다수극 신경원으로 한다.

③ 기능에 따른 분류는 감각 신경원, 운동 신경원, 개재 신경원으로 한다.

④ 신경의 기본단위조직은 뉴런이다.

03 순환계 및 호흡계

(1) 순환계

① 개요

㉠ 인체의 각 구조에 산소 및 영양소를 공급하고 대사작용 후 노폐물을 제거하는 기관을 말하며, 폐, 심장, 근육으로 구조를 이룬다.

㉡ 신체 방어에 필요한 혈액응고효소 등을 손상받은 부위로 수송하는 역할을 한다.

② 구성

혈관계와 림프계로 구성된다.

㉠ 혈관계

ⓐ 심장 : 2심방 2심실로 구성

ⓑ 혈액은 호흡가스 수송, 노폐물 수송, 항상성 유지, 생체 보호작용, 체액의 다량 손실 방지 역할을 함

ⓒ 동맥 : 심장에서 말초신경계로 이동하는 원심성 혈관

ⓓ 정맥 : 말초신경계에서 심장으로 이동하는 구심성 혈관

ⓔ 모세혈관 : 소동맥과 소정맥을 연결하는 아주 작은 혈관

ⓕ 순환경로 : 체순환(혈액이 심장 → 전신순환 → 심장으로 순환)과 폐순환(혈액이 심장, 폐 사이에서만 순환)이 있다.

㉡ 림프계

ⓐ 림프관 : 모세혈관보다 크고 많은 구멍을 가짐

ⓑ 조직액 내의 이물질 제거 역할

ⓒ 집합관은 림프가 역류하는 것을 막는 역할

ⓓ 흉관과 우림프관으로 구분

ⓔ 림프절 : 체내에 들어온 감염성 미생물 및 이물질을 살균 또는 식균하는 역할

ⓕ 기능 : 특수면역작용, 식균(살균)작용, 간질액의 혈류로의 재유입

(2) 호흡계

① 개요

㉠ 호흡기계는 상기도, 하기도, 폐조직으로 이루어지며 혈액과 외부 공기 사이의 가스교환을 담당하는 기관이다. 즉, 공기 중으로부터 산소를 취하여 이것을 혈액에 주고 혈액 중의 이산화탄소를 공기 중으로 보내는 역할을 한다. 호흡계의 기본단위는 가스교환작용을 하는 폐포이고, 비강, 기관, 기관지는 흡입되는 공기에 습기를 부가하여 정화시켜 폐포로 전달하는 역할을 한다.

㉡ 작업자의 호흡작용에 있어서 호흡공기와 혈액 사이에 기체교환이 가장 비활성적인 곳이 기도이다.

② 구성

㉠ 코와 비강

ⓐ 흡입 공기를 일차적으로 정화시키는 기능의 수행에 적합한 구조를 지니고 있음

ⓑ 표면적이 넓은 구조를 갖고 있음

ⓒ 흡입된 공기의 이물질을 여과, 일정한 온도와 습도를 유지하는 역할을 함

ⓓ 비강 점막은 편평상피, 호흡상피, 후각상피의 상피조직으로 구성되며, 흡입된 벤조피렌 물질과 접촉하면 비강암을 유발할 수 있음

㉡ 인두

길이가 약 12cm 정도이며 근육과 점막으로 구성

㉢ 후두

ⓐ 길이가 약 4cm 정도이며, 폐에 흡입되는 공기의 통로 역할을 함

ⓑ 연골을 중심으로 근층 및 상피세포로 구성

㉣ 기관, 기관지

ⓐ 길이 약 10cm, 직경 2cm의 개방된 관임

ⓑ 표피세포는 결합조직, 평활근, 연골로 지지받고 있으며, 호흡계에 깊숙이 들어갈수록 평활근의 양은 증가하고 연골의 양은 감소함

ⓒ 연골의 유무로 기관지와 세기관지로 구분함

ⓓ 세기관지에 가까울수록 상부 호흡기계에 있는 섬모세포는 줄어들고 클라라세포가 나타남

ⓔ 클라라세포는 특이적인 분비단백질의 생산 · 저장 및 분비 능력이 있고, 시토크롬 P-450 같은 대사효소가 다량 분포하여 유해물질의 표적이 됨

㉤ 폐

ⓐ 호흡기 중에서 가장 중요한 기관으로, 기본단위조직은 폐포

ⓑ 폐의 내부에는 폐포가 있고 많은 모세혈관이 존재하여 산소와 이산화탄소의 가스교환이 이루어짐(즉, 폐 속에 있는 산소는 혈액 속에 있는 이산화탄소와 교환되고 이산화탄소는 호기 시 몸으로부터 배출됨)

ⓒ 폐는 약 2~3억 개의 폐포로 구성되고 총 70~100m^2의 표면적을 가져 가스교환이 용이함

ⓓ 가스교환이 일어나는 얇은 막(약 0.2mm)은 기저막과 내피로 이루어져 있음

ⓔ 폐포 내에는 대식세포가 다량 존재하여 흡입 이물질을 용해·식균하여 해독시키는 기능이 있으며 또한 대식세포는 폐의 방어기전으로 염증 및 면역기능에도 관여함

ⓕ 폐는 가스교환작용 이외에도 휘발성 물질의 배설에도 중요한 역할을 함

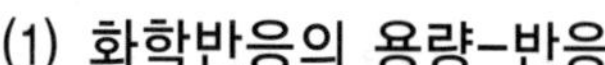

04 유해물질의 대사 및 축적

(1) 화학반응의 용량-반응

① 독성

㉠ 독성은 유해화학물질이 일정한 농도로 체내의 특정 부위에 체류할 때 악영향을 일으킬 수 있는 능력을 말한다.

㉡ 사람에게 흡수되어 초래되는 바람직하지 않은 영향의 범위, 정도, 특성을 의미한다.

② 유해성

㉠ 정의

근로자가 유해인자에 노출됨으로써 손상을 유발할 수 있는 가능성을 말한다.

㉡ 유해성 결정요소[독성(위해성)과 노출량]

ⓐ 유해물질 자체의 독성

ⓑ 유해물질 자체의 특성 ┐ 노출량

ⓒ 유해물질 발생형태 ┘

㉢ 유해성(위해도) 평가 시 고려요인

ⓐ 시간적 빈도와 시간

간헐적 작업, 시간 외 작업, 계절 및 기후조건 등

ⓑ 공간적 분포

유해인자 농도 및 강도, 생산공정 등

ⓒ 노출대상의 특성

민감도, 훈련기간, 개인적 특성 등

ⓓ 조직적 특성

회사조직정보, 보건제도, 관리정책 등

ⓔ 유해인자가 가지고 있는 위해성

독성학적, 역학적, 의학적 내용 등

ⓕ 노출상태

ⓖ 다른 물질과 복합노출

㉣ 호흡기를 통한 흡수의 경우 유해성은 증기압이 중요한 요소이다. 유기용제 경우 비점이 낮으면 휘발성이 강하여 빨리 증발하므로 유해성은 비점이 높은 유기용제보다 크다.

㉤ 위해성 평가의 1단계는 예비평가(예측, 인지)이고, 2단계는 화학적 인자에 대한 노출 측정이다.

③ 용량－반응 관계

㉠ 용량－반응의 용량은 노출량, 즉 투여용량을 의미하고 반응은 사망빈도를 의미하며 대수적 함수 관계를 나타낸다.

㉡ 용량－반응 관계의 필요 가정사항

ⓐ 반응은 화학물질의 투여에 의해 발생

ⓑ 반응은 투여량과 관련

ⓒ 반응을 정성적 또는 정량적으로 측정하는 방법 존재

㉢ 용량－반응 관계식

$$C \times T = K : \text{Haber의 법칙}$$

여기서, C : 농도
T : 노출지속시간(노출시간)
K : 용량(유해물질지수)

㉣ 일반적으로 용량에 대한 치사비율은 S자형 곡선을 나타낸다.

㉤ 독성실험에 관한 용어

ⓐ LD_{50}

- 유해물질의 경구투여용량에 따른 반응범위를 결정하는 독성검사에서 얻은 용량－반응 곡선에서 실험동물군의 50%가 일정 기간 동안에 죽는 치사량을 의미
- 독성물질의 노출은 흡입을 제외한 경로를 통한 조건이어야 함
- 치사량 단위는 [물질의 무게(mg)/동물의 몸무게(kg)]로 표시함
- 통상 30일간 50%의 동물이 죽는 치사량을 말함
- LD_{50}에는 변역 또는 95% 신뢰한계를 명시하여야 함
- 노출된 동물의 50%가 죽는 농도의 의미도 있음

ⓑ LD_{10}

- 실험동물군에서 사망이 일어나지 않는 농도
- LD_{100}은 노출된 동물이 100% 사망할 수 있는 최저농도

ⓒ LC_{50}

- 실험동물군을 상대로 기체상태의 독성물질을 호흡시켜 50%가 죽는 농도
- 시험 유기체의 50%를 죽게 하는 독성물질의 농도
- 동물의 종, 노출지속시간, 노출 후 관찰시간과 밀접한 관계

ⓓ ED_{50}

- 사망을 기준으로 하는 대신에 약물을 투여한 동물의 50%가 일정한 반응을 일으키는 양을 의미
- 시험 유기체의 50%에 대하여 준치사적인 거동감응 및 생리감응을 일으키는 독성물질의 양을 의미
- ED는 실험동물을 대상으로 얼마간의 양을 투여했을 때 독성을 초래하지 않지만 실험군의 50%가 관찰 가능한 가역적인 반응이 나타나는 작용량, 즉 유효량을 의미

ⓔ TL_{50}

- 시험 유기체의 50%가 살아남는 독성물질의 양을 의미
- 생존율이 50%인 독성물질의 양으로 허용한계 의미에서 사용

ⓕ TD_{50}

시험 유기체의 50%에서 심각한 독성반응을 나타내는 양, 즉 중독량을 의미

ⓖ 안전역

화학물질의 투여에 의한 독성 범위

$$\text{안전역} = \frac{TD_{50}}{ED_{50}} = \frac{\text{중독량}}{\text{유효량}} = \frac{LD_1}{ED_{99}}$$

ⓗ TI

생물학적인 활성을 갖는 약물의 안전성을 평가하는 데 이용하는 치료지수

$$\text{치료지수} = \frac{LD_{50}}{ED_{50}} = \frac{\text{치사량}}{\text{유효량}}$$

ⓘ 반응에 있어서 병리학적 변화는 사망을 유발시키기 바로 전 용량에서 확인

ⓙ 조직 중 독성작용에 민감하게 반응하는 기관은 간과 신장

(2) 생체막 투과

① 유해화학물질의 흡수, 분포, 대사, 배설작용이 행해지려면 유해화학물질이 생체막을 투과하여야 하며 화학물질이 혈장단백질과 결합하면 모세혈관을 통과하지 못하고 유리상태의 화학물질만 모세혈관을 통과하여 각 조직세포로 들어갈 수 있다.

② 투과에 미치는 영향인자

㉠ 유해화학물질의 크기와 형태

㉡ 유해화학물질의 용해성

㉢ 유해화학물질의 이온화의 정도

㉣ 유해화학물질의 지방 용해성

③ 촉진확산(생체막 투과방법)

㉠ 운반체의 확산성을 이용하여 생체막을 통과하는 방법으로, 운반체는 대부분 단백질로 되어 있다.

㉡ 운반체의 수가 가장 많을 때 통과속도는 최대가 되지만 유사한 대상 물질이 많이 존재하면 운반체의 결합에 경합하게 되어 투과속도가 선택적으로 억제된다.

㉢ 일반적으로 필수영양소가 이 방법에 의하지만, 필수영양소와 유사한 화학물질이 통과하여 독성이 나타나게 된다.

(3) 흡수경로

① 호흡기를 통한 흡수

② 소화기를 통한 흡수

③ 피부접촉에 의한 흡수

(4) 체내 분포 및 대사작용

① 체내로 흡수된 유해물질은 혈액을 통하여 신체 각 부위의 조직으로 운반된다.

② 대부분의 유해물질은 혈류를 따라 간질조직과 세포질에 분포하고 그 분포양상은 유해물질의 생리적 · 생화학적 성상 및 유해물질의 혈장단백과의 결합력에 따라 다르다.

③ 대사작용은 주로 간장에서 이루어지며 대사작용에 의해 유해물질의 독성이 감소 또는 증가한다.

④ 대사작용은 간세포의 과립체 내에 있는 각종 효소에 의해 이루어진다.

⑤ 효소는 체내에서 유해물질을 분해하는 데 가장 중요한 역할을 한다. 즉 체내에 섭취된 화합물을 해독하는 데 중요한 작용을 한다.

⑥ 유기성 화학물질은 지용성이 높아 세포막을 쉽게 통과하여 지방조직에 많이 농축된다.

⑦ 불소와 납과 같은 독성물질은 뼈조직에 침착되어 저장되며 납의 경우 생체에 존재하는 약 90%가 뼈조직에 있다.

05 유해물질(독성물질)의 해독작용

(1) 생체전환

① 개요(독성물질의 생체 내 변환)

㉠ 생체변화의 기전은 기존의 화합물보다 인체에서 제거하기 쉬운 대사물질로 변화시키는 것이다.

㉡ 생체전환은 독성물질이나 약물의 제거에 대한 첫 번째 기전이며, 1상(단계) 반응과 2상(단계) 반응으로 구분된다.

② 제1상 반응

㉠ 분해반응이나 이화반응이다.

㉡ 이화반응은 산화반응, 환원반응, 가수분해반응이 있다.

③ 제2상 반응

제1상 반응을 거친 물질을 더욱 수용성으로 만드는 포합반응이다.

④ 생체전환에 영향을 미치는 인자

㉠ 종, 혈통

㉡ 연령, 성별

㉢ 영양상태

㉣ 효소의 유도물질과 억제제

㉤ 질병상태

㉥ 개인의 유전인자

⑤ 리파아제(lipase)

혈액, 위액, 췌장분비액, 장액에 들어 있는 지방분해효소로 지방질을 지방산과 글리세린으로 가수분해하는 물질이다.

(2) 독성실험 단계

① 제1단계(동물에 대한 급성폭로 시험)

㉠ 치사성과 기관장애(중독성장애)에 대한 반응곡선을 작성한다.

㉡ 눈과 피부에 대한 자극성을 시험한다.

㉢ 변이원성에 대하여 1차적인 스크리닝 실험을 한다.

② 제2단계(동물에 대한 만성폭로 시험)

㉠ 상승작용과 가승작용 및 상쇄작용에 대하여 시험한다.

㉡ 생식영향(생식독성)과 산아장애(최기형성)를 시험한다.

㉢ 거동(행동) 특성을 시험한다.

㉣ 장기독성을 시험한다.

㉤ 변이원성에 대하여 2차적인 스크리닝 실험을 한다.

③ 화학물질의 독성실험 수행 시 고려사항

㉠ 실험동물(생물체)의 선정

㉡ 시험대상 독성물질의 선정

㉢ 모니터하거나 측정할 최종점(end point) 선정

(3) 돌연변이

① 돌연변이(mutation)

㉠ 유전정보물질(유전자 또는 게놈)의 정보기구가 질적 · 양적으로 변화하는 것을 총칭하는 말이다.

㉡ 유전정보물질의 예기하지 않던 변화를 의미한다.

㉢ 돌연변이는 체세포, 생식세포 모두에서 일어난다.

㉣ 체세포에서는 암, 기형 등이 발생되며 생식세포에서는 각종 유전질병이 발생된다.

② 돌연변이원(mutagen)

유전자의 뉴클레오티드의 순서, 염색체의 구조, 염색체의 숫자의 변이를 유도시키는 독성물질을 총칭하는 말이다.

③ 점돌연변이(point mutation)

㉠ 뉴클레오티드의 변화를 말한다.

㉡ 대규모 돌연변이는 염색체 수나 구조에 변화가 오는 것을 말한다.

④ 점돌연변이의 주요 기전

㉠ 염기의 치환

㉡ 염기의 삽입(첨가)

㉢ 염기의 탈락(삭제)

⑤ 염색체 수 이상의 대표적 유전질환

㉠ 클라인펠터 증후군(Klinefelter's syndrome)

㉡ 터너 증후군(Turner's syndrome)

㉢ 다운증후군(Down syndrome)

㉣ 파타우 증후군(patau syndrome)

⑥ 염색체 구조 이상의 대표적 유전질환

㉠ 색소성 건피증(xeroderma pigmentosum)

㉡ 블룸 증후군(bloom syndrome)

㉢ 판코니 증후군(Fanconi's syndrome)

⑦ 돌연변이 유발인자

㉠ 자외선

㉡ 아크리딘(핵산 하나를 탈락시키거나 첨가함으로써 돌연변이를 일으키는 물질)

㉢ 아질산

㉣ 브로모우라실

(4) 생식독성

① 정의

생식독성이란 생식세포와 이 생식세포의 수정, 태아의 발육에 관련이 있는 부분에 영향을 미치는 독성현상을 말한다.

② 작업현장에서 생식독성의 확인이 어려운 이유

㉠ 복잡하고 다양한 요인에 의한 영향

㉡ 유해인자의 노출 증명 어려움

㉢ 개인의 건강상태의 차이

③ 최기형 물질(teratogen)

선천성 기형을 유발하는 물질을 말하며, 독성이 나타나지 않는 낮은 양에서도 기형이 발생될 수 있다.

④ 최기형성 작용기전(기형 발생의 중요 요인)

㉠ 노출되는 화학물질의 양(원인물질의 용량)

㉡ 노출되는 사람의 감수성

㉢ 노출시기

⑤ 생식독성의 평가방법

㉠ 수태능력시험

생식세포에 미치는 영향을 검색하는 시험방법

㉡ 최기형성 시험

임신 말기에 기형 발생을 관찰하는 방법

㉢ 주산, 수유기 시험

기관 형성 시점부터 이유기, 분만 후의 발육 · 성장 · 학습능력을 평가하는 방법

⑥ 남성 근로자의 생식독성 유발 유해인자

고온, X선, 납, 카드뮴, 망간, 수은, 항암제, 마취제, 알킬화제, 이황화탄소, 염화비닐, 음주, 흡연, 마약, 호르몬제제, 마이크로파 등

⑦ 여성 근로자의 생식독성 유발 유해인자

X선, 고열, 저산소증, 납, 수은, 카드뮴, 항암제, 이뇨제, 알킬화제, 유기인계 농약, 음주, 흡연, 마약, 비타민 A, 칼륨, 저혈압 등

(5) 혈액독성의 평가

혈액독성이란 체중의 약 6~8%를 차지하는 혈액이 항상성을 유지하지 못하고 이상증상이 일어나는 것으로, 주로 적혈구의 산소운반기능을 손상시키는 물질을 혈액독성물질이라 한다.

① 혈색소

㉠ 정상수치는 약 12~16g/dL

㉡ 정상치보다 높으면 만성적인 두통, 홍조증, 황달이 나타남

㉢ 정상치보다 낮으면 빈혈증상이 나타남

② 백혈구 수

㉠ 정상수치는 약 4,000~8,000개/μL

㉡ 정상수치보다 높으면 백혈병 증상이 나타남

㉢ 정상수치보다 낮으면 재생불량성 빈혈을 의심

③ 혈소판 수

㉠ 정상수치는 약 150,000~450,000개/μL

㉡ 정상수치보다 높으면 출혈 및 조직의 손상 의심

㉢ 정상수치보다 낮으면 골수기능 저하 의심

④ 혈구용적

㉠ 정상수치는 약 34~48%

㉡ 정상수치보다 높으면 탈수증과 다혈구증 의심

㉢ 정상수치보다 낮으면 빈혈 의심

⑤ 적혈구 수

㉠ 정상수치는 남자 약 410~530만 개/μL, 여자 약 380~480만 개/μL

㉡ 정상수치보다 높으면 다혈증, 다혈구증 의심

㉢ 정상수치보다 낮으면 헤모글로빈이 감소하여 현기증, 기절증상 의심

Reference

적혈구의 산소운반 단백질을 헤모글로빈이라 하며, 헤모글로빈의 철성분이 어떤 화학물질에 의하여 메트헤모글로빈으로 전환되기도 하는데 이런 현상은 철성분이 산화작용을 받기 때문이다.

(6) 유전독성

① 물리 · 화학적 물질들이 세포 내 유전과정에 관여하는 내인성 물질(DNA, 핵산)에 영향을 미치는 것을 말한다.

② 대부분의 생명체는 핵산이라는 유전물질을 통하여 유전정보를 전달한다.

06 유해물질(독성물질)의 배출

(1) 개요

① 독성물질의 배출에 있어서 중요한 기관은 신장, 폐, 간이며, 배출은 생체전환과 분배과정이 동시에 일어난다.

② 간장과 신장은 화학물질과 결합하는 능력이 매우 크고 다른 기관에 비하여 월등히 많은 양의 독성물질을 농축할 수 있다.
③ 흡수된 유해물질은 수용성으로 대사된다.
④ 유해물질의 분포량은 혈중 농도에 대한 투여량으로 산출한다.
⑤ 유해물질의 혈장농도가 50% 감소하는 데 소요되는 시간을 반감기라고 한다.

(2) 배출 중요 기관

① 신장
㉠ 유해물질에 있어서 가장 중요한 기관이다.
㉡ 신장의 기능
ⓐ 신장적혈구의 생성인자
ⓑ 혈압조절
ⓒ 비타민 D의 대사작용
㉢ 사구체 여과된 유해물질은 배출되거나 재흡수되며, 재흡수 정도는 소변의 pH에 따라 달라진다.
㉣ 신장은 체액의 전해질 및 pH를 조절하여 신체의 항상성 유지 등의 신체조정역할을 수행하기 때문에 폭로에 민감하다.
㉤ 신장을 통한 배설은 사구체여과, 세뇨관 재흡수, 세뇨관 분비에 의해 제거된다.
㉥ 사구체를 통한 여과는 심장의 박동으로 생성되는 혈압 등의 정수압(hydrostatic pressure)의 차이에 의해 일어난다.
㉦ 세뇨관을 통한 분비는 선택적으로 작용하며, 능동 및 수동 수송방식으로 이루어진다.
㉧ 세뇨관 내의 물질은 재흡수에 의해 혈중으로 돌아가며 아미노산, 당류, 독성물질 등이 재흡수된다.

② 간
㉠ 생체변화에 있어 가장 중요한 조직으로 혈액 흐름이 많고 대사효소가 많이 존재하며 어떤 순환기에 도달하기 전에 독성물질을 해독하는 역할을 한다. 또한 소화기로 흡수된 유해물질을 해독한다.
㉡ 간장의 일반적인 기능
ⓐ 탄수화물의 저장과 대사작용
ⓑ 호르몬의 내인성 폐기물 및 이물질의 대사작용
ⓒ 혈액 단백질의 합성
ⓓ 요소의 생성
ⓔ 지방의 대사작용
ⓕ 담즙의 생성

㉢ 간장이 표적장기가 되는 이유
ⓐ 혈액의 흐름이 매우 풍성하여 혈액을 통해 쉽게 침투가 가능하기 때문
ⓑ 매우 복합적인 기능을 수행하여 기능의 손상 가능성이 매우 높기 때문
ⓒ 문정맥을 통하여 소화기계로부터 혈액을 공급받음으로써 소화기관을 통하여 흡수된 독성물질의 일차적인 표적이 되기 때문
ⓓ 각종 대사효소가 집중적으로 분포되어 있고 이들 효소활동에 의해 다양한 대사물질이 만들어져 다른 기관에 비해 독성물질의 노출 가능성이 매우 높기 때문
※ 표적장기 : 대상 독성물질이 가장 고농도로 축적되는 장기를 의미하지 않으며, 대상 물질이 독성작용을 발휘하는 장기를 뜻함

③ 폐
유해물질 중 가스상 물질이나 휘발성 물질 배출에 관여하는 기관이다.
④ 피부
⑤ 땀
⑥ 손발톱
⑦ 모유

07 중독 발생에 관여하는 요인(유해물질 인자)

중독 발생에 관여하는 요인은 유해물질에 의한 유해성을 지배하는 인자, 유해물질이 인체에 건강 영향(위해성)을 결정하는 인자와 같은 의미이다.

(1) 공기 중의 농도(폭로농도)

① 유해물질의 농도 상승률보다 유해도의 증대율이 훨씬 많이 관여한다.
② 유해물질을 혼합할 경우 유해도는 상승적(상승작용)으로 나타난다.
③ 유해화학물질의 유해성은 그 물질 자체의 특성(성질, 형태, 순도 등)에 따라 달라진다.

(2) 폭로시간(폭로횟수)

① 유해물질에 폭로되는 시간이 길수록 영향이 크다.
② 동일한 농도의 경우에는 일정 시간 동안 계속 폭로되는 편이 단순하게 같은 시간에 폭로되는 것보다 피해가 크다.

③ Haber 법칙

유해물질에 단시간 폭로 시 중독되는 경우에만 적용

$$K = C \times t$$

여기서, K : 유해물질지수

C : 노출농도(독성의 의미)

t : 폭로(노출)시간(노출량의 의미)

(3) 작업강도

① 작업강도는 호흡량, 혈액순환속도, 발한이 증가되어 유해물질의 흡수량에 영향을 미친다.

② 강도가 클수록 산소요구량이 많아져 호흡률이 증가하여 유해물질이 체내에 많이 흡수된다.

③ 일반적으로 앉아서 하는 작업은 3~4L/min, 강한 작업은 30~40L/min 정도의 산소요구량이 필요하다.

(4) 기상조건

습도가 높거나 대기가 안정된 상태에서는 유해가스가 확산되지 않고 농도가 높아져 중독을 일으킨다.

(5) 개인 감수성

① 인종, 연령, 성별, 선천적 체질, 질병의 유무에 따라 감수성이 다르게 나타난다.

② 일반적으로 연소자, 여성, 질병이 있는 자(간, 심장, 신장 질환)의 경우 감수성이 높게 나타난다.

③ 여성이 남성보다 유해화학물질에 대한 저항이 약한 이유

㉠ 피부가 남자보다 섬세함

㉡ 월경으로 인한 혈액 소모가 큼

㉢ 각 장기의 기능이 남성에 비해 떨어짐

(6) 인체 내 침입경로

(7) 유해물질의 물리화학적 성질

08 위해도 평가

(1) 개요

① 산업위생활동은 위해도 평가에 의해서 유해요인을 관리하는 것으로 위해도 평가란 위험이 큰 유해인자를 결정하는 것이다.

② 위해도 평가 1단계는 유해요인을 예측하고 인지하는 것을 의미하며, 위해도 평가 2단계는 우선순위에 따라 측정하고 전문가의 판단에 따라 평가하는 것을 의미한다.

(2) 위해도 평가방법

① 노출지수와 위해성지수의 조합에 의한 방법

㉠ 노출지수는 과거 노출자료, 노출모델, 전문가의 판단에 따라 결정된다.

㉡ 위해성지수는 유해성에 따라 5개의 범주(0~4)로 구분되고, 노출지수 또한 5개의 범주(0~4)로 구분된다.

㉢ 노출지수와 위해성지수가 각각 4로 평가된 동일노출그룹(HEG)은 평가 시 가장 우선적으로 해야 한다.

㉣ 일반적으로 위해성지수 범주 4는 의심되는 발암물질이나 확정발암물질을 포함한다.

② VHI(Vapor Hazard Index)를 이용한 방법

㉠ 개요

VHI의 값에 노출근로자 수 및 노출시간을 고려하여 화학물질의 위해도를 평가한다.

㉡ 관련식

$$\mathrm{VHI} = \log\left(\frac{C}{\mathrm{TLV}}\right)$$

여기서, VHI : 증기위험지수

C : 포화농도(최고농도 : 대기압과 해당 물질 증기압을 이용하여 계산)

$\frac{C}{\mathrm{TLV}}$: VHR(Vapor Hazard Ratio)

㉢ VHI가 0보다 낮게 나오면 화학물질의 증기농도는 포화상태의 조건이 되지 않는 한 노출기준에 미치지 못함을 의미한다.

(3) 위해도 평가 결정의 우선순위

① 물질의 위해성

② 공기 중으로 분산 가능성

③ 노출근로자 수

④ 물질 사용시간

PART 5

Reference 산업독성의 범위

1. 독성물질이 산업현장인 생산공정의 작업환경 중에서 나타내는 독성이다.
2. 작업자들의 건강을 위협하는 독성물질의 독성을 대상으로 한다.
3. 공중보건을 위협하거나 우려가 있는 독성물질에 대한 예방을 목적으로 한다.
4. 공업용 화학물질 취급 및 노출과 관련된 작업자의 건강보호가 목적이다.

※ 산업위생에서 관리해야 할 유해인자의 독성은 '독성'이나 '유해성' 그 자체가 아니고 근로자의 노출가능성을 고려한 '위험'이다.

09 생물학적 모니터링

(1) 개요

① 생물학적 모니터링은 근로자의 유해물질에 대한 노출정도를 소변, 호기, 혈액 중에서 그 물질이나 대사산물을 측정함으로써 노출정도를 추정하는 방법을 말한다.

② 생물학적 검체의 측정을 통해서 노출의 정도나 건강위험을 평가하는 것이다.

③ 건강에 영향을 미치는 바람직하지 않은 노출상태를 파악하는 것이다.

④ 최근의 노출량이나 과거로부터 축적된 노출량을 간접적으로 파악한다.

⑤ 건강상의 위험은 생물학적 정체에서 물질별 결정인자를 생물학적 노출지수와 비교하여 평가된다.

(2) 근로자의 화학물질에 대한 노출 평가방법 종류

① 개인시료 측정

㉠ 근로자 신체부위에 여재나 감지기구를 부착하여 그 부근에서 양이나 농도를 측정하여 실제 근로시간 동안 노출되는 양, 농도가 간접적으로 평가된다.

㉡ 유해물질의 유해인자에 대한 근로자의 노출을 추정하기 위하여 실시하며, 노출을 줄이기 위한 관리대책의 선정이나 계획을 수립하기 위하여 실시한다.

㉢ 호흡기를 통하여 공기 중 농도만을 평가하므로 종합적인(직접적인) 흡수량을 알지 못하는 단점이 있다(피부나 소화기계의 흡수는 반영 못함).

㉣ 장점

간편하고 신속하게 근로자가 작업환경 공기 중의 농도를 측정하고, 건강 위험을 간접적으로 평가할 수 있다.

② 생물학적 모니터링

근로자의 노출평가와 건강상의 영향평가 두 가지 목적으로 모두 사용할 수 있다.

③ 건강감시(medical surveillance)

㉠ 유해물질에 노출된 근로자에 대해 주기적으로 의학적 · 생리학적 검사를 실시하여 평가하는 방법을 사용한다.

㉡ 생물학적 모니터링이 건강에 악영향을 미치는 노출상태를 알기 위한 방법이라면, 건강감시는 근로자의 건강한 상태를 평가하고 건강상의 악영향에 대한 초기 증상을 각 근로자에 따라 규명하는 데 목적이 있다.

(3) 생물학적 모니터링의 목적

① 유해물질에 노출된 근로자 개인에 대해 모든 인체침입경로, 근로시간에 따른 노출량 등 정보를 제공하는 데 있다.
② 개인위생보호구의 효율성 평가 및 기술적 대책, 위생관리에 대한 평가에 이용한다.
③ 근로자 보호를 위한 모든 개선 대책을 적절히 평가한다.

(4) 생물학적 모니터링의 필요성

① 근로자 채용 전 스크리닝 검사
② 노출량에 따른 작업 조정
③ 중독에 대한 치료대책 수립

(5) 생물학적 모니터링의 장점 및 단점

① 장점
㉠ 공기 중의 농도를 측정하는 것보다 건강상의 위험을 보다 직접적으로 평가할 수 있다.
㉡ 모든 노출경로(소화기, 호흡기, 피부 등)에 의한 종합적인 노출을 평가할 수 있다.
㉢ 개인시료보다 건강상의 악영향을 보다 직접적으로 평가할 수 있다.
㉣ 건강상의 위험에 대하여 보다 정확한 평가를 할 수 있다.
㉤ 인체 내 흡수된 내재용량이나 중요한 조직부위에 영향을 미치는 양을 모니터링할 수 있다.

② 단점
㉠ 시료채취가 어렵다.
㉡ 유기시료의 특이성이 존재하고 복잡하다.
㉢ 각 근로자의 생물학적 차이가 나타날 수 있다.
㉣ 분석의 어려움 및 분석 시 오염에 노출될 수 있다.
㉤ 시료채취 시 근로자에게 부담을 줄 수 있다.

(6) 생물학적 모니터링의 특성

① 작업자의 생물학적 시료에서 화학물질의 노출을 추정하는 것을 말한다.
② 근로자 노출평가와 건강상의 영향평가 두 가지 목적으로 모두 사용될 수 있다.
③ 모든 노출경로에 의한 흡수정도를 나타낼 수 있다.

④ 개인시료 결과보다 측정결과를 해석하기가 복잡하고 어렵다.
⑤ 폭로 근로자의 호기, 소변, 혈액, 기타 생체시료를 분석하게 된다.
⑥ 단지 생물학적 변수로만 추정을 하기 때문에 허용기준을 검증하거나 직업성 질환(직업병)을 진단하는 수단으로 이용할 수 없다.
⑦ 유해물질의 전반적인 폭로량을 추정할 수 있다.
⑧ 반감기가 짧은 물질일 경우 시료채취시기는 특별히 중요하나, 긴 경우는 특별히 중요하지 않다.
⑨ 생체시료가 너무 복잡하고 쉽게 변질되기 때문에 시료의 분석과 취급이 보다 어렵다.
⑩ 건강상의 영향과 생물학적 변수와 상관성이 있는 물질이 많지 않아 작업환경측정에서 설정한 허용기준(TLV)보다 훨씬 적은 기준을 가지고 있다. 이는 건강영향을 추정할 수 있는 바이오마커가 드물기 때문이다.
⑪ 개인의 작업특성, 습관 등에 따른 노출의 차이도 평가할 수 있다.
⑫ 생물학적 시료는 그 구성이 복잡하고 특이성이 없는 경우가 많아 BEI(생물학적 노출지수)와 건강상의 영향과의 상관이 없는 경우가 많다.
⑬ 자극성 물질은 생물학적 모니터링을 할 수 없거나 어렵다.

(7) 생물학적 노출지수(폭로지수, BEI, ACGIH)

① 정의 및 개요

㉠ 혈액, 소변, 호기, 모발 등 생체시료(인체 조직이나 세포)로부터 유해물질 그 자체 또는 유해물질의 대사산물 및 생화학적 변화를 반영하는 지표물질을 말하며, 유해물질의 대사산물, 유해물질 자체 및 생화학적 변화 등을 총칭한다.
㉡ 근로자의 전반적인 노출량을 평가하는 기준으로 BEI를 사용한다.
㉢ 작업장의 공기 중 허용농도에 의존하는 것 이외에 근로자의 노출상태를 측정하는 방법으로 근로자들의 조직과 체액 또는 호기를 검사해서 건강장애를 일으키는 일이 없이 노출될 수 있는 양이 BEI이다.

② BEI 이용상 주의점

㉠ 생물학적 감시기준으로 사용되는 노출기준이며, 산업위생 분야에서 전반적인 건강장애 위험을 평가하는 지침으로 이용된다.
㉡ 노출에 대한 생물학적 모니터링 기준값이다.
㉢ BEI는 일주일에 5일, 1일 8시간 작업을 기준으로 특정 유해인자에 대하여 작업환경기준치(TLV)에 해당하는 농도에 노출되었을 때의 생물학적 지표물질의 농도를 말한다.
㉣ BEI는 위험하거나 그렇지 않은 노출 사이에 명확한 구별을 해주는 것은 아니다.
㉤ BEI는 환경오염(대기, 수질오염, 식품오염)에 대한 비직업적 노출에 대한 안전수준을 결정하는 데 이용해서는 안 된다.

ⓗ BEI는 직업병(직업성 질환)이나 중독 정도를 평가하는 데 이용해서는 안 된다.
ⓢ BEI는 일주일에 5일, 하루에 8시간 노출기준으로 설정한다(적용한다). 즉, 작업시간의 증가 시 노출지수를 그대로 적용하는 것은 불가하다.

③ BEI의 특성
㉠ 생물학적 폭로지표는 작업의 강도, 기온과 습도, 개인의 생활태도에 따라 차이가 있을 수 있다.
㉡ 혈액, 소변, 모발, 손톱, 생체조직, 호기 또는 체액 중 유해물질의 양을 측정·조사한다.
㉢ 산업위생 분야에서 현 환경이 잠재적으로 갖고 있는 건강장애 위험을 결정하는 데에 지침으로 이용된다.
㉣ 첫 번째 접촉하는 부위에 독성 영향을 나타내는 물질이나 흡수가 잘 되지 않은 물질에 대한 노출평가에는 바람직하지 못하다. 즉, 흡수가 잘 되고 전신적 영향을 나타내는 화학물질에 적용하는 것이 바람직하다.
㉤ 혈액에서 휘발성 물질의 생물학적 노출지수는 정맥 중의 농도를 말한다.
㉥ BEI는 유해물의 전반적인 폭로량을 추정할 수 있다.

(8) 생물학적 모니터링의 종류

① 화학물질에 대한 노출 추정방법
㉠ 개인시료에 의한 작업환경측정
호흡기 주변 유해물질 채취→분석→농도 파악
㉡ 생물학적 모니터링
생물학적 검체에서 노출된 화학물질이나 대사산물 측정

② 종류
㉠ 유해인자에 대한 근로자 노출을 평가
ⓐ biological exposure monitoring의 의미
ⓑ 인체에 축적된 화학물질의 양을 정량하는 방법
ⓒ 근로자의 체액(혈액, 소변, 호기, 땀, 모유, 타액), 신체조직에서 화학물질이나 그것의 대사산물을 분석하여 체내에 축적된 양을 측정함
㉡ 유해인자에 대한 건강상의 영향을 평가
ⓐ biological effect monitoring의 의미
ⓑ 건강상의 영향을 평가하기 위한 것
ⓒ 화학물질의 노출로 인하여 나타난 각 개인의 건강상의 영향을 초기에 규명하기 위함
ⓓ 초기의 건강상의 영향을 나타내며, 조직이 파괴되기 전에 발견할 수 있음
ⓔ 반드시 건강상의 악영향을 나타내는 것은 아님

〈 화학물질에 대한 대사산물(측정대상물질), 시료채취시기 〉

화학물질	대사산물(측정대상물질) : 생물학적 노출지표	시료채취시기
납 및 그 무기화합물	혈액 중 납	중요치 않음(수시)
	소변 중 납	
카드뮴 및 그 화합물	소변 중 카드뮴	중요치 않음(수시)
	혈액 중 카드뮴	
일산화탄소	호기에서 일산화탄소	작업 종료 시(당일)
	혈액 중 carboxyhemoglobin	
벤젠	소변 중 총 페놀	작업 종료 시(당일)
	소변 중 t,t-뮤코닉산(t,t-muconic acid)	
에틸벤젠	소변 중 만델린산	작업 종료 시(당일)
니트로벤젠	소변 중 p-nitrophenol	작업 종료 시(당일)
아세톤	소변 중 아세톤	작업 종료 시(당일)
톨루엔	혈액, 호기에서 톨루엔	작업 종료 시(당일)
	소변 중 o-크레졸	
크실렌	소변 중 메틸마뇨산	작업 종료 시(당일)
스티렌	소변 중 만델린산	작업 종료 시(당일)
트리클로로에틸렌	소변 중 트리클로로초산(삼염화초산)	주말작업 종료 시
테트라클로로에틸렌	소변 중 트리클로로초산(삼염화초산)	주말작업 종료 시
트리클로로에탄	소변 중 트리클로로초산(삼염화초산)	주말작업 종료 시
사염화에틸렌	소변 중 트리클로로초산(삼염화초산)	주말작업 종료 시
	소변 중 삼염화에탄올	
이황화탄소	소변 중 TTCA	작업 종료 시(당일)
	소변 중 이황화탄소	
노말헥산(n-헥산)	소변 중 2,5-hexanedione	작업 종료 시(당일)
	소변 중 n-헥산	
메탄올	소변 중 메탄올	-
클로로벤젠	소변 중 총 4-chlorocatechol	작업 종료 시(당일)
	소변 중 총 p-chlorophenol	
크롬(수용성 흄)	소변 중 총 크롬	주말작업 종료 시 주간작업 중
N,N-디메틸포름아미드	소변 중 N-메틸포름아미드	작업 종료 시(당일)
페놀	소변 중 메틸마뇨산	작업 종료 시(당일)
methyl n-butyl ketone	소변 중 2,5-hexanedione	-

㈜ 혈액 중 납(mercury-total inorganic lead in blood)
소변 중 총 페놀(s-phenylmercapturic acid in urine)
소변 중 메틸마뇨산(methylhippuric acid in urine)

(9) 생물학적 모니터링 방법 분류(생물학적 결정인자)

결정인자는 공기 중에서 흡수된 화학물질에 의하여 생긴 가역적인 생화학적 변화를 말한다.

① 체액(생체시료나 호기)에서 해당 화학물질이나 그것의 대사산물을 측정하는 방법(근로자의 체액에서 화학물질이나 대사산물의 측정)
선택적 검사와 비선택적 검사로 분류된다.

② 실제 악영향을 초래하고 있지 않은 부위나 조직에서 측정하는 방법(건강상 악영향을 초래하지 않은 내재용량의 측정)
이 방법 검사는 대부분 특이적으로 내재용량을 정량하는 방법이다.

③ 표적과 비표적 조직과 작용하는 활성 화학물질의 양을 측정하는 방법(표적분자에 실제 활성인 화학물질에 대한 측정)
작용면에서 상호작용하는 화학물질의 양을 직접 또는 간접적으로 평가하는 방법이며, 표적조직을 알 수 있으면 다른 방법에 비해 더 정확하게 건강의 위험을 평가할 수 있다.

PART 5

(10) 생물학적 결정인자 선택기준 시 고려사항

결정인자는 공기 중에서 흡수된 화학물질에 의하여 생긴 가역적인 생화학적 변화이다.

① 결정인자가 충분히 특이적이어야 한다.
② 적절한 민감도를 지니고 있어야 한다.
③ 검사에 대한 분석과 생물학적 변이가 적어야 한다.
④ 검사 시 근로자에게 불편을 주지 않아야 한다.
⑤ 생물학적 검사 중 건강 위험을 평가하기 위한 유용성 측면을 고려한다.

(11) 생체시료채취 및 분석방법

① 시료채취시간
㉠ 배출이 빠르고 반감기가 짧은 물질(5분 이내의 물질)에 대해서는 시료채취시기가 대단히 중요하다.
㉡ 유해물질의 배출 및 축적되는 속도에 따라 시료채취시기를 적절히 정한다.
㉢ 긴 반감기를 가진 화학물질(중금속)은 시료채취시간이 별로 중요하지 않으며, 반대로 반감기가 짧은 물질인 경우에는 시료채취시간이 매우 중요하다.
㉣ 축적이 누적되는 유해물질(납, 카드뮴, PCB 등)인 경우 노출 전에 기본적인 내재용량을 평가하는 것이 바람직하다.

② 생체시료
㉠ 소변
ⓐ 비파괴적으로 시료채취가 가능하다.
ⓑ 많은 양의 시료확보가 가능하여 일반적으로 가장 많이 활용된다.

ⓒ 시료채취과정에서 오염될 가능성이 높다.

ⓓ 불규칙한 소변 배설량으로 농도 보정이 필요하다.

ⓔ 채취시료는 신속하게 검사한다.

ⓕ 보존방법은 냉동상태(−10 ~ −20℃)가 원칙이다.

ⓖ 소변 비중 1.030 이상 1.010 이하, 소변 중 크레아티닌이 3g/L 이상 0.3g/L 이하인 경우 새로운 시료를 채취해야 한다.

㉡ 혈액

ⓐ 시료채취과정에서 오염될 가능성이 적으며, 혈액 구성 성분에 개인차가 적다.

ⓑ 휘발성 물질 시료의 손실 방지를 위하여 최대용량을 채취해야 한다.

ⓒ 채취 시 고무마개의 혈액 흡착을 고려하여야 한다.

ⓓ 생물학적 기준치는 정맥혈을 기준으로 하며, 동맥혈에는 적용할 수 없다.

ⓔ 분석방법 선택 시 특정 물질의 단백질 결합을 고려해야 한다.

ⓕ 보관 · 처치에 주의를 요한다.

ⓖ 시료채취 시 근로자가 부담을 가질 수 있다.

ⓗ 약물동력학적 변이요인들의 영향을 받는다.

㉢ 호기

ⓐ 호기 중 농도 측정은 채취시간, 호기상태에 따라 농도가 변화하여 폐포공기가 혼합된 호기시료에서 측정한다.

ⓑ 노출 전과 노출 후에 시료를 채취한다.

ⓒ 수증기에 의한 수분 응축의 영향을 고려한다.

ⓓ 반감기가 짧으므로 노출 직후 채취한다.

ⓔ 노출 후 혼합 호기의 농도는 폐포 내 호기 농도의 2/3 정도이다.

③ 화학물질의 영향에 대한 생물학적 모니터링 대상

㉠ 납 : 적혈구에서 ZPP

㉡ 카드뮴 : 소변에서 저분자량 단백질

㉢ 일산화탄소 : 혈액에서 카르복시헤모글로빈

㉣ 니트로벤젠 : 혈액에서 메타헤모글로빈

(12) 생물학적 모니터링의 평가기준

① 생물학적 노출지표(BEI)

ACGIH에서 제정했으며 근로자의 대사산물 중 유해물질의 전반적인 노출량을 평가하는 데 기준으로 사용한다.

② 적용

㉠ 작업환경측정의 모니터링을 보완하여 사용한다.

ⓛ 개인보호구의 효율성 검사에 사용한다.
ⓒ 총 흡수량 결정 시 사용한다.
ⓡ 비직업성 노출 결정 시 주변 공기를 모니터링하는 데 사용한다.

③ 해석
㉠ 동일 노출조건에서 측정결과의 조직수준은 개인, 개인 간 차이를 고려해야 한다.
㉡ 개인, 개체 간의 차이를 감소하기 위해 여러 번 시료채취를 요한다.
㉢ 노출상태, 조건 등을 명시해야 한다.

④ 생물학적 모니터링과 작업환경 모니터링 결과 불일치의 주요 원인
㉠ 근로자의 생리적 기능 및 건강상태
㉡ 직업적 노출특성상태
㉢ 주변 생활환경
㉣ 개인의 생활습관
㉤ 측정방법상의 오차

⑤ 생물학적 감내치(허용치)
㉠ BAT(Biological Tolerance Value)의 의미이다.
㉡ BAT는 근로자가 화학물질에 노출 시 흡수된 화학물질 자체 및 그 대사산물의 최대 허용량으로 정의한다.
㉢ BAT 범위 내에서는 유해물질에 반복 또는 장기간 폭로하여도 근로자의 건강에 아무런 장애를 초래하지 않는다. 즉, 건강인에 대한 천장치(ceiling)의 의미이다.

(13) 작업환경측정에 의한 노출평가의 단점

① 동일 노출그룹의 적용이 어렵다.
② 동일 노출에서도 개인별 건강상 특성(나이, 건강상태)의 영향이 다르게 나타난다.
③ 작업특성 및 개인위생습관에 따라 노출경로(호흡기, 피부, 소화기)가 다르다.
④ 흡수, 생체변환, 제거에서의 각 개인차가 심하게 나타난다.

Reference 생물학적 모니터링 BEI 관련 용어

1. B(Background) : 직업적으로 노출되지 않은 근로자의 검체에서 동일한 결정인자가 검출될 수 있다는 의미
2. Sc(Susceptibility, 감수성) : 화학물질의 영향으로 감수성이 커질 수도 있다는 의미
3. Nq(Non-quantitatively, 비정량적) : 충분한 자료가 없어 BEIs가 설정되지 않았다는 의미
4. Ns(Non-specific, 비특이적) : 특정 화학물질 노출에서뿐만 아니라 다른 화학물질에 의해서도 이 결정인자가 나타날 수 있다는 의미
5. Sq(Semi-quantitatively, 반정량적) : 결정인자가 같은 화학물질에 노출되었다는 지표일 뿐이고 측정치를 정량적으로 해석하는 것은 곤란하다는 의미

10 산업역학

(1) 개요

① 역학이란 인간집단 내에 발생하는 모든 생리적 상태와 이상상태의 빈도와 분포를 기술하고 이들 빈도와 분포를 결정하는 요인들의 원인적 연관성 여부를 근거로 그 발생원인을 밝혀 냄으로써 효율적인 예방법을 개발하는 학문이다.

② 산업역학은 유해환경에 노출 시 노출된 집단 내에서의 어떠한 질병의 빈도와 분포에 미치는 영향을 연구하는 역학의 한 분야이다.

(2) 산업역학 연구에서 원인(유해인자에 대한 노출)과 결과(건강상의 장애 또는 직업병 발생)의 연관성(인과성)을 확정짓기 위한 충족조건

① 연관성(원인과 질병)의 강도

② 특이성(노출인자와 영향 간의 특이성)

③ 시간적 속발성(노출 또는 원인이 결과에 선행되어야 한다는 것)

④ 양-반응 관계(예측이 가능할 수 있어야 한다는 것)

⑤ 생물학적 타당성

⑥ 일치성(일관성), 일정성(타 역학연구 결과가 일정해야 한다는 것)

⑦ 유사성

⑧ 실험에 의한 증명

(3) 역학적 측정방법

코호트 연구는 노출에 대한 정보를 수집하는 시점이 현재이냐 과거이냐에 따라 구분되며 전향적 코호트 역학연구(코호트가 정의된 시점에서 노출에 대한 자료를 새로이 수집하여 이용하는 경우)와 후향적 코호트 연구(이미 작성되어 있는 자료를 이용하는 경우)의 가장 큰 차이점은 연구 개시 시점과 기간이다.

① **환자군, 대조군의 정의**

㉠ 어떤 특정 질환이나 문제를 가진 집단을 환자군이라 한다.

㉡ 질환이나 문제를 일으키지 않은 집단을 대조군 또는 정상군이라 한다.

② **인구집단의 선정**

㉠ 동적 인구집단

집단 구성원의 전입 · 전출로 인한 차이가 있는 집단을 의미한다.

㉡ 고정된 인구집단(코호트라고도 함)

어떤 시점에서의 집단 구성원으로 정의한다.

③ 유병률

㉠ 정의

어떤 시점에서 이미 존재하는 질병의 비율, 즉 발생률에서 기간을 제거한 의미이다.

㉡ 특징

ⓐ 일반적으로 기간 유병률보다 시점 유병률을 사용한다.

ⓑ 인구집단 내에 존재하고 있는 환자 수를 표현한 것으로 시간단위가 없다.

ⓒ 지역사회에서 질병의 이완정도를 평가하고, 의료의 수효를 판단하는 데 유용한 정보로 사용된다.

ⓓ 어떤 시점에서 인구집단 내에 존재하는 환자의 비례적인 분율 개념이다.

ⓔ 여러 가지 인자에 영향을 받을 수 있어 위험성을 실질적으로 나타내지 못한다.

④ 발생률

㉠ 정의

특정 기간 위험에 노출된 인구집단 중 새로 발생한 환자 수의 비례적인 분율 개념이다. 즉, 발생률은 위험에 노출된 인구 중 질병에 걸릴 확률의 개념이다.

㉡ 특징

ⓐ 시간차원이 있고 관찰기간 동안 평균인구가 관찰대상이 된다.

ⓑ 발생밀도 및 누적발생률로 표현한다.

- 발생밀도 $= \dfrac{\text{일정 기간 내에 새로 발생한 환자 수}}{\text{관찰 연인원의 총합}}$
- 누적발생률 $= \dfrac{\text{연구기간 동안에 새로 발생한 환자 수}}{\text{관찰 개시 때의 위험에 노출된 인구 수}}$

※ 누적발생률은 고정인구집단을 특정 기간 관찰할 때 유용한 지표이다.

⑤ 유병률과 발생률과의 관계

$$\text{유병률}(P) = \text{발생률}(I) \times \text{평균이환기간}(D)$$

단, 유병률은 10% 이하이고, 발생률과 평균이환기간이 시간경과에 따라 일정하여야 한다.

⑥ 위험도

㉠ 정의

위험도란 집단에 소속된 구성원 개개인이 일정 기간 내에 질병이 발생할 확률을 말한다.

㉡ 특징

ⓐ 시간차원이 없다.

ⓑ 관찰기간 개시점에서 질병이 없는 인구가 관찰대상이 된다.

㉢ 종류

ⓐ 상대위험도(상대위험비, 비교위험도)

- 비율비 또는 위험비라고도 하며, 유해인자에 노출된 집단과 노출되지 않은 집단을 전향적으로 추적하여 각 집단에서 발생하는 질병발생률의 비를 말한다.
- 비노출군에 비해 노출군에서 얼마나 질병에 걸릴 위험도가 큰가를 나타낸다.
- 위험요인을 갖고 있는 군이 위험요인을 갖고 있지 않은 군에 비하여 질병의 발생률이 몇 배인가를 나타내는 것이다.

$$\text{상대위험비(비교위험도)} = \frac{\text{노출군에서의 질병발생률}}{\text{비노출군에서의 질병발생률}} = \frac{\text{위험요인이 있는 해당 군의 해당 질병발생률}}{\text{위험요인이 없는 해당 군의 해당 질병발생률}}$$

상대위험비=1인 경우 노출과 질병 사이의 연관성 없음 의미

상대위험비>1인 경우 위험의 증가를 의미

상대위험비<1인 경우 질병에 대한 방어효과가 있음을 의미

ⓑ 기여위험도(귀속위험도)

- 비율 차이 또는 위험도 차이라고도 하며, 어떤 위험요인에 노출된 사람과 노출되지 않은 사람 사이의 발병률 차이를 말한다.
- 위험요인을 갖고 있는 집단의 해당 질병발생률의 크기 중 위험요인이 기여하는 부분을 추정하기 위해 사용된다. 즉, 노출이 기여하는 절대적인 위험률의 정도를 의미한다.
- 어떤 유해요인에 노출되어 얼마만큼의 환자수가 증가되어 있는지를 설명해 준다.
- 순수하게 유해요인에 노출되어 나타난 위험도를 평가하기 위한 것이다.
- 질병발생의 요인을 제거하면 질병발생이 얼마나 감소될 것인가를 설명해 준다.

기여위험도=노출군에서의 질병발생률−비노출군에서의 질병발생률

- 기여분율(노출군)

$$= \frac{\text{노출군에서의 질병발생률} - \text{비노출군에서의 질병발생률}}{\text{노출군에서의 질병발생률}}$$

$$= \frac{\text{위험요인이 있는 해당 군의 해당 질병발생률} - \text{위험요인이 없는 해당 군의 해당 질병발생률}}{\text{위험요인이 있는 해당 군의 해당 질병발생률}}$$

$$= \frac{\text{상대위험비} - 1}{\text{상대위험비}}$$

ⓒ 교차비

특성을 지닌 사람들의 수와 특성을 지니지 않은 사람들의 수와의 비를 말한다.

$$\text{교차비} = \frac{\text{환자군에서의 노출 대응비}}{\text{대조군에서의 노출 대응비}}$$

여기서, $\text{대응비} = \frac{\text{노출 또는 질병의 발생확률}}{\text{노출 또는 질병의 비발생확률}}$

교차비=1인 경우 요인과 질병 사이의 관계가 없음을 의미

교차비>1인 경우 요인에의 노출이 질병발생을 증가 의미

교차비<1인 경우 요인에의 노출이 질병발생을 방어 의미

⑦ 표준사망비(SMR)

어떠한 작업인원의 사망률을 일반집단의 사망률과 산업의학적으로 비교하는 비이며, 그 작업으로 인한 사망의 위험도를 간접적으로 SMR을 이용한다.

$$\text{SMR} = \frac{\text{작업장에서의 사망률}}{\text{일반인구의 사망률}} = \frac{\text{어떤 집단에서 관찰된 총 사망자 수}}{\text{표준집단에서 예상되는 총 기대사망자 수}}$$

SMR이 1보다 크면 표준인구집단에 비해 더 많은 사망자가 발생한다는 의미이다.

⑧ 노출인년(person-year of exposure)

㉠ 노출인년이란 역학조사 연구에서 주로 사용되는 단위로서 조사 근로자를 1년 동안 관찰한 수치를 말한다.

㉡ 조사 대상자의 노출을 1년 기준으로 환산한 값이다.

기본개념문제 01

다음 표는 A작업장의 백혈병과 벤젠에 대한 코호트 연구를 수행한 결과이다. 이때 벤젠의 백혈병에 대한 상대위험비는 약 얼마인가?

구 분	백혈병	백혈병 없음	합 계
벤젠 노출	5	14	19
벤젠 비노출	2	25	27
합 계	7	39	46

풀이 $\text{상대위험비} = \frac{\text{노출군에서 질병발생률}}{\text{비노출군에서 질병발생률}} = \frac{5/19}{2/27} = 3.55$

PART 5

(4) 역학연구의 설계와 종류

① 기술역학

㉠ 정의

기술역학은 특별한 원인적 연관성을 찾기보다는 있는 그대로 상황을 파악하여 기술하는 것이다.

㉡ 활용

사실상황을 파악하여 이에 근거하여 새로운 가설을 유도하는 데 이용한다.

② 분석역학

㉠ 정의

분석역학은 질병 발생과 관련 요인과의 원인성을 규명하고자 수행하는 기술이다.

㉡ 분석역학 종류

ⓐ 단면 연구

ⓑ 환자-대조군 연구

ⓒ 코호트 연구

ⓓ 개입 연구

(5) 신뢰도에 영향을 미치는 요인

① 신뢰도(정밀도)

㉠ 신뢰도는 어떤 정해진 행동 또는 기능상의 예측 패턴이 실제 활동 시 어느 정도 최초설정(노출시간 등)한 것에 일치하는가 어떤가 하는 정도의 수행확률을 말한다.

㉡ 신뢰도는 측정결과가 얼마나 일정성을 유지하는지를 평가하는 반복성 또는 재현성을 의미하며 무작위 오류가 관계되는 정밀도와 같은 뜻이다.

㉢ 정확도는 실험결과의 정확성을 나타내며 절대오차나 상대오차로 나타낼 수 있다.

② 계통적 오류, 무작위 오류

역학연구 결과는 계통적 오류, 무작위 오류에 의해 영향을 받는다.

㉠ 계통적 오류

ⓐ 편견으로부터 나타난다.

ⓑ 표본수를 증가시키더라도 오류를 감소 · 제거시킬 수 없다.

ⓒ 연구를 반복하더라도 똑같은 결과의 오류를 가져오게 된다.

ⓓ 종류

- 측정자의 편견
- 측정기기의 문제점
- 정보의 오류

㉡ 무작위 오류

ⓐ 측정방법의 부정확성 때문에 발생되며 결과의 정밀성을 떨어뜨린다.

ⓑ 실제값 주위의 넓은 범위에 걸쳐 측정치가 존재하게 되어 두 집단을 비교할 때 차이를 발견할 수 없는 결과가 발생하여 신뢰도에 문제가 일어난다.

ⓒ 대책

표본수를 증가시킴으로써 무작위 변위를 감소시킬 수 있다.

③ 내적 타당성(편견의 종류, 계통적 오류 범주)

㉠ 선택편견

유해인자에 대한 노출과 비노출된 그룹의 설정 시 잘못된 설정을 말한다.

㉡ 정보편견

ⓐ 잘못된 정보에 의한 편견이다.

ⓑ 환자 대조군 연구의 정보편견 세 가지

- 기억편견
- 면접편견
- 과장편견

㉢ 혼란편견

원인과 결과 사이의 관계를 혼란시키는 변수로 인한 편견이다.

㉣ 관찰편견

동일하지 않은 방법이나 검증되지 않은 측정방법으로 자료를 수집하거나 해석할 때 나타나는 편견이다.

④ 외적 타당성

어떤 특별한 조건(상황)에서 얻은 연구결과를 전체 집단에 일반화시킬 때 고려되는 문제(통계적 대표성)이다.

⑤ 측정타당도

역학연구의 측정정확도의 결과를 해석할 때 측정타당도는 매우 중요하며, 측정 시에는 측정방법의 민감도, 특이도, 예측도가 관계된다.

㉠ 민감도

노출을 측정 시 실제로 노출된 사람이 이 측정방법에 의하여 '노출된 것'으로 나타날 확률을 의미한다.

㉡ 특이도

실제 노출되지 않은 사람이 이 측정방법에 의하여 '노출되지 않은 것'으로 나타날 확률을 의미한다.

㉢ 가음성률(민감도의 상대적 개념)

'1－민감도'로 나타낸다.

㉣ 가양성률(특이도의 상대적 개념)

'1−특이도'로 나타낸다.

구 분		실제값(질병)		합 계
		양 성	음 성	
검사법	양 성	A	B	A+B
	음 성	C	D	C+D
합 계		A+C	B+D	

- 민감도 = A/(A+C)
- 특이도 = D/(B+D)
- 가음성률 = C/(A+C)
- 가양성률 = B/(B+D)

㉤ 예측도

검사결과가 양성 및 음성으로 나올 경우 실제 환자 수를 얼마나 반영할 것인지를 나타내는 확률을 의미한다.

㉥ 신뢰도

측정이 얼마나 일정성을 유지하는가를 평가하는 '반복성' 또는 '재현성'을 의미한다.

기본개념문제 02

표와 같은 크롬중독을 스크린하는 검사법을 개발하였다면 이 검사법의 특이도는 약 얼마인가?

구 분		크롬중독 진단		합 계
		양 성	음 성	
검사법	양 성	15	9	24
	음 성	8	22	30
합 계		23	31	54

풀이 특이도(%)$=\frac{22}{31}\times 100 = 70.97\%$

(6) 산업안전보건법에 의한 역학조사의 대상

① 작업환경측정 또는 건강진단의 실시결과만으로 직업성 질환 이환 여부의 판단이 곤란한 근로자의 질병에 대하여 사업주, 근로자대표, 보건관리 또는 건강진단기관의 의사가 역학조사를 요청하는 경우

② 근로복지공단이 고용노동부장관이 정하는 바에 따라 업무상 질병 여부의 결정을 위해 역학조사를 요청하는 경우

③ 공단이 직업성 질환의 예방을 위하여 필요하다고 판단하여 역학조사평가위원회의 심의를 거친 경우

④ 그 밖에 직업성 질환에 걸렸는지 여부로 사회적 물의를 일으킨 질병에 대하여 작업장 내 유해요인과 연관성 규명이 필요한 경우 등으로서 지방고용노동관서의 장이 요청하는 경우

과년도 출제문제

최근 기출문제 수록

산업위생관리기사 필기

부록. 과년도 출제문제

제1·2회 산업위생관리기사

제1과목 | 산업위생학 개론

01 산업안전보건법령상 사무실 오염물질에 대한 관리기준으로 옳지 않은 것은?

① 라돈 : 148Bq/m^3 이하
② 일산화탄소 : 10ppm 이하
③ 이산화질소 : 0.1ppm 이하
④ 포름알데히드 : 500μg/m^3 이하

풀이 사무실 오염물질의 관리기준

오염물질	관리기준
미세먼지(PM 10)	100μg/m^3 이하
초미세먼지(PM 2.5)	50μg/m^3 이하
이산화탄소(CO_2)	1,000ppm 이하
일산화탄소(CO)	10ppm 이하
이산화질소(NO_2)	0.1ppm 이하
포름알데히드(HCHO)	100μg/m^3 이하
총휘발성 유기화합물(TVOC)	500μg/m^3 이하
라돈(radon)	148Bq/m^3 이하
총부유세균	800CFU/m^3 이하
곰팡이	500CFU/m^3 이하

02 직업성 질환 발생의 요인을 직접적인 원인과 간접적인 원인으로 구분할 때 직접적인 원인에 해당되지 않는 것은?

① 물리적 환경요인
② 화학적 환경요인
③ 작업강도와 작업시간적 요인
④ 부자연스런 자세와 단순반복작업 등의 작업요인

풀이 직업병의 발생요인(직접적 원인)
(1) 환경요인(물리적 · 화학적 요인)
㉠ 진동현상
㉡ 대기조건 변화
㉢ 화학물질의 취급 또는 발생
(2) 작업요인
㉠ 격렬한 근육운동
㉡ 높은 속도의 작업
㉢ 부자연스러운 자세
㉣ 단순반복작업
㉤ 정신작업

03 산업안전보건법령상 시간당 200~350kcal의 열량이 소요되는 작업을 매시간 50% 작업, 50% 휴식 시의 고온노출기준(WBGT)은?

① 26.7℃ ② 28.0℃
③ 28.4℃ ④ 29.4℃

풀이 고열작업장의 노출기준(고용노동부, ACGIH)
[단위 : WBGT(℃)]

시간당 작업과 휴식 비율	작업강도		
	경작업	중등작업	중작업
연속 작업	30.0	26.7	25.0
75% 작업, 25% 휴식 (45분 작업, 15분 휴식)	30.6	28.0	25.9
50% 작업, 50% 휴식 (30분 작업, 30분 휴식)	31.4	29.4	27.9
25% 작업, 75% 휴식 (15분 작업, 45분 휴식)	32.2	31.1	30.0

㉠ 경작업 : 시간당 200kcal까지의 열량이 소요되는 작업을 말하며, 앉아서 또는 서서 기계의 조정을 하기 위하여 손 또는 팔을 가볍게 쓰는 일 등이 해당된다.
㉡ 중등작업 : 시간당 200~350kcal의 열량이 소요되는 작업을 말하며, 물체를 들거나 밀면서 걸어다니는 일 등이 해당된다.
㉢ 중(격심)작업 : 시간당 350~500kcal의 열량이 소요되는 작업을 뜻하며, 곡괭이질 또는 삽질하는 일과 같이 육체적으로 힘든 일 등이 해당된다.

정답 01.④ 02.③ 03.④

04 근골격계 부담작업으로 인한 건강장해 예방을 위한 조치항목으로 옳지 않은 것은?

① 근골격계 질환 예방관리 프로그램을 작성 · 시행할 경우에는 노사협의를 거쳐야 한다.
② 근골격계 질환 예방관리 프로그램에는 유해요인 조사, 작업환경 개선, 교육 · 훈련 및 평가 등이 포함되어 있다.
③ 사업주는 25kg 이상의 중량물을 들어 올리는 작업에 대하여 중량과 무게중심에 대하여 안내표시를 하여야 한다.
④ 근골격계 부담작업에 해당하는 새로운 작업 · 설비 등을 도입한 경우, 지체 없이 유해요인 조사를 실시하여야 한다.

풀이 사업주는 5kg 이상의 중량물을 들어 올리는 작업에 근로자를 종사하도록 하는 때에는 다음의 조치를 하여야 한다.
㉠ 주로 취급하는 물품에 대하여 근로자가 쉽게 알 수 있도록 물품의 중량과 무게중심에 대하여 작업장 주변에 안내표시를 할 것
㉡ 취급하기 곤란한 물품에 대하여 손잡이를 붙이거나 갈고리, 진공빨판 등 적절한 보조도구를 활용할 것

05 연평균 근로자수가 5,000명인 사업장에서 1년 동안에 125건의 재해로 인하여 250명의 사상자가 발생하였다면, 이 사업장의 연천인율은 얼마인가? (단, 이 사업장의 근로자 1인당 연간 근로시간은 2,400시간이다.)

① 10
② 25
③ 50
④ 200

풀이
$$\text{연천인율} = \frac{\text{연간 재해자수}}{\text{연평균 근로자수}} \times 1{,}000 = \frac{250}{5{,}000} \times 1{,}000 = 50$$

06 영국의 외과의사 Pott에 의하여 발견된 직업성 암은?

① 비암
② 폐암
③ 간암
④ 음낭암

풀이 Percivall Pott
㉠ 영국의 외과의사로 직업성 암을 최초로 보고하였으며, 어린이 굴뚝청소부에게 많이 발생하는 음낭암(scrotal cancer)을 발견하였다.
㉡ 암의 원인물질이 검댕 속 여러 종류의 다환방향족 탄화수소(PAH)라는 것을 밝혔다.
㉢ 굴뚝청소부법을 제정하도록 하였다(1788년).

07 산업피로(industrial fatigue)에 관한 설명으로 옳지 않은 것은?

① 산업피로의 유발 원인으로는 작업부하, 작업환경조건, 생활조건 등이 있다.
② 작업과정 사이에 짧은 휴식보다 장시간의 휴식시간을 삽입하여 산업피로를 경감시킨다.
③ 산업피로의 검사방법은 한 가지 방법으로 판정하기는 어려우므로 여러 가지 검사를 종합하여 결정한다.
④ 산업피로란 일반적으로 작업현장에서 고단하다는 주관적인 느낌이 있으면서, 작업능률이 떨어지고, 생체기능의 변화를 가져오는 현상이라고 정의할 수 있다.

풀이 **산업피로 예방대책**
㉠ 불필요한 동작을 피하고, 에너지 소모를 적게 한다.
㉡ 동적인 작업을 늘리고, 정적인 작업을 줄인다.
㉢ 개인의 숙련도에 따라 작업속도와 작업량을 조절한다.
㉣ 작업시간 중 또는 작업 전후에 간단한 체조나 오락시간을 갖는다.
㉤ 장시간 한 번 휴식하는 것보다 단시간씩 여러 번 나누어 휴식하는 것이 피로회복에 도움이 된다.

정답 04.③ 05.③ 06.④ 07.②

08 산업안전보건법령상 사무실 공기의 시료채취방법이 잘못 연결된 것은?

① 일산화탄소 – 전기화학검출기에 의한 채취
② 이산화질소 – 캐니스터(canister)를 이용한 채취
③ 이산화탄소 – 비분산적외선검출기에 의한 채취
④ 총부유세균 – 충돌법을 이용한 부유세균 채취기로 채취

풀이 **사무실 오염물질의 시료채취 및 분석 방법**

오염물질	시료채취방법	분석방법
미세먼지 (PM 10)	PM 10 샘플러(sampler)를 장착한 고용량 시료채취기에 의한 채취	중량분석 (천칭의 해독도 : 10μg 이상)
초미세먼지 (PM 2.5)	PM 2.5 샘플러(sampler)를 장착한 고용량 시료채취기에 의한 채취	중량분석 (천칭의 해독도 : 10μg 이상)
이산화탄소 (CO_2)	비분산적외선검출기에 의한 채취	검출기의 연속 측정에 의한 직독식 분석
일산화탄소 (CO)	비분산적외선검출기 또는 전기화학검출기에 의한 채취	검출기의 연속 측정에 의한 직독식 분석
이산화질소 (NO_2)	고체흡착관에 의한 시료채취	분광광도계로 분석
포름알데히드 (HCHO)	2,4-DNPH(2,4-Dinitrophenylhydrazine)가 코팅된 실리카겔관(silicagel tube)이 장착된 시료채취기에 의한 채취	2,4-DNPH-포름알데히드 유도체를 HPLC UVD (High Performance Liquid Chromatography -Ultraviolet Detector) 또는 GC-NPD (Gas Chromatography -Nitrogen Phosphorous Detector)로 분석
총휘발성 유기화합물 (TVOC)	1. 고체흡착관으로 채취 2. 캐니스터(canister)로 채취	1. 고체흡착열탈착법 또는 고체흡착용매추출법을 이용한 GC로 분석 2. 캐니스터를 이용한 GC 분석
라돈 (radon)	라돈 연속검출기(자동형), 알파트랙(수동형), 충전막전리함(수동형) 측정 등	3일 이상, 3개월 이내 연속 측정 후 방사능 감지를 통한 분석
총부유세균	충돌법을 이용한 부유세균채취기 (bioair sampler)로 채취	채취·배양된 균주를 새어 공기체적당 균주 수로 산출
곰팡이	충돌법을 이용한 부유진균채취기 (bioair sampler)로 채취	채취·배양된 균주를 새어 공기체적당 균주 수로 산출

09 유해인자와 그로 인하여 발생되는 직업병이 올바르게 연결된 것은?

① 크롬 – 간암
② 이상기압 – 침수족
③ 망간 – 비중격천공
④ 석면 – 악성중피종

풀이 **유해인자별 발생 직업병**
㉠ 크롬 : 폐암(크롬폐증)
㉡ 이상기압 : 폐수종(잠함병)
㉢ 고열 : 열사병
㉣ 방사선 : 피부염 및 백혈병
㉤ 소음 : 소음성 난청
㉥ 수은 : 무뇨증
㉦ 망간 : 신장염(파킨슨증후군)
㉧ 석면 : 악성중피종
㉨ 한랭 : 동상
㉩ 조명 부족 : 근시, 안구진탕증
㉪ 진동 : Raynaud's 현상
㉫ 분진 : 규폐증

2020

10 산업안전보건법령상 유해위험방지계획서의 제출대상이 되는 사업이 아닌 것은? (단, 모두 전기계약용량이 300킬로와트 이상이다.)

① 항만운송사업
② 반도체 제조업
③ 식료품 제조업
④ 전자부품 제조업

풀이 **유해위험방지계획서 제출대상(전기계약용량 300kW 이상인 한국표준산업분류표의 13대 업종)**
㉠ 식료품 제조법
㉡ 목재 및 나무제품 제조업
㉢ 화학물질 및 화학제품 제조업
㉣ 고무제품 및 플라스틱제품 제조업
㉤ 비금속광물제품 제조업
㉥ 1차 금속 제조업
㉦ 반도체 제조업
㉧ 전자부품 제조업
㉨ 기타 기계 및 장비 제조업
㉩ 자동차 및 트레일러 제조업
㉪ 가구 제조업
㉫ 기타 제품 제조업
㉬ 금속가공제품 제조업(기계 및 가구 제외)

정답 08.② 09.④ 10.①

11 재해예방의 4원칙에 대한 설명으로 옳지 않은 것은?

① 재해발생에는 반드시 그 원인이 있다.
② 재해가 발생하면 반드시 손실도 발생한다.
③ 재해는 원인 제거를 통하여 예방이 가능하다.
④ 재해예방을 위한 가능한 안전대책은 반드시 존재한다.

풀이 **산업재해예방(방지) 4원칙**
㉠ 예방가능의 원칙 : 재해는 원칙적으로 모두 방지가 가능하다.
㉡ 손실우연의 원칙 : 재해발생과 손실발생은 우연적이므로, 사고발생 자체의 방지가 이루어져야 한다.
㉢ 원인계기의 원칙 : 재해발생에는 반드시 원인이 있으며, 사고와 원인의 관계는 필연적이다.
㉣ 대책선정의 원칙 : 재해예방을 위한 가능한 안전대책은 반드시 존재한다.

12 산업안전보건법령상 보건관리자의 업무가 아닌 것은? (단, 그 밖에 작업관리 및 작업환경관리에 관한 사항은 제외한다.)

① 물질안전보건자료의 게시 또는 비치에 관한 보좌 및 지도 · 조언
② 보건교육계획의 수립 및 보건교육 실시에 관한 보좌 및 지도 · 조언
③ 안전인증대상 기계 등 보건과 관련된 보호구의 점검, 지도, 유지에 관한 보좌 및 지도 · 조언
④ 전체환기장치 등에 관한 설비의 점검과 작업방법의 공학적 개선에 관한 보좌 및 지도 · 조언

풀이 **보건관리자의 업무**
㉠ 산업안전보건위원회 또는 노사협의체에서 심의 · 의결한 업무와 안전보건관리규정 및 취업규칙에서 정한 업무
㉡ 안전인증대상 기계 등과 자율안전확인대상 기계 등 중 보건과 관련된 보호구(保護具) 구입 시 적격품 선정에 관한 보좌 및 지도 · 조언
㉢ 위험성평가에 관한 보좌 및 지도 · 조언
㉣ 작성된 물질안전보건자료의 게시 또는 비치에 관한 보좌 및 지도 · 조언
㉤ 산업보건의의 직무
㉥ 해당 사업장 보건교육계획의 수립 및 보건교육 실시에 관한 보좌 및 지도 · 조언
㉦ 해당 사업장의 근로자를 보호하기 위한 다음의 조치에 해당하는 의료행위
  ⓐ 자주 발생하는 가벼운 부상에 대한 치료
  ⓑ 응급처치가 필요한 사람에 대한 처치
  ⓒ 부상 · 질병의 악화를 방지하기 위한 처치
  ⓓ 건강진단 결과 발견된 질병자의 요양 지도 및 관리
  ⓔ ⓐ부터 ⓓ까지의 의료행위에 따르는 의약품의 투여
㉧ 작업장 내에서 사용되는 전체 환기장치 및 국소배기장치 등에 관한 설비의 점검과 작업방법의 공학적 개선에 관한 보좌 및 지도 · 조언
㉨ 사업장 순회점검, 지도 및 조치 건의
㉩ 산업재해 발생의 원인 조사 · 분석 및 재발 방지를 위한 기술적 보좌 및 지도 · 조언
㉪ 산업재해에 관한 통계의 유지 · 관리 · 분석을 위한 보좌 및 지도 · 조언
㉫ 법 또는 법에 따른 명령으로 정한 보건에 관한 사항의 이행에 관한 보좌 및 지도 · 조언
㉬ 업무 수행 내용의 기록 · 유지.
㉭ 그 밖에 보건과 관련된 작업관리 및 작업환경관리에 관한 사항으로서 고용노동부장관이 정하는 사항

13 인간공학에서 고려해야 할 인간의 특성과 가장 거리가 먼 것은?

① 인간의 습성
② 신체의 크기와 작업환경
③ 기술, 집단에 대한 적응능력
④ 인간의 독립성 및 감정적 조화성

풀이 **인간공학에서 고려해야 할 인간의 특성**
㉠ 인간의 습성
㉡ 기술 · 집단에 대한 적응능력
㉢ 신체의 크기와 작업환경
㉣ 감각과 지각
㉤ 운동력과 근력
㉥ 민족

정답 11.② 12.③ 13.④

14 산업위생전문가의 윤리강령 중 "전문가로서의 책임"에 해당하지 않는 것은?

① 기업체의 기밀은 누설하지 않는다.
② 과학적 방법의 적용과 자료의 해석에서 객관성을 유지한다.
③ 근로자, 사회 및 전문 직종의 이익을 위해 과학적 지식은 공개하거나 발표하지 않는다.
④ 전문적 판단이 타협에 의하여 좌우될 수 있는 상황에는 개입하지 않는다.

풀이 **산업위생전문가로서의 책임**
㉠ 성실성과 학문적 실력 면에서 최고수준을 유지한다(전문적 능력 배양 및 성실한 자세로 행동).
㉡ 과학적 방법의 적용과 자료의 해석에서 경험을 통한 전문가의 객관성을 유지한다(공인된 과학적 방법 적용·해석).
㉢ 전문 분야로서의 산업위생을 학문적으로 발전시킨다.
㉣ 근로자, 사회 및 전문 직종의 이익을 위해 과학적 지식을 공개하고 발표한다.
㉤ 산업위생활동을 통해 얻은 개인 및 기업체의 기밀은 누설하지 않는다(정보는 비밀 유지).
㉥ 전문적 판단이 타협에 의하여 좌우될 수 있거나 이해관계가 있는 상황에는 개입하지 않는다.

15 지능검사, 기능검사, 인성검사는 직업적성검사 중 어느 검사항목에 해당되는가?

① 감각적 기능검사
② 생리적 적성검사
③ 신체적 적성검사
④ 심리적 적성검사

풀이 **적성검사의 분류**
(1) 생리학적 적성검사(생리적 기능검사)
㉠ 감각기능검사
㉡ 심폐기능검사
㉢ 체력검사
(2) 심리학적 적성검사
㉠ 지능검사
㉡ 지각동작검사
㉢ 인성검사
㉣ 기능검사

16 작업자세는 피로 또는 작업능률과 밀접한 관계가 있는데, 바람직한 작업자세의 조건으로 보기 어려운 것은?

① 정적 작업을 도모한다.
② 작업에 주로 사용하는 팔은 심장 높이에 두도록 한다.
③ 작업물체와 눈과의 거리는 명시거리로 30cm 정도를 유지토록 한다.
④ 근육을 지속적으로 수축시키기 때문에 불안정한 자세는 피하도록 한다.

풀이 동적인 작업을 늘리고, 정적인 작업을 줄이는 것이 바람직한 작업자세이다.

17 작업환경측정기관이 작업환경측정을 한 경우 결과를 시료채취를 마친 날부터 며칠 이내에 관할 지방고용노동관서의 장에게 제출하여야 하는가? (단, 제출기간의 연장은 고려하지 않는다.)

① 30일
② 60일
③ 90일
④ 120일

풀이 법상 작업환경측정 결과보고서는 시료채취 완료 후 30일 이내에 지방고용관서의 장에게 제출하여야 한다.

18 산업위생활동 중 유해인자의 양적·질적인 정도가 근로자들의 건강에 어떤 영향을 미칠 것인지 판단하는 의사결정단계는?

① 인지
② 예측
③ 측정
④ 평가

풀이 평가 단계는 산업위생활동 중 유해인자의 양적·질적인 정도가 근로자들의 건강에 어떤 영향을 미칠 것인지 판단하는 의사결정단계를 말한다.

2020

정답 14.③ 15.④ 16.① 17.① 18.④

19 근로자에 있어서 약한 손(왼손잡이의 경우 오른손)의 힘은 평균 45kp라고 한다. 이 근로자가 무게 18kg인 박스를 두 손으로 들어 올리는 작업을 할 경우의 작업강도(%MS)는?

① 15% ② 20%
③ 25% ④ 30%

풀이 작업강도(%MS)$=\frac{\text{RF}}{\text{MS}}\times 100$

$=\frac{18}{45+45}\times 100=20\%\text{MS}$

20 물체 무게가 2kg, 권고중량한계가 4kg일 때 NIOSH의 중량물 취급지수(LI, Lifting Inedx)는 어느 것인가?

① 0.5 ② 1
③ 2 ④ 4

풀이 중량물 취급지수(LI)$=\frac{\text{물체 무게(kg)}}{\text{RWL(kg)}}=\frac{2\text{kg}}{4\text{kg}}=0.5$

제2과목 | 작업위생 측정 및 평가

21 시료채취기를 근로자에게 착용시켜 가스 · 증기 · 미스트 · 흄 또는 분진 등을 호흡기 위치에서 채취하는 것을 무엇이라고 하는가?

① 지역시료채취
② 개인시료채취
③ 작업시료채취
④ 노출시료채취

풀이 **개인시료채취와 지역시료채취**

㉠ 개인시료채취 : 개인시료채취기를 이용하여 가스 · 증기 · 분진 · 흄(fume) · 미스트(mist) 등을 근로자의 호흡위치(호흡기를 중심으로 반경 30cm인 반구)에서 채취하는 것을 말한다.

㉡ 지역시료채취 : 시료채취기를 이용하여 가스 · 증기 · 분진 · 흄(fume) · 미스트(mist) 등을 근로자의 작업행동범위에서 호흡기 높이에 고정하여 채취하는 것을 말한다.

22 공장 내 지면에 설치된 한 기계로부터 10m 떨어진 지점의 소음이 70dB(A)일 때, 기계의 소음이 50dB(A)로 들리는 지점은 기계에서 몇 m 떨어진 곳인가? (단, 점음원을 기준으로 하고, 기타 조건은 고려하지 않는다.)

① 50 ② 100
③ 200 ④ 400

풀이 $\text{SPL}_1-\text{SPL}_2=20\log\frac{r_2}{r_1}$

$70\text{dB(A)}-50\text{dB(A)}=20\log\frac{r_2}{10}$

$\therefore\ r_2=100\text{m}$

23 Low volume air sampler로 작업장 내 시료를 측정한 결과 2.55mg/m³이고, 상대농도계로 10분간 측정한 결과 155였다. Dark count가 6일 때 질량농도의 변환계수는 얼마인가?

① 0.27 ② 0.36
③ 0.64 ④ 0.85

풀이 Low volume air sampler의 질량농도 변환계수(K)

$K=\frac{C}{R-D}=\frac{2.55\text{mg/m}^3}{\left(\frac{155}{10}\right)-6}=0.27\text{mg/m}^3$

여기서, C : 중량분석 실측치
R : Digital counter 계수
D : Dark count 수치

24 소음작업장에서 두 기계 각각의 음압레벨이 90dB로 동일하게 나타났다면 두 기계가 모두 가동되는 이 작업장의 음압레벨(dB)은? (단, 기타 조건은 같다.)

① 93 ② 95
③ 97 ④ 99

풀이 $L_{\text{합}}=10\log(10^9\times 2)=93\text{dB}$

정답 19.② 20.① 21.② 22.② 23.① 24.①

25 대푯값에 대한 설명 중 틀린 것은?

① 측정값 중 빈도가 가장 많은 수가 최빈값이다.
② 가중평균은 빈도를 가중치로 택하여 평균값을 계산한다.
③ 중앙값은 측정값을 모두 나열하였을 때 중앙에 위치하는 측정값이다.
④ 기하평균은 n개의 측정값이 있을 때 이들의 합을 개수로 나눈 값으로 산업위생 분야에서 많이 사용한다.

풀이 **기하평균(GM)**
㉠ 모든 자료를 대수로 변환하여 평균한 후 평균한 값을 역대수 취한 값 또는 N개의 측정치 X_1, X_2, $\cdots$, X_n이 있을 때 이들 수의 곱에 대한 N제곱근의 값이다.
㉡ 산업위생 분야에서는 작업환경측정 결과가 대수정규분포를 취하는 경우 대푯값으로서 기하평균을, 산포도로서 기하표준편차를 널리 사용한다.
㉢ 기하평균이 산술평균보다 작게 되므로 작업환경관리 차원에서 보면 기하평균치의 사용이 항상 바람직한 것이라고 보기는 어렵다.
㉣ 계산식
• $\log(\mathrm{GM}) = \dfrac{\log X_1 + \log X_2 + \cdots + \log X_n}{N}$
위 식으로 GM을 구한다.
(가능한 이 계산식의 사용을 권장)
• $\mathrm{GM} = \sqrt[N]{X_1 \cdot X_2 \cdot \cdots \cdot X_n}$

26 금속 도장 작업장의 공기 중에 혼합된 기체의 농도와 TLV가 다음 표와 같을 때, 이 작업장의 노출지수(EI)는 얼마인가? (단, 상가작용 기준이며, 농도 및 TLV의 단위는 ppm이다.)

기체명	기체의 농도	TLV
Toluene	55	100
MIBK	25	50
Acetone	280	750
MEK	90	200

① 1.573 ② 1.673
③ 1.773 ④ 1.873

풀이 $\mathrm{EI(노출지수)} = \dfrac{55}{100} + \dfrac{25}{50} + \dfrac{280}{750} + \dfrac{90}{200}$
$= 1.873$

27 허용농도(TLV) 적용상 주의할 사항으로 틀린 것은?

① 대기오염 평가 및 관리에 적용될 수 없다.
② 기존의 질병이나 육체적 조건을 판단하기 위한 척도로 사용될 수 없다.
③ 사업장의 유해조건을 평가하고 개선하는 지침으로 사용될 수 없다.
④ 안전농도와 위험농도를 정확히 구분하는 경계선이 아니다.

풀이 **ACGIH(미국정부산업위생전문가협의회)에서 권고하는 허용농도(TLV) 적용상 주의사항**
㉠ 대기오염 평가 및 지표(관리)에 사용할 수 없다.
㉡ 24시간 노출 또는 정상작업시간을 초과한 노출에 대한 독성 평가에는 적용할 수 없다.
㉢ 기존의 질병이나 신체적 조건을 판단(증명 또는 반증 자료)하기 위한 척도로 사용될 수 없다.
㉣ 작업조건이 다른 나라에서 ACGIH-TLV를 그대로 사용할 수 없다.
㉤ 안전농도와 위험농도를 정확히 구분하는 경계선이 아니다.
㉥ 독성의 강도를 비교할 수 있는 지표는 아니다.
㉦ 반드시 산업보건(위생)전문가에 의해 설명(해석)·적용되어야 한다.
㉧ 피부로 흡수되는 양은 고려하지 않은 기준이다.
㉨ 사업장의 유해조건을 평가하기 위한 지침이며, 건강장애를 예방하기 위한 지침이다.

28 작업환경측정 및 정도관리 등에 관한 고시상 원자흡광광도법(AAS)으로 분석할 수 있는 유해인자가 아닌 것은?

① 코발트
② 구리
③ 산화철
④ 카드뮴

풀이 ① 코발트는 유도결합플라스마 분광광도계(ICP)로 분석한다.

2020

정답 25.④ 26.④ 27.③ 28.①

29 소음 측정을 위한 소음계(sound level meter)는 주파수에 따른 사람의 느낌을 감안하여 세 가지 특성, 즉 A, B 및 C 특성에서 음압을 측정할 수 있다. 다음 내용에서 A, B 및 C 특성에 대한 설명이 바르게 된 것은?

① A특성 보정치는 4,000Hz 수준에서 가장 크다.
② B특성 보정치와 C특성 보정치는 각각 70phon과 40phon의 등감곡선과 비슷하게 보정하여 측정한 값이다.
③ B특성 보정치(dB)는 2,000Hz에서 값이 0이다.
④ A특성 보정치(dB)는 1,000Hz에서 값이 0이다.

풀이 ① A특성 보정치는 저주파에서 크다.
② B특성 보정치와 C특성 보정치는 각각 70phon과 100phon의 등감각곡선과 비슷하게 보정하여 측정한 값이다.
③ B특성 보정치(dB)는 1,000Hz에서 값이 0이다.

30 불꽃방식 원자흡광광도계가 갖는 특징으로 틀린 것은?

① 분석시간이 흑연로장치에 비하여 적게 소요된다.
② 혈액이나 소변 등 생물학적 시료의 유해금속 분석에 주로 많이 사용된다.
③ 일반적으로 흑연로장치나 유도결합플라스마－원자발광분석기에 비하여 저렴하다.
④ 용질이 고농도로 용해되어 있는 경우 버너의 슬롯을 막을 수 있으며 점성이 큰 용액은 분무가 어려워 분무구멍을 막아버릴 수 있다.

풀이 ② 혈액이나 소변 등 생물학적 시료의 유해금속 분석에 주로 많이 사용되는 것은 전열고온로법(흑연로방식)이다.

- 불꽃 원자화장치의 장단점
(1) 장점
㉠ 쉽고 간편하다.
㉡ 가격이 흑연로장치나 유도결합플라스마－원자발광분석기보다 저렴하다.
㉢ 분석이 빠르고, 정밀도가 높다(분석시간이 흑연로장치에 비해 적게 소요됨).
㉣ 기질의 영향이 적다.
(2) 단점
㉠ 많은 양의 시료(10mL)가 필요하며, 감도가 제한되어 있어 저농도에서 사용이 힘들다.
㉡ 용질이 고농도로 용해되어 있는 경우, 점성이 큰 용액은 분무구를 막을 수 있다.
㉢ 고체시료의 경우 전처리에 의하여 기질(매트릭스)을 제거해야 한다.

31 작업환경측정 결과를 통계처리 시 고려해야 할 사항으로 적절하지 않은 것은?

① 대표성
② 불변성
③ 통계적 평가
④ 2차 정규분포 여부

풀이 작업환경측정 결과 통계처리 시 고려사항
㉠ 대표성
㉡ 불변성
㉢ 통계적 평가

32 1N－HCl(F=1,000) 500mL를 만들기 위해 필요한 진한 염산의 부피(mL)는? (단, 진한 염산의 물성은 비중 1.18, 함량 35%이다.)

① 약 18
② 약 36
③ 약 44
④ 약 66

풀이 염산 부피(mL)
$=1\text{eq/L}\times0.5\text{L}\times36.5\text{g/1eq}\times\text{L/1.18kg}\times1\text{kg}/10^3\text{g}\times1{,}000\text{mL/L}$
$=44.19\text{mL}$

 정답 29.④ 30.② 31.④ 32.③

33 고온의 노출기준에서 작업자가 경작업을 할 때, 휴식 없이 계속 작업할 수 있는 기준에 위배되는 온도는? (단, 고용노동부 고시를 기준으로 한다.)

① 습구흑구온도지수 : 30℃
② 태양광이 내리쬐는 옥외 장소
자연습구온도 : 28℃
흑구온도 : 32℃
건구온도 : 40℃
③ 태양광이 내리쬐는 옥외 장소
자연습구온도 : 29℃
흑구온도 : 33℃
건구온도 : 33℃
④ 태양광이 내리쬐는 옥외 장소
자연습구온도 : 30℃
흑구온도 : 30℃
건구온도 : 30℃

풀이 **고열작업장의 노출기준(고용노동부, ACGIH)**

[단위 : WBGT(℃)]

시간당 작업과 휴식 비율	작업강도		
	경작업	중등작업	중작업
연속 작업	30.0	26.7	25.0
75% 작업, 25% 휴식 (45분 작업, 15분 휴식)	30.6	28.0	25.9
50% 작업, 50% 휴식 (30분 작업, 30분 휴식)	31.4	29.4	27.9
25% 작업, 75% 휴식 (15분 작업, 45분 휴식)	32.2	31.1	30.0

㉠ 경작업 : 시간당 200kcal까지의 열량이 소요되는 작업을 말하며, 앉아서 또는 서서 기계의 조정을 하기 위하여 손 또는 팔을 가볍게 쓰는 일 등이 해당된다.
㉡ 중등작업 : 시간당 200~350kcal의 열량이 소요되는 작업을 말하며, 물체를 들거나 밀면서 걸어다니는 일 등이 해당된다.
㉢ 중(격심)작업 : 시간당 350~500kcal의 열량이 소요되는 작업을 뜻하며, 곡괭이질 또는 삽질하는 일과 같이 육체적으로 힘든 일 등이 해당된다.

③의 WBGT(℃)를 구하면,
WBGT=(0.7×자연습구온도)+(0.2×흑구온도)+(0.1×건구온도)
=(0.7×29℃)+(0.2×33℃)+(0.1×33℃)
=30.2℃
따라서, 기준온도 30℃보다 크므로 위배된다.

34 다음 중 고열 측정기기 및 측정방법 등에 관한 내용으로 틀린 것은?

① 고열은 습구흑구온도지수를 측정할 수 있는 기기 또는 이와 동등 이상의 성능을 가진 기기를 사용한다.
② 고열을 측정하는 경우 측정기 제조자가 지정한 방법과 시간을 준수하여 사용한다.
③ 고열 작업에 대한 측정은 1일 작업시간 중 최대로 고열에 노출되고 있는 1시간을 30분 간격으로 연속하여 측정한다.
④ 측정기의 위치는 바닥면으로부터 50cm 이상, 150cm 이하의 위치에서 측정한다.

풀이 **고열 측정방법**
1일 작업시간 중 최대로 높은 고열에 노출되고 있는 1시간을 10분 간격으로 연속하여 측정한다.

35 다음 중 활성탄에 흡착된 유기화합물을 탈착하는 데 가장 많이 사용하는 용매는?

① 톨루엔
② 이황화탄소
③ 클로로포름
④ 메틸클로로포름

풀이 **용매 탈착**
㉠ 탈착용매는 비극성 물질에는 이황화탄소(CS_2)를 사용하고, 극성 물질에는 이황화탄소와 다른 용매를 혼합하여 사용한다.
㉡ 활성탄에 흡착된 증기(유기용제-방향족 탄화수소)를 탈착시키는 데 일반적으로 사용되는 용매는 이황화탄소이다.
㉢ 용매로 사용되는 이황화탄소의 장점 : 탈착효율이 좋고 가스크로마토그래피의 불꽃이온화검출기에서 반응성이 낮아 피크의 크기가 작게 나오므로 분석 시 유리하다.
㉣ 용매로 사용되는 이황화탄소의 단점 : 독성 및 인화성이 크며 작업이 번잡하다. 특히 심혈관계와 신경계에 독성이 매우 크고 취급 시 주의를 요하며, 전처리 및 분석하는 장소의 환기에 유의하여야 한다.

2020

정답 33.③ 34.③ 35.②

36 입경이 50μm이고 비중이 1.32인 입자의 침강속도(cm/s)는 얼마인가?

① 8.6
② 9.9
③ 11.9
④ 13.6

풀이 Lippmann 식
V(cm/sec)$=0.003\times\rho\times d^2$
$=0.003\times1.32\times50^2$
$=9.9$cm/sec

37 작업자가 유해물질에 노출된 정도를 표준화하기 위한 계산식으로 옳은 것은? (단, 고용노동부 고시를 기준으로 하며, C는 유해물질의 농도, T는 노출시간을 의미한다.)

① $\dfrac{\sum_{n=1}^{m}(C_n\times T_n)}{8}$ ② $\dfrac{8}{\sum_{n=1}^{m}(C_n)\times T_n}$

③ $\dfrac{\prod_{n=1}^{m}(C_n)\times T_n}{8}$ ④ $\dfrac{\prod_{n=1}^{m}(C_n)+T_n}{8}$

풀이 $\text{TWA}=\dfrac{C_1T_1+C_2T_2+\cdots+C_nT_n}{8}$
여기서, C : 유해인자의 측정농도(ppm 또는 mg/m^3)
T : 유해인자의 발생시간(hr)

38 다음 중 원자흡광분광법의 기본원리가 아닌 것은?

① 모든 원자들은 빛을 흡수한다.
② 빛을 흡수할 수 있는 곳에서 빛은 각 화학적 원소에 대한 특정 파장을 갖는다.
③ 흡수되는 빛의 양은 시료에 함유되어 있는 원자의 농도에 비례한다.
④ 칼럼 안에서 시료들은 충전제와 친화력에 의해서 상호 작용하게 된다.

풀이 ④번의 내용은 가스크로마토그래피와 관련이 있다.

39 다음 ( ) 안에 들어갈 수치는?

> 단시간 노출기준(STEL) : ( )분간의 시간가중평균노출값

① 10 ② 15
③ 20 ④ 40

풀이 단시간 노출농도(STEL ; Short Term Exposure Limits)
㉠ 근로자가 1회 15분간 유해인자에 노출되는 경우의 기준(허용농도)이다.
㉡ 이 기준 이하에서는 노출간격이 1시간 이상인 경우 1일 작업시간 동안 4회까지 노출이 허용될 수 있다.
㉢ 고농도에서 급성중독을 초래하는 물질에 적용한다.

40 흡수액 측정법에 주로 사용되는 주요 기구로 옳지 않은 것은?

① 테들러백(tedlar bag)
② 프리티드 버블러(fritted bubbler)
③ 간이 가스 세척병
(simple gas washing bottle)
④ 유리구 충진분리관
(packed glass bead column)

풀이 테들러백(tedlar bag, 테드라백)
악취 및 가스 포집을 위한 포집백이며 septum port가 장착되어 가스타이트 실린지로 미량의 샘플 채취가 가능하다.

제3과목 | 작업환경 관리대책

41 어떤 공장에서 접착공정이 유기용제 중독의 원인이 되었다. 직업병 예방을 위한 작업환경 관리대책이 아닌 것은?

① 신선한 공기에 의한 희석 및 환기 실시
② 공정의 밀폐 및 격리
③ 조업방법의 개선
④ 보건교육 미실시

풀이 ④ 보건교육 실시가 직업병 예방을 위한 작업환경 관리대책 중 하나이다.

정답 36.② 37.① 38.④ 39.② 40.① 41.④

42 여과제진장치의 설명 중 옳은 것은?

> ㉮ 여과속도가 클수록 미세입자 포집에 유리하다.
> ㉯ 연속식은 고농도 함진 배기가스 처리에 적합하다.
> ㉰ 습식 제진에 유리하다.
> ㉱ 조작 불량을 조기에 발견할 수 있다.

① ㉮, ㉰ ② ㉯, ㉱
③ ㉯, ㉰ ④ ㉮, ㉯

풀이 ㉮ 여과속도가 클수록 미세입자 포집에 불리하다.
㉰ 습식 제진에 불리하다.

43 호흡기 보호구의 밀착도 검사(fit test)에 대한 설명이 잘못된 것은?

① 정량적인 방법에는 냄새, 맛, 자극물질 등을 이용한다.
② 밀착도 검사란 얼굴 피부 접촉면과 보호구 안면부가 적합하게 밀착되는지를 측정하는 것이다.
③ 밀착도 검사를 하는 것은 작업자가 작업장에 들어가기 전 누설정도를 최소화시키기 위함이다.
④ 어떤 형태의 마스크가 작업자에게 적합한지 마스크를 선택하는 데 도움을 주어 작업자의 건강을 보호한다.

풀이 **밀착도 검사(fit test)**
(1) 정의 : 얼굴 피부 접촉면과 보호구 안면부가 적합하게 밀착되는지를 추정하는 검사이다.
(2) 측정방법
㉠ 정성적인 방법(QLFT) : 냄새, 맛, 자극물질을 이용
㉡ 정량적인 방법(QNFT) : 보호구 안과 밖의 농도와 압력 차이를 이용
(3) 밀착계수(FF)
㉠ QNFT를 이용하여 밀착정도를 나타내는 것을 의미한다.
㉡ 보호구 안에서의 농도(C_i)와 밖에서의 농도(C_o)를 측정한 비로 나타낸다.
㉢ 높을수록 밀착정도가 우수하여 착용자 얼굴에 적합하다.

44 무거운 분진(납분진, 주물사, 금속가루분진)의 일반적인 반송속도로 적절한 것은?

① 5m/s
② 10m/s
③ 15m/s
④ 25m/s

풀이 **유해물질별 반송속도**

유해물질	예	반송속도(m/s)
가스, 증기, 흄 및 극히 가벼운 물질	각종 가스, 증기, 산화아연 및 산화알루미늄 등의 흄, 목재분진, 솜먼지, 고무분, 합성수지분	10
가벼운 건조먼지	원면, 곡물분, 고무, 플라스틱, 경금속분진	15
일반 공업분진	털, 나무 부스러기, 대패 부스러기, 샌드블라스트, 그라인더분진, 내화벽돌분진	20
무거운 분진	납분진, 주조 후 모래털기 작업 시 먼지, 선반 작업 시 먼지	25
무겁고 비교적 큰 입자의 젖은 먼지	젖은 납분진, 젖은 주조작업 발생 먼지	25 이상

45 후드의 개구(opening) 내부로 작업환경의 오염공기를 흡인시키는 데 필요한 압력차에 관한 설명 중 적합하지 않은 것은?

① 정지상태의 공기 가속에 필요한 것 이상의 에너지이어야 한다.
② 개구에서 발생되는 난류 손실을 보전할 수 있는 에너지이어야 한다.
③ 개구에서 발생되는 난류 손실은 형태나 재질에 무관하게 일정하다.
④ 공기의 가속에 필요한 에너지는 공기의 이동에 필요한 속도압과 같다.

풀이 ③ 개구에서 발생되는 난류 손실은 형태나 재질에 영향을 받는다.

정답 42.② 43.① 44.④ 45.③

46 90° 곡관의 반경비가 2.0일 때 압력손실계수는 0.27이다. 속도압이 14mmH_2O라면 곡관의 압력손실(mmH_2O)은?

① 7.6
② 5.5
③ 3.8
④ 2.7

풀이 곡관의 압력손실(ΔP) $= \delta \times VP$
$= 0.27 \times 14$
$= 3.78mmH_2O$

47 용기 충진이나 컨베이어 적재와 같이 발생기류가 높고 유해물질이 활발하게 발생하는 작업조건의 제어속도로 가장 알맞은 것은? (단, ACGIH 권고 기준)

① 2.0m/s
② 3.0m/s
③ 4.0m/s
④ 5.0m/s

풀이 작업조건에 따른 제어속도 기준(ACGIH)

작업조건	작업공정 사례	제어속도(m/s)
• 움직이지 않는 공기 중에서 속도 없이 배출되는 작업조건 • 조용한 대기 중에 실제 거의 속도가 없는 상태로 발산하는 작업조건	• 액면에서 발생하는 가스나 증기, 흄 • 탱크에서 증발·탈지 시설	0.25~0.5
비교적 조용한(약간의 공기 움직임) 대기 중에서 저속도로 비산하는 작업조건	• 용접·도금 작업 • 스프레이 도장 • 주형을 부수고 모래를 터는 장소	0.5~1.0
발생기류가 높고 유해물질이 활발하게 발생하는 작업조건	• 스프레이 도장, 용기 충진 • 컨베이어 적재 • 분쇄기	1.0~2.5
초고속기류가 있는 작업장소에 초고속으로 비산하는 작업조건	• 회전연삭작업 • 연마작업 • 블라스트작업	2.5~10

48 귀덮개의 장점을 모두 짝지은 것으로 가장 옳은 것은?

㉮ 귀마개보다 쉽게 착용할 수 있다.
㉯ 귀마개보다 일관성 있는 차음효과를 얻을 수 있다.
㉰ 크기를 여러 가지로 할 필요가 없다.
㉱ 착용 여부를 쉽게 확인할 수 있다.

① ㉮, ㉯, ㉱
② ㉮, ㉯, ㉰
③ ㉮, ㉰, ㉱
④ ㉮, ㉯, ㉰, ㉱

풀이 귀덮개의 장단점

(1) 장점
㉠ 귀마개보다 일반적으로 높고(고음영역에서 탁월) 일관성 있는 차음효과를 얻을 수 있다(개인차가 적음).
㉡ 동일한 크기의 귀덮개를 대부분의 근로자가 사용 가능하다(크기를 여러 가지로 할 필요 없음).
㉢ 귀에 염증(질병)이 있어도 사용 가능하다.
㉣ 귀마개보다 쉽게 착용할 수 있고, 착용법을 틀리거나 잃어버리는 일이 적다.

(2) 단점
㉠ 부착된 밴드에 의해 차음효과가 감소될 수 있다.
㉡ 고온에서 사용 시 불편하다(보호구 접촉면에 땀이 남).
㉢ 머리카락이 길 때와 안경테가 굵거나 잘 부착되지 않을 때는 사용이 불편하다.
㉣ 장시간 사용 시 꼭 끼는 느낌이 있다.
㉤ 보안경과 함께 사용하는 경우 다소 불편하며, 차음효과가 감소된다.
㉥ 오래 사용하여 귀걸이의 탄력성이 줄었을 때나 귀걸이가 휘었을 때는 차음효과가 떨어진다.
㉦ 가격이 비싸고 운반과 보관이 쉽지 않다.

49 후드 흡인기류의 불량상태를 점검할 때 필요하지 않은 측정기기는?

① 열선풍속계
② Threaded thermometer
③ 연기발생기
④ Pitot tube

풀이 ② Threaded thermometer는 온도를 측정하는 기기이다.

정답 46.③ 47.① 48.④ 49.②

50 원심력 송풍기 중 다익형 송풍기에 관한 설명으로 가장 거리가 먼 것은?

① 송풍기의 임펠러가 다람쥐 쳇바퀴 모양으로 생겼다.

② 큰 압력손실에서 송풍량이 급격하게 떨어지는 단점이 있다.

③ 고강도가 요구되기 때문에 제작비용이 비싸다는 단점이 있다.

④ 다른 송풍기와 비교하여 동일 송풍량을 발생시키기 위한 임펠러 회전속도가 상대적으로 낮기 때문에 소음이 작다.

풀이 **다익형 송풍기(multi blade fan)**

㉠ 전향(전곡) 날개형(forward-curved blade fan)이라고 하며, 많은 날개(blade)를 갖고 있다.

㉡ 송풍기의 임펠러가 다람쥐 쳇바퀴 모양으로, 회전날개가 회전방향과 동일한 방향으로 설계되어 있다.

㉢ 동일 송풍량을 발생시키기 위한 임펠러 회전속도가 상대적으로 낮아 소음 문제가 거의 없다.

㉣ 강도 문제가 그리 중요하지 않기 때문에 저가로 제작이 가능하다.

㉤ 상승 구배 특성이다.

㉥ 높은 압력손실에서는 송풍량이 급격하게 떨어지므로 이송시켜야 할 공기량이 많고 압력손실이 작게 걸리는 전체환기나 공기조화용으로 널리 사용된다.

㉦ 구조상 고속회전이 어렵고, 큰 동력의 용도에는 적합하지 않다.

51 덕트(duct)의 압력손실에 관한 설명으로 옳지 않은 것은?

① 직관에서의 마찰손실과 형태에 따른 압력손실로 구분할 수 있다.

② 압력손실은 유체의 속도압에 반비례한다.

③ 덕트 압력손실은 배관의 길이와 정비례한다.

④ 덕트 압력손실은 관 직경과 반비례한다.

풀이 **원형 직선 덕트의 압력손실(ΔP)**

$$\Delta P = \lambda(4f) \times \frac{L}{D} \times \mathrm{VP}\left(\frac{\gamma V^2}{2g}\right)$$

압력손실은 덕트의 길이, 공기밀도, 유속의 제곱, 유체의 속도압에 비례하고, 덕트의 직경에 반비례한다.

52 강제환기의 효과를 제고하기 위한 원칙으로 틀린 것은?

① 오염물질 배출구는 가능한 한 오염원으로부터 가까운 곳에 설치하여 점환기 현상을 방지한다.

② 공기 배출구와 근로자의 작업위치 사이에 오염원이 위치하여야 한다.

③ 공기가 배출되면서 오염장소를 통과하도록 공기 배출구와 유입구의 위치를 선정한다.

④ 오염원 주위에 다른 작업공정이 있으면 공기 배출량을 공급량보다 약간 크게 하여 음압을 형성하여 주위 근로자에게 오염물질이 확산되지 않도록 한다.

풀이 **전체환기(강제환기)시설 설치의 기본원칙**

㉠ 오염물질 사용량을 조사하여 필요환기량을 계산한다.

㉡ 배출공기를 보충하기 위하여 청정공기를 공급한다.

㉢ 오염물질 배출구는 가능한 한 오염원으로부터 가까운 곳에 설치하여 '점환기'의 효과를 얻는다.

㉣ 공기 배출구와 근로자의 작업위치 사이에 오염원이 위치해야 한다.

㉤ 공기가 배출되면서 오염장소를 통과하도록 공기 배출구와 유입구의 위치를 선정한다.

㉥ 작업장 내 압력은 경우에 따라서 양압이나 음압으로 조정해야 한다(오염원 주위에 다른 작업공정이 있으면 공기 공급량을 배출량보다 적게 하여 음압을 형성시켜 주위 근로자에게 오염물질이 확산되지 않도록 한다).

㉦ 배출된 공기가 재유입되지 못하게 배출구 높이를 적절히 설계하고 창문이나 문 근처에 위치하지 않도록 한다.

㉧ 오염된 공기는 작업자가 호흡하기 전에 충분히 희석되어야 한다.

㉨ 오염물질 발생은 가능하면 비교적 일정한 속도로 유출되도록 조정해야 한다.

2020

정답 50.③ 51.② 52.①

53 전기집진장치의 장점으로 옳지 않은 것은?

① 가연성 입자의 처리에 효율적이다.
② 넓은 범위의 입경과 분진농도에 집진효율이 높다.
③ 압력손실이 낮으므로 송풍기의 가동비용이 저렴하다.
④ 고온 가스를 처리할 수 있어 보일러와 철강로 등에 설치할 수 있다.

풀이 **전기집진장치의 장단점**

(1) 장점
㉠ 집진효율이 높다(0.01μm 정도 포집 용이, 99.9% 정도 고집진효율).
㉡ 광범위한 온도범위에서 적용이 가능하며, 폭발성 가스의 처리도 가능하다.
㉢ 고온의 입자성 물질(500℃ 전후) 처리가 가능하여 보일러와 철강로 등에 설치할 수 있다.
㉣ 압력손실이 낮고, 대용량의 가스 처리가 가능하며, 배출가스의 온도강하가 적다.
㉤ 운전 및 유지비가 저렴하다.
㉥ 회수가치가 있는 입자 포집에 유리하며, 습식 및 건식으로 집진할 수 있다.
㉦ 넓은 범위의 입경과 분진농도에 집진효율이 높다.

(2) 단점
㉠ 설치비용이 많이 든다.
㉡ 설치공간을 많이 차지한다.
㉢ 설치된 후에는 운전조건의 변화에 유연성이 적다.
㉣ 먼지성상에 따라 전처리시설이 요구된다.
㉤ 분진 포집에 적용되며, 기체상 물질 제거에는 곤란하다.
㉥ 전압변동과 같은 조건변동(부하변동)에 쉽게 적응이 곤란하다.
㉦ 가연성 입자의 처리가 곤란하다.

54 송풍기 깃이 회전방향 반대편으로 경사지게 설계되어 충분한 압력을 발생시킬 수 있고, 원심력송풍기 중 효율이 가장 좋은 송풍기는?

① 후향날개형 송풍기
② 방사날개형 송풍기
③ 전향날개형 송풍기
④ 안내깃이 붙은 축류 송풍기

풀이 **터보형 송풍기(turbo fan)**

㉠ 후향(후곡)날개형 송풍기(backward-curved blade fan)라고도 하며, 송풍량이 증가해도 동력이 증가하지 않는 장점을 가지고 있어 한계부하 송풍기라고도 한다.
㉡ 회전날개(깃)가 회전방향 반대편으로 경사지게 설계되어 있어 충분한 압력을 발생시킬 수 있다.
㉢ 소요정압이 떨어져도 동력은 크게 상승하지 않으므로 시설저항 및 운전상태가 변하여도 과부하가 걸리지 않는다.
㉣ 송풍기 성능곡선에서 동력곡선이 최대송풍량의 60~70%까지 증가하다가 감소하는 경향을 띠는 특성이 있다.
㉤ 고농도 분진 함유 공기를 이송시킬 경우 깃 뒷면에 분진이 퇴적하며 집진기 후단에 설치하여야 한다.
㉥ 깃의 모양은 두께가 균일한 것과 익형이 있다.
㉦ 원심력식 송풍기 중 가장 효율이 좋다.

55 어떤 원형 덕트에 유체가 흐르고 있다. 덕트의 직경을 1/2로 하면 직관 부분의 압력손실은 몇 배로 되는가? (단, 달시의 방정식을 적용한다.)

① 4배 ② 8배
③ 16배 ④ 32배

풀이

$\Delta P = 4\times f\times\dfrac{L}{D}\times\dfrac{\gamma V^2}{2g}$에서

f, L, γ, g는 상수이므로, $\Delta P_1 = \dfrac{V^2}{D}$

$Q = A\times V = \dfrac{\pi D^2}{4}\times V$에서

Q는 일정하므로, D가 $\dfrac{1}{2}$로 줄면 $V=4$배

$Q = \dfrac{\pi D^2}{4}\times V,\ V = \dfrac{4Q}{\pi D^2}$

$Q = \dfrac{\pi\left(\dfrac{D}{2}\right)^2}{4}\times V,\ V = \dfrac{16Q}{\pi D^2}$ $\Big]\ V = 4V$

$V = 4V$, $D = \dfrac{D}{2}$인 압력손실

$\Delta P_2 = \dfrac{(4V)^2}{\dfrac{D}{2}} = \dfrac{32V^2}{D}$

$\therefore$ 증가된 압력손실(ΔP)$= \dfrac{\Delta P_2}{\Delta P_1} = \dfrac{\dfrac{32V^2}{D}}{\dfrac{V^2}{D}} = 32$배

 정답 53.① 54.① 55.④

56 눈 보호구에 관한 설명으로 틀린 것은? (단, KS 표준 기준)

① 눈을 보호하는 보호구는 유해광선 차광 보호구와 먼지나 이물을 막아주는 방진 안경이 있다.
② 400A 이상의 아크 용접 시 차광도 번호 14의 차광도 보호안경을 사용하여야 한다.
③ 눈, 지붕 등으로부터 반사광을 받는 작업에서는 차광도 번호 1.2−3 정도의 차광도 보호안경을 사용하는 것이 알맞다.
④ 단순히 눈의 외상을 막는 데 사용되는 보호안경은 열처리를 하거나 색깔을 넣은 렌즈를 사용할 필요가 없다.

풀이 ④ 단순히 눈의 외상을 막는 데 사용되는 보호안경도 열처리를 하거나 색깔을 넣은 렌즈를 사용해야 한다.

57 소음 작업장에 소음수준을 줄이기 위하여 흡음을 중심으로 하는 소음저감대책을 수립한 후, 그 효과를 측정하였다. 다음 중 소음 감소효과가 있었다고 보기 어려운 경우를 고르면?

① 음의 잔향시간을 측정하였더니 잔향시간이 약간이지만 증가한 것으로 나타났다.
② 대책 후의 총 흡음량이 약간 증가하였다.
③ 소음원으로부터 거리가 멀어질수록 소음수준이 낮아지는 정도가 대책 수립 전보다 커졌다.
④ 실내상수 R을 계산해보니 R값이 대책 수립 전보다 커졌다.

풀이 ① 음의 잔향시간이 증가하여도 실내작업장의 소음 감소효과는 거의 없다.

58 국소환기시설에 필요한 공기송풍량을 계산하는 공식 중 점흡인에 해당하는 것은?

① $Q=4\pi\times x^2\times V_c$
② $Q=2\pi\times L\times x\times V_c$
③ $Q=60\times 0.75\times V_c(10x^2+A)$
④ $Q=60\times 0.5\times V_c(10x^2+A)$

풀이 점흡인 송풍량(Q)
$Q=4\pi\times x^2\times V_c$
여기서, x : 발생원과 후드 사이의 거리
V_c : 제어속도

59 확대각이 10°인 원형 확대관에서 입구 직관의 정압은 −15mmH2O, 속도압은 35mmH2O이고, 확대된 출구 직관의 속도압은 25mmH2O이다. 확대 측의 정압(mmH2O)은? (단, 확대각이 10°일 때 압력손실계수(ζ)는 0.28이다.)

① 7.8 ② 15.6
③ −7.8 ④ −15.6

풀이 확대 측 정압(SP_2)
$=SP_1+R(VP_1-VP_2)$
• R(정압회복계수)$=1-\xi=1-0.28=0.72$
$=-15+[0.72\times(35-25)]$
$=-7.8mmH_2O$

60 목재분진을 측정하기 위한 시료채취장치로 가장 적합한 것은?

① 활성탄관(charcoal tube)
② 흡입성 분진 시료채취기(IOM sampler)
③ 호흡성 분진 시료채취기 (aluminum cyclone)
④ 실리카겔관(silica gel tube)

풀이 목재분진의 입경범위는 약 0~100μm이므로 흡입성 입자상 물질(IPM) 채취기 IOM sampler를 사용한다.

2020

정답 56.④ 57.① 58.① 59.③ 60.②

제4과목 | 물리적 유해인자관리

61 질식 우려가 있는 지하 맨홀 작업에 앞서서 준비해야 할 장비나 보호구로 볼 수 없는 것은?

① 안전대
② 방독마스크
③ 송기마스크
④ 산소농도 측정기

풀이 산소결핍장소에서 방진마스크, 방독마스크의 사용은 적절하지 않다.

62 진동 발생원에 대한 대책으로 가장 적극적인 방법은?

① 발생원의 격리
② 보호구 착용
③ 발생원의 제거
④ 발생원의 재배치

풀이 **진동 방지대책**
(1) 발생원 대책
㉠ 가진력(기진력, 외력) 감쇠
㉡ 불평형력의 평형 유지
㉢ 기초중량의 부가 및 경감
㉣ 탄성 지지(완충물 등 방진재 사용)
㉤ 진동원 제거(가장 적극적 대책)
㉥ 동적 흡진
(2) 전파경로 대책
㉠ 진동의 전파경로 차단(방진구)
㉡ 거리 감쇠
(3) 수진 측 대책
㉠ 작업시간 단축 및 교대제 실시
㉡ 보건교육 실시
㉢ 수진 측 탄성 지지 및 강성 변경

63 전리방사선에 의한 장해에 해당하지 않는 것은?

① 참호족 ② 피부 장해
③ 유전적 장해 ④ 조혈기능 장해

풀이 참호족과 침수족은 지속적인 한랭으로 모세혈관 벽이 손상되는 현상으로, 이는 국소부위의 산소결핍에 의해 발생한다.

64 고소음으로 인한 소음성 난청 질환자를 예방하기 위한 작업환경관리방법 중 공학적 개선에 해당되지 않는 것은?

① 소음원의 밀폐
② 보호구의 지급
③ 소음원을 벽으로 격리
④ 작업장 흡음시설의 설치

풀이 ② 보호구의 지급은 공학적 개선대책이 아니라, 일반적 개선대책이다.

65 비이온화 방사선의 파장별 건강에 미치는 영향으로 옳지 않은 것은?

① UV－A : 315~400nm － 피부노화 촉진
② IR－B : 780~1,400nm － 백내장, 각막화상
③ UV－B : 280~315nm － 발진, 피부암, 광결막염
④ 가시광선 : 400~700nm － 광화학적이거나 열에 의한 각막 손상, 피부 화상

풀이 ② IR－B는 중적외선으로 파장 1.4~10μm 범위이며, 백내장은 IR－C(원적외선)의 영향으로 나타난다.

66 WBGT에 대한 설명으로 옳지 않은 것은?

① 표시단위는 절대온도(K)이다.
② 기온, 기습, 기류 및 복사열을 고려하여 계산된다.
③ 태양광선이 있는 옥외 및 태양광선이 없는 옥내로 구분된다.
④ 고온에서의 작업휴식시간비를 결정하는 지표로 활용된다.

풀이 ① WBGT의 표시단위는 섭씨온도(℃)이다.

정답 61.② 62.③ 63.① 64.② 65.② 66.①

67 작업자 A의 4시간 작업 중 소음노출량이 76%일 때, 측정시간에 있어서의 평균치는 약 몇 dB(A)인가?

① 88 ② 93
③ 98 ④ 103

풀이

$$TWA = 16.61\log\left(\frac{D(\%)}{12.5\times T}\right)+90$$
$$= 16.61\log\left(\frac{76}{12.5\times 4}\right)+90 = 93.02\text{dB(A)}$$

68 이온화 방사성과 비이온화 방사선을 구분하는 광자에너지는?

① 1eV ② 4eV
③ 12.4eV ④ 15.6eV

풀이 **전리방사선과 비전리방사선의 구분**

㉠ 전리방사선과 비전리방사선의 경계가 되는 광자에너지의 강도는 12eV이다.
㉡ 생체에서 이온화시키는 데 필요한 최소에너지는 대체로 12eV가 되고, 그 이하의 에너지를 갖는 방사선을 비이온화방사선, 그 이상 큰 에너지를 갖는 것을 이온화방사선이라 한다.
㉢ 방사선을 전리방사선과 비전리방사선으로 분류하는 인자는 이온화하는 성질, 주파수, 파장이다.

69 채광 계획에 관한 설명으로 옳지 않은 것은?

① 창의 면적은 방바닥 면적의 15~20%가 이상적이다.
② 조도의 평등을 요하는 작업실은 남향으로 하는 것이 좋다.
③ 실내 각점의 개각은 4~5°, 입사각은 28° 이상이 되어야 한다.
④ 유리창은 청결한 상태여도 10~15% 조도가 감소되는 점을 고려한다.

풀이 **자연채광**

㉠ 실내의 입사각은 28° 이상이 좋다.
㉡ 창의 방향은 많은 채광을 요구할 경우 남향이 좋다.
㉢ 균일한 평등을 요하는 조명을 요구하는 작업실은 북향(동북향)이 좋다.

70 이상기압에 의하여 발생하는 직업병에 영향을 미치는 유해인자가 아닌 것은?

① 산소(O_2) ② 이산화황(SO_2)
③ 질소(N_2) ④ 이산화탄소(CO_2)

풀이 **2차적 가압현상**

고압하의 대기가스 독성 때문에 나타나는 현상으로, 2차성 압력현상이다.

(1) 질소가스의 마취작용
㉠ 공기 중의 질소가스는 정상기압에서 비활성이지만, 4기압 이상에서는 마취작용을 일으키며 이를 다행증(euphoria)이라 한다(공기 중의 질소가스는 3기압 이하에서는 자극작용을 한다).
㉡ 질소가스 마취작용은 알코올중독의 증상과 유사하다.
㉢ 작업력의 저하, 기분의 변환 등 여러 종류의 다행증이 일어난다.
㉣ 수심 90~120m에서 환청, 환시, 조현증, 기억력 감퇴 등이 나타난다.

(2) 산소중독 작용
㉠ 산소의 분압이 2기압을 넘으면 산소중독 증상을 보인다. 즉, 3~4기압의 산소 혹은 이에 상당하는 공기 중 산소분압에 의하여 중추신경계의 장애에 기인하는 운동장애를 나타내는데, 이것을 산소중독이라 한다.
㉡ 수중의 잠수자는 폐압착증을 예방하기 위하여 수압과 같은 압력의 압축기체를 호흡하여야 하며, 이로 인한 산소분압 증가로 산소중독이 일어난다.
㉢ 고압산소에 대한 폭로가 중지되면 증상은 즉시 멈춘다. 즉, 가역적이다.
㉣ 1기압에서 순산소는 인후를 자극하나 비교적 짧은 시간의 폭로라면 중독증상은 나타나지 않는다.
㉤ 산소중독 작용은 운동이나 이산화탄소로 인해 악화된다.
㉥ 수지나 족지의 작열통, 시력장애, 정신혼란, 근육경련 등의 증상을 보이며, 나아가서는 간질 모양의 경련을 나타낸다.

(3) 이산화탄소의 작용
㉠ 이산화탄소 농도의 증가는 산소의 독성과 질소의 마취작용을 증가시키는 역할을 하고, 감압증의 발생을 촉진시킨다.
㉡ 이산화탄소 농도가 고압환경에서 대기압으로 환산하여 0.2%를 초과해서는 안 된다.
㉢ 동통성 관절장애(bends)도 이산화탄소의 분압 증가에 따라 보다 많이 발생한다.

2020

정답 67.② 68.③ 69.② 70.②

71 빛에 관한 설명으로 옳지 않은 것은?

① 광원으로부터 나오는 빛의 세기를 조도라 한다.
② 단위 평면적에서 발산 또는 반사되는 광량을 휘도라 한다.
③ 루멘은 1촉광의 광원으로부터 단위 입체각으로 나가는 광속의 단위이다.
④ 조도는 어떤 면에 들어오는 광속의 양에 비례하고, 입사면의 단면적에 반비례한다.

풀이 ① 광원으로부터 나오는 빛의 세기를 광도라 하며, 단위는 칸델라를 사용한다.

72 태양으로부터 방출되는 복사에너지의 52% 정도를 차지하고 피부조직 온도를 상승시켜 충혈, 혈관확장, 각막손상, 두부장해를 일으키는 유해광선은?

① 자외선
② 적외선
③ 가시광선
④ 마이크로파

풀이 적외선의 생체작용
㉠ 안장해 : 초자공백내장, 안검록염, 각막염, 홍채위축, 백내장, 안구건조증
㉡ 피부장해 : 급성 피부화상, 색소침착
㉢ 두부장해 : 뇌막 자극으로 인한 의식상실, 열사병

73 흑구온도는 32℃, 건구온도는 27℃, 자연습구온도는 30℃인 실내작업장의 습구 · 흑구온도지수는?

① 33.3℃ ② 32.6℃
③ 31.3℃ ④ 30.6℃

풀이 실내 WBGT(℃)
=(0.7×자연습구온도)+(0.3×흑구온도)
=(0.7×30℃)+(0.3×32℃)
=30.6℃

74 감압병의 예방 및 치료 방법으로 옳지 않은 것은?

① 감압이 끝날 무렵에 순수한 산소를 흡입시키면 예방적 효과와 함께 감압시간을 단축시킬 수 있다.
② 잠수 및 감압 방법은 특별히 잠수에 익숙한 사람을 제외하고는 1분에 10m 정도씩 잠수하는 것이 안전하다.
③ 고압환경에서 작업 시 질소를 헬륨으로 대치하면 성대에 손상을 입힐 수 있으므로 할로겐가스로 대치한다.
④ 감압병의 증상을 보일 경우 환자를 인공적 고압실에 넣어 혈관 및 조직 속에 발생한 질소의 기포를 다시 용해시킨 후 천천히 감압한다.

풀이 ③ 고압환경에서는 수소 또는 질소를 대신하여 마취작용이 적은 헬륨 같은 불활성 기체들로 대치한 공기를 호흡시킨다.

75 저온환경에서 나타나는 일차적인 생리적 반응이 아닌 것은?

① 체표면적의 증가
② 피부혈관의 수축
③ 근육긴장의 증가와 떨림
④ 화학적 대사작용의 증가

풀이 저온에 의한 생리적 반응
(1) 1차 생리적 반응
㉠ 피부혈관의 수축
㉡ 근육긴장의 증가와 떨림
㉢ 화학적 대사작용의 증가
㉣ 체표면적의 감소
(2) 2차 생리적 반응
㉠ 말초혈관의 수축
㉡ 근육활동, 조직대사가 증진되어 식욕 항진
㉢ 혈압의 일시적 상승

정답 71.① 72.② 73.④ 74.③ 75.①

76 소음에 의하여 발생하는 노인성 난청의 청력손실에 대한 설명으로 옳은 것은?

① 고주파영역으로 갈수록 큰 청력손실이 예상된다.

② 2,000Hz에서 가장 큰 청력장애가 예상된다.

③ 1,000Hz 이하에서는 20~30dB의 청력손실이 예상된다.

④ 1,000~8,000Hz 영역에서는 0~20dB의 청력손실이 예상된다.

풀이 **난청(청력장애)**

(1) 일시적 청력손실(TTS)

㉠ 강력한 소음에 노출되어 생기는 난청으로 4,000~6,000Hz에서 가장 많이 발생한다.

㉡ 청신경세포의 피로현상으로, 회복되려면 12~24시간을 요하는 가역적인 청력저하이며, 영구적 소음성 난청의 예비신호로도 볼 수 있다.

(2) 영구적 청력손실(PTS) : 소음성 난청

㉠ 비가역적 청력저하이며, 강렬한 소음이나 지속적인 소음 노출에 의해 청신경 말단부의 내이코르티(corti) 기관의 섬모세포 손상으로, 회복될 수 없는 영구적인 청력저하가 발생한다.

㉡ 3,000~6,000Hz의 범위에서 먼저 나타나고, 특히 4,000Hz에서 가장 심하게 발생한다.

(3) 노인성 난청

㉠ 노화에 의한 퇴행성 질환으로, 감각신경성 청력손실이 양측 귀에 대칭적 · 점진적으로 발생하는 질환이다.

㉡ 일반적으로 고음역에 대한 청력손실이 현저하며, 6,000Hz에서부터 난청이 시작된다.

77 고압환경에서 발생할 수 있는 생체증상으로 볼 수 없는 것은?

① 부종

② 압치통

③ 폐압박

④ 폐수종

풀이 ④ 폐수종은 저압환경에서 발생한다.

78 음(sound)에 관한 설명으로 옳지 않은 것은?

① 음(음파)이란 대기압보다 높거나 낮은 압력의 파동이고, 매질을 타고 전달되는 진동에너지이다.

② 주파수란 1초 동안에 음파로 발생되는 고압력 부분과 저압력 부분을 포함한 압력변화의 완전한 주기를 말한다.

③ 음의 단위는 물리적 단위를 쓰는 것이 아니라 감각수준인 데시벨(dB)이라는 무차원의 비교단위를 사용한다.

④ 사람이 대기압에서 들을 수 있는 음압은 0.000002N/m^2에서부터 20N/m^2까지 광범위한 영역이다.

풀이 ④ 사람이 대기압에서 들을 수 있는 음압은 0.000002N/m^2에서부터 60N/m^2까지 광범위한 영역이다.

79 흡음재의 종류 중 다공질 재료에 해당되지 않는 것은?

① 암면

② 펠트(felt)

③ 석고보드

④ 발포수지재료

풀이 ③ 석고보드는 판(막)진동형 흡음재이다.

80 6N/m^2의 음압은 약 몇 dB의 음압수준인가?

① 90

② 100

③ 110

④ 120

풀이

$$음압수준(SPL) = 20\log\frac{P}{P_o} = 20\log\frac{6}{2\times10^{-5}} = 109.54\text{dB}$$

2020

정답 76.① 77.④ 78.④ 79.③ 80.③

제5과목 | 산업 독성학

81 Metallothionein에 대한 설명으로 옳지 않은 것은?

① 방향족 아미노산이 없다.
② 주로 간장과 신장에 많이 축적된다.
③ 카드뮴과 결합하면 독성이 강해진다.
④ 시스테인이 주성분인 아미노산으로 구성된다.

풀이 Metallothionein은 카드뮴과 관계가 있다. 즉, 카드뮴이 체내에 들어가면 간에서 metallothionein 생합성이 촉진되어 폭로된 중금속을 감소시키는 역할을 하나, 다량의 카드뮴일 경우 합성이 되지 않아 중독작용을 일으킨다.

82 투명한 휘발성 액체로 페인트, 시너, 잉크 등의 용제로 사용되며 장기간 노출될 경우 말초신경장해가 초래되어 사지의 지각상실과 신근마비 등 다발성 신경장해를 일으키는 파라핀계 탄화수소의 대표적인 유해물질은?

① 벤젠
② 노말헥산
③ 톨루엔
④ 클로로포름

풀이 **노말헥산[n-헥산, $CH_3(CH_2)_4CH_3$]**
㉠ 투명한 휘발성 액체로 파라핀계 탄화수소의 대표적 유해물질이며, 휘발성이 크고 극도로 인화하기 쉽다.
㉡ 페인트, 시너(thinner), 잉크 등의 용제로 사용되며, 정밀기계의 세척제 등으로 사용한다.
㉢ 장기간 폭로될 경우 독성 말초신경장해가 초래되어 사지의 지각상실과 신근마비 등 다발성 신경장해를 일으킨다.
㉣ 2000년대 외국인 근로자에게 다발성 말초신경증을 집단으로 유발한 물질이다.
㉤ 체내 대사과정을 거쳐 2,5-hexanedione 물질로 배설된다.

83 직업병의 유병률이란 발생률에서 어떠한 인자를 제거한 것인가?

① 기간 ② 집단수
③ 장소 ④ 질병 종류

풀이 **유병률**
㉠ 어떤 시점에서 이미 존재하는 질병의 비율을 의미한다(발생률에서 기간을 제거한 의미).
㉡ 일반적으로 기간 유병률보다 시점 유병률을 사용한다.
㉢ 인구집단 내에 존재하고 있는 환자 수를 표현한 것으로 시간단위가 없다.
㉣ 지역사회에서 질병의 이완정도를 평가하고, 의료의 수효를 판단하는 데 유용한 정보로 사용된다.
㉤ 어떤 시점에서 인구집단 내에 존재하는 환자의 비례적인 분율 개념이다.
㉥ 여러 가지 인자에 영향을 받을 수 있어 위험성을 실질적으로 나타내지 못한다.

84 급성 전신중독을 유발하는 데 있어 그 독성이 가장 강한 방향족 탄화수소는?

① 벤젠(Benzene)
② 크실렌(Xylene)
③ 톨루엔(Toluene)
④ 에틸렌(Ethylene)

풀이 방향족 탄화수소 중 저농도에 장기간 폭로(노출)되어 만성중독(조혈장애)을 일으키는 경우에는 벤젠의 위험도가 가장 크고, 급성 전신중독 시 독성이 강한 물질은 톨루엔이다.

85 사업장에서 노출되는 금속의 일반적인 독성기전이 아닌 것은?

① 효소 억제
② 금속평형의 파괴
③ 중추신경계 활성 억제
④ 필수금속성분의 대체

풀이 **금속의 독성작용기전**
㉠ 효소 억제
㉡ 간접영향
㉢ 필수금속성분의 대체
㉣ 필수금속성분의 평형 파괴

정답 81.③ 82.② 83.① 84.③ 85.③

86 무기성 분진에 의한 진폐증에 해당하는 것은?

① 면폐증 ② 농부폐증
③ 규폐증 ④ 목재분진폐증

풀이 **분진 종류에 따른 분류(임상적 분류)**
㉠ 유기성 분진에 의한 진폐증
농부폐증, 면폐증, 연초폐증, 설탕폐증, 목재분진폐증, 모발분진폐증
㉡ 무기성(광물성) 분진에 의한 진폐증
규폐증, 탄소폐증, 활석폐증, 탄광부 진폐증, 철폐증, 베릴륨폐증, 흑연폐증, 규조토폐증, 주석폐증, 칼륨폐증, 바륨폐증, 용접공폐증, 석면폐증

87 생물학적 모니터링에 대한 설명으로 옳지 않은 것은?

① 화학물질의 종합적인 흡수정도를 평가할 수 있다.
② 노출기준을 가진 화학물질의 수보다 BEI를 가지는 화학물질의 수가 더 많다.
③ 생물학적 시료를 분석하는 것은 작업환경측정보다 훨씬 복잡하고 취급이 어렵다.
④ 근로자의 유해인자에 대한 노출정도를 소변, 호기, 혈액 중에서 그 물질이나 대사산물을 측정함으로써 노출정도를 추정하는 방법을 의미한다.

풀이 BEI는 건강상의 영향과 생물학적 변수와 상관성이 있는 물질이 많지 않아 작업환경측정에서 설정한 허용기준(TLV)보다 훨씬 적은 기준을 가지고 있다.

88 니트로벤젠의 화학물질의 영향에 대한 생물학적 모니터링 대상으로 옳은 것은?

① 요에서의 마뇨산
② 적혈구에서의 ZPP
③ 요에서의 저분자량 단백질
④ 혈액에서의 메트헤모글로빈

풀이 **화학물질의 영향에 대한 생물학적 모니터링 대상**
㉠ 납 : 적혈구에서 ZPP
㉡ 카드뮴 : 요에서 저분자량 단백질
㉢ 일산화탄소 : 혈액에서 카르복시헤모글로빈
㉣ 니트로벤젠 : 혈액에서 메트헤모글로빈

89 직업성 천식을 유발하는 대표적인 물질로 나열된 것은?

① 알루미늄, 2-Bromopropane
② TDI(Toluene Diisocyanate), Asbestos
③ 실리카, DBCP(1,2-dibromo-3-chloropropane)
④ TDI(Toluene Diisocyanate), TMA(Trimellitic Anhydride)

풀이 **직업성 천식의 원인물질**

구분	원인물질	직업 및 작업
금속	백금	도금
	니켈, 크롬, 알루미늄	도금, 시멘트 취급자, 금고 제작공
화학물	Isocyanate (TDI, MDI)	페인트, 접착제, 도장 작업
	산화무수물	페인트, 플라스틱 제조업
	송진 연무	전자업체 납땜 부서
	반응성 및 아조 염료	염료 공장
	Trimellitic Anhydride (TMA)	레진, 플라스틱, 계면활성제 제조업
	Persulphates	미용사
	Ethylenediamine	래커칠, 고무공장
	Formaldehyde	의료 종사자
약제	항생제, 소화제	제약회사, 의료인
생물학적 물질	동물 분비물, 털(말, 쥐, 사슴)	실험실 근무자, 동물 사육사
	목재분진	목수, 목재공장 근로자
	곡물가루, 쌀겨, 메밀가루, 카레	농부, 곡물 취급자, 식품업 종사자
	밀가루	제빵공
	커피가루	커피 제조공
	라텍스	의료 종사자
	응애, 진드기	농부, 과수원(귤, 사과)

2020

정답 86.③ 87.② 88.④ 89.④

90 기관지와 폐포 등 폐 내부의 공기 통로와 가스 교환 부위에 침착되는 먼지로서 공기역학적 지름이 30μm 이하의 크기를 가지는 것은?

① 흉곽성 먼지　② 호흡성 먼지
③ 흡입성 먼지　④ 침착성 먼지

풀이 **ACGIH의 입자 크기별 기준(TLV)**
(1) 흡입성 입자상 물질
(IPM ; Inspirable Particulates Mass)
㉠ 호흡기의 어느 부위(비강, 인후두, 기관 등 호흡기의 기도 부위)에 침착하더라도 독성을 유발하는 분진이다.
㉡ 비암이나 비중격천공을 일으키는 입자상 물질이 여기에 속한다.
㉢ 침전분진은 재채기, 침, 코 등의 벌크(bulk) 세척기전으로 제거된다.
㉣ 입경범위 : 0~100μm
㉤ 평균입경 : 100μm(폐 침착의 50%에 해당하는 입자의 크기)
(2) 흉곽성 입자상 물질
(TPM ; Thoracic Particulates Mass)
㉠ 기도나 하기도(가스교환 부위)에 침착하여 독성을 나타내는 물질이다.
㉡ 평균입경 : 10μm
㉢ 채취기구 : PM 10
(3) 호흡성 입자상 물질
(RPM ; Respirable Particulates Mass)
㉠ 가스교환 부위, 즉 폐포에 침착할 때 유해한 물질이다.
㉡ 평균입경 : 4μm(공기역학적 직경이 10μm 미만의 먼지가 호흡성 입자상 물질)
㉢ 채취기구 : 10mm nylon cyclone

91 크롬화합물 중독에 대한 설명으로 틀린 것은?

① 크롬중독은 요 중의 크롬 양을 검사하여 진단한다.
② 크롬 만성중독의 특징은 코, 폐 및 위장에 병변을 일으킨다.
③ 중독 치료는 배설촉진제인 Ca－EDTA를 투약하여야 한다.
④ 정상인보다 크롬 취급자는 폐암으로 인한 사망률이 약 13~31배나 높다고 보고된 바 있다.

풀이 **크롬중독의 치료**
㉠ 크롬 폭로 시 즉시 중단(만성 크롬중독의 특별한 치료법은 없음)하여야 하며, BAL, Ca-EDTA 복용은 효과가 없다.
㉡ 사고로 섭취하였을 경우 응급조치로 환원제인 우유와 비타민C를 섭취한다.
㉢ 피부궤양에는 5% 티오황산소다(sodium thiosulfate) 용액, 5~10% 구연산소다(sodium citrate) 용액, 10% Ca-EDTA 연고를 사용한다.

92 생리적으로 아무 작용도 하지 않으나 공기 중에 많이 존재하여 산소분압을 저하시켜 조직에 필요한 산소의 공급 부족을 초래하는 질식제는?

① 단순 질식제
② 화학적 질식제
③ 물리적 질식제
④ 생물학적 질식제

풀이 **단순 질식제**
환경 공기 중에 다량 존재하여 정상적 호흡에 필요한 혈중 산소량을 낮추는, 생리적으로는 아무 작용도 하지 않는 불활성 가스를 말한다. 즉 원래 그 자체는 독성작용이 없으나 공기 중에 많이 존재하면 산소분압의 저하로 산소공급 부족을 일으키는 물질이다.

93 자극적 접촉피부염에 대한 설명으로 옳지 않은 것은?

① 홍반과 부종을 동반하는 것이 특징이다.
② 작업장에서 발생빈도가 가장 높은 피부질환이다.
③ 진정한 의미의 알레르기 반응이 수반되는 것은 포함시키지 않는다.
④ 항원에 노출되고 일정 시간이 지난 후에 다시 노출되었을 때 세포매개성 과민반응에 의하여 나타나는 부작용의 결과이다.

풀이 ④항은 알레르기성 접촉피부염의 설명이다.

정답 90.① 91.③ 92.① 93.④

94 중금속과 중금속이 인체에 미치는 영향을 연결한 것으로 옳지 않은 것은?

① 크롬 – 폐암
② 수은 – 파킨슨병
③ 납 – 소아의 IQ 저하
④ 카드뮴 – 호흡기의 손상

풀이 ② 파킨슨병은 망간의 만성중독의 건강장애이다.

95 작업환경에서 발생될 수 있는 망간에 관한 설명으로 옳지 않은 것은?

① 주로 철 합금으로 사용되며, 화학공업에서는 건전지 제조업에 사용된다.
② 만성 노출 시 언어가 느려지고 무표정하게 되며, 파킨슨증후군 등의 증상이 나타나기도 한다.
③ 망간은 호흡기, 소화기 및 피부를 통하여 흡수되며, 이 중에서 호흡기를 통한 경로가 가장 많고 위험하다.
④ 급성중독 시 신장장애를 일으켜 요독증(uremia)으로 8~10일 이내에 사망하는 경우도 있다.

풀이 **망간에 의한 건강장애**

(1) 급성중독
㉠ MMT(Methylcyclopentadienyl Manganese Trialbonyls)에 의한 피부와 호흡기 노출로 인한 증상이다.
㉡ 이산화망간 흄에 급성 노출되면 열, 오한, 호흡곤란 등의 증상을 특징으로 하는 금속열을 일으킨다.
㉢ 급성 고농도에 노출 시 조증(들뜸병)의 정신병 양상을 나타낸다.

(2) 만성중독
㉠ 무력증, 식욕감퇴 등의 초기증세를 보이다 심해지면 중추신경계의 특정 부위를 손상(뇌기저핵에 축적되어 신경세포 파괴)시켜 노출이 지속되면 파킨슨증후군과 보행장애가 두드러진다.
㉡ 안면의 변화, 즉 무표정하게 되며 배근력의 저하를 가져온다(소자증 증상).
㉢ 언어가 느려지는 언어장애 및 균형감각 상실 증세가 나타난다.
㉣ 신경염, 신장염 등의 증세가 나타난다.
※ 조혈장기의 장애와는 관계가 없다.

96 다음 중 유해물질을 생리적 작용에 의하여 분류한 자극제에 관한 설명으로 옳지 않은 것은?

① 상기도의 점막에 작용하는 자극제는 크롬산, 산화에틸렌 등이 해당된다.
② 상기도 점막과 호흡기관지에 작용하는 자극제는 불소, 요오드 등이 해당된다.
③ 호흡기관의 종말기관지와 폐포 점막에 작용하는 자극제는 수용성이 높아 심각한 영향을 준다.
④ 피부와 점막에 작용하여 부식작용을 하거나 수포를 형성하는 물질을 자극제라고 하며 고농도로 눈에 들어가면 결막염과 각막염을 일으킨다.

풀이 ③ 호흡기관의 종말기관지와 폐포 점막에 작용하는 자극제는 상기도에 용해되지 않고 폐 속 깊이 침투하여 폐조직에 작용한다.

2020

97 어떤 물질의 독성에 관한 인체실험 결과 안전흡수량이 체중 1kg당 0.15mg이었다. 체중이 70kg인 근로자가 1일 8시간 작업할 경우, 이 물질의 체내 흡수를 안전흡수량 이하로 유지하려면, 공기 중 농도를 약 얼마 이하로 하여야 하는가? (단, 작업 시 폐환기율(또는 호흡률)은 $1.3m^3/h$, 체내 잔류율은 1.0으로 한다.)

① $0.52mg/m^3$
② $1.01mg/m^3$
③ $1.57mg/m^3$
④ $2.02mg/m^3$

풀이 $\text{SHD} = C \times T \times V \times R$

$$C = \frac{\text{SHD}}{T \times V \times R} = \frac{0.15\text{mg/kg} \times 70\text{kg}}{8\text{h} \times 1.3\text{m}^3/\text{h} \times 1.0} = 1.01\text{mg/m}^3$$

정답 94.② 95.④ 96.③ 97.②

98 ACGIH에서 규정한 유해물질 허용기준에 관한 사항으로 옳지 않은 것은?

① TLV−C : 최고 노출기준
② TLV−STEL : 단기간 노출기준
③ TLV−TWA : 8시간 평균 노출기준
④ TLV−TLM : 시간가중 한계농도기준

풀이 **ACGIH의 허용기준(노출기준)**

(1) 시간가중 평균노출기준(TLV-TWA)
㉠ 하루 8시간, 주 40시간 동안에 노출되는 평균농도이다.
㉡ 작업장의 노출기준을 평가할 때 시간가중 평균농도를 기본으로 한다.
㉢ 이 농도에서는 오래 작업하여도 건강장애를 일으키지 않는 관리지표로 사용한다.
㉣ 안전과 위험의 한계로 해석해서는 안 된다.
㉤ 노출상한선과 노출시간 권고사항
• TLV-TWA의 3배 : 30분 이하의 노출 권고
• TLV-TWA의 5배 : 잠시라도 노출 금지
㉥ 오랜 시간 동안의 만성적인 노출을 평가하기 위한 기준으로 사용한다.

(2) 단시간 노출기준(TLV-STEL)
㉠ 근로자가 자극, 만성 또는 불가역적 조직장애, 사고유발, 응급 시 대처능력의 저하 및 작업능률 저하 등을 초래할 정도의 마취를 일으키지 않고 단시간(15분) 노출될 수 있는 기준을 말한다.
㉡ 시간가중 평균농도에 대한 보완적인 기준이다.
㉢ 만성중독이나 고농도에서 급성중독을 초래하는 유해물질에 적용한다.
㉣ 독성작용이 빨라 근로자에게 치명적인 영향을 예방하기 위한 기준이다.

(3) 천장값 노출기준(TLV-C)
㉠ 어떤 시점에서도 넘어서는 안 된다는 상한치를 의미한다.
㉡ 항상 표시된 농도 이하를 유지하여야 한다.
㉢ 노출기준에 초과되어 노출 시 즉각적으로 비가역적인 반응을 나타낸다.
㉣ 자극성 가스나 독작용이 빠른 물질 및 TLV-STEL이 설정되지 않는 물질에 적용한다.
㉤ 측정은 실제로 순간농도 측정이 불가능하며, 따라서 약 15분간 측정한다.

99 먼지가 호흡기계로 들어올 때 인체가 가지고 있는 방어기전으로 가장 적정하게 조합된 것은?

① 면역작용과 폐 내의 대사작용
② 폐포의 활발한 가스교환과 대사작용
③ 점액 섬모운동과 가스교환에 의한 정화
④ 점액 섬모운동과 폐포의 대식세포의 작용

풀이 **인체 방어기전**

(1) 점액 섬모운동
㉠ 가장 기초적인 방어기전(작용)이며, 점액 섬모운동에 의한 배출 시스템으로 폐포로 이동하는 과정에서 이물질을 제거하는 역할을 한다.
㉡ 기관지(벽)에서의 방어기전을 의미한다.
㉢ 정화작용을 방해하는 물질은 카드뮴, 니켈, 황화합물 등이다.

(2) 대식세포에 의한 작용(정화)
㉠ 대식세포가 방출하는 효소에 의해 용해되어 제거된다(용해작용).
㉡ 폐포의 방어기전을 의미한다.
㉢ 대식세포에 의해 용해되지 않는 대표적 독성물질은 유리규산, 석면 등이다.

100 공기 중 입자상 물질의 호흡기계 축적기전에 해당하지 않는 것은?

① 교환
② 충돌
③ 침전
④ 확산

풀이 **입자의 호흡기계 축적기전**

㉠ 충돌
㉡ 침강
㉢ 차단
㉣ 확산
㉤ 정전기

 정답 98.④ 99.④ 100.①

제3회 산업위생관리기사

제1과목 | 산업위생학 개론

01 주로 정적인 자세에서 인체의 특정 부위를 지속적 · 반복적으로 사용하거나 부적합한 자세로 장기간 작업할 때 나타나는 질환을 의미하는 것이 아닌 것은?

① 반복성 긴장장애
② 누적외상성 질환
③ 작업관련성 신경계 질환
④ 작업관련성 근골격계 질환

풀이 근골격계 질환 관련 용어
㉠ 근골격계 질환
(MSDs ; Musculo Skeletal Disorders)
㉡ 누적외상성 질환
(CTDs ; Cumulative Trauma Disorders)
㉢ 반복성 긴장장애
(RSI ; Repetitive Strain Injuries)
㉣ 경견완 증후군
(고용노동부, 1994, 업무상 재해 인정기준)

02 육체적 작업 시 혐기성 대사에 의해 생성되는 에너지원에 해당하지 않는 것은?

① 산소(oxygen)
② 포도당(glucose)
③ 크레아틴인산(CP)
④ 아데노신삼인산(ATP)

풀이 혐기성 대사(anaerobic metabolism)
㉠ 근육에 저장된 화학적 에너지를 의미한다.
㉡ 혐기성 대사의 순서(시간대별)
ATP(아데노신삼인산) → CP(크레아틴인산) → Glycogen(글리코겐) 또는 Glucose(포도당)
※ 근육운동에 동원되는 주요 에너지원 중 가장 먼저 소비되는 것은 ATP이다.

03 산업안전보건법령상 발암성 정보물질의 표기법 중 '사람에게 충분한 발암성 증거가 있는 물질'에 대한 표기방법으로 옳은 것은?

① 1
② 1A
③ 2A
④ 2B

풀이 발암성 정보물질의 표기(화학물질 및 물리적 인자의 노출기준)
㉠ 1A : 사람에게 충분한 발암성 증거가 있는 물질
㉡ 1B : 시험동물에서 발암성 증거가 충분히 있거나, 시험동물과 사람 모두에서 제한된 발암성 증거가 있는 물질
㉢ 2 : 사람이나 동물에서 제한된 증거가 있지만, 구분 1로 분류하기에는 증거가 충분하지 않은 물질

04 산업안전보건법령상 작업환경측정에 대한 설명으로 옳지 않은 것은?

① 작업환경측정의 방법, 횟수 등 필요사항은 사업주가 판단하여 정할 수 있다.
② 사업주는 작업환경의 측정 중 시료의 분석을 작업환경측정기관에 위탁할 수 있다.
③ 사업주는 작업환경측정 결과를 해당 작업장의 근로자에게 알려야 한다.
④ 사업주는 근로자대표가 요구할 경우 작업환경측정 시 근로자대표를 참석시켜야 한다.

풀이 ① 작업환경측정의 방법 및 횟수 등 필요사항은 고용노동부령으로 정한다.

정답 01.③ 02.① 03.② 04.①

05 산업위생전문가의 윤리강령 중 "근로자에 대한 책임"에 해당하는 것은?

① 적절하고도 확실한 사실을 근거로 전문적인 견해를 발표한다.
② 기업주에 대하여는 실현 가능한 개선점으로 선별하여 보고한다.
③ 이해관계가 있는 상황에서는 고객의 입장에서 관련 자료를 제시한다.
④ 근로자의 건강보호가 산업위생전문가의 1차적인 책임이라는 것을 인식한다.

풀이 **산업위생전문가의 윤리강령(미국산업위생학술원, AAIH) : 윤리적 행위의 기준**

(1) 산업위생전문가로서의 책임
㉠ 성실성과 학문적 실력 면에서 최고수준을 유지한다(전문적 능력 배양 및 성실한 자세로 행동).
㉡ 과학적 방법의 적용과 자료의 해석에서 경험을 통한 전문가의 객관성을 유지한다(공인된 과학적 방법 적용 · 해석).
㉢ 전문 분야로서의 산업위생을 학문적으로 발전시킨다.
㉣ 근로자, 사회 및 전문 직종의 이익을 위해 과학적 지식을 공개하고 발표한다.
㉤ 산업위생활동을 통해 얻은 개인 및 기업체의 기밀은 누설하지 않는다(정보는 비밀 유지).
㉥ 전문적 판단이 타협에 의하여 좌우될 수 있거나 이해관계가 있는 상황에는 개입하지 않는다.

(2) 근로자에 대한 책임
㉠ 근로자의 건강보호가 산업위생전문가의 일차적 책임임을 인지한다(주된 책임 인지).
㉡ 근로자와 기타 여러 사람의 건강과 안녕이 산업위생전문가의 판단에 좌우된다는 것을 깨달아야 한다.
㉢ 위험요인의 측정, 평가 및 관리에 있어서 외부의 영향력에 굴하지 않고 중립적(객관적)인 태도를 취한다.
㉣ 건강의 유해요인에 대한 정보(위험요소)와 필요한 예방조치에 대해 근로자와 상담(대화)한다.

(3) 기업주와 고객에 대한 책임
㉠ 결과 및 결론을 뒷받침할 수 있도록 정확한 기록을 유지하고, 산업위생 사업에서 전문가답게 전문 부서들을 운영 · 관리한다.
㉡ 기업주와 고객보다는 근로자의 건강보호에 궁극적 책임을 두어 행동한다.
㉢ 쾌적한 작업환경을 조성하기 위하여 산업위생의 이론을 적용하고 책임감 있게 행동한다.
㉣ 신뢰를 바탕으로 정직하게 권하고 성실한 자세로 충고하며, 결과와 개선점 및 권고사항을 정확히 보고한다.

(4) 일반대중에 대한 책임
㉠ 일반대중에 관한 사항은 학술지에 정직하게, 사실 그대로 발표한다.
㉡ 적정(정확)하고도 확실한 사실(확인된 지식)을 근거로 하여 전문적인 견해를 발표한다.

06 화학적 원인에 의한 직업성 질환으로 볼 수 없는 것은?

① 정맥류
② 수전증
③ 치아산식증
④ 시신경 장해

풀이 ① 정맥류는 물리적 원인에 의한 직업성 질환이다.

07 다음 ( ) 안에 들어갈 알맞은 것은?

> 산업안전보건법령상 화학물질 및 물리적 인자의 노출기준에서 "시간가중평균노출기준(TWA)"이란 1일 (㉮)시간 작업을 기준으로 하여 유해인자의 측정치에 발생시간을 곱하여 (㉯)시간으로 나눈 값을 말한다.

① ㉮ 6, ㉯ 6
② ㉮ 6, ㉯ 8
③ ㉮ 8, ㉯ 6
④ ㉮ 8, ㉯ 8

풀이 "시간가중평균노출기준(TWA)"이라 함은 1일 8시간 작업을 기준으로 하여 유해인자의 측정치에 발생시간을 곱하여 8시간으로 나눈 값을 말한다.

TWA 환산값 $= \dfrac{C_1T_1 + C_2T_2 + \cdots + C_nT_n}{8}$

여기서, C : 유해인자의 측정치(ppm 또는 mg/m^3)
T : 유해인자의 발생시간(h)

 정답 05.④ 06.① 07.④

08 온도 25℃, 1기압하에서 분당 100mL씩 60분 동안 채취한 공기 중에서 벤젠이 5mg 검출되었다면 검출된 벤젠은 약 몇 ppm인가? (단, 벤젠의 분자량은 78이다.)

① 15.7　② 26.1
③ 157　④ 261

풀이

$$농도(mg/m^3) = \frac{5mg}{100mL/min \times 60min \times m^3/10^6mL} = 833.33mg/m^3$$

$$\therefore 농도(ppm) = 833.33mg/m^3 \times \frac{24.45}{78} = 261.22ppm$$

09 주요 실내오염물질의 발생원으로 보기 어려운 것은?

① 호흡　② 흡연
③ 자외선　④ 연소기기

풀이 **주요 실내오염물질의 발생원**
㉠ 호흡(이산화탄소)
㉡ 연소기기(일산화탄소)
㉢ 석면
㉣ 흡연
㉤ 포름알데히드
㉥ 라돈
㉦ 미생물성 물질

10 산업피로의 종류에 대한 설명으로 옳지 않은 것은?

① 근육의 일부 부위에만 발생하는 국소피로와 전신에 나타나는 전신피로가 있다.
② 신체피로는 육체적 노동에 의한 근육의 피로를 말하는 것으로 근육노동을 할 경우 주로 발생된다.
③ 피로는 그 정도에 따라 보통피로, 과로 및 곤비로 분류할 수 있으며 가장 경증의 피로단계는 곤비이다.
④ 정신피로는 중추신경계의 피로를 말하는 것으로 정밀작업 등과 같은 정신적 긴장을 요하는 작업 시에 발생된다.

풀이 **피로의 3단계**
피로도가 증가하는 순서에 따라 구분한 것이며, 피로의 정도는 객관적 판단이 용이하지 않다.
㉠ 1단계 : 보통피로
하룻밤을 자고 나면 완전히 회복하는 상태이다.
㉡ 2단계 : 과로
피로의 축적으로 다음 날까지도 피로상태가 지속되는 것으로 단기간 휴식으로 회복될 수 있으며, 발병단계는 아니다.
㉢ 3단계 : 곤비
과로의 축적으로 단시간에 회복될 수 없는 단계를 말하며, 심한 노동 후의 피로현상으로 병적 상태를 의미한다.

11 산업안전보건법령상 사업주가 사업을 할 때 근로자의 건강장해를 예방하기 위하여 필요한 보건상의 조치를 하여야 할 항목이 아닌 것은?

① 사업장에서 배출되는 기체·액체 또는 찌꺼기 등에 의한 건강장해
② 폭발성, 발화성 및 인화성 물질 등에 의한 위험작업의 건강장해
③ 계측감시, 컴퓨터 단말기 조작, 정밀공작 등의 작업에 의한 건강장해
④ 단순반복작업 또는 인체에 과도한 부담을 주는 작업에 의한 건강장해

풀이 **사업주가 사업을 할 때 근로자의 건강장해를 예방하기 위하여 필요한 보건상의 조치항목**
㉠ 원재료·가스·증기·분진·흄(fume)·미스트(mist)·산소결핍·병원체 등에 의한 건강장해
㉡ 방사선·유해광선·고온·저온·초음파·소음·진동·이상기압 등에 의한 건강장해
㉢ 사업장에서 배출되는 기체·액체 또는 찌꺼기 등에 의한 건강장해
㉣ 계측감시·컴퓨터 단말기 조작·정밀공작 등의 작업에 의한 건강장해
㉤ 단순반복작업 또는 인체에 과도한 부담을 주는 작업에 의한 건강장해
㉥ 환기·채광·조명·보온·방습·청결 등의 적정기준을 유지하지 아니하여 발생하는 건강장해

2020

정답 08.④ 09.③ 10.③ 11.②

12 육체적 작업능력(PWC)이 16kcal/min인 남성 근로자가 1일 8시간 동안 물체를 운반하는 작업을 하고 있다. 이때 작업대사율은 10kcal/min이고, 휴식 시 대사율은 2kcal/min이다. 매시간마다 적정한 휴식시간은 약 몇 분인가? (단, Hertig의 공식을 적용하여 계산한다.)

① 15분
② 25분
③ 35분
④ 45분

풀이

$$휴식시간비(\%) = \left[\frac{PWC의\ \frac{1}{3} - 작업대사량}{휴식대사량 - 작업대사량}\right] \times 100$$

$$= \left[\frac{\left(16 \times \frac{1}{3}\right) - 10}{2 - 10}\right] \times 100 = 58.33\%$$

∴ 휴식시간(분) = 60분 × 0.5833 = 35분

13 Diethyl ketone(TLV=200ppm)을 사용하는 근로자의 작업시간이 9시간일 때 허용기준을 보정하였다. OSHA 보정법과 Brief and Scala 보정법을 적용하였을 경우 보정된 허용기준치 간의 차이는 약 몇 ppm인가?

① 5.05
② 11.11
③ 22.22
④ 33.33

풀이

- OSHA 보정방법

$$보정된\ 노출기준 = 8시간\ 노출기준 \times \frac{8시간}{노출시간/일}$$

$$= 200 \times \frac{8}{9} = 177.78ppm$$

- Brief and Scala 보정방법

$$RF = \left(\frac{8}{H}\right) \times \frac{24 - H}{16} = \left(\frac{8}{9}\right) \times \frac{24 - 9}{16} = 0.833$$

$$보정된\ 노출기준 = TLV \times RF$$

$$= 200ppm \times 0.833 = 166.67ppm$$

∴ 허용기준치 차이 = 177.78 − 166.67 = 11.11ppm

14 산업위생의 역사에서 직업과 질병의 관계가 있음을 알렸고, 광산에서의 납중독을 보고한 인물은?

① Larigo ② Paracelsus
③ Percival Pott ④ Hippocrates

풀이 BC 4세기, Hippocrates에 의해 광산에서의 납중독이 보고되었다.
※ 납중독은 역사상 최초로 기록된 직업병이다.

15 피로의 예방대책으로 적절하지 않은 것은?

① 충분한 수면을 갖는다.
② 작업환경을 정리 · 정돈한다.
③ 정적인 자세를 유지하는 작업을 동적인 작업으로 전환하도록 한다.
④ 작업과정 사이에 여러 번 나누어 휴식하는 것보다 장시간의 휴식을 취한다.

풀이 **산업피로 예방대책**
㉠ 불필요한 동작을 피하고, 에너지 소모를 적게 한다.
㉡ 동적인 작업을 늘리고, 정적인 작업을 줄인다.
㉢ 개인의 숙련도에 따라 작업속도와 작업량을 조절한다.
㉣ 작업시간 중 또는 작업 전후에 간단한 체조나 오락시간을 갖는다.
㉤ 장시간 한 번 휴식하는 것보다 단시간씩 여러 번 나누어 휴식하는 것이 피로회복에 도움이 된다.

16 직업성 변이(occupational stigmata)의 정의로 옳은 것은?

① 직업에 따라 체온량의 변화가 일어나는 것이다.
② 직업에 따라 체지방량의 변화가 일어나는 것이다.
③ 직업에 따라 신체 활동량의 변화가 일어나는 것이다.
④ 직업에 따라 신체 형태와 기능에 국소적 변화가 일어나는 것이다.

 정답 12.③ 13.② 14.④ 15.④ 16.④

풀이 **직업성 변이(occupational stigmata)**
직업에 따라서 신체 형태와 기능에 국소적 변화가 일어나는 것을 말한다.

17 생체와 환경과의 열교환 방정식을 올바르게 나타낸 것은? (단, ΔS : 생체 내 열용량의 변화, M : 대사에 의한 열 생산, E : 수분 증발에 의한 열 방산, R : 복사에 의한 열 득실, C : 대류 및 전도에 의한 열 득실이다.)

① $\Delta S = M + E \pm R - C$
② $\Delta S = M - E \pm R \pm C$
③ $\Delta S = R + M + C + E$
④ $\Delta S = C - M - R - E$

풀이 **열평형(열교환) 방정식(열역학적 관계식)**
$\Delta S = M \pm C \pm R - E$
여기서, ΔS : 생체 열용량의 변화(인체의 열축적 또는 열손실)
M : 작업대사량(체내 열생산량)
($M-W$) W : 작업수행으로 인한 손실열량
C : 대류에 의한 열교환
R : 복사에 의한 열교환
E : 증발(발한)에 의한 열손실 (피부를 통한 증발)

18 작업적성에 대한 생리적 적성검사 항목에 해당하는 것은?

① 체력검사 ② 지능검사
③ 인성검사 ④ 지각동작검사

풀이 **적성검사의 분류**
(1) 생리학적 적성검사(생리적 기능검사)
㉠ 감각기능검사
㉡ 심폐기능검사
㉢ 체력검사
(2) 심리학적 적성검사
㉠ 지능검사
㉡ 지각동작검사
㉢ 인성검사
㉣ 기능검사

19 다음 ( ) 안에 들어갈 알맞은 용어는?

> ( )은/는 근로자나 일반 대중에게 질병, 건강장해와 능률저하 등을 초래하는 작업환경요인과 스트레스를 예측, 인식(측정), 평가, 관리하는 과학인 동시에 기술을 말한다.

① 유해인자
② 산업위생
③ 위생인식
④ 인간공학

풀이 **산업위생의 정의(AIHA)**
근로자나 일반 대중(지역주민)에게 질병, 건강장해와 안녕방해, 심각한 불쾌감 및 능률저하 등을 초래하는 작업환경요인과 스트레스를 예측, 측정, 평가하고 관리하는 과학이자 기술이다(예측, 인지, 평가, 관리 의미와 동일함).

20 근로시간 1,000시간당 발생한 재해에 의하여 손실된 총근로손실일수로 재해자의 수나 발생빈도와 관계없이 재해의 내용(상해정도)을 측정하는 척도로 사용되는 것은?

① 건수율
② 연천인율
③ 재해 강도율
④ 재해 도수율

풀이 **강도율(SR)**
(1) 정의
연근로시간 1,000시간당 재해에 의해서 잃어버린 근로손실일수
(2) 계산식

$$\text{강도율} = \frac{\text{일정 기간 중 근로손실일수}}{\text{일정 기간 중 연 근로시간수}} \times 1{,}000$$

(3) 특징
㉠ 재해의 경중(정도), 즉 강도를 나타내는 척도이다.
㉡ 재해자의 수나 발생빈도에 관계없이 재해의 내용(상해정도)을 측정하는 척도이다.

2020

정답 17.② 18.① 19.② 20.③

제2과목 | 작업위생 측정 및 평가

21 다음 중 분석용어에 대한 설명으로 틀린 것은?

① 이동상이란 시료를 이동시키는 데 필요한 유동체로서 기체일 경우를 GC라고 한다.
② 크로마토그램이란 유해물질이 검출기에서 반응하여 띠 모양으로 나타난 것을 말한다.
③ 전처리는 분석물질 이외의 것들을 제거하거나 분석에 방해되지 않도록 하는 과정으로서 분석기기에 의한 정량을 포함한다.
④ AAS 분석원리는 원자가 갖고 있는 고유한 흡수파장을 이용한 것이다.

풀이 ③ 시료 전처리는 양질의 데이터를 얻기 위해 분석하고자 하는 대상 물질의 방해요인을 제거하고 최적의 상태를 만들기 위한 작업을 말한다.

22 벤젠으로 오염된 작업장에서 무작위로 15개 지점의 벤젠 농도를 측정하여 다음과 같은 결과를 얻었을 때, 이 작업장의 표준편차는?

(단위 : ppm)
8, 10, 15, 12, 9, 13, 16, 15, 11, 9, 12, 8, 13, 15, 14

① 4.7 ② 3.7
③ 2.7 ④ 0.7

풀이

$$\text{산술평균} = \frac{8+10+15+12+9+13+16+15+11+9+12+8+13+15+14}{15} = 12$$

$$\text{표준편차} = \left(\frac{(8-12)^2+(10-12)^2+(15-12)^2+(12-12)^2+(9-12)^2+(13-12)^2+(16-12)^2+(15-12)^2+(11-12)^2+(9-12)^2+(12-12)^2+(8-12)^2+(13-12)^2+(15-12)^2+(14-12)^2}{15-1}\right)^{0.5}$$

$$= 2.7$$

23 방사선이 물질과 상호작용한 결과 그 물질의 단위질량에 흡수된 에너지(gray ; Gy)의 명칭은?

① 조사선량 ② 등가선량
③ 유효선량 ④ 흡수선량

풀이 **흡수선량**
방사선에 피폭되는 물질의 단위질량당 흡수된 방사선의 에너지로, 단위는 Gy(Gray)이다.

24 두 개의 버블러를 연속적으로 연결하여 시료를 채취할 때, 첫 번째 버블러의 채취효율이 75%이고, 두 번째 버블러의 채취효율이 90%이면, 전체 채취효율(%)은?

① 91.5 ② 93.5
③ 95.5 ④ 97.5

풀이

$$\eta_T = \eta_1 + \eta_2(1-\eta_1)$$
$$= 0.75 + [0.9(1-0.75)] = 0.975 \times 100 = 97.5\%$$

25 시료채취 매체와 해당 매체로 포집할 수 있는 유해인자의 연결로 가장 거리가 먼 것은?

① 활성탄관 – 메탄올
② 유리섬유여과지 – 캡탄
③ PVC 여과지 – 석탄분진
④ MCE막 여과지 – 석면

풀이 ① 메탄올은 실리카겔관을 통해 채취한다.

26 18℃, 770mmHg인 작업장에서 methylethyl ketone의 농도가 26ppm일 때 mg/m^3 단위로 환산된 농도는? (단, Methylethyl ketone의 분자량은 72g/mol이다.)

① 64.5 ② 79.4
③ 87.3 ④ 93.2

풀이

$$\text{농도}(mg/m^3) = 26ppm \times \frac{72}{\left(22.4 \times \frac{273+18}{273} \times \frac{760}{770}\right)}$$
$$= 79.43mg/m^3$$

정답 21.③ 22.③ 23.④ 24.④ 25.① 26.②

27 작업환경측정 및 정도관리 등에 관한 고시상 시료채취 근로자수에 대한 설명 중 옳은 것은?

① 단위작업장소에서 최고 노출근로자 2명 이상에 대하여 동시에 개인시료채취방법으로 측정하되, 단위작업장소에 근로자가 1명인 경우에는 그러하지 아니하며, 동일 작업 근로자수가 20명을 초과하는 경우에는 5명당 1명 이상 추가하여 측정하여야 한다.

② 단위작업장소에서 최고 노출근로자 2명 이상에 대하여 동시에 개인시료채취방법으로 측정하되, 동일 작업 근로자수가 100명을 초과하는 경우에는 최대 시료채취 근로자수를 20명으로 조정할 수 있다.

③ 지역시료채취방법으로 측정을 하는 경우 단위작업장소 내에서 3개 이상의 지점에 대하여 동시에 측정하여야 한다.

④ 지역시료채취방법으로 측정을 하는 경우 단위작업장소의 넓이가 60평방미터 이상인 경우에는 30평방미터마다 1개 지점 이상을 추가로 측정하여야 한다.

풀이 **시료채취 근로자수**

㉠ 단위작업장소에서 최고 노출근로자 2명 이상에 대하여 동시에 개인시료방법으로 측정하되, 단위작업장소에 근로자가 1명인 경우에는 그러하지 아니하며, 동일 작업 근로자수가 10명을 초과하는 경우에는 5명당 1명 이상 추가하여 측정하여야 한다.
다만, 동일 작업 근로자수가 100명을 초과하는 경우에는 최대 시료채취 근로자수를 20명으로 조정할 수 있다.

㉡ 지역시료채취방법으로 측정하는 경우 단위작업장소 내에서 2개 이상의 지점에 대하여 동시에 측정하여야 한다.
다만, 단위작업장소의 넓이가 50평방미터 이상인 경우에는 30평방미터마다 1개 지점 이상을 추가로 측정하여야 한다.

28 고성능 액체 크로마토그래피(HPLC)에 관한 설명으로 틀린 것은?

① 주 분석대상 화학물질은 PCB 등의 유기화학물질이다.

② 장점으로 빠른 분석속도, 해상도, 민감도를 들 수 있다.

③ 분석물질이 이동상에 녹아야 하는 제한점이 있다.

④ 이동상인 운반가스의 친화력에 따라 용리법, 치환법으로 구분된다.

풀이 **고성능 액체 크로마토그래피**
(HPLC ; High Performance Liquid Chromatography)

㉠ 개요
물질을 이동상과 충진제와의 분배에 따라 분리하므로 분리물질별로 적당한 이동상으로 액체를 사용하는 분석기이며, 이동상인 액체가 분리관에 흐르게 하기 위해 압력을 가할 수 있는 펌프가 필요하다.

㉡ 원리
고정상과 액체 이동상 사이의 물리화학적 반응성의 차이(주로, 분석시료의 용해성 차이)를 이용하여 분리한다.

29 어떤 작업장에 50% Acetone, 30% Benzene, 20% Xylene의 중량비로 조성된 용제가 증발하여 작업환경을 오염시키고 있을 때, 이 용제의 허용농도(TLV ; mg/m^3)는? (단, Actone, Benzene, Xylene의 TLV는 각각 1,600, 720, 670mg/m^3이고, 용제의 각 성분은 상가작용을 하며, 성분 간 비휘발도 차이는 고려하지 않는다.)

① 873　　② 973

③ 1,073　　④ 1,173

풀이 혼합물의 허용농도(mg/m^3)

$$= \frac{1}{\frac{0.5}{1,600}+\frac{0.3}{720}+\frac{0.2}{670}} = 973.07 mg/m^3$$

2020

30 작업장에 작동되는 기계 두 대의 소음레벨이 각각 98dB(A), 96dB(A)로 측정되었을 때, 두 대의 기계가 동시에 작동되었을 경우의 소음레벨[dB(A)]은?

① 98 ② 100
③ 102 ④ 104

풀이 $L_{합} = 10\log(10^{9.8} + 10^{9.6}) = 100.12$dB(A)

31 검지관의 장·단점으로 틀린 것은?

① 측정대상물질의 동정이 미리 되어 있지 않아도 측정이 가능하다.
② 민감도가 낮으며 비교적 고농도에 적용이 가능하다.
③ 특이도가 낮다. 즉, 다른 방해물질의 영향을 받기 쉬워 오차가 크다.
④ 색이 시간에 따라 변화하므로 제조자가 정한 시간에 읽어야 한다.

풀이 **검지관 측정법의 장단점**

(1) 장점
㉠ 사용이 간편하다.
㉡ 반응시간이 빨라 현장에서 바로 측정결과를 알 수 있다.
㉢ 비전문가도 어느 정도 숙지하면 사용할 수 있지만, 산업위생전문가의 지도 아래 사용되어야 한다.
㉣ 맨홀, 밀폐공간에서의 산소부족 또는 폭발성 가스로 인한 안전이 문제가 될 때 유용하게 사용된다.
㉤ 다른 측정방법이 복잡하거나 빠른 측정이 요구될 때 사용할 수 있다.

(2) 단점
㉠ 민감도가 낮아 비교적 고농도에만 적용이 가능하다.
㉡ 특이도가 낮아 다른 방해물질의 영향을 받기 쉽고 오차가 크다.
㉢ 대개 단시간 측정만 가능하다.
㉣ 한 검지관으로 단일물질만 측정 가능하여 각 오염물질에 맞는 검지관을 선정함에 따른 불편함이 있다.
㉤ 색변화에 따라 주관적으로 읽을 수 있어 판독자에 따라 변이가 심하며, 색변화가 시간에 따라 변하므로 제조자가 정한 시간에 읽어야 한다.
㉥ 미리 측정대상물질의 동정이 되어 있어야 측정이 가능하다.

32 시간당 약 150kcal의 열량이 소모되는 작업조건에서 WBGT 측정치가 30.6℃일 때 고온의 노출기준에 따른 작업휴식조건으로 적절한 것은?

① 매시간 75% 작업, 25% 휴식
② 매시간 50% 작업, 50% 휴식
③ 매시간 25% 작업, 75% 휴식
④ 계속 작업

풀이 **고열작업장의 노출기준(고용노동부, ACGIH)**

[단위 : WBGT(℃)]

시간당 작업과 휴식 비율	작업강도		
	경작업	중등작업	중작업
연속 작업	30.0	26.7	25.0
75% 작업, 25% 휴식 (45분 작업, 15분 휴식)	30.6	28.0	25.9
50% 작업, 50% 휴식 (30분 작업, 30분 휴식)	31.4	29.4	27.9
25% 작업, 75% 휴식 (15분 작업, 45분 휴식)	32.2	31.1	30.0

㉠ 경작업 : 시간당 200kcal까지의 열량이 소요되는 작업을 말하며, 앉아서 또는 서서 기계의 조정을 하기 위하여 손 또는 팔을 가볍게 쓰는 일 등이 해당된다.
㉡ 중등작업 : 시간당 200~350kcal의 열량이 소요되는 작업을 말하며, 물체를 들거나 밀면서 걸어 다니는 일 등이 해당된다.
㉢ 중(격심)작업 : 시간당 350~500kcal의 열량이 소요되는 작업을 뜻하며, 곡괭이질 또는 삽질을 하는 일과 같이 육체적으로 힘든 일 등이 해당된다.

33 MCE 여과지를 사용하여 금속성분을 측정·분석한다. 샘플링이 끝난 시료를 전처리하기 위해 화학용액(ashing acid)을 사용하는데, 다음 중 NIOSH에서 제시한 금속별 전처리용액 중 적절하지 않은 것은?

① 납 : 질산
② 크롬 : 염산+인산
③ 카드뮴 : 질산, 염산
④ 다성분 금속 : 질산+과염소산

정답 30.② 31.① 32.① 33.②

풀이 금속의 전처리방법
㉠ 납과 화합물 : 질산(가열온도 : 140℃)
㉡ 크롬과 화합물 : 염산+질산(가열온도 : 140℃)
㉢ 카드뮴과 화합물 : 질산+염산(가열온도 : 140~400℃)
㉣ 다성분 금속과 화합물 : 질산+과염소산(가열온도 : 120℃)

34 Kata 온도계로 불감기류를 측정하는 방법에 대한 설명으로 틀린 것은?

① Kata 온도계의 구(球)부를 50~60℃의 온수에 넣어 구부의 알코올을 팽창시켜 관의 상부 눈금까지 올라가게 한다.
② 온도계를 온수에서 꺼내어 구(球)부를 완전히 닦아내고 스탠드에 고정한다.
③ 알코올의 눈금이 100°F에서 65°F까지 내려가는 데 소요되는 시간을 초시계로 4~5회 측정하여 평균을 낸다.
④ 눈금 하강에 소요되는 시간으로 kata 상수를 나눈 값 H는 온도계의 구부 $1cm^2$에서 1초 동안에 방산되는 열량을 나타낸다.

풀이 카타온도계
㉠ 카타의 냉각력을 이용하여 측정하는 것으로, 알코올 눈금이 100°F(37.8℃)에서 95°F(35℃)까지 내려가는 데 소요되는 시간을 4~5회 측정하고, 평균하여 카타 상수값을 이용하여 구하는 간접적 측정방법
㉡ 작업환경 내에 기류(옥내기류)의 방향이 일정치 않을 경우 기류속도 측정
㉢ 실내 0.2~0.5m/sec 정도의 불감기류 측정 시 기류속도를 측정

35 작업장에서 어떤 유해물질의 농도를 무작위로 측정한 결과가 아래와 같을 때, 측정값에 대한 기하평균(GM)은?

(단위 : ppm)
5, 10, 28, 46, 90, 200

① 11.4 ② 32.4
③ 63.2 ④ 104.5

풀이
$$\log(GM) = \frac{\log 5 + \log 10 + \log 28 + \log 46 + \log 90 + \log 200}{6} = 1.51$$
$\therefore$ GM(기하평균) $= 10^{1.51} = 32.36$ppm

36 다음 중 실리카겔 흡착에 대한 설명으로 틀린 것은?

① 실리카겔은 규산나트륨과 황산의 반응에서 유도된 무정형의 물질이다.
② 극성을 띠고 흡습성이 강하므로 습도가 높을수록 파과용량이 증가한다.
③ 추출액이 화학분석이나 기기분석에 방해물질로 작용하는 경우가 많지 않다.
④ 활성탄으로 채취가 어려운 아닐린, 오르토-톨루이딘 등의 아민류나 몇몇 무기물질의 채취도 가능하다.

풀이 ② 극성을 띠고 흡습성이 강하므로 습도가 높을수록 파과용량(흡착제에 흡착된 오염물질량)이 감소한다.

2020

37 접착공정에서 본드를 사용하는 작업장에서 톨루엔을 측정하고자 한다. 노출기준의 10%까지 측정하고자 할 때, 최소시료채취시간(min)은? (단, 작업장은 25℃, 1기압이며, 톨루엔의 분자량은 92.14, 기체크로마토그래피의 분석에서 톨루엔의 정량한계는 0.5mg, 노출기준은 100ppm, 채취유량은 0.15L/분이다.)

① 13.3 ② 39.6
③ 88.5 ④ 182.5

풀이
• 농도$(mg/m^3) = (100ppm \times 0.1) \times \frac{92.14}{24.45}$
$= 37.69mg/m^3$
• 최소채취량 $= \frac{LOQ}{농도} = \frac{0.5mg}{37.69mg/m^3}$
$= 0.01326m^3 \times 1{,}000L/m^3 = 13.26L$
$\therefore$ 채취 최소시간$(min) = \frac{13.26L}{0.15L/min} = 88.44min$

정답 34.③ 35.② 36.② 37.③

38 셀룰로오스 에스테르 막여과지에 관한 설명으로 옳지 않은 것은?

① 산에 쉽게 용해된다.
② 중금속 시료채취에 유리하다.
③ 유해물질이 표면에 주로 침착된다.
④ 흡습성이 적어 중량분석에 적당하다.

풀이 MCE막 여과지(Mixed Cellulose Ester membrane filter)
㉠ 산업위생에서는 거의 대부분이 직경 37mm, 구멍 크기 0.45~0.8μm의 MCE막 여과지를 사용하고 있어 작은 입자의 금속과 흄(fume) 채취가 가능하다.
㉡ 산에 쉽게 용해되고 가수분해되며, 습식 회화되기 때문에 공기 중 입자상 물질 중의 금속을 채취하여 원자흡광법으로 분석하는 데 적당하다.
㉢ 산에 의해 쉽게 회화되기 때문에 원소분석에 적합하고 NIOSH에서는 금속, 석면, 살충제, 불소화합물 및 기타 무기물질에 추천되고 있다.
㉣ 시료가 여과지의 표면 또는 가까운 곳에 침착되므로 석면, 유리섬유 등 현미경 분석을 위한 시료채취에도 이용된다.
㉤ 흡습성(원료인 셀룰로오스가 수분 흡수)이 높아 오차를 유발할 수 있어 중량분석에 적합하지 않다.

39 코크스 제조공정에서 발생되는 코크스오븐 배출물질을 채취할 때, 다음 중 가장 적합한 여과지는?

① 은막 여과지
② PVC 여과지
③ 유리섬유 여과지
④ PTFE 여과지

풀이 은막 여과지(silver membrane filter)
㉠ 균일한 금속은을 소결하여 만들며 열적·화학적 안정성이 있다.
㉡ 코크스 제조공정에서 발생되는 코크스오븐 배출물질, 콜타르피치 휘발물질, X선 회절분석법을 적용하는 석영 또는 다핵방향족 탄화수소 등을 채취하는 데 사용한다.
㉢ 결합제나 섬유가 포함되어 있지 않다.

40 작업장 소음에 대한 1일 8시간 노출 시 허용기준[dB(A)]은? (단, 미국 OSHA의 연속소음에 대한 노출기준으로 한다.)

① 45 ② 60
③ 75 ④ 90

풀이 소음에 대한 노출기준
㉠ 우리나라 노출기준(OSHA 기준)
8시간 노출에 대한 기준 : 90dB(5dB 변화율)

1일 노출시간(hr)	소음수준[dB(A)]
8	90
4	95
2	100
1	105
1/2	110
1/4	115

㈜ 115dB(A)을 초과하는 소음수준에 노출되어서는 안 된다.

㉡ ACGIH 노출기준
8시간 노출에 대한 기준 : 85dB(3dB 변화율)

1일 노출시간(hr)	소음수준[dB(A)]
8	85
4	88
2	91
1	94
1/2	97
1/4	100

제3과목 | 작업환경 관리대책

41 덕트에서 평균속도압이 25mmH_2O일 때, 반송속도(m/s)는?

① 101.1
② 50.5
③ 20.2
④ 10.1

풀이 $V(\text{m/sec}) = 4.043\sqrt{VP}$
$= 4.043 \times \sqrt{25} = 20.22\text{m/sec}$

42 덕트 합류 시 댐퍼를 이용한 균형유지방법의 장점이 아닌 것은?

① 시설 설치 후 변경에 유연하게 대처 가능
② 설치 후 부적당한 배기유량 조절 가능
③ 임의로 유량을 조절하기 어려움
④ 설계 계산이 상대적으로 간단함

풀이 **저항조절평형법(댐퍼조절평형법, 덕트균형유지법)의 장단점**

(1) 장점
㉠ 시설 설치 후 변경에 유연하게 대처가 가능하다.
㉡ 최소설계풍량으로 평형 유지가 가능하다.
㉢ 공장 내부의 작업공정에 따라 적절한 덕트 위치 변경이 가능하다.
㉣ 설계 계산이 간편하고, 고도의 지식을 요하지 않는다.
㉤ 설치 후 송풍량의 조절이 비교적 용이하다. 즉, 임의로 유량을 조절하기가 용이하다.
㉥ 덕트의 크기를 바꿀 필요가 없기 때문에 반송속도를 그대로 유지한다.

(2) 단점
㉠ 평형상태 시설에 댐퍼를 잘못 설치 시 또는 임의로 댐퍼 조정 시 평형상태가 파괴될 수 있다.
㉡ 부분적 폐쇄댐퍼는 침식, 분진퇴적의 원인이 된다.
㉢ 최대저항경로 선정이 잘못되어도 설계 시 쉽게 발견할 수 없다.
㉣ 댐퍼가 노출되어 있는 경우가 많아 누구나 쉽게 조절할 수 있어 정상기능을 저해할 수 있다.

43 송풍기의 송풍량과 회전수의 관계에 대한 설명 중 옳은 것은?

① 송풍량과 회전수는 비례한다.
② 송풍량은 회전수의 제곱에 비례한다.
③ 송풍량은 회전수의 세제곱에 비례한다.
④ 송풍량과 회전수는 역비례한다.

풀이 **송풍기 상사법칙(회전수 비)**
㉠ 풍량은 송풍기의 회전수에 비례한다.
㉡ 풍압은 송풍기 회전수의 제곱에 비례한다.
㉢ 동력은 송풍기 회전수의 세제곱에 비례한다.

44 동일한 두께로 벽체를 만들었을 경우에 차음효과가 가장 크게 나타나는 재질은? (단, 2,000Hz 소음을 기준으로 하며, 공극률 등 기타 조건은 동일하다고 가정한다.)

① 납
② 석고
③ 알루미늄
④ 콘크리트

풀이 재질의 밀도(비중)가 클수록 차음효과가 크며, 각 보기 물질의 비중은 다음과 같다.
① 납 : 11.29
② 석고 : 2.2
③ 알루미늄 : 2.7
④ 콘크리트 : 2.0~2.5

45 다음 보기 중 공기공급시스템(보충용 공기의 공급장치)이 필요한 이유가 모두 선택된 것은?

> ㉮ 연료를 절약하기 위해서
> ㉯ 작업장 내 안전사고를 예방하기 위해서
> ㉰ 국소배기장치를 적절하게 가동시키기 위해서
> ㉱ 작업장의 교차기류를 유지하기 위해서

① ㉮, ㉯
② ㉮, ㉯, ㉰
③ ㉯, ㉰, ㉱
④ ㉮, ㉯, ㉰, ㉱

풀이 **공기공급시스템이 필요한 이유**
㉠ 국소배기장치의 원활한 작동을 위하여
㉡ 국소배기장치의 효율 유지를 위하여
㉢ 안전사고를 예방하기 위하여
㉣ 에너지(연료)를 절약하기 위하여
㉤ 작업장 내에 방해기류(교차기류)가 생기는 것을 방지하기 위하여
㉥ 외부공기가 정화되지 않은 채 건물 내로 유입되는 것을 막기 위하여

2020

정답 42.③ 43.① 44.① 45.②

46 동력과 회전수의 관계로 옳은 것은?

① 동력은 송풍기 회전속도에 비례한다.
② 동력은 송풍기 회전속도의 제곱에 비례한다.
③ 동력은 송풍기 회전속도의 세제곱에 비례한다.
④ 동력은 송풍기 회전속도에 반비례한다.

풀이 송풍기 상사법칙(회전수 비)
㉠ 풍량은 송풍기의 회전수에 비례한다.
㉡ 풍압은 송풍기 회전수의 제곱에 비례한다.
㉢ 동력은 송풍기 회전수의 세제곱에 비례한다.

47 강제환기를 실시할 때 환기효과를 제고하기 위해 따르는 원칙으로 옳지 않은 것은?

① 배출공기를 보충하기 위하여 청정공기를 공급할 수 있다.
② 공기배출구와 근로자의 작업위치 사이에 오염원이 위치하여야 한다.
③ 오염물질 배출구는 가능한 한 오염원으로부터 가까운 곳에 설치하여 점환기 현상을 방지한다.
④ 오염원 주위에 다른 작업공정이 있으면 공기 배출량을 공급량보다 약간 크게 하여 음압을 형성하여 주위 근로자에게 오염물질이 확산되지 않도록 한다.

풀이 전체환기(강제환기)시설 설치의 기본원칙
㉠ 오염물질 사용량을 조사하여 필요환기량을 계산한다.
㉡ 배출공기를 보충하기 위하여 청정공기를 공급한다.
㉢ 오염물질 배출구는 가능한 한 오염원으로부터 가까운 곳에 설치하여 '점환기'의 효과를 얻는다.
㉣ 공기 배출구와 근로자의 작업위치 사이에 오염원이 위치해야 한다.
㉤ 공기가 배출되면서 오염장소를 통과하도록 공기 배출구와 유입구의 위치를 선정한다.
㉥ 작업장 내 압력은 경우에 따라서 양압이나 음압으로 조정해야 한다(오염원 주위에 다른 작업공정이 있으면 공기 공급량을 배출량보다 적게 하여 음압을 형성시켜 주위 근로자에게 오염물질이 확산되지 않도록 한다).
㉦ 배출된 공기가 재유입되지 못하게 배출구 높이를 적절히 설계하고 창문이나 문 근처에 위치하지 않도록 한다.
㉧ 오염된 공기는 작업자가 호흡하기 전에 충분히 희석되어야 한다.
㉨ 오염물질 발생은 가능하면 비교적 일정한 속도로 유출되도록 조정해야 한다.

48 점음원과 1m 거리에서 소음을 측정한 결과 95dB로 측정되었다. 소음수준을 90dB로 하는 제한구역을 설정할 때, 제한구역의 반경(m)은?

① 3.16 ② 2.20
③ 1.78 ④ 1.39

풀이
$$\mathrm{SPL_1} - \mathrm{SPL_2} = 20\log\frac{r_2}{r_1}$$
$$95 - 90 = 20\log\frac{r_2}{1}$$
$$0.25 = \log\frac{r_2}{1}$$
$$10^{0.25} = r_2$$
∴ r_2(제한구역 반경) = 1.78m

49 층류 영역에서 직경이 2μm이며 비중이 3인 입자상 물질의 침강속도(cm/s)는?

① 0.032 ② 0.036
③ 0.042 ④ 0.046

풀이 침강속도(cm/sec) $= 0.003 \times \rho \times d^2$
$= 0.003 \times 3 \times 2^2$
$= 0.036$cm/sec

50 입자상 물질을 처리하기 위한 공기정화장치로 가장 거리가 먼 것은?

① 사이클론
② 중력집진장치
③ 여과집진장치
④ 촉매 산화에 의한 연속장치

 정답 46.③ 47.③ 48.③ 49.② 50.④

풀이 **입자상 물질 처리시설(집진장치)**
㉠ 중력집진장치
㉡ 관성력집진장치
㉢ 원심력집진장치(cyclone)
㉣ 여과집진장치(B.F)
㉤ 전기집진장치(E.P)

51 공기가 흡인되는 덕트관 또는 공기가 배출되는 덕트관에서 음압이 될 수 없는 압력의 종류는?

① 속도압(VP) ② 정압(SP)
③ 확대압(EP) ④ 전압(TP)

풀이 **동압(속도압)**
㉠ 정지상태의 유체에 작용하여 일정한 속도 또는 가속을 일으키는 압력으로 공기를 이동시킨다.
㉡ 공기의 운동에너지에 비례하여 항상 0 또는 양압을 갖는다. 즉, 동압은 공기가 이동하는 힘으로, 항상 0 이상이다.
㉢ 동압은 송풍량과 덕트 직경이 일정하면 일정하다.
㉣ 정지상태의 유체에 작용하여 현재의 속도로 가속시키는 데 요구하는 압력이고, 반대로 어떤 속도로 흐르는 유체를 정지시키는 데 필요한 압력으로서 흐름에 대항하는 압력이다.

52 다음의 보호장구 재질 중 극성 용제에 가장 효과적인 것은?

① Viton
② Nitrile 고무
③ Neoprene 고무
④ Butyl 고무

풀이 **보호장구 재질에 따른 적용물질**
㉠ Neoprene 고무 : 비극성 용제, 극성 용제 중 알코올, 물, 케톤류 등에 효과적
㉡ 천연고무(latex) : 극성 용제 및 수용성 용액에 효과적(절단 및 찰과상 예방)
㉢ Viton : 비극성 용제에 효과적
㉣ 면 : 고체상 물질에 효과적, 용제에는 사용 못함
㉤ 가죽 : 용제에는 사용 못함(기본적인 찰과상 예방)
㉥ Nitrile 고무 : 비극성 용제에 효과적
㉦ Butyl 고무 : 극성 용제에 효과적(알데히드, 지방족)
㉧ Ethylene vinyl alcohol : 대부분의 화학물질을 취급할 경우 효과적

53 귀덮개 착용 시 일반적으로 요구되는 차음 효과는?

① 저음에서 15dB 이상, 고음에서 30dB 이상
② 저음에서 20dB 이상, 고음에서 45dB 이상
③ 저음에서 25dB 이상, 고음에서 50dB 이상
④ 저음에서 30dB 이상, 고음에서 55dB 이상

풀이 **귀덮개의 방음효과**
㉠ 저음 영역에서 20dB 이상, 고음 영역에서 45dB 이상의 차음효과가 있다.
㉡ 귀마개를 착용하고서 귀덮개를 착용하면 훨씬 차음효과가 커지므로, 120dB 이상의 고음 작업장에서는 동시 착용할 필요가 있다.
㉢ 간헐적 소음에 노출되는 경우 귀덮개를 착용한다.
㉣ 차음성능기준상 중심주파수가 1,000Hz인 음원의 차음치는 25dB 이상이다.

54 움직이지 않는 공기 중으로 속도 없이 배출되는 작업조건(예시 : 탱크에서 증발)의 제어속도 범위(m/s)는? (단, ACGIH 권고 기준)

① 0.1~0.3
② 0.3~0.5
③ 0.5~1.0
④ 1.0~1.5

풀이 **작업조건에 따른 제어속도 기준(ACGIH)**

작업조건	작업공정 사례	제어속도(m/s)
• 움직이지 않는 공기 중에서 속도 없이 배출되는 작업조건 • 조용한 대기 중에 실제 거의 속도가 없는 상태로 발산하는 작업조건	• 액면에서 발생하는 가스나 증기, 흄 • 탱크에서 증발, 탈지시설	0.25~0.5
비교적 조용한(약간의 공기 움직임) 대기 중에서 저속도로 비산하는 작업조건	• 용접, 도금 작업 • 스프레이 도장 • 주형을 부수고 모래를 터는 장소	0.5~1.0

2020

정답 51.① 52.④ 53.② 54.②

55 호흡용 보호구 중 마스크의 올바른 사용법이 아닌 것은?

① 마스크를 착용할 때는 반드시 밀착성에 유의해야 한다.
② 공기정화식 가스마스크(방독마스크)는 방진마스크와는 달리 산소결핍 작업장에서도 사용이 가능하다.
③ 정화통 혹은 흡수통(canister)은 한번 개봉하면 재사용을 피하는 것이 좋다.
④ 유해물질의 농도가 극히 높으면 자기공급식 장치를 사용한다.

풀이 ② 공기정화식 방독마스크는 방진마스크와 동일하게 산소결핍 작업장에서의 사용을 금지한다.

56 기류를 고려하지 않고 감각온도(effective temperature)의 근사치로 널리 사용되는 지수는?

① WBGT
② Radiation
③ Evaporation
④ Glove Temperature

풀이 WBGT(습구흑구온도)
과거에 쓰이던 감각온도와 근사한 값으로, 감각온도와 다른 점은 기류를 전혀 고려하지 않았다는 점이다.

57 안전보건규칙상 국소배기장치의 덕트 설치기준으로 틀린 것은?

① 가능하면 길이는 짧게 하고 굴곡부의 수는 적게 할 것
② 접속부의 안쪽은 돌출된 부분이 없도록 할 것
③ 덕트 내부에 오염물질이 쌓이지 않도록 이송속도를 유지할 것
④ 연결부위 등은 내부공기가 들어오지 않도록 할 것

풀이 덕트(duct)의 설치기준(설치 시 고려사항)
㉠ 가능한 한 길이는 짧게 하고, 굴곡부의 수는 적게 할 것
㉡ 접속부의 내면은 돌출된 부분이 없도록 할 것
㉢ 청소구를 설치하는 등 청소하기 쉬운 구조로 할 것
㉣ 덕트 내 오염물질이 쌓이지 않도록 이송속도를 유지할 것
㉤ 연결부위 등은 외부공기가 들어오지 않도록 할 것 (연결부위를 가능한 한 용접할 것)
㉥ 가능한 후드와 가까운 곳에 설치할 것
㉦ 송풍기를 연결할 때는 최소덕트직경의 6배 정도 직선구간을 확보할 것
㉧ 직관은 하향 구배로 하고 직경이 다른 덕트를 연결할 때에는 경사 30° 이내의 테이퍼를 부착할 것
㉨ 원형 덕트가 사각형 덕트보다 덕트 내 유속분포가 균일하므로 가급적 원형 덕트를 사용하며, 부득이 사각형 덕트를 사용할 경우에는 가능한 정방형을 사용하고 곡관의 수를 적게 할 것
㉩ 곡관의 곡률반경은 최소덕트직경의 1.5 이상(주로 2.0)을 사용할 것
㉪ 수분이 응축될 경우 덕트 내로 들어가지 않도록 경사나 배수구를 마련할 것
㉫ 덕트의 마찰계수는 작게 하고, 분지관을 가급적 적게 할 것

58 Stokes 침강법칙에서 침강속도에 대한 설명으로 옳지 않은 것은? (단, 자유공간에서 구형의 분진입자를 고려한다.)

① 기체와 분진입자의 밀도 차에 반비례한다.
② 중력가속도에 비례한다.
③ 기체의 점도에 반비례한다.
④ 분진입자 직경의 제곱에 비례한다.

풀이 Stokes 종말침강속도(분리속도)

$$V_g = \frac{d_p^{\,2}(\rho_p - \rho)g}{18\mu}$$

여기서, V_g : 종말침강속도(m/sec)
d_p : 입자의 직경(m)
ρ_p : 입자의 밀도(kg/m^3)
ρ : 가스(공기)의 밀도(kg/m^3)
g : 중력가속도(9.8m/sec^2)
μ : 가스의 점도(점성계수, kg/m · sec)

 정답 55.② 56.① 57.④ 58.①

59 21℃, 1기압의 어느 작업장에서 톨루엔과 이소프로필알코올을 각각 100g/h씩 사용(증발)할 때, 필요환기량(m^3/h)은? (단, 두 물질은 상가작용을 하며, 톨루엔의 분자량은 92, TLV는 50ppm, 이소프로필알코올의 분자량은 60, TLV는 200ppm이고, 각 물질의 여유계수는 10으로 동일하다.)

① 약 6,250 ② 약 7,250
③ 약 8,650 ④ 약 9,150

풀이
- 톨루엔
  사용량=100g/h
  92g : 24.1L = 100g/h : G(발생률)
  $$G=\frac{24.1\text{L}\times 100\text{g/h}}{92\text{g}}=26.19\text{L/h}$$
  $$Q=\frac{26.19\text{L/h}\times 1{,}000\text{mL/L}}{50\text{mL/m}^3}\times 10=5{,}238\text{m}^3/\text{h}$$
- 이소프로필알코올
  사용량=100g/h
  60g : 24.1L = 100g/h : G(발생률)
  $$G=\frac{24.1\text{L}\times 100\text{g/h}}{60\text{g}}=40.17\text{L/h}$$
  $$Q=\frac{40.17\text{L/h}\times 1{,}000\text{mL/L}}{200\text{mL/m}^3}\times 10=2008.5\text{m}^3/\text{h}$$

∴ 상가작용$=5{,}238+2008.5=7246.5\text{m}^3/\text{h}$

60 덕트에서 속도압 및 정압을 측정할 수 있는 표준기기는?

① 피토관 ② 풍차풍속계
③ 열선풍속계 ④ 임핀저관

풀이 **피토관(pitot tube)**
㉠ 피토관은 끝부분의 정면과 측면에 구멍을 뚫은 관을 말하며 이것을 유체의 흐름에 따라 놓으면 정면에 뚫은 구멍에는 유체의 정압과 동압을 더한 전압이, 측면 구멍에는 정압이 걸리므로 양쪽의 압력차를 측정함으로써 베르누이의 정압에 따라 흐름의 속도가 구해진다.
㉡ 유체흐름의 전압과 정압의 차이를 측정하고, 그것에서 유속을 구하는 장치이다.
V(m/sec)$=4.043\sqrt{\text{VP}}$
㉢ 산업안전보건법에서는 환기시설 덕트 내에 형성되는 기류의 속도를 측정하는 데 사용한다.

제4과목 | 물리적 유해인자관리

61 지적환경(optimum working environment)을 평가하는 방법이 아닌 것은?

① 생산적(productive) 방법
② 생리적(physiological) 방법
③ 정신적(psychological) 방법
④ 생물역학적(biomechanical) 방법

풀이 **지적환경 평가방법**
㉠ 생리적 방법
㉡ 정신적 방법
㉢ 생산적 방법

62 감압환경의 설명 및 인체에 미치는 영향으로 옳은 것은?

① 인체와 환경 사이의 기압 차이 때문으로 부종, 출혈, 동통 등을 동반한다.
② 화학적 장해로 작업력의 저하, 기분의 변환, 여러 종류의 다행증이 일어난다.
③ 대기가스의 독성 때문으로 시력장애, 정신혼란, 간질 모양의 경련을 나타낸다.
④ 용해질소의 기포 형성 때문으로 동통성 관절장애, 호흡곤란, 무균성 골괴사 등을 일으킨다.

풀이 **감압환경에서 인체의 증상**
㉠ 용해성 질소의 기포 형성으로 인해 동통성 관절장애, 호흡곤란, 무균성 골괴사 등을 일으킨다.
㉡ 동통성 관절장애(bends)는 감압증에서 흔히 나타나는 급성장애이며, 발증에 따른 감수성은 연령, 비만, 폐손상, 심장장애, 일시적 건강장애 소인(발생소질)에 따라 달라진다.
㉢ 질소의 기포가 뼈의 소동맥을 막아서 비감염성 골괴사(ascptic bone necrosis)를 일으키기도 하며, 대표적인 만성장애로 고압환경에 반복 노출 시 가장 일어나기 쉬운 속발증이다.
㉣ 마비는 감압증에서 주로 나타나는 중증 합병증이다.

2020

정답 59.② 60.① 61.④ 62.④

63 진동의 강도를 표현하는 방법으로 옳지 않은 것은?

① 속도(velocity)
② 투과(transmission)
③ 변위(displacement)
④ 가속도(acceleration)

풀이 진동의 크기를 나타내는 단위(진동 크기의 3요소)
㉠ 변위(displacement)
물체가 정상 정지위치에서 일정 시간 내에 도달하는 위치까지의 거리이다.
※ 단위 : mm(cm, m)
㉡ 속도(velocity)
변위의 시간변화율이며, 진동체가 진동의 상한 또는 하한에 도달하면 속도는 0이고, 그 물체가 정상 위치인 중심을 지날 때 그 속도는 최대가 된다.
※ 단위 : cm/sec(m/sec)
㉢ 가속도(acceleration)
속도의 시간변화율이며, 측정이 간편하고 변위와 속도로 산출할 수 있기 때문에 진동의 크기를 나타내는 데 주로 사용한다.
※ 단위 : cm/sec^2(m/sec^2), gal($1cm/sec^2$)

64 전리방사선의 흡수선량이 생체에 영향을 주는 정도를 표시하는 선당량(생체실효선량)의 단위는?

① R
② Ci
③ Sv
④ Gy

풀이 Sv(Sievert)
㉠ 흡수선량이 생체에 영향을 주는 정도로 표시하는 선당량(생체실효선량)의 단위
㉡ 등가선량의 단위
※ 등가선량 : 인체의 피폭선량을 나타낼 때 흡수선량에 해당 방사선의 방사선 가중치를 곱한 값
㉢ 생물학적 영향에 상당하는 단위
㉣ RBE를 기준으로 평준화하여 방사선에 대한 보호를 목적으로 사용하는 단위
㉤ 1Sv=100rem

65 실효음압이 $2\times10^{-3}N/m^2$인 음의 음압수준은 몇 dB인가?

① 40 ② 50
③ 60 ④ 70

풀이
$$SPL = 20\log\frac{P}{P_o} = 20\log\frac{2\times10^{-3}}{2\times10^{-5}} = 40dB$$

66 다음 중 고압 작업환경만으로 나열된 것을 고르면?

① 고소작업, 등반작업
② 용접작업, 고소작업
③ 탈지작업, 샌드블라스트(sand blast)작업
④ 잠함(caisson)작업, 광산의 수직갱 내 작업

풀이 1기압 이상의 고압 작업환경으로는 잠함작업, 광산의 수직갱 내 작업, 하저의 터널작업 등이 있다.

67 다음 (   ) 안에 들어갈 내용으로 옳은 것은?

> 일반적으로 (   )의 마이크로파는 신체를 완전히 투과하며 흡수되어도 감지되지 않는다.

① 150MHz 이하
② 300MHz 이하
③ 500MHz 이하
④ 1,000MHz 이하

풀이 일반적으로 150MHz 이하의 마이크로파와 라디오파는 신체에 흡수되어도 감지되지 않는다. 즉, 신체를 완전히 투과하며, 신체조직에 따른 투과력은 파장에 따라서 다르다.
※ 3cm 이하 파장은 외부 피부에 흡수되고, 3~10cm 파장은 1mm~1cm 정도 피부 내로 투과하며, 25~200cm 파장은 세포조직과 신체기관까지 통과한다. 또한 200cm 이상은 거의 모든 인체조직을 투과한다.

정답 63.② 64.③ 65.① 66.④ 67.①

68 저온에 의한 1차적인 생리적 영향에 해당하는 것은?

① 말초혈관의 수축
② 혈압의 일시적 상승
③ 근육긴장의 증가와 전율
④ 조직대사의 증진과 식욕 항진

풀이 **저온에 의한 생리적 반응**
(1) 1차 생리적 반응
㉠ 피부혈관의 수축
㉡ 근육긴장의 증가와 떨림
㉢ 화학적 대사작용의 증가
㉣ 체표면적의 감소
(2) 2차 생리적 반응
㉠ 말초혈관의 수축
㉡ 근육활동, 조직대사가 증진되어 식욕 항진
㉢ 혈압의 일시적 상승

69 실내 작업장에서 실내 온도조건이 다음과 같을 때 WBGT(℃)는?

- 흑구온도 32℃
- 건구온도 27℃
- 자연습구온도 30℃

① 30.1 ② 30.6
③ 30.8 ④ 31.6

풀이 (실내) WBGT(℃)
=(0.7×자연습구온도)+(0.3×흑구온도)
=(0.7×30℃)+(0.3×32℃)
=30.6℃

70 다음 중 살균력이 가장 센 파장영역은?

① 1,800~2,100Å ② 2,800~3,100Å
③ 3,800~4,100Å ④ 4,800~5,100Å

풀이 **살균작용**
㉠ 살균작용은 254~280nm(254nm 파장 정도에서 가장 강함)에서 핵단백을 파괴하여 이루어진다.
㉡ 실내공기의 소독 목적으로 사용한다.
※ 문제상 보기에서 2,540~2,800Å에 가장 근접한 2,800~3,100Å을 정답으로 함.

71 고압환경의 인체작용에 있어 2차적 가압현상에 해당하지 않는 것은?

① 산소중독 ② 질소마취
③ 공기전색 ④ 이산화탄소중독

풀이 **2차적 가압현상**
고압하의 대기가스 독성 때문에 나타나는 현상으로, 2차성 압력현상이다.
(1) 질소가스의 마취작용
㉠ 공기 중의 질소가스는 정상기압에서 비활성이지만, 4기압 이상에서는 마취작용을 일으키며 이를 다행증(euphoria)이라 한다(공기 중의 질소가스는 3기압 이하에서는 자극작용을 한다).
㉡ 질소가스 마취작용은 알코올중독의 증상과 유사하다.
㉢ 작업력의 저하, 기분의 변환 등 여러 종류의 다행증이 일어난다.
㉣ 수심 90~120m에서 환청, 환시, 조협증, 기억력감퇴 등이 나타난다.
(2) 산소중독 작용
㉠ 산소의 분압이 2기압을 넘으면 산소중독 증상을 보인다. 즉, 3~4기압의 산소 혹은 이에 상당하는 공기 중 산소분압에 의하여 중추신경계의 장애에 기인하는 운동장애를 나타내는데, 이것을 산소중독이라 한다.
㉡ 수중의 잠수자는 폐압착증을 예방하기 위하여 수압과 같은 압력의 압축기체를 호흡하여야 하며, 이로 인한 산소분압 증가로 산소중독이 일어난다.
㉢ 고압산소에 대한 폭로가 중지되면 증상은 즉시 멈춘다. 즉, 가역적이다.
㉣ 1기압에서 순산소는 인후를 자극하나 비교적 짧은 시간의 폭로라면 중독증상은 나타나지 않는다.
㉤ 산소중독 작용은 운동이나 이산화탄소로 인해 악화된다.
㉥ 수지나 족지의 작열통, 시력장애, 정신혼란, 근육경련 등의 증상을 보이며, 나아가서는 간질 모양의 경련을 나타낸다.
(3) 이산화탄소의 작용
㉠ 이산화탄소 농도의 증가는 산소의 독성과 질소의 마취작용을 증가시키는 역할을 하고, 감압증의 발생을 촉진시킨다.
㉡ 이산화탄소 농도가 고압환경에서 대기압으로 환산하여 0.2%를 초과해서는 안 된다.
㉢ 동통성 관절장애(bends)도 이산화탄소의 분압 증가에 따라 보다 많이 발생한다.

정답 68.③ 69.② 70.② 71.③

72 다음 중 차음평가지수를 나타내는 것은?

① sone
② NRN
③ NRR
④ phon

풀이 **차음효과(OSHA)**
차음효과=(NRR−7)×0.5
여기서, NRR : 차음평가지수

73 소음성 난청에 대한 내용으로 옳지 않은 것은?

① 내이의 세포 변성이 원인이다.
② 음이 강해짐에 따라 정상인에 비해 음이 급격하게 크게 들린다.
③ 청력손실은 초기에 4,000Hz 부근에서 영향이 현저하다.
④ 소음 노출과 관계없이 연령이 증가함에 따라 발생하는 청력장애를 말한다.

풀이 ④ 소음 노출과 관계없이 연령이 증가함에 따라 발생하는 청력장애는 노인성 난청이다.

74 레이노 현상(Raynaud's phenomenon)과 관련이 없는 것은?

① 방사선
② 국소진동
③ 혈액순환장애
④ 저온환경

풀이 **레이노 현상의 특징**
㉠ 손가락에 있는 말초혈관운동의 장애로 인하여 수지가 창백해지고 손이 차며 저리거나 통증이 오는 현상이다.
㉡ 한랭 작업조건에서 특히 증상이 악화된다.
㉢ 압축공기를 이용한 진동공구, 즉 착암기 또는 해머와 같은 공구를 장기간 사용한 근로자들의 손가락에 유발되기 쉬운 직업병이다.
㉣ Dead finger 또는 White finger라고도 하며, 발증까지 약 5년 정도 걸린다.

75 전리방사선 방어의 궁극적 목적은 가능한 한 방사선에 불필요하게 노출되는 것을 최소화하는 데 있다. 국제방사선방호위원회(ICRP)가 노출을 최소화하기 위해 정한 원칙 3가지에 해당하지 않는 것은?

① 작업의 최적화
② 작업의 다양성
③ 작업의 정당성
④ 개개인의 노출량 한계

풀이 **국제방사선방호위원회(ICRP)의 노출 최소화 원칙**
㉠ 작업의 최적화
㉡ 작업의 정당성
㉢ 개개인의 노출량 한계

76 현재 총흡음량이 1,200sabins인 작업장의 천장에 흡음물질을 첨가하여 2,800sabins을 더할 경우 예측되는 소음감소량(dB)은 약 얼마인가?

① 3.5　② 4.2
③ 4.8　④ 5.2

풀이 $$\text{소음감소량(dB)} = 10\log\frac{\text{대책 후}}{\text{대책 전}} = 10\log\frac{1,200+2,800}{1,200} = 5.2\text{dB}$$

77 소음계(sound level meter)로 소음 측정 시 A 및 C 특성으로 측정하였다. 만약 C특성으로 측정한 값이 A특성으로 측정한 값보다 훨씬 크다면 소음의 주파수영역은 어떻게 추정이 되겠는가?

① 저주파수가 주성분이다.
② 중주파수가 주성분이다.
③ 고주파수가 주성분이다.
④ 중 및 고 주파수가 주성분이다.

풀이 어떤 소음을 소음계의 청감보정회로 A 및 C에 놓고 측정한 소음레벨이 dB(A) 및 dB(C)일 때 dB(A) ≪dB(C)이면 저주파 성분이 많고, dB(A)≈dB(C)이면 고주파가 주성분이다.

정답 72.③ 73.④ 74.① 75.② 76.④ 77.①

78 작업장 내 조명방법에 관한 내용으로 옳지 않은 것은?

① 형광등은 백색에 가까운 빛을 얻을 수 있다.
② 나트륨등은 색을 식별하는 작업장에 가장 적합하다.
③ 수은등은 형광물질의 종류에 따라 임의의 광색을 얻을 수 있다.
④ 시계공장 등 작은 물건을 식별하는 작업을 하는 곳은 국소조명이 적합하다.

풀이 ② 나트륨등은 가로등과 차도의 조명용으로 사용하며, 등황색으로 색을 식별하는 작업장에는 좋지 않다.

79 다음 중 럭스(lux)의 정의를 설명한 것으로 옳은 것은?

① $1m^2$의 평면에 1루멘의 빛이 비칠 때의 밝기를 의미한다.
② 1촉광의 광원으로부터 한 단위 입체각으로 나가는 빛의 밝기 단위이다.
③ 지름이 1인치 되는 촛불이 수평방향으로 비칠 때의 빛의 광도를 나타내는 단위이다.
④ 1루멘의 빛이 $1ft^2$의 평면상에 수직방향으로 비칠 때 그 평면의 빛의 양을 의미한다.

풀이 **럭스(lux) ; 조도**
㉠ 1루멘(lumen)의 빛이 $1m^2$의 평면상에 수직으로 비칠 때의 밝기이다.
㉡ 1cd의 점광원으로부터 1m 떨어진 곳에 있는 광선의 수직인 면의 조명도이다.
㉢ 조도는 입사 면의 단면적에 대한 광속의 비를 의미하며, 어떤 면에 들어오는 광속의 양에 비례하고, 입사 면의 단면적에 반비례한다.

$$조도(E) = \frac{\text{lumen}}{\text{m}^2}$$

80 유해한 환경의 산소결핍장소에 출입 시 착용하여야 할 보호구와 가장 거리가 먼 것은?

① 방독마스크
② 송기마스크
③ 공기호흡기
④ 에어라인마스크

풀이 **방독마스크의 사용 시 주의사항**
방독마스크는 고농도 작업장(IDLH : 순간적으로 건강이나 생명에 위험을 줄 수 있는 유해물질의 고농도 상태)이나 산소결핍의 위험이 있는 작업장(산소농도 18% 이하)에서는 절대 사용해서는 안 되며, 대상 가스에 맞는 정화통을 사용하여야 한다.

제5과목 | 산업 독성학

81 다음 중 만성중독 시 코, 폐 및 위장의 점막에 병변을 일으키며, 장기간 흡입하는 경우 원발성 기관지암과 폐암이 발생하는 것으로 알려진 대표적인 중금속은?

① 납(Pb) ② 수은(Hg)
③ 크롬(Cr) ④ 베릴륨(Be)

풀이 **크롬의 만성중독 건강장애**
(1) 점막장애
점막이 충혈되어 화농성 비염이 되고, 차례로 깊이 들어가서 궤양이 되며, 코점막의 염증, 비중격천공 증상을 일으킨다.
(2) 피부장애
㉠ 피부궤양(둥근 형태의 궤양)을 일으킨다.
㉡ 수용성 6가 크롬은 저농도에서도 피부염을 일으킨다.
㉢ 손톱 주위, 손 및 전박부에 잘 발생한다.
(3) 발암 작용
㉠ 장기간 흡입에 의한 기관지암, 폐암, 비강암(6가 크롬)이 발생한다.
㉡ 크롬 취급자의 폐암에 의한 사망률이 정상인보다 상당히 높다.
(4) 호흡기장애
크롬폐증이 발생한다.

2020

정답 78.② 79.① 80.① 81.③

82 화학물질 및 물리적 인자의 노출기준에서 근로자가 1일 작업시간 동안 잠시라도 노출되어서는 아니 되는 기준을 나타내는 것은?

① TLV－C ② TLV－skin
③ TLV－TWA ④ TLV－STEL

풀이 **천장값 노출기준(TLV-C : ACGIH)**
㉠ 어떤 시점에서도 넘어서는 안 된다는 상한치를 말한다.
㉡ 항상 표시된 농도 이하를 유지하여야 한다.
㉢ 노출기준에 초과되어 노출 시 즉각적으로 비가역적인 반응을 나타낸다.
㉣ 자극성 가스나 독 작용이 빠른 물질 및 TLV-STEL이 설정되지 않는 물질에 적용한다.
㉤ 측정은 실제로 순간농도 측정이 불가능하므로, 약 15분간 측정한다.

83 생물학적 모니터링을 위한 시료가 아닌 것은?

① 공기 중 유해인자
② 요 중의 유해인자나 대사산물
③ 혈액 중의 유해인자나 대사산물
④ 호기(exhaled air) 중의 유해인자나 대사산물

풀이 **생물학적 모니터링의 시료 및 BEI**
㉠ 혈액, 소변, 호기, 모발 등 생체시료(인체조직이나 세포)로부터 유해물질 그 자체 또는 유해물질의 대사산물 및 생화학적 변화를 반영하는 지표물질을 말하며, 유해물질의 대사산물, 유해물질 자체 및 생화학적 변화 등을 총칭한다.
㉡ 근로자의 전반적인 노출량을 평가하는 기준으로 BEI를 사용한다.
㉢ BEI란 작업장의 공기 중 허용농도에 의존하는 것 이외에 근로자의 노출상태를 측정하는 방법으로, 근로자들의 조직과 체액 또는 호기를 검사해서 건강장애를 일으키는 일이 없이 노출될 수 있는 양을 의미한다.

84 흡인분진의 종류에 의한 진폐증의 분류 중 무기성 분진에 의한 진폐증이 아닌 것은?

① 규폐증 ② 면폐증
③ 철폐증 ④ 용접공폐증

풀이 **분진 종류에 따른 분류(임상적 분류)**
㉠ 유기성 분진에 의한 진폐증
농부폐증, 면폐증, 연초폐증, 설탕폐증, 목재분진폐증, 모발분진폐증
㉡ 무기성(광물성) 분진에 의한 진폐증
규폐증, 탄소폐증, 활석폐증, 탄광부 진폐증, 철폐증, 베릴륨폐증, 흑연폐증, 규조토폐증, 주석폐증, 칼륨폐증, 바륨폐증, 용접공폐증, 석면폐증

85 3가 및 6가 크롬의 인체 작용 및 독성에 관한 내용으로 옳지 않은 것은?

① 산업장의 노출의 관점에서 보면 3가 크롬이 6가 크롬보다 더 해롭다.
② 3가 크롬은 피부 흡수가 어려우나 6가 크롬은 쉽게 피부를 통과한다.
③ 세포막을 통과한 6가 크롬은 세포 내에서 수 분 내지 수 시간 만에 발암성을 가진 3가 형태로 환원된다.
④ 6가에서 3가로의 환원이 세포질에서 일어나면 독성이 적으나 DNA의 근위부에서 일어나면 강한 변이원성을 나타낸다.

풀이 ① 산업장의 노출의 관점에서 보면 6가 크롬이 3가 크롬보다 더 해롭다. 즉, 인체에 더 유해한 것은 6가 크롬이며, 부식과 산화 작용을 일으킨다.

86 유해물질의 생리적 작용에 의한 분류에서 질식제를 단순 질식제와 화학적 질식제로 구분할 때 화학적 질식제에 해당하는 것은?

① 수소(H_2) ② 메탄(CH_4)
③ 헬륨(He) ④ 일산화탄소(CO)

풀이 **질식제의 구분에 따른 종류**
(1) 단순 질식제
㉠ 이산화탄소(CO_2)
㉡ 메탄(CH_4)
㉢ 질소(N_2)
㉣ 수소(H_2)
㉤ 에탄, 프로판, 에틸렌, 아세틸렌, 헬륨
(2) 화학적 질식제
㉠ 일산화탄소(CO)
㉡ 황화수소(H_2S)
㉢ 시안화수소(HCN)
㉣ 아닐린($C_6H_5NH_2$)

정답 82.① 83.① 84.② 85.① 86.④

87 독성물질의 생체 내 변환에 관한 설명으로 옳지 않은 것은?

① 1상 반응은 산화, 환원, 가수분해 등의 과정을 통해 이루어진다.
② 2상 반응은 1상 반응이 불가능한 물질에 대한 추가적 축합반응이다.
③ 생체변환의 기전은 기존의 화합물보다 인체에서 제거하기 쉬운 대사물질로 변화시키는 것이다.
④ 생체 내 변환은 독성물질이나 약물의 제거에 대한 첫 번째 기전이며, 1상 반응과 2상 반응으로 구분된다.

풀이 ② 2상 반응은 1상 반응을 거친 물질을 더욱 수용성으로 만드는 포합반응이다.

88 산업안전보건법령상 석면 및 내화성 세라믹 섬유의 노출기준 표시단위로 옳은 것은?

① %　② ppm
③ 개/cm^3　④ mg/m^3

풀이 **석면(내화성 세라믹 섬유)의 노출기준 단위**
개/cm^3=개/mL=개/cc

89 다음 중 가스상 물질의 호흡기계 축적을 결정하는 가장 중요한 인자는?

① 물질의 농도차
② 물질의 입자 분포
③ 물질의 발생기전
④ 물질의 수용성 정도

풀이 **가스상 물질의 호흡기계 축적 결정인자**
유해물질의 흡수속도는 그 유해물질의 공기 중 농도와 용해도에 의해 결정되고, 폐까지 도달하는 양은 그 유해물질의 용해도에 의해서 결정된다. 따라서 가스상 물질의 호흡기계 축적을 결정하는 가장 중요한 인자는 물질의 수용성 정도이다.
※ 수용성 물질은 눈, 코, 상기도 점막의 수분에 의해 용해된다.

90 중금속에 중독되었을 경우에 치료제로 BAL이나 Ca-EDTA 등 금속 배설촉진제를 투여해서는 안 되는 중금속은?

① 납
② 비소
③ 망간
④ 카드뮴

풀이 **카드뮴중독의 치료**
㉠ BAL 및 Ca-EDTA를 투여하면 신장에 대한 독성 작용이 더욱 심해지므로 금한다.
㉡ 안정을 취하고 대중요법을 이용하는 동시에 산소를 흡입시키고, 스테로이드를 투여한다.
㉢ 치아에 황색 색소침착 유발 시 클루쿠론산칼슘 20mL를 정맥 주사한다.
㉣ 비타민 D를 피하 주사한다(1주 간격, 6회가 효과적).

91 다음 중금속 취급에 의한 대표적인 직업성 질환을 연결한 것으로 서로 관련이 가장 적은 것은?

① 니켈중독 – 백혈병, 재생불량성 빈혈
② 납중독 – 골수침입, 빈혈, 소화기장해
③ 수은중독 – 구내염, 수전증, 정신장해
④ 망간중독 – 신경염, 신장염, 중추신경장해

풀이 **니켈(Ni)**
㉠ 니켈은 모넬(monel), 인코넬(inconel), 인콜로이(incoloy)와 같은 합금과 스테인리스강에 포함되어 있고, 허용농도는 1mg/m^3이다.
㉡ 도금, 합금, 제강 등의 생산과정에서 발생한다.
㉢ 정상작업에서 용접으로 인하여 유해한 농도까지 니켈 흄이 발생하지 않는다. 그러나 스테인리스강이나 합금을 용접할 때에는 고농도의 노출에 대해 주의가 필요하다.
㉣ 급성중독장해로는 폐부종, 폐렴이 발생하고, 만성중독장해로는 폐, 비강, 부비강에 암이 발생하며 간장에도 손상이 발생한다.

정답 87.② 88.③ 89.④ 90.④ 91.①

92 피부독성 반응의 설명으로 옳지 않은 것은?

① 가장 빈번한 피부반응은 접촉성 피부염이다.
② 알레르기성 접촉피부염은 면역반응과 관계가 없다.
③ 광독성 반응은 홍반 · 부종 · 착색을 동반하기도 한다.
④ 담마진 반응은 접촉 후 보통 30~60분 후에 발생한다.

풀이 ② 알레르기성 접촉피부염은 면역학적 기전이 관계되어 있다.

93 산업안전보건법령상 사람에게 충분한 발암성 증거가 있는 물질(1A)에 포함되지 않는 것은?

① 벤지딘(Benzidine)
② 베릴륨(Beryllium)
③ 에틸벤젠(Ethyl benzene)
④ 염화비닐(Vinyl chloride)

풀이 **발암성 확인물질(1A)**
석면, 우라늄, Cr^{+6}화합물, 아크릴로니트릴, 벤지딘, 염화비닐, β-나프틸아민, 베릴륨

94 단백질을 침전시키며 thiol(-SH)기를 가진 효소의 작용을 억제하여 독성을 나타내는 것은?

① 수은 ② 구리
③ 아연 ④ 코발트

풀이 **수은의 인체 내 축적**
㉠ 금속수은은 전리된 수소이온이 단백질을 침전시키고 -SH기 친화력을 가지고 있어 세포 내 효소반응을 억제함으로써 독성 작용을 일으킨다.
㉡ 신장 및 간에 고농도 축적현상이 일반적이다.
• 금속수은은 뇌, 혈액, 심근 등에 분포
• 무기수은은 신장, 간장, 비장, 갑상선 등에 분포
• 알킬수은은 간장, 신장, 뇌 등에 분포
㉢ 뇌에서 가장 강한 친화력을 가진 수은화합물은 메틸수은이다.
㉣ 혈액 내 수은 존재 시 약 90%는 적혈구 내에서 발견된다.

95 동물을 대상으로 약물을 투여했을 때 독성을 초래하지는 않지만 대상의 50%가 관찰 가능한 가역적인 반응이 나타나는 작용량을 무엇이라 하는가?

① LC_{50}
② ED_{50}
③ LD_{50}
④ TD_{50}

풀이 **ED_{50}과 유효량의 의미**
㉠ ED_{50}은 사망을 기준으로 하는 대신에 약물을 투여한 동물의 50%가 일정한 반응을 일으키는 양으로, 시험 유기체의 50%에 대하여 준치사적인 거동감응 및 생리감응을 일으키는 독성물질의 양을 뜻한다.
㉡ ED(유효량)는 실험동물을 대상으로 얼마간의 양을 투여했을 때 독성을 초래하지 않지만 실험군의 50%가 관찰 가능한 가역적인 반응이 나타나는 작용량, 즉 유효량을 의미한다.

96 이황화탄소(CS_2)에 중독될 가능성이 가장 높은 작업장은?

① 비료 제조 및 초자공 작업장
② 유리 제조 및 농약 제조 작업장
③ 타르, 도장 및 석유 정제 작업장
④ 인조견, 셀로판 및 사염화탄소 생산 작업장

풀이 **이황화탄소(CS_2)**
㉠ 상온에서 무색무취의 휘발성이 매우 높은(비점 46.3℃) 액체이며, 인화 · 폭발의 위험성이 있다.
㉡ 주로 인조견(비스코스레이온)과 셀로판 생산 및 농약 제조, 사염화탄소 제조 등과 고무제품의 용제로도 사용된다.
㉢ 지용성 용매로 피부로도 흡수되며, 독성 작용으로는 급성 혹은 아급성 뇌병증을 유발한다.
㉣ 말초신경장애 현상으로 파킨슨증후군을 유발하며 급성마비, 두통, 신경증상 등도 나타난다(감각 및 운동신경 모두 유발).
㉤ 급성으로 고농도 노출 시 사망할 수 있고 1,000ppm 수준에서 환상을 보는 정신이상을 유발(기질적 뇌 손상, 말초신경병, 신경행동학적 이상)하며, 심한 경우 불안, 분노, 자살성향 등을 보이기도 한다.

정답 92.② 93.③ 94.① 95.② 96.④

97 벤젠을 취급하는 근로자를 대상으로 벤젠에 대한 노출량을 추정하기 위해 호흡기 주변에서 벤젠 농도를 측정함과 동시에 생물학적 모니터링을 실시하였다. 벤젠 노출로 인한 대사산물의 결정인자(determinant)로 옳은 것은?

① 호기 중의 벤젠
② 소변 중의 마뇨산
③ 소변 중의 총페놀
④ 혈액 중의 만델리산

풀이 **벤젠의 대사산물(생물학적 노출지표)**
㉠ 소변 중 총페놀
㉡ 소변 중 t,t-뮤코닉산(t,t-muconic acid)

98 유기용제의 중추신경 활성 억제 순위를 큰 것부터 작은 순으로 바르게 나타낸 것은?

① 알켄>알칸>알코올
② 에테르>알코올>에스테르
③ 할로겐화합물>에스테르>알켄
④ 할로겐화합물>유기산>에테르

풀이 **중추신경계 억제작용 순서**
알칸<알켄<알코올<유기산<에스테르<에테르<할로겐화합물(할로겐족)

99 다음 입자상 물질의 종류 중 액체나 고체의 2가지 상태로 존재할 수 있는 것은?

① 흄(fume)
② 증기(vapor)
③ 미스트(mist)
④ 스모크(smoke)

풀이 **연기(smoke)의 정의 및 특성**
㉠ 매연이라고도 하며, 유해물질이 불완전연소하여 만들어진 에어로졸의 혼합체로서 크기는 0.01~1.0μm 정도이다.
㉡ 기체와 같이 활발한 브라운 운동을 하며, 쉽게 침강하지 않고 대기 중에 부유하는 성질이 있다.
㉢ 액체나 고체의 2가지 상태로 존재할 수 있다.

100 다음 사례의 근로자에게서 의심되는 노출인자는?

> 41세 A씨는 1990년부터 1997년까지 기계공구 제조업에서 산소용접작업을 하다가 두통, 관절통, 전신근육통, 가슴 답답함, 이가 시리고 아픈 증상이 있어 건강검진을 받았다. 건강검진 결과 단백뇨와 혈뇨가 있어 신장질환 유소견자 진단을 받았다. 이 유해인자의 혈중·소변 중 농도가 직업병 예방을 위한 생물학적 노출기준을 초과하였다.

① 납　② 망간
③ 수은　④ 카드뮴

풀이 **카드뮴의 만성중독 건강장애**
(1) 신장기능 장애
㉠ 저분자 단백뇨의 다량 배설 및 신석증을 유발한다.
㉡ 칼슘대사에 장애를 주어 신결석을 동반한 신증후군이 나타난다.
(2) 골격계 장애
㉠ 다량의 칼슘 배설(칼슘 대사장애)이 일어나 뼈의 통증, 골연화증 및 골수공증을 유발한다.
㉡ 철분결핍성 빈혈증이 나타난다.
(3) 폐기능 장애
㉠ 폐활량 감소, 잔기량 증가 및 호흡곤란의 폐증세가 나타나며, 이 증세는 노출기간과 노출농도에 의해 좌우된다.
㉡ 폐기종, 만성 폐기능 장애를 일으킨다.
㉢ 기도 저항이 늘어나고 폐의 가스교환기능이 저하된다.
㉣ 고환의 기능이 쇠퇴(atrophy)한다.
(4) 자각증상
㉠ 기침, 가래 및 후각의 이상이 생긴다.
㉡ 식욕부진, 위장장애, 체중감소 등을 유발한다.
㉢ 치은부의 연한 황색 색소침착을 유발한다.

2020

정답 97.③ 98.③ 99.④ 100.④

제4회 산업위생관리기사

제1과목 | 산업위생학 개론

01 다음 중 전신피로의 원인으로 볼 수 없는 것은?

① 산소공급의 부족
② 작업강도의 증가
③ 혈중 포도당 농도의 저하
④ 근육 내 글리코겐 양의 증가

풀이 전신피로의 원인
㉠ 산소공급의 부족
㉡ 혈중 포도당 농도의 저하(가장 큰 원인)
㉢ 혈중 젖산 농도의 증가
㉣ 근육 내 글리코겐 양의 감소
㉤ 작업강도의 증가

02 다음 산업위생의 정의 중 ( ) 안에 들어갈 내용으로 볼 수 없는 것은?

> 산업위생이란, 근로자나 일반 대중에게 질병, 건강장애 등을 초래하는 작업환경요인과 스트레스를 ( )하는 과학과 기술이다.

① 보상
② 예측
③ 평가
④ 관리

풀이 산업위생의 정의(AIHA)
근로자나 일반 대중(지역주민)에게 질병, 건강장애와 안녕방해, 심각한 불쾌감 및 능률저하 등을 초래하는 작업환경요인과 스트레스를 예측, 측정, 평가하고 관리하는 과학과 기술이다(예측, 인지, 평가, 관리 의미와 동일함).

03 A유해물질의 노출기준은 100ppm이다. 잔업으로 인하여 작업시간이 8시간에서 10시간으로 늘었다면 이 기준치는 몇 ppm으로 보정해 주어야 하는가? (단, Brief와 Scala의 보정방법으로 적용하며, 1일 노출시간을 기준으로 한다.)

① 60
② 70
③ 80
④ 90

풀이 보정된 허용기준
$= \text{TLV} \times \text{RF}$

$\text{RF} = \frac{8}{H} \times \frac{24-H}{16} = \frac{8}{10} \times \frac{24-10}{16} = 0.7$

$= 100\text{ppm} \times 0.7 = 70\text{ppm}$

04 다음 중 산업안전보건법령상 영상표시단말기(VDT) 취급 근로자의 작업자세로 옳지 않은 것은?

① 팔꿈치의 내각은 90° 이상이 되도록 한다.
② 근로자의 발바닥 전면이 바닥 면에 닿는 자세를 기본으로 한다.
③ 무릎의 내각(knee angle)은 90° 전후가 되도록 한다.
④ 근로자의 시선은 수평선상으로부터 10~15° 위로 가도록 한다.

풀이 화면을 향한 눈의 높이는 화면보다 약간 높은 곳이 좋고, 작업자의 시선은 수평선상으로부터 아래로 10~15° 이내이어야 한다.

정답 01.④ 02.① 03.② 04.④

05 유해물질의 생물학적 노출지수 평가를 위한 소변 시료채취방법 중 채취시간에 제한 없이 채취할 수 있는 유해물질은 무엇인가? (단, ACGIH 권장기준이다.)

① 벤젠
② 카드뮴
③ 일산화탄소
④ 트리클로로에틸렌

풀이 긴 반감기를 가진 화학물질(중금속)은 시료채취시간이 별로 중요하지 않고, 반대로 반감기가 짧은 물질인 경우에는 시료채취시간이 매우 중요하다.

06 직업성 질환에 관한 설명으로 옳지 않은 것은?

① 직업성 질환과 일반 질환은 경계가 뚜렷하다.
② 직업성 질환은 재해성 질환과 직업병으로 나눌 수 있다.
③ 직업성 질환이란 어떤 직업에 종사함으로써 발생하는 업무상 질병을 의미한다.
④ 직업병은 저농도 또는 저수준의 상태로 장시간에 걸쳐 반복 노출로 생긴 질병을 의미한다.

풀이 ① 직업성 질환은 임상적 또는 병리적 소견으로 일반 질병과 구별하기가 어렵다.

07 미국산업위생학술원(AAIH)에서 채택한 산업위생전문가의 윤리강령 중 기업주와 고객에 대한 책임과 관계된 윤리강령은?

① 기업체의 기밀은 누설하지 않는다.
② 전문적 판단이 타협에 의하여 좌우될 수 있는 상황에는 개입하지 않는다.
③ 근로자, 사회 및 전문 직종의 이익을 위해 과학적 지식을 공개하고 발표한다.
④ 결과와 결론을 뒷받침할 수 있도록 기록을 유지하고 산업위생 사업을 전문가답게 운영 · 관리한다.

풀이 기업주와 고객에 대한 책임
㉠ 결과와 결론을 뒷받침할 수 있도록 정확한 기록을 유지하고, 산업위생 사업을 전문가답게 전문부서들로 운영 · 관리한다.
㉡ 기업주와 고객보다는 근로자의 건강보호에 궁극적 책임을 두고 행동한다.
㉢ 쾌적한 작업환경을 조성하기 위하여 산업위생의 이론을 적용하고 책임감 있게 행동한다.
㉣ 신뢰를 바탕으로 정직하게 권하고 성실한 자세로 충고하며, 결과와 개선점 및 권고사항을 정확히 보고한다.

08 다음의 직업성 질환과 그 원인이 되는 작업이 가장 적합하게 연결된 것은?

① 편평족 – VDT 작업
② 진폐증 – 고압 · 저압 작업
③ 중추신경 장해 – 광산 작업
④ 목위팔(경견완) 증후군 – 타이핑 작업

풀이 ① 편평족(평발) – 서서 하는 작업
② 진폐증 – 분진 취급작업
③ 중추신경 장해 – 화학물질 취급작업

09 다음 중 18세기 영국에서 최초로 보고하였으며, 어린이 굴뚝청소부에게 많이 발생하였고, 원인물질이 검댕(soot)이라고 규명된 직업성 암은?

① 폐암
② 후두암
③ 음낭암
④ 피부암

풀이 Percivall Pott
㉠ 영국의 외과의사로 직업성 암을 최초로 보고하였으며, 어린이 굴뚝청소부에게 많이 발생하는 음낭암(scrotal cancer)을 발견하였다.
㉡ 암의 원인물질이 검댕 속 여러 종류의 다환방향족 탄화수소(PAH)라는 것을 밝혔다.
㉢ 굴뚝청소부법을 제정하도록 하였다(1788년).

10 산업안전보건법령상 제조 등이 금지되는 유해물질이 아닌 것은?

① 석면
② 염화비닐
③ β−나프틸아민
④ 4−니트로디페닐

풀이 **산업안전보건법상 제조 등이 금지되는 유해물질**
㉠ β-나프틸아민과 그 염
㉡ 4-니트로디페닐과 그 염
㉢ 백연을 포함한 페인트(포함된 중량의 비율이 2% 이하인 것은 제외)
㉣ 벤젠을 포함하는 고무풀(포함된 중량의 비율이 5% 이하인 것은 제외)
㉤ 석면
㉥ 폴리클로리네이티드 터페닐
㉦ 황린(黃燐) 성냥
㉧ ㉠, ㉡, ㉤ 또는 ㉥에 해당하는 물질을 포함한 화합물(포함된 중량의 비율이 1% 이하인 것은 제외)
㉨ "화학물질관리법"에 따른 금지물질
㉩ 그 밖에 보건상 해로운 물질로서 산업재해보상보험 및 예방심의위원회의 심의를 거쳐 고용노동부장관이 정하는 유해물질

11 산업안전보건법령상 보건관리자의 자격에 해당되지 않는 것은?

① 「의료법」에 따른 의사
② 「의료법」에 따른 간호사
③ 「국가기술자격법」에 따른 산업위생관리산업기사 이상의 자격을 취득한 사람
④ 「국가기술자격법」에 따른 대기환경기사 이상의 자격을 취득한 사람

풀이 **보건관리자의 자격기준**
㉠ "의료법"에 따른 의사
㉡ "의료법"에 따른 간호사
㉢ 산업보건지도사
㉣ "국가기술자격법"에 따른 산업위생관리산업기사 또는 대기환경산업기사 이상의 자격을 취득한 사람
㉤ "국가기술자격법"에 따른 인간공학기사 이상의 자격을 취득한 사람
㉥ "고등교육법"에 따른 전문대학 이상의 학교에서 산업보건 또는 산업위생 분야의 학위를 취득한 사람

12 공기 중의 혼합물로서 아세톤 400ppm(TLV =750ppm), 메틸에틸케톤 100ppm(TLV= 200ppm)이 서로 상가작용을 할 때 이 혼합물의 노출지수(EI)는 약 얼마인가?

① 0.82
② 1.03
③ 1.10
④ 1.45

풀이 노출지수(EI)$=\frac{400}{750}+\frac{100}{200}=1.03$

13 근육과 뼈를 연결하는 섬유조직을 무엇이라 하는가?

① 건(tendon)
② 관절(joint)
③ 뉴런(neuron)
④ 인대(ligament)

풀이 골건근 중 건(tendon)은 근육과 뼈를 연결하는 섬유조직으로 힘줄이라고도 하며, 근육을 부착시키는 역할을 한다.

14 사고예방대책 기본원리 5단계를 올바르게 나열한 것은?

① 사실의 발견 → 조직 → 분석 · 평가 → 시정방법의 선정 → 시정책의 적용
② 사실의 발견 → 조직 → 시정방법의 선정 → 시정책의 적용 → 분석 · 평가
③ 조직 → 사실의 발견 → 분석 · 평가 → 시정방법의 선정 → 시정책의 적용
④ 조직 → 분석 · 평가 → 사실의 발견 → 시정방법의 선정 → 시정책의 적용

풀이 **하인리히의 사고예방대책의 기본원리 5단계**
㉠ 제1단계 : 안전관리조직 구성(조직)
㉡ 제2단계 : 사실의 발견
㉢ 제3단계 : 분석 · 평가
㉣ 제4단계 : 시정방법(시정책)의 선정
㉤ 제5단계 : 시정책의 적용(대책 실시)

정답 10.② 11.④ 12.② 13.① 14.③

15 산업안전보건법령상 입자상 물질의 농도 평가에서 2회 이상 측정한 단시간 노출농도값이 단시간 노출기준과 시간가중평균기준값 사이일 때 노출기준 초과로 평가해야 하는 경우가 아닌 것은?

① 1일 4회를 초과하는 경우
② 15분 이상 연속 노출되는 경우
③ 노출과 노출 사이의 간격이 1시간 이내인 경우
④ 단위작업장소의 넓이가 30평방미터 이상인 경우

풀이 **농도평가에서 노출농도(TWA, STEL)값이 단시간 노출기준과 시간가중평균기준값 사이일 때 노출기준 초과로 평가해야 하는 경우**
㉠ 1회 노출지속시간이 15분 이상으로 연속 노출되는 경우
㉡ 1일 4회를 초과하는 경우
㉢ 노출과 노출 사이의 간격이 1시간 이내인 경우

16 젊은 근로자의 약한 손(오른손잡이인 경우 왼손)의 힘이 평균 45kp일 경우 이 근로자가 무게 10kg인 상자를 두 손으로 들어 올릴 경우의 작업강도(%MS)는 약 얼마인가?

① 1.1 ② 8.5
③ 11.1 ④ 21.1

풀이
$$\text{작업강도(\%MS)} = \frac{RF}{MS} \times 100 = \frac{10}{45+45} \times 100 = 11.11\%MS$$

17 다음 중 최대작업역(maximum area)에 대한 설명으로 옳은 것은?

① 작업자가 작업할 때 팔과 다리를 모두 이용하여 닿는 영역
② 작업자가 작업을 할 때 아래팔을 뻗어 파악할 수 있는 영역
③ 작업자가 작업할 때 상체를 기울여 손이 닿는 영역
④ 작업자가 작업할 때 위팔과 아래팔을 곧게 펴서 파악할 수 있는 영역

풀이 **수평작업영역의 구분**
(1) 최대작업역(최대영역, maximum area)
㉠ 팔 전체가 수평상에 도달할 수 있는 작업영역
㉡ 어깨로부터 팔을 뻗어 도달할 수 있는 최대영역
㉢ 아래팔(전완)과 위팔(상완)을 곧게 펴서 파악할 수 있는 영역
㉣ 움직이지 않고 상지를 뻗어서 닿는 범위
(2) 정상작업역(표준영역, normal area)
㉠ 상박부를 자연스런 위치에서 몸통부에 접하고 있을 때에 전박부가 수평면 위에서 쉽게 도착할 수 있는 운동범위
㉡ 위팔(상완)을 자연스럽게 수직으로 늘어뜨린 채 아래팔(전완)만으로 편안하게 뻗어 파악할 수 있는 영역
㉢ 움직이지 않고 전박과 손으로 조작할 수 있는 범위
㉣ 앉은 자세에서 위팔은 몸에 붙이고, 아래팔만 곧게 뻗어 닿는 범위
㉤ 약 34~45cm의 범위

18 재해발생의 주요 원인에서 불안전한 행동에 해당하는 것은?

① 보호구 미착용
② 방호장치 미설치
③ 시끄러운 주위 환경
④ 경고 및 위험 표지 미설치

풀이 **산업재해의 직접원인(1차 원인)**
(1) 불안전한 행위(인적 요인)
㉠ 위험장소 접근
㉡ 안전장치기능 제거(안전장치를 고장 나게 함)
㉢ 기계·기구의 잘못 사용(기계설비의 결함)
㉣ 운전 중인 기계장치의 손실
㉤ 불안전한 속도 조작
㉥ 주변 환경에 대한 부주의(위험물 취급 부주의)
㉦ 불안전한 상태의 방치
㉧ 불안전한 자세
㉨ 안전확인 경고의 미비(감독 및 연락 불충분)
㉩ 복장, 보호구의 잘못 사용(보호구를 착용하지 않고 작업)
(2) 불안전한 상태(물적 요인)
㉠ 물 자체의 결함
㉡ 안전보호장치의 결함
㉢ 복장, 보호구의 결함
㉣ 물의 배치 및 작업장소의 결함(불량)
㉤ 작업환경의 결함(불량)
㉥ 생산공정의 결함
㉦ 경계표시, 설비의 결함

2020

정답 15.④ 16.③ 17.④ 18.①

19 효과적인 교대근무제의 운용방법에 대한 내용으로 옳은 것은?

① 야간근무 종료 후 휴식은 24시간 전후로 한다.
② 야근은 가면(假眠)을 하더라도 10시간 이내가 좋다.
③ 신체적 적응을 위하여 야간근무의 연속일수는 대략 1주일로 한다.
④ 누적 피로를 회복하기 위해서는 정교대 방식보다는 역교대 방식이 좋다.

풀이 **교대근무제의 관리원칙(바람직한 교대제)**

㉠ 각 반의 근무시간은 8시간씩 교대로 하고, 야근은 가능한 짧게 한다.
㉡ 2교대의 경우 최저 3조의 정원을, 3교대의 경우 4조를 편성한다.
㉢ 채용 후 건강관리로서 정기적으로 체중, 위장증상 등을 기록해야 하며, 근로자의 체중이 3kg 이상 감소하면 정밀검사를 받아야 한다.
㉣ 평균작업시간은 주 40시간을 기준으로, 갑반 → 을반 → 병반으로 순환하게 한다.
㉤ 근무시간의 간격은 15~16시간 이상으로 하는 것이 좋다.
㉥ 야근의 주기는 4~5일로 한다.
㉦ 신체의 적응을 위하여 야간근무의 연속일수는 2~3일로 하며, 야간근무를 3일 이상 연속으로 하는 경우에는 피로축적현상이 나타나게 되므로 연속하여 3일을 넘기지 않도록 한다.
㉧ 야근 후 다음 반으로 가는 간격은 최저 48시간 이상의 휴식시간을 갖도록 하여야 한다.
㉨ 야근 교대시간은 상오 0시 이전에 하는 것이 좋다(심야시간을 피함).
㉩ 야근 시 가면은 반드시 필요하며, 보통 2~4시간(1시간 30분 이상)이 적합하다.
㉪ 야근 시 가면은 작업강도에 따라 30분~1시간 범위로 하는 것이 좋다.
㉫ 작업 시 가면시간은 적어도 1시간 30분 이상 주어야 수면효과가 있다고 볼 수 있다.
㉬ 상대적으로 가벼운 작업은 야간근무조에 배치하는 등 업무내용을 탄력적으로 조정해야 하며, 야간작업자는 주간작업자보다 연간 쉬는 날이 더 많아야 한다.
㉭ 근로자가 교대일정을 미리 알 수 있도록 해야 한다.
㉮ 일반적으로 오전근무의 개시시간은 오전 9시로 한다.
㉯ 교대방식(교대근무 순환주기)은 낮근무 → 저녁근무 → 밤근무 순으로 한다. 즉, 정교대가 좋다.

20 산업 스트레스의 반응에 따른 심리적 결과에 해당되지 않는 것은?

① 가정문제
② 수면 방해
③ 돌발적 사고
④ 성(性)적 역기능

풀이 **산업 스트레스 반응의 결과**

(1) 행동적 결과
㉠ 흡연
㉡ 알코올 및 약물 남용
㉢ 행동 격양에 따른 돌발적 사고
㉣ 식욕 감퇴

(2) 심리적 결과
㉠ 가정문제(가족 조직 구성인원 문제)
㉡ 불면증으로 인한 수면 부족
㉢ 성적 욕구 감퇴

(3) 생리적(의학적) 결과
㉠ 심혈관계 질환(심장)
㉡ 위장관계 질환
㉢ 기타 질환(두통, 피부질환, 암, 우울증 등)

제2과목 | 작업위생 측정 및 평가

21 호흡성 먼지에 관한 내용으로 옳은 것은? (단, ACGIH를 기준으로 한다.)

① 평균입경은 1μm이다.
② 평균입경은 4μm이다.
③ 평균입경은 10μm이다.
④ 평균입경은 50μm이다.

풀이 **평균입경(ACGIH)**

㉠ 흡입성 입자상 물질(IPM) : 100μm
㉡ 흉곽성 입자상 물질(TPM) : 10μm
㉢ 호흡성 입자상 물질(RPM) : 4μm

22 5M 황산을 이용하여 0.004M 황산용액 3L를 만들기 위해 필요한 5M 황산의 부피(mL)는?

① 5.6 ② 4.8
③ 3.1 ④ 2.4

 정답 19.② 20.③ 21.② 22.④

풀이
$NV = N'V'$

$\frac{0.004\text{mol}}{\text{L}} \times \frac{98\text{g}}{1\text{mol}} \times \frac{1\text{eq}}{(98/2)\text{g}} \times 3{,}000\text{mL} \times \frac{1\text{L}}{1{,}000\text{mL}}$

$= \frac{5\text{mol}}{\text{L}} \times \frac{98\text{g}}{1\text{mol}} \times \frac{1\text{eq}}{(98/2)} \times V'(\text{mL}) \times \frac{1\text{L}}{1{,}000\text{mL}}$

$\therefore\ V'(\text{mL}) = 2.4\text{mL}$

23 공기 중에 카본 테트라클로라이드(TLV=10ppm) 8ppm, 1,2-디클로로에탄(TLV=50ppm) 40ppm, 1,2-디브로모에탄(TLV=20ppm) 10ppm으로 오염되었을 때, 이 작업장 환경의 허용기준농도(ppm)는? (단, 상가작용을 기준으로 한다.)

① 24.5 ② 27.6
③ 29.6 ④ 58.0

풀이
$\text{EI} = \frac{8}{10} + \frac{40}{50} + \frac{10}{20} = 2.1$

혼합물 허용기준 $= \frac{\text{혼합물의 공기 중 농도}}{\text{EI}}$

$= \frac{8+40+10}{2.1} = 27.62\text{ppm}$

24 작업환경 공기 중의 물질 A(TLV=50ppm)가 55ppm이고, 물질 B(TLV=50ppm)가 47ppm이며, 물질 C(TLV=50ppm)가 52ppm이었다면, 공기의 노출농도 초과도는? (단, 상가작용을 기준으로 한다.)

① 3.62 ② 3.08
③ 2.73 ④ 2.33

풀이
노출지수(EI) $= \frac{55}{50} + \frac{47}{50} + \frac{52}{50} = 3.08$

25 입자상 물질을 채취하는 데 사용하는 여과지 중 막여과지(membrane filter)가 아닌 것은?

① MCE 여과지
② PVC 여과지
③ 유리섬유 여과지
④ PTFE 여과지

풀이
막여과지(membrane filter)의 종류
㉠ MCE막 여과지
㉡ PVC막 여과지
㉢ PTFE막 여과지
㉣ 은막 여과지
㉤ Nuleopore 여과지

26 어느 작업장의 소음측정 결과가 다음과 같을 때, 총음압레벨[dB(A)]은? (단, A, B, C 기계는 동시에 작동된다.)

- A기계 : 81dB(A)
- B기계 : 85dB(A)
- C기계 : 88dB(A)

① 84.7 ② 86.5
③ 88.0 ④ 90.3

풀이
$L_{합} = 10\log(10^{8.1} + 10^{8.5} + 10^{8.8}) = 90.31\text{dB(A)}$

27 직경이 5μm, 비중이 1.8인 원형 입자의 침강속도(cm/min)는? (단, 공기의 밀도는 0.0012g/cm^3, 공기의 점도는 1.807×10^{-4} poise이다.)

① 6.1 ② 7.1
③ 8.1 ④ 9.1

풀이
$V_g(\text{cm/min}) = \frac{d_p^{\,2}(\rho_p - \rho)g}{18\mu}$

$= \frac{(5\mu\text{m} \times 10^{-4}\text{cm}/\mu\text{m})^2 \times (1.8 - 0.0012)\text{g/cm}^3 \times 980\text{cm/sec}^2}{18 \times 1.807 \times 10^{-4}\text{g/cm}\cdot\text{sec}}$

$= 0.1355\text{cm/sec} \times 60\text{sec/min}$

$= 8.13\text{cm/min}$

28 분석기기에서 바탕선량(background)과 구별하여 분석될 수 있는 최소의 양은?

① 검출한계 ② 정량한계
③ 정성한계 ④ 정도한계

풀이
검출한계(LOD)
분석기기마다 바탕선량(background)과 구별하여 분석될 수 있는 가장 적은 분석물질의 양을 말한다.

정답 23.② 24.② 25.③ 26.④ 27.③ 28.①

29 금속제품을 탈지 세정하는 공정에서 사용하는 유기용제인 트리클로로에틸렌이 근로자에게 노출되는 농도를 측정하고자 한다. 과거의 노출농도를 조사해 본 결과, 평균 50ppm이었을 때, 활성탄관(100mg/50mg)을 이용하여 0.4L/min으로 채취하였다면 채취해야 할 시간(min)은? (단, 트리클로로에틸렌의 분자량은 131.39이고, 기체크로마토그래피의 정량한계는 시료당 0.5mg, 1기압, 25℃ 기준으로, 기타 조건은 고려하지 않는다.)

① 2.4　② 3.2
③ 4.7　④ 5.3

풀이

과거 노출농도$(mg/m^3) = 50ppm \times \dfrac{131.39}{24.45}$

$= 268.69mg/m^3$

채취최소부피$(L) = \dfrac{LOQ}{농도}$

$= \dfrac{0.5mg}{268.69mg/m^3 \times m^3/1,000L}$

$= 1.86L$

채취최소시간$(min) = \dfrac{1.86L}{0.4L/min} = 4.65min$

30 레이저광의 폭로량을 평가하는 사항에 해당하지 않는 항목은?

① 각막 표면에서의 조사량(J/cm^2) 또는 폭로량을 측정한다.
② 조사량의 서한도는 1mm 구경에 대한 평균치이다.
③ 레이저광과 같은 직사광과 형광등 또는 백열등과 같은 확산광은 구별하여 사용해야 한다.
④ 레이저광에 대한 눈의 허용량은 폭로시간에 따라 수정되어야 한다.

풀이 **레이저광의 폭로량 평가 시 주지사항**
㉠ 각막 표면에서의 조사량(J/cm^2) 또는 폭로량(W/cm^2)을 측정한다.
㉡ 조사량의 서한도(노출기준)는 1mm 구경에 대한 평균치이다.
㉢ 레이저광은 직사광이고, 형광등 · 백열등은 확산광이다.
㉣ 레이저광에 대한 눈의 허용량은 그 파장에 따라 수정되어야 한다.

31 셀룰로오스 에스테르 막여과지에 대한 설명으로 틀린 것은?

① 산에 쉽게 용해된다.
② 유해물질이 표면에 주로 침착되어 현미경 분석에 유리하다.
③ 흡습성이 적어 중량분석에 주로 적용된다.
④ 중금속 시료채취에 유리하다.

풀이 **MCE막 여과지(Mixed Cellulose Ester membrane filter)**
㉠ 산업위생에서는 거의 대부분이 직경 37mm, 구멍 크기 0.45~0.8μm의 MCE막 여과지를 사용하고 있어 작은 입자의 금속과 흄(fume) 채취가 가능하다.
㉡ 산에 쉽게 용해되고 가수분해되며, 습식 회화되기 때문에 공기 중 입자상 물질 중의 금속을 채취하여 원자흡광법으로 분석하는 데 적당하다.
㉢ 산에 의해 쉽게 회화되기 때문에 원소분석에 적합하고 NIOSH에서는 금속, 석면, 살충제, 불소화합물 및 기타 무기물질에 추천되고 있다.
㉣ 시료가 여과지의 표면 또는 가까운 곳에 침착되므로 석면, 유리섬유 등 현미경 분석을 위한 시료채취에도 이용된다.
㉤ 흡습성(원료인 셀룰로오스가 수분 흡수)이 높아 오차를 유발할 수 있어 중량분석에 적합하지 않다.

32 작업장의 유해인자에 대한 위해도 평가에 영향을 미치는 것과 가장 거리가 먼 것은?

① 유해인자의 위해성
② 휴식시간의 배분정도
③ 유해인자에 노출되는 근로자수
④ 노출되는 시간 및 공간적인 특성과 빈도

풀이 **작업장 유해인자에 대한 위해도 평가에 영향을 미치는 인자**
㉠ 유해인자의 위해성
㉡ 유해인자에 노출되는 근로자수
㉢ 노출되는 시간 및 공간적인 특성과 빈도

정답 29.③ 30.④ 31.③ 32.②

33 다음 중 활성탄관과 비교한 실리카겔관의 장점으로 가장 거리가 먼 것은?

① 수분을 잘 흡수하여 습도에 대한 민감도가 높다.
② 매우 유독한 이황화탄소를 탈착용매로 사용하지 않는다.
③ 극성물질을 채취한 경우 물, 메탄올 등 다양한 용매로 쉽게 탈착된다.
④ 추출액이 화학분석이나 기기분석에 방해물질로 작용하는 경우가 많지 않다.

풀이 **실리카겔의 장단점**

(1) 장점
㉠ 극성이 강하여 극성 물질을 채취한 경우 물, 메탄올 등 다양한 용매로 쉽게 탈착한다.
㉡ 추출용액(탈착용매)이 화학분석이나 기기분석에 방해물질로 작용하는 경우는 많지 않다.
㉢ 활성탄으로 채취가 어려운 아닐린, 오르토-톨루이딘 등의 아민류나 몇몇 무기물질의 채취가 가능하다.
㉣ 매우 유독한 이황화탄소를 탈착용매로 사용하지 않는다.

(2) 단점
㉠ 친수성이기 때문에 우선적으로 물분자와 결합을 이루어 습도의 증가에 따른 흡착용량의 감소를 초래한다.
㉡ 습도가 높은 작업장에서는 다른 오염물질의 파과용량이 작아져 파과를 일으키기 쉽다.

34 시간당 200~350kcal의 열량이 소모되는 중등작업 조건에서 WBGT 측정치가 31.1℃일 때 고열작업 노출기준의 작업휴식조건으로 가장 적절한 것은?

① 계속 작업
② 매시간 25% 작업, 75% 휴식
③ 매시간 50% 작업, 50% 휴식
④ 매시간 75% 작업, 25% 휴식

풀이 **고열작업장의 노출기준(고용노동부, ACGIH)**

[단위 : WBGT(℃)]

시간당 작업과 휴식 비율	작업강도		
	경작업	중등작업	중작업
연속 작업	30.0	26.7	25.0
75% 작업, 25% 휴식 (45분 작업, 15분 휴식)	30.6	28.0	25.9
50% 작업, 50% 휴식 (30분 작업, 30분 휴식)	31.4	29.4	27.9
25% 작업, 75% 휴식 (15분 작업, 45분 휴식)	32.2	31.1	30.0

㉠ 경작업 : 시간당 200kcal까지의 열량이 소요되는 작업을 말하며, 앉아서 또는 서서 기계의 조정을 하기 위하여 손 또는 팔을 가볍게 쓰는 일 등이 해당된다.
㉡ 중등작업 : 시간당 200~350kcal의 열량이 소요되는 작업을 말하며, 물체를 들거나 밀면서 걸어다니는 일 등이 해당된다.
㉢ 중(격심)작업 : 시간당 350~500kcal의 열량이 소요되는 작업을 뜻하며, 곡괭이질 또는 삽질하는 일과 같이 육체적으로 힘든 일 등이 해당된다.

35 연속적으로 일정한 농도를 유지하면서 만드는 방법 중 Dynamic method에 관한 설명으로 틀린 것은?

① 농도변화를 줄 수 있다.
② 대개 운반용으로 제작된다.
③ 만들기가 복잡하고, 가격이 고가이다.
④ 소량의 누출이나 벽면에 의한 손실은 무시할 수 있다.

풀이 **Dynamic method**

㉠ 희석공기와 오염물질을 연속적으로 흘려 주어 일정한 농도를 유지하면서 만드는 방법이다.
㉡ 알고 있는 공기 중 농도를 만드는 방법이다.
㉢ 농도변화를 줄 수 있고, 온도·습도 조절이 가능하다.
㉣ 제조가 어렵고, 비용도 많이 든다.
㉤ 다양한 농도범위에서 제조가 가능하다.
㉥ 가스, 증기, 에어로졸 실험도 가능하다.
㉦ 소량의 누출이나 벽면에 의한 손실은 무시할 수 있다.
㉧ 지속적인 모니터링이 필요하다.
㉨ 일정한 농도를 유지하기가 매우 곤란하다.

2020

정답 33.① 34.② 35.②

36 다음 중 정밀도를 나타내는 통계적 방법과 가장 거리가 먼 것은?

① 오차 ② 산포도
③ 표준편차 ④ 변이계수

풀이 **측정결과의 통계처리를 위한 산포도 측정방법**
㉠ 변량 상호간의 차이에 의하여 측정하는 방법(범위, 평균차)
㉡ 평균값에 대한 변량의 편차에 의한 측정방법(변이계수, 평균편차, 분산, 표준편차)

37 작업환경측정방법 중 소음 측정 시간 및 횟수에 관한 내용 중 ( ) 안에 들어갈 내용으로 옳은 것은? (단, 고용노동부고시를 기준으로 한다.)

> 단위작업장소에서의 소음발생시간이 6시간 이내인 경우나 소음발생원에서의 발생시간이 간헐적인 경우에는 발생시간 동안 연속 측정하거나 등간격으로 나누어 ( )회 이상 측정하여야 한다.

① 2 ② 3
③ 4 ④ 6

풀이 **소음 측정시간**
㉠ 단위작업장소에서 소음수준은 규정된 측정위치 및 지점에서 1일 작업시간 동안 6시간 이상 연속 측정하거나 작업시간을 1시간 간격으로 나누어 6회 이상 측정하여야 한다.
다만, 소음의 발생특성이 연속음으로서 측정치가 변동이 없다고 자격자 또는 지정측정기관이 판단한 경우에는 1시간 동안을 등간격으로 나누어 3회 이상 측정할 수 있다.
㉡ 단위작업장소에서의 소음발생시간이 6시간 이내인 경우나 소음발생원에서의 발생시간이 간헐적인 경우에는 발생시간 동안 연속 측정하거나 등간격으로 나누어 4회 이상 측정하여야 한다.

38 빛의 파장의 단위로 사용되는 Å(Ångström)을 국제표준단위계(SI)로 나타낸 것은?

① 10^{-6}m ② 10^{-8}m
③ 10^{-10}m ④ 10^{-12}m

풀이 1Å(angstrom) : SI 단위로 10^{-10}m을 말한다.

39 작업장의 온도 측정결과가 다음과 같을 때, 측정결과의 기하평균은?

> (단위 : ℃)
> 5, 7, 12, 18, 25, 13

① 11.6℃ ② 12.4℃
③ 13.3℃ ④ 15.7℃

풀이
$$\log GM = \frac{\log 5 + \log 7 + \log 12 + \log 18 + \log 25 + \log 13}{6} = 1.065$$
$$GM = 10^{1.065} = 11.61℃$$

40 다음 중 직독식 기구로만 나열된 것은?

① AAS, ICP, 가스모니터
② AAS, 휴대용 GC, GC
③ 휴대용 GC, ICP, 가스검지관
④ 가스모니터, 가스검지관, 휴대용 GC

풀이 **직독식 기구의 종류**
㉠ 가스검지관
㉡ 입자상 물질 측정기
㉢ 가스모니터
㉣ 휴대용 GC
㉤ 적외선 분광광도계

제3과목 | 작업환경 관리대책

41 다음 중 귀덮개의 차음성능기준상 중심주파수가 1,000Hz인 음원의 차음치(dB)는?

① 10 이상 ② 20 이상
③ 25 이상 ④ 35 이상

풀이 **귀덮개의 방음효과**
㉠ 저음 영역에서 20dB 이상, 고음 영역에서 45dB 이상의 차음효과가 있다.
㉡ 귀마개를 착용하고서 귀덮개를 착용하면 훨씬 차음효과가 커지므로, 120dB 이상의 고음 작업장에서는 동시 착용할 필요가 있다.
㉢ 간헐적 소음에 노출되는 경우 귀덮개를 착용한다.
㉣ 차음성능기준상 중심주파수가 1,000Hz인 음원의 차음치는 25dB 이상이다.

 정답 36.① 37.③ 38.③ 39.① 40.④ 41.③

42 송풍기 입구 전압이 280mmH_2O이고, 송풍기 출구 정압이 100mmH_2O이다. 송풍기 출구 속도압이 200mmH_2O일 때, 전압(mmH_2O)은?

① 20 ② 40
③ 80 ④ 180

풀이
$$FTP(mmH_2O) = TP_{out} - TP_{in} = (SP_{out} + VP_{out}) - (SP_{in} + VP_{in}) = (100+200) - 280 = 20mmH_2O$$

43 총흡음량이 900sabins인 소음발생작업장에 흡음재를 천장에 설치하여 2,000sabins 더 추가하였다. 이 작업장에서 기대되는 소음감소치[NR ; dB(A)]는?

① 약 3 ② 약 5
③ 약 7 ④ 약 9

풀이
$$\text{소음감소치(NR)} = 10\log\frac{\text{대책 후}}{\text{대책 전}} = 10\log\frac{900+2{,}000}{900} = 5.09dB(A)$$

44 국소배기시설이 희석환기시설보다 오염물질을 제거하는 데 효과적이므로 선호도가 높다. 이에 대한 이유가 아닌 것은?

① 설계가 잘된 경우 오염물질의 제거가 거의 완벽하다.
② 오염물질의 발생 즉시 배기시키므로 필요공기량이 적다.
③ 오염 발생원의 이동성이 큰 경우에도 적용 가능하다.
④ 오염물질 독성이 클 때도 효과적 제거가 가능하다.

풀이 ③ 오염 발생원의 이동성이 큰 경우에는 희석환기(전체환기)를 적용하는 것이 효과적이다.

45 외부식 후드(포집형 후드)의 단점이 아닌 것은?

① 포위식 후드보다 일반적으로 필요송풍량이 많다.
② 외부 난기류의 영향을 받아서 흡인효과가 떨어진다.
③ 근로자가 발생원과 환기시설 사이에서 작업하게 되는 경우가 많다.
④ 기류속도가 후드 주변에서 매우 빠르므로 쉽게 흡인되는 물질의 손실이 크다.

풀이 외부식 후드의 특징
㉠ 다른 형태의 후드에 비해 작업자가 방해를 받지 않고 작업을 할 수 있어 일반적으로 많이 사용한다.
㉡ 포위식에 비하여 필요송풍량이 많이 소요된다.
㉢ 방해기류(외부 난기류)의 영향이 작업장 내에 있을 경우 흡인효과가 저하된다.
㉣ 기류속도가 후드 주변에서 매우 빠르므로 쉽게 흡인되는 물질(유기용제, 미세분말 등)의 손실이 크다.

46 두 분지관이 동일 합류점에서 만나 합류관을 이루도록 설계되어 있다. 한쪽 분지관의 송풍량은 200m^3/min, 합류점에서 이 관의 정압은 −34mmH_2O이며, 다른 쪽 분지관의 송풍량은 160m^3/min, 합류점에서 이 관의 정압은 −30mmH_2O이다. 합류점에서 유량의 균형을 유지하기 위해서는 압력손실이 더 적은 관을 통해 흐르는 송풍량(m^3/min)을 얼마로 해야 하는가?

① 165 ② 170
③ 175 ④ 180

풀이
$$\text{정압비} = \left(\frac{SP_2}{SP_1}\right) = \left(\frac{-34}{-30}\right) = 1.13$$
정압비가 1.2 이하인 경우, 정압이 낮은 쪽의 유량을 증가시켜 압력을 조정한다.
$$\text{송풍량} = Q\times\sqrt{\frac{SP_2}{SP_1}} = 160\times\sqrt{\frac{-34}{-30}} = 170.33m^3/min$$

2020

정답 42.① 43.② 44.③ 45.③ 46.②

47 전체환기시설을 설치하기 위한 기본원칙으로 가장 거리가 먼 것은?

① 오염물질 사용량을 조사하여 필요환기량을 계산한다.
② 공기 배출구와 근로자의 작업위치 사이에 오염원이 위치해야 한다.
③ 오염물질 배출구는 가능한 한 오염원으로부터 가까운 곳에 설치하여 점환기 효과를 얻는다.
④ 오염원 주위에 다른 작업공정이 있으면 공기 공급량을 배출량보다 크게 하여 양압을 형성시킨다.

풀이 **전체환기(강제환기)시설 설치 기본원칙**
㉠ 오염물질 사용량을 조사하여 필요환기량을 계산한다.
㉡ 배출공기를 보충하기 위하여 청정공기를 공급한다.
㉢ 오염물질 배출구는 가능한 한 오염원으로부터 가까운 곳에 설치하여 '점환기'의 효과를 얻는다.
㉣ 공기 배출구와 근로자의 작업위치 사이에 오염원이 위치해야 한다.
㉤ 공기가 배출되면서 오염장소를 통과하도록 공기 배출구와 유입구의 위치를 선정한다.
㉥ 작업장 내 압력은 경우에 따라서 양압이나 음압으로 조정해야 한다(오염원 주위에 다른 작업공정이 있으면 공기 공급량을 배출량보다 적게 하여 음압을 형성시켜 주위 근로자에게 오염물질이 확산되지 않도록 한다).
㉦ 배출된 공기가 재유입되지 못하게 배출구 높이를 적절히 설계하고 창문이나 문 근처에 위치하지 않도록 한다.
㉧ 오염된 공기는 작업자가 호흡하기 전에 충분히 희석되어야 한다.
㉨ 오염물질 발생은 가능하면 비교적 일정한 속도로 유출되도록 조정해야 한다.

48 레시버식 캐노피형 후드를 설치할 때, 적절한 H/E는? (단, E는 배출원의 크기이고, H는 후드 면과 배출원 간의 거리를 의미한다.)

① 0.7 이하 ② 0.8 이하
③ 0.9 이하 ④ 1.0 이하

풀이 **레시버식 캐노피형 후드 설치**
배출원의 크기(E)에 대한 후드면과 배출원 간의 거리(H)의 비(H/E)는 0.7 이하로 설계하는 것이 바람직하다.

49 다음 중 플레넘형 환기시설의 장점이 아닌 것은?

① 연마분진과 같이 끈적거리거나 보풀거리는 분진의 처리가 용이하다.
② 주관의 어느 위치에서도 분지관을 추가하거나 제거할 수 있다.
③ 주관은 입경이 큰 분진을 제거할 수 있는 침강식의 역할이 가능하다.
④ 분지관으로부터 송풍기까지 낮은 압력손실을 제공하여 운전동력을 최소화할 수 있다.

풀이 ① 플레넘형 환기시설은 연마분진과 같이 끈적거리거나 보풀거리는 분진의 처리는 곤란하다.

50 산업안전보건법령상 관리대상 유해물질 관련 국소배기장치 후드의 제어풍속(m/s)의 기준으로 옳은 것은?

① 가스상태(포위식 포위형) : 0.4
② 가스상태(외부식 상방흡인형) : 0.5
③ 입자상태(포위식 포위형) : 1.0
④ 입자상태(외부식 상방흡인형) : 1.5

풀이 **관리대상 유해물질 관련 국소배기장치 후드의 제어풍속**

물질의 상태	후드 형식	제어풍속(m/sec)
가스상태	포위식 포위형	0.4
	외부식 측방흡인형	0.5
	외부식 하방흡인형	0.5
	외부식 상방흡인형	1.0
입자상태	포위식 포위형	0.7
	외부식 측방흡인형	1.0
	외부식 하방흡인형	1.0
	외부식 상방흡인형	1.2

정답 47.④ 48.① 49.① 50.①

51 작업대 위에서 용접할 때 흄(fume)을 포집 제거하기 위해 작업 면에 고정된 플랜지가 붙은 외부식 사각형 후드를 설치하였다면, 소요송풍량(m^3/min)은? (단, 개구면에서 작업지점까지의 거리는 0.25m, 제어속도는 0.5m/s, 후드 개구면적은 $0.5m^2$이다.)

① 0.281 ② 8.430
③ 16.875 ④ 26.425

풀이 소요송풍량(m^3/min)
$=0.5\times V_c(10X^2+A)$
$=0.5\times 0.5\text{m/sec}\times[(10\times 0.25^2)\text{m}^2+0.5\text{m}^2]$
$\times 60\text{sec/min}$
$=16.875\text{m}^3/\text{min}$

52 다음 중 직관의 압력손실에 관한 설명으로 잘못된 것은?

① 직관의 마찰계수에 비례한다.
② 직관의 길이에 비례한다.
③ 직관의 직경에 비례한다.
④ 속도(관내유속)의 제곱에 비례한다.

풀이 **원형 직선 덕트의 압력손실(ΔP)**

$$\Delta P=\lambda(4f)\times\frac{L}{D}\times \text{VP}\left(\frac{\gamma V^2}{2g}\right)$$

압력손실은 덕트(duct)의 길이, 공기밀도, 유속의 제곱에 비례하고, 덕트의 직경에 반비례한다.

53 페인트 도장이나 농약 살포와 같이 공기 중에 가스 및 증기상 물질과 분진이 동시에 존재하는 경우 호흡 보호구에 이용되는 가장 적절한 공기정화기는?

① 필터
② 만능형 캐니스터
③ 요오드를 입힌 활성탄
④ 금속산화물을 도포한 활성탄

풀이 ② 만능형 캐니스터는 방진마스크와 방독마스크의 기능을 합한 공기정화기이다.

54 다음 중 송풍기의 효율이 큰 순서대로 나열된 것은?

① 평판송풍기 > 다익송풍기 > 터보송풍기
② 다익송풍기 > 평판송풍기 > 터보송풍기
③ 터보송풍기 > 다익송풍기 > 평판송풍기
④ 터보송풍기 > 평판송풍기 > 다익송풍기

풀이 원심력식 송풍기를 효율이 큰 순서대로 나열하면 다음과 같다.
터보송풍기 > 평판송풍기 > 다익송풍기

55 다음 중 세정제진장치의 특징으로 틀린 것을 고르면?

① 배출수의 재가열이 필요 없다.
② 포집효율을 변화시킬 수 있다.
③ 유출수가 수질오염을 야기할 수 있다.
④ 가연성 · 폭발성 분진을 처리할 수 있다.

풀이 **세정식 집진시설의 장단점**

(1) 장점
㉠ 습한 가스, 점착성 입자를 폐색 없이 처리가 가능하다.
㉡ 인화성 · 가열성 · 폭발성 입자를 처리할 수 있다.
㉢ 고온가스의 취급이 용이하다.
㉣ 설치면적이 작아 초기비용이 적게 든다.
㉤ 단일장치로 입자상 외에 가스상 오염물을 제거할 수 있다.
㉥ Demister 사용으로 미스트 처리가 가능하다.
㉦ 부식성 가스와 분진을 중화시킬 수 있다.
㉧ 집진효율을 다양화할 수 있다.

(2) 단점
㉠ 폐수가 발생하고, 폐슬러지 처리비용이 발생한다.
㉡ 공업용수를 과잉 사용한다.
㉢ 포집된 분진은 오염 가능성이 있고 회수가 어렵다.
㉣ 연소가스가 포함된 경우에는 부식 잠재성이 있다.
㉤ 추운 경우에 동결방지장치를 필요로 한다.
㉥ 백연 발생으로 인한 재가열시설이 필요하다.
㉦ 배기의 상승확산력을 저하한다.

정답 51.③ 52.③ 53.② 54.④ 55.①

56 다음 중 작업장에서 거리, 시간, 공정, 작업자 전체를 대상으로 실시하는 대책은?

① 대체 ② 격리
③ 환기 ④ 개인보호구

풀이 ② 격리는 물리적 · 거리적 · 시간적인 격리를 의미하며 쉽게 적용할 수 있고, 효과도 비교적 좋다.

57 산업위생보호구의 점검, 보수 및 관리방법에 관한 설명 중 틀린 것은?

① 보호구의 수는 사용하여야 할 근로자의 수 이상으로 준비한다.
② 호흡용 보호구는 사용 전, 사용 후 여재의 성능을 점검하여 성능이 저하된 것은 폐기, 보수, 교환 등의 조치를 취한다.
③ 보호구의 청결 유지에 노력하고, 보관할 때에는 건조한 장소와 분진이나 가스 등에 영향을 받지 않는 일정한 장소에 보관한다.
④ 호흡용 보호구나 귀마개 등은 특정 유해물질 취급이나 소음에 노출될 때 사용하는 것으로서 그 목적에 따라 반드시 공용으로 사용해야 한다.

풀이 ④ 호흡용 보호구나 귀마개 등은 특정 유해물질 취급이나 소음에 노출될 때 사용하는 것으로서, 그 목적에 따라 반드시 개별로 사용해야 한다.

58 작업장 용적이 10m×3m×40m이고 필요환기량이 120m^3/min일 때 시간당 공기교환횟수는?

① 360회 ② 60회
③ 6회 ④ 0.6회

풀이

$$\text{시간당 공기교환횟수} = \frac{\text{필요환기량}}{\text{작업장 용적}} = \frac{120\text{m}^3/\text{min} \times 60\text{min/hr}}{(10\times3\times40)\text{m}^3} = 6\text{회(시간당)}$$

59 덕트의 설치 원칙과 가장 거리가 먼 것은?

① 가능한 한 후드와 먼 곳에 설치한다.
② 덕트는 가능한 한 짧게 배치하도록 한다.
③ 밴드의 수는 가능한 한 적게 하도록 한다.
④ 공기가 아래로 흐르도록 하향 구배를 만든다.

풀이 **덕트(duct)의 설치기준(설치 시 고려사항)**

㉠ 가능한 한 길이는 짧게 하고, 굴곡부의 수는 적게 할 것
㉡ 접속부의 내면은 돌출된 부분이 없도록 할 것
㉢ 청소구를 설치하는 등 청소하기 쉬운 구조로 할 것
㉣ 덕트 내 오염물질이 쌓이지 않도록 이송속도를 유지할 것
㉤ 연결부위 등은 외부공기가 들어오지 않도록 할 것(연결부위를 가능한 한 용접할 것)
㉥ 가능한 후드와 가까운 곳에 설치할 것
㉦ 송풍기를 연결할 때는 최소덕트직경의 6배 정도 직선구간을 확보할 것
㉧ 직관은 하향 구배로 하고 직경이 다른 덕트를 연결할 때에는 경사 30° 이내의 테이퍼를 부착할 것
㉨ 원형 덕트가 사각형 덕트보다 덕트 내 유속분포가 균일하므로 가급적 원형 덕트를 사용하며, 부득이 사각형 덕트를 사용할 경우에는 가능한 정방형을 사용하고 곡관의 수를 적게 할 것
㉩ 곡관의 곡률반경은 최소덕트직경의 1.5 이상(주로 2.0)을 사용할 것
㉪ 수분이 응축될 경우 덕트 내로 들어가지 않도록 경사나 배수구를 마련할 것
㉫ 덕트의 마찰계수는 작게 하고, 분지관을 가급적 적게 할 것

60 송풍관(duct) 내부에서 유속이 가장 빠른 곳은? (단, d는 송풍관의 직경을 의미한다.)

① 위에서 $\frac{1}{10}d$ 지점
② 위에서 $\frac{1}{5}d$ 지점
③ 위에서 $\frac{1}{3}d$ 지점
④ 위에서 $\frac{1}{2}d$ 지점

풀이 관 단면상에서 유체 유속이 가장 빠른 부분은 관 중심부이다.

 정답 56.② 57.④ 58.③ 59.① 60.④

제4과목 | 물리적 유해인자관리

61 다음에서 설명하고 있는 측정기구는?

> 작업장의 환경에서 기류의 방향이 일정하지 않거나 실내 0.2~0.5m/s 정도의 불감기류를 측정할 때 사용되며 온도에 따른 알코올의 팽창 · 수축 원리를 이용하여 기류속도를 측정한다.

① 풍차풍속계
② 카타(kata)온도계
③ 가열온도풍속계
④ 습구흑구온도계(WBGT)

풀이 **카타온도계(kata thermometer)**
㉠ 실내 0.2~0.5m/sec 정도의 불감기류 측정 시 사용한다.
㉡ 작업환경 내에 기류의 방향이 일정치 않을 경우의 기류속도를 측정한다.
㉢ 카타의 냉각력을 이용하여 측정한다. 즉 알코올 눈금이 100°F(37.8℃)에서 95°F(35℃)까지 내려가는 데 소요되는 시간을 4~5회 측정 · 평균하여 카타상수값을 이용하여 구한다.

62 이상기압의 대책에 관한 내용으로 옳지 않은 것은?

① 고압실 내의 작업에서는 이산화탄소의 분압이 증가하지 않도록 신선한 공기를 송기한다.
② 고압환경에서 작업하는 근로자에게는 질소의 양을 증가시킨 공기를 호흡시킨다.
③ 귀 등의 장해를 예방하기 위하여 압력을 가하는 속도를 매분당 $0.8kg/cm^2$ 이하가 되도록 한다.
④ 감압병의 증상이 발생하였을 때에는 환자를 바로 원래의 고압환경 상태로 복귀시키거나, 인공고압실에서 천천히 감압한다.

풀이 ② 고압환경에서 작업하는 근로자에게는 수소 또는 질소를 대신하여 마취작용이 적은 헬륨 같은 불활성 기체들로 대치한 공기를 호흡시킨다.

63 작업장 내의 직접조명에 관한 설명으로 옳은 것은?

① 장시간 작업에도 눈이 부시지 않는다.
② 조명기구가 간단하고, 조명기구의 효율이 좋다.
③ 벽이나 천장의 색조에 좌우되는 경향이 있다.
④ 작업장 내의 균일한 조도의 확보가 가능하다.

풀이 **조명방법에 따른 조명 관리**
(1) 직접조명
㉠ 작업 면의 빛 대부분이 광원 및 반사용 삿갓에서 직접 온다.
㉡ 기구의 구조에 따라 눈을 부시게 하거나 균일한 조도를 얻기 힘들다.
㉢ 반사갓을 이용하여 광속의 90~100%가 아래로 향하게 하는 방식이다.
㉣ 일정량의 전력으로 조명 시 가장 밝은 조명을 얻을 수 있다.
㉤ 장점 : 효율이 좋고, 천장 면의 색조에 영향을 받지 않으며, 설치비용이 저렴하다.
㉥ 단점 : 눈부심이 있고, 균일한 조도를 얻기 힘들며, 강한 음영을 만든다.
(2) 간접조명
㉠ 광속의 90~100%를 위로 향해 발산하여 천장, 벽에서 확산시켜 균일한 조명도를 얻을 수 있는 방식이다.
㉡ 천장과 벽에 반사하여 작업 면을 조명하는 방법이다.
㉢ 장점 : 눈부심이 없고, 균일한 조도를 얻을 수 있으며, 그림자가 없다.
㉣ 단점 : 효율이 나쁘고, 설치가 복잡하며, 실내의 입체감이 작아진다.

64 일반소음의 차음효과는 벽체의 단위표면적에 대하여 벽체의 무게를 2배로 할 때 또는 주파수가 2배로 증가될 때 차음은 몇 dB 증가하는가?

① 2dB　② 6dB
③ 10dB　④ 15dB

풀이 $TL = 20\log(m \cdot f) - 43dB = 20\log 2 = 6dB$

2020

65 비전리방사선 중 유도방출에 의한 광선을 증폭시킴으로서 얻는 복사선으로, 쉽게 산란하지 않으며 강력하고 예리한 지향성을 지닌 것은?

① 적외선 ② 마이크로파
③ 가시광선 ④ 레이저광선

풀이 **레이저의 물리적 특성**

㉠ LASER는 Light Amplification by Stimulated Emission of Radiation의 약자이며, 자외선, 가시광선, 적외선 가운데 인위적으로 특정한 파장부위를 강력하게 증폭시켜 얻은 복사선이다.
㉡ 레이저는 유도방출에 의한 광선증폭을 뜻하며, 단색성, 지향성, 집속성, 고출력성의 특징이 있어 집광성과 방향조절이 용이하다.
㉢ 레이저는 보통 광선과는 달리 단일파장으로 강력하고 예리한 지향성을 가졌다.
㉣ 레이저광은 출력이 강하고 좁은 파장을 가지며 쉽게 산란하지 않는 특성이 있다.
㉤ 레이저파 중 맥동파는 레이저광 중 에너지의 양을 지속적으로 축적하여 강력한 파동을 발생시키는 것을 말한다.
㉥ 단위면적당 빛에너지가 대단히 크다. 즉 에너지밀도가 크다.
㉦ 위상이 고르고 간섭현상이 일어나기 쉽다.
㉧ 단색성이 뛰어나다.

66 1fc(foot candle)은 약 몇 럭스(lux)인가?

① 3.9 ② 8.9
③ 10.8 ④ 13.4

풀이 **풋 캔들(foot candle)**

(1) 정의
㉠ 1루멘의 빛이 $1ft^2$의 평면상에 수직으로 비칠 때 그 평면의 빛 밝기이다.
㉡ 관계식 : 풋 캔들(ft cd) $= \dfrac{\text{lumen}}{\text{ft}^2}$

(2) 럭스와의 관계
㉠ 1ft cd=10.8lux
㉡ 1lux=0.093ft cd

(3) 빛의 밝기
㉠ 광원으로부터 거리의 제곱에 반비례한다.
㉡ 광원의 촉광에 정비례한다.
㉢ 조사평면과 광원에 대한 수직평면이 이루는 각(cosine)에 반비례한다.
㉣ 색깔과 감각, 평면상의 반사율에 따라 밝기가 달라진다.

67 음압이 $20N/m^2$일 경우 음압수준(sound pressure level)은 얼마인가?

① 100dB ② 110dB
③ 120dB ④ 130dB

풀이 $\text{SPL} = 20\log\dfrac{20}{2\times10^{-5}} = 120\text{dB}$

68 25℃일 때, 공기 중에서 1,000Hz인 음의 파장은 약 몇 m인가? (단, 0℃, 1기압에서의 음속은 331.5m/s이다.)

① 0.035 ② 0.35
③ 3.5 ④ 35

풀이 음의 파장(λ)

$$\lambda = \frac{C}{f} = \frac{[331.42+(0.6\times25)]\text{m/sec}}{1{,}000\ 1/\text{sec}} = 0.35\text{m}$$

69 손가락 말초혈관운동의 장애로 인한 혈액순환장애로 손가락의 감각이 마비되고, 창백해지며, 추운 환경에서 더욱 심해지는 레이노(Raynaud) 현상의 주요 원인으로 옳은 것은?

① 진동 ② 소음
③ 조명 ④ 기압

풀이 **레이노 현상(Raynaud's phenomenon)**

㉠ 손가락에 있는 말초혈관운동의 장애로 인하여 수지가 창백해지고 손이 차며 저리거나 통증이 오는 현상이다.
㉡ 한랭 작업조건에서 특히 증상이 악화된다.
㉢ 압축공기를 이용한 진동공구, 즉 착암기 또는 해머와 같은 공구를 장기간 사용한 근로자들의 손가락에 유발되기 쉬운 직업병이다.
㉣ Dead finger 또는 White finger라고도 하며, 발증까지 약 5년 정도 걸린다.

70 산소농도가 6% 이하인 공기 중의 산소분압으로 옳은 것은? (단, 표준상태이며, 부피기준이다.)

① 45mmHg 이하 ② 55mmHg 이하
③ 65mmHg 이하 ④ 75mmHg 이하

풀이 산소분압(mmH_2O) $= 760\text{mmHg}\times0.06 = 45.6\text{mmHg}$

정답 65.④ 66.③ 67.③ 68.② 69.① 70.①

71 감압에 따르는 조직 내 질소기포 형성량에 영향을 주는 요인인 조직에 용해된 가스량을 결정하는 인자로 가장 적절한 것은?

① 감압속도
② 혈류의 변화정도
③ 노출정도와 시간 및 체내 지방량
④ 폐 내의 이산화탄소 농도

풀이 **감압 시 조직 내 질소기포 형성량에 영향을 주는 요인**
㉠ 조직에 용해된 가스량
체내 지방량, 고기압 폭로의 정도와 시간으로 결정한다.
㉡ 혈류변화 정도(혈류를 변화시키는 상태)
감압 시 또는 재감압 후에 생기기 쉽고, 연령, 기온, 운동, 공포감, 음주와 관계가 있다.
㉢ 감압속도

72 마이크로파가 인체에 미치는 영향으로 옳지 않은 것은?

① 1,000~10,000Hz의 마이크로파는 백내장을 일으킨다.
② 두통, 피로감, 기억력 감퇴 등의 증상을 유발시킨다.
③ 마이크로파의 열작용에 많은 영향을 받는 기관은 생식기와 눈이다.
④ 중추신경계는 1,400~2,800Hz 마이크로파 범위에서 가장 영향을 많이 받는다.

풀이 ④ 중추신경계는 300~1,200Hz 마이크로파 범위에서 가장 영향을 많이 받는다.

73 고압 환경의 생체작용과 가장 거리가 먼 것은?

① 고공성 폐수종
② 이산화탄소(CO_2) 중독
③ 귀, 부비강, 치아의 압통
④ 손가락과 발가락의 작열통과 같은 산소 중독

풀이 ① 폐수종은 저압 환경에서 발생한다.

74 고열장해에 대한 내용으로 옳지 않은 것은?

① 열경련(heat cramps) : 고온 환경에서 고된 육체적인 작업을 하면서 땀을 많이 흘릴 때 많은 물을 마시지만 신체의 염분 손실을 충당하지 못할 경우 발생한다.
② 열허탈(heat collapse) : 고열 작업에 순화되지 못해 말초혈관이 확장되고, 신체 말단에 혈액이 과다하게 저류되어 뇌의 산소부족이 나타난다.
③ 열소모(heat exhaustion) : 과다발한으로 수분/염분 손실에 의하여 나타나며, 두통, 구역감, 현기증 등이 나타나지만 체온은 정상이거나 조금 높아진다.
④ 열사병(heat stroke) : 작업환경에서 가장 흔히 발생하는 피부장해로서 땀에 젖은 피부 각질층이 떨어져 땀구멍을 막아 염증성 반응을 일으켜 붉은 구진 형태로 나타난다.

풀이 **열사병(heat stroke)**
열사병은 고온다습한 환경(육체적 노동 또는 태양의 복사선을 두부에 직접적으로 받는 경우)에 노출될 때 뇌 온도의 상승으로 신체 내부 체온조절중추의 기능장해를 일으켜서 생기는 위급한 상태(고열로 인해 발생하는 장해 중 가장 위험성이 큼)이다.
※ 태양광선에 의한 열사병 : 일사병(sun stroke)

75 난청에 관한 설명으로 옳지 않은 것은?

① 일시적 난청은 청력의 일시적인 피로현상이다.
② 영구적 난청은 노인성 난청과 같은 현상이다.
③ 일반적으로 초기 청력손실을 C_5-dip 현상이라 한다.
④ 소음성 난청은 내이의 세포변성을 원인으로 볼 수 있다.

2020

정답 71.③ 72.④ 73.① 74.④ 75.②

풀이 **난청(청력장애)**

(1) 일시적 청력손실(TTS)
㉠ 강력한 소음에 노출되어 생기는 난청으로 4,000~6,000Hz에서 가장 많이 발생한다.
㉡ 청신경세포의 피로현상으로, 회복되려면 12~24시간을 요하는 가역적인 청력저하이며, 영구적 소음성 난청의 예비신호로도 볼 수 있다.

(2) 영구적 청력손실(PTS) : 소음성 난청
㉠ 비가역적 청력저하이며, 강렬한 소음이나 지속적인 소음 노출에 의해 청신경 말단부의 내이코르티(corti) 기관의 섬모세포 손상으로, 회복될 수 없는 영구적인 청력저하가 발생한다.
㉡ 3,000~6,000Hz의 범위에서 먼저 나타나고, 특히 4,000Hz에서 가장 심하게 발생한다.

(3) 노인성 난청
㉠ 노화에 의한 퇴행성 질환으로, 감각신경성 청력손실이 양측 귀에 대칭적 · 점진적으로 발생하는 질환이다.
㉡ 일반적으로 고음역에 대한 청력손실이 현저하며, 6,000Hz에서부터 난청이 시작된다.

76 진동에 의한 작업자의 건강장해를 예방하기 위한 대책으로 옳지 않은 것은?

① 공구의 손잡이를 세게 잡지 않는다.
② 가능한 한 무거운 공구를 사용하여 진동을 최소화한다.
③ 진동공구를 사용하는 작업시간을 단축시킨다.
④ 진동공구와 손 사이 공간에 방진재료를 채워 놓는다.

풀이 **진동작업환경 관리대책**
㉠ 작업 시에는 따뜻하게 체온을 유지해 준다(14℃ 이하의 옥외 작업에서는 보온대책 필요).
㉡ 진동공구의 무게는 10kg 이상 초과하지 않도록 한다.
㉢ 진동공구는 가능한 한 공구를 기계적으로 지지하여 준다.
㉣ 작업자는 공구의 손잡이를 너무 세게 잡지 않는다.
㉤ 진동공구의 사용 시에는 장갑(두꺼운 장갑)을 착용한다.
㉥ 총 동일한 시간을 휴식한다면 여러 번 자주 휴식하는 것이 좋다.
㉦ 체인톱과 같이 발동기가 부착되어 있는 것을 전동기로 바꾼다.
㉧ 진동공구를 사용하는 작업은 1일 2시간을 초과하지 말아야 한다.

77 한랭환경에서 발생할 수 있는 건강장해에 관한 설명으로 옳지 않은 것은?

① 혈관의 이상은 저온 노출로 유발되거나 악화된다.
② 참호족과 침수족은 지속적인 국소의 산소결핍 때문이며, 모세혈관벽이 손상되는 것이다.
③ 전신체온강하는 단시간의 한랭폭로에 따른 일시적 체온상실에 따라 발생하는 중증장해에 속한다.
④ 동상에 대한 저항은 개인에 따라 차이가 있으나 중증환자의 경우 근육 및 신경조직 등 심부조직이 손상된다.

풀이 **전신체온강하(저체온증, general hypothermia)**

(1) 정의
심부온도가 37℃에서 26.7℃ 이하로 떨어지는 것을 말하며, 한랭환경에서 바람에 노출되거나 얇거나 습한 의복 착용 시 급격한 체온강하가 일어난다.

(2) 증상
㉠ 전신 저체온의 첫 증상으로는 억제하기 어려운 떨림과 냉감각이 생기고, 심박동이 불규칙하게 느껴지며 맥박은 약해지고 혈압이 낮아진다.
㉡ 32℃ 이상이면 경증, 32℃ 이하이면 중증, 21~24℃이면 사망에 이른다.

(3) 특징
㉠ 장시간의 한랭폭로에 따른 일시적 체열(체온) 상실에 따라 발생한다.
㉡ 급성 중증장해이다.
㉢ 피로가 극에 달하면 체열의 손실이 급속히 이루어져 전신의 냉각상태가 수반된다.

78 다음 전리방사선 중 투과력이 가장 약한 것은?

① 중성자
② γ선
③ β선
④ α선

풀이 **전리방사선의 인체 투과력**
중성자 > X선 or γ선 > β선 > α선

 정답 76.② 77.③ 78.④

79 다음 중 전리방사선에 대한 감수성이 가장 낮은 인체조직은?

① 골수
② 생식선
③ 신경조직
④ 임파조직

풀이 **전리방사선에 대한 감수성 순서**

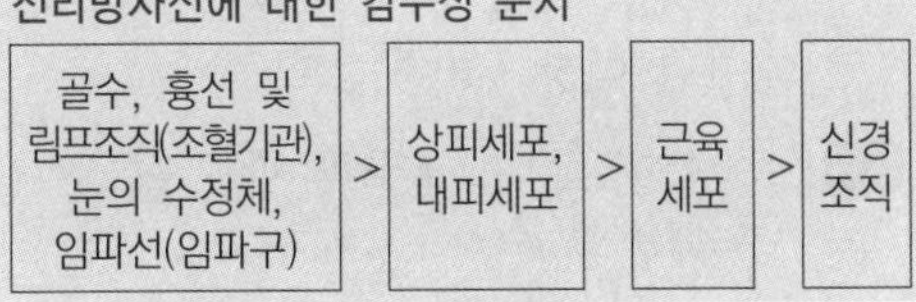

80 3N/m^2의 음압은 약 몇 dB의 음압수준인가?

① 95　　② 104
③ 110　　④ 1,115

풀이 $SPL = 20\log\frac{3}{2\times10^{-5}} = 103.52dB$

제5과목 | 산업 독성학

81 단시간 노출기준이 시간가중평균농도(TLV－TWA)와 단기간 노출기준(TLV－STEL) 사이일 경우 충족시켜야 하는 3가지 조건에 해당하지 않는 것은?

① 1일 4회를 초과해서는 안 된다.
② 15분 이상 지속 노출되어서는 안 된다.
③ 노출과 노출 사이에는 60분 이상의 간격이 있어야 한다.
④ TLV－TWA의 3배 농도에는 30분 이상 노출되어서는 안 된다.

풀이 **농도평가에서 노출농도(TWA, STEL)값이 단시간 노출기준과 시간가중평균기준값 사이일 때 노출기준 초과로 평가해야 하는 경우**
㉠ 1회 노출지속시간이 15분 이상으로 연속 노출되는 경우
㉡ 1일 4회를 초과하는 경우
㉢ 노출과 노출 사이의 간격이 1시간 이내인 경우

82 톨루엔(Toluene)의 노출에 대한 생물학적 모니터링 지표 중 소변에서 확인 가능한 대사산물은?

① Thiocyante　　② Glucuronate
③ o－Cresol　　④ Organic sulfate

풀이 **톨루엔의 대사산물**
㉠ 혈액 · 호기 : 톨루엔
㉡ 소변 : o－크레졸

83 생물학적 모니터링의 방법 중 생물학적 결정인자로 보기 어려운 것은?

① 체액의 화학물질 또는 그 대사산물
② 표적조직에 작용하는 활성 화학물질의 양
③ 건강상의 영향을 초래하지 않은 부위나 조직
④ 처음으로 접촉하는 부위에 직접 독성 영향을 야기하는 물질

풀이 **생물학적 모니터링 방법 분류(생물학적 결정인자)**
㉠ 체액(생체시료나 호기)에서 해당 화학물질이나 그것의 대사산물을 측정하는 방법 : 선택적 검사와 비선택적 검사로 분류된다.
㉡ 실제 악영향을 초래하고 있지 않은 부위나 조직에서 측정하는 방법 : 이 검사는 대부분 특이적으로 내재용량을 정량하는 방법이다.
㉢ 표적 · 비표적 조직과 작용하는 활성 화학물질의 양을 측정하는 방법 : 작용면에서 상호작용하는 화학물질의 양을 직접 또는 간접적으로 평가하는 방법이며, 표적조직을 알 수 있으면 다른 방법에 비해 더 정확하게 건강의 위험을 평가할 수 있다.

84 독성물질의 생체과정인 흡수, 분포, 생전환, 배설 등에 변화를 일으켜 독성이 낮아지는 길항작용(antagonism)은?

① 화학적 길항작용
② 기능적 길항작용
③ 배분적 길항작용
④ 수용체 길항작용

풀이 독성물질의 생체과정인 흡수, 분포, 생전환, 배설 등에 변화를 일으켜 독성이 낮아지는 경우를 배분적(분배적) 길항작용이라고 한다.

정답 79.③ 80.② 81.④ 82.③ 83.④ 84.③

85 중금속 노출에 의하여 나타나는 금속열은 흄 형태의 금속을 흡입하여 발생되는데, 감기증상과 매우 비슷하여 오한, 구토감, 기침, 전신위약감 등의 증상이 있으며 월요일 출근 후에 심해져서 월요일열(monday fever)이라고도 한다. 다음 중 금속열을 일으키는 물질이 아닌 것은?

① 납 ② 카드뮴
③ 안티몬 ④ 산화아연

풀이 **금속열 발생 원인물질의 종류**
㉠ 아연
㉡ 구리
㉢ 망간
㉣ 마그네슘
㉤ 니켈
㉥ 카드뮴
㉦ 안티몬

86 지방족 할로겐화 탄화수소물 중 인체 노출 시, 간의 장해인 중심소엽성 괴사를 일으키는 물질은?

① 톨루엔
② 노말헥산
③ 사염화탄소
④ 트리클로로에틸렌

풀이 **사염화탄소(CCl_4)**
㉠ 특이한 냄새가 나는 무색의 액체로, 소화제, 탈지세정제, 용제로 이용한다.
㉡ 신장장해 증상으로 감뇨, 혈뇨 등이 발생하며, 완전 무뇨증이 되면 사망할 수 있다.
㉢ 피부, 간장, 신장, 소화기, 신경계에 장해를 일으키는데, 특히 간에 대한 독성작용이 강하게 나타난다(즉, 간에 중요한 장해인 중심소엽성 괴사를 일으킨다).
㉣ 고온에서 금속과의 접촉으로 포스겐, 염화수소를 발생시키므로 주의를 요한다.
㉤ 고농도로 폭로되면 중추신경계 장해 외에 간장이나 신장에 장애가 일어나 황달, 단백뇨, 혈뇨의 증상을 보이는 할로겐 탄화수소이다.
㉥ 초기증상으로 지속적인 두통, 구역 및 구토, 간부위에 압통 등의 증상을 일으킨다.

87 독성을 지속기간에 따라 분류할 때 만성독성(chronic toxicity)에 해당되는 독성물질 투여(노출)기간은? (단, 실험동물에 외인성 물질을 투여하는 경우로 한정한다.)

① 1일 이상 ~ 14일 정도
② 30일 이상 ~ 60일 정도
③ 3개월 이상 ~ 1년 정도
④ 1년 이상 ~ 3년 정도

풀이 **유해화학물질의 노출기간에 따른 분류**
(1) 급성독성 물질
단기간(1~14일)에 독성이 발생하는 물질
(2) 아급성독성 물질
장기간(1년 이상)에 걸쳐서 독성이 발생하는 물질
(3) 그 밖에 장애물질
㉠ 해당 물질에 반복적 또는 장기적으로 노출될 경우 사망 또는 심각한 손상을 가져오는 물질
㉡ 임상관찰 또는 기타 적절한 방법에 따른 평가에 의해 시각, 청각 및 후각을 포함한 중추 또는 말초 신경계에서의 주요 기능장애를 일으키는 물질
㉢ 혈액의 골수세포 생산 감소 등 임상학적으로 나타나는 일관된 변화를 일으키는 물질
㉣ 간, 신장, 신경계, 폐 등의 표적기관의 손상을 주는 물질
㉤ 헤모글로빈의 기능을 약화시키는 등 혈액이나 조혈계의 장애를 일으키는 물질
㉥ 그 밖에 해당 물질로 인한 신체기관의 기능장애 또는 비가역적 변화를 일으키는 물질
※ 실험동물에 외인성 물질을 투여하는 경우 만성독성에 해당하는 기간은 3개월~1년 정도이다.

88 직업성 폐암을 일으키는 물질과 가장 거리가 먼 것은?

① 니켈
② 석면
③ β-나프틸아민
④ 결정형 실리카

풀이 ③ β-나프틸아민은 췌장암, 방광암 등을 일으키는 물질이다.

정답 85.① 86.③ 87.③ 88.③

89 물질 A의 독성에 관한 인체실험 결과, 안전흡수량이 체중 kg당 0.1mg이었다. 체중이 50kg인 근로자가 1일 8시간 작업할 경우 이 물질의 체내 흡수를 안전흡수량 이하로 유지하려면 공기 중 농도를 몇 mg/m^3 이하로 하여야 하는가? (단, 작업 시 폐환기율은 $1.25m^3/h$, 체내 잔류율은 1.0으로 한다.)

① 0.5 ② 1.0
③ 1.5 ④ 2.0

풀이 안전흡수량(mg) $= C \times T \times V \times R$

$$C(\text{mg/m}^3) = \frac{\text{안전흡수량}}{T \times V \times R}$$

$$= \frac{0.1\text{mg/kg} \times 50\text{kg}}{8\text{hr} \times 1.25\text{m}^3/\text{hr} \times 1.0} = 0.5\text{mg/m}^3$$

90 합금, 도금 및 전지 등의 제조에 사용되며, 알레르기 반응, 폐암 및 비강암을 유발할 수 있는 중금속은?

① 비소 ② 니켈
③ 베릴륨 ④ 안티몬

풀이 **니켈(Ni)**

㉠ 니켈은 모넬(monel), 인코넬(inconel), 인콜로이(incoloy)와 같은 합금과 스테인리스강에 포함되어 있고, 허용농도는 $1mg/m^3$이다.
㉡ 도금, 합금, 제강 등의 생산과정에서 발생한다.
㉢ 정상 작업에서 용접으로 인하여 유해한 농도까지 니켈흄이 발생하지 않는다. 그러나 스테인리스강이나 합금을 용접할 때에는 고농도의 노출에 대해 주의가 필요하다.
㉣ 급성중독 장애로는 폐부종, 폐렴이 발생하고, 만성중독 장애로는 폐, 비강, 부비강에 암이 발생하며, 간장에도 손상이 발생한다.

91 소변을 이용한 생물학적 모니터링의 특징으로 옳지 않은 것은?

① 비파괴적 시료채취방법이다.
② 많은 양의 시료 확보가 가능하다.
③ EDTA와 같은 항응고제를 첨가한다.
④ 크레아티닌 농도 및 비중으로 보정이 필요하다.

풀이 **생체시료로 사용되는 소변의 특징**

㉠ 비파괴적으로 시료채취가 가능하다.
㉡ 많은 양의 시료 확보가 가능하여 일반적으로 가장 많이 활용된다(유기용제 평가 시 주로 이용).
㉢ 불규칙한 소변 배설량으로 농도보정이 필요하다.
㉣ 시료채취과정에서 오염될 가능성이 높다.
㉤ 채취시료는 신속하게 검사한다.
㉥ 냉동상태(−10 ~ −20℃)로 보존하는 것이 원칙이다.
㉦ 채취조건 : 요 비중 1.030 이상 1.010 이하, 요 중 크레아티닌이 3g/L 이상 0.3g/L 이하인 경우 새로운 시료를 채취해야 한다.

92 근로자의 유해물질 노출 및 흡수정도를 종합적으로 평가하기 위하여 생물학적 측정이 필요하다. 또한 유해물질 배출 및 축적속도에 따라 시료채취시기를 적절히 정해야 하는데, 시료채취시기에 제한을 가장 작게 받는 것은?

① 요중 납 ② 호기 중 벤젠
③ 요중 총페놀 ④ 혈중 총무기수은

풀이 긴 반감기를 가진 화학물질(중금속)은 시료채취시간이 별로 중요하지 않으며, 반대로 반감기가 짧은 물질인 경우에는 시료채취시간이 매우 중요하다.

93 작업환경 내의 유해물질과 그로 인한 대표적인 장애를 잘못 연결한 것은?

① 벤젠 – 시신경장애
② 염화비닐 – 간장애
③ 톨루엔 – 중추신경계 억제
④ 이황화탄소 – 생식기능장애

풀이 **유기용제별 대표적 특이증상**

㉠ 벤젠 : 조혈장애
㉡ 염화탄화수소, 염화비닐 : 간장애
㉢ 이황화탄소 : 중추신경 및 말초신경 장애, 생식기능장애
㉣ 메틸알코올(메탄올) : 시신경장애
㉤ 메틸부틸케톤 : 말초신경장애(중독성)
㉥ 노말헥산 : 다발성 신경장애
㉦ 에틸렌글리콜에테르 : 생식기장애
㉧ 알코올, 에테르류, 케톤류 : 마취작용
㉨ 톨루엔 : 중추신경장애

2020

정답 89.① 90.② 91.③ 92.① 93.①

94 2000년대 외국인 근로자에게 다발성 말초신경병증을 집단으로 유발한 노말헥산(n-hexane)은 체내 대사과정을 거쳐 어떤 물질로 배설되는가?

① 2-hexanone
② 2,5-hexanedione
③ hexachlorophene
④ hexachloroethane

풀이 **노말헥산[n-헥산, $CH_3(CH_2)_4CH_3$]**
㉠ 투명한 휘발성 액체로 파라핀계 탄화수소의 대표적 유해물질이며, 휘발성이 크고 극도로 인화하기 쉽다.
㉡ 페인트, 시너, 잉크 등의 용제로 사용되며, 정밀기계의 세척제 등으로 사용한다.
㉢ 장기간 폭로될 경우 독성 말초신경장애가 초래되어 사지의 지각상실과 신근마비 등 다발성 신경장애를 일으킨다.
㉣ 2000년대 외국인 근로자에게 다발성 말초신경증을 집단으로 유발한 물질이다.
㉤ 체내 대사과정을 거쳐 2,5-hexanedione 물질로 배설된다.

95 진폐증의 독성병리기전과 거리가 먼 것은?

① 천식
② 섬유증
③ 폐 탄력성 저하
④ 콜라겐섬유 증식

풀이 **진폐증**
㉠ 호흡성 분진(0.5~5μm) 흡입에 의해 폐에 조직반응을 일으킨 상태, 즉 폐포가 섬유화되어(굳게 되어) 수축과 팽창을 할 수 없고, 결국 산소교환이 정상적으로 이루어지지 않는 현상을 말한다.
㉡ 흡입된 분진이 폐조직에 축적되어 병적인 변화를 일으키는 질환을 총괄적으로 의미한다.
㉢ 호흡기를 통하여 폐에 침입하는 분진은 크게 무기성 분진과 유기성 분진으로 구분된다.
㉣ 진폐증의 대표적인 병리소견인 섬유증(fibrosis)은 폐포, 폐포관, 모세기관지 등을 이루고 있는 세포들 사이에 콜라겐섬유가 증식하는 병리적 현상이다.
㉤ 콜라겐섬유가 증식하면 폐의 탄력성이 떨어져 호흡곤란, 지속적인 기침, 폐기능 저하를 가져온다.
㉥ 일반적으로 진폐증의 유병률과 노출기간은 비례하는 것으로 알려져 있다.

96 암모니아(NH_3)가 인체에 미치는 영향으로 가장 적합한 것은?

① 전구증상이 없이 치사량에 이를 수 있으며, 심한 경우 호흡부전에 빠질 수 있다.
② 고농도일 때 기도의 염증, 폐수종, 치아산식증, 위장장해 등을 초래한다.
③ 용해도가 낮아 하기도까지 침투하며, 급성 증상으로는 기침, 천명, 흉부압박감 외에 두통, 오심 등이 온다.
④ 피부, 점막에 작용하며 눈의 결막, 각막을 자극하며 폐부종, 성대경련, 호흡장애 및 기관지경련 등을 초래한다.

풀이 **암모니아(NH_3)**
㉠ 알칼리성으로 자극적인 냄새가 강한 무색의 기체이다.
㉡ 주요 사용공정은 비료, 냉동제 등이다.
㉢ 물에 용해가 잘 된다. ⇨ 수용성
㉣ 폭발성이 있다. ⇨ 폭발범위 16~25%
㉤ 피부, 점막(코와 인후부)에 대한 자극성과 부식성이 강하여 고농도의 암모니아가 눈에 들어가면 시력장애를 일으킨다.
㉥ 중등도 이하의 농도에서 두통, 흉통, 오심, 구토 등을 일으킨다.
㉦ 고농도의 가스 흡입 시 폐수종을 일으키고 중추작용에 의해 호흡정지를 초래한다.
㉧ 암모니아 중독 시 비타민C가 해독에 효과적이다.

97 납중독을 확인하는 데 이용하는 시험으로 옳지 않은 것은?

① 혈중 납 농도
② EDTA 흡착능
③ 신경전달속도
④ 헴(heme)의 대사

풀이 **납중독 확인 시험사항**
㉠ 혈액 내의 납 농도
㉡ 헴(heme)의 대사
㉢ 말초신경의 신경전달속도
㉣ Ca-EDTA 이동시험
㉤ ALA(Amino Levulinic Acid) 축적

정답 94.② 95.① 96.④ 97.②

98 비중격천공을 유발시키는 물질은?

① 납
② 크롬
③ 수은
④ 카드뮴

풀이 **크롬의 만성중독 건강장애**

(1) 점막장애
점막이 충혈되어 화농성 비염이 되고 차례로 깊이 들어가서 궤양이 되며, 코점막의 염증, 비중격천공 증상을 일으킨다.

(2) 피부장애
㉠ 피부궤양(둥근 형태의 궤양)을 일으킨다.
㉡ 수용성 6가 크롬은 저농도에서도 피부염을 일으킨다.
㉢ 손톱 주위, 손 및 전박부에 잘 발생한다.

(3) 발암작용
㉠ 장기간 흡입에 의한 기관지암, 폐암, 비강암(6가 크롬)이 발생한다.
㉡ 크롬 취급자의 폐암에 의한 사망률이 정상인보다 상당히 높다.

(4) 호흡기장애
크롬폐증이 발생한다.

99 유기용제 중 벤젠에 대한 설명으로 옳지 않은 것은?

① 벤젠은 백혈병을 일으키는 원인물질이다.
② 벤젠은 만성장해로 조혈장해를 유발하지 않는다.
③ 벤젠은 빈혈을 일으켜 혈액의 모든 세포성분이 감소한다.
④ 벤젠은 주로 페놀로 대사되며 페놀은 벤젠의 생물학적 노출지표로 이용된다.

풀이 ② 벤젠은 만성장해로 조혈장해를 유발한다.

100 독성실험 단계에 있어 제1단계(동물에 대한 급성노출시험)에 관한 내용과 가장 거리가 먼 것은?

① 생식독성과 최기형성 독성실험을 한다.
② 눈과 피부에 대한 자극성 실험을 한다.
③ 변이원성에 대하여 1차적인 스크리닝 실험을 한다.
④ 치사성과 기관장해에 대한 양-반응곡선을 작성한다.

풀이 **독성실험 단계**

(1) 제1단계(동물에 대한 급성폭로시험)
㉠ 치사성과 기관장해(중독성장해)에 대한 반응곡선을 작성한다.
㉡ 눈과 피부에 대한 자극성을 실험한다.
㉢ 변이원성에 대하여 1차적인 스크리닝 실험을 한다.

(2) 제2단계(동물에 대한 만성폭로시험)
㉠ 상승작용과 가승작용 및 상쇄작용에 대하여 실험한다.
㉡ 생식영향(생식독성)과 산아장애(최기형성)를 실험한다.
㉢ 거동(행동) 특성을 실험한다.
㉣ 장기독성을 실험한다.
㉤ 변이원성에 대하여 2차적인 스크리닝 실험을 한다.

정답 98.② 99.② 100.①

꿈을 이루지 못하게 만드는 것은 오직하나
실패할지도 모른다는 두려움일세…
-파울로 코엘료(Paulo Coelho)-
☆

제1회 산업위생관리기사

제1과목 | 산업위생학 개론

01 산업재해의 원인을 직접 원인(1차 원인)과 간접 원인(2차 원인)으로 구분할 때, 직접 원인에 대한 설명으로 옳지 않은 것은 다음 중 어느 것인가?

① 불안전한 상태와 불안전한 행위로 나눌 수 있다.
② 근로자의 신체적 원인(두통, 현기증, 만취 상태 등)이 있다.
③ 근로자의 방심, 태만, 무모한 행위에서 비롯되는 인적 원인이 있다.
④ 작업장소의 결함, 보호장구의 결함 등의 물적 원인이 있다.

풀이 **산업재해의 직접 원인(1차 원인)**
(1) 불안전한 행위(인적 요인)
㉠ 위험장소 접근
㉡ 안전장치기능 제거(안전장치를 고장 나게 함)
㉢ 기계 · 기구의 잘못 사용(기계설비의 결함)
㉣ 운전 중인 기계장치의 손실
㉤ 불안전한 속도 조작
㉥ 주변 환경에 대한 부주의(위험물 취급 부주의)
㉦ 불안전한 상태의 방치
㉧ 불안전한 자세
㉨ 안전확인 경고의 미비(감독 및 연락 불충분)
㉩ 복장, 보호구의 잘못 사용(보호구를 착용하지 않고 작업)
(2) 불안전한 상태(물적 요인)
㉠ 물 자체의 결함
㉡ 안전보호장치의 결함
㉢ 복장, 보호구의 결함
㉣ 물의 배치 및 작업장소의 결함(불량)
㉤ 작업환경의 결함(불량)
㉥ 생산공장의 결함
㉦ 경계표시, 설비의 결함

02 작업장에서 누적된 스트레스를 개인차원에서 관리하는 방법에 대한 설명으로 옳지 않은 것은?

① 신체검사를 통하여 스트레스성 질환을 평가한다.
② 자신의 한계와 문제의 징후를 인식하여 해결방안을 도출한다.
③ 규칙적인 운동을 삼가고 흡연, 음주 등을 통해 스트레스를 관리한다.
④ 명상, 요가 등의 긴장이완 훈련을 통하여 생리적 휴식상태를 점검한다.

풀이 **개인차원 일반적 스트레스 관리**
㉠ 자신의 한계와 문제의 징후를 인식하여 해결방안 도출
㉡ 신체검사를 통하여 스트레스성 질환을 평가
㉢ 긴장이완 훈련(명상, 요가 등)을 통하여 생리적 휴식상태를 경험
㉣ 규칙적인 운동으로 스트레스를 줄이고, 직무 외적인 취미, 휴식 등에 참여하여 대처능력을 함양

03 어느 사업장에서 톨루엔($C_6H_5CH_3$)의 농도가 0℃일 때 100ppm이었다. 기압의 변화 없이 기온이 25℃로 올라갈 때 농도는 약 몇 mg/m^3인가?

① $325mg/m^3$
② $346mg/m^3$
③ $365mg/m^3$
④ $376mg/m^3$

풀이
$$\text{농도}(mg/m^3) = 100ppm \times \frac{92.13}{22.4 \times \left(\frac{273+25}{273}\right)} = 376.81mg/m^3$$

정답 01.② 02.③ 03.④

04 다음 중 인체의 항상성(homeostasis) 유지기전의 특성에 해당하지 않는 것은 어느 것인가?

① 확산성(diffusion)
② 보상성(compensatory)
③ 자가조절성(self-regulatory)
④ 되먹이기전(feedback mechanism)

풀이 **인체의 항상성 유지기전의 특성**
㉠ 보상성(compensatory)
㉡ 자가조절성(self-regulatory)
㉢ 되먹이기전(feedback mechanism)

05 산업안전보건법령상 밀폐공간작업으로 인한 건강장애의 예방에 있어 다음 각 용어의 정의로 옳지 않은 것은?

① "밀폐공간"이란 산소결핍, 유해가스로 인한 화재, 폭발 등의 위험이 있는 장소이다.
② "산소결핍"이란 공기 중의 산소농도가 16% 미만인 상태를 말한다.
③ "적정한 공기"란 산소농도의 범위가 18% 이상 23.5% 미만, 이산화탄소 농도가 1.5% 미만, 황화수소의 농도가 10ppm 미만인 수준의 공기를 말한다.
④ "유해가스"란 이산화탄소 · 일산화탄소 · 황화수소 등의 기체로서 인체에 유해한 영향을 미치는 물질을 말한다.

풀이 ② "산소결핍"이란 공기 중의 산소농도가 18% 미만인 상태를 말한다.

06 혈액을 이용한 생물학적 모니터링의 단점으로 옳지 않은 것은?

① 보관, 처치에 주의를 요한다.
② 시료채취 시 오염되는 경우가 많다.
③ 시료채취 시 근로자가 부담을 가질 수 있다.
④ 약물동력학적 변이요인들의 영향을 받는다.

풀이 **혈액을 이용한 생물학적 모니터링**
㉠ 시료채취 과정에서 오염될 가능성이 적다.
㉡ 휘발성 물질 시료의 손실 방지를 위하여 최대용량을 채취해야 한다.
㉢ 채취 시 고무마개의 혈액흡착을 고려해야 한다.
㉣ 생물학적 기준치는 정맥혈을 기준으로 하며, 동맥혈에는 적용할 수 없다.
㉤ 분석방법 선택 시 특정 물질의 단백질 결합을 고려해야 한다.
㉥ 보관, 처치에 주의를 요한다.
㉦ 시료채취 시 근로자가 부담을 가질 수 있다.
㉧ 약물동력학적 변이요인들의 영향을 받는다.

07 다음 중 AIHA(American Industrial Hygiene Association)에서 정의하고 있는 산업위생의 범위에 해당하지 않는 것은?

① 근로자의 작업 스트레스를 예측하여 관리하는 기술
② 작업장 내 기계의 품질향상을 위해 관리하는 기술
③ 근로자에게 비능률을 초래하는 작업환경요인을 예측하는 기술
④ 지역사회 주민들에게 건강장애를 초래하는 작업환경요인을 평가하는 기술

풀이 **산업위생의 정의(AIHA)**
근로자나 일반 대중(지역주민)에게 질병, 건강장애와 안녕방해, 심각한 불쾌감 및 능률저하 등을 초래하는 작업환경요인과 스트레스를 예측, 측정, 평가하고 관리하는 과학과 기술이다(예측, 인지, 평가, 관리 의미와 동일함).

08 하인리히의 사고예방대책의 기본원리 5단계를 순서대로 나타낸 것은?

① 조직 → 사실의 발견 → 분석 · 평가 → 시정책의 선정 → 시정책의 적용
② 조직 → 분석 · 평가 → 사실의 발견 → 시정책의 선정 → 시정책의 적용
③ 사실의 발견 → 조직 → 분석 · 평가 → 시정책의 선정 → 시정책의 적용
④ 사실의 발견 → 조직 → 시정책의 선정 → 시정책의 적용 → 분석 · 평가

정답 04.① 05.② 06.② 07.② 08.①

풀이 **하인리히의 사고예방대책의 기본원리 5단계**
㉠ 제1단계 : 안전관리조직 구성(조직)
㉡ 제2단계 : 사실의 발견
㉢ 제3단계 : 분석 · 평가
㉣ 제4단계 : 시정방법(시정책)의 선정
㉤ 제5단계 : 시정책의 적용(대책 실시)

09 산업안전보건법령상 위험성 평가를 실시하여야 하는 사업장의 사업주가 위험성 평가의 결과와 조치사항을 기록할 때 포함되어야 하는 사항으로 볼 수 없는 것은?

① 위험성 결정의 내용
② 위험성 평가 대상의 유해 · 위험 요인
③ 위험성 평가에 소요된 기간, 예산
④ 위험성 결정에 따른 조치의 내용

풀이 **위험성 평가의 결과와 조치사항을 기록 · 보존 시 포함 사항**
㉠ 위험성 평가 대상의 유해 · 위험 요인
㉡ 위험성 결정의 내용
㉢ 위험성 결정에 따른 조치의 내용
㉣ 그 밖에 위험성 평가의 실시내용을 확인하기 위하여 필요한 사항

10 작업자의 최대작업역(maximum area)이란?

① 어깨에서부터 팔을 뻗쳐 도달하는 최대 영역
② 위팔과 아래팔을 상, 하로 이동할 때 닿는 최대범위
③ 상체를 좌, 우로 이동하여 최대한 닿을 수 있는 범위
④ 위팔을 상체에 붙인 채 아래팔과 손으로 조작할 수 있는 범위

풀이 **수평작업영역의 구분**
(1) 최대작업역(최대영역, maximum area)
㉠ 팔 전체가 수평상에 도달할 수 있는 작업영역
㉡ 어깨로부터 팔을 뻗어 도달할 수 있는 최대영역
㉢ 아래팔(전완)과 위팔(상완)을 곧게 펴서 파악할 수 있는 영역
㉣ 움직이지 않고 상지를 뻗어서 닿는 범위
(2) 정상작업역(표준영역, normal area)
㉠ 상박부를 자연스런 위치에서 몸통부에 접하고 있을 때에 전박부가 수평면 위에서 쉽게 도착할 수 있는 운동범위
㉡ 위팔(상완)을 자연스럽게 수직으로 늘어뜨린 채 아래팔(전완)만으로 편안하게 뻗어 파악할 수 있는 영역
㉢ 움직이지 않고 전박과 손으로 조작할 수 있는 범위
㉣ 앉은 자세에서 위팔은 몸에 붙이고, 아래팔만 곧게 뻗어 닿는 범위
㉤ 약 34~45cm의 범위

11 단순반복동작 작업으로 손, 손가락 또는 손목의 부적절한 작업방법과 자세 등으로 주로 손목 부위에 주로 발생하는 근골격계 질환은 다음 중 어느 것인가?

① 테니스엘보
② 회전근개 손상
③ 수근관증후군
④ 흉곽출구증후군

풀이 **근골격계 질환의 종류와 원인 및 증상**

종 류	원 인	증 상
근육통 증후군 (기용터널 증후군)	목이나 어깨를 과다 사용하거나 굽히는 자세	목이나 어깨 부위 근육의 통증 및 움직임 둔화
요통 (건초염)	• 중량물 인양 및 옮기는 자세 • 허리를 비틀거나 구부리는 자세	추간판 탈출로 인한 신경압박 및 허리부위에 염좌가 발생하여 통증 및 감각마비
손목뼈 터널증후군 (수근관 증후군)	반복적이고 지속적인 손목 압박 및 굽힘 자세	손가락의 저림 및 통증, 감각저하
내 · 외상 과염	과다한 손목 및 손가락의 동작	팔꿈치 내 · 외측의 통증
수완진동 증후군	진동공구 사용	손가락의 혈관수축, 감각마비, 하얗게 변함

2021

정답 09.③ 10.① 11.③

12 미국산업위생학술원(AAIH)에서 정한 산업위생전문가들이 지켜야 할 윤리강령 중 전문가로서의 책임에 해당되지 않는 것은?

① 기업체의 기밀은 누설하지 않는다.
② 전문분야로서의 산업위생 발전에 기여한다.
③ 근로자, 사회 및 전문분야의 이익을 위해 과학적 지식을 공개하고 발표한다.
④ 위험요인의 측정, 평가 및 관리에 있어서 외부의 압력에 굴하지 않고 중립적 태도를 취한다.

풀이 **산업위생전문가의 윤리강령(미국산업위생학술원, AAIH) : 윤리적 행위의 기준**

(1) 산업위생전문가로서의 책임
㉠ 성실성과 학문적 실력 면에서 최고수준을 유지한다(전문적 능력 배양 및 성실한 자세로 행동).
㉡ 과학적 방법의 적용과 자료의 해석에서 경험을 통한 전문가의 객관성을 유지한다(공인된 과학적 방법 적용 · 해석).
㉢ 전문분야로서의 산업위생을 학문적으로 발전시킨다.
㉣ 근로자, 사회 및 전문직종의 이익을 위해 과학적 지식을 공개하고 발표한다.
㉤ 산업위생활동을 통해 얻은 개인 및 기업체의 기밀은 누설하지 않는다(정보는 비밀 유지).
㉥ 전문적 판단이 타협에 의하여 좌우될 수 있거나 이해관계가 있는 상황에는 개입하지 않는다.

(2) 근로자에 대한 책임
㉠ 근로자의 건강보호가 산업위생전문가의 일차적 책임임을 인지한다(주된 책임 인지).
㉡ 근로자와 기타 여러 사람의 건강과 안녕이 산업위생전문가의 판단에 좌우된다는 것을 깨달아야 한다.
㉢ 위험요인의 측정, 평가 및 관리에 있어서 외부의 영향력에 굴하지 않고 중립적(객관적)인 태도를 취한다.
㉣ 건강의 유해요인에 대한 정보(위험요소)와 필요한 예방조치에 대해 근로자와 상담(대화)한다.

(3) 기업주와 고객에 대한 책임
㉠ 결과 및 결론을 뒷받침할 수 있도록 정확한 기록을 유지하고, 산업위생 사업에서 전문가답게 전문부서들을 운영 · 관리한다.
㉡ 기업주와 고객보다는 근로자의 건강보호에 궁극적 책임을 두어 행동한다.
㉢ 쾌적한 작업환경을 조성하기 위하여 산업위생의 이론을 적용하고 책임감 있게 행동한다.
㉣ 신뢰를 바탕으로 정직하게 권하고 성실한 자세로 충고하며, 결과와 개선점 및 권고사항을 정확히 보고한다.

(4) 일반대중에 대한 책임
㉠ 일반대중에 관한 사항은 학술지에 정직하게, 사실 그대로 발표한다.
㉡ 적정(정확)하고도 확실한 사실(확인된 지식)을 근거로 하여 전문적인 견해를 발표한다.

13 턱뼈의 괴사를 유발하여 영국에서 사용금지된 최초의 물질은?

① 벤지딘(benzidine)
② 청석면(crocidolite)
③ 적린(red phosphorus)
④ 황린(yellow phosphorus)

풀이 황린은 인의 동소체의 일종으로 공기 중에서 피부에 접촉되면 심한 화상을 입고, 턱뼈의 인산칼슘과 반응하면 턱뼈가 괴사된다.

14 산업안전보건법령상 강렬한 소음작업에 대한 정의로 옳지 않은 것은?

① 90데시벨 이상의 소음이 1일 8시간 이상 발생하는 작업
② 105데시벨 이상의 소음이 1일 1시간 이상 발생하는 작업
③ 110데시벨 이상의 소음이 1일 30분 이상 발생하는 작업
④ 115데시벨 이상의 소음이 1일 10분 이상 발생하는 작업

풀이 **강렬한 소음작업**
㉠ 90dB 이상의 소음이 1일 8시간 이상 발생되는 작업
㉡ 95dB 이상의 소음이 1일 4시간 이상 발생되는 작업
㉢ 100dB 이상의 소음이 1일 2시간 이상 발생되는 작업
㉣ 105dB 이상의 소음이 1일 1시간 이상 발생되는 작업
㉤ 110dB 이상의 소음이 1일 30분 이상 발생되는 작업
㉥ 115dB 이상의 소음이 1일 15분 이상 발생되는 작업

정답 12.④ 13.④ 14.④

15 38세 된 남성근로자의 육체적 작업능력(PWC)은 15kcal/min이다. 이 근로자가 1일 8시간 동안 물체를 운반하고 있으며 이때의 작업대사량이 7kcal/min이고 휴식 시 대사량이 1.2kcal/min일 경우, 이 사람이 쉬지 않고 계속하여 일을 할 수 있는 최대허용시간(T_{end})은? (단, $\log T_{\text{end}} = 3.720 - 0.1949E$이다.)

① 7분
② 98분
③ 227분
④ 3,063분

풀이 $\log T_{\text{end}} = 3.720 - 0.1949E$

작업대사량(E) = 7kcal/min

$= 3.720 - 0.1949 \times 7$

$= 2.356$

최대허용시간(T_{end}) $= 10^{2.365} = 227\text{min}$

16 다음 중 직업병의 발생원인으로 볼 수 없는 것은?

① 국소난방
② 과도한 작업량
③ 유해물질의 취급
④ 불규칙한 작업시간

풀이 ① 국소난방은 직업병의 발생원인과 관계가 적다.

17 온도 25℃, 1기압 하에서 분당 100mL씩 60분 동안 채취한 공기 중에서 벤젠이 3mg 검출되었다면 이때 검출된 벤젠은 약 몇 ppm인가? (단, 벤젠의 분자량은 78이다.)

① 11 ② 15.7
③ 111 ④ 157

풀이 벤젠 농도(mg/m^3)

$$= \frac{3\text{mg}}{100\text{mL/min} \times 60\text{min} \times \text{m}^3/10^6\text{mL}} = 500\text{mg/m}^3$$

벤젠 농도(ppm)

$$= 500\text{mg/m}^3 \times \frac{24.45}{78} = 156.73\text{ppm}$$

18 교대근무제의 효과적인 운영방법으로 옳지 않은 것은?

① 업무효율을 위해 연속근무를 실시한다.
② 근무 교대시간은 근로자의 수면을 방해하지 않도록 정해야 한다.
③ 근무시간은 8시간을 주기로 교대하며, 야간근무 시 충분한 휴식을 보장해 주어야 한다.
④ 교대작업은 피로회복을 위해 역교대근무 방식보다 전진근무 방식(주간근무 → 저녁근무 → 야간근무 → 주간근무)으로 하는 것이 좋다.

풀이 **교대근무제의 관리원칙(바람직한 교대제)**

㉠ 각 반의 근무시간은 8시간씩 교대로 하고, 야근은 가능한 짧게 한다.
㉡ 2교대의 경우 최저 3조의 정원을, 3교대의 경우 4조를 편성한다.
㉢ 채용 후 건강관리로서 정기적으로 체중, 위장증상 등을 기록해야 하며, 근로자의 체중이 3kg 이상 감소하면 정밀검사를 받아야 한다.
㉣ 평균작업시간은 주 40시간을 기준으로, 갑반 → 을반 → 병반으로 순환하게 한다.
㉤ 근무시간의 간격은 15~16시간 이상으로 하는 것이 좋다.
㉥ 야근의 주기는 4~5일로 한다.
㉦ 신체의 적응을 위하여 야간근무의 연속일수는 2~3일로 하며, 야간근무를 3일 이상 연속으로 하는 경우에는 피로축적현상이 나타나게 되므로 연속하여 3일을 넘기지 않도록 한다.
㉧ 야근 후 다음 반으로 가는 간격은 최저 48시간 이상의 휴식시간을 갖도록 하여야 한다.
㉨ 야근 교대시간은 상오 0시 이전에 하는 것이 좋다(심야시간을 피함).
㉩ 야근 시 가면은 반드시 필요하며, 보통 2~4시간(1시간 30분 이상)이 적합하다.
㉪ 야근 시 가면은 작업강도에 따라 30분~1시간 범위로 하는 것이 좋다.
㉫ 작업 시 가면시간은 적어도 1시간 30분 이상 주어야 수면효과가 있다고 볼 수 있다.
㉬ 상대적으로 가벼운 작업은 야간근무조에 배치하는 등 업무내용을 탄력적으로 조정해야 하며, 야간작업자는 주간작업자보다 연간 쉬는 날이 더 많아야 한다.
㉭ 근로자가 교대일정을 미리 알 수 있도록 해야 한다.
㉮ 일반적으로 오전근무의 개시시간은 오전 9시로 한다.
㉯ 교대방식(교대근무 순환주기)은 낮근무 → 저녁근무 → 밤근무 순으로 한다. 즉, 정교대가 좋다.

정답 15.③ 16.① 17.④ 18.①

19 다음 물질에 관한 생물학적 노출지수를 측정하려 할 때 시료의 채취시기가 다른 하나는?

① 크실렌
② 이황화탄소
③ 일산화탄소
④ 트리클로로에틸렌

풀이 각 보기 물질의 시료 채취시기는 다음과 같다.
① 크실렌 : 작업종료 시
② 이황화탄소 : 작업종료 시
③ 일산화탄소 : 작업종료 시
④ 트리클로로에틸렌 : 주말작업종료 시

20 심한 작업이나 운동 시 호흡조절에 영향을 주는 요인과 거리가 먼 것은?

① 산소
② 수소이온
③ 혈중 포도당
④ 이산화탄소

풀이 호흡조절에 영향을 주는 요인
㉠ 산소
㉡ 수소이온
㉢ 이산화탄소

제2과목 | 작업위생 측정 및 평가

21 어느 작업장에서 소음의 음압수준(dB)을 측정한 결과가 85, 87, 84, 86, 89, 81, 82, 84, 83, 88일 때, 측정결과의 중앙값(dB)은?

① 83.5
② 84.0
③ 84.5
④ 84.9

풀이 결과값을 순서대로 배열하면 다음과 같다.
81, 82, 83, 84, 84, 85, 86, 87, 88, 89
가운데 84dB, 85dB을 산술평균한다.
중앙값$=\frac{84+85}{2}=84.5\text{dB}$

22 직경 25mm 여과지(유효면적 385mm^2)를 사용하여 백석면을 채취하여 분석한 결과 단위시야당 시료는 3.15개, 공시료는 0.05개였을 때 석면의 농도(개/cc)는? (단, 측정시간은 100분, 펌프 유량은 2.0L/min, 단위시야의 면적은 0.00785mm^{2}이다.)

① 0.74 ② 0.76
③ 0.78 ④ 0.80

풀이 석면 농도(개/cc)$=\frac{(C_s-C_b)\times A_s}{A_f\times T\times R\times 1{,}000(\text{cc/L})}$
$=\frac{(3.15-0.05)\times 385}{0.00785\times 100\times 2.0\times 1{,}000}$
$=0.76$개/cc

23 측정기구와 측정하고자 하는 물리적 인자의 연결이 틀린 것은?

① 피토관 – 정압
② 흑구온도계 – 복사온도
③ 아스만통풍건습계 – 기류
④ 가이거뮬러카운터 – 방사능

풀이 ③ 아스만통풍건습계 – 습구온도

24 양자역학을 응용하여 아주 짧은 파장의 전자기파를 증폭 또는 발진하여 발생시키며, 단일파장이고 위상이 고르며 간섭현상이 일어나기 쉬운 특성이 있는 비전리방사선은?

① X–ray ② Microwave
③ Laser ④ Gamma–ray

풀이 레이저
㉠ LASER는 Light Amplification by Stimulated Emission of Radiation의 약자이다.
㉡ 자외선, 가시광선, 적외선 가운데 인위적으로 특정한 파장부위를 강력하게 증폭시켜 얻은 복사선이다.
㉢ 레이저는 유도방출에 의한 광선증폭을 뜻하며, 단색성, 지향성, 접속성, 고출력성의 특징이 있어 집광성과 방향조절이 용이하다.
㉣ 위상이 고르고 간섭현상이 일어나기 쉽다.
㉤ 단색성이 뛰어나다.

정답 19.④ 20.③ 21.③ 22.② 23.③ 24.③

25 태양광선이 내리쬐지 않는 옥외 장소의 습구흑구온도지수(WBGT)를 산출하는 식은?

① WBGT=0.7×자연습구온도+0.3×흑구온도
② WBGT=0.3×자연습구온도+0.7×흑구온도
③ WBGT=0.3×자연습구온도+0.7×건구온도
④ WBGT=0.7×자연습구온도+0.3×건구온도

풀이 **고온의 노출기준 표시단위**
㉠ 옥외(태양광선이 내리쬐는 장소)
WBGT(℃)=0.7×자연습구온도+0.2×흑구온도+0.1×건구온도
㉡ 옥내 또는 옥외(태양광선이 내리쬐지 않는 장소)
WBGT(℃)=0.7×자연습구온도+0.3×흑구온도

26 일정한 온도조건에서 가스의 부피와 압력이 반비례하는 것과 가장 관계가 있는 법칙은?

① 보일의 법칙
② 샤를의 법칙
③ 라울의 법칙
④ 게이뤼삭의 법칙

풀이 **보일의 법칙**
일정한 온도에서 기체의 부피는 그 압력에 반비례한다. 즉 압력이 2배 증가하면 부피는 처음의 1/2배로 감소한다.

27 소음의 단위 중 음원에서 발생하는 에너지를 의미하는 음력(sound power)의 단위는?

① dB
② Phon
③ W
④ Hz

풀이 **음향출력(음향파워, 음력)**
㉠ 음원으로부터 단위시간당 방출되는 총 음에너지(총 출력)를 말한다.
㉡ 단위는 watt(W)이다.

28 산업안전보건법령상 유해인자와 단위의 연결이 틀린 것은?

① 소음 – dB
② 흄 – mg/m^3
③ 석면 – 개$/cm^3$
④ 고열 – 습구 · 흑구온도지수, ℃

풀이 ① 소음 – dB(A)

29 작업장의 기본적인 특성을 파악하는 예비조사의 목적으로 가장 적절한 것은?

① 유사노출그룹 설정
② 노출기준 초과여부 판정
③ 작업장과 공정의 특성 파악
④ 발생되는 유해인자 특성 조사

풀이 **예비조사 목적**
㉠ 동일노출그룹(유사노출그룹, HEG)의 설정
㉡ 정확한 시료채취전략 수립

30 유기용제 취급 사업장의 메탄올 농도 측정결과가 100ppm, 89ppm, 94ppm, 99ppm, 120ppm일 때, 이 사업장의 메탄올 농도 기하평균(ppm)은?

① 99.4 ② 99.9
③ 100.4 ④ 102.3

풀이
$$\log GM = \frac{\log100+\log89+\log94+\log99+\log120}{5} = 1.999$$
$$GM = 10^{1.999} = 99.77\text{ppm}$$

31 0.04M HCl이 2% 해리되어 있는 수용액의 pH는?

① 3.1 ② 3.3
③ 3.5 ④ 3.7

풀이
$$pH = -\log[H^+] = \log\frac{1}{H^+}$$
$$HCl \rightleftarrows H^+ + Cl^-$$
$$H^+ = 0.04\times0.02 = 0.0008M$$
$$pH = -\log0.0008 = 3.10$$

2021

32 흡착제를 이용하여 시료채취를 할 때 영향을 주는 인자에 관한 설명으로 틀린 것은?

① 흡착제의 크기 : 입자의 크기가 작을수록 표면적이 증가하여 채취효율이 증가하나 압력강하가 심하다.
② 흡착관의 크기 : 흡착관의 크기가 커지면 전체 흡착제의 표면적이 증가하여 채취용량이 증가하므로 파과가 쉽게 발생되지 않는다.
③ 습도 : 극성 흡착제를 사용할 때 수증기가 흡착되기 때문에 파과가 일어나기 쉽다.
④ 온도 : 온도가 높을수록 기공활동이 활발하여 흡착능이 증가하나 흡착제의 변형이 일어날 수 있다.

풀이 **흡착제를 이용한 시료채취 시 영향인자**

㉠ 온도 : 온도가 낮을수록 흡착에 좋으나 고온일수록 흡착대상 오염물질과 흡착제의 표면 사이 또는 2종 이상의 흡착대상 물질간 반응속도가 증가하여 흡착성질이 감소하며 파과가 일어나기 쉽다(모든 흡착은 발열반응이다).
㉡ 습도 : 극성 흡착제를 사용할 때 수증기가 흡착되기 때문에 파과가 일어나기 쉬우며, 비교적 높은 습도는 활성탄의 흡착용량을 저하시킨다. 또한 습도가 높으면 파과공기량(파과가 일어날 때까지의 채취공기량)이 적어진다.
㉢ 시료채취속도(시료채취량) : 시료채취속도가 크고 코팅된 흡착제일수록 파과가 일어나기 쉽다.
㉣ 유해물질 농도(포집된 오염물질의 농도) : 농도가 높으면 파과용량(흡착제에 흡착된 오염물질량)이 증가하나 파과공기량은 감소한다.
㉤ 혼합물 : 혼합기체의 경우 각 기체의 흡착량은 단독성분이 있을 때보다 적어지게 된다(혼합물 중 흡착제와 강한 결합을 하는 물질에 의하여 치환반응이 일어나기 때문).
㉥ 흡착제의 크기(흡착제의 비표면적) : 입자 크기가 작을수록 표면적 및 채취효율이 증가하지만 압력강하가 심하다(활성탄은 다른 흡착제에 비하여 큰 비표면적을 갖고 있다).
㉦ 흡착관의 크기(튜브의 내경, 흡착제의 양) : 흡착제의 양이 많아지면 전체 흡착제의 표면적이 증가하여 채취용량이 증가하므로 파과가 쉽게 발생되지 않는다.

33 소음의 변동이 심하지 않은 작업장에서 1시간 간격으로 8회 측정한 산술평균의 소음수준이 93.5dB(A)이었을 때, 작업시간이 8시간인 근로자의 하루 소음노출량(noise dose, %)은? (단, 기준소음노출시간과 수준 및 exchange rate는 OHSA 기준을 준용한다.)

① 104 ② 135
③ 162 ④ 234

풀이

$$\text{TWA} = 16.61\log\frac{D}{100} + 90$$

$$93.5\text{dB(A)} = 16.61\log\frac{D(\%)}{100} + 90$$

$$16.61\log\frac{D(\%)}{100} = (93.5-90)\text{dB(A)}$$

$$\log\frac{D(\%)}{100} = \frac{3.5}{16.61}$$

$$D(\%) = 10^{\frac{3.5}{16.61}} \times 100 = 162.45\%$$

34 포집효율이 90%와 50%의 임핀저(impinger)를 직렬로 연결하여 작업장 내 가스를 포집할 경우 전체 포집효율(%)은?

① 93 ② 95
③ 97 ④ 99

풀이 전체 포집효율(η_T)

$$\eta_T = \eta_1 + \eta_2(1-\eta_1)$$
$$= 0.9 + [0.5(1-0.9)] = 0.95 \times 100 = 95\%$$

35 벤젠이 배출되는 작업장에서 채취한 시료의 벤젠 농도 분석결과가 3시간 동안 4.5ppm, 2시간 동안 12.8ppm, 1시간 동안 6.8ppm일 때, 이 작업장의 벤젠 TWA(ppm)는?

① 4.5 ② 5.7
③ 7.4 ④ 9.8

풀이 TWA(ppm)

$$= \frac{(3\times4.5)+(2\times12.8)+(1\times6.8)+(2\times0)}{8}$$

$$= 5.74\text{ppm}$$

정답 32.④ 33.③ 34.② 35.②

36 복사기, 전기기구, 플라스마 이온방식의 공기청정기 등에서 공통적으로 발생할 수 있는 유해물질로 가장 적절한 것은?

① 오존
② 이산화질소
③ 일산화탄소
④ 포름알데히드

풀이 **오존(O_3)**
㉠ 매우 특이한 자극성 냄새를 갖는 무색의 기체로 액화하면 청색을 나타낸다.
㉡ 물에 잘 녹으며, 알칼리용액, 클로로포름에도 녹는다.
㉢ 강력한 산화제이므로 화재의 위험성이 높고, 약간의 유기물 존재 시 즉시 폭발을 일으킨다.
㉣ 복사기, 전기기구, 플라스마 이온방식의 공기청정기 등에서 공통적으로 발생한다.

37 먼지를 크기별 분포로 측정한 결과를 가지고 기하표준편차(GSD)를 계산하고자 할 때 필요한 자료가 아닌 것은?

① 15.9%의 분포를 가진 값
② 18.1%의 분포를 가진 값
③ 50.0%의 분포를 가진 값
④ 84.1%의 분포를 가진 값

풀이 **기하표준편차(GSD)**
84.1%에 해당하는 값을 50%에 해당하는 값으로 나누는 값

$$GSD = \frac{84.1\%\text{에 해당하는 값}}{50\%\text{에 해당하는 값}} = \frac{50\%\text{에 해당하는 값}}{15.9\%\text{에 해당하는 값}}$$

38 산업안전보건법령상 고열 측정 시간과 간격으로 옳은 것은?

① 작업시간 중 노출되는 고열의 평균온도에 해당하는 1시간, 10분 간격
② 작업시간 중 노출되는 고열의 평균온도에 해당하는 1시간, 5분 간격
③ 작업시간 중 가장 높은 고열에 노출되는 1시간, 5분 간격
④ 작업시간 중 가장 높은 고열에 노출되는 1시간, 10분 간격

풀이 **고열 측정방법**
1일 작업시간 중 최대로 높은 고열에 노출되고 있는 1시간을 10분 간격으로 연속하여 측정한다.

39 입자상 물질의 여과원리와 가장 거리가 먼 것은?

① 차단
② 확산
③ 흡착
④ 관성충돌

풀이 **여과채취기전**
㉠ 직접 차단
㉡ 관성충돌
㉢ 확산
㉣ 중력침강
㉤ 정전기 침강
㉥ 체질

40 산화마그네슘, 망간, 구리 등의 금속분진을 분석하기 위한 장비로 가장 적절한 것은 어느 것인가?

① 자외선/가시광선 분광광도계
② 가스 크로마토그래피
③ 핵자기공명분광계
④ 원자흡광광도계

풀이 **원자흡광광도계**
시료를 적당한 방법으로 해리시켜 중성원자로 증기화하여 생긴 기저상태의 원자가 이 원자 증기층을 투과하는 특유 파장의 빛을 흡수하는 현상을 이용하여 광전 측광과 같은 개개의 특유 파장에 대한 흡광도를 측정하여 시료 중의 원소 농도를 정량하는 방법으로 대기 또는 배출가스 중의 유해중금속, 기타 원소의 분석에 적용한다.

2021

정답 36.① 37.② 38.④ 39.③ 40.④

제3과목 | 작업환경 관리대책

41 유해물질의 증기발생률에 영향을 미치는 요소로 가장 거리가 먼 것은?

① 물질의 비중
② 물질의 사용량
③ 물질의 증기압
④ 물질의 노출기준

풀이 유해물질의 증기발생률에 영향을 미치는 요소
㉠ 물질의 비중
㉡ 물질의 사용량
㉢ 물질의 증기압

42 회전차 외경이 600mm인 원심송풍기의 풍량은 200m^3/min이다. 회전차 외경이 1,000mm인 동류(상사구조)의 송풍기가 동일한 회전수로 운전된다면 이 송풍기의 풍량(m^3/min)은? (단, 두 경우 모두 표준공기를 취급한다.)

① 333 ② 556
③ 926 ④ 2,572

풀이
$$Q_2 = Q_1 \times \left(\frac{D_2}{D_1}\right)^3$$
$$= 200\text{m}^3/\text{min} \times \left(\frac{1,000}{600}\right)^3$$
$$= 925.93\text{m}^3/\text{min}$$

43 후드의 유입계수가 0.82, 속도압이 50mmH$_2$O일 때 후드의 유입손실(mmH$_2$O)은?

① 22.4
② 24.4
③ 26.4
④ 28.4

풀이 후드의 압력손실(ΔP)
$$\Delta P = F \times \text{VP}$$
$$F = \frac{1}{Ce^2} - 1 = \frac{1}{0.82^2} - 1 = 0.487$$
$$= 0.487 \times 50$$
$$= 24.35\text{mmH}_2\text{O}$$

44 길이, 폭, 높이가 각각 25m, 10m, 3m인 실내에 시간당 18회의 환기를 하고자 한다. 직경 50cm의 개구부를 통하여 공기를 공급하고자 하면 개구부를 통과하는 공기의 유속(m/s)은?

① 13.7
② 15.3
③ 17.2
④ 19.1

풀이
$$\text{ACH} = \frac{\text{필요환기량}}{\text{작업장 용적}}$$
필요환기량=ACH×용적
$$= 18\text{회/hr} \times (25 \times 10 \times 3)\text{m}^3$$
$$= 13,500\text{m}^3/\text{hr} \times 1\text{hr}/3,600\text{s}$$
$$= 3.75\text{m}^3/\text{s}$$
$$Q = A \times V$$
$$V = \frac{Q}{A} = \frac{3.75\text{m}^3/\text{sec}}{\left(\frac{3.14 \times 0.5^2}{4}\right)\text{m}^2} = 19.11\text{m/s}$$

45 다음은 입자상 물질 집진기의 집진원리를 설명한 것이다. 아래의 설명에 해당하는 집진원리는?

> 분진의 입경이 클 때 분진은 가스흐름의 궤도에서 벗어나게 된다. 즉 입자의 크기에 따라 비교적 큰 분진은 가스통과경로를 따라 발산하지 못하고, 작은 분진은 가스와 같이 발산한다.

① 직접차단 ② 관성충돌
③ 원심력 ④ 확산

풀이 관성충돌(inertial impaction)
입경이 비교적 크고 입자가 기체유선에서 벗어나 급격하게 진로를 바꾸면 방향의 변화를 따르지 못한 입자의 방향지향성, 즉 관성 때문에 섬유층에 직접 충돌하여 포집되는 원리로, 공기의 흐름방향이 바뀔 때 입자상 물질은 계속 같은 방향으로 유지하려는 원리를 이용한 것이다.

정답 41.④ 42.③ 43.② 44.④ 45.②

46 철재 연마공정에서 생기는 철가루의 비산을 방지하기 위해 가로 50cm, 높이 20cm인 직사각형 후드에 플랜지를 부착하여 바닥면에 설치하고자 할 때 필요환기량(m^3/min)은? (단, 제어풍속은 ACGIH 권고치 기준의 하한으로 설정하며, 제어풍속이 미치는 최대거리는 개구면으로부터 30cm라 가정한다.)

① 112 ② 119
③ 253 ④ 238

풀이 **플랜지 부착, 바닥면에 위치한 후드의 필요환기량(Q)**

$Q(m^3/min)$
$= 0.5V_c(10X^2 + A)$
$A = 0.5m \times 0.2m = 0.1m^2$
철 연마공정에서 생기는 철가루 비산의 ACGIH 권고치 기준 하한값 : 3.7m/sec
$= 0.5 \times 3.7m/sec \times [(10 \times 0.3^2)m^2 + 0.1m^2] \times 60sec/min$
$= 111m^3/min$

47 다음 중 위생보호구에 대한 설명과 가장 거리가 먼 것은?

① 사용자는 손질방법 및 착용방법을 숙지해야 한다.
② 근로자 스스로 폭로대책으로 사용할 수 있다.
③ 규격에 적합한 것을 사용해야 한다.
④ 보호구 착용으로 유해물질로부터의 모든 신체적 장애를 막을 수 있다.

풀이 ④ 보호구 착용으로 유해물질로부터의 모든 신체적 장애를 막을 수는 없다.

48 곡관에서 곡률반경비(R/D)가 1.0일 때 압력손실계수값이 가장 작은 곡관의 종류는?

① 2조각 관 ② 3조각 관
③ 4조각 관 ④ 5조각 관

풀이 곡관에서 곡률반경비(R/D)가 동일할 경우 조각관의 수가 많을수록, 곡관의 곡률반경비를 크게 할수록 압력손실계수가 작아진다.

49 작업 중 발생하는 먼지에 대한 설명으로 옳지 않은 것은?

① 일반적으로 특별한 유해성이 없는 먼지는 불활성 먼지 또는 공해성 먼지라고 하며, 이러한 먼지에 노출될 경우 일반적으로 폐용량에 이상이 나타나지 않으며, 먼지에 대한 폐의 조직반응은 가역적이다.
② 결정형 유리규산(free silica)은 규산의 종류에 따라 Cristobalite, Quartz, Tridymite, Tripoli가 있다.
③ 용융규산(fused silica)은 비결정형 규산으로 노출기준은 총먼지로 $10mg/m^3$이다.
④ 일반적으로 호흡성 먼지란 종말 모세기관지나 폐포 영역의 가스교환이 이루어지는 영역까지 도달하는 미세먼지를 말한다.

풀이 ③ 용융규산(fused silica)은 비결정형 규산으로 노출기준은 총먼지로 $0.1mg/m^3$이다.

50 고열 배출원이 아닌 탱크 위에 한 변이 2m인 정방형 모양의 캐노피형 후드를 3측면이 개방되도록 설치하고자 한다. 제어속도가 0.25m/s, 개구면과 배출원 사이의 높이가 1.0m일 때 필요송풍량(m^3/min)은?

① 2.44
② 146.46
③ 249.15
④ 435.81

풀이 **3측면 개방 외부식 천개형 후드의 필요송풍량(Q)**

$Q(m^3/min) = 8.5 \times H^{1.8} \times W^{0.2} \times V_c$
$= 8.5 \times 1^{1.8} \times 2^{0.2} \times 0.25m/sec \times 60sec/min$
$= 146.46m^3/min$

2021

정답 46.① 47.④ 48.④ 49.③ 50.②

51 그림과 같은 형태로 설치하는 후드는?

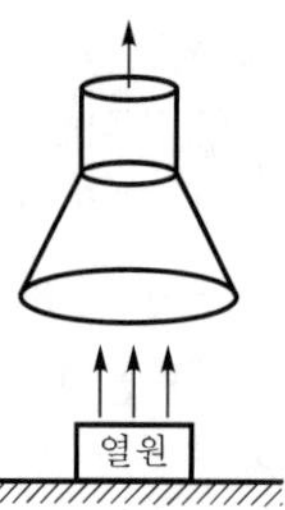

① 레시버식 캐노피형
(receiving canopy hoods)
② 포위식 커버형
(enclosures cover hoods)
③ 부스식 드래프트 체임버형
(booth draft chnamber hoods)
④ 외부식 그리드형
(exterior capturing grid hoods)

풀이 **레시버식(수형) 천개형 캐노피형 후드**
작업공정에서 발생되는 오염물질이 운동량(관성력)이나 열상승력을 가지고 자체적으로 발생될 때, 발생되는 방향 쪽에 후드의 입구를 설치함으로써 보다 적은 풍량으로 오염물질을 포집할 수 있도록 설계한 후드이다.

52 에틸벤젠의 농도가 400ppm인 1,000m^3 체적의 작업장의 환기를 위해 90m^3/min 속도로 외부공기를 유입한다고 할 때, 이 작업장의 에틸벤젠 농도가 노출기준(TLV) 이하로 감소되기 위한 최소소요시간(min)은? (단, 에틸벤젠의 TLV는 100ppm이고, 외부유입공기 중 에틸벤젠의 농도는 0ppm이다.)

① 11.8
② 15.4
③ 19.2
④ 23.6

풀이
$$t=-\frac{V}{Q}\ln\left(\frac{C_2}{C_1}\right)$$
$$=-\frac{1,000}{90}\ln\left(\frac{100}{400}\right)$$
$$=15.40\text{min}$$

53 산업안전보건법령상 안전인증 방독마스크에 안전인증표시 외에 추가로 표시되어야 할 항목이 아닌 것은?

① 포집효율
② 파과곡선도
③ 사용시간 기록카드
④ 사용상의 주의사항

풀이 **방독마스크에 안전인증표시 외에 추가로 표시해야 하는 항목**
㉠ 파과곡선도
㉡ 사용시간 기록카드
㉢ 정화통 외부 측면의 표시색
㉣ 사용상의 주의사항

54 덕트에서 공기 흐름의 평균속도압이 25mmH$_2$O였다면 덕트에서의 공기의 반송속도(m/s)는 얼마인가? (단, 공기 밀도는 1.21kg/m^{3}로 동일하다.)

① 10
② 15
③ 20
④ 25

풀이
$$V(\text{m/s})=4.043\sqrt{\text{VP}}$$
$$=4.043\times\sqrt{25}$$
$$=20.22\text{m/s}$$

55 산업위생관리를 작업환경관리, 작업관리, 건강관리로 나눠서 구분할 때, 다음 중 작업환경관리와 가장 거리가 먼 것은?

① 유해공정의 격리
② 유해설비의 밀폐화
③ 전체환기에 의한 오염물질의 희석 배출
④ 보호구 사용에 의한 유해물질의 인체 침입 방지

풀이 ④ 보호구 사용에 의한 유해물질의 인체 침입 방지는 건강관리의 내용이다.

정답 51.① 52.② 53.① 54.③ 55.④

56 강제환기를 실시할 때 환기효과를 제고시킬 수 있는 방법이 아닌 것은?

① 공기 배출구와 근로자의 작업위치 사이에 오염원이 위치하지 않도록 하여야 한다.

② 배출구가 창문이나 문 근처에 위치하지 않도록 한다.

③ 오염물질 배출구는 가능한 한 오염원으로부터 가까운 곳에 설치하여 점환기효과를 얻는다.

④ 공기가 배출되면서 오염장소를 통과하도록 공기 배출구와 유입구의 위치를 선정한다.

풀이 **전체환기(강제환기)시설 설치 기본원칙**

㉠ 오염물질 사용량을 조사하여 필요환기량을 계산한다.
㉡ 배출공기를 보충하기 위하여 청정공기를 공급한다.
㉢ 오염물질 배출구는 가능한 한 오염원으로부터 가까운 곳에 설치하여 '점환기'의 효과를 얻는다.
㉣ 공기 배출구와 근로자의 작업위치 사이에 오염원이 위치해야 한다.
㉤ 공기가 배출되면서 오염장소를 통과하도록 공기 배출구와 유입구의 위치를 선정한다.
㉥ 작업장 내 압력은 경우에 따라서 양압이나 음압으로 조정해야 한다(오염원 주위에 다른 작업공정이 있으면 공기 공급량을 배출량보다 적게 하여 음압을 형성시켜 주위 근로자에게 오염물질이 확산되지 않도록 한다).
㉦ 배출된 공기가 재유입되지 못하게 배출구 높이를 적절히 설계하고 창문이나 문 근처에 위치하지 않도록 한다.
㉧ 오염된 공기는 작업자가 호흡하기 전에 충분히 희석되어야 한다.
㉨ 오염물질 발생은 가능하면 비교적 일정한 속도로 유출되도록 조정해야 한다.

57 국소환기시스템의 슬롯(slot) 후드에 설치된 충만실(plenum chamber)에 관한 설명 중 옳지 않은 것은?

① 후드가 크게 되면 충만실의 공기속도 손실도 고려해야 한다.

② 제어속도는 슬롯속도와는 관계가 없어 슬롯속도가 높다고 흡인력을 증가시키지는 않는다.

③ 슬롯에서의 병목현상으로 인하여 유체의 에너지가 손실된다.

④ 충만실의 목적은 슬롯의 공기유속을 결과적으로 일정하게 상승시키는 것이다.

풀이 **외부식 슬롯 후드**

㉠ 슬롯 후드는 후드 개방부분의 길이가 길고, 높이(폭)가 좁은 형태로 [높이(폭)/길이]의 비가 0.2 이하인 것을 말한다.
㉡ 슬롯 후드에서도 플랜지를 부착하면 필요배기량을 줄일 수 있다(ACGIH : 환기량 30% 절약).
㉢ 슬롯 후드의 가장자리에서도 공기의 흐름을 균일하게 하기 위해 사용한다.
㉣ 슬롯 속도는 배기송풍량과는 관계가 없으며, 제어풍속은 슬롯 속도에 영향을 받지 않는다.
㉤ 플레넘 속도를 슬롯 속도의 1/2 이하로 하는 것이 좋다.

58 전기집진장치의 장 · 단점으로 틀린 것은?

① 운전 및 유지비가 많이 든다.

② 고온가스 처리가 가능하다.

③ 설치공간이 많이 든다.

④ 압력손실이 낮다.

풀이 **전기집진장치의 장단점**

(1) 장점
㉠ 집진효율이 높다(0.01μm 정도 포집 용이, 99.9% 정도 고집진효율).
㉡ 광범위한 온도범위에서 적용이 가능하며, 폭발성 가스의 처리도 가능하다.
㉢ 고온의 입자성 물질(500℃ 전후) 처리가 가능하여 보일러와 철강로 등에 설치할 수 있다.
㉣ 압력손실이 낮고, 대용량의 가스 처리가 가능하며, 배출가스의 온도강하가 적다.
㉤ 운전 및 유지비가 저렴하다.
㉥ 회수가치가 있는 입자 포집에 유리하며, 습식 및 건식으로 집진할 수 있다.
㉦ 넓은 범위의 입경과 분진 농도에 집진효율이 높다.

(2) 단점
㉠ 설치비용이 많이 든다.
㉡ 설치공간을 많이 차지한다.
㉢ 설치된 후에는 운전조건의 변화에 유연성이 적다.
㉣ 먼지 성상에 따라 전처리시설이 요구된다.
㉤ 분진 포집에 적용되며, 기체상 물질 제거는 곤란하다.
㉥ 전압변동과 같은 조건변동(부하변동)에 쉽게 적응하지 못한다.
㉦ 가연성 입자의 처리가 힘들다.

정답 56.① 57.④ 58.①

59 다음 중 귀마개에 관한 설명으로 가장 거리가 먼 것은?

① 휴대가 편하다.
② 고온작업장에서도 불편 없이 사용할 수 있다.
③ 근로자들이 착용하였는지 쉽게 확인할 수 있다.
④ 제대로 착용하는 데 시간이 걸리고 요령을 습득해야 한다.

풀이 **귀마개의 장단점**
(1) 장점
㉠ 부피가 작아 휴대가 쉽다.
㉡ 안경과 안전모 등에 방해가 되지 않는다.
㉢ 고온작업에서도 사용 가능하다.
㉣ 좁은 장소에서도 사용 가능하다.
㉤ 귀덮개보다 가격이 저렴하다.
(2) 단점
㉠ 귀에 질병이 있는 사람은 착용 불가능하다.
㉡ 여름에 땀이 많이 날 때는 외이도에 염증 유발 가능성이 있다.
㉢ 제대로 착용하는 데 시간이 걸리며, 요령을 습득하여야 한다.
㉣ 귀덮개보다 차음효과가 일반적으로 떨어지며, 개인차가 크다.
㉤ 더러운 손으로 만짐으로써 외청도를 오염시킬 수 있다(귀마개에 묻어 있는 오염물질이 귀에 들어갈 수 있음).

60 덕트 설치 시 고려해야 할 사항으로 가장 거리가 먼 것은?

① 직경이 다른 덕트를 연결할 때는 경사 30° 이내의 테이퍼를 부착한다.
② 곡관의 곡률반경은 최대덕트직경의 3.0 이상으로 하며 주로 4.0을 사용한다.
③ 송풍기를 연결할 때에는 최소덕트직경의 6배 정도는 직선구간으로 한다.
④ 가급적 원형 덕트를 사용하며, 부득이 사각형 덕트를 사용할 경우에는 가능한 한 정방형을 사용한다.

풀이 **덕트(duct)의 설치기준(설치 시 고려사항)**
㉠ 가능한 한 길이는 짧게 하고, 굴곡부의 수는 적게 할 것
㉡ 접속부의 내면은 돌출된 부분이 없도록 할 것
㉢ 청소구를 설치하는 등 청소하기 쉬운 구조로 할 것
㉣ 덕트 내 오염물질이 쌓이지 않도록 이송속도를 유지할 것
㉤ 연결부위 등은 외부공기가 들어오지 않도록 할 것(연결부위를 가능한 한 용접할 것)
㉥ 가능한 후드와 가까운 곳에 설치할 것
㉦ 송풍기를 연결할 때는 최소덕트직경의 6배 정도 직선구간을 확보할 것
㉧ 직관은 하향구배로 하고 직경이 다른 덕트를 연결할 때에는 경사 30° 이내의 테이퍼를 부착할 것
㉨ 원형 덕트가 사각형 덕트보다 덕트 내 유속분포가 균일하므로 가급적 원형 덕트를 사용하며, 부득이 사각형 덕트를 사용할 경우에는 가능한 정방형을 사용하고 곡관의 수를 적게 할 것
㉩ 곡관의 곡률반경은 최소덕트직경의 1.5 이상(주로 2.0)을 사용할 것
㉪ 수분이 응축될 경우 덕트 내로 들어가지 않도록 경사나 배수구를 마련할 것
㉫ 덕트의 마찰계수는 작게 하고, 분지관을 가급적 적게 할 것

제4과목 | 물리적 유해인자관리

61 귀마개의 차음평가수(NRR)가 27일 경우 이 귀마개의 차음효과는 얼마인가? (단, OSHA의 계산방법을 따른다.)

① 6dB ② 8dB
③ 10dB ④ 12dB

풀이
$$\text{차음효과} = (\text{NRR}-7)\times 0.5 = (27-7)\times 0.5 = 10\text{dB}$$

62 다음 중 피부에 강한 특이적 홍반작용과 색소침착, 피부암 발생 등의 장애를 모두 일으키는 것은?

① 가시광선 ② 적외선
③ 마이크로파 ④ 자외선

 정답 59.③ 60.② 61.③ 62.④

풀이 **자외선의 피부에 대한 작용(장애)**

㉠ 자외선에 의하여 피부의 표피와 진피 두께가 증가하여 피부의 비후가 온다.
㉡ 280nm 이하의 자외선은 대부분 표피에서 흡수, 280~320nm 자외선은 진피에서 흡수, 320~380nm 자외선은 표피(상피 : 각화층, 말피기층)에서 흡수된다.
㉢ 각질층 표피세포(말피기층)의 histamine의 양이 많아져 모세혈관 수축, 홍반 형성에 이어 색소침착이 발생한다. 홍반 형성은 300nm 부근(2,000~2,900Å)의 폭로가 가장 강한 영향을 미치며, 멜라닌색소침착은 300~420nm에서 영향을 미친다.
㉣ 반복하여 자외선에 노출될 경우 피부가 건조해지고 갈색을 띠게 하며 주름살이 많이 생기게 한다. 즉 피부노화에 영향을 미친다.
㉤ 피부투과력은 체표에서 0.1~0.2mm 정도이고, 자외선 파장, 피부색, 피부 표피의 두께에 좌우된다.
㉥ 옥외작업을 하면서 콜타르의 유도체, 벤조피렌, 안트라센화합물과 상호작용하여 피부암을 유발하며, 관여하는 파장은 주로 280~320nm이다.
㉦ 피부색과의 관계는 피부가 흰색일 때 가장 투과가 잘되며, 흑색이 가장 투과가 안 된다. 따라서 백인과 흑인의 피부암 발생률 차이가 크다.
㉧ 자외선 노출에 가장 심각한 만성 영향은 피부암이며, 피부암의 90% 이상은 햇볕에 노출된 신체부위에서 발생한다. 특히 대부분의 피부암은 상피세포 부위에서 발생한다.

63 한랭환경에 의한 건강장애에 대한 설명으로 옳지 않은 것은?

① 레이노씨병과 같은 혈관 이상이 있을 경우에는 증상이 악화된다.
② 제2도 동상은 수포와 함께 광범위한 삼출성 염증이 일어나는 경우를 의미한다.
③ 참호족은 지속적인 국소의 영양결핍때문이며, 한랭에 의한 신경조직의 손상이 발생한다.
④ 전신 저체온의 첫 증상은 억제하기 어려운 떨림과 냉(冷)감각이 생기고 심박동이 불규칙하게 느껴지며 맥박은 약해지고 혈압이 낮아진다.

풀이 참호족과 침수족은 지속적인 한랭으로 모세혈관벽이 손상되는데, 이는 국소부위의 산소결핍 때문이다.

64 소음성 난청에 영향을 미치는 요소의 설명으로 옳지 않은 것은?

① 음압수준 : 높을수록 유해하다.
② 소음의 특성 : 저주파음이 고주파음보다 유해하다.
③ 노출시간 : 간헐적 노출이 계속적 노출보다 덜 유해하다.
④ 개인의 감수성 : 소음에 노출된 사람이 똑같이 반응하지는 않으며, 감수성이 매우 높은 사람이 극소수 존재한다.

풀이 **소음성 난청에 영향을 미치는 요소**

㉠ 소음 크기 : 음압수준이 높을수록 영향이 크다.
㉡ 개인 감수성 : 소음에 노출된 모든 사람이 똑같이 반응하지 않으며, 감수성이 매우 높은 사람이 극소수 존재한다.
㉢ 소음의 주파수 구성 : 고주파음이 저주파음보다 영향이 크다.
㉣ 소음의 발생특성 : 지속적인 소음 노출이 단속적인(간헐적인) 소음 노출보다 더 큰 장애를 초래한다.

65 인체에 미치는 영향이 가장 큰 전신진동의 주파수 범위는?

① 2~100Hz
② 140~250Hz
③ 275~500Hz
④ 4,000Hz 이상

풀이 ㉠ 전신진동(공해진동) 진동수 : 1~90Hz(2~100Hz)
㉡ 국소진동 진동수 : 8~1,500Hz

66 음력이 1.2W인 소음원으로부터 35m 되는 자유공간 지점에서의 음압수준(dB)은 약 얼마인가?

① 62 ② 74
③ 79 ④ 121

풀이 점음원, 자유공간의 SPL

$$SPL = PWL - 20\log r - 11$$

$$= \left(10\log\frac{1.2}{10^{-12}}\right) - 20\log 35 - 11 = 78.91\text{dB}$$

2021

정답 63.③ 64.② 65.① 66.③

67 진동작업장의 환경 관리대책이나 근로자의 건강보호를 위한 조치로 옳지 않은 것은?

① 발진원과 작업장의 거리를 가능한 멀리 한다.

② 작업자의 체온을 낮게 유지시키는 것이 바람직하다.

③ 절연패드의 재질로는 코르크, 펠트(felt), 유리섬유 등을 사용한다.

④ 진동공구의 무게는 10kg을 넘지 않게 하며, 방진장갑 사용을 권장한다.

풀이 **진동작업환경 관리대책**

㉠ 작업 시에는 따뜻하게 체온을 유지해 준다(14℃ 이하의 옥외 작업에서는 보온대책 필요).
㉡ 진동공구의 무게는 10kg 이상 초과하지 않도록 한다.
㉢ 진동공구는 가능한 한 공구를 기계적으로 지지하여 준다.
㉣ 작업자는 공구의 손잡이를 너무 세게 잡지 않는다.
㉤ 진동공구의 사용 시에는 장갑(두꺼운 장갑)을 착용한다.
㉥ 총 동일한 시간을 휴식한다면 여러 번 자주 휴식하는 것이 좋다.
㉦ 체인톱과 같이 발동기가 부착되어 있는 것을 전동기로 바꾼다.
㉧ 진동공구를 사용하는 작업은 1일 2시간을 초과하지 말아야 한다.

68 극저주파 방사선(extremely low frequency fields)에 대한 설명으로 옳지 않은 것은?

① 강한 전기장의 발생원은 고전류장비와 같은 높은 전류와 관련이 있으며, 강한 자기장의 발생원은 고전압장비와 같은 높은 전하와 관련이 있다.

② 작업장에서 발전, 송전, 전기 사용에 의해 발생되며, 이들 경로에 있는 발전기에서 전력선, 전기설비, 기계, 기구 등도 잠재적인 노출원이다.

③ 주파수가 1~3,000Hz에 해당되는 것으로 정의되며, 이 범위 중 50~60Hz의 전력선과 관련한 주파수의 범위가 건강과 밀접한 연관이 있다.

④ 교류전기는 1초에 60번씩 극성이 바뀌는 60Hz의 저주파를 나타내므로 이에 대한 노출평가, 생물학적 및 인체 영향 연구가 많이 이루어져 왔다.

풀이 ① 강한 자기장의 발생원은 고전류장비와 같은 높은 전류와 관련이 있으며, 강한 전기장의 발생원은 고전압장비와 같은 높은 전하와 관련이 있다.

69 다음 중 전리방사선의 영향에 대하여 감수성이 가장 큰 인체 내의 기관은?

① 폐

② 혈관

③ 근육

④ 골수

풀이 **전리방사선에 대한 감수성 순서**

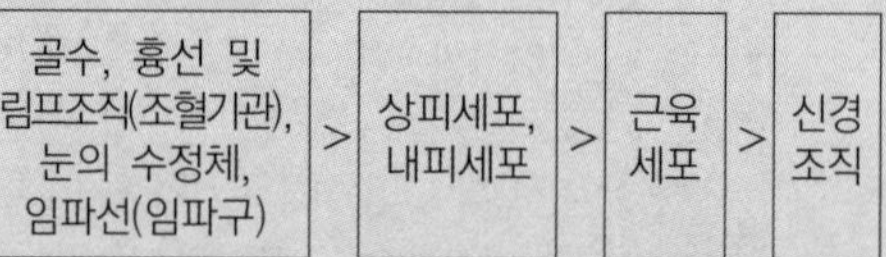

70 1루멘의 빛이 $1ft^2$의 평면상에 수직방향으로 비칠 때 그 평면의 빛 밝기를 나타내는 것은?

① 1lux

② 1candela

③ 1촉광

④ 1foot candle

풀이 **풋 캔들(foot candle)**

(1) 정의
㉠ 1루멘의 빛이 $1ft^2$의 평면상에 수직으로 비칠 때 그 평면의 빛 밝기이다.
㉡ 관계식 : 풋 캔들(ft cd) $= \dfrac{\text{lumen}}{\text{ft}^2}$

(2) 럭스와의 관계
㉠ 1ft cd=10.8lux
㉡ 1lux=0.093ft cd

(3) 빛의 밝기
㉠ 광원으로부터 거리의 제곱에 반비례한다.
㉡ 광원의 촉광에 정비례한다.
㉢ 조사평면과 광원에 대한 수직평면이 이루는 각(cosine)에 반비례한다.
㉣ 색깔과 감각, 평면상의 반사율에 따라 밝기가 달라진다.

 정답 67.② 68.① 69.④ 70.④

71 다음 중 인체와 환경 간의 열교환에 관여하는 온열조건 인자로 볼 수 없는 것은 어느 것인가?

① 대류
② 증발
③ 복사
④ 기압

풀이 **인체와 환경 간의 열교환 관여 온열인자**
㉠ 체내 열생산량(작업대사량)
㉡ 전도
㉢ 대류
㉣ 복사
㉤ 증발

72 감압병의 증상에 대한 설명으로 옳지 않은 것은?

① 관절, 심부 근육 및 뼈에 동통이 일어나는 것을 bends라 한다.
② 흉통 및 호흡곤란은 흔하지 않은 특수형 질식이다.
③ 산소의 기포가 뼈의 소동맥을 막아서 후유증으로 무균성 골괴사를 일으킨다.
④ 마비는 감압증에서 보는 중증 합병증이며 하지의 강직성 마비가 나타나는데 이는 척수나 그 혈관에 기포가 형성되어 일어난다.

풀이 **감압환경의 인체 증상**
㉠ 용해성 질소의 기포 형성으로 인해 동통성 관절장애, 호흡곤란, 무균성 골괴사 등을 일으킨다.
㉡ 동통성 관절장애(bends)는 감압증에서 흔히 나타나는 급성장애이며 발증에 따른 감수성은 연령, 비만, 폐손상, 심장장애, 일시적 건강장애 소인(발생소질)에 따라 달라진다.
㉢ 질소의 기포가 뼈의 소동맥을 막아서 비감염성 골괴사(ascptic bone necrosis)를 일으키기도 하며, 대표적인 만성장애로 고압환경에 반복노출 시 일어나기 가장 쉬운 속발증이다.
㉣ 마비는 감압증에서 주로 나타나는 중증 합병증이다.

73 작업환경조건을 측정하는 기기 중 기류를 측정하는 것이 아닌 것은?

① Kata 온도계
② 풍차 풍속계
③ 열선 풍속계
④ Assmann 통풍 건습계

풀이 **기류의 속도 측정기기**
㉠ 피토관
㉡ 회전날개형 풍속계
㉢ 그네날개형 풍속계
㉣ 열선 풍속계
㉤ 카타 온도계
㉥ 풍차 풍속계
㉦ 풍향 풍속계
㉧ 마노미터

74 음의 세기(I)와 음압(P) 사이의 관계로 옳은 것은?

① 음의 세기는 음압에 정비례
② 음의 세기는 음압에 반비례
③ 음의 세기는 음압의 제곱에 비례
④ 음의 세기는 음압의 세제곱에 비례

풀이 $I=\dfrac{P^2}{\rho c}$
음의 세기는 음압의 제곱에 비례한다.

75 다음 중 고압환경의 인체작용에 있어 2차적인 가압현상에 대한 내용이 아닌 것은 어느 것인가?

① 흉곽이 잔기량보다 적은 용량까지 압축되면 폐압박현상이 나타난다.
② 4기압 이상에서 공기 중의 질소가스는 마취작용을 한다.
③ 산소의 분압이 2기압을 넘으면 산소중독증세가 나타난다.
④ 이산화탄소는 산소의 독성과 질소의 마취작용을 증강시킨다.

2021

정답 71.④ 72.③ 73.④ 74.③ 75.①

풀이 **2차적 가압현상**

고압하의 대기가스 독성 때문에 나타나는 현상으로, 2차성 압력현상이다.

(1) 질소가스의 마취작용
- ㉠ 공기 중의 질소가스는 정상기압에서 비활성이지만, 4기압 이상에서는 마취작용을 일으키며 이를 다행증(euphoria)이라 한다(공기 중의 질소가스는 3기압 이하에서는 자극작용을 한다).
- ㉡ 질소가스의 마취작용은 알코올중독의 증상과 유사하다.
- ㉢ 작업력의 저하, 기분의 변환 등 여러 종류의 다행증이 일어난다.
- ㉣ 수심 90~120m에서 환청, 환시, 조현증, 기억력 감퇴 등이 나타난다.

(2) 산소중독 작용
- ㉠ 산소의 분압이 2기압을 넘으면 산소중독 증상을 보인다. 즉, 3~4기압의 산소 혹은 이에 상당하는 공기 중 산소분압에 의하여 중추신경계의 장애에 기인하는 운동장애를 나타내는데, 이것을 산소중독이라 한다.
- ㉡ 수중의 잠수자는 폐압착증을 예방하기 위하여 수압과 같은 압력의 압축기체를 호흡하여야 하며, 이로 인한 산소분압 증가로 산소중독이 일어난다.
- ㉢ 고압산소에 대한 폭로가 중지되면 증상은 즉시 멈춘다. 즉, 가역적이다.
- ㉣ 1기압에서 순산소는 인후를 자극하나 비교적 짧은 시간의 폭로라면 중독증상은 나타나지 않는다.
- ㉤ 산소중독 작용은 운동이나 이산화탄소로 인해 악화된다.
- ㉥ 수지나 족지의 작열통, 시력장애, 정신혼란, 근육경련 등의 증상을 보이며, 나아가서는 간질모양의 경련을 나타낸다.

(3) 이산화탄소의 작용
- ㉠ 이산화탄소 농도의 증가는 산소의 독성과 질소의 마취작용을 증가시키는 역할을 하고, 감압증의 발생을 촉진시킨다.
- ㉡ 이산화탄소 농도가 고압환경에서 대기압으로 환산하여 0.2%를 초과해서는 안 된다.
- ㉢ 동통성 관절장애(bends)도 이산화탄소의 분압 증가에 따라 보다 많이 발생한다.

76 작업장에 흔히 발생하는 일반소음의 차음효과(transmission loss)를 위해서 장벽을 설치한다. 이때 장벽의 단위표면적당 무게를 2배씩 증가함에 따라 차음효과는 약 얼마씩 증가하는가?

① 2dB ② 6dB
③ 10dB ④ 16dB

풀이 투과손실$(TL) = 20\log(m \cdot f) - 43(dB)$에서 벽체의 무게와 관계는 m(면밀도)만 고려하면 된다.
$TL = 20\log 2 = 6dB$
즉, 면밀도가 2배 되면 약 6dB의 투과손실치가 증가한다(주파수도 동일).

77 산업안전보건법령상 상시 작업을 실시하는 장소에 대한 작업면의 조도기준으로 옳은 것은?

① 초정밀작업 : 1,000럭스 이상
② 정밀작업 : 500럭스 이상
③ 보통작업 : 150럭스 이상
④ 그 밖의 작업 : 50럭스 이상

풀이 **근로자 상시 작업장 작업면의 조도기준**
- ㉠ 초정밀작업 : 750lux 이상
- ㉡ 정밀작업 : 300lux 이상
- ㉢ 보통작업 : 150lux 이상
- ㉣ 기타 작업 : 75lux 이상

78 인간 생체에서 이온화시키는 데 필요한 최소에너지를 기준으로 전리방사선과 비전리방사선을 구분한다. 전리방사선과 비전리방사선을 구분하는 에너지의 강도는 약 얼마인가?

① 7eV
② 12eV
③ 17eV
④ 22eV

풀이 **전리방사선과 비전리방사선의 구분**
- ㉠ 전리방사선과 비전리방사선의 경계가 되는 광자에너지의 강도는 12eV이다.
- ㉡ 생체에서 이온화시키는 데 필요한 최소에너지는 대체로 12eV가 되고, 그 이하의 에너지를 갖는 방사선을 비이온화방사선, 그 이상 큰 에너지를 갖는 것을 이온화방사선이라 한다.
- ㉢ 방사선을 전리방사선과 비전리방사선으로 분류하는 인자는 이온화하는 성질, 주파수, 파장이다.

 정답 76.② 77.③ 78.②

79 고온환경에서 심한 육체노동을 할 때 잘 발생하며, 그 기전은 지나친 발한에 의한 탈수와 염분 소실로 나타나는 건강장애는 다음 중 어느 것인가?

① 열경련(heat cramps)
② 열피로(heat fatigue)
③ 열실신(heat syncope)
④ 열발진(heat rashes)

풀이 **열경련의 원인**
㉠ 지나친 발한에 의한 수분 및 혈중 염분 손실(혈액의 현저한 농축 발생)
㉡ 땀을 많이 흘리고 동시에 염분이 없는 음료수를 많이 마셔서 염분 부족 시 발생
㉢ 전해질의 유실 시 발생

80 산업안전보건법령상 근로자가 밀폐공간에서 작업을 하는 경우, 사업주가 조치해야 할 사항으로 옳지 않은 것은?

① 사업주는 밀폐공간 작업 프로그램을 수립하여 시행하여야 한다.
② 사업주는 사업장 특성상 환기가 곤란한 경우 방독마스크를 지급하여 착용하도록 하고 환기를 하지 않을 수 있다.
③ 사업주는 근로자가 밀폐공간에서 작업을 하는 경우 그 장소에 근로자를 입장시킬 때와 퇴장시킬 때마다 인원을 점검하여야 한다.
④ 사업주는 밀폐공간에는 관계근로자가 아닌 사람의 출입을 금지하고, 출입금지표지를 밀폐공간 근처의 보기 쉬운 장소에 게시하여야 한다.

풀이 사업주는 근로자가 밀폐공간에서 작업을 하는 경우에 작업을 시작하기 전과 작업 중에 해당 작업장을 적정공기상태가 유지되도록 환기하여야 한다. 다만, 폭발이나 산화 등의 위험으로 인하여 환기할 수 없거나 작업의 성질상 환기하기가 매우 곤란한 경우에는 공기호흡기 또는 송기마스크를 지급하여 착용하도록 하고 환기하지 아니할 수 있다.

제5과목 | 산업 독성학

81 호흡기에 대한 자극작용은 유해물질의 용해도에 따라 구분되는데 다음 중 상기도 점막 자극제에 해당하지 않는 것은?

① 염화수소 ② 아황산가스
③ 암모니아 ④ 이산화질소

풀이 **호흡기에 대한 자극작용 구분에 따른 자극제의 종류**
(1) 상기도 점막 자극제
㉠ 암모니아 ㉡ 염화수소
㉢ 아황산가스 ㉣ 포름알데히드
㉤ 아크롤레인 ㉥ 아세트알데히드
㉦ 크롬산 ㉧ 산화에틸렌
㉨ 염산 ㉩ 불산
(2) 상기도 점막 및 폐조직 자극제
㉠ 불소 ㉡ 요오드
㉢ 염소 ㉣ 오존
㉤ 브롬
(3) 종말세기관지 및 폐포점막 자극제
㉠ 이산화질소
㉡ 포스겐
㉢ 염화비소

82 납중독에 대한 치료방법의 일환으로 체내에 축적된 납을 배출하도록 하는 데 사용되는 것은?

① Ca−EDTA ② DMPS
③ 2−PAM ④ Atropin

풀이 **납중독의 치료**
(1) 급성중독
㉠ 섭취한 경우 즉시 3% 황산소다 용액으로 위세척을 한다.
㉡ Ca-EDTA를 하루에 1~4g 정도 정맥 내 투여하여 치료한다(5일 이상 투여 금지).
㉢ Ca-EDTA는 무기성 납으로 인한 중독 시 원활한 체내 배출을 위해 사용하는 배설촉진제이다(단, 배설촉진제는 신장이 나쁜 사람에게는 금지).
(2) 만성중독
㉠ 배설촉진제 Ca-EDTA 및 페니실라민(penicillamine)을 투여한다.
㉡ 대중요법으로 진정제, 안정제, 비타민 B_1, B_2를 사용한다.

2021

정답 79.① 80.② 81.④ 82.①

83 다음에서 설명하고 있는 유해물질 관리기준은 어느 것인가?

> 이것은 유해물질에 폭로된 생체시료 중의 유해물질 또는 그 대사물질 등에 대한 생물학적 감시(monitoring)를 실시하여 생체 내에 침입한 유해물질의 총량 또는 유해물질에 의하여 일어난 생체변화의 강도를 지수로서 표현한 것이다.

① TLV(Threshold Limit Value)
② BEI(Biological Exposure Indices)
③ THP(Total Health Promotion Plan)
④ STEL(Short Term Exposure Limit)

풀이 **생물학적 노출지수(BEI)**
㉠ 혈액, 소변, 호기, 모발 등 생체시료(인체조직이나 세포)로부터 유해물질 그 자체 또는 유해물질의 대사산물 및 생화학적 변화를 반영하는 지표물질을 말하며, 유해물질의 대사산물, 유해물질 자체 및 생화학적 변화 등을 총칭한다.
㉡ 근로자의 전반적인 노출량을 평가하는 기준으로 BEI를 사용한다.
㉢ 작업장의 공기 중 허용농도에 의존하는 것 이외에 근로자의 노출상태를 측정하는 방법으로 근로자들의 조직과 체액 또는 호기를 검사해서 건강장애를 일으키는 일 없이 노출될 수 있는 양이 BEI이다.

84 수치로 나타낸 독성의 크기가 각각 2와 3인 두 물질이 화학적 상호작용에 의해 상대적 독성이 9로 상승하였다면 이러한 상호작용을 무엇이라 하는가?

① 상가작용
② 가승작용
③ 상승작용
④ 길항작용

풀이 **상승작용(synergism effect)**
㉠ 각각 단일물질에 노출되었을 때의 독성보다 훨씬 독성이 커짐을 말한다.
㉡ 상대적 독성 수치로 표현하면 2+3=20이다.
㉢ 예시 : 사염화탄소와 에탄올, 흡연자가 석면에 노출 시

85 화학물질 및 물리적 인자의 노출기준상 산화규소 종류와 노출기준이 올바르게 연결된 것은? (단, 노출기준은 TWA 기준이다.)

① 결정체 석영 – $0.1mg/m^3$
② 결정체 트리폴리 – $0.1mg/m^3$
③ 비결정체 규소 – $0.01mg/m^3$
④ 결정체 트리디마이트 – $0.01mg/m^3$

풀이 **산화규소 형태에 따른 노출기준**
㉠ 산화규소(결정체 석영) : $0.05mg/m^3$
㉡ 산화규소(결정체 크리스토발라이트) : $0.05mg/m^3$
㉢ 산화규소(결정체 트리디마이트) : $0.05mg/m^3$
㉣ 산화규소(결정체 트리폴리) : $0.1mg/m^3$
㉤ 산화규소(비결정체 규소, 용융된) : $0.1mg/m^3$
㉥ 산화규소(비결정체 규조토) : $10mg/m^3$
㉦ 산화규소(비결정체 침전된 규소) : $10mg/m^3$
㉧ 산화규소(비결정체 실리카겔) : $10mg/m^3$

86 노출에 대한 생물학적 모니터링의 단점이 아닌 것은?

① 시료채취의 어려움
② 근로자의 생물학적 차이
③ 유기시료의 특이성과 복잡성
④ 호흡기를 통한 노출만을 고려

풀이 **생물학적 모니터링의 장단점**
(1) 장점
㉠ 공기 중의 농도를 측정하는 것보다 건강상의 위험을 보다 직접적으로 평가할 수 있다.
㉡ 모든 노출경로(소화기, 호흡기, 피부 등)에 의한 종합적인 노출을 평가할 수 있다.
㉢ 개인시료보다 건강상의 악영향을 보다 직접적으로 평가할 수 있다.
㉣ 건강상의 위험에 대하여 보다 정확한 평가를 할 수 있다.
㉤ 인체 내 흡수된 내재용량이나 중요한 조직부위에 영향을 미치는 양을 모니터링할 수 있다.
(2) 단점
㉠ 시료채취가 어렵다.
㉡ 유기시료의 특이성이 존재하고 복잡하다.
㉢ 각 근로자의 생물학적 차이가 나타날 수 있다.
㉣ 분석이 어려우며, 분석 시 오염에 노출될 수 있다.

정답 83.② 84.③ 85.② 86.④

87 인체 내 주요 장기 중 화학물질 대사능력이 가장 높은 기관은?

① 폐 ② 간장
③ 소화기관 ④ 신장

풀이 **간(간장)**

(1) 개요
생체변화에 있어 가장 중요한 조직으로 혈액흐름이 많고 대사효소가 많이 존재한다. 어떤 순환기에 도달하기 전에 독성물질을 해독하는 역할을 하며, 소화기로 흡수된 유해물질 또한 해독한다.

(2) 간의 일반적인 기능
㉠ 탄수화물의 저장과 대사작용
㉡ 호르몬의 내인성 폐기물 및 이물질의 대사작용
㉢ 혈액 단백질의 합성
㉣ 요소의 생성
㉤ 지방의 대사작용
㉥ 담즙의 생성

88 중추신경계에 억제작용이 가장 큰 것은?

① 알칸족 ② 알켄족
③ 알코올족 ④ 할로겐족

풀이 **중추신경계 억제작용 순서**
알칸<알켄<알코올<유기산<에스테르<에테르<할로겐화합물(할로겐족)

89 망간중독에 대한 설명으로 옳지 않은 것은?

① 금속망간의 직업성 노출은 철강제조 분야에서 많다.
② 망간의 만성중독을 일으키는 것은 2가의 망간화합물이다.
③ 치료제는 Ca－EDTA가 있으며, 중독 시 신경이나 뇌세포 손상 회복에 효과가 크다.
④ 이산화망간 흄에 급성 폭로되면 열, 오한, 호흡곤란 등의 증상을 특징으로 하는 금속열을 일으킨다.

풀이 망간중독의 치료 및 예방법은 망간에 폭로되지 않도록 격리하는 것이고, 증상의 초기단계에서는 킬레이트 제재를 사용하여 어느 정도 효과를 볼 수 있으나 망간에 의한 신경 손상이 진행되어 일단 증상이 고정되면 회복이 어렵다.

90 다음 단순 에스테르 중 독성이 가장 높은 것은?

① 초산염
② 개미산염
③ 부틸산염
④ 프로피온산염

풀이 **에스테르류**
㉠ 물과 반응하여 알코올과 유기산 또는 무기산이 되는 유기화합물이다.
㉡ 염산이나 황산 존재하에서 카르복실산과 알코올과의 반응(에스테르반응)으로 생성된다.
㉢ 단순 에스테르 중에서 독성이 가장 높은 물질은 부틸산염이다.
㉣ 직접적인 마취작용은 없으나 체내에서 가수분해(유기산과 알코올 형성)하여 2차적으로 마취작용을 한다.

91 작업장에서 생물학적 모니터링의 결정인자를 선택하는 기준으로 옳지 않은 것은?

① 검체의 채취나 검사과정에서 대상자에게 불편을 주지 않아야 한다.
② 적절한 민감도(sensitivity)를 가진 결정인자이어야 한다.
③ 검사에 대한 분석적인 변이나 생물학적 변이가 타당해야 한다.
④ 결정인자는 노출된 화학물질로 인해 나타나는 결과가 특이하지 않고 평범해야 한다.

풀이 톨루엔에 대한 건강위험평가는 소변 중 o-크레졸, 혈액·호기에서는 톨루엔이 신뢰성 있는 결정인자이다.

생물학적 결정인자 선택기준 시 고려사항
결정인자는 공기 중에서 흡수된 화학물질에 의하여 생긴 가역적인 생화학적 변화이다.
㉠ 결정인자가 충분히 특이해야 한다.
㉡ 적절한 민감도를 지니고 있어야 한다.
㉢ 검사에 대한 분석과 생물학적 변이가 적어야 한다.
㉣ 검사 시 근로자에게 불편을 주지 않아야 한다.
㉤ 생물학적 검사 중 건강위험을 평가하기 위한 유용성 측면을 고려한다.

2021

정답 87.② 88.④ 89.③ 90.③ 91.④

92 카드뮴의 만성중독 증상으로 볼 수 없는 것은 어느 것인가?

① 폐기능 장애 ② 골격계의 장애
③ 신장기능 장애 ④ 시각기능 장애

풀이 **카드뮴의 만성중독 건강장애**
(1) 신장기능 장애
㉠ 저분자 단백뇨의 다량 배설 및 신석증을 유발한다.
㉡ 칼슘대사에 장애를 주어 신결석을 동반한 신증후군이 나타난다.
(2) 골격계 장애
㉠ 다량의 칼슘 배설(칼슘 대사장애)이 일어나 뼈의 통증, 골연화증 및 골수공증을 유발한다.
㉡ 철분결핍성 빈혈증이 나타난다.
(3) 폐기능 장애
㉠ 폐활량 감소, 잔기량 증가 및 호흡곤란의 폐 증세가 나타나며, 이 증세는 노출기간과 노출농도에 의해 좌우된다.
㉡ 폐기종, 만성 폐기능 장애를 일으킨다.
㉢ 기도 저항이 늘어나고, 폐의 가스교환기능이 저하된다.
㉣ 고환의 기능이 쇠퇴(atrophy)한다.
(4) 자각증상
㉠ 기침, 가래 및 후각의 이상이 생긴다.
㉡ 식욕부진, 위장장애, 체중감소 등을 유발한다.
㉢ 치은부의 연한 황색 색소침착을 유발한다.

93 인체에 흡수된 납(Pb) 성분이 주로 축적되는 곳은?

① 간 ② 뼈
③ 신장 ④ 근육

풀이 **납의 인체 내 축적**
㉠ 납은 적혈구와 친화력이 강해 납의 95% 정도는 적혈구에 결합되어 있다.
㉡ 인체 내에 남아 있는 총 납량을 의미하며, 신체 장기 중 납의 90%는 뼈 조직에 축적된다.

94 작업자의 소변에서 o-크레졸이 검출되었다. 이 작업자는 어떤 물질을 취급하였다고 볼 수 있는가?

① 톨루엔 ② 에탄올
③ 클로로벤젠 ④ 트리클로로에틸렌

풀이 **화학물질에 대한 대사산물 및 시료채취시기**

화학물질	대사산물(측정대상물질) : 생물학적 노출지표	시료채취시기
납	혈액 중 납	중요치 않음
	소변 중 납	
카드뮴	소변 중 카드뮴	중요치 않음
	혈액 중 카드뮴	
일산화탄소	호기에서 일산화탄소	작업 종료 시
	혈액 중 carboxyhemoglobin	
벤젠	소변 중 총 페놀	작업 종료 시
	소변 중 t,t-뮤코닉산 (t,t-muconic acid)	
에틸벤젠	소변 중 만델린산	작업 종료 시
니트로벤젠	소변 중 p-nitrophenol	작업 종료 시
아세톤	소변 중 아세톤	작업 종료 시
톨루엔	혈액, 호기에서 톨루엔	작업 종료 시
	소변 중 o-크레졸	
크실렌	소변 중 메틸마뇨산	작업 종료 시
스티렌	소변 중 만델린산	작업 종료 시
트리클로로에틸렌	소변 중 트리클로로초산(삼염화초산)	주말작업 종료 시
테트라클로로에틸렌	소변 중 트리클로로초산(삼염화초산)	주말작업 종료 시
트리클로로에탄	소변 중 트리클로로초산(삼염화초산)	주말작업 종료 시
사염화에틸렌	소변 중 트리클로로초산(삼염화초산)	주말작업 종료 시
	소변 중 삼염화에탄올	
이황화탄소	소변 중 TTCA	-
	소변 중 이황화탄소	
노말헥산(n-헥산)	소변 중 2,5-hexanedione	작업 종료 시
	소변 중 n-헥산	
메탄올	소변 중 메탄올	-
클로로벤젠	소변 중 총 4-chlorocatechol	작업 종료 시
	소변 중 총 p-chlorophenol	
크롬(수용성 흄)	소변 중 총 크롬	주말작업 종료 시, 주간작업 중
N,N-디메틸포름아미드	소변 중 N-메틸포름아미드	작업 종료 시
페놀	소변 중 메틸마뇨산	작업 종료 시

 정답 92.④ 93.② 94.①

95 중금속의 노출 및 독성기전에 대한 설명으로 옳지 않은 것은?

① 작업환경 중 작업자가 흡입하는 금속형태는 흄과 먼지 형태이다.
② 대부분의 금속이 배설되는 가장 중요한 경로는 신장이다.
③ 크롬은 6가크롬보다 3가크롬이 체내 흡수가 많이 된다.
④ 납에 노출될 수 있는 업종은 축전지 제조, 합금업체, 전자산업 등이다.

풀이 **크롬(Cr)의 특성**
㉠ 원자량 52.01, 비중 7.18, 비점 2,200℃의 은백색 금속이다.
㉡ 자연 중에는 주로 3가 형태로 존재하고 6가크롬은 적다.
㉢ 인체에 유해한 것은 6가크롬(중크롬산)이며, 부식작용과 산화작용이 있다.
㉣ 3가크롬보다 6가크롬이 체내 흡수가 많이 된다.
㉤ 3가크롬은 피부 흡수가 어려우나 6가크롬은 쉽게 피부를 통과한다.
㉥ 세포막을 통과한 6가크롬은 세포 내에서 수 분 내지 수 시간 만에 체내에서 발암성을 가진 3가 형태로 환원된다.
㉦ 6가에서 3가로의 환원이 세포질에서 일어나면 독성이 적으나 DNA의 근위부에서 일어나면 강한 변이원성을 나타낸다.
㉧ 3가크롬은 세포 내에서 핵산, nuclear, enzyme, nucleotide와 같은 세포핵과 결합될 때만 발암성을 나타낸다.
㉨ 크롬은 생체에 필수적인 금속으로, 결핍 시에는 인슐린의 저하로 인한 대사장애를 일으킨다.

96 다음 중 악성중피종(mesothelioma)을 유발시키는 대표적인 인자는?

① 석면
② 주석
③ 아연
④ 크롬

풀이 ① 석면은 일반적으로 석면폐증, 폐암, 악성중피종을 발생시켜 1급 발암물질군에 포함된다.

97 약품 정제를 하기 위한 추출제 등에 이용되는 물질로 간장, 신장의 암 발생에 주로 영향을 미치는 것은?

① 크롬
② 벤젠
③ 유리규산
④ 클로로포름

풀이 **클로로포름($CHCl_3$)**
㉠ 에테르와 비슷한 향이 나며, 마취제로 사용하고, 증기는 공기보다 약 4배 무겁다.
㉡ 페니실린을 비롯한 약품을 정제하기 위한 추출제 혹은 냉동제 및 합성수지에 이용된다.
㉢ 가연성이 매우 작지만 불꽃, 열 또는 산소에 노출되면 분해되어 독성물질이 된다.

98 유리규산(석영) 분진에 의한 규폐성 결정과 폐포벽 파괴 등 망상 내피계 반응은 분진입자의 크기가 얼마일 때 자주 일어나는가?

① 0.1~0.5μm
② 2~5μm
③ 10~15μm
④ 15~20μm

풀이 유리규산(석영) 분진에 의한 규폐성 결정과 폐포벽 파괴 등 망상 내피계 반응은 분진입자의 크기가 2~5μm일 때 자주 일어난다.

99 입자상 물질의 호흡기계 침착기전 중 길이가 긴 입자가 호흡기계로 들어오면 그 입자의 가장자리가 기도의 표면을 스치게 됨으로써 침착하는 현상은?

① 충돌 ② 침전
③ 차단 ④ 확산

풀이 **입자상 물질 호흡기계 침착기전 중 차단**
㉠ 차단은 길이가 긴 입자가 호흡기계로 들어오면 그 입자의 가장자리가 기도의 표면을 스치게 됨으로써 일어나는 현상이다.
㉡ 섬유(석면)입자가 폐 내에 침착되는 데 중요한 역할을 담당한다.

정답 95.③ 96.① 97.④ 98.② 99.③

100 다음에서 설명하는 물질은?

> 이것은 소방제나 세척액 등으로 사용되었으나 현재는 강한 독성 때문에 이용되지 않으며, 고농도의 이 물질에 노출되면 중추신경계 장애 외에 간장과 신장 장애를 유발한다. 대표적인 초기증상으로는 두통, 구토, 설사 등이 있으며 그 후에 알부민뇨, 혈뇨 및 혈중 urea 수치의 상승 등의 증상이 있다.

① 납 ② 수은
③ 황화수은 ④ 사염화탄소

풀이 **사염화탄소(CCl_4)**

㉠ 특이한 냄새가 나는 무색의 액체로, 소화제, 탈지세정제, 용제로 이용한다.
㉡ 신장장애 증상으로 감뇨, 혈뇨 등이 발생하며, 완전 무뇨증이 되면 사망할 수 있다.
㉢ 피부, 간장, 신장, 소화기, 신경계에 장애를 일으키는데, 특히 간에 대한 독성작용이 강하게 나타난다(즉, 간에 중요한 장애인 중심소엽성 괴사를 일으킨다).
㉣ 고온에서 금속과의 접촉으로 포스겐, 염화수소를 발생시키므로 주의를 요한다.
㉤ 고농도로 폭로되면 중추신경계 장애 외에 간장이나 신장에 장애가 일어나 황달, 단백뇨, 혈뇨의 증상을 보이는 할로겐 탄화수소이다.
㉥ 초기증상으로 지속적인 두통, 구역 및 구토, 간 부위에 압통 등의 증상을 일으킨다.

 정답 100.④

제2회 산업위생관리기사

제1과목 | 산업위생학 개론

01 산업안전보건법령상 물질안전보건자료 대상물질을 제조·수입하려는 자가 물질안전보건자료에 기재해야 하는 사항에 해당되지 않는 것은? (단, 그 밖에 고용노동부장관이 정하는 사항은 제외한다.)

① 응급조치 요령
② 물리·화학적 특성
③ 안전관리자의 직무범위
④ 폭발·화재 시의 대처방법

풀이 **물질안전보건자료(MSDS) 작성 시 포함되어야 할 항목**
㉠ 화학제품과 회사에 관한 정보
㉡ 유해·위험성
㉢ 구성 성분의 명칭 및 함유량
㉣ 응급조치 요령
㉤ 폭발·화재 시 대처방법
㉥ 누출사고 시 대처방법
㉦ 취급 및 저장 방법
㉧ 노출방지 및 개인보호구
㉨ 물리·화학적 특성
㉩ 안정성 및 반응성
㉪ 독성에 관한 정보
㉫ 환경에 미치는 영향
㉬ 폐기 시 주의사항
㉭ 운송에 필요한 정보
㉮ 법적 규제현황
㉯ 그 밖의 참고사항

02 산업피로에 대한 대책으로 옳은 것은?

① 커피, 홍차, 엽차 및 비타민 B_1은 피로회복에 도움이 되므로 공급한다.
② 신체리듬의 적응을 위하여 야간 근무는 연속으로 7일 이상 실시하도록 한다.
③ 움직이는 작업은 피로를 가중시키므로 될수록 정적인 작업으로 전환하도록 한다.
④ 피로한 후 장시간 휴식하는 것이 휴식시간을 여러 번으로 나누는 것보다 효과적이다.

풀이 ② 신체리듬의 적응을 위하여 야간 근무의 연속일수는 2~3일로 하며, 야간 근무를 3일 이상 연속으로 하면 피로축적현상이 나타나게 되므로 연속하여 3일을 넘기지 않도록 한다.
③ 동적인 작업을 늘리고 정적인 작업을 줄인다.
④ 장시간 한 번 휴식하는 것보다 단시간씩 여러 번 나누어 휴식하는 것이 피로회복에 효과적이다.

03 산업안전보건법령에서 정하고 있는 제조 등이 금지되는 유해물질에 해당되지 않는 것은?

① 석면(asbestos)
② 크롬산 아연(zinc chromates)
③ 황린 성냥(yellow phosphorus match)
④ β-나프틸아민과 그 염(β-naphthylamine and its salts)

풀이 **산업안전보건법상 제조 등이 금지되는 유해물질**
㉠ β-나프틸아민과 그 염
㉡ 4-니트로디페닐과 그 염
㉢ 백연을 포함한 페인트
(포함된 중량의 비율이 2% 이하인 것은 제외)
㉣ 벤젠을 포함하는 고무풀
(포함된 중량의 비율이 5% 이하인 것은 제외)
㉤ 석면
㉥ 폴리클로리네이티드 터페닐
㉦ 황린(黃燐) 성냥
㉧ ㉠, ㉡, ㉤ 또는 ㉥에 해당하는 물질을 포함한 화합물
(포함된 중량의 비율이 1% 이하인 것은 제외)
㉨ "화학물질관리법"에 따른 금지물질
㉩ 그 밖에 보건상 해로운 물질로서 산업재해보상보험 및 예방심의위원회의 심의를 거쳐 고용노동부장관이 정하는 유해물질

정답 01.③ 02.① 03.②

04 산업안전보건법령상 중대재해에 해당되지 않는 것은?

① 사망자가 2명이 발생한 재해
② 상해는 없으나 재산피해 정도가 심각한 재해
③ 4개월의 요양이 필요한 부상자가 동시에 2명이 발생한 재해
④ 부상자 또는 직업성 질병자가 동시에 12명이 발생한 재해

풀이 **중대재해**
㉠ 사망자가 1명 이상 발생한 재해
㉡ 3개월 이상의 요양을 요하는 부상자가 동시에 2명 이상 발생한 재해
㉢ 부상자 또는 직업성 질병자가 동시에 10명 이상 발생한 재해

05 근로자가 노동환경에 노출될 때 유해인자에 대한 해치(Hatch)의 양–반응관계곡선의 기관장애 3단계에 해당하지 않는 것은?

① 보상단계 ② 고장단계
③ 회복단계 ④ 항상성 유지단계

풀이 **Hatch의 기관장애 3단계**
㉠ 항상성(homeostasis) 유지단계(정상적인 상태)
㉡ 보상(compensation) 유지단계(노출기준 설정단계)
㉢ 고장(breakdown) 장애단계(비가역적 단계)

06 산업피로의 용어에 관한 설명으로 옳지 않은 것은?

① 곤비란 단시간의 휴식으로 회복될 수 있는 피로를 말한다.
② 다음 날까지도 피로상태가 계속되는 것을 과로라 한다.
③ 보통 피로는 하룻밤 잠을 자고 나면 다음 날 회복되는 정도이다.
④ 정신피로는 중추신경계의 피로를 말하는 것으로 정밀작업 등과 같은 정신적 긴장을 요하는 작업 시에 발생된다.

풀이 **피로의 3단계**
피로도가 증가하는 순서에 따라 구분한 것이며, 피로의 정도는 객관적 판단이 용이하지 않다.
㉠ 1단계 : 보통피로
하룻밤을 자고 나면 완전히 회복하는 상태이다.
㉡ 2단계 : 과로
피로의 축적으로 다음 날까지도 피로상태가 지속되는 것으로 단기간 휴식으로 회복될 수 있으며, 발병단계는 아니다.
㉢ 3단계 : 곤비
과로의 축적으로 단시간에 회복될 수 없는 단계를 말하며, 심한 노동 후의 피로현상으로 병적 상태를 의미한다.

07 사무실 공기관리지침에 관한 내용으로 옳지 않은 것은? (단, 고용노동부 고시를 기준으로 한다.)

① 오염물질인 미세먼지(PM 10)의 관리기준은 $100\mu g/m^3$이다.
② 사무실 공기의 관리기준은 8시간 시간가중평균농도를 기준으로 한다.
③ 총부유세균의 시료채취방법은 충돌법을 이용한 부유세균채취기(bioair sampler)로 채취한다.
④ 사무실 공기질의 모든 항목에 대한 측정결과는 측정치 전체에 대한 평균값을 이용하여 평가한다.

풀이 ④ 사무실 공기질의 측정결과는 측정치 전체에 대한 평균값을 오염물질별 관리기준과 비교하여 평가한다. 단, 이산화탄소는 각 지점에서 측정한 측정치 중 최고값을 기준으로 비교 · 평가한다.

08 산업안전보건법령상 근로자에 대해 실시하는 특수건강진단 대상 유해인자에 해당되지 않는 것은?

① 에탄올(ethanol)
② 가솔린(gasoline)
③ 니트로벤젠(nitrobenzene)
④ 디에틸에테르(diethyl ether)

정답 04.② 05.③ 06.① 07.④ 08.①

풀이 **특수건강진단 대상 유해인자(화학적 인자)**

㉠ 유기화학물(109종) : 가솔린, 니트로벤젠, 디에틸에테르 등
㉡ 금속류(20종) : 구리, 납 및 그 무기화합물, 니켈 및 그 무기화합물 등
㉢ 산 및 알칼리류(8종) : 무수초산, 불화수소, 시안화나트륨 등
㉣ 가스상태물질류(14종) : 불소, 브롬, 산화에틸렌 등
㉤ 허가대상 유해물질(12종)
㉥ 금속 가공유

09 근육운동을 하는 동안 혐기성 대사에 동원되는 에너지원과 가장 거리가 먼 것은?

① 글리코겐
② 아세트알데히드
③ 크레아틴인산(CP)
④ 아데노신삼인산(ATP)

풀이 **혐기성 대사(anaerobic metabolism)**

㉠ 근육에 저장된 화학적 에너지를 의미한다.
㉡ 혐기성 대사의 순서(시간대별)
ATP(아데노신삼인산) → CP(크레아틴인산) → Glycogen(글리코겐) 또는 Glucose(포도당)
※ 근육운동에 동원되는 주요 에너지원 중 가장 먼저 소비되는 것은 ATP이다.

10 다음 중 재해예방의 4원칙에 해당되지 않는 것은?

① 손실우연의 원칙
② 예방가능의 원칙
③ 대책선정의 원칙
④ 원인조사의 원칙

풀이 **산업재해예방(방지) 4원칙**

㉠ 예방가능의 원칙 : 재해는 원칙적으로 모두 방지가 가능하다.
㉡ 손실우연의 원칙 : 재해발생과 손실발생은 우연적이므로, 사고발생 자체의 방지가 이루어져야 한다.
㉢ 원인계기의 원칙 : 재해발생에는 반드시 원인이 있으며, 사고와 원인의 관계는 필연적이다.
㉣ 대책선정의 원칙 : 재해예방을 위한 가능한 안전대책은 반드시 존재한다.

11 미국산업위생학술원(American Academy of Industrial Hygiene)에서 산업위생 분야에 종사하는 사람들이 반드시 지켜야 할 윤리강령 중 전문가로서의 책임 부분에 해당하지 않는 것은?

① 기업체의 기밀은 누설하지 않는다.
② 근로자의 건강보호 책임을 최우선으로 한다.
③ 전문 분야로서의 산업위생을 학문적으로 발전시킨다.
④ 과학적 방법의 적용과 자료의 해석에서 객관성을 유지한다.

풀이 **산업위생전문가의 윤리강령(미국산업위생학술원, AAIH) : 윤리적 행위의 기준**

(1) 산업위생전문가로서의 책임
㉠ 성실성과 학문적 실력 면에서 최고수준을 유지한다(전문적 능력 배양 및 성실한 자세로 행동).
㉡ 과학적 방법의 적용과 자료의 해석에서 경험을 통한 전문가의 객관성을 유지한다(공인된 과학적 방법 적용 · 해석).
㉢ 전문 분야로서의 산업위생을 학문적으로 발전시킨다.
㉣ 근로자, 사회 및 전문 직종의 이익을 위해 과학적 지식을 공개하고 발표한다.
㉤ 산업위생활동을 통해 얻은 개인 및 기업체의 기밀은 누설하지 않는다(정보는 비밀 유지).
㉥ 전문적 판단이 타협에 의하여 좌우될 수 있거나 이해관계가 있는 상황에는 개입하지 않는다.

(2) 근로자에 대한 책임
㉠ 근로자의 건강보호가 산업위생전문가의 일차적 책임임을 인지한다(주된 책임 인지).
㉡ 근로자와 기타 여러 사람의 건강과 안녕이 산업위생전문가의 판단에 좌우된다는 것을 깨달아야 한다.
㉢ 위험요인의 측정, 평가 및 관리에 있어서 외부의 영향력에 굴하지 않고 중립적(객관적)인 태도를 취한다.
㉣ 건강의 유해요인에 대한 정보(위험요소)와 필요한 예방조치에 대해 근로자와 상담(대화)한다.

(3) 기업주와 고객에 대한 책임
㉠ 결과 및 결론을 뒷받침할 수 있도록 정확한 기록을 유지하고, 산업위생 사업에서 전문가답게 전문 부서들을 운영 · 관리한다.
㉡ 기업주와 고객보다는 근로자의 건강보호에 궁극적 책임을 두어 행동한다.

2021

정답 09.② 10.④ 11.②

12 근골격계질환에 관한 설명으로 옳지 않은 것은?

① 점액낭염(bursitis)은 관절 사이의 윤활액을 싸고 있는 윤활낭에 염증이 생기는 질병이다.

② 건초염(tendosynovitis)은 건막에 염증이 생긴 질환이며, 건염(tendonitis)은 건의 염증으로, 건염과 건초염을 정확히 구분하기 어렵다.

③ 수근관증후군(carpal tunnel syndrome)은 반복적이고 지속적인 손목의 압박, 무리한 힘 등으로 인해 수근관 내부에 정중신경이 손상되어 발생한다.

④ 요추염좌(lumbar sprain)는 근육이 잘못된 자세, 외부의 충격, 과도한 스트레스 등으로 수축되어 굳어지면 근섬유의 일부가 띠처럼 단단하게 변하여 근육의 특정 부위에 압통, 방사통, 목 부위 운동 제한, 두통 등의 증상이 나타난다.

풀이 요추염좌는 인대, 근육, 건조직이 지나치게 신전되거나 파열될 때 혹은 추간관절의 활액조직에 자극성 염증이 있을 때 주로 발생되는 것으로, 근육 부분에 통증과 경련이 일어난다.

13 다음 중 토양이나 암석 등에 존재하는 우라늄의 자연적 붕괴로 생성되어 건물의 균열을 통해 실내공기로 유입되는 발암성 오염물질은?

① 라돈 ② 석면
③ 알레르겐 ④ 포름알데히드

풀이 **라돈**
㉠ 자연적으로 존재하는 암석이나 토양에서 발생하는 thorium, uranium의 붕괴로 인해 생성되는 자연 방사성 가스로, 공기보다 9배 무거워 지표에 가깝게 존재한다.
㉡ 무색 · 무취 · 무미한 가스로 인간의 감각에 의해 감지할 수 없다.
㉢ 라듐의 α붕괴에서 발생하며, 호흡하기 쉬운 방사성 물질로 폐암을 유발한다.

14 다음 중 최초로 기록된 직업병은?

① 규폐증
② 폐질환
③ 음낭암
④ 납중독

풀이 BC 4세기, Hippocrates에 의해 광산에서 납중독이 보고되었다.
※ 역사상 최초로 기록된 직업병 : 납중독

15 직업성 질환 중 직업상의 업무에 의하여 1차적으로 발생하는 질환은?

① 합병증
② 일반 질환
③ 원발성 질환
④ 속발성 질환

풀이 **직업성 질환의 범위**
㉠ 직업상 업무에 기인하여 1차적으로 발생하는 원발성 질환을 포함한다.
㉡ 원발성 질환과 합병 작용하여 제2의 질환을 유발하는 경우를 포함한다.
㉢ 합병증이 원발성 질환과 불가분의 관계를 가지는 경우를 포함한다.
㉣ 원발성 질환에서 떨어진 다른 부위에 같은 원인에 의한 제2의 질환을 일으키는 경우를 포함한다.

16 산업위생활동 중 평가(evaluation)의 주요 과정에 대한 설명으로 옳지 않은 것은?

① 시료를 채취하고 분석한다.
② 예비조사의 목적과 범위를 결정한다.
③ 현장조사로 정량적인 유해인자의 양을 측정한다.
④ 바람직한 작업환경을 만드는 최종적인 활동이다.

풀이 ④항의 내용은 예측, 측정, 평가, 관리 중 관리이다.
– 평가에 포함되는 사항
㉠ 시료의 채취와 분석
㉡ 예비조사의 목적과 범위 결정
㉢ 노출정도를 노출기준과 통계적인 근거로 비교하여 판정

정답 12.④ 13.① 14.④ 15.③ 16.④

17 톨루엔(TLV=50ppm)을 사용하는 작업장의 작업시간이 10시간일 때 허용기준을 보정하여야 한다. OSHA 보정법과 Brief and Scala 보정법을 적용하였을 경우 보정된 허용기준치 간의 차이는?

① 1ppm ② 2.5ppm
③ 5ppm ④ 10ppm

풀이
• OSHA 보정방법

$$\text{보정된 노출기준} = 8\text{시간 노출기준} \times \frac{8\text{시간}}{\text{노출시간/일}}$$

$$= 50 \times \frac{8}{10} = 40\text{ppm}$$

• Brief and Scala 보정방법

$$RF = \left(\frac{8}{H}\right) \times \frac{24-H}{16} = \left(\frac{8}{10}\right) \times \frac{24-10}{16} = 0.7$$

보정된 노출기준 = TLV × RF = 50 × 0.7 = 35ppm
∴ 허용기준치 차이 = 40 − 35 = 5ppm

18 마이스터(D.Meister)가 정의한 내용으로 시스템으로부터 요구된 작업결과(performance)와의 차이(deviation)가 의미하는 것은?

① 인간실수
② 무의식 행동
③ 주변적 동작
④ 지름길 반응

풀이 **인간실수의 정의(Meister, 1971)**
마이스터는 인간실수를 시스템으로부터 요구된 작업결과와의 차이라고 정의했다. 즉, 시스템의 안전, 성능, 효율을 저하시키거나 감소시킬 수 있는 잠재력을 갖고 있는 부적절하거나 원치 않는 인간의 결정 또는 행동으로 어떤 허용범위를 벗어난 일련의 동작이라고 하였다.

19 작업대사율이 3인 강한 작업을 하는 근로자의 실동률(%)은?

① 50 ② 60
③ 70 ④ 80

풀이 실동률(%) = 85 − (5×RMR)
= 85 − (5×3) = 70%

20 NIOSH에서 제시한 권장무게한계가 6kg이고, 근로자가 실제 작업하는 중량물의 무게가 12kg일 경우 중량물 취급지수(LI)는?

① 0.5 ② 1.0
③ 2.0 ④ 6.0

풀이 중량물 취급지수(LI)

$$LI = \frac{\text{물체 무게(kg)}}{\text{RWL(kg)}} = \frac{12\text{kg}}{6\text{kg}} = 2.0$$

제2과목 | 작업위생 측정 및 평가

21 세 개의 소음원의 소음수준을 한 지점에서 각각 측정해보니, 첫 번째 소음원만 가동될 때 88dB, 두 번째 소음원만 가동될 때 86dB, 세 번째 소음원만 가동될 때 91dB이었다. 세 개의 소음원이 동시에 가동될 때 측정지점에서의 음압수준(dB)은?

① 91.6
② 93.6
③ 95.4
④ 100.2

풀이 $L_{합} = 10\log(10^{8.8} + 10^{8.6} + 10^{9.1}) = 93.6\text{dB}$

22 고열(heat stress) 환경의 온열 측정과 관련된 내용으로 틀린 것은?

① 흑구온도와 기온과의 차를 실효복사온도라 한다.
② 실제 환경의 복사온도를 평가할 때는 평균복사온도를 이용한다.
③ 고열로 인한 환경적인 요인은 기온, 기류, 습도 및 복사열이다.
④ 습구흑구온도지수(WBGT) 계산 시에는 반드시 기류를 고려하여야 한다.

풀이 ④ 습구흑구온도지수(WBGT) 계산 시에는 반드시 기류를 고려하지는 않는다.

2021

정답 17.③ 18.① 19.③ 20.③ 21.② 22.④

23 고온의 노출기준을 구분하는 작업강도 중 중등작업에 해당하는 열량(kcal/h)은? (단, 고용노동부 고시를 기준으로 한다.)

① 130 ② 221
③ 365 ④ 445

풀이 **고열작업장의 노출기준(고용노동부, ACGIH)**

[단위 : WBGT(℃)]

시간당 작업과 휴식의 비율	작업강도		
	경작업	중등작업	중작업
연속작업	30.0	26.7	25.0
75% 작업, 25% 휴식 (45분 작업, 15분 휴식)	30.6	28.0	25.9
50% 작업, 50% 휴식 (30분 작업, 30분 휴식)	31.4	29.4	27.9
25% 작업, 75% 휴식 (15분 작업, 45분 휴식)	32.2	31.1	30.0

㉠ 경작업 : 시간당 200kcal까지의 열량이 소요되는 작업을 말하며, 앉아서 또는 서서 기계의 조정을 하기 위하여 손 또는 팔을 가볍게 쓰는 일 등이 해당된다.
㉡ 중등작업 : 시간당 200~350kcal의 열량이 소요되는 작업을 말하며, 물체를 들거나 밀면서 걸어다니는 일 등이 해당된다.
㉢ 중(격심)작업 : 시간당 350~500kcal의 열량이 소요되는 작업을 뜻하며, 곡괭이질 또는 삽질을 하는 일과 같이 육체적으로 힘든 일 등이 해당된다.

24 작업환경 내 105dB(A)의 소음이 30분, 110dB(A)의 소음이 15분, 115dB(A)의 소음이 5분 발생하였을 때, 작업환경의 소음정도는? (단, 105dB(A), 110dB(A), 115dB(A)의 1일 노출허용시간은 각각 1시간, 30분, 15분이고, 소음은 단속음이다.)

① 허용기준 초과
② 허용기준과 일치
③ 허용기준 미만
④ 평가할 수 없음(조건 부족)

풀이 소음허용기준 $= \frac{C_1}{T_1} + \cdots + \frac{C_n}{T_n}$

$= \frac{30}{60} + \frac{15}{30} + \frac{5}{15}$

$= 1.33$

∴ 1 이상이므로 허용기준 초과

25 고체흡착관의 뒤 층에서 분석된 양이 앞 층의 25%였다. 이에 대한 분석자의 결정으로 바람직하지 않은 것은?

① 파과가 일어났다고 판단하였다.
② 파과실험의 중요성을 인식하였다.
③ 시료채취과정에서 오차가 발생되었다고 판단하였다.
④ 분석된 앞 층과 뒤 층을 합하여 분석결과로 이용하였다.

풀이 고체흡착관의 뒤 층에서 분석된 양이 앞 층의 10% 이상이면 파괴가 일어났다고 판단하고, 측정결과로 사용할 수 없다.

26 입경범위가 0.1~0.5μm인 입자상 물질이 여과지에 포집될 경우에 관여하는 주된 메커니즘은?

① 충돌과 간섭
② 확산과 간섭
③ 확산과 충돌
④ 충돌

풀이 **여과기전에 대한 입자 크기별 포집효율**
㉠ 입경 0.1μm 미만 : 확산
㉡ 입경 0.1~0.5μm : 확산, 직접차단(간섭)
㉢ 입경 0.5μm 이상 : 관성충돌, 직접차단(간섭)

27 처음 측정한 측정치는 유량, 측정시간, 회수율, 분석에 의한 오차가 각각 15%, 3%, 10%, 7%였으나 유량에 의한 오차가 개선되어 10%로 감소되었다면 개선 전 측정치 누적오차와 개선 후 측정치 누적오차의 차이(%)는?

① 6.5 ② 5.5
③ 4.5 ④ 3.5

풀이
- 개선 전 누적오차 $= \sqrt{15^2 + 3^2 + 10^2 + 7^2} = 19.57\%$
- 개선 후 누적오차 $= \sqrt{10^2 + 3^2 + 10^2 + 7^2} = 16.06\%$

∴ 차이 $= (19.57 - 16.06)\% = 3.51\%$

정답 23.② 24.① 25.④ 26.② 27.④

28 정량한계에 관한 설명으로 옳은 것은?

① 표준편차의 3배 또는 검출한계의 5배 (또는 5.5배)로 정의
② 표준편차의 3배 또는 검출한계의 10배 (또는 10.3배)로 정의
③ 표준편차의 5배 또는 검출한계의 3배 (또는 3.3배)로 정의
④ 표준편차의 10배 또는 검출한계의 3배 (또는 3.3배)로 정의

풀이 **정량한계(LOQ ; Limit Of Quantization)**
㉠ 분석기마다 바탕선량과 구별하여 분석될 수 있는 최소의 양, 즉 분석결과가 어느 주어진 분석절차에 따라 합리적인 신뢰성을 가지고 정량분석할 수 있는 가장 작은 양이나 농도이다.
㉡ 도입 이유는 검출한계가 정량분석에서 만족스런 개념을 제공하지 못하기 때문에 검출한계의 개념을 보충하기 위해서이다.
㉢ 일반적으로 표준편차의 10배 또는 검출한계의 3배 또는 3.3배로 정의한다.
㉣ 정량한계를 기준으로 최소한으로 채취해야 하는 양이 결정된다.

29 접착공정에서 본드를 사용하는 작업장에서 톨루엔을 측정하고자 한다. 노출기준의 10%까지 측정하고자 할 때, 최소시료채취시간(min)은? (단, 작업장은 25℃, 1기압이며, 톨루엔의 분자량은 92.14, 기체 크로마토그래피의 분석에서 톨루엔의 정량한계는 0.5mg, 노출기준은 100ppm, 채취유량은 0.15L/분이다.)

① 13.3　　② 39.6
③ 88.5　　④ 182.5

풀이
• 농도$(mg/m^3) = (100ppm \times 0.1) \times \frac{92.14}{24.45}$
$= 37.69mg/m^3$
• 최소채취량$= \frac{LOQ}{농도} = \frac{0.5mg}{37.69mg/m^3}$
$= 0.01326m^3 \times 1{,}000L/m^3 = 13.26L$
∴ 채취 최소시간$(min) = \frac{13.26L}{0.15L/min} = 88.44min$

30 두 집단의 어떤 유해물질 측정값이 아래 도표와 같을 때, 두 집단의 표준편차의 크기 비교에 대한 설명 중 옳은 것은?

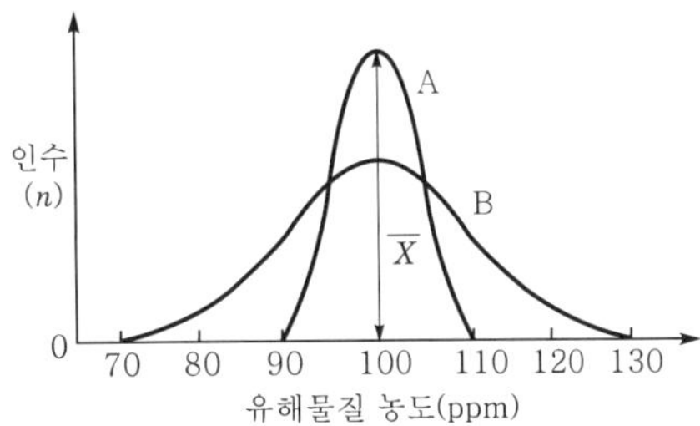

① A집단과 B집단은 서로 같다.
② A집단의 경우가 B집단의 경우보다 크다.
③ A집단의 경우가 B집단의 경우보다 작다.
④ 주어진 도표만으로 판단하기 어렵다.

풀이 **표준편차**
㉠ 표준편차는 관측값의 산포도(dispersion), 즉 평균 가까이에 분포하고 있는지의 여부를 측정하는 데 많이 쓰인다.
㉡ 표준편차가 0일 때는 관측값의 모두가 동일한 크기이고, 표준편차가 클수록 관측값 중에는 평균에서 떨어진 값이 많이 존재한다.

31 옥내의 습구흑구온도지수(WBGT)를 계산하는 식으로 옳은 것은?

① WBGT＝0.1×자연습구온도 ＋0.9×흑구온도
② WBGT＝0.9×자연습구온도 ＋0.1×흑구온도
③ WBGT＝0.3×자연습구온도 ＋0.7×흑구온도
④ WBGT＝0.7×자연습구온도 ＋0.3×흑구온도

풀이 **고온의 노출기준 표시단위**
㉠ 옥외(태양광선이 내리쬐는 장소)
WBGT(℃)=0.7×자연습구온도+0.2×흑구온도 +0.1×건구온도
㉡ 옥내 또는 옥외(태양광선이 내리쬐지 않는 장소)
WBGT(℃)=0.7×자연습구온도+0.3×흑구온도

정답 28.④ 29.③ 30.③ 31.④

32 석면 농도를 측정하는 방법에 대한 설명 중 ( ) 안에 들어갈 적절한 기체는? (단, NIOSH 방법 기준)

> 공기 중 석면 농도를 측정하는 방법으로 충전식 휴대용 펌프를 이용하여 여과지를 통하여 공기를 통과시켜 시료를 채취한 다음, 이 여과지에 (㉮) 증기를 씌우고 (㉯) 시약을 가한 후 위상차 현미경으로 400~450배의 배율에서 섬유 수를 계수한다.

① 솔벤트, 메틸에틸케톤
② 아황산가스, 클로로포름
③ 아세톤, 트리아세틴
④ 트리클로로에탄, 트리클로로에틸렌

풀이 **석면 농도 측정방법(NIOSH 측정방법)**
충전식 휴대용 펌프(pump)를 이용하여 여과지를 통해 공기를 통과시켜 시료를 채취한 다음, 이 여과지에 아세톤 증기를 씌우고 트리아세틴 시약을 가한 후 위상차 현미경으로 400~450배의 배율에서 섬유 수를 계수한다. 이 측정방법은 길이가 5μm 이상이고, 길이 : 직경의 비율이 3 : 1인 석면만을 측정한다. 장점은 간편하게 단시간에 분석할 수 있는 점이고, 단점은 석면과 다른 섬유를 구별할 수 없다는 점이다.

33 금속 가공유를 사용하는 절단작업 시 주로 발생할 수 있는 공기 중 부유물질의 형태로 가장 적합한 것은?

① 미스트(mist)
② 먼지(dust)
③ 가스(gas)
④ 흄(fume)

풀이 **미스트(mist)**
㉠ 상온에서 액체인 물질이 교반, 발포, 스프레이 작업 시 액체의 입자가 공기 중에서 발생 · 비산하여 부유 · 확산되어 있는 액체 미립자를 말하며, 금속 가공유를 사용하는 절단작업 시 주로 발생한다.
㉡ 입자의 크기는 보통 100μm 이하이다.
㉢ 미스트를 포집하기 위한 장치로는 벤투리 스크러버(venturi scrubber) 등이 사용된다.

34 활성탄관에 대한 설명으로 틀린 것은?

① 흡착관은 길이 7cm, 외경 6mm인 것을 주로 사용한다.
② 흡입구 방향으로 가장 앞쪽에는 유리섬유가 장착되어 있다.
③ 활성탄 입자는 크기가 20~40mesh인 것을 선별하여 사용한다.
④ 앞 층과 뒤 층을 우레탄폼으로 구분하며 뒤 층이 100mg으로 앞 층보다 2배 정도 많다.

풀이 ④ 앞 층과 뒤 층을 우레탄폼으로 구분하며 앞 층이 100mg으로 뒤 층보다 2배 정도 많다.

35 채취시료 10mL를 채취하여 분석한 결과 납(Pb)의 양이 8.5μg이고, Blank 시료도 동일한 방법으로 분석한 결과 납의 양이 0.7μg이다. 총 흡인유량이 60L일 때 작업환경 중 납의 농도(mg/m^3)는? (단, 탈착효율은 0.95이다.)

① 0.14　② 0.21
③ 0.65　④ 0.70

풀이
$$납\ 농도(mg/m^3)=\frac{분석량}{공기채취량\times 탈착효율}=\frac{(8.5-0.7)\mu g}{60L\times 0.95}=0.14\mu g/L(mg/m^3)$$

36 1% Sodium bisulfite의 흡수액 20mL를 취한 유리제품의 미드젯임핀저를 고속 시료포집펌프에 연결하여 공기시료 $0.480m^3$를 포집하였다. 가시광선 흡광광도계를 사용하여 시료를 실험실에서 분석한 값이 표준검량선의 외삽법에 의하여 50μg/mL가 지시되었다. 표준상태에서 시료 포집기간 동안의 공기 중 포름알데히드 증기의 농도(ppm)는? (단, 포름알데히드 분자량은 30g/mol이다.)

① 1.7　② 2.5
③ 3.4　④ 4.8

정답 32.③ 33.① 34.④ 35.① 36.①

풀이 • 포름알데히드 농도(mg/m³)

$$= \frac{50\mu g/mL \times 20mL \times mg/10^3\mu g}{0.480m^3} = 2.083mg/m^3$$

• 포름알데히드 농도(ppm)

$$= 2.083mg/m^3 \times \frac{24.45}{30} = 1.7ppm$$

37 가스상 물질의 분석 및 평가를 위한 열탈착에 관한 설명으로 틀린 것은?

① 이황화탄소를 활용한 용매 탈착은 독성 및 인화성이 크고 작업이 번잡하며 열탈착이 보다 간편한 방법이다.

② 활성탄관을 이용하여 시료를 채취한 경우, 열탈착에 300℃ 이상의 온도가 필요하므로 사용이 제한된다.

③ 열탈착은 용매 탈착에 비하여 흡착제에 채취된 일부 분석물질만 기기로 주입되어 감도가 떨어진다.

④ 열탈착은 대개 자동으로 수행되며 탈착된 분석물질이 가스 크로마토그래피로 직접 주입되도록 되어 있다.

풀이 **열탈착**

㉠ 흡착관에 열을 가하여 탈착하는 방법으로, 탈착이 자동으로 수행되며 탈착된 분석물질이 가스 크로마토그래피로 직접 주입되는 방식이다.

㉡ 분자체 탄소, 다공중합체에서 주로 사용한다.

㉢ 용매 탈착보다 간편하나, 활성탄을 이용하여 시료를 채취한 경우 열탈착에 필요한 300℃ 이상에서는 많은 분석물질이 분해되어 사용이 제한된다.

㉣ 열탈착은 한 번에 모든 시료가 주입된다.

38 방사성 물질의 단위에 대한 설명이 잘못된 것은?

① 방사능의 SI 단위는 Becquerel(Bq)이다.

② 1Bq는 3.7×10^{10}dps이다.

③ 물질에 조사되는 선량은 röntgen(R)으로 표시한다.

④ 방사선의 흡수선량은 Gray(Gy)로 표시한다.

풀이 ㉠ $1Ci=3.7\times10^{10}Bq$

㉡ $1Bq=2.7\times10^{-11}Ci$

39 누적소음노출량 측정기로 소음을 측정할 때의 기기 설정값으로 옳은 것은? (단, 고용노동부 고시를 기준으로 한다.)

① Threshold=80dB, Criteria=90dB, Exchange rate=5dB

② Threshold=80dB, Criteria=90dB, Exchange rate=10dB

③ Threshold=90dB, Criteria=80dB, Exchange rate=10dB

④ Threshold=90dB, Criteria=80dB, Exchange rate=5dB

풀이 **누적소음노출량 측정기(noise dosemeter) 설정**

㉠ Threshold=80dB

㉡ Criteria=90dB

㉢ Exchange rate=5dB

40 산업위생 통계에서 적용하는 변이계수에 대한 설명으로 틀린 것은?

① 표준오차에 대한 평균값의 크기를 나타낸 수치이다.

② 통계집단의 측정값들에 대한 균일성, 정밀성 정도를 표현하는 것이다.

③ 단위가 서로 다른 집단이나 특성값의 상호 산포도를 비교하는 데 이용될 수 있다.

④ 평균값의 크기가 0에 가까울수록 변이계수의 의의가 작아지는 단점이 있다.

풀이 **변이계수(CV)**

㉠ 측정방법의 정밀도를 평가하는 계수이며, %로 표현되므로 측정단위와 무관하게 독립적으로 산출된다.

㉡ 통계집단의 측정값에 대한 균일성과 정밀성의 정도를 표현한 계수이다.

㉢ 단위가 서로 다른 집단이나 특성값의 상호 산포도를 비교하는 데 이용될 수 있다.

㉣ 변이계수가 작을수록 자료가 평균 주위에 가깝게 분포한다는 의미이다(평균값의 크기가 0에 가까울수록 변이계수의 의미는 작아진다).

㉤ 표준편차의 수치가 평균치에 비해 몇 %가 되느냐로 나타낸다.

2021

정답 37.③ 38.② 39.① 40.①

제3과목 | 작업환경 관리대책

41 후드의 선택에서 필요환기량을 최소화하기 위한 방법이 아닌 것은?

① 측면 조절판 또는 커텐 등으로 가능한 공정을 둘러쌀 것
② 후드를 오염원에 가능한 가깝게 설치할 것
③ 후드 개구부로 유입되는 기류속도 분포가 균일하게 되도록 할 것
④ 공정 중 발생되는 오염물질의 비산속도를 크게 할 것

풀이 **후드가 갖추어야 할 사항(필요환기량을 감소시키는 방법)**
㉠ 가능한 한 오염물질 발생원에 가까이 설치한다(포집형 및 레시버형 후드).
㉡ 제어속도는 작업조건을 고려하여 적정하게 선정한다.
㉢ 작업에 방해되지 않도록 설치하여야 한다.
㉣ 오염물질 발생특성을 충분히 고려하여 설계해야 한다.
㉤ 가급적이면 공정을 많이 포위한다.
㉥ 후드 개구면에서 기류가 균일하게 분포되도록 설계한다.
㉦ 공정에서 발생 또는 배출되는 오염물질의 절대량을 감소시킨다.

42 플랜지 없는 외부식 사각형 후드가 설치되어 있다. 성능을 높이기 위해 플랜지 있는 외부식 사각형 후드로 작업대에 부착했을 때, 필요환기량의 변화로 옳은 것은? (단, 포촉거리, 개구면적, 제어속도는 같다.)

① 기존 대비 10%로 줄어든다.
② 기존 대비 25%로 줄어든다.
③ 기존 대비 50%로 줄어든다.
④ 기존 대비 75%로 줄어든다.

풀이
• 자유공간, 미부착 플랜지(Q_1)
$Q_1 = 60 \times V_c(10X^2 + A)$
• 바닥면, 부착 플랜지(Q_2)
$Q_2 = 60 \times 0.5 \times V_c \times (10X^2 + A)$
$(1-0.5) = 0.5 \times 100 = 50\%$

43 흡인풍량이 200m³/min, 송풍기 유효전압이 150mmH₂O, 송풍기 효율이 80%인 송풍기의 소요동력(kW)은?

① 4.1 ② 5.1
③ 6.1 ④ 7.1

풀이
$$\text{소요동력(kW)} = \frac{Q \times \Delta P}{6,120 \times \eta} \times \alpha = \frac{200 \times 150}{6,120 \times 0.8} \times 1.0 = 6.13\text{kW}$$

44 50℃의 송풍관에 15m/s의 유속으로 흐르는 기체의 속도압(mmH_2O)은? (단, 기체의 밀도는 1.293kg/m³이다.)

① 32.4 ② 22.6
③ 14.8 ④ 7.2

풀이
$$VP = \frac{\gamma V^2}{2g} = \frac{1.293 \times 15^2}{2 \times 9.8} = 14.84\text{mmH}_2\text{O}$$

45 공기정화장치의 한 종류인 원심력 집진기에서 절단입경의 의미로 옳은 것은?

① 100% 분리 포집되는 입자의 최소크기
② 100% 처리효율로 제거되는 입자 크기
③ 90% 이상 처리효율로 제거되는 입자 크기
④ 50% 처리효율로 제거되는 입자 크기

풀이
㉠ 최소입경(임계입경) : 사이클론에서 100% 처리효율로 제거되는 입자의 크기
㉡ 절단입경(cut-size) : 사이클론에서 50% 처리효율로 제거되는 입자의 크기

46 덕트 내 공기 흐름에서의 레이놀즈수(Reynolds number)를 계산하기 위해 알아야 하는 모든 요소는?

① 공기속도, 공기점성계수, 공기밀도, 덕트의 직경
② 공기속도, 공기밀도, 중력가속도
③ 공기속도, 공기온도, 덕트의 길이
④ 공기속도, 공기점성계수, 덕트의 길이

정답 41.④ 42.③ 43.③ 44.③ 45.④ 46.①

풀이 레이놀즈수(Re)

$$Re = \frac{\rho V d}{\mu} = \frac{Vd}{\nu} = \frac{\text{관성력}}{\text{점성력}}$$

여기서, Re : 레이놀즈수(무차원)

ρ : 유체의 밀도(kg/m^3)

V : 유체의 평균유속(m/sec)

d : 유체가 흐르는 직경(m)

μ : 유체의 점성계수(kg/m · sec(poise))

ν : 유체의 동점성계수(m^2/sec)

47 지름 100cm인 원형 후드 입구로부터 200cm 떨어진 지점에 오염물질이 있다. 제어풍속이 3m/sec일 때, 후드의 필요환기량(m^3/sec)은? (단, 자유공간에 위치하며 플랜지는 없다.)

① 143 ② 122

③ 103 ④ 83

풀이 $Q = V_c(10X^2 + A)$

$$= 3\text{m/sec} \times \left[(10 \times 2^2)\text{m}^2 + \left(\frac{3.14 \times 1^2}{4}\right)\text{m}^2\right]$$

$$= 122.36\text{m}^3/\text{sec}$$

48 유입계수가 0.82인 원형 후드가 있다. 원형 덕트의 면적이 0.0314m^{2}이고, 필요환기량이 30m^3/min이라고 할 때, 후드의 정압(mmH$_2$O)은? (단, 공기밀도는 1.2kg/m^{3}이다.)

① 16 ② 23

③ 32 ④ 37

풀이 $SP_h = VP(1+F)$

$$F = \frac{1}{Ce^2} - 1 = \frac{1}{0.82^2} - 1 = 0.487$$

$$VP = \frac{\gamma V^2}{2g}$$

$$V = \frac{Q}{A} = \frac{30\text{m}^3/\text{min}}{0.0314\text{m}^2}$$

$$= 955.41\text{m/min} \times \text{min}/60\text{sec}$$

$$= 15.92\text{m/sec}$$

$$= \frac{1.2 \times 15.92^2}{2 \times 9.8} = 15.52\text{mmH}_2\text{O}$$

$$= 15.52(1 + 0.487)$$

$$= 23.07\text{mmH}_2\text{O}$$

49 보호구의 재질과 적용물질에 대한 내용으로 틀린 것은?

① 면 : 고체상 물질에 효과적이다.

② 부틸(butyl) 고무 : 극성 용제에 효과적이다.

③ 니트릴(nitrile) 고무 : 비극성 용제에 효과적이다.

④ 천연고무(latex) : 비극성 용제에 효과적이다.

풀이 **보호장구 재질에 따른 적용물질**

㉠ Neoprene 고무 : 비극성 용제, 극성 용제 중 알코올, 물, 케톤류 등에 효과적

㉡ 천연고무(latex) : 극성 용제 및 수용성 용액에 효과적(절단 및 찰과상 예방)

㉢ Viton : 비극성 용제에 효과적

㉣ 면 : 고체상 물질에 효과적, 용제에는 사용 못함

㉤ 가죽 : 용제에는 사용 못함(기본적인 찰과상 예방)

㉥ Nitrile 고무 : 비극성 용제에 효과적

㉦ Butyl 고무 : 극성 용제에 효과적(알데히드, 지방족)

㉧ Ethylene vinyl alcohol : 대부분의 화학물질을 취급할 경우 효과적

50 방진마스크에 대한 설명으로 가장 거리가 먼 것은?

① 방진마스크의 필터에는 활성탄과 실리카겔이 주로 사용된다.

② 방진마스크는 인체에 유해한 분진, 연무, 흄, 미스트, 스프레이 입자를 작업자가 흡입하지 않도록 하는 보호구이다.

③ 방진마스크의 종류에는 격리식과 직결식, 면체여과식이 있다.

④ 비휘발성 입자에 대한 보호만 가능하며, 가스 및 증기로부터의 보호는 안 된다.

풀이 **방진마스크의 필터 재질**

㉠ 면, 모

㉡ 유리섬유

㉢ 합성섬유

㉣ 금속섬유

정답 47.② 48.② 49.④ 50.①

51 방사형 송풍기에 관한 설명과 가장 거리가 먼 것은?

① 고농도 분진 함유 공기나 부식성이 강한 공기를 이송시키는 데 많이 이용된다.
② 깃이 평판으로 되어 있다.
③ 가격이 저렴하고 효율이 높다.
④ 깃의 구조가 분진을 자체 정화할 수 있도록 되어 있다.

풀이 **평판형 송풍기(radial fan)**
㉠ 플레이트(plate) 송풍기, 방사날개형 송풍기라고도 한다.
㉡ 날개(blade)가 다익형보다 적고, 직선이며 평판 모양을 하고 있어 강도가 매우 높게 설계되어 있다.
㉢ 깃의 구조가 분진을 자체 정화할 수 있도록 되어 있다.
㉣ 시멘트, 미분탄, 곡물, 모래 등의 고농도 분진 함유 공기나 마모성이 강한 분진 이송용으로 사용된다.
㉤ 부식성이 강한 공기를 이송하는 데 많이 사용된다.
㉥ 압력은 다익팬보다 약간 높으며, 효율도 65%로 다익팬보다는 약간 높으나 터보팬보다는 낮다.
㉦ 습식 집진장치의 배치에 적합하며, 소음은 중간 정도이다.

52 1기압에서 혼합기체의 부피비가 질소 71%, 산소 14%, 이산화탄소 15%로 구성되어 있을 때, 질소의 분압(mmH_2O)은?

① 433.2　② 539.6
③ 646.0　④ 653.6

풀이 질소가스 분압(mmHg)=760mmHg×성분비
=760mmHg×0.71
=539.6mmHg

53 송풍기의 회전수 변화에 따른 풍량, 풍압 및 동력에 대한 설명으로 옳은 것은?

① 풍량은 송풍기의 회전수에 비례한다.
② 풍압은 송풍기의 회전수에 반비례한다.
③ 동력은 송풍기의 회전수에 비례한다.
④ 동력은 송풍기의 회전수의 제곱에 비례한다.

풀이 **송풍기 상사법칙(회전수 비)**
㉠ 풍량은 송풍기의 회전수에 비례한다.
㉡ 풍압은 송풍기 회전수의 제곱에 비례한다.
㉢ 동력은 송풍기 회전수의 세제곱에 비례한다.

54 원심력 송풍기 중 다익형 송풍기에 관한 설명과 가장 거리가 먼 것은?

① 큰 압력손실에서도 송풍량이 안정적이다.
② 송풍기의 임펠러가 다람쥐 쳇바퀴 모양으로 생겼다.
③ 강도가 크게 요구되지 않기 때문에 적은 비용으로 제작 가능하다.
④ 다른 송풍기와 비교하여 동일 송풍량을 발생시키기 위한 임펠러 회전속도가 상대적으로 낮기 때문에 소음이 작다.

풀이 **다익형 송풍기(multi blade fan)**
㉠ 전향(전곡) 날개형(forward-curved blade fan)이라고 하며, 많은 날개(blade)를 갖고 있다.
㉡ 송풍기의 임펠러가 다람쥐 쳇바퀴 모양으로, 회전날개가 회전방향과 동일한 방향으로 설계되어 있다.
㉢ 동일 송풍량을 발생시키기 위한 임펠러 회전속도가 상대적으로 낮아 소음 문제가 거의 없다.
㉣ 강도 문제가 그리 중요하지 않기 때문에 저가로 제작이 가능하다.
㉤ 상승 구배 특성이다.
㉥ 높은 압력손실에서는 송풍량이 급격하게 떨어지므로 이송시켜야 할 공기량이 많고 압력손실이 작게 걸리는 전체환기나 공기조화용으로 널리 사용된다.
㉦ 구조상 고속회전이 어렵고, 큰 동력의 용도에는 적합하지 않다.

55 작업환경개선에서 공학적인 대책과 가장 거리가 먼 것은?

① 교육　② 환기
③ 대체　④ 격리

풀이 **작업환경개선의 공학적 대책**
㉠ 환기
㉡ 대치(대체)
㉢ 격리
㉣ 교육

※ 문제 성격상 가장 관계가 적은 '교육'을 정답으로 선정합니다.

 정답 51.③ 52.② 53.① 54.① 55.①

56 다음 중 특급분리식 방진마스크의 여과재 분진 등의 포집효율은? (단, 고용노동부 고시를 기준으로 한다.)

① 80% 이상 ② 94% 이상
③ 99.0% 이상 ④ 99.95% 이상

풀이 **여과재의 분진포집능력에 따른 구분(분리식, 성능기준치)**
방진마스크의 여과효율 결정 시 국제적으로 사용하는 먼지의 크기는 채취효율이 가장 낮은 입경인 0.3μm이다.
㉠ 특급 : 분진포집효율 99.95% 이상
㉡ 1급 : 분진포집효율 94.0% 이상
㉢ 2급 : 분진포집효율 80.0% 이상

57 국소환기장치 설계에서 제어속도에 대한 설명으로 옳은 것은?

① 작업장 내의 평균유속을 말한다.
② 발산되는 유해물질을 후드로 흡인하는 데 필요한 기류속도이다.
③ 덕트 내의 기류속도를 말한다.
④ 일명 반송속도라고도 한다.

풀이 **제어속도**
후드 근처에서 발생하는 오염물질을 주변의 방해기류를 극복하고 후드 쪽으로 흡인하기 위한 유체의 속도, 즉 유해물질을 후드 쪽으로 흡인하기 위하여 필요한 최소풍속을 말한다.

58 작업환경 관리대책 중 물질의 대체에 해당되지 않는 것은?

① 성냥을 만들 때 백린을 적린으로 교체한다.
② 보온재료인 유리섬유를 석면으로 교체한다.
③ 야광시계의 자판에 라듐 대신 인을 사용한다.
④ 분체 입자를 큰 입자로 대체한다.

풀이 ② 보온재료인 석면을 유리섬유나 암면 등으로 교체한다.

59 온도 50℃인 기체가 관을 통하여 20m^3/min으로 흐르고 있을 때, 같은 조건의 0℃에서 유량(m^3/min)은? (단, 관내 압력 및 기타 조건은 일정하다.)

① 14.7 ② 16.9
③ 20.0 ④ 23.7

풀이
$$Q(\text{m}^3/\text{min}) = 20\text{m}^3/\text{min} \times \frac{273}{273+50} = 16.9\text{m}^3/\text{min}$$

60 7m×14m×3m의 체적을 가진 방에 톨루엔이 저장되어 있고 공기를 공급하기 전에 측정한 농도가 300ppm이었다. 이 방으로 10m^3/min의 환기량을 공급한 후 노출기준인 100ppm으로 도달하는 데 걸리는 시간(min)은?

① 12 ② 16
③ 24 ④ 32

풀이
$$\text{감소시간(min)} = -\frac{V}{Q'}\ln\left(\frac{C_2}{C_1}\right) = -\frac{(7\times14\times3)\text{m}^3}{10\text{m}^3/\text{min}}\times\ln\left(\frac{100\text{ppm}}{300\text{ppm}}\right) = 32.30\text{min}$$

제4과목 | 물리적 유해인자관리

61 1촉광의 광원으로부터 한 단위입체각으로 나가는 광속의 단위를 무엇이라 하는가?

① 럭스(lux) ② 램버트(lambert)
③ 캔들(candle) ④ 루멘(lumen)

풀이 **루멘(lumen, lm)**
㉠ 광속의 국제단위로, 기호는 lm으로 나타낸다.
※ 광속 : 광원으로부터 나오는 빛의 양
㉡ 1촉광의 광원으로부터 한 단위입체각으로 나가는 광속의 단위이다.
㉢ 1촉광과의 관계는 1촉광=4π(12.57)루멘으로 나타낸다.

2021

정답 56.④ 57.② 58.② 59.② 60.④ 61.④

62 인체와 작업환경과의 사이에 열교환의 영향을 미치는 것으로 가장 거리가 먼 것은 어느 것인가?

① 대류(convection)
② 열복사(radiation)
③ 증발(evaporation)
④ 열순응(acclimatization to heat)

풀이 **열평형방정식**
㉠ 생체(인체)와 작업환경 사이의 열교환(체열 생산 및 방산) 관계를 나타내는 식이다.
㉡ 인체와 작업환경 사이의 열교환은 주로 체내 열생산량(작업대사량), 전도, 대류, 열복사, 증발 등에 의해 이루어진다.
㉢ 열평형방정식은 열역학적 관계식에 따라 이루어진다.

$\Delta S = M \pm C \pm R - E$

여기서, ΔS : 생체 열용량의 변화(인체의 열축적 또는 열손실)
M : 작업대사량(체내 열생산량)
$(M-W)W$: 작업수행으로 인한 손실열량
C : 대류에 의한 열교환
R : 복사에 의한 열교환
E : 증발(발한)에 의한 열손실(피부를 통한 증발)

63 진동증후군(HAVS)에 대한 스톡홀름 워크숍의 분류로서 옳지 않은 것은?

① 진동증후군의 단계를 0부터 4까지 5단계로 구분하였다.
② 1단계는 가벼운 증상으로 1개 또는 그 이상의 손가락 끝부분이 하얗게 변하는 증상을 의미한다.
③ 3단계는 심각한 증상으로 1개 또는 그 이상의 손가락 가운데 마디 부분까지 하얗게 변하는 증상이 나타나는 단계이다.
④ 4단계는 매우 심각한 증상으로 대부분의 손가락이 하얗게 변하는 증상과 함께 손끝에서 땀의 분비가 제대로 일어나지 않는 등의 변화가 나타나는 단계이다.

풀이 **진동증후군(HAVS) 구분**

단 계	정 도	증상 내용
0	없음	없음
1	미미	가벼운 증상으로, 하나 또는 하나 이상의 손가락 끝부분이 하얗게 변하는 증상이 이따금씩 나타남
2	보통	하나 또는 그 이상의 손가락 가운데 마디 부분까지 하얗게 변하는 증상이 나타남(손바닥 가까운 기저부에는 드물게 나타남)
3	심각	대부분의 손가락에 빈번하게 나타남
4	매우 심각	대부분의 손가락이 하얗게 변하는 증상과 함께 손끝에서 땀의 분비가 제대로 일어나지 않는 등의 변화가 나타남

64 다음에서 설명하는 고열장애는?

> 이것은 작업환경에서 가장 흔히 발생하는 피부장애로서 땀띠(prickly heat)라고도 말하며, 땀에 젖은 피부 각질층이 떨어져 땀구멍을 막아 한선 내에 땀의 압력으로 염증성 반응을 일으켜 붉은 구진(papules) 형태로 나타난다.

① 열사병(heat stroke)
② 열허탈(heat collapse)
③ 열경련(heat cramps)
④ 열발진(heat rashes)

풀이 **열성발진(열발진, 열성혈압증)**
㉠ 작업환경에서 가장 흔히 발생하는 피부장애로 땀띠라고도 하며, 끊임없이 고온다습한 환경에 노출될 때 주로 문제가 된다.
㉡ 피부의 케라틴(keratin)층 때문에 땀구멍이 막혀 땀샘에 염증이 생기고 피부에 작은 수포가 형성되기도 한다.

65 전리방사선 중 전자기방사선에 속하는 것은?

① α선 ② β선
③ γ선 ④ 중성자

풀이 **이온화방사선(전리방사선)의 구분**
㉠ 전자기방사선 : X-Ray, γ선
㉡ 입자방사선 : α입자, β입자, 중성자

 정답 62.④ 63.③ 64.④ 65.③

66 감압에 따른 인체의 기포 형성량을 좌우하는 요인과 가장 거리가 먼 것은?

① 감압속도
② 산소공급량
③ 조직에 용해된 가스량
④ 혈류를 변화시키는 상태

풀이 **감압 시 조직 내 질소기포 형성량에 영향을 주는 요인**
㉠ 조직에 용해된 가스량 : 체내 지방량, 고기압 폭로의 정도와 시간으로 결정한다.
㉡ 혈류변화 정도(혈류를 변화시키는 상태) : 감압 시 또는 재감압 후에 생기기 쉽고, 연령, 기온, 운동, 공포감, 음주와 관계가 있다.
㉢ 감압속도

67 전신진동 노출에 따른 인체의 영향에 대한 설명으로 옳지 않은 것은?

① 평형감각에 영향을 미친다.
② 산소 소비량과 폐환기량이 증가한다.
③ 작업수행능력과 집중력이 저하된다.
④ 지속노출 시 레이노드 증후군(Raynaud's phenomenon)을 유발한다.

풀이 ④ 레이노드 증후군은 국소진동 노출에 따른 인체의 영향이다.

68 산업안전보건법령상 이상기압에 의한 건강장애의 예방에 있어 사용되는 용어의 정의로 옳지 않은 것은?

① 압력이란 절대압과 게이지압의 합을 말한다.
② 고압작업이란 고기압에서 잠함공법이나 그 외의 압기공법으로 하는 작업을 말한다.
③ 기압조절실이란 고압작업을 하는 근로자가 가압 또는 감압을 받는 장소를 말한다.
④ 표면공급식 잠수작업이란 수면 위의 공기압축기 또는 호흡용 기체통에서 압축된 호흡용 기체를 공급받으면서 하는 작업을 말한다.

풀이 **이상기압에 의한 건강장애의 예방에 관한 용어**
사업주는 잠함 또는 잠수 작업 등 높은 기압에서 작업에 종사하는 근로자에 대하여 1일 6시간, 주 34시간을 초과하여 근로자에게 작업하게 하여서는 안 된다.
㉠ 고압작업 : 고기압(1kg/cm^2 이상)에서 잠함공법 또는 그 외의 압기공법으로 행하는 작업을 말한다.
㉡ 잠수작업
ⓐ 표면공급식 잠수작업 : 수면 위의 공기압축기 또는 호흡용 기체통에서 압축된 호흡용 기체를 공급받으면서 하는 작업
ⓑ 스쿠버 잠수작업 : 호흡용 기체통을 휴대하고 하는 작업
㉢ 기압조절실 : 고압작업에 종사하는 근로자가 작업실에의 출입 시 가압 또는 감압을 받는 장소를 말한다.
㉣ 압력 : 게이지압력을 말한다.

69 1sone이란 몇 Hz에서 몇 dB의 음압레벨을 갖는 소음의 크기를 말하는가?

① 1,000Hz, 40dB ② 1,200Hz, 45dB
③ 1,500Hz, 45dB ④ 2,000Hz, 48dB

풀이 sone
㉠ 감각적인 음의 크기(loudness)를 나타내는 양으로, 1,000Hz에서의 압력수준 dB을 기준으로 하여 등감곡선을 소리의 크기로 나타내는 단위이다.
㉡ 1,000Hz 순음의 음의 세기레벨 40dB의 음의 크기를 1sone으로 정의한다.

70 다음 중 밀폐공간에서 산소결핍의 원인을 소모(consumption), 치환(displacement), 흡수(absorption)로 구분할 때 소모에 해당하지 않는 것은?

① 용접, 절단, 불 등에 의한 연소
② 금속의 산화, 녹 등의 화학반응
③ 제한된 공간 내에서 사람의 호흡
④ 질소, 아르곤, 헬륨 등의 불활성 가스 사용

풀이 **밀폐공간에서 산소결핍이 발생하는 원인**
㉠ 화학반응(금속의 산화, 녹)
㉡ 연소(용접, 절단, 불)
㉢ 미생물 작용
㉣ 제한된 공간 내에서의 사람의 호흡

2021

정답 66.② 67.④ 68.① 69.① 70.④

71 소독작용, 비타민 D 형성, 피부색소 침착 등 생물학적 작용이 강한 특성을 가진 자외선(Dorno선)의 파장범위는 약 얼마인가?

① 1,000~2,800Å
② 2,800~3,150Å
③ 3,150~4,000Å
④ 4,000~4,700Å

풀이 **도르노선(Dorno-ray)**
280(290)~315nm[2,800(2,900)~3,150Å, 1Å(angstrom) ; SI 단위로 10^{-10}m]의 파장을 갖는 자외선을 의미하며, 인체에 유익한 작용을 하여 건강선(생명선)이라고도 한다. 또한 소독작용, 비타민 D 형성, 피부의 색소 침착 등 생물학적 작용이 강하다.

72 다음 중 소음의 흡음평가 시 적용되는 반향시간(reverberation time)에 관한 설명으로 옳은 것은?

① 반향시간은 실내공간의 크기에 비례한다.
② 실내 흡음량을 증가시키면 반향시간도 증가한다.
③ 반향시간은 음압수준이 30dB 감소하는 데 소요되는 시간이다.
④ 반향시간을 측정하려면 실내 배경소음이 90dB 이상 되어야 한다.

풀이 ② 실내 흡음량을 증가시키면 반향시간은 감소한다.
③ 반향시간은 음압수준이 60dB 감소하는 데 소요되는 시간이다.
④ 반향시간을 측정하려면 실내 배경소음이 60dB 이하가 되어야 한다.
※ 반향시간=잔향시간

73 소음에 의한 인체의 장애정도(소음성 난청)에 영향을 미치는 요인이 아닌 것은?

① 소음의 크기
② 개인의 감수성
③ 소음 발생 장소
④ 소음의 주파수 구성

풀이 **소음성 난청에 영향을 미치는 요소**
㉠ 소음 크기 : 음압수준이 높을수록 영향이 크다.
㉡ 개인 감수성 : 소음에 노출된 모든 사람이 똑같이 반응하지 않으며, 감수성이 매우 높은 사람이 극소수 존재한다.
㉢ 소음의 주파수 구성 : 고주파음이 저주파음보다 영향이 크다.
㉣ 소음의 발생 특성 : 지속적인 소음 노출이 단속적(간헐적)인 소음 노출보다 더 큰 장애를 초래한다.

74 비전리방사선의 종류 중 옥외작업을 하면서 콜타르의 유도체, 벤조피렌, 안트라센 화합물과 상호작용하여 피부암을 유발시키는 것으로 알려진 비전리방사선은?

① γ선
② 자외선
③ 적외선
④ 마이크로파

풀이 **자외선의 피부에 대한 작용(장애)**
㉠ 자외선에 의하여 피부의 표피와 진피 두께가 증가하여 피부의 비후가 온다.
㉡ 280nm 이하의 자외선은 대부분 표피에서, 280~320nm의 자외선은 진피에서, 320~380nm의 자외선은 표피(상피 : 각화층, 말피기층)에서 흡수된다.
㉢ 각질층 표피세포(말피기층)에 histamine의 양이 많아져 모세혈관 수축, 홍반 형성에 이어 색소 침착이 발생한다. 홍반 형성은 300nm 부근(2,000~2,900Å)의 폭로가 가장 강한 영향을 미치며, 멜라닌색소 침착은 300~420nm에서 영향을 미친다.
㉣ 반복하여 자외선에 노출될 경우 피부가 건조해지고 갈색을 띠며 주름살이 많이 생긴다. 즉, 피부노화에 영향을 미친다.
㉤ 피부투과력은 체표에서 0.1~0.2mm 정도이고 자외선 파장, 피부색, 피부 표피의 두께에 좌우된다.
㉥ 옥외작업을 하면서 콜타르의 유도체, 벤조피렌, 안트라센화합물과 상호작용하여 피부암을 유발하며, 관여하는 파장은 주로 280~320nm이다.
㉦ 피부색과의 관계는 피부가 흰색일 때 가장 투과가 잘 되며, 흑색이 가장 투과가 안 된다. 따라서 백인과 흑인의 피부암 발생률 차이가 크다.
㉧ 자외선 노출에 가장 심각한 만성 영향은 피부암이며, 피부암의 90% 이상은 햇볕에 노출된 신체 부위에서 발생한다. 특히 대부분의 피부암은 상피세포 부위에서 발생한다.

정답 71.② 72.① 73.③ 74.②

75 10시간 동안 측정한 누적 소음노출량이 300%일 때 측정시간 평균소음수준은 약 얼마인가?

① 94.2dB(A)
② 96.3dB(A)
③ 97.4dB(A)
④ 98.6dB(A)

풀이 시간가중 평균소음수준(TWA)

$$\text{TWA} = 16.61\log\left(\frac{D(\%)}{100}\right) + 90$$
$$= 16.61\log\left(\frac{300}{12.5\times 10}\right) + 90$$
$$= 96.32\text{dB(A)}$$

76 다음 중 자연조명에 관한 설명으로 옳지 않은 것은?

① 창의 면적은 바닥 면적의 15~20% 정도가 이상적이다.
② 개각은 4~5°가 좋으며, 개각이 작을수록 실내는 밝다.
③ 균일한 조명을 요구하는 작업실은 동북 또는 북창이 좋다.
④ 입사각은 28° 이상이 좋으며, 입사각이 클수록 실내는 밝다.

풀이 ② 개각은 4~5°가 좋으며, 개각이 클수록 실내는 밝다. 또한, 개각 1°의 감소를 입사각으로 보충하려면 2~5°의 증가가 필요하다.

77 출력이 10Watt인 작은 점음원으로부터 자유공간에서 10m 떨어져 있는 곳의 음압레벨(Sound Pressure Level)은 몇 dB 정도인가?

① 89　② 99
③ 161　④ 229

풀이 자유공간, 점음원

$$\text{SPL} = \text{PWL} - 20\log r - 11$$
$$= \left(10\log\frac{10}{10^{-12}}\right) - 20\log 10 - 11$$
$$= 99\text{dB}$$

78 한랭환경에서 인체의 일차적 생리적 반응으로 볼 수 없는 것은?

① 피부혈관의 팽창
② 체표면적의 감소
③ 화학적 대사작용의 증가
④ 근육긴장의 증가와 떨림

풀이 **저온에 의한 생리적 반응**

(1) 1차 생리적 반응
㉠ 피부혈관의 수축
㉡ 근육긴장의 증가와 떨림
㉢ 화학적 대사작용의 증가
㉣ 체표면적의 감소

(2) 2차 생리적 반응
㉠ 말초혈관의 수축
㉡ 근육활동, 조직대사가 증진되어 식욕 항진
㉢ 혈압의 일시적 상승

79 다음 중 전리방사선에 대한 감수성의 크기를 올바른 순서대로 나열한 것은?

㉮ 상피세포
㉯ 골수, 흉선 및 림프조직(조혈기관)
㉰ 근육세포
㉱ 신경조직

① ㉮ > ㉯ > ㉰ > ㉱
② ㉮ > ㉱ > ㉯ > ㉰
③ ㉯ > ㉮ > ㉰ > ㉱
④ ㉯ > ㉰ > ㉱ > ㉮

풀이 **전리방사선에 대한 감수성 순서**

골수, 흉선 및 림프조직(조혈기관), 눈의 수정체, 임파선(임파구)	>	상피세포, 내피세포	>	근육 세포	>	신경 조직

80 다음 중 이상기압의 인체작용으로 2차적인 가압현상과 가장 거리가 먼 것은? (단, 화학적 장애를 말한다.)

① 질소 마취　② 이산화탄소의 중독
③ 산소 중독　④ 일산화탄소의 작용

풀이 2차적 가압현상
고압하의 대기가스 독성 때문에 나타나는 현상으로, 2차성 압력현상이다.
(1) 질소가스의 마취작용
㉠ 공기 중의 질소가스는 정상기압에서 비활성이지만, 4기압 이상에서는 마취작용을 일으키며 이를 다행증(euphoria)이라 한다(공기 중의 질소가스는 3기압 이하에서 자극작용을 한다).
㉡ 질소가스 마취작용은 알코올 중독의 증상과 유사하다.
㉢ 작업력의 저하, 기분의 변환 등 여러 종류의 다행증이 일어난다.
㉣ 수심 90~120m에서 환청, 환시, 조현증, 기억력감퇴 등이 나타난다.
(2) 산소 중독작용
㉠ 산소의 분압이 2기압을 넘으면 산소 중독증상을 보인다. 즉, 3~4기압의 산소 혹은 이에 상당하는 공기 중 산소 분압에 의하여 중추신경계의 장애에 기인하는 운동장애를 나타내는데, 이것을 산소 중독이라 한다.
㉡ 수중의 잠수자는 폐압착증을 예방하기 위하여 수압과 같은 압력의 압축기체를 호흡하여야 하며, 이로 인한 산소 분압 증가로 산소중독이 일어난다.
㉢ 고압산소에 대한 폭로가 중지되면 증상은 즉시 멈춘다. 즉, 가역적이다.
㉣ 1기압에서 순산소는 인후를 자극하나, 비교적 짧은 시간의 폭로라면 중독증상은 나타나지 않는다.
㉤ 산소 중독작용은 운동이나 이산화탄소로 인해 악화된다.
㉥ 수지나 족지의 작열통, 시력장애, 정신혼란, 근육경련 등의 증상을 보이며, 나아가서는 간질 모양의 경련을 나타낸다.
(3) 이산화탄소 중독작용
㉠ 이산화탄소 농도의 증가는 산소의 독성과 질소의 마취작용을 증가시키는 역할을 하고, 감압증의 발생을 촉진시킨다.
㉡ 이산화탄소 농도가 고압환경에서 대기압으로 환산하여 0.2%를 초과해서는 안 된다.
㉢ 동통성 관절장애(bends)도 이산화탄소의 분압 증가에 따라 보다 많이 발생한다.

제5과목 | 산업 독성학

81 건강영향에 따른 분진의 분류와 유발물질의 종류를 잘못 짝지은 것은?

① 유기성 분진 – 목분진, 면, 밀가루
② 알레르기성 분진 – 크롬산, 망간, 황
③ 진폐성 분진 – 규산, 석면, 활석, 흑연
④ 발암성 분진 – 석면, 니켈카보닐, 아민계 색소

풀이 **분진의 분류와 유발물질의 종류**
㉠ 진폐성 분진 : 규산, 석면, 활석, 흑연
㉡ 불활성 분진 : 석탄, 시멘트, 탄화수소
㉢ 알레르기성 분진 : 꽃가루, 털, 나뭇가루
㉣ 발암성 분진 : 석면, 니켈카보닐, 아민계 색소

82 적혈구의 산소운반 단백질을 무엇이라 하는가?

① 백혈구 ② 단구
③ 혈소판 ④ 헤모글로빈

풀이 **헤모글로빈**
적혈구에서 철을 포함하는 붉은색 단백질로, 산소를 운반하는 역할을 하며 정상수치보다 낮으면 빈혈이 일어난다.

83 흡입분진의 종류에 따른 진폐증의 분류 중 유기성 분진에 의한 진폐증에 해당하는 것은?

① 규폐증 ② 활석폐증
③ 연초폐증 ④ 석면폐증

풀이 **분진 종류에 따른 분류(임상적 분류)**
㉠ 유기성 분진에 의한 진폐증
농부폐증, 면폐증, 연초폐증, 설탕폐증, 목재분진폐증, 모발분진폐증
㉡ 무기성(광물성) 분진에 의한 진폐증
규폐증, 탄소폐증, 활석폐증, 탄광부 진폐증, 철폐증, 베릴륨폐증, 흑연폐증, 규조토폐증, 주석폐증, 칼륨폐증, 바륨폐증, 용접공폐증, 석면폐증

 정답 81.② 82.④ 83.③

84 생물학적 모니터링(biological monitoring)에 관한 설명으로 옳지 않은 것은?

① 주목적은 근로자 채용시기를 조정하기 위하여 실시한다.
② 건강에 영향을 미치는 바람직하지 않은 노출상태를 파악하는 것이다.
③ 최근의 노출량이나 과거로부터 축적된 노출량을 파악한다.
④ 건강상의 위험은 생물학적 검체에서 물질별 결정인자를 생물학적 노출지수와 비교하여 평가된다.

풀이 생물학적 모니터링의 주목적은 유해물질에 노출된 근로자 개인에 대해 모든 인체침입경로, 근로시간에 따른 노출량 등의 정보를 제공하는 데 있다.

85 단순 질식제에 해당되는 물질은?

① 아닐린 ② 황화수소
③ 이산화탄소 ④ 니트로벤젠

풀이 **질식제의 구분에 따른 종류**
(1) 단순 질식제
㉠ 이산화탄소(CO_2)
㉡ 메탄(CH_4)
㉢ 질소(N_2)
㉣ 수소(H_2)
㉤ 에탄, 프로판, 에틸렌, 아세틸렌, 헬륨
(2) 화학적 질식제
㉠ 일산화탄소(CO)
㉡ 황화수소(H_2S)
㉢ 시안화수소(HCN)
㉣ 아닐린($C_6H_5NH_2$)

86 이황화탄소를 취급하는 근로자를 대상으로 생물학적 모니터링을 하는 데 이용될 수 있는 생체 내 대사산물은?

① 소변 중 마뇨산
② 소변 중 메탄올
③ 소변 중 메틸마뇨산
④ 소변 중 TTCA(2−thiothiazolidine−4−carboxylic acid)

풀이 **이황화탄소(CS_2)의 대사산물**
- 소변 중 TTCA
- 소변 중 이황화탄소

87 다음 중 중추신경의 자극작용이 가장 강한 유기용제는?

① 아민 ② 알코올
③ 알칸 ④ 알데히드

풀이 **유기화학물질의 중추신경계 억제작용 및 자극작용**
㉠ 중추신경계 억제작용의 순서
알칸 < 알켄 < 알코올 < 유기산 < 에스테르 < 에테르 < 할로겐화합물
㉡ 중추신경계 자극작용의 순서
알칸 < 알코올 < 알데히드 또는 케톤 < 유기산 < 아민류

88 다음 중 납중독에서 나타날 수 있는 증상을 모두 나열한 것은?

㉮ 빈혈
㉯ 신장장애
㉰ 중추 및 말초 신경장애
㉱ 소화기장애

① ㉮, ㉰ ② ㉯, ㉱
③ ㉮, ㉯, ㉰ ④ ㉮, ㉯, ㉰, ㉱

풀이 **납중독의 주요 증상(임상증상)**
(1) 위장 계통의 장애(소화기장애)
㉠ 복부팽만감, 급성 복부선통
㉡ 권태감, 불면증, 안면창백, 노이로제
㉢ 잇몸의 연선(lead line)
(2) 신경·근육 계통의 장애
㉠ 손 처짐, 팔과 손의 마비
㉡ 근육통, 관절통
㉢ 신장근의 쇠약
㉣ 근육의 피로로 인한 납경련
(3) 중추신경장애
㉠ 뇌 중독증상으로 나타난다.
㉡ 유기납에 폭로로 나타나는 경우가 많다.
㉢ 두통, 안면창백, 기억상실, 정신착란, 혼수상태, 발작

2021

정답 84.① 85.③ 86.④ 87.① 88.④

89 화학물질의 상호작용인 길항작용 중 독성물질의 생체과정이 흡수, 대사 등에 변화를 일으켜 독성이 감소되는 것을 무엇이라 하는가?

① 화학적 길항작용
② 배분적 길항작용
③ 수용체 길항작용
④ 기능적 길항작용

풀이 독성물질의 생체과정인 흡수, 분포, 생전환, 배설 등에 변화를 일으켜 독성이 낮아지는 경우를 배분적(분배적) 길항작용이라고 한다.

90 직업성 천식에 관한 설명으로 잘못된 것은?

① 작업환경 중 천식을 유발하는 대표물질로 톨루엔디이소시안산염(TDI), 무수 트리멜리트산(TMA)이 있다.
② 일단 질환에 이환하게 되면 작업환경에서 추후 소량의 동일한 유발물질에 노출되더라도 지속적으로 증상이 발현된다.
③ 항원공여세포가 탐식되면 T림프구 중 I형 T림프구(type I killer T cell)가 특정 알레르기 항원을 인식한다.
④ 직업성 천식은 근무시간에 증상이 점점 심해지고, 휴일 같은 비근무시간에 증상이 완화되거나 없어지는 특징이 있다.

풀이 ③ 직업성 천식은 대식세포와 같은 항원공여세포가 탐식되면 T림프구 중 Ⅱ형 보조 T림프구가 특정 알레르기 항원을 인식한다.

91 사염화탄소에 관한 설명으로 옳지 않은 것은?

① 생식기에 대한 독성작용이 특히 심하다.
② 고농도에 노출되면 중추신경계 장애 외에 간장과 신장 장애를 유발한다.
③ 신장장애 증상으로 감뇨, 혈뇨 등이 발생하며, 완전 무뇨증이 되면 사망할 수도 있다.
④ 초기 증상으로는 지속적인 두통, 구역 또는 구토, 복부선통과 설사, 간압통 등이 나타난다.

풀이 사염화탄소(CCl_4)

㉠ 특이한 냄새가 나는 무색의 액체로, 소화제, 탈지세정제, 용제로 이용한다.
㉡ 신장장애 증상으로 감뇨, 혈뇨 등이 발생하며, 완전 무뇨증이 되면 사망할 수 있다.
㉢ 피부, 간장, 신장, 소화기, 신경계에 장애를 일으키는데, 특히 간에 대한 독성작용이 강하게 나타난다(즉, 간에 중요한 장애인 중심소엽성 괴사를 일으킨다).
㉣ 고온에서 금속과의 접촉으로 포스겐, 염화수소를 발생시키므로 주의를 요한다.
㉤ 고농도로 폭로되면 중추신경계 장애 외에 간장이나 신장에 장애가 일어나 황달, 단백뇨, 혈뇨의 증상을 보이는 할로겐탄화수소이다.
㉥ 초기 증상으로 지속적인 두통, 구역 및 구토, 간부위에 압통 등의 증상을 일으킨다.

92 산업안전보건법령상 다음의 설명에서 ㉮~㉰에 해당하는 내용으로 옳은 것은 어느 것인가?

> 단시간노출기준(STEL)이란 (㉮)분간의 시간가중평균노출값으로서 노출농도가 시간가중평균노출기준(TWA)을 초과하고 단시간노출기준(STEL) 이하인 경우에는 1회 노출지속시간이 (㉯)분 미만이어야 하고, 이러한 상태가 1일 (㉰)회 이하로 발생하여야 하며, 각 노출의 간격은 60분 이상이어야 한다.

① ㉮ 15, ㉯ 20, ㉰ 2
② ㉮ 20, ㉯ 15, ㉰ 2
③ ㉮ 15, ㉯ 15, ㉰ 4
④ ㉮ 20, ㉯ 20, ㉰ 4

풀이 단시간 노출농도
(STEL ; Short Term Exposure Limits)

㉠ 근로자가 1회 15분간 유해인자에 노출되는 경우의 기준(허용농도)이다.
㉡ 이 기준 이하에서는 노출간격이 1시간 이상인 경우 1일 작업시간 동안 4회까지 노출이 허용될 수 있다.
㉢ 고농도에서 급성중독을 초래하는 물질에 적용한다.

정답 89.② 90.③ 91.① 92.③

93 카드뮴이 체내에 흡수되었을 경우 주로 축적되는 곳은?

① 뼈, 근육　② 뇌, 근육
③ 간, 신장　④ 혈액, 모발

풀이 **카드뮴의 독성 메커니즘**

㉠ 호흡기, 경구로 흡수되어 체내에서 축적작용을 한다.
㉡ 간, 신장, 장관벽에 축적하여 효소의 기능유지에 필요한 -SH기와 반응하여(SH효소를 불활성화하여) 조직세포에 독성으로 작용한다.
㉢ 호흡기를 통한 독성이 경구독성보다 약 8배 정도 강하다.
㉣ 산화카드뮴에 의한 장애가 가장 심하며, 산화카드뮴 에어로졸 노출에 의해 화학적 폐렴을 발생시킨다.

94 다음 표는 A작업장의 백혈병과 벤젠에 대한 코호트 연구를 수행한 결과이다. 이때 벤젠의 백혈병에 대한 상대위험비는 약 얼마인가?

구 분	백혈병 발생	백혈병 비발생	합계(명)
벤젠 노출군	5	14	19
벤젠 비노출군	2	25	27
합 계	7	39	46

① 3.29　② 3.55
③ 4.64　④ 4.82

풀이
$$\text{상대위험비} = \frac{\text{노출군에서 질병발생률}}{\text{비노출군에서 질병발생률}} = \frac{5/19}{2/27} = 3.55$$

95 다음 중 중절모자를 만드는 사람들에게 처음으로 발견되어 hatter's shake라고 하며 근육경련을 유발하는 중금속은?

① 카드뮴　② 수은
③ 망간　④ 납

풀이 **수은**

㉠ 수은은 인간의 연금술, 의약품 분야에서 가장 오래 사용해 온 중금속의 하나이며, 로마시대에 수은 광산에서 수은중독으로 인한 사망이 발생하였다.
㉡ 우리나라에서는 형광등 제조업체에 근무하던 문송면 군에게 직업병을 야기시킨 원인인자가 수은이다.
㉢ 수은은 금속 중 증기를 발생시켜 산업중독을 일으킨다.
㉣ 17세기 유럽에서 신사용 중절모자를 제조하는 데 사용함으로써 근육경련(hatter's shake)을 일으킨 기록이 있다.

96 다음 중 칼슘대사에 장애를 주어 신결석을 동반한 신증후군이 나타나고 다량의 칼슘배설이 일어나 뼈의 통증, 골연화증 및 골수공증과 같은 골격계 장애를 유발하는 중금속은?

① 망간　② 수은
③ 비소　④ 카드뮴

풀이 **카드뮴의 만성중독 건강장애**

(1) 신장기능 장애
㉠ 저분자 단백뇨의 다량 배설 및 신석증을 유발한다.
㉡ 칼슘대사에 장애를 주어 신결석을 동반한 신증후군이 나타난다.

(2) 골격계 장애
㉠ 다량의 칼슘 배설(칼슘 대사장애)이 일어나 뼈의 통증, 골연화증 및 골수공증을 유발한다.
㉡ 철분결핍성 빈혈증이 나타난다.

(3) 폐기능 장애
㉠ 폐활량 감소, 잔기량 증가 및 호흡곤란의 폐증세가 나타나며, 이 증세는 노출기간과 노출농도에 의해 좌우된다.
㉡ 폐기종, 만성 폐기능 장애를 일으킨다.
㉢ 기도 저항이 늘어나고 폐의 가스교환기능이 저하된다.
㉣ 고환의 기능이 쇠퇴(atrophy)한다.

(4) 자각증상
㉠ 기침, 가래 및 후각의 이상이 생긴다.
㉡ 식욕부진, 위장장애, 체중감소 등을 유발한다.
㉢ 치은부에 연한 황색 색소 침착을 유발한다.

2021

정답 93.③ 94.② 95.② 96.④

97 할로겐화탄화수소에 관한 설명으로 옳지 않은 것은?

① 대개 중추신경계의 억제에 의한 마취작용이 나타난다.

② 가연성과 폭발의 위험성이 높으므로 취급 시 주의하여야 한다.

③ 일반적으로 할로겐화탄화수소의 독성 정도는 화합물의 분자량이 커질수록 증가한다.

④ 일반적으로 할로겐화탄화수소의 독성 정도는 할로겐원소의 수가 커질수록 증가한다.

풀이 **할로겐화탄화수소 독성의 일반적 특성**

㉠ 냉각제, 금속세척, 플라스틱과 고무의 용제 등으로 사용되고 불연성이며, 화학반응성이 낮다.

㉡ 대표적 · 공통적인 독성작용은 중추신경계 억제작용이다.

㉢ 일반적으로 할로겐화탄화수소의 독성 정도는 화합물의 분자량이 클수록, 할로겐원소가 커질수록 증가한다.

㉣ 대개 중추신경계의 억제에 의한 마취작용이 나타난다.

㉤ 포화탄화수소는 탄소 수가 5개 정도까지는 길수록 중추신경계에 대한 억제작용이 증가한다.

㉥ 할로겐화된 기능기가 첨가되면 마취작용이 증가하여 중추신경계에 대한 억제작용이 증가하며, 기능기 중 할로겐족(F, Cl, Br 등)의 독성이 가장 크다.

㉦ 유기용제가 중추신경계를 억제하는 원리는 유기용제가 지용성이므로 중추신경계의 신경세포의 지질막에 흡수되어 영향을 미친다.

㉧ 알켄족이 알칸족보다 중추신경계에 대한 억제작용이 크다.

98 유기용제별 중독의 대표적인 증상으로 올바르게 연결된 것은?

① 벤젠 – 간장애

② 크실렌 – 조혈장애

③ 염화탄화수소 – 시신경장애

④ 에틸렌글리콜에테르 – 생식기능장애

풀이 **유기용제별 대표적 특이증상**

㉠ 벤젠 : 조혈장애

㉡ 염화탄화수소, 염화비닐 : 간장애

㉢ 이황화탄소 : 중추신경 및 말초신경 장애, 생식기능장애

㉣ 메틸알코올(메탄올) : 시신경장애

㉤ 메틸부틸케톤 : 말초신경장애(중독성)

㉥ 노말헥산 : 다발성 신경장애

㉦ 에틸렌글리콜에테르 : 생식기장애

㉧ 알코올, 에테르류, 케톤류 : 마취작용

㉨ 톨루엔 : 중추신경장애

99 폐에 침착된 먼지의 정화과정에 대한 설명으로 옳지 않은 것은?

① 어떤 먼지는 폐포벽을 통과하여 림프계나 다른 부위로 들어가기도 한다.

② 먼지는 세포가 방출하는 효소에 의해 용해되지 않으므로 점액층에 의한 방출 이외에는 체내에 축적된다.

③ 폐에 침착된 먼지는 식세포에 의하여 포위되어 포위된 먼지의 일부는 미세 기관지로 운반되고 점액 섬모운동에 의하여 정화된다.

④ 폐에서 먼지를 포위하는 식세포는 수명이 다한 후 사멸하고 다시 새로운 식세포가 먼지를 포위하는 과정이 계속적으로 일어난다.

풀이 **인체 방어기전**

(1) 점액 섬모운동

㉠ 가장 기초적인 방어기전(작용)이며, 점액 섬모운동에 의한 배출 시스템으로 폐포로 이동하는 과정에서 이물질을 제거하는 역할을 한다.

㉡ 기관지(벽)에서의 방어기전을 의미한다.

㉢ 정화작용을 방해하는 물질은 카드뮴, 니켈, 황화합물 등이다.

(2) 대식세포에 의한 작용(정화)

㉠ 대식세포가 방출하는 효소에 의해 용해되어 제거된다(용해작용).

㉡ 폐포의 방어기전을 의미한다.

㉢ 대식세포에 의해 용해되지 않는 대표적 독성물질은 유리규산, 석면 등이다.

정답 97.② 98.④ 99.②

100 상기도 점막자극제로 볼 수 없는 것은?

① 포스겐 ② 크롬산
③ 암모니아 ④ 염화수소

풀이 **상기도 점막자극제의 종류**
㉠ 암모니아(NH_3)
㉡ 염화수소(HCl)
㉢ 아황산가스(SO_2)
㉣ 포름알데히드(HCHO)
㉤ 아크롤레인(CH_2=CHCHO)
㉥ 아세트알데히드(CH_3CHO)
㉦ 크롬산
㉧ 산화에틸렌
㉨ 염산(HCl 수용액)
㉩ 불산(HF)

2021

정답 100.①

제3회 산업위생관리기사

제1과목 | 산업위생학 개론

01 화학물질 및 물리적 인자의 노출기준상 사람에게 충분한 발암성 증거가 있는 물질의 표기는?

① 1A ② 1B
③ 2C ④ 1D

풀이 **발암성 정보물질의 표기(화학물질 및 물리적 인자의 노출기준)**
㉠ 1A : 사람에게 충분한 발암성 증거가 있는 물질
㉡ 1B : 실험동물에서 발암성 증거가 충분히 있거나, 실험동물과 사람 모두에서 제한된 발암성 증거가 있는 물질
㉢ 2 : 사람이나 동물에서 제한된 증거가 있지만, 구분 1로 분류하기에는 증거가 충분하지 않은 물질

02 산업안전보건법령상 작업환경측정에 관한 내용으로 옳지 않은 것은?

① 모든 측정은 지역시료 채취방법을 우선으로 실시하여야 한다.
② 작업환경측정을 실시하기 전에 예비조사를 실시하여야 한다.
③ 작업환경측정자는 그 사업장에 소속된 사람으로 산업위생관리산업기사 이상의 자격을 가진 사람이다.
④ 작업이 정상적으로 이루어져 작업시간과 유해인자에 대한 근로자의 노출정도를 정확히 평가할 수 있을 때 실시하여야 한다.

풀이 작업환경측정은 개인시료 채취를 원칙으로 하고 있으며, 개인시료 채취가 곤란한 경우에 한하여 지역시료를 채취할 수 있다.

03 미국산업안전보건연구원(NIOSH)에서 제시한 중량물의 들기작업에 관한 감시기준(Action Limit)과 최대허용기준(Maximum Permissible Limit)의 관계를 바르게 나타낸 것은?

① MPL=5AL ② MPL=3AL
③ MPL=10AL ④ MPL=$\sqrt{2}$AL

풀이 **최대허용기준(MPL) 관계식**
MPL=AL(감시기준)×3

04 근골격계 질환 평가방법 중 JSI(Job Strain Index)에 대한 설명으로 옳지 않은 것은?

① 특히 허리와 팔을 중심으로 이루어지는 작업평가에 유용하게 사용된다.
② JSI 평가결과의 점수가 7점 이상은 위험한 작업이므로 즉시 작업개선이 필요한 작업으로 관리기준을 제시하게 된다.
③ 이 기법은 힘, 근육 사용기간, 작업자세, 하루 작업시간 등 6개의 위험요소로 구성되어, 이를 곱한 값으로 상지 질환의 위험성을 평가한다.
④ 이 평가방법은 손목의 특이적인 위험성만을 평가하고 있어 제한적인 작업에 대해서만 평가가 가능하고, 손, 손목 부위에서 중요한 진동에 대한 위험요인이 배제되었다는 단점이 있다.

풀이 근골격계 질환 평가방법 중 JSI는 주로 상지 말단의 직업관련성 근골격계 유해요인을 평가하기 위한 도구로 각각의 작업을 세분하여 평가하며, 작업을 정량적으로 평가함과 동시에 질적인 평가도 함께 고려한다.

 정답 01.① 02.① 03.② 04.①

05 다음 중 휘발성 유기화합물의 특징으로 잘못된 것은?

① 물질에 따라 인체에 발암성을 보이기도 한다.
② 대기 중에 반응하여 광화학 스모그를 유발한다.
③ 증기압이 낮아 대기 중으로 쉽게 증발하지 않고 실내에 장기간 머무른다.
④ 지표면 부근 오존 생성에 관여하여 결과적으로 지구온난화에 간접적으로 기여한다.

풀이 휘발성 유기화합물(VOCs)은 증기압이 높아 대기 중으로 쉽게 증발한다.

06 체중이 60kg인 사람이 1일 8시간 작업 시 안전흡수량이 1mg/kg인 물질의 체내 흡수를 안전흡수량 이하로 유지하려면 공기 중 유해물질 농도를 몇 mg/m^3 이하로 하여야 하는가? (단, 작업 시 폐환기율은 $1.25m^3/hr$, 체내 잔류율은 1로 가정한다.)

① 0.06 ② 0.6
③ 6 ④ 60

풀이 $\text{SHD} = C\times T\times V\times R$

$$C(\text{mg/m}^3) = \frac{\text{SHD}}{T\times V\times R} = \frac{60\text{kg}\times 1\text{mg/kg}}{8\text{hr}\times 1.25\text{m}^3/\text{hr}\times 1.0} = 6\text{mg/m}^3$$

07 업무상 사고나 업무상 질병을 유발할 수 있는 불안전한 행동의 직접원인에 해당되지 않는 것은?

① 지식의 부족
② 기능의 미숙
③ 태도의 불량
④ 의식의 우회

풀이 ④ 의식의 우회는 간접원인(정신적 원인)에 해당한다.

08 산업위생의 목적과 가장 거리가 먼 것은?

① 근로자의 건강을 유지시키고 작업능률을 향상시킴
② 근로자들의 육체적, 정신적, 사회적 건강을 증진시킴
③ 유해한 작업환경 및 조건으로 발생한 질병을 진단하고 치료함
④ 작업환경 및 작업조건이 최적화되도록 개선하여 질병을 예방함

풀이 **산업위생관리 목적**
㉠ 작업환경과 근로조건의 개선 및 직업병의 근원적 예방
㉡ 작업환경 및 작업조건의 인간공학적 개선(최적의 작업환경 및 작업조건으로 개선하여 질병을 예방)
㉢ 작업자의 건강보호 및 생산성 향상(근로자의 건강을 유지·증진시키고 작업능률을 향상)
㉣ 근로자들의 육체적, 정신적, 사회적 건강을 유지 및 증진
㉤ 산업재해의 예방 및 직업성 질환 유소견자의 작업 전환

09 교대근무에 있어 야간 작업의 생리적 현상으로 옳지 않은 것은?

① 체중의 감소가 발생한다.
② 체온이 주간보다 올라간다.
③ 주간 근무에 비하여 피로를 쉽게 느낀다.
④ 수면 부족 및 식사시간의 불규칙으로 위장장애를 유발한다.

풀이 야간 작업 시 체온상승은 주간 작업 시보다 낮다.

10 직업병 진단 시 유해요인 노출 내용과 정도에 대한 평가요소와 가장 거리가 먼 것은?

① 성별
② 노출의 추정
③ 작업환경측정
④ 생물학적 모니터링

풀이 ① 성별은 직업병 진단 시 유해요인 노출 내용과 정도에 대한 평가요소와는 관련이 없다.

정답 05.③ 06.③ 07.④ 08.③ 09.② 10.①

11 산업안전보건법령상 작업환경측정대상 유해인자(분진)에 해당하지 않는 것은? (단, 그 밖에 고용노동부장관이 정하여 고시하는 인체에 해로운 유해인자는 제외한다.)

① 면 분진(cotton dusts)
② 목재 분진(wood dusts)
③ 지류 분진(paper dusts)
④ 곡물 분진(grain dusts)

풀이 작업환경측정대상 중 분진의 종류(7종)
㉠ 광물성 분진
㉡ 곡물 분진
㉢ 면 분진
㉣ 목재 분진
㉤ 석면 분진
㉥ 용접흄
㉦ 유리섬유

12 미국에서 1910년 납(lead) 공장에 대한 조사를 시작으로 레이온 공장의 이황화탄소 중독, 구리 광산에서 규폐증, 수은 광산에서의 수은 중독 등을 조사하여 미국의 산업보건 분야에 크게 공헌한 선구자는?

① Leonard Hill
② Max Von Pettenkofer
③ Edward Chadwick
④ Alice Hamilton

풀이 Alice Hamilton(20세기)
㉠ 미국의 여의사이며 미국 최초의 산업위생학자, 산업의학자로 인정받음
㉡ 현대적 의미의 최초 산업위생전문가(최초 산업의학자)
㉢ 20세기 초 미국의 산업보건 분야에 크게 공헌(1910년 납 공장에 대한 조사 시작)
㉣ 유해물질(납, 수은, 이황화탄소) 노출과 질병의 관계 규명
㉤ 1910년 납 공장에 대한 조사를 시작으로 40년간 각종 직업병 발견 및 작업환경 개선에 힘을 기울임
㉥ 미국의 산업재해보상법을 제정하는 데 크게 기여

13 RMR이 10인 격심한 작업을 하는 근로자의 실동률(㉮)과 계속작업의 한계시간(㉯)으로 옳은 것은? (단, 실동률은 사이또 오시마 식을 적용한다.)

① ㉮ 55%, ㉯ 약 7분
② ㉮ 45%, ㉯ 약 5분
③ ㉮ 35%, ㉯ 약 3분
④ ㉮ 25%, ㉯ 약 1분

풀이 ㉮ 실동률 $= 85-(5\times \text{RMR})$
$= 85-(5\times 10) = 35\%$
㉯ log(계속작업 한계시간) $= 3.724-3.25\log(\text{RMR})$
$= 3.724-3.25\times\log 10$
$= 0.474$
∴ 계속작업 한계시간 $= 10^{0.474} = 2.98$(약 3분)

14 다음 중 산업안전보건법령상 제조 등이 허가되는 유해물질에 해당하는 것은 어느 것인가?

① 석면(Asbestos)
② 베릴륨(Beryllium)
③ 황린 성냥(Yellow phosphorus match)
④ β-나프틸아민과 그 염(β-Naphthylamine and its salts)

풀이 산업안전보건법상 제조 등이 금지되는 유해물질
㉠ β-나프틸아민과 그 염
㉡ 4-니트로디페닐과 그 염
㉢ 백연을 포함한 페인트(포함된 중량의 비율이 2% 이하인 것은 제외)
㉣ 벤젠을 포함하는 고무풀(포함된 중량의 비율이 5% 이하인 것은 제외)
㉤ 석면
㉥ 폴리클로리네이티드 터페닐
㉦ 황린(黃燐) 성냥
㉧ ㉠, ㉡, ㉤ 또는 ㉥에 해당하는 물질을 포함한 화합물(포함된 중량의 비율이 1% 이하인 것은 제외)
㉨ "화학물질관리법"에 따른 금지물질
㉩ 그 밖에 보건상 해로운 물질로서 산업재해보상보험 및 예방심의위원회의 심의를 거쳐 고용노동부장관이 정하는 유해물질

정답 11.③ 12.④ 13.③ 14.②

15 직업적성검사 중 생리적 기능검사에 해당하지 않는 것은?

① 체력검사
② 감각기능검사
③ 심폐기능검사
④ 지각동작검사

풀이 **적성검사의 분류**
(1) 생리학적 적성검사(생리적 기능검사)
㉠ 감각기능검사
㉡ 심폐기능검사
㉢ 체력검사
(2) 심리학적 적성검사
㉠ 지능검사
㉡ 지각동작검사
㉢ 인성검사
㉣ 기능검사

16 미국산업위생학술원(AAIH)이 채택한 윤리강령 중 사업주에 대한 책임에 해당되는 내용은?

① 일반 대중에 관한 사항은 정직하게 발표한다.
② 위험요소와 예방조치에 관하여 근로자와 상담한다.
③ 성실성과 학문적 실력 면에서 최고수준을 유지한다.
④ 근로자의 건강에 대한 궁극적인 책임은 사업주에게 있음을 인식시킨다.

풀이 **기업주(사업주)와 고객에 대한 책임**
㉠ 결과와 결론을 뒷받침할 수 있도록 정확한 기록을 유지하고, 산업위생 사업을 전문가답게 전문부서들로 운영·관리한다.
㉡ 기업주와 고객보다는 근로자의 건강보호에 궁극적 책임을 두고 행동한다.
㉢ 쾌적한 작업환경을 조성하기 위하여 산업위생의 이론을 적용하고 책임감 있게 행동한다.
㉣ 신뢰를 바탕으로 정직하게 권하고 성실한 자세로 충고하며, 결과와 개선점 및 권고사항을 정확히 보고한다.

17 산업재해 통계 중 재해발생 건수(100만 배)를 총 연인원의 근로시간수로 나누어 산정하는 것으로 재해발생의 정도를 표현하는 것은 어느 것인가?

① 강도율
② 도수율
③ 발생률
④ 연천인율

풀이 **도수율(빈도율, FR)**
㉠ 정의
재해의 발생빈도를 나타내는 것으로 연근로시간 합계 100만 시간당의 재해발생 건수
㉡ 계산식
도수율
$$= \frac{\text{일정 기간 중 재해발생 건수(재해자수)}}{\text{일정 기간 중 연근로시간수}} \times 1,000,000$$

18 직업병 및 작업관련성 질환에 관한 설명으로 옳지 않은 것은?

① 작업관련성 질환은 작업에 의하여 악화되거나 작업과 관련하여 높은 발병률을 보이는 질병이다.
② 직업병은 일반적으로 단일요인에 의해, 작업관련성 질환은 다수의 원인 요인에 의해서 발병된다.
③ 직업병은 직업에 의해 발생된 질병으로서 직업환경 노출과 특정 질병 간에 인과관계는 불분명하다.
④ 작업관련성 질환은 작업환경과 업무수행상의 요인들이 다른 위험요인과 함께 질병 발생의 복합적 병인 중 한 요인으로서 기여한다.

풀이 ③ 직업성 질환은 직업에 의해 발생된 질병으로서 직업환경 노출과 특정 질병 간에 인과관계는 불분명하다.

정답 15.④ 16.④ 17.② 18.③

19 단기간의 휴식에 의하여 회복될 수 없는 병적 상태를 일컫는 용어는?

① 곤비 ② 과로
③ 국소피로 ④ 전신피로

풀이 피로의 3단계
피로도가 증가하는 순서에 따라 구분한 것이며, 피로의 정도는 객관적 판단이 용이하지 않다.
㉠ 1단계 : 보통피로
하룻밤을 자고 나면 완전히 회복하는 상태이다.
㉡ 2단계 : 과로
피로의 축적으로 다음 날까지도 피로상태가 지속되는 것으로, 단기간 휴식으로 회복될 수 있으며 발병단계는 아니다.
㉢ 3단계 : 곤비
과로의 축적으로 단시간에 회복될 수 없는 단계를 말하며, 심한 노동 후의 피로현상으로 병적 상태를 의미한다.

20 사무실 공기관리지침상 오염물질과 관리기준이 잘못 연결된 것은? (단, 관리기준은 8시간 시간가중평균농도이며, 고용노동부고시를 따른다.)

① 총부유세균 − 800CFU/m^3
② 일산화탄소(CO) − 10ppm
③ 초미세먼지(PM 2.5) − 50μg/m^3
④ 포름알데히드(HCHO) − 150μg/m^3

풀이 사무실 오염물질의 관리기준

오염물질	관리기준
미세먼지(PM 10)	100μg/m^3 이하
초미세먼지(PM 2.5)	50μg/m^3 이하
이산화탄소(CO_2)	1,000ppm 이하
일산화탄소(CO)	10ppm 이하
이산화질소(NO_2)	0.1ppm 이하
포름알데히드(HCHO)	100μg/m^3 이하
총휘발성 유기화합물(TVOC)	500μg/m^3 이하
라돈(radon)	148Bq/m^3 이하
총부유세균	800CFU/m^3 이하
곰팡이	500CFU/m^3 이하

제2과목 | 작업위생측정 및 평가

21 금속탈지공정에서 측정한 trichloroethylene의 농도(ppm)가 아래와 같을 때, 기하평균 농도(ppm)는?

101, 45, 51, 87, 36, 54, 40

① 49.7 ② 54.7
③ 55.2 ④ 57.2

풀이
$$\log GM = \frac{\log 101 + \log 45 + \log 51 + \log 87 + \log 36 + \log 54 + \log 40}{7} = 1.742$$
GM(기하평균) $= 10^{1.742} = 55.21$ppm

22 공기 중 먼지를 채취하여 채취된 입자 크기의 중앙값(median)은 1.12μm이고 84.1%에 해당하는 크기가 2.68μm일 때, 기하표준편차값은? (단, 채취된 입경의 분포는 대수정규분포를 따른다.)

① 0.42 ② 0.94
③ 2.25 ④ 2.39

풀이
$$\text{기하표준편차} = \frac{\text{84.1\%에 해당하는 값}}{\text{50\%에 해당하는 값}} = \frac{2.68}{1.12} = 2.39$$

23 어느 작업장에서 시료채취기를 사용하여 분진 농도를 측정한 결과 시료채취 전/후 여과지의 무게가 각각 32.4mg/44.7mg일 때, 이 작업장의 분진 농도(mg/m^3)는? (단, 시료채취를 위해 사용된 펌프의 유량은 20L/min이고, 2시간 동안 시료를 채취하였다.)

① 5.1 ② 6.2
③ 10.6 ④ 12.3

풀이
$$\text{농도}(mg/m^3) = \frac{(44.7-32.4)mg}{20L/min \times 120min \times m^3/1{,}000L} = 5.13mg/m^3$$

정답 19.① 20.④ 21.③ 22.④ 23.①

24 입경이 20μm이고 입자 비중이 1.5인 입자의 침강속도(cm/s)는?

① 1.8 ② 2.4
③ 12.7 ④ 36.2

풀이 $V(\text{cm/s}) = 0.003 \times \rho \times d^2$
$= 0.003 \times 1.5 \times 20^2 = 1.8\text{cm/s}$

25 근로자 개인의 청력손실 여부를 알기 위해 사용하는 청력 측정용 기기는?

① Audiometer
② Noise dosimeter
③ Sound level meter
④ Impact sound level meter

풀이 근로자 개인의 청력손실 여부를 판단하기 위해 사용하는 청력 측정용 기기는 audiometer이고, 근로자 개인의 노출량을 측정하는 기기는 noise dosimeter이다.

26 Fick 법칙이 적용된 확산포집방법에 의하여 시료가 포집될 경우, 포집량에 영향을 주는 요인과 가장 거리가 먼 것은?

① 공기 중 포집대상물질 농도와 포집매체에 함유된 포집대상물질의 농도 차이
② 포집기의 표면이 공기에 노출된 시간
③ 대상물질과 확산매체와의 확산계수 차이
④ 포집기에서 오염물질이 포집되는 면적

풀이 **Fick의 제1법칙(확산)**

$W = D\left(\frac{A}{L}\right)(C_i - C_o)$ 또는 $\frac{M}{At} = D\frac{C_i - C_o}{L}$

여기서, W : 물질의 이동속도(ng/sec)
D : 확산계수(cm^2/sec)
A : 포집기에서 오염물질이 포집되는 면적(확산경로의 면적, cm^2)
L : 확산경로의 길이(cm)
$C_i - C_o$: 공기 중 포집대상물질의 농도와 포집매질에 함유한 포집대상물질의 농도(ng/cm^3)
M : 물질의 질량(ng)
t : 포집기의 표면이 공기에 노출된 시간(채취시간, sec)

27 옥내의 습구흑구온도지수(WBGT, ℃)를 산출하는 식은?

① 0.7×자연습구온도+0.3×흑구온도
② 0.4×자연습구온도+0.6×흑구온도
③ 0.7×자연습구온도+0.1×흑구온도+0.2×건구온도
④ 0.7×자연습구온도+0.2×흑구온도+0.1×건구온도

풀이 **고온의 노출기준 표시단위**
㉠ 옥외(태양광선이 내리쬐는 장소)
WBGT(℃)=0.7×자연습구온도+0.2×흑구온도+0.1×건구온도
㉡ 옥내 또는 옥외(태양광선이 내리쬐지 않는 장소)
WBGT(℃)=0.7×자연습구온도+0.3×흑구온도

28 입자상 물질을 채취하는 방법 중 직경분립충돌기의 장점으로 틀린 것은?

① 호흡기에 부분별로 침착된 입자 크기의 자료를 추정할 수 있다.
② 흡입성 · 흉곽성 · 호흡성 입자의 크기별 분포와 농도를 계산할 수 있다.
③ 시료채취 준비에 시간이 적게 걸리며 비교적 채취가 용이하다.
④ 입자의 질량 크기 분포를 얻을 수 있다.

풀이 **직경분립충돌기(cascade impactor)의 장단점**
(1) 장점
㉠ 입자의 질량 크기 분포를 얻을 수 있다.
㉡ 호흡기의 부분별로 침착된 입자 크기의 자료를 추정할 수 있고, 흡입성 · 흉곽성 · 호흡성 입자의 크기별로 분포와 농도를 계산할 수 있다.
(2) 단점
㉠ 시료채취가 까다롭다. 즉 경험이 있는 전문가가 철저한 준비를 통해 이용해야 정확한 측정이 가능하다.
㉡ 비용이 많이 든다.
㉢ 채취 준비시간이 과다하다.
㉣ 되튐으로 인한 시료의 손실이 일어나 과소분석 결과를 초래할 수 있어 유량을 2L/min 이하로 채취한다. 따라서 mylar substrate에 그리스를 뿌려 시료의 되튐을 방지한다.
㉤ 공기가 옆에서 유입되지 않도록 각 충돌기의 조립과 장착을 철저히 해야 한다.

2021

정답 24.① 25.① 26.③ 27.① 28.③

29 87℃와 동등한 온도는? (단, 정수로 반올림 한다.)

① 351K ② 189°F
③ 700°R ④ 186K

풀이 $°F = \left(\frac{9}{5} \times ℃\right) + 32 = \left(\frac{9}{5} \times 87\right) + 32 = 188.6 = 189°F$

30 공기 중 유기용제 시료를 활성탄관으로 채취하였을 때 가장 적절한 탈착용매는?

① 황산 ② 사염화탄소
③ 중크롬산칼륨 ④ 이황화탄소

풀이 **용매 탈착**
㉠ 탈착용매는 비극성 물질에는 이황화탄소(CS_2)를 사용하고, 극성 물질에는 이황화탄소와 다른 용매를 혼합하여 사용한다.
㉡ 활성탄에 흡착된 증기(유기용제-방향족 탄화수소)를 탈착시키는 데 일반적으로 사용되는 용매는 이황화탄소이다.
㉢ 용매로 사용되는 이황화탄소의 장점 : 탈착효율이 좋고, 가스 크로마토그래피의 불꽃이온화검출기에서 반응성이 낮아 피크의 크기가 작게 나오므로 분석 시 유리하다.
㉣ 용매로 사용되는 이황화탄소의 단점 : 독성 및 인화성이 크며 작업이 번잡하다. 특히 심혈관계와 신경계에 독성이 매우 크고 취급 시 주의를 요하며, 전처리 및 분석하는 장소의 환기에 유의하여야 한다.

31 산업안전보건법령상 소음 측정방법에 관한 내용이다. ( ) 안에 맞는 내용은?

> 소음이 1초 이상의 간격을 유지하면서 최대음압수준이 ( )dB(A) 이상의 소음인 경우에는 소음수준에 따른 1분 동안의 발생횟수를 측정할 것

① 110 ② 120
③ 130 ④ 140

풀이 소음이 1초 이상의 간격을 유지하면서 최대음압수준이 120dB(A) 이상의 소음(충격소음)인 경우에는 소음수준에 따른 1분 동안의 발생횟수를 측정하여야 한다.

32 산업안전보건법령상 단위작업장소에서 작업 근로자수가 17명일 때, 측정해야 할 근로자수는? (단, 시료채취는 개인시료채취로 한다.)

① 1 ② 2
③ 3 ④ 4

풀이 **시료채취 근로자수**
㉠ 단위작업장소에서 최고 노출근로자 2명 이상에 대하여 동시에 개인시료방법으로 측정하되, 단위작업장소에 근로자가 1명인 경우에는 그러하지 아니하며, 동일 작업 근로자수가 10명을 초과하는 경우에는 5명당 1명 이상 추가하여 측정하여야 한다.
다만, 동일 작업 근로자수가 100명을 초과하는 경우에는 최대 시료채취 근로자수를 20명으로 조정할 수 있다.
㉡ 지역시료채취방법으로 측정하는 경우 단위작업장소 내에서 2개 이상의 지점에 대하여 동시에 측정하여야 한다.
다만, 단위작업장소의 넓이가 50평방미터 이상인 경우에는 30평방미터마다 1개 지점 이상을 추가로 측정하여야 한다.

33 다음 중 실리카겔과 친화력이 가장 큰 물질은 어느 것인가?

① 알데하이드류
② 올레핀류
③ 파라핀류
④ 에스테르류

풀이 **실리카겔의 친화력(극성이 강한 순서)**
물 > 알코올류 > 알데하이드류 > 케톤류 > 에스테르류 > 방향족 탄화수소류 > 올레핀류 > 파라핀류

34 시료채취방법 중 유해물질에 따른 흡착제의 연결이 적절하지 않은 것은?

① 방향족 유기용제류 – Charcoal tube
② 방향족 아민류 – Silicagel tube
③ 니트로벤젠 – Silicagel tube
④ 알코올류 – Amberlite(XAD-2)

풀이 ④ 알코올류는 활성탄관(charcoal tube)을 사용하여 채취한다.

 정답 29.② 30.④ 31.② 32.④ 33.① 34.④

35 측정값이 1, 7, 5, 3, 9일 때, 변이계수(%)는?

① 183
② 133
③ 63
④ 13

풀이
변이계수(%)$=\dfrac{\text{표준편차}}{\text{산술평균}}=\dfrac{3.16}{5}\times 100=63.25\%$

여기서,

산술평균$=\dfrac{1+7+5+3+9}{5}=5$

표준편차$=\left(\dfrac{(1-5)^2+(7-5)^2+(5-5)^2+(3-5)^2+(9-5)^2}{5-1}\right)^{0.5}=3.16$

36 어느 작업장에서 작동하는 기계 각각의 소음 측정결과가 아래와 같을 때, 총 음압수준(dB)은? (단, A, B, C 기계는 동시에 작동된다.)

- A기계 : 93dB
- B기계 : 89dB
- C기계 : 88dB

① 91.5 ② 92.7
③ 95.3 ④ 96.8

풀이 $L_{합}=10\log(10^{9.3}+10^{8.9}+10^{8.8})=95.34\text{dB}$

37 직독식 기구에 대한 설명과 가장 거리가 먼 것은?

① 측정과 작동이 간편하여 인력과 분석비를 절감할 수 있다.
② 연속적인 시료채취 전략으로 작업시간 동안 하나의 완전한 시료채취에 해당된다.
③ 현장에서 실제 작업시간이나 어떤 순간에서 유해인자의 수준과 변화를 쉽게 알 수 있다.
④ 현장에서 즉각적인 자료가 요구될 때 민감성과 특이성이 있는 경우 매우 유용하게 사용될 수 있다.

풀이 직독식 기구는 적외선·자외선 불꽃 및 광이온화, 전기화학반응 등을 이용하여 현장에서 곧바로 유해물질의 농도를 측정하는 방법으로 채취와 분석이 짧은 시간에 이루어져 작업장의 순간농도를 측정할 수 있는 장점이 있으나, 각 물질에 대한 특이성이 낮은 단점이 있다.

38 검지관의 장단점에 대한 설명으로 잘못된 것은 어느 것인가?

① 사용이 간편하고, 복잡한 분석실 분석이 필요 없다.
② 산소결핍이나 폭발성 가스로 인한 위험이 있는 경우에도 사용이 가능하다.
③ 민감도 및 특이도가 낮고 색변화가 선명하지 않아 판독자에 따라 변이가 심하다.
④ 측정대상물질의 동정이 미리 되어 있지 않아도 측정을 용이하게 할 수 있다.

풀이 **검지관 측정법의 장단점**

(1) 장점
㉠ 사용이 간편하다.
㉡ 반응시간이 빨라 현장에서 바로 측정결과를 알 수 있다.
㉢ 비전문가도 어느 정도 숙지하면 사용할 수 있지만, 산업위생전문가의 지도 아래 사용되어야 한다.
㉣ 맨홀, 밀폐공간에서의 산소부족 또는 폭발성 가스로 인한 안전이 문제가 될 때 유용하게 사용된다.
㉤ 다른 측정방법이 복잡하거나 빠른 측정이 요구될 때 사용할 수 있다.

(2) 단점
㉠ 민감도가 낮아 비교적 고농도에만 적용이 가능하다.
㉡ 특이도가 낮아 다른 방해물질의 영향을 받기 쉽고 오차가 크다.
㉢ 대개 단시간 측정만 가능하다.
㉣ 한 검지관으로 단일물질만 측정 가능하여 각 오염물질에 맞는 검지관을 선정함에 따른 불편함이 있다.
㉤ 색변화에 따라 주관적으로 읽을 수 있어 판독자에 따라 변이가 심하며, 색변화가 시간에 따라 변하므로 제조자가 정한 시간에 읽어야 한다.
㉥ 미리 측정대상물질의 동정이 되어 있어야 측정이 가능하다.

정답 35.③ 36.③ 37.② 38.④

39 어떤 작업장의 8시간 작업 중 연속음 소음 100dB(A)가 1시간, 95dB(A)가 2시간 발생하고, 그 외 5시간은 기준 이하의 소음이 발생되었을 때, 이 작업장의 누적소음도에 대한 노출기준 평가로 옳은 것은?

① 0.75로 기준 이하였다.
② 1.0으로 기준과 같았다.
③ 1.25로 기준을 초과하였다.
④ 1.50으로 기준을 초과하였다.

풀이 노출기준 $= \frac{1}{2} + \frac{2}{4} = 1$

40 유해인자에 대한 노출평가방법인 위해도평가(Risk assessment)를 설명한 것으로 가장 거리가 먼 것은?

① 위험이 가장 큰 유해인자를 결정하는 것이다.
② 유해인자가 본래 가지고 있는 위해성과 노출요인에 의해 결정된다.
③ 모든 유해인자 및 작업자, 공정을 대상으로 동일한 비중을 두면서 관리하기 위한 방안이다.
④ 노출량이 높고 건강상의 영향이 큰 유해인자인 경우 관리해야 할 우선순위도 높게 된다.

풀이 화학물질이 유해인자인 경우 우선순위를 결정하는 요소는 화학물질의 위해성, 공기 중으로 확산 가능성, 노출 근로자수, 사용시간이다.

제3과목 | 작업환경관리대책

41 전기도금공정에 가장 적합한 후드 형태는?

① 캐노피 후드
② 슬롯 후드
③ 포위식 후드
④ 종형 후드

풀이 **외부식 슬롯형 후드 적용작업**
도금, 주조, 용해, 마무리작업, 분무도장

42 호흡기 보호구에 대한 설명으로 틀린 것은?

① 호흡기 보호구를 선정할 때는 기대되는 공기 중의 농도를 노출기준으로 나눈 값을 위해비(HR)라 하는데, 위해비보다 할당보호계수(APF)가 작은 것을 선택한다.
② 할당보호계수(APF)가 100인 보호구를 착용하고 작업장에 들어가면 외부 유해물질로부터 적어도 100배만큼의 보호를 받을 수 있다는 의미이다.
③ 보호구를 착용함으로써 유해물질로부터 얼마만큼 보호해주는지 나타내는 것은 보호계수(PF)이다.
④ 보호계수(PF)는 보호구 밖의 농도(C_o)와 안의 농도(C_i)의 비(C_o/C_i)로 표현할 수 있다.

풀이 $\text{APF} \geq \frac{C_{\text{air}}}{\text{PEL}} (= \text{HR})$

여기서, APF : 할당보호계수
PEL : 노출기준
C_{air} : 기대되는 공기 중 농도
HR : 위해비

위 식은 호흡용 보호구 선정 시 위해비(HR)보다 APF가 큰 것을 선택해야 한다는 의미를 갖는다.

43 흡입관의 정압 및 속도압은 −30.5mmH_2O, 7.2mmH_2O이고, 배출관의 정압 및 속도압은 20.0mmH_2O, 15mmH_2O일 때, 송풍기의 유효전압(mmH_2O)은?

① 58.3 ② 64.2
③ 72.3 ④ 81.1

풀이 송풍기 전압(FTP)

$$\text{FTP} = (\text{SP}_{out} + \text{VP}_{out}) - (\text{SP}_{in} + \text{VP}_{in})$$
$$= (20+15) - (-30.5+7.2)$$
$$= 58.3\text{mmH}_2\text{O}$$

 정답 39.② 40.③ 41.② 42.① 43.①

44 환기시설 내 기류가 기본적 유체역학적 원리에 의하여 지배되기 위한 전제조건에 관한 내용으로 틀린 것은?

① 환기시설 내외의 열교환은 무시한다.
② 공기의 압축이나 팽창을 무시한다.
③ 공기는 포화수증기 상태로 가정한다.
④ 대부분의 환기시설에서는 공기 중에 포함된 유해물질의 무게와 용량을 무시한다.

풀이 **유체역학의 질량보전 원리를 환기시설에 적용하는 데 필요한 네 가지 공기 특성의 주요 가정(전제조건)**
㉠ 환기시설 내외(덕트 내부와 외부)의 열전달(열교환) 효과 무시
㉡ 공기의 비압축성(압축성과 팽창성 무시)
㉢ 건조공기 가정
㉣ 환기시설에서 공기 속 오염물질의 질량(무게)과 부피(용량)를 무시

45 보호구의 재질에 따른 효과적 보호가 가능한 화학물질을 잘못 짝지은 것은?

① 가죽 – 알코올
② 천연고무 – 물
③ 면 – 고체상 물질
④ 부틸고무 – 알코올

풀이 **보호장구 재질에 따른 적용물질**
㉠ Neoprene 고무 : 비극성 용제, 극성 용제 중 알코올, 물, 케톤류 등에 효과적
㉡ 천연고무(latex) : 극성 용제 및 수용성 용액에 효과적(절단 및 찰과상 예방)
㉢ viton : 비극성 용제에 효과적
㉣ 면 : 고체상 물질에 효과적, 용제에는 사용 못함
㉤ 가죽 : 용제에는 사용 못함(기본적인 찰과상 예방)
㉥ Nitrile 고무 : 비극성 용제에 효과적
㉦ Butyl 고무 : 극성 용제에 효과적(알데히드, 지방족)
㉧ Ethylene vinyl alcohol : 대부분의 화학물질을 취급할 경우 효과적

46 슬롯(slot) 후드의 종류 중 전원주형의 배기량은 1/4원주형 대비 약 몇 배인가?

① 2배 ② 3배
③ 4배 ④ 5배

풀이 **외부식 슬롯후드의 필요송풍량**
$Q = 60 \cdot C \cdot L \cdot V_c \cdot X$
여기서, Q : 필요송풍량(m^3/min)
C : 형상계수
[(전원주 ⇨ 5.0(ACGIH : 3.7)
$\frac{3}{4}$원주 ⇨ 4.1
$\frac{1}{2}$원주(플랜지 부착 경우와 동일)
⇨ 2.8(ACGIH : 2.6)
$\frac{1}{4}$원주 ⇨ 1.6)]
V_c : 제어속도(m/sec)
L : slot 개구면의 길이(m)
X : 포집점까지의 거리(m)

47 밀도가 1.225kg/m^3인 공기가 20m/s의 속도로 덕트를 통과하고 있을 때 동압(mmH_2O)은 얼마인가?

① 15
② 20
③ 25
④ 30

풀이 $\text{VP} = \frac{\gamma V^2}{2g} = \frac{1.225 \times 20^2}{2 \times 9.8} = 25\text{mmH}_2\text{O}$

48 정압회복계수 0.72, 정압회복량 7.2mmH_2O인 원형 확대관의 압력손실(mmH_2O)은?

① 4.2
② 3.6
③ 2.8
④ 1.3

풀이 $(\text{SP}_2 - \text{SP}_1) = (\text{VP}_1 - \text{VP}_2) - \Delta P$

$7.2 = \frac{\Delta P}{\xi} - \Delta P$

$\frac{\Delta P}{(1-0.72)} - \Delta P = 7.2$

$\frac{\Delta P - 0.28\Delta P}{0.28} = 7.2$

$\Delta P(1-0.28) = 7.2 \times 0.28$

$\therefore \ \Delta P = \frac{7.2 \times 0.28}{0.72} = 2.8\text{mmH}_2\text{O}$

2021

정답 44.③ 45.① 46.② 47.③ 48.③

49 터보(turbo) 송풍기에 관한 설명으로 틀린 것은?

① 후향날개형 송풍기라고도 한다.
② 송풍기의 깃이 회전방향 반대편으로 경사지게 설계되어 있다.
③ 고농도 분진 함유 공기를 이송시킬 경우, 집진기 후단에 설치하여 사용해야 한다.
④ 방사날개형이나 전향날개형 송풍기에 비해 효율이 떨어진다.

풀이 **터보형 송풍기(turbo fan)**
㉠ 후향(후곡)날개형 송풍기(backward-curved blade fan)라고도 하며, 송풍량이 증가해도 동력이 증가하지 않는 장점을 가지고 있어 한계부하 송풍기라고도 한다.
㉡ 회전날개(깃)가 회전방향 반대편으로 경사지게 설계되어 있어 충분한 압력을 발생시킬 수 있다.
㉢ 소요정압이 떨어져도 동력은 크게 상승하지 않으므로 시설저항 및 운전상태가 변하여도 과부하가 걸리지 않는다.
㉣ 송풍기 성능곡선에서 동력곡선이 최대송풍량의 60~70%까지 증가하다가 감소하는 경향이 있다.
㉤ 고농도 분진 함유 공기를 이송시킬 경우 깃 뒷면에 분진이 퇴적하며 집진기 후단에 설치하여야 한다.
㉥ 깃의 모양은 두께가 균일한 것과 익형이 있다.
㉦ 원심력식 송풍기 중 가장 효율이 좋다.

50 회전차 외경이 600mm인 원심 송풍기의 풍량은 200m^3/min이다. 이때 회전차 외경이 1,200mm인 동류(상사구조)의 송풍기가 동일한 회전수로 운전된다면 이 송풍기의 풍량(m^3/min)은? (단, 두 경우 모두 표준공기를 취급한다.)

① 1,000　② 1,200
③ 1,400　④ 1,600

풀이
$$\frac{Q_2}{Q_1}=\left(\frac{D_2}{D_1}\right)^3$$
$$\therefore\ Q_2=Q_1\times\left(\frac{D_2}{D_1}\right)^3=200\times\left(\frac{1{,}200}{600}\right)^3=1{,}600\text{m}^3/\text{min}$$

51 유기용제 취급공정의 작업환경관리대책으로 가장 거리가 먼 것은?

① 근로자에 대한 정신건강관리 프로그램 운영
② 유기용제의 대체사용과 작업공정 배치
③ 유기용제 발산원의 밀폐 등 조치
④ 국소배기장치의 설치 및 관리

풀이 ① 근로자에 대한 정신건강관리 프로그램 운영은 작업환경관리, 작업관리, 건강관리 중 건강관리에 해당한다.

52 송풍기의 풍량조절기법 중에서 풍량(Q)을 가장 크게 조절할 수 있는 것은?

① 회전수 조절법
② 안내익 조절법
③ 댐퍼부착 조절법
④ 흡입압력 조절법

풀이 **회전수 조절법(회전수 변환법)**
㉠ 풍량을 크게 바꾸려고 할 때 가장 적절한 방법이다.
㉡ 구동용 풀리의 풀리비 조정에 의한 방법이 일반적으로 사용된다.
㉢ 비용은 고가이나, 효율은 좋다.

53 20℃, 1기압에서 공기유속은 5m/s, 원형 덕트의 단면적은 1.13m^{2}일 때, Reynolds수는? (단, 공기의 점성계수는 1.8×10^{-5}kg/s · m이고, 공기의 밀도는 1.2kg/m^{3}이다.)

① 4.0×10^5
② 3.0×10^5
③ 2.0×10^5
④ 1.0×10^5

풀이
$$Re=\frac{\rho VD}{\mu}$$
$$D=\sqrt{\frac{A\times4}{3.14}}=\sqrt{\frac{1.13\text{m}^2\times4}{3.14}}=1.20\text{m}$$
$$=\frac{1.2\text{kg/m}^3\times5\text{m/s}\times1.20\text{m}}{1.8\times10^{-5}\text{kg/m}\cdot\text{s}}$$
$$=400{,}000(4.0\times10^5)$$

정답 49.④ 50.④ 51.① 52.① 53.①

54 유해물질별 송풍관의 적정 반송속도로 옳지 않은 것은?

① 가스상 물질 : 10m/s
② 무거운 물질 : 25m/s
③ 일반 공업물질 : 20m/s
④ 가벼운 건조물질 : 30m/s

풀이 **유해물질별 반송속도**

유해물질	예	반송속도(m/s)
가스, 증기, 흄 및 극히 가벼운 물질	각종 가스, 증기, 산화아연 및 산화알루미늄 등의 흄, 목재분진, 솜먼지, 고무분, 합성수지분	10
가벼운 건조먼지	원면, 곡물분, 고무, 플라스틱, 경금속분진	15
일반 공업분진	털, 나무 부스러기, 대패 부스러기, 샌드블라스트, 그라인더분진, 내화벽돌분진	20
무거운 분진	납분진, 주조 후 모래털기 작업 시 먼지, 선반 작업 시 먼지	25
무겁고 비교적 큰 입자의 젖은 먼지	젖은 납분진, 젖은 주조작업 발생 먼지	25 이상

55 다음 중 신체 보호구에 대한 설명으로 틀린 것은?

① 정전복은 마찰에 의하여 발생되는 정전기의 대전을 방지하기 위하여 사용된다.
② 방열의에는 석면제나 섬유에 알루미늄 등을 증착한 알루미나이즈 방열의가 사용된다.
③ 위생복(보호의)에서 방한복, 방한화, 방한모는 −18℃ 이하인 급냉동창고 하역작업 등에 이용된다.
④ 안면 보호구에는 일반 보호면, 용접면, 안전모, 방진마스크 등이 있다.

풀이 눈 및 안면 보호구는 물체가 날아오거나, 자외선과 같은 유해광선 등의 위험으로부터 눈과 얼굴을 보호하기 위하여 착용하며, 종류로는 보안경과 보안면이 있다.

56 송풍기 축의 회전수를 측정하기 위한 측정기구는?

① 열선풍속계(Hot wire anemometer)
② 타코미터(Tachometer)
③ 마노미터(Manometer)
④ 피토관(Pitot tube)

풀이 **타코미터(회전계, 회전속도계)**
기계에 있어서 축의 회전수(회전속도)를 지시하는 계량 · 측정기이며, 회전계의 일종이다.

57 국소환기시설 설계에 있어 정압조절평형법의 장점으로 틀린 것은?

① 예기치 않은 침식 및 부식이나 퇴적 문제가 일어나지 않는다.
② 설치된 시설의 개조가 용이하여 장치변경이나 확장에 대한 유연성이 크다.
③ 설계가 정확할 때에는 가장 효율적인 시설이 된다.
④ 설계 시 잘못 설계된 분진관 또는 저항이 제일 큰 분지관을 쉽게 발견할 수 있다.

풀이 **정압조절평형법(유속조절평형법, 정압균형유지법)의 장단점**

(1) 장점
㉠ 예기치 않는 침식, 부식, 분진퇴적으로 인한 축적(퇴적)현상이 일어나지 않는다.
㉡ 잘못 설계된 분지관, 최대저항경로(저항이 큰 분지관) 선정이 잘못되어도 설계 시 쉽게 발견할 수 있다.
㉢ 설계가 정확할 때에는 가장 효율적인 시설이 된다.
㉣ 유속의 범위가 적절히 선택되면 덕트의 폐쇄가 일어나지 않는다.

(2) 단점
㉠ 설계 시 잘못된 유량을 고치기 어렵다(임의의 유량을 조절하기 어려움).
㉡ 설계가 복잡하고 시간이 걸린다.
㉢ 설계유량 산정이 잘못되었을 경우 수정은 덕트의 크기 변경을 필요로 한다.
㉣ 때에 따라 전체 필요한 최소유량보다 더 초과될 수 있다.
㉤ 설치 후 변경이나 확장에 대한 유연성이 낮다.
㉥ 효율 개선 시 전체를 수정해야 한다.

2021

정답 54.④ 55.④ 56.② 57.②

58 전체환기의 목적에 해당되지 않는 것은?

① 발생된 유해물질을 완전히 제거하여 건강을 유지·증진한다.
② 유해물질의 농도를 희석시켜 건강을 유지·증진한다.
③ 실내의 온도와 습도를 조절한다.
④ 화재나 폭발을 예방한다.

풀이 **전체환기의 목적**
㉠ 유해물질의 농도를 희석, 감소시켜 근로자의 건강을 유지·증진한다.
㉡ 실내의 온도와 습도를 조절한다.
㉢ 화재나 폭발을 예방한다.

59 심한 난류상태의 덕트 내에서 마찰계수를 결정하는 데 가장 큰 영향을 미치는 요소는?

① 덕트의 직경 ② 공기점도와 밀도
③ 덕트의 표면조도 ④ 레이놀즈수

풀이 **달시마찰계수(λ, Darcy friction factor)**
(1) 달시마찰계수는 레이놀즈수(Re)와 상대조도(절대표면조도÷덕트 직경)의 함수이다.
(2) 각 유체영역에서의 함수
㉠ 층류영역 ⇨ λ는 Re만의 함수
㉡ 전이영역 ⇨ λ는 Re와 상대조도에 의한 함수
㉢ 난류영역 ⇨ λ는 상대조도에 의한 함수

60 호흡용 보호구 중 방독/방진 마스크에 대한 설명으로 옳지 않은 것은?

① 방진 마스크의 흡기저항과 배기저항은 모두 낮은 것이 좋다.
② 방진 마스크의 포집효율과 흡기저항 상승률은 모두 높은 것이 좋다.
③ 방독 마스크는 사용 중에 조금이라도 가스 냄새가 나는 경우 새로운 정화통으로 교체하여야 한다.
④ 방독 마스크의 흡수제는 활성탄, 실리카겔, sodalime 등이 사용된다.

풀이 ② 방진 마스크는 포집효율이 높고 흡기저항과 흡기저항 상승률은 낮아야 한다.

제4과목 | 물리적 유해인자관리

61 다음 파장 중 살균작용이 가장 강한 자외선의 파장범위는?

① 220~234nm
② 254~280nm
③ 290~315nm
④ 325~400nm

풀이 살균작용은 254~280nm(254nm 파장 정도에서 가장 강함)에서 핵단백을 파괴하여 이루어지며, 실내공기의 소독 목적으로 사용한다.

62 산업안전보건법령상 고온의 노출기준 중 중등작업의 계속작업 시 노출기준은 몇 ℃(WBGT)인가?

① 26.7 ② 28.3
③ 29.7 ④ 31.4

풀이 **고열작업장의 노출기준**(고용노동부, ACGIH)

단위 : WBGT(℃)

시간당 작업과 휴식의 비율	작업강도		
	경 작업	중등 작업	중(힘든) 작업
연속작업	30.0	26.7	25.0
75% 작업, 25% 휴식 (45분 작업, 15분 휴식)	30.6	28.0	25.9
50% 작업, 50% 휴식 (30분 작업, 30분 휴식)	31.4	29.4	27.9
25% 작업, 75% 휴식 (15분 작업, 45분 휴식)	32.2	31.1	30.0

63 레이노 현상(Raynaud's phenomenon)의 주요 원인으로 옳은 것은?

① 국소진동 ② 전신진동
③ 고온환경 ④ 다습환경

풀이 레이노드 증후군은 손가락에 있는 말초혈관운동의 장애로 인하여 수지가 창백해지고 손이 차며 저리거나 통증이 오는 국소진동 현상이다.

정답 58.① 59.③ 60.② 61.② 62.① 63.①

64 일반소음에 대한 차음효과는 벽체의 단위 표면적에 대하여 벽체의 무게가 2배 될 때마다 약 몇 dB씩 증가하는가? (단, 벽체 무게 이외의 조건은 동일하다.)

① 4 ② 6
③ 8 ④ 10

풀이 $TL = 20\log(m \cdot f) - 43dB = 20\log 2 = 6dB$

65 전기성 안염(전광선 안염)과 가장 관련이 깊은 비전리 방사선은?

① 자외선 ② 적외선
③ 가시광선 ④ 마이크로파

풀이 **자외선의 눈에 대한 작용(장애)**
㉠ 전기용접, 자외선 살균 취급자 등에서 발생되는 자외선에 의해 전광성 안염인 급성 각막염이 유발될 수 있다(일반적으로 6~12시간에 증상이 최고도에 달함).
㉡ 나이가 많을수록 자외선 흡수량이 많아져 백내장을 일으킬 수 있다.
㉢ 자외선의 파장에 따른 흡수정도에 따라 'arc-eye(welder's flash)'라고 일컬어지는 광각막염 및 결막염 등의 급성 영향이 나타나며, 이는 270~280nm의 파장에서 주로 발생한다.

66 한랭 노출 시 발생하는 신체적 장해에 대한 설명으로 옳지 않은 것은?

① 동상은 조직의 동결을 말하며, 피부의 이론상 동결온도는 약 -1℃ 정도이다.
② 전신 체온강하는 장시간의 한랭 노출과 체열 상실에 따라 발생하는 급성 중증 장해이다.
③ 참호족은 동결온도 이하의 찬 공기에 단기간의 접촉으로 급격한 동결이 발생하는 장해이다.
④ 침수족은 부종, 저림, 작열감, 소양감 및 심한 동통을 수반하며, 수포, 궤양이 형성되기도 한다.

풀이 **참호족**
㉠ 지속적인 국소의 산소결핍 때문에 저온으로 모세혈관벽이 손상되는 것이다.
㉡ 근로자의 발이 한랭에 장기간 노출됨과 동시에 지속적으로 습기나 물에 잠기게 되면 발생한다.
㉢ 저온 작업에서 손가락, 발가락 등의 말초부위에서 피부온도 저하가 가장 심한 부위이다.
㉣ 조직 내부의 온도가 10℃에 도달하면 조직 표면은 얼게 되며, 이러한 현상을 참호족이라 한다.

67 다음 중 방진재료로 적절하지 않은 것은 어느 것인가?

① 방진고무 ② 코르크
③ 유리섬유 ④ 코일 용수철

풀이 **방진재료**
㉠ 금속 스프링(코일 용수철)
㉡ 방진고무
㉢ 공기스프링
㉣ 코르크

68 인체와 작업환경 사이의 열교환이 이루어지는 조건에 해당되지 않는 것은?

① 대류에 의한 열교환
② 복사에 의한 열교환
③ 증발에 의한 열교환
④ 기온에 의한 열교환

풀이 **열평형방정식**
생체(인체)와 작업환경 사이의 열교환(체열 생산 및 방산) 관계를 나타내는 식으로, 인체와 작업환경 사이의 열교환은 주로 체내 열생산량(작업대사량), 전도, 대류, 복사, 증발 등에 의해 이루어지며, 열평형방정식은 열역학적 관계식에 따른다.
$\Delta S = M \pm C \pm R - E$
여기서, ΔS : 생체 열용량의 변화(인체의 열축적 또는 열손실)
M : 작업대사량(체내 열생산량)
$(M-W)W$: 작업수행으로 인한 손실열량
C : 대류에 의한 열교환
R : 복사에 의한 열교환
E : 증발(발한)에 의한 열손실(피부를 통한 증발)

2021

정답 64.② 65.① 66.③ 67.③ 68.④

69 산업안전보건법령상 "적정한 공기"에 해당하지 않는 것은? (단, 다른 성분의 조건은 적정한 것으로 가정한다.)

① 이산화탄소 농도 1.5% 미만
② 일산화탄소 농도 100ppm 미만
③ 황화수소 농도 10ppm 미만
④ 산소 농도 18% 이상 23.5% 미만

풀이 **적정한 공기**
㉠ 산소 농도 : 18% 이상 ~ 23.5% 미만
㉡ 이산화탄소 농도 : 1.5% 미만
㉢ 황화수소 농도 : 10ppm 미만
㉣ 일산화탄소 농도 : 30ppm 미만

70 심한 소음에 반복 노출되면, 일시적인 청력변화는 영구적 청력변화로 변하게 되는데, 이는 다음 중 어느 기관의 손상으로 인한 것인가?

① 원형창
② 삼반규반
③ 유스타키오관
④ 코르티 기관

풀이 소음성 난청은 비가역적 청력저하, 강력한 소음이나 지속적인 소음 노출에 의해 청신경 말단부의 내이 코르티(corti) 기관의 섬모세포 손상으로 회복될 수 없는 영구적인 청력저하를 말한다.

71 전리방사선이 인체에 미치는 영향에 관여하는 인자와 가장 거리가 먼 것은?

① 전리작용
② 피폭선량
③ 회절과 산란
④ 조직의 감수성

풀이 **전리방사선이 인체에 미치는 영향인자**
㉠ 전리작용
㉡ 피폭선량
㉢ 조직의 감수성
㉣ 피폭방법
㉤ 투과력

72 다음 중 산업안전보건법령상 소음작업의 기준은?

① 1일 8시간 작업을 기준으로 80데시벨 이상의 소음이 발생하는 작업
② 1일 8시간 작업을 기준으로 85데시벨 이상의 소음이 발생하는 작업
③ 1일 8시간 작업을 기준으로 90데시벨 이상의 소음이 발생하는 작업
④ 1일 8시간 작업을 기준으로 95데시벨 이상의 소음이 발생하는 작업

풀이 ㉠ 소음작업 기준
1일 8시간 기준 : 85dB 이상
㉡ 소음노출 기준
1일 8시간 기준 : 90dB 이상

73 비전리방사선이 아닌 것은?

① 적외선
② 레이저
③ 라디오파
④ 알파(α)선

풀이 **전리방사선과 비전리방사선의 종류**
㉠ 전리방사선
X-ray, γ선, α입자, β입자, 중성자
㉡ 비전리방사선
자외선, 가시광선, 적외선, 라디오파, 마이크로파, 저주파, 극저주파, 레이저

74 음원으로부터 40m 되는 지점에서 음압수준이 75dB로 측정되었다면 10m 되는 지점에서의 음압수준(dB)은 약 얼마인가?

① 84 ② 87
③ 90 ④ 93

풀이
$$\mathrm{SPL_1} - \mathrm{SPL_2} = 20\log\frac{r_2}{r_1}$$
$$\mathrm{SPL_1} - 75\mathrm{dB} = 20\log\frac{40}{10}$$
$$\mathrm{SPL_1} = 75\mathrm{dB} + 20\log\frac{40}{10} = 87.04\mathrm{dB}$$

 정답 69.② 70.④ 71.③ 72.② 73.④ 74.②

75 산업안전보건법령상 정밀작업을 수행하는 작업장의 조도 기준은?

① 150럭스 이상 ② 300럭스 이상
③ 450럭스 이상 ④ 750럭스 이상

풀이 **근로자 상시 작업장 작업면의 조도 기준**
㉠ 초정밀작업 : 750lux 이상
㉡ 정밀작업 : 300lux 이상
㉢ 보통작업 : 150lux 이상
㉣ 기타 작업 : 75lux 이상

76 고압환경의 2차적인 가압현상 중 산소중독에 관한 내용으로 옳지 않은 것은?

① 일반적으로 산소의 분압이 2기압이 넘으면 산소중독 증세가 나타난다.
② 산소중독에 따른 증상은 고압산소에 대한 노출이 중지되면 멈추게 된다.
③ 산소의 중독작용은 운동이나 중등량의 이산화탄소 공급으로 다소 완화될 수 있다.
④ 수지와 족지의 작열통, 시력장해, 정신혼란, 근육경련 등의 증상을 보이며 나아가서는 간질 모양의 경련을 나타낸다.

풀이 **산소중독**
㉠ 산소의 분압이 2기압을 넘으면 산소중독 증상을 보인다. 즉, 3~4기압의 산소 혹은 이에 상당하는 공기 중 산소분압에 의하여 중추신경계의 장애에 기인하는 운동장애를 나타내는데, 이것을 산소중독이라 한다.
㉡ 수중의 잠수자는 폐압착증을 예방하기 위하여 수압과 같은 압력의 압축기체를 호흡하여야 하며, 이로 인한 산소분압 증가로 산소중독이 일어난다.
㉢ 고압산소에 대한 폭로가 중지되면 증상은 즉시 멈춘다. 즉, 가역적이다.
㉣ 1기압에서 순산소는 인후를 자극하나 비교적 짧은 시간의 폭로라면 중독 증상은 나타나지 않는다.
㉤ 산소중독작용은 운동이나 이산화탄소로 인해 악화된다.
㉥ 수지나 족지의 작열통, 시력장애, 정신혼란, 근육경련 등의 증상을 보이며 나아가서는 간질 모양의 경련을 나타낸다.

77 빛과 밝기에 관한 설명으로 옳지 않은 것은?

① 광도의 단위로는 칸델라(candela)를 사용한다.
② 광원으로부터 한 방향으로 나오는 빛의 세기를 광속이라 한다.
③ 루멘(Lumen)은 1촉광의 광원으로부터 단위입체각으로 나가는 광속의 단위이다.
④ 조도는 어떤 면에 들어오는 광속의 양에 비례하고, 입사면의 단면적에 반비례한다.

풀이 ② 광원으로부터 나오는 빛의 세기를 광도라 한다.

78 이상기압의 영향으로 발생되는 고공성 폐수종에 관한 설명으로 옳지 않은 것은?

① 어른보다 아이들에게서 많이 발생된다.
② 고공 순화된 사람이 해면에 돌아올 때에도 흔히 일어난다.
③ 산소공급과 해면 귀환으로 급속히 소실되며, 증세가 반복되는 경향이 있다.
④ 진해성 기침과 과호흡이 나타나고 폐동맥 혈압이 급격히 낮아진다.

풀이 **고공성 폐수종**
㉠ 어른보다 순화적응속도가 느린 어린이에게 많이 일어난다.
㉡ 고공 순화된 사람이 해면에 돌아올 때 자주 발생한다.
㉢ 산소공급과 해면 귀환으로 급속히 소실되며, 이 증세는 반복해서 발병하는 경향이 있다.
㉣ 진해성 기침, 호흡곤란, 폐동맥의 혈압상승 현상이 나타난다.

79 1,000Hz에서의 음압레벨을 기준으로 하여 등청감곡선을 나타내는 단위로 사용되는 것은?

① mel ② bell
③ sone ④ phon

정답 75.② 76.③ 77.② 78.④ 79.④

풀이 phon

㉠ 감각적인 음의 크기(loudness)를 나타내는 양이다.
㉡ 1,000Hz 순음의 크기와 평균적으로 같은 크기로 느끼는 1,000Hz 순음의 음의 세기레벨로 나타낸 것이다.
㉢ 1,000Hz에서 압력수준 dB을 기준으로 하여 등감곡선을 소리의 크기로 나타낸 단위이다.

80 감압병의 예방대책으로 적절하지 않은 것은?

① 호흡용 혼합가스의 산소에 대한 질소의 비율을 증가시킨다.
② 호흡기 또는 순환기에 이상이 있는 사람은 작업에 투입하지 않는다.
③ 감압병 발생 시 원래의 고압환경으로 복귀시키거나 인공고압실에 넣는다.
④ 고압실 작업에서는 이산화탄소의 분압이 증가하지 않도록 신선한 공기를 송기한다.

풀이 **감압병의 예방 및 치료**

㉠ 고압환경에서의 작업시간을 제한하고 고압실 내의 작업에서는 이산화탄소의 분압이 증가하지 않도록 신선한 공기를 송기시킨다.
㉡ 감압이 끝날 무렵에 순수한 산소를 흡입시키면 예방적 효과가 있을 뿐 아니라 감압시간을 25% 가량 단축시킬 수 있다.
㉢ 고압환경에서 작업하는 근로자에게 질소를 헬륨으로 대치한 공기를 호흡시킨다.
㉣ 헬륨-산소 혼합가스는 호흡저항이 적어 심해잠수에 사용한다.
㉤ 일반적으로 1분에 10m 정도씩 잠수하는 것이 안전하다.
㉥ 감압병의 증상 발생 시에는 환자를 곧장 원래의 고압환경상태로 복귀시키거나 인공고압실에 넣어 혈관 및 조직 속에 발생한 질소의 기포를 다시 용해시킨 다음 천천히 감압한다.
㉦ Haldene의 실험근거상 정상기압보다 1.25기압을 넘지 않는 고압환경에는 아무리 오랫동안 폭로되거나 아무리 빨리 감압하더라도 기포를 형성하지 않는다.
㉧ 비만자의 작업을 금지시키고, 순환기에 이상이 있는 사람은 취업 또는 작업을 제한한다.
㉨ 헬륨은 질소보다 확산속도가 크며, 체외로 배출되는 시간이 질소에 비하여 50% 정도밖에 걸리지 않는다.
㉩ 귀 등의 장애를 예방하기 위해서는 압력을 가하는 속도를 분당 0.8kg/cm^2 이하가 되도록 한다.

제5과목 | 산업독성학

81 다음 중 무기연에 속하지 않는 것은?

① 금속연
② 일산화연
③ 사산화삼연
④ 4메틸연

풀이 **납(Pb)의 구분**

(1) 무기납
㉠ 금속납(Pb)과 납의 산화물[일산화납(PbO), 삼산화이납(Pb_2O_3), 사산화납(Pb_3O_4)] 등이다.
㉡ 납의 염류(아질산납, 질산납, 과염소산납, 황산납) 등이다.
㉢ 금속납을 가열하면 330℃에서 PbO, 450℃ 부근에서 Pb_3O_4, 600℃ 부근에서 납의 흄이 발생한다.

(2) 유기납
㉠ 4메틸납(TML)과 4에틸납(TEL)이며, 이들의 특성은 비슷하다.
㉡ 물에 잘 녹지 않고, 유기용제, 지방, 지방질에는 잘 녹는다.

82 피부는 표피와 진피로 구분하는데, 진피에만 있는 구조물이 아닌 것은?

① 혈관 ② 모낭
③ 땀샘 ④ 멜라닌세포

풀이 **피부의 일반적 특징**

㉠ 피부는 크게 표피층과 진피층으로 구성되며, 표피에는 색소침착이 가능한 표피층 내의 멜라닌세포와 랑거한스세포가 존재한다.
㉡ 표피는 대부분 각질세포로 구성되며, 각화세포를 결합하는 조직은 케라틴 단백질이다.
㉢ 진피 속의 모낭은 유해물질이 피부에 부착하여 체내로 침투되도록 확산측로의 역할을 한다.
㉣ 자외선(햇빛)에 노출되면 멜라닌세포가 증가하여 각질층이 비후되어 자외선으로부터 피부를 보호한다.
㉤ 랑거한스세포는 피부의 면역반응에 중요한 역할을 한다.
㉥ 피부에 접촉하는 화학물질의 통과속도는 일반적으로 각질층에서 가장 느리다.

정답 80.① 81.④ 82.④

83 접촉에 의한 알레르기성 피부감작을 증명하기 위한 시험으로 가장 적절한 것은?

① 첩포시험
② 진균시험
③ 조직시험
④ 유발시험

풀이 **첩포시험(patch test)**
㉠ 알레르기성 접촉피부염의 진단에 필수적이며, 가장 중요한 임상시험이다.
㉡ 피부염의 원인물질로 예상되는 화학물질을 피부에 도포하고, 48시간 동안 덮어둔 후 피부염의 발생 여부를 확인한다.
㉢ 첩포시험 결과 침윤, 부종이 지속된 경우를 알레르기성 접촉피부염으로 판독한다.

84 근로자의 소변 속에서 o-크레졸이 다량 검출되었다면, 이 근로자는 다음 중 어떤 유해물질에 폭로되었다고 판단되는가?

① 클로로포름
② 초산메틸
③ 벤젠
④ 톨루엔

풀이 **톨루엔의 대사산물**
㉠ 혈액 · 호기 : 톨루엔
㉡ 소변 : o-크레졸

85 카드뮴의 중독, 치료 및 예방대책에 관한 설명으로 옳지 않은 것은?

① 소변 속의 카드뮴 배설량은 카드뮴 흡수를 나타내는 지표가 된다.
② BAL 또는 Ca-EDTA 등을 투여하여 신장에 대한 독작용을 제거한다.
③ 칼슘대사에 장해를 주어 신결석을 동반한 증후군이 나타나고 다량의 칼슘 배설이 일어난다.
④ 폐활량 감소, 잔기량 증가 및 호흡곤란의 폐증세가 나타나며, 이 증세는 노출기간과 노출농도에 의해 좌우된다.

풀이 **카드뮴 중독의 치료**
㉠ BAL 및 Ca-EDTA를 투여하면 신장에 대한 독성작용이 더욱 심해지므로 금한다.
㉡ 안정을 취하고 대중요법을 이용하는 동시에 산소를 흡입시키고 스테로이드를 투여한다.
㉢ 치아에 황색 색소침착 유발 시 클루쿠론산칼슘 20mL를 정맥 주사한다.
㉣ 비타민 D를 피하 주사한다(1주 간격, 6회가 효과적).

86 접촉성 피부염의 특징으로 옳지 않은 것은?

① 작업장에서 발생빈도가 높은 피부질환이다.
② 증상은 다양하지만 홍반과 부종을 동반하는 것이 특징이다.
③ 원인물질은 크게 수분, 합성화학물질, 생물성 화학물질로 구분할 수 있다.
④ 면역학적 반응에 따라 과거 노출경험이 있어야만 반응이 나타난다.

풀이 ④ 접촉성 피부염은 과거 노출경험이 없어도 반응이 나타난다.

87 호흡기계로 들어온 입자상 물질에 대한 제거기전의 조합으로 가장 적절한 것은?

① 면역작용과 대식세포의 작용
② 폐포의 활발한 가스교환과 대식세포의 작용
③ 점액 섬모운동과 대식세포에 의한 정화
④ 점액 섬모운동과 면역작용에 의한 정화

풀이 **인체 방어기전**
(1) 점액 섬모운동
㉠ 가장 기초적인 방어기전(작용)이며, 점액 섬모운동에 의한 배출 시스템으로 폐포로 이동하는 과정에서 이물질을 제거하는 역할을 한다.
㉡ 기관지(벽)에서의 방어기전을 의미한다.
㉢ 정화작용을 방해하는 물질은 카드뮴, 니켈, 황화합물 등이다.
(2) 대식세포에 의한 작용(정화)
㉠ 대식세포가 방출하는 효소에 의해 용해되어 제거된다(용해작용).
㉡ 폐포의 방어기전을 의미한다.
㉢ 대식세포에 의해 용해되지 않는 대표적 독성물질은 유리규산, 석면 등이다.

정답 83.① 84.④ 85.② 86.④ 87.③

88 대사과정에 의해서 변화된 후에만 발암성을 나타내는 간접 발암원으로만 나열된 것은?

① Benzo(a)pyrene, Ethylbromide
② PAH, Methyl nitrosourea
③ Benzo(a)pyrene, Dimethyl sulfate
④ Nitrosamine, Ethyl methanesulfonate

풀이 (1) 직접 발암물질
신진대사되지 않은 본래의 형태로도 직접 암을 발생시킬 수 있는 알킬화 화합물, 방사선 등이다.
(2) 간접 발암물질
대사과정에 의해서 변화된 후에만 발암성을 나타낼 수 있는 benzo(a)pyrene, ethylbromide 등이다.

89 작업성 피부질환에 영향을 주는 직접적인 요인에 해당되는 것은?

① 연령 ② 인종
③ 고온 ④ 피부의 종류

풀이 **직업성 피부질환 유발 간접적 인자**
㉠ 인종
㉡ 피부 종류
㉢ 연령 및 성별
㉣ 땀
㉤ 계절
㉥ 비직업성 피부질환의 공존
㉦ 온도 · 습도

90 근로자가 1일 작업시간 동안 잠시라도 노출되어서는 아니 되는 기준을 나타내는 것은?

① TLV−C ② TLV−STEL
③ TLV−TWA ④ TLV−skin

풀이 **천장값 노출기준(TLV-C : ACGIH)**
㉠ 어떤 시점에서도 넘어서는 안 된다는 상한치를 말한다.
㉡ 항상 표시된 농도 이하를 유지하여야 한다.
㉢ 노출기준에 초과되어 노출 시 즉각적으로 비가역적인 반응을 나타낸다.
㉣ 자극성 가스나 독 작용이 빠른 물질 및 TLV-STEL이 설정되지 않는 물질에 적용한다.
㉤ 측정은 실제로 순간농도 측정이 불가능하므로, 약 15분간 측정한다.

91 노말헥산이 체내 대사과정을 거쳐 변환되는 물질로 노말헥산에 폭로된 근로자의 생물학적 노출지표로 이용되는 물질로 옳은 것은?

① Hippuric acid
② 2,5−Hexanedione
③ Hydroquinone
④ 9−Hydroxyquinoline

풀이 **노말헥산[n−헥산, $CH_3(CH_2)_4CH_3$]**
㉠ 투명한 휘발성 액체로 파라핀계 탄화수소의 대표적 유해물질이며, 휘발성이 크고 극도로 인화하기 쉽다.
㉡ 페인트, 시너, 잉크 등의 용제로 사용되며, 정밀기계의 세척제 등으로 사용한다.
㉢ 장기간 폭로될 경우 독성 말초신경장애가 초래되어 사지의 지각상실과 신근마비 등 다발성 신경장애를 일으킨다.
㉣ 2000년대 외국인 근로자에게 다발성 말초신경증을 집단으로 유발한 물질이다.
㉤ 체내 대사과정을 거쳐 2,5-hexanedione 물질로 배설된다.

92 다음 중 규폐증(silicosis)을 일으키는 원인 물질과 가장 관계가 깊은 것은?

① 매연
② 암석분진
③ 일반부유분진
④ 목재분진

풀이 **규폐증의 원인**
㉠ 결정형 규소(암석 : 석영분진, 이산화규소, 유리규산)에 직업적으로 노출된 근로자에게 발생한다.
※ 유리규산(SiO_2) 함유 먼지 0.5~5μm의 크기에서 잘 발생한다.
㉡ 주요 원인물질은 혼합물질이며, 건축업, 도자기 작업장, 채석장, 석재공장 등의 작업장에서 근무하는 근로자에게 발생한다.
㉢ 석재공장, 주물공장, 내화벽돌 제조, 도자기 제조 등에서 발생하는 유리규산이 주 원인이다.
㉣ 유리규산(석영) 분진에 의한 규폐성 결정과 폐포벽 파괴 등 망상내피계 반응은 분진입자의 크기가 2~5μm일 때 자주 일어난다.

정답 88.① 89.③ 90.① 91.② 92.②

93 다음 중 대상 먼지와 침강속도가 같고, 밀도가 1이며 구형인 먼지의 직경으로 환산하여 표현하는 입자상 물질의 직경을 무엇이라 하는가?

① 입체적 직경
② 등면적 직경
③ 기하학적 직경
④ 공기역학적 직경

풀이 공기역학적 직경(aerodynamic diameter)
㉠ 대상 먼지와 침강속도가 같고 단위밀도가 $1g/cm^3$이며, 구형인 먼지의 직경으로 환산된 직경이다.
㉡ 입자의 크기를 입자의 역학적 특성, 즉 침강속도(setting velocity) 또는 종단속도(terminal velocity)에 의하여 측정되는 입자의 크기를 말한다.
㉢ 입자의 공기 중 운동이나 호흡기 내의 침착기전을 설명할 때 유용하게 사용한다.

94 금속열에 관한 설명으로 옳지 않은 것은?

① 금속열이 발생하는 작업장에서는 개인 보호용구를 착용해야 한다.
② 금속흄에 노출된 후 일정 시간의 잠복기를 지나 감기와 비슷한 증상이 나타난다.
③ 금속열은 일주일 정도가 지나면 증상은 회복되나 후유증으로 호흡기, 시신경 장애 등을 일으킨다.
④ 아연, 마그네슘 등 비교적 융점이 낮은 금속의 제련, 용해, 용접 시 발생하는 산화금속흄을 흡입할 경우 생기는 발열성 질병이다.

풀이 금속열의 증상
㉠ 금속증기에 폭로 후 몇 시간 후에 발병되며, 체온상승, 목의 건조, 오한, 기침, 땀이 많이 발생하고 호흡곤란이 생긴다.
㉡ 금속흄에 노출된 후 일정 시간의 잠복기를 지나 감기와 비슷한 증상이 나타난다.
㉢ 증상은 12~24시간(또는 24~48시간) 후에는 자연적으로 없어지게 된다.
㉣ 기폭로된 근로자는 일시적 면역이 생긴다.

95 방향족 탄화수소 중 만성 노출에 의한 조혈장해를 유발시키는 것은?

① 벤젠 ② 톨루엔
③ 클로로포름 ④ 나프탈렌

풀이 방향족 탄화수소 중 저농도에 장기간 폭로(노출)되어 만성중독(조혈장애)을 일으키는 경우에는 벤젠의 위험도가 가장 크고, 급성 전신중독 시 독성이 강한 물질은 톨루엔이다.

96 납이 인체에 흡수됨으로 초래되는 결과로 옳지 않은 것은?

① δ-ALAD 활성치 저하
② 혈청 및 요 중 δ-ALA 증가
③ 망상적혈구수의 감소
④ 적혈구 내 프로토포르피린 증가

풀이 납이 인체에 흡수되면 망상적혈구와 친염기성 적혈구(적혈구 내 프로토포르피린)가 증가한다.

97 유해물질의 경구투여용량에 따른 반응범위를 결정하는 독성 검사에서 얻은 용량-반응 곡선(dose-response curve)에서 실험동물군의 50%가 일정 시간 동안 죽는 치사량을 나타내는 것은?

① LC_{50} ② LD_{50}
③ ED_{50} ④ TD_{50}

풀이 LD_{50}
㉠ 유해물질의 경구투여용량에 따른 반응범위를 결정하는 독성 검사에서 얻은 용량-반응 곡선에서 실험동물군의 50%가 일정 기간 동안에 죽는 치사량을 의미한다.
㉡ 독성물질의 노출은 흡입을 제외한 경로를 통한 조건이어야 한다.
㉢ 치사량 단위는 [물질의 무게(mg)/동물의 몸무게(kg)]로 표시한다.
㉣ 통상 30일간 50%의 동물이 죽는 치사량을 말한다.
㉤ LD_{50}에는 변역 또는 95% 신뢰한계를 명시하여야 한다.
㉥ 노출된 동물의 50%가 죽는 농도의 의미도 있다.

2021

정답 93.④ 94.③ 95.① 96.③ 97.②

98 카드뮴에 노출되었을 때 체내의 주요 축적 기관으로만 나열한 것은?

① 간, 신장
② 심장, 뇌
③ 뼈, 근육
④ 혈액, 모발

풀이 **카드뮴의 인체 내 축적**
㉠ 체내에 흡수된 카드뮴은 혈액을 거쳐 2/3(50~75%)는 간과 신장으로 이동하여 축적되고, 일부는 장관벽에 축적된다.
㉡ 반감기는 약 수년에서 30년까지이다.
㉢ 흡수된 카드뮴은 혈장단백질과 결합하여 최종적으로 신장에 축적된다.

99 인체 내에서 독성이 강한 화학물질과 무독한 화학물질이 상호작용하여 독성이 증가되는 현상을 무엇이라 하는가?

① 상가작용
② 상승작용
③ 가승작용
④ 길항작용

풀이 **잠재작용(potentiation effect, 가승작용)**
㉠ 인체의 어떤 기관이나 계통에 영향을 나타내지 않는 물질이 다른 독성 물질과 복합적으로 노출되었을 때 그 독성이 커지는 것을 말한다.
㉡ 상대적 독성 수치로 표현하면 2+0=10 이다.

100 무색의 휘발성 용액으로서 도금 사업장에서 금속 표면의 탈지 및 세정용, 드라이클리닝, 접착제 등으로 사용되며, 간 및 신장 장해를 유발시키는 유기용제는?

① 톨루엔
② 노말헥산
③ 클로르포름
④ 트리클로로에틸렌

풀이 **트리클로로에틸렌(삼염화에틸렌, $CHCl=CCl_2$)**
㉠ 클로로포름과 같은 냄새가 나는 무색투명한 휘발성 액체이며, 인화성 · 폭발성이 있다.
㉡ 도금 사업장 등에서 금속 표면의 탈지 · 세정제, 일반용제로 널리 사용된다.
㉢ 마취작용이 강하며, 피부 · 점막에 대한 자극은 비교적 약하다.
㉣ 고농도 노출에 의해 간 및 신장에 대한 장애를 유발한다.
㉤ 폐를 통하여 흡수되며, 삼염화에틸렌과 삼염화초산으로 대사된다.
㉥ 염화에틸렌은 화기 등에 접촉하면 유독성의 포스겐이 발생하여 폐수종을 일으킨다.

정답 98.① 99.③ 100.④

제1회 산업위생관리기사

제1과목 | 산업위생학 개론

01 중량물 취급으로 인한 요통 발생에 관여하는 요인으로 볼 수 없는 것은?

① 근로자의 육체적 조건
② 작업빈도와 대상의 무게
③ 습관성 약물의 사용 유무
④ 작업습관과 개인적인 생활태도

풀이 **요통 발생에 관여하는 주된 요인**
㉠ 작업습관과 개인적인 생활태도
㉡ 작업빈도, 물체의 위치와 무게 및 크기 등과 같은 물리적 환경요인
㉢ 근로자의 육체적 조건
㉣ 요통 및 기타 장애의 경력(교통사고, 넘어짐 등)
㉤ 올바르지 못한 작업 방법 및 자세(버스기사, 이용사, 미용사 등의 직업인)

02 산업위생의 기본적인 과제에 해당하지 않는 것은?

① 작업환경이 미치는 건강장애에 관한 연구
② 작업능률 저하에 따른 작업조건에 관한 연구
③ 작업환경의 유해물질이 대기오염에 미치는 영향에 관한 연구
④ 작업환경에 의한 신체적 영향과 최적 환경의 연구

풀이 **산업위생의 영역 중 기본 과제**
㉠ 작업능력의 향상과 저하에 따른 작업조건 및 정신적 조건의 연구
㉡ 최적 작업환경 조성에 관한 연구 및 유해 작업환경에 의한 신체적 영향 연구
㉢ 노동력의 재생산과 사회경제적 조건에 관한 연구
㉣ 작업환경이 미치는 건강장애에 관한 연구

03 산업위생의 역사에 있어 주요 인물과 업적의 연결이 올바른 것은?

① Percivall Pott – 구리광산의 산 증기 위험성 보고
② Hippocrates – 역사상 최초의 직업병(납중독) 보고
③ G. Agricola – 검댕에 의한 직업성 암의 최초 보고
④ Bernardino Ramazzini – 금속 중독과 수은의 위험성 규명

풀이 ① Percivall Pott(18세기)
㉠ 영국의 외과의사로 직업성 암을 최초로 보고하였으며, 어린이 굴뚝청소부에게 많이 발생하는 음낭암(scrotal cancer)을 발견하였다.
㉡ 암의 원인물질은 검댕 속 여러 종류의 다환방향족탄화수소(PAH)이다.
㉢ 굴뚝청소부법을 제정하도록 하였다(1788년).

③ Georgius Agricola(1494~1555년)
㉠ 저서 "광물에 대하여(De Re Metallica)"에서 광부들의 사고와 질병, 예방방법, 비소 독성 등을 포함한 광산업에 대한 상세한 내용을 설명하였다.
㉡ 광산에서의 환기와 마스크 착용을 권장하였다.
㉢ 먼지에 의한 규폐증을 기록하였다.

④ Benardino Ramazzini(1633~1714년)
㉠ 산업보건의 시조, 산업의학의 아버지로 불린다(이탈리아 의사).
㉡ 1700년에 저서 "직업인의 질병(De Morbis Artificum Diatriba)"을 출간하였다.
㉢ 직업병의 원인을 크게 두 가지로 구분하였다.
• 작업장에서 사용하는 유해물질
• 근로자들의 불완전한 작업이나 과격한 동작
㉣ 20세기 이전에 인간공학 분야에 관하여 원인과 대책 언급하였다.

정답 01.③ 02.③ 03.②

04 작업 시작 및 종료 시 호흡의 산소소비량에 대한 설명으로 옳지 않은 것은?

① 산소소비량은 작업부하가 계속 증가하면 일정한 비율로 계속 증가한다.
② 작업이 끝난 후에도 맥박과 호흡수가 작업개시 수준으로 즉시 돌아오지 않고 서서히 감소한다.
③ 작업부하수준이 최대 산소소비량 수준보다 높아지게 되면, 젖산의 제거속도가 생성속도에 못 미치게 된다.
④ 작업이 끝난 후에 남아 있는 젖산을 제거하기 위해서는 산소가 더 필요하며, 이때 동원되는 산소소비량을 산소부채(oxygen debt)라 한다.

풀이 작업대사량이 증가하면 산소소비량도 비례하여 계속 증가하나, 작업대사량이 일정 한계를 넘으면 산소소비량은 증가하지 않는다.

05 38세 남성 근로자의 육체적 작업능력(PWC)은 15kcal/min이다. 이 근로자가 1일 8시간 동안 물체를 운반하고 있으며 이때의 작업대사량은 7kcal/min이고, 휴식 시 대사량은 1.2kcal/min이다. 이 사람의 적정 휴식시간과 작업시간의 배분(매시간별)은 어떻게 하는 것이 이상적인가?

① 12분 휴식 48분 작업
② 17분 휴식 43분 작업
③ 21분 휴식 39분 작업
④ 27분 휴식 33분 작업

풀이

$$T_{rest}(\%) = \left[\frac{\text{PWC의 } 1/3 - \text{작업대사량}}{\text{휴식대사량} - \text{작업대사량}}\right] \times 100$$

$$= \left[\frac{(15\times 1/3) - 7}{1.2 - 7}\right] \times 100 = 34.48\%$$

- 휴식시간 = 60min × 0.3448 = 20.7min
- 작업시간 = (60 − 20.7) = 39.3min

06 산업안전보건법령상 자격을 갖춘 보건관리자가 해당 사업장의 근로자를 보호하기 위한 조치에 해당하는 의료행위를 모두 고른 것은? (단, 보건관리자는 의료법에 따른 의사로 한정한다.)

> ㉮ 자주 발생하는 가벼운 부상에 대한 치료
> ㉯ 응급처치가 필요한 사람에 대한 처치
> ㉰ 부상 · 질병의 악화를 방지하기 위한 처치
> ㉱ 건강진단 결과 발견된 질병자의 요양지도 및 관리

① ㉮, ㉯　　② ㉮, ㉰
③ ㉮, ㉰, ㉱　　④ ㉮, ㉯, ㉰, ㉱

풀이 **보건관리자의 직무(업무)**

㉠ 산업안전보건위원회에서 심의 · 의결한 직무와 안전보건관리규정 및 취업규칙에서 정한 업무
㉡ 안전인증대상 기계 · 기구 등과 자율안전확인대상 기계 · 기구 등 중 보건과 관련된 보호구(保護具) 구입 시 적격품 선정에 관한 보좌 및 조언, 지도
㉢ 작성된 물질안전보건자료의 게시 또는 비치에 관한 보좌 및 조언, 지도
㉣ 위험성평가에 관한 보좌 및 조언, 지도
㉤ 산업보건의의 직무
㉥ 해당 사업장 보건교육계획의 수립 및 보건교육 실시에 관한 보좌 및 조언, 지도
㉦ 해당 사업장의 근로자를 보호하기 위한 다음의 조치에 해당하는 의료행위
　ⓐ 자주 발생하는 가벼운 부상에 대한 치료
　ⓑ 응급처치가 필요한 사람에 대한 처치
　ⓒ 부상 · 질병의 악화를 방지하기 위한 처치
　ⓓ 건강진단 결과 발견된 질병자의 요양 지도 및 관리
　ⓔ ⓐ부터 ⓓ까지의 의료행위에 따르는 의약품의 투여
㉧ 작업장 내에서 사용되는 전체환기장치 및 국소배기장치 등에 관한 설비의 점검과 작업방법의 공학적 개선에 관한 보좌 및 조언, 지도
㉨ 사업장 순회점검 · 지도 및 조치의 건의
㉩ 산업재해 발생의 원인 조사 · 분석 및 재발방지를 위한 기술적 보좌 및 조언, 지도
㉪ 산업재해에 관한 통계의 유지와 관리를 위한 지도와 조언
㉫ 법 또는 법에 따른 명령으로 정한 보건에 관한 사항의 이행에 관한 보좌 및 조언, 지도
㉬ 업무수행 내용의 기록 · 유지
㉭ 그 밖에 작업관리 및 작업환경관리에 관한 사항

정답 04.① 05.③ 06.④

07 산업위생전문가들이 지켜야 할 윤리강령에 있어 전문가로서의 책임에 해당하는 것은?

① 일반 대중에 관한 사항은 정직하게 발표한다.

② 위험요소와 예방조치에 관하여 근로자와 상담한다.

③ 과학적 방법의 적용과 자료의 해석에서 객관성을 유지한다.

④ 위험요인의 측정, 평가 및 관리에 있어서 외부의 압력에 굴하지 않고 중립적 태도를 취한다.

풀이 **산업위생전문가의 윤리강령(미국산업위생학술원, AAIH) : 윤리적 행위의 기준**

(1) 산업위생전문가로서의 책임
- ㉠ 성실성과 학문적 실력 면에서 최고수준을 유지한다(전문적 능력 배양 및 성실한 자세로 행동).
- ㉡ 과학적 방법의 적용과 자료의 해석에서 경험을 통한 전문가의 객관성을 유지한다(공인된 과학적 방법 적용 · 해석).
- ㉢ 전문 분야로서의 산업위생을 학문적으로 발전시킨다.
- ㉣ 근로자, 사회 및 전문 직종의 이익을 위해 과학적 지식을 공개하고 발표한다.
- ㉤ 산업위생활동을 통해 얻은 개인 및 기업체의 기밀은 누설하지 않는다(정보는 비밀 유지).
- ㉥ 전문적 판단이 타협에 의하여 좌우될 수 있거나 이해관계가 있는 상황에는 개입하지 않는다.

(2) 근로자에 대한 책임
- ㉠ 근로자의 건강보호가 산업위생전문가의 일차적 책임임을 인지한다(주된 책임 인지).
- ㉡ 근로자와 기타 여러 사람의 건강과 안녕이 산업위생전문가의 판단에 좌우된다는 것을 깨달아야 한다.
- ㉢ 위험요인의 측정, 평가 및 관리에 있어서 외부의 영향력에 굴하지 않고 중립적(객관적)인 태도를 취한다.
- ㉣ 건강의 유해요인에 대한 정보(위험요소)와 필요한 예방조치에 대해 근로자와 상담(대화)한다.

(3) 기업주와 고객에 대한 책임
- ㉠ 결과 및 결론을 뒷받침할 수 있도록 정확한 기록을 유지하고, 산업위생 사업에서 전문가답게 전문 부서들을 운영 · 관리한다.
- ㉡ 기업주와 고객보다는 근로자의 건강보호에 궁극적 책임을 두어 행동한다.

08 온도 25℃, 1기압하에서 분당 100mL씩 60분 동안 채취한 공기 중에서 벤젠이 5mg 검출되었다면 검출된 벤젠은 약 몇 ppm인가? (단, 벤젠의 분자량은 78이다.)

① 15.7 ② 26.1

③ 157 ④ 261

풀이 $$\text{농도}(\text{mg/m}^3)=\frac{5\text{mg}}{100\text{mL/min}\times 60\text{min}\times \text{m}^3/10^6\text{mL}}=833.33\text{mg/m}^3$$

$$\therefore \text{농도}(\text{ppm})=833.33\text{mg/m}^3\times\frac{24.45}{78}=261.22\text{ppm}$$

09 어떤 플라스틱 제조공장에 200명의 근로자가 근무하고 있다. 1년에 40건의 재해가 발생하였다면 이 공장의 도수율은 얼마인가? (단, 1일 8시간, 연간 290일 근무 기준이다.)

① 200 ② 86.2

③ 17.3 ④ 4.4

풀이 $$\text{도수율}=\frac{\text{재해발생건수}}{\text{연근로시간수}}\times 10^6=\frac{40}{200\times 8\times 290}\times 10^6=86.2$$

10 산업 스트레스에 대한 반응을 심리적 결과와 행동적 결과로 구분할 때 행동적 결과로 볼 수 없는 것은?

① 수면 방해 ② 약물 남용

③ 식욕 부진 ④ 돌발 행동

풀이 **산업 스트레스 반응결과**

(1) 행동적 결과
- ㉠ 흡연
- ㉡ 알코올 및 약물 남용
- ㉢ 행동 격앙에 따른 돌발적 사고
- ㉣ 식욕 감퇴

(2) 심리적 결과
- ㉠ 가정 문제(가족 조직 구성인원 문제)
- ㉡ 불면증으로 인한 수면 부족
- ㉢ 성적 욕구 감퇴

(3) 생리적(의학적) 결과
- ㉠ 심혈관계 질환(심장)
- ㉡ 위장관계 질환
- ㉢ 기타 질환(두통, 피부질환, 암, 우울증 등)

2022

정답 07.③ 08.④ 09.② 10.①

11 산업안전보건법령상 충격소음의 강도가 130dB(A)일 때 1일 노출횟수 기준으로 옳은 것은?

① 50　② 100
③ 500　④ 1,000

풀이 **충격소음작업**
소음이 1초 이상의 간격으로 발생하는 작업으로서 다음의 1에 해당하는 작업을 말한다.
㉠ 120dB을 초과하는 소음이 1일 1만 회 이상 발생되는 작업
㉡ 130dB을 초과하는 소음이 1일 1천 회 이상 발생되는 작업
㉢ 140dB을 초과하는 소음이 1일 1백 회 이상 발생되는 작업

12 다음 중 일반적인 실내공기질 오염과 가장 관련이 적은 질환은?

① 규폐증(silicosis)
② 가습기 열(humidifier fever)
③ 레지오넬라병(legionnaires disease)
④ 과민성 폐렴(hypersensitivity pneu-monitis)

풀이 **실내환경 관련 질환**
㉠ 빌딩증후군(SBS)
㉡ 복합화학물질과민증(MCS)
㉢ 새집증후군(SHS)
㉣ 빌딩 관련 질병현상(BRI ; 레지오넬라병)
㉤ 가습기 열
㉥ 과민성 폐렴

13 물체의 실제 무게를 미국 NIOSH의 권고 중량물 한계기준(RWL ; Recommended Weight Limit)으로 나누어준 값을 무엇이라 하는가?

① 중량상수(LC)
② 빈도승수(FM)
③ 비대칭승수(AM)
④ 중량물 취급지수(LI)

풀이 **NIOSH 중량물 취급지수(들기지수, LI)**
㉠ 특정 작업에 의한 스트레스를 비교·평가 시 사용
㉡ 중량물 취급지수(들기지수, LI) 관계식

$$LI = \frac{\text{물체 무게(kg)}}{\text{RWL(kg)}}$$

14 산업안전보건법령상 사업주가 위험성평가의 결과와 조치사항을 기록·보존할 때 포함되어야 할 사항이 아닌 것은? (단, 그 밖에 위험성평가의 실시내용을 확인하기 위하여 필요한 사항은 제외한다.)

① 위험성 결정의 내용
② 유해위험방지계획서 수립 유무
③ 위험성 결정에 따른 조치의 내용
④ 위험성평가 대상의 유해·위험요인

풀이 **위험성평가의 결과와 조치사항을 기록·보존 시 포함사항**
㉠ 위험성평가 대상의 유해·위험요인
㉡ 위험성 결정의 내용
㉢ 위험성 결정에 따른 조치의 내용
㉣ 그 밖에 위험성평가의 실시내용을 확인하기 위하여 필요한 사항으로서 고용노동부장관이 정하여 고시하는 사항

15 다음 중 규폐증을 일으키는 주요 물질은?

① 면분진　② 석탄분진
③ 유리규산　④ 납흄

풀이 **규폐증의 원인**
㉠ 결정형 규소(암석 : 석영분진, 이산화규소, 유리규산)에 직업적으로 노출된 근로자에게 발생한다.
※ 유리규산(SiO_2) 함유 먼지 0.5~5μm의 크기에서 잘 발생한다.
㉡ 주요 원인물질은 혼합물질이며, 건축업, 도자기 작업장, 채석장, 석재공장 등의 작업장에서 근무하는 근로자에게 발생한다.
㉢ 석재공장, 주물공장, 내화벽돌 제조, 도자기 제조 등에서 발생하는 유리규산이 주 원인이다.
㉣ 유리규산(석영) 분진에 의한 규폐성 결정과 폐포벽 파괴 등 망상내피계 반응은 분진입자의 크기가 2~5μm일 때 자주 일어난다.

정답 11.④ 12.① 13.④ 14.② 15.③

16 화학물질 및 물리적 인자의 노출기준 고시상 다음 ( )에 들어갈 유해물질들 간의 상호작용은?

> (노출기준 사용상의 유의사항) 각 유해인자의 노출기준은 해당 유해인자가 단독으로 존재하는 경우의 노출기준을 말하며, 2종 또는 그 이상의 유해인자가 혼재하는 경우에는 각 유해인자의 ( )으로 유해성이 증가할 수 있으므로 법에 따라 산출하는 노출기준을 사용하여야 한다.

① 상승작용 ② 강화작용
③ 상가작용 ④ 길항작용

풀이 **상가작용(additive effect)**
㉠ 작업환경 중 유해인자가 2종 이상 혼재하는 경우, 혼재하는 유해인자가 인체의 같은 부위에 작용함으로써 그 유해성이 가중되는 것을 말한다.
㉡ 화학물질 및 물리적 인자의 노출기준에 있어 2종 이상의 화학물질이 공기 중에 혼재하는 경우에는 유해성이 인체의 서로 다른 조직에 영향을 미치는 근거가 없는 한 유해물질들 간의 상호작용을 나타낸다.
㉢ 상대적 독성 수치로 표현하면 2+3=5, 여기서 수치는 독성의 크기를 의미한다.

17 A사업장에서 중대재해인 사망사고가 1년간 4건 발생하였다면 이 사업장의 1년간 4일 미만의 치료를 요하는 경미한 사고건수는 몇 건이 발생하는지 예측되는가? (단, Heinrich의 이론에 근거하여 추정한다.)

① 116 ② 120
③ 1,160 ④ 1,200

풀이 (1) **하인리히(Heinrich) 재해발생비율**
1(중상, 사망) : 29(경상해) : 300(무상해)
(2) **버드(Bird)의 재해발생비율**
1(중상, 폐질) : 10(경상) : 30(무상해) : 600(무상해, 무사고, 무손실고장)
경미한 사고건수(경상해)=4×29=116건

18 교대작업이 생기게 된 배경으로 옳지 않은 것은?

① 사회환경의 변화로 국민생활과 이용자들의 편의를 위한 공공사업의 증가
② 의학의 발달로 인한 생체주기 등의 건강상 문제 감소 및 의료기관의 증가
③ 석유화학 및 제철업 등과 같이 공정상 조업 중단이 불가능한 산업의 증가
④ 생산설비의 완전가동을 통해 시설투자비용을 조속히 회수하려는 기업의 증가

풀이 **교대작업이 생기게 된 배경**
㉠ 사회환경의 변화로 국민생활과 이용자들의 편의를 위한 공공사업의 증가
㉡ 석유화학 및 석유정제, 제철업 등과 같이 공정상 조업 중단이 불가능한 산업의 증가
㉢ 생산설비의 완전가동을 통해 시설투자비용을 조속히 회수하려는 기업의 증가

19 작업장에 존재하는 유해인자와 직업성 질환의 연결이 옳지 않은 것은?

① 망간 – 신경염
② 무기분진 – 진폐증
③ 6가크롬 – 비중격천공
④ 이상기압 – 레이노씨 병

풀이 **유해인자별 발생 직업병**
㉠ 크롬 : 폐암(크롬폐증, 비중격천공)
㉡ 이상기압 : 폐수종(잠함병)
㉢ 고열 : 열사병
㉣ 방사선 : 피부염 및 백혈병
㉤ 소음 : 소음성 난청
㉥ 수은 : 무뇨증
㉦ 망간 : 신장염 및 신경염(파킨슨 증후군)
㉧ 석면 : 악성중피종
㉨ 한랭 : 동상
㉩ 조명 부족 : 근시, 안구진탕증
㉪ 진동 : Raynaud's 현상
㉫ 분진 : 진폐증(규폐증)

2022

정답 16.③ 17.① 18.② 19.④

20 심한 노동 후의 피로현상으로 단기간의 휴식에 의해 회복될 수 없는 병적 상태를 무엇이라 하는가?

① 곤비 ② 과로
③ 전신피로 ④ 국소피로

풀이 **피로의 3단계**
피로도가 증가하는 순서에 따라 구분한 것이며, 피로의 정도는 객관적 판단이 용이하지 않다.
㉠ 1단계 : 보통피로
하룻밤을 자고 나면 완전히 회복하는 상태이다.
㉡ 2단계 : 과로
피로의 축적으로 다음 날까지도 피로상태가 지속되는 것으로, 단기간 휴식으로 회복될 수 있으며 발병단계는 아니다.
㉢ 3단계 : 곤비
과로의 축적으로 단시간에 회복될 수 없는 단계를 말하며, 심한 노동 후의 피로현상으로 병적 상태를 의미한다.

제2과목 | 작업위생 측정 및 평가

21 피토관(pitot tube)에 대한 설명 중 옳은 것은? (단, 측정기체는 공기이다.)

① Pitot tube의 정확성에는 한계가 있어 정밀한 측정에서는 경사마노미터를 사용한다.
② Pitot tube를 이용하여 곧바로 기류를 측정할 수 있다.
③ Pitot tube를 이용하여 총압과 속도압을 구하여 정압을 계산한다.
④ 속도압이 $25mmH_2O$일 때 기류속도는 28.58m/sec이다.

풀이 ② Pitot tube를 이용하여 곧바로 기류를 측정할 수 없다.
③ Pitot tube를 이용하여 총압과 정압을 구하여 동압을 계산한다.
④ 기류속도 $= 4.043\sqrt{VP}$
$= 4.043 \times \sqrt{25} = 20.22$m/sec

22 고체 흡착제를 이용하여 시료채취를 할 때 영향을 주는 인자에 관한 설명으로 틀린 것은?

① 오염물질 농도 : 공기 중 오염물질의 농도가 높을수록 파과용량은 증가한다.
② 습도 : 습도가 높으면 극성 흡착제를 사용할 때 파과공기량이 적어진다.
③ 온도 : 일반적으로 흡착은 발열반응이므로 열역학적으로 온도가 낮을수록 흡착에 좋은 조건이다.
④ 시료채취유량 : 시료채취유량이 높으면 쉽게 파과가 일어나나 코팅된 흡착제인 경우는 그 경향이 약하다.

풀이 **흡착제를 이용한 시료채취 시 영향인자**
㉠ 온도 : 온도가 낮을수록 흡착에 좋으나 고온일수록 흡착대상 오염물질과 흡착제의 표면 사이 또는 2종 이상의 흡착대상 물질간 반응속도가 증가하여 흡착성질이 감소하며 파과가 일어나기 쉽다(모든 흡착은 발열반응이다).
㉡ 습도 : 극성 흡착제를 사용할 때 수증기가 흡착되기 때문에 파과가 일어나기 쉬우며, 비교적 높은 습도는 활성탄의 흡착용량을 저하시킨다. 또한 습도가 높으면 파과공기량(파과가 일어날 때까지의 채취공기량)이 적어진다.
㉢ 시료채취속도(시료채취유량) : 시료채취속도가 크고 코팅된 흡착제일수록 파과가 일어나기 쉽다.
㉣ 유해물질 농도(포집된 오염물질의 농도) : 농도가 높으면 파과용량(흡착제에 흡착된 오염물질량)이 증가하나 파과공기량은 감소한다.
㉤ 혼합물 : 혼합기체의 경우 각 기체의 흡착량은 단독성분이 있을 때보다 적어지게 된다(혼합물 중 흡착제와 강한 결합을 하는 물질에 의하여 치환반응이 일어나기 때문).
㉥ 흡착제의 크기(흡착제의 비표면적) : 입자 크기가 작을수록 표면적 및 채취효율이 증가하지만 압력강하가 심하다(활성탄은 다른 흡착제에 비하여 큰 비표면적을 갖고 있다).
㉦ 흡착관의 크기(튜브의 내경, 흡착제의 양) : 흡착제의 양이 많아지면 전체 흡착제의 표면적이 증가하여 채취용량이 증가하므로 파과가 쉽게 발생되지 않는다.

정답 20.① 21.① 22.④

23 산업안전보건법령상 소음의 측정시간에 관한 내용 중 A에 들어갈 숫자는?

> 단위작업장소에서 소음수준은 규정된 측정위치 및 지점에서 1일 작업시간 동안 A시간 이상 연속 측정하거나 작업시간을 1시간 간격으로 나누어 A회 이상 측정하여야 한다. 다만, …… (후략)

① 2 ② 4
③ 6 ④ 8

풀이 **소음 측정시간**

㉠ 단위작업장소에서 소음수준은 규정된 측정위치 및 지점에서 1일 작업시간 동안 6시간 이상 연속 측정하거나 작업시간을 1시간 간격으로 나누어 6회 이상 측정하여야 한다.
다만, 소음의 발생특성이 연속음으로서 측정치가 변동이 없다고 자격자 또는 지정측정기관이 판단한 경우에는 1시간 동안을 등간격으로 나누어 3회 이상 측정할 수 있다.
㉡ 단위작업장소에서의 소음발생시간이 6시간 이내인 경우나 소음발생원에서의 발생시간이 간헐적인 경우에는 발생시간 동안 연속 측정하거나 등간격으로 나누어 4회 이상 측정하여야 한다.

24 산업안전보건법령상 다음과 같이 정의되는 용어는?

> 작업환경 측정·분석 결과에 대한 정확성과 정밀도를 확보하기 위하여 작업환경측정기관의 측정·분석 능력을 확인하고, 그 결과에 따라 지도·교육 등 측정·분석 능력 향상을 위하여 행하는 모든 관리적 수단

① 정밀관리 ② 정확관리
③ 적정관리 ④ 정도관리

풀이 **정도관리**

작업환경 측정·분석치에 대한 정확성과 정밀도를 확보하기 위하여 통계적 처리를 통한 일정한 신뢰한계 내에서 측정·분석치를 평가하고, 그 결과에 따라 지도 및 교육, 기타 측정·분석 능력 향상을 위하여 행하는 모든 관리적 수단을 말한다.

25 한 근로자가 하루 동안 TCE에 노출되는 것을 측정한 결과가 아래와 같을 때, 8시간 시간가중평균치(TWA ; ppm)는?

측정시간	노출농도(ppm)
1시간	10.0
2시간	15.0
4시간	17.5
1시간	0.0

① 15.7 ② 14.2
③ 13.8 ④ 10.6

풀이 TWA (ppm)

$$= \frac{(1\times10)+(2\times15)+(4\times17.5)+(1\times0)}{8}$$

$= 13.75\text{ppm}$

26 불꽃 방식 원자흡광광도계의 특징으로 옳지 않은 것은?

① 조작이 쉽고 간편하다.
② 분석시간이 흑연로장치에 비하여 적게 소요된다.
③ 주입 시료액의 대부분이 불꽃 부분으로 보내지므로 감도가 높다.
④ 고체 시료의 경우 전처리에 의하여 매트릭스를 제거해야 한다.

풀이 **불꽃 원자화장치의 장단점**

(1) 장점
㉠ 조작이 쉽고 간편하다.
㉡ 가격이 흑연로장치나 유도결합플라스마-원자발광분석기보다 저렴하다.
㉢ 분석이 빠르고, 정밀도가 높다(분석시간이 흑연로장치에 비해 적게 소요됨).
㉣ 기질(매트릭스)의 영향이 적다.

(2) 단점
㉠ 많은 양의 시료(10mL)가 필요하며, 감도가 제한되어 있어 저농도에서 사용이 힘들다.
㉡ 용질이 고농도로 용해되어 있는 경우, 점성이 큰 용액은 분무구를 막을 수 있다.
㉢ 고체 시료의 경우 전처리에 의하여 기질(매트릭스)을 제거해야 한다.

2022

정답 23.③ 24.④ 25.③ 26.③

27 산업안전보건법령상 작업환경측정대상이 되는 작업장 또는 공정에서 정상적인 작업을 수행하는 동일 노출집단의 근로자가 작업을 하는 장소를 지칭하는 용어는?

① 동일작업장소 ② 단위작업장소
③ 노출측정장소 ④ 측정작업장소

풀이 **단위작업장소**
작업환경측정대상이 되는 작업장 또는 공정에서 정상적인 작업을 수행하는 동일 노출집단의 근로자가 작업을 행하는 장소를 말한다.

28 근로자가 일정 시간 동안 일정 농도의 유해물질에 노출될 때 체내에 흡수되는 유해물질의 양은 아래의 식을 적용하여 구한다. 각 인자에 대한 설명이 틀린 것은?

체내 흡수량(mg)$=C\times T\times R\times V$

① C : 공기 중 유해물질 농도
② T : 노출시간
③ R : 체내 잔류율
④ V : 작업공간 내 공기의 부피

풀이 체내 흡수량(SHD)$=C\times T\times R\times V$
여기서, 체내 흡수량(SHD) : 안전계수와 체중을 고려한 것
C : 공기 중 유해물질 농도(mg/m^3)
T : 노출시간(hr)
R : 체내 잔류율(보통 1.0)
V : 호흡률(폐 환기율, m^3/hr)

29 고열(heat stress)의 작업환경 평가와 관련된 내용으로 틀린 것은?

① 가장 일반적인 방법은 습구흑구온도(WBGT)를 측정하는 방법이다.
② 자연습구온도는 대기온도를 측정하긴 하지만 습도와 공기의 움직임에 영향을 받는다.
③ 흑구온도는 복사열에 의해 발생하는 온도이다.
④ 습도가 높고 대기흐름이 적을 때 낮은 습구온도가 발생한다.

풀이 ④ 습도가 높고 대기흐름이 적을 때 높은 습구온도가 발생한다.

30 같은 작업장소에서 동시에 5개의 공기시료를 동일한 채취조건하에서 채취하여 벤젠에 대해 아래의 도표와 같은 분석결과를 얻었다. 이때 벤젠 농도 측정의 변이계수(CV, %)는?

공기시료 번호	벤젠 농도(ppm)
1	5.0
2	4.5
3	4.0
4	4.6
5	4.4

① 8% ② 14%
③ 56% ④ 96%

풀이 변이계수 CV(%)$=\dfrac{\text{표준편차}}{\text{산술평균}}\times 100$

$$\text{산술평균}=\frac{5.0+4.5+4.0+4.6+4.4}{5}=4.5\text{ppm}$$

표준편차

$$=\left(\frac{(5.0-4.5)^2+(4.5-4.5)^2+(4.0-4.5)^2+(4.6-4.5)^2+(4.4-4.5)^2}{5-1}\right)^{0.5}$$

$=0.36$ppm

$$\therefore \text{CV}=\frac{0.36}{4.5}\times 100=8\%$$

31 작업장 내 다습한 공기에 포함된 비극성 유기증기를 채취하기 위해 이용할 수 있는 흡착제의 종류로 가장 적절한 것은?

① 활성탄(activated charcoal)
② 실리카겔(silica gel)
③ 분자체(molecular sieve)
④ 알루미나(alumina)

풀이 **활성탄관을 사용하여 채취하기 용이한 시료**
㉠ 비극성류의 유기용제
㉡ 각종 방향족 유기용제(방향족 탄화수소류)
㉢ 할로겐화 지방족 유기용제(할로겐화 탄화수소류)
㉣ 에스테르류, 알코올류, 에테르류, 케톤류

정답 27.② 28.④ 29.④ 30.① 31.①

32 산업안전보건법령상 가스상 물질의 측정에 관한 내용 중 일부이다. ( )에 들어갈 내용으로 옳은 것은?

> 검지관 방식으로 측정하는 경우에는 1일 작업시간 동안 1시간 간격으로 ( )회 이상 측정하되 측정시간마다 2회 이상 반복 측정하여 평균값을 산출하여야 한다. 다만, …(후략)

① 2　② 4
③ 6　④ 8

풀이 검지관 방식으로 측정하는 경우에는 1일 작업시간 동안 1시간 간격으로 6회 이상 측정하되 측정시간마다 2회 이상 반복 측정하여 평균값을 산출하여야 한다. 다만, 가스상 물질의 발생시간이 6시간 이내일 때에는 작업시간 동안 1시간 간격으로 나누어 측정하여야 한다.

33 벤젠과 톨루엔이 혼합된 시료를 길이 30cm, 내경 3mm인 충진관이 장치된 기체 크로마토그래피로 분석한 결과가 아래와 같을 때, 혼합 시료의 분리효율을 99.7%로 증가시키는 데 필요한 충진관의 길이(cm)는? (단, N, H, L, W, R_s, t_R은 각각 이론단수, 높이(HETP), 길이, 봉우리 너비, 분리계수, 머무름시간을 의미하고, 문자 위 "−"(bar)는 평균값을, 하첨자 A와 B는 각각의 물질을 의미하며, 분리효율이 99.7%가 되기 위한 R_s는 1.5이다.)

[크로마토그램 결과]

분석 물질	머무름시간 (retention time)	봉우리 너비 (peak width)
벤젠	16.4분	1.15분
톨루엔	17.6분	1.25분

[크로마토그램 관계식]

$$N=16\left(\frac{t_R}{W}\right)^2,\quad H=\frac{L}{N}$$

$$R_s=\frac{2(t_{R,A}-t_{R,B})^2}{W_A+W_B},\quad \frac{\overline{N}_1}{\overline{N}_2}=\frac{{R_{s,1}}^2}{{R_{s,2}}^2}$$

① 60　② 62.5
③ 67.5　④ 72.5

풀이 이론단수(N) : 벤젠$=16\times\left(\frac{16.4}{1.15}\right)^2=3253.96$

톨루엔$=16\times\left(\frac{17.6}{1.25}\right)^2=3171.94$

$\overline{N}$(평균이론단수)$=\frac{3253.96+3171.94}{2}=3212.95(\overline{N}_1)$

R_s(분리계수)$=\frac{2(17.6-16.4)^2}{1.15+1.25}=1.0(R_{s,1})$

$\frac{\overline{N}_1}{\overline{N}_2}=\frac{{R_{s,1}}^2}{{R_{s,2}}^2}$

분리효율이 99.7%가 되기 위한 R_s는 1.5 적용

$\frac{3212.95}{\overline{N}_2}=\frac{1}{1.5}$

$\overline{N}_2=7229.14$

$\overline{N}_1$일 때 H를 구하면

$H=\frac{L}{N}=\frac{30}{3212.95}=9.34\times10^{-3}\text{cm}$

$\overline{N}_1$일 때와 $\overline{N}_2$일 때 H는 같음

$H=\frac{L}{\overline{N}_2}$

$\therefore\ L=7229.14\times9.34\times10^{-3}=67.5\text{cm}$

34 흡광광도법에 관한 설명으로 틀린 것은?

① 광원에서 나오는 빛을 단색화 장치를 통해 넓은 파장범위의 단색 빛으로 변화시킨다.
② 선택된 파장의 빛을 시료액 층으로 통과시킨 후 흡광도를 측정하여 농도를 구한다.
③ 분석의 기초가 되는 법칙은 램버트-비어의 법칙이다.
④ 표준액에 대한 흡광도와 농도의 관계를 구한 후, 시료의 흡광도를 측정하여 농도를 구한다.

풀이 ① 광원에서 나오는 빛을 단색화 장치 또는 필터를 이용해서 좁은 파장범위의 단색 빛으로 변화시킨다.

2022

정답 32.③ 33.③ 34.①

35 공장에서 A용제 30%(노출기준 1,200mg/m^3), B용제 30%(노출기준 1,400mg/m^3) 및 C용제 40%(노출기준 1,600mg/m^3)의 중량비로 조성된 액체 용제가 증발되어 작업환경을 오염시킬 때, 이 혼합물의 노출기준(mg/m^3)은? (단, 혼합물의 성분은 상가작용을 한다.)

① 1,400 ② 1,450
③ 1,500 ④ 1,550

풀이 혼합물의 허용농도(mg/m^3)

$$= \frac{1}{\frac{0.3}{1,200} + \frac{0.3}{1,400} + \frac{0.4}{1,600}} = 1,400\text{mg/m}^3$$

36 WBGT 측정기의 구성요소로 적절하지 않은 것은?

① 습구온도계 ② 건구온도계
③ 카타온도계 ④ 흑구온도계

풀이 **WBGT 측정기의 구성요소**
㉠ 건구온도계(DB)
㉡ 습구온도계(WB)
㉢ 흑구온도계(GT)

37 유량, 측정시간, 회수율 및 분석에 의한 오차가 각각 18%, 3%, 9%, 5%일 때, 누적오차(%)는?

① 18 ② 21
③ 24 ④ 29

풀이 누적오차(%)$= \sqrt{18^2 + 3^2 + 9^2 + 5^2} = 20.95\%$

38 작업환경 중 분진의 측정농도가 대수정규분포를 할 때, 측정자료의 대표치에 해당되는 용어는?

① 기하평균치 ② 산술평균치
③ 최빈치 ④ 중앙치

풀이 산업위생 분야에서는 작업환경 측정결과가 대수정규분포를 하는 경우 대표값으로서 기하평균을, 산포도로서 기하표준편차를 널리 사용한다.

39 단위작업장소에서 소음의 강도가 불규칙적으로 변동하는 소음을 누적소음노출량 측정기로 측정하였다. 누적소음노출량이 300%인 경우, 시간가중 평균소음수준[dB(A)]은?

① 92 ② 98
③ 103 ④ 106

풀이 시간가중 평균소음수준(TWA [dB(A)])

$$\text{TWA} = 16.61\log\left(\frac{D}{100}\right) + 90$$
$$= 16.61\log\left(\frac{300}{100}\right) + 90$$
$$= 98\text{dB(A)}$$

40 진동을 측정하기 위한 기기는?

① 충격측정기(impulse meter)
② 레이저판독판(laser readout)
③ 가속측정기(accelerometer)
④ 소음측정기(sound level meter)

풀이 **가속도계(accelerometer)**
진동의 가속도를 측정 · 기록하는 진동계의 일종으로, 어떤 물체의 속도변화비율(가속도)을 측정하는 장치이다.

제3과목 | 작업환경 관리대책

41 국소배기시설에서 장치 배치 순서로 가장 적절한 것은?

① 송풍기 → 공기정화기 → 후드 → 덕트 → 배출구
② 공기정화기 → 후드 → 송풍기 → 덕트 → 배출구
③ 후드 → 덕트 → 공기정화기 → 송풍기 → 배출구
④ 후드 → 송풍기 → 공기정화기 → 덕트 → 배출구

풀이 **국소배기시설 장치순서**
후드 → 덕트 → 공기정화기 → 송풍기 → 배출구(배기덕트)

정답 35.① 36.③ 37.② 38.① 39.② 40.③ 41.③

42 금속을 가공하는 음압수준이 98dB(A)인 공정에서 NRR이 17인 귀마개를 착용했을 때의 차음효과[dB(A)]는? (단, OSHA의 차음효과 예측방법을 적용한다.)

① 2 ② 3
③ 5 ④ 7

풀이 차음효과 $= (\mathrm{NRR} - 7) \times 0.5$
$= (17 - 7) \times 0.5$
$= 5\mathrm{dB(A)}$

43 테이블에 붙여서 설치한 사각형 후드의 필요환기량 Q(m³/min)를 구하는 식으로 적절한 것은? (단, 플랜지는 부착되지 않았고, A(m²)는 개구면적, X(m)는 개구부와 오염원 사이의 거리, V_c(m/s)는 제어속도를 의미한다.)

① $Q = V_c \times (5X^2 + A)$
② $Q = V_c \times (7X^2 + A)$
③ $Q = 60 \times V_c \times (5X^2 + A)$
④ $Q = 60 \times V_c \times (7X^2 + A)$

풀이 **바닥면(작업테이블면)에 위치, 플랜지 미부착인 경우 필요환기량**
$Q = 60 \cdot V_c(5X^2 + A)$
여기서, Q : 필요환기량(m³/min)
V_c : 제어속도(m/sec)
X : 후드 중심선으로부터 발생원(오염원)까지의 거리(m)
A : 개구면적(m²)

44 표준상태(STP ; 0℃, 1기압)에서 공기의 밀도가 1.293kg/m³일 때, 40℃, 1기압에서 공기의 밀도(kg/m³)는?

① 1.040 ② 1.128
③ 1.185 ④ 1.312

풀이 공기 밀도(kg/m³) $= 1.293\mathrm{kg/m^3} \times \frac{273+0}{273+40}$
$= 1.128\mathrm{kg/m^3}$

45 원심력 집진장치에 관한 설명 중 옳지 않은 것은?

① 비교적 적은 비용으로 집진이 가능하다.
② 분진의 농도가 낮을수록 집진효율이 증가한다.
③ 함진가스에 선회류를 일으키는 원심력을 이용한다.
④ 입자의 크기가 크고 모양이 구체에 가까울수록 집진효율이 증가한다.

풀이 ② 분진의 농도가 높을수록 집진효율이 증가한다.

46 직경 38cm, 유효높이 2.5m의 원통형 백필터를 사용하여 60m³/min의 함진가스를 처리할 때 여과속도(cm/sec)는?

① 25
② 32
③ 50
④ 64

풀이 여과속도(cm/sec) $= \frac{\text{처리가스량}}{\text{여과면적}(3.14 \times D \times L)}$
$= \frac{60\mathrm{m^3/min} \times \mathrm{min/60sec}}{3.14 \times 0.38\mathrm{m} \times 2.5\mathrm{m}}$
$= 0.335\mathrm{m/sec} \times 100\mathrm{cm/m}$
$= 33.52\mathrm{cm/sec}$

47 다음 중 중성자의 차폐(shielding) 효과가 가장 적은 물질은?

① 물
② 파라핀
③ 납
④ 흑연

풀이 **중성자의 차폐물질**
㉠ 물
㉡ 파라핀
㉢ 붕소 함유물질
㉣ 흑연
㉤ 콘크리트

정답 42.③ 43.③ 44.② 45.② 46.② 47.③

48 국소배기장치로 외부식 측방형 후드를 설치할 때, 제어풍속을 고려하여야 할 위치는?

① 후드의 개구면
② 작업자의 호흡위치
③ 발산되는 오염공기 중의 중심위치
④ 후드의 개구면으로부터 가장 먼 작업위치

풀이 포위식 후드에서는 후드 개구면에서의 풍속을, 외부식 후드에서는 후드 개구면으로부터 가장 먼 작업위치에서의 풍속을 제어속도(제어풍속)로 측정한다.

49 작업장에서 작업공구와 재료 등에 적용할 수 있는 진동대책과 가장 거리가 먼 것은?

① 진동공구의 무게는 10kg 이상 초과하지 않도록 만들어야 한다.
② 강철로 코일용수철을 만들면 설계를 자유스럽게 할 수 있으나 oil damper 등의 저항요소가 필요할 수 있다.
③ 방진고무를 사용하면 공진 시 진폭이 지나치게 커지지 않지만 내구성, 내약품성이 문제가 될 수 있다.
④ 코르크는 정확하게 설계할 수 있고 고유진동수가 20Hz 이상이므로 진동 방지에 유용하게 사용할 수 있다.

풀이 ④ 코르크는 재질이 일정하지 않으므로 정확한 설계가 곤란하고, 고유진동수가 10Hz 전후밖에 되지 않아 진동 방지라기보다는 강체 간 고체음의 전파 방지에 유익한 방진재료이다.

50 여과집진장치의 여과지에 대한 설명으로 틀린 것은?

① 0.1μm 이하의 입자는 주로 확산에 의해 채취된다.
② 압력강하가 적으면 여과지의 효율이 크다.
③ 여과지의 특성을 나타내는 항목으로 기공의 크기, 여과지의 두께 등이 있다.
④ 혼합섬유 여과지로 가장 많이 사용되는 것은 microsorban 여과지이다.

풀이 ④ 혼합섬유 여과지로 가장 많이 사용되는 것은 유리섬유(glass fiber) 여과지이다.

51 일반적인 후드 설치의 유의사항으로 가장 거리가 먼 것은?

① 오염원 전체를 포위시킬 것
② 후드는 오염원에 가까이 설치할 것
③ 오염공기의 성질, 발생상태, 발생원인을 파악할 것
④ 후드의 흡인방향과 오염가스의 이동방향은 반대로 할 것

풀이 **후드가 갖추어야 할 사항(필요환기량을 감소시키는 방법)**

㉠ 가능한 한 오염물질 발생원에 가까이 설치한다(포집형 및 레시버형 후드).
㉡ 제어속도는 작업조건을 고려하여 적정하게 선정한다.
㉢ 작업에 방해되지 않도록 설치하여야 한다.
㉣ 오염물질 발생특성을 충분히 고려하여 설계하여야 한다.
㉤ 가급적이면 공정을 많이 포위한다.
㉥ 후드 개구면에서 기류가 균일하게 분포되도록 설계한다.
㉦ 공정에서 발생 또는 배출되는 오염물질의 절대량을 감소시킨다.

52 앞으로 구부리고 수행하는 작업공정에서 올바른 작업자세라고 볼 수 없는 것은?

① 작업점의 높이는 팔꿈치보다 낮게 한다.
② 바닥의 얼룩을 닦을 때에는 허리를 구부리지 말고 다리를 구부려서 작업한다.
③ 상체를 구부리고 작업을 하다가 일어설 때는 무릎을 굴절시켰다가 다리 힘으로 일어난다.
④ 신체의 중심이 물체의 중심보다 뒤쪽에 있도록 한다.

풀이 ④ 신체의 중심이 물체의 중심보다 앞쪽에 있도록 한다.

정답 48.④ 49.④ 50.④ 51.④ 52.④

53 호흡기 보호구의 사용 시 주의사항과 가장 거리가 먼 것은?

① 보호구의 능력을 과대평가하지 말아야 한다.
② 보호구 내 유해물질 농도는 허용기준 이하로 유지해야 한다.
③ 보호구를 사용할 수 있는 최대 사용 가능 농도는 노출기준에 할당보호계수를 곱한 값이다.
④ 유해물질의 농도가 즉시 생명에 위태로울 정도인 경우는 공기정화식 보호구를 착용해야 한다.

풀이 산소가 결핍된 환경 또는 유해물질의 농도가 높거나 독성이 강한 작업장에서 사용하는 호흡용 마스크는 송기마스크(호스마스크, 에어라인마스크)이다.

54 흡인구와 분사구의 등속선에서 노즐의 분사구 개구면 유속을 100%라고 할 때 유속이 10% 수준이 되는 지점은 분사구 내경(d)의 몇 배 거리인가?

① $5d$ ② $10d$
③ $30d$ ④ $40d$

풀이 송풍기에 의한 기류의 흡기와 배기 시 흡기는 흡입면 직경의 1배인 위치에서는 입구 유속의 10%로 되고, 배기는 출구 면 직경의 30배인 위치에서 출구 유속의 10%로 된다. 따라서, 국소배기시스템의 후드는 오염발생원으로부터 최대한 가까운 곳에 설치해야 한다.

55 레시버식 캐노피형 후드 설치에 있어 열원 주위 상부의 퍼짐각도는? (단, 실내에는 다소의 난기류가 존재한다.)

① 20° ② 40°
③ 60° ④ 90°

풀이 레시버식 캐노피형 열원 주위 상부 퍼짐각도는 난기류가 없으면 약 20°이고, 난기류가 있는 경우는 약 40°를 갖는다.

56 방진마스크의 성능기준 및 사용장소에 대한 설명 중 옳지 않은 것은?

① 방진마스크 등급 중 2급은 포집효율이 분리식과 안면부 여과식 모두 90% 이상이어야 한다.
② 방진마스크 등급 중 특급의 표집효율은 분리식의 경우 99.95% 이상, 안면부 여과식의 경우 99.0% 이상이어야 한다.
③ 베릴륨 등과 같이 독성이 강한 물질들을 함유한 분진이 발생하는 장소에서는 특급 방진마스크를 착용하여야 한다.
④ 금속흄 등과 같이 열적으로 생기는 분진이 발생하는 장소에서는 1급 방진마스크를 착용하여야 한다.

풀이 **방진마스크의 분진포집능력에 따른 구분(분리식)**
㉠ 특급 : 분진포집효율 99.95% 이상
(안면부 여과식 : 99.0% 이상)
㉡ 1급 : 분진포집효율 94% 이상
㉢ 2급 : 분진포집효율 80% 이상

57 국소배기시설의 투자비용과 운전비를 작게 하기 위한 조건으로 옳은 것은?

① 제어속도 증가
② 필요송풍량 감소
③ 후드 개구면적 증가
④ 발생원과의 원거리 유지

풀이 국소배기에서 효율성 있는 운전을 하기 위해서 가장 먼저 고려할 사항은 필요송풍량 감소이다.

58 정상기류가 흐르고 있는 유체 유동에 관한 연속방정식을 설명하는 데 적용된 법칙은?

① 관성의 법칙 ② 운동량의 법칙
③ 질량보존의 법칙 ④ 점성의 법칙

풀이 **연속방정식**
정상류(정상유동, 비압축성)가 흐르고 있는 유체 유동에 관한 연속방정식을 설명하는 데 적용된 법칙은 질량보존의 법칙이다. 즉, 정상류로 흐르고 있는 유체가 임의의 한 단면을 통과하는 질량은 다른 임의의 한 단면을 통과하는 단위시간당 질량과 같아야 한다.

2022

정답 53.④ 54.③ 55.② 56.① 57.② 58.③

59 공기 중의 포화증기압이 1.52mmHg인 유기 용제가 공기 중에 도달할 수 있는 포화농도(ppm)는?

① 2,000 ② 4,000
③ 6,000 ④ 8,000

풀이 포화농도(ppm)

$$= \frac{\text{증기압}}{760} \times 10^6 = \frac{1.52}{760} \times 10^6 = 2{,}000\text{ppm}$$

60 표준공기(21℃)에서 동압이 5mmHg일 때 유속(m/sec)은?

① 9 ② 15
③ 33 ④ 45

풀이 $5\text{mmHg} \times \frac{10{,}332\text{mmH}_2\text{O}}{760\text{mmHg}} = 67.97\text{mmH}_2\text{O}$

$\therefore\ V(\text{m/sec}) = 4.043\sqrt{VP}$
$= 4.043 \times \sqrt{67.97} = 33.33\text{m/sec}$

제4과목 | 물리적 유해인자관리

61 일반적으로 전신진동에 의한 생체반응에 관여하는 인자와 가장 거리가 먼 것은?

① 온도 ② 진동강도
③ 진동방향 ④ 진동수

풀이 전신진동에 의한 생체반응에 관여하는 인자
㉠ 진동강도
㉡ 진동수
㉢ 진동방향
㉣ 진동폭로시간

62 전리방사선의 종류에 해당하지 않는 것은?

① γ선 ② 중성자
③ 레이저 ④ β선

풀이 전리방사선과 비전리방사선의 종류
㉠ 전리방사선
X-ray, γ선, α입자, β입자, 중성자
㉡ 비전리방사선
자외선, 가시광선, 적외선, 라디오파, 마이크로파, 저주파, 극저주파, 레이저

63 산업안전보건법령상 이상기압과 관련된 용어의 정의가 옳지 않은 것은?

① 압력이란 게이지압력을 말한다.
② 표면공급식 잠수작업은 호흡용 기체통을 휴대하고 하는 작업을 말한다.
③ 고압작업이란 고기압에서 잠함공법이나 그 외의 압기공법으로 하는 작업을 말한다.
④ 기압조절실이란 고압작업을 하는 근로자가 가압 또는 감압을 받는 장소를 말한다.

풀이 잠수작업
㉠ 표면공급식 잠수작업
수면 위의 공기압축기 또는 호흡용 기체통에서 압축된 호흡용 기체를 공급받으면서 하는 작업
㉡ 스쿠버 잠수작업
호흡용 기체통을 휴대하고 하는 작업

64 반향시간(reverberation time)에 관한 설명으로 옳은 것은?

① 반향시간과 작업장의 공간부피만 알면 흡음량을 추정할 수 있다.
② 소음원에서 소음발생이 중지한 후 소음의 감소는 시간의 제곱에 반비례하여 감소한다.
③ 반향시간은 소음이 닿는 면적을 계산하기 어려운 실외에서의 흡음량을 추정하기 위하여 주로 사용한다.
④ 소음원에서 발생하는 소음과 배경소음 간의 차이가 40dB인 경우에는 60dB만큼 소음이 감소하지 않기 때문에 반향시간을 측정할 수 없다.

풀이 잔향시간(반향시간)

$$T = \frac{0.161V}{A} = \frac{0.161V}{S\bar{\alpha}}(\text{sec})$$

$$\bar{\alpha} = \frac{0.161V}{ST}$$

여기서, T : 잔향시간(sec)
V : 실의 체적(부피)(m^3)
A : 총 흡음력($\Sigma\alpha_i S_i$)(m^2, sabin)
S : 실내의 전 표면적(m^2)

정답 59.① 60.③ 61.① 62.③ 63.② 64.①

65 빛과 밝기의 단위에 관한 설명으로 옳지 않은 것은?

① 반사율은 조도에 대한 휘도의 비로 표시한다.
② 광원으로부터 나오는 빛의 양을 광속이라고 하며 단위는 루멘을 사용한다.
③ 입사면의 단면적에 대한 광도의 비를 조도라 하며 단위는 촉광을 사용한다.
④ 광원으로부터 나오는 빛의 세기를 광도라고 하며 단위는 칸델라를 사용한다.

풀이 **럭스(lux) ; 조도**
㉠ 1루멘(lumen)의 빛이 $1m^2$의 평면상에 수직으로 비칠 때의 밝기이다.
㉡ 1cd의 점광원으로부터 1m 떨어진 곳에 있는 광선의 수직인 면의 조명도이다.
㉢ 조도는 입사 면의 단면적에 대한 광속의 비를 의미하며, 어떤 면에 들어오는 광속의 양에 비례하고, 입사 면의 단면적에 반비례한다.

$$조도(E) = \frac{\text{lumen}}{\text{m}^2}$$

66 다음 중 방사선에 감수성이 가장 큰 인체조직은?

① 눈의 수정체
② 뼈 및 근육조직
③ 신경조직
④ 결합조직과 지방조직

풀이 **전리방사선에 대한 감수성 순서**

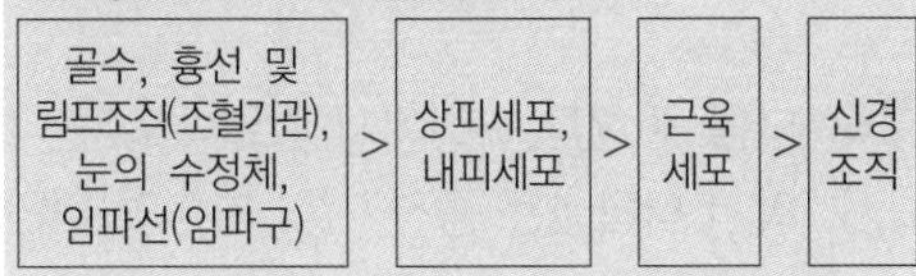

67 자외선으로부터 눈을 보호하기 위한 차광보호구를 선정하고자 하는데 차광도가 큰 것이 없어 두 개를 겹쳐서 사용하였다. 각 보호구의 차광도가 6과 3이었다면 두 개를 겹쳐서 사용한 경우의 차광도는?

① 6 ② 8
③ 9 ④ 18

풀이 차광도=(6+3)−1=8

68 산소결핍이 진행되면서 생체에 나타나는 영향을 순서대로 나열한 것은?

> ㉮ 가벼운 어지러움
> ㉯ 사망
> ㉰ 대뇌피질의 기능 저하
> ㉱ 중추성 기능장애

① ㉮ → ㉰ → ㉱ → ㉯
② ㉮ → ㉱ → ㉰ → ㉯
③ ㉰ → ㉮ → ㉱ → ㉯
④ ㉰ → ㉱ → ㉮ → ㉯

풀이 **산소결핍 진행 시 생체 영향순서**
가벼운 어지러움 → 대뇌피질의 기능 저하 → 중추성 기능 저하 → 사망

69 체온의 상승에 따라 체온조절중추인 시상하부에서 혈액온도를 감지하거나 신경망을 통하여 정보를 받아들여 체온방산작용이 활발해지는 작용은?

① 정신적 조절작용 (spiritual thermo regulation)
② 화학적 조절작용 (chemical thermo regulation)
③ 생물학적 조절작용 (biological thermo regulation)
④ 물리적 조절작용 (physical thermo regulation)

풀이 **열평형(물리적 조절작용)**
㉠ 인체와 환경 사이의 열평형에 의하여 인체는 적절한 체온을 유지하려고 노력한다.
㉡ 기본적인 열평형 방정식에 있어 신체 열용량의 변화가 0보다 크면 생산된 열이 축적하게 되고 체온조절중추인 시상하부에서 혈액온도를 감지하거나 신경망을 통하여 정보를 받아들여 체온방산작용이 활발히 시작되는데, 이것을 물리적 조절작용(physical thermo regulation)이라 한다.

2022

정답 65.③ 66.① 67.② 68.① 69.④

70 다음 중 진동에 의한 장해를 최소화시키는 방법과 거리가 먼 것은?

① 진동의 발생원을 격리시킨다.
② 진동의 노출시간을 최소화시킨다.
③ 훈련을 통하여 신체의 적응력을 향상시킨다.
④ 진동을 최소화하기 위하여 공학적으로 설계 및 관리한다.

풀이 ③ 훈련을 통하여 신체의 적응력을 향상시킨다고 진동에 의한 장해를 최소화할 수는 없다.

71 저온 환경에 의한 장해의 내용으로 옳지 않은 것은?

① 근육 긴장이 증가하고 떨림이 발생한다.
② 혈압은 변화되지 않고 일정하게 유지된다.
③ 피부 표면의 혈관들과 피하조직이 수축된다.
④ 부종, 저림, 가려움, 심한 통증 등이 생긴다.

풀이 **한랭(저온) 환경에서의 생리적 기전(반응)**
한랭환경에서는 체열 방산을 제한하고 체열 생산을 증가시키기 위한 생리적 반응이 일어난다.
㉠ 피부혈관(말초혈관)이 수축한다.
- 피부혈관 수축과 더불어 혈장량 감소로 혈압이 일시적으로 저하되며, 신체 내 열을 보호하는 기능을 한다.
- 말초혈관의 수축으로 표면조직의 냉각이 오며, 1차적 생리적 영향이다.
- 피부혈관의 수축으로 피부온도가 감소되고 순환능력이 감소되어 혈압은 일시적으로 상승된다.

㉡ 근육긴장의 증가와 떨림 및 수의적인 운동이 증가한다.
㉢ 갑상선을 자극하여 호르몬 분비가 증가(화학적 대사작용 증가)한다.
㉣ 부종, 저림, 가려움증, 심한 통증 등이 발생한다.
㉤ 피부 표면의 혈관 · 피하조직이 수축하고, 체표면적이 감소한다.
㉥ 피부의 급성 일과성 염증반응은 한랭에 대한 폭로를 중지하면 2~3시간 내에 없어진다.
㉦ 피부나 피하조직을 냉각시키는 환경온도 이하에서는 감염에 대한 저항력이 떨어지며, 회복과정에 장애가 온다.
㉧ 근육활동, 조직대사가 증가되어 식욕이 항진된다.

72 작업장의 조도를 균등하게 하기 위하여 국소조명과 전체조명이 병용될 때, 일반적으로 전체조명의 조도는 국부조명의 어느 정도가 적당한가?

① $\frac{1}{20} \sim \frac{1}{10}$　② $\frac{1}{10} \sim \frac{1}{5}$
③ $\frac{1}{5} \sim \frac{1}{3}$　④ $\frac{1}{3} \sim \frac{1}{2}$

풀이 **조명도(조도)를 고르게 하는 방법**
㉠ 국부조명에만 의존할 경우에는 작업장의 조도가 너무 균등하지 못해서 눈의 피로를 가져올 수 있으므로 전체조명과 병용하는 것이 보통이다.
㉡ 전체조명의 조도는 국부조명에 의한 조도의 1/10~1/5 정도가 되도록 조절한다.

73 다음 중 소음에 의한 청력장해가 가장 잘 일어나는 주파수 대역은?

① 1,000Hz
② 2,000Hz
③ 4,000Hz
④ 8,000Hz

풀이 **C_5-dip 현상**
㉠ 소음성 난청의 초기단계로 4,000Hz에서 청력장애가 현저히 커지는 현상이다.
㉡ 우리 귀는 고주파음에 대단히 민감하다. 특히 4,000Hz에서 소음성 난청이 가장 많이 발생한다.

74 다음 중 감압과정에서 감압속도가 너무 빨라서 나타나는 종격기종, 기흉의 원인이 되는 것은?

① 질소
② 이산화탄소
③ 산소
④ 일산화탄소

풀이 감압속도가 너무 빠르면 폐포가 파열되고 흉부조직 내로 유입된 질소가스 때문에 종격기종, 기흉, 공기전색 등의 증상이 나타난다.

정답 70.③ 71.② 72.② 73.③ 74.①

75 음향출력이 1,000W인 음원이 반자유공간(반구면파)에 있을 때 20m 떨어진 지점에서의 음의 세기는 약 얼마인가?

① 0.2W/m² ② 0.4W/m²
③ 2.0W/m² ④ 4.0W/m²

풀이 $W = I \cdot S$

$$I = \frac{W}{S(=2\pi r^2)} = \frac{1{,}000\text{W}}{(2\times\pi\times 20^2)\text{m}^2} = 0.4\text{W/m}^2$$

76 마이크로파와 라디오파에 관한 설명으로 옳지 않은 것은?

① 마이크로파의 주파수 대역은 100~3,000MHz 정도이며, 국가(지역)에 따라 범위의 규정이 각각 다르다.
② 라디오파의 파장은 1MHz와 자외선 사이의 범위를 말한다.
③ 마이크로파와 라디오파의 생체작용 중 대표적인 것은 온감을 느끼는 열작용이다.
④ 마이크로파의 생물학적 작용은 파장뿐만 아니라 출력, 노출시간, 노출된 조직에 따라 다르다.

풀이 라디오파의 파장은 1m~100km이고, 주파수는 약 3kHz~300GHz 정도이다.

77 18℃ 공기 중에서 800Hz인 음의 파장은 약 몇 m인가?

① 0.35 ② 0.43
③ 3.5 ④ 4.3

풀이 $$\lambda = \frac{C}{f} = \frac{331.42 + (0.6\times 18℃)}{800} = 0.43\text{m}$$

78 음압이 2배로 증가하면 음압레벨(sound pressure level)은 몇 dB 증가하는가?

① 2 ② 3
③ 6 ④ 12

풀이 $$\text{SPL} = 20\log\frac{P}{P_o} = 20\log 2 = 6\text{dB}$$

79 다음에서 설명하는 고열 건강장해는?

> 고온 환경에서 강한 육체적 노동을 할 때 잘 발생하고, 지나친 발한에 의한 탈수와 염분 손실이 발생하며 수의근의 유통성 경련 증상이 나타나는 것이 특징이다.

① 열성 발진(heat rashes)
② 열사병(heat stroke)
③ 열피로(heat fatigue)
④ 열경련(heat cramps)

풀이 **열경련**

(1) 발생원인
㉠ 지나친 발한에 의한 수분 및 혈중 염분 손실 시(혈액의 현저한 농축 발생)
㉡ 땀을 많이 흘리고 동시에 염분이 없는 음료수를 많이 마셔서 염분 부족 시
㉢ 전해질의 유실 시

(2) 증상
㉠ 체온이 정상이거나 약간 상승하고 혈중 Cl^- 농도가 현저히 감소한다.
㉡ 낮은 혈중 염분 농도와 팔 · 다리의 근육경련이 일어난다(수의근 유통성 경련).
㉢ 통증을 수반하는 경련은 주로 작업 시 사용한 근육에서 흔히 발생한다.
㉣ 일시적으로 단백뇨가 나온다.
㉤ 중추신경계통의 장애는 일어나지 않는다.
㉥ 복부와 사지 근육에 강직, 동통이 일어나고 과도한 발한이 발생된다.
㉦ 수의근의 유통성 경련(주로 작업 시 사용한 근육에서 발생)이 일어나기 전에 현기증, 이명, 두통, 구역, 구토 등의 전구증상이 일어난다.

(3) 치료
㉠ 수분 및 NaCl을 보충한다(생리식염수 0.1% 공급).
㉡ 바람이 잘 통하는 곳에 눕혀 안정시킨다.
㉢ 체열 방출을 촉진시킨다(작업복을 벗겨 전도와 복사에 의한 체열 방출).
㉣ 증상이 심하면 생리식염수 1,000~2,000mL를 정맥 주사한다.

2022

정답 75.② 76.② 77.② 78.③ 79.④

80 고압환경의 영향 중 2차적인 가압현상(화학적 장해)에 관한 설명으로 옳지 않은 것은?

① 4기압 이상에서 공기 중의 질소가스는 마취작용을 나타낸다.
② 이산화탄소의 증가는 산소의 독성과 질소의 마취작용을 촉진시킨다.
③ 산소의 분압이 2기압을 넘으면 산소 중독증세가 나타난다.
④ 산소 중독은 고압산소에 대한 노출이 중지되어도 근육경련, 환청 등 휴우증이 장기간 계속된다.

풀이 **2차적 가압현상**
고압하의 대기가스 독성 때문에 나타나는 현상으로, 2차성 압력현상이다.
(1) 질소가스의 마취작용
㉠ 공기 중의 질소가스는 정상기압에서 비활성이지만, 4기압 이상에서는 마취작용을 일으키며 이를 다행증(euphoria)이라 한다(공기 중의 질소가스는 3기압 이하에서 자극작용을 한다).
㉡ 질소가스 마취작용은 알코올 중독의 증상과 유사하다.
㉢ 작업력의 저하, 기분의 변환 등 여러 종류의 다행증이 일어난다.
㉣ 수심 90~120m에서 환청, 환시, 조현증, 기억력감퇴 등이 나타난다.
(2) 산소 중독작용
㉠ 산소의 분압이 2기압을 넘으면 산소 중독증상을 보인다. 즉, 3~4기압의 산소 혹은 이에 상당하는 공기 중 산소 분압에 의하여 중추신경계의 장애에 기인하는 운동장애를 나타내는데, 이것을 산소 중독이라 한다.
㉡ 수중의 잠수자는 폐압착증을 예방하기 위하여 수압과 같은 압력의 압축기체를 호흡하여야 하며, 이로 인한 산소 분압 증가로 산소 중독이 일어난다.
㉢ 고압산소에 대한 폭로가 중지되면 증상은 즉시 멈춘다. 즉, 가역적이다.
㉣ 1기압에서 순산소는 인후를 자극하나, 비교적 짧은 시간의 폭로라면 중독증상은 나타나지 않는다.
㉤ 산소 중독작용은 운동이나 이산화탄소로 인해 악화된다.
㉥ 수지나 족지의 작열통, 시력장애, 정신혼란, 근육경련 등의 증상을 보이며, 나아가서는 간질 모양의 경련을 나타낸다.
(3) 이산화탄소 중독작용
㉠ 이산화탄소 농도의 증가는 산소의 독성과 질소의 마취작용을 증가시키는 역할을 하고, 감압증의 발생을 촉진시킨다.
㉡ 이산화탄소 농도가 고압환경에서 대기압으로 환산하여 0.2%를 초과해서는 안 된다.
㉢ 동통성 관절장애(bends)도 이산화탄소의 분압 증가에 따라 보다 많이 발생한다.

제5과목 | 산업 독성학

81 산업안전보건법령상 사람에게 충분한 발암성 증거가 있는 유해물질에 해당하지 않는 것은?

① 석면(모든 형태)
② 크롬광 가공(크롬산)
③ 알루미늄(용접 흄)
④ 황화니켈(흄 및 분진)

풀이 알루미늄(용접 흄)은 화학물질 및 물리적 인자의 노출기준상 호흡성 물질로 분류된다.

82 다음 설명에 해당하는 중금속은?

- 뇌홍의 제조에 사용
- 소화관으로는 2~7% 정도의 소량 흡수
- 금속 형태는 뇌, 혈액, 심근에 많이 분포
- 만성노출 시 식욕부진, 신기능부전, 구내염 발생

① 납(Pb) ② 수은(Hg)
③ 카드뮴(Cd) ④ 안티몬(Sb)

풀이 **수은(Hg)**
㉠ 무기수은은 뇌홍[$Hg(ONC)_2$] 제조에 사용된다.
㉡ 금속수은은 주로 증기가 기도를 통해서 흡수되고, 일부는 피부로 흡수되며, 소화관으로는 2~7% 정도 소량 흡수된다.
㉢ 금속수은은 뇌, 혈액, 심근 등에 분포한다.
㉣ 만성노출 시 식욕부진, 신기능부전, 구내염을 발생시킨다.

 정답 80.④ 81.③ 82.②

83 골수장애로 재생불량성 빈혈을 일으키는 물질이 아닌 것은?

① 벤젠(benzene)
② 2-브로모프로판(2-bromopropane)
③ TNT(trinitrotoluene)
④ 2,4-TDI(Toluene-2,4-diisocyanate)

풀이 2,4-TDI는 직업성 천식을 유발하는 원인물질이다.

84 호흡성 먼지(respirable particulate mass)에 대한 미국 ACGIH의 정의로 옳은 것은?

① 크기가 10~100μm로 코와 인후두를 통하여 기관지나 폐에 침착한다.
② 폐포에 도달하는 먼지로 입경이 7.1μm 미만인 먼지를 말한다.
③ 평균입경이 4μm이고, 공기역학적 직경이 10μm 미만인 먼지를 말한다.
④ 평균입경이 10μm인 먼지로서, 흉곽성(thoracic) 먼지라고도 한다.

풀이 **ACGIH의 입자 크기별 기준(TLV)**
(1) 흡입성 입자상 물질
(IPM ; Inspirable Particulates Mass)
㉠ 호흡기의 어느 부위(비강, 인후두, 기관 등 호흡기의 기도 부위)에 침착하더라도 독성을 유발하는 분진이다.
㉡ 비암이나 비중격천공을 일으키는 입자상 물질이 여기에 속한다.
㉢ 침전분진은 재채기, 침, 코 등의 벌크(bulk) 세척기전으로 제거된다.
㉣ 입경범위 : 0~100μm
㉤ 평균입경 : 100μm(폐침착의 50%에 해당하는 입자의 크기)
(2) 흉곽성 입자상 물질
(TPM ; Thoracic Particulates Mass)
㉠ 기도나 하기도(가스교환 부위)에 침착하여 독성을 나타내는 물질이다.
㉡ 평균입경 : 10μm
㉢ 채취기구 : PM 10
(3) 호흡성 입자상 물질
(RPM ; Respirable Particulates Mass)
㉠ 가스교환 부위, 즉 폐포에 침착할 때 유해한 물질이다.
㉡ 평균입경 : 4μm(공기역학적 직경이 10μm 미만의 먼지가 호흡성 입자상 물질)
㉢ 채취기구 : 10mm nylon cyclone

85 무기성 분진에 의한 진폐증이 아닌 것은?

① 규폐증(silicosis)
② 연초폐증(tabacosis)
③ 흑연폐증(graphite lung)
④ 용접공폐증(welder's lung)

풀이 **분진 종류에 따른 분류(임상적 분류)**
㉠ 유기성 분진에 의한 진폐증
농부폐증, 면폐증, 연초폐증, 설탕폐증, 목재분진폐증, 모발분진폐증
㉡ 무기성(광물성) 분진에 의한 진폐증
규폐증, 탄소폐증, 활석폐증, 탄광부 진폐증, 철폐증, 베릴륨폐증, 흑연폐증, 규조토폐증, 주석폐증, 칼륨폐증, 바륨폐증, 용접공폐증, 석면폐증

86 생물학적 모니터링에 관한 설명으로 옳지 않은 것은?

㉮ 생물학적 검체인 호기, 소변, 혈액 등에서 결정인자를 측정하여 노출정도를 추정하는 방법이다.
㉯ 결정인자를 공기 중에서 흡수된 화학물질이나 그것의 대사산물 또는 화학물질에 의해 생긴 비가역적인 생화학적 변화이다.
㉰ 공기 중의 농도를 측정하는 것이 개인의 건강 위험을 보다 직접적으로 평가할 수 있다.
㉱ 목적은 화학물질에 대한 현재나 과거의 노출이 안전한 것인지를 확인하는 것이다.
㉲ 공기 중 노출기준이 설정된 화학물질의 수만큼 생물학적 노출기준(BEI)이 있다.

① ㉮, ㉯, ㉰　② ㉮, ㉰, ㉱
③ ㉯, ㉰, ㉲　④ ㉯, ㉱, ㉲

풀이 ㉯ 결정인자는 공기 중에서 흡수된 화학물질에 의하여 생긴 가역적인 생화학적 변화이다.
㉰ 공기 중의 농도를 측정하는 것보다 생물학적 모니터링이 건강상의 위험을 보다 직접적으로 평가할 수 있다.
㉲ 건강상의 영향과 생물학적 변수와 상관성이 있는 물질이 많지 않아 작업환경 측정에서 설정한 TLV보다 훨씬 적은 기준을 가지고 있다.

2022

정답 83.④ 84.③ 85.② 86.③

87 체내에 노출되면 metallothionein이라는 단백질을 합성하여 노출된 중금속의 독성을 감소시키는 경우가 있는데, 이에 해당되는 중금속은?

① 납
② 니켈
③ 비소
④ 카드뮴

풀이 Metallothionein은 카드뮴과 관계가 있다. 카드뮴이 체내에 들어가면 간에서 metallothionein 생합성이 촉진되어 폭로된 중금속을 감소시키는 역할을 하나, 다량의 카드뮴일 경우 합성이 되지 않아 중독작용을 일으킨다.

88 산업안전보건법령상 다음 유해물질 중 노출기준(ppm)이 가장 낮은 것은? (단, 노출기준은 TWA 기준이다.)

① 오존(O_3)
② 암모니아(NH_3)
③ 염소(Cl_2)
④ 일산화탄소(CO)

풀이 **화학물질의 노출기준**
① 오존(O_3)
 ㉠ TWA : 0.08ppm
 ㉡ STEL : 0.2ppm
② 암모니아(NH_3)
 ㉠ TWA : 25ppm
 ㉡ STEL : 35ppm
③ 염소(Cl_2)
 ㉠ TWA : 0.5ppm
 ㉡ STEL : 1ppm
④ 일산화탄소(CO)
 ㉠ TWA : 30ppm
 ㉡ STEL : 200ppm

89 유해인자에 노출된 집단에서의 질병발생률과 노출되지 않은 집단에서의 질병발생률과의 비를 무엇이라 하는가?

① 교차비 ② 발병비
③ 기여위험도 ④ 상대위험도

풀이 **상대위험도(상대위험비, 비교위험도)**
비율비 또는 위험비라고도 하며, 위험요인을 갖고 있는 군(노출군)이 위험요인을 갖고 있지 않은 군(비노출군)에 비하여 질병의 발생률이 몇 배인가, 즉 위험도가 얼마나 큰가를 나타내는 것이다.

$$상대위험비 = \frac{노출군에서의\ 질병발생률}{비노출군에서의\ 질병발생률} = \frac{위험요인이\ 있는\ 해당\ 군의\ 질병발생률}{위험요인이\ 없는\ 해당\ 군의\ 질병발생률}$$

㉠ 상대위험비=1 : 노출과 질병 사이의 연관성 없음
㉡ 상대위험비>1 : 위험의 증가를 의미
㉢ 상대위험비<1 : 질병에 대한 방어효과가 있음

90 수은중독의 예방대책이 아닌 것은?

① 수은 주입과정을 밀폐공간 안에서 자동화한다.
② 작업장 내에서 음식물 섭취와 흡연 등의 행동을 금지한다.
③ 수은 취급 근로자의 비점막 궤양 생성 여부를 면밀히 관찰한다.
④ 작업장에 흘린 수은은 신체가 닿지 않는 방법으로 즉시 제거한다.

풀이 ③ 크롬 취급 근로자의 비점막 궤양 생성 여부를 면밀히 관찰한다.
※ 수은은 비점막 궤양 생성과는 무관하다.

91 유해물질이 인체에 미치는 영향을 결정하는 인자와 가장 거리가 먼 것은?

① 개인의 감수성
② 유해물질의 독립성
③ 유해물질의 농도
④ 유해물질의 노출시간

풀이 **유해물질이 인체에 미치는 건강영향을 결정하는 인자**
㉠ 공기 중 농도
㉡ 폭로시간(폭로횟수)
㉢ 작업강도(호흡률)
㉣ 기상조건
㉤ 개인 감수성

정답 87.④ 88.① 89.④ 90.③ 91.②

92 일산화탄소 중독과 관련이 없는 것은?

① 고압산소실
② 카나리아새
③ 식염의 다량 투여
④ 카르복시헤모글로빈(carboxyhemoglobin)

풀이 ③ 식염의 투여는 고열 환경과 관련이 있다.

93 다핵방향족 탄화수소(PAHs)에 대한 설명으로 옳지 않은 것은?

① 벤젠고리가 2개 이상이다.
② 대사가 활발한 다핵 고리화합물로 되어 있으며 수용성이다.
③ 시토크롬(cytochrome) P－450의 준개체단에 의하여 대사된다.
④ 철강 제조업에서 석탄을 건류할 때나 아스팔트를 콜타르피치로 포장할 때 발생된다.

풀이 **다핵방향족 탄화수소류(PAHs)**
⇨ 일반적으로 시토크롬 P－448이라 한다.
㉠ 벤젠고리가 2개 이상 연결된 것으로 20여 가지 이상이 있다.
㉡ 대사가 거의 되지 않아 방향족 고리로 구성되어 있다.
㉢ 철강 제조업의 코크스 제조공정, 흡연, 연소공정, 석탄건류, 아스팔트 포장, 굴뚝 청소 시 발생한다.
㉣ 비극성의 지용성 화합물이며, 소화관을 통하여 흡수된다.
㉤ 시토크롬 P－450의 준개체단에 의하여 대사되고, PAHs의 대사에 관여하는 효소는 P－448로 대사되는 중간산물이 발암성을 나타낸다.
㉥ 대사 중에 산화아렌(arene oxide)을 생성하고 잠재적 독성이 있다.
㉦ 연속적으로 폭로된다는 것은 불가피하게 발암성으로 진행됨을 의미한다.
㉧ 배설을 쉽게 하기 위하여 수용성으로 대사되는데 체내에서 먼저 PAHs가 hydroxylation(수산화)되어 수용성을 돕는다.
㉨ PAHs의 발암성 강도는 독성 강도와 연관성이 크다.
㉩ ACGIH의 TLV는 TWA로 10ppm이다.
㉪ 인체 발암 추정물질(A2)로 분류된다.

94 유기용제의 흡수 및 대사에 관한 설명으로 옳지 않은 것은?

① 유기용제가 인체로 들어오는 경로는 호흡기를 통한 경우가 가장 많다.
② 대부분의 유기용제는 물에 용해되어 지용성 대사산물로 전환되어 체외로 배설된다.
③ 유기용제는 휘발성이 강하기 때문에 호흡기를 통하여 들어간 경우에 다시 호흡기로 상당량이 배출된다.
④ 체내로 들어온 유기용제는 산화, 환원, 가수분해로 이루어지는 생전환과 포합체를 형성하는 포합반응인 두 단계의 대사과정을 거친다.

풀이 **유해물질의 흡수 및 배설**
㉠ 흡수된 유해물질은 원래의 형태든, 대사산물의 형태로든 배설되기 위하여 수용성으로 대사된다.
㉡ 유해물질은 조직에 분포되기 전에 먼저 몇 개의 막을 통과하여야 한다.
㉢ 흡수속도는 유해물질의 물리화학적 성상과 막의 특성에 따라 결정된다.
㉣ 흡수된 유해화학물질은 다양한 비특이적 효소에 의하여 이루어지는 유해물질의 대사로 수용성이 증가되어 체외배출이 용이하게 된다.
㉤ 간은 화학물질을 대사시키고 콩팥과 함께 배설시키는 기능을 가지고 있어 다른 장기보다 여러 유해물질의 농도가 높다.

95 다음 중 중추신경 활성억제 작용이 가장 큰 것은?

① 알칸 ② 알코올
③ 유기산 ④ 에테르

풀이 **유기화학물질의 중추신경계 억제작용 및 자극작용**
㉠ 중추신경계 억제작용의 순서
알칸 < 알켄 < 알코올 < 유기산 < 에스테르 < 에테르 < 할로겐화합물
㉡ 중추신경계 자극작용의 순서
알칸 < 알코올 < 알데히드 또는 케톤 < 유기산 < 아민류

2022

96 증상으로는 무력증, 식욕감퇴, 보행장해 등의 증상을 나타내며, 계속적인 노출 시에는 파킨슨씨 증상을 초래하는 유해물질은?

① 망간 ② 카드뮴
③ 산화칼륨 ④ 산화마그네슘

풀이 **망간에 의한 건강장애**

(1) 급성중독
㉠ MMT(Methylcyclopentadienyl Manganese Trialbonyls)에 의한 피부와 호흡기 노출로 인한 증상이다.
㉡ 이산화망간 흄에 급성 노출되면 열, 오한, 호흡곤란 등의 증상을 특징으로 하는 금속열을 일으킨다.
㉢ 급성 고농도에 노출 시 조증(들뜸병)의 정신병 양상을 나타낸다.

(2) 만성중독
㉠ 무력증, 식욕감퇴 등의 초기증세를 보이다 심해지면 중추신경계의 특정 부위를 손상(뇌기저핵에 축적되어 신경세포 파괴)시켜 노출이 지속되면 파킨슨증후군과 보행장애가 두드러진다.
㉡ 안면의 변화, 즉 무표정하게 되며 배근력의 저하를 가져온다(소자증 증상).
㉢ 언어가 느려지는 언어장애 및 균형감각 상실 증세가 나타난다.
㉣ 신경염, 신장염 등의 증세가 나타난다.

97 산업안전보건법령상 기타 분진의 산화규소 결정체 함유율과 노출기준으로 옳은 것은?

① 함유율 : 0.1% 이상, 노출기준 : 5mg/m^3
② 함유율 : 0.1% 이하, 노출기준 : 10mg/m^3
③ 함유율 : 1% 이상, 노출기준 : 5mg/m^3
④ 함유율 : 1% 이하, 노출기준 : 10mg/m^3

풀이 **기타 분진의 산화규소 결정체**
㉠ 함유율 : 1% 이하
㉡ 노출기준 : 10mg/m^3

98 벤젠의 생물학적 지표가 되는 대사물질은?

① Phenol
② Coproporphyrin
③ Hydroquinone
④ 1,2,4－Trihydroxybenzene

풀이 **화학물질에 대한 대사산물 및 시료채취시기**

화학물질	대사산물(측정대상물질) : 생물학적 노출지표	시료채취시기
납	혈액 중 납	중요치 않음
	소변 중 납	
카드뮴	소변 중 카드뮴	중요치 않음
	혈액 중 카드뮴	
일산화탄소	호기에서 일산화탄소	작업 종료 시
	혈액 중 carboxyhemoglobin	
벤젠	소변 중 총 페놀	작업 종료 시
	소변 중 t,t-뮤코닉산 (t,t-muconic acid)	
에틸벤젠	소변 중 만델린산	작업 종료 시
니트로벤젠	소변 중 p-nitrophenol	작업 종료 시
아세톤	소변 중 아세톤	작업 종료 시
톨루엔	혈액, 호기에서 톨루엔	작업 종료 시
	소변 중 o-크레졸	
크실렌	소변 중 메틸마뇨산	작업 종료 시
스티렌	소변 중 만델린산	작업 종료 시
트리클로로에틸렌	소변 중 트리클로로초산 (삼염화초산)	주말작업 종료 시
테트라클로로에틸렌	소변 중 트리클로로초산 (삼염화초산)	주말작업 종료 시
트리클로로에탄	소변 중 트리클로로초산 (삼염화초산)	주말작업 종료 시
사염화에틸렌	소변 중 트리클로로초산 (삼염화초산)	주말작업 종료 시
	소변 중 삼염화에탄올	
이황화탄소	소변 중 TTCA	－
	소변 중 이황화탄소	
노말헥산 (n-헥산)	소변 중 2,5-hexanedione	작업 종료 시
	소변 중 n-헥산	
메탄올	소변 중 메탄올	－
클로로벤젠	소변 중 총 4-chlorocatechol	작업 종료 시
	소변 중 총 p-chlorophenol	
크롬 (수용성 흄)	소변 중 총 크롬	주말작업 종료 시, 주간작업 중
N,N-디메틸포름아미드	소변 중 N-메틸포름아미드	작업 종료 시
페놀	소변 중 메틸마뇨산	작업 종료 시

정답 96.① 97.④ 98.①

99 단순 질식제로 볼 수 없는 것은?

① 오존　② 메탄
③ 질소　④ 헬륨

풀이 **질식제의 구분에 따른 종류**

(1) 단순 질식제
- ㉠ 이산화탄소(CO_2)
- ㉡ 메탄(CH_4)
- ㉢ 질소(N_2)
- ㉣ 수소(H_2)
- ㉤ 에탄, 프로판, 에틸렌, 아세틸렌, 헬륨

(2) 화학적 질식제
- ㉠ 일산화탄소(CO)
- ㉡ 황화수소(H_2S)
- ㉢ 시안화수소(HCN)
- ㉣ 아닐린($C_6H_5NH_2$)

100 금속의 일반적인 독성작용기전으로 옳지 않은 것은?

① 효소의 억제
② 금속 평형의 파괴
③ DNA 염기의 대체
④ 필수 금속성분의 대체

풀이 **금속의 독성작용기전**
- ㉠ 효소 억제
- ㉡ 간접영향
- ㉢ 필수 금속성분의 대체
- ㉣ 필수 금속성분의 평형 파괴

2022

정답 99.① 100.③

산업위생관리기사

제1과목 | 산업위생학 개론

01 현재 총 흡음량이 1,200sabins인 작업장의 천장에 흡음물질을 첨가하여 2,400sabins를 추가할 경우 예측되는 소음감음량(NR)은 약 몇 dB인가?

① 2.6 ② 3.5
③ 4.8 ④ 5.2

풀이
$$소음감음량(NR)=10\log\frac{대책\ 후}{대책\ 전}=10\log\frac{(1,200+2,400)sabins}{1,200sabins}=4.77dB$$

02 젊은 근로자에 있어서 약한 쪽 손의 힘은 평균 45kp라고 한다. 이러한 근로자가 무게 8kg인 상자를 양손으로 들어 올릴 경우 작업강도(%MS)는 약 얼마인가?

① 17.8% ② 8.9%
③ 4.4% ④ 2.3%

풀이
$$작업강도(\%MS)=\frac{RF}{MS}\times100=\frac{4}{45}\times100=8.9\%MS$$

03 누적외상성 질환(CTDs) 또는 근골격계 질환(MSDs)에 속하는 것으로 보기 어려운 것은?

① 건초염(Tendosynovitis)
② 스티븐스존슨증후군(Stevens Johnson syndrome)
③ 손목뼈터널증후군(Carpal tunnel syndrome)
④ 기용터널증후군(Guyon tunnel syndrome)

풀이 근골격계 질환의 종류와 원인 및 증상

종 류	원 인	증 상
근육통증후군(기용터널증후군)	목이나 어깨를 과다 사용하거나 굽히는 자세	목이나 어깨 부위 근육의 통증 및 움직임 둔화
요통(건초염)	• 중량물 인양 및 옮기는 자세 • 허리를 비틀거나 구부리는 자세	추간판 탈출로 인한 신경압박 및 허리 부위에 염좌가 발생하여 통증 및 감각마비
손목뼈터널증후군(수근관증후군)	반복적이고 지속적인 손목 압박 및 굽힘 자세	손가락의 저림 및 통증, 감각저하
내·외상과염	과다한 손목 및 손가락의 동작	팔꿈치 내·외측의 통증
수완진동증후군	진동공구 사용	손가락의 혈관수축, 감각마비, 하얗게 변함

04 심리학적 적성검사에 해당하는 것은?

① 지각동작검사
② 감각기능검사
③ 심폐기능검사
④ 체력검사

풀이 적성검사의 분류
(1) 생리학적 적성검사(생리적 기능검사)
㉠ 감각기능검사
㉡ 심폐기능검사
㉢ 체력검사
(2) 심리학적 적성검사
㉠ 지능검사
㉡ 지각동작검사
㉢ 인성검사
㉣ 기능검사

정답 01.③ 02.② 03.② 04.①

05 산업위생의 4가지 주요 활동에 해당하지 않는 것은?

① 예측 ② 평가
③ 관리 ④ 제거

풀이 **산업위생의 정의(AIHA)**
근로자나 일반 대중(지역주민)에게 질병, 건강장애와 안녕방해, 심각한 불쾌감 및 능률저하 등을 초래하는 작업환경요인과 스트레스를 예측, 측정, 평가하고 관리하는 과학과 기술이다(예측, 인지, 평가, 관리 의미와 동일함).

06 산업안전보건법령상 보건관리자의 자격기준에 해당하지 않는 사람은?

① 「의료법」에 따른 의사
② 「의료법」에 따른 간호사
③ 「국가기술자격법」에 따른 환경기능사
④ 「산업안전보건법」에 따른 산업보건지도사

풀이 **보건관리자의 자격기준**
㉠ "의료법"에 따른 의사
㉡ "의료법"에 따른 간호사
㉢ "산업안전보건법"에 따른 산업보건지도사
㉣ "국가기술자격법"에 따른 산업위생관리산업기사 또는 대기환경산업기사 이상의 자격을 취득한 사람
㉤ "국가기술자격법"에 따른 인간공학기사 이상의 자격을 취득한 사람
㉥ "고등교육법"에 따른 전문대학 이상의 학교에서 산업보건 또는 산업위생 분야의 학위를 취득한 사람

07 사고예방대책의 기본원리 5단계를 순서대로 나열한 것으로 옳은 것은?

① 사실의 발견 → 조직 → 분석 → 시정책(대책)의 선정 → 시정책(대책)의 적용
② 조직 → 분석 → 사실의 발견 → 시정책(대책)의 선정 → 시정책(대책)의 적용
③ 조직 → 사실의 발견 → 분석 → 시정책(대책)의 선정 → 시정책(대책)의 적용
④ 사실의 발견 → 분석 → 조직 → 시정책(대책)의 선정 → 시정책(대책)의 적용

풀이 **하인리히의 사고예방대책의 기본원리 5단계**
㉠ 제1단계 : 안전관리조직 구성(조직)
㉡ 제2단계 : 사실의 발견
㉢ 제3단계 : 분석 · 평가
㉣ 제4단계 : 시정방법(시정책)의 선정
㉤ 제5단계 : 시정책의 적용(대책 실시)

08 근육운동의 에너지원 중 혐기성 대사의 에너지원에 해당되는 것은?

① 지방 ② 포도당
③ 단백질 ④ 글리코겐

풀이 **혐기성 대사(anaerobic metabolism)**
㉠ 근육에 저장된 화학적 에너지를 의미한다.
㉡ 혐기성 대사의 순서(시간대별)
ATP(아데노신삼인산) → CP(크레아틴인산) → glycogen(글리코겐) or glucose(포도당)
※ 근육운동에 동원되는 주요 에너지원 중 가장 먼저 소비되는 것은 ATP이며, 포도당은 혐기성 대사 및 호기성 대사 모두에 에너지원으로 작용하는 물질이다.

09 산업재해의 기본원인을 4M(Management, Machine, Media, Man)이라고 할 때 다음 중 Man(사람)에 해당되는 것은?

① 안전교육과 훈련이 부족
② 인간관계 · 의사소통의 불량
③ 부하에 대한 지도 · 감독 부족
④ 작업자세 · 작업동작의 결함

풀이 **산업재해의 기본원인(4M)**
㉠ Man(사람)
본인 이외의 사람으로 인간관계, 의사소통의 불량을 의미한다.
㉡ Machine(기계, 설비)
기계, 설비 자체의 결함을 의미한다.
㉢ Media(작업환경, 작업방법)
인간과 기계의 매개체를 말하며 작업자세, 작업동작의 결함을 의미한다.
㉣ Management(법규준수, 관리)
안전교육과 훈련의 부족, 부하에 대한 지도 · 감독의 부족을 의미한다.

2022

정답 05.④ 06.③ 07.③ 08.④ 09.②

10 직업성 질환의 범위에 해당되지 않는 것은?

① 합병증
② 속발성 질환
③ 선천적 질환
④ 원발성 질환

풀이 **직업성 질환의 범위**
㉠ 직업상 업무에 기인하여 1차적으로 발생하는 원발성 질환을 포함한다.
㉡ 원발성 질환 과 합병 작용하여 제2의 질환을 유발하는 경우를 포함한다(속발성 질환).
㉢ 합병증이 원발성 질환과 불가분의 관계를 가지는 경우를 포함한다.
㉣ 원발성 질환에서 떨어진 다른 부위에 같은 원인에 의한 제2의 질환을 일으키는 경우를 포함한다.

11 18세기에 Percivall Pott가 어린이 굴뚝청소부에게서 발견한 직업성 질병은?

① 백혈병 ② 골육종
③ 진폐증 ④ 음낭암

풀이 **Percivall Pott**
㉠ 영국의 외과의사로 직업성 암을 최초로 보고하였으며, 어린이 굴뚝청소부에게 많이 발생하는 음낭암(scrotal cancer)을 발견하였다.
㉡ 암의 원인물질이 검댕 속 여러 종류의 다환방향족 탄화수소(PAH)라는 것을 밝혔다.
㉢ 굴뚝청소부법을 제정하도록 하였다(1788년).

12 미국산업위생학술원(AAIH)에서 채택한 산업위생분야에 종사하는 사람들이 지켜야 할 윤리강령에 포함되지 않는 것은?

① 국가에 대한 책임
② 전문가로서의 책임
③ 일반대중에 대한 책임
④ 기업주와 고객에 대한 책임

풀이 **산업위생분야 종사자들의 윤리강령(AAIH)**
㉠ 산업위생전문가로서의 책임
㉡ 근로자에 대한 책임
㉢ 기업주와 고객에 대한 책임
㉣ 일반대중에 대한 책임

13 산업피로의 대책으로 적합하지 않은 것은?

① 불필요한 동작을 피하고 에너지 소모를 적게 한다.
② 작업과정에 따라 적절한 휴식시간을 가져야 한다.
③ 작업능력에는 개인별 차이가 있으므로 각 개인마다 작업량을 조정해야 한다.
④ 동적인 작업은 피로를 더하게 하므로 가능한 한 정적인 작업으로 전환한다.

풀이 **산업피로 예방대책**
㉠ 불필요한 동작을 피하고, 에너지 소모를 적게 한다.
㉡ 동적인 작업을 늘리고, 정적인 작업을 줄인다.
㉢ 개인의 숙련도에 따라 작업속도와 작업량을 조절한다.
㉣ 작업시간 중 또는 작업 전후에 간단한 체조나 오락시간을 갖는다.
㉤ 장시간 한 번 휴식하는 것보다 단시간씩 여러 번 나누어 휴식하는 것이 피로회복에 도움이 된다.

14 사무실 공기관리지침상 근로자가 건강장해를 호소하는 경우 사무실 공기관리상태를 평가하기 위해 사업주가 실시해야 하는 조사항목으로 옳지 않은 것은?

① 사무실 조명의 조도 조사
② 외부의 오염물질 유입경로 조사
③ 공기정화시설 환기량의 적정 여부 조사
④ 근로자가 호소하는 증상(호흡기, 눈, 피부자극 등)에 대한 조사

풀이 **사무실 공기관리상태 평가 시 조사항목**
㉠ 근로자가 호소하는 증상(호흡기, 눈, 피부자극 등) 조사
㉡ 공기정화설비의 환기량이 적정한지 여부 조사
㉢ 외부의 오염물질 유입경로 조사
㉣ 사무실 내 오염원 조사 등

15 다음 중 점멸-융합 테스트(flicker test)의 용도로 가장 적합한 것은?

① 진동 측정 ② 소음 측정
③ 피로도 측정 ④ 열중증 판정

정답 10.③ 11.④ 12.① 13.④ 14.① 15.③

풀이 플리커 테스트(flicker test)
㉠ 플리커 테스트의 용도는 피로도 측정이다.
㉡ 산업피로 판정을 위한 생리학적 검사법으로서 인지역치를 검사하는 것이다.

16 ACGIH에서 제정한 TLVs(Threshold Limit Values)의 설정근거가 아닌 것은?

① 동물실험 자료 ② 인체실험 자료
③ 사업장 역학조사 ④ 선진국 허용기준

풀이 ACGIH의 허용기준 설정 이론적 배경
㉠ 화학구조상의 유사성
㉡ 동물실험 자료
㉢ 인체실험 자료
㉣ 사업장 역학조사 자료

17 산업안전보건법령상 물질안전보건자료 작성 시 포함되어야 할 항목이 아닌 것은? (단, 그 밖의 참고사항은 제외한다.)

① 유해성 · 위험성
② 안정성 및 반응성
③ 사용빈도 및 타당성
④ 노출방지 및 개인보호구

풀이 물질안전보건자료(MSDS) 작성 시 포함되어야 할 항목
㉠ 화학제품과 회사에 관한 정보
㉡ 유해 · 위험성
㉢ 구성 성분의 명칭 및 함유량
㉣ 응급조치 요령
㉤ 폭발 · 화재 시 대처방법
㉥ 누출사고 시 대처방법
㉦ 취급 및 저장 방법
㉧ 노출방지 및 개인보호구
㉨ 물리 · 화학적 특성
㉩ 안정성 및 반응성
㉪ 독성에 관한 정보
㉫ 환경에 미치는 영향
㉬ 폐기 시 주의사항
㉭ 운송에 필요한 정보
㉮ 법적 규제현황
㉯ 그 밖의 참고사항

18 직업병의 원인이 되는 유해요인, 대상 직종과 직업병 종류의 연결이 잘못된 것은?

① 면분진 – 방직공 – 면폐증
② 이상기압 – 항공기 조종 – 잠함병
③ 크롬 – 도금 – 피부점막 궤양, 폐암
④ 납 – 축전지 제조 – 빈혈, 소화기장애

풀이 ② 이상기압 – 잠수사 – 잠함병

19 산업안전보건법령상 특수건강진단 대상자에 해당하지 않는 것은?

① 고온 환경하에서 작업하는 근로자
② 소음 환경하에서 작업하는 근로자
③ 자외선 및 적외선을 취급하는 근로자
④ 저기압하에서 작업하는 근로자

풀이 특수건강진단 대상 유해인자에 노출되는 업무에 종사하는 근로자
㉠ 소음 · 진동 작업, 강렬한 소음 및 충격소음 작업
㉡ 분진 또는 특정 분진(면분진, 목분진, 용접흄, 유리섬유, 광물성 분진) 작업
㉢ 납과 무기화합물 및 4알킬납 작업
㉣ 방사선, 고기압 및 저기압 작용
㉤ 유기용제(2–브로모프로판 포함) 작업
㉥ 특정 화학물질 등 취급작업
㉦ 석면 및 미네랄 오일미스트 작업
㉧ 오존 및 포스겐 작업
㉨ 유해광선(자외선, 적외선, 마이크로파 및 라디오파) 작업

20 방직공장 면분진 발생공정에서 측정한 공기 중 면분진 농도가 2시간은 2.5mg/m^3, 3시간은 1.8mg/m^3, 3시간은 2.6mg/m^{3}일 때, 해당 공정의 시간가중 평균노출기준 환산값은 약 얼마인가?

① 0.86mg/m^3 ② 2.28mg/m^3
③ 2.35mg/m^3 ④ 2.60mg/m^3

풀이 시간가중 평균노출기준(TWA)

$$= \frac{(2\times 2.5\text{mg/m}^3)+(3\times 1.8\text{mg/m}^3)+(3\times 2.6\text{mg/m}^3)}{8}$$

$$= 2.28\text{mg/m}^3$$

2022

정답 16.④ 17.③ 18.② 19.① 20.②

제2과목 | 작업위생 측정 및 평가

21 작업환경측정치의 통계처리에 활용되는 변이계수에 관한 설명과 가장 거리가 먼 것은?

① 평균값의 크기가 0에 가까울수록 변이계수의 의의는 작아진다.
② 측정단위와 무관하게 독립적으로 산출되며 백분율로 나타낸다.
③ 단위가 서로 다른 집단이나 특성값의 상호 산포도를 비교하는 데 이용될 수 있다.
④ 편차 제곱합들의 평균값으로 통계집단의 측정값들에 대한 균일성, 정밀성 정도를 표현한다.

풀이 변이계수(CV)
㉠ 측정방법의 정밀도를 평가하는 계수이며, %로 표현되므로 측정단위와 무관하게 독립적으로 산출된다.
㉡ 통계집단의 측정값에 대한 균일성과 정밀성의 정도를 표현한 계수이다.
㉢ 단위가 서로 다른 집단이나 특성값의 상호 산포도를 비교하는 데 이용될 수 있다.
㉣ 변이계수가 작을수록 자료가 평균 주위에 가깝게 분포한다는 의미이다(평균값의 크기가 0에 가까울수록 변이계수의 의미는 작아진다).
㉤ 표준편차의 수치가 평균치에 비해 몇 %가 되느냐로 나타낸다.

22 산업안전보건법령상 1회라도 초과 노출되어서는 안 되는 충격소음의 음압수준(dB(A)) 기준은?

① 120 ② 130
③ 140 ④ 150

풀이 충격소음작업
소음이 1초 이상의 간격으로 발생하는 작업으로서, 다음의 1에 해당하는 작업을 말한다.
㉠ 120dB을 초과하는 소음이 1일 1만 회 이상 발생되는 작업
㉡ 130dB을 초과하는 소음이 1일 1천 회 이상 발생되는 작업
㉢ 140dB을 초과하는 소음이 1일 1백 회 이상 발생되는 작업

23 예비조사 시 유해인자 특성 파악에 해당되지 않는 것은?

① 공정보고서 작성
② 유해인자의 목록 작성
③ 월별 유해물질 사용량 조사
④ 물질별 유해성 자료 조사

풀이 예비조사 시 유해인자 특성 파악 내용
㉠ 유해인자의 목록 작성
㉡ 월별 유해물질 사용량 조사
㉢ 물질별 유해성 자료 조사
㉣ 유해인자의 발생시간(주기) 및 측정방법

24 분석에서 언급되는 용어에 대한 설명으로 옳은 것은?

① LOD는 LOQ의 10배로 정의하기도 한다.
② LOQ는 분석결과가 신뢰성을 가질 수 있는 양이다.
③ 회수율(%)은 $\frac{\text{첨가량}}{\text{분석량}} \times 100$으로 정의된다.
④ LOQ란 검출한계를 말한다.

풀이 ① LOQ는 LOD의 3배로 정의하기도 한다.
③ 회수율(%)은 $\frac{\text{분석량}}{\text{첨가량}} \times 100$으로 정의한다.
④ LOQ란 정량한계를 말한다.

25 AIHA에서 정한 유사노출군(SEG)별로 노출농도 범위, 분포 등을 평가하며 역학조사에 가장 유용하게 활용되는 측정방법은?

① 진단모니터링
② 기초모니터링
③ 순응도(허용기준 초과 여부) 모니터링
④ 공정안전조사

풀이 노출 기초모니터링
유사노출군(SEG)별로 노출농도 범위, 분포 등을 평가하며 역학조사에 가장 유용하게 활용되는 측정방법이다.

 정답 21.④ 22.③ 23.① 24.② 25.②

26 기체 크로마토그래피 검출기 중 PCBs나 할로겐원소가 포함된 유기계 농약 성분을 분석할 때 가장 적당한 것은?

① NPD(질소인 검출기)
② ECD(전자포획 검출기)
③ FID(불꽃이온화 검출기)
④ TCD(열전도 검출기)

풀이 **전자포획형 검출기(전자화학검출기 : ECD)**
㉠ 유기화합물의 분석에 많이 사용(운반가스 : 순도 99.8% 이상 헬륨)
㉡ 검출한계는 50pg
㉢ 주분석대상 가스는 헬로겐화 탄화수소화합물, 사염화탄소, 벤조피렌니트로화합물, 유기금속화합물, 염소를 함유한 농약의 검출에 널리 사용
㉣ 불순물 및 온도에 민감

27 알고 있는 공기 중 농도를 만드는 방법인 dynamic Method에 관한 내용으로 틀린 것은?

① 만들기가 복잡하고 가격이 고가이다.
② 온습도 조절이 가능하다.
③ 소량의 누출이나 벽면에 의한 손실은 무시할 수 있다.
④ 대게 운반용으로 제작하기가 용이하다.

풀이 **Dynamic method**
㉠ 희석공기와 오염물질을 연속적으로 흘려 주어 일정한 농도를 유지하면서 만드는 방법이다.
㉡ 알고 있는 공기 중 농도를 만드는 방법이다.
㉢ 농도변화를 줄 수 있고, 온도·습도 조절이 가능하다.
㉣ 제조가 어렵고, 비용도 많이 든다.
㉤ 다양한 농도범위에서 제조가 가능하다.
㉥ 가스, 증기, 에어로졸 실험도 가능하다.
㉦ 소량의 누출이나 벽면에 의한 손실은 무시할 수 있다.
㉧ 지속적인 모니터링이 필요하다.
㉨ 일정한 농도를 유지하기가 매우 곤란하다.

28 작업환경 내 유해물질 노출로 인한 위험성(위해도)의 결정요인은?

① 반응성과 사용량
② 위해성과 노출요인
③ 노출기준과 노출량
④ 반응성과 노출기준

풀이 **위해도 결정요인**
㉠ 위해성
㉡ 노출량(노출요인)

29 호흡성 먼지(RPM)의 입경(μm) 범위는? (단, 미국 ACGIH 정의 기준)

① 0 ~ 10
② 0 ~ 20
③ 0 ~ 25
④ 10 ~ 100

풀이 **ACGIH 입자크기별 기준(TLV)**
(1) 흡입성 입자상 물질
(IPM ; Inspirable Particulates Mass)
㉠ 호흡기 어느 부위에 침착(비강, 인후두, 기관 등 호흡기의 기도 부위)하더라도 독성을 유발하는 분진
㉡ 입경범위는 0~100μm
㉢ 평균입경(폐침착의 50%에 해당하는 입자의 크기)은 100μm
㉣ 침전분진은 재채기, 침, 코 등의 벌크(bulk) 세척기전으로 제거됨
㉤ 비암이나 비중격 천공을 일으키는 입자상 물질이 여기에 속함
(2) 흉곽성 입자상 물질
(TPM ; Thoracic Particulates Mass)
㉠ 기도나 하기도(가스교환부위)에 침착하여 독성을 나타내는 물질
㉡ 평균입경은 10μm
㉢ 채취기구는 PM10
(3) 호흡성 입자상 물질
(RPM ; Respirable Particulates Mass)
㉠ 가스교환부위, 즉 폐포에 침착할 때 유해한 물질
㉡ 평균입경은 4μm(공기역학적 직경이 10μm 미만인 먼지)
㉢ 채취기구는 10mm nylon cyclone

2022

정답 26.② 27.④ 28.② 29.①

30 원자흡광광도계의 표준시약으로서 적당한 것은?

① 순도가 1급 이상인 것
② 풍화에 의한 농도변화가 있는 것
③ 조해에 의한 농도변화가 있는 것
④ 화학변화 등에 의한 농도변화가 있는 것

풀이 원자흡광광도계의 표준시약(표준용액)은 적어도 순도가 1급 이상의 것을 사용하여야 하며, 풍화, 조해, 화학변화 등에 의한 농도변화가 없는 것이어야 한다.

31 공기 중 acetone 500ppm, sec-butyl acetate 100ppm 및 methyl ethyl ketone 150ppm이 혼합물로서 존재할 때 복합노출지수(ppm)는? (단, acetone, sec-butyl acetate 및 methyl ethyl ketone의 TLV는 각각 750, 200, 200ppm이다.)

① 1.25 ② 1.56
③ 1.74 ④ 1.92

풀이 복합노출지수(EI) $= \frac{500}{750} + \frac{100}{200} + \frac{150}{200} = 1.92$

32 화학공장의 작업장 내에 toluene 농도를 측정하였더니 5, 6, 5, 6, 6, 6, 4, 8, 9, 20ppm일 때, 측정치의 기하표준편차(GSD)는?

① 1.6 ② 3.2
③ 4.8 ④ 6.4

풀이

$$\log GM = \frac{\log 5+\log 6+\log 5+\log 6+\log 6 +\log 6+\log 4+\log 8+\log 9+\log 20}{10} = 0.827$$

log(GSD)

$$= \left(\frac{\begin{aligned}&(\log 5-0.827)^2+(\log 6-0.827)^2 \\ &+(\log 5-0.827)^2+(\log 6-0.827)^2 \\ &+(\log 6-0.827)^2+(\log 6-0.827)^2 \\ &+(\log 4-0.827)^2+(\log 8-0.827)^2 \\ &+(\log 9-0.827)^2+(\log 20-0.827)^2\end{aligned}}{10-1} \right)^{0.5} = 0.194$$

∴ 기하표준편차(GSD) $= 10^{0.194} = 1.56$ppm

33 고열장해와 가장 거리가 먼 것은?

① 열사병 ② 열경련
③ 열호족 ④ 열발진

풀이 **고열장해의 종류**
㉠ 열사병
㉡ 열피로(열탈진)
㉢ 열경련
㉣ 열실신(열허탈)
㉤ 열발진(열성혈압증)
㉥ 열쇠약

34 산업안전보건법령상 누적소음노출량 측정기로 소음을 측정하는 경우의 기기설정값은?

- Criteria (㉮)dB
- Exchange rate (㉯)dB
- Threshold (㉰)dB

① ㉮ 80, ㉯ 10, ㉰ 90
② ㉮ 90, ㉯ 10, ㉰ 80
③ ㉮ 80, ㉯ 5, ㉰ 90
④ ㉮ 90, ㉯ 5, ㉰ 80

풀이 **누적소음노출량 측정기(noise dosemeter)의 설정**
㉠ Criteria=90dB
㉡ Exchange rate=5dB
㉢ Threshold=80dB

35 옥외(태양광선이 내리쬐지 않는 장소)의 온열조건이 아래와 같을 때, WBGT(℃)는?

[조건]
- 건구온도 : 30℃
- 흑구온도 : 40℃
- 자연습구온도 : 25℃

① 26.5 ② 29.5
③ 33 ④ 55.5

풀이 **옥내 또는 옥외(태양광선이 내리쬐지 않는 장소)**
WBGT(℃)=(0.7×자연습구온도)+(0.3×흑구온도)
=(0.7×25℃)+(0.3×40℃)
=29.5℃

 정답 30.① 31.④ 32.① 33.③ 34.④ 35.②

36 직경분립충돌기에 관한 설명으로 틀린 것은?

① 흡입성 · 흉곽성 · 호흡성 입자의 크기별 분포와 농도를 계산할 수 있다.
② 호흡기의 부분별로 침착된 입자 크기를 추정할 수 있다.
③ 입자의 질량크기분포를 얻을 수 있다.
④ 되튐 또는 과부하로 인한 시료 손실이 없어 비교적 정확한 측정이 가능하다.

풀이 **직경분립충돌기(cascade impactor)의 장단점**

(1) 장점
㉠ 입자의 질량크기분포를 얻을 수 있다.
㉡ 호흡기의 부분별로 침착된 입자 크기의 자료를 추정할 수 있고, 흡입성 · 흉곽성 · 호흡성 입자의 크기별로 분포와 농도를 계산할 수 있다.

(2) 단점
㉠ 시료채취가 까다롭다. 즉 경험이 있는 전문가가 철저한 준비를 통해 이용해야 정확한 측정이 가능하다.
㉡ 비용이 많이 든다.
㉢ 채취 준비시간이 과다하다.
㉣ 되튐으로 인한 시료의 손실이 일어나 과소분석 결과를 초래할 수 있어 유량을 2L/min 이하로 채취한다. 따라서 mylar substrate에 그리스를 뿌려 시료의 되튐을 방지한다.
㉤ 공기가 옆에서 유입되지 않도록 각 충돌기의 조립과 장착을 철저히 해야 한다.

37 여과지에 관한 설명으로 옳지 않은 것은?

① 막 여과지에서 유해물질은 여과지 표면이나 그 근처에서 채취된다.
② 막 여과지는 섬유상 여과지에 비해 공기저항이 심하다.
③ 막 여과지는 여과지 표면에 채취된 입자의 이탈이 없다.
④ 섬유상 여과지는 여과지 표면뿐 아니라 단면 깊게 입자상 물질이 들어가므로 더 많은 입자상 물질을 채취할 수 있다.

풀이 막 여과지는 여과지 표면에 채취된 입자들이 이탈되는 경향이 있으며, 섬유상 여과지에 비하여 채취할 수 있는 입자상 물질이 작다.

38 어느 작업장에서 A물질의 농도를 측정한 결과가 아래와 같을 때, 측정결과의 중앙값(median ; ppm)은?

(단위 : ppm)
23.9, 21.6, 22.4, 24.1, 22.7, 25.4

① 22.7
② 23.0
③ 23.3
④ 23.9

풀이 주어진 결과값을 순서대로 배열하면 다음과 같다.
21.6, 22.4, 22.7, 23.9, 24.1, 25.4
여기서 가운데 값인 22.7, 23.9의 산술평균값을 구한다.

$$\therefore \text{중앙값} = \frac{22.7+23.9}{2} = 23.3\text{ppm}$$

39 산업안전보건법령에서 사용하는 용어의 정의로 틀린 것은?

① 신뢰도란 분석치가 참값에 얼마나 접근하였는가 하는 수치상의 표현을 말한다.
② 가스상 물질이란 화학적 인자가 공기 중으로 가스 · 증기의 형태로 발생되는 물질을 말한다.
③ 정도관리란 작업환경 측정 · 분석 결과에 대한 정확성과 정밀도를 확보하기 위하여 작업환경측정기관의 측정 · 분석 능력을 확인하고, 그 결과에 따라 지도 · 교육 등 측정 · 분석 능력 향상을 위하여 행하는 모든 관리적 수단을 말한다.
④ 정밀도란 일정한 물질에 대해 반복 측정 · 분석을 했을 때 나타나는 자료분석치의 변동 크기가 얼마나 작은가 하는 수치상의 표현을 말한다.

풀이 ① 정확도란 분석치가 참값에 얼마나 접근하였는가 하는 수치상의 표현을 말한다.

정답 36.④ 37.③ 38.③ 39.①

40 다음 중 복사선(radiation)에 관한 설명으로 틀린 것은?

① 복사선은 전리작용의 유무에 따라 전리복사선과 비전리복사선으로 구분한다.
② 비전리복사선에는 자외선, 가시광선, 적외선 등이 있고, 전리복사선에는 X선, γ선 등이 있다.
③ 비전리복사선은 에너지수준이 낮아 분자구조나 생물학적 세포조직에 영향을 미치지 않는다.
④ 전리복사선이 인체에 영향을 미치는 정도는 복사선의 형태, 조사량, 신체조직, 연령 등에 따라 다르다.

풀이 ③ 비전리복사선의 에너지수준이 분자구조에 영향을 미치지 못하더라도, 세포조직 분자에서 에너지준위를 변화시키고 생물학적 세포조직에 영향을 미칠 수 있다.

제3과목 | 작업환경 관리대책

41 후드 제어속도에 대한 내용 중 틀린 것은?

① 제어속도는 오염물질의 증발속도와 후드 주위의 난기류 속도를 합한 것과 같아야 한다.
② 포위식 후드의 제어속도를 결정하는 지점은 후드의 개구면이 된다.
③ 외부식 후드의 제어속도를 결정하는 지점은 유해물질이 흡인되는 범위 안에서 후드의 개구면으로부터 가장 멀리 떨어진 지점이 된다.
④ 오염물질의 발생상황에 따라서 제어속도는 달라진다.

풀이 제어속도
후드 근처에서 발생하는 오염물질을 주변의 방해기류를 극복하고 후드 쪽으로 흡인하기 위한 유체의 속도, 즉 유해물질을 후드 쪽으로 흡인하기 위하여 필요한 최소풍속을 말한다.

42 전기 집진장치에 대한 설명 중 틀린 것은?

① 초기 설치비가 많이 든다.
② 운전 및 유지비가 비싸다.
③ 가연성 입자의 처리가 곤란하다.
④ 고온가스를 처리할 수 있어 보일러와 철강로 등에 설치할 수 있다.

풀이 전기 집진장치의 장단점
(1) 장점
㉠ 집진효율이 높다(0.01μm 정도 포집 용이, 99.9% 정도 고집진효율).
㉡ 광범위한 온도범위에서 적용이 가능하며, 폭발성 가스의 처리도 가능하다.
㉢ 고온의 입자성 물질(500℃ 전후) 처리가 가능하여 보일러와 철강로 등에 설치할 수 있다.
㉣ 압력손실이 낮고, 대용량의 가스 처리가 가능하며, 배출가스의 온도강하가 적다.
㉤ 운전 및 유지비가 저렴하다.
㉥ 회수가치가 있는 입자 포집에 유리하며, 습식 및 건식으로 집진할 수 있다.
㉦ 넓은 범위의 입경과 분진 농도에 집진효율이 높다.
(2) 단점
㉠ 설치비용이 많이 든다.
㉡ 설치공간을 많이 차지한다.
㉢ 설치된 후에는 운전조건의 변화에 유연성이 적다.
㉣ 먼지 성상에 따라 전처리시설이 요구된다.
㉤ 분진 포집에 적용되며, 기체상 물질 제거는 곤란하다.
㉥ 전압변동과 같은 조건변동(부하변동)에 쉽게 적응하지 못한다.
㉦ 가연성 입자의 처리가 힘들다.

43 후드의 유입계수 0.86, 속도압 25mmH_2O일 때 후드의 압력손실(mmH_2O)은?

① 8.8　② 12.2
③ 15.4　④ 17.2

풀이 후드 압력손실(ΔP)
$\Delta P = F \times \mathrm{VP}$

$$F = \frac{1}{Ce^2} - 1 = \frac{1}{0.86^2} - 1 = 0.352$$

$= 0.352 \times 25$
$= 8.8\text{mmH}_2\text{O}$

 정답 40.③ 41.① 42.② 43.①

44 국소배기시스템 설계과정에서 두 덕트가 한 합류점에서 만났다. 정압(절대치)이 낮은 쪽 대 정압이 높은 쪽의 정압비가 1 : 1.1 로 나타났을 때, 적절한 설계는?

① 정압이 낮은 쪽의 유량을 증가시킨다.
② 정압이 낮은 쪽의 덕트 직경을 줄여 압력손실을 증가시킨다.
③ 정압이 높은 쪽의 덕트 직경을 늘려 압력손실을 감소시킨다.
④ 정압의 차이를 무시하고 높은 정압을 지배정압으로 계속 계산해 나간다.

풀이

$$Q_c = Q_d\sqrt{\frac{SP_2}{SP_1}}$$

여기서, Q_c : 보정유량(m^3/min)
Q_d : 설계유량(m^3/min)
SP_2 : 압력손실이 큰 관의 정압(지배정압)(mmH_2O)
SP_1 : 압력손실이 작은 관의 정압(mmH_2O)

계산 결과 높은 쪽 정압과 낮은 쪽 정압의 비(정압비)가 1.2 이하인 경우는 정압이 낮은 쪽의 유량을 증가시켜 압력을 조정하고, 정압비가 1.2보다 클 경우는 정압이 낮은 쪽을 재설계하여야 한다.

45 국소배기시설에서 필요환기량을 감소시키기 위한 방법으로 틀린 것은?

① 후드 개구면에서 기류가 균일하게 분포되도록 설계한다.
② 공정에서 발생 또는 배출되는 오염물질의 절대량을 감소시킨다.
③ 포집형이나 레시버형 후드를 사용할 때에는 가급적 후드를 배출 오염원에 가깝게 설치한다.
④ 공정 내 측면 부착 차폐막이나 커튼 사용을 줄여 오염물질의 희석을 유도한다.

풀이 ④ 공정 내 측면 부착 차폐막이나 커튼 사용을 늘려 오염물질의 희석을 방지한다.

46 어떤 사업장의 산화규소 분진을 측정하기 위한 방법과 결과가 아래와 같을 때, 다음 설명 중 옳은 것은? (단, 산화규소(결정체 석영)의 호흡성 분진 노출기준은 0.045mg/m^3이다.)

[시료채취 방법 및 결과]

사용장치	시료채취시간 (min)	무게측정결과 (μg)
10mm 나일론 사이클론 (1.7LPM)	480	38

① 8시간 시간가중 평균노출기준을 초과한다.
② 공기채취유량을 알 수가 없어 농도 계산이 불가능하므로 위의 자료로는 측정결과를 알 수가 없다.
③ 산화규소(결정체 석영)는 진폐증을 일으키는 분진이므로 흡입성 먼지를 측정하는 것이 바람직하므로 먼지시료를 채취하는 방법이 잘못됐다.
④ 38μg은 0.038mg이므로 단시간 노출기준을 초과하지 않는다.

풀이

① $$\text{TWA} = \frac{38\mu g \times mg/10^3\mu g}{1.7L/min \times 480min \times m^3/1{,}000L} = 0.046mg/m^3$$

즉, 노출기준이 0.045mg/m^3이므로, 초과한다.
② 공기채취유량을 알 수 있다(pump 용량 1.7LPM, 채취시간 480min).
③ 산화규소(결정체 석영)는 호흡성 분진이다.
④ 단시간 노출기준의 평가가 곤란하다.

47 마스크 본체 자체가 필터 역할을 하는 방진마스크의 종류는?

① 격리식 방진마스크
② 직결식 방진마스크
③ 안면부 여과식 마스크
④ 전동식 마스크

풀이 안면부 여과식 방진마스크는 마스크 본체 자체가 필터 역할을 하여 면체 여과식이라고도 한다.

2022

정답 44.① 45.④ 46.① 47.③

48 샌드블라스트(sand blast), 그라인더분진 등 보통 산업분진을 덕트로 운반할 때의 최소 설계속도(m/s)로 가장 적절한 것은?

① 10 ② 15
③ 20 ④ 25

풀이 **유해물질별 반송속도**

유해물질	예	반송속도 (m/s)
가스, 증기, 흄 및 극히 가벼운 물질	각종 가스, 증기, 산화아연 및 산화알루미늄 등의 흄, 목재 분진, 솜먼지, 고무분, 합성수지분	10
가벼운 건조먼지	원면, 곡물분, 고무, 플라스틱, 경금속분진	15
일반 공업분진	털, 나무 부스러기, 대패 부스러기, 샌드블라스트, 그라인더분진, 내화벽돌분진	20
무거운 분진	납분진, 주조 후 모래털기 작업 시 먼지, 선반 작업 시 먼지	25
무겁고 비교적 큰 입자의 젖은 먼지	젖은 납분진, 젖은 주조작업 발생 먼지	25 이상

49 입자의 침강속도에 대한 설명으로 틀린 것은? (단, 스토크스식을 기준으로 한다.)

① 입자 직경의 제곱에 비례한다.
② 공기와 입자 사이의 밀도차에 반비례한다.
③ 중력가속도에 비례한다.
④ 공기의 점성계수에 반비례한다.

풀이 **스토크스(Stokes) 종말침강속도(분리속도)**

$$V_g = \frac{d_p^{\,2}(\rho_p - \rho)g}{18\mu}$$

여기서, V_g : 종말침강속도(m/sec)
d_p : 입자의 직경(m)
ρ_p : 입자의 밀도(kg/m^3)
ρ : 가스(공기)의 밀도(kg/m^3)
g : 중력가속도(9.8m/sec^2)
μ : 가스의 점도(점성계수, kg/m · sec)

50 어떤 공장에서 1시간에 0.2L의 벤젠이 증발되어 공기를 오염시키고 있다. 전체환기를 위해 필요한 환기량(m^3/sec)은? (단, 벤젠의 안전계수, 밀도 및 노출기준은 각각 6, 0.879g/mL, 0.5ppm이며, 환기량은 21℃, 1기압을 기준으로 한다.)

① 82 ② 91
③ 146 ④ 181

풀이 사용량(g/hr)=0.2L/hr×0.879g/mL×1,000mL/L
=175.8g/hr

발생률(G ; L/hr)

78g : 24.1L = 175.8g/hr : G(L/hr)

$$G(\text{L/hr}) = \frac{24.1\text{L} \times 175.8\text{g/hr}}{78\text{g}} = 54.32\text{L/hr}$$

∴ 필요환기량(Q)

$$= \frac{G}{\text{TLV}} \times K$$

$$= \frac{54.32\text{L/hr}}{0.5\text{ppm}} \times 6$$

$$= \frac{54.32\text{L/hr} \times 1{,}000\text{mL/L} \times \text{hr}/3{,}600\text{sec}}{0.5\text{mL/m}^3} \times 6$$

$$= 181.06\text{m}^3/\text{sec}$$

51 환기시스템에서 포착속도(capture velocity)에 대한 설명 중 틀린 것은?

① 먼지나 가스의 성상, 확산조건, 발생원 주변 기류 등에 따라서 크게 달라질 수 있다.
② 제어풍속이라고도 하며 후드 앞 오염원에서의 기류로서 오염공기를 후드로 흡인하는 데 필요하며, 방해기류를 극복해야 한다.
③ 유해물질의 발생기류가 높고 유해물질이 활발하게 발생할 때는 대략 15~20m/s이다.
④ 유해물질이 낮은 기류로 발생하는 도금 또는 용접 작업공정에서는 대략 0.5~1.0m/s이다.

정답 48.③ 49.② 50.④ 51.③

풀이 작업조건에 따른 제어속도 기준(ACGIH)

작업조건	작업공정 사례	제어속도(m/s)
• 움직이지 않는 공기 중에서 속도 없이 배출되는 작업조건 • 조용한 대기 중에 실제 거의 속도가 없는 상태로 발산하는 작업조건	• 액면에서 발생하는 가스나 증기, 흄 • 탱크의 증발·탈지 시설	0.25~0.5
비교적 조용한(약간의 공기 움직임) 대기 중에서 저속도로 비산하는 작업조건	• 용접·도금 작업 • 스프레이 도장 • 주형을 부수고 모래를 터는 장소	0.5~1.0
발생기류가 높고 유해물질이 활발하게 발생하는 작업조건	• 스프레이 도장, 용기 충진 • 컨베이어 적재 • 분쇄기	1.0~2.5
초고속기류가 있는 작업장소에 초고속으로 비산하는 작업조건	• 회전연삭작업 • 연마작업 • 블라스트작업	2.5~10

52 다음 중 도금조와 사형 주조에 사용되는 후드 형식으로 가장 적절한 것은?

① 부스식
② 포위식
③ 외부식
④ 장갑부착상자식

풀이 도금조 및 사형 주조 공정상 작업에 방해가 없는 외부식 후드를 선정한다.

53 760mmH_2O를 mmHg로 환산한 것으로 옳은 것은?

① 5.6
② 56
③ 560
④ 760

풀이 압력(mmHg) $= 760\text{mmH}_2\text{O} \times \dfrac{760\text{mmHg}}{10,332\text{mmH}_2\text{O}}$

$= 55.90\text{mmHg}$

54 차음보호구인 귀마개(ear plug)에 대한 설명으로 가장 거리가 먼 것은?

① 차음효과는 일반적으로 귀덮개보다 우수하다.
② 외청도에 이상이 없는 경우에 사용이 가능하다.
③ 더러운 손으로 만짐으로써 외청도를 오염시킬 수 있다.
④ 귀덮개와 비교하면 제대로 착용하는 데 시간은 걸리나 부피가 작아서 휴대하기가 편리하다.

풀이 귀마개의 장단점

(1) 장점
㉠ 부피가 작아 휴대가 쉽다.
㉡ 안경과 안전모 등에 방해가 되지 않는다.
㉢ 고온 작업에서도 사용 가능하다.
㉣ 좁은 장소에서도 사용 가능하다.
㉤ 귀덮개보다 가격이 저렴하다.

(2) 단점
㉠ 귀에 질병이 있는 사람은 착용 불가능하다.
㉡ 여름에 땀이 많이 날 때는 외이도에 염증 유발 가능성이 있다.
㉢ 제대로 착용하는 데 시간이 걸리며, 요령을 습득하여야 한다.
㉣ 귀덮개보다 차음효과가 일반적으로 떨어지며, 개인차가 크다.
㉤ 더러운 손으로 만짐으로써 외청도를 오염시킬 수 있다(귀마개에 묻어 있는 오염물질이 귀에 들어갈 수 있음).

55 길이가 2.4m, 폭이 0.4m인 플랜지 부착 슬롯형 후드가 바닥에 설치되어 있다. 포촉점까지의 거리가 0.5m, 제어속도가 0.4m/sec일 때 필요 송풍량(m^3/min)은? (단, 1/4 원주 슬롯형, C=1.6 적용)

① 20.2 ② 46.1
③ 80.6 ④ 161.3

풀이 $Q = C \times L \times V_c \times X$

$= 1.6 \times 2.4\text{m} \times 0.4\text{m/sec} \times 0.5\text{m} \times 60\text{sec/min}$

$= 46.08\text{m}^3/\text{min}$

2022

56 사이클론 설계 시 블로다운 시스템에 적용되는 처리량으로 가장 적절한 것은?

① 처리 배기량의 1~2%
② 처리 배기량의 5~10%
③ 처리 배기량의 40~50%
④ 처리 배기량의 80~90%

풀이 블로다운(blow down)
(1) 정의
사이클론의 집진효율을 향상시키기 위한 하나의 방법으로서 더스트박스 또는 호퍼부에서 처리가스의 5~10%를 흡인하여 선회기류의 교란을 방지하는 운전방식
(2) 효과
㉠ 사이클론 내의 난류현상을 억제시킴으로써 집진된 먼지의 비산을 방지(유효원심력 증대)
㉡ 집진효율 증대
㉢ 장치 내부의 먼지 퇴적 억제(가교현상 방지)

57 레시버식 캐노피형 후드의 유량비법에 의한 필요송풍량(Q)을 구하는 식에서 "A"는? (단, q는 오염원에서 발생하는 오염기류의 양을 의미한다.)

$$Q=q+(1+\text{“}A\text{”})$$

① 열상승 기류량
② 누입한계 유량비
③ 설계 유량비
④ 유도 기류량

풀이 $Q=q+(1+A)$
여기서, Q : 필요송풍량
q : 오염기류의 양
A : 누입한계 유량비

58 정압이 $-1.6cmH_2O$, 전압이 $-0.7cmH_2O$로 측정되었을 때, 속도압(VP ; cmH_2O)과 유속(V ; m/sec)은?

① VP : 0.9, V : 3.8
② VP : 0.9, V : 12
③ VP : 2.3, V : 3.8
④ VP : 2.3, V : 12

풀이 속도압(VP)=전압(TP)-정압(SP)
$=-0.7-(-1.6)=0.9cmH_2O$
$VP(mmH_2O)=0.9cmH_2O\times\dfrac{10,332mmH_2O}{1033.2cmH_2O}$
$=9mmH_2O$
유속$(V)=4.043\sqrt{VP}$
$\therefore\ V=4.043\times\sqrt{9}=12.13m/sec$

59 방진마스크에 대한 설명 중 틀린 것은?

① 공기 중에 부유하는 미세입자물질을 흡입함으로써 인체에 장해의 우려가 있는 경우에 사용한다.
② 방진마스크의 종류에는 격리식과 직결식이 있고, 그 성능에 따라 특급, 1급 및 2급으로 나누어진다.
③ 장시간 사용 시 분진의 포집효율이 증가하고 압력강하는 감소한다.
④ 베릴륨, 석면 등에 대해서는 특급을 사용하여야 한다.

풀이 ③ 장시간 사용 시 분진의 포집효율이 감소하고 압력강하는 증가한다.

60 오염물질의 농도가 200ppm까지 도달하였다가 오염물질 발생이 중지되었을 때, 공기 중 농도가 200ppm에서 19ppm으로 감소하는 데 걸리는 시간(min)은? (단, 환기를 통한 오염물질의 농도는 시간에 대한 지수함수(1차 반응)로 근사된다고 가정하고, 환기가 필요한 공간의 부피는 3,000m^3, 환기속도는 1.17m^3/sec이다.)

① 89 ② 101
③ 109 ④ 115

풀이 감소하는 데 걸리는 시간(t)
$t=-\dfrac{V}{Q'}\ln\left(\dfrac{C_2}{C_1}\right)$
$=-\dfrac{3,000m^3}{1.17m^3/sec}\times\ln\left(\dfrac{19}{200}\right)$
$=6035.59sec\times min/60sec=100.59min$

정답 56.② 57.② 58.② 59.③ 60.②

제4과목 | 물리적 유해인자관리

61 전기성 안염(전광선 안염)과 가장 관련이 깊은 비전리방사선은?

① 자외선
② 적외선
③ 가시광선
④ 마이크로파

풀이 **자외선의 눈에 대한 작용(장애)**
㉠ 전기용접, 자외선 살균 취급자 등에서 발생되는 자외선에 의해 전광성 안염인 급성 각막염이 유발될 수 있다(일반적으로 6~12시간에 증상이 최고도에 달함).
㉡ 나이가 많을수록 자외선 흡수량이 많아져 백내장을 일으킬 수 있다.
㉢ 자외선의 파장에 따른 흡수정도에 따라 'arc-eye(welder's flash)'라고 일컬어지는 광각막염 및 결막염 등의 급성 영향이 나타나며, 이는 270~280nm의 파장에서 주로 발생한다.

62 일반적으로 눈을 부시게 하지 않고 조도가 균일하여 눈의 피로를 줄이는 데 가장 효과적인 조명 방법은?

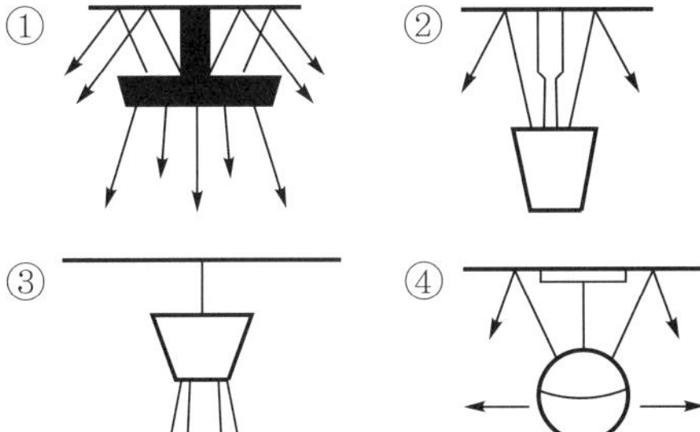

풀이 **간접조명**
㉠ 광속의 90~100%를 위로 향해 발산하여 천장, 벽에서 확산시켜 균일한 조명도를 얻을 수 있는 방식이다.
㉡ 천장과 벽에 반사하여 작업면을 조명하는 방법이다.
㉢ 장점 : 눈부심이 없고, 균일한 조도를 얻을 수 있으며, 그림자가 없다.
㉣ 단점 : 효율이 나쁘고, 설치가 복잡하며, 실내의 입체감이 작아진다.

63 소음에 의한 인체의 장해(소음성 난청)에 영향을 미치는 요인이 아닌 것은?

① 소음의 크기
② 개인의 감수성
③ 소음 발생장소
④ 소음의 주파수 구성

풀이 **소음성 난청에 영향을 미치는 요소**
㉠ 소음 크기 : 음압수준이 높을수록 영향이 크다.
㉡ 개인 감수성 : 소음에 노출된 모든 사람이 똑같이 반응하지 않으며, 감수성이 매우 높은 사람이 극소수 존재한다.
㉢ 소음의 주파수 구성 : 고주파음이 저주파음보다 영향이 크다.
㉣ 소음의 발생 특성 : 지속적인 소음 노출이 단속적(간헐적)인 소음 노출보다 더 큰 장애를 초래한다.

64 도르노선(Dorno-ray)에 대한 내용으로 옳은 것은?

① 가시광선의 일종이다.
② 280~315Å 파장의 자외선을 의미한다.
③ 소독작용, 비타민 D 형성 등 생물학적 작용이 강하다.
④ 절대온도 이상의 모든 물체는 온도에 비례하여 방출한다.

풀이 **도르노선(Dorno-ray)**
280(290)~315nm[2,800(2,900)~3,150Å, 1Å(angstrom) ; SI 단위로 10^{-10}m]의 파장을 갖는 자외선을 의미하며, 인체에 유익한 작용을 하여 건강선(생명선)이라고도 한다. 또한 소독작용, 비타민 D 형성, 피부의 색소 침착 등 생물학적 작용이 강하다.

65 방사선의 투과력이 큰 것에서부터 작은 순으로 올바르게 나열한 것은?

① $X > \beta > \gamma$　② $X > \beta > \alpha$
③ $\alpha > X > \gamma$　④ $\gamma > \alpha > \beta$

풀이 **전리방사선의 인체 투과력**
중성자 > X선 or γ선 > β선 > α선

2022

66 산업안전보건법령상 충격소음의 노출기준과 관련된 내용으로 옳은 것은?

① 충격소음의 강도가 120dB(A)일 경우 1일 최대 노출횟수는 1,000회이다.
② 충격소음의 강도가 130dB(A)일 경우 1일 최대 노출횟수는 100회이다.
③ 최대 음압수준이 135dB(A)를 초과하는 충격소음에 노출되어서는 안 된다.
④ 충격소음이란 최대 음압수준에 120dB(A) 이상인 소음이 1초 이상의 간격으로 발생하는 것을 말한다.

풀이 **충격소음작업**
소음이 1초 이상의 간격으로 발생하는 작업으로서, 다음의 1에 해당하는 작업을 말한다.
㉠ 120dB을 초과하는 소음이 1일 1만회 이상 발생되는 작업
㉡ 130dB을 초과하는 소음이 1일 1천회 이상 발생되는 작업
㉢ 140dB을 초과하는 소음이 1일 1백회 이상 발생되는 작업

67 작업환경측정 및 정도관리에 관한 고시상 고열 측정방법으로 옳지 않은 것은?

① 예비조사가 목적인 경우 검지관방식으로 측정할 수 있다.
② 측정은 단위작업장소에서 측정대상이 되는 근로자의 주 작업위치에서 측정한다.
③ 측정기의 위치는 바닥면으로부터 50cm 이상 150cm 이하의 위치에서 측정한다.
④ 측정기를 설치한 후 충분히 안정화시킨 상태에서 1일 작업시간 중 가장 높은 고열에 노출되는 1시간을 10분 간격으로 연속하여 측정한다.

풀이 고열은 습구흑구온도지수(WBGT)를 측정할 수 있는 기기 또는 이와 동등 이상의 성능을 가진 기기를 사용한다.

68 감압에 따른 인체의 기포 형성량을 좌우하는 요인과 가장 거리가 먼 것은?

① 감압속도
② 산소공급량
③ 조직에 용해된 가스량
④ 혈류를 변화시키는 상태

풀이 **감압 시 조직 내 질소기포 형성량에 영향을 주는 요인**
㉠ 조직에 용해된 가스량 : 체내 지방량, 고기압 폭로의 정도와 시간으로 결정한다.
㉡ 혈류변화 정도(혈류를 변화시키는 상태) : 감압 시 또는 재감압 후에 생기기 쉽고, 연령, 기온, 운동, 공포감, 음주와 관계가 있다.
㉢ 감압속도

69 지적환경(optimum working environment)을 평가하는 방법이 아닌 것은?

① 생산적(productive) 방법
② 생리적(physiological) 방법
③ 정신적(psychological) 방법
④ 생물역학적(biomechanical) 방법

풀이 **지적환경 평가방법**
㉠ 생리적 방법
㉡ 정신적 방법
㉢ 생산적 방법

70 다음 방사선 중 입자방사선으로만 나열된 것은?

① α선, β선, γ선
② α선, β선, X선
③ α선, β선, 중성자
④ α선, β선, γ선, 중성자

풀이 **이온화방사선(전리방사선)의 구분**
㉠ 전자기방사선 : X-ray(X선), γ선
㉡ 입자방사선 : α입자, β입자, 중성자

정답 66.④ 67.① 68.② 69.④ 70.③

71 다음 중 한랭작업과 관련된 설명으로 옳지 않은 것은?

① 저체온증은 몸의 심부온도가 35℃ 이하로 내려간 것을 말한다.

② 손가락의 온도가 내려가면 손동작의 정밀도가 떨어지고 시간이 많이 걸려 작업능률이 저하된다.

③ 동상은 혹심한 한랭에 노출됨으로써 피부 및 피하조직 자체가 동결하여 조직이 손상되는 것을 말한다.

④ 근로자의 발이 한랭에 장기간 노출되고 동시에 지속적으로 습기나 물에 잠기게 되면 '선단자람증'의 원인이 된다.

풀이 **참호족**
㉠ 지속적인 국소의 산소결핍 때문에 저온으로 모세혈관벽이 손상되는 것이다.
㉡ 근로자의 발이 한랭에 장기간 노출됨과 동시에 지속적으로 습기나 물에 잠기게 되면 발생한다.
㉢ 손가락, 발가락 등의 말초부위가 피부온도 저하가 가장 심한 부위이다.
㉣ 조직 내부의 온도가 10℃에 도달하면 조직 표면은 얼게 되며, 이러한 현상을 참호족이라 한다.

72 다음 계측기기 중 기류 측정기가 아닌 것을 고르면?

① 흑구 온도계
② 카타 온도계
③ 풍차 풍속계
④ 열선 풍속계

풀이 **기류의 속도 측정기기**
㉠ 피토관
㉡ 회전날개형 풍속계
㉢ 그네날개형 풍속계
㉣ 열선 풍속계
㉤ 카타 온도계
㉥ 풍차 풍속계
㉦ 풍향 풍속계
㉧ 마노미터

73 다음은 빛과 밝기의 단위를 설명한 것으로, ㉮, ㉯에 해당하는 용어로 옳은 것은?

> 1루멘의 빛이 $1ft^2$의 평면상에 수직방향으로 비칠 때, 그 평면의 빛의 양, 즉 조도를 (㉮)(이)라 하고, $1m^2$의 평면에 1루멘의 빛이 비칠 때의 밝기를 1(㉯)(이)라고 한다.

① ㉮ 캔들(candle), ㉯ 럭스(lux)
② ㉮ 럭스(lux), ㉯ 캔들(candle)
③ ㉮ 럭스(lux),
㉯ 풋캔들(foot candle)
④ ㉮ 풋캔들(foot candle),
㉯ 럭스(lux)

풀이 (1) **풋캔들(foot candle)**
㉮ 정의
㉠ 1루멘의 빛이 $1ft^2$의 평면상에 수직으로 비칠 때 그 평면의 빛 밝기이다.
㉡ 관계식 : 풋캔들(ft cd) $= \dfrac{\text{lumen}}{\text{ft}^2}$
㉯ 럭스와의 관계
㉠ 1ft cd=10.8lux
㉡ 1lux=0.093ft cd
㉰ 빛의 밝기
㉠ 광원으로부터 거리의 제곱에 반비례한다.
㉡ 광원의 촉광에 정비례한다.
㉢ 조사평면과 광원에 대한 수직평면이 이루는 각(cosine)에 반비례한다.
㉣ 색깔과 감각, 평면상의 반사율에 따라 밝기가 달라진다.

(2) **럭스(lux) ; 조도**
㉠ 1루멘(lumen)의 빛이 $1m^2$의 평면상에 수직으로 비칠 때의 밝기이다.
㉡ 1cd의 점광원으로부터 1m 떨어진 곳에 있는 광선의 수직인 면의 조명도이다.
㉢ 조도는 어떤 면에 들어오는 광속의 양에 비례하고, 입사면의 단면적에 반비례한다.

$$조도(E) = \frac{\text{lumen}}{\text{m}^2}$$

㉣ 조도는 입사면의 단면적에 대한 광속의 비를 의미한다.

2022

정답 71.④ 72.① 73.④

74 고압 환경에서의 2차적 가압현상(화학적 장해)에 의한 생체영향과 거리가 먼 것은?

① 질소 마취
② 산소 중독
③ 질소기포 형성
④ 이산화탄소 중독

풀이 **고압 환경의 인체작용**
(1) 1차적 가압현상(기계적 장애)
동통(근육통, 관절통), 출혈, 부종
(2) 2차적 가압현상
㉠ 질소 마취작용
㉡ 산소 중독작용
㉢ 이산화탄소 중독작용

75 다음 중 공장 내부에 기계 및 설비가 복잡하게 설치되어 있는 경우에 작업장 기계에 의한 흡음이 고려되지 않아 실제 흡음보다 과소평가되기 쉬운 흡음 측정방법은?

① Sabin method
② Reverberation time method
③ Sound power method
④ Loss due to distance method

풀이 Sabin method
㉠ 공장 내부에 기계 및 설비가 복잡하게 설치되어 있는 경우에 작업장 기계에 의한 흡음이 고려되지 않아 실제 흡음보다 과소평가되기 쉬운 흡음 측정방법이다.
㉡ 관련식
평균흡음률$(\bar{\alpha})=\dfrac{0.161V}{ST}$
※ Eyring method
큰 실내에서 공기 흡음을 고려하고 $\bar{\alpha}>0.3$ 이상의 큰 흡음률을 가질 경우의 흡음 측정방법이다.

76 작업자 A의 4시간 작업 중 소음노출량이 76%일 때, 측정시간에 있어서의 평균치는 약 몇 dB(A)인가?

① 88 ② 93
③ 98 ④ 103

풀이
$$\text{TWA}=16.61\log\left(\frac{D(\%)}{12.5\times T}\right)+90$$
$$=16.61\log\left(\frac{76}{12.5\times 4}\right)+90=93.02\text{dB(A)}$$

77 진동이 인체에 미치는 영향에 관한 설명으로 옳지 않은 것은?

① 맥박수가 증가한다.
② 1~3Hz에서 호흡이 힘들고 산소 소비가 증가한다.
③ 13Hz에서 허리, 가슴 및 등 쪽에 감각적으로 가장 심한 통증을 느낀다.
④ 신체의 공진현상은 앉아 있을 때가 서 있을 때보다 심하게 나타난다.

풀이 **공명(공진) 진동수**
㉠ 두부와 견부는 20~30Hz 진동에 공명(공진)하며, 안구는 60~90Hz 진동에 공명
㉡ 3Hz 이하 : motion sickness 느낌(급성적 증상으로 상복부의 통증과 팽만감 및 구토)
㉢ 6Hz : 가슴, 등에 심한 통증
㉣ 13Hz : 머리, 안면, 볼, 눈꺼풀 진동
㉤ 4~14Hz : 복통, 압박감 및 동통감
㉥ 9~20Hz : 대소변 욕구, 무릎 탄력감
㉦ 20~30Hz : 시력 및 청력 장애

78 공장 내 각기 다른 3대의 기계에서 각각 90dB(A), 95dB(A), 88dB(A)의 소음이 발생된다면 동시에 기계를 가동시켰을 때의 합산소음(dB(A))은 약 얼마인가?

① 96 ② 97
③ 98 ④ 99

풀이 $L_{합}=10\log(10^{9.0}+10^{9.5}+10^{8.8})=96.8\text{dB(A)}$

79 사람이 느끼는 최소 진동역치로 옳은 것은?

① 35±5dB ② 45±5dB
③ 55±5dB ④ 65±5dB

풀이 최소 진동역치는 사람이 진동을 느낄 수 있는 최소값을 의미하며, 50~60dB 정도이다.

 정답 74.③ 75.① 76.② 77.③ 78.② 79.③

80 산업안전보건법령상 적정공기의 범위에 해당하는 것은?

① 산소 농도 18% 미만
② 일산화탄소 농도 50ppm 미만
③ 이산화탄소 농도 10% 미만
④ 황화수소 농도 10ppm 미만

풀이 **적정한 공기**
㉠ 산소 농도 : 18% 이상 ~ 23.5% 미만
㉡ 이산화탄소 농도 : 1.5% 미만
㉢ 황화수소 농도 : 10ppm 미만
㉣ 일산화탄소 농도 : 30ppm 미만

제5과목 | 산업 독성학

81 규폐증(silicosis)에 관한 설명으로 옳지 않은 것은?

① 직업적으로 석영 분진에 노출될 때 발생하는 진폐증의 일종이다.
② 석면의 고농도 분진을 단기적으로 흡입할 때 주로 발생되는 질병이다.
③ 채석장 및 모래분사 작업장에 종사하는 작업자들이 잘 걸리는 폐질환이다.
④ 역사적으로 보면 이집트의 미라에서도 발견되는 오래된 질병이다.

풀이 **규폐증의 인체영향 및 특징**
㉠ 폐조직에서 섬유상 결절이 발견된다.
㉡ 유리규산(SiO_2) 분진 흡입으로 폐에 만성 섬유증식이 나타난다.
㉢ 자각증상으로는 호흡곤란, 지속적인 기침, 다량의 담액 등이지만, 일반적으로는 자각증상 없이 서서히 진행된다(만성 규폐증의 경우 10년 이상 지나서 증상이 나타난다).
㉣ 고농도의 규소입자에 노출되면 급성 규폐증에 걸리며, 열, 기침, 체중감소, 청색증이 나타난다.
㉤ 폐결핵은 합병증으로 폐하엽 부위에 많이 생긴다.
㉥ 폐에 실리카가 쌓인 곳에서는 상처가 생기게 된다.
㉦ 석영분진이 직업적으로 노출 시 발생하는 진폐증의 일종이다.

82 입자상 물질의 하나인 흄(fume)의 발생기전 3단계에 해당하지 않는 것은?

① 산화
② 입자화
③ 응축
④ 증기화

풀이 **흄의 생성기전 3단계**
㉠ 1단계 : 금속의 증기화
㉡ 2단계 : 증기물의 산화
㉢ 3단계 : 산화물의 응축

83 다음 중 20년간 석면을 사용하여 자동차 브레이크 라이닝과 패드를 만들었던 근로자가 걸릴 수 있는 대표적인 질병과 거리가 가장 먼 것은?

① 폐암
② 석면폐증
③ 악성중피종
④ 급성골수성 백혈병

풀이 **석면의 정의 및 영향**
(1) 정의
㉠ 주성분으로 규산과 산화마그네슘 등을 함유하며, 백석면(크리소타일), 청석면(크로시돌라이트), 갈석면(아모사이트), 안토필라이트, 트레모라이트 또는 액티노라이트의 섬유상이라고 정의하고 있다.
㉡ 섬유를 위상차 현미경으로 관찰했을 때 길이가 5μm이고, 길이 대 너비의 비가 최소한 3 : 1 이상인 입자상 물질이라고 정의하고 있다.
(2) 영향
㉠ 석면 종류 중 청석면(crocidolite, 크로시돌라이트)이 직업성 질환(폐암, 중피종) 발생 위험률이 가장 높다.
㉡ 일반적으로 석면폐증, 폐암, 악성중피종을 발생시켜 1급 발암물질군에 포함된다.
㉢ 쉽게 소멸되지 않는 특성이 있어 인체 흡수 시 제거되지 않고 폐 및 폐포 등에 박혀 유해증이 증가된다.

정답 80.④ 81.② 82.② 83.④

84 유해물질의 생체 내 배설과 관련된 설명으로 옳지 않은 것은?

① 유해물질은 대부분 위(胃)에서 대사된다.
② 흡수된 유해물질은 수용성으로 대사된다.
③ 유해물질의 분포량은 혈중농도에 대한 투여량으로 산출한다.
④ 유해물질의 혈장농도가 50%로 감소하는데 소요되는 시간을 반감기라고 한다.

풀이 **유해물질의 흡수 및 배설**
㉠ 흡수된 유해물질은 원래의 형태든, 대사산물의 형태로든 배설되기 위하여 수용성으로 대사된다.
㉡ 유해물질은 조직에 분포되기 전에 먼저 몇 개의 막을 통과하여야 한다.
㉢ 흡수속도는 유해물질의 물리화학적 성상과 막의 특성에 따라 결정된다.
㉣ 흡수된 유해화학물질은 다양한 비특이적 효소에 의하여 이루어지는 유해물질의 대사로 수용성이 증가되어 체외배출이 용이하게 된다.
㉤ 간은 화학물질을 대사시키고 콩팥과 함께 배설시키는 기능을 가지고 있어 다른 장기보다 여러 유해물질의 농도가 높다.

85 화학물질을 투여한 실험동물의 50%가 관찰 가능한 가역적인 반응을 나타내는 양을 의미하는 것은?

① ED_{50}
② LC_{50}
③ LE_{50}
④ TE_{50}

풀이 **ED_{50}과 유효량의 의미**
㉠ ED_{50}은 사망을 기준으로 하는 대신에 약물을 투여한 동물의 50%가 일정한 반응을 일으키는 양으로, 실험 유기체의 50%에 대하여 준치사적인 거동감응 및 생리감응을 일으키는 독성물질의 양을 뜻한다.
㉡ ED는 실험동물을 대상으로 얼마간의 양을 투여했을 때 독성을 초래하지 않지만 실험군의 50%가 관찰 가능한 가역적인 반응이 나타나는 작용량, 즉 유효량을 의미한다.

86 다음 중 조혈장기에 장해를 입히는 정도가 가장 낮은 것은?

① 망간
② 벤젠
③ 납
④ TNT

풀이 **망간에 의한 건강장애**
(1) 급성중독
㉠ MMT(Methylcyclopentadienyl Manganese Trialbonyls)에 의한 피부와 호흡기 노출로 인한 증상이다.
㉡ 이산화망간 흄에 급성 노출되면 열, 오한, 호흡곤란 등의 증상을 특징으로 하는 금속열을 일으킨다.
㉢ 급성 고농도에 노출 시 조증(들뜸병)의 정신병 양상을 나타낸다.
(2) 만성중독
㉠ 무력증, 식욕감퇴 등의 초기증세를 보이다 심해지면 중추신경계의 특정 부위를 손상(뇌기저핵에 축적되어 신경세포 파괴)시켜 노출이 지속되면 파킨슨증후군과 보행장애가 두드러진다.
㉡ 안면의 변화, 즉 무표정하게 되며 배근력의 저하를 가져온다(소자증 증상).
㉢ 언어가 느려지는 언어장애 및 균형감각 상실 증세가 나타난다.
㉣ 신경염, 신장염 등의 증세가 나타난다.
※ 망간은 조혈장기의 장애와는 관계가 없다.

87 금속의 독성에 관한 일반적인 특징을 설명한 것으로 옳지 않은 것은?

① 금속의 대부분은 이온상태로 작용한다.
② 생리과정에 이온상태의 금속이 활용되는 정도는 용해도에 달려있다.
③ 금속이온과 유기화합물 사이의 강한 결합력은 배설률에도 영향을 미치게 한다.
④ 용해성 금속염은 생체 내 여러 가지 물질과 작용하여 수용성 화합물로 전환된다.

풀이 ④ 용해성 금속염은 생체 내 여러 가지 물질과 작용하여 지용성(불용성) 화합물로 전환된다.

 정답 84.① 85.① 86.① 87.④

88 작업자가 납흄에 장기간 노출되어 혈액 중 납의 농도가 높아졌을 때 일어나는 혈액 내 현상이 아닌 것은?

① K^+과 수분이 손실된다.
② 삼투압에 의하여 적혈구가 위축된다.
③ 적혈구 생존시간이 감소한다.
④ 적혈구 내 전해질이 급격히 증가한다.

풀이 **적혈구에 미치는 작용**
㉠ K^+과 수분이 손실된다.
㉡ 삼투압이 증가하여 적혈구가 위축된다.
㉢ 적혈구 생존시간이 감소한다.
㉣ 적혈구 내 전해질이 감소한다.
㉤ 미숙적혈구(망상적혈구, 친염기성 혈구)가 증가한다.
㉥ 혈색소량은 저하하고 혈청 내 철이 증가한다.
㉦ 적혈구 내 프로토포르피린이 증가한다.

89 화학물질의 생리적 작용에 의한 분류에서 종말기관지 및 폐포점막 자극제에 해당되는 유해가스는?

① 불화수소
② 이산화질소
③ 염화수소
④ 아황산가스

풀이 **호흡기에 대한 자극작용 구분에 따른 자극제의 종류**
(1) 상기도점막 자극제
㉠ 암모니아 ㉡ 염화수소
㉢ 아황산가스 ㉣ 포름알데히드
㉤ 아크롤레인 ㉥ 아세트알데히드
㉦ 크롬산 ㉧ 산화에틸렌
㉨ 염산 ㉩ 불산
(2) 상기도점막 및 폐조직 자극제
㉠ 불소
㉡ 요오드
㉢ 염소
㉣ 오존
㉤ 브롬
(3) 종말세기관지 및 폐포점막 자극제
㉠ 이산화질소
㉡ 포스겐
㉢ 염화비소

90 단시간 노출기준(STEL)은 근로자가 1회 몇 분 동안 유해인자에 노출되는 경우의 기준을 말하는가?

① 5분
② 10분
③ 15분
④ 30분

풀이 **단시간 노출농도**
(STEL ; Short Term Exposure Limits)
㉠ 근로자가 1회 15분간 유해인자에 노출되는 경우의 기준(허용농도)이다.
㉡ 이 기준 이하에서는 노출간격이 1시간 이상인 경우 1일 작업시간 동안 4회까지 노출이 허용될 수 있다.
㉢ 고농도에서 급성중독을 초래하는 물질에 적용한다.

91 폴리비닐중합체를 생산하는 데 많이 쓰이며 간장해와 발암작용이 있다고 알려진 물질은?

① 납
② PCB
③ 염화비닐
④ 포름알데히드

풀이 **포름알데히드(HCHO)**
㉠ 매우 자극적인 냄새가 나는 무색의 액체로 인화되기 쉽고, 폭발 위험성이 있음
㉡ 주로 합성수지의 합성원료로 폴리비닐중합체를 생산하는 데 많이 이용되며, 물에 대한 용해도는 최대 550g/L
㉢ 건축물에 사용되는 단열재와 섬유옷감에서 주로 발생
㉣ 메틸알데히드라고도 하며, 메탄올을 산화시켜 얻은 기체로 환원성이 강함
㉤ 눈과 코를 자극하며, 동물실험 결과 발암성이 있음(간장해, 발암작용)
㉥ 피부, 점막에 대한 자극이 강하고, 고농도 흡입으로는 기관지염, 폐수종을 일으킴
㉦ 만성 노출 시 감작성 현상 발생(접촉성 피부염 및 알레르기 반응)

정답 88.④ 89.② 90.③ 91.④

92 알레르기성 접촉 피부염에 관한 설명으로 옳지 않은 것은?

① 알레르기성 반응은 극소량 노출에 의해서도 피부염이 발생할 수 있는 것이 특징이다.
② 알레르기 반응을 일으키는 관련 세포는 대식세포, 림프구, 랑거한스세포로 구분된다.
③ 항원에 노출되고 일정 시간이 지난 후에 다시 노출되었을 때 세포매개성 과민반응에 의하여 나타나는 부작용의 결과이다.
④ 알레르기원에 노출되고 이 물질이 알레르기원으로 작용하기 위해서는 일정 기간이 소요되며 그 기간을 휴지기라 한다.

풀이 ④ 알레르기원에 노출되고 이 물질이 알레르기원으로 작용하기 위해서는 일정 기간이 소요되는데, 이 기간(2~3주)을 유도기라고 한다.

93 망간중독에 관한 설명으로 옳지 않은 것은?

① 호흡기 노출이 주경로이다.
② 언어장애, 균형감각상실 등의 증세를 보인다.
③ 전기용접봉 제조업, 도자기 제조업에서 빈번하게 발생된다.
④ 만성중독은 3가 이상의 망간화합물에 의해서 주로 발생한다.

풀이 망간은 산화제일망간, 이산화망간, 사산화망간 등 8가지의 산화형태로 존재하며, 산화상태가 +7인 과망가니즈산염은 산화력이 강하여 Mn^{2+} 화합물에 비하여 일반적으로 독성이 강하다.

94 연(납)의 인체 내 침입경로 중 피부를 통하여 침입하는 것은?

① 일산화연 ② 4메틸연
③ 아질산염 ④ 금속연

풀이 유기납(4메틸납, 4에틸납)은 피부를 통하여 체내에 흡수된다.

95 남성 근로자의 생식독성 유발요인이 아닌 것은?

① 풍진
② 흡연
③ 망간
④ 카드뮴

풀이 성별 생식독성 유발 유해인자
㉠ 남성 근로자
고온, X선, 납, 카드뮴, 망간, 수은, 항암제, 마취제, 알킬화제, 이황화탄소, 염화비닐, 음주, 흡연, 마약, 호르몬제제, 마이크로파 등
㉡ 여성 근로자
X선, 고열, 저산소증, 납, 수은, 카드뮴, 항암제, 이뇨제, 알킬화제, 유기인계 농약, 음주, 흡연, 마약, 비타민 A, 칼륨, 저혈압 등

96 산업역학에서 상대위험도의 값이 1인 경우가 의미하는 것은?

① 노출되면 위험하다.
② 노출되어서는 절대 안 된다.
③ 노출과 질병 발생 사이에는 연관이 없다.
④ 노출되면 질병에 대하여 방어효과가 있다.

풀이 ㉠ 상대위험도=1
노출과 질병 사이의 연관성 없음
㉡ 상대위험도 >1
위험의 증가
㉢ 상대위험도 <1
질병에 대한 방어효과 있음

97 유해물질과 생물학적 노출지표와의 연결이 잘못된 것은?

① 벤젠 – 소변 중 페놀
② 크실렌 – 소변 중 카테콜
③ 스티렌 – 소변 중 만델린산
④ 퍼클로로에틸렌 – 소변 중 삼염화초산

풀이 ② 크실렌의 생물학적 노출지표는 소변 중 메틸마뇨산이다.

정답 92.④ 93.④ 94.② 95.① 96.③ 97.②

98 다음 설명에 해당하는 중금속의 종류는?

> 이 중금속 중독의 특징적인 증상은 구내염, 정신증상, 근육진전이다. 급성중독 시 우유나 계란의 흰자를 먹이며, 만성중독 시 취급을 즉시 중지하고 BAL을 투여한다.

① 납 ② 크롬
③ 수은 ④ 카드뮴

풀이 (1) **수은에 의한 건강장애**
㉠ 수은중독의 특징적인 증상은 구내염, 근육진전, 정신증상으로 분류된다.
㉡ 수족신경마비, 시신경장애, 정신이상, 보행장애 등의 장애가 나타난다.
㉢ 만성 노출 시 식욕부진, 신기능부전, 구내염을 발생시킨다.
㉣ 치은부에는 황화수은의 청회색 침전물이 침착된다.
㉤ 혀나 손가락의 근육이 떨린다(수전증).
㉥ 정신증상으로는 중추신경계통, 특히 뇌조직에 심한 증상이 나타나 정신기능이 상실될 수 있다(정신장애).
㉦ 유기수은(알킬수은) 중 메틸수은은 미나마타(mina-mata)병을 발생시킨다.

(2) **수은중독의 치료**
㉮ 급성중독
㉠ 우유와 계란의 흰자를 먹여 단백질과 해당 물질을 결합시켜 침전시킨다.
㉡ 마늘 계통의 식물을 섭취한다.
㉢ 위세척(5~10% S.F.S 용액)을 한다. 다만, 세척액은 200~300mL를 넘지 않도록 한다.
㉣ BAL(British Anti Lewisite)을 투여한다.
※ 체중 1kg당 5mg의 근육주사
㉯ 만성중독
㉠ 수은 취급을 즉시 중지시킨다.
㉡ BAL(British Anti Lewisite)을 투여한다.
㉢ 1일 10L의 등장식염수를 공급(이뇨작용 촉진)한다.
㉣ N-acetyl-D-penicillamine을 투여한다.
㉤ 땀을 흘려 수은 배설을 촉진한다.
㉥ 진전증세에 genascopalin을 투여한다.
㉦ Ca-EDTA의 투여는 금기사항이다.

99 납에 노출된 근로자가 납중독이 되었는지를 확인하기 위하여 소변을 시료로 채취하였을 경우 측정할 수 있는 항목이 아닌 것은?

① 델타-ALA
② 납 정량
③ Coproporphyrin
④ Protoporphyrin

풀이 **납중독 진단검사**
㉠ 뇨 중 코프로포르피린(coproporphyrin) 측정
㉡ 델타 아미노레블린산 측정(δ-ALA)
㉢ 혈중 징크-프로토포르피린(ZPP ; Zinc Protoporphyrin) 측정
㉣ 혈중 납량 측정
㉤ 뇨중 납량 측정
㉥ 빈혈 검사
㉦ 혈액 검사
㉧ 혈중 α-ALA 탈수효소 활성치 측정

100 다음 중 중추신경 억제작용이 가장 큰 것은?

① 알칸
② 에테르
③ 알코올
④ 에스테르

풀이 **유기화학물질의 중추신경계 억제작용 및 자극작용**
㉠ 중추신경계 억제작용의 순서
알칸 < 알켄 < 알코올 < 유기산 < 에스테르 < 에테르 < 할로겐화합물
㉡ 중추신경계 자극작용의 순서
알칸 < 알코올 < 알데히드 또는 케톤 < 유기산 < 아민류

2022

정답 98.③ 99.④ 100.②

제3회 산업위생관리기사

제1과목 | 산업위생학 개론

01 직업성 질환의 범위에 대한 설명으로 틀린 것은?

① 합병증이 원발성 질환과 불가분의 관계를 가지는 경우를 포함한다.
② 직업상 업무에 기인하여 1차적으로 발생하는 원발성 질환은 제외한다.
③ 원발성 질환과 합병작용하여 제2의 질환을 유발하는 경우를 포함한다.
④ 원발성 질환부위가 아닌 다른 부위에서도 동일한 원인에 의하여 제2의 질환을 일으키는 경우를 포함한다.

풀이 직업성 질환의 범위

㉠ 직업상 업무에 기인하여 1차적으로 발생하는 원발성 질환은 포함한다.
㉡ 원발성 질환과 합병작용하여 제2의 질환을 유발하는 경우를 포함한다.
㉢ 합병증이 원발성 질환과 불가분의 관계를 가지는 경우를 포함한다.
㉣ 원발성 질환에 떨어진 다른 부위에 같은 원인에 의한 제2의 질환을 일으키는 경우를 포함한다.
㉤ 합병증은 원발성 질환에서 떨어진 다른 부위에 같은 원인에 의해 제2의 질환을 일으키는 경우를 의미한다.

02 육체적 작업능력(PWC)이 15kcal/min인 근로자가 1일 8시간 물체를 운반하고 있다. 이 때의 작업대사율이 6.5kcal/min, 휴식 시의 대사량이 1.5kcal/min일 때 매시간 적정 휴식시간은 약 얼마인가? (단, Hertig의 식 적용)

① 18분 ② 25분
③ 30분 ④ 42분

풀이

$$T_{\text{rest}}(\%)=\left[\frac{\text{PWC의 }\frac{1}{3}-\text{작업대사량}}{\text{휴식대사량}-\text{작업대사량}}\right]\times 100$$

$$=\left[\frac{15\times 1/3-6.5}{1.5-6.5}\right]\times 100$$

$$=30\%$$

휴식시간 $=60\text{min}\times 0.3=18\text{min}$

작업시간 $=(60-18)\text{min}=42\text{min}$

03 최대작업영역(maximum working area)에 대한 설명으로 알맞는 것은?

① 양팔을 곧게 폈을 때 도달할 수 있는 최대영역
② 팔을 위 방향으로만 움직이는 경우에 도달할 수 있는 작업영역
③ 팔을 아래 방향으로만 움직이는 경우에 도달할 수 있는 작업영역
④ 팔을 가볍게 몸체에 붙이고 팔꿈치를 구부린 상태에서 자유롭게 손이 닿는 영역

풀이 수평작업영역의 구분

(1) 최대작업역(최대영역, maximum area)
㉠ 팔 전체가 수평상에 도달할 수 있는 작업영역
㉡ 어깨로부터 팔을 뻗어 도달할 수 있는 최대 영역
㉢ 아래팔(전완)과 위팔(상완)을 곧게 펴서 파악할 수 있는 영역
㉣ 움직이지 않고 상지를 뻗어서 닿는 범위

(2) 정상작업역(표준영역, normal area)
㉠ 상박부를 자연스런 위치에서 몸통부에 접하고 있을 때에 전박부가 수평면 위에서 쉽게 도착할 수 있는 운동범위
㉡ 위팔(상완)을 자연스럽게 수직으로 늘어뜨린 채 아래팔(전완)만으로 편안하게 뻗어 파악할 수 있는 영역
㉢ 움직이지 않고 전박과 손으로 조작할 수 있는 범위
㉣ 앉은 자세에서 위팔은 몸에 붙이고, 아래팔만 곧게 뻗어 닿는 범위
㉤ 약 34~45cm의 범위

04 산업안전보건법상 최근 1년간 작업공정에서 공정설비의 변경, 작업방법의 변경, 설비의 이전, 사용 화학물질의 변경 등으로 작업환경측정 결과에 영향을 주는 변화가 없는 경우, 작업공정 내 소음 외의 다른 모든 인자의 작업환경측정 결과가 최근 2회 연속 노출기준 미만인 사업장은 몇 년에 1회 이상 작업환경을 측정할 수 있는가?

① 6월 ② 1년
③ 2년 ④ 3년

풀이 **작업환경 측정횟수**

㉠ 사업주는 작업장 또는 작업공정이 신규로 가동되거나 변경되는 등으로 작업환경 측정대상 작업장이 된 경우에는 그 날부터 30일 이내에 작업환경 측정을 실시하고, 그 후 반기에 1회 이상 정기적으로 작업환경을 측정하여야 한다. 다만, 작업환경 측정 결과가 다음의 어느 하나에 해당하는 작업장 또는 작업공정은 해당 유해인자에 대하여 그 측정일부터 3개월에 1회 이상 작업환경을 측정해야 한다.
- 화학적 인자(고용노동부장관이 정하여 고시하는 물질만 해당)의 측정치가 노출기준을 초과하는 경우
- 화학적 인자(고용노동부장관이 정하여 고시하는 물질은 제외)의 측정치가 노출기준을 2배 이상 초과하는 경우

㉡ ㉠항에도 불구하고 사업주는 최근 1년간 작업공정에서 공정 설비의 변경, 작업방법의 변경, 설비의 이전, 사용화학물질의 변경 등으로 작업환경 측정 결과에 영향을 주는 변화가 없는 경우 1년에 1회 이상 작업환경 측정을 할 수 있는 경우
- 작업공정 내 소음의 작업환경 측정결과가 최근 2회 연속 85dB 미만인 경우
- 작업공정 내 소음 외의 다른 모든 인자의 작업환경 측정결과가 최근 2회 연속 노출기준 미만인 경우

05 젊은 근로자의 약한 쪽 손의 힘은 평균 50kP이고, 이 근로자가 무게 10kg인 상자를 두 손으로 들어 올릴 경우에 한 손의 작업강도(%MS)는 얼마인가? (단, 1kP는 질량 1kg을 중력의 크기로 당기는 힘을 말한다.)

① 5 ② 10
③ 15 ④ 20

풀이

$$\text{작업강도(\%MS)} = \frac{RF}{MS} \times 100 = \frac{10}{50+50} \times 100 = 10\%MS$$

06 심리학적 적성검사와 가장 거리가 먼 것은?

① 감각기능검사 ② 지능검사
③ 지각동작검사 ④ 인성검사

풀이 **심리학적 검사(적성검사)**

㉠ 지능검사 : 언어, 기억, 추리, 귀납 등에 대한 검사
㉡ 지각동작검사 : 수족협조, 운동속도, 형태지각 등에 대한 검사
㉢ 인성검사 : 성격, 태도, 정신상태 등에 대한 검사
㉣ 기능검사 : 직무에 관련된 기본지식과 숙련도, 사고력 등에 대한 검사

07 300명의 근로자가 1주일에 40시간, 연간 50주를 근무하는 사업장에서 1년 동안 50건의 재해로 60명의 재해자가 발생하였다. 이 사업장의 도수율은 약 얼마인가? (단, 근로자들은 질병, 기타 사유로 인하여 총 근로시간의 5%를 결근하였다.)

① 93.33 ② 87.72
③ 83.33 ④ 77.72

풀이

$$\text{도수율} = \frac{\text{재해건수}}{\text{연근로시간수}} \times 10^6 = \frac{50}{300 \times 40 \times 50 \times 0.95} \times 10^6 = 87.72$$

08 다음 중 피로에 관한 설명으로 틀린 것은?

① 일반적인 피로감은 근육 내 글리코겐의 고갈, 혈중 글루코스의 증가, 혈중 젖산의 감소와 일치하고 있다.
② 충분한 영양섭취와 휴식은 피로의 예방에 유효한 방법이다.
③ 피로의 주관적 측정방법으로는 CMI(Cornell Medical Index)를 이용한다.
④ 피로는 질병이 아니고 원래 가역적인 생체반응이며 건강장애에 대한 경고적 반응이다.

2022

정답 04.② 05.② 06.① 07.② 08.①

풀이 피로의 발생기전(본태)
㉠ 활성 에너지 요소인 영양소, 산소 등 소모(에너지 소모)
㉡ 물질대사에 의한 노폐물인 젖산 등의 축적(중간대사물질의 축적)으로 인한 근육, 신장 등 기능 저하
㉢ 체내의 항상성 상실(체내에서의 물리화학적 변조)
㉣ 여러 가지 신체조절기능의 저하
㉤ 근육 내 글리코겐 양의 감소
㉥ 피로물질 : 크레아틴, 젖산, 초성포도당, 시스테인

09 다음 중 영국에서 최초로 직업성 암을 보고하여, 1788년에 굴뚝청소부법이 통과되도록 노력한 사람은?

① Ramazzini ② Paracelsus
③ Percivall Pott ④ Robert Owen

풀이 Percivall Pott
㉠ 영국의 외과의사로 직업성 암을 최초로 보고하였으며, 어린이 굴뚝청소부에게 많이 발생하는 음낭암(scrotal cancer)을 발견하였다.
㉡ 암의 원인물질은 검댕 속 여러 종류의 다환방향족 탄화수소(PAH)이다.
㉢ 굴뚝청소부법을 제정하도록 하였다(1788년).

10 다음 중 ACGIH에서 권고하는 TLV-TWA(시간가중 평균치)에 대한 근로자 노출의 상한치와 노출가능시간의 연결로 옳은 것은?

① TLV-TWA의 3배 : 30분 이하
② TLV-TWA의 3배 : 60분 이하
③ TLV-TWA의 5배 : 5분 이하
④ TLV-TWA의 5배 : 15분 이하

풀이 시간가중 평균노출기준(TLV-TWA) ⇨ ACGIH
㉠ 하루 8시간, 주 40시간 동안에 노출되는 평균농도이다.
㉡ 작업장의 노출기준을 평가할 때 시간가중 평균농도를 기본으로 한다.
㉢ 이 농도에서는 오래 작업하여도 건강장애를 일으키지 않는 관리지표로 사용한다.
㉣ 안전과 위험의 한계로 해석해서는 안 된다.
㉤ 노출상한선과 노출시간 권고사항
- TLV-TWA의 3배 : 30분 이하의 노출 권고
- TLV-TWA의 5배 : 잠시라도 노출 금지
㉥ 오랜 시간 동안의 만성적인 노출을 평가하기 위한 기준으로 사용한다.

11 산업안전보건법령상 물질안전보건자료(MSDS) 작성 시 포함되어야 할 항목이 아닌 것은? (단, 그 밖의 참고사항은 제외)

① 유해성, 위험성
② 안정성 및 반응성
③ 사용빈도 및 타당성
④ 노출방지 및 개인보호구

풀이 물질안전보건자료(MSDS) 작성 시 포함되어야 할 항목
㉠ 화학제품과 회사에 관한 정보
㉡ 유해·위험성
㉢ 구성 성분의 명칭 및 함유량
㉣ 응급조치 요령
㉤ 폭발·화재 시 대처방법
㉥ 누출사고 시 대처방법
㉦ 취급 및 저장 방법
㉧ 노출방지 및 개인보호구
㉨ 물리화학적 특성
㉩ 안정성 및 반응성
㉪ 독성에 관한 정보
㉫ 환경에 미치는 영향
㉬ 폐기 시 주의사항
㉭ 운송에 필요한 정보
㉮ 법적 규제 현황
㉯ 그 밖의 참고사항

12 다음 중 알레르기성 접촉피부염의 진단법은 무엇인가?

① 첩포시험
② X-ray검사
③ 세균검사
④ 자외선검사

풀이 첩포시험(patch test)
㉠ 알레르기성 접촉피부염의 진단에 필수적이며 가장 중요한 임상시험이다.
㉡ 피부염의 원인물질로 예상되는 화학물질을 피부에 도포하고 48시간 동안 덮어둔 후 피부염의 발생 여부를 확인한다.
㉢ 첩포시험 결과 침윤, 부종이 지속된 경우를 알레르기성 접촉피부염으로 판독한다.

정답 09.③ 10.① 11.③ 12.①

13 산업안전보건법령상 보건관리자의 자격에 해당하지 않는 사람은?

① 「의료법」에 따른 의사
② 「의료법」에 따른 간호사
③ 「국가기술자격법」에 따른 산업안전기사
④ 「산업안전보건법」에 따른 산업보건지도사

풀이 **보건관리자의 자격기준**
㉠ "의료법"에 따른 의사
㉡ "의료법"에 따른 간호사
㉢ "산업안전보건법"에 따른 산업보건지도사
㉣ "국가기술자격법"에 따른 산업위생관리산업기사 또는 대기환경산업기사 이상의 자격을 취득한 사람
㉤ "국가기술자격법"에 따른 인간공학기사 이상의 자격을 취득한 사람
㉥ "고등교육법"에 따른 전문대학 이상의 학교에서 산업보건 또는 산업위생 분야의 학위를 취득한 사람

14 국소피로를 평가하기 위하여 근전도(EMG) 검사를 실시하였다. 피로한 근육에서 측정된 현상을 설명한 것으로 맞는 것은?

① 총 전압의 증가
② 평균 주파수 영역에서 힘(전압)의 증가
③ 저주파수(0~40Hz) 영역에서 힘(전압)의 감소
④ 고주파수(40~200Hz) 영역에서 힘(전압)의 증가

풀이 **정상근육과 비교하여 피로한 근육에서 나타나는 EMG의 특징**
㉠ 저주파(0~40Hz) 영역에서 힘(전압)의 증가
㉡ 고주파(40~200Hz) 영역에서 힘(전압)의 감소
㉢ 평균 주파수 영역에서 힘(전압)의 감소
㉣ 총 전압의 증가

15 여러 기관이나 단체 중에서 산업위생과 관계가 가장 먼 기관은?

① EPA ② ACGIH
③ BOHS ④ KOSHA

풀이 ① EPA : 미국환경보호청
② ACGIH : 미국정부산업위생전문가협의회
③ BOHS : 영국산업위생학회
④ KOSHA : 안전보건공단

16 작업대사량(RMR)을 계산하는 방법이 아닌 것은?

① $\dfrac{\text{작업대사량}}{\text{기초대사량}}$

② $\dfrac{\text{기초작업대사량}}{\text{작업대사량}}$

③ $\dfrac{\text{작업 시 열량소비량} - \text{안정 시 열량소비량}}{\text{기초대사량}}$

④ $\dfrac{\text{작업 시 산소소비량} - \text{안정 시 산소소비량}}{\text{기초대사 시 산소소비량}}$

풀이 **작업대사량(RMR) 계산식**

$$\text{RMR} = \frac{\text{작업대사량}}{\text{기초대사량}}$$
$$= \frac{\text{작업 시 소요열량} - \text{안정 시 소요열량}}{\text{기초대사량}}$$
$$= \frac{\text{작업 시 산소소비량} - \text{안정 시 산소소비량}}{\text{기초대사량}}$$

17 우리나라 산업위생 역사와 관련된 내용 중 맞는 것은?

① 문송면 – 납 중독 사건
② 원진레이온 – 이황화탄소 중독사건
③ 근로복지공단 – 작업환경측정기관에 대한 정도관리제도 도입
④ 보건복지부 – 산업안전보건법 · 시행령 · 시행규칙의 제정 및 공포

풀이 ① 문송면 – 수은 중독 사건
③ 고용노동부 – 작업환경측정기관에 대한 정도관리제도 제정
④ 고용노동부 – 산업안전보건법 · 시행령 · 시행규칙의 제정 및 공포

18 어떤 유해요인에 노출될 때 얼마만큼의 환자수가 증가되는지를 설명해 주는 위험도는?

① 상대위험도 ② 인자위험도
③ 기여위험도 ④ 노출위험도

2022

정답 13.③ 14.① 15.① 16.② 17.② 18.③

풀이 기여위험도(귀속위험도)
㉠ 위험요인을 갖고 있는 집단의 해당 질병발생률의 크기 중 위험요인이 기여하는 부분을 추정하기 위해 사용
㉡ 어떤 유해요인에 노출되어 얼마만큼의 환자수가 증가되어 있는지를 설명
㉢ 계산식
기여위험도=노출군에서의 질병발생률
−비노출군에서의 질병발생률

19 작업자세는 피로 또는 작업능률과 밀접한 관계가 있는데, 바람직한 작업자세의 조건으로 보기 어려운 것은?

① 정적 작업을 도모한다.
② 작업에 주로 사용하는 팔은 심장높이에 두도록 한다.
③ 작업물체와 눈과의 거리는 명시거리로 30cm 정도를 유지토록 한다.
④ 근육을 지속적으로 수축시키기 때문에 불안정한 자세는 피하도록 한다.

풀이 동적인 작업을 늘리고, 정적인 작업을 줄이는 것이 바람직한 작업자세이다.

20 근로자가 노동환경에 노출될 때 유해인자에 대한 해치(Hatch)의 양−반응관계곡선의 기관장애 3단계에 해당하지 않는 것은?

① 보상단계 ② 고장단계
③ 회복단계 ④ 항상성 유지단계

풀이 Hatch의 기관장애 3단계
㉠ 항상성(homeostasis) 유지단계(정상적인 상태)
㉡ 보상(compensation) 유지단계(노출기준 설정 단계)
㉢ 고장(breakdown) 장애단계(비가역적 단계)

제2과목 | 작업위생 측정 및 평가

21 다음 중 1차 표준기구가 아닌 것은?

① 오리피스미터 ② 폐활량계
③ 가스치환병 ④ 유리피스톤미터

풀이 공기채취기구 보정에 사용되는 1차 표준기구

표준기구	일반 사용범위	정확도
비누거품미터 (soap bubble meter)	1mL/분~30L/분	±1% 이내
폐활량계 (spirometer)	100~600L	±1% 이내
가스치환병 (mariotte bottle)	10~500mL/분	±0.05 ~0.25%
유리피스톤미터 (glass piston meter)	10~200mL/분	±2% 이내
흑연피스톤미터 (frictionless piston meter)	1mL/분~50L/분	±1~2%
피토튜브 (pitot tube)	15mL/분 이하	±1% 이내

22 입자의 가장자리를 이등분한 직경으로 과대평가될 가능성이 있는 직경은?

① 마틴직경 ② 페렛직경
③ 공기역학직경 ④ 등면적직경

풀이 기하학적(물리적) 직경
(1) 마틴직경(Martin diameter)
㉠ 먼지의 면적을 2등분하는 선의 길이로 선의 방향은 항상 일정하여야 한다.
㉡ 과소평가할 수 있는 단점이 있다.
㉢ 입자의 2차원 투영상을 구하여 그 투영면적을 2등분한 선분 중 어떤 기준선과 평행인 것의 길이(입자의 무게중심을 통과하는 외부 경계면에 접하는 이론적인 길이)를 직경으로 사용하는 방법이다.
(2) 페렛직경(Feret diameter)
㉠ 먼지의 한쪽 끝 가장자리와 다른 쪽 가장자리 사이의 거리이다.
㉡ 과대평가될 가능성이 있는 입자상 물질의 직경이다.
(3) 등면적직경(projected area diameter)
㉠ 먼지의 면적과 동일한 면적을 가진 원의 직경으로 가장 정확한 직경이다.
㉡ 측정은 현미경 접안경에 porton reticle을 삽입하여 측정한다.
즉, $D=\sqrt{2^n}$
여기서, D : 입자 직경(μm)
n : porton reticle에서 원의 번호

정답 19.① 20.③ 21.① 22.②

23 유량, 측정시간, 회수율 및 분석에 의한 오차가 각각 18%, 3%, 9%, 5%일 때, 누적오차는 약 몇 %인가?

① 18 ② 21
③ 24 ④ 29

풀이 누적오차(%)= $\sqrt{18^2+3^2+9^2+5^2}=20.95\%$

24 입경이 20μm이고 입자비중이 1.5인 입자의 침강속도는 약 몇 cm/sec인가?

① 1.8 ② 2.4
③ 12.7 ④ 36.2

풀이 Lippmann 식

$V(\text{cm/sec})=0.003\times\rho\times d^2$
$=0.003\times1.5\times20^2$
$=1.8\text{cm/sec}$

25 입자의 크기에 따라 여과기전 및 채취효율이 다르다. 입자크기가 0.1~0.5μm일 때 주된 여과기전은?

① 충돌과 간섭 ② 확산과 간섭
③ 차단과 간섭 ④ 침강과 간섭

풀이 **여과기전에 대한 입자 크기별 포집효율**
㉠ 입경 0.1μm 미만 : 확산
㉡ 입경 0.1~0.5μm : 확산, 직접차단(간섭)
㉢ 입경 0.5μm 이상 : 관성충돌, 직접차단(간섭)

26 다음 중 수동식 채취기에 적용되는 이론으로 가장 적절한 것은?

① 침강원리, 분산원리
② 확산원리, 투과원리
③ 침투원리, 흡착원리
④ 충돌원리, 전달원리

풀이 **수동식 시료채취기(passive sampler)**
수동채취기는 공기채취펌프가 필요하지 않고 공기층을 통한 확산 또는 투과, 흡착되는 현상을 이용하여 수동적으로 농도구배에 따라 가스나 증기를 포집하는 장치이며, 확산포집방법(확산포집기)이라고도 한다.

27 다음 중 고체 흡착제를 이용하여 시료채취를 할 때 영향을 주는 인자에 관한 설명이 아닌 것은?

① 온도 : 고온일수록 흡착성질이 감소하며 파과가 일어나기 쉽다.
② 오염물질농도 : 공기 중 오염물질의 농도가 높을수록 파과공기량이 증가한다.
③ 흡착제의 크기 : 입자의 크기가 작을수록 채취효율이 증가하나 압력강하가 심하다.
④ 시료채취유량 : 시료채취유량이 높으면 파과가 일어나기 쉬우며 코팅된 흡착제일수록 그 경향이 강하다.

풀이 **흡착제를 이용한 시료채취 시 영향인자**
㉠ 온도 : 온도가 낮을수록 흡착에 좋으나 고온일수록 흡착대상 오염물질과 흡착제의 표면 사이 또는 2종 이상의 흡착대상 물질간 반응속도가 증가하여 흡착성질이 감소하며 파과가 일어나기 쉽다(모든 흡착은 발열반응이다).
㉡ 습도 : 극성 흡착제를 사용할 때 수증기가 흡착되기 때문에 파과가 일어나기 쉬우며, 비교적 높은 습도는 활성탄의 흡착용량을 저하시킨다. 또한 습도가 높으면 파과공기량(파과가 일어날 때까지의 채취공기량)이 적어진다.
㉢ 시료채취속도(시료채취량) : 시료채취속도가 크고 코팅된 흡착제일수록 파과가 일어나기 쉽다.
㉣ 유해물질 농도(포집된 오염물질의 농도) : 농도가 높으면 파과용량(흡착제에 흡착된 오염물질량)이 증가하나 파과공기량은 감소한다.
㉤ 혼합물 : 혼합기체의 경우 각 기체의 흡착량은 단독성분이 있을 때보다 적어지게 된다(혼합물 중 흡착제와 강한 결합을 하는 물질에 의하여 치환반응이 일어나기 때문).
㉥ 흡착제의 크기(흡착제의 비표면적) : 입자 크기가 작을수록 표면적 및 채취효율이 증가하지만 압력강하가 심하다(활성탄은 다른 흡착제에 비하여 큰 비표면적을 갖고 있다).
㉦ 흡착관의 크기(튜브의 내경, 흡착제의 양) : 흡착제의 양이 많아지면 전체 흡착제의 표면적이 증가하여 채취용량이 증가하므로 파과가 쉽게 발생되지 않는다.

2022

정답 23.② 24.① 25.② 26.② 27.②

28 옥내작업장에서 측정한 건구온도가 73℃이고, 자연습구온도가 65℃, 흑구온도가 81℃일 때, 습구흑구온도지수는?

① 64.4℃ ② 67.4℃
③ 69.8℃ ④ 71.0℃

풀이 옥내 WBGT(℃)
=(0.7×자연습구온도)+(0.3×흑구온도)
=(0.7×65℃)+(0.3×81℃)
=69.8℃

29 소음의 측정방법으로 틀린 것은? (단, 고용노동부 고시 기준)

① 소음계의 청감보정회로는 A특성으로 한다.
② 소음계 지시침의 동작은 느린(slow) 상태로 한다.
③ 소음계의 지시치가 변동하지 않는 경우에는 해당 지시치를 그 측정점에서의 소음수준으로 한다.
④ 소음이 1초 이상의 간격을 유지하면서 최대음압수준이 120dB(A) 이상의 소음인 경우에는 소음수준에 따른 10분 동안의 발생횟수를 측정한다.

풀이 소음이 1초 이상의 간격을 유지하면서 최대음압수준이 120dB(A) 이상의 소음(충격소음)인 경우에는 소음수준에 따른 1분 동안의 발생횟수를 측정하여야 한다.

30 다음의 유기용제 중 실리카겔에 대한 친화력이 가장 강한 것은?

① 알코올류 ② 케톤류
③ 올레핀류 ④ 에스테르류

풀이 **실리카겔의 친화력(극성이 강한 순서)**
물 > 알코올류 > 알데히드류 > 케톤류 > 에스테르류 > 방향족탄화수소류 > 올레핀류 > 파라핀류

31 다음 중 석면을 포집하는 데 적합한 여과지는?

① 은막 여과지 ② 섬유상 막 여과지
③ PTFE막 여과지 ④ MCE막 여과지

풀이 **MCE막 여과지(Mixed Cellulose Ester membrane filter)**
㉠ 산업위생에서는 거의 대부분이 직경 37mm, 구멍 크기 0.45~0.8μm의 MCE막 여과지를 사용하고 있어 작은 입자의 금속과 흄(fume) 채취가 가능하다.
㉡ 산에 쉽게 용해되고 가수분해되며, 습식 회화되기 때문에 공기 중 입자상 물질 중의 금속을 채취하여 원자흡광법으로 분석하는 데 적당하다.
㉢ 산에 의해 쉽게 회화되기 때문에 원소분석에 적합하고 NIOSH에서는 금속, 석면, 살충제, 불소화합물 및 기타 무기물질에 추천되고 있다.
㉣ 시료가 여과지의 표면 또는 가까운 곳에 침착되므로 석면, 유리섬유 등 현미경 분석을 위한 시료채취에도 이용된다.
㉤ 흡습성(원료인 셀룰로오스가 수분 흡수)이 높아 오차를 유발할 수 있어 중량분석에 적합하지 않다.

32 작업환경공기 중 A물질(TLV 10ppm)이 5ppm, B물질(TLV 100ppm)이 50ppm, C물질(TLV 100ppm)이 60ppm일 때, 혼합물의 허용농도는 약 몇 ppm인가? (단, 상가작용 기준)

① 78 ② 72
③ 68 ④ 64

풀이 EI(노출지수)$=\frac{5}{10}+\frac{50}{100}+\frac{60}{100}=1.6$
∴ 혼합물의 허용농도(ppm)
$=\frac{\text{혼합물의 공기 중 농도}}{\text{EI}}=\frac{5+50+60}{1.6}$
$=71.88\text{ppm}$

33 초기 무게가 1.260g인 깨끗한 PVC 여과지를 하이볼륨(high-volume) 시료채취기에 장착하여 작업장에서 오전 9시부터 오후 5시까지 2.5L/min의 유량으로 시료채취기를 작동시킨 후 여과지의 무게를 측정한 결과가 1.280g이었다면 채취한 입자상 물질의 작업장 내 평균농도(mg/m³)는?

① 7.8 ② 13.4
③ 16.7 ④ 19.2

풀이 농도(mg/m³)$=\frac{(1,280-1,260)\text{mg}}{2.5\text{L/min}\times480\text{min}\times\text{m}^3/1,000\text{L}}$
$=16.67\text{mg/m}^3$

 정답 28.③ 29.④ 30.① 31.④ 32.② 33.③

34 작업장 소음에 대한 1일 8시간 노출 시 허용기준은 몇 dB(A)인가? (단, 미국 OSHA의 연속소음에 대한 노출기준으로 한다.)

① 45
② 60
③ 75
④ 90

풀이 **소음에 대한 노출기준**

㉠ 우리나라 노출기준(OSHA 기준)
8시간 노출에 대한 기준 90dB(5dB 변화율)

1일 노출시간(hr)	소음수준[dB(A)]
8	90
4	95
2	100
1	105
1/2	110
1/4	115

㈜ 115dB(A)을 초과하는 소음수준에 노출되어서는 안 된다.

㉡ ACGIH 노출기준
8시간 노출에 대한 기준 85dB(3dB 변화율)

1일 노출시간(hr)	소음수준[dB(A)]
8	85
4	88
2	91
1	94
1/2	97
1/4	100

35 다음 중 검지관법에 대한 설명과 가장 거리가 먼 것은?

① 반응시간이 빨라서 빠른 시간에 측정결과를 알 수 있다.
② 민감도가 낮기 때문에 비교적 고농도에만 적용이 가능하다.
③ 한 검지관으로 여러 물질을 동시에 측정할 수 있는 장점이 있다.
④ 오염물질의 농도에 비례한 검지관의 변색층 길이를 읽어 농도를 측정하는 방법과 검지관 안에서 색변화와 표준색표를 비교하여 농도를 결정하는 방법이 있다.

풀이 **검지관 측정법의 장단점**

(1) 장점
㉠ 사용이 간편하다.
㉡ 반응시간이 빨라 현장에서 바로 측정결과를 알 수 있다.
㉢ 비전문가도 어느 정도 숙지하면 사용할 수 있지만 산업위생전문가의 지도 아래 사용되어야 한다.
㉣ 맨홀, 밀폐공간에서의 산소부족 또는 폭발성 가스로 인한 안전이 문제가 될 때 유용하게 사용된다.
㉤ 다른 측정방법이 복잡하거나 빠른 측정이 요구될 때 사용할 수 있다.

(2) 단점
㉠ 민감도가 낮아 비교적 고농도에만 적용이 가능하다.
㉡ 특이도가 낮아 다른 방해물질의 영향을 받기 쉽고 오차가 크다.
㉢ 대개 단시간 측정만 가능하다.
㉣ 한 검지관으로 단일물질만 측정 가능하여 각 오염물질에 맞는 검지관을 선정함에 따른 불편함이 있다.
㉤ 색변화에 따라 주관적으로 읽을 수 있어 판독자에 따라 변이가 심하며, 색변화가 시간에 따라 변하므로 제조자가 정한 시간에 읽어야 한다.
㉥ 미리 측정대상 물질의 동정이 되어 있어야 측정이 가능하다.

36 수은의 노출기준이 $0.05mg/m^3$이고 증기압이 0.0018mmHg인 경우, VHR(Vapor Hazard Ratio)는 약 얼마인가? (단, 25℃, 1기압 기준이며, 수은 원자량은 200.59이다.)

① 306
② 321
③ 354
④ 389

풀이

$$\text{VHR} = \frac{C}{\text{TLV}} = \frac{\left(\dfrac{0.0018\text{mmHg}}{760\text{mmHg}} \times 10^6\right)}{\left(0.05\text{mg/m}^3 \times \dfrac{24.45\text{L}}{200.59\text{g}}\right)} = 388.61$$

2022

정답 34.④ 35.③ 36.④

37 다음 중 유도결합 플라스마 원자발광분석기의 특징과 가장 거리가 먼 것은?

① 분광학적 방해 영향이 전혀 없다.
② 검량선의 직선성 범위가 넓다.
③ 동시에 여러 성분의 분석이 가능하다.
④ 아르곤가스를 소비하기 때문에 유지비용이 많이 든다.

풀이 **유도결합 플라스마 원자발광분석기의 장단점**
(1) 장점
㉠ 비금속을 포함한 대부분의 금속을 ppb 수준까지 측정할 수 있다.
㉡ 적은 양의 시료를 가지고 한 번에 많은 금속을 분석할 수 있는 것이 가장 큰 장점이다.
㉢ 한 번에 시료를 주입하여 10~20초 내에 30개 이상의 원소를 분석할 수 있다.
㉣ 화학물질에 의한 방해로부터 거의 영향을 받지 않는다.
㉤ 검량선의 직선성 범위가 넓다. 즉 직선성 확보가 유리하다.
㉥ 원자흡광광도계보다 더 좋거나 적어도 같은 정밀도를 갖는다.
(2) 단점
㉠ 원자들은 높은 온도에서 많은 복사선을 방출하므로 분광학적 방해영향이 있다.
㉡ 시료분해 시 화합물 바탕방출이 있어 컴퓨터 처리과정에서 교정이 필요하다.
㉢ 유지관리 및 기기 구입가격이 높다.
㉣ 이온화에너지가 낮은 원소들은 검출한계가 높고, 다른 금속의 이온화에 방해를 준다.

38 흡광광도계에서 단색광이 어떤 시료용액을 통과할 때 그 빛의 60%가 흡수될 경우, 흡광도는 약 얼마인가?

① 0.22
② 0.37
③ 0.40
④ 1.60

풀이 $흡광도(A)=\log\frac{1}{투과도}=\log\frac{1}{(1-0.6)}=0.40$

39 입자상 물질을 입자의 크기별로 측정하고자 할 때 사용할 수 있는 것은?

① 가스 크로마토그래피
② 사이클론
③ 원자발광분석기
④ 직경분립충돌기

풀이 **직경분립충돌기(cascade impactor)의 장·단점**
(1) 장점
㉠ 입자의 질량 크기 분포를 얻을 수 있다.
㉡ 호흡기의 부분별로 침착된 입자 크기의 자료를 추정할 수 있고, 흡입성, 흉곽성, 호흡성 입자의 크기별로 분포와 농도를 계산할 수 있다.
(2) 단점
㉠ 시료채취가 까다롭다. 즉 경험이 있는 전문가가 철저한 준비를 통해 이용해야 정확한 측정이 가능하다.
㉡ 비용이 많이 든다.
㉢ 채취준비시간이 과다하다.
㉣ 되튐으로 인한 시료의 손실이 일어나 과소분석 결과를 초래할 수 있어 유량을 2L/min 이하로 채취한다. 따라서 mylar substrate에 그리스를 뿌려 시료의 되튐을 방지한다.
㉤ 공기가 옆에서 유입되지 않도록 각 충돌기의 조립과 장착을 철저히 해야 한다.

40 다음 중 허용기준 대상 유해인자의 노출농도 측정 및 분석 방법에 관한 내용으로 틀린 것은 어느 것인가? (단, 고용노동부 고시 기준)

① 바탕시험(空試驗)을 하여 보정한다. : 시료에 대한 처리 및 측정을 할 때, 시료를 사용하지 않고 같은 방법으로 조작한 측정치를 빼는 것을 말한다.
② 감압 또는 진공 : 따로 규정이 없는 한 760mmHg 이하를 뜻한다.
③ 검출한계 : 분석기기가 검출할 수 있는 가장 적은 양을 말한다.
④ 정량한계 : 분석기기가 정량할 수 있는 가장 적은 양을 말한다.

풀이 **감압 또는 진공**
따로 규정이 없는 한 15mmHg 이하를 뜻한다.

 정답 37.① 38.③ 39.④ 40.②

제3과목 | 작업환경 관리대책

41 다음 중 강제환기의 설계에 관한 내용과 가장 거리가 먼 것은?

① 공기가 배출되면서 오염장소를 통과하도록 공기배출구와 유입구의 위치를 선정한다.
② 공기배출구와 근로자의 작업위치 사이에 오염원이 위치하지 않도록 주의하여야 한다.
③ 오염물질 배출구는 가능한 한 오염원으로부터 가까운 곳에 설치하여 '점환기'의 효과를 얻는다.
④ 오염원 주위에 다른 작업공정이 있으면 공기배출량을 공급량보다 약간 크게 하여 음압을 형성하여 주위 근로자에게 오염물질이 확산되지 않도록 한다.

풀이 **전체환기(강제환기)시설 설치 기본원칙**
㉠ 오염물질 사용량을 조사하여 필요환기량을 계산한다.
㉡ 배출공기를 보충하기 위하여 청정공기를 공급한다.
㉢ 오염물질 배출구는 가능한 한 오염원으로부터 가까운 곳에 설치하여 '점환기'의 효과를 얻는다.
㉣ 공기 배출구와 근로자의 작업위치 사이에 오염원이 위치해야 한다.
㉤ 공기가 배출되면서 오염장소를 통과하도록 공기배출구와 유입구의 위치를 선정한다.
㉥ 작업장 내 압력은 경우에 따라서 양압이나 음압으로 조정해야 한다(오염원 주위에 다른 작업공정이 있으면 공기 공급량을 배출량보다 적게 하여 음압을 형성시켜 주위 근로자에게 오염물질이 확산되지 않도록 한다).
㉦ 배출된 공기가 재유입되지 못하게 배출구 높이를 적절히 설계하고 창문이나 문 근처에 위치하지 않도록 한다.

42 다음 중 직경이 400mm인 환기시설을 통해서 $50m^3$/min의 표준상태의 공기를 보낼 때, 이 덕트 내의 유속은 약 몇 m/sec인가?

① 3.3 ② 4.4
③ 6.6 ④ 8.8

풀이
$$V(\text{m/sec}) = \frac{Q}{A} = \frac{50\text{m}^3/\text{min} \times \text{min}/60\text{sec}}{\left(\frac{3.14 \times 0.4^2}{4}\right)\text{m}^2} = 6.63\text{m/sec}$$

43 다음 중 덕트의 설치원칙과 가장 거리가 먼 것은?

① 가능한 한 후드와 먼 곳에 설치한다.
② 덕트는 가능한 한 짧게 배치하도록 한다.
③ 밴드의 수는 가능한 한 적게 하도록 한다.
④ 공기가 아래로 흐르도록 하향구배를 만든다.

풀이 **덕트 설치기준(설치 시 고려사항)**
㉠ 가능한 한 길이는 짧게 하고 굴곡부의 수는 적게 한다.
㉡ 접속부의 내면은 돌출된 부분이 없도록 한다.
㉢ 청소구를 설치하는 등 청소하기 쉬운 구조로 한다.
㉣ 덕트 내 오염물질이 쌓이지 아니하도록 이송속도를 유지한다.
㉤ 연결부위 등은 외부공기가 들어오지 아니하도록 한다(연결방법을 가능한 한 용접할 것).
㉥ 가능한 후드의 가까운 곳에 설치한다.
㉦ 송풍기를 연결할 때는 최소 덕트 직경의 6배 정도 직선구간을 확보한다.
㉧ 직관은 하향구배로 하고, 직경이 다른 덕트를 연결할 때에는 경사 30° 이내의 테이퍼를 부착한다.
㉨ 원형 덕트가 사각형 덕트보다 덕트 내 유속분포가 균일하므로 가급적 원형 덕트를 사용하며, 부득이 사각형 덕트를 사용할 경우에는 가능한 정방형을 사용하고 곡관의 수를 적게 한다.
㉩ 곡관의 곡률반경은 최소 덕트 직경의 1.5 이상, 주로 2.0을 사용한다.
㉪ 수분이 응축될 경우 덕트 내로 들어가지 않도록 경사나 배수구를 마련한다.
㉫ 덕트의 마찰계수는 작게 하고, 분지관을 가급적 적게 한다.

2022

정답 41.② 42.③ 43.①

44 다음의 ( )에 들어갈 내용이 알맞게 조합된 것은?

> 원형 직관에서 압력손실은 (㉮)에 비례하고 (㉯)에 반비례하며 속도의 (㉰)에 비례한다.

① ㉮ 송풍관의 길이, ㉯ 송풍관의 직경, ㉰ 제곱
② ㉮ 송풍관의 직경, ㉯ 송풍관의 길이, ㉰ 제곱
③ ㉮ 송풍관의 길이, ㉯ 속도압, ㉰ 세제곱
④ ㉮ 속도압, ㉯ 송풍관의 길이, ㉰ 세제곱

풀이 원형 직선 덕트의 압력손실(ΔP)

$\Delta P = \lambda(=4f) \times \frac{L}{D} \times \text{VP}\left(=\frac{\gamma V^2}{2g}\right)$

압력손실은 덕트의 길이, 공기밀도, 유속의 제곱에 비례하고, 덕트의 직경에 반비례한다.

45 방진마스크에 대한 설명으로 틀린 것은?

① 포집효율이 높은 것이 좋다.
② 흡기저항 상승률이 높은 것이 좋다.
③ 비휘발성 입자에 대한 보호가 가능하다.
④ 여과효율이 우수하려면 필터에 사용되는 섬유의 직경이 작고 조밀하게 압축되어야 한다.

풀이 방진마스크의 선정(구비) 조건

㉠ 흡기저항이 낮을 것
일반적 흡기저항 범위 ⇨ 6~8mmH_2O
㉡ 배기저항이 낮을 것
일반적 배기저항 기준 ⇨ 6mmH_2O 이하
㉢ 여과재 포집효율이 높을 것
㉣ 착용 시 시야 확보가 용이할 것
⇨ 하방 시야가 60° 이상이 되어야 함
㉤ 중량은 가벼울 것
㉥ 안면에서의 밀착성이 클 것
㉦ 침입률 1% 이하까지 정확히 평가 가능할 것
㉧ 피부접촉 부위가 부드러울 것
㉨ 사용 후 손질이 간단할 것

46 후드의 정압이 12.00mmH_2O이고, 덕트의 속도압이 0.80mmH_2O일 때, 유입계수는 얼마인가?

① 0.129 ② 0.194
③ 0.258 ④ 0.387

풀이 $\text{SP}_h = \text{VP}(1+F)$

$F = \frac{\text{SP}_h}{\text{VP}} - 1 = \frac{12}{0.8} - 1 = 14$

$Ce = \sqrt{\frac{1}{1+F}} = \sqrt{\frac{1}{1+14}} = 0.258$

47 송풍기의 전압이 300mmH_2O이고 풍량이 400m^3/min, 효율이 0.6일 때 소요동력(kW)은?

① 약 33 ② 약 45
③ 약 53 ④ 약 65

풀이 송풍기 소요동력(kW) $= \frac{Q \times \Delta P}{6,120 \times \eta} \times \alpha$

$= \frac{400 \times 300}{6,120 \times 0.6} \times 1.0$

$= 32.68\text{kW}$

48 귀덮개 착용 시 일반적으로 요구되는 차음효과는?

① 저음에서 15dB 이상, 고음에서 30dB 이상
② 저음에서 20dB 이상, 고음에서 45dB 이상
③ 저음에서 25dB 이상, 고음에서 50dB 이상
④ 저음에서 30dB 이상, 고음에서 55dB 이상

풀이 귀덮개의 방음효과

㉠ 저음영역에서 20dB 이상, 고음영역에서 45dB 이상 차음효과가 있다.
㉡ 귀마개를 착용하고서 귀덮개를 착용하면 훨씬 차음효과가 커지게 되므로 120dB 이상의 고음작업장에서는 동시 착용할 필요가 있다.
㉢ 간헐적 소음에 노출되는 경우 귀덮개를 착용한다.
㉣ 차음성능기준상 중심주파수가 1,000Hz인 음원의 차음치는 25dB 이상이다.

정답 44.① 45.② 46.③ 47.① 48.②

49 방사날개형 송풍기의 설명으로 틀린 것은?

① 고농도 분진함유 공기나 부식성이 강한 공기를 이송시키는 데 많이 이용된다.
② 깃이 평판으로 되어 있다.
③ 가격이 저렴하고 효율이 높다.
④ 깃의 구조가 분진을 자체 정화할 수 있도록 되어 있다.

풀이 **평판형(radial fan) 송풍기**
㉠ 플레이트(plate) 송풍기, 방사날개형 송풍기라고도 한다.
㉡ 날개(blade)가 다익형보다 적고, 직선이며 평판 모양을 하고 있어 강도가 매우 높게 설계되어 있다.
㉢ 깃의 구조가 분진을 자체 정화할 수 있도록 되어 있다.
㉣ 시멘트, 미분탄, 곡물, 모래 등의 고농도 분진 함유 공기나 마모성이 강한 분진 이송용으로 사용된다.
㉤ 부식성이 강한 공기를 이송하는 데 많이 사용된다.
㉥ 압력은 다익팬보다 약간 높으며, 효율도 65%로 다익팬보다는 약간 높으나 터보팬보다는 낮다.
㉦ 습식 집진장치의 배치에 적합하며, 소음은 중간 정도이다.

50 30,000ppm의 테트라클로로에틸렌(tetrachloro-ethylene)이 작업환경 중의 공기와 완전 혼합되어 있다. 이 혼합물의 유효비중은? (단, 테트라클로로에틸렌은 공기보다 5.7배 무겁다.)

① 약 1.124 ② 약 1.141
③ 약 1.164 ④ 약 1.186

풀이 $\text{유효비중} = \dfrac{(30,000\times5.7)+(1.0\times970,000)}{1,000,000}$
$= 1.1410$

51 후드로부터 0.25m 떨어진 곳에 있는 공정에서 발생되는 먼지를, 제어속도가 5m/sec, 후드 직경이 0.4m인 원형 후드를 이용하여 제거하고자 한다. 이때 필요환기량(m^3/min)은? (단, 플랜지 등 기타 조건은 고려하지 않음)

① 약 205 ② 약 215
③ 약 225 ④ 약 235

풀이 외부식 후드의 필요환기량(Q)

$$Q = V_c\times(10X^2+A)$$
$$= 5\text{m/sec}\times\left[(10\times0.25^2)\text{m}^2+\left(\frac{3.14\times0.4^2}{4}\right)\text{m}^2\right]\times60\text{sec/min}$$
$$= 225.18\text{m}^3/\text{min}$$

52 다음 중 전기집진기의 설명으로 틀린 것은?

① 설치공간을 많이 차지한다.
② 가연성 입자의 처리가 용이하다.
③ 넓은 범위의 입경과 분진농도에 집진효율이 높다.
④ 낮은 압력손실로 송풍기의 가동비용이 저렴하다.

풀이 **전기집진장치의 장단점**
(1) 장점
㉠ 집진효율이 높다(0.01μm 정도 포집 용이, 99.9% 정도 고집진 효율).
㉡ 광범위한 온도범위에서 적용이 가능하며, 폭발성 가스의 처리도 가능하다.
㉢ 고온의 입자성 물질(500℃ 전후) 처리가 가능하여 보일러와 철강로 등에 설치할 수 있다.
㉣ 압력손실이 낮고 대용량의 가스처리가 가능하며 배출가스의 온도강하가 적다.
㉤ 운전 및 유지비가 저렴하다.
㉥ 회수가치 입자포집에 유리하며, 습식 및 건식으로 집진할 수 있다.
㉦ 넓은 범위의 입경과 분진농도에 집진효율이 높다.
(2) 단점
㉠ 설치비용이 많이 든다.
㉡ 설치공간을 많이 차지한다.
㉢ 설치된 후에는 운전조건의 변화에 유연성이 적다.
㉣ 먼지성상에 따라 전처리시설이 요구된다.
㉤ 분진포집에 적용되며, 기체상 물질 제거에는 곤란하다.
㉥ 전압변동과 같은 조건변동(부하변동)에 쉽게 적응이 곤란하다.
㉦ 가연성 입자의 처리가 곤란하다.

2022

정답 49.③ 50.② 51.③ 52.②

53 환기시설 내 기류가 기본적인 유체역학적 원리에 따르기 위한 전제조건과 가장 거리가 먼 것은?

① 환기시설 내외의 열교환은 무시한다.
② 공기의 압축이나 팽창은 무시한다.
③ 공기는 절대습도를 기준으로 한다.
④ 공기 중에 포함된 유해물질의 무게와 용량을 무시한다.

풀이 **유체역학의 질량보전 원리를 환기시설에 적용하는 데 필요한 네 가지 공기 특성의 주요 가정(전제조건)**
㉠ 환기시설 내외(덕트 내부와 외부)의 열전달(열교환) 효과 무시
㉡ 공기의 비압축성(압축성과 팽창성 무시)
㉢ 건조공기 가정
㉣ 환기시설에서 공기 속 오염물질의 질량(무게)과 부피(용량)를 무시

54 다음 중 보호구를 착용하는 데 있어서 착용자의 책임으로 가장 거리가 먼 것은?

① 지시대로 착용해야 한다.
② 보호구가 손상되지 않도록 잘 관리해야 한다.
③ 매번 착용할 때마다 밀착도 체크를 실시해야 한다.
④ 노출위험성의 평가 및 보호구에 대한 검사를 해야 한다.

풀이 노출위험성의 평가 및 보호구에 대한 검사는 사업주의 책임사항이다.

55 보호장구의 재질과 적용물질에 대한 설명으로 틀린 것은?

① 면 : 극성 용제에 효과적이다.
② 가죽 : 용제에는 사용하지 못한다.
③ Nitrile 고무 : 비극성 용제에 효과적이다.
④ 천연고무(latex) : 극성 용제에 효과적이다.

풀이 **보호장구 재질에 따른 적용물질**
㉠ Neoprene 고무 : 비극성 용제, 극성 용제 중 알코올, 물, 케톤류 등에 효과적
㉡ 천연고무(latex) : 극성 용제 및 수용성 용액에 효과적(절단 및 찰과상 예방)
㉢ Viton : 비극성 용제에 효과적
㉣ 면 : 고체상 물질에 효과적, 용제에는 사용 못함
㉤ 가죽 : 용제에는 사용 못함(기본적인 찰과상 예방)
㉥ Nitrile 고무 : 비극성 용제에 효과적
㉦ Butyl 고무 : 극성 용제에 효과적(알데히드, 지방족)
㉧ Ethylene vinyl alcohol : 대부분의 화학물질을 취급할 경우 효과적

56 국소배기 시스템의 유입계수(Ce)에 관한 설명으로 옳지 않은 것은?

① 후드에서의 압력손실이 유량의 저하로 나타나는 현상이다.
② 유입계수란 실제유량/이론유량의 비율이다.
③ 유입계수는 속도압/후드정압의 제곱근으로 구한다.
④ 손실이 일어나지 않는 이상적인 후드가 있다면 유입계수는 0이 된다.

풀이 **유입계수(Ce)**
㉠ 실제 후드 내로 유입되는 유량과 이론상 후드 내로 유입되는 유량의 비를 의미하며, 후드에서의 압력손실이 유량의 저하로 나타나는 현상이다.
㉡ 후드의 유입효율을 나타내며, Ce가 1에 가까울수록 압력손실이 작은 hood를 의미한다. 즉, 후드에서의 유입손실이 전혀 없는 이상적인 후드의 유입계수는 1.0이다.
㉢ 관계식
• $\text{유입계수}(Ce) = \dfrac{\text{실제 유량}}{\text{이론적인 유량}} = \dfrac{\text{실제 흡인유량}}{\text{이상적인 흡인유량}}$
• $\text{후드 유입손실계수}(F) = \dfrac{1}{Ce^2} - 1$
• $\text{유입계수}(Ce) = \sqrt{\dfrac{1}{1+F}}$

 정답 53.③ 54.④ 55.① 56.④

57 다음 중 입자상 물질을 처리하기 위한 공기 정화장치와 가장 거리가 먼 것은?

① 사이클론
② 중력집진장치
③ 여과집진장치
④ 촉매산화에 의한 연소장치

풀이 **입자상 물질 처리시설(집진장치)**
㉠ 중력집진장치
㉡ 관성력집진장치
㉢ 원심력집진장치(cyclone)
㉣ 여과집진장치(B.F)
㉤ 전기집진장치(E.P)

58 A물질의 증기압이 50mmHg라면 이때 포화증기농도(%)는? (단, 표준상태 기준)

① 6.6 ② 8.8
③ 10.0 ④ 12.2

풀이 $포화증기농도(\%)=\frac{증기압(분압)}{760mmHg}\times 10^2$

$=\frac{50}{760}\times 10^2=6.6\%$

59 회전차 외경이 600mm인 레이디얼(방사날개형) 송풍기의 풍량은 300m^3/min, 송풍기 전압은 60mmH$_2$O, 축동력은 0.70kW이다. 회전차 외경이 1,000mm로 상사인 레이디얼(방사날개형) 송풍기가 같은 회전수로 운전될 때 전압(mmH$_2$O)은 어느 것인가? (단, 공기비중은 같음)

① 167 ② 182
③ 214 ④ 246

풀이 $\frac{\Delta P_2}{\Delta P_1}=\left(\frac{D_2}{D_1}\right)^2$

$\Delta P_2=\Delta P_1\times\left(\frac{D_2}{D_1}\right)^2$

$=60mmH_2O\times\left(\frac{1,000}{600}\right)^2$

$=166.67mmH_2O$

60 사무실에서 일하는 근로자의 건강장애를 예방하기 위해 시간당 공기교환횟수는 6회 이상 되어야 한다. 사무실의 체적이 150m^{3}일 때 최소 필요한 환기량(m^3/min)은?

① 9 ② 12
③ 15 ④ 18

풀이 $ACH=\frac{작업장\ 필요환기량(m^3/hr)}{작업장\ 체적(m^3)}$

$작업장\ 환기량(m^3/hr)=6회/hr\times 150m^3$

$=900m^3/hr\times hr/60min$

$=15m^3/min$

제4과목 | 물리적 유해인자관리

61 청력손실치가 다음과 같을 때, 6분법에 의하여 판정하면 청력손실은 얼마인가?

- 500Hz에서 청력손실치 8
- 1,000Hz에서 청력손실치 12
- 2,000Hz에서 청력손실치 12
- 4,000Hz에서 청력손실치 22

① 12 ② 13
③ 14 ④ 15

풀이 $6분법\ 평균\ 청력손실=\frac{a+2b+2c+d}{6}$

$=\frac{8+(2\times 12)+(2\times 12)+22}{6}$

$=13dB(A)$

62 대상음의 음압이 1.0N/m^{2}일 때 음압레벨(Sound Pressure Level)은 몇 dB인가?

① 91 ② 94
③ 97 ④ 100

풀이 $음압레벨(SPL)=20\log\frac{P}{P_o}=20\log\frac{1.0}{2\times 10^{-5}}=94dB$

2022

63 고압환경의 영향에 있어 2차적인 가압현상에 해당하지 않는 것은?

① 질소마취 ② 산소중독
③ 조직의 통증 ④ 이산화탄소 중독

풀이 고압환경에서의 인체작용(2차적인 가압현상)
㉠ 질소가스의 마취작용
㉡ 산소중독
㉢ 이산화탄소 중독

64 열경련(heat cramp)을 일으키는 가장 큰 원인은?

① 체온상승
② 중추신경마비
③ 순환기계 부조화
④ 체내수분 및 염분 손실

풀이 열경련의 원인
㉠ 지나친 발한에 의한 수분 및 혈중 염분 손실(혈액의 현저한 농축 발생)
㉡ 땀을 많이 흘리고 동시에 염분이 없는 음료수를 많이 마셔서 염분 부족 시 발생
㉢ 전해질의 유실 시 발생

65 일반적으로 전신진동에 의한 생체반응에 관여하는 인자로 거리가 먼 것은?

① 강도 ② 방향
③ 온도 ④ 진동수

풀이 전신진동에 의한 생체반응에 관여하는 인자
㉠ 진동강도
㉡ 진동수
㉢ 진동방향
㉣ 진동폭로시간

66 저온에 의한 1차적 생리적 영향에 해당하는 것은?

① 말초혈관의 수축
② 혈압의 일시적 상승
③ 근육긴장의 증가와 전율
④ 조직대사의 증진과 식욕항진

풀이 저온에 대한 1차적인 생리적 반응
㉠ 피부혈관 수축
㉡ 체표면적 감소
㉢ 화학적 대사작용 증가
㉣ 근육긴장의 증가 및 떨림

67 다음 중 인체에 적당한 기류(온열요소)속도 범위로 맞는 것은?

① 2~3m/min
② 6~7m/min
③ 12~13m/min
④ 16~17m/min

풀이 인체에 적당한 기류속도 범위는 6~7m/min이며 기온이 10℃ 이하일 때는 1m/sec 이상의 기류에 직접 접촉을 금지하여야 한다.

68 감압병의 예방 및 치료의 방법으로 적절하지 않은 것은?

① 잠수 및 감압방법은 특별히 잠수에 익숙한 사람을 제외하고는 1분에 10m 정도씩 잠수하는 것이 안전하다.
② 감압이 끝날 무렵에 순수한 산소를 흡입시키면 예방적 효과와 함께 감압시간을 25% 가량 단축시킬 수 있다.
③ 고압환경에서 작업 시 질소를 헬륨으로 대치할 경우 목소리를 변화시켜 성대에 손상을 입힐 수 있으므로 할로겐가스로 대치한다.
④ 감압병의 증상을 보일 경우 환자를 원래의 고압환경에 복귀시키거나 인공적 고압실에 넣어 혈관 및 조직 속에 발생한 질소의 기포를 다시 용해시킨 후 천천히 감압한다.

풀이 고압환경에서 작업하는 근로자에서 질소를 헬륨으로 대치한 공기를 호흡시킨다. 또한 헬륨-산화혼합가스는 호흡저항이 적어 심해잠수에 사용한다.

정답 63.③ 64.④ 65.③ 66.③ 67.③ 68.③

69 레이저(laser)에 관한 설명으로 틀린 것은?

① 레이저광에 가장 민감한 표적기관은 눈이다.
② 레이저광은 출력이 대단히 강력하고 극히 좁은 파장범위를 갖기 때문에 쉽게 산란하지 않는다.
③ 파장, 조사량 또는 시간 및 개인의 감수성에 따라 피부에 홍반, 수포형성, 색소침착 등이 생긴다.
④ 레이저광 중 에너지의 양을 지속적으로 축적하여 강력한 파동을 발생시키는 것을 지속파라 한다.

풀이 **레이저의 물리적 특성**
㉠ LASER는 Light Amplification by Stimulated Emission of Radiation의 약자이며 자외선, 가시광선, 적외선 가운데 인위적으로 특정한 파장부위를 강력하게 증폭시켜 얻은 복사선이다.
㉡ 레이저는 유도방출에 의한 광선증폭을 뜻하며 단색성, 지향성, 집속성, 고출력성의 특징이 있어 집광성과 방향조절이 용이하다.
㉢ 레이저는 보통 광선과는 달리 단일파장으로 강력하고 예리한 지향성을 가졌다.
㉣ 레이저광은 출력이 강하고 좁은 파장을 가지며 쉽게 산란하지 않는 특성이 있다.
㉤ 레이저파 중 맥동파는 레이저광 중 에너지의 양을 지속적으로 축적하여 강력한 파동을 발생시키는 것을 말한다.
㉥ 단위면적당 빛에너지가 대단히 크다. 즉 에너지 밀도가 크다.
㉦ 위상이 고르고 간섭현상이 일어나기 쉽다.
㉧ 단색성이 뛰어나다.

70 사무실 책상면(1.4m)의 수직으로 광원이 있으며 광도가 1,000cd(모든 방향으로 일정)이다. 이 광원에 대한 책상에서의 조도(intensity of illumination, lux)는 약 얼마인가?

① 410 ② 444
③ 510 ④ 544

풀이 $조도(lux)=\frac{candle}{(거리)^2}=\frac{1,000}{1.4^2}=510.20lux$

71 자외선에 관한 설명으로 틀린 것은?

① 비전리방사선이다.
② 200nm 이하의 자외선은 망막까지 도달한다.
③ 생체반응으로는 적혈구, 백혈구에 영향을 미친다.
④ 280~315nm의 자외선을 도르노선(Dorno ray)이라고 한다.

풀이 **눈에 대한 작용(장애)**
㉠ 전기용접, 자외선 살균취급자 등에서 발생되는 자외선에 의해 전광성 안염인 급성각막염이 유발될 수 있다(일반적으로 6~12시간에 증상이 최고조에 달함).
㉡ 나이가 많을수록 자외선 흡수량이 많아져 백내장을 일으킬 수 있다.
㉢ 자외선의 파장에 따른 흡수정도에 따라 'arc-eye'라고 일컬어지는 광각막염 및 결막염 등의 급성영향이 나타나며, 이는 270~280nm의 파장에서 주로 발생한다.

72 전리방사선의 영향에 대하여 감수성이 가장 큰 인체 내의 기관은?

① 폐
② 혈관
③ 근육
④ 골수

풀이 **전리방사선에 대한 감수성 순서**

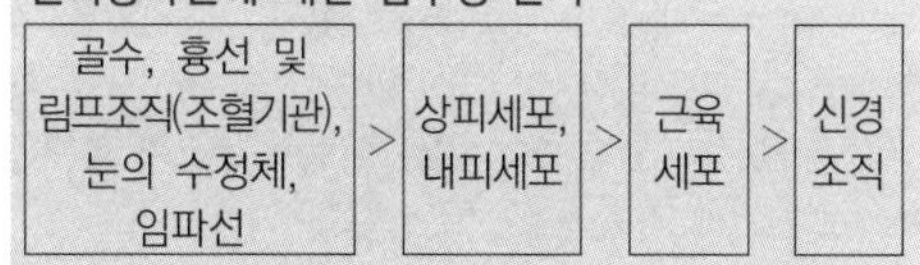

73 다음 중 열사병(heat stroke)에 관한 설명으로 옳은 것은?

① 피부는 차갑고, 습한 상태로 된다.
② 지나친 발한에 의한 탈수와 염분 소실이 원인이다.
③ 보온을 시키고, 더운 커피를 마시게 한다.
④ 뇌 온도의 상승으로 체온조절 중추의 기능이 장해를 받게 된다.

2022

정답 69.④ 70.③ 71.② 72.④ 73.④

풀이 **열사병(heat stroke)**

㉠ 고온다습한 환경(육체적 노동 또는 태양의 복사선을 두부에 직접적으로 받는 경우)에 노출될 때 뇌 온도의 상승으로 신체 내부의 체온조절 중추에 기능장애를 일으켜서 생기는 위급한 상태이다.
㉡ 고열로 인해 발생하는 장애 중 가장 위험성이 크다.
㉢ 태양광선에 의한 열사병은 일사병(sunstroke)이라고 한다.
㉣ 발생
- 체온조절 중추(특히 발한 중추)의 기능장애에 의한다(체내에 열이 축적되어 발생).
- 혈액 중의 염분량과는 관계없다.
- 대사열의 증가는 작업부하와 작업환경에서 발생하는 열부하가 원인이 되어 발생하며, 열사병을 일으키는 데 크게 관여하고 있다.

74 작업장의 환경에서 기류의 방향이 일정하지 않거나, 실내 0.2~0.5m/sec 정도의 불감기류를 측정할 때 사용하는 측정기구로 가장 적절한 것은?

① 풍차풍속계
② 카타(kata)온도계
③ 가열온도풍속계
④ 습구흑구온도계(WBGT)

풀이 **카타온도계(kata thermometer)**

㉠ 실내 0.2~0.5m/sec 정도의 불감기류 측정 시 사용한다.
㉡ 작업환경 내에 기류의 방향이 일정치 않을 경우의 기류속도를 측정한다.
㉢ 카타의 냉각력을 이용하여 측정한다. 즉 알코올 눈금이 100°F(37.8℃)에서 95°F(35℃)까지 내려가는 데 소요되는 시간을 4~5회 측정 평균하여 카타상수값을 이용하여 구한다.

75 시간당 150kcal의 열량이 소요되는 작업을 하는 실내 작업장이다. 다음 온도 조건에서 시간당 작업휴식시간비로 가장 적절한 것은?

- 흑구온도 : 32℃
- 건구온도 : 27℃
- 자연습구온도 : 30℃

작업휴식시간비 \ 작업강도	경작업	중등작업	중작업
계속작업	30.0	26.7	25.0
매시간 75% 작업, 25% 휴식	30.6	28.0	25.9
매시간 50% 작업, 50% 휴식	31.4	29.4	27.9
매시간 25% 작업, 75% 휴식	32.2	31.1	30.0

① 계속작업
② 매시간 25% 작업, 75% 휴식
③ 매시간 50% 작업, 50% 휴식
④ 매시간 75% 작업, 25% 휴식

풀이 옥내 WBGT(℃)
=(0.7×자연습구온도)+(0.3×흑구온도)
=(0.7×30℃)+(0.3×32℃)
=30.6℃
시간당 200kcal까지의 열량이 소요되는 작업이 경작업이므로 작업휴식시간비는 매시간 75% 작업, 25% 휴식이다.

76 다음 중 외부조사보다 체내 흡입 및 섭취로 인한 내부조사의 피해가 가장 큰 전리방사선의 종류는?

① α선　② β선
③ γ선　④ X선

풀이 **α선(α입자)**

㉠ 방사선 동위원소의 붕괴과정 중 원자핵에서 방출되는 입자로서 헬륨원자의 핵과 같이 2개의 양자와 2개의 중성자로 구성되어 있다. 즉, 선원(major source)은 방사선 원자핵이고 고속의 He 입자형태이다.
㉡ 질량과 하전 여부에 따라 그 위험성이 결정된다.
㉢ 투과력은 가장 약하나(매우 쉽게 흡수) 전리작용은 가장 강하다.
㉣ 투과력이 약해 외부조사로 건강상의 위해가 오는 일은 드물며, 피해부위는 내부노출이다.
㉤ 외부조사보다 동위원소를 체내 흡입·섭취할 때의 내부조사의 피해가 가장 큰 전리방사선이다.

 정답 74.② 75.④ 76.①

77 다음 중 자연채광을 이용한 조명방법으로 가장 적절하지 않은 것은?

① 입사각은 25° 미만이 좋다.
② 실내 각점의 개각은 4~5°가 좋다.
③ 창의 면적은 바닥면적의 15~20%가 이상적이다.
④ 창의 방향은 많은 채광을 요구할 경우 남향이 좋으며 조명의 평등을 요하는 작업실의 경우 북창이 좋다.

풀이 채광의 입사각은 28° 이상이 좋으며 개각 1°의 감소를 입사각으로 보충하려면 2~5° 증가가 필요하다.

78 수심 40m에서 작업을 할 때 작업자가 받는 절대압은 어느 정도인가?

① 3기압
② 4기압
③ 5기압
④ 6기압

풀이 절대압=작용압+대기압
=(40m×1기압/10m)+1기압
=5기압

79 다음 중 산소결핍의 위험이 가장 적은 작업 장소는?

① 실내에서 전기 용접을 실시하는 작업 장소
② 장기간 사용하지 않은 우물 내부의 작업 장소
③ 장기간 밀폐된 보일러 탱크 내부의 작업 장소
④ 물품 저장을 위한 지하실 내부의 청소 작업 장소

풀이 ②, ③, ④항의 내용은 밀폐공간 작업을 말한다.

80 다음 중 이상기압의 영향으로 발생되는 고공성 폐수종에 관한 설명으로 틀린 것은?

① 어른보다 아이들에게서 많이 발생된다.
② 고공 순화된 사람이 해면에 돌아올 때에도 흔히 일어난다.
③ 산소공급과 해면 귀환으로 급속히 소실되며, 증세는 반복해서 발병하는 경향이 있다.
④ 진해성 기침과 호흡곤란이 나타나고 폐동맥 혈압이 급격히 낮아져 구토, 실신 등이 발생한다.

풀이 **고공성 폐수종**
㉠ 어른보다 순화적응속도가 느린 어린이에게 많이 일어난다.
㉡ 고공 순화된 사람이 해면에 돌아올 때 자주 발생한다.
㉢ 산소공급과 해면 귀환으로 급속히 소실되며, 이 증세는 반복해서 발병하는 경향이 있다.
㉣ 진해성 기침, 호흡곤란, 폐동맥의 혈압 상승현상이 나타난다.

제5과목 | 산업 독성학

81 다음 중 화학물질의 노출기준에서 근로자가 1일 작업시간 동안 잠시라도 노출되어서는 안 되는 기준을 나타내는 것은?

① TLV-C　② TLV-skin
③ TLV-TWA　④ TLV-STEL

풀이 **천장값 노출기준(TLV-C : ACGIH)**
㉠ 어떤 시점에서도 넘어서는 안 된다는 상한치를 말한다.
㉡ 항상 표시된 농도 이하를 유지하여야 한다.
㉢ 노출기준에 초과되어 노출 시 즉각적으로 비가역적인 반응을 나타낸다.
㉣ 자극성 가스나 독작용이 빠른 물질 및 TLV-STEL이 설정되지 않는 물질에 적용한다.
㉤ 측정은 실제로 순간농도 측정이 불가능하며, 따라서 약 15분간 측정한다.

2022

정답 77.① 78.③ 79.① 80.④ 81.①

82 다음 중 천연가스, 석유정제산업, 지하석탄광업 등을 통해서 노출되고 중추신경의 억제와 후각의 마비 증상을 유발하며, 치료로는 100% O_2를 투여하는 등의 조치가 필요한 물질은?

① 암모니아 ② 포스겐
③ 오존 ④ 황화수소

풀이 황화수소(H_2S)
㉠ 부패한 계란 냄새가 나는 무색의 기체로 폭발성 있음
㉡ 공업약품 제조에 이용되며 레이온공업, 셀로판 제조, 오수조 내의 작업 등에서 발생하며, 천연가스, 석유정제산업, 지하석탄광업 등을 통해서도 노출
㉢ 급성중독으로는 점막의 자극증상이 나타나며 경련, 구토, 현기증, 혼수, 뇌의 호흡 중추신경의 억제와 마비 증상
㉣ 만성작용으로는 두통, 위장장애 증상
㉤ 치료로는 100% 산소를 투여
㉥ 고용노동부 노출기준은 TWA로 10ppm이며, STEL은 15ppm임
㉦ 산업안전보건기준에 관한 규칙상 관리대상 유해물질의 가스상 물질류임

83 다음 중 단순 질식제에 해당하는 것은?

① 수소가스 ② 염소가스
③ 불소가스 ④ 암모니아가스

풀이 단순 질식제의 종류
㉠ 이산화탄소(CO_2)
㉡ 메탄(CH_4)
㉢ 질소(N_2)
㉣ 수소(H_2)
㉤ 에탄, 프로판, 에틸렌, 아세틸렌, 헬륨

84 다음 중 납중독의 주요 증상에 포함되지 않는 것은?

① 혈중의 metallothionein 증가
② 적혈구의 protoporphyrin 증가
③ 혈색소량 저하
④ 혈청 내 철 증가

풀이 (1) metallothionein(혈당단백질)은 카드뮴과 관계있다. 즉, 카드뮴이 체내에 들어가면 간에서 metallothionein 생합성이 촉진되어 폭로된 중금속의 독성을 감소시키는 역할을 하나 다량의 카드뮴일 경우 합성이 되지 않아 중독작용을 일으킨다.
(2) 적혈구에 미치는 작용
㉠ K^+과 수분이 손실된다.
㉡ 삼투압이 증가하여 적혈구가 위축된다.
㉢ 적혈구 생존기간이 감소한다.
㉣ 적혈구 내 전해질이 감소한다.
㉤ 미숙적혈구(망상적혈구, 친염기성 혈구)가 증가한다.
㉥ 혈색소량은 저하하고 혈청 내 철이 증가한다.
㉦ 적혈구 내 프로토포르피린이 증가한다.

85 산업독성에서 LD_{50}의 정확한 의미는?

① 실험동물의 50%가 살아남을 확률이다.
② 실험동물의 50%가 죽게 되는 양이다.
③ 실험동물의 50%가 죽게 되는 농도이다.
④ 실험동물의 50%가 살아남을 비율이다.

풀이 LD50
㉠ 유해물질의 경구투여용량에 따른 반응범위를 결정하는 독성검사에서 얻은 용량 - 반응 곡선에서 실험동물군의 50%가 일정기간 동안에 죽는 치사량을 의미한다.
㉡ 독성물질의 노출은 흡입을 제외한 경로를 통한 조건이어야 한다.
㉢ 치사량 단위는 [물질의 무게(mg)/동물의 몸무게(kg)]로 표시한다.
㉣ 통상 30일간 50%의 동물이 죽는 치사량을 말한다.
㉤ LD_{50}에는 변역 또는 95% 신뢰한계를 명시하여야 한다.
㉥ 노출된 동물의 50%가 죽는 농도의 의미도 있다.

86 다음 중 가스상 물질의 호흡기계 축적을 결정하는 가장 중요한 인자는?

① 물질의 수용성 정도
② 물질의 농도차
③ 물질의 입자분포
④ 물질의 발생기전

정답 82.④ 83.① 84.① 85.② 86.①

풀이 유해물질의 흡수속도는 그 유해물질의 공기 중 농도와 용해도, 폐까지 도달하는 양은 그 유해물질의 용해도에 의해서 결정된다. 따라서 가스상 물질의 호흡기계 축적을 결정하는 가장 중요한 인자는 물질의 수용성 정도이다.

87 다음 중 생물학적 모니터링에 대한 설명으로 틀린 것은?

① 근로자의 유해인자에 대한 노출정도를 소변, 호기, 혈액 중에서 그 물질이나 대사산물을 측정함으로써 노출정도를 추정하는 방법을 말한다.
② 건강상의 영향과 생물학적 변수와 상관성이 높아 공기 중의 노출기준(TLV)보다 훨씬 많은 생물학적 노출지수(BEI)가 있다.
③ 피부, 소화기계를 통한 유해인자의 종합적인 흡수정도를 평가할 수 있다.
④ 생물학적 시료를 분석하는 것은 작업환경 측정보다 훨씬 복잡하고 취급이 어렵다.

풀이 건강상의 영향과 생물학적 변수와 상관성이 있는 물질이 많지 않아 작업환경측정에서 설정한 허용기준(TLV)보다 훨씬 적은 기준을 가지고 있다.

88 대상 먼지와 침강속도가 같고, 밀도가 1이며 구형인 먼지의 직경으로 환산하여 표현하는 입자상 물질의 직경을 무엇이라 하는가?

① 입체적 직경 ② 등면적 직경
③ 기하학적 직경 ④ 공기역학적 직경

풀이 **공기역학적 직경(aerodynamic diameter)**
㉠ 대상 먼지와 침강속도가 같고 단위밀도가 $1g/cm^3$이며, 구형인 먼지의 직경으로 환산된 직경이다.
㉡ 입자의 크기를 입자의 역학적 특성, 즉 침강속도(setting velocity) 또는 종단속도(terminal velocity)에 의하여 측정되는 입자의 크기를 말한다.
㉢ 입자의 공기 중 운동이나 호흡기 내의 침착기전을 설명할 때 유용하게 사용한다.

89 다음 중 생체 내에서 혈액과 화학작용을 일으켜서 질식을 일으키는 물질은?

① 수소
② 헬륨
③ 질소
④ 일산화탄소

풀이 **일산화탄소(CO)**
㉠ 탄소 또는 탄소화합물이 불완전연소할 때 발생되는 무색무취의 기체이다.
㉡ 산소결핍장소에서 보건학적 의의가 가장 큰 물질이다.
㉢ 혈액 중 헤모글로빈과의 결합력이 매우 강하여 체내 산소공급능력을 방해하므로 대단히 유해하다.
㉣ 생체 내에서 혈액과 화학작용을 일으켜서 질식을 일으키는 물질이다.
㉤ 정상적인 작업환경 공기에서 CO 농도가 0.1%로 되면 사람의 헤모글로빈 50%가 불활성화된다.
㉥ CO 농도가 1%(10,000ppm)인 곳에서 1분 후에 사망에 이른다(COHb : 카복시헤모글로빈 20% 상태가 됨).
㉦ 물에 대한 용해도는 23mL/L이다.
㉧ 중추신경계에 강하게 작용하여 사망에 이르게 한다.

90 다음 중 농약에 의한 중독을 일으키는 것으로 인체에 대한 독성이 강한 유기인제 농약에 포함되지 않는 것은?

① 파라치온 ② 말라치온
③ TEPP ④ 클로로포름

풀이 **클로로포름($CHCl_3$)**
㉠ 에테르와 비슷한 향이 나며 마취제로 사용하고 증기는 공기보다 약 4배 무겁다.
㉡ 페니실린을 비롯한 약품을 정제하기 위한 추출제 혹은 냉동제 및 합성수지에 이용된다.
㉢ 가연성이 매우 작지만 불꽃, 열 또는 산소에 노출되면 분해되어 독성물질이 된다.

정답 87.② 88.④ 89.④ 90.④

91 구리의 독성에 대한 인체실험 결과 안전 흡수량이 체중 kg당 0.008mg이었다. 1일 8시간 작업 시의 허용농도는 약 몇 mg/m^3인가? (단, 근로자 평균체중은 70kg, 작업 시의 폐환기율은 $1.45m^3/hr$, 체내 잔류율은 1.0으로 가정한다.)

① 0.035 ② 0.048
③ 0.056 ④ 0.064

풀이 안전흡수량(mg) $= C\times T\times V\times R$

$$\therefore\ C(\mathrm{mg/m^3})=\frac{\text{안전흡수량}}{T\times V\times R}=\frac{0.008\mathrm{mg/kg}\times 70\mathrm{kg}}{8\times 1.45\times 1.0}=0.048\mathrm{mg/m^3}$$

92 다음 중 유기용제별 중독의 특이증상을 올바르게 짝지은 것은?

① 벤젠 – 간장애
② MBK – 조혈장애
③ 염화탄화수소 – 시신경장애
④ 에틸렌글리콜에테르 – 생식기능장애

풀이 유기용제별 중독의 특이증상
㉠ 벤젠 : 조혈장애
㉡ 염화탄화수소, 염화비닐 : 간장애
㉢ 이황화탄소 : 중추신경 및 말초신경 장애, 생식기능장애
㉣ 메틸알코올(메탄올) : 시신경장애
㉤ 메틸부틸케톤 : 말초신경장애(중독성)
㉥ 노말헥산 : 다발성 신경장애
㉦ 에틸렌글리콜에테르 : 생식기장애
㉧ 알코올, 에테르류, 케톤류 : 마취작용
㉨ 톨루엔 : 중추신경장애

93 여성근로자의 생식 독성 인자 중 연결이 잘못된 것은?

① 중금속 – 납
② 물리적 인자 – X선
③ 화학물질 – 알킬화제
④ 사회적 습관 – 루벨라바이러스

풀이 성별 생식 독성 유발 유해인자
㉠ 남성근로자
고온, X선, 납, 카드뮴, 망간, 수은, 항암제, 마취제, 알킬화제, 이황화탄소, 염화비닐, 음주, 흡연, 마약, 호르몬제제, 마이크로파 등
㉡ 여성근로자
X선, 고열, 저산소증, 납, 수은, 카드뮴, 항암제, 이뇨제, 알킬화제, 유기인계 농약, 음주, 흡연, 마약, 비타민 A, 칼륨, 저혈압 등

94 다음 중 직업성 천식을 유발하는 원인물질로만 나열된 것은?

① 알루미늄, 2-bromopropane
② TDI(Toluene Diisocyanate), asbestos
③ 실리카, DBCP(1,2-dibromo-3-chloropropane)
④ TDI(Toluene Diisocyanate), TMA(Trimellitic Anhydride)

풀이 직업성 천식의 원인 물질

구분	원인 물질	직업 및 작업
금속	백금	도금
	니켈, 크롬, 알루미늄	도금, 시멘트 취급자, 금고 제작공
화학물	Isocyanate(TDI, MDI)	페인트, 접착제, 도장작업
	산화무수물	페인트, 플라스틱 제조업
	송진 연무	전자업체 납땜 부서
	반응성 및 아조 염료	염료공장
	trimellitic anhydride(TMA)	레진, 플라스틱, 계면활성제 제조업
	persulphates	미용사
	ethylenediamine	래커칠, 고무공장
	formaldehyde	의료 종사자
약제	항생제, 소화제	제약회사, 의료인
생물학적 물질	동물 분비물, 털(말, 쥐, 사슴)	실험실 근무자, 동물 사육사
	목재분진	목수, 목재공장 근로자
	곡물가루, 쌀겨, 메밀가루, 카레	농부, 곡물 취급자, 식품업 종사자
	밀가루	제빵공
	커피가루	커피 제조공
	라텍스	의료 종사자
	응애, 진드기	농부, 과수원(귤, 사과)

정답 91.② 92.④ 93.④ 94.④

95 다음 중 유해물질의 독성 또는 건강영향을 결정하는 인자로 가장 거리가 먼 것은?

① 작업강도
② 인체 내 침입경로
③ 노출강도
④ 작업장 내 근로자수

풀이 **유해물질의 독성(건강영향)을 결정하는 인자**
㉠ 공기 중 농도(노출농도)
㉡ 폭로시간(노출시간)
㉢ 작업강도
㉣ 기상조건
㉤ 개인의 감수성
㉥ 인체 침입경로
㉦ 유해물질의 물리화학적 성질

96 유해화학물질에 의한 간의 중요한 장애인 중심소엽성 괴사를 일으키는 물질로 대표적인 것은?

① 수은 ② 사염화탄소
③ 이황화탄소 ④ 에틸렌글리콜

풀이 **사염화탄소(CCl_4)**
㉠ 특이한 냄새가 나는 무색의 액체로 소화제, 탈지세정제, 용제로 이용한다.
㉡ 신장장애 증상으로 감뇨, 혈뇨 등이 발생하며 완전 무뇨증이 되면 사망할 수 있다.
㉢ 피부, 간장, 신장, 소화기, 신경계에 장애를 일으키는데 특히 간에 대한 독성작용이 강하게 나타난다. 즉, 간에 중요한 장애인 중심소엽성 괴사를 일으킨다.
㉣ 고온에서 금속과의 접촉으로 포스겐, 염화수소를 발생시키므로 주의를 요한다.
㉤ 고농도로 폭로되면 중추신경계 장애 외에 간장이나 신장에 장애가 일어나 황달, 단백뇨, 혈뇨의 증상을 보이는 할로겐화 탄화수소이다.
㉥ 초기 증상으로 지속적인 두통, 구역 및 구토, 간 부위의 압통 등의 증상을 일으킨다.
㉦ 피부로부터 흡수되어 전신중독을 일으킨다.
㉧ 인간에 대한 발암성이 의심되는 물질군(A2)에 포함된다.
㉨ 산업안전보건기준에 관한 규칙상 관리대상 유해물질의 유기화합물이다.

97 미국정부산업위생전문가협의회(ACGIH)의 발암물질 구분으로 '동물 발암성 확인물질, 인체 발암성 모름'에 해당하는 Group은?

① A2 ② A3
③ A4 ④ A5

풀이 **ACGIH의 발암물질 구분**
㉠ A1 : 인체 발암 확인(확정)물질
㉡ A2 : 인체 발암이 의심되는 물질(발암 추정물질)
㉢ A3 : 동물 발암성 확인물질, 인체 발암성 모름
㉣ A4 : 인체 발암성 미분류물질, 인체 발암성이 확인되지 않은 물질
㉤ A5 : 인체 발암성 미의심물질

98 진폐증의 종류 중 무기성 분진에 의한 것은?

① 면폐증 ② 석면폐증
③ 농부폐증 ④ 목재분진폐증

풀이 **분진 종류에 따른 진폐증의 분류(임상적 분류)**
㉠ 유기성 분진에 의한 진폐증
농부폐증, 면폐증, 연초폐증, 설탕폐증, 목재분진폐증, 모발분진폐증
㉡ 무기성(광물성) 분진에 의한 진폐증
규폐증, 탄소폐증, 활석폐증, 탄광부진폐증, 철폐증, 베릴륨폐증, 흑연폐증, 규조토폐증, 주석폐증, 칼륨폐증, 바륨폐증, 용접공폐증, 석면폐증

99 생물학적 모니터링은 노출에 대한 것과 영향에 대한 것으로 구분한다. 다음 중 노출에 대한 생물학적 모니터링에 해당하는 것은?

① 일산화탄소 – 호기 중 일산화탄소
② 카드뮴 – 소변 중 저분자량 단백질
③ 납 – 적혈구 ZPP(Zinc-Protoporphyrin)
④ 납 – FEP(Free Erythrocyte Protoporphyrin)

풀이 **화학물질의 영향에 대한 생물학적 모니터링 대상**
㉠ 납 : 적혈구에서 ZPP
㉡ 카드뮴 : 소변에서 저분자량 단백질
㉢ 일산화탄소 : 혈액에서 카르복시헤모글로빈
㉣ 니트로벤젠 : 혈액에서 메트헤모글로빈

정답 95.④ 96.② 97.② 98.② 99.①

100 다음 중 알레르기성 접촉피부염에 관한 설명으로 틀린 것은?

① 항원에 노출되고 일정 시간이 지난 후에 다시 노출되었을 때 세포 매개성 과민반응에 의하여 나타나는 부작용의 결과이다.
② 알레르기성 반응은 극소량 노출에 의해서도 피부염이 발생할 수 있는 것이 특징이다.
③ 알레르기원에 노출되고 이 물질이 알레르기원으로 작용하기 위해서는 일정 기간이 소요되며 그 기간을 휴지기라 한다.
④ 알레르기 반응을 일으키는 관련 세포는 대식세포, 림프구, 랑거한스세포로 구분된다.

풀이 알레르기원에서 노출되고 이 물질이 알레르기원으로 작용하기 위해서는 일정 기간이 소요되는데 이 기간(2~3주)을 유도기라고 한다.

정답 100.③

제1회 산업위생관리기사

제1과목 | 산업위생학 개론

01 다음 중 유해인자와 그로 인하여 발생되는 직업병이 올바르게 연결된 것은?

① 크롬 – 간암
② 이상기압 – 침수족
③ 석면 – 악성중피종
④ 망간 – 비중격천공

풀이 유해인자별 발생 직업병
㉠ 크롬 : 폐암(크롬폐증)
㉡ 이상기압 : 폐수종(잠함병)
㉢ 고열 : 열사병
㉣ 방사선 : 피부염 및 백혈병
㉤ 소음 : 소음성 난청
㉥ 수은 : 무뇨증
㉦ 망간 : 신장염(파킨슨 증후군)
㉧ 석면 : 악성중피종
㉨ 한랭 : 동상
㉩ 조명 부족 : 근시, 안구진탕증
㉪ 진동 : Raynaud's 현상
㉫ 분진 : 규폐증

02 미국산업위생학회 등에서 산업위생전문가들이 지켜야 할 윤리강령을 채택한 바 있는데, 다음 중 전문가로서의 책임에 해당되지 않는 것은 어느 것인가?

① 기업체의 기밀은 누설하지 않는다.
② 전문 분야로서의 산업위생 발전에 기여한다.
③ 근로자, 사회 및 전문 분야의 이익을 위해 과학적 지식을 공개한다.
④ 위험요인의 측정, 평가 및 관리에 있어서 외부의 압력에 굴하지 않고 중립적인 태도를 취한다.

풀이 산업위생전문가의 윤리강령(미국산업위생학술원, AAIH) : 윤리적 행위의 기준
(1) 산업위생전문가로서의 책임
㉠ 성실성과 학문적 실력 면에서 최고수준을 유지한다(전문적 능력 배양 및 성실한 자세로 행동).
㉡ 과학적 방법의 적용과 자료의 해석에서 경험을 통한 전문가의 객관성을 유지한다(공인된 과학적 방법 적용 · 해석).
㉢ 전문 분야로서의 산업위생을 학문적으로 발전시킨다.
㉣ 근로자, 사회 및 전문 직종의 이익을 위해 과학적 지식을 공개하고 발표한다.
㉤ 산업위생활동을 통해 얻은 개인 및 기업체의 기밀은 누설하지 않는다(정보는 비밀 유지).
㉥ 전문적 판단이 타협에 의하여 좌우될 수 있거나 이해관계가 있는 상황에는 개입하지 않는다.
(2) 근로자에 대한 책임
㉠ 근로자의 건강보호가 산업위생전문가의 일차적 책임임을 인지한다(주된 책임 인지).
㉡ 근로자와 기타 여러 사람의 건강과 안녕이 산업위생전문가의 판단에 좌우된다는 것을 깨달아야 한다.
㉢ 위험요인의 측정, 평가 및 관리에 있어서 외부의 영향력에 굴하지 않고 중립적(객관적)인 태도를 취한다.
㉣ 건강의 유해요인에 대한 정보(위험요소)와 필요한 예방조치에 대해 근로자와 상담(대화)한다.
(3) 기업주와 고객에 대한 책임
㉠ 결과 및 결론을 뒷받침할 수 있도록 정확한 기록을 유지하고, 산업위생 사업을 전문가답게 전문 부서들을 운영 · 관리한다.
㉡ 기업주와 고객보다는 근로자의 건강보호에 궁극적 책임을 두어 행동한다.
㉢ 쾌적한 작업환경을 조성하기 위하여 산업위생의 이론을 적용하고 책임감 있게 행동한다.
㉣ 신뢰를 바탕으로 정직하게 권하고 성실한 자세로 충고하며 결과와 개선점 및 권고사항을 정확히 보고한다.
(4) 일반대중에 대한 책임
㉠ 일반대중에 관한 사항은 학술지에 정직하게, 사실 그대로 발표한다.
㉡ 적정(정확)하고도 확실한 사실(확인된 지식)을 근거로 하여 전문적인 견해를 발표한다.

정답 01.③ 02.④

03 국소피로 평가는 근전도(EMG)를 많이 사용하는데, 피로한 근육에서 측정된 근전도가 정상근육에 비하여 나타내는 특성이 아닌 것은?

① 총 전압의 증가
② 평균주파수의 감소
③ 총 전류의 감소
④ 저주파수 힘의 증가

풀이 **정상근육과 비교하여 피로한 근육에서 나타나는 EMG의 특징**
㉠ 저주파(0~40Hz)에서 힘의 증가
㉡ 고주파(40~200Hz)에서 힘의 감소
㉢ 평균주파수 감소
㉣ 총 전압의 증가

04 작업대사율(RMR) 계산 시 직접적으로 필요한 항목과 가장 거리가 먼 것은?

① 작업시간
② 안정 시 열량
③ 기초대사량
④ 작업에 소모된 열량

풀이 $\text{RMR} = \dfrac{\text{작업대사량}}{\text{기초대사량}}$

$= \dfrac{\left(\begin{array}{l}\text{작업 시 소비된 에너지대사량} \\ -\text{같은 시간의 안정 시 소비된 에너지대사량}\end{array}\right)}{\text{기초대사량}}$

05 다음 중 사무실 공기관리지침상 관리대상 오염물질의 종류에 해당하지 않는 것은?

① 포름알데히드 ② 호흡성 분진(RSP)
③ 총 부유세균 ④ 일산화탄소

풀이 **사무실 공기관리지침의 관리대상 오염물질**
㉠ 미세먼지(PM 10)
㉡ 초미세먼지(PM 2.5)
㉢ 일산화탄소(CO)
㉣ 이산화탄소(CO_2)
㉤ 이산화질소(NO_2)
㉥ 포름알데히드(HCHO)
㉦ 총 휘발성 유기화합물(TVOC)
㉧ 라돈(radon)
㉨ 총 부유세균
㉩ 곰팡이

06 Diethyl ketone(TLV=200ppm)을 사용하는 근로자의 작업시간이 9시간일 때 허용기준을 보정하였다. OSHA 보정법과 Brief and Scala 보정법을 적용하였을 경우 보정된 허용기준치 간의 차이는 약 몇 ppm인가?

① 5.05 ② 11.11
③ 22.22 ④ 33.33

풀이
• OSHA 보정법 적용 보정된 허용기준

$= \text{TLV} \times \dfrac{8}{H} = 200\text{ppm} \times \dfrac{8}{9} = 177.78\text{ppm}$

• Brief and Scala 보정법 적용 보정된 허용기준

$= \text{TLV} \times \text{RF}$

• $\text{RF} = \dfrac{8}{H} \times \dfrac{24-H}{16} = \dfrac{8}{9} \times \dfrac{24-9}{16} = 0.83$

$= 200\text{ppm} \times 0.83$

$= 166.67\text{ppm}$

∴ 차이 $= 177.78 - 166.67 = 11.11\text{ppm}$

07 다음 중 신체적 결함과 그 원인이 되는 작업이 가장 적합하게 연결된 것은?

① 평발 – VDT 작업
② 진폐증 – 고압, 저압 작업
③ 중추신경 장애 – 광산 작업
④ 경견완 증후군 – 타이핑 작업

풀이 **신체적 결함에 따른 부적합 작업**
㉠ 간기능장애 : 화학공업(유기용제 취급작업)
㉡ 편평족 : 서서 하는 작업
㉢ 심계항진 : 격심작업, 고소작업
㉣ 고혈압 : 이상기온, 이상기압에서의 작업
㉤ 경견완 증후군 : 타이핑 작업

08 육체적 작업능력(PWC)이 16kcal/min인 근로자가 1일 8시간 동안 물체를 운반하고 있고, 이때의 작업대사량은 9kcal/min, 휴식대사량은 1.5kcal/min이다. 다음 중 적정 휴식시간과 작업시간으로 가장 적합한 것은?

① 시간당 25분 휴식, 35분 작업
② 시간당 29분 휴식, 31분 작업
③ 시간당 35분 휴식, 25분 작업
④ 시간당 39분 휴식, 21분 작업

정답 03.③ 04.① 05.② 06.② 07.④ 08.②

풀이 먼저 Hertig식을 이용 휴식시간 비율(%)을 구하면

$$T_{rest}(\%) = \left[\frac{\text{PWC의 }\frac{1}{3} - \text{작업대사량}}{\text{휴식대사량} - \text{작업대사량}}\right] \times 100$$

$$= \left[\frac{\left(16 \times \frac{1}{3}\right) - 9}{1.5 - 9}\right] \times 100 = 49\%$$

∴ 휴식시간 $= 60\text{min} \times 0.49 = 29.4\text{min}$

작업시간 $= (60 - 29.4)\text{min} = 30.6\text{min}$

09 산업안전보건법령에서 정하는 중대재해라고 볼 수 없는 것은?

① 사망자가 1명 이상 발생한 재해
② 3개월 이상의 요양을 요하는 부상자가 동시에 2명 이상 발생한 재해
③ 6개월 이상의 요양을 요하는 부상자가 동시에 1명 이상 발생한 재해
④ 부상자 또는 직업성 질병자가 동시에 10명 이상 발생한 재해

풀이 중대재해
㉠ 사망자가 1명 이상 발생한 재해
㉡ 3개월 이상의 요양을 요하는 부상자가 동시에 2명 이상 발생한 재해
㉢ 부상자 또는 직업성 질병자가 동시에 10명 이상 발생한 재해

10 다음 중 직업성 질환의 범위에 대한 설명으로 틀린 것은?

① 직업상 업무에 기인하여 1차적으로 발생하는 원발성 질환은 제외한다.
② 원발성 질환과 합병 작용하여 제2의 질환을 유발하는 경우를 포함한다.
③ 합병증이 원발성 질환과 불가분의 관계를 가지는 경우를 포함한다.
④ 원발성 질환에서 떨어진 다른 부위에 같은 원인에 의한 제2의 질환을 일으키는 경우를 포함한다.

풀이 직업성 질환의 범위는 직업상 업무에 기인하여 1차적으로 발생하는 원발성 질환을 포함한다.

11 18세기 영국의 외과의사 Pott에 의해 직업성 암(癌)으로 보고되었고, 오늘날 검댕 속에 다환방향족탄화수소가 원인인 것으로 밝혀진 질병은?

① 폐암 ② 음낭암
③ 방광암 ④ 중피종

풀이 Percivall Pott
㉠ 영국의 외과의사로 직업성 암을 최초로 보고하였으며, 어린이 굴뚝청소부에게 많이 발생하는 음낭암(scrotal cancer)을 발견하였다.
㉡ 암의 원인물질은 검댕 속 여러 종류의 다환방향족탄화수소(PAH)이다.
㉢ 굴뚝청소부법을 제정하도록 하였다(1788년).

12 어떤 사업장에서 500명의 근로자가 1년 동안 작업하던 중 재해가 50건 발생하였으며 이로 인해 총 근로시간 중 5%의 손실이 발생하였다면 이 사업장의 도수율은 약 얼마인가? (단, 근로자는 1일 8시간씩 연간 300일을 근무하였다.)

① 14 ② 24
③ 34 ④ 44

풀이

$$\text{도수율} = \frac{\text{재해발생건수}}{\text{연근로시간수}} \times 10^6$$

$$= \frac{50}{500 \times 8 \times 300 \times 0.95} \times 10^6 = 43.86$$

13 다음 중 '도수율'에 관한 설명으로 옳지 않은 것은?

① 산업재해의 발생빈도를 나타낸다.
② 연근로시간 합계 100만 시간당의 재해발생건수이다.
③ 사망과 경상에 따른 재해강도를 고려한 값이다.
④ 일반적으로 1인당 연간 근로시간수는 2,400시간으로 한다.

풀이 연천인율 및 도수율은 사망과 경상에 따른 재해강도를 고려하지 않은 값이다.

2023

정답 09.③ 10.① 11.② 12.④ 13.③

14 산업피로의 증상에 대한 설명으로 틀린 것은?

① 혈당치가 높아지고 젖산, 탄산이 증가한다.
② 호흡이 빨라지고, 혈액 중 CO_2의 양이 증가한다.
③ 체온은 처음엔 높아지다가 피로가 심해지면 나중엔 떨어진다.
④ 혈압은 처음엔 높아지나 피로가 진행되면 나중엔 오히려 떨어진다.

풀이 **산업피로의 증상**
㉠ 체온은 처음에는 높아지나 피로정도가 심해지면 오히려 낮아진다.
㉡ 혈압은 초기에는 높아지나 피로가 진행되면 오히려 낮아진다.
㉢ 혈액 내 혈당치가 낮아지고 젖산과 탄산량이 증가하여 산혈증으로 된다.
㉣ 맥박 및 호흡이 빨라지며 에너지 소모량이 증가한다.
㉤ 체온상승과 호흡중추의 흥분이 온다(체온상승이 호흡중추를 자극하여 에너지 소모량을 증가시킴).
㉥ 권태감과 졸음이 오고 주의력이 산만해지며 식은땀이 나고 입이 자주 마른다.
㉦ 호흡이 얕고 빠른데 이는 혈액 중 이산화탄소량이 증가하여 호흡중추를 자극하기 때문이다.
㉧ 맛, 냄새, 시각, 촉각 등 지각기능이 둔해지고 반사기능이 낮아진다.
㉨ 체온조절기능이 저하되고 판단력이 흐려진다.
㉩ 소변의 양이 줄고 진한 갈색으로 변하며 심한 경우 단백뇨가 나타나며 뇨 내의 단백질 또는 교질물질의 배설량(농도)이 증가한다.

15 영상표시단말기(VDT)의 작업자료로 틀린 것은?

① 발의 위치는 앞꿈치만 닿을 수 있도록 한다.
② 눈과 화면의 중심 사이의 거리는 40cm 이상이 되도록 한다.
③ 위팔과 아래팔이 이루는 각도는 90° 이상이 되도록 한다.
④ 아래팔은 손등과 일직선을 유지하여 손목이 꺾이지 않도록 한다.

풀이 작업자의 발바닥 전면이 바닥면에 닿는 자세를 취하고 무릎의 내각은 90° 전후이어야 한다.

16 다음 내용이 설명하는 것은?

> 작업 시 소비되는 산소소비량은 초기에 서서히 증가하다가 작업강도에 따라 일정한 양에 도달하고, 작업이 종료된 후 서서히 감소되어 일정시간 동안 산소가 소비된다.

① 산소부채
② 산소섭취량
③ 산소부족량
④ 최대산소량

풀이 **산소부채**
운동이 격렬하게 진행될 때에 산소섭취량이 수요량에 미치지 못하여 일어나는 산소부족현상으로 산소부채량은 원래대로 보상되어야 하므로 운동이 끝난 뒤에도 일정 시간 산소를 소비(산소부채 보상)한다는 의미이다.

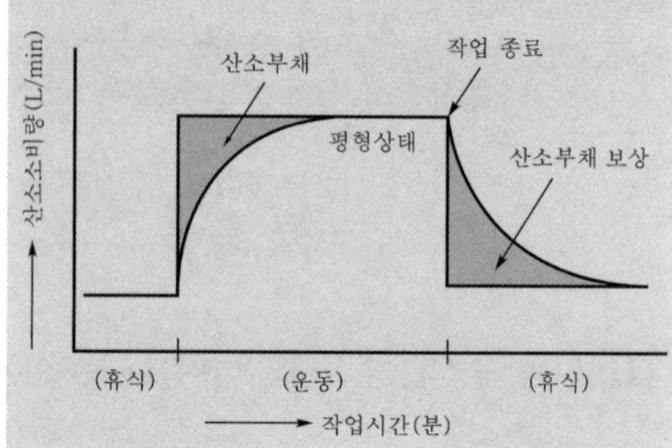

17 유리 제조, 용광로 작업, 세라믹 제조과정에서 발생 가능성이 가장 높은 직업성 질환은?

① 요통
② 근육경련
③ 백내장
④ 레이노드 현상

풀이 **백내장 유발 작업**
㉠ 유리제조
㉡ 용광로 작업
㉢ 세라믹 제조

정답 14.① 15.① 16.① 17.③

18 직업성 질환의 예방에 관한 설명으로 틀린 것은?

① 직업성 질환의 3차 예방은 대개 치료와 재활과정으로, 근로자들이 더 이상 노출되지 않도록 해야 하며 필요시 적절한 의학적 치료를 받아야 한다.
② 직업성 질환의 1차 예방은 원인인자의 제거나 원인이 되는 손상을 막는 것으로, 새로운 유해인자의 통제, 알려진 유해인자의 통제, 노출관리를 통해 할 수 있다.
③ 직업성 질환의 2차 예방은 근로자가 진료를 받기 전 단계인 초기에 질병을 발견하는 것으로, 질병의 선별검사, 감시, 주기적 의학적 검사, 법적인 의학적 검사를 통해 할 수 있다.
④ 직업성 질환은 전체적인 질병이환율에 비해서는 비교적 높지만, 직업성 질환은 원인인자가 알려져 있고 유해인자에 대한 노출을 조절할 수 없으므로 안전농도로 유지할 수 있기 때문에 예방대책을 마련할 수 있다.

풀이 직업성 질환은 어떤 특정한 한 물질이나 작업환경에 노출되어 생기는 것보다는 여러 독성물질이나 유해작업환경에 노출되어 발생하는 경우가 많기 때문에 진단 시 복잡하다.

19 근로자의 작업에 대한 적성검사 방법 중 심리학적 적성검사에 해당하지 않는 것은?

① 지능검사
② 감각기능검사
③ 인성검사
④ 지각동작검사

풀이 **심리학적 검사(적성검사)**
㉠ 지능검사 : 언어, 기억, 추리, 귀납 등에 대한 검사
㉡ 지각동작검사 : 수족협조, 운동속도, 형태지각 등에 대한 검사
㉢ 인성검사 : 성격, 태도, 정신상태에 대한 검사
㉣ 기능검사 : 직무에 관련된 기본지식과 숙련도, 사고력 등의 검사

20 산업안전보건법령상 사업주는 몇 kg 이상의 중량을 들어 올리는 작업에 근로자를 종사하도록 할 때 다음과 같은 조치를 취하여야 하는가?

> • 주로 취급하는 물품에 대하여 근로자가 쉽게 알 수 있도록 물품의 중량과 무게중심에 대하여 작업장 주변에 안내표시를 할 것
> • 취급하기 곤란한 물품은 손잡이를 붙이거나 갈고리, 진공빨판 등 적절한 보조도구를 활용할 것

① 3kg ② 5kg
③ 10kg ④ 15kg

풀이 **산업안전보건기준에 관한 규칙상 중량물의 표시**
사업주는 5kg 이상의 중량물을 들어 올리는 작업에 근로자를 종사하도록 하는 때에는 다음의 조치를 하여야 한다.
㉠ 주로 취급하는 물품에 대하여 근로자가 쉽게 알 수 있도록 물품의 중량과 무게중심에 대하여 작업장 주변에 안내표시를 할 것
㉡ 취급하기 곤란한 물품에 대하여 손잡이를 붙이거나 갈고리, 진공빨판 등 적절한 보조도구를 활용할 것

제2과목 | 작업위생 측정 및 평가

21 임핀저(impinger)로 작업장 내 가스를 포집하는 경우, 첫 번째 임핀저의 포집효율이 90%이고, 두 번째 임핀저의 포집효율은 50%이었다. 두 개를 직렬로 연결하여 포집하면 전체 포집효율은?

① 93% ② 95%
③ 97% ④ 99%

풀이 전체 포집효율(η_T)
$\eta_T = \eta_1 + \eta_2(1-\eta_1)$
$= 0.9 + [0.5(1-0.9)]$
$= 0.95 \times 100 = 95\%$

2023

정답 18.④ 19.② 20.② 21.②

22 다음 중 '변이계수'에 관한 설명으로 틀린 것은 어느 것인가?

① 평균값의 크기가 0에 가까울수록 변이계수의 의미는 커진다.
② 측정단위와 무관하게 독립적으로 산출된다.
③ 변이계수는 %로 표현된다.
④ 통계집단의 측정값들에 대한 균일성, 정밀성 정도를 표현하는 것이다.

풀이 변이계수(CV)

$$CV(\%) = \frac{\text{표준편차}}{\text{평균}} \times 100$$

⇨ 평균값의 크기가 0에 가까워질수록 변이계수의 의미는 작아진다.

23 유량, 측정시간, 회수율, 분석에 의한 오차가 각각 10%, 5%, 10%, 5%일 때의 누적오차와 회수율에 의한 오차를 10%에서 7%로 감소(유량, 측정시간, 분석에 의한 오차율은 변화 없음)시켰을 때 누적오차와의 차이는?

① 약 1.2%
② 약 1.7%
③ 약 2.6%
④ 약 3.4%

풀이
- 변화 전 누적오차 $= \sqrt{10^2+5^2+10^2+5^2}$ $= 15.81\%$
- 변화 후 누적오차 $= \sqrt{10^2+5^2+7^2+5^2}$ $= 14.1\%$

누적오차의 차이 $= 15.81 - 14.1 = 1.71\%$

24 가스크로마토그래피(GC) 분석에서 분해능(분리도, R ; resolution)을 높이기 위한 방법이 아닌 것은?

① 시료의 양을 적게 한다.
② 고정상의 양을 적게 한다.
③ 고체 지지체의 입자 크기를 작게 한다.
④ 분리관(column)의 길이를 짧게 한다.

풀이 분해능을 높이기 위한 방법
㉠ 고정상의 양 및 시료의 양을 적게 한다.
㉡ 운반가스 유속을 최적화하고 온도를 낮춘다.
㉢ 분리관의 길이를 길게 한다.
㉣ 고체 지지체의 입자 크기를 작게 한다.

25 흡수용액을 이용하여 시료를 포집할 때 흡수효율을 높이는 방법과 거리가 먼 것은?

① 용액의 온도를 높여 오염물질을 휘발시킨다.
② 시료채취유량을 낮춘다.
③ 가는 구멍이 많은 fritted 버블러 등 채취효율이 좋은 기구를 사용한다.
④ 두 개 이상의 버블러를 연속적으로 연결하여 용액의 양을 늘린다.

풀이 흡수효율(채취효율)을 높이기 위한 방법
㉠ 포집액의 온도를 낮추어 오염물질의 휘발성을 제한한다.
㉡ 두 개 이상의 임핀저나 버블러를 연속적(직렬)으로 연결하여 사용하는 것이 좋다.
㉢ 시료채취속도(채취물질이 흡수액을 통과하는 속도)를 낮춘다.
㉣ 기포의 체류시간을 길게 한다.
㉤ 기포와 액체의 접촉면적을 크게 한다(가는 구멍이 많은 fritted 버블러 사용).
㉥ 액체의 교반을 강하게 한다.
㉦ 흡수액의 양을 늘려준다.

26 용접작업 중 발생되는 용접흄을 측정하기 위해 사용할 여과지를 화학천칭을 이용해 무게를 재었더니 70.1mg이었다. 이 여과지를 이용하여 2.5L/min의 시료채취 유량으로 120분간 측정을 실시한 후 잰 무게는 75.88mg이었다면 용접흄의 농도는?

① 약 $13mg/m^3$ ② 약 $19mg/m^3$
③ 약 $23mg/m^3$ ④ 약 $28mg/m^3$

풀이

$$\text{농도}(mg/m^3) = \frac{(75.88-70.1)mg}{2.5L/min \times 120min \times m^3/1{,}000L} = 19.27mg/m^3$$

정답 22.① 23.② 24.④ 25.① 26.②

27 작업장 내 기류 측정에 대한 설명으로 옳지 않은 것은?

① 풍차풍속계는 풍차의 회전속도로 풍속을 측정한다.
② 풍차풍속계는 보통 1~150m/sec 범위의 풍속을 측정하며 옥외용이다.
③ 기류속도가 아주 낮을 때에는 카타온도계와 복사풍속계를 사용하는 것이 정확하다.
④ 카타온도계는 기류의 방향이 일정하지 않거나, 실내 0.2~0.5m/sec 정도의 불감기류를 측정할 때 사용한다.

풀이 기류속도가 낮을 때 정확한 측정이 가능한 것은 열선풍속계이다.

28 다음 중 냉동기에서 냉매체가 유출되고 있는지 검사하려고 할 때 가장 적합한 측정기구는?

① 스펙트로미터(spectrometer)
② 가스크로마토그래피(gas chromatography)
③ 할로겐화합물 측정기기(halide meter)
④ 연소가스지시계(combustible gas meter)

풀이 냉매의 주성분이 할로겐원소(Cl, Br, I)로 구성되어 있으므로, 측정기구는 할로겐화합물 측정기기를 사용한다.

29 기체에 관한 다음 법칙 중 일정한 온도조건에서 부피와 압력은 반비례한다는 것은?

① 보일의 법칙
② 샤를의 법칙
③ 게이-뤼삭의 법칙
④ 라울트의 법칙

풀이 **보일의 법칙**
일정한 온도에서 기체의 부피는 그 압력에 반비례한다. 즉 압력이 2배 증가하면 부피는 처음의 1/2배로 감소한다.

30 계통오차의 종류에 대한 설명으로 틀린 것은?

① 한 가지 실험 측정을 반복할 때 측정값들의 변동으로 발생되는 오차
② 측정 및 분석 기기의 부정확성으로 발생된 오차
③ 측정하는 개인의 선입관으로 발생된 오차
④ 측정 및 분석 시 온도나 습도와 같이 알려진 외계의 영향으로 생기는 오차

풀이 **계통오차의 종류**
(1) 외계오차(환경오차)
㉠ 측정 및 분석 시 온도나 습도와 같은 외계의 환경으로 생기는 오차를 의미한다.
㉡ 대책(오차의 세기) : 보정값을 구하여 수정함으로써 오차를 제거할 수 있다.
(2) 기계오차(기기오차)
㉠ 사용하는 측정 및 분석 기기의 부정확성으로 인한 오차를 말한다.
㉡ 대책 : 기계의 교정에 의하여 오차를 제거할 수 있다.
(3) 개인오차
㉠ 측정자의 습관이나 선입관에 의한 오차이다.
㉡ 대책 : 두 사람 이상 측정자의 측정을 비교하여 오차를 제거할 수 있다.

31 Hexane의 부분압이 100mmHg(OEL 500ppm)이었을 때 VHR_{Hexane}은?

① 212.5 ② 226.3
③ 247.2 ④ 263.2

풀이 $$VHR = \frac{C}{TLV} = \frac{(100/760) \times 10^6}{500} = 263.16$$

32 흡광광도법에서 사용되는 흡수셀의 재질 중 자외선 영역의 파장범위에 사용되는 재질은?

① 유리 ② 석영
③ 플라스틱 ④ 유리와 플라스틱

풀이 **흡수셀의 재질**
㉠ 유리 : 가시 · 근적외파장에 사용
㉡ 석영 : 자외파장에 사용
㉢ 플라스틱 : 근적외파장에 사용

정답 27.③ 28.③ 29.① 30.① 31.④ 32.②

33 펌프 유량 보정기구 중에서 1차 표준기구(primary standards)로 사용하는 pitot tube에 대한 설명으로 맞는 것은?

① Pitot tube의 정확성에는 한계가 있으며, 기류가 12.7m/sec 이상일 때는 U자 튜브를 이용하고, 그 이하에서는 기울어진 튜브(inclined tube)를 이용한다.
② Pitot tube를 이용하여 곧바로 기류를 측정할 수 있다.
③ Pitot tube를 이용하여 총압과 속도압을 구하여 정압을 계산한다.
④ 속도압이 25mmH_2O일 때 기류속도는 28.58m/sec이다.

풀이 **피토튜브를 이용한 보정방법**
㉠ 공기흐름과 직접 마주치는 튜브 → 총 압력 측정
㉡ 외곽튜브 → 정압측정
㉢ 총압력−정압=동압
㉣ 유속$=4.043\sqrt{동압}$

34 검지관의 장단점으로 틀린 것은?

① 민감도가 낮으며 비교적 고농도에 적용이 가능하다.
② 측정대상물질의 동정이 미리 되어 있지 않아도 측정이 가능하다.
③ 시간에 따라 색이 변화하므로 제조자가 정한 시간에 읽어야 한다.
④ 특이도가 낮다. 즉, 다른 방해물질의 영향을 받기 쉬워 오차가 크다.

풀이 **검지관 측정법의 장단점**
(1) 장점
㉠ 사용이 간편하다.
㉡ 반응시간이 빨라 현장에서 바로 측정 결과를 알 수 있다.
㉢ 비전문가도 어느 정도 숙지하면 사용할 수 있지만 산업위생전문가의 지도 아래 사용되어야 한다.
㉣ 맨홀, 밀폐공간에서의 산소부족 또는 폭발성 가스로 인한 안전이 문제가 될 때 유용하게 사용된다.
㉤ 다른 측정방법이 복잡하거나 빠른 측정이 요구될 때 사용할 수 있다.

(2) 단점
㉠ 민감도가 낮아 비교적 고농도에만 적용이 가능하다.
㉡ 특이도가 낮아 다른 방해물질의 영향을 받기 쉽고 오차가 크다.
㉢ 대개 단시간 측정만 가능하다.
㉣ 한 검지관으로 단일물질만 측정 가능하여 각 오염물질에 맞는 검지관을 선정함에 따른 불편함이 있다.
㉤ 색변화에 따라 주관적으로 읽을 수 있어 판독자에 따라 변이가 심하며, 색변화가 시간에 따라 변하므로 제조자가 정한 시간에 읽어야 한다.
㉥ 미리 측정대상 물질의 동정이 되어 있어야 측정이 가능하다.

35 작업환경 공기 중 벤젠(TLV=10ppm)이 5ppm, 톨루엔(TLV=100ppm)이 50ppm 및 크실렌(TLV=100ppm)이 60ppm으로 공존하고 있다고 하면 혼합물의 허용농도는? (단, 상가작용 기준)

① 78ppm ② 72ppm
③ 68ppm ④ 64ppm

풀이 노출지수(EI)$=\frac{5}{10}+\frac{50}{100}+\frac{60}{100}=1.6$

∴ 보정된 허용농도$=\frac{혼합물의 공기 중 농도}{노출지수}$

$=\frac{(5+50+60)}{1.6}=71.88$ppm

36 다음은 작업환경 측정방법 중 소음측정 시간 및 횟수에 관한 내용이다. ( ) 안에 알맞은 것은?

> 단위작업장소에서의 소음발생시간이 6시간 이내인 경우나 소음발생원에서의 발생시간이 간헐적인 경우에는 발생시간 동안 연속 측정하거나 등간격으로 나누어 ( ) 측정하여야 한다.

① 2회 이상 ② 3회 이상
③ 4회 이상 ④ 6회 이상

정답 33.① 34.② 35.② 36.③

풀이 **소음측정 시간 및 횟수**

㉠ 단위작업장소에서 소음수준은 규정된 측정 위치 및 지점에서 1일 작업시간 동안 6시간 이상 연속 측정하거나 작업시간을 1시간 간격으로 나누어 6회 이상 측정하여야 한다.
다만, 소음의 발생특성이 연속음으로서 측정치가 변동이 없다고 자격자 또는 지정 측정기관이 판단한 경우에는 1시간 동안을 등간격으로 나누어 3회 이상 측정할 수 있다.

㉡ 단위작업장소에서의 소음발생시간이 6시간 이내인 경우나 소음발생원에서의 발생시간이 간헐적인 경우에는 발생시간 동안 연속 측정하거나 등간격으로 나누어 4회 이상 측정하여야 한다.

37 셀룰로오스 에스테르 막여과지에 관한 설명으로 틀린 것은?

① 산에 쉽게 용해된다.
② 유해물질이 주로 표면에 침착되어 현미경분석에 유리하다.
③ 흡습성이 적어 주로 중량분석에 적용된다.
④ 중금속 시료채취에 유리하다.

풀이 **MCE막 여과지(Mixed Cellulose Ester membrane filter)**

㉠ 산업위생에서는 거의 대부분이 직경 37mm, 구멍 크기 0.45~0.8μm의 MCE막 여과지를 사용하고 있어 작은 입자의 금속과 흄(fume) 채취가 가능하다.
㉡ 산에 쉽게 용해되고 가수분해되며, 습식 회화되기 때문에 공기 중 입자상 물질 중의 금속을 채취하여 원자흡광법으로 분석하는 데 적당하다.
㉢ 산에 의해 쉽게 회화되기 때문에 원소분석에 적합하고 NIOSH에서는 금속, 석면, 살충제, 불소화합물 및 기타 무기물질에 추천되고 있다.
㉣ 시료가 여과지의 표면 또는 가까운 곳에 침착되므로 석면, 유리섬유 등 현미경 분석을 위한 시료채취에도 이용된다.
㉤ 흡습성(원료인 셀룰로오스가 수분 흡수)이 높아 오차를 유발할 수 있어 중량분석에 적합하지 않다.

38 음압이 10배 증가하면 음압수준은 몇 dB이 증가하는가?

① 10dB　② 20dB
③ 50dB　④ 40dB

풀이 $\text{SPL(음압수준)} = 20\log\frac{P}{P_o} = 20\log 10 = 20\text{dB}$

39 소음의 변동이 심하지 않은 작업장에서 1시간 간격으로 8회 측정한 산술평균의 소음수준이 93.5dB(A)이었을 때 하루 소음노출량(dose, %)은? (단, 근로자의 작업시간은 8시간)

① 104%　② 135%
③ 162%　④ 234%

풀이
$$\text{TWA} = 16.61\log\frac{D}{100} + 90$$
$$93.5\text{dB(A)} = 16.61\log\frac{D(\%)}{100} + 90$$
$$16.61\log\frac{D(\%)}{100} = (93.5 - 90)\text{dB(A)}$$
$$\log\frac{D(\%)}{100} = \frac{3.5}{16.61}$$
$$D(\%) = 10^{\frac{3.5}{16.61}} \times 100 = 162.45\%$$

40 유사노출그룹(HEG)에 관한 내용으로 틀린 것은?

① 시료채취수를 경제적으로 하는 데 목적이 있다.
② 유사노출그룹은 우선 유사한 유해인자별로 구분한 후 유해인자의 동질성을 보다 확보하기 위해 조직을 분석한다.
③ 역학조사를 수행할 때 사건이 발생된 근로자가 속한 유사노출그룹의 노출농도를 근거로 노출원인 및 농도를 추정할 수 있다.
④ 유사노출그룹은 노출되는 유해인자의 농도와 특성이 유사하거나 동일한 근로자 그룹을 말하며 유해인자의 특성이 동일하다는 것은 노출되는 유해인자가 동일하고 농도가 일정한 변이 내에서 통계적으로 유사하다는 의미이다.

풀이 **HEG(유사노출그룹)의 설정방법**
조직, 공정, 작업범주, 공정과 작업내용별로 구분하여 설정한다.

2023

정답 37.③ 38.② 39.③ 40.②

제3과목 | 작업환경 관리대책

41 0℃, 1기압인 표준상태에서 공기의 밀도가 1.293kg/Sm^{3}라고 할 때, 25℃, 1기압에서의 공기밀도는 몇 kg/m^{3}인가?

① 0.903kg/m^3 ② 1.085kg/m^3
③ 1.185kg/m^3 ④ 1.411kg/m^3

풀이 공기밀도 $= 1.293\text{kg/Sm}^3 \times \dfrac{273}{273+25℃}$
$= 1.185\text{kg/m}^3$

42 다음 중 덕트 합류 시 균형유지방법 중 설계에 의한 정압균형유지법의 장단점이 아닌 것을 고르면?

① 설계 시 잘못된 유량을 고치기가 용이함
② 설계가 복잡하고 시간이 걸림
③ 최대저항경로 선정이 잘못되어도 설계 시 쉽게 발견할 수 있음
④ 때에 따라 전체 필요한 최소유량보다 더 초과될 수 있음

풀이 **정압균형유지법(정압조절평형법, 유속조절평형법)의 장단점**

(1) 장점
㉠ 예기치 않은 침식, 부식, 분진퇴적으로 인한 축적(퇴적)현상이 일어나지 않는다.
㉡ 잘못 설계된 분지관, 최대저항경로(저항이 큰 분지관) 선정이 잘못되어도 설계 시 쉽게 발견할 수 있다.
㉢ 설계가 정확할 때에는 가장 효율적인 시설이 된다.
㉣ 유속의 범위가 적절히 선택되면 덕트의 폐쇄가 일어나지 않는다.

(2) 단점
㉠ 설계 시 잘못된 유량을 고치기 어렵다(임의의 유량을 조절하기 어려움).
㉡ 설계가 복잡하고 시간이 걸린다.
㉢ 설계유량 산정이 잘못되었을 경우 수정은 덕트의 크기 변경을 필요로 한다.
㉣ 때에 따라 전체 필요한 최소유량보다 더 초과될 수 있다.
㉤ 설치 후 변경이나 확장에 대한 유연성이 낮다.
㉥ 효율 개선 시 전체를 수정해야 한다.

43 톨루엔을 취급하는 근로자의 보호구 밖에서 측정한 톨루엔 농도가 30ppm이었고 보호구 안의 농도가 2ppm으로 나왔다면 보호계수(PF ; Protection Factor)값은? (단, 표준상태 기준)

① 15 ② 30
③ 60 ④ 120

풀이 $\text{PF} = \dfrac{C_o}{C_i} = \dfrac{30\text{ppm}}{2\text{ppm}} = 15$

44 공기정화장치의 한 종류인 원심력 제진장치의 분리계수(separation factor)에 대한 설명으로 옳지 않은 것은?

① 분리계수는 중력가속도와 반비례한다.
② 사이클론에서 입자에 작용하는 원심력을 중력으로 나눈 값을 분리계수라 한다.
③ 분리계수는 입자의 접선방향속도에 반비례한다.
④ 분리계수는 사이클론의 원추하부반경에 반비례한다.

풀이 **분리계수(separation factor)**
사이클론의 잠재적인 효율(분리능력)을 나타내는 지표로, 이 값이 클수록 분리효율이 좋다.

$$\text{분리계수} = \frac{\text{원심력(가속도)}}{\text{중력(가속도)}} = \frac{V^2}{R \cdot g}$$

여기서, V : 입자의 접선방향속도(입자의 원주속도)
R : 입자의 회전반경(원추하부반경)
g : 중력가속도

45 외부식 후드(포집형 후드)의 단점으로 틀린 것은?

① 포위식 후드보다 일반적으로 필요송풍량이 많다.
② 외부 난기류의 영향을 받아서 흡인효과가 떨어진다.
③ 기류속도가 후드 주변에서 매우 빠르므로 유기용제나 미세 원료분말 등과 같은 물질의 손실이 크다.
④ 근로자가 발생원과 환기시설 사이에서 작업할 수 없어 여유계수가 커진다.

정답 41.③ 42.① 43.① 44.③ 45.④

풀이 외부식 후드의 특징

㉠ 다른 형태의 후드에 비해 작업자가 방해를 받지 않고 작업을 할 수 있어 일반적으로 많이 사용한다.
㉡ 포위식에 비하여 필요송풍량이 많이 소요된다.
㉢ 방해기류(외부 난기류)의 영향이 작업장 내에 있을 경우 흡인효과가 저하된다.
㉣ 기류속도가 후드 주변에서 매우 빠르므로 쉽게 흡인되는 물질(유기용제, 미세분말 등)의 손실이 크다.

46 원심력 제진장치인 사이클론에 관한 설명 중 옳지 않은 것은?

① 함진가스에 선회류를 일으키는 원심력을 이용한다.
② 비교적 적은 비용으로 제진이 가능하다.
③ 가동부분이 많은 것이 기계적인 특징이다.
④ 원심력과 중력을 동시에 이용하기 때문에 입경이 크면 효율적이다.

풀이 원심력식 집진시설의 특징

㉠ 설치장소에 구애받지 않고 설치비가 낮으며 고온가스, 고농도에서 운전 가능하다.
㉡ 가동부분이 적은 것이 기계적인 특징이고, 구조가 간단하여 유지·보수 비용이 저렴하다.
㉢ 미세입자에 대한 집진효율이 낮고 먼지부하, 유량변동에 민감하다.
㉣ 점착성, 마모성, 조해성, 부식성 가스에 부적합하다.
㉤ 먼지 퇴적함에서 재유입, 재비산 가능성이 있다.
㉥ 단독 또는 전처리장치로 이용된다.
㉦ 배출가스로부터 분진회수 및 분리가 적은 비용으로 가능하다. 즉 비교적 적은 비용으로 큰 입자를 효과적으로 제거할 수 있다.
㉧ 미세한 입자를 원심분리하고자 할 때 가장 큰 영향인자는 사이클론의 직경이다.
㉨ 직렬 또는 병렬로 연결하여 사용이 가능하기 때문에 사용폭을 넓힐 수 있다.
㉩ 처리가스량이 많아질수록 내관경이 커져서 미립자의 분리가 잘 되지 않는다.
㉪ 사이클론 원통의 길이가 길어지면 선회기류가 증가하여 집진효율이 증가한다.
㉫ 입자 입경과 밀도가 클수록 집진효율이 증가한다.
㉬ 사이클론의 원통 직경이 클수록 집진효율이 감소한다.
㉭ 집진된 입자에 대한 블로다운 영향을 최대화하여야 한다.
㉮ 원심력과 중력을 동시에 이용하기 때문에 입경이 크면 효율적이다.

47 오염물질의 농도가 200ppm까지 도달하였다가 오염물질 발생이 중지되었을 때, 공기 중 농도가 200ppm에서 19ppm으로 감소하는 데 얼마나 걸리는가? (단, 1차 반응, 공간부피 V=3,000m^3, 환기량 Q=1.17m^3/sec이다.)

① 약 89분 ② 약 100분
③ 약 109분 ④ 약 115분

풀이

$$t=-\frac{V}{Q}\ln\left(\frac{C_2}{C_1}\right)$$
$$=-\frac{3{,}000\text{m}^3}{1.17\text{m}^3/\text{sec}\times 60\text{sec/min}}\times\ln\left(\frac{19}{200}\right)$$
$$=100.59\text{min}$$

48 80μm인 분진 입자를 중력 침강실에서 처리하려고 한다. 입자의 밀도는 2g/cm^3, 가스의 밀도는 1.2kg/m^3, 가스의 점성계수는 2.0×10^{-3}g/cm·sec일 때 침강속도는? (단, Stokes식 적용)

① 3.49×10^{-3}m/sec
② 3.49×10^{-2}m/sec
③ 4.49×10^{-3}m/sec
④ 4.49×10^{-2}m/sec

풀이

$$\text{침강속도}=\frac{d_p{}^2(\rho_p-\rho)g}{18\mu}$$

$d_p=80\mu\text{m}(80\times10^{-6}\text{m})$
$\rho_p=2\text{g/cm}^3(2{,}000\text{kg/m}^3)$
$\mu=2.0\times10^{-3}\text{g/cm}\cdot\text{sec}$
$(0.0002\text{kg/m}\cdot\text{sec})$

$$=\frac{\left[\begin{array}{c}(80\times10^{-6})^2\text{m}^2\times(2{,}000-1.2)\text{kg/m}^3\\ \times 9.8\text{m/sec}^2\end{array}\right]}{18\times0.0002\text{kg/m}\cdot\text{sec}}$$
$$=0.0348\text{m/sec}=3.49\times10^{-2}\text{m/sec}$$

49 고속기류 내로 높은 초기속도로 배출되는 작업조건에서 회전연삭, 블라스팅 작업공정 시 제어속도로 적절한 것은? (단, 미국산업위생전문가협의회 권고 기준)

① 1.8m/sec ② 2.1m/sec
③ 8.8m/sec ④ 12.8m/sec

2023

정답 46.③ 47.② 48.② 49.③

풀이 작업조건에 따른 제어속도 기준(ACGIH)

작업조건	작업공정 사례	제어속도 (m/sec)
• 움직이지 않는 공기 중에서 속도 없이 배출되는 작업조건 • 조용한 대기 중에 실제 거의 속도가 없는 상태로 발산하는 작업조건	• 액면에서 발생하는 가스나 증기, 흄 • 탱크에서 증발, 탈지시설	0.25~0.5
비교적 조용한(약간의 공기 움직임) 대기 중에서 저속도로 비산하는 작업조건	• 용접, 도금 작업 • 스프레이 도장 • 주형을 부수고 모래를 터는 장소	0.5~1.0
발생기류가 높고 유해물질이 활발하게 발생하는 작업조건	• 스프레이 도장, 용기 충전 • 컨베이어 적재 • 분쇄기	1.0~2.5
초고속기류가 있는 작업장소에 초고속으로 비산하는 작업조건	• 회전연삭작업 • 연마작업 • 블라스트 작업	2.5~10

50 다음 [보기]에서 여과집진장치의 장점만을 고른 것은?

[보기]
㉮ 다양한 용량(송풍량)을 처리할 수 있다.
㉯ 습한 가스처리에 효율적이다.
㉰ 미세입자에 대한 집진효율이 비교적 높은 편이다.
㉱ 여과재는 고온 및 부식성 물질에 손상되지 않는다.

① ㉮, ㉯　② ㉮, ㉰
③ ㉰, ㉱　④ ㉯, ㉱

풀이 여과집진장치의 장점
㉠ 집진효율이 높으며, 집진효율은 처리가스의 양과 밀도변화에 영향이 적다.
㉡ 다양한 용량을 처리할 수 있다.
㉢ 연속집진방식일 경우 먼지부하의 변동이 있어도 운전효율에는 영향이 없다.
㉣ 건식 공정이므로 포집먼지의 처리가 쉽다. 즉 여러 가지 형태의 분진을 포집할 수 있다.
㉤ 여과재에 표면 처리하여 가스상 물질을 처리할 수도 있다.
㉥ 설치 적용범위가 광범위하다.
㉦ 탈진방법과 여과재의 사용에 따른 설계상의 융통성이 있다.

51 유해물의 발산을 제거 · 감소시킬 수 있는 생산공정 작업방법 개량과 거리가 먼 것은?

① 주물공정에서 셸 몰드법을 채용한다.
② 석면 함유 분체 원료를 건식 믹서로 혼합하고 용제를 가하던 것을 용제를 가한 후 혼합한다.
③ 광산에서는 습식 착암기를 사용하여 파쇄, 연마 작업을 한다.
④ 용제를 사용하는 분무도장을 에어스프레이 도장으로 바꾼다.

풀이 석면 함유 분체 원료를 습식 믹서로 혼합한다.

52 희석환기의 또 다른 목적은 화재나 폭발을 방지하기 위한 것이다. 이때 폭발 하한치인 LEL(Lower Explosive Limit)에 대한 설명 중 틀린 것은?

① 폭발성, 인화성이 있는 가스 및 증기 혹은 입자상의 물질을 대상으로 한다.
② LEL은 근로자의 건강을 위해 만들어 놓은 TLV보다 낮은 값이다.
③ LEL의 단위는 %이다.
④ 오븐이나 덕트처럼 밀폐되고 환기가 계속적으로 가동되고 있는 곳에서는 LEL의 1/4을 유지하는 것이 안전하다.

풀이 혼합가스의 연소가능범위를 폭발범위라 하며, 그 최저농도를 폭발농도 하한치(LEL), 최고농도를 폭발농도 상한치(UEL)라 한다.
폭발농도 하한치(LEL)의 특징
㉠ LEL이 25%이면 화재나 폭발을 예방하기 위해서는 공기 중 농도가 250,000ppm 이하로 유지되어야 한다.
㉡ 폭발성, 인화성이 있는 가스 및 증기 혹은 입자상 물질을 대상으로 한다.
㉢ LEL은 근로자의 건강을 위해 만들어 놓은 TLV보다 높은 값이다.
㉣ 단위는 %이며, 오븐이나 덕트처럼 밀폐되고 환기가 계속적으로 가동되고 있는 곳에서는 LEL의 1/4를 유지하는 것이 안전하다.
㉤ 가연성 가스가 공기 중의 산소와 혼합되어 있는 경우 혼합가스 조성에 따라 점화원에 의해 착화된다.

정답 50.② 51.② 52.②

53 페인트 도장이나 농약 살포와 같이 공기 중에 가스 및 증기상 물질과 분진이 동시에 존재하는 경우 호흡 보호구에 이용되는 가장 적절한 공기정화기는?

① 필터
② 요오드를 입힌 활성탄
③ 금속산화물을 도포한 활성탄
④ 만능형 캐니스터

풀이 만능형 캐니스터는 방진마스크와 방독마스크의 기능을 합한 공기정화기이다.

54 공기 온도가 50℃인 덕트의 유속이 4m/sec일 때, 이를 표준공기로 보정한 유속(V_c)은 얼마인가? (단, 밀도 1.2kg/m^3)

① 3.19m/sec ② 4.19m/sec
③ 5.19m/sec ④ 6.19m/sec

풀이
$$VP=\frac{\gamma V^2}{2g}=\frac{1.2\times 4^2}{2\times 9.8}=0.98mmH_2O$$
온도보정
$$VP=0.98mmH_2O\times\frac{273+50}{273+21}=1.077mmH_2O$$
표준공기 유속(V)
$$V=4.043\sqrt{VP}=4.043\times\sqrt{1.077}=4.19m/sec$$

55 작업환경의 관리원칙인 대치 개선방법으로 옳지 않은 것은?

① 성냥 제조 시 황린 대신 적린을 사용함
② 세탁 시 화재 예방을 위해 석유나프타 대신 퍼클로로에틸렌을 사용함
③ 땜질한 납을 oscillating-type sander로 깎던 것을 고속회전 그라인더를 이용함
④ 분말로 출하되는 원료를 고형상태의 원료로 출하함

풀이 자동차산업에서 땜질한 납을 고속회전 그라인더로 깎던 것을 oscillating-type sander를 이용한다.

56 차광 보호크림의 적용 화학물질로 가장 알맞게 짝지어진 것은?

① 글리세린, 산화제이철
② 벤드나이드, 탄산 마그네슘
③ 밀랍 이산화티탄, 염화비닐수지
④ 탈수라노린, 스테아린산

풀이 **차광성 물질 차단 피부보호제**
㉠ 적용 화학물질은 글리세린, 산화제이철
㉡ 타르, 피치, 용접작업 시 예방
㉢ 주원료는 산화철, 아연화산화티탄

57 축류송풍기에 관한 설명으로 잘못된 것은?

① 전동기와 직결할 수 있고, 또 축방향 흐름이기 때문에 관로 도중에 설치할 수 있다.
② 가볍고 재료비 및 설치비용이 저렴하다.
③ 원통형으로 되어 있다.
④ 규정 풍량 범위가 넓어 가열공기 또는 오염공기의 취급에 유리하다.

풀이 규정 풍량 외에는 갑자기 효율이 떨어지기 때문에 가열공기 또는 오염공기의 취급에는 부적당하며 압력손실이 비교적 많이 걸리는 시스템에 사용했을 때 서징현상으로 진동과 소음이 심한 경우가 생긴다.

58 사무실 직원이 모두 퇴근한 6시 30분에 CO_2 농도는 1,700ppm이었다. 4시간이 지난 후 다시 CO_2 농도를 측정한 결과 CO_2 농도가 800ppm이었다면, 사무실의 시간당 공기교환횟수는? (단, 외부공기 중 CO_2 농도는 330ppm)

① 0.11 ② 0.19
③ 0.27 ④ 0.35

풀이 시간당 공기교환횟수
$$=\frac{\ln(\text{측정 초기농도}-\text{외부의 }CO_2\text{ 농도})-\ln(\text{시간 지난 후 }CO_2\text{ 농도}-\text{외부의 }CO_2\text{ 농도})}{\text{경과된 시간(hr)}}$$
$$=\frac{\ln(1,700-330)-\ln(800-330)}{4hr}$$
$=0.27$회(시간당)

2023

정답 53.④ 54.② 55.③ 56.① 57.④ 58.③

59 회전차 외경이 600mm인 레이디얼(방사날개형) 송풍기의 풍량은 300m³/min, 송풍기 전압은 60mmH₂O, 축동력은 0.70kW이다. 회전차 외경이 1,000mm로 상사인 레이디얼(방사날개형) 송풍기가 같은 회전수로 운전될 때 전압(mmH₂O)은 어느 것인가? (단, 공기비중은 같음)

① 167 ② 182
③ 214 ④ 246

풀이
$$\frac{\Delta P_2}{\Delta P_1}=\left(\frac{D_2}{D_1}\right)^2$$
$$\Delta P_2=\Delta P_1\times\left(\frac{D_2}{D_1}\right)^2$$
$$=60\text{mmH}_2\text{O}\times\left(\frac{1,000}{600}\right)^2$$
$$=166.67\text{mmH}_2\text{O}$$

60 지적온도(optimum temperature)에 미치는 영향인자들의 설명으로 가장 거리가 먼 것은 어느 것인가?

① 작업량이 클수록 체열 생산량이 많아 지적온도는 낮아진다.
② 여름철이 겨울철보다 지적온도가 높다.
③ 더운 음식물, 알코올, 기름진 음식 등을 섭취하면 지적온도는 낮아진다.
④ 노인들보다 젊은 사람의 지적온도가 높다.

풀이 **지적온도의 종류 및 특징**
(1) 종류
㉠ 쾌적감각온도
㉡ 최고생산온도
㉢ 기능지적온도
(2) 특징
㉠ 작업량이 클수록 체열방산이 많아 지적온도는 낮아진다.
㉡ 여름철이 겨울철보다 지적온도가 높다.
㉢ 더운 음식물, 알코올, 기름진 음식 등을 섭취하면 지적온도는 낮아진다.
㉣ 노인들보다 젊은 사람의 지적온도가 낮다.

제4과목 | 물리적 유해인자관리

61 1sone이란 몇 Hz에서, 몇 dB의 음압레벨을 갖는 소음의 크기를 말하는가?

① 2,000Hz, 48dB
② 1,000Hz, 40dB
③ 1,500Hz, 45dB
④ 1,200Hz, 45dB

풀이 sone
㉠ 감각적인 음의 크기(loudness)를 나타내는 양으로, 1,000Hz에서의 압력수준 dB을 기준으로 하여 등감곡선을 소리의 크기로 나타내는 단위이다.
㉡ 1,000Hz 순음의 음의 세기레벨 40dB의 음의 크기를 1sone으로 정의한다.

62 다음 중 감압병의 예방 및 치료에 관한 설명으로 틀린 것은?

① 고압환경에서의 작업시간을 제한한다.
② 특별히 잠수에 익숙한 사람을 제외하고는 10m/min 속도 정도로 잠수하는 것이 안전하다.
③ 헬륨은 질소보다 확산속도가 작고, 체내에서 불안정적이므로 질소를 헬륨으로 대치한 공기를 호흡시킨다.
④ 감압이 끝날 무렵에 순수한 산소를 흡입시키면 감압시간을 25% 가량 단축시킬 수 있다.

풀이 헬륨은 질소보다 확산속도가 크며, 체내에서 안정적이므로 질소를 헬륨으로 대치한 공기를 호흡시킨다.

63 다음 중 국소진동의 경우에 주로 문제가 되는 주파수 범위로 가장 알맞은 것은?

① 10~150Hz ② 10~300Hz
③ 8~500Hz ④ 8~1,500Hz

풀이 **진동의 구분에 따른 진동수(주파수)**
㉠ 국소진동 주파수 : 8~1,500Hz
㉡ 전신진동(공해진동) 주파수 : 1~90Hz

정답 59.① 60.④ 61.② 62.③ 63.④

64 다음 중 빛과 밝기의 단위를 설명한 것으로 옳은 것은?

> 1루멘의 빛이 $1ft^2$의 평면상에 수직방향으로 비칠 때, 그 평면의 빛의 양, 즉 조도를 (㉮)이라 하고, $1m^2$의 평면에 1루멘의 빛이 비칠 때의 밝기를 1(㉯)라고 한다.

① ㉮ 풋캔들(foot candle), ㉯ 럭스(lux)
② ㉮ 럭스(lux), ㉯ 풋캔들(foot candle)
③ ㉮ 캔들(candle), ㉯ 럭스(lux)
④ ㉮ 럭스(lux), ㉯ 캔들(candle)

풀이 ㉮ 풋 캔들(foot candle)
(1) 정의
㉠ 1루멘의 빛이 $1ft^2$의 평면상에 수직으로 비칠 때 그 평면의 빛 밝기이다.
㉡ 관계식 : 풋 캔들(ft cd) $= \frac{\text{lumen}}{\text{ft}^2}$
(2) 럭스와의 관계
㉠ 1ft cd=10.8lux
㉡ 1lux=0.093ft cd
(3) 빛의 밝기
㉠ 광원으로부터 거리의 제곱에 반비례한다.
㉡ 광원의 촉광에 정비례한다.
㉢ 조사평면과 광원에 대한 수직평면이 이루는 각(cosine)에 반비례한다.
㉣ 색깔과 감각, 평면상의 반사율에 따라 밝기가 달라진다.

㉯ 럭스(lux) ; 조도
㉠ 1루멘(lumen)의 빛이 $1m^2$의 평면상에 수직으로 비칠 때의 밝기이다.
㉡ 1cd의 점광원으로부터 1m 떨어진 곳에 있는 광선의 수직인 면의 조명도이다.
㉢ 조도는 어떤 면에 들어오는 광속의 양에 비례하고 입사면의 단면적에 반비례한다.
$$조도(E) = \frac{\text{lumen}}{\text{m}^2}$$
㉣ 조도는 입사면의 단면적에 대한 광속의 비를 의미한다.

65 작업장에서는 통상 근로자의 눈을 보호하기 위하여 인공광선에 의해 충분한 조도를 확보하여야 한다. 다음 중 조도를 증가하지 않아도 되는 것은?

① 피사체의 반사율이 증가할 때
② 시력이 나쁘거나 눈에 결함이 있을 때
③ 계속적으로 눈을 뜨고 정밀작업을 할 때
④ 취급물체가 주위와의 색깔 대조가 뚜렷하지 않을 때

풀이 피사체의 반사율이 감소할 때 조도를 증가시킨다.

66 전리방사선 중 α 입자의 성질을 가장 잘 설명한 것은?

① 전리작용이 약하다.
② 투과력이 가장 강하다.
③ 전자핵에서 방출되며, 양자 1개를 가진다.
④ 외부조사로 건강상의 위해가 오는 일은 드물다.

풀이 ① 전리작용이 가장 강하다.
② 투과력이 가장 약하다.
③ 방사성 동위원소의 붕괴과정 중에서 원자핵에서 방출되는 입자로서 헬륨 원자의 핵과 같이 2개의 양자와 2개의 중성자로 구성되어 있다.

67 다음 중 눈에 백내장을 일으키는 마이크로파의 파장범위로 가장 적절한 것은?

① 1,000~10,000MHz
② 40,000~100,000MHz
③ 500~7,000MHz
④ 100~1,400MHz

풀이 마이크로파에 의한 표적기관은 눈이며 1,000~10,000Hz에서 백내장이 생기고, ascorbic산의 감소증상이 나타나며, 백내장은 조직온도의 상승과 관계된다.

2023

정답 64.① 65.① 66.④ 67.①

68 다음 중 진동에 대한 설명으로 틀린 것은?

① 전신진동에 대해 인체는 대략 $0.01m/sec^2$에서 $10m/sec^2$까지의 가속도를 느낄 수 있다.
② 진동 시스템을 구성하는 3가지 요소는 질량(mass), 탄성(elasticity), 댐핑(damping)이다.
③ 심한 진동에 노출될 경우 일부 노출군에서 뼈, 관절 및 신경, 근육, 혈관 등 연부조직에서 병변이 나타난다.
④ 간헐적인 노출시간(주당 1일)에 대해 노출 기준치를 초과하는 주파수-보정, 실효치, 성분가속도에 대한 급성노출은 반드시 더 유해하다.

풀이 간헐적인 노출보다는 연속적인 노출이 더 유해하다.

69 시간당 150kcal의 열량이 소요되는 작업을 하는 실내 작업장이다. 다음 온도 조건에서 시간당 작업휴식시간비로 가장 적절한 것은?

• 흑구온도 : 32℃
• 건구온도 : 27℃
• 자연습구온도 : 30℃

작업휴식시간비 \ 작업강도	경작업	중등작업	중작업
계속작업	30.0	26.7	25.0
매시간 75% 작업, 25% 휴식	30.6	28.0	25.9
매시간 50% 작업, 50% 휴식	31.4	29.4	27.9
매시간 25% 작업, 75% 휴식	32.2	31.1	30.0

① 계속작업
② 매시간 25% 작업, 75% 휴식
③ 매시간 50% 작업, 50% 휴식
④ 매시간 75% 작업, 25% 휴식

풀이 옥내 WBGT(℃)
=(0.7×자연습구온도)+(0.3×흑구온도)
=(0.7×30℃)+(0.3×32℃)
=30.6℃
시간당 200kcal까지의 열량이 소요되는 작업이 경작업이므로 작업휴식시간비는 매시간 75% 작업, 25% 휴식이다.

70 전신진동은 진동이 작용하는 축에 따라 인체에 영향을 미치는 주파수의 범위가 다르다. 각 축에 따른 주파수의 범위로 옳은 것은?

① 수직방향 : 4~8Hz, 수평방향 : 1~2Hz
② 수직방향 : 10~20Hz, 수평방향 : 4~8Hz
③ 수직방향 : 2~100Hz, 수평방향 : 8~1,500Hz
④ 수직방향 : 8~1,500Hz, 수평방향 : 50~100Hz

풀이 횡축을 진동수, 종축을 진동가속도 실효치로 진동의 등감각곡선을 나타내며, 수직진동은 4~8Hz 범위에서 수평진동은 1~2Hz 범위에서 가장 민감하다.

71 다음 중 산소 결핍이 진행되면서 생체에 나타나는 영향을 순서대로 나열한 것은?

㉮ 가벼운 어지러움
㉯ 사망
㉰ 대뇌피질의 기능 저하
㉱ 중추성 기능 장애

① ㉮ → ㉰ → ㉱ → ㉯
② ㉮ → ㉱ → ㉰ → ㉯
③ ㉰ → ㉮ → ㉱ → ㉯
④ ㉰ → ㉱ → ㉮ → ㉯

풀이 산소 농도에 따른 인체장애

산소 농도 (%)	산소 분압 (mmHg)	동맥혈의 산소 포화도 (%)	증 상
12~16	90~120	85~89	호흡수 증가, 맥박 증가, 정신집중 곤란, 두통, 이명, 신체기능조절 손상 및 순환기 장애자 초기증상 유발
9~14	60~105	74~87	불완전한 정신상태에 이르고, 취한 것과 같으며, 당시의 기억상실, 전신 탈진, 체온상승, 호흡장애, 청색증 유발, 판단력 저하
6~10	45~70	33~74	의식불명, 안면창백, 전신 근육경련, 중추신경장애, 청색증 유발, 경련, 8분 내 100% 치명적, 6분 내 50% 치명적, 4~5분 내 치료로 회복 가능
4~6 및 이하	45 이하	33 이하	40초 내에 혼수상태, 호흡정지, 사망

정답 68.④ 69.④ 70.① 71.①

72 다음 중 외부조사보다 체내 흡입 및 섭취로 인한 내부조사의 피해가 가장 큰 전리방사선의 종류는?

① α선 ② β선
③ γ선 ④ X선

풀이 **α선(α입자)**
㉠ 방사선 동위원소의 붕괴과정 중 원자핵에서 방출되는 입자로서 헬륨원자의 핵과 같이 2개의 양자와 2개의 중성자로 구성되어 있다. 즉, 선원(major source)은 방사선 원자핵이고 고속의 He 입자형태이다.
㉡ 질량과 하전 여부에 따라 그 위험성이 결정된다.
㉢ 투과력은 가장 약하나(매우 쉽게 흡수) 전리작용은 가장 강하다.
㉣ 투과력이 약해 외부조사로 건강상의 위해가 오는 일은 드물며, 피해부위는 내부노출이다.
㉤ 외부조사보다 동위원소를 체내 흡입·섭취할 때의 내부조사의 피해가 가장 큰 전리방사선이다.

73 다음 중 소음의 크기를 나타내는 데 사용되는 단위로서 음향출력, 음의 세기 및 음압 등의 양을 비교하는 무차원의 단위인 dB을 나타낸 것은? (단, I_0 : 기준음향의 세기, I : 발생음의 세기를 나타낸다.)

① $\mathrm{dB} = 10\log\frac{I}{I_0}$

② $\mathrm{dB} = 20\log\frac{I}{I_0}$

③ $\mathrm{dB} = 10\log\frac{I_0}{I}$

④ $\mathrm{dB} = 20\log\frac{I_0}{I}$

풀이 (1) **음의 세기**
㉠ 음의 진행방향에 수직하는 단위면적을 단위시간에 통과하는 음에너지를 음의 세기라 한다.
㉡ 단위는 watt/m^2이다.

(2) **음의 세기레벨(SIL)**

$$\mathrm{SIL} = 10\log\left(\frac{I}{I_o}\right)(\mathrm{dB})$$

여기서, SIL : 음의 세기레벨(dB)
I : 대상 음의 세기(W/m^2)
I_o : 최소가청음 세기(10^{-12}W/m^2)

74 다음 설명에 해당하는 방진재료는?

- 형상의 선택이 비교적 자유롭다.
- 자체의 내부마찰에 의해 저항을 얻을 수 있어 고주파 진동의 차진(遮振)에 양호하다.
- 내후성, 내유성, 내약품성의 단점이 있다.

① 코일 용수철 ② 펠트
③ 공기 용수철 ④ 방진고무

풀이 **방진고무의 장단점**
(1) 장점
㉠ 고무 자체의 내부마찰로 적당한 저항을 얻을 수 있다.
㉡ 공진 시의 진폭도 지나치게 크지 않다.
㉢ 설계자료가 잘 되어 있어서 용수철정수(스프링상수)를 광범위하게 선택할 수 있다.
㉣ 형상의 선택이 비교적 자유로워 여러 가지 형태로 된 철물에 견고하게 부착할 수 있다.
㉤ 고주파 진동의 차진에 양호하다.
(2) 단점
㉠ 내후성, 내유성, 내열성, 내약품성이 약하다.
㉡ 공기 중의 오존(O_3)에 의해 산화된다.
㉢ 내부마찰에 의한 발열 때문에 열화되기 쉽다.

75 가로 10m, 세로 7m, 높이 4m인 작업장의 흡음률이 바닥은 0.1, 천장은 0.2, 벽은 0.15이다. 이 방의 평균 흡음률은 얼마인가?

① 0.10 ② 0.15
③ 0.20 ④ 0.25

풀이 평균 흡음률

$$= \frac{\Sigma S_i \alpha_i}{\Sigma S_i}$$

$S_{천} = 10\times7 = 70\mathrm{m}^2$
$S_{벽} = (10\times4\times2)+(7\times4\times2) = 136\mathrm{m}^2$
$S_{바} = 10\times7 = 70\mathrm{m}^2$

$$= \frac{(70\times0.2)+(136\times0.15)+(70\times0.1)}{70+136+70} = 0.15$$

76 다음 중 피부 투과력이 가장 큰 것은?

① α선 ② β선
③ X선 ④ 레이저

풀이 **전리방사선의 인체 투과력 순서**
중성자 > X선 or γ선 > β선 > α선

2023

정답 72.① 73.① 74.④ 75.② 76.③

77 다음 중 이상기압의 영향으로 발생되는 고공성 폐수종에 관한 설명으로 틀린 것은?

① 어른보다 아이들에게서 많이 발생된다.
② 고공 순화된 사람이 해면에 돌아올 때에도 흔히 일어난다.
③ 산소공급과 해면 귀환으로 급속히 소실되며, 증세는 반복해서 발병하는 경향이 있다.
④ 진해성 기침과 호흡곤란이 나타나고 폐동맥 혈압이 급격히 낮아져 구토, 실신 등이 발생한다.

풀이 **고공성 폐수종**
㉠ 어른보다 순화적응속도가 느린 어린이에게 많이 일어난다.
㉡ 고공 순화된 사람이 해면에 돌아올 때 자주 발생한다.
㉢ 산소공급과 해면 귀환으로 급속히 소실되며, 이 증세는 반복해서 발병하는 경향이 있다.
㉣ 진해성 기침, 호흡곤란, 폐동맥의 혈압 상승현상이 나타난다.

78 청력손실치가 다음과 같을 때, 6분법에 의하여 판정하면 청력손실은 얼마인가?

- 500Hz에서 청력손실치 8
- 1,000Hz에서 청력손실치 12
- 2,000Hz에서 청력손실치 12
- 4,000Hz에서 청력손실치 22

① 12 ② 13
③ 14 ④ 15

풀이
$$6분법\ 평균\ 청력손실 = \frac{a+2b+2c+d}{6} = \frac{8+(2\times12)+(2\times12)+22}{6} = 13\text{dB(A)}$$

79 화학적 질식제로 산소결핍장소에서 보건학적 의의가 가장 큰 것은?

① CO ② CO_2
③ SO_2 ④ NO_2

풀이 **일산화탄소(CO)**
㉠ 탄소 또는 탄소화합물이 불완전연소할 때 발생되는 무색무취의 기체이다.
㉡ 산소결핍 장소에서 보건학적 의의가 가장 큰 물질이다.
㉢ 혈액 중 헤모글로빈과의 결합력이 매우 강하여 체내 산소공급능력을 방해하므로 대단히 유해하다.
㉣ 생체 내에서 혈액과 화학작용을 일으켜서 질식을 일으키는 물질이다.
㉤ 정상적인 작업환경 공기에서 CO 농도가 0.1%로 되면 사람의 헤모글로빈 50%가 불활성화된다.
㉥ CO 농도가 1%(10,000ppm)에서 1분 후에 사망에 이른다(COHb : 카복시헤모글로빈 20% 상태가 됨).

80 단위시간에 일어나는 방사선 붕괴율을 나타내며, 초당 3.7×10^{10}개의 원자붕괴가 일어나는 방사능 물질의 양으로 정의되는 것은?

① R ② Ci
③ Gy ④ Sv

풀이 **큐리(Curie, Ci), Bq(Becquerel)**
㉠ 방사성 물질의 양을 나타내는 단위이다.
㉡ 단위시간에 일어나는 방사선 붕괴율을 의미한다.
㉢ radium이 붕괴하는 원자의 수를 기초로 해서 정해졌으며, 1초간 3.7×10^{10}개의 원자붕괴가 일어나는 방사성 물질의 양(방사능의 강도)으로 정의한다.
㉣ $1\text{Bq}=2.7\times10^{-11}\text{Ci}$

제5과목 | 산업 독성학

81 다음 중 유기용제와 그 특이증상을 짝지은 것으로 틀린 것은?

① 벤젠 – 조혈장애
② 염화탄화수소 – 시신경장애
③ 메틸부틸케톤 – 말초신경장애
④ 이황화탄소 – 중추신경 및 말초신경 장애

풀이 **유기용제별 대표적 특이증상**
㉠ 벤젠 : 조혈장애
㉡ 염화탄화수소, 염화비닐 : 간장애
㉢ 이황화탄소 : 중추신경 및 말초신경 장애, 생식기능장애

정답 77.④ 78.② 79.① 80.② 81.②

82 다음 중 호흡성 먼지(respirable dust)에 대한 미국 ACGIH의 정의로 옳은 것은?

① 크기가 10~100μm로 코와 인후두를 통하여 기관지나 폐에 침착한다.
② 폐포에 도달하는 먼지로, 입경이 7.1μm 미만인 먼지를 말한다.
③ 평균입경이 4μm이고, 공기역학적 직경이 10μm 미만인 먼지를 말한다.
④ 평균입경이 10μm인 먼지로, 흉곽성(thoracic) 먼지라고도 한다.

풀이 **ACGIH의 입자 크기별 기준(TLV)**

(1) 흡입성 입자상 물질
(IPM ; Inspirable Particulates Mass)
㉠ 호흡기의 어느 부위(비강, 인후두, 기관 등 호흡기의 기도 부위)에 침착하더라도 독성을 유발하는 분진이다.
㉡ 비암이나 비중격천공을 일으키는 입자상 물질이 여기에 속한다.
㉢ 침전분진은 재채기, 침, 코 등의 벌크(bulk) 세척기전으로 제거된다.
㉣ 입경범위 : 0~100μm
㉤ 평균입경 : 100μm(폐침착의 50%에 해당하는 입자의 크기)

(2) 흉곽성 입자상 물질
(TPM ; Thoracic Particulates Mass)
㉠ 기도나 하기도(가스교환 부위)에 침착하여 독성을 나타내는 물질이다.
㉡ 평균입경 : 10μm
㉢ 채취기구 : PM 10

(3) 호흡성 입자상 물질
(RPM ; Respirable Particulates Mass)
㉠ 가스교환 부위, 즉 폐포에 침착할 때 유해한 물질이다.
㉡ 평균입경 : 4μm(공기역학적 직경이 10μm 미만의 먼지가 호흡성 입자상 물질)
㉢ 채취기구 : 10mm nylon cyclone

83 다음 중 생물학적 모니터링을 할 수 없거나 어려운 물질은?

① 카드뮴 ② 유기용제
③ 톨루엔 ④ 자극성 물질

풀이 생물학적 모니터링 과정에서 건강상의 위험이 전혀 없어야 하나 자극성 물질은 그러하지 않다.

84 다음 중 유기용제에 대한 설명으로 잘못된 것은?

① 벤젠은 백혈병을 일으키는 원인물질이다.
② 벤젠은 만성장애로 조혈장애를 유발하지 않는다.
③ 벤젠은 주로 페놀로 대사되며, 페놀은 벤젠의 생물학적 노출지표로 이용된다.
④ 방향족탄화수소 중 저농도에 장기간 노출되어 만성중독을 일으키는 경우에는 벤젠의 위험도가 크다.

풀이 방향족탄화수소 중 저농도에 장기간 폭로(노출)되어 만성중독(조혈장애)을 일으키는 경우에는 벤젠의 위험도가 가장 크고, 급성 전신중독 시 독성이 강한 물질은 톨루엔이다.

85 급성중독 시 우유와 계란의 흰자를 먹여 단백질과 해당 물질을 결합시켜 침전시키거나, BAL(dimercaprol)을 근육주사로 투여하여야 하는 물질은?

① 납 ② 수은
③ 크롬 ④ 카드뮴

풀이 **수은중독의 치료**

(1) 급성중독
㉠ 우유와 계란의 흰자를 먹여 단백질과 해당 물질을 결합시켜 침전시킨다.
㉡ 마늘계통의 식물을 섭취한다.
㉢ 위세척(5~10% S.F.S 용액)을 한다. 다만, 세척액은 200~300mL를 넘지 않도록 한다.
㉣ BAL(British Anti Lewisite)을 투여한다(체중 1kg당 5mg의 근육주사).

(2) 만성중독
㉠ 수은 취급을 즉시 중지시킨다.
㉡ BAL(British Anti Lewisite)을 투여한다.
㉢ 1일 10L의 등장식염수를 공급(이뇨작용으로 촉진)한다.
㉣ N-acetyl-D-penicillamine을 투여한다.
㉤ 땀을 흘려 수은 배설을 촉진한다.
㉥ 진전증세에 genascopalin을 투여한다.
㉦ Ca-EDTA의 투여는 금기사항이다.

2023

정답 82.③ 83.④ 84.② 85.②

86 다음 중 유해물질의 분류에 있어 질식제로 분류되지 않는 것은?

① H_2
② N_2
③ H_2S
④ O_3

풀이 **질식제의 구분에 따른 종류**
(1) 단순 질식제
㉠ 이산화탄소(CO_2)
㉡ 메탄(CH_4)
㉢ 질소(N_2)
㉣ 수소(H_2)
㉤ 에탄, 프로판, 에틸렌, 아세틸렌, 헬륨
(2) 화학적 질식제
㉠ 일산화탄소(CO)
㉡ 황화수소(H_2S)
㉢ 시안화수소(HCN)
㉣ 아닐린($C_6H_5NH_2$)

87 다음 설명에 해당하는 중금속은?

- 뇌홍의 제조에 사용
- 소화관으로는 2~7% 정도 소량으로 흡수
- 금속 형태는 뇌, 혈액, 심근에 많이 분포
- 만성노출 시 식욕부진, 신기능부전, 구내염 발생

① 납(Pb)
② 수은(Hg)
③ 카드뮴(Cd)
④ 안티몬(Sb)

풀이 수은
㉠ 무기수은은 뇌홍[$Hg(ONC)_2$] 제조에 사용된다.
㉡ 금속수은은 주로 증기가 기도를 통해서 흡수되고 일부는 피부로 흡수되며, 소화관으로는 2~7% 정도 소량 흡수된다.
㉢ 금속수은은 뇌, 혈액, 심근 등에 분포한다.
㉣ 만성노출 시 식욕부진, 신기능부전, 구내염을 발생시킨다.

88 다음 중 피부 독성에 있어 경피흡수에 영향을 주는 인자와 가장 거리가 먼 것은?

① 개인의 민감도
② 용매(vehicle)
③ 화학물질
④ 온도

풀이 **피부독성에 있어 피부흡수에 영향을 주는 인자(경피흡수에 영향을 주는 인자)**
㉠ 개인의 민감도
㉡ 용매
㉢ 화학물질

89 산업독성학 용어 중 무관찰영향수준(NOEL)에 관한 설명으로 틀린 것은?

① 주로 동물실험에서 유효량으로 이용된다.
② 아급성 또는 만성 독성 시험에서 구해지는 지표이다.
③ 양-반응 관계에서 안전하다고 여겨지는 양으로 간주된다.
④ NOEL의 투여에서는 투여하는 전 기간에 걸쳐 치사, 발병 및 병태생리학적 변화가 모든 실험대상에서 관찰되지 않는다.

풀이 NOEL(No Observed Effect Level)
㉠ 현재의 평가방법으로 독성 영향이 관찰되지 않은 수준을 말한다.
㉡ 무관찰영향수준, 즉 무관찰 작용 양을 의미하며, 악영향을 나타내는 반응이 없는 농도수준(SNAPL)과 같다.
㉢ NOEL 투여에서는 투여하는 전 기간에 걸쳐 치사, 발병 및 생리학적 변화가 모든 실험대상에서 관찰되지 않는다.
㉣ 양-반응 관계에서 안전하다고 여겨지는 양으로 간주된다.
㉤ 아급성 또는 만성 독성 시험에 구해지는 지표이다.
㉥ 밝혀지지 않은 독성이 있을 수 있다는 것과 다른 종류의 동물을 실험하였을 때는 독성이 있을 수 있음을 전제로 한다.

정답 86.④ 87.② 88.④ 89.①

90 다음 중 내재용량에 대한 개념으로 잘못된 것은?

① 개인시료 채취량과 동일하다.
② 최근에 흡수된 화학물질의 양을 나타낸다.
③ 과거 수개월 동안 흡수된 화학물질의 양을 의미한다.
④ 체내 주요 조직이나 부위의 작용과 결합한 화학물질의 양을 의미한다.

풀이 **체내 노출량(내재용량)의 여러 개념**
㉠ 체내 노출량은 최근에 흡수된 화학물질의 양을 나타낸다.
㉡ 축적(저장)된 화학물질의 양을 의미한다.
㉢ 화학물질이 건강상 영향을 나타내는 체내 주요 조직이나 부위의 작용과 결합한 화학물질의 양을 의미한다.

91 다음 중 'cholinesterase' 효소를 억압하여 신경증상을 나타내는 것은?

① 중금속화합물
② 유기인제
③ 파라쿼트
④ 비소화합물

풀이 사람의 신경세포에는 아세틸콜린의 생성과 파괴에 관여하는 콜린에스테라아제(cholinesterase)라는 효소가 아주 많이 존재하고 이는 신경계에 무척 중요하며, 이 효소는 유기인제제(살충제)에 의해서 파괴된다.

92 주요 원인물질은 혼합물질이며, 건축업, 도자기 작업장, 채석장, 석재공장 등의 작업장에서 근무하는 근로자에게 발생할 수 있는 진폐증은?

① 석면폐증
② 용접공폐증
③ 철폐증
④ 규폐증

풀이 **규폐증의 원인**
㉠ 결정형 규소(암석 : 석영분진, 이산화규소, 유리규산)에 직업적으로 노출된 근로자에게 발생한다.
※ 유리규산(SiO_2) 함유 먼지 0.5~5μm의 크기에서 잘 발생한다.
㉡ 주요 원인물질은 혼합물질이며, 건축업, 도자기 작업장, 채석장, 석재공장 등의 작업장에서 근무하는 근로자에게 발생한다.
㉢ 석재공장, 주물공장, 내화벽돌 제조, 도자기 제조 등에서 발생하는 유리규산이 주 원인이다.
㉣ 유리규산(석영) 분진에 의한 규폐성 결정과 폐포벽 파괴 등 망상내피계 반응은 분진입자의 크기가 2~5μm일 때 자주 일어난다.

93 다음 중 폐에 침착된 먼지의 정화과정에 대한 설명으로 틀린 것은?

① 어떤 먼지는 폐포벽을 뚫고 림프계나 다른 부위로 들어가기도 한다.
② 먼지는 세포가 방출하는 효소에 의해 용해되지 않으므로 점액층에 의한 방출 이외에는 체내에 축적된다.
③ 폐에서 먼지를 포위하는 식세포는 수명이 다한 후 사멸하고 다시 새로운 식세포가 먼지를 포위하는 과정이 계속적으로 일어난다.
④ 폐에 침착된 먼지는 식세포에 의하여 포위되어, 포위된 먼지의 일부는 미세 기관지로 운반되고 점액 섬모운동에 의하여 정화된다.

풀이 **인체 방어기전**
(1) 점액 섬모운동
㉠ 가장 기초적인 방어기전(작용)이며, 점액 섬모운동에 의한 배출 시스템으로 폐포로 이동하는 과정에서 이물질을 제거하는 역할을 한다.
㉡ 기관지(벽)에서의 방어기전을 의미한다.
㉢ 정화작용을 방해하는 물질은 카드뮴, 니켈, 황화합물 등이다.
(2) 대식세포에 의한 작용(정화)
㉠ 대식세포가 방출하는 효소에 의해 용해되어 제거된다(용해작용).
㉡ 폐포의 방어기전을 의미한다.
㉢ 대식세포에 의해 용해되지 않는 대표적 독성물질은 유리규산, 석면 등이다.

정답 90.① 91.② 92.④ 93.②

94 천연가스, 석유정제산업, 지하석탄광업 등을 통해서 노출되고 중추신경의 억제와 후각의 마비 증상을 유발하며, 치료로는 100% O_2를 투여하는 등의 조치가 필요한 물질은?

① 암모니아 ② 포스겐
③ 오존 ④ 황화수소

풀이 황화수소(H_2S)
㉠ 부패한 계란 냄새가 나는 무색 기체로 폭발성이 있음
㉡ 공업약품 제조에 이용되며 레이온공업, 셀로판제조, 오수조 내의 작업 등에서 발생하며, 천연가스, 석유정제산업, 지하석탄광업 등을 통해서도 노출
㉢ 급성중독으로는 점막의 자극증상이 나타나며 경련, 구토, 현기증, 혼수, 뇌의 호흡 중추신경의 억제와 마비 증상
㉣ 만성작용으로는 두통, 위장장애 증상
㉤ 치료로는 100% 산소를 투여
㉥ 고용노동부 노출기준은 TWA로 10ppm이며, STEL은 15ppm임
㉦ 산업안전보건기준에 관한 규칙상 관리대상 유해물질의 가스상 물질류임

95 유해화학물질에 노출되었을 때 간장이 표적장기가 되는 주요 이유가 아닌 것은?

① 간장은 각종 대사효소가 집중적으로 분포되어 있고, 이들 효소활동에 의해 다양한 대사물질이 만들어지기 때문에 다른 기관에 비해 독성물질의 노출가능성이 매우 높다.
② 간장은 대정맥을 통하여 소화기계로부터 혈액을 공급받기 때문에 소화기관을 통하여 흡수된 독성물질의 이차표적이 된다.
③ 간장은 정상적인 생활에서도 여러 가지 복잡한 생화학 반응 등 매우 복합적인 기능을 수행함에 따라 기능의 손상가능성이 매우 높다.
④ 혈액의 흐름이 매우 풍부하기 때문에 혈액을 통해서 쉽게 침투가 가능하다.

풀이 간장은 문정맥을 통하여 소화기계로부터 혈액을 공급받기 때문에 소화기관을 통하여 흡수된 독성물질의 일차적인 표적이 된다.

96 건강영향에 따른 분진의 분류와 유발물질의 종류를 잘못 짝지은 것은?

① 유기성 분진 – 목분진, 면, 밀가루
② 알레르기성 분진 – 크롬산, 망간, 황
③ 진폐성 분진 – 규산, 석면, 활석, 흑연
④ 발암성 분진 – 석면, 니켈카보닐, 아민계 색소

풀이 분진의 분류와 유발물질의 종류
㉠ 진폐성 분진 : 규산, 석면, 활석, 흑연
㉡ 불활성 분진 : 석탄, 시멘트, 탄화수소
㉢ 알레르기성 분진 : 꽃가루, 털, 나뭇가루
㉣ 발암성 분진 : 석면, 니켈카보닐, 아민계 색소

97 유해화학물질의 노출경로에 관한 설명으로 틀린 것은?

① 위의 산도에 따라서 유해물질이 화학반응을 일으키기도 한다.
② 입으로 들어간 유해물질은 침이나 그 밖의 소화액에 의해 위장관에서 흡수된다.
③ 소화기 계통으로 노출되는 경우가 호흡기로 노출되는 경우보다 흡수가 잘 이루어진다.
④ 소화기 계통으로 침입하는 것은 위장관에서 산화, 환원, 분해 과정을 거치면서 해독되기도 한다.

풀이 소화기 계통으로 노출되는 경우가 호흡기로 노출되는 경우보다 흡수가 잘 이루어지지 않는다.

98 중금속 노출에 의하여 나타나는 금속열은 흄 형태의 금속을 흡입하여 발생되는데, 감기증상과 매우 비슷하여 오한, 구토감, 기침, 전신위약감 등의 증상이 있으며, 월요일 출근 후에 심해져서 월요일열이라고도 한다. 다음 중 금속열을 일으키는 물질이 아닌 것은?

① 납 ② 카드뮴
③ 산화아연 ④ 안티몬

 정답 94.④ 95.② 96.② 97.③ 98.①

풀이 **금속열 발생원인 물질**
㉠ 아연
㉡ 구리
㉢ 망간
㉣ 마그네슘
㉤ 니켈
㉥ 카드뮴
㉦ 안티몬

99 표와 같은 크롬중독을 스크린하는 검사법을 개발하였다면 이 검사법의 특이도는 얼마인가?

구 분		크롬중독 진단		합 계
		양 성	음 성	
검사법	양 성	15	9	24
	음 성	9	21	30
합 계		24	30	54

① 68%　　② 69%
③ 70%　　④ 71%

풀이 특이도(%) $= \frac{21}{30} \times 100 = 70\%$
특이도는 실제 노출되지 않은 사람이 이 측정방법에 의하여 "노출되지 않을 것"으로 나타날 확률을 의미한다.

100 메탄올이 독성을 나타내는 대사단계를 바르게 나타낸 것은?

① 메탄올 → 에탄올 → 포름산 → 포름알데히드
② 메탄올 → 아세트알데히드 → 아세테이트 → 물
③ 메탄올 → 포름알데히드 → 포름산 → 이산화탄소
④ 메탄올 → 아세트알데히드 → 포름알데히드 → 이산화탄소

풀이 **메탄올의 시각장애 기전**
메탄올 → 포름알데히드 → 포름산 → 이산화탄소, 즉 중간 대사체에 의하여 시신경에 독성을 나타낸다.

2023

정답 99.③ 100.③

제2회 산업위생관리기사

제1과목 | 산업위생학 개론

01 다음 중 산업위생의 목적으로 가장 적합하지 않은 것은?

① 작업조건을 개선한다.
② 근로자의 작업능률을 향상시킨다.
③ 근로자의 건강을 유지 및 증진시킨다.
④ 유해한 작업환경으로 일어난 질병을 진단한다.

풀이 산업위생(관리)의 목적
㉠ 작업환경과 근로조건의 개선 및 직업병의 근원적 예방
㉡ 작업환경 및 작업조건의 인간공학적 개선(최적의 작업환경 및 작업조건으로 개선하여 질병 예방)
㉢ 작업자의 건강보호 및 생산성 향상(근로자의 건강을 유지 · 증진시키고, 작업능률을 향상)
㉣ 근로자들의 육체적, 정신적, 사회적 건강 유지 및 증진
㉤ 산업재해의 예방 및 직업성 질환 유소견자의 작업전환

02 다음 중 전신피로에 있어 생리학적 원인에 속하지 않는 것은?

① 젖산의 감소
② 산소공급의 부족
③ 글리코겐 양의 감소
④ 혈중 포도당 농도의 저하

풀이 전신피로의 원인
㉠ 산소공급의 부족
㉡ 혈중 포도당 농도의 저하(가장 큰 원인)
㉢ 혈중 젖산 농도의 증가
㉣ 근육 내 글리코겐 양의 감소
㉤ 작업강도의 증가

03 다음 중 작업강도에 영향을 미치는 요인으로 틀린 것은?

① 작업밀도가 적다.
② 대인 접촉이 많다.
③ 열량 소비량이 크다.
④ 작업대상의 종류가 많다.

풀이 작업강도에 영향을 미치는 요인(작업강도가 커지는 경우)
㉠ 정밀작업일 때
㉡ 작업의 종류가 많을 때
㉢ 열량 소비량이 많을 때
㉣ 작업속도가 빠를 때
㉤ 작업이 복잡할 때
㉥ 판단을 요할 때
㉦ 작업인원이 감소할 때
㉧ 위험부담을 느낄 때
㉨ 대인 접촉이나 제약조건이 빈번할 때

04 다음 중 노출기준에 피부(skin) 표시를 첨부하는 물질이 아닌 것은?

① 옥탄올-물 분배계수가 높은 물질
② 반복하여 피부에 도포했을 때 전신작용을 일으키는 물질
③ 손이나 팔에 의한 흡수가 몸 전체에서 많은 부분을 차지하는 물질
④ 동물을 이용한 급성중독실험결과 피부 흡수에 의한 치사량이 비교적 높은 물질

풀이 노출기준에 피부(skin) 표시를 하여야 하는 물질
㉠ 손이나 팔에 의한 흡수가 몸 전체 흡수에 지대한 영향을 주는 물질
㉡ 반복하여 피부에 도포했을 때 전신작용을 일으키는 물질
㉢ 급성동물실험결과 피부 흡수에 의한 치사량이 비교적 낮은 물질
㉣ 옥탄올 - 물 분배계수가 높아 피부 흡수가 용이한 물질
㉤ 피부 흡수가 전신작용에 중요한 역할을 하는 물질

정답 01.④ 02.① 03.① 04.④

05 인간공학에서 최대작업영역(maximum area)에 대한 설명으로 가장 적절한 것은?

① 허리의 불편 없이 적절히 조작할 수 있는 영역
② 팔과 다리를 이용하여 최대한 도달할 수 있는 영역
③ 어깨에서부터 팔을 뻗어 도달할 수 있는 최대 영역
④ 상완을 자연스럽게 몸에 붙인 채로 전완을 움직일 때 도달하는 영역

풀이 **수평작업영역의 구분**
(1) 최대작업역(최대영역, maximum area)
㉠ 팔 전체가 수평상에 도달할 수 있는 작업영역
㉡ 어깨로부터 팔을 뻗어 도달할 수 있는 최대 영역
㉢ 아래팔(전완)과 위팔(상완)을 곧게 펴서 파악할 수 있는 영역
㉣ 움직이지 않고 상지를 뻗어서 닿는 범위
(2) 정상작업역(표준영역, normal area)
㉠ 상박부를 자연스런 위치에서 몸통부에 접하고 있을 때에 전박부가 수평면 위에서 쉽게 도착할 수 있는 운동범위
㉡ 위팔(상완)을 자연스럽게 수직으로 늘어뜨린 채 아래팔(전완)만으로 편안하게 뻗어 파악할 수 있는 영역
㉢ 움직이지 않고 전박과 손으로 조작할 수 있는 범위
㉣ 앉은 자세에서 위팔은 몸에 붙이고, 아래팔만 곧게 뻗어 닿는 범위
㉤ 약 34~45cm의 범위

06 다음 중 산업안전보건법상 '충격소음작업'에 해당하는 것은? (단, 작업은 소음이 1초 이상의 간격으로 발생한다.)

① 120데시벨을 초과하는 소음이 1일 1만 회 이상 발생되는 작업
② 125데시벨을 초과하는 소음이 1일 1천 회 이상 발생되는 작업
③ 130데시벨을 초과하는 소음이 1일 1백 회 이상 발생되는 작업
④ 140데시벨을 초과하는 소음이 1일 10회 이상 발생되는 작업

풀이 **충격소음작업**
소음이 1초 이상의 간격으로 발생하는 작업으로서 다음의 1에 해당하는 작업을 말한다.
㉠ 120dB을 초과하는 소음이 1일 1만 회 이상 발생되는 작업
㉡ 130dB을 초과하는 소음이 1일 1천 회 이상 발생되는 작업
㉢ 140dB을 초과하는 소음이 1일 1백 회 이상 발생되는 작업

07 산업안전보건법령상 석면에 대한 작업환경 측정 결과 측정치가 노출기준을 초과하는 경우 그 측정일로부터 몇 개월에 몇 회 이상의 작업환경 측정을 해야 하는가?

① 1개월에 1회 이상
② 3개월에 1회 이상
③ 6개월에 1회 이상
④ 12개월에 1회 이상

풀이 **작업환경 측정횟수**
㉠ 사업주는 작업장 또는 작업공정이 신규로 가동되거나 변경되는 등으로 작업환경 측정대상 작업장이 된 경우에는 그 날부터 30일 이내에 작업환경 측정을 실시하고, 그 후 반기에 1회 이상 정기적으로 작업환경을 측정하여야 한다. 다만, 작업환경 측정 결과가 다음의 어느 하나에 해당하는 작업장 또는 작업공정은 해당 유해인자에 대하여 그 측정일부터 3개월에 1회 이상 작업환경을 측정해야 한다.
- 화학적 인자(고용노동부장관이 정하여 고시하는 물질만 해당)의 측정치가 노출기준을 초과하는 경우
- 화학적 인자(고용노동부장관이 정하여 고시하는 물질은 제외)의 측정치가 노출기준을 2배 이상 초과하는 경우

㉡ ㉠항에도 불구하고 사업주는 최근 1년간 작업공정에서 공정 설비의 변경, 작업방법의 변경, 설비의 이전, 사용화학물질의 변경 등으로 작업환경 측정 결과에 영향을 주는 변화가 없는 경우 1년에 1회 이상 작업환경 측정을 할 수 있는 경우
- 작업공정 내 소음의 작업환경 측정결과가 최근 2회 연속 85dB 미만인 경우
- 작업공정 내 소음 외의 다른 모든 인자의 작업환경 측정결과가 최근 2회 연속 노출기준 미만인 경우

정답 05.③ 06.① 07.②

08 NIOSH에서 제시한 권장무게한계가 6kg이고 근로자가 실제 작업하는 중량물의 무게가 12kg이라면 중량물 취급지수는 얼마인가?

① 0.5 ② 1.0
③ 2.0 ④ 6.0

풀이 중량물 취급지수(LI)

$$LI = \frac{\text{물체무게(kg)}}{\text{RWL(kg)}} = \frac{12\text{kg}}{6\text{kg}} = 2$$

09 다음 중 스트레스에 관한 설명으로 잘못된 것은?

① 위협적인 환경 특성에 대한 개인의 반응이다.
② 스트레스가 아주 없거나 너무 많을 때에는 역기능 스트레스로 작용한다.
③ 환경의 요구가 개인의 능력한계를 벗어날 때 발생하는 개인과 환경과의 불균형 상태이다.
④ 스트레스를 지속적으로 받게 되면 인체는 자기조절능력을 발휘하여 스트레스로부터 벗어난다.

풀이 스트레스(stress)

㉠ 인체에 어떠한 자극이건 간에 체내의 호르몬계를 중심으로 한 특유의 반응이 일어나는 것을 적응증상군이라 하며, 이러한 상태를 스트레스라고 한다.
㉡ 외부 스트레서(stressor)에 의해 신체의 항상성이 파괴되면서 나타나는 반응이다.
㉢ 인간은 스트레스 상태가 되면 부신피질에서 코티솔(cortisol)이라는 호르몬이 과잉분비되어 뇌의 활동 등을 저하하게 된다.
㉣ 위협적인 환경 특성에 대한 개인의 반응이다.
㉤ 스트레스가 아주 없거나 너무 많을 때에는 역기능 스트레스로 작용한다.
㉥ 환경의 요구가 개인의 능력한계를 벗어날 때 발생하는 개인과 환경과의 불균형 상태이다.
㉦ 스트레스를 지속적으로 받게 되면 인체는 자기조절능력을 상실하여 스트레스로부터 벗어나지 못하고 심신장애 또는 다른 정신적 장애가 나타날 수 있다.

10 다음 중 일반적인 실내공기질 오염과 가장 관계가 적은 질환은?

① 규폐증(silicosis)
② 가습기 열(humidifier fever)
③ 레지오넬라병(legionnaire's disease)
④ 과민성 폐렴(hypersensitivity pneumonitis)

풀이 규폐증은 유리규산(SiO_2) 분진 흡입으로 폐에 만성 섬유증식이 나타나는 진폐증이다.

11 60명의 근로자가 작업하는 사업장에서 1년 동안에 3건의 재해가 발생하여 5명의 재해자가 발생하였다. 이때 근로손실일수가 35일이었다면 이 사업장의 도수율은 약 얼마인가? (단, 근로자는 1일 8시간 연간 300일을 근무하였다.)

① 0.24 ② 20.83
③ 34.72 ④ 83.33

풀이

$$\text{도수율} = \frac{\text{재해발생건수}}{\text{연근로시간수}} \times 10^6 = \frac{3}{60 \times 8 \times 300} \times 10^6 = 20.83$$

12 중량물 취급과 관련하여 요통발생에 관여하는 요인으로 가장 관계가 적은 것은?

① 근로자의 심리상태 및 조건
② 작업습관과 개인적인 생활태도
③ 요통 및 기타 장애(자동차 사고, 넘어짐)의 경력
④ 물리적 환경요인(작업빈도, 물체 위치, 무게 및 크기)

풀이 요통 발생에 관여하는 주된 요인

㉠ 작업습관과 개인적인 생활태도
㉡ 작업빈도, 물체의 위치와 무게 및 크기 등과 같은 물리적 환경요인
㉢ 근로자의 육체적 조건
㉣ 요통 및 기타 장애의 경력(교통사고, 넘어짐)
㉤ 올바르지 못한 작업 방법 및 자세(대표적 : 버스 운전기사, 이용사, 미용사 등의 직업인)

 정답 08.③ 09.④ 10.① 11.② 12.①

13 다음 중 인간공학에서 고려해야 할 인간의 특성과 가장 거리가 먼 것은?

① 감각과 지각
② 운동력과 근력
③ 감정과 생산능력
④ 기술, 집단에 대한 적응능력

풀이 **인간공학에서 고려해야 할 인간의 특성**
㉠ 인간의 습성
㉡ 기술 · 집단에 대한 적응능력
㉢ 신체의 크기와 작업환경
㉣ 감각과 지각
㉤ 운동력과 근력
㉥ 민족

14 미국산업안전보건연구원(NIOSH)에서 제시한 중량물의 들기작업에 관한 감시기준(Action Limit)과 최대허용기준(Maximum Permissible Limit)의 관계를 바르게 나타낸 것은?

① MPL＝3AL ② MPL＝5AL
③ MPL＝10AL ④ MPL＝$\sqrt{2}$AL

풀이 **최대허용기준(MPL) 관계식**
MPL＝AL(감시기준)×3

15 분진의 종류 중 산업안전보건법상 작업환경측정대상이 아닌 것은?

① 목분진(wood dust)
② 지분진(paper dust)
③ 면분진(cotton dust)
④ 곡물분진(grain dust)

풀이 **작업환경측정대상 유해인자**
(1) 화학적 인자
㉠ 유기화합물(114종)
㉡ 금속류(24종)
㉢ 산 · 알칼리류(17종)
㉣ 가스상태물질류(15종)
㉤ 허가대상 유해물질(14종)
㉥ 금속가공유(1종)
(2) 물리적 인자(2종)
㉠ 8시간 시간가중평균 80dB 이상의 소음
㉡ 고열
(3) 분진(7종)
㉠ 광물성 분진(mineral dust)
㉡ 곡물분진(grain dust)
㉢ 면분진(cotton dust)
㉣ 목재분진(wood dust)
㉤ 석면분진
㉥ 용접흄
㉦ 유리섬유

16 미국산업위생학술원에서 채택한 산업위생 전문가의 윤리강령 중 기업주와 고객에 대한 책임과 관계된 윤리강령은?

① 기업체의 기밀은 누설하지 않는다.
② 전문적 판단이 타협에 의하여 좌우될 수 있는 상황에는 개입하지 않는다.
③ 근로자, 사회 및 전문직종의 이익을 위해 과학적 지식을 공개하고 발표한다.
④ 결과와 결론을 뒷받침할 수 있도록 기록을 유지하고 산업위생사업을 전문가답게 운영, 관리한다.

풀이 **기업주와 고객에 대한 책임**
㉠ 결과 및 결론을 뒷받침할 수 있도록 정확한 기록을 유지하고 산업위생사업을 전문가답게 전문부서들을 운영, 관리한다.
㉡ 기업주와 고객보다는 근로자의 건강보호에 궁극적 책임을 두어 행동한다.
㉢ 쾌적한 작업환경을 조성하기 위하여 산업위생의 이론을 적용하고 책임있게 행동한다.
㉣ 신뢰를 바탕으로 정직하게 권하고 성실한 자세로 충고하며 결과와 개선점 및 권고사항을 정확히 보고한다.

17 산업안전보건법령상 단위작업장소에서 동일작업 근로자수가 13명일 경우 시료채취 근로자수는 얼마가 되는가?

① 1명 ② 2명
③ 3명 ④ 4명

풀이 단위작업장소에서 동일작업 근로자수가 10명을 초과하는 경우에는 매 5명당 1명 이상 추가하여 측정하여야 하므로 시료채취 근로자수는 3명이다.

18 사무실 공기관리 지침에서 정한 사무실 공기의 오염물질에 대한 시료채취시간이 바르게 연결된 것은?

① 미세먼지 : 업무시간 동안 4시간 이상 연속 측정
② 포름알데히드 : 업무시간 동안 2시간 단위로 10분간 3회 측정
③ 이산화탄소 : 업무시작 후 1시간 전후 및 종료 전 1시간 전후 각각 30분간 측정
④ 일산화탄소 : 업무시작 후 1시간 전후 및 종료 전 1시간 전후 각각 10분간 측정

풀이 사무실 오염물질의 측정횟수 및 시료채취시간

오염물질	측정횟수(측정시기)	시료채취시간
미세먼지(PM 10)	연 1회 이상	업무시간 동안 - 6시간 이상 연속 측정
초미세먼지(PM 2.5)	연 1회 이상	업무시간 동안 - 6시간 이상 연속 측정
이산화탄소(CO_2)	연 1회 이상	업무시작 후 2시간 전후 및 종료 전 2시간 전후 - 각각 10분간 측정
일산화탄소(CO)	연 1회 이상	업무시작 후 1시간 전후 및 종료 전 1시간 전후 - 각각 10분간 측정
이산화질소(NO_2)	연 1회 이상	업무시작 후 1시간 ~ 종료 1시간 전 - 1시간 측정
포름알데히드(HCHO)	연 1회 이상 및 신축(대수선 포함) 건물 입주 전	업무시작 후 1시간 ~ 종료 1시간 전 - 30분간 2회 측정
총휘발성 유기화합물(TVOC)	연 1회 이상 및 신축(대수선 포함) 건물 입주 전	업무시작 후 1시간 ~ 종료 1시간 전 - 30분간 2회 측정
라돈(radon)	연 1회 이상	3일 이상 ~ 3개월 이내 연속 측정
총부유세균	연 1회 이상	업무시작 후 1시간 ~ 종료 1시간 전 - 최고 실내온도에서 1회 측정
곰팡이	연 1회 이상	업무시작 후 1시간 ~ 종료 1시간 전 - 최고 실내온도에서 1회 측정

19 근전도(electromyogram, EMG)를 이용하여 국소피로를 평가할 때 고려하는 사항으로 틀린 것은?

① 총 전압의 감소
② 평균 주파수의 감소
③ 저주파수(0~40Hz) 힘의 증가
④ 고주파수(40~200Hz) 힘의 감소

풀이 정상근육과 비교하여 피로한 근육에서 나타나는 EMG의 특징
㉠ 저주파(0~40Hz) 영역에서 힘(전압)의 증가
㉡ 고주파(40~200Hz) 영역에서 힘(전압)의 감소
㉢ 평균 주파수 영역에서 힘(전압)의 감소
㉣ 총 전압의 증가

20 어떤 물질에 대한 작업환경을 측정한 결과 다음과 같은 TWA 결과값을 얻었다. 환산된 TWA는 약 얼마인가?

농도(ppm)	100	150	250	300
발생시간(분)	120	240	60	60

① 169ppm ② 198ppm
③ 220ppm ④ 256ppm

풀이 $\text{TWA}=\dfrac{(100\times2)+(150\times4)+(250\times1)+(300\times1)}{8}$
$=168.75\text{ppm}$

제2과목 | 작업위생 측정 및 평가

21 직경분립충돌기(cascade impactor)의 특성을 설명한 것으로 옳지 않은 것은?

① 비용이 저렴하고, 채취준비가 간단하다.
② 공기가 옆에서 유입되지 않도록 각 충돌기의 철저한 조립과 장착이 필요하다.
③ 입자의 질량 크기 분포를 얻을 수 있다.
④ 흡입성, 흉곽성, 호흡성 입자의 크기별 분포와 농도를 얻을 수 있다.

 정답 18.④ 19.① 20.① 21.①

풀이 **직경분립충돌기(cascade impactor)의 장단점**

(1) 장점
- ㉠ 입자의 질량 크기 분포를 얻을 수 있다(공기흐름속도를 조절하여 채취입자를 크기별로 구분 가능).
- ㉡ 호흡기의 부분별로 침착된 입자 크기의 자료를 추정할 수 있다.
- ㉢ 흡입성, 흉곽성, 호흡성 입자의 크기별로 분포와 농도를 계산할 수 있다.

(2) 단점
- ㉠ 시료채취가 까다롭다. 즉 경험이 있는 전문가가 철저한 준비를 통해 이용해야 정확한 측정이 가능하다(작은 입자는 공기흐름속도를 크게 하여 충돌판에 포집할 수 없음).
- ㉡ 비용이 많이 든다.
- ㉢ 채취준비시간이 과다하다.
- ㉣ 되튐으로 인한 시료의 손실이 일어나 과소분석결과를 초래할 수 있어 유량을 2L/min 이하로 채취한다.
- ㉤ 공기가 옆에서 유입되지 않도록 각 충돌기의 조립과 장착을 철저히 해야 한다.

22 수은(알킬수은 제외)의 노출기준은 $0.05mg/m^3$이고 증기압은 0.0029mmHg라면 VHR(Vapor Hazard Ratio)은? (단, 25℃, 1기압 기준, 수은 원자량은 200.6이다.)

① 약 330 ② 약 430
③ 약 530 ④ 약 630

풀이

$$\text{VHR} = \frac{C}{\text{TLV}} = \frac{\left(\dfrac{0.0029\text{mmHg}}{760\text{mmHg}} \times 10^6\right)}{\left(0.05\text{mg/m}^3 \times \dfrac{24.45}{200.6}\right)} = 626.10$$

23 검지관 사용 시의 장·단점으로 가장 거리가 먼 것은?

① 숙련된 산업위생전문가가 아니더라도 어느 정도만 숙지하면 사용할 수 있다.
② 민감도가 낮아 비교적 고농도에 적용이 가능하다.
③ 특이도가 낮아 다른 방해물질의 영향을 받기 쉽다.
④ 측정대상물질의 동정 없이 측정이 용이하다.

풀이 **검지관 측정법의 장·단점**

(1) 장점
- ㉠ 사용이 간편하다.
- ㉡ 반응시간이 빨라 현장에서 바로 측정결과를 알 수 있다.
- ㉢ 비전문가도 어느 정도 숙지하면 사용할 수 있지만, 산업위생전문가의 지도 아래 사용되어야 한다.
- ㉣ 맨홀, 밀폐공간에서의 산소부족 또는 폭발성 가스로 인한 안전이 문제가 될 때 유용하게 사용된다.
- ㉤ 다른 측정방법이 복잡하거나 빠른 측정이 요구될 때 사용할 수 있다.

(2) 단점
- ㉠ 민감도가 낮아 비교적 고농도에만 적용이 가능하다.
- ㉡ 특이도가 낮아 다른 방해물질의 영향을 받기 쉽고, 오차가 크다.
- ㉢ 대개 단시간 측정만 가능하다.
- ㉣ 한 검지관으로 단일물질만 측정 가능하여 각 오염물질에 맞는 검지관을 선정함에 따른 불편함이 있다.
- ㉤ 색변화에 따라 주관적으로 읽을 수 있어 판독자에 따라 변이가 심하며 색변화가 시간에 따라 변하므로 제조자가 정한 시간에 읽어야 한다.
- ㉥ 미리 측정대상물질의 동정이 되어 있어야 측정이 가능하다.

24 제관공장에서 용접흄을 측정한 결과가 다음과 같다면 노출기준 초과 여부 평가로 알맞은 것은?

- 용접흄의 TWA : $5.27mg/m^3$
- 노출기준 : $5.0mg/m^3$
- SAE(시료채취 분석오차) : 0.012

① 초과
② 초과 가능
③ 초과하지 않음
④ 평가할 수 없음

풀이

- $Y(\text{표준화값}) = \dfrac{\text{TWA}}{\text{허용기준}} = \dfrac{5.27}{5.0} = 1.054$
- $\text{LCL(하한치)} = Y - \text{SAE} = 1.054 - 0.012 = 1.042$

∴ LCL(1.042)>1이므로, 초과

2023

25 공장 내부에 소음(대당 PWL=85dB)을 발생시키는 기계가 있다. 이 기계 2대가 동시에 가동될 때 발생하는 PWL의 합은?

① 86dB ② 88dB
③ 90dB ④ 92dB

풀이 $PWL_{합} = 10\log(10^{8.5} \times 2) = 88dB$

26 다음 중 알고 있는 공기 중 농도를 만드는 방법인 dynamic method의 설명으로 틀린 것은?

① 만들기가 복잡하고, 가격이 고가이다.
② 온습도 조절이 가능하다.
③ 소량의 누출이나 벽면에 의한 손실은 무시할 수 있다.
④ 대개 운반용으로 제작하기가 용이하다.

풀이 Dynamic method
㉠ 희석공기와 오염물질을 연속적으로 흘려주어 일정한 농도를 유지하면서 만드는 방법이다.
㉡ 알고 있는 공기 중 농도를 만드는 방법이다.
㉢ 농도변화를 줄 수 있고, 온도·습도 조절이 가능하다.
㉣ 제조가 어렵고, 비용도 많이 든다.
㉤ 다양한 농도 범위에서 제조가 가능하다.
㉥ 가스, 증기, 에어로졸 실험도 가능하다.
㉦ 소량의 누출이나 벽면에 의한 손실은 무시할 수 있다.
㉧ 지속적인 모니터링이 필요하다.
㉨ 일정한 농도를 유지하기가 매우 곤란하다.

27 근로자 개인의 청력 손실 여부를 알기 위하여 사용하는 청력 측정용 기기를 무엇이라고 하는가?

① audiometer
② sound level meter
③ noise dosimeter
④ impact sound level meter

풀이 근로자 개인의 청력손실 여부를 판단하기 위해 사용하는 청력 측정용 기기는 audiometer이고, 근로자 개인의 노출량을 측정하는 기기는 noise dosimeter이다.

28 다음 물질 중 실리카겔과 친화력이 가장 큰 것은?

① 알데히드류 ② 올레핀류
③ 파라핀류 ④ 에스테르류

풀이 **실리카겔의 친화력(극성이 강한 순서)**
물>알코올류>알데히드류>케톤류>에스테르류>방향족탄화수소류>올레핀류>파라핀류

29 어느 작업장의 온도가 18℃이고, 기압이 770mmHg, methyl ethyl ketone(분자량=72)의 농도가 26ppm일 때 mg/m^3 단위로 환산된 농도는?

① 64.5 ② 79.4
③ 87.3 ④ 93.2

풀이 농도(mg/m^3)

$$= 26ppm \times \frac{72}{\left(22.4 \times \frac{273+18}{273} \times \frac{760}{770}\right)}$$

$$= 79.43mg/m^3$$

30 다음 중 2차 표준기구인 것은?

① 유리 피스톤미터
② 폐활량계
③ 열선기류계
④ 가스치환병

풀이 **표준기구(보정기구)의 종류**
(1) 1차 표준기구
㉠ 비누거품미터(soap bubble meter)
㉡ 폐활량계(spirometer)
㉢ 가스치환병(mariotte bottle)
㉣ 유리 피스톤미터(glass piston meter)
㉤ 흑연 피스톤미터(frictionless piston meter)
㉥ 피토튜브(pitot tube)
(2) 2차 표준기구
㉠ 로터미터(rotameter)
㉡ 습식 테스트미터(wet test meter)
㉢ 건식 가스미터(dry gas meter)
㉣ 오리피스미터(orifice meter)
㉤ 열선기류계(thermo anemometer)

정답 25.② 26.④ 27.① 28.① 29.② 30.③

31 다음은 작업장 소음측정에 관한 내용이다. ( ) 안의 내용으로 옳은 것은? (단, 고용노동부 고시 기준)

> 누적소음 노출량 측정기로 소음을 측정하는 경우에는 criteria 90dB, exchange rate 5dB, threshold ( )dB로 기기를 설정한다.

① 50 ② 60
③ 70 ④ 80

풀이 **누적소음노출량 측정기의 설정**
㉠ criteria=90dB
㉡ exchange rate=5dB
㉢ threshold=80dB

32 유리규산을 채취하여 X선 회절법으로 분석하는 데 적절하고 6가 크롬 그리고 아연산화물의 채취에 이용하며 수분에 영향이 크지 않아 공해성 먼지, 총 먼지 등의 중량분석을 위한 측정에 사용하는 막 여과지는?

① MCE막 여과지 ② PVC막 여과지
③ PTFE막 여과지 ④ 은막 여과지

풀이 **PVC막 여과지(Polyvinyl chloride membrane filter)**
㉠ 가볍고, 흡습성이 낮기 때문에 분진의 중량분석에 사용된다.
㉡ 유리규산을 채취하여 X선 회절법으로 분석하는 데 적절하고 6가 크롬 및 아연산화합물의 채취에 이용한다.
㉢ 수분에 영향이 크지 않아 공해성 먼지, 총 먼지 등의 중량분석을 위한 측정에 사용한다.
㉣ 석탄먼지, 결정형 유리규산, 무정형 유리규산, 별도로 분리하지 않은 먼지 등을 대상으로 무게농도를 구하고자 할 때 PVC막 여과지로 채취한다.
㉤ 습기에 영향을 적게 받기 위해 전기적인 전하를 가지고 있어 채취 시 입자를 반발하여 채취효율을 떨어뜨리는 단점이 있다. 따라서 채취 전에 필터를 세정용액으로 처리함으로써 이러한 오차를 줄일 수 있다.

33 입자상 물질인 흄(fume)에 관한 설명으로 옳지 않은 것은?

① 용접공정에서 흄이 발생한다.
② 흄의 입자 크기는 먼지보다 매우 커 폐포에 쉽게 도달되지 않는다.
③ 흄은 상온에서 고체상태의 물질이 고온으로 액체화된 다음 증기화되고, 증기물의 응축 및 산화로 생기는 고체상의 미립자이다.
④ 용접흄은 용접공폐의 원인이 된다.

풀이 **용접흄**
㉠ 입자상 물질의 한 종류인 고체이며 기체가 온도의 급격한 변화로 응축·산화된 형태이다.
㉡ 용접흄을 채취할 때에는 카세트를 헬멧 안쪽에 부착하고 glass fiber filter를 사용하여 포집한다.
㉢ 용접흄은 호흡기계에 가장 깊숙이 들어갈 수 있는 입자상 물질로 용접공폐의 원인이 된다.

34 파과현상(breakthrough)에 영향을 미치는 요인이라고 볼 수 없는 것은?

① 포집대상인 작업장의 온도
② 탈착에 사용하는 용매의 종류
③ 포집을 끝마친 후부터 분석까지의 시간
④ 포집된 오염물질의 종류

풀이 **파과현상에 영향을 미치는 요인**
㉠ 온도
㉡ 습도
㉢ 시료채취속도(시료채취량)
㉣ 유해물질 농도(포집된 오염물질의 농도)
㉤ 혼합물
㉥ 흡착제의 크기(흡착제의 비표면적)
㉦ 흡착관의 크기(튜브의 내경 : 흡착제의 양)
㉧ 유해물질의 휘발성 및 다른 가스와의 흡착경쟁력
㉨ 포집을 마친 후부터 분석까지의 시간

2023

정답 31.④ 32.② 33.② 34.②

35 활성탄관을 연결한 저유량 공기 시료채취펌프를 이용하여 벤젠증기(M.W=78g/mol)를 $0.038m^3$ 채취하였다. GC를 이용하여 분석한 결과 478μg의 벤젠이 검출되었다면 벤젠증기의 농도(ppm)는? (단, 온도 25℃, 1기압 기준, 기타 조건은 고려 안함)

① 1.87 ② 2.34
③ 3.94 ④ 4.78

풀이
농도(mg/m^3)$=\dfrac{478\mu g \times mg/10^3\mu g}{0.038m^3}=12.579mg/m^3$
∴ 농도(ppm)$=12.579mg/m^3 \times \dfrac{24.45}{78}=3.94ppm$

36 누적소음노출량(D : %)을 적용하여 시간가중평균소음수준(TWA : dB(A))을 산출하는 공식은?

① $16.61\log\left(\dfrac{D}{100}\right)+80$
② $19.81\log\left(\dfrac{D}{100}\right)+80$
③ $16.61\log\left(\dfrac{D}{100}\right)+90$
④ $19.81\log\left(\dfrac{D}{100}\right)+90$

풀이
시간가중평균소음수준(TWA)
$TWA=16.61\log\left[\dfrac{D(\%)}{100}\right]+90[dB(A)]$
여기서, TWA : 시간가중평균소음수준[dB(A)]
D : 누적소음 폭로량(%)
100 : (12.5× T, T : 폭로시간)

37 입자상 물질의 채취를 위한 섬유상 여과지인 유리섬유여과지에 관한 설명으로 틀린 것은?

① 흡습성이 적고 열에 강하다.
② 결합제 첨가형과 결합제 비첨가형이 있다.
③ 와트만(Whatman) 여과지가 대표적이다.
④ 유해물질이 여과지의 안층에도 채취된다.

풀이 Whatman 여과지는 셀룰로오스여과지의 대표적 여과지이다.

38 흡착제를 이용하여 시료채취를 할 때 영향을 주는 인자에 관한 설명으로 틀린 것은?

① 온도 : 온도가 높을수록 입자의 활성도가 커져 흡착에 좋으며 저온일수록 흡착능이 감소한다.
② 오염물질 농도 : 공기 중 오염물질 농도가 높을수록 파과용량은 증가하나 파과공기량은 감소한다.
③ 흡착제의 크기 : 입자의 크기가 작을수록 표면적이 증가하여 채취효율이 증가하나 압력강하가 심하다.
④ 시료채취속도 : 시료채취속도가 높고 코팅된 흡착제일수록 파과가 일어나기 쉽다.

풀이 **흡착제를 이용한 시료채취 시 영향인자**
㉠ 온도 : 온도가 낮을수록 흡착에 좋으나 고온일수록 흡착대상 오염물질과 흡착제의 표면 사이 또는 2종 이상의 흡착대상 물질 간 반응속도가 증가하여 흡착성질이 감소하며 파과가 일어나기 쉽다(모든 흡착은 발열반응이다).
㉡ 습도 : 극성 흡착제를 사용할 때 수증기가 흡착되기 때문에 파과가 일어나기 쉬우며 비교적 높은 습도는 활성탄의 흡착용량을 저하시킨다. 또한 습도가 높으면 파과공기량(파과가 일어날 때까지의 채취공기량)이 적어진다.
㉢ 시료채취속도(시료채취량) : 시료채취속도가 크고 코팅된 흡착제일수록 파과가 일어나기 쉽다.
㉣ 유해물질 농도(포집된 오염물질의 농도) : 농도가 높으면 파과용량(흡착제에 흡착된 오염물질량)이 증가하나 파과공기량은 감소한다.
㉤ 혼합물 : 혼합기체의 경우 각 기체의 흡착량은 단독성분이 있을 때보다 적어지게 된다(혼합물 중 흡착제와 강한 결합을 하는 물질에 의하여 치환반응이 일어나기 때문).
㉥ 흡착제의 크기(흡착제의 비표면적) : 입자 크기가 작을수록 표면적 및 채취효율이 증가하지만 압력강하가 심하다(활성탄은 다른 흡착제에 비하여 큰 비표면적을 갖고 있다).
㉦ 흡착관의 크기(튜브의 내경, 흡착제의 양) : 흡착제의 양이 많아지면 전체 흡착제의 표면적이 증가하여 채취용량이 증가하므로 파과가 쉽게 발생되지 않는다.

 정답 35.③ 36.③ 37.③ 38.①

39 시간당 200~350kcal의 열량이 소모되는 중등작업 조건에서 WBGT 측정치가 31.2℃일 때 고열작업 노출기준의 작업휴식 조건은?

① 매시간 50% 작업, 50% 휴식 조건
② 매시간 75% 작업, 25% 휴식 조건
③ 매시간 25% 작업, 75% 휴식 조건
④ 계속 작업 조건

풀이 **고열작업장의 노출기준(고용노동부, ACGIH)**

(단위 : WBGT(℃))

시간당 작업과 휴식 비율	작업강도		
	경작업	중등작업	중(힘든)작업
연속작업	30.0	26.7	25.0
75% 작업, 25% 휴식 (45분 작업, 15분 휴식)	30.6	28.0	25.9
50% 작업, 50% 휴식 (30분 작업, 30분 휴식)	31.4	29.4	27.9
25% 작업, 75% 휴식 (15분 작업, 45분 휴식)	32.2	31.1	30.0

㉠ 경작업 : 시간당 200kcal까지의 열량이 소요되는 작업을 말하며, 앉아서 또는 서서 기계의 조정을 하기 위하여 손 또는 팔을 가볍게 쓰는 일 등이 해당된다.
㉡ 중등작업 : 시간당 200~350kcal의 열량이 소요되는 작업을 말하며, 물체를 들거나 밀면서 걸어다니는 일 등이 해당된다.
㉢ 중(격심)작업 : 시간당 350~500kcal의 열량이 소요되는 작업을 뜻하며, 곡괭이질 또는 삽질하는 일과 같이 육체적으로 힘든 일 등이 해당된다.

40 공기 중 석면을 막여과지에 채취한 후 전처리하여 분석하는 방법으로 다른 방법에 비하여 간편하나 석면의 감별에 어려움이 있는 측정 방법은?

① X선 회절법
② 편광 현미경법
③ 위상차 현미경법
④ 전자 현미경법

풀이 **위상차 현미경법**
㉠ 석면 측정에 이용되는 현미경으로 일반적으로 가장 많이 사용된다.
㉡ 막여과지에 시료를 채취한 후 전처리하여 위상차 현미경으로 분석한다.
㉢ 다른 방법에 비해 간편하나 석면의 감별이 어렵다.

제3과목 | 작업환경 관리대책

41 국소배기장치에 관한 주의사항으로 가장 거리가 먼 것은?

① 배기관은 유해물질이 발산하는 부위의 공기를 모두 빨아낼 수 있는 성능을 갖출 것
② 흡인되는 공기가 근로자의 호흡기를 거치지 않도록 할 것
③ 먼지를 제거할 때에는 공기속도를 조절하여 배기관 안에서 먼지가 일어나도록 할 것
④ 유독물질의 경우에는 굴뚝에 흡인장치를 보강할 것

풀이 국소배기장치에서 먼지를 제거할 때는 공기속도를 조절하여 배기관 안에서 먼지가 일어나지 않도록 해야 한다.

42 어느 실내의 길이, 폭, 높이가 각각 25m, 10m, 3m이며, 1시간당 18회의 실내 환기를 하고자 한다. 직경 50cm의 개구부를 통하여 공기를 공급하고자 하면 개구부를 통과하는 공기의 유속(m/sec)은?

① 13.7
② 15.3
③ 17.2
④ 19.1

풀이

$$\text{ACH} = \frac{\text{필요환기량}}{\text{작업장 용적}}$$

$$\text{필요환기량} = 18\text{회}/\text{hr} \times (25 \times 10 \times 3)\text{m}^3 = 13{,}500\text{m}^3/\text{hr} \times \text{hr}/3{,}600\text{sec} = 3.75\text{m}^3/\text{sec}$$

$$\therefore V = \frac{Q}{A} = \frac{3.75\text{m}^3/\text{sec}}{\left(\frac{3.14 \times 0.5^2}{4}\right)\text{m}^2} = 19.11\text{m/sec}$$

43 작업장 내 열부하량이 10,000kcal/hr이며, 외기온도는 20℃, 작업장 내 온도는 35℃ 이다. 이때 전체환기를 위한 필요환기량(m^3/min)은? (단, 정압비열은 0.3kcal/m^3 · ℃ 이다.)

① 약 37
② 약 47
③ 약 57
④ 약 67

풀이
$$Q(m^3/min) = \frac{H_s}{0.3\Delta t}$$
$$= \frac{10,000kcal/hr \times hr/60min}{0.3 \times (35℃ - 20℃)}$$
$$= 37.04m^3/min$$

44 어떤 작업장의 음압수준이 100dB(A)이고 근로자가 NRR이 19인 귀마개를 착용하고 있다면 차음효과는? (단, OSHA 방법 기준)

① 2dB(A) ② 4dB(A)
③ 6dB(A) ④ 8dB(A)

풀이 차음효과=(NRR−7)×0.5
=(19−7)×0.5
=6dB

45 작업환경관리의 공학적 대책에서 기본적 원리인 대체(substitution)와 거리가 먼 것은?

① 자동차산업에서 납을 고속회전 그라인더로 깎아 내던 작업을 저속 오실레이팅(osillating type sander) 작업으로 바꾼다.
② 가연성 물질 저장 시 사용하던 유리병을 안전한 철제통으로 바꾼다.
③ 방사선 동위원소 취급장소를 밀폐하고, 원격장치를 설치한다.
④ 성냥 제조 시 황린 대신 적린을 사용하게 한다.

풀이 ③항의 내용은 공학적 대책 중 '격리'이다.

46 1기압 동점성계수(20℃)는 1.5×10^{-5}(m^2/sec)이고, 유속은 10m/sec, 관 반경은 0.125m일 때 Reynolds수는?

① 1.67×10^5
② 1.87×10^5
③ 1.33×10^4
④ 1.37×10^5

풀이
$$Re = \frac{Vd}{\nu}$$
$$= \frac{10\times(0.125\times2)}{1.5\times10^{-5}}$$
$$= 1.67\times10^5$$

47 산소가 결핍된 밀폐공간에서 작업할 경우 가장 적합한 호흡용 보호구는?

① 방진마스크
② 방독마스크
③ 송기마스크
④ 면체 여과식 마스크

풀이 **송기마스크**
㉠ 산소가 결핍된 환경 또는 유해물질의 농도가 높거나 독성이 강한 작업장에서 사용해야 한다.
㉡ 대표적인 보호구로는 에어라인(air−line)마스크와 자가공기공급장치(SCBA)가 있다.

48 송풍기의 송풍량이 200m^3/min이고, 송풍기 전압이 150mmH_2O이다. 송풍기의 효율이 0.8이라면 소요동력(kW)은?

① 약 4kW
② 약 6kW
③ 약 8kW
④ 약 10kW

풀이
$$\text{소요동력(kW)} = \frac{Q\times\Delta P}{6,120\times\eta}\times\alpha$$
$$= \frac{200m^3/min\times150mmH_2O}{6,120\times0.8}\times1.0$$
$$= 6.13kW$$

 정답 43.① 44.③ 45.③ 46.① 47.③ 48.②

49 귀덮개의 착용 시 일반적으로 요구되는 차음효과를 가장 알맞게 나타낸 것은?

① 저음역 20dB 이상, 고음역 45dB 이상
② 저음역 20dB 이상, 고음역 55dB 이상
③ 저음역 30dB 이상, 고음역 40dB 이상
④ 저음역 30dB 이상, 고음역 50dB 이상

풀이 **귀덮개의 방음효과**
㉠ 저음영역에서 20dB 이상, 고음영역에서 45dB 이상의 차음효과가 있다.
㉡ 귀마개를 착용하고서 귀덮개를 착용하면 훨씬 차음효과가 커지게 되므로 120dB 이상의 고음 작업장에서는 동시 착용할 필요가 있다.
㉢ 간헐적 소음에 노출되는 경우 귀덮개를 착용한다.
㉣ 차음성능기준상 중심주파수가 1,000Hz인 음원의 차음치는 25dB 이상이다.

50 유해물질을 관리하기 위해 전체환기를 적용할 수 있는 일반적인 상황과 가장 거리가 먼 것은?

① 작업자가 근무하는 장소로부터 오염발생원이 멀리 떨어져 있는 경우
② 오염발생원의 이동성이 없는 경우
③ 동일작업장에 다수의 오염발생원이 분산되어 있는 경우
④ 소량의 오염물질이 일정속도로 작업장으로 배출되는 경우

풀이 **전체환기(희석환기) 적용 시 조건**
㉠ 유해물질의 독성이 비교적 낮은 경우, 즉 TLV가 높은 경우 ⇨ 가장 중요한 제한조건
㉡ 동일한 작업장에 다수의 오염원이 분산되어 있는 경우
㉢ 유해물질이 시간에 따라 균일하게 발생될 경우
㉣ 유해물질의 발생량이 적은 경우 및 희석공기량이 많지 않아도 되는 경우
㉤ 유해물질이 증기나 가스일 경우
㉥ 국소배기로 불가능한 경우
㉦ 배출원이 이동성인 경우
㉧ 가연성 가스의 농축으로 폭발의 위험이 있는 경우
㉨ 오염원이 근무자가 근무하는 장소로부터 멀리 떨어져 있는 경우

51 덕트 직경이 30cm이고 공기유속이 5m/sec일 때 레이놀즈수(Re)는? (단, 공기의 점성계수는 20℃에서 1.85×10^{-5}kg/sec · m, 공기의 밀도는 20℃에서 1.2kg/m^3이다.)

① 97,300
② 117,500
③ 124,400
④ 135,200

풀이 $Re = \frac{\rho VD}{\mu} = \frac{1.2\times5\times0.3}{1.85\times10^{-5}} = 97,297$

52 이산화탄소 가스의 비중은? (단, 0℃, 1기압 기준)

① 1.34 ② 1.41
③ 1.52 ④ 1.63

풀이 $\text{비중} = \frac{\text{대상물질의 분자량}}{\text{표준물질의 분자량}} = \frac{44}{28.9} = 1.52$

53 90℃ 곡관의 반경비가 2.0일 때 압력손실계수는 0.27이다. 속도압이 14mmH_2O라면 곡관의 압력손실(mmH_2O)은?

① 7.6 ② 5.5
③ 3.8 ④ 2.7

풀이 곡관의 압력손실(ΔP) $= \delta\times VP$
$= 0.27\times14$
$= 3.78\text{mmH}_2\text{O}$

54 다음은 직관의 압력손실에 관한 설명이다. 잘못된 것은?

① 직관의 마찰계수에 비례한다.
② 직관의 길이에 비례한다.
③ 직관의 직경에 비례한다.
④ 속도(관내유속)의 제곱에 비례한다.

풀이 직관의 압력손실은 직관의 직경에 반비례한다.
$\Delta P = \lambda(f)\times\frac{L}{D}\times\frac{rv^2}{2g}$

55 벤젠 2kg이 모두 증발하였다면 벤젠이 차지하는 부피는? (단, 벤젠 비중 0.88, 분자량 78, 21℃, 1기압)

① 약 521L
② 약 618L
③ 약 736L
④ 약 871L

풀이 $부피(L)=\frac{2,000g \times 24.1L}{78g}=617.95L$

56 송풍량(Q)이 300m^3/min일 때 송풍기의 회전속도는 150rpm이었다. 송풍량을 500m^3/min으로 확대시킬 경우 같은 송풍기의 회전속도는 대략 몇 rpm이 되는가? (단, 기타 조건은 같다고 가정함)

① 약 200rpm
② 약 250rpm
③ 약 300rpm
④ 약 350rpm

풀이 $\frac{Q_2}{Q_1}=\frac{rpm_2}{rpm_1}$

$\therefore rpm_2=\frac{Q_2 \times rpm_1}{Q_1}=\frac{500 \times 150}{300}=250rpm$

57 작업환경개선대책 중 격리와 가장 거리가 먼 것은?

① 콘크리트 방호벽의 설치
② 원격조정
③ 자동화
④ 국소배기장치의 설치

풀이 국소배기장치의 설치는 작업환경개선의 공학적 대책 중 하나이다.

– 작업환경개선대책 중 격리의 종류

㉠ 저장물질의 격리
㉡ 시설의 격리
㉢ 공정의 격리
㉣ 작업자의 격리

58 직경이 10cm인 원형 후드가 있다. 관 내를 흐르는 유량이 0.2m^3/sec라면 후드 입구에서 20cm 떨어진 곳에서의 제어속도(m/sec)는?

① 0.29 ② 0.39
③ 0.49 ④ 0.59

풀이 문제 내용 중 후드 위치 및 플랜지에 대한 언급이 없으므로 기본식 사용

$Q=V_c(10X^2+A)$

$A=\left(\frac{3.14 \times 0.1^2}{4}\right)m^2=0.00785m^2$

$0.2m^3/sec=V_c[(10 \times 0.2^2)m^2+0.00785m^2]$

$V_c(m/sec)=\frac{0.2m^3/sec}{0.408m^2}=0.49m/sec$

59 사무실에서 일하는 근로자의 건강장애를 예방하기 위해 시간당 공기교환횟수는 6회 이상 되어야 한다. 사무실의 체적이 150m^{3}일 때 최소 필요한 환기량(m^3/min)은?

① 9 ② 12
③ 15 ④ 18

풀이 $ACH=\frac{작업장\ 필요환기량(m^3/hr)}{작업장\ 체적(m^3)}$

$작업장\ 환기량(m^3/hr)=6회/hr \times 150m^3$
$=900m^3/hr \times hr/60min$
$=15m^3/min$

60 어떤 작업장의 음압수준이 86dB(A)이고, 근로자는 귀덮개를 착용하고 있다. 귀덮개의 차음평가수는 NRR=19이다. 근로자가 노출되는 음압(예측)수준(dB(A))은?

① 74 ② 76
③ 78 ④ 80

풀이 노출음압수준=86dB(A)−차음효과
차음효과=(NRR−7)×0.5
=(19−7)×0.5=6dB(A)
=86dB(A)−6dB(A)=80dB(A)

정답 55.② 56.② 57.④ 58.③ 59.③ 60.④

제4과목 | 물리적 유해인자관리

61 물체가 작열(灼熱)되면 방출되므로 광물이나 금속의 용해작업, 노(furnace)작업, 특히 제강, 용접, 야금공정, 초자제조공정, 레이저, 가열램프 등에서 발생되는 방사선은?

① X선
② β선
③ 적외선
④ 자외선

풀이 **적외선의 발생원**
㉠ 인공적 발생원
제철 · 제강업, 주물업, 용융유리취급업(용해로), 열처리작업(가열로), 용접작업, 야금공정, 레이저, 가열램프, 금속의 용해작업, 노작업
㉡ 자연적 발생원
태양광(태양복사에너지≒52%)

62 다음 중 소음성 난청에 영향을 미치는 요소에 대한 설명으로 틀린 것은?

① 음압수준이 높을수록 유해하다.
② 저주파음이 고주파음보다 더 유해하다.
③ 계속적 노출이 간헐적 노출보다 더 유해하다.
④ 개인의 감수성에 따라 소음반응이 다양하다.

풀이 **소음성 난청에 영향을 미치는 요소**
㉠ 소음 크기
음압수준이 높을수록 영향이 크다.
㉡ 개인감수성
소음에 노출된 모든 사람이 똑같이 반응하지 않으며, 감수성이 매우 높은 사람이 극소수 존재한다.
㉢ 소음의 주파수 구성
고주파음이 저주파음보다 영향이 크다.
㉣ 소음의 발생 특성
지속적인 소음노출이 단속적인(간헐적인) 소음노출보다 더 큰 장애를 초래한다.

63 작업장의 환경에서 기류의 방향이 일정하지 않거나, 실내 0.2~0.5m/sec 정도의 불감기류를 측정할 때 사용하는 측정기구는?

① 풍차풍속계
② 카타(kata)온도계
③ 가열온도풍속계
④ 습구흑구온도계(WBGT)

풀이 **카타온도계(kata thermometer)**
㉠ 실내 0.2~0.5m/sec 정도의 불감기류 측정 시 사용한다.
㉡ 작업환경 내에 기류의 방향이 일정치 않을 경우의 기류속도를 측정한다.
㉢ 카타의 냉각력을 이용하여 측정한다. 즉 알코올 눈금이 100°F(37.8℃)에서 95°F(35℃)까지 내려가는 데 소요되는 시간을 4~5회 측정 평균하여 카타상수값을 이용하여 구한다.

64 다음 중 조명을 작업환경의 한 요인으로 볼 때 고려해야 할 중요한 사항이 아닌 것은?

① 빛의 색
② 눈부심과 휘도
③ 조명 시간
④ 조도와 조도의 분포

풀이 조명을 작업환경의 한 요인으로 볼 때 고려해야 할 중요한 사항은 조도와 조도의 분포, 눈부심과 휘도, 빛의 색이다.

65 1기압(atm)에 관한 설명으로 틀린 것은?

① 약 $1kg_f/cm^2$와 동일하다.
② torr로 0.76에 해당한다.
③ 수은주로 760mmHg와 동일하다.
④ 수주(水柱)로 $10,332mmH_2O$에 해당한다.

풀이 1기압=1atm=760mmHg=$10,332mmH_2O$
=$1.0332kg_f/cm^2$=$10,332kg_f/m^2$
=14.7Psi=760Torr=10,332mmAq
=$10.332mH_2O$=1013.25hPa
=1013.25mb=1.01325bar
=$10,113\times10^5dyne/cm^2$=$1.013\times10^5$Pa

2023

정답 61.③ 62.② 63.② 64.③ 65.②

66 다음 중 소음대책에 대한 공학적 원리에 관한 설명으로 틀린 것은?

① 고주파음은 저주파음보다 격리 및 차폐로써의 소음감소효과가 크다.
② 넓은 드라이브 벨트는 가는 드라이브 벨트로 대치하여 벨트 사이에 공간을 두는 것이 소음발생을 줄일 수 있다.
③ 원형 톱날에는 고무 코팅재를 톱날 측면에 부착시키면 소음의 공명현상을 줄일 수 있다.
④ 덕트 내에 이음부를 많이 부착하면 흡음효과로 소음을 줄일 수 있다.

풀이 덕트 내에 이음부를 많이 부착하면 마찰저항력에 의한 소음이 발생한다.

67 자유공간에 위치한 점음원의 음향파워레벨(PWL)이 110dB일 때, 이 점음원으로부터 100m 떨어진 곳의 음압레벨(SPL)은?

① 49dB ② 59dB
③ 69dB ④ 79dB

풀이 $SPL = PWL - 20\log r - 11$
$= 110dB - 20\log 100 - 11 = 59dB$

68 감압과정에서 감압속도가 너무 빨라서 나타나는 종격기종, 기흉의 원인이 되는 가스는?

① 산소 ② 이산화탄소
③ 질소 ④ 일산화탄소

풀이 감압속도가 너무 빠르면 폐포가 파열되고 흉부조직 내로 유입된 질소가스 때문에 종격기종, 기흉, 공기전색 등의 증상이 나타난다.

69 고압환경의 영향 중 2차적인 가압현상에 관한 설명으로 틀린 것은?

① 4기압 이상에서 공기 중의 질소가스는 마취작용을 나타낸다.
② 이산화탄소의 증가는 산소의 독성과 질소의 마취작용을 촉진시킨다.
③ 산소의 분압이 2기압을 넘으면 산소중독 증세가 나타난다.
④ 산소중독은 고압산소에 대한 노출이 중지되어도 근육경련, 환청 등 후유증이 장기간 계속된다.

풀이 **2차적 가압현상**

고압하의 대기가스의 독성 때문에 나타나는 현상으로 2차성 압력현상이다.

(1) 질소가스의 마취작용
 ㉠ 공기 중의 질소가스는 정상기압에서 비활성이지만 4기압 이상에서는 마취작용을 일으키며, 이를 다행증이라 한다(공기 중의 질소가스는 3기압 이하에서는 자극작용을 한다).
 ㉡ 질소가스 마취작용은 알코올 중독의 증상과 유사하다.
 ㉢ 작업력의 저하, 기분의 변환, 여러 종류의 다행증(euphoria)이 일어난다.
 ㉣ 수심 90~120m에서 환청, 환시, 조현증, 기억력 감퇴 등이 나타난다.

(2) 산소중독
 ㉠ 산소의 분압이 2기압을 넘으면 산소중독 증상을 보인다. 즉, 3~4기압의 산소 혹은 이에 상당하는 공기 중 산소분압에 의하여 중추신경계의 장애에 기인하는 운동장애를 나타내는데 이것을 산소중독이라 한다.
 ㉡ 수중의 잠수자는 폐압착증을 예방하기 위하여 수압과 같은 압력의 압축기체를 호흡하여야 하며, 이로 인한 산소분압 증가로 산소중독이 일어난다.
 ㉢ 고압산소에 대한 폭로가 중지되면 증상은 즉시 멈춘다. 즉, 가역적이다.
 ㉣ 1기압에서 순산소는 인후를 자극하나 비교적 짧은 시간의 폭로라면 중독 증상은 나타나지 않는다.
 ㉤ 산소중독작용은 운동이나 이산화탄소로 인해 악화된다.
 ㉥ 수지나 족지의 작열통, 시력장애, 정신혼란, 근육경련 등의 증상을 보이며 나아가서는 간질 모양의 경련을 나타낸다.

(3) 이산화탄소의 작용
 ㉠ 이산화탄소 농도의 증가는 산소의 독성과 질소의 마취작용을 증가시키는 역할을 하고 감압증의 발생을 촉진시킨다.
 ㉡ 이산화탄소 농도가 고압환경에서 대기압으로 환산하여 0.2%를 초과해서는 안 된다.
 ㉢ 동통성 관절장애(bends)도 이산화탄소의 분압 증가에 따라 보다 많이 발생한다.

정답 66.④ 67.② 68.③ 69.④

70 심한 소음에 반복 노출되면 일시적인 청력변화는 영구적 청력변화로 변하게 되는데, 이는 다음 중 어느 기관의 손상으로 인한 것인가?

① 원형창　② 코르티기관
③ 삼반규반　④ 유스타키오관

풀이 소음성 난청은 비가역적 청력저하, 강력한 소음이나 지속적인 소음 노출에 의해 청신경 말단부의 내이코르티(corti)기관의 섬모세포 손상으로 회복될 수 없는 영구적인 청력저하를 말한다.

71 다음 중 고압환경에서 발생할 수 있는 화학적인 인체 작용이 아닌 것은?

① 질소 마취작용에 의한 작업력 저하
② 일산화탄소 중독에 의한 호흡곤란
③ 산소중독 증상으로 간질 형태의 경련
④ 이산화탄소 분압증가에 의한 동통성 관절장애

풀이 **고압환경에서의 2차적 가압현상**
㉠ 질소가스의 마취작용
㉡ 산소중독
㉢ 이산화탄소의 작용

72 산업안전보건법령(국내)에서 정하는 일일 8시간 기준의 소음노출기준과 ACGIH 노출기준의 비교 및 각각의 기준에 대한 노출시간 반감에 따른 소음변화율을 비교한 [표]의 내용 중 올바르게 구분한 것은?

구 분	소음노출기준		소음변화율	
	국 내	ACGIH	국 내	ACGIH
㉮	90dB	85dB	3dB	3dB
㉯	90dB	90dB	5dB	5dB
㉰	90dB	85dB	5dB	3dB
㉱	90dB	90dB	3dB	5dB

① ㉮　② ㉯
③ ㉰　④ ㉱

풀이 **소음에 대한 노출기준**
(1) 우리나라 노출기준
8시간 노출에 대한 기준 90dB(5dB 변화율)

1일 노출시간(hr)	소음수준[dB(A)]
8	90
4	95
2	100
1	105
1/2	110
1/4	115

㈜ 115dB(A)을 초과하는 소음수준에 노출되어서는 안 된다.

(2) ACGIH 노출기준
8시간 노출에 대한 기준 85dB(3dB 변화율)

1일 노출시간(hr)	소음수준[dB(A)]
8	85
4	88
2	91
1	94
1/2	97
1/4	100

73 수심 40m에서 작업을 할 때 작업자가 받는 절대압은 어느 정도인가?

① 3기압　② 4기압
③ 5기압　④ 6기압

풀이 절대압=작용압+대기압
=(40m×1기압/10m)+1기압
=5기압

74 다음 중 산소결핍의 위험이 가장 적은 작업 장소는?

① 실내에서 전기 용접을 실시하는 작업 장소
② 장기간 사용하지 않은 우물 내부의 작업 장소
③ 장기간 밀폐된 보일러 탱크 내부의 작업 장소
④ 물품 저장을 위한 지하실 내부의 청소 작업 장소

풀이 ②, ③, ④항의 내용은 밀폐공간 작업을 말한다.

2023

정답 70.② 71.② 72.③ 73.③ 74.①

75 지상에서 음력이 10W인 소음원으로부터 10m 떨어진 곳의 음압수준은 약 얼마인가? (단, 음속은 344.4m/sec이고 공기의 밀도는 1.18kg/m^{3}이다.)

① 96dB ② 99dB
③ 102dB ④ 105dB

풀이 $SPL = PWL - 20\log r - 8$

$\therefore PWL = 10\log\frac{10}{10^{-12}} = 130dB$

$= 130 - 20\log 10 - 8 = 102dB$

76 전리방사선 방어의 궁극적 목적은 가능한 한 방사선에 불필요하게 노출되는 것을 최소화하는 데 있다. 국제방사선방호위원회(ICRP)가 노출을 최소화하기 위해 정한 원칙 3가지에 해당하지 않는 것은?

① 작업의 최적화
② 작업의 다양성
③ 작업의 정당성
④ 개개인의 노출량 한계

풀이 **국제 방사선 방호위원회(ICRP)의 노출 최소화 3원칙**
㉠ 작업의 최적화
㉡ 작업의 정당성
㉢ 개개인의 노출량 한계

77 다음 중 한랭환경으로 인하여 발생되거나 악화되는 질병과 가장 거리가 먼 것은?

① 동상(frostbite)
② 지단자람증(acrocyanosis)
③ 케이슨병(caisson disease)
④ 레이노병(Raynaud's disease)

풀이 **감압병(decompression, 잠함병)**
고압환경에서 Henry의 법칙에 따라 체내에 과다하게 용해되었던 불활성 기체(질소 등)는 압력이 낮아질 때 과포화상태로 되어 혈액과 조직에 기포를 형성하여 혈액순환을 방해하거나 주위 조직에 기계적 영향을 줌으로써 다양한 증상을 일으키는데, 이 질환을 감압병이라고 하며, 잠함병 또는 케이슨병이라고도 한다. 감압병의 직접적인 원인은 혈액과 조직에 질소기포의 증가이고, 감압병의 치료는 재가압 산소요법이 최상이다.

78 불활성가스 용접에서는 자외선량이 많아 오존이 발생한다. 염화계 탄화수소에 자외선이 조사되어 분해될 경우 발생하는 유해물질로 맞는 것은?

① $COCl_2$(포스겐)
② HCl(염화수소)
③ NO_3(삼산화질소)
④ HCHO(포름알데히드)

풀이 **포스겐($COCl_2$)**
㉠ 무색의 기체로서 시판되고 있는 포스겐은 담황록색이며 독특한 자극성 냄새가 나며 가수분해되고 일반적으로 비중이 1.38 정도로 크다.
㉡ 태양자외선과 산업장에서 발생하는 자외선은 공기 중의 NO_2와 올레핀계 탄화수소와 광학적 반응을 일으켜 트리클로로에틸렌을 독성이 강한 포스겐으로 전환시키는 광화학작용을 한다.
㉢ 공기 중에 트리클로로에틸렌이 고농도로 존재하는 작업장에서 아크용접을 실시하는 경우 트리클로로에틸렌이 포스겐으로 전환될 수 있다.
㉣ 독성은 염소보다 약 10배 정도 강하다.
㉤ 호흡기, 중추신경, 폐에 장애를 일으키고 폐수종을 유발하여 사망에 이른다.

79 다음 중 가청주파수의 최대범위로 맞는 것은 어느 것인가?

① 10~80,000Hz
② 20~2,000Hz
③ 20~20,000Hz
④ 100~8,000Hz

풀이 **가청주파수의 범위**
20~20,000Hz(20kHz)

80 다음의 (   )에 들어갈 가장 적당한 값은?

> 정상적인 공기 중의 산소함유량은 21vol%이며 그 절대량, 즉 산소분압은 해면에 있어서는 약 (   )mmHg이다.

① 160 ② 210
③ 230 ④ 380

풀이 산소분압=760mmHg×0.21=159.6mmHg

정답 75.③ 76.② 77.③ 78.① 79.③ 80.①

제5과목 | 산업 독성학

81 다음 중 중추신경계에 억제작용이 가장 큰 것은?

① 알칸족
② 알켄족
③ 알코올족
④ 할로겐족

풀이 **유기화학물질의 중추신경계 억제작용 순서**
할로겐화합물 > 에테르 > 에스테르 > 유기산 > 알코올 > 알켄 > 알칸

82 다음 중 납중독을 확인하는 시험이 아닌 것은 어느 것인가?

① 소변 중 단백질
② 혈중의 납 농도
③ 말초신경의 신경 전달속도
④ ALA(Amino Levulinic Acid) 축적

풀이 **납중독 확인 시험사항**
㉠ 혈액 내의 납 농도
㉡ 헴(heme)의 대사
㉢ 말초신경의 신경 전달속도
㉣ Ca-EDTA 이동시험
㉤ β-ALA(Amino Levulinic Acid) 축적

83 다음 중 진폐증 발생에 관여하는 요인이 아닌 것은?

① 분진의 크기
② 분진의 농도
③ 분진의 노출기간
④ 분진의 각도

풀이 **진폐증 발생에 관여하는 요인**
㉠ 분진의 종류, 농도 및 크기
㉡ 폭로시간 및 작업강도
㉢ 보호시설이나 장비 착용 유무
㉣ 개인차

84 다음 중 유해물질의 생체 내 배설과 관련된 설명으로 틀린 것은?

① 유해물질은 대부분 위(胃)에서 대사된다.
② 흡수된 유해물질은 수용성으로 대사된다.
③ 유해물질의 분포량은 혈중 농도에 대한 투여량으로 산출한다.
④ 유해물질의 혈장농도가 50%로 감소하는데 소요되는 시간을 반감기라고 한다.

풀이 유해물질의 배출에 있어서 중요한 기관은 신장, 폐, 간이며, 배출은 생체전환과 분배과정이 동시에 일어난다.

85 작업환경 중에서 부유분진이 호흡기계에 축적되는 주요 작용기전과 가장 거리가 먼 것은?

① 충돌 ② 침강
③ 확산 ④ 농축

풀이 **입자의 호흡기계 축적기전**
㉠ 충돌
㉡ 침강
㉢ 차단
㉣ 확산
㉤ 정전기

86 다음 중 벤젠에 의한 혈액조직의 특징적인 단계별 변화를 설명한 것으로 틀린 것은?

① 1단계 : 백혈구수의 감소로 인한 응고작용 결핍이 나타난다.
② 1단계 : 혈액성분 감소로 인한 범혈구감소증이 나타난다.
③ 2단계 : 벤젠의 노출이 계속되면 골수의 성장부전이 나타난다.
④ 3단계 : 더욱 장시간 노출되어 심한 경우 빈혈과 출혈이 나타나고 재생불량성 빈혈이 된다.

2023

정답 81.④ 82.① 83.④ 84.① 85.④ 86.③

풀이 **혈액조직에서 벤젠이 유발하는 특징적 변화**

(1) 1단계
- ㉠ 가장 일반적인 독성으로 백혈구수 감소로 인한 응고작용 결핍 및 혈액성분 감소로 인한 범혈구 감소증(pancytopenia), 재생불량성 빈혈을 유발한다.
- ㉡ 신속하고 적절하게 진단된다면 가역적일 수 있다.

(2) 2단계
- ㉠ 벤젠 노출이 계속되면, 골수가 과다증식(hyperplastic)하여 백혈구의 생성을 자극한다.
- ㉡ 초기에도 임상학적인 진단이 가능

(3) 3단계
- ㉠ 더욱 장시간 노출되면 성장부전증(hypoplasia)이 나타나며, 심한 경우 빈혈과 출혈도 나타난다.
- ㉡ 비록 만성적으로 노출되면 백혈병을 일으키는 것으로 알려져 있지만, 재생불량성 빈혈이 만성적인 건강문제일 경우가 많다.

87 체내에 노출되면 metallothionein이라는 단백질을 합성하여 노출된 중금속의 독성을 감소시키는 경우가 있는데 이에 해당되는 중금속은?

① 납 ② 니켈
③ 비소 ④ 카드뮴

풀이 카드뮴이 체내에 들어가면 간에서 metallothionein 생합성이 촉진되어 폭로된 중금속의 독성을 감소시키는 역할을 하나 다량의 카드뮴일 경우 합성이 되지 않아 중독작용을 일으킨다.

88 다음 중 유병률(P)은 10% 이하이고, 발생률(I)과 평균이환기간(D)이 시간경과에 따라 일정하다고 할 때, 다음 중 유병률과 발생률 사이의 관계로 옳은 것은?

① $P=\dfrac{I}{D^2}$

② $P=\dfrac{I}{D}$

③ $P=I\times D^2$

④ $P=I\times D$

풀이 **유병률과 발생률의 관계**
유병률(P)=발생률(I)×평균이환기간(D)
단, 유병률은 10% 이하이며, 발생률과 평균이환기간이 시간경과에 따라 일정하여야 한다.

89 금속열은 고농도의 금속산화물을 흡입함으로써 발병되는 질병이다. 다음 중 원인물질로 가장 대표적인 것은?

① 니켈
② 크롬
③ 아연
④ 비소

풀이 **금속증기열**
금속이 용융점 이상으로 가열될 때 형성되는 고농도의 금속산화물을 흄의 형태로 흡입함으로써 발생되는 일시적인 질병이며, 금속증기를 들이마심으로써 일어나는 열이다. 특히 아연에 의한 경우가 많아 이것을 아연열이라고 하는데 구리, 니켈 등의 금속증기에 의해서도 발생한다.

90 생물학적 모니터링(biological monitoring)에 대한 개념을 설명한 것으로 적절하지 않은 것은?

① 내재용량은 최근에 흡수된 화학물질의 양이다.
② 화학물질이 건강상 영향을 나타내는 조직이나 부위에 결합된 양을 말한다.
③ 여러 신체 부분이나 몸 전체에 저장된 화학물질 중 호흡기계로 흡수된 물질을 의미한다.
④ 생물학적 모니터링은 노출에 대한 모니터링과 건강상의 영향에 대한 모니터링으로 나눌 수 있다.

풀이 생물학적 모니터링은 근로자의 유해물질에 대한 노출정도를 소변, 호기, 혈액 중에서 그 물질이나 대사산물을 측정하는 방법을 말하며, 생물학적 검체의 측정을 통해서 노출의 정도나 건강위험을 평가하는 것이다.

정답 87.④ 88.④ 89.③ 90.③

91 공기 중 일산화탄소 농도가 10mg/m³인 작업장에서 1일 8시간 동안 작업하는 근로자가 흡입하는 일산화탄소의 양은 몇 mg인가? (단, 근로자의 시간당 평균 흡기량은 1,250L이다.)

① 10 ② 50
③ 100 ④ 500

풀이 흡입 일산화탄소(mg)
$= 10\text{mg/m}^3 \times 1,250\text{L/hr} \times 8\text{hr} \times \text{m}^3/1,000\text{L}$
$= 100\text{mg}$

92 다음 중 급성 중독자에게 활성탄과 하제를 투여하고 구토를 유발시키며, 확진되면 dimercaprol로 치료를 시작하는 유해물질은? (단, 쇼크의 치료는 강력한 정맥 수액제와 혈압상승제를 사용한다.)

① 납(Pb) ② 크롬(Cr)
③ 비소(As) ④ 카드뮴(Cd)

풀이 **비소의 치료**
㉠ 비소폭로가 심한 경우는 전체 수혈을 행한다.
㉡ 만성중독 시에는 작업을 중지시킨다.
㉢ 급성중독 시 활성탄과 하제를 투여하고 구토를 유발시킨 후 BAL을 투여한다.
㉣ 급성중독 시 확진되면 dimercaprol 약제로 처치한다(삼산화비소 중독 시 dimercaprol이 효과 없음).
㉤ 쇼크의 치료는 강력한 정맥 수액제와 혈압상승제를 사용한다.

93 다음 중 작업장에서 일반적으로 금속에 대한 노출 경로를 설명한 것으로 틀린 것은?

① 대부분 피부를 통해서 흡수되는 것이 일반적이다.
② 호흡기를 통해서 입자상 물질 중의 금속이 침투된다.
③ 작업장 내에서 휴식시간에 음료수, 음식 등에 오염된 채로 소화관을 통해서 흡수될 수 있다.
④ 4-에틸납은 피부로 흡수될 수 있다.

풀이 **금속의 호흡기계에 의한 흡수**
㉠ 호흡기를 통하여 흡입된 금속물의 물리화학적 특성에 따라 흡입된 금속의 침전, 분배, 흡수, 체류는 달라진다.
㉡ 공기 중 금속물질은 대부분 입자상 물질(흄, 먼지, 미스트)이며, 대부분 호흡기계를 통해 흡수된다.

94 다음 중 단순 질식제에 해당하는 것은?

① 수소가스
② 염소가스
③ 불소가스
④ 암모니아가스

풀이 **단순 질식제의 종류**
㉠ 이산화탄소(CO_2)
㉡ 메탄(CH_4)
㉢ 질소(N_2)
㉣ 수소(H_2)
㉤ 에탄, 프로판, 에틸렌, 아세틸렌, 헬륨

95 다음 중 납중독의 주요 증상에 포함되지 않는 것은?

① 혈중의 metallothionein 증가
② 적혈구의 protoporphyrin 증가
③ 혈색소량 저하
④ 혈청 내 철 증가

풀이 (1) metallothionein(혈당단백질)은 카드뮴과 관계있다. 즉, 카드뮴이 체내에 들어가면 간에서 metallothionein 생합성이 촉진되어 폭로된 중금속의 독성을 감소시키는 역할을 하나 다량의 카드뮴일 경우 합성이 되지 않아 중독작용을 일으킨다.
(2) 적혈구에 미치는 작용
㉠ K^+과 수분이 손실된다.
㉡ 삼투압이 증가하여 적혈구가 위축된다.
㉢ 적혈구 생존기간이 감소한다.
㉣ 적혈구 내 전해질이 감소한다.
㉤ 미숙적혈구(망상적혈구, 친염기성 혈구)가 증가한다.
㉥ 혈색소량은 저하하고 혈청 내 철이 증가한다.
㉦ 적혈구 내 프로토포르피린이 증가한다.

2023

정답 91.③ 92.③ 93.① 94.① 95.①

96 헤모글로빈의 철성분이 어떤 화학물질에 의하여 메트헤모글로빈으로 전환되기도 하는데 이러한 현상은 철성분이 어떠한 화학작용을 받기 때문인가?

① 산화작용
② 환원작용
③ 착화물작용
④ 가수분해작용

풀이 헤모글로빈의 철성분이 어떤 화학물질에 의하여 메트헤모글로빈으로 전환, 즉 이 현상은 철성분이 산화작용을 받기 때문이다.

97 다음 중 납에 관한 설명으로 틀린 것은?

① 폐암을 야기하는 발암물질로 확인되었다.
② 축전지 제조업, 광명단 제조업 근로자가 노출될 수 있다.
③ 최근의 납의 노출정도는 혈액 중 납 농도로 확인할 수 있다.
④ 납중독을 확인하는 데는 혈액 중 ZPP 농도를 이용할 수 있다.

풀이 납은 폐암과는 관계가 없으며 위장계통의 장애, 신경, 근육계통의 장애, 중추신경 장애 등을 유발한다.

98 생물학적 모니터링을 위한 시료채취시간에 제한이 없는 것은?

① 소변 중 아세톤
② 소변 중 카드뮴
③ 소변 중 일산화탄소
④ 소변 중 총 크롬(6가)

풀이 중금속은 반감기가 길어서 시료채취시간이 중요하지 않다.

99 유해화학물질이 체내에서 해독되는 데 중요한 작용을 하는 것은?

① 효소 ② 임파구
③ 체표온도 ④ 적혈구

풀이 **효소**
유해화학물질이 체내로 침투되어 해독되는 경우 해독반응에 가장 중요한 작용을 하는 것이 효소이다.

100 Haber의 법칙에서 유해물질지수는 노출시간(T)과 무엇의 곱으로 나타내는가?

① 상수(Constant)
② 용량(Capacity)
③ 천장치(Ceiling)
④ 농도(Concentration)

풀이 **Haber의 법칙**
$C \times T = K$
여기서, C : 농도
T : 노출지속시간(노출시간)
K : 용량(유해물질지수)

정답 96.① 97.① 98.② 99.① 100.④

제3회 산업위생관리기사

제1과목 | 산업위생학 개론

01 다음 중 flex-time제를 가장 올바르게 설명한 것은?

① 주휴 2일제로 주당 40시간 이상의 근무를 원칙으로 하는 제도
② 하루 중 자기가 편한 시간을 정하여 자유 출퇴근하는 제도
③ 작업상 전 근로자가 일하는 중추시간(core time)을 제외하고 주당 40시간 내외의 근로조건하에서 자유롭게 출퇴근하는 제도
④ 연중 4주간의 연차 휴가를 정하여 근로자가 원하는 시기에 휴가를 갖는 제도

풀이 Flex-time제
작업장의 기계화, 생산의 조직화, 기업의 경제성을 고려하여 모든 근로자가 근무를 하지 않으면 안 되는 중추시간(core time)을 설정하고, 지정된 주간 근무시간 내에서 자유 출퇴근을 인정하는 제도, 즉 작업상 전 근로자가 일하는 core time을 제외하고 주당 40시간 내외의 근로조건하에서 자유롭게 출퇴근하는 제도이다.

02 사고예방대책의 기본원리가 다음과 같을 때, 각 단계를 순서대로 올바르게 나열한 것은?

> ㉮ 분석 · 평가
> ㉯ 시정책의 적용
> ㉰ 안전관리 조직
> ㉱ 시정책의 선정
> ㉲ 사실의 발견

① ㉰ → ㉲ → ㉮ → ㉱ → ㉯
② ㉰ → ㉲ → ㉱ → ㉯ → ㉮
③ ㉲ → ㉰ → ㉱ → ㉯ → ㉮
④ ㉲ → ㉱ → ㉰ → ㉯ → ㉮

풀이 하인리히의 사고예방(방지)대책 기본원리 5단계
㉠ 제1단계 : 안전관리조직 구성(조직)
㉡ 제2단계 : 사실의 발견
㉢ 제3단계 : 분석 · 평가
㉣ 제4단계 : 시정방법의 선정(대책의 선정)
㉤ 제5단계 : 시정책의 적용(대책 실시)

03 어떤 사업장에서 1,000명의 근로자가 1년 동안 작업하던 중 재해가 40건 발생하였다면 도수율은 얼마인가? (단, 근로자는 1일 8시간씩 연간 평균 300일을 근무하였다.)

① 12.3
② 16.7
③ 24.4
④ 33.4

풀이
$$\text{도수율} = \frac{\text{재해발생건수}}{\text{연근로시간수}} \times 10^6 = \frac{40}{1{,}000 \times 2{,}400} \times 10^6 = 16.67$$

04 다음 중 작업적성을 알아보기 위한 생리적 기능검사와 가장 거리가 먼 것은?

① 체력검사
② 감각기능검사
③ 심폐기능검사
④ 지각동작기능검사

2023

풀이 **적성검사의 분류**

(1) 생리학적 적성검사(생리적 기능검사)
㉠ 감각기능검사
㉡ 심폐기능검사
㉢ 체력검사

(2) 심리학적 적성검사
㉠ 지능검사
㉡ 지각동작검사
㉢ 인성검사
㉣ 기능검사

05 금속이 용해되어 액상 물질로 되고, 이것이 가스상 물질로 기화된 후 다시 응축되어 발생하는 고체 입자를 무엇이라 하는가?

① 에어로졸(aerosol)
② 흄(fume)
③ 미스트(mist)
④ 스모그(smog)

풀이 **흄의 생성기전 3단계**
㉠ 1단계 : 금속의 증기화
㉡ 2단계 : 증기물의 산화
㉢ 3단계 : 산화물의 응축

06 다음 중 근육운동에 필요한 에너지를 생산하는 혐기성 대사의 반응이 아닌 것은?

① ATP + H_2O ⇄ ADP + P + Free energy
② Glycogen + ADP ⇄ Citrate + ATP
③ Glucose + P + ADP → Lactate + ATP
④ Creatine phosphate + ADP ⇄ Creatine + ATP

풀이 **기타 혐기성 대사(근육운동)**
㉠ ATP+H_2O ⇄ ADP+P+Free energy
㉡ Creatine phosphate+ADP ⇄ Creatine+ATP
㉢ Glucose+P+ADP → Lactate+ATP

07 다음 중 산업피로를 줄이기 위한 바람직한 교대근무에 관한 내용으로 틀린 것은?

① 근무시간의 간격은 15~16시간 이상으로 하여야 한다.
② 야간근무 교대시간은 상오 0시 이전에 하는 것이 좋다.
③ 야간근무는 4일 이상 연속해야 피로에 적응할 수 있다.
④ 야간근무 시 가면(假眠) 시간은 근무시간에 따라 2~4시간으로 하는 것이 좋다.

풀이 **교대근무제 관리원칙(바람직한 교대제)**
㉠ 각 반의 근무시간은 8시간씩 교대로 하고, 야근은 가능한 짧게 한다.
㉡ 2교대면 최저 3조의 정원을, 3교대면 4조를 편성한다.
㉢ 채용 후 건강관리로서 정기적으로 체중, 위장증상 등을 기록해야 하며, 근로자의 체중이 3kg 이상 감소하면 정밀검사를 받아야 한다.
㉣ 평균 주 작업시간은 40시간을 기준으로, 갑반→을반→병반으로 순환하게 된다.
㉤ 근무시간의 간격은 15~16시간 이상으로 하는 것이 좋다.
㉥ 야근의 주기는 4~5일로 한다.
㉦ 신체의 적응을 위하여 야간근무의 연속일수는 2~3일로 하며, 야간근무를 3일 이상 연속으로 하는 경우에는 피로축적현상이 나타나게 되므로 연속하여 3일을 넘기지 않도록 한다.
㉧ 야근 후 다음 반으로 가는 간격은 최저 48시간 이상의 휴식시간을 갖도록 하여야 한다.
㉨ 야근 교대시간은 상오 0시 이전에 하는 것이 좋다(심야시간을 피함).
㉩ 야근 시 가면은 반드시 필요하며, 보통 2~4시간(1시간 30분 이상)이 적합하다.
㉪ 야근 시 가면은 작업강도에 따라 30분~1시간 범위로 하는 것이 좋다.
㉫ 작업 시 가면시간은 적어도 1시간 30분 이상 주어야 수면효과가 있다고 볼 수 있다.
㉬ 상대적으로 가벼운 작업은 야간근무조에 배치하는 등 업무내용을 탄력적으로 조정해야 하며, 야간작업자는 주간작업자보다 연간 쉬는 날이 더 많아야 한다.
㉭ 근로자가 교대일정을 미리 알 수 있도록 해야 한다.
㉮ 일반적으로 오전근무의 개시시간은 오전 9시로 한다.
㉯ 교대방식(교대근무 순환주기)은 낮근무, 저녁근무, 밤근무 순으로 한다. 즉, 정교대가 좋다.

정답 05.② 06.② 07.③

08 우리나라 직업병에 관한 역사에 있어 원진레이온㈜에서 발생한 사건의 주요 원인 물질은?

① 이황화탄소(CS_2) ② 수은(Hg)
③ 벤젠(C_6H_6) ④ 납(Pb)

풀이 **원진레이온㈜에서의 이황화탄소(CS_2) 중독 사건**
㉠ 펄프를 이황화탄소와 적용시켜 비스코레이온을 만드는 공정에서 발생하였다.
㉡ 중고기계를 가동하여 많은 오염물질 누출이 주 원인이었으며, 직업병 발생이 사회문제가 되자 사용했던 기기나 장비는 중국으로 수출하였다.
㉢ 작업환경 측정 및 근로자 건강진단을 소홀히 하여 예방에 실패한 대표적인 예이다.
㉣ 급성 고농도 노출 시 사망할 수 있고 1,000ppm 수준에서는 환상을 보는 등 정신이상을 유발한다.
㉤ 만성중독으로는 뇌경색증, 다발성 신경염, 협심증, 신부전증 등을 유발한다.
㉥ 1991년 중독을 발견하고, 1998년 집단적으로 발생하였다. 즉 집단 직업병이 유발되었다.

09 산업안전보건법령에 따라 근로자가 근골격계 부담작업을 하는 경우 유해요인 조사의 주기는?

① 6개월 ② 2년
③ 3년 ④ 5년

풀이 **근골격계 부담작업 종사 근로자의 유해요인 조사사항**
다음의 유해요인 조사를 3년마다 실시한다.
㉠ 설비 · 작업공정 · 작업량 · 작업속도 등 작업장 상황
㉡ 작업시간 · 작업자세 · 작업방법 등 작업조건
㉢ 작업과 관련된 근골격계 질환 징후 및 증상 유무 등

10 다음 중 피로를 가장 적게 하고, 생산량을 최고로 올릴 수 있는 경제적인 작업속도를 무엇이라 하는가?

① 완속속도 ② 지적속도
③ 감각속도 ④ 민감속도

풀이 지적속도는 작업자의 체력과 숙련도, 작업환경에 따라 피로를 가장 적게 하고 생산량을 최고로 올릴 수 있는 경제적인 작업속도를 말한다.

11 다음 중 사무직 근로자가 건강장애를 호소하는 경우 사무실 공기관리상태를 평가하기 위해 사업주가 실시해야 하는 조사방법과 가장 거리가 먼 것은?

① 사무실 조명의 조도 조사
② 외부의 오염물질 유입경로의 조사
③ 공기정화시설의 환기량이 적정한가를 조사
④ 근로자가 호소하는 증상(호흡기, 눈, 피부자극 등)에 대한 조사

풀이 **사무실 공기관리상태 평가방법**
㉠ 근로자가 호소하는 증상(호흡기, 눈, 피부자극 등)에 대한 조사
㉡ 공기정화설비의 환기량이 적정한지 여부 조사
㉢ 외부의 오염물질 유입경로 조사
㉣ 사무실 내 오염원 조사 등

12 산업안전보건법령상 밀폐공간 작업으로 인한 건강장애 예방을 위하여 '적정한 공기'의 조성 조건으로 옳은 것은?

① 산소농도가 18% 이상 21% 미만, 이산화탄소 농도가 1.5% 미만, 황화수소 농도가 10ppm 미만 수준의 공기
② 산소농도가 16% 이상 23.5% 미만, 이산화탄소 농도가 3% 미만, 황화수소 농도가 5ppm 미만 수준의 공기
③ 산소농도가 18% 이상 21% 미만, 이산화탄소 농도가 1.5% 미만, 황화수소 농도가 5ppm 미만 수준의 공기
④ 산소농도가 18% 이상 23.5% 미만, 이산화탄소 농도가 1.5% 미만, 황화수소 농도가 10ppm 미만 수준의 공기

풀이 **적정한 공기**
㉠ 산소농도의 범위가 18% 이상 23.5% 미만인 수준의 공기
㉡ 이산화탄소의 농도가 1.5% 미만인 수준의 공기
㉢ 황화수소의 농도가 10ppm 미만인 수준의 공기
㉣ 일산화탄소 농도가 30ppm 미만인 수준의 공기

2023

정답 08.① 09.③ 10.② 11.① 12.④

13 전신피로 정도를 평가하기 위한 측정수치가 아닌 것은? (단, 측정수치는 작업을 마친 직후 회복기의 심박수이다.)

① 작업종료 후 30~60초 사이의 평균 맥박수
② 작업종료 후 60~90초 사이의 평균 맥박수
③ 작업종료 후 120~150초 사이의 평균 맥박수
④ 작업종료 후 150~180초 사이의 평균 맥박수

풀이 **심한 전신피로상태**
HR_1이 110을 초과하고 HR_3와 HR_2의 차이가 10 미만인 경우
여기서, HR_1 : 작업종료 후 30~60초 사이의 평균 맥박수
HR_2 : 작업종료 후 60~90초 사이의 평균 맥박수
HR_3 : 작업종료 후 150~180초 사이의 평균 맥박수(회복기 심박수 의미)

14 사망에 관한 근로손실을 7,500일로 산출한 근거는 다음과 같다. ( )에 알맞은 내용으로만 나열한 것은?

㉮ 재해로 인한 사망자의 평균연령을 ( )세로 본다.
㉯ 노동이 가능한 연령을 ( )세로 본다.
㉰ 1년 동안의 노동일수를 ( )일로 본다.

① 30, 55, 300 ② 30, 60, 310
③ 35, 55, 300 ④ 35, 60, 310

풀이 **강도율의 특징**
㉠ 재해의 경중(정도), 즉 강도를 나타내는 척도이다.
㉡ 재해자의 수나 발생빈도에 관계없이 재해의 내용(상해 정도)을 측정하는 척도이다.
㉢ 사망 및 1, 2, 3급(신체장애등급)의 근로손실일수는 7,500일이며, 근거는 재해로 인한 사망자의 평균연령을 30세로 보고 노동이 가능한 연령을 55세로 보며 1년 동안의 노동일수를 300일로 본 것이다.

15 실내공기 오염물질 중 석면에 대한 일반적인 설명으로 거리가 먼 것은?

① 석면의 발암성 정보물질의 표기는 1A에 해당한다.
② 과거 내열성, 단열성, 절연성 및 견인력 등의 뛰어난 특성 때문에 여러 분야에서 사용되었다.
③ 석면의 여러 종류 중 건강에 가장 치명적인 영향을 미치는 것은 사문석 계열의 청석면이다.
④ 작업환경측정에서 석면은 길이가 5μm보다 크고, 길이 대 넓이의 비가 3 : 1 이상인 섬유만 개수한다.

풀이 **섬유의 구분**

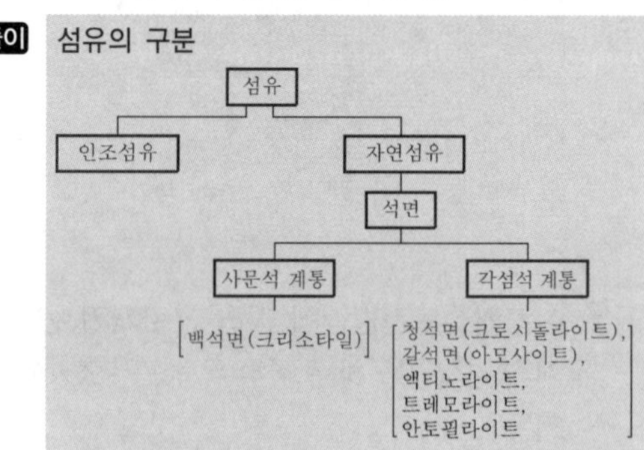

건강에 가장 치명적인 영향을 미치는 청석면은 각섬석 계통이다.

16 온도 25℃, 1기압하에서 분당 100mL씩 60분 동안 채취한 공기 중에서 벤젠이 5mg 검출되었다. 검출된 벤젠은 약 몇 ppm인가? (단, 벤젠의 분자량은 78이다.)

① 15.7
② 26.1
③ 157
④ 261

풀이 벤젠 농도(mg/m^3)
$$= \frac{5\text{mg}}{0.1\text{L/min} \times 60\text{min} \times \text{m}^3/1{,}000\text{L}} = 833.33\text{mg/m}^3$$
벤젠 농도(ppm)
$$= 833.33\text{mg/m}^3 \times \frac{24.45}{78} = 261.22\text{ppm}$$

 정답 13.③ 14.① 15.③ 16.④

17 물질안전보건자료(MSDS)의 작성원칙에 관한 설명으로 틀린 것은?

① MSDS는 한글로 작성하는 것을 원칙으로 한다.
② 실험실에서 시험 · 연구 목적으로 사용하는 시약으로서 MSDS가 외국어로 작성된 경우에는 한국어로 번역하지 아니할 수 있다.
③ 외국어로 되어 있는 MSDS를 번역하는 경우에는 자료의 신뢰성이 확보될 수 있도록 최초 작성기관명과 시기를 함께 기재하여야 한다.
④ 각 작성항목은 빠짐없이 작성하여야 하지만 부득이 어느 항목에 대해 관련 정보를 얻을 수 없는 경우에는 작성란에 "해당 없음"이라고 기재한다.

풀이 각 작성항목은 빠짐없이 작성하여야 한다. 다만, 부득이 어느 항목에 대해 관련 정보를 얻을 수 없는 경우에는 작성란에 "자료 없음"이라고 기재하고, 적용이 불가능하거나 대상이 되지 않는 경우에는 작성란에 "해당 없음"이라고 기재한다.

18 산업위생의 정의에 나타난 산업위생의 활동단계 4가지 중 평가(evaluation)에 포함되지 않는 것은?

① 시료의 채취와 분석
② 예비조사의 목적과 범위 결정
③ 노출정도를 노출기준과 통계적인 근거로 비교하여 판정
④ 물리적 · 화학적 · 생물학적 · 인간공학적 유해인자 목록 작성

풀이 물리적 · 화학적 · 생물학적 · 인간공학적 유해인자 목록 작성은 산업위생 활동 4단계 중 예측(인지)에 해당된다.

19 재해예방의 4원칙에 대한 설명으로 틀린 것은?

① 재해발생에는 반드시 그 원인이 있다.
② 재해가 발생하면 반드시 손실도 발생한다.
③ 재해는 원칙적으로 원인만 제거되면 예방이 가능하다.
④ 재해예방을 위한 가능한 안전대책은 반드시 존재한다.

풀이 **산업재해예방(방지) 4원칙**

㉠ 예방가능의 원칙
재해는 원칙적으로 모두 방지가 가능하다.
㉡ 손실우연의 원칙
재해발생과 손실발생은 우연적이므로 사고발생 자체의 방지가 이루어져야 한다.
㉢ 원인계기의 원칙
재해발생에는 반드시 원인이 있으며, 사고와 원인의 관계는 필연적이다.
㉣ 대책선정의 원칙
재해예방을 위한 가능한 안전대책은 반드시 존재한다.

20 우리나라의 화학물질 노출기준에 관한 설명으로 틀린 것은?

① Skin이라고 표시된 물질은 피부자극성을 뜻한다.
② 발암성 정보물질의 표기 중 1A는 사람에게 충분한 발암성 증거가 있는 물질을 의미한다.
③ Skin 표시 물질은 점막과 눈 그리고 경피로 흡수되어 전신영향을 일으킬 수 있는 물질을 말한다.
④ 화학물질이 IARC 등의 발암성 등급과 NTP의 R등급을 모두 갖는 경우에는 NTP의 R등급은 고려하지 아니한다.

풀이 Skin 표시 물질은 점막과 눈 그리고 경피로 흡수되어 전신영향을 일으킬 수 있는 물질을 말하며 피부자극성을 뜻하는 것은 아니다.

2023

정답 17.④ 18.④ 19.② 20.①

제2과목 | 작업위생 측정 및 평가

21 실리카겔관이 활성탄관에 비하여 가지고 있는 장점과 가장 거리가 먼 것은?

① 극성물질을 채취한 경우 물, 메탄올 등 다양한 용매로 쉽게 탈착된다.
② 추출액이 화학분석이나 기기분석의 방해물질로 작용하는 경우가 많지 않다.
③ 매우 유독한 이황화탄소를 탈착용매로 사용하지 않는다.
④ 수분을 잘 흡수하여 습도에 대한 민감도가 높다.

풀이 실리카겔관은 친수성이기 때문에 우선적으로 물분자와 결합을 이루어 습도의 증가에 따른 흡착용량의 감소를 초래한다.

22 다음 어떤 음의 발생원의 Sound Power가 0.006W이면, 이때의 음향파워레벨은?

① 92dB ② 94dB
③ 96dB ④ 98dB

풀이 $PWL = 10\log\frac{W}{10^{-12}W} = 10\log\frac{0.006}{10^{-12}} = 97.78dB$

23 정량한계(LOQ)에 관한 설명으로 가장 옳은 것은?

① 검출한계의 2배로 정의
② 검출한계의 3배로 정의
③ 검출한계의 5배로 정의
④ 검출한계의 10배로 정의

풀이 정량한계(LOQ ; Limit Of Quantization)
㉠ 분석기마다 바탕선량과 구별하여 분석될 수 있는 최소의 양, 즉 분석결과가 어느 주어진 분석절차에 따라 합리적인 신뢰성을 가지고 정량분석할 수 있는 가장 작은 양이나 농도이다.
㉡ 도입 이유는 검출한계가 정량분석에서 만족스런 개념을 제공하지 못하기 때문에 검출한계의 개념을 보충하기 위해서이다.
㉢ 일반적으로 표준편차의 10배 또는 검출한계의 3배 또는 3.3배로 정의한다.
㉣ 정량한계를 기준으로 최소한으로 채취해야 하는 양이 결정된다.

24 로터미터(rotameter)에 관한 설명으로 알맞지 않은 것은?

① 유량을 측정하는 데 가장 흔히 사용되는 기기이다.
② 바닥으로 갈수록 점점 가늘어지는 수직관과 그 안에서 자유롭게 상하로 움직이는 부자(浮子)로 이루어진다.
③ 관은 유리나 투명 플라스틱으로 되어 있으며 눈금이 새겨져 있다.
④ 최대유량과 최소유량의 비율이 100 : 1 범위이고, 대부분 ±1.0% 이내의 정확성을 나타낸다.

풀이 로터미터는 최대유량과 최소유량의 비율이 10 : 1 범위이고, ±5% 이내의 정확성을 가진 보정선이 제공된다.

25 어느 옥내 작업장의 온도를 측정한 결과, 건구온도 30℃, 자연습구온도 26℃, 흑구온도 36℃를 얻었다. 이 작업장의 WBGT는?

① 28℃
② 29℃
③ 30℃
④ 31℃

풀이 WBGT(℃)
=(0.7×자연습구온도)+(0.3×흑구온도)
=(0.7×26℃)+(0.3×36℃)=29℃

26 측정치 1, 3, 5, 7, 9의 변이계수는?

① 약 0.13 ② 약 0.63
③ 약 1.33 ④ 약 1.83

풀이
- 변이계수(CV, %)= $\frac{\text{표준편차}}{\text{평균}} \times 100$
- 평균(M)= $\frac{1+3+5+7+9}{5} = 5$
- 표준편차(SD)

$$= \left[\frac{(1-5)^2+(3-5)^2+(5-5)^2+(7-5)^2+(9-5)^2}{5-1}\right]^{0.5} = 3.16$$

$\therefore\ CV(\%) = \frac{3.16}{5} \times 100 = 63.2\%(=0.632)$

정답 21.④ 22.④ 23.② 24.④ 25.② 26.②

27 작업환경의 감시(monitoring)에 관한 목적을 가장 적절하게 설명한 것은?

① 잠재적인 인체에 대한 유해성을 평가하고 적절한 보호대책을 결정하기 위함
② 유해물질에 의한 근로자의 폭로도를 평가하기 위함
③ 적절한 공학적 대책 수립에 필요한 정보를 제공하기 위함
④ 공정 변화로 인한 작업환경 변화의 파악을 위함

풀이 **작업환경 감시(monitoring)의 목적**
잠재적인 인체에 대한 유해성을 평가하고 적절한 보호대책을 결정하기 위함이다.

28 금속제품을 탈지 · 세정하는 공정에서 사용하는 유기용제인 trichloroethylene의 근로자 노출농도를 측정하고자 한다. 과거의 노출농도를 조사해 본 결과, 평균 40ppm이었다. 활성탄관(100mg/50mg)을 이용하여 0.14L/분으로 채취하였다면, 채취해야 할 최소한의 시간(분)은? (단, trichloroethylene의 분자량은 131.39, 25℃, 1기압, 가스 크로마토그래피의 정량한계(LOQ)는 0.4mg이다.)

① 10.3　② 13.3
③ 16.3　④ 19.3

풀이 우선 과거농도 40ppm을 mg/m³로 환산하면

$$\text{mg/m}^3 = 40\text{ppm} \times \frac{131.39\text{g}}{24.45\text{L}} = 214.95\text{mg/m}^3$$

정량한계를 기준으로 최소한으로 채취해야 하는 양이 결정되므로

$$\frac{\text{LOQ}}{\text{과거농도}} = \frac{0.4\text{mg}}{214.95\text{mg/m}^3} = 0.00186\text{m}^3 \times \frac{1{,}000\text{L}}{\text{m}^3} = 1.86\text{L}$$

∴ 채취 최소시간은 최소채취량을 pump 용량으로 나누면

$$\frac{1.86\text{L}}{0.14\text{L/min}} = 13.29\text{min}$$

29 화학공장의 작업장 내의 먼지 농도를 측정하였더니 5, 6, 5, 6, 6, 6, 4, 8, 9, 8(ppm)이었다. 이러한 측정치의 기하평균(ppm)은?

① 5.13　② 5.83
③ 6.13　④ 6.83

풀이

$$\log(\text{GM}) = \frac{\left(\begin{array}{c}\log5+\log6+\log5+\log6+\log6\\ +\log6+\log4+\log8+\log9+\log8\end{array}\right)}{10} = 0.787$$

$$\therefore\ \text{GM} = 10^{0.787} = 6.12$$

30 직독식 측정기구가 전형적 방법에 비해 가지는 장점과 가장 거리가 먼 것은?

① 측정과 작동이 간편하여 인력과 분석비를 절감할 수 있다.
② 현장에서 실제 작업시간이나 어떤 순간에서 유해인자의 수준과 변화를 손쉽게 알 수 있다.
③ 직독식 기구로 유해물질을 측정하는 방법의 민감도와 특이성 외의 모든 특성은 전형적 방법과 유사하다.
④ 현장에서 즉각적인 자료가 요구될 때 매우 유용하게 이용될 수 있다.

풀이 직독식 측정기구는 민감도가 낮아 비교적 고농도에만 적용 가능하고 특이도가 낮아 다른 방해물질의 영향을 받기 쉽다.

31 세 개의 소음원의 소음수준을 한 지점에서 각각 측정해 보니 첫 번째 소음원만 가동될 때 88dB, 두 번째 소음원만 가동될 때 86dB, 세 번째 소음원만이 가동될 때 91dB이었다. 세 개의 소음원이 동시에 가동될 때 그 지점에서의 음압수준은?

① 91.6dB　② 93.6dB
③ 95.4dB　④ 100.2dB

풀이 $L_{합} = 10\log(10^{8.8} + 10^{8.6} + 10^{9.1}) = 93.6\text{dB}$

2023

정답 27.① 28.② 29.③ 30.③ 31.②

32 다음 중 흡착제에 대한 설명으로 틀린 것은 어느 것인가?

① 실리카 및 알루미나계 흡착제는 그 표면에서 물과 같은 극성 분자를 선택적으로 흡착한다.
② 흡착제의 선정은 대개 극성 오염물질이면 극성 흡착제를, 비극성 오염물질이면 비극성 흡착제를 사용하나 반드시 그러하지는 않다.
③ 활성탄은 다른 흡착제에 비하여 큰 비표면적을 갖고 있다.
④ 활성탄은 탄소의 불포화결합을 가진 분자를 선택적으로 흡착한다.

풀이 실리카 및 알루미늄 흡착제는 탄소의 불포화결합을 가진 분자를 선택적으로 흡수한다.

33 작업장 기본특성 파악을 위한 예비조사 내용 중 유사노출그룹(HEG) 설정에 관한 설명으로 가장 거리가 먼 것은?

① 역학조사를 수행 시 사건이 발생된 근로자와 다른 노출그룹의 노출농도를 근거로 사건이 발생된 노출농도의 추정에 유용하며, 지역시료 채취만 인정된다.
② 조직, 공정, 작업범주 그리고 공정과 작업내용별로 구분하여 설정한다.
③ 모든 근로자를 유사한 노출그룹별로 구분하고 그룹별로 대표적인 근로자를 선택하여 측정하면 측정하지 않은 근로자의 노출농도까지도 추정할 수 있다.
④ 유사노출그룹 설정을 위한 목적 중 시료채취수를 경제적으로 하기 위함도 있다.

풀이 **HEG(유사노출그룹)**
어떤 동일한 유해인자에 대하여 통계적으로 비슷한 수준(농도, 강도)에 노출되는 근로자그룹이라는 의미이며 유해인자의 특성이 동일하다는 것은 노출되는 유해인자가 동일하고 농도가 일정한 변이 내에서 통계적으로 유사하다는 것이다.

34 먼지의 한쪽 끝 가장자리와 다른 쪽 끝 가장자리 사이의 거리로 과대평가될 가능성이 있는 입자성 물질의 직경은?

① 마틴 직경 ② 페렛 직경
③ 공기역학 직경 ④ 등면적 직경

풀이 **기하학적(물리적) 직경**
(1) 마틴 직경(Martin diameter)
㉠ 먼지의 면적을 2등분하는 선의 길이로 선의 방향은 항상 일정하여야 한다.
㉡ 과소평가할 수 있는 단점이 있다.
㉢ 입자의 2차원 투영상을 구하여 그 투영면적을 2등분한 선분 중 어떤 기준선과 평행인 것의 길이(입자의 무게중심을 통과하는 외부 경계면에 접하는 이론적인 길이)를 직경으로 사용하는 방법이다.
(2) 페렛 직경(Feret diameter)
㉠ 먼지의 한쪽 끝 가장자리와 다른 쪽 가장자리 사이의 거리이다.
㉡ 과대평가될 가능성이 있는 입자상 물질의 직경이다.
(3) 등면적 직경(projected area diameter)
㉠ 먼지의 면적과 동일한 면적을 가진 원의 직경으로 가장 정확한 직경이다.
㉡ 측정은 현미경 접안경에 porton reticle을 삽입하여 측정한다.
즉, $D=\sqrt{2^n}$
여기서, D : 입자 직경(μm)
n : porton reticle에서 원의 번호

35 일정한 온도조건에서 부피와 압력은 반비례한다는 표준가스 법칙은?

① 보일의 법칙
② 샤를의 법칙
③ 게이-뤼삭의 법칙
④ 라울트의 법칙

풀이 **보일의 법칙**
일정한 온도에서 기체의 부피는 그 압력에 반비례한다. 즉 압력이 2배 증가하면 부피는 처음의 1/2배로 감소한다.

정답 32.④ 33.① 34.② 35.①

36 수동식 시료채취기(passive sampler)로 8시간 동안 벤젠을 포집하였다. 포집된 시료를 GC를 이용하여 분석한 결과 20,000ng이었으며 공시료는 0ng이었다. 회사에서 제시한 벤젠의 시료채취량은 35.6mL/분이고 탈착효율은 0.96이라면 공기 중 농도는 몇 ppm인가? (단, 벤젠의 분자량은 78, 25℃, 1기압 기준)

① 0.38 ② 1.22
③ 5.87 ④ 10.57

풀이 농도(mg/m³)

$$= \frac{20{,}000\text{ng} \times \text{mg}/10^6\text{ng}}{35.6\text{mL/min} \times 480\text{min} \times \text{m}^3/10^6\text{mL} \times 0.96}$$

$= 1.219\text{mg/m}^3$

∴ 농도(ppm) $= 1.219\text{mg/m}^3 \times \frac{24.45}{78} = 0.38\text{ppm}$

37 활성탄관(charcoal tubes)을 사용하여 포집하기에 가장 부적합한 오염물질은?

① 할로겐화 탄화수소류
② 에스테르류
③ 방향족 탄화수소류
④ 니트로벤젠류

풀이 **활성탄관을 사용하여 채취하기 용이한 시료**
㉠ 비극성류의 유기용제
㉡ 각종 방향족 유기용제(방향족 탄화수소류)
㉢ 할로겐화 지방족 유기용제(할로겐화 탄화수소류)
㉣ 에스테르류, 알코올류, 에테르류, 케톤류

38 소음측정방법에 관한 내용으로 ( )에 알맞은 내용은? (단, 고용노동부 고시 기준)

> 1초 이상의 간격을 유지하면서 최대음압수준이 120dB(A) 이상의 소음인 경우에는 소음수준에 따른 ( ) 동안의 발생횟수를 측정할 것

① 1분 ② 2분
③ 3분 ④ 4분

풀이 소음이 1초 이상의 간격을 유지하면서 최대음압수준이 120dB(A) 이상의 소음(충격소음)인 경우에는 소음수준에 따른 1분 동안의 발생횟수를 측정하여야 한다.

39 시간가중평균기준(TWA)이 설정되어 있는 대상물질을 측정하는 경우에는 1일 작업시간 동안 6시간 이상 연속 측정하거나 작업시간을 등간격으로 나누어 6시간 이상 연속 분리하여 측정하여야 한다. 다음 중 대상물질의 발생시간 동안 측정할 수 있는 경우가 아닌 것은? (단, 고용노동부 고시 기준)

① 대상물질의 발생시간이 6시간 이하인 경우
② 불규칙작업으로 6시간 이하의 작업인 경우
③ 발생원에서의 발생시간이 간헐적인 경우
④ 공정 및 취급인자 변동이 없는 경우

풀이 **대상물질의 발생시간 동안 측정할 수 있는 경우**
㉠ 대상물질의 발생시간이 6시간 이하인 경우
㉡ 불규칙작업으로 6시간 이하의 작업
㉢ 발생원에서의 발생시간이 간헐적인 경우

40 다음은 가스상 물질의 측정횟수에 관한 내용이다. ( ) 안에 맞는 내용은?

> 가스상 물질을 검지관방식으로 측정하는 경우에는 1일 작업시간 동안 1시간 간격으로 ( ) 이상 측정하되 측정시간마다 2회 이상 반복 측정하여 평균값을 산출하여야 한다.

① 2회 ② 4회
③ 6회 ④ 8회

풀이 검지관방식으로 측정하는 경우에는 1일 작업시간 동안 1시간 간격으로 6회 이상 측정하되 측정시간마다 2회 이상 반복 측정하여 평균값을 산출하여야 한다. 다만, 가스상 물질의 발생시간이 6시간 이내일 때에는 작업시간 동안 1시간 간격으로 나누어 측정하여야 한다.

2023

제3과목 | 작업환경 관리대책

41 어느 작업장에서 크실렌(xylene)을 시간당 2리터(2L/hr) 사용할 경우 작업장의 희석환기량(m^3/min)은? (단, 크실렌의 비중은 0.88, 분자량은 106, TLV는 100ppm이고, 안전계수 K는 6, 실내온도는 20℃이다.)

① 약 200 ② 약 300
③ 약 400 ④ 약 500

풀이
- 사용량(g/hr)
  $=2\text{L/hr}\times0.88\text{g/mL}\times1{,}000\text{mL/L}=1{,}760\text{g/hr}$
- 발생률(G, L/hr)
  106g : 24.1L = 1,760g/hr : G
  $G(\text{L/hr})=\dfrac{24.1\text{L}\times1{,}760\text{g/hr}}{106\text{g}}=400.15\text{L/hr}$

$\therefore$ 필요환기량$=\dfrac{G}{\text{TLV}}\times K$
$=\dfrac{400.15\text{L/hr}}{100\text{ppm}}\times6$
$=\dfrac{400.15\text{L/hr}\times1{,}000\text{mL/L}}{100\text{mL/m}^3}\times6$
$=24{,}009.05\text{m}^3/\text{hr}\times\text{hr}/60\text{min}$
$=400.15\text{m}^3/\text{min}$

42 송풍관(duct) 내부에서 유속이 가장 빠른 곳은? (단, d는 직경이다.)

① 위에서 $\frac{1}{10}d$ 지점 ② 위에서 $\frac{1}{5}d$ 지점
③ 위에서 $\frac{1}{3}d$ 지점 ④ 위에서 $\frac{1}{2}d$ 지점

풀이 관 단면상에서 유체 유속이 가장 빠른 부분은 관 중심부이다.

43 대치(substitution)방법으로 유해작업환경을 개선한 경우로 적절하지 않은 것은?

① 유연휘발유를 무연휘발유로 대치
② 블라스팅 재료로 모래를 철구슬로 대치
③ 야광시계의 자판을 라듐에서 인으로 대치
④ 페인트 희석제를 사염화탄소에서 석유나프타로 대치

풀이 페인트 희석제를 석유나프타에서 사염화탄소로 대치한다.

44 강제환기를 실시할 때 환기효과를 제고시킬 수 있는 방법으로 틀린 것은?

① 공기 배출구와 근로자의 작업위치 사이에 오염원이 위치하지 않도록 하여야 한다.
② 배출구가 창문이나 문 근처에 위치하지 않도록 한다.
③ 오염물질 배출구는 가능한 한 오염원으로부터 가까운 곳에 설치하여 '점환기' 효과를 얻는다.
④ 공기가 배출되면서 오염장소를 통과하도록 공기 배출구와 유입구의 위치를 선정한다.

풀이 **전체환기(강제환기)시설 설치 기본원칙**
㉠ 오염물질 사용량을 조사하여 필요환기량을 계산한다.
㉡ 배출공기를 보충하기 위하여 청정공기를 공급한다.
㉢ 오염물질 배출구는 가능한 한 오염원으로부터 가까운 곳에 설치하여 '점환기'의 효과를 얻는다.
㉣ 공기 배출구와 근로자의 작업위치 사이에 오염원이 위치해야 한다.
㉤ 공기가 배출되면서 오염장소를 통과하도록 공기 배출구와 유입구의 위치를 선정한다.
㉥ 작업장 내 압력은 경우에 따라서 양압이나 음압으로 조정해야 한다(오염원 주위에 다른 작업공정이 있으면 공기 공급량을 배출량보다 작게 하여 음압을 형성시켜 주위 근로자에게 오염물질이 확산되지 않도록 한다).
㉦ 배출된 공기가 재유입되지 못하게 배출구 높이를 적절히 설계하고 창문이나 문 근처에 위치하지 않도록 한다.
㉧ 오염된 공기는 작업자가 호흡하기 전에 충분히 희석되어야 한다.
㉨ 오염물질 발생은 가능하면 비교적 일정한 속도로 유출되도록 조정해야 한다.

45 귀마개의 장단점과 가장 거리가 먼 것은?

① 제대로 착용하는 데 시간이 걸린다.
② 착용 여부 파악이 곤란하다.
③ 보안경 사용 시 차음효과가 감소한다.
④ 귀마개 오염 시 감염될 가능성이 있다.

정답 41.③ 42.④ 43.④ 44.① 45.③

풀이 귀마개의 장단점

(1) 장점

㉠ 부피가 작아 휴대가 쉽다.

㉡ 안경과 안전모 등에 방해가 되지 않는다.

㉢ 고온작업에서도 사용 가능하다.

㉣ 좁은 장소에서도 사용 가능하다.

㉤ 귀덮개보다 가격이 저렴하다.

(2) 단점

㉠ 귀에 질병이 있는 사람은 착용 불가능하다.

㉡ 여름에 땀이 많이 날 때는 외이도에 염증 유발 가능성이 있다.

㉢ 제대로 착용하는 데 시간이 걸리며 요령을 습득하여야 한다.

㉣ 귀덮개보다 차음효과가 일반적으로 떨어지며, 개인차가 크다.

㉤ 더러운 손으로 만짐으로써 외청도를 오염시킬 수 있다(귀마개에 묻어 있는 오염물질이 귀에 들어갈 수 있음).

46 방진마스크의 적절한 구비조건만으로 짝지어진 것은?

> ㉮ 하방시야가 60도 이상 되어야 한다.
> ㉯ 여과효율이 높고, 흡배기저항이 커야 한다.
> ㉰ 여과재로서 면, 모, 합성섬유, 유리섬유, 금속섬유 등이 있다.

① ㉮, ㉯ ② ㉯, ㉰

③ ㉮, ㉰ ④ ㉮, ㉯, ㉰

풀이 방진마스크의 선정조건(구비조건)

㉠ 흡기저항 및 흡기저항 상승률이 낮을 것

※ 일반적 흡기저항 범위 : 6~8mmH₂O

㉡ 배기저항이 낮을 것

※ 일반적 배기저항 기준 : 6mmH₂O 이하

㉢ 여과재 포집효율이 높을 것

㉣ 착용 시 시야확보가 용이할 것

※ 하방시야가 60° 이상 되어야 함

㉤ 중량은 가벼울 것

㉥ 안면에서의 밀착성이 클 것

㉦ 침입률 1% 이하까지 정확히 평가 가능할 것

㉧ 피부접촉부위가 부드러울 것

㉨ 사용 후 손질이 간단할 것

㉩ 무게중심은 안면에 강한 압박감을 주지 않는 위치에 있을 것

47 유입계수 $Ce=0.82$인 원형 후드가 있다. 덕트의 원면적이 0.0314m^2이고, 필요환기량 $Q=30\text{m}^3/\text{min}$이라고 할 때 후드 정압은? (단, 공기밀도 1.2kg/m^3 기준)

① $16\text{mmH}_2\text{O}$

② $23\text{mmH}_2\text{O}$

③ $32\text{mmH}_2\text{O}$

④ $37\text{mmH}_2\text{O}$

풀이 $SP_h = VP(1+F)$

- $F=\dfrac{1}{Ce^2}-1=\dfrac{1}{0.82^2}-1=0.487$
- $VP=\dfrac{\gamma V^2}{2g}$

$$V=\frac{Q}{A}=\frac{30\text{m}^3/\text{min}}{0.0314\text{m}^2}$$
$$=955.41\text{m/min}\times\text{min/60sec}$$
$$=15.92\text{m/sec}$$
$$=\frac{1.2\times15.92^2}{2\times9.8}=15.52\text{mmH}_2\text{O}$$
$$=15.52(1+0.487)$$
$$=23.07\text{mmH}_2\text{O}$$

48 원심력 송풍기 중 후향 날개형 송풍기에 관한 설명으로 옳지 않은 것은?

① 분진 농도가 낮은 공기나 고농도 분진 함유 공기를 이송시킬 경우, 집진기 후단에 설치한다.

② 송풍량이 증가하면 동력도 증가하므로 한계부하 송풍기라고도 한다.

③ 회전날개가 회전방향 반대편으로 경사지게 설계되어 있어 충분한 압력을 발생시킨다.

④ 고농도 분진 함유 공기를 이송시킬 경우 회전날개 뒷면에 퇴적되어 효율이 떨어진다.

풀이 후향 날개형 송풍기(터보 송풍기)는 송풍량이 증가해도 동력이 증가하지 않는 장점을 가지고 있어 한계부하 송풍기라고도 한다.

정답 46.③ 47.② 48.②

49 분진대책 중의 하나인 발진의 방지방법과 가장 거리가 먼 것은?

① 원재료 및 사용재료의 변경
② 생산기술의 변경 및 개량
③ 습식화에 의한 분진발생 억제
④ 밀폐 또는 포위

풀이 (1) **분진 발생 억제방법(발진의 방지)**
㉠ 작업공정 습식화
- 분진의 방진대책 중 가장 효과적인 개선대책이다.
- 착암, 파쇄, 연마, 절단 등의 공정에 적용한다.
- 취급물질로는 물, 기름, 계면활성제를 사용한다.
- 물을 분사할 경우 국소배기시설과의 병행 사용 시 주의한다(작은 입자들이 부유 가능성이 있고, 이들이 덕트 등에 쌓여 굳게 됨으로써 국소배기시설의 효율성을 저하시킴).
- 시간이 경과하여 바닥에 굳어 있다 건조되면 재비산되므로 주의한다.

㉡ 대치
- 원재료 및 사용재료의 변경(연마재의 사암을 인공마석으로 교체)
- 생산기술의 변경 및 개량
- 작업공정의 변경

(2) **발생분진 비산 방지방법**
㉠ 해당 장소를 밀폐 및 포위
㉡ 국소배기
- 밀폐가 되지 못하는 경우에 사용한다.
- 포위형 후드의 국소배기장치를 설치하며 해당 장소를 음압으로 유지시킨다.

㉢ 전체환기

50 청력보호구의 차음효과를 높이기 위해서 유의할 사항으로 볼 수 없는 것은?

① 청력보호구는 머리의 모양이나 귓구멍에 잘 맞는 것을 사용하여 차음효과를 높이도록 한다.
② 청력보호구는 기공이 많은 재료로 만들어 흡음효과를 높여야 한다.
③ 청력보호구를 잘 고정시켜 보호구 자체의 진동을 최소한도로 줄이도록 한다.
④ 귀덮개 형식의 보호구는 머리카락이 길 때와 안경테가 굵거나 잘 부착되지 않을 때에는 사용하지 않도록 한다.

풀이 청력보호구는 차음효과를 높이기 위하여 기공이 많은 재료를 선택하지 않아야 한다.

51 외부식 후드에서 플랜지가 붙고 공간에 설치된 후드와 플랜지가 붙고 면에 고정 설치된 후드의 필요공기량을 비교할 때 플랜지가 붙고 면에 고정 설치된 후드는 플랜지가 붙고 공간에 설치된 후드에 비하여 필요공기량을 약 몇 % 절감할 수 있는가? (단, 후드는 장방형 기준이다.)

① 12%　　② 20%
③ 25%　　④ 33%

풀이
- 플랜지 부착, 자유공간 위치 송풍량(Q_1)
$Q_1 = 60 \times 0.75 \times V_c[(10X^2) + A]$
- 플랜지 부착, 작업면 위치 송풍량(Q_2)
$Q_2 = 60 \times 0.5 \times V_c[(10X^2) + A]$

∴ 절감효율(%)$= \dfrac{0.75 - 0.5}{0.75} \times 100 = 33.33\%$

52 마스크 성능 및 시험방법에 관한 설명으로 틀린 것은?

① 배기변의 작동 기밀시험 : 내부 압력이 상압으로 돌아올 때까지 시간은 5초 이내여야 한다.
② 불연성 시험 : 버너 불꽃의 끝부분에서 20mm 위치의 불꽃온도를 800±50℃로 하여 마스크를 초당 6±0.5cm의 속도로 통과시킨다.
③ 분진포집효율시험 : 마스크에 석영분진 함유 공기를 매분 30L의 유량으로 통과시켜 통과 전후의 석영 농도를 측정한다.
④ 배기저항시험 : 마스크에 공기를 매분 30L의 유량으로 통과시켜 마스크 내외의 압력차를 측정한다.

 정답 49.④ 50.② 51.④ 52.①

풀이 배기변의 작동 기밀시험
내부 압력이 상압으로 돌아올 때까지 시간은 15초 이상이어야 한다.

53 어떤 작업장에서 메틸알코올(비중 0.792, 분자량 32.04)이 시간당 1.0L 증발되어 공기를 오염시키고 있다. 여유계수 K값은 3이고, 허용기준 TLV는 200ppm이라면 이 작업장을 전체환기시키는 데 요구되는 필요환기량은? (단, 1기압, 21℃ 기준)

① $120m^3/min$
② $150m^3/min$
③ $180m^3/min$
④ $210m^3/min$

풀이
- 사용량(g/hr)=1.0L/hr×0.792g/mL×1,000mL/L =792g/hr
- 발생률(L/hr)= $\frac{24.1L \times 792g/hr}{32.04g}$ = 595.73L/hr

∴ 필요환기량= $\frac{595.73L/hr \times 1{,}000mL/L}{200mL/m^3} \times 3$
$= 8{,}935.96m^3/hr \times hr/60min$
$= 148.93m^3/min$

54 작업환경관리에서 유해인자의 제거 · 저감을 위한 공학적 대책으로 옳지 않은 것은?

① 보온재로 석면 대신 유리섬유나 암면 등의 사용
② 소음 저감을 위해 너트/볼트 작업 대신 리베팅(rivetting) 사용
③ 광물을 채취할 때 건식 공정 대신 습식 공정의 사용
④ 주물공정에서 실리카 모래 대신 그린(green) 모래의 사용

풀이 소음 저감을 위해 리베팅 작업을 볼트, 너트 작업으로 대치한다.

55 국소배기장치의 설계순서로 가장 알맞은 것은?

① 소요풍량 계산 → 반송속도 결정 → 후드형식 선정 → 제어속도 결정
② 제어속도 결정 → 소요풍량 계산 → 반송속도 결정 → 후드형식 선정
③ 후드형식 선정 → 제어속도 결정 → 소요풍량 계산 → 반송속도 결정
④ 반송속도 결정 → 후드형식 선정 → 제어속도 결정 → 소요풍량 계산

풀이 국소배기장치의 설계 순서
후드형식 선정 → 제어속도 결정 → 소요풍량 계산 → 반송속도 결정 → 배관내경 산출 → 후드의 크기 결정 → 배관의 배치와 설치장소 선정 → 공기정화장치 선정 → 국소배기 계통도와 배치도 작성 → 총 압력손실량 계산 → 송풍기 선정

56 사이클론 집진장치에서 발생하는 블로다운(blow down) 효과에 관한 설명으로 적절한 것은?

① 유효원심력을 감소시켜 선회기류의 흐트러짐을 방지한다.
② 관내 분진 부착으로 인한 장치의 폐쇄현상을 방지한다.
③ 부분적 난류 증가로 집진된 입자가 재비산된다.
④ 처리배기량의 50% 정도가 재유입되는 현상이다.

풀이 블로다운(blow down)
㉠ 정의
사이클론의 집진효율을 향상시키기 위한 하나의 방법으로서 더스트박스 또는 호퍼부에서 처리가스의 5~10%를 흡인하여 선회기류의 교란을 방지하는 운전방식
㉡ 효과
- 사이클론 내의 난류현상을 억제시킴으로써 집진된 먼지의 비산을 방지(유효원심력 증대)
- 집진효율 증대
- 장치 내부의 먼지 퇴적 억제(가교현상 방지)

2023

정답 53.② 54.② 55.③ 56.②

57 덕트의 설치원칙으로 틀린 것은?

① 덕트는 가능한 한 짧게 배치하도록 한다.
② 밴드의 수는 가능한 한 적게 하도록 한다.
③ 가능한 한 후드의 가까운 곳에 설치한다.
④ 공기흐름이 원활하도록 상향구배로 만든다.

풀이 **덕트 설치기준(설치 시 고려사항)**
㉠ 가능한 한 길이는 짧게 하고 굴곡부의 수는 적게 한다.
㉡ 접속부의 내면은 돌출된 부분이 없도록 한다.
㉢ 청소구를 설치하는 등 청소하기 쉬운 구조로 한다.
㉣ 덕트 내 오염물질이 쌓이지 아니하도록 이송속도를 유지한다.
㉤ 연결부위 등은 외부공기가 들어오지 아니하도록 한다(연결방법을 가능한 한 용접할 것).
㉥ 가능한 후드의 가까운 곳에 설치한다.
㉦ 송풍기를 연결할 때는 최소 덕트 직경의 6배 정도 직선구간을 확보한다.
㉧ 직관은 하향구배로 하고 직경이 다른 덕트를 연결할 때에는 경사 30° 이내의 테이퍼를 부착한다.
㉨ 원형 덕트가 사각형 덕트보다 덕트 내 유속분포가 균일하므로 가급적 원형 덕트를 사용하며, 부득이 사각형 덕트를 사용할 경우에는 가능한 정방형을 사용하고 곡관의 수를 적게 한다.
㉩ 곡관의 곡률반경은 최소 덕트 직경의 1.5 이상, 주로 2.0을 사용한다.
㉪ 수분이 응축될 경우 덕트 내로 들어가지 않도록 경사나 배수구를 마련한다.
㉫ 덕트의 마찰계수는 작게 하고, 분지관을 가급적 적게 한다.

58 관(管)의 안지름이 200mm인 직관을 통하여 가스유량이 $55m^3$/분인 표준공기를 송풍할 때 관 내 평균유속(m/sec)은?

① 약 21.8 ② 약 24.5
③ 약 29.2 ④ 약 32.2

풀이
$$V(\text{m/sec}) = \frac{Q}{A} = \frac{55\text{m}^3/\text{min} \times \text{min}/60\text{sec}}{\left(\frac{3.14 \times 0.2^2}{4}\right)\text{m}^2} = 29.19\text{m/sec}$$

59 A물질의 증기압이 50mmHg라면 이때 포화증기농도(%)는? (단, 표준상태 기준)

① 6.6 ② 8.8
③ 10.0 ④ 12.2

풀이
$$\text{포화증기농도}(\%) = \frac{\text{증기압(분압)}}{760\text{mmHg}} \times 10^2 = \frac{50}{760} \times 10^2 = 6.6\%$$

60 공기정화장치의 한 종류인 원심력 집진기에서 절단입경(cut-size, Dc)은 무엇을 의미하는가?

① 100% 분리 · 포집되는 입자의 최소입경
② 100% 처리효율로 제거되는 입자크기
③ 90% 이상 처리효율로 제거되는 입자크기
④ 50% 처리효율로 제거되는 입자크기

풀이 ㉠ 최소입경(임계입경) : 사이클론에서 100% 처리효율로 제거되는 입자의 크기 의미
㉡ 절단입경(cut-size) : 사이클론에서 50% 처리효율로 제거되는 입자의 크기 의미

제4과목 | 물리적 유해인자관리

61 다음 중 산업안전보건법상 '적정한 공기'에 해당하는 것은? (단, 다른 성분의 조건은 적정한 것으로 가정한다.)

① 산소 농도가 16%인 공기
② 산소 농도가 25%인 공기
③ 이산화탄소 농도가 1.0%인 공기
④ 황화수소 농도가 25ppm인 공기

풀이 **적정한 공기**
㉠ 산소 농도 : 18% 이상~23.5% 미만
㉡ 이산화탄소 농도 : 1.5% 미만
㉢ 황화수소 농도 : 10ppm 미만
㉣ 일산화탄소 농도 : 30ppm 미만

 정답 57.④ 58.③ 59.① 60.④ 61.③

62 다음 중 동상의 종류와 증상이 잘못 연결된 것은?

① 1도 – 발적
② 2도 – 수포 형성과 염증
③ 3도 – 조직괴사로 괴저 발생
④ 4도 – 출혈

풀이 **동상의 단계별 구분**
(1) 제1도 동상 : 발적
㉠ 홍반성 동상이라고도 한다.
㉡ 처음에는 말단부로의 혈행이 정체되어서 국소성 빈혈이 생기고, 환부의 피부는 창백하게 되어서 다소의 동통 또는 지각 이상을 초래한다.
㉢ 한랭작용이 이 시기에 중단되면 반사적으로 충혈이 일어나서 피부에 염증성 조홍을 일으키고, 남보라색 부종성 조홍을 일으킨다.
(2) 제2도 동상 : 수포 형성과 염증
㉠ 수포성 동상이라고도 한다.
㉡ 물집이 생기거나 피부가 벗겨지는 결빙을 말한다.
㉢ 수포를 가진 광범위한 삼출성 염증이 생긴다.
㉣ 수포에는 혈액이 섞여 있는 경우가 많다.
㉤ 피부는 청남색으로 변하고 큰 수포를 형성하여 궤양, 화농으로 진행한다.
(3) 제3도 동상 : 조직괴사로 괴저 발생
㉠ 괴사성 동상이라고도 한다.
㉡ 한랭작용이 장시간 계속되었을 때 생기며 혈행은 완전히 정지된다. 동시에 조직성분도 붕괴되며, 그 부분의 조직괴사를 초래하여 괴상을 만든다.
㉢ 심하면 근육, 뼈까지 침해해서 이환부 전체가 괴사성이 되어 탈락되기도 한다.

63 다음 중 사람의 청각에 대한 반응에 가깝게 음을 측정하여 나타낼 때 사용하는 단위는?

① dB(A)
② PWL(Sound Power Level)
③ SPL(Sound Pressure Level)
④ SIL(Sound Intensity Level)

풀이 dB
㉠ 음압수준을 표시하는 한 방법으로 사용하는 단위로 dB(decibel)로 표시한다.
㉡ 사람이 들을 수 있는 음압은 0.00002~60N/m^{2}의 범위이며, 이것을 dB로 표시하면 0~130dB이 된다.
㉢ 음압을 직접 사용하는 것보다 dB로 변환하여 사용하는 것이 편리하다.

64 다음 중 열사병(heat stroke)에 관한 설명으로 옳은 것은?

① 피부는 차갑고, 습한 상태로 된다.
② 지나친 발한에 의한 탈수와 염분 소실이 원인이다.
③ 보온을 시키고, 더운 커피를 마시게 한다.
④ 뇌 온도의 상승으로 체온조절 중추의 기능이 장해를 받게 된다.

풀이 **열사병(heat stroke)**
㉠ 고온다습한 환경(육체적 노동 또는 태양의 복사선을 두부에 직접적으로 받는 경우)에 노출될 때 뇌 온도의 상승으로 신체 내부의 체온조절 중추에 기능장애를 일으켜서 생기는 위급한 상태이다.
㉡ 고열로 인해 발생하는 장애 중 가장 위험성이 크다.
㉢ 태양광선에 의한 열사병은 일사병(sunstroke)이라고 한다.
㉣ 발생
- 체온조절 중추(특히 발한 중추)의 기능장애에 의한다(체내에 열이 축적되어 발생).
- 혈액 중의 염분량과는 관계없다.
- 대사열의 증가는 작업부하와 작업환경에서 발생하는 열부하가 원인이 되어 발생하며, 열사병을 일으키는 데 크게 관여하고 있다.

65 다음 중 진동증후군(HAVS)에 대한 스톡홀름 워크숍의 분류로서 틀린 것은?

① 진동증후군의 단계를 0부터 4까지 5단계로 구분하였다.
② 1단계는 가벼운 증상으로 하나 또는 그 이상의 손가락 끝부분이 하얗게 변하는 증상을 의미한다.
③ 3단계는 심각한 증상으로 하나 또는 그 이상의 손가락 가운데 마디부분까지 하얗게 변하는 증상이 나타나는 단계이다.
④ 4단계는 매우 심각한 증상으로 대부분의 손가락이 하얗게 변하는 증상과 함께 손끝에서 땀의 분비가 제대로 일어나지 않는 등의 변화가 나타나는 단계이다.

풀이 3단계는 손가락 끝과 중간 부위에 이따금씩 나타나며, 손바닥에 가까운 기저부에는 드물게 나타난다.

2023

정답 62.④ 63.① 64.④ 65.③

66 다음 중 유해광선과 거리와의 노출관계를 올바르게 표현한 것은?

① 노출량은 거리에 비례한다.
② 노출량은 거리에 반비례한다.
③ 노출량은 거리의 제곱에 비례한다.
④ 노출량은 거리의 제곱에 반비례한다.

풀이 유해광선의 노출량은 거리의 제곱에 반비례한다.

67 작업장의 습도를 측정한 결과 절대습도는 4.57mmHg, 포화습도는 18.25mmHg이었다. 이때 이 작업장의 습도 상태에 대하여 가장 올바르게 설명한 것은?

① 적당하다.
② 너무 건조하다.
③ 습도가 높은 편이다.
④ 습도가 포화상태이다.

풀이

$$\text{상대습도}(\%) = \frac{\text{절대습도}}{\text{포화습도}} \times 100 = \frac{4.57\text{mmHg}}{18.25\text{mmHg}} \times 100 = 25.04\%$$

인체에 바람직한 상대습도인 30~60%보다 크게 작은 수치이므로 너무 건조한 상태를 의미한다.

68 다음 중 일반적으로 소음계에서 A특성치는 몇 phon의 등청감곡선과 비슷하게 주파수에 따른 반응을 보정하여 측정한 음압수준을 말하는가?

① 40
② 70
③ 100
④ 140

풀이 **음의 크기 레벨(phon)과 청감보정회로**

㉠ 40phon : A청감보정회로(A특성)
㉡ 70phon : B청감보정회로(B특성)
㉢ 100phon : C청감보정회로(C특성)

69 현재 총 흡음량이 1,200sabins인 작업장의 천장에 흡음물질을 첨가하여 2,800sabins을 더할 경우 예측되는 소음감소량(dB)은 약 얼마인가?

① 3.5　② 4.2
③ 4.8　④ 5.2

풀이

$$\text{소음감소량(dB)} = 10\log\frac{1,200+2,800}{1,200} = 5.23\text{dB}$$

70 다음 중 자외선 노출로 인해 발생하는 인체의 건강에 끼치는 영향이 아닌 것은?

① 색소 침착
② 광독성 장애
③ 피부 비후
④ 피부암 발생

풀이 **자외선의 피부에 대한 작용(장애)**

㉠ 자외선에 의하여 피부의 표피와 진피 두께가 증가하여 피부의 비후가 온다.
㉡ 280nm 이하의 자외선은 대부분 표피에서 흡수, 280~320nm 자외선은 진피에서 흡수, 320~380nm 자외선은 표피(상피 : 각화층, 말피기층)에서 흡수된다.
㉢ 각질층 표피세포(말피기층)의 histamine의 양이 많아져 모세혈관 수축, 홍반 형성에 이어 색소 침착이 발생한다. 홍반 형성은 300nm 부근(2,000~2,900Å)의 폭로가 가장 강한 영향을 미치며, 멜라닌색소 침착은 300~420nm에서 영향을 미친다.
㉣ 반복하여 자외선에 노출될 경우 피부가 건조해지고 갈색을 띠게 하며 주름살이 많이 생기게 한다. 즉 피부노화에 영향을 미친다.
㉤ 피부투과력은 체표에서 0.1~0.2mm 정도이고 자외선 파장, 피부색, 피부 표피의 두께에 좌우된다.
㉥ 옥외 작업을 하면서 콜타르의 유도체, 벤조피렌, 안트라센화합물과 상호작용하여 피부암을 유발하며, 관여하는 파장은 주로 280~320nm이다.
㉦ 피부색과의 관계는 피부가 흰색일 때 가장 투과가 잘되며, 흑색이 가장 투과가 안 된다. 따라서 백인과 흑인의 피부암 발생률 차이가 크다.
㉧ 자외선 노출에 가장 심각한 만성 영향은 피부암이며, 피부암의 90% 이상은 햇볕에 노출된 신체부위에서 발생한다. 특히 대부분의 피부암은 상피세포 부위에서 발생한다.

정답 66.④ 67.② 68.① 69.④ 70.②

71 다음 중 한랭환경에 의한 건강장애에 대한 설명으로 틀린 것은?

① 전신저체온의 첫 증상은 억제하기 어려운 떨림과 냉(冷)감각이 생기고 심박동이 불규칙하고 느려지며, 맥박은 약해지고 혈압이 낮아진다.
② 제2도 동상은 수포와 함께 광범위한 삼출성 염증이 일어나는 경우를 말한다.
③ 참호족은 지속적인 국소의 영양결핍 때문이며 한랭에 의한 신경조직의 손상이 발생한다.
④ 레이노병과 같은 혈관 이상이 있을 경우에는 증상이 악화된다.

풀이 참호족과 침수족은 지속적인 한랭으로 모세혈관벽이 손상되는데, 이는 국소부위의 산소결핍 때문이다.

72 다음 중 자연채광을 이용한 조명방법으로 가장 적절하지 않은 것은?

① 입사각은 25° 미만이 좋다.
② 실내 각점의 개각은 4~5°가 좋다.
③ 창의 면적은 바닥면적의 15~20%가 이상적이다.
④ 창의 방향은 많은 채광을 요구할 경우 남향이 좋으며 조명의 평등을 요하는 작업실의 경우 북창이 좋다.

풀이 채광의 입사각은 28° 이상이 좋으며 개각 1°의 감소를 입사각으로 보충하려면 2~5° 증가가 필요하다.

73 환경온도를 감각온도로 표시한 것을 지적온도라 하는데, 다음 중 3가지 관점에 따른 지적온도로 볼 수 없는 것은?

① 주관적 지적온도
② 생리적 지적온도
③ 생산적 지적온도
④ 개별적 지적온도

풀이 **지적온도의 종류**
(1) 지적온도의 일반적 종류
㉠ 쾌적감각온도
㉡ 최고생산온도
㉢ 기능지적온도
(2) 감각온도 관점에서의 지적온도 종류
㉠ 주관적 지적온도
㉡ 생리적 지적온도
㉢ 생산적 지적온도

74 작업을 하는 데 가장 적합한 환경을 지적환경(optimum working environment)이라고 하는데 이것을 평가하는 방법이 아닌 것은?

① 생물역학적(biomechanical) 방법
② 생리적(physiological) 방법
③ 정신적(psychological) 방법
④ 생산적(productive) 방법

풀이 **지적환경 평가방법**
㉠ 생리적 방법
㉡ 정신적 방법
㉢ 생산적 방법

75 한랭작업과 관련된 설명으로 틀린 것은 어느 것인가?

① 저체온증은 몸의 심부온도가 35℃ 이하로 내려간 것을 말한다.
② 저온작업에서 손가락, 발가락 등의 말초부위는 피부온도 저하가 가장 심한 부위이다.
③ 혹심한 한랭에 노출됨으로써 피부 및 피하조직 자체가 동결하여 조직이 손상되는 것을 말한다.
④ 근로자의 발이 한랭에 장기간 노출되고 동시에 지속적으로 습기나 물에 잠기게 되면 '선단자람증'의 원인이 된다.

풀이 근로자의 발이 한랭에 장기간 노출되고 지속적으로 습기나 물에 잠기게 되면 침수족이 발생한다.

2023

정답 71.③ 72.① 73.④ 74.① 75.④

76 다음 중 소음성 난청에 관한 설명으로 틀린 것은?

① 소음성 난청의 초기 증상을 C_5-dip 현상이라 한다.
② 소음성 난청은 대체로 노인성 난청과 연령별 청력변화가 같다.
③ 소음성 난청은 대부분 양측성이며 감각 신경성 난청에 속한다.
④ 소음성 난청은 주로 주파수 4,000Hz 영역에서 시작하여 전 영역으로 파급된다.

풀이 **난청(청력장애)**

(1) 일시적 청력손실(TTS)
㉠ 강력한 소음에 노출되어 생기는 난청으로 4,000~6,000Hz에서 가장 많이 발생한다.
㉡ 청신경세포의 피로현상으로, 회복되려면 12~24시간을 요하는 가역적인 청력저하이며, 영구적 소음성 난청의 예비신호로도 볼 수 있다.

(2) 영구적 청력손실(PTS) : 소음성 난청
㉠ 비가역적 청력저하, 강렬한 소음이나 지속적인 소음 노출에 의해 청신경 말단부의 내이 코르티(corti)기관의 섬모세포 손상으로 회복될 수 없는 영구적인 청력저하가 발생한다.
㉡ 3,000~6,000Hz의 범위에서 먼저 나타나고, 특히 4,000Hz에서 가장 심하게 발생한다.

(3) 노인성 난청
㉠ 노화에 의한 퇴행성 질환으로, 감각신경성 청력손실이 양측 귀에 대칭적 · 점진적으로 발생하는 질환이다.
㉡ 일반적으로 고음역에 대한 청력손실이 현저하며 6,000Hz에서부터 난청이 시작된다.

77 소음계(sound level meter)로 소음측정 시 A 및 C 특성으로 측정하였다. 만약 C특성으로 측정한 값이 A특성으로 측정한 값보다 훨씬 크다면 소음의 주파수 영역은 어떻게 추정이 되겠는가?

① 저주파수가 주성분이다.
② 중주파수가 주성분이다.
③ 고주파수가 주성분이다.
④ 중 및 고주파수가 주성분이다.

풀이 어떤 소음을 소음계의 청감보정회로 A 및 C에 놓고 측정한 소음레벨이 dB(A) 및 dB(C)일 때 dB(A) ≪dB(C)이면 저주파 성분이 많고, dB(A)≈dB(C)이면 고주파가 주성분이다.

78 다음 중 조명 시의 고려사항으로 광원으로부터의 직접적인 눈부심을 없애기 위한 방법으로 가장 적당하지 않은 것은?

① 광원 또는 전등의 휘도를 줄인다.
② 광원을 시선에서 멀리 위치시킨다.
③ 광원 주위를 어둡게 하여 광도비를 높인다.
④ 눈이 부신 물체와 시선과의 각을 크게 한다.

풀이 **인공조명 시 고려사항**

㉠ 작업에 충분한 조도를 낼 것
㉡ 조명도를 균등히 유지할 것(천장, 마루, 기계, 벽 등의 반사율을 크게 하면 조도를 일정하게 얻을 수 있다)
㉢ 폭발성 또는 발화성이 없고, 유해가스가 발생하지 않을 것
㉣ 경제적이며, 취급이 용이할 것
㉤ 주광색에 가까운 광색으로 조도를 높여줄 것(백열전구와 고압수은등을 적절히 혼합시켜 주광에 가까운 빛을 얻을 수 있다)
㉥ 장시간 작업 시 가급적 간접조명이 되도록 설치할 것(직접조명, 즉 광원의 광밀도가 크면 나쁘다)
㉦ 일반적인 작업 시 빛은 작업대 좌상방에서 비추게 할 것
㉧ 작은 물건의 식별과 같은 작업에는 음영이 생기지 않는 국소조명을 적용할 것
㉨ 광원 또는 전등의 휘도를 줄일 것
㉩ 광원을 시선에서 멀리 위치시킬 것
㉪ 눈이 부신 물체와 시선과의 각을 크게 할 것
㉫ 광원 주위를 밝게 하며, 조도비를 적정하게 할 것

79 레이저광선에 가장 민감한 인체기관은?

① 눈
② 소뇌
③ 갑상선
④ 척수

정답 76.② 77.① 78.③ 79.①

풀이 **레이저의 생물학적 작용**
㉠ 레이저 장애는 광선의 파장과 특정 조직의 광선 흡수능력에 따라 장애 출현부위가 달라진다.
㉡ 레이저광 중 맥동파는 지속파보다 그 장애를 주는 정도가 크다.
㉢ 감수성이 가장 큰 신체부위, 즉 인체표적기관은 눈이다.
㉣ 피부에 대한 작용은 가역적이며 피부손상, 화상, 홍반, 수포 형성, 색소 침착 등이 생길 수 있다.
㉤ 레이저 장애는 파장, 조사량 또는 시간 및 개인의 감수성에 따라 피부에 여러 증상을 나타낸다.
㉥ 눈에 대한 작용은 각막염, 백내장, 망막염 등이 있다.

80 인체와 환경 사이의 열평형에 의하여 인체는 적절한 체온을 유지하려고 노력하는데 기본적인 열평형 방정식에 있어 신체열용량의 변화가 0보다 크면 생산된 열이 축적되게 되고 체온조절중추인 시상하부에서 혈액온도를 감지하거나 신경망을 통하여 정보를 받아들여 체온 방산작용이 활발하게 시작된다. 이러한 것을 무엇이라 하는가?

① 정신적 조절작용(spiritual thermo regulation)
② 물리적 조절작용(physical thermo regulation)
③ 화학적 조절작용(chemical thermo regulation)
④ 생물학적 조절작용(biological thermo regulation)

풀이 **열평형(물리적 조절작용)**
㉠ 인체와 환경 사이의 열평형에 의하여 인체는 적절한 체온을 유지하려고 노력한다.
㉡ 기본적인 열평형 방정식에 있어 신체 열용량의 변화가 0보다 크면 생산된 열이 축적하게 되고 체온조절중추인 시상하부에서 혈액온도를 감지하거나 신경망을 통하여 정보를 받아들여 체온 방산작용이 활발히 시작되는데, 이것을 물리적 조절작용(physical thermo regulation)이라 한다.

제5과목 | 산업 독성학

81 근로자가 1일 작업시간 동안 잠시라도 노출되어서는 안 되는 기준을 나타내는 것은?

① TLV-C ② TLV-STEL
③ TLV-TWA ④ TLV-skin

풀이 **천장값 노출기준(TLV-C : ACGIH)**
㉠ 어떤 시점에서도 넘어서는 안 된다는 상한치를 말한다.
㉡ 항상 표시된 농도 이하를 유지하여야 한다.
㉢ 노출기준에 초과되어 노출 시 즉각적으로 비가역적인 반응을 나타낸다.
㉣ 자극성 가스나 독작용이 빠른 물질 및 TLV-STEL이 설정되지 않는 물질에 적용한다.
㉤ 측정은 실제로 순간농도 측정이 불가능하며, 따라서 약 15분간 측정한다.

82 다음 중 납중독 진단을 위한 검사로 적합하지 않은 것은?

① 소변 중 코프로포르피린 배설량 측정
② 혈액 검사(적혈구 측정, 전혈비중 측정)
③ 혈액 중 징크-프로토포르피린(ZPP)의 측정
④ 소변 중 β_2-microglobulin과 같은 저분자 단백질 검사

풀이 **납중독 진단검사**
㉠ 소변 중 코프로포르피린(coproporphyrin) 측정
㉡ 델타 아미노레블린산 측정(δ-ALA)
㉢ 혈중 징크-프로토포르피린(ZPP ; Zinc Protoporphyrin) 측정
㉣ 혈중 납량 측정
㉤ 소변 중 납량 측정
㉥ 빈혈 검사
㉦ 혈액 검사
㉧ 혈중 α-ALA 탈수효소 활성치 측정

83 급성중독으로 심한 신장장애로 과뇨증이 오며, 더 진전되면 무뇨증을 일으켜 요독증으로 10일 안에 사망에 이르게 하는 물질은?

① 비소 ② 크롬
③ 벤젠 ④ 베릴륨

2023

정답 80.② 81.① 82.④ 83.②

풀이 **크롬(Cr)에 의한 급성중독**
㉠ 신장장애
과뇨증(혈뇨증) 후 무뇨증을 일으키며, 요독증으로 10일 이내에 사망
㉡ 위장장애
심한 복통, 빈혈을 동반하는 심한 설사 및 구토
㉢ 급성 폐렴
크롬산 먼지, 미스트 대량 흡입 시

84 다음 중 독성물질의 생체 내 변환에 관한 설명으로 틀린 것은?

① 생체 내 변환은 독성물질이나 약물의 제거에 대한 첫 번째 기전이며, 1상 반응과 2상 반응으로 구분한다.
② 1상 반응은 산화, 환원, 가수분해 등의 과정을 통해 이루어진다.
③ 2상 반응은 1상 반응이 불가능한 물질에 대한 추가적 축합반응이다.
④ 생체변환의 기전은 기존의 화합물보다 인체에서 제거하기 쉬운 대사물질로 변화시키는 것이다.

풀이 2상 반응은 제1상 반응을 거친 물질을 더욱 수용성으로 만드는 포합반응이다.

85 다음 중 특정한 파장의 광선과 작용하여 광알레르기성 피부염을 일으킬 수 있는 물질은 어느 것인가?

① 아세톤(acetone)
② 아닐린(aniline)
③ 아크리딘(acridine)
④ 아세토니트릴(acetonitrile)

풀이 **아크리딘($C_{13}H_9N$)**
㉠ 화학적으로 안정한 물질로서 강산 또는 강염기와 고온에서 처리해도 변하지 않는다.
㉡ 콜타르에서 얻은 안트라센 오일 중에 소량 함유되어 있다.
㉢ 특정 파장의 광선과 작용하여 광알레르기성 피부염을 유발시킨다.

86 다음 중 직업성 천식이 유발될 수 있는 근로자와 거리가 가장 먼 것은?

① 채석장에서 돌을 가공하는 근로자
② 목분진에 과도하게 노출되는 근로자
③ 빵집에서 밀가루에 노출되는 근로자
④ 폴리우레탄 페인트 생산에 TDI를 사용하는 근로자

풀이 채석장에서 돌을 가공하는 근로자는 진폐증이 유발된다.

87 다음 중 중추신경계 억제작용이 큰 유기화학물질의 순서로 옳은 것은?

① 유기산 < 알칸 < 알켄 < 알코올 < 에스테르 < 에테르
② 유기산 < 에스테르 < 에테르 < 알칸 < 알켄 < 알코올
③ 알칸 < 알켄 < 알코올 < 유기산 < 에스테르 < 에테르
④ 알코올 < 유기산 < 에스테르 < 에테르 < 알칸 < 알켄

풀이 **유기화학물질의 중추신경계 억제작용 및 자극작용**
㉠ 중추신경계 억제작용의 순서
알칸 < 알켄 < 알코올 < 유기산 < 에스테르 < 에테르 < 할로겐화합물
㉡ 중추신경계 자극작용의 순서
알칸 < 알코올 < 알데히드 또는 케톤 < 유기산 < 아민류

88 망간중독에 관한 설명으로 틀린 것은?

① 금속망간의 직업성 노출은 철강제조 분야에서 많다.
② 치료제는 Ca-EDTA가 있으며, 중독 시 신경이나 뇌세포 손상 회복에 효과가 있다.
③ 망간에 계속 노출되면 파킨슨증후군과 거의 비슷하게 될 수 있다.
④ 이산화망간 흄에 급성 폭로되면 열, 오한, 호흡곤란 등의 증상을 특징으로 하는 금속열을 일으킨다.

정답 84.③ 85.③ 86.① 87.③ 88.②

풀이 망간중독의 치료 및 예방법은 망간에 폭로되지 않도록 격리하는 것이고, 증상의 초기단계에서는 킬레이트 제재를 사용하여 어느 정도 효과를 볼 수 있으나 망간에 의한 신경손상이 진행되어 일단 증상이 고정되면 회복이 어렵다.

89 다음 중 이황화탄소(CS_2)에 관한 설명으로 틀린 것은?

① 감각 및 운동 신경에 장애를 유발한다.
② 생물학적 노출지표는 소변 중의 삼염화에탄올 검사방법을 적용한다.
③ 휘발성이 강한 액체로서 인조견, 셀로판 및 사염화탄소의 생산, 수지와 고무제품의 용제에 이용된다.
④ 고혈압의 유병률과 콜레스테롤 수치의 상승빈도가 증가되어 뇌, 심장 및 신장에 동맥경화성 질환을 초래한다.

풀이 CS_2의 생물학적 노출지표(BEI)는 소변 중 TTCA(2-thiothiazolidine-4-carboxylic acid) 5mg/g-크레아틴이다.
⇨ azide 검사

90 다음 중 무기성 분진에 의한 진폐증이 아닌 것은?

① 규폐증 ② 용접공폐증
③ 철폐증 ④ 면폐증

풀이 **분진 종류에 따른 진폐증의 분류(임상적 분류)**
㉠ 유기성 분진에 의한 진폐증
농부폐증, 면폐증, 연초폐증, 설탕폐증, 목재분진폐증, 모발분진폐증
㉡ 무기성(광물성) 분진에 의한 진폐증
규폐증, 탄소폐증, 활석폐증, 탄광부진폐증, 철폐증, 베릴륨폐증, 흑연폐증, 규조토폐증, 주석폐증, 칼륨폐증, 바륨폐증, 용접공폐증, 석면폐증

91 다음 중 폐포에 가장 잘 침착하는 분진의 크기는?

① 0.01~0.05μm ② 0.5~5μm
③ 5~10μm ④ 10~20μm

풀이 호흡성 분진 : 입자의 직경범위가 0.5~5μm이다.

92 다음 중 전향적 코호트 역학연구와 후향적 코호트 연구의 가장 큰 차이점은?

① 질병 종류
② 유해인자 종류
③ 질병 발생률
④ 연구 개시시점과 기간

풀이 **코호트 연구의 구분**
코호트 연구는 노출에 대한 정보를 수집하는 시점이 현재인지 과거인지에 따라서 나뉜다.
㉠ 전향적 코호트 연구 : 코호트가 정의된 시점에서 노출에 대한 자료를 새로이 수집하여 이용하는 경우
㉡ 후향적 코호트 연구 : 이미 작성되어 있는 자료를 이용하는 경우

93 다음 중 유해인자의 노출에 대한 생물학적 모니터링을 하는 방법이 아닌 것은?

① 유해인자의 공기 중 농도 측정
② 표적분자에 실제 활성인 화학물질에 대한 측정
③ 건강상 악영향을 초래하지 않은 내재용량의 측정
④ 근로자의 체액에서 화학물질이나 대사산물의 측정

풀이 유해인자의 공기 중 농도 측정은 개인시료를 의미한다.
생물학적 모니터링 방법 분류
㉠ 체액(생체시료나 호기)에서 해당 화학물질이나 그것의 대사산물을 측정하는 방법 : 선택적 검사와 비선택적 검사로 분류된다.
㉡ 실제 악영향을 초래하고 있지 않은 부위나 조직에서 측정하는 방법 : 이 방법 검사는 대부분 특이적으로 내재용량을 정량하는 방법이다.
㉢ 표적과 비표적 조직과 작용하는 활성화학물질의 양을 측정하는 방법 : 작용면에서 상호 작용하는 화학물질의 양을 직접 또는 간접적으로 평가하는 방법이며, 표적조직을 알 수 있으면 다른 방법에 비해 더 정확하게 건강의 위험을 평가할 수 있다.

2023

정답 89.② 90.④ 91.② 92.④ 93.①

94 벤젠 노출 근로자에게 생물학적 모니터링을 하기 위하여 소변시료를 확보하였다. 다음 중 분석해야 하는 대사산물로 옳은 것은?

① 마뇨산(hippuric acid)
② t,t-뮤코닉산(t,t-muconic acid)
③ 메틸마뇨산(methylhippuric acid)
④ 트리클로로아세트산(trichloroacetic acid)

풀이 **벤젠의 대사산물(생물학적 노출지표)**
㉠ 소변 중 총 페놀
㉡ 소변 중 t,t-뮤코닉산(t,t-muconic acid)

95 작업장 유해인자의 위해도 평가를 위해 고려하여야 할 요인과 거리가 먼 것은?

① 공간적 분포
② 조직적 특성
③ 평가의 합리성
④ 시간적 빈도와 시간

풀이 **유해성(위해도) 평가 시 고려요인**
㉠ 시간적 빈도와 시간(간헐적 작업, 시간외 작업, 계절 및 기후조건 등)
㉡ 공간적 분포(유해인자 농도 및 강도, 생산공정 등)
㉢ 노출대상의 특성(민감도, 훈련기간, 개인적 특성 등)
㉣ 조직적 특성(회사조직정보, 보건제도, 관리 정책 등)
㉤ 유해인자가 가지고 있는 위해성(독성학적, 역학적, 의학적 내용 등)
㉥ 노출상태
㉦ 다른 물질과 복합노출

96 인체에 미치는 영향에 있어서 석면(asbestos)은 유리규산(free silica)과 거의 비슷하지만 구별되는 특징이 있다. 석면에 의한 특징적 질병 혹은 증상은?

① 폐기종
② 악성중피종
③ 호흡곤란
④ 가슴의 통증

풀이 석면은 일반적으로 석면폐증, 폐암, 악성중피종을 발생시켜 1급 발암물질군에 포함된다.

97 다음 중 수은중독의 예방대책이 아닌 것은?

① 수은 주입과정을 밀폐공간 안에서 자동화한다.
② 작업장 내에서 음식물을 먹거나 흡연을 금지한다.
③ 작업장에 흘린 수은은 신체가 닿지 않는 방법으로 즉시 제거한다.
④ 수은 취급 근로자의 비점막 궤양 생성 여부를 면밀히 관찰한다.

풀이 **수은중독의 예방대책**
(1) 작업환경관리대책
㉠ 수은 주입과정을 자동화
㉡ 수거한 수은은 물통에 보관
㉢ 바닥은 틈이나 구멍이 나지 않는 재료를 사용하여 수은이 외부로 노출되는 것을 막음
㉣ 실내온도를 가능한 한 낮고 일정하게 유지시킴
㉤ 공정은 수은을 사용하지 않는 공정으로 변경
㉥ 작업장 바닥에 흘린 수은은 즉시 제거, 청소
㉦ 수은증기 발생 상방에 국소배기장치 설치
(2) 개인위생관리대책
㉠ 술, 담배 금지
㉡ 고농도 작업 시 호흡 보호용 마스크 착용
㉢ 작업복 매일 새것으로 공급
㉣ 작업 후 반드시 목욕
㉤ 작업장 내 음식섭취 삼가
(3) 의학적 관리
㉠ 채용 시 건강진단 실시
㉡ 정기적 건강진단 실시 : 6개월마다 특수건강진단 실시
(4) 교육 실시

98 페노바비탈은 디란틴을 비활성화시키는 효소를 유도함으로써 급·만성의 독성이 감소될 수 있다. 이러한 상호작용은 무엇인가?

① 상가작용　② 부가작용
③ 단독작용　④ 길항작용

풀이 **길항작용(antagonism effect, 상쇄작용)**
㉠ 두 가지 화합물이 함께 있었을 때 서로의 작용을 방해하는 것
㉡ 상대적 독성 수치로 표현 : 2+3=1
예 페노바비탈은 디란틴을 비활성화시키는 효소를 유도함으로써 급·만성의 독성이 감소

정답 94.② 95.③ 96.② 97.④ 98.④

99 동물을 대상으로 양을 투여했을 때 독성을 초래하지는 않지만 대상의 50%가 관찰가능한 가역적인 반응을 나타내는 작용량은?

① ED_{50} ② LC_{50}
③ LD_{50} ④ TD_{50}

풀이 **유효량(ED)**
ED_{50}은 사망을 기준으로 하는 대신에 약물을 투여한 동물의 50%가 일정한 반응을 일으키는 양으로, 시험 유기체의 50%에 대하여 준치사적인 거동감응 및 생리감응을 일으키는 독성물질의 양을 뜻한다. ED(유효량)는 실험동물을 대상으로 얼마간의 양을 투여했을 때 독성을 초래하지 않지만 실험군의 50%가 관찰 가능한 가역적인 반응이 나타나는 작용량, 즉 유효량을 의미한다.

100 자극성 접촉피부염에 관한 설명으로 틀린 것은?

① 작업장에서 발생빈도가 가장 높은 피부질환이다.
② 증상은 다양하지만 홍반과 부종을 동반하는 것이 특징이다.
③ 원인물질은 크게 수분, 합성 화학물질, 생물성 화학물질로 구분할 수 있다.
④ 면역학적 반응에 따라 과거 노출경험이 있을 때 심하게 반응이 나타난다.

풀이 자극성 접촉피부염은 면역학적 반응에 따라 과거 노출경험과는 관계가 없다.

2023

정답 99.① 100.④

성공한 사람의 달력에는
"오늘(Today)"이라는 단어가
실패한 사람의 달력에는
"내일(Tomorrow)"이라는 단어가 적혀 있고,

성공한 사람의 시계에는
"지금(Now)"이라는 로고가
실패한 사람의 시계에는
"다음(Next)"이라는 로고가 찍혀 있다고 합니다.

☆

내일(Tomorrow)보다는 오늘(Today)을,
다음(Next)보다는 지금(Now)의 시간을 소중히 여기는
당신의 멋진 미래를 기대합니다. ^^

제1회 산업위생관리기사

제1과목 | 산업위생학 개론

01 우리나라의 규정상 하루에 25kg 이상의 물체를 몇 회 이상 드는 작업일 경우 근골격계 부담작업으로 분류하는가?

① 2회 ② 5회
③ 10회 ④ 25회

풀이 근골격계 부담작업
㉠ 하루에 4시간 이상 집중적으로 자료입력 등을 위해 키보드 또는 마우스를 조작하는 작업
㉡ 하루에 총 2시간 이상 목, 어깨, 팔꿈치, 손목 또는 손을 사용하여 같은 동작을 반복하는 작업
㉢ 하루에 총 2시간 이상 머리 위에 손이 있거나, 팔꿈치가 어깨 위에 있거나, 팔꿈치를 몸통으로부터 들거나, 팔꿈치를 몸통 뒤쪽에 위치하도록 하는 상태에서 이루어지는 작업
㉣ 지지되지 않은 상태이거나 임의로 자세를 바꿀 수 없는 조건에서 하루에 총 2시간 이상 목이나 허리를 구부리거나 비트는 상태에서 이루어지는 작업
㉤ 하루에 총 2시간 이상 쪼그리고 앉거나 무릎을 굽힌 자세에서 이루어지는 작업
㉥ 하루에 총 2시간 이상 지지되지 않은 상태에서 1kg 이상의 물건을 한 손의 손가락으로 집어 옮기거나, 2kg 이상에 상응하는 힘을 가하여 한 손의 손가락으로 물건을 쥐는 작업
㉦ 하루에 총 2시간 이상 지지되지 않은 상태에서 4.5kg 이상의 물건을 한손으로 들거나 동일한 힘으로 쥐는 작업
㉧ 하루에 10회 이상 25kg 이상의 물체를 드는 작업
㉨ 하루에 25회 이상 10kg 이상의 물체를 무릎 아래에서 들거나, 어깨 위에서 들거나, 팔을 뻗은 상태에서 하는 작업
㉩ 하루에 총 2시간 이상, 분당 2회 이상 4.5kg 이상의 물체를 드는 작업
㉪ 하루에 총 2시간 이상 시간당 10회 이상 손 또는 무릎을 사용하여 반복적으로 충격을 가하는 작업

02 다음 중 토양이나 암석 등에 존재하는 우라늄의 자연적 붕괴로 생성되어 건물의 균열을 통해 실내공기로 유입되는 발암성 오염물질은?

① 라돈
② 석면
③ 포름알데히드
④ 다환성 방향족탄화수소(PAHs)

풀이 라돈
㉠ 자연적으로 존재하는 암석이나 토양에서 발생하는 thorium, uranium의 붕괴로 인해 생성되는 자연방사성 가스로, 공기보다 9배가 무거워 지표에 가깝게 존재한다.
㉡ 무색, 무취, 무미한 가스로, 인간의 감각에 의해 감지할 수 없다.
㉢ 라듐의 α붕괴에서 발생하며, 호흡하기 쉬운 방사성 물질이다.
㉣ 라돈의 동위원소에는 Rn^{222}, Rn^{220}, Rn^{219}가 있고, 이 중 반감기가 긴 Rn^{222}가 실내공간의 인체 위해성 측면에서 주요 관심대상이며 지하공간에 더 높은 농도를 보인다.
㉤ 방사성 기체로서 지하수, 흙, 석고실드, 콘크리트, 시멘트나 벽돌, 건축자재 등에서 발생하여 폐암 등을 발생시킨다.

03 다음 직업성 질환 중 직업상의 업무에 의하여 1차적으로 발생하는 질환은?

① 속발성 질환 ② 합병증
③ 일반 질환 ④ 원발성 질환

풀이 직업성 질환이란 어떤 직업에 종사함으로써 발생하는 업무상 질병을 말하며, 직업상의 업무에 의하여 1차적으로 발생하는 질환을 원발성 질환이라 한다.

2024

정답 01.③ 02.① 03.④

04 A유해물질의 노출기준은 100ppm이다. 잔업으로 인하여 작업시간이 8시간에서 10시간으로 늘었다면 이 기준치는 몇 ppm으로 보정해 주어야 하는가? (단, Brief와 Scala의 보정방법을 적용한다.)

① 60　② 70
③ 80　④ 90

풀이 보정된 허용농도 $=\text{TLV}\times\text{RF}$

$$\text{RF}=\left(\frac{8}{H}\right)\times\frac{24-H}{16}=\left(\frac{8}{10}\right)\times\frac{24-10}{16}=0.7$$

∴ 보정된 허용농도 $=100\text{ppm}\times0.7=70\text{ppm}$

05 젊은 근로자에 있어서 약한 쪽 손의 힘은 평균 45kP라고 한다. 이러한 근로자가 무게 8kg인 상자를 양손으로 들어 올릴 경우 작업강도(%MS)는 약 얼마인가?

① 17.8%　② 8.9%
③ 4.4%　④ 2.3%

풀이

$$\text{작업강도(\%MS)}=\frac{\text{RF}}{\text{MS}}\times100=\frac{4}{45}\times100=8.9\%\text{MS}$$

06 물체의 무게가 8kg이고, 권장무게한계가 10kg일 때 중량물 취급지수(LI ; Lifting Index)는 얼마인가?

① 0.4　② 0.8
③ 1.25　④ 1.5

풀이

$$\text{중량물 취급지수(LI)}=\frac{\text{물체 무게(kg)}}{\text{RWL(kg)}}=\frac{8}{10}=0.8$$

07 다음 중 미국산업위생학회(AIHA)의 산업위생에 대한 정의에서 제시된 4가지 활동과 가장 거리가 먼 것은?

① 예측
② 평가
③ 관리
④ 보완

풀이 산업위생의 정의 : 4가지 주요 활동(AIHA)
㉠ 예측
㉡ 측정(인지)
㉢ 평가
㉣ 관리

08 산업위생전문가의 윤리강령 중 '전문가로서의 책임'과 가장 거리가 먼 것은?

① 기업체의 기밀은 누설하지 않는다.
② 과학적 방법의 적용과 자료의 해석으로 객관성을 유지한다.
③ 근로자, 사회 및 전문 직종의 이익을 위해 과학적 지식은 공개하거나 발표하지 않는다.
④ 전문적 판단이 타협에 의하여 좌우될 수 있는 상황에는 개입하지 않는다.

풀이 산업위생전문가로서의 책임
㉠ 성실성과 학문적 실력 면에서 최고수준을 유지한다(전문적 능력 배양 및 성실한 자세로 행동).
㉡ 과학적 방법의 적용과 자료의 해석에서 경험을 통한 전문가의 객관성을 유지한다(공인된 과학적 방법 적용 · 해석).
㉢ 전문 분야로서의 산업위생을 학문적으로 발전시킨다.
㉣ 근로자, 사회 및 전문 직종의 이익을 위해 과학적 지식을 공개하고 발표한다.
㉤ 산업위생활동을 통해 얻은 개인 및 기업체의 기밀은 누설하지 않는다(정보는 비밀 유지).
㉥ 전문적 판단이 타협에 의하여 좌우될 수 있거나 이해관계가 있는 상황에는 개입하지 않는다.

정답 04.② 05.② 06.② 07.④ 08.③

09 마이스터(D. Meister)가 정의한 시스템으로부터 요구된 작업결과(performance)로부터의 차이(deviation)는 무엇을 말하는가?

① 인간 실수
② 무의식 행동
③ 주변적 동작
④ 지름길 반응

풀이 **인간 실수의 정의(Meister, 1971)**
마이스터(Meister)는 인간 실수를 시스템으로부터 요구된 작업결과(performance)로부터의 차이(deviation)라고 정의하였다. 즉 시스템의 안전, 성능, 효율을 저하시키거나 감소시킬 수 있는 잠재력을 갖고 있는 부적절하거나 원치 않는 인간의 결정 또는 행동으로 어떤 허용범위를 벗어난 일련의 동작이라고 하였다.

10 다음 중 작업적성에 대한 생리적 적성검사 항목으로 가장 적합한 것은?

① 체력검사 ② 지능검사
③ 지각동작검사 ④ 인성검사

풀이 **적성검사의 분류**
(1) 생리학적 적성검사(생리적 기능검사)
㉠ 감각기능검사
㉡ 심폐기능검사
㉢ 체력검사
(2) 심리학적 적성검사
㉠ 지능검사
㉡ 지각동작검사
㉢ 인성검사
㉣ 기능검사

11 산업안전보건법에 따라 사업주는 잠함(潛艦) 또는 잠수 작업 등 높은 기압에서 하는 작업에 종사하는 근로자에 대하여 몇 시간을 초과하여 근로하게 해서는 안 되는가?

① 1일 6시간, 1주 34시간
② 1일 8시간, 1주 34시간
③ 1일 6시간, 1주 40시간
④ 1일 8시간, 1주 40시간

풀이 사업주는 잠함 또는 잠수 작업 등 높은 기압에서 작업하는 직업에 종사하는 근로자에 대하여 1일 6시간, 주 34시간을 초과하여 작업하게 하여서는 안 된다.

12 다음 중 우리나라의 화학물질 노출기준에 관한 설명으로 틀린 것은?

① Skin 표시물질은 점막과 눈 그리고 경피로 흡수되어 전신영향을 일으킬 수 있는 물질을 말한다.
② Skin이라고 표시된 물질은 피부자극성을 뜻한다.
③ 발암성 정보물질의 표기 중 1A는 사람에게 충분한 발암성 증거가 있는 물질을 의미한다.
④ 화학물질이 IARC 등의 발암성 등급과 NTP의 R등급을 모두 갖는 경우에는 NTP의 R등급은 고려하지 않는다.

풀이 **우리나라 화학물질의 노출기준(고용노동부 고시)**
㉠ Skin 표시물질은 점막과 눈 그리고 경피로 흡수되어 전신영향을 일으킬 수 있는 물질을 말한다(피부자극성을 뜻하는 것이 아님).
㉡ 발암성 정보물질의 표기는 「화학물질의 분류, 표시 및 물질안전보건자료에 관한 기준」에 따라 다음과 같이 표기한다.
- 1A : 사람에게 충분한 발암성 증거가 있는 물질
- 1B : 실험동물에서 발암성 증거가 충분히 있거나, 실험동물과 사람 모두에게 제한된 발암성 증거가 있는 물질
- 2 : 사람이나 동물에서 제한된 증거가 있지만, 구분 1로 분류하기에는 증거가 충분하지 않은 물질

㉢ 화학물질이 IARC(국제암연구소) 등의 발암성 등급과 NTP(미국독성프로그램)의 R등급을 모두 갖는 경우에는 NTP의 R등급은 고려하지 아니한다.
㉣ 혼합용매추출은 에텔에테르, 톨루엔, 메탄올을 부피비 1 : 1 : 1로 혼합한 용매나 이외 동등 이상의 용매로 추출한 물질을 말한다.
㉤ 노출기준이 설정되지 않은 물질의 경우 이에 대한 노출이 가능한 한 낮은 수준이 되도록 관리하여야 한다.

2024

정답 09.① 10.① 11.① 12.②

13 산업안전보건법상 근로자가 상시 작업하는 장소의 조도기준은 어느 곳을 기준으로 하는가?

① 눈높이의 공간 ② 작업장 바닥면
③ 작업면 ④ 천장

풀이 **근로자 상시 작업장 작업면의 조도기준**
㉠ 초정밀작업 : 750lux 이상
㉡ 정밀작업 : 300lux 이상
㉢ 보통작업 : 150lux 이상
㉣ 그 밖의 작업 : 75lux 이상

14 다음 중 하인리히의 사고연쇄반응 이론(도미노 이론)에서 사고가 발생하기 바로 직전의 단계에 해당하는 것은?

① 개인적 결함
② 불안전한 행동 및 상태
③ 사회적 환경
④ 선진 기술의 미적용

풀이 (1) **하인리히의 사고연쇄반응 이론(도미노 이론)**
사회적 환경 및 유전적 요소 → 개인적인 결함 → 불안전한 행동 및 상태 → 사고 → 재해
(2) **버드의 수정 도미노 이론**
통제의 부족 → 기본원인 → 직접원인 → 사고 → 상해, 손해

15 다음 중 작업환경 내 작업자의 작업강도와 유해물질의 인체영향에 대한 설명으로 적절하지 않은 것은?

① 인간은 동물에 비하여 호흡량이 크므로 유해물질에 대한 감수성이 동물보다 크다.
② 심한 노동을 할 때일수록 체내의 산소요구가 많아지므로 호흡량이 증가한다.
③ 유해물질의 침입경로로서 가장 중요한 것은 호흡기이다.
④ 작업강도가 커지면 신진대사가 왕성하게 되고 피로가 증가되어 유해물질의 인체영향이 적어진다.

풀이 작업강도는 생리적으로 가능한 작업시간의 한계를 지배하는 가장 중요한 인자로, 작업강도가 커지면 열량소비량이 많아져 피로하므로 유해물질의 인체영향이 커진다.

16 다음 중 재해예방의 4원칙에 대한 설명으로 틀린 것은?

① 재해발생에는 반드시 그 원인이 있다.
② 재해가 발생하면 반드시 손실도 발생한다.
③ 재해는 원칙적으로 원인만 제거되면 예방이 가능하다.
④ 재해예방을 위한 가능한 안전대책은 반드시 존재한다.

풀이 **산업재해 예방(방지)의 4원칙**
㉠ 예방가능의 원칙 : 재해는 원칙적으로 모두 방지가 가능하다.
㉡ 손실우연의 원칙 : 재해발생과 손실발생은 우연적이므로 사고발생 자체의 방지가 이루어져야 한다.
㉢ 원인계기의 원칙 : 재해발생에는 반드시 원인이 있으며, 사고와 원인의 관계는 필연적이다.
㉣ 대책선정의 원칙 : 재해예방을 위한 가능한 안전대책은 반드시 존재한다.

17 주로 여름과 초가을에 흔히 발생되고 강제기류 난방장치, 가습장치, 저수조 온수장치 등 공기를 순환시키는 장치들과 냉각탑 등에 기생하며 실내 · 외로 확산되어 호흡기 질환을 유발시키는 세균은?

① 푸른곰팡이
② 나이세리아균
③ 바실러스균
④ 레지오넬라균

풀이 레지오넬라균은 주요 호흡기 질병의 원인균 중 하나로, 1년까지도 물속에서 생존하는 균이다.

정답 13.③ 14.② 15.④ 16.② 17.④

18 다음 중 근로자 건강진단 실시 결과 건강관리 구분에 따른 내용의 연결이 틀린 것은?

① R : 건강관리상 사후관리가 필요 없는 근로자
② C_1 : 직업성 질병으로 진전될 우려가 있어 추적검사 등 관찰이 필요한 근로자
③ D_1 : 직업성 질병의 소견을 보여 사후관리가 필요한 근로자
④ D_2 : 일반질병의 소견을 보여 사후관리가 필요한 근로자

풀이 건강관리 구분

건강관리 구분		건강관리 구분 내용
A		건강관리상 사후관리가 필요 없는 자(건강한 근로자)
C	C_1	직업성 질병으로 진전될 우려가 있어 추적검사 등 관찰이 필요한 자(직업병 요관찰자)
	C_2	일반질병으로 진전될 우려가 있어 추적관찰이 필요한 자(일반질병 요관찰자)
D_1		직업성 질병의 소견을 보여 사후관리가 필요한 자(직업병 유소견자)
D_2		일반질병의 소견을 보여 사후관리가 필요한 자(일반질병 유소견자)
R		건강진단 1차 검사결과 건강수준의 평가가 곤란하거나 질병이 의심되는 근로자(제2차 건강진단 대상자)

※ "U"는 2차 건강진단 대상임을 통보하고 30일을 경과하여 해당 검사가 이루어지지 않아 건강관리 구분을 판정할 수 없는 근로자

19 다음 중 피로물질이라 할 수 없는 것은?

① 크레아틴
② 젖산
③ 글리코겐
④ 초성포도당

풀이 주요 피로물질
㉠ 크레아틴
㉡ 젖산
㉢ 초성포도당
㉣ 시스테인

20 다음 중 산업안전보건법령상 보건관리자의 자격에 해당하지 않는 사람은?

① 「의료법」에 따른 의사
② 「의료법」에 따른 간호사
③ 「국가기술자격법」에 따른 산업안전기사
④ 「산업안전보건법」에 따른 산업보건지도사

풀이 보건관리자의 자격
㉠ "의료법"에 따른 의사
㉡ "의료법"에 따른 간호사
㉢ 산업보건지도사
㉣ "국가기술자격법"에 따른 산업위생관리산업기사 또는 대기환경산업기사 이상의 자격을 취득한 사람
㉤ "국가기술자격법"에 따른 인간공학기사 이상의 자격을 취득한 사람
㉥ "고등교육법"에 따른 전문대학 이상의 학교에서 산업보건 또는 산업위생 분야의 학위를 취득한 사람

제2과목 | 작업위생 측정 및 평가

21 공장 내 지면에 설치된 한 기계에서 10m 떨어진 지점의 소음이 70dB(A)이었다. 기계의 소음이 50dB(A)로 들리는 지점은 기계에서 몇 m 떨어진 곳인가? (단, 점음원 기준이며, 기타 조건은 고려하지 않는다.)

① 200
② 100
③ 50
④ 20

풀이 점음원의 거리 감쇄

$\mathrm{SPL}_1 - \mathrm{SPL}_2 = 20\log\left(\frac{r_2}{r_1}\right)$에서,

$$70\mathrm{dB(A)} - 50\mathrm{dB(A)} = 20\log\left(\frac{r_2}{10}\right)$$

$\therefore\ r_2 = 100\mathrm{m}$

2024

22 측정방법의 정밀도를 평가하는 변이계수(CV ; Coefficient of Variation)를 알맞게 나타낸 것은?

① 표준편차/산술평균
② 기하평균/표준편차
③ 표준오차/표준편차
④ 표준편차/표준오차

풀이 **변이계수(CV)**
㉠ 측정방법의 정밀도를 평가하는 계수이며, %로 표현되므로 측정단위와 무관하게 독립적으로 산출된다.
㉡ 통계집단의 측정값에 대한 균일성과 정밀성의 정도를 표현한 계수이다.
㉢ 단위가 서로 다른 집단이나 특성값의 상호산포도를 비교하는 데 이용될 수 있다.
㉣ 변이계수가 작을수록 자료가 평균 주위에 가깝게 분포한다는 의미이다(평균값의 크기가 0에 가까울수록 변이계수의 의미는 작아진다).
㉤ 표준편차의 수치가 평균치에 비해 몇 %가 되느냐로 나타낸다.

23 흡착제에 관한 설명으로 옳지 않은 것은?

① 다공성 중합체는 활성탄보다 비표면적이 작다.
② 다공성 중합체는 특별한 물질에 대한 선택성이 좋은 경우가 있다.
③ 탄소 분자체는 합성 다중체나 석유 타르 전구체의 무산소 열분해로 만들어지는 구형의 다공성 구조를 가진다.
④ 탄소 분자체는 수분의 영향이 적어 대기 중 휘발성이 적은 극성 화합물 채취에 사용된다.

풀이 **탄소 분자체**
㉠ 비극성(포화결합) 화합물 및 유기물질을 잘 흡착하는 성질이 있다.
㉡ 거대공극 및 무산소 열분해로 만들어지는 구형의 다공성 구조로 되어 있다.
㉢ 사용 시 가장 큰 제한요인은 습도이다.
㉣ 휘발성이 큰 비극성 유기화합물의 채취에 흑연체를 많이 사용한다.

24 유량, 측정시간, 회수율, 분석에 따른 오차가 각각 15%, 3%, 9%, 5%일 때 누적오차는?

① 16.8%
② 18.4%
③ 20.5%
④ 22.3%

풀이 누적오차(%) $= \sqrt{15^2+3^2+9^2+5^2}$
$= 18.44\%$

25 2차 표준기구 중 일반적 사용범위가 10~150L/min이고 정확도는 ±1.0%이며 현장에서 사용하는 것은?

① 건식 가스미터
② 폐활량계
③ 열선기류계
④ 유리피스톤미터

풀이 **공기채취기구의 보정에 사용되는 2차 표준기구**

표준기구	일반 사용범위	정확도
로터미터(rotameter)	1mL/분 이하	±1~25%
습식 테스트미터 (wet-test-meter)	0.5~230L/분	±0.5% 이내
건식 가스미터 (dry-gas-meter)	10~150L/분	±1% 이내
오리피스미터 (orifice meter)	-	±0.5% 이내
열선기류계 (thermo anemometer)	0.05~40.6m/초	±0.1~0.2%

26 다음 중 검지관 사용 시 장단점으로 가장 거리가 먼 것은?

① 숙련된 산업위생전문가가 측정하여야 한다.
② 민감도가 낮아 비교적 고농도에 적용이 가능하다.
③ 특이도가 낮아 다른 방해물질의 영향을 받기 쉽다.
④ 미리 측정대상물질에 동정이 되어 있어야 측정이 가능하다.

정답 22.① 23.④ 24.② 25.① 26.①

풀이 검지관 측정법의 장단점

(1) 장점

㉠ 사용이 간편하다.

㉡ 반응시간이 빨라 현장에서 바로 측정 결과를 알 수 있다.

㉢ 비전문가도 어느 정도 숙지하면 사용할 수 있지만 산업위생전문가의 지도 아래 사용되어야 한다.

㉣ 맨홀, 밀폐공간에서의 산소부족 또는 폭발성 가스로 인한 안전이 문제가 될 때 유용하게 사용된다.

㉤ 다른 측정방법이 복잡하거나 빠른 측정이 요구될 때 사용할 수 있다.

(2) 단점

㉠ 민감도가 낮아 비교적 고농도에만 적용이 가능하다.

㉡ 특이도가 낮아 다른 방해물질의 영향을 받기 쉽고 오차가 크다.

㉢ 대개 단시간 측정만 가능하다.

㉣ 한 검지관으로 단일물질만 측정 가능하여 각 오염물질에 맞는 검지관을 선정함에 따른 불편함이 있다.

㉤ 색변화에 따라 주관적으로 읽을 수 있어 판독자에 따라 변이가 심하며, 색변화가 시간에 따라 변하므로 제조자가 정한 시간에 읽어야 한다.

㉥ 미리 측정대상 물질의 동정이 되어 있어야 측정이 가능하다.

27 세척제로 사용하는 트리클로로에틸렌의 근로자 노출농도 측정을 위해 과거의 노출농도를 조사해 본 결과, 평균 60ppm이었다. 활성탄관을 이용하여 0.17L/min으로 채취하고자 할 때 채취하여야 할 최소한의 시간(분)은? (단, 25℃, 1기압 기준, 트리클로로에틸렌의 분자량은 131.39, 가스 크로마토그래피의 정량한계는 시료당 0.4mg이다.)

① 4.9분

② 7.3분

③ 10.4분

④ 13.7분

풀이 • 과거 농도 60ppm을 mg/m^3로 변환

$$mg/m^3 = 60ppm \times \frac{131.39}{24.45} = 322.43mg/m^3$$

• 최소채취부피 $= \dfrac{LOQ}{\text{과거 농도}}$

$$= \frac{0.4mg}{322.43mg/m^3} = 0.00124m^3 \times (1{,}000L/m^3) = 1.24L$$

∴ 채취 최소시간 $= \dfrac{1.24L}{0.17L/min} = 7.3min$

28 다음 중 가스상 물질의 측정을 위한 수동식 시료채취(기)에 관한 설명으로 옳지 않은 것은?

① 수동식 시료채취기는 능동식에 비해 시료채취속도가 매우 낮다.

② 오염물질이 확산, 투과를 이용하므로 농도구배에 영향을 받지 않는다.

③ 수동식 시료채취기의 원리는 Fick's의 확산 제1법칙으로 나타낼 수 있다.

④ 산업위생전문가의 입장에서는 펌프의 보정이나 충전에 드는 시간과 노동력을 절약할 수 있다.

풀이 수동식 시료채취기는 오염물질의 확산, 투과를 이용하므로 농도구배에 영향을 받으며 확산포집기라고도 한다.

29 흡광광도 측정에서 최초광의 70%가 흡수될 경우 흡광도는?

① 0.28

② 0.35

③ 0.52

④ 0.73

풀이
$$\text{흡광도} = \log\frac{1}{\text{투과율}} = \frac{1}{(1-0.7)} = 0.52$$

2024

정답 27.② 28.② 29.③

30 어느 작업장에서 저유량 공기채취기를 사용하여 분진 농도를 측정하였다. 시료채취 전·후의 여과지 무게는 각각 21.6mg, 130.4mg이었으며, 채취기의 유량은 4.24L/min이었고, 240분 동안 시료를 채취하였다면 분진의 농도는?

① 약 $107mg/m^3$
② 약 $117mg/m^3$
③ 약 $127mg/m^3$
④ 약 $137mg/m^3$

풀이

$$\text{농도}(mg/m^3) = \frac{(130.4-21.6)mg}{4.24L/min \times 240min \times m^3/1{,}000L} = 106.91mg/m^3$$

31 원자흡광광도계에 관한 설명으로 옳지 않은 것은?

① 원자흡광광도계는 광원, 원자화장치, 단색화장치, 검출부의 주요 요소로 구성되어 있어야 한다.
② 작업환경 분야에서 가장 널리 사용되는 연료가스와 조연가스의 조합은 '아세틸렌-공기'와 '아세틸렌-아산화질소'로서, 분석대상 금속에 따라 적절히 선택해서 사용한다.
③ 검출부는 단색화장치에서 나오는 빛의 세기를 측정 가능한 전기적 신호로 증폭시킨 후 이 전기적 신호를 판독장치를 통해 흡광도나 흡광률 또는 투과율 등으로 표시한다.
④ 광원은 분석하고자 하는 금속의 흡수파장의 복사선을 흡수하여야 하며, 주로 속빈 양극램프가 사용된다.

풀이 주로 사용되는 것은 속빈 음극램프이며, 분석하고자 하는 원소가 잘 흡수될 수 있는 특정 파장의 빛을 방출하는 역할을 한다.

32 석면 측정방법에서 공기 중 석면시료를 가장 정확하게 분석할 수 있고 석면의 성분 분석이 가능하며 매우 가는 섬유도 관찰 가능하나 값이 비싸고 분석시간이 많이 소요되는 것은?

① 위상차 현미경법
② 전자 현미경법
③ X선 회절법
④ 편광 현미경법

풀이 **전자 현미경법(석면 측정)**

㉠ 석면분진 측정방법에서 공기 중 석면시료를 가장 정확하게 분석할 수 있다.
㉡ 석면의 성분 분석(감별 분석)이 가능하다.
㉢ 위상차 현미경으로 볼 수 없는 매우 가는 섬유도 관찰 가능하다.
㉣ 값이 비싸고 분석시간이 많이 소요된다.

33 흡착관을 이용하여 시료를 포집할 때 고려해야 할 사항으로 거리가 먼 것은?

① 파과현상이 발생할 경우 오염물질의 농도를 과소평가할 수 있으므로 주의해야 한다.
② 시료 저장 시 흡착물질의 이동현상(migration)이 일어날 수 있으며 파과현상과 구별하기 힘들다.
③ 작업환경측정 시 많이 사용하는 흡착관은 앞층이 100mg, 뒤층이 50mg으로 되어 있는데 오염물질에 따라 다른 크기의 흡착제를 사용하기도 한다.
④ 활성탄 흡착제는 탄소의 불포화결합을 가진 분자를 선택적으로 흡착하며 큰 비표면적을 가진다.

풀이 ④항은 실리카겔관의 설명이다.

정답 30.① 31.④ 32.② 33.④

34 다음 중 여과지에 관한 설명으로 옳지 않은 것은?

① 막 여과지에서 유해물질은 여과지 표면이나 그 근처에서 채취된다.
② 막 여과지는 섬유상 여과지에 비해 공기저항이 심하다.
③ 막 여과지는 여과지 표면에 채취된 입자의 이탈이 없다.
④ 섬유상 여과지는 여과지 표면뿐 아니라 단면 깊게 입자상 물질이 들어가므로 더 많은 입자상 물질을 채취할 수 있다.

풀이 막 여과지는 여과지 표면에 채취된 입자들이 이탈되는 경향이 있으며, 섬유상 여과지에 비하여 채취할 수 있는 입자상 물질이 작다.

35 흡착을 위해 사용하는 활성탄관의 흡착 양상에 대한 설명으로 옳지 않은 것은?

① 끓는점이 낮은 암모니아 증기는 흡착속도가 높지 않다.
② 끓는점이 높은 에틸렌, 포름알데히드 증기는 흡착속도가 높다.
③ 메탄, 일산화탄소 같은 가스는 흡착되지 않는다.
④ 유기용제증기, 수은증기(이는 활성탄-요오드관에 흡착됨) 같이 상대적으로 무거운 증기는 잘 흡착된다.

풀이 활성탄의 제한점
㉠ 표면의 산화력으로 인해 반응성이 큰 멜캅탄, 알데히드 포집에는 부적합하다.
㉡ 케톤의 경우 활성탄 표면에서 물을 포함하는 반응에 의하여 파과되어 탈착률과 안정성에 부적절하다.
㉢ 메탄, 일산화탄소 등은 흡착되지 않는다.
㉣ 휘발성이 큰 저분자량의 탄화수소화합물의 채취효율이 떨어진다.
㉤ 끓는점이 낮은 저비점 화합물인 암모니아, 에틸렌, 염화수소, 포름알데히드 증기는 흡착속도가 높지 않아 비효과적이다.

36 허용기준 대상 유해인자의 노출농도 측정 및 분석 방법에 관한 내용(용어)으로 틀린 것은? (단, 고용노동부 고시 기준)

① 바탕시험을 하여 보정한다 : 시료에 대한 처리 및 측정을 할 때 시료를 사용하지 않고 같은 방법으로 조작한 측정치를 빼는 것을 말한다.
② 회수율 : 흡착제에 흡착된 성분을 추출과정을 거쳐 분석 시 실제 검출되는 비율을 말한다.
③ 검출한계 : 분석기기가 검출할 수 있는 가장 작은 양을 말한다.
④ 약 : 그 무게 또는 부피에 대하여 ±10% 이상의 차가 있지 아니한 것을 말한다.

풀이 회수율
여과지에 채취된 성분을 추출과정을 거쳐 분석 시 실제 검출되는 비율을 말한다.

37 입자상 물질의 측정에 관한 설명으로 옳지 않은 것은? (단, 고용노동부 고시 기준)

① 석면의 농도는 여과채취방법에 의한 계수방법 또는 이와 동등 이상의 분석방법으로 측정한다.
② 광물성 분진은 여과채취방법에 따라 석영, 크리스토바라이트, 트리디마이트를 분석할 수 있는 적합한 분석방법으로 측정한다.
③ 용접흄은 여과채취방법으로 하되 용접 보안면을 착용한 경우는 호흡기로부터 반경 30cm 이내에서 측정한다.
④ 호흡성 분진은 호흡성 분진용 분립장치 또는 호흡성 분진을 채취할 수 있는 기기를 이용한 여과채취방법으로 측정한다.

풀이 용접흄은 여과채취방법으로 하되 용접 보안면을 착용한 경우에는 그 내부에서 채취하고 중량분석방법과 원자흡광분광기 또는 유도결합플라스마를 이용한 분석방법으로 측정한다.

2024

38 코크스 제조공정에서 발생되는 코크스 오븐 배출물질을 채취하려고 한다. 다음 중 가장 적합한 여과지는?

① 은막 여과지
② PVC막 여과지
③ 유리섬유 여과지
④ PTFE막 여과지

풀이 **은막 여과지(silver membrane filter)**
㉠ 균일한 금속은을 소결하여 만들며 열적·화학적 안정성이 있다.
㉡ 코크스 제조공정에서 발생되는 코크스 오븐 배출물질, 콜타르피치 휘발물질, X선 회절분석법을 적용하는 석영 또는 다핵방향족 탄화수소 등을 채취하는 데 사용한다.
㉢ 결합제나 섬유가 포함되어 있지 않다.

39 분석기기인 가스 크로마토그래피의 검출기에 관한 설명으로 옳지 않은 것은? (단, 고용노동부 고시 기준)

① 검출기는 시료에 대하여 선형적으로 감응해야 한다.
② 검출기의 온도를 조절할 수 있는 가열기구 및 이를 측정할 수 있는 측정기구가 갖추어져야 한다.
③ 검출기는 감도가 좋고 안정성과 재현성이 있어야 한다.
④ 약 500~850℃까지 작동 가능해야 한다.

풀이 **검출기(detector)**
㉠ 복잡한 시료로부터 분석하고자 하는 성분을 선택적으로 반응, 즉 시료에 대하여 선형적으로 감응해야 하며, 약 400℃까지 작동해야 한다.
㉡ 검출기의 특성에 따라 전기적인 신호로 바뀌게 하여 시료를 검출하는 장치이다.
㉢ 시료의 화학종과 운반기체의 종류에 따라 각기 다르게 감도를 나타내므로 선택에 주의해야 한다.
㉣ 검출기의 온도를 조절할 수 있는 가열기구 및 이를 측정할 수 있는 측정기구가 갖추어져야 한다.
㉤ 감도가 좋고 안정성과 재현성이 있어야 한다.

40 측정치 1, 3, 5, 7, 9의 변이계수는?

① 약 0.13　② 약 0.63
③ 약 1.33　④ 약 1.83

풀이 변이계수(CV)$=\dfrac{\text{표준편차}}{\text{평균}}$

• 평균$=\dfrac{1+3+5+7+9}{5}=5$

• 표준편차

$$=\left[\frac{(1-5)^2+(3-5)^2+(5-5)^2+(7-5)^2+(9-5)^2}{5-1}\right]^{0.5}$$

$=3.162$

$\text{CV}=\dfrac{3.162}{5}=0.632$

제3과목 | 작업환경 관리대책

41 원심력 송풍기 중 전향 날개형 송풍기에 관한 설명으로 옳지 않은 것은?

① 송풍기의 임펠러가 다람쥐 쳇바퀴 모양으로 생겼다.
② 송풍기의 깃이 회전방향과 반대방향으로 설계되어 있다.
③ 큰 압력손실에서 송풍량이 급격하게 떨어지는 단점이 있다.
④ 다익형 송풍기라고도 한다.

풀이 **다익형 송풍기(multi blade fan)**
㉠ 전향(전곡) 날개형(forward-curved blade fan)이라고 하며, 많은 날개(blade)를 갖고 있다.
㉡ 송풍기의 임펠러가 다람쥐 쳇바퀴 모양으로, 회전날개가 회전방향과 동일한 방향으로 설계되어 있다.
㉢ 동일 송풍량을 발생시키기 위한 임펠러 회전속도가 상대적으로 낮아 소음 문제가 거의 없다.
㉣ 강도 문제가 그리 중요하지 않기 때문에 저가로 제작이 가능하다.
㉤ 상승구배 특성이다.
㉥ 높은 압력손실에서는 송풍량이 급격하게 떨어지므로 이송시켜야 할 공기량이 많고 압력손실이 작게 걸리는 전체환기나 공기조화용으로 널리 사용된다.
㉦ 구조상 고속회전이 어렵고, 큰 동력의 용도에는 적합하지 않다.

정답 38.① 39.④ 40.② 41.②

42 크롬산 미스트를 취급하는 공정에 가로 0.6m, 세로 2.5m로 개구되어 있는 포위식 후드를 설치하고자 한다. 개구면상의 기류 분포는 균일하고 제어속도가 0.6m/sec일 때, 필요송풍량은?

① $24m^3/min$ ② $35m^3/min$
③ $46m^3/min$ ④ $54m^3/min$

풀이 필요송풍량(Q)
$= A \times V$
$= (0.6 \times 2.5)m^2 \times 0.6m/sec \times 60sec/min$
$= 54m^3/min$

43 장방형 송풍관의 단경 0.13m, 장경 0.26m, 길이 30m, 속도압 $30mmH_2O$, 관마찰계수(λ)가 0.004일 때 관내의 압력손실은? (단, 관의 내면은 매끈하다.)

① $10.6mmH_2O$ ② $15.4mmH_2O$
③ $20.8mmH_2O$ ④ $25.2mmH_2O$

풀이 압력손실(ΔP)
$$\Delta P = \lambda \times \frac{L}{D} \times VP$$
• D(상당직경)$= \frac{2(0.13 \times 0.26)}{0.13 + 0.26} = 0.173m$
$$= 0.004 \times \frac{30}{0.173} \times 30 = 20.81mmH_2O$$

44 유입계수를 Ce라고 나타낼 때 유입손실계수 F를 바르게 나타낸 것은?

① $F = \frac{Ce^2}{1 - Ce^2}$ ② $F = \frac{1 - Ce^2}{Ce^2}$
③ $F = \sqrt{\frac{1}{1 + Ce}}$ ④ $F = \sqrt{\frac{1}{1 + Ce^2}}$

풀이 유입계수(Ce)$= \frac{\text{실제 유량}}{\text{이론적인 유량}}$
$= \frac{\text{실제 흡인유량}}{\text{이상적인 흡인유량}}$
후드 유입손실계수(F)$= \frac{1}{Ce^2} - 1$

45 다음 중 귀마개의 장점으로 맞는 것만을 짝지은 것은?

> ㉮ 외이도에 이상이 있어도 사용이 가능하다.
> ㉯ 좁은 장소에서도 사용이 가능하다.
> ㉰ 고온의 작업장소에서도 사용이 가능하다.

① ㉮, ㉯ ② ㉯, ㉰
③ ㉮, ㉰ ④ ㉮, ㉯, ㉰

풀이 귀마개의 장단점
(1) 장점
㉠ 부피가 작아 휴대가 쉽다.
㉡ 안경과 안전모 등에 방해가 되지 않는다.
㉢ 고온 작업에서도 사용 가능하다.
㉣ 좁은 장소에서도 사용 가능하다.
㉤ 귀덮개보다 가격이 저렴하다.
(2) 단점
㉠ 귀에 질병이 있는 사람은 착용 불가능하다.
㉡ 여름에 땀이 많이 날 때는 외이도에 염증 유발 가능성이 있다.
㉢ 제대로 착용하는 데 시간이 걸리며 요령을 습득하여야 한다.
㉣ 귀덮개보다 차음효과가 일반적으로 떨어지며, 개인차가 크다.
㉤ 더러운 손으로 만짐으로써 외청도를 오염시킬 수 있다(귀마개에 묻어 있는 오염물질이 귀에 들어갈 수 있음).

46 회전차 외경이 600mm인 레이디얼 송풍기의 풍량이 $300m^3/min$, 전압은 $60mmH_2O$, 축동력이 0.40kW이다. 회전차 외경이 1,200mm로 상사인 레이디얼 송풍기가 같은 회전수로 운전된다면 이 송풍기의 축동력은? (단, 두 경우 모두 표준공기를 취급한다.)

① 10.2kW ② 12.8kW
③ 14.4kW ④ 16.6kW

풀이
$$\frac{kW_2}{kW_1} = \left(\frac{D_2}{D_1}\right)^5$$
$$kW_2 = 0.4kW \times \left(\frac{1,200}{600}\right)^5 = 12.8kW$$

2024

정답 42.④ 43.③ 44.② 45.② 46.②

47 다음은 작업환경개선대책 중 대치의 방법을 열거한 것이다. 이 중 공정 변경의 대책과 가장 거리가 먼 것은?

① 금속을 두드려서 자르는 대신 톱으로 자른다.
② 흄 배출용 드래프트 창 대신에 안전유리로 교체한다.
③ 작은 날개로 고속회전시키는 송풍기를 큰 날개로 저속회전시킨다.
④ 자동차산업에서 땜질한 납 연마 시 고속회전 그라인더의 사용을 저속 oscillating－type sander로 변경한다.

풀이 **공정 변경의 예**
㉠ 알코올, 디젤, 전기력을 사용한 엔진 개발
㉡ 금속을 두드려 자르던 공정을 톱으로 절단
㉢ 페인트를 분사하는 방식에서 담그는 형태(함침, dipping)로 변경 또는 전기흡착식 페인트 분무방식 사용
㉣ 제품의 표면 마감에 사용되는 고속회전식 그라인더 작업을 저속, 왕복형 연마작업으로 변경
㉤ 분진이 비산되는 작업에 습식 공법을 채택
㉥ 송풍기의 작은 날개로 고속회전시키던 것을 큰 날개로 저속회전하는 방식으로 대치
㉦ 자동차산업에서 땜질한 납을 고속회전 그라인더로 깎던 것을 oscillating-type sander로 대치
㉧ 자동차산업에서 리베팅 작업을 볼트, 너트 작업으로 대치
㉨ 도자기 제조공정에서 건조 후 실시하던 점토 배합을 건조 전에 실시
㉩ 유기용제 세척공정을 스팀세척이나 비눗물 사용 공정으로 대치
㉪ 압축공기식 임팩트 렌치 작업을 저소음 유압식 렌치로 대치

48 층류영역에서 직경이 2μm이며, 비중이 3인 입자상 물질의 침강속도(cm/sec)는?

① 0.032 ② 0.036
③ 0.042 ④ 0.046

풀이 침강속도(cm/sec) $= 0.003 \times \rho \times d^2$
$= 0.003 \times 3 \times 2^2$
$= 0.036$ cm/sec

49 자연환기와 강제환기에 관한 설명으로 옳지 않은 것은?

① 강제환기는 외부조건에 관계없이 작업환경을 일정하게 유지시킬 수 있다.
② 자연환기는 환기량 예측자료를 구하기가 용이하다.
③ 자연환기는 적당한 온도차와 바람이 있다면 비용 면에서 상당히 효과적이다.
④ 자연환기는 외부 기상조건과 내부 작업조건에 따라 환기량 변화가 심하다.

풀이 **자연환기의 장단점**
(1) 장점
㉠ 설치비 및 유지보수비가 적게 든다.
㉡ 적당한 온도차이와 바람이 있다면 운전비용이 거의 들지 않는다.
㉢ 효율적인 자연환기는 에너지비용을 최소화할 수 있어 냉방비 절감효과가 있다.
㉣ 소음발생이 적다.
(2) 단점
㉠ 외부 기상조건과 내부 조건에 따라 환기량이 일정하지 않아 작업환경 개선용으로 이용하는 데 제한적이다.
㉡ 계절변화에 불안정하다. 즉, 여름보다 겨울철이 환기효율이 높다.
㉢ 정확한 환기량 산정이 힘들다. 즉, 환기량 예측자료를 구하기 힘들다.

50 작업장 용적이 10m×3m×40m이고 필요환기량이 120m^3/min일 때 시간당 공기교환횟수는 얼마인가?

① 360회
② 60회
③ 6회
④ 0.6회

풀이 $$\text{시간당 공기교환횟수} = \frac{\text{필요환기량}}{\text{작업장 용적}} = \frac{120\text{m}^3/\text{min} \times 60\text{min/hr}}{(10 \times 3 \times 40)\text{m}^3} = 6\text{회(시간당)}$$

 정답 47.② 48.② 49.② 50.③

51 덕트의 설치 원칙으로 옳지 않은 것은?

① 덕트는 가능한 한 짧게 배치하도록 한다.
② 밴드의 수는 가능한 한 적게 하도록 한다.
③ 가능한 한 후드의 가까운 곳에 설치한다.
④ 공기흐름이 원활하도록 상향구배로 만든다.

풀이 **덕트 설치기준(설치 시 고려사항)**
㉠ 가능한 한 길이는 짧게 하고 굴곡부의 수는 적게 한다.
㉡ 접속부의 내면은 돌출된 부분이 없도록 한다.
㉢ 청소구를 설치하는 등 청소하기 쉬운 구조로 한다.
㉣ 덕트 내 오염물질이 쌓이지 아니하도록 이송속도를 유지한다.
㉤ 연결부위 등은 외부공기가 들어오지 아니하도록 한다(연결방법을 가능한 한 용접할 것).
㉥ 가능한 후드의 가까운 곳에 설치한다.
㉦ 송풍기를 연결할 때는 최소 덕트 직경의 6배 정도 직선구간을 확보한다.
㉧ 직관은 하향구배로 하고 직경이 다른 덕트를 연결할 때에는 경사 30° 이내의 테이퍼를 부착한다.
㉨ 원형 덕트가 사각형 덕트보다 덕트 내 유속분포가 균일하므로 가급적 원형 덕트를 사용하며, 부득이 사각형 덕트를 사용할 경우에는 가능한 정방형을 사용하고 곡관의 수를 적게 한다.
㉩ 곡관의 곡률반경은 최소 덕트 직경의 1.5 이상, 주로 2.0을 사용한다.
㉪ 수분이 응축될 경우 덕트 내로 들어가지 않도록 경사나 배수구를 마련한다.
㉫ 덕트의 마찰계수는 작게 하고, 분지관을 가급적 적게 한다.

52 축류 송풍기에 관한 설명으로 가장 거리가 먼 것은?

① 전동기와 직결할 수 있고, 축방향 흐름이기 때문에 관로 도중에 설치할 수 있다.
② 무겁고, 재료비 및 설치비용이 비싸다.
③ 풍압이 낮으며, 원심송풍기보다 주속도가 커서 소음이 크다.
④ 규정 풍량 이외에서는 효율이 떨어지므로 가열공기 또는 오염공기의 취급에 부적당하다.

풀이 **축류 송풍기(axial flow fan)**
(1) 개요
㉠ 전향 날개형 송풍기와 유사한 특징을 갖는다.
㉡ 공기 이송 시 공기가 회전축(프로펠러)을 따라 직선방향으로 이송된다.
㉢ 공기는 날개의 앞부분에서 흡인되고 뒷부분에서 배출되므로 공기의 유입과 유출은 동일한 방향을 갖는다.
㉣ 국소배기용보다는 압력손실이 비교적 작은 전체 환기량으로 사용해야 한다.
(2) 장점
㉠ 축방향 흐름이기 때문에 덕트에 바로 삽입할 수 있어 설치비용 및 재료비가 저렴하며, 경량이다.
㉡ 전동기와 직결할 수 있다.
(3) 단점
㉠ 풍압이 낮기 때문에 압력손실이 비교적 많이 걸리는 시스템에 사용했을 때 서징현상으로 진동과 소음이 심한 경우가 생긴다.
㉡ 최대송풍량의 70% 이하가 되도록 압력손실이 걸릴 경우 서징현상을 피할 수 없다.
㉢ 원심력 송풍기보다 주속도가 커서 소음이 크다.

53 보호장구의 재질과 적용물질에 대한 내용으로 옳지 않은 것은?

① 면 – 극성 용제에 효과적이다.
② Nitrile 고무 – 비극성 용제에 효과적이다.
③ 가죽 – 용제에는 사용하지 못한다.
④ 천연고무(latex) – 극성 용제에 효과적이다.

풀이 **보호장구 재질에 따른 적용물질**
㉠ Neoprene 고무 : 비극성 용제, 극성 용제 중 알코올, 물, 케톤류 등에 효과적
㉡ 천연고무(latex) : 극성 용제 및 수용성 용액에 효과적(절단 및 찰과상 예방)
㉢ Viton : 비극성 용제에 효과적
㉣ 면 : 고체상 물질에 효과적, 용제에는 사용 못함
㉤ 가죽 : 용제에는 사용 못함(기본적인 찰과상 예방)
㉥ Nitrile 고무 : 비극성 용제에 효과적
㉦ Butyl 고무 : 극성 용제(알데히드, 지방족)에 효과적
㉧ Ethylene vinyl alcohol : 대부분의 화학물질을 취급할 경우 효과적

정답 51.④ 52.② 53.①

54 세정제진장치의 입자포집원리에 관한 설명으로 옳지 않은 것은?

① 입자를 함유한 가스를 선회운동시켜 입자에 원심력을 갖게 하여 부착된다.
② 액적에 입자가 충돌하여 부착된다.
③ 입자를 핵으로 한 증기의 응결에 따라서 응집성이 촉진된다.
④ 액막 및 기포에 입자가 접촉하여 부착된다.

풀이 **세정집진장치의 원리**
㉠ 액적과 입자의 충돌
㉡ 미립자 확산에 의한 액적과의 접촉
㉢ 배기의 증습에 의한 입자가 서로 응집
㉣ 입자를 핵으로 한 증기의 응결
㉤ 액적 · 기포와 입자의 접촉

55 어떤 작업장의 음압수준이 100dB(A)이고, 근로자가 NRR이 19인 귀마개를 착용하고 있다면 차음효과는? (단, OSHA 방법 기준)

① 2dB(A) ② 4dB(A)
③ 6dB(A) ④ 8dB(A)

풀이 차음효과 $= (\mathrm{NRR} - 7) \times 0.5$
$= (19 - 7) \times 0.5$
$= 6\,\mathrm{dB(A)}$

56 한랭작업장에서 일하고 있는 근로자의 관리에 대한 내용으로 옳지 않은 것은?

① 한랭에 대한 순화는 고온순화보다 빠르다.
② 노출된 피부나 전신의 온도가 떨어지지 않도록 온도를 높이고 기류의 속도를 낮추어야 한다.
③ 필요하다면 작업을 자신이 조절하게 한다.
④ 외부 액체가 스며들지 않도록 방수처리된 의복을 입는다.

풀이 한랭에 대한 순화는 고온순화보다 느리다.

57 원심력 송풍기인 방사 날개형 송풍기에 관한 설명으로 틀린 것은?

① 깃이 평판으로 되어 있다.
② 깃의 구조가 분진을 자체 정화할 수 있도록 되어 있다.
③ 큰 압력손실에서 송풍량이 급격히 떨어지는 단점이 있다.
④ 플레이트(plate)형 송풍기라고도 한다.

풀이 **평판형(radial fan) 송풍기**
㉠ 플레이트(plate) 송풍기, 방사 날개형 송풍기라고도 한다.
㉡ 날개(blade)가 다익형보다 적고, 직선이며 평판 모양을 하고 있어 강도가 매우 높게 설계되어 있다.
㉢ 깃의 구조가 분진을 자체 정화할 수 있도록 되어 있다.
㉣ 시멘트, 미분탄, 곡물, 모래 등의 고농도 분진 함유 공기나 마모성이 강한 분진 이송용으로 사용된다.
㉤ 부식성이 강한 공기를 이송하는 데 많이 사용된다.
㉥ 압력은 다익팬보다 약간 높으며, 효율도 65%로 다익팬보다는 약간 높으나 터보팬보다는 낮다.
㉦ 습식 집진장치의 배치에 적합하며, 소음은 중간 정도이다.

58 온도 125℃, 800mmHg인 관내로 100m³/min의 유량의 기체가 흐르고 있다. 표준상태(21℃, 760mmHg)의 유량(m³/min)은 얼마인가?

① 약 52
② 약 69
③ 약 78
④ 약 83

풀이 $\dfrac{P_1 V_1}{T_1} = \dfrac{P_2 V_2}{T_2}$

$\therefore\ V_2 = \dfrac{P_1}{P_2} \times \dfrac{T_2}{T_1} \times V_1$

$= \dfrac{800}{760} \times \dfrac{273+21}{273+125} \times 100$

$= 77.76\,\mathrm{m^3/min}$

 정답 54.① 55.③ 56.① 57.③ 58.③

59 화학공장에서 A물질(분자량 86.17, 노출기준 100ppm)과 B물질(분자량 98.96, 노출기준 50ppm)이 각각 100g/hr, 50g/hr씩 기화한다면 이때의 필요환기량(m^3/min)은? (단, 두 물질 간의 화학작용은 없으며, 21℃ 기준, K값은 각각 6과 4이다.)

① 26.8 ② 39.6
③ 44.2 ④ 58.3

풀이 ㉠ A물질
- 사용량 : 100g/hr
- 발생률(G, L/hr)
  86.17g : 24.1L = 100g/hr : G(L/hr)
  G=27.97L/hr
- 필요환기량(Q_1)

$$Q_1 = \frac{27.97\text{L/hr} \times 1{,}000\text{mL/L}}{100\text{mL/m}^3} \times 6$$
$$= 1{,}678.08\text{m}^3/\text{hr} \times \text{hr}/60\text{min}$$
$$= 27.97\text{m}^3/\text{min}$$

㉡ B물질
- 사용량 : 50g/hr
- 발생률(G, L/hr)
  98.96g : 24.1L = 50g/hr : G(L/hr)
  G=12.17L/hr
- 필요환기량(Q_2)

$$Q_2 = \frac{12.17\text{L/hr} \times 1{,}000\text{mL/L}}{50\text{mL/m}^3} \times 4$$
$$= 974.13\text{m}^3/\text{hr} \times \text{hr}/60\text{min}$$
$$= 16.24\text{m}^3/\text{min}$$

∴ 총 필요환기량 $= 27.97 + 16.24 = 44.21\text{m}^3/\text{min}$

60 국소환기시스템의 덕트 설계에 있어서 덕트 합류 시 균형유지방법인 설계에 의한 정압균형유지법의 장단점으로 틀린 것은?

① 설계유량 산정이 잘못되었을 경우, 수정은 덕트 크기 변경을 필요로 한다.
② 설계 시 잘못된 유량의 조정이 용이하다.
③ 최대저항경로 선정이 잘못되어도 설계 시 쉽게 발견할 수 있다.
④ 설계가 복잡하고 시간이 걸린다.

풀이 **정압조절평형법(유속조절평형법, 정압균형유지법)의 장단점**

(1) 장점
㉠ 예기치 않는 침식, 부식, 분진퇴적으로 인한 축적(퇴적)현상이 일어나지 않는다.
㉡ 잘못 설계된 분지관, 최대저항경로(저항이 큰 분지관) 선정이 잘못되어도 설계 시 쉽게 발견할 수 있다.
㉢ 설계가 정확할 때에는 가장 효율적인 시설이 된다.
㉣ 유속의 범위가 적절히 선택되면 덕트의 폐쇄가 일어나지 않는다.

(2) 단점
㉠ 설계 시 잘못된 유량을 고치기 어렵다(임의의 유량을 조절하기 어려움).
㉡ 설계가 복잡하고 시간이 걸린다.
㉢ 설계유량 산정이 잘못되었을 경우 수정은 덕트의 크기 변경을 필요로 한다.
㉣ 때에 따라 전체 필요한 최소유량보다 더 초과될 수 있다.
㉤ 설치 후 변경이나 확장에 대한 유연성이 낮다.
㉥ 효율 개선 시 전체를 수정해야 한다.

제4과목 | 물리적 유해인자관리

61 다음 중 압력이 가장 높은 것은 어느 것인가?

① 14.7psi ② 101,325Pa
③ 760mmHg ④ 2atm

풀이 1기압=1atm=76cmHg=760mmHg=760Torr
=1013.25hPa=33.96ftH$_2$O=407.52inH$_2$O
=10,332mmH$_2$O=1,013mbar=29.92inHg
=14.7Psi=1.0336kg/cm^2

62 산소결핍이라 함은 공기 중의 산소농도가 몇 % 미만인 상태를 말하는가?

① 16 ② 18
③ 21 ④ 23.5

풀이 **산소결핍**
공기 중의 산소 농도가 18% 미만인 상태를 말한다.

정답 59.③ 60.② 61.④ 62.②

63 다음 중 전리방사선에 의한 장애에 해당하지 않는 것은?

① 참호족
② 유전적 장애
③ 조혈기능장애
④ 피부암 등 신체적 장애

풀이 **참호족**
㉠ 직장온도가 35℃ 수준 이하로 저하되는 경우를 말한다.
㉡ 저온작업에서 손가락, 발가락 등의 말초부위가 피부온도 저하가 가장 심한 부위이다.
㉢ 조직 내부의 온도가 10℃에 도달하면 조직 표면은 얼게 되며, 이러한 현상을 말한다.

64 고열로 인하여 발생하는 건강장애 중 가장 위험성이 큰 중추신경계통의 장애로 신체 내부의 체온조절계통이 기능을 잃어 발생하며, 1차적으로 정신착란, 의식결여 등의 증상이 발생하는 고열장애는?

① 열사병(heat stroke)
② 열소진(heat exhaustion)
③ 열경련(heat cramps)
④ 열발진(heat rashes)

풀이 **열사병**
㉠ 일차적인 증상은 정신착란, 의식결여, 경련, 혼수, 건조하고 높은 피부온도, 체온상승이다.
㉡ 뇌막혈관이 노출되어 뇌 온도의 상승으로 체온조절 중추의 기능에 장애를 일으켜서 생기는 위급한 상태이다.
㉢ 전신적인 발한 정지가 생긴다(땀을 흘리지 못하여 체열 방산을 하지 못해 건조할 때가 많음).
㉣ 직장온도 상승(40℃ 이상), 즉 체열 방산을 하지 못하여 체온이 41~43℃까지 급격하게 상승하여 사망에 이른다.
㉤ 초기에 조치가 취해지지 못하면 사망에 이를 수도 있다.
㉥ 40%의 높은 치명률을 보이는 응급성 질환이다.
㉦ 치료 후 4주 이내에는 다시 열에 노출되지 않도록 주의해야 한다.

65 다음 중 저온에 의한 1차 생리적 영향에 해당하는 것은?

① 말초혈관의 수축
② 근육긴장의 증가와 전율
③ 혈압의 일시적 상승
④ 조직대사의 증진과 식욕 항진

풀이 **저온에 의한 생리적 반응**
(1) 1차 생리적 반응
㉠ 피부혈관의 수축
㉡ 근육긴장의 증가와 떨림
㉢ 화학적 대사작용의 증가
㉣ 체표면적의 감소
(2) 2차 생리적 반응
㉠ 말초혈관의 수축
㉡ 근육활동, 조직대사가 증진되어 식욕이 항진
㉢ 혈압의 일시적 상승

66 1기압(atm)에 관한 설명으로 틀린 것은?

① 수은주로 760mmHg와 동일하다.
② 수주(水株)로 10,332mmH_2O에 해당한다.
③ Torr로는 0.76에 해당한다.
④ 약 1kg_f/cm^2와 동일하다.

풀이 1기압=1atm=76cmHg=760mmHg=760Torr
=1013.25hPa=33.96ftH_2O=407.52inH_2O
=10,332mmH_2O=1,013mbar=29.92inHg
=14.7Psi=1.0336kg/cm^2

67 실효음압이 $2\times10^{-3}N/m^2$인 음의 음압수준은 몇 dB인가?

① 40
② 50
③ 60
④ 70

풀이 음압수준(SPL)

$$SPL = 20\log\frac{P}{P_o} = 20\log\left(\frac{2\times10^{-3}}{2\times10^{-5}}\right) = 40dB$$

정답 63.① 64.① 65.② 66.③ 67.①

68 다음 중 소음에 대한 대책으로 적절하지 않은 것은?

① 차음효과는 밀도가 큰 재질일수록 좋다.
② 흡음효과를 높이기 위해서는 흡음재를 실내의 틈이나 가장자리에 부착시키는 것이 좋다.
③ 저주파성분이 큰 공장이나 기계실 내에서는 다공질 재료에 의한 흡음처리가 효과적이다.
④ 흡음효과에 방해를 주지 않기 위해서 다공질 재료 표면에 종이를 입혀서는 안 된다.

풀이 다공질 재료에 의한 흡음처리는 고주파성분에 효과적이다.

69 다음 중 인체와 환경 사이의 열교환에 영향을 미치는 요소와 관계가 가장 적은 것은?

① 기온
② 기압
③ 대류
④ 증발

풀이 **열평형방정식**
㉠ 생체(인체)와 작업환경 사이의 열교환(체열 생산 및 방산) 관계를 나타내는 식이다.
㉡ 인체와 작업환경 사이의 열교환은 주로 체내 열생산량(작업대사량), 전도, 대류, 복사, 증발 등에 의해 이루어진다.
㉢ 열평형방정식은 열역학적 관계식에 따라 이루어진다.
$\Delta S = M \pm C \pm R - E$
여기서, ΔS : 생체 열용량의 변화(인체의 열축적 또는 열손실)
M : 작업대사량(체내 열생산량)
• $(M-W)W$: 작업수행으로 인한 손실열량
C : 대류에 의한 열교환
R : 복사에 의한 열교환
E : 증발(발한)에 의한 열손실(피부를 통한 증발)

70 고압환경에서의 2차적인 가압현상인 산소중독에 관한 설명으로 틀린 것은?

① 산소의 분압이 2기압을 넘으면 중독증세가 나타난다.
② 중독증세는 고압산소에 대한 노출이 중지된 후에도 상당기간 지속된다.
③ 1기압에서 순산소는 인후를 자극하나 비교적 짧은 시간의 노출이라면 중독증상은 나타나지 않는다.
④ 산소의 중독작용은 운동이나 이산화탄소의 존재로 보다 악화된다.

풀이 **산소중독**
㉠ 산소의 분압이 2기압을 넘으면 산소중독 증상을 보인다. 즉, 3~4기압의 산소 혹은 이에 상당하는 공기 중 산소분압에 의하여 중추신경계의 장애에 기인하는 운동장애를 나타내는데 이것을 산소중독이라 한다.
㉡ 수중의 잠수자는 폐압착증을 예방하기 위하여 수압과 같은 압력의 압축기체를 호흡하여야 하며, 이로 인한 산소분압 증가로 산소중독이 일어난다.
㉢ 고압산소에 대한 폭로가 중지되면 증상은 즉시 멈춘다. 즉, 가역적이다.
㉣ 1기압에서 순산소는 인후를 자극하나 비교적 짧은 시간의 폭로라면 중독 증상은 나타나지 않는다.
㉤ 산소중독작용은 운동이나 이산화탄소로 인해 악화된다.
㉥ 수지나 족지의 작열통, 시력장애, 정신혼란, 근육경련 등의 증상을 보이며 나아가서는 간질 모양의 경련을 나타낸다.

71 다음 중 산소결핍 장소의 출입 시 착용하여야 할 보호구로 적절하지 않은 것은?

① 공기호흡기
② 송기마스크
③ 방독마스크
④ 에어라인마스크

풀이 산소결핍 장소에서 방진마스크, 방독마스크 사용은 적절하지 않다.

2024

정답 68.③ 69.② 70.② 71.③

72 옥내의 작업장소에서 습구흑구온도를 측정한 결과 자연습구온도는 28℃, 흑구온도는 30℃, 건구온도는 25℃를 나타내었다. 이때 습구흑구온도지수(WBGT)는 약 얼마인가?

① 31.5℃
② 29.4℃
③ 28.6℃
④ 28.1℃

풀이 WBGT(℃)
=(0.7×자연습구온도)+(0.3×흑구온도)
=(0.7×28℃)+(0.3×30℃)
=28.6℃

73 전리방사선의 단위 중 조직(또는 물질)의 단위질량당 흡수된 에너지를 나타내는 것은?

① Gy(Gray) ② R(Röntgen)
③ Sv(Sivert) ④ Bq(Becquerel)

풀이 Gy(Gray)
㉠ 흡수선량의 단위이다.
※ 흡수선량 : 방사선에 피폭되는 물질의 단위질량당 흡수된 방사선의 에너지
㉡ 1Gy=100rad=1J/kg

74 다음 중 저기압의 영향에 관한 설명으로 틀린 것은?

① 산소결핍을 보충하기 위하여 호흡수, 맥박수가 증가된다.
② 고도 10,000ft(3,048m)까지는 시력, 협조운동의 가벼운 장애 및 피로를 유발한다.
③ 고도 18,000ft(5,468m) 이상이 되면 21% 이상의 산소가 필요하게 된다.
④ 고도의 상승으로 기압이 저하되면 공기의 산소분압이 상승하여 폐포 내의 산소분압도 상승한다.

풀이 고도의 상승에 따라 기압이 저하되면 공기의 산소분압이 저하되고, 폐포 내의 산소분압도 저하한다.

75 다음 중 이상기압의 영향으로 발생되는 고공성 폐수종에 관한 설명으로 틀린 것은?

① 어른보다 아이들에게 많이 발생한다.
② 고공 순화된 사람이 해면에 돌아올 때에도 흔히 일어난다.
③ 진해성 기침과 호흡곤란이 나타나고 폐동맥 혈압이 급격히 낮아져 구토, 실신 등이 발생한다.
④ 산소공급과 해면 귀환으로 급속히 소실되며, 증세는 반복해서 발병하는 경향이 있다.

풀이 고공성 폐수종
㉠ 어른보다 순화적응속도가 느린 어린이에게 많이 일어난다.
㉡ 고공 순화된 사람이 해면에 돌아올 때 자주 발생한다.
㉢ 산소공급과 해면 귀환으로 급속히 소실되며, 이 증세는 반복해서 발병하는 경향이 있다.
㉣ 진해성 기침, 호흡곤란, 폐동맥의 혈압 상승현상이 나타난다.

76 국소진동이 사람에게 영향을 줄 수 있는 진동의 주파수 범위로 가장 적절한 것은?

① 1~80Hz ② 5~100Hz
③ 8~1,500Hz ④ 20~20,000Hz

풀이 진동의 구분에 따른 진동수(주파수)
㉠ 국소진동 진동수 : 8~1,500Hz
㉡ 전신진동(공해진동) 진동수 : 1~90Hz(1~80Hz)

77 소음이 발생하는 작업장에서 1일 8시간 근무하는 동안 100dB에 30분, 95dB에 1시간 30분, 90dB에 3시간이 노출되었다면 소음노출지수는 얼마인가?

① 1.0 ② 1.1
③ 1.2 ④ 1.3

풀이 소음노출지수 $= \frac{0.5}{2} + \frac{1.5}{4} + \frac{3}{8} = 1.0$

 정답 72.③ 73.① 74.④ 75.③ 76.③ 77.①

78 다음 중 습구흑구온도지수(WBGT)에 관한 설명으로 옳은 것은?

① WBGT가 높을수록 휴식시간이 증가되어야 한다.

② WBGT는 건구온도와 습구온도에 비례하고, 흑구온도에 반비례한다.

③ WBGT는 고온환경을 나타내는 값이므로 실외작업에만 적용한다.

④ WBGT는 복사열을 제외한 고열의 측정단위로 사용되며, 화씨온도(℉)로 표현한다.

풀이 ② WBGT는 건구온도, 습구온도, 흑구온도에 비례한다.
③ WBGT는 옥내, 옥외에 적용한다.
④ WBGT는 복사열도 포함한 측정단위이며, 단위는 섭씨온도(℃)이다.

79 1fc(foot candle)은 약 몇 럭스(lux)인가?

① 3.9

② 8.9

③ 10.8

④ 13.4

풀이 풋 캔들(foot candle)

(1) 정의
㉠ 1루멘의 빛이 1ft²의 평면상에 수직으로 비칠 때 그 평면의 빛 밝기이다.
㉡ 관계식

$$\text{풋 캔들(ft cd)} = \frac{\text{lumen}}{\text{ft}^2}$$

(2) 럭스와의 관계
㉠ 1ft cd=10.8lux
㉡ 1lux=0.093ft cd

(3) 빛의 밝기
㉠ 광원으로부터 거리의 제곱에 반비례한다.
㉡ 광원의 촉광에 정비례한다.
㉢ 조사평면과 광원에 대한 수직평면이 이루는 각(cosine)에 반비례한다.
㉣ 색깔과 감각, 평면상의 반사율에 따라 밝기가 달라진다.

80 다음 중 소음계에서 A특성치는 몇 phon의 등감곡선과 비슷하게 주파수에 따른 반응을 보정하여 측정한 음압수준을 말하는가?

① 40　　② 70

③ 100　　④ 140

풀이 ㉠ A특성치 ⇨ 40phon
㉡ B특성치 ⇨ 70phon
㉢ C특성치 ⇨ 100phon

제5과목 | 산업 독성학

81 화학적 유해물질의 생리적 작용에 따른 분류에서 단순 질식제로 작용하는 물질은?

① 아닐린　　② 일산화탄소

③ 메탄　　④ 황화수소

풀이 **단순 질식제의 종류**
㉠ 이산화탄소(CO_2)
㉡ 메탄(CH_4)
㉢ 질소(N_2)
㉣ 수소(H_2)
㉤ 에탄, 프로판, 에틸렌, 아세틸렌, 헬륨

82 직업성 피부질환에 관한 설명으로 틀린 것은?

① 가장 빈번한 피부반응은 접촉성 피부염이다.

② 알레르기성 접촉피부염은 효과적인 보호기구를 사용하거나 자극이 적은 물질을 사용하면 효과가 좋다.

③ 첩포시험은 알레르기성 접촉피부염의 감작물질을 색출하는 기본수기이다.

④ 일부 화학물질과 식물은 광선에 의해서 활성화되어 피부반응을 보일 수 있다.

풀이 효과적인 보호기구를 사용하거나 자극이 적은 물질을 사용하면 효과가 좋은 피부염은 자극성 접촉피부염이다.

2024

정답 78.① 79.③ 80.① 81.③ 82.②

83 할로겐화 탄화수소인 사염화탄소에 관한 설명으로 틀린 것은?

① 생식기에 대한 독성작용이 특히 심하다.
② 고농도에 노출되면 중추신경계 장애 외에 간장과 신장장애를 유발한다.
③ 신장장애 증상으로 감뇨, 혈뇨 등이 발생하며, 완전 무뇨증이 되면 사망할 수도 있다.
④ 초기 증상으로는 지속적인 두통, 구역 또는 구토, 복부선통과 설사, 간압통 등이 나타난다.

풀이 **사염화탄소(CCl_4)**
㉠ 특이한 냄새가 나는 무색의 액체로 소화제, 탈지세정제, 용제로 이용한다.
㉡ 신장장애 증상으로 감뇨, 혈뇨 등이 발생하며 완전 무뇨증이 되면 사망할 수 있다.
㉢ 피부, 간장, 신장, 소화기, 신경계에 장애를 일으키는데 특히 간에 대한 독성작용이 강하게 나타난다. 즉, 간에 중요한 장애인 중심소엽성 괴사를 일으킨다.
㉣ 고온에서 금속과의 접촉으로 포스겐, 염화수소를 발생시키므로 주의를 요한다.
㉤ 고농도로 폭로되면 중추신경계 장애 외에 간장이나 신장에 장애가 일어나 황달, 단백뇨, 혈뇨의 증상을 보이는 할로겐화 탄화수소이다.
㉥ 초기 증상으로 지속적인 두통, 구역 및 구토, 간부위의 압통 등의 증상을 일으킨다.
㉦ 피부로부터 흡수되어 전신중독을 일으킨다.
㉧ 인간에 대한 발암성이 의심되는 물질군(A_2)에 포함된다.
㉨ 산업안전보건기준에 관한 규칙상 관리대상 유해물질의 유기화합물이다.

84 다음 중 먼지가 호흡기계로 들어올 때 인체가 가지고 있는 방어기전이 조합된 것으로 가장 알맞은 것은?

① 점액 섬모운동과 폐포의 대식세포 작용
② 면역작용과 폐 내의 대사작용
③ 점액 섬모운동과 가스교환에 의한 정화
④ 폐포의 활발한 가스교환과 대사작용

풀이 **인체 방어기전**
(1) 점액 섬모운동
㉠ 가장 기초적인 방어기전(작용)이며, 점액 섬모운동에 의한 배출 시스템으로 폐포로 이동하는 과정에서 이물질을 제거하는 역할을 한다.
㉡ 기관지(벽)에서의 방어기전을 의미한다.
㉢ 정화작용을 방해하는 물질은 카드뮴, 니켈, 황화합물 등이다.
(2) 대식세포에 의한 작용(정화)
㉠ 대식세포가 방출하는 효소에 의해 용해되어 제거된다(용해작용).
㉡ 폐포의 방어기전을 의미한다.
㉢ 대식세포에 의해 용해되지 않는 대표적 독성물질은 유리규산, 석면 등이다.

85 다음 중 인체에 침입한 납(Pb) 성분이 주로 축적되는 곳은?

① 간 ② 신장
③ 근육 ④ 뼈

풀이 **납의 인체 내 축적**
㉠ 납은 적혈구와 친화력이 강해 납의 95% 정도는 적혈구에 결합되어 있다.
㉡ 인체 내에 남아 있는 총 납량을 의미하여 신체 장기 중 납의 90%는 뼈 조직에 축적된다.

86 다음 [표]는 A작업장의 백혈병과 벤젠에 대한 코호트 연구를 수행한 결과이다. 이때 벤젠의 백혈병에 대한 상대위험비는 약 얼마인가?

구 분	백혈병	백혈병 없음	합 계
벤젠 노출	5	14	19
벤젠 비노출	2	25	27
합 계	7	39	46

① 3.29 ② 3.55
③ 4.64 ④ 4.82

풀이
$$\text{상대위험비} = \frac{\text{노출군에서 질병발생률}}{\text{비노출군에서 질병발생률}} = \frac{5/19}{2/27} = 3.55$$

 정답 83.① 84.① 85.④ 86.②

87 다음 중 생물학적 모니터링을 할 수 없거나 어려운 물질은?

① 카드뮴 ② 유기용제
③ 톨루엔 ④ 자극성 물질

풀이 **생물학적 모니터링의 특성**

㉠ 작업자의 생물학적 시료에서 화학물질의 노출을 추정하는 것을 말한다.
㉡ 근로자 노출평가와 건강상의 영향평가 두 가지 목적으로 모두 사용될 수 있다.
㉢ 모든 노출경로에 의한 흡수정도를 나타낼 수 있다.
㉣ 개인시료 결과보다 측정결과를 해석하기가 복잡하고 어렵다.
㉤ 폭로 근로자의 호기, 뇨, 혈액, 기타 생체시료를 분석하게 된다.
㉥ 단지 생물학적 변수로만 추정을 하기 때문에 허용기준을 검증하거나 직업성 질환(직업병)을 진단하는 수단으로 이용할 수 없다.
㉦ 유해물질의 전반적인 폭로량을 추정할 수 있다.
㉧ 반감기가 짧은 물질일 경우 시료채취시기는 중요하나 긴 경우는 특별히 중요하지 않다.
㉨ 생체시료가 너무 복잡하고 쉽게 변질되기 때문에 시료의 분석과 취급이 보다 어렵다.
㉩ 건강상의 영향과 생물학적 변수와 상관성이 있는 물질이 많지 않아 작업환경측정에서 설정한 허용기준(TLV)보다 훨씬 적은 기준을 가지고 있다.
㉪ 개인의 작업특성, 습관 등에 따른 노출의 차이도 평가할 수 있다.
㉫ 생물학적 시료는 그 구성이 복잡하고 특이성이 없는 경우가 많아 BEI(생물학적 노출지수)와 건강상의 영향과의 상관이 없는 경우가 많다.
㉬ 자극성 물질은 생물학적 모니터링을 할 수 없거나 어렵다.

88 다음 중 수은에 관한 설명으로 틀린 것은?

① 무기수은화합물로는 질산수은, 승홍, 감홍 등이 있으며 철, 니켈, 알루미늄, 백금 이외의 대부분의 금속과 화합하여 아말감을 만든다.
② 유기수은화합물로서는 아릴수은화합물과 알킬수은화합물이 있다.
③ 수은은 상온에서 액체상태로 존재하는 금속이다.
④ 무기수은화합물의 독성은 알킬수은화합물의 독성보다 훨씬 강하다.

풀이 유기수은 중 알킬수은화합물의 독성은 무기수은화합물의 독성보다 매우 강하다.

89 다음 중 유해물질이 인체에 미치는 유해성(건강영향)을 좌우하는 인자로 그 영향이 가장 적은 것은?

① 유해물질의 밀도
② 유해물질의 노출시간
③ 개인의 감수성
④ 호흡량

풀이 **유해성(건강영향)에 영향을 미치는 인자**

㉠ 공기 중의 폭로농도
㉡ 노출시간(폭로횟수)
㉢ 작업강도(호흡량)
㉣ 개인 감수성
㉤ 기상조건

90 다음 중 규폐증(silicosis)을 잘 일으키는 먼지의 종류와 크기로 가장 적절한 것은?

① SiO_2 함유 먼지 0.1μm의 크기
② SiO_2 함유 먼지 0.5 ~ 5μm의 크기
③ 석면 함유 먼지 0.1μm의 크기
④ 석면 함유 먼지 0.5 ~ 5μm의 크기

풀이 **규폐증의 원인**

㉠ 결정형 규소(암석 : 석영분진, 이산화규소, 유리규산)에 직업적으로 노출된 근로자에게 발생한다.
※ 유리규산(SiO_2) 함유 먼지 0.5~5μm의 크기에서 잘 발생한다.
㉡ 주요 원인물질은 혼합물질이며, 건축업, 도자기 작업장, 채석장, 석재공장 등의 작업장에서 근무하는 근로자에게 발생한다.
㉢ 석재공장, 주물공장, 내화벽돌 제조, 도자기 제조 등에서 발생하는 유리규산이 주 원인이다.
㉣ 유리규산(석영) 분진에 의한 규폐성 결정과 폐포벽 파괴 등 망상내피계 반응은 분진입자의 크기가 2~5μm일 때 자주 일어난다.

2024

정답 87.④ 88.④ 89.① 90.②

91 석면분진 노출과 폐암과의 관계를 나타낸 다음 [표]를 참고하여 석면분진에 노출된 근로자가 노출이 되지 않은 근로자에 비해 폐암이 발생할 수 있는 비교위험도(relative risk)를 올바르게 나타낸 식은?

폐암 유무 / 석면 노출 유무	있 음	없 음	합 계
노출됨	a	b	$a+b$
노출 안 됨	c	d	$c+d$
합 계	$a+c$	$b+d$	$a+b+c+d$

① $\frac{a}{a+b} \div \frac{c}{c+d}$ ② $\frac{b}{a+b} \div \frac{d}{c+d}$

③ $\frac{a}{a+b} \times \frac{c}{c+d}$ ④ $\frac{b}{a+b} \times \frac{d}{c+d}$

풀이 **상대위험도(상대위험비, 비교위험도)**
비율비 또는 위험비라고도 하며, 위험요인을 갖고 있는 군(노출군)이 위험요인을 갖고 있지 않은 군(비노출군)에 비하여 질병의 발생률이 몇 배인가, 즉 위험도가 얼마나 큰가를 나타내는 것이다.

$$\text{상대위험비} = \frac{\text{노출군에서 질병발생률}}{\text{비노출군에서의 질병발생률}}$$

$$= \frac{\text{위험요인이 있는 해당 군의 질병발생률}}{\text{위험요인이 없는 해당 군의 질병발생률}}$$

㉠ 상대위험비=1 : 노출과 질병 사이의 연관성 없음
㉡ 상대위험비>1 : 위험의 증가를 의미
㉢ 상대위험비<1 : 질병에 대한 방어효과가 있음

92 다음 유지용제 기능기 중 중추신경계에 억제작용이 가장 큰 것은?

① 알칸족 유기용제
② 알켄족 유기용제
③ 알코올족 유기용제
④ 할로겐족 유기용제

풀이 **유기화학물질의 중추신경계 억제작용 순서**
할로겐화합물 > 에테르 > 에스테르 > 유기산 > 알코올 > 알켄 > 알칸

93 다음 중 생물학적 모니터링의 장점으로 틀린 것은?

① 흡수경로와 상관없이 전체적인 노출을 평가할 수 있다.
② 노출된 유해인자에 대한 종합적 흡수정도를 평가할 수 있다.
③ 지방조직 등 인체에서 채취할 수 있는 모든 부분에 대하여 분석할 수 있다.
④ 인체에 흡수된 내재용량이나 중요한 조직부위에 영향을 미치는 양을 모니터링 할 수 있다.

풀이 **생물학적 모니터링의 장단점**
(1) 장점
㉠ 공기 중의 농도를 측정하는 것보다 건강상의 위험을 보다 직접적으로 평가할 수 있다.
㉡ 모든 노출경로(소화기, 호흡기, 피부 등)에 의한 종합적인 노출을 평가할 수 있다.
㉢ 개인시료보다 건강상의 악영향을 보다 직접적으로 평가할 수 있다.
㉣ 건강상의 위험에 대하여 보다 정확한 평가를 할 수 있다.
㉤ 인체 내 흡수된 내재용량이나 중요한 조직부위에 영향을 미치는 양을 모니터링할 수 있다.
(2) 단점
㉠ 시료채취가 어렵다.
㉡ 유기시료의 특이성이 존재하고 복잡하다.
㉢ 각 근로자의 생물학적 차이가 나타날 수 있다.
㉣ 분석이 어려우며, 분석 시 오염에 노출될 수 있다.

94 톨루엔은 단지 자극증상과 중추신경계 억제의 일반증상만을 유발하며, 톨루엔의 대사산물은 생물학적 노출지표로 이용된다. 다음 중 톨루엔의 대사산물은?

① 메틸마뇨산
② 만델린산
③ o-크레졸
④ 페놀

풀이 **톨루엔의 대사산물(생물학적 노출지표)**
㉠ 혈액, 호기 : 톨루엔
㉡ 소변 : o-크레졸

정답 91.① 92.④ 93.③ 94.③

95 다음 중 피부 독성에 있어 경피흡수에 영향을 주는 인자와 가장 거리가 먼 것은?

① 개인의 민감도 ② 용매(vehicle)
③ 화학물질 ④ 온도

풀이 **피부 독성에 있어 피부(경피)흡수에 영향을 주는 인자**
㉠ 개인의 민감도
㉡ 용매
㉢ 화학물질

96 화학적 질식제(chemical asphyxiant)에 심하게 노출되었을 경우 사망에 이르게 되는 이유로 가장 적절한 것은?

① 폐에서 산소를 제거하기 때문
② 심장의 기능을 저하시키기 때문
③ 폐 속으로 들어가는 산소의 활용을 방해하기 때문
④ 신진대사기능을 높여 가용한 산소가 부족해지기 때문

풀이 **화학적 질식제**
㉠ 직접적 작용에 의해 혈액 중의 혈색소와 결합하여 산소운반능력을 방해하는 물질을 말하며, 조직 중의 산화효소를 불활성화시켜 질식작용(세포의 산소수용능력 상실)을 일으킨다.
㉡ 화학적 질식제에 심하게 노출 시 폐 속으로 들어가는 산소의 활용을 방해하기 때문에 사망에 이르게 된다.

97 다음 중 급성독성시험에서 얻을 수 있는 일반적인 정보로 볼 수 있는 것은?

① 치사율
② 눈, 피부에 대한 자극성
③ 생식영향과 산아장애
④ 독성무관찰용량(NOEL)

풀이 **급성독성시험에서 얻을 수 있는 정보**
㉠ 치사성 및 기관장애
㉡ 눈과 피부에 대한 자극성
㉢ 변이원성

98 금속의 일반적인 독성기전으로 틀린 것은?

① DNA 염기의 대체
② 금속 평형의 파괴
③ 필수 금속성분의 대체
④ 술피드릴(sulfhydryl)기와의 친화성으로 단백질 기능 변화

풀이 **금속의 독성작용기전**
㉠ 효소억제 ⇨ 효소의 구조 및 기능을 변화시킨다.
㉡ 간접영향 ⇨ 세포성분의 역할을 변화시킨다.
㉢ 필수 금속성분의 대체 ⇨ 생물학적 과정들이 민감하게 변화된다.
㉣ 필수 금속 평형의 파괴 ⇨ 필수 금속성분의 농도를 변화시킨다.
㉤ 술피드릴(sulfhydryl)기와의 친화성 ⇨ 단백질 기능을 변화시킨다.

99 다음 중 유해화학물질이 체내에서 해독되는 데 가장 중요한 작용을 하는 것은?

① 효소 ② 임파구
③ 적혈구 ④ 체표온도

풀이 **효소**
유해화학물질이 체내로 침투되어 해독되는 경우 해독반응에 가장 중요한 작용을 하는 것이 효소이다.

100 다음 중 지방질을 지방산과 글리세린으로 가수분해하는 물질은?

① 리파아제(lipase)
② 말토오스(maltose)
③ 트립신(trypsin)
④ 판크레오지민(pancreozymin)

풀이 **리파아제(lipase)**
혈액, 위액, 췌장분비액, 장액에 들어있는 지방분해효소로 지방을 가수분해하여 지방산과 글리세린을 만든다.

2024

정답 95.④ 96.③ 97.② 98.① 99.① 100.①

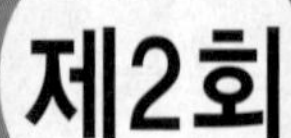

제2회 산업위생관리기사

제1과목 | 산업위생학 개론

01 다음 중 산업피로에 관한 설명으로 틀린 것은 어느 것인가?

① 피로는 비가역적 생체의 변화로 건강장애의 일종이다.
② 정신적 피로와 육체적 피로는 보통 구별하기 어렵다.
③ 국소피로와 전신피로는 피로현상이 나타난 부위가 어느 정도인가를 상대적으로 표현한 것이다.
④ 곤비는 피로의 축적상태로 단기간에 회복될 수 없다.

풀이 피로 자체는 질병이 아니라 가역적인 생체변화이며 건강장애에 대한 경고반응이다.

02 다음 중 물질안전보건자료(MSDS)의 작성원칙에 관한 설명으로 틀린 것은?

① MSDS의 작성단위는 「계량에 관한 법률」이 정하는 바에 의한다.
② MSDS는 한글로 작성하는 것을 원칙으로 하되 화학물질명, 외국기관명 등의 고유명사는 영어로 표기할 수 있다.
③ 각 작성항목은 빠짐없이 작성하여야 하며, 부득이 어느 항목에 대해 관련 정보를 얻을 수 없는 경우에는 공란으로 둔다.
④ 외국어로 되어 있는 MSDS를 번역하는 경우에는 자료의 신뢰성이 확보될 수 있도록 최초 작성기관명 및 시기를 함께 기재하여야 한다.

풀이 ③ 각 작성항목은 빠짐없이 작성하여야 한다. 다만 부득이하게 어느 항목에 대해 관련 정보를 얻을 수 없는 경우 작성란에 '자료 없음'이라고 기재하고, 적용이 불가능하거나 대상이 되지 않는 경우 작성란에 '해당 없음'이라고 기재한다.

03 스트레스에 관한 설명으로 잘못된 것은?

① 스트레스를 지속적으로 받게 되면 인체는 자기조절능력을 발휘하여 스트레스로부터 벗어난다.
② 환경의 요구가 개인의 능력한계를 벗어날 때 발생하는 개인과 환경의 불균형 상태이다.
③ 스트레스가 아주 없거나 너무 많을 때에는 역기능 스트레스로 작용한다.
④ 위협적인 환경 특성에 대한 개인의 반응을 말한다.

풀이 스트레스(stress)
㉠ 인체에 어떠한 자극이건 간에 체내의 호르몬계를 중심으로 한 특유의 반응이 일어나는 것을 적응증상군이라 하며, 이러한 상태를 스트레스라고 한다.
㉡ 외부 스트레서(stressor)에 의해 신체의 항상성이 파괴되면서 나타나는 반응이다.
㉢ 인간은 스트레스 상태가 되면 부신피질에서 코티솔(cortisol)이라는 호르몬이 과잉분비되어 뇌의 활동 등을 저하하게 된다.
㉣ 위협적인 환경 특성에 대한 개인의 반응이다.
㉤ 스트레스가 아주 없거나 너무 많을 때에는 역기능 스트레스로 작용한다.
㉥ 환경의 요구가 개인의 능력한계를 벗어날 때 발생하는 개인과 환경과의 불균형 상태이다.
㉦ 스트레스를 지속적으로 받게 되면 인체는 자기조절능력을 상실하여 스트레스로부터 벗어나지 못하고 심신장애 또는 다른 정신적 장애가 나타날 수 있다.

정답 01.① 02.③ 03.①

04 산업피로의 대책으로 적합하지 않은 것은?

① 작업과정에 따라 적절한 휴식시간을 삽입해야 한다.
② 불필요한 동작을 피하고 에너지 소모를 적게 한다.
③ 동적인 작업은 피로를 더하게 하므로 가능한 한 정적인 작업으로 전환한다.
④ 작업능력에는 개인별 차이가 있으므로 각 개인마다 작업량을 조정해야 한다.

풀이 **산업피로 예방대책**
㉠ 불필요한 동작을 피하고, 에너지 소모를 적게 한다.
㉡ 동적인 작업을 늘리고, 정적인 작업을 줄인다.
㉢ 개인의 숙련도에 따라 작업속도와 작업량을 조절한다.
㉣ 작업시간 중 또는 작업 전후에 간단한 체조나 오락시간을 갖는다.
㉤ 장시간 한 번 휴식하는 것보다 단시간씩 여러 번 나누어 휴식하는 것이 피로회복에 도움이 된다.

05 다음 중 사고예방대책의 기본원리가 다음과 같을 때 각 단계를 순서대로 올바르게 나열한 것은?

> ㉮ 분석 · 평가
> ㉯ 시정책의 적용
> ㉰ 안전관리조직
> ㉱ 시정책의 선정
> ㉲ 사실의 발견

① ㉰ → ㉲ → ㉮ → ㉱ → ㉯
② ㉰ → ㉲ → ㉱ → ㉯ → ㉮
③ ㉲ → ㉰ → ㉱ → ㉯ → ㉮
④ ㉲ → ㉱ → ㉰ → ㉯ → ㉮

풀이 **하인리히의 사고예방(방지)대책 기본원리 5단계**
㉠ 제1단계 : 안전관리조직 구성(조직)
㉡ 제2단계 : 사실의 발견
㉢ 제3단계 : 분석 · 평가
㉣ 제4단계 : 시정방법의 선정(대책의 선정)
㉤ 제5단계 : 시정책의 적용(대책 실시)

06 산업위생의 역사에 있어 가장 오래된 것은?

① Pott : 최초의 직업성 암 보고
② Agricola : 먼지에 의한 규폐증 기록
③ Galen : 구리광산에서의 산(酸)의 위험성 보고
④ Hamilton : 유해물질 노출과 질병과의 관계 규명

풀이
① Pott ⇨ 18세기
② Agricola ⇨ 1494~1555년
③ Galen ⇨ A.D. 2세기
④ Hamilton ⇨ 20세기

07 근골격계 질환에 관한 설명으로 틀린 것은?

① 점액낭염(bursitis)은 관절 사이의 윤활액을 싸고 있는 윤활낭에 염증이 생기는 질병이다.
② 근염(myositis)은 근육이 잘못된 자세, 외부의 충격, 과도한 스트레스 등으로 수축되어 굳어지면 근섬유의 일부가 띠처럼 단단하게 변하여 근육의 특정 부위에 압통, 방사통, 목부위 운동 제한, 두통 등의 증상이 나타난다.
③ 수근관 증후군(carpal tunnel syndrome)은 반복적이고 지속적인 손목의 압박, 무리한 힘 등으로 인해 수근관 내부에 정중신경이 손상되어 발생한다.
④ 건초염(tenosimovitis)은 건막에 염증이 생긴 질환이며, 건염(tendonitis)은 건의 염증으로, 건염과 건초염을 정확히 구분하기 어렵다.

풀이 근염이란 근육에 염증이 일어난 것을 말하며 근육섬유에 손상을 주게 되는데 이로 인해 근육의 수축능력이 저하되게 된다. 근육의 허약감, 근육통증, 유연함이 대표적 증상으로 나타나며 이 외에도 근염의 종류에 따라 추가적인 증상이 나타난다.

정답 04.③ 05.① 06.③ 07.②

08 다음 중 미국산업안전보건연구원(NIOSH)에서 제시한 중량물의 들기작업에 관한 감시기준(action limit)과 최대허용기준(maximum permissible limit)의 관계를 올바르게 나타낸 것은?

① $MPL = \sqrt{2}AL$
② $MPL = 3AL$
③ $MPL = AL$
④ $MPL = 10AL$

풀이 **감시기준(AL)과 최대허용기준(MPL)의 관계**
MPL=3AL

09 산업재해의 직접원인을 크게 인적 원인과 물적 원인으로 구분할 때, 다음 중 물적 원인에 해당하는 것은?

① 복장 · 보호구의 결함
② 위험물 취급 부주의
③ 안전장치의 기능 제거
④ 위험장소의 접근

풀이 **산업재해의 직접원인(1차 원인)**
(1) 불안전한 행위(인적 요인)
㉠ 위험장소 접근
㉡ 안전장치 기능 제거(안전장치를 고장나게 함)
㉢ 기계 · 기구의 잘못 사용(기계설비의 결함)
㉣ 운전 중인 기계장치의 손실
㉤ 불안전한 속도 조작
㉥ 주변 환경에 대한 부주의(위험물 취급 부주의)
㉦ 불안전한 상태의 방치
㉧ 불안전한 자세
㉨ 안전확인 경고의 미비(감독 및 연락 불충분)
㉩ 복장, 보호구의 잘못 사용(보호구를 착용하지 않고 작업)
(2) 불안전한 상태(물적 요인)
㉠ 물 자체의 결함
㉡ 안전보호장치의 결함
㉢ 복장, 보호구의 결함
㉣ 물의 배치 및 작업장소의 결함(불량)
㉤ 작업환경의 결함(불량)
㉥ 생산공장의 결함
㉦ 경계표시, 설비의 결함

10 다음 중 교대작업에서 작업주기 및 작업순환에 대한 설명으로 틀린 것은?

① 교대근무시간 : 근로자의 수면을 방해하지 않아야 하며, 아침 교대시간은 아침 7시 이후에 하는 것이 바람직하다.
② 교대근무 순환주기 : 주간 근무조 → 저녁 근무조 → 야간 근무조로 순환하는 것이 좋다.
③ 근무조 변경 : 근무시간 종료 후 다음 근무 시작시간까지 최소 10시간 이상의 휴식시간이 있어야 하며, 특히 야간 근무조 후에는 12~24시간 정도의 휴식이 있어야 한다.
④ 작업배치 : 상대적으로 가벼운 작업을 야간 근무조에 배치하고, 업무내용을 탄력적으로 조정한다.

풀이 근무시간의 간격은 15~16시간 이상으로 하는 것이 좋으며 특히 야간 근무조 후에는 최저 48시간 이상의 휴식시간이 있어야 한다.

11 다음 중 아세톤(TLV=500ppm) 200ppm과 톨루엔(TLV=50ppm) 35ppm이 각각 노출되어 있는 실내작업장에서 노출기준의 초과 여부를 평가한 결과로 올바른 것은? (단, 두 물질 간에 유해성이 인체의 서로 다른 부위에 작용한다는 증거가 없는 것으로 간주한다.)

① 노출지수가 약 0.72이므로 노출기준 미만이다.
② 노출지수가 약 1.1이므로 노출기준 미만이다.
③ 노출지수가 약 0.72이므로 노출기준을 초과하였다.
④ 노출지수가 약 1.1이므로 노출기준을 초과하였다.

풀이 노출지수(EI) $= \frac{200}{500} + \frac{35}{50}$
$= 1.1$ ⇨ 노출기준 초과

 정답 08.② 09.① 10.③ 11.④

12 상시근로자수가 1,000명인 사업장에 1년 동안 6건의 재해로 8명의 재해자가 발생하였고, 이로 인한 근로손실일수는 80일이었다. 근로자가 1일 8시간씩 매월 25일씩 근무하였다면 이 사업장의 도수율은 얼마인가?

① 0.03 ② 2.5
③ 4.0 ④ 8.0

풀이
$$\text{도수율} = \frac{\text{재해 발생건수}}{\text{연근로시간수}} \times 10^6 = \frac{6}{1{,}000 \times 8 \times 25 \times 12} \times 10^6 = 2.5$$

13 다음 중 혐기성 대사에 사용되는 에너지원이 아닌 것은?

① 아데노신삼인산
② 포도당
③ 단백질
④ 크레아틴인산

풀이 **혐기성 대사(anaerobic metabolism)**
㉠ 근육에 저장된 화학적 에너지를 의미한다.
㉡ 혐기성 대사의 순서(시간대별)
ATP(아데노신삼인산) → CP(크레아틴인산) → glycogen(글리코겐) or glucose(포도당)
※ 근육운동에 동원되는 주요 에너지원 중 가장 먼저 소비되는 것은 ATP이다.

14 다음 중 심한 작업이나 운동 시 호흡조절에 영향을 주는 요인과 거리가 먼 것은?

① 이산화탄소
② 산소
③ 혈중 포도당
④ 수소이온

풀이 혈중 포도당은 혐기성 및 호기성 대사 모두에 에너지원으로 작용하는 물질이다.

15 다음 중 18세기 영국에서 최초로 보고되었으며, 어린이 굴뚝청소부에게 많이 발생하였고, 원인물질이 검댕(soot)이라고 규명된 직업성 암은?

① 폐암 ② 음낭암
③ 후두암 ④ 피부암

풀이 Percivall Pott
㉠ 영국의 외과의사로 직업성 암을 최초로 보고하였으며, 어린이 굴뚝청소부에게 많이 발생하는 음낭암(scrotal cancer)을 발견하였다.
㉡ 암의 원인물질은 검댕 속 여러 종류의 다환방향족 탄화수소(PAH)이다.
㉢ 굴뚝청소부법을 제정하도록 하였다(1788년).

16 다음 중 충격소음의 강도가 130dB(A)일 때 1일 노출횟수의 기준으로 옳은 것은?

① 50 ② 100
③ 500 ④ 1,000

풀이 **충격소음작업**
소음이 1초 이상의 간격으로 발생하는 작업으로서 다음의 1에 해당하는 작업을 말한다.
㉠ 120dB을 초과하는 소음이 1일 1만 회 이상 발생되는 작업
㉡ 130dB을 초과하는 소음이 1일 1천 회 이상 발생되는 작업
㉢ 140dB을 초과하는 소음이 1일 1백 회 이상 발생되는 작업

17 미국산업안전보건연구원(NIOSH)의 중량물 취급작업기준에서 적용하고 있는 들어 올리는 물체의 폭은 얼마인가?

① 55cm 이하
② 65cm 이하
③ 75cm 이하
④ 85cm 이하

풀이 물체의 폭이 75cm 이하로서, 두 손을 적당히 벌리고 작업할 수 있는 공간이 있어야 한다.

2024

정답 12.② 13.③ 14.③ 15.② 16.④ 17.③

18 근로자로부터 수평으로 40cm 떨어진 10kg의 물체를 바닥으로부터 150cm 높이로 들어 올리는 작업을 1분에 5회씩 1일 8시간 동안 하고 있다. 이때의 중량물 취급지수는 약 얼마인가? (단, 관련 조건 및 적용식은 다음을 따른다.)

> [조건 및 적용식]
> - 대상 물체의 수직거리는 0으로 한다.
> - 물체는 신체의 정중앙에 있으며, 몸체의 회전은 없다.
> - 작업빈도에 따른 승수는 0.35이다.
> - 물체를 잡는 데 따른 승수는 1이다.
> - $\text{RWL} = 23\left(\frac{25}{H}\right)(1-0.003\,|V-75|)\left(0.82+\frac{4.5}{D}\right)(\text{AM})(\text{FM})(\text{CM})$

① 1.91 ② 2.71
③ 3.02 ④ 4.60

풀이 중량물 취급지수(LI)

$$\text{LI} = \frac{\text{물체 무게}}{\text{RWL}}$$

- $\text{RWL} = 23\left(\frac{25}{H}\right)(1-0.003\,|V-75|)\left(0.82+\frac{4.5}{D}\right)(\text{AM})(\text{FM})(\text{CM})$

$$= 23\left(\frac{25}{40}\right)\times(1-0.003\,|0-75|)\times\left(0.82+\frac{4.5}{150}\right)\times(1)\times(0.35)\times(1)$$

$$= 3.31\text{kg}$$

$$= \frac{10\text{kg}}{3.31\text{kg}} = 3.02$$

19 다음 중 실내공기 오염의 주요 원인으로 볼 수 없는 것은?

① 오염원
② 공조시스템
③ 이동경로
④ 체온

풀이 **실내공기 오염의 주요 원인**
실내공기 오염의 주요 원인은 이동경로, 오염원, 공조시스템, 호흡, 흡연, 연소기기 등이다.
㉠ 실내외 또는 건축물의 기계적 설비로부터 발생되는 오염물질
㉡ 점유자에 접촉하여 오염물질이 실내로 유입되는 경우
㉢ 오염물질 자체의 에너지로 실내에 유입되는 경우
㉣ 점유자 스스로 생활에 의한 오염물질 발생
㉤ 불완전한 HVAC(Heating, Ventilation and Air Conditioning, 공조시스템) system

20 영상단말기(visual display terminal) 증후군을 예방하기 위한 방안으로 틀린 것은?

① 팔꿈치의 내각은 90° 이상이 되도록 한다.
② 무릎의 내각(knee angle)은 120° 전후가 되도록 한다.
③ 화면상의 문자와 배경의 휘도비(contrast)를 낮춘다.
④ 디스플레이의 화면 상단이 눈높이보다 약간 낮은 상태(약 10° 이하)가 되도록 한다.

풀이 작업자의 발바닥 전면이 바닥면에 닿는 자세를 취하고 무릎의 내각은 90° 전후이어야 한다.

제2과목 | 작업위생 측정 및 평가

21 작업환경측정의 단위 표시로 옳지 않은 것은?

① 미스트, 흄의 농도는 ppm, mg/L로 표시한다.
② 소음수준의 측정단위는 dB(A)로 표시한다.
③ 석면의 농도 표시는 섬유개수(개/cm^3)로 표시한다.
④ 고온(복사열 포함)은 습구흑구온도지수를 구하여 섭씨온도(℃)로 표시한다.

풀이 미스트, 흄의 농도 단위 : mg/m^3

정답 18.③ 19.④ 20.② 21.①

22 작업장에서 입자상 물질은 대개 여과원리에 따라 시료를 채취한다. 여과지의 공극보다 작은 입자가 여과지에 채취되는 기전은 여과이론으로 설명할 수 있는데, 다음 중 여과이론에 관여하는 기전과 가장 거리가 먼 것은?

① 차단
② 확산
③ 흡착
④ 관성충돌

풀이 **여과채취기전**
㉠ 직접차단
㉡ 관성충돌
㉢ 확산
㉣ 중력침강
㉤ 정전기침강
㉥ 체질

23 다음 용제 중 극성이 가장 강한 것은?

① 에스테르류
② 알코올류
③ 방향족 탄화수소류
④ 알데히드류

풀이 **극성이 강한 순서**
물 > 알코올류 > 알데히드류 > 케톤류 > 에스테르류 > 방향족 탄화수소류 > 올레핀류 > 파라핀류

24 한 소음원에서 발생되는 음에너지의 크기가 1watt인 경우 음향파워레벨(sound power level)은?

① 60dB　② 80dB
③ 100dB　④ 120dB

풀이 음향파워레벨(PWL)

$$\mathrm{PWL} = 10\log\frac{W}{W_0} = 10\log\frac{1}{10^{-12}} = 120\mathrm{dB}$$

25 어느 실험실의 크기가 15m×10m×3m이며 실험 중 2kg의 염소(Cl_2, 분자량 70.9)를 부주의로 떨어뜨렸다. 이때 실험실에서의 이론적 염소 농도(ppm)는? (단, 기압 760mmHg, 온도 0℃ 기준, 염소는 모두 기화되고 실험실에는 환기장치가 없다.)

① 약 800　② 약 1,000
③ 약 1,200　④ 약 1,400

풀이

$$\text{농도}(\mathrm{mg/m^3}) = \frac{\text{질량}}{\text{부피}} = \frac{2\mathrm{kg}\times(10^6\mathrm{mg/kg})}{(15\times10\times3)\mathrm{m^3}} = 4444.44\mathrm{mg/m^3}$$

$$\therefore \text{농도}(\mathrm{ppm}) = 4444.44\mathrm{mg/m^3}\times\frac{22.4}{70.9} = 1404.17\mathrm{ppm}$$

26 다음 어떤 작업장에서 50% acetone, 30% benzene, 20% xylene의 중량비로 조성된 용제가 증발하여 작업환경을 오염시키고 있다. 각각의 TLV는 1,600mg/m^3, 720mg/m^3, 670mg/m^{3}일 때 이 작업장의 혼합물 허용농도는?

① 873mg/m^3　② 973mg/m^3
③ 1,073mg/m^3　④ 1,173mg/m^3

풀이 혼합물의 허용농도(mg/m^3)

$$= \frac{1}{\dfrac{0.5}{1,600}+\dfrac{0.3}{720}+\dfrac{0.2}{670}} = 973.07\mathrm{mg/m^3}$$

27 일정한 온도조건에서 부피와 압력은 반비례한다는 표준가스에 대한 법칙은?

① 보일의 법칙
② 샤를의 법칙
③ 게이-뤼삭의 법칙
④ 라울트의 법칙

풀이 **보일의 법칙**
일정한 온도에서 기체의 부피는 그 압력에 반비례한다. 즉 압력이 2배 증가하면 부피는 처음의 1/2배로 감소한다.

2024

정답 22.③ 23.② 24.④ 25.④ 26.② 27.①

28 흡착제를 이용하여 시료채취를 할 때 영향을 주는 인자에 관한 설명으로 옳지 않은 것은?

① 온도 : 고온일수록 흡착능이 감소하며 파과가 일어나기 쉽다.
② 시료채취속도 : 시료채취속도가 높고 코팅된 흡착제일수록 파과가 일어나기 쉽다.
③ 오염물질 농도 : 공기 중 오염물질의 농도가 높을수록 파과용량(흡착제에 흡착된 오염물질의 양)이 감소한다.
④ 습도 : 극성 흡착제를 사용할 때 수증기가 흡착되기 때문에 파과가 일어나기 쉽다.

풀이 **흡착제를 이용한 시료채취 시 영향인자**

㉠ 온도 : 온도가 낮을수록 흡착에 좋으나 고온일수록 흡착대상 오염물질과 흡착제의 표면 사이 또는 2종 이상의 흡착대상 물질 간 반응속도가 증가하여 흡착성질이 감소하며 파과가 일어나기 쉽다(모든 흡착은 발열반응이다).
㉡ 습도 : 극성 흡착제를 사용할 때 수증기가 흡착되기 때문에 파과가 일어나기 쉬우며 비교적 높은 습도는 활성탄의 흡착용량을 저하시킨다. 또한 습도가 높으면 파과공기량(파과가 일어날 때까지의 채취공기량)이 적어진다.
㉢ 시료채취속도(시료채취량) : 시료채취속도가 크고 코팅된 흡착제일수록 파과가 일어나기 쉽다.
㉣ 유해물질 농도(포집된 오염물질의 농도) : 농도가 높으면 파과용량(흡착제에 흡착된 오염물질량)이 증가하나 파과공기량은 감소한다.
㉤ 혼합물 : 혼합기체의 경우 각 기체의 흡착량은 단독성분이 있을 때보다 적어지게 된다(혼합물 중 흡착제와 강한 결합을 하는 물질에 의하여 치환반응이 일어나기 때문).
㉥ 흡착제의 크기(흡착제의 비표면적) : 입자 크기가 작을수록 표면적 및 채취효율이 증가하지만 압력강하가 심하다(활성탄은 다른 흡착제에 비하여 큰 비표면적을 갖고 있다).
㉦ 흡착관의 크기(튜브의 내경, 흡착제의 양) : 흡착제의 양이 많아지면 전체 흡착제의 표면적이 증가하여 채취용량이 증가하므로 파과가 쉽게 발생되지 않는다.

29 금속제품을 탈지, 세정하는 공정에서 사용하는 유기용제인 트리클로로에틸렌의 근로자 노출농도를 측정하고자 한다. 과거의 노출농도를 조사해 본 결과, 평균 50ppm이었다. 활성탄관(100mg/50mg)을 이용하여 0.4L/min으로 채취하였다면 채취해야 할 최소한의 시간(분)은? (단, 트리클로로에틸렌의 분자량은 131.39, 가스 크로마토그래피의 정량한계는 시료당 0.5mg, 1기압, 25℃ 기준으로 기타 조건은 고려하지 않는다.)

① 약 4.7분
② 약 6.2분
③ 약 8.6분
④ 약 9.3분

풀이

- $\text{mg/m}^3 = 50\text{ppm} \times \dfrac{131.39}{24.45} = 268.69\text{mg/m}^3$
- 최소시료채취량 $= \dfrac{\text{LOQ}}{\text{농도}}$

$$= \frac{0.5\text{mg}}{268.69\text{mg/m}^3} = 0.00186\text{m}^3 \times 1{,}000\text{L/m}^3 = 1.86\text{L}$$

∴ 채취 최소시간(min) $= \dfrac{1.86\text{L}}{0.4\text{L/min}} = 4.65\text{min}$

30 흡광광도법에서 사용되는 흡수셀의 재질 가운데 자외선 영역의 파장범위에 사용되는 재질은?

① 유리
② 석영
③ 플라스틱
④ 유리와 플라스틱

풀이 **흡수셀의 재질**

㉠ 유리 : 가시 · 근적외 파장에 사용
㉡ 석영 : 자외파장에 사용
㉢ 플라스틱 : 근적외파장에 사용

정답 28.③ 29.① 30.②

31 Hexane의 부분압이 100mmHg(OEL 500ppm)이었을 때 VHR_{Hexane}은?

① 212.5 ② 226.3
③ 247.2 ④ 263.2

풀이 $VHR = \frac{C}{TLV} = \frac{(100/760) \times 10^6}{500} = 263.16$

32 셀룰로오스에스테르막 여과지에 관한 설명으로 옳지 않은 것은?

① 산에 쉽게 용해된다.
② 중금속 시료채취에 유리하다.
③ 유해물질이 표면에 주로 침착된다.
④ 흡습성이 적어 중량분석에 적당하다.

풀이 MCE막 여과지(Mixed Cellulose Ester membrane filter)
㉠ 산업위생에서는 거의 대부분이 직경 37mm, 구멍 크기 0.45~0.8μm의 MCE막 여과지를 사용하고 있어 작은 입자의 금속과 흄(fume) 채취가 가능하다.
㉡ 산에 쉽게 용해되고 가수분해되며, 습식 회화되기 때문에 공기 중 입자상 물질 중의 금속을 채취하여 원자흡광법으로 분석하는 데 적당하다.
㉢ 산에 의해 쉽게 회화되기 때문에 원소분석에 적합하고 NIOSH에서는 금속, 석면, 살충제, 불소화합물 및 기타 무기물질에 추천되고 있다.
㉣ 시료가 여과지의 표면 또는 가까운 곳에 침착되므로 석면, 유리섬유 등 현미경 분석을 위한 시료채취에도 이용된다.
㉤ 흡습성(원료인 셀룰로오스가 수분 흡수)이 높아 오차를 유발할 수 있어 중량분석에 적합하지 않다.

33 입경이 50μm이고 입자 비중이 1.32인 입자의 침강속도는? (단, 입경이 1~50μm인 먼지의 침강속도를 구하기 위해 산업위생 분야에서 주로 사용하는 식을 적용한다.)

① 8.6cm/sec ② 9.9cm/sec
③ 11.9cm/sec ④ 13.6cm/sec

풀이 침강속도 $= 0.003 \times \rho \times d^2 = 0.003 \times 1.32 \times 50^2$
$= 9.9\text{cm/sec}$

34 다음 중 계통오차의 종류로 잘못된 것은?

① 한 가지 실험 측정을 반복할 때 측정값들의 변동으로 발생되는 오차
② 측정 및 분석 기기의 부정확성으로 발생된 오차
③ 측정하는 개인의 선입관으로 발생된 오차
④ 측정 및 분석 시 온도나 습도와 같이 알려진 외계의 영향으로 생기는 오차

풀이 **계통오차의 종류**
(1) 외계오차(환경오차)
㉠ 측정 및 분석 시 온도나 습도와 같은 외계의 환경으로 생기는 오차를 의미한다.
㉡ 대책(오차의 세기) : 보정값을 구하여 수정함으로써 오차를 제거할 수 있다.
(2) 기계오차(기기오차)
㉠ 사용하는 측정 및 분석 기기의 부정확성으로 인한 오차를 말한다.
㉡ 대책 : 기계의 교정에 의하여 오차를 제거할 수 있다.
(3) 개인오차
㉠ 측정자의 습관이나 선입관에 의한 오차이다.
㉡ 대책 : 두 사람 이상 측정자의 측정을 비교하여 오차를 제거할 수 있다.

35 작업장 내 기류측정에 대한 설명으로 옳지 않은 것은?

① 풍차풍속계는 풍차의 회전속도로 풍속을 측정한다.
② 풍차풍속계는 보통 1~150m/sec 범위의 풍속을 측정하며 옥외용이다.
③ 기류속도가 아주 낮을 때에는 카타온도계와 복사풍속계를 사용하는 것이 정확하다.
④ 카타온도계는 기류의 방향이 일정하지 않거나, 실내 0.2~0.5m/sec 정도의 불감기류를 측정할 때 사용한다.

풀이 기류속도가 아주 낮을 경우에는 열선풍속계를 사용한다.

2024

정답 31.④ 32.④ 33.② 34.① 35.③

36 소음의 측정 시간 및 횟수에 관한 기준으로 옳지 않은 것은?

① 단위작업장소에서의 소음 발생시간이 6시간 이내인 경우나 소음 발생원에서의 발생시간이 간헐적인 경우에는 등간격으로 나누어 3회 이상 측정하여야 한다.
② 단위작업장소에서 소음수준은 규정된 측정 위치 및 지점에서 1일 작업시간을 1시간 간격으로 나누어 6회 이상 측정한다.
③ 소음 발생특성이 연속음으로서 측정치가 변동이 없다고 자격자 또는 지정 측정기관이 판단한 경우에는 1시간 동안을 등간격으로 나누어 3회 이상 측정할 수 있다.
④ 단위작업장소에서 소음수준은 규정된 측정 위치 및 지점에서 1일 작업시간 동안 6시간 이상 연속 측정한다.

풀이 **소음 측정 시간 및 횟수**
㉠ 단위작업장소에서 소음수준은 규정된 측정 위치 및 지점에서 1일 작업시간 동안 6시간 이상 연속 측정하거나 작업시간을 1시간 간격으로 나누어 6회 이상 측정하여야 한다. 다만, 소음의 발생특성이 연속음으로서 측정치가 변동이 없다고 자격자 또는 지정 측정기관이 판단한 경우에는 1시간 동안을 등간격으로 나누어 3회 이상 측정할 수 있다.
㉡ 단위작업장소에서의 소음 발생시간이 6시간 이내인 경우나 소음 발생원에서의 발생시간이 간헐적인 경우에는 발생시간 동안 연속 측정하거나 등간격으로 나누어 4회 이상 측정하여야 한다.

37 불꽃방식의 원자흡광광도계의 장단점으로 옳지 않은 것은?

① 조작이 쉽고 간편하다.
② 분석시간이 흑연로장치에 비하여 적게 소요된다.
③ 주입 시료액의 대부분이 불꽃 부분으로 보내지므로 감도가 높다.
④ 고체 시료의 경우 전처리에 의하여 매트릭스를 제거해야 한다.

풀이 **불꽃원자화장치의 장단점**
(1) 장점
㉠ 쉽고 간편하다.
㉡ 가격이 흑연로장치나 유도결합플라스마-원자발광분석기보다 저렴하다.
㉢ 분석이 빠르고, 정밀도가 높다(분석시간이 흑연로장치에 비해 적게 소요).
㉣ 기질의 영향이 적다.
(2) 단점
㉠ 많은 양의 시료(10mL)가 필요하며, 감도가 제한되어 있어 저농도에서 사용이 힘들다.
㉡ 용질이 고농도로 용해되어 있는 경우, 점성이 큰 용액은 분무구를 막을 수 있다.
㉢ 고체 시료의 경우 전처리에 의하여 기질(매트릭스)을 제거해야 한다.

38 다음은 작업장 소음 측정에 관한 내용이다. ( ) 안의 내용으로 옳은 것은? (단, 고용노동부 고시 기준)

> 누적소음노출량 측정기로 소음을 측정하는 경우에는 criteria 90dB, exchange rate 5dB, threshold ( )dB로 기기를 설정한다.

① 50 ② 60
③ 70 ④ 80

풀이 **누적소음노출량 측정기의 설정**
㉠ criteria=90dB
㉡ exchange rate=5dB
㉢ threshold=80dB

39 표준가스에 대한 법칙 중 '일정한 부피조건에서 압력과 온도는 비례한다'는 내용은?

① 픽스의 법칙
② 보일의 법칙
③ 샤를의 법칙
④ 게이-뤼삭의 법칙

풀이 **게이-뤼삭의 기체반응 법칙**
화학반응에서 그 반응물 및 생성물이 모두 기체일 때 등온·등압하에서 측정한 이들 기체의 부피 사이에는 간단한 정수비 관계가 성립한다는 법칙(일정한 부피에서 압력과 온도는 비례한다는 표준가스 법칙)이다.

정답 36.① 37.③ 38.④ 39.④

40 흡착제의 탈착을 위한 이황화탄소 용매에 관한 설명으로 틀린 것은?

① 활성탄으로 시료채취 시 많이 사용된다.
② 탈착효율이 좋다.
③ GC의 불꽃이온화검출기에서 반응성이 낮아 피크가 작게 나와 분석에 유리하다.
④ 인화성이 적어 화재의 염려가 적다.

풀이 이황화탄소의 단점으로는 독성 및 인화성이 크며, 작업이 번잡하다는 것이다.

제3과목 | 작업환경 관리대책

41 방진재료로 사용하는 방진고무의 장점으로 가장 거리가 먼 것은?

① 내후성, 내유성, 내약품성이 좋아 다양한 분야에 적용이 가능하다.
② 여러 가지 형태로 된 철물에 견고하게 부착할 수 있다.
③ 설계자료가 잘 되어 있어서 용수철 정수를 광범위하게 선택할 수 있다.
④ 고무의 내부마찰로 적당한 저항을 가지며 공진 시의 진폭도 지나치게 크지 않다.

풀이 방진고무의 장단점
(1) 장점
㉠ 고무 자체의 내부마찰로 적당한 저항을 얻을 수 있다.
㉡ 공진 시의 진폭도 지나치게 크지 않다.
㉢ 설계자료가 잘 되어 있어서 용수철 정수(스프링 상수)를 광범위하게 선택할 수 있다.
㉣ 형상의 선택이 비교적 자유로워 여러 가지 형태로 된 철물에 견고하게 부착할 수 있다.
㉤ 고주파 진동의 차진에 양호하다.
(2) 단점
㉠ 내후성, 내유성, 내열성, 내약품성이 약하다.
㉡ 공기 중의 오존(O_3)에 의해 산화된다.
㉢ 내부마찰에 의한 발열 때문에 열화되기 쉽다.

42 푸시풀(push-pull) 후드에 관한 설명으로 옳지 않은 것은?

① 도금조와 같이 폭이 넓은 경우에 사용하면 포집효율을 증가시키면서 필요유량을 대폭 감소시킬 수 있다.
② 제어속도는 푸시 제트기류에 의해 발생한다.
③ 가압노즐 송풍량은 흡인 후드 송풍량의 2.5~5배 정도이다.
④ 공정에서 작업물체를 처리조에 넣거나 꺼내는 중에 공기막이 파괴되어 오염물질이 발생한다.

풀이 흡인 후드의 송풍량은 근사적으로 가압노즐 송풍량의 1.5~2.0배의 표준기준이 사용된다.

43 다음 중 사이클론 집진장치에서 발생하는 블로다운(blow-down) 효과에 관한 설명으로 옳은 것은?

① 유효원심력을 감소시켜 선회기류의 흐트러짐을 방지한다.
② 관내 분진 부착으로 인한 장치의 폐쇄현상을 방지한다.
③ 부분적 난류 증가로 집진된 입자가 재비산된다.
④ 처리배기량의 50% 정도가 재유입되는 현상이다.

풀이 블로다운(blow-down)
(1) 정의
사이클론의 집진효율을 향상시키기 위한 하나의 방법으로서 더스트박스 또는 호퍼부에서 처리가스의 5~10%를 흡인하여 선회기류의 교란을 방지하는 운전방식이다.
(2) 효과
㉠ 사이클론 내의 난류현상을 억제시킴으로써 집진된 먼지의 비산을 방지(유효원심력 증대)한다.
㉡ 집진효율을 증대시킨다.
㉢ 장치 내부의 먼지 퇴적을 억제하여 장치의 폐쇄현상을 방지(가교현상 방지)한다.

2024

정답 40.④ 41.① 42.③ 43.②

44 개구면적이 $0.6m^2$인 외부식 장방형 후드가 자유공간에 설치되어 있다. 개구면으로부터 포촉점까지의 거리는 0.5m이고, 제어속도가 0.80m/sec일 때 필요송풍량은? (단, 플랜지 미부착)

① $126m^3/min$ ② $149m^3/min$
③ $164m^3/min$ ④ $182m^3/min$

풀이 자유공간, 플랜지 미부착

$Q = 60 \cdot V_c(10X^2 + A)$

$= 60 \times 0.8m/sec[(10 \times 0.5^2)m^2 + 0.6m^2]$

$= 148.8m^3/min$

45 국소배기시스템을 설계 시 송풍기 전압이 $136mmH_2O$, 필요환기량은 $184m^3/min$이었다. 송풍기의 효율이 60%일 때 필요한 최소한의 송풍기 소요동력은?

① 2.7kW ② 4.8kW
③ 6.8kW ④ 8.7kW

풀이 송풍기 소요동력(kW)

$= \dfrac{Q \times \Delta P}{6,120 \times \eta} \times \alpha$

$= \dfrac{184m^3/min \times 136mmH_2O}{6,120 \times 0.6} \times 1.0 = 6.8kW$

46 레이놀즈수(Re)를 산출하는 공식으로 옳은 것은? (단, d : 덕트 직경(m), V : 공기 유속(m/sec), μ : 공기의 점성계수(kg/sec · m), ρ : 공기 밀도(kg/m^3))

① $Re = (\mu \times \rho \times d)/V$
② $Re = (\rho \times V \times \mu)/d$
③ $Re = (d \times V \times \mu)/\rho$
④ $Re = (\rho \times d \times V)/\mu$

풀이 **레이놀즈수(Re)**

$Re = \dfrac{\rho V d}{\mu} = \dfrac{Vd}{\nu} = \dfrac{관성력}{점성력}$

여기서, Re : 레이놀즈수 ⇨ 무차원
ρ : 유체의 밀도(kg/m^3)
d : 유체가 흐르는 직경(m)
V : 유체의 평균유속(m/sec)
μ : 유체의 점성계수(kg/m · sec(Poise))
ν : 유체의 동점성계수(m^2/sec)

47 움직이지 않는 공기 중으로 속도 없이 배출되는 작업조건(작업공정 : 탱크에서 증발)의 제어속도 범위로 가장 적절한 것은? (단, ACGIH 권고 기준)

① 0.1~0.3m/sec
② 0.3~0.5m/sec
③ 0.5~1.0m/sec
④ 1.0~1.5m/sec

풀이 **작업조건에 따른 제어속도 기준**

작업조건	작업공정 사례	제어속도(m/sec)
• 움직이지 않는 공기 중에서 속도 없이 배출되는 작업조건 • 조용한 대기 중에 실제 거의 속도가 없는 상태로 발산하는 작업조건	• 액면에서 발생하는 가스나 증기, 흄 • 탱크에서 증발, 탈지시설	0.25~0.5
비교적 조용한(약간의 공기 움직임) 대기 중에서 저속도로 비산하는 작업조건	• 용접, 도금 작업 • 스프레이 도장 • 주형을 부수고 모래를 터는 장소	0.5~1.0
발생기류가 높고 유해물질이 활발하게 발생하는 작업조건	• 스프레이 도장, 용기 충전 • 컨베이어 적재 • 분쇄기	1.0~2.5
초고속기류가 있는 작업장소에 초고속으로 비산하는 작업조건	• 회전연삭작업 • 연마작업 • 블라스트 작업	2.5~10

48 산소가 결핍된 밀폐공간에서 작업하는 경우 가장 적합한 호흡용 보호구는?

① 방진마스크
② 방독마스크
③ 송기마스크
④ 면체여과식 마스크

풀이 **송기마스크**

㉠ 산소가 결핍된 환경 또는 유해물질의 농도가 높거나 독성이 강한 작업장에서 사용해야 한다.
㉡ 대표적인 보호구로는 에어라인(air-line) 마스크와 자가공기공급장치(SCBA)가 있다.

 정답 44.② 45.③ 46.④ 47.② 48.③

49 A용제가 800m³의 체적을 가진 방에 저장되어 있다. 공기를 공급하기 전에 측정한 농도는 400ppm이었다. 이 방으로 환기량 40m³/min을 공급한다면 노출기준인 100ppm으로 달성되는 데 걸리는 시간은? (단, 유해물질 발생은 정지, 환기만 고려한다.)

① 약 12분 ② 약 14분
③ 약 24분 ④ 약 28분

풀이

$$\text{시간}(t) = -\frac{V}{Q'}\ln\left(\frac{C_2}{C_1}\right)$$
$$= \left(-\frac{800}{40}\right)\times\ln\left(\frac{100}{400}\right)$$
$$= 27.73\text{min}$$

50 보호구에 관한 설명으로 옳지 않은 것은?

① 방진마스크의 흡기저항과 배기저항은 모두 낮은 것이 좋다.
② 방진마스크의 포집효율과 흡기저항 상승률은 모두 높은 것이 좋다.
③ 방독마스크는 사용 중에 조금이라도 가스냄새가 나는 경우 새로운 정화통으로 교체하여야 한다.
④ 방독마스크의 흡수제는 활성탄, 실리카겔, soda lime 등이 사용된다.

풀이 **방진마스크의 선정조건(구비조건)**

㉠ 흡기저항 및 흡기저항 상승률이 낮을 것
※ 일반적 흡기저항 범위 : 6~8mmH_2O
㉡ 배기저항이 낮을 것
※ 일반적 배기저항 기준 : 6mmH_2O 이하
㉢ 여과재 포집효율이 높을 것
㉣ 착용 시 시야확보가 용이할 것
※ 하방시야가 60° 이상 되어야 함
㉤ 중량은 가벼울 것
㉥ 안면에서의 밀착성이 클 것
㉦ 침입률 1% 이하까지 정확히 평가 가능할 것
㉧ 피부접촉부위가 부드러울 것
㉨ 사용 후 손질이 간단할 것
㉩ 무게중심은 안면에 강한 압박감을 주지 않는 위치에 있을 것

51 다음 중 덕트 합류 시 댐퍼를 이용한 균형유지법의 장단점으로 가장 거리가 먼 것은?

① 임의로 댐퍼 조정 시 평형상태가 깨짐
② 시설 설치 후 변경에 대한 대처가 어려움
③ 설계 계산이 상대적으로 간단함
④ 설치 후 부적당한 배기유량의 조절이 가능

풀이 **저항조절평형법(댐퍼조절평형법, 덕트균형유지법)의 장단점**

(1) 장점
㉠ 시설 설치 후 변경에 유연하게 대처가 가능하다.
㉡ 최소설계풍량으로 평형유지가 가능하다.
㉢ 공장 내부의 작업공정에 따라 적절한 덕트 위치 변경이 가능하다.
㉣ 설계 계산이 간편하고, 고도의 지식을 요하지 않는다.
㉤ 설치 후 송풍량의 조절이 비교적 용이하다. 즉, 임의의 유량을 조절하기가 용이하다.
㉥ 덕트의 크기를 바꿀 필요가 없기 때문에 반송속도를 그대로 유지한다.

(2) 단점
㉠ 평형상태 시설에 댐퍼를 잘못 설치 시 또는 임의의 댐퍼 조정 시 평형상태가 파괴될 수 있다.
㉡ 부분적 폐쇄댐퍼는 침식, 분진퇴적의 원인이 된다.
㉢ 최대저항경로 선정이 잘못되어도 설계 시 쉽게 발견할 수 없다.
㉣ 댐퍼가 노출되어 있는 경우가 많아 누구나 쉽게 조절할 수 있어 정상기능을 저해할 수 있다.
㉤ 임의의 댐퍼 조정 시 평형상태가 파괴될 수 있다.

52 A유체관의 압력을 측정한 결과, 정압이 −18.56mmH_2O이고 전압이 20mmH_2O였다. 이 유체관의 유속(m/sec)은 약 얼마인가? (단, 공기밀도 1.21kg/m³ 기준)

① 10 ② 15
③ 20 ④ 25

풀이

$$\text{유속(m/sec)} = \sqrt{\frac{\text{VP}\times 2g}{\gamma}}$$

• $\text{VP} = \text{TP} - \text{SP} = 20 - (-18.56) = 38.56\text{mmH}_2\text{O}$

$$= \sqrt{\frac{38.56\times(2\times 9.8)}{1.2}} = 25.1\text{m/sec}$$

2024

53 국소배기장치에 관한 주의사항으로 가장 거리가 먼 것은?

① 배기관은 유해물질이 발산하는 부위의 공기를 모두 빨아낼 수 있는 성능을 갖출 것
② 흡인되는 공기가 근로자의 호흡기를 거치지 않도록 할 것
③ 먼지를 제거할 때에는 공기속도를 조절하여 배기관 안에서 먼지가 일어나도록 할 것
④ 유독물질의 경우에는 굴뚝에 흡인장치를 보강할 것

풀이 배기관 안에서 먼지가 재비산되지 않도록 해야 한다.

54 작업환경의 관리원칙인 대치 개선방법으로 옳지 않은 것은?

① 성냥 제조 시 : 황린 대신 적린을 사용함
② 세탁 시 : 화재예방을 위해 석유나프타 대신 4클로로에틸렌을 사용함
③ 땜질한 납을 oscillating-type sander로 깎던 것을 고속회전 그라인더를 이용함
④ 분말로 출하되는 원료를 고형상태의 원료로 출하함

풀이 고속회전 그라인더로 깎던 것을 oscillating-type sander로 대치하여 사용한다.

55 분압이 5mmHg인 물질이 표준상태의 공기 중에서 증발하여 도달할 수 있는 최고농도(포화농도, ppm)는?

① 약 4,520 ② 약 5,590
③ 약 6,580 ④ 약 7,530

풀이 최고농도(ppm) $= \dfrac{5}{760} \times 10^6$
$= 6578.95\text{ppm}$

56 용접작업대에 [그림]과 같은 외부식 후드를 설치할 때 개구면적이 0.3m²이면 송풍량은? (단, V_c : 제어속도)

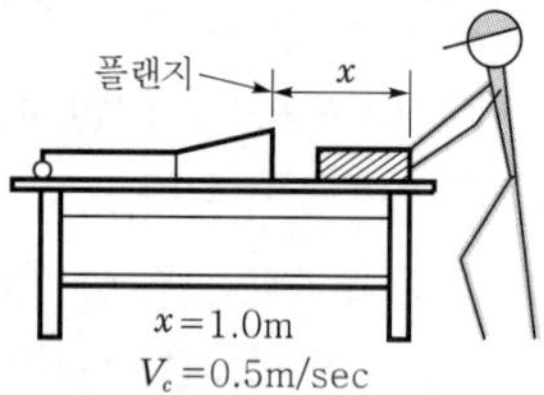

① 약 150m³/min ② 약 155m³/min
③ 약 160m³/min ④ 약 165m³/min

풀이 바닥면에 위치, 플랜지 부착 시 송풍량(Q)
$Q = 60 \times 0.5 \times V_c(10X^2 + A)$
$= 60 \times 0.5 \times 0.5\text{m/sec}[(10 \times 1^2) + 0.3]$
$= 154.5\text{m}^3/\text{min}$

57 다음 중 필요환기량을 감소시키는 방법으로 틀린 것은?

① 후드 개구면에서 기류가 균일하게 분포되도록 설계한다.
② 공정에서 발생 또는 배출되는 오염물질의 절대량을 감소시킨다.
③ 가급적이면 공정이 많이 포위되지 않도록 하여야 한다.
④ 포집형이나 레시버형 후드를 사용할 때는 가급적 후드를 배출오염원에 가깝게 설치한다.

풀이 **후드가 갖추어야 할 사항(필요환기량을 감소시키는 방법)**
㉠ 가능한 한 오염물질 발생원에 가까이 설치한다(포집형 및 레시버형 후드).
㉡ 제어속도는 작업조건을 고려하여 적정하게 선정한다.
㉢ 작업에 방해되지 않도록 설치하여야 한다.
㉣ 오염물질 발생특성을 충분히 고려하여 설계하여야 한다.
㉤ 가급적이면 공정을 많이 포위한다.
㉥ 후드 개구면에서 기류가 균일하게 분포되도록 설계한다.
㉦ 공정에서 발생 또는 배출되는 오염물질의 절대량을 감소시킨다.

정답 53.③ 54.③ 55.③ 56.② 57.③

58 중력침강속도에 대한 설명으로 틀린 것은? (단, Stokes 법칙 기준)

① 입자 직경의 제곱에 비례한다.
② 입자의 밀도차에 반비례한다.
③ 중력가속도에 비례한다.
④ 공기의 점성계수에 반비례한다.

풀이 침강속도(V)$=\dfrac{g \cdot d^2(\rho_1-\rho)}{18\mu}$이므로, 중력침강속도는 입자의 밀도차($\rho_1-\rho$)에 비례한다.

59 작업환경 개선의 기본원칙인 대치의 방법과 가장 거리가 먼 것은?

① 장소의 변경
② 시설의 변경
③ 공정의 변경
④ 물질의 변경

풀이 **작업환경 개선(대치방법)**
㉠ 공정의 변경
㉡ 시설의 변경
㉢ 유해물질의 변경

60 국소배기장치에서 공기공급시스템이 필요한 이유와 가장 거리가 먼 것은?

① 작업장의 교차기류 발생을 위해서
② 안전사고 예방을 위해서
③ 에너지 절감을 위해서
④ 국소배기장치의 효율 유지를 위해서

풀이 **공기공급시스템이 필요한 이유**
㉠ 국소배기장치의 원활한 작동을 위하여
㉡ 국소배기장치의 효율 유지를 위하여
㉢ 안전사고를 예방하기 위하여
㉣ 에너지(연료)를 절약하기 위하여
㉤ 작업장 내에 방해기류(교차기류)가 생기는 것을 방지하기 위하여
㉥ 외부공기가 정화되지 않은 채로 건물 내로 유입되는 것을 막기 위하여

제4과목 | 물리적 유해인자관리

61 기온이 0℃이고, 절대습도는 4.57mmHg일 때 0℃의 포화습도가 4.57mmHg라면 이때의 비교습도는 얼마인가?

① 30% ② 40%
③ 70% ④ 100%

풀이 비교습도(상대습도)$=\dfrac{\text{절대습도}}{\text{포화습도}}\times 100$
$=\dfrac{4.57}{4.57}\times 100$
$=100\%$

62 질소 마취증상과 가장 연관이 많은 작업은?

① 잠수작업 ② 용접작업
③ 냉동작업 ④ 알루미늄작업

풀이 **질소가스의 마취작용**
㉠ 공기 중의 질소가스는 정상기압에서 비활성이지만 4기압 이상에서는 마취작용을 일으키며, 이를 다행증이라 한다(공기 중의 질소가스는 3기압 이하에서는 자극작용을 한다).
㉡ 질소가스 마취작용은 알코올 중독의 증상과 유사하다.
㉢ 작업력의 저하, 기분의 변환, 여러 종류의 다행증(euphoria)이 일어난다.
㉣ 수심 90~120m에서 환청, 환시, 조현증, 기억력 감퇴 등이 나타난다.

63 밀폐공간에서는 산소결핍이 발생할 수 있다. 산소결핍의 원인 중 소모(consumption)에 해당하지 않는 것은?

① 제한된 공간 내에서 사람의 호흡
② 용접, 절단, 불 등에 의한 연소
③ 금속의 산화, 녹 등의 화학반응
④ 질소, 아르곤, 헬륨 등의 불활성 가스 사용

풀이 ①, ②, ③항은 산소를 소모하는 반응을 한다.

2024

정답 58.② 59.① 60.① 61.④ 62.① 63.④

64 다음 중 레이노(Raynaud) 증후군의 발생 가능성이 가장 큰 작업은?

① 공기 해머(hammer) 작업
② 보일러 수리 및 가동
③ 인쇄작업
④ 용접작업

풀이 **레이노 현상(Raynaud's phenomenon)**
㉠ 손가락에 있는 말초혈관 운동의 장애로 인하여 수지가 창백해지고 손이 차며 저리거나 통증이 오는 현상이다.
㉡ 한랭작업조건에서 특히 증상이 악화된다.
㉢ 압축공기를 이용한 진동공구, 즉 착암기 또는 해머와 같은 공구를 장기간 사용한 근로자들의 손가락에 유발되기 쉬운 직업병이다.
㉣ dead finger 또는 white finger라고도 하며, 발증까지 약 5년 정도 걸린다.

65 다음 중 적외선으로 인해 발생하는 생체작용과 가장 거리가 먼 것은?

① 색소침착
② 망막 손상
③ 초자공 백내장
④ 뇌막 자극에 의한 두부 손상

풀이 자외선으로 인해 각질층 표피세포(말피기층)의 histamine의 양이 많아져 모세혈관의 수축, 홍반 형성에 이어 색소침착이 발생한다.

66 전리방사선과 비전리방사선의 경계가 되는 광자에너지의 강도로 가장 적절한 것은?

① 12eV ② 120eV
③ 1,200eV ④ 12,000eV

풀이 **전리방사선과 비전리방사선의 구분**
㉠ 전리방사선과 비전리방사선의 경계가 되는 광자에너지의 강도는 12eV이다.
㉡ 생체에서 이온화시키는 데 필요한 최소에너지는 대체로 12eV가 되고, 그 이하의 에너지를 갖는 방사선을 비이온화방사선, 그 이상 큰 에너지를 갖는 것을 이온화방사선이라 한다.
㉢ 방사선을 전리방사선과 비전리방사선으로 분류하는 인자는 이온화하는 성질, 주파수, 파장이다.

67 다음 중 마이크로파의 에너지량과 거리와의 관계에 관한 설명으로 옳은 것은?

① 에너지량은 거리의 제곱에 비례한다.
② 에너지량은 거리에 비례한다.
③ 에너지량은 거리의 제곱에 반비례한다.
④ 에너지량은 거리에 반비례한다.

풀이 **마이크로파의 물리적 특성**
㉠ 마이크로파는 1mm~1m(10m)의 파장(또는 약 1~300cm)과 30MHz(10Hz)~300GHz(300MHz~300GHz)의 주파수를 가지며 라디오파의 일부이다. 단, 지역에 따라 주파수 범위의 규정이 각각 다르다.
※ 라디오파 : 파장이 1m~100km, 주파수가 약 3kHz~300GHz까지를 말한다.
㉡ 에너지량은 거리의 제곱에 반비례한다.

68 음압실효치가 0.2N/m^2일 때 음압수준(SPL ; Sound Pressure Level)은 얼마인가? (단, 기준음압은 2×10^{-5}N/m^2로 계산한다.)

① 100dB
② 80dB
③ 60dB
④ 40dB

풀이
$$\mathrm{SPL} = 20\log\frac{P}{P_o} = 20\log\frac{0.2}{2\times10^{-5}} = 80\mathrm{dB}$$

69 다음 중 1,000Hz에서 40dB의 음압레벨을 갖는 순음의 크기를 1로 하는 소음의 단위는?

① NRN ② dB(C)
③ phon ④ sone

풀이 **sone**
㉠ 감각적인 음의 크기(loudness)를 나타내는 양으로, 1,000Hz에서의 압력수준 dB을 기준으로 하여 등감곡선을 소리의 크기로 나타내는 단위이다.
㉡ 1,000Hz 순음의 음의 세기레벨 40dB의 음의 크기를 1sone으로 정의한다.

정답 64.① 65.① 66.① 67.③ 68.② 69.④

70 소음성 난청(Noise Induced Hearing Loss, NIHL)에 관한 설명으로 틀린 것은?

① 소음성 난청은 4,000Hz 정도에서 가장 많이 발생한다.
② 일시적 청력변화 때의 각 주파수에 대한 청력손실 양상은 같은 소리에 의하여 생긴 영구적 청력변화 때의 청력손실 양상과는 다르다.
③ 심한 소음에 반복하여 노출되면 일시적 청력변화는 영구적 청력변화(permanent threshold shift)로 변하며 코르티기관에 손상이 온 것으로 회복이 불가능하다.
④ 심한 소음에 노출되면 처음에는 일시적 청력변화(temporary threshold shift)를 초래하는데, 이것은 소음노출을 그치면 다시 노출 전의 상태로 회복되는 변화이다.

풀이 **난청(청력장애)**

(1) 일시적 청력손실(TTS)
㉠ 강력한 소음에 노출되어 생기는 난청으로 4,000~6,000Hz에서 가장 많이 발생한다.
㉡ 청신경세포의 피로현상으로, 회복되려면 12~24시간을 요하는 가역적인 청력저하이며, 영구적 소음성 난청의 예비신호로도 볼 수 있다.

(2) 영구적 청력손실(PTS) : 소음성 난청
㉠ 비가역적 청력저하, 강렬한 소음이나 지속적인 소음 노출에 의해 청신경 말단부의 내이코르티(corti)기관의 섬모세포 손상으로 회복될 수 없는 영구적인 청력저하가 발생한다.
㉡ 3,000~6,000Hz의 범위에서 먼저 나타나고, 특히 4,000Hz에서 가장 심하게 발생한다.

(3) 노인성 난청
㉠ 노화에 의한 퇴행성 질환으로, 감각신경성 청력손실이 양측 귀에 대칭적 · 점진적으로 발생하는 질환이다.
㉡ 일반적으로 고음역에 대한 청력손실이 현저하며 6,000Hz에서부터 난청이 시작된다.

71 다음 중 진동에 관한 설명으로 옳은 것은?

① 수평 및 수직 진동이 동시에 가해지면 2배의 자각현상이 나타난다.
② 신체의 공진현상은 서 있을 때가 앉아 있을 때보다 심하게 나타난다.
③ 국소진동은 골, 관절, 지각이상 이외의 중추신경이나 내분비계에는 영향을 미치지 않는다.
④ 말초혈관운동의 장애로 인한 혈액순환 장애로 손가락 등이 창백해지는 현상은 전신진동에서 주로 발생한다.

풀이 ② 앉아 있을 때 더 심하게 나타난다.
③ 중추신경이나 내분비계에도 영향을 미친다.
④ 국소진동에서 주로 발생한다.

72 다음 설명에 해당하는 전리방사선의 종류는?

- 원자핵에서 방출되는 입자로서 헬륨원자의 핵과 같이 두 개의 양자와 두 개의 중성자로 구성되어 있다.
- 질량과 하전 여부에 따라서 그 위험성이 결정된다.
- 투과력은 가장 약하나 전리작용은 가장 강하다.

① X선 ② α선
③ β선 ④ γ선

풀이 **α선(α입자)**

㉠ 방사선 동위원소의 붕괴과정 중 원자핵에서 방출되는 입자로서 헬륨원자의 핵과 같이 2개의 양자와 2개의 중성자로 구성되어 있다. 즉, 선원(major source)은 방사선 원자핵이고 고속의 He 입자형태이다.
㉡ 질량과 하전 여부에 따라 그 위험성이 결정된다.
㉢ 투과력은 가장 약하나(매우 쉽게 흡수) 전리작용은 가장 강하다.
㉣ 투과력이 약해 외부조사로 건강상의 위해가 오는 일은 드물며, 피해부위는 내부노출이다.
㉤ 외부조사보다 동위원소를 체내 흡입 · 섭취할 때의 내부조사의 피해가 가장 큰 전리방사선이다.

2024

정답 70.② 71.① 72.②

73 고압환경의 2차적인 가압현상(화학적 장애) 중 산소중독에 관한 설명으로 틀린 것은?

① 산소의 중독작용은 운동이나 이산화탄소의 존재로 다소 완화될 수 있다.
② 산소의 분압이 2기압이 넘으면 산소중독 증세가 나타난다.
③ 수지와 족지의 작열통, 시력장애, 정신혼란, 근육경련 등의 증상을 보이며 나아가서는 간질 모양의 경련을 나타낸다.
④ 산소중독에 따른 증상은 고압산소에 대한 노출이 중지되면 멈추게 된다.

풀이 산소중독
㉠ 산소의 분압이 2기압을 넘으면 산소중독 증상을 보인다. 즉, 3~4기압의 산소 혹은 이에 상당하는 공기 중 산소분압에 의하여 중추신경계의 장애에 기인하는 운동장애를 나타내는데 이것을 산소중독이라 한다.
㉡ 수중의 잠수자는 폐압착증을 예방하기 위하여 수압과 같은 압력의 압축기체를 호흡하여야 하며, 이로 인한 산소분압 증가로 산소중독이 일어난다.
㉢ 고압산소에 대한 폭로가 중지되면 증상은 즉시 멈춘다. 즉, 가역적이다.
㉣ 1기압에서 순산소는 인후를 자극하나 비교적 짧은 시간의 폭로라면 중독 증상은 나타나지 않는다.
㉤ 산소중독작용은 운동이나 이산화탄소로 인해 악화된다.
㉥ 수지나 족지의 작열통, 시력장애, 정신혼란, 근육경련 등의 증상을 보이며 나아가서는 간질 모양의 경련을 나타낸다.

74 다음 중 빛 또는 밝기와 관련된 단위가 아닌 것은?

① Wb ② lux
③ lm ④ cd

풀이 ② lux : 조도의 단위
③ lm : 광속의 단위
④ cd : 광도의 단위

75 다음 중 소음에 대한 청감보정특성치에 관한 설명으로 틀린 것은?

① A특성치와 C특성치를 동시에 측정하면 그 소음의 주파수 구성을 대략 추정할 수 있다.
② A, B, C 특성 모두 4,000Hz에서 보정치가 0이다.
③ 소음에 대한 허용기준은 A특성치에 준하는 것이다.
④ A특성치란 대략 40phon의 등감곡선과 비슷하게 주파수에 따른 반응을 보정하여 측정한 음압수준이다.

풀이 소음의 특성치를 알아보기 위해서 A, B, C 특성치(청감보정회로)로 측정한 결과 세 가지의 값이 거의 일치되는 주파수는 1,000Hz이다. 즉 A, B, C 특성 모두 1,000Hz에서의 보정치는 0이다.

76 다음 중 한랭장애에 대한 예방법으로 적절하지 않은 것은?

① 의복이나 구두 등의 습기를 제거한다.
② 과도한 피로를 피하고, 충분한 식사를 한다.
③ 가능한 한 팔과 다리를 움직여 혈액순환을 돕는다.
④ 가능한 꼭 맞는 구두, 장갑을 착용하여 한기가 들어오지 않도록 한다.

풀이 한랭장애 예방법
㉠ 팔다리 운동으로 혈액순환을 촉진한다.
㉡ 약간 큰 장갑과 방한화를 착용한다.
㉢ 건조한 양말을 착용한다.
㉣ 과도한 음주 및 흡연을 삼가한다.
㉤ 과도한 피로를 피하고 충분한 식사를 한다.
㉥ 더운물과 더운 음식을 자주 섭취한다.
㉦ 외피는 통기성이 적고 함기성이 큰 것을 착용한다.
㉧ 오랫동안 찬물, 눈, 얼음에서 작업하지 않는다.
㉨ 의복이나 구두 등의 습기를 제거한다.

정답 73.① 74.① 75.② 76.④

77 다음 중 소음의 대책에 있어 전파경로에 대한 대책과 가장 거리가 먼 것은?

① 거리감쇠 : 배치의 변경
② 차폐효과 : 방음벽 설치
③ 지향성 : 음원방향 유지
④ 흡음 : 건물 내부 소음 처리

풀이 **전파경로 대책**
㉠ 흡음(실내 흡음처리에 의한 음압레벨 저감)
㉡ 차음(벽체의 투과손실 증가)
㉢ 거리감쇠
㉣ 지향성 변환(음원방향의 변경)

78 다음 중 자외선의 인체 내 작용에 대한 설명과 가장 거리가 먼 것은?

① 홍반은 250nm 이하에서 노출 시 가장 강한 영향을 준다.
② 자외선 노출에 의한 가장 심각한 만성 영향은 피부암이다.
③ 280~320nm에서는 비타민 D의 생성이 활발해진다.
④ 254~280nm에서 강한 살균작용을 나타낸다.

풀이 각질층 표피세포(말피기층)의 histamine의 양이 많아져 모세혈관 수축, 홍반 형성에 이어 색소 침착이 발생하며, 홍반 형성은 300nm 부근(2,000~2,900Å)의 폭로가 가장 강한 영향을 미치며 멜라닌색소 침착은 300~420nm에서 영향을 미친다.

79 다음 [보기] 중 온열요소를 결정하는 주요 인자들로만 나열된 것은?

[보기]
㉮ 기온 ㉯ 기습
㉰ 지형 ㉱ 위도
㉲ 기류

① ㉮, ㉯, ㉰ ② ㉯, ㉰, ㉱
③ ㉰, ㉱, ㉲ ④ ㉮, ㉯, ㉲

풀이 사람과 환경 사이에 일어나는 열교환에 영향을 미치는 것은 기온, 기류, 습도 및 복사열 4가지이다. 즉 기후인자 가운데서 기온, 기류, 습도(기습) 및 복사열 등 온열요소가 동시에 인체에 작용하여 관여할 때 인체는 온열감각을 느끼게 되며, 온열요소를 단일척도로 표현하는 것을 온열지수라 한다.

80 다음 설명 중 ( ) 안에 내용으로 가장 적절한 것은?

국부조명에만 의존할 경우에는 작업장의 조도가 균등하지 못해서 눈의 피로를 가져올 수 있으므로 전체조명과 병용하는 것이 보통이다. 이와 같은 경우 전체조명의 조도는 국부조명에 의한 조도의 ( ) 정도가 되도록 조절한다.

① $\frac{1}{10}\sim\frac{1}{5}$ ② $\frac{1}{20}\sim\frac{1}{10}$
③ $\frac{1}{30}\sim\frac{1}{20}$ ④ $\frac{1}{50}\sim\frac{1}{30}$

풀이 전체조명의 조도는 국부조명에 의한 조도의 $\frac{1}{10}\sim\frac{1}{5}$ 정도가 되도록 조절한다.

제5과목 | 산업 독성학

81 벤젠에 노출되는 근로자 10명이 6개월 동안 근무하였고, 5명이 2년 동안 근무하였을 경우 노출인년(person-years of exposure)은 얼마인가?

① 10 ② 15
③ 20 ④ 25

풀이 노출인년

$$=\Sigma\left[\text{조사 인원}\times\left(\frac{\text{조사한 개월수}}{12\text{월}}\right)\right]$$

$$=\left[10\times\left(\frac{6}{12}\right)\right]+\left[5\times\left(\frac{24}{12}\right)\right]$$

$$=15$$

2024

82 유해화학물질의 생체막 투과방법에 대한 다음 설명이 가리키는 것은?

> 운반체의 확산성을 이용하여 생체막을 통과하는 방법으로, 운반체는 대부분 단백질로 되어 있다. 운반체의 수가 가장 많을 때 통과속도는 최대가 되지만 유사한 대상물질이 많이 존재하면 운반체의 결합에 경합하게 되어 투과속도가 선택적으로 억제된다. 일반적으로 필수영양소가 이 방법에 의하지만, 필수영양소와 유사한 화학물질이 통과하여 독성이 나타나게 된다.

① 촉진확산 ② 여과
③ 단순확산 ④ 능동투과

풀이 **화학물질의 분자가 생체막을 투과하는 방법 중 촉진확산**
㉠ 운반체의 확산성을 이용하여 생체막을 투과하는 방법이다.
㉡ 운반체는 대부분 단백질로 되어 있다.
㉢ 운반체의 수가 가장 많을 때 통과속도는 최대가 되지만 유사한 대상 물질이 많이 존재하면 운반체의 결합에 경합하게 되어 투과속도가 선택적으로 억제된다.
㉣ 필수영양소가 이 방법에 의하지만, 필수영양소와 유사한 화학물질이 통과하여 독성이 나타나게 된다.

83 입자성 물질의 호흡기계 침착기전 중 길이가 긴 입자가 호흡기계로 들어오면 그 입자의 가장자리가 기도의 표면을 스치게 됨으로써 침착하는 현상은?

① 충돌 ② 침전
③ 차단 ④ 확산

풀이 **차단(interception)**
㉠ 길이가 긴 입자가 호흡기계로 들어오면 그 입자의 가장자리가 기도의 표면을 스치게 됨으로써 일어나는 현상이다.
㉡ 섬유(석면)입자가 폐 내에 침착되는 데 중요한 역할을 담당한다.

84 칼슘대사에 장애를 주어 신결석을 동반한 신증후군이 나타나고 다량의 칼슘 배설이 일어나 뼈의 통증, 골연화증 및 골수공증과 같은 골격계 장애를 유발하는 중금속은?

① 망간(Mn) ② 카드뮴(Cd)
③ 비소(As) ④ 수은(Hg)

풀이 **카드뮴의 만성중독 건강장애**
(1) 신장기능 장애
㉠ 저분자 단백뇨의 다량 배설 및 신석증을 유발한다.
㉡ 칼슘대사에 장애를 주어 신결석을 동반한 신증후군이 나타난다.
(2) 골격계 장애
㉠ 다량의 칼슘 배설(칼슘 대사장애)이 일어나 뼈의 통증, 골연화증 및 골수공증을 유발한다.
㉡ 철분결핍성 빈혈증이 나타난다.
(3) 폐기능 장애
㉠ 폐활량 감소, 잔기량 증가 및 호흡곤란의 폐증세가 나타나며, 이 증세는 노출기간과 노출농도에 의해 좌우된다.
㉡ 폐기종, 만성 폐기능 장애를 일으킨다.
㉢ 기도 저항이 늘어나고 폐의 가스교환기능이 저하된다.
㉣ 고환의 기능이 쇠퇴(atrophy)한다.
(4) 자각 증상
㉠ 기침, 가래 및 후각의 이상이 생긴다.
㉡ 식욕부진, 위장 장애, 체중 감소 등을 유발한다.
㉢ 치은부에 연한 황색 색소침착을 유발한다.

85 다음 중 석유정제공장에서 다량의 벤젠을 분리하는 공정의 근로자가 해당 유해물질에 반복적으로 계속해서 노출될 경우 발생 가능성이 가장 높은 직업병은 무엇인가?

① 직업성 천식
② 급성 뇌척수성 백혈병
③ 신장 손상
④ 다발성 말초신경장애

풀이 벤젠은 장기간 폭로 시 혈액장애, 간장장애를 일으키고 재생불량성 빈혈, 백혈병(급성 뇌척수성)을 일으킨다.

정답 82.① 83.③ 84.② 85.②

86 다음 중 피부에 묻었을 경우 피부를 강하게 자극하고, 피부로부터 흡수되어 간장장애 등의 중독증상을 일으키는 유해화학물질은?

① 납(lead)
② 헵탄(heptane)
③ 아세톤(acetone)
④ DMF(Dimethylformamide)

풀이 **디메틸포름아미드(DMF ; Dimethylformamide)**
㉠ 분자식 : $HCON(CH_3)_2$
㉡ DMF는 다양한 유기물을 녹이며, 무기물과도 쉽게 결합하기 때문에 각종 용매로 사용된다.
㉢ 피부에 묻었을 경우 피부를 강하게 자극하고, 피부로 흡수되어 간장장애 등의 중독증상을 일으킨다.
㉣ 현기증, 질식, 숨가쁨, 기관지 수축을 유발시킨다.

87 작업장에서 발생하는 독성물질에 대한 생식독성평가에서 기형 발생의 원리에 중요한 요인으로 작용하는 것이 아닌 것은?

① 원인물질의 용량
② 사람의 감수성
③ 대사물질
④ 노출시기

풀이 **최기형성 작용기전(기형 발생의 중요 요인)**
㉠ 노출되는 화학물질의 양
㉡ 노출되는 사람의 감수성
㉢ 노출시기

88 다음 중 직업성 천식의 설명으로 틀린 것은?

① 직업성 천식은 근무시간에 증상이 점점 심해지고, 휴일 같은 비근무시간에 증상이 완화되거나 없어지는 특징이 있다.
② 작업환경 중 천식유발 대표물질은 톨루엔 디이소시안선염(TDI), 무수트리멜리트산(TMA)을 들 수 있다.
③ 항원공여세포가 탐식되면 T림프구 중 I형살T림프구(typ I killer Tcell)가 특정 알레르기 항원을 인식한다.
④ 일단 질환에 이환되면 작업환경에서 추후 소량의 동일한 유발물질에 노출되더라도 지속적으로 증상이 발현된다.

풀이 **직업성 천식**

(1) 정의
직업상 취급하는 물질이나 작업과정 중 생산되는 중간물질 또는 최종생산품이 원인으로 발생하는 질환을 말한다.

(2) 원인물질

구분	원인물질	직업 및 작업
금속	백금	도금
	니켈, 크롬, 알루미늄	도금, 시멘트 취급자, 금고 제작공
화학물	Isocyanate(TDI, MDI)	페인트, 접착제, 도장작업
	산화무수물	페인트, 플라스틱 제조업
	송진 연무	전자업체 납땜 부서
	반응성 및 아조 염료	염료공장
	trimellitic anhydride(TMA)	레진, 플라스틱, 계면활성제 제조업
	persulphates	미용사
	ethylenediamine	래커칠, 고무공장
	formaldehyde	의료 종사자
약제	항생제, 소화제	제약회사, 의료인
생물학적 물질	동물 분비물, 털(말, 쥐, 사슴)	실험실 근무자, 동물 사육사
	목재분진	목수, 목재공장 근로자
	곡물가루, 쌀겨, 메밀가루, 카레	농부, 곡물 취급자, 식품업 종사자
	밀가루	제빵공
	커피가루	커피 제조공
	라텍스	의료 종사자
	응애, 진드기	농부, 과수원(귤, 사과)

(3) 특징
㉠ 증상은 일반 기관지 천식의 증상과 동일한데 기침, 객담, 호흡곤란, 천명음 등과 같은 천식증상이 작업과 관련되어 나타나는 것이 특징적이다.
㉡ 작업을 중단하고 쉬면 천식증상이 호전되거나 소실되며, 다시 작업 시 원인물질에 노출되면 증상이 악화되거나 새로이 발생되는 과정을 반복하게 된다.
㉢ 직업성 천식으로 진단 시 부서를 바꾸거나 작업 전환을 통하여 원인이 되는 물질을 피하여야 한다.
㉣ 항원공여세포가 탐식되면 T림프구를 다양하게 활성화시켜 특정 알레르기 항원을 인식한다.

2024

정답 86.④ 87.③ 88.③

89 다음 중 작업자의 호흡작용에 있어서 호흡공기와 혈액 사이에 기체교환이 가장 비활성적인 곳은?

① 기도(trachea)
② 폐포낭(alveolar sac)
③ 폐포(alveoli)
④ 폐포관(alveolar duct)

풀이 **호흡작용(호흡계)**
㉠ 호흡기계는 상기도, 하기도, 폐 조직으로 이루어지며 혈액과 외부 공기 사이의 가스교환을 담당하는 기관이다. 즉, 공기 중으로부터 산소를 취하여 이것을 혈액에 주고 혈액 중의 이산화탄소를 공기 중으로 보내는 역할을 한다.
㉡ 호흡계의 기본 단위는 가스교환 작용을 하는 폐포이고 비강, 기관, 기관지는 흡입되는 공기에 습기를 부가하여 정화시켜 폐포로 전달하는 역할을 한다.
㉢ 작업자의 호흡작용에 있어서 호흡공기와 혈액 사이에 기체교환이 가장 비활성적인 곳이 기도이다.

90 다음 중 ACGIH에서 발암등급 'A1'으로 정하고 있는 물질이 아닌 것은?

① 석면
② 6가 크롬 화합물
③ 우라늄
④ 텅스텐

풀이 **ACGIH의 인체 발암 확인물질(A1)의 대표 물질**
㉠ 아크릴로니트릴
㉡ 석면
㉢ 벤지딘
㉣ 6가 크롬 화합물
㉤ 니켈, 황화합물의 배출물, 흄, 먼지
㉥ 염화비닐
㉦ 우라늄

91 다음 중 소화기관에서 화학물질의 흡수율에 영향을 미치는 요인과 가장 거리가 먼 것은?

① 식도의 두께
② 위액의 산도(pH)
③ 음식물의 소화기관 통과속도
④ 화합물의 물리적 구조와 화학적 성질

풀이 **소화기관에서 화학물질의 흡수율에 영향을 미치는 요인**
㉠ 물리적 성질(지용성, 분자 크기)
㉡ 위액의 산도(pH)
㉢ 음식물의 소화기관 통과속도
㉣ 화합물의 물리적 구조와 화학적 성질
㉤ 소장과 대장에 생존하는 미생물
㉥ 소화기관 내에서 다른 물질과 상호작용
㉦ 촉진투과와 능동투과의 메커니즘

92 입자상 물질의 종류 중 액체나 고체의 2가지 상태로 존재할 수 있는 것은?

① 흄(fume)
② 미스트(mist)
③ 증기(vapor)
④ 스모크(smoke)

풀이 **연기(smoke)**
㉠ 매연이라고도 하며 유해물질이 불완전연소하여 만들어진 에어로졸의 혼합체로서, 크기는 0.01~1.0μm 정도이다.
㉡ 기체와 같이 활발한 브라운 운동을 하며 쉽게 침강하지 않고 대기 중에 부유하는 성질이 있다.
㉢ 액체나 고체의 2가지 상태로 존재할 수 있다.

93 다음 중 발암작용이 없는 물질은?

① 브롬 ② 벤젠
③ 벤지딘 ④ 석면

풀이 ② 벤젠 : 백혈병(혈액암)
③ 벤지딘 : 방광암
④ 석면 : 폐암

정답 89.① 90.④ 91.① 92.④ 93.①

94 다음 중 작업자가 납흄에 장기간 노출되어 혈액 중 납의 농도가 높아졌을 때 일어나는 혈액 내 현상이 아닌 것은?

① K^+와 수분이 손실된다.
② 삼투압에 의하여 적혈구가 위축된다.
③ 적혈구 생존시간이 감소한다.
④ 적혈구 내 전해질이 급격히 증가한다.

풀이 **적혈구에 미치는 작용**
㉠ K^+과 수분이 손실된다.
㉡ 삼투압이 증가하여 적혈구가 위축된다.
㉢ 적혈구 생존기간이 감소한다.
㉣ 적혈구 내 전해질이 감소한다.
㉤ 미숙적혈구(망상적혈구, 친염기성 혈구)가 증가한다.
㉥ 혈색소량은 저하하고 혈청 내 철이 증가한다.
㉦ 적혈구 내 프로토포르피린이 증가한다.

95 다음 중 상온 및 상압에서 흄(fume)의 상태를 가장 적절하게 나타낸 것은?

① 고체상태
② 기체상태
③ 액체상태
④ 기체와 액체의 공존상태

풀이 **흄(fume)**
㉠ 금속이 용해되어 액상 물질로 되고 이것이 가스상 물질로 기화된 후 다시 응축된 고체 미립자로, 보통 크기가 0.1 또는 1μm 이하이므로 호흡성 분진의 형태로 체내에 흡입되어 유해성도 커진다. 즉 흄(fume)은 금속이 용해되어 공기에 의해 산화되어 미립자가 분산하는 것이다.
㉡ 흄의 생성기전 3단계는 금속의 증기화, 증기물의 산화, 산화물의 응축이다.
㉢ 흄도 입자상 물질로서 육안으로 확인이 가능하며, 작업장에서 흔히 경험할 수 있는 대표적 작업은 용접작업이다.
㉣ 일반적으로 흄은 금속의 연소과정에서 생긴다.
㉤ 입자의 크기가 균일성을 갖는다.
㉥ 활발한 브라운(brown) 운동에 의해 상호 충돌해 응집하며 응집한 후 재분리는 쉽지 않다.

96 다음 중 벤젠에 관한 설명으로 틀린 것은?

① 벤젠은 백혈병을 유발하는 것으로 확인된 물질이다.
② 벤젠은 골수독성(myelotoxin) 물질이라는 점에서 다른 유기용제와 다르다.
③ 벤젠은 지방족 화합물로서 재생불량성 빈혈을 일으킨다.
④ 혈액조직에서 벤젠이 유발하는 가장 일반적인 독성은 백혈구 수의 감소로 인한 응고작용 결핍 등이다.

풀이 벤젠은 방향족 화합물로서 장기간 폭로 시 혈액장애, 간장장애를 일으키고 재생불량성 빈혈, 백혈병을 일으킨다.

97 다음 중 알데히드류에 관한 설명으로 틀린 것은?

① 호흡기에 대한 자극작용이 심한 것이 특징이다.
② 포름알데히드는 무취, 무미하며 발암성이 있다.
③ 지용성 알데히드는 기관지 및 폐를 자극한다.
④ 아크롤레인은 특별히 독성이 강하다고 할 수 있다.

풀이 **포름알데히드**
㉠ 페놀수지의 원료로서 각종 합판, 칩보드, 가구, 단열재 등으로 사용되어 눈과 상부기도를 자극하여 기침, 눈물을 야기시키며 어지러움, 구토, 피부질환, 정서불안정의 증상을 나타낸다.
㉡ 자극적인 냄새가 나고 인화·폭발의 위험성이 있고 메틸알데히드라고도 하며 일반주택 및 공공건물에 많이 사용하는 건축자재와 섬유옷감이 그 발생원이 되고 있다.
㉢ 산업안전보건법상 사람에 충분한 발암성 증거가 있는 물질(1A)로 분류되고 있다.

2024

정답 94.④ 95.① 96.③ 97.②

98 접촉에 의한 알레르기성 피부감작을 증명하기 위한 시험으로 가장 적절한 것은?

① 첩포시험
② 진균시험
③ 조직시험
④ 유발시험

풀이 **첩포시험(patch test)**
㉠ 알레르기성 접촉피부염의 진단에 필수적이며 가장 중요한 임상시험이다.
㉡ 피부염의 원인물질로 예상되는 화학물질을 피부에 도포하고, 48시간 동안 덮어둔 후 피부염의 발생 여부를 확인한다.
㉢ 첩포시험 결과 침윤, 부종이 지속된 경우를 알레르기성 접촉피부염으로 판독한다.

99 화학물질을 투여한 실험동물의 50%가 관찰 가능한 가역적인 반응을 나타내는 양을 의미하는 것은?

① LC_{50} ② LE_{50}
③ TE_{50} ④ ED_{50}

풀이 **유효량(ED)**
ED_{50}은 사망을 기준으로 하는 대신에 약물을 투여한 동물의 50%가 일정한 반응을 일으키는 양으로, 시험 유기체의 50%에 대하여 준치사적인 거동감응 및 생리감응을 일으키는 독성물질의 양을 뜻한다. ED(유효량)는 실험동물을 대상으로 얼마간의 양을 투여했을 때 독성을 초래하지 않지만 실험군의 50%가 관찰 가능한 가역적인 반응이 나타나는 작용량, 즉 유효량을 의미한다.

100 다음 중 작업장 유해인자와 위해도 평가를 위해 고려하여야 할 요인과 가장 거리가 먼 것은?

① 시간적 빈도와 기간
② 공간적 분포
③ 평가의 합리성
④ 조직적 특성

풀이 **유해성 평가 시 고려요인**
㉠ 시간적 빈도와 기간(간헐적 작업, 시간 외 작업, 계절 및 기후조건 등)
㉡ 공간적 분포(유해인자 농도 및 강도, 생산공정 등)
㉢ 노출대상의 특성(민감도, 훈련기간, 개인적 특성 등)
㉣ 조직적 특성(회사조직정보, 보건제도, 관리정책 등)
㉤ 유해인자가 가지고 있는 위해성(독성학적, 역학적, 의학적 내용 등)
㉥ 노출상태
㉦ 다른 물질과 복합 노출

 정답 98.① 99.④ 100.③

제3회 산업위생관리기사

제1과목 | 산업위생학 개론

01 산업안전보건법령상 단위작업장소에서 동일 작업 근로자수가 13명일 경우 시료채취 근로자수는 얼마가 되는가?

① 1명 ② 2명
③ 3명 ④ 4명

풀이 단위작업장소에서 동일 작업 근로자수가 10명을 초과하는 경우에는 매 5명당 1명 이상 추가하여 측정하여야 하므로, 시료채취 근로자수는 3명이다.

02 사망에 관한 근로손실을 7,500일로 산출한 근거는 다음과 같다. ( )에 알맞은 내용으로만 나열한 것은?

> ㉮ 재해로 인한 사망자의 평균연령을 ( )세로 본다.
> ㉯ 노동이 가능한 연령을 ( )세로 본다.
> ㉰ 1년 동안의 노동일수를 ( )일로 본다.

① 30, 55, 300 ② 30, 60, 310
③ 35, 55, 300 ④ 35, 60, 310

풀이 강도율의 특징
㉠ 재해의 경중(정도), 즉 강도를 나타내는 척도이다.
㉡ 재해자의 수나 발생빈도에 관계없이 재해의 내용(상해정도)을 측정하는 척도이다.
㉢ 사망 및 1, 2, 3급(신체장애등급)의 근로손실일수는 7,500일이며, 근거는 재해로 인한 사망자의 평균연령을 30세로 보고 노동이 가능한 연령을 55세로 보며 1년 동안의 노동일수를 300일로 본 것이다.

03 다음 중 직업성 질환에 관한 설명으로 틀린 것은?

① 직업성 질환과 일반 질환은 그 한계가 뚜렷하다.
② 직업성 질환이란 어떤 직업에 종사함으로써 발생하는 업무상 질병을 말한다.
③ 직업성 질환은 재해성 질환과 직업병으로 나눌 수 있다.
④ 직업병은 저농도 또는 저수준의 상태로 장시간에 걸친 반복 노출로 생긴 질병을 말한다.

풀이 ① 직업성 질환과 일반 질환의 구분은 명확하지 않다.

04 다음 중 산업안전보건법상 중대재해에 해당하지 않는 것은?

① 사망자가 1명 이상 발생한 재해
② 부상자가 동시에 5명 발생한 재해
③ 직업성 질병자가 동시에 12명 발생한 재해
④ 3개월 이상의 요양을 요하는 부상자가 동시에 3명 발생한 재해

풀이 중대재해
㉠ 사망자가 1명 이상 발생한 재해
㉡ 3개월 이상의 요양을 요하는 부상자가 동시에 2명 이상 발생한 재해
㉢ 부상자 또는 직업성 질병자가 동시에 10명 이상 발생한 재해

2024

정답 01.③ 02.① 03.① 04.②

05 다음 중 역사상 최초로 기록된 직업병은?

① 납중독　② 방광염
③ 음낭암　④ 수은중독

풀이 BC 4세기 Hippocrates에 의해 광산에서 납중독이 보고되었다.
※ 역사상 최초로 기록된 직업병 : 납중독

06 다음 중 최근 실내공기질에서 문제가 되고 있는 방사성 물질인 라돈에 관한 설명으로 틀린 것은?

① 자연적으로 존재하는 암석이나 토양에서 발생하는 thorium, uranium의 붕괴로 인해 생성되는 방사성 가스이다.
② 무색, 무취, 무미한 가스로 인간의 감각에 의해 감지할 수 없다.
③ 라돈의 감마(γ) 붕괴에 의하여 라돈의 딸핵종이 생성되며 이것이 기관지에 부착되어 감마선을 방출하여 폐암을 유발한다.
④ 라돈의 동위원소에는 Rn^{222}, Rn^{220}, Rn^{219}가 있으며 이 중 반감기가 긴 Rn^{222}가 실내공간에서 인체의 위해성 측면에서 주요 관심대상이다.

풀이 라돈
㉠ 자연적으로 존재하는 암석이나 토양에서 발생하는 thorium, uranium의 붕괴로 인해 생성되는 자연방사성 가스로, 공기보다 9배가 무거워 지표에 가깝게 존재한다.
㉡ 무색, 무취, 무미한 가스로, 인간의 감각에 의해 감지할 수 없다.
㉢ 라듐의 α붕괴에서 발생하며, 호흡하기 쉬운 방사성 물질이다.
㉣ 라돈의 동위원소에는 Rn^{222}, Rn^{220}, Rn^{219}가 있고, 이 중 반감기가 긴 Rn^{222}가 실내공간의 인체 위해성 측면에서 주요 관심대상이며 지하공간에 더 높은 농도를 보인다.
㉤ 방사성 기체로서 지하수, 흙, 석고실드, 콘크리트, 시멘트나 벽돌, 건축자재 등에서 발생하여 폐암 등을 발생시킨다.

07 다음 중 작업환경조건과 피로의 관계를 올바르게 설명한 것은?

① 소음은 정신적 피로의 원인이 된다.
② 온열조건은 피로의 원인으로 포함되지 않으며, 신체적 작업밀도와 관계가 없다.
③ 정밀작업 시의 조명은 광원의 성질에 관계없이 100럭스(lux) 정도가 적당하다.
④ 작업자의 심리적 요소는 작업능률과 관계되고, 피로의 직접요인이 되지는 않는다.

풀이 ② 온열조건은 피로의 원인에 포함되며, 신체적 작업밀도와 관계가 있다.
③ 정밀작업 시의 조명수준은 300lux 정도가 적당하다.
④ 작업자의 심리적 요소는 피로의 직접요인이다.

08 다음 중 산소부채(oxygen debt)에 관한 설명으로 틀린 것은?

① 작업대사량의 증가와 관계없이 산소소비량은 계속 증가한다.
② 산소부채현상은 작업이 시작되면서 발생한다.
③ 작업이 끝난 후에는 산소부채의 보상현상이 발생한다.
④ 작업강도에 따라 필요한 산소요구량과 산소공급량의 차이에 의하여 산소부채 현상이 발생된다.

풀이 **작업시간 및 작업 종료 시의 산소소비량**
작업 시 소비되는 산소의 양은 초기에 서서히 증가하다가 작업강도에 따라 일정한 양에 도달하고, 작업이 종료된 후 서서히 감소되면서 일정 시간 동안 산소를 소비한다.

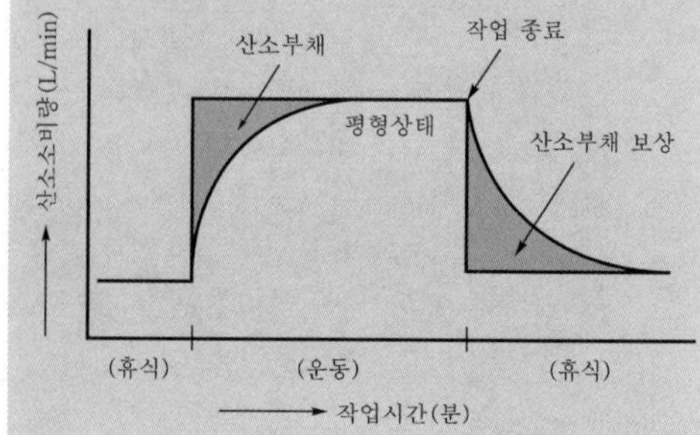

정답 05.① 06.③ 07.① 08.①

09 기초대사량이 1,500kcal/day이고, 작업대사량이 시간당 250kcal가 소비되는 작업을 8시간 동안 수행하고 있을 때 작업대사율(RMR)은 약 얼마인가?

① 0.17 ② 0.75
③ 1.33 ④ 6

풀이

$$\mathrm{RMR}=\frac{\text{작업대사량}}{\text{기초대사량}}=\frac{250\mathrm{kcal/hr}}{1{,}500\mathrm{kcal/day}\times \mathrm{day}/8\mathrm{hr}}=1.33$$

10 어떤 물질에 대한 작업환경을 측정한 결과 다음 [표]와 같은 TWA 결과값을 얻었다. 환산된 TWA는 약 얼마인가?

농도(ppm)	100	150	250	300
발생시간(분)	120	240	60	60

① 169ppm ② 198ppm
③ 220ppm ④ 256ppm

풀이

$$\mathrm{TWA}=\frac{(100\times 2)+(150\times 4)+(250\times 1)+(300\times 1)}{8}=168.75\mathrm{ppm}$$

11 근로자의 작업에 대한 적성검사방법 중 심리학적 적성검사에 해당하지 않는 것은?

① 감각기능검사
② 지능검사
③ 지각동작검사
④ 인성검사

풀이 심리학적 검사(적성검사)

㉠ 지능검사 : 언어, 기억, 추리, 귀납 등에 대한 검사
㉡ 지각동작검사 : 수족협조, 운동속도, 형태지각 등에 대한 검사
㉢ 인성검사 : 성격, 태도, 정신상태에 대한 검사
㉣ 기능검사 : 직무에 관련된 기본지식과 숙련도, 사고력 등의 검사

12 다음 중 산업안전보건법상 '적정공기'의 정의로 옳은 것은?

① 산소농도의 범위가 18% 이상 23.5% 미만, 이산화탄소의 농도가 1.5% 미만, 황화수소의 농도가 10ppm 미만인 수준의 공기를 말한다.
② 산소농도의 범위가 16% 이상 21.5% 미만, 이산화탄소의 농도가 1.0% 미만, 황화수소의 농도가 15ppm 미만인 수준의 공기를 말한다.
③ 산소농도의 범위가 18% 이상 21.5% 미만, 이산화탄소의 농도가 15% 미만, 황화수소의 농도가 1.0ppm 미만인 수준의 공기를 말한다.
④ 산소농도의 범위가 16% 이상 23.5% 미만, 이산화탄소의 농도가 1.0% 미만, 황화수소의 농도가 1.5ppm 미만인 수준의 공기를 말한다.

풀이 적정공기

㉠ 산소농도의 범위가 18% 이상 23.5% 미만인 수준의 공기
㉡ 이산화탄소 농도가 1.5% 미만인 수준의 공기
㉢ 황화수소 농도가 10ppm 미만인 수준의 공기
㉣ 일산화탄소 농도가 30ppm 미만인 수준의 공기

13 산업위생학의 정의로 가장 적절한 것은?

① 근로자의 건강증진, 질병의 예방과 진료, 재활을 연구하는 학문
② 근로자의 건강과 쾌적한 작업환경을 위해 공학적으로 연구하는 학문
③ 인간과 직업, 기계, 환경, 노동 등의 관계를 과학적으로 연구하는 학문
④ 근로자의 건강과 간호를 연구하는 학문

풀이 산업위생학

근로자의 건강과 쾌적한 작업환경 조성을 공학적으로 연구하는 학문

정답 09.③ 10.① 11.① 12.① 13.②

14 육체적 작업능력(PWC)이 15kcal/min인 어느 근로자가 1일 8시간 동안 물체를 운반하고 있다. 작업대사량(E_{task})이 6.5kcal/min, 휴식 시 대사량(E_{rest})이 1.5kcal/min일 때 시간당 휴식시간과 작업시간의 배분으로 가장 적절한 것은 어느 것인가? (단, Hertig의 공식을 이용한다.)

① 12분 휴식, 48분 작업
② 18분 휴식, 42분 작업
③ 24분 휴식, 36분 작업
④ 30분 휴식, 30분 작업

풀이

$$T_{rest}(\%) = \left(\frac{\text{PWC의 } 1/3 - \text{작업대사량}}{\text{휴식대사량} - \text{작업대사량}}\right) \times 100$$
$$= \left(\frac{(15 \times 1/3) - 6.5}{1.5 - 6.5}\right) \times 100$$
$$= 30\%$$

∴ 휴식시간 : $60\text{min} \times 0.3 = 18\text{min}$
작업시간 : $60\text{min} - 18\text{min} = 42\text{min}$

15 작업을 마친 직후 회복기의 심박수(HR)를 [보기]와 같이 표현할 때, 심박수 측정 결과 심한 전신피로상태로 볼 수 있는 것은?

[보기]
- $HR_{30\sim60}$: 작업 종료 후 30~60초 사이의 평균맥박수
- $HR_{60\sim90}$: 작업 종료 후 60~90초 사이의 평균맥박수
- $HR_{150\sim180}$: 작업 종료 후 150~180초 사이의 평균맥박수

① $HR_{30\sim60}$이 110을 초과하고, $HR_{150\sim180}$과 $HR_{60\sim90}$의 차이가 10 미만일 때
② $HR_{30\sim60}$이 100을 초과하고, $HR_{150\sim180}$과 $HR_{60\sim90}$의 차이가 20 미만일 때
③ $HR_{30\sim60}$이 80을 초과하고, $HR_{150\sim180}$과 $HR_{60\sim90}$의 차이가 30 미만일 때
④ $HR_{30\sim60}$이 70을 초과하고, $HR_{150\sim180}$과 $HR_{60\sim90}$의 차이가 40 미만일 때

풀이 **심한 전신피로상태**
HR_1이 110을 초과하고, HR_3와 HR_2의 차이가 10 미만인 경우
여기서,
HR_1 : 작업 종료 후 30~60초 사이의 평균맥박수
HR_2 : 작업 종료 후 60~90초 사이의 평균맥박수
HR_3 : 작업 종료 후 150~180초 사이의 평균맥박수
⇨ 회복기 심박수 의미

16 다음 중 사무실 공기관리지침의 관리대상 오염물질이 아닌 것은?

① 질소(N_2)
② 미세먼지(PM 10)
③ 총 부유세균
④ 곰팡이

풀이 **사무실 공기관리지침의 관리대상 오염물질**
㉠ 미세먼지(PM 10)
㉡ 초미세먼지(PM 2.5)
㉢ 일산화탄소(CO)
㉣ 이산화탄소(CO_2)
㉤ 이산화질소(NO_2)
㉥ 포름알데히드(HCHO)
㉦ 총 휘발성 유기화합물(TVOC)
㉧ 라돈(radon)
㉨ 총 부유세균
㉩ 곰팡이

17 다음 중 중량물 취급으로 인한 요통 발생에 관여하는 요인으로 볼 수 없는 것은?

① 근로자의 육체적 조건
② 작업빈도와 대상의 무게
③ 습관성 약물의 사용 유무
④ 작업습관과 개인적인 생활태도

풀이 **요통 발생에 관여하는 주된 요인**
㉠ 작업습관과 개인적인 생활태도
㉡ 작업빈도와 대상의 무게
㉢ 근로자의 육체적 조건
㉣ 요통 및 기타 장애의 경력
㉤ 올바르지 못한 작업 방법 및 자세

정답 14.② 15.① 16.① 17.③

18 유리 제조, 용광로 작업, 세라믹 제조과정에서 발생 가능성이 가장 높은 직업성 질환은?

① 요통 ② 근육경련
③ 백내장 ④ 레이노드 현상

풀이 **백내장 유발 작업**
㉠ 유리 제조
㉡ 용광로 작업
㉢ 세라믹 제조

19 직업성 변이(occupational stigmata)를 가장 잘 설명한 것은?

① 직업에 따라서 체온의 변화가 일어나는 것
② 직업에 따라서 신체의 운동량에 변화가 일어나는 것
③ 직업에 따라서 신체활동의 영역에 변화가 일어나는 것
④ 직업에 따라서 신체형태와 기능에 국소적 변화가 일어나는 것

풀이 **직업성 변이(occupational stigmata)**
직업에 따라서 신체형태와 기능에 국소적 변화가 일어나는 것을 말한다.

20 다음 설명에 해당하는 가스는?

> 이 가스는 실내의 공기질을 관리하는 근거로서 사용되고, 그 자체는 건강에 큰 영향을 주는 물질이 아니며 측정하기 어려운 다른 실내오염물질에 대한 지표물질로 사용된다.

① 일산화탄소 ② 황산화물
③ 이산화탄소 ④ 질소산화물

풀이 **이산화탄소(CO_2)**
㉠ 환기의 지표물질 및 실내오염의 주요 지표로 사용된다.
㉡ 실내 CO_2 발생은 대부분 거주자의 호흡에 의한다. 즉 CO_2의 증가는 산소의 부족을 초래하기 때문에 주요 실내오염물질로 적용된다.
㉢ 측정방법으로는 직독식 또는 검지관 kit를 사용하는 방법이 있다.

제2과목 | 작업위생 측정 및 평가

21 누적소음노출량(D, %)을 적용하여 시간가중 평균소음수준(TWA, dB(A))을 산출하는 공식은?

① $16.61\log\left(\frac{D}{100}\right)+80$

② $19.81\log\left(\frac{D}{100}\right)+80$

③ $16.61\log\left(\frac{D}{100}\right)+90$

④ $19.81\log\left(\frac{D}{100}\right)+90$

풀이 시간가중 평균소음수준(TWA)

$$TWA = 16.61\log\left(\frac{D(\%)}{100}\right)+90[dB(A)]$$

여기서, TWA : 시간가중 평균소음수준[dB(A)]
D : 누적소음 폭로량(%)
100 : (12.5× T, T : 폭로시간)

22 고체 흡착관으로 활성탄을 연결한 저유량 펌프를 이용하여 벤젠증기를 용량 0.012m^{3}로 포집하였다. 실험실에서 앞부분과 뒷부분을 분석한 결과 총 550μg이 검출되었다. 벤젠증기의 농도는? (단, 온도 25℃, 압력 760mmHg, 벤젠 분자량 78)

① 5.6ppm
② 7.2ppm
③ 11.2ppm
④ 14.4ppm

풀이

$$농도(mg/m^3)=\frac{분석량}{공기채취량}$$

$$=\frac{550\mu g}{0.012m^3\times 1{,}000L/m^3}$$

$$=45.83\mu g/L(=mg/m^3)$$

$$\therefore 농도(ppm)=45.83mg/m^3\times\frac{24.45}{78}$$

$$=14.37ppm$$

2024

23 알고 있는 공기 중 농도를 만드는 방법인 dynamic method에 관한 설명으로 옳지 않은 것은?

① 대개 운반용으로 제작됨
② 농도변화를 줄 수 있음
③ 만들기가 복잡하고 가격이 고가임
④ 지속적인 모니터링이 필요함

풀이 Dynamic method
㉠ 희석공기와 오염물질을 연속적으로 흘려주어 일정한 농도를 유지하면서 만드는 방법이다.
㉡ 알고 있는 공기 중 농도를 만드는 방법이다.
㉢ 농도변화를 줄 수 있고 온도·습도 조절이 가능하다.
㉣ 제조가 어렵고 비용도 많이 든다.
㉤ 다양한 농도범위에서 제조가 가능하다.
㉥ 가스, 증기, 에어로졸 실험도 가능하다.
㉦ 소량의 누출이나 벽면에 의한 손실은 무시할 수 있다.
㉧ 지속적인 모니터링이 필요하다.
㉨ 매우 일정한 농도를 유지하기가 곤란하다.

24 입자상 물질인 흄(fume)에 관한 설명으로 옳지 않은 것은?

① 용접공정에서 흄이 발생한다.
② 흄의 입자 크기는 먼지보다 매우 커 폐포에 쉽게 도달되지 않는다.
③ 흄은 상온에서 고체상태의 물질이 고온으로 액체화된 다음 증기화되고, 증기물의 응축 및 산화로 생기는 고체상의 미립자이다.
④ 용접흄은 용접공폐의 원인이 된다.

풀이 **용접흄**
㉠ 입자상 물질의 한 종류인 고체이며 기체가 온도의 급격한 변화로 응축·산화된 형태이다.
㉡ 용접흄을 채취할 때에는 카세트를 헬멧 안쪽에 부착하고 glass fiber filter를 사용하여 포집한다.
㉢ 용접흄은 호흡기계에 가장 깊숙이 들어갈 수 있는 입자상 물질로 용접공폐의 원인이 된다.

25 어느 작업장에서 trichloroethylene의 농도를 측정한 결과 각각 23.9ppm, 21.6ppm, 22.4ppm, 24.1ppm, 22.7ppm, 25.4ppm을 얻었다. 이때 중앙치(median)는?

① 23.0ppm ② 23.1ppm
③ 23.3ppm ④ 23.5ppm

풀이 측정치 크기 순서 배열
21.6ppm, 22.4ppm, 22.7ppm, 23.9ppm, 24.1ppm, 25.4ppm

$\therefore$ 중앙치(median)$= \frac{22.7+23.9}{2} = 23.3\text{ppm}$

26 미국 ACGIH에 의하면 호흡성 먼지는 가스교환 부위, 즉 폐포에 침착할 때 유해한 물질이다. 평균입경을 얼마로 정하고 있는가?

① 1.5μm ② 2.5μm
③ 4.0μm ④ 5.0μm

풀이 **ACGIH의 입자 크기별 기준(TLV)**
(1) 흡입성 입자상 물질
(IPM ; Inspirable Particulates Mass)
㉠ 호흡기의 어느 부위(비강, 인후두, 기관 등 호흡기의 기도 부위)에 침착하더라도 독성을 유발하는 분진이다.
㉡ 비암이나 비중격천공을 일으키는 입자상 물질이 여기에 속한다.
㉢ 침전분진은 재채기, 침, 코 등의 벌크(bulk) 세척기전으로 제거된다.
㉣ 입경범위 : 0~100μm
㉤ 평균입경 : 100μm(폐침착의 50%에 해당하는 입자의 크기)
(2) 흉곽성 입자상 물질
(TPM ; Thoracic Particulates Mass)
㉠ 기도나 하기도(가스교환 부위)에 침착하여 독성을 나타내는 물질이다.
㉡ 평균입경 : 10μm
㉢ 채취기구 : PM 10
(3) 호흡성 입자상 물질
(RPM ; Respirable Particulates Mass)
㉠ 가스교환 부위, 즉 폐포에 침착할 때 유해한 물질이다.
㉡ 평균입경 : 4μm(공기역학적 직경이 10μm 미만의 먼지가 호흡성 입자상 물질)
㉢ 채취기구 : 10mm nylon cyclone

정답 23.① 24.② 25.③ 26.③

27 입자상 물질 채취기기인 직경분립충돌기에 관한 설명으로 옳지 않은 것은?

① 시료채취가 까다롭고 비용이 많이 소요되며, 되튐으로 인한 시료의 손실이 일어날 수 있다.
② 호흡기의 부분별 침착된 입자 크기의 자료를 추정할 수 있다.
③ 흡입성, 흉곽성, 호흡성 입자의 크기별 분포와 농도는 계산할 수 없으나 질량 크기 분포는 얻을 수 있다.
④ 채취준비에 시간이 많이 걸리며, 경험이 있는 전문가가 철저한 준비를 통하여 측정하여야 한다.

풀이 **직경분립충돌기(cascade impactor)의 장단점**

(1) 장점
㉠ 입자의 질량 크기 분포를 얻을 수 있다(공기흐름속도를 조절하여 채취입자를 크기별로 구분 가능).
㉡ 호흡기의 부분별로 침착된 입자 크기의 자료를 추정할 수 있다.
㉢ 흡입성, 흉곽성, 호흡성 입자의 크기별로 분포와 농도를 계산할 수 있다.

(2) 단점
㉠ 시료채취가 까다롭다. 즉 경험이 있는 전문가가 철저한 준비를 통해 이용해야 정확한 측정이 가능하다(작은 입자는 공기흐름속도를 크게 하여 충돌판에 포집할 수 없음).
㉡ 비용이 많이 든다.
㉢ 채취준비시간이 과다하다.
㉣ 되튐으로 인한 시료의 손실이 일어나 과소분석결과를 초래할 수 있어 유량을 2L/min 이하로 채취한다.
㉤ 공기가 옆에서 유입되지 않도록 각 충돌기의 조립과 장착을 철저히 해야 한다.

28 메틸에틸케톤이 20℃, 1기압에서 증기압이 71.2mmHg이면 공기 중 포화농도(ppm)는?

① 63,700 ② 73,700
③ 83,700 ④ 93,700

풀이

$$\text{포화농도(ppm)} = \frac{\text{증기압}}{760} \times 10^6$$
$$= \frac{71.2}{760} \times 10^6 = 93{,}684\text{ppm}$$

29 근로자에게 노출되는 호흡성 먼지를 측정한 결과 다음과 같았다. 이때 기하평균농도는? (단, 단위는 mg/m^3이다.)

2.4, 1.9, 4.5, 3.5, 5.0

① 3.04 ② 3.24
③ 3.54 ④ 3.74

풀이 log(GM)

$$= \frac{\log 2.4 + \log 1.9 + \log 4.5 + \log 3.5 + \log 5.0}{5} = 0.51$$
$$\therefore \text{GM} = 10^{0.51} = 3.24$$

30 실리카겔이 활성탄에 비해 갖는 특징으로 옳지 않은 것은?

① 극성 물질을 채취한 경우 물, 메탄올 등 다양한 용매로 쉽게 탈착되고, 추출액이 화학분석이나 기기분석에 방해물질로 작용하는 경우가 많지 않다.
② 활성탄에 비해 수분을 잘 흡수하여 습도에 민감하다.
③ 유독한 이황화탄소를 탈착용매로 사용하지 않는다.
④ 활성탄으로 채취가 쉬운 아닐린, 오르토-톨루이딘 등의 아민류는 실리카겔 채취가 어렵다.

풀이 **실리카겔의 장단점**

(1) 장점
㉠ 극성이 강하여 극성 물질을 채취한 경우 물, 메탄올 등 다양한 용매로 쉽게 탈착한다.
㉡ 추출용액(탈착용매)이 화학분석이나 기기분석에 방해물질로 작용하는 경우는 많지 않다.
㉢ 활성탄으로 채취가 어려운 아닐린, 오르토-톨루이딘 등의 아민류나 몇몇 무기물질의 채취가 가능하다.
㉣ 매우 유독한 이황화탄소를 탈착용매로 사용하지 않는다.

(2) 단점
㉠ 친수성이기 때문에 우선적으로 물분자와 결합을 이루어 습도의 증가에 따른 흡착용량의 감소를 초래한다.
㉡ 습도가 높은 작업장에서는 다른 오염물질의 파과용량이 작아져 파과를 일으키기 쉽다.

정답 27.③ 28.④ 29.② 30.④

31 소음과 관련된 용어 중 둘 또는 그 이상의 음파의 구조적 간섭에 의해 시간적으로 일정하게 음압의 최고와 최저가 반복되는 패턴의 파를 의미하는 것은?

① 정재파 ② 맥놀이파
③ 발산파 ④ 평면파

풀이 **정재파**
둘 또는 그 이상 음파의 구조적 간섭에 의해 시간적으로 일정하게 음압의 최고와 최저가 반복되는 패턴의 파이다.

32 작업장 기본특성 파악을 위한 예비조사 내용 중 유사노출그룹(HEG) 설정에 관한 설명으로 가장 거리가 먼 것은?

① 역학조사 수행 시 사건이 발생된 근로자와 다른 노출그룹의 노출농도를 근거로 사건이 발생된 노출농도의 추정에 유용하며, 지역시료채취만 인정된다.
② 조직, 공정, 작업범주 그리고 공정과 작업내용별로 구분하여 설정한다.
③ 모든 근로자를 유사한 노출그룹별로 구분하고 그룹별로 대표적인 근로자를 선택하여 측정하면 측정하지 않은 근로자의 노출농도까지도 추정할 수 있다.
④ 유사노출그룹 설정을 위한 목적 중 시료채취수를 경제적으로 하기 위함도 있다.

풀이 **유사노출그룹(HEG) 설정**
작업환경측정 분야, 즉 개인시료만 인정된다.

33 분석기기가 검출할 수 있고 신뢰성을 가질 수 있는 양인 정량한계(LOQ)에 관한 설명으로 옳은 것은?

① 표준편차의 3배
② 표준편차의 3.3배
③ 표준편차의 5배
④ 표준편차의 10배

풀이 정량한계(LOQ)=표준편차×10
=검출한계×3(or 3.3)

34 다음 중 공기시료채취 시 공기유량과 용량을 보정하는 표준기구 중 1차 표준기구는?

① 흑연 피스톤미터
② 로터미터
③ 습식 테스트미터
④ 건식 가스미터

풀이 **표준기구(보정기구)의 종류**
(1) 1차 표준기구
㉠ 비누거품미터(soap bubble meter)
㉡ 폐활량계(spirometer)
㉢ 가스치환병(mariotte bottle)
㉣ 유리 피스톤미터(glass piston meter)
㉤ 흑연 피스톤미터(frictionless piston meter)
㉥ 피토튜브(pitot tube)
(2) 2차 표준기구
㉠ 로터미터(rotameter)
㉡ 습식 테스트미터(wet test meter)
㉢ 건식 가스미터(dry gas meter)
㉣ 오리피스미터(orifice meter)
㉤ 열선기류계(thermo anemometer)

35 가스상 물질 흡수액의 흡수효율을 높이기 위한 방법으로 옳지 않은 것은?

① 가는 구멍이 많은 프리티드 버블러 등 채취효율이 좋은 기구를 사용한다.
② 시료채취속도를 낮춘다.
③ 용액의 온도를 높여 증기압을 증가시킨다.
④ 두 개 이상의 버블러를 연속적으로 연결한다.

풀이 **흡수효율(채취효율)을 높이기 위한 방법**
㉠ 포집액의 온도를 낮추어 오염물질의 휘발성을 제한한다.
㉡ 두 개 이상의 임핀저나 버블러를 연속적(직렬)으로 연결하여 사용하는 것이 좋다.
㉢ 시료채취속도(채취물질이 흡수액을 통과하는 속도)를 낮춘다.
㉣ 기포의 체류시간을 길게 한다.
㉤ 기포와 액체의 접촉면적을 크게 한다(가는 구멍이 많은 fritted 버블러 사용).
㉥ 액체의 교반을 강하게 한다.
㉦ 흡수액의 양을 늘려준다.

정답 31.① 32.① 33.④ 34.① 35.③

36 작업장에서 현재 총 흡음량은 1,500sabins이다. 이 작업장을 천장과 벽 부분에 흡음재를 이용하여 3,300sabins을 추가하였을 때 흡음대책에 따른 실내소음의 저감량은?

① 약 15dB
② 약 8dB
③ 약 5dB
④ 약 1dB

풀이 소음저감량(dB) $= 10\log\left(\frac{1,500+3,300}{1,500}\right) = 5.05\text{dB}$

37 시간당 200~350kcal의 열량이 소모되는 중등작업 조건에서 WBGT 측정치가 31.2℃일 때 고열작업 노출기준의 작업-휴식 조건은?

① 매시간 50% 작업, 50% 휴식 조건
② 매시간 75% 작업, 25% 휴식 조건
③ 매시간 25% 작업, 75% 휴식 조건
④ 계속 작업 조건

풀이 고열작업장의 노출기준(고용노동부, ACGIH)

(단위 : WBGT(℃))

시간당 작업과 휴식 비율	작업강도		
	경작업	중등작업	중(힘든)작업
연속작업	30.0	26.7	25.0
75% 작업, 25% 휴식 (45분 작업, 15분 휴식)	30.6	28.0	25.9
50% 작업, 50% 휴식 (30분 작업, 30분 휴식)	31.4	29.4	27.9
25% 작업, 75% 휴식 (15분 작업, 45분 휴식)	32.2	31.1	30.0

㉠ 경작업 : 시간당 200kcal까지의 열량이 소요되는 작업을 말하며, 앉아서 또는 서서 기계의 조정을 하기 위하여 손 또는 팔을 가볍게 쓰는 일 등이 해당된다.
㉡ 중등작업 : 시간당 200~350kcal의 열량이 소요되는 작업을 말하며, 물체를 들거나 밀면서 걸어다니는 일 등이 해당된다.
㉢ 중(격심)작업 : 시간당 350~500kcal의 열량이 소요되는 작업을 뜻하며, 곡괭이질 또는 삽질하는 일과 같이 육체적으로 힘든 일 등이 해당된다.

38 작업환경측정 시 온도 표시에 관한 설명으로 옳지 않은 것은? (단, 고용노동부 고시 기준)

① 열수 : 약 100℃
② 상온 : 15~25℃
③ 온수 : 50~60℃
④ 미온 : 30~40℃

풀이 온도 표시
㉠ 상온 : 15~25℃
㉡ 실온 : 1~35℃
㉢ 미온 : 30~40℃
㉣ 찬 곳 : 0~15℃
㉤ 냉수 : 15℃ 이하
㉥ 온수 : 60~70℃
㉦ 열수 : 약 100℃

39 가스상 물질을 측정하기 위한 '순간시료채취방법을 사용할 수 없는 경우'와 가장 거리가 먼 것은?

① 유해물질의 농도가 시간에 따라 변할 때
② 작업장의 기류속도 변화가 없을 때
③ 시간가중평균치를 구하고자 할 때
④ 공기 중 유해물질의 농도가 낮을 때

풀이 순간시료채취방법을 적용할 수 없는 경우
㉠ 오염물질의 농도가 시간에 따라 변할 때
㉡ 공기 중 오염물질의 농도가 낮을 때(유해물질이 농축되는 효과가 없기 때문에 검출기의 검출한계보다 공기 중 농도가 높아야 한다)
㉢ 시간가중평균치를 구하고자 할 때

40 입자의 크기에 따라 여과기전 및 채취효율이 다르다. 입자 크기가 0.1~0.5μm일 때 주된 여과기전은?

① 충돌과 간섭 ② 확산과 간섭
③ 차단과 간섭 ④ 침강과 간섭

풀이 여과기전에 대한 입자 크기별 포집효율
㉠ 입경 0.1μm 미만 : 확산
㉡ 입경 0.1~0.5μm : 확산, 직접차단(간섭)
㉢ 입경 0.5μm 이상 : 관성충돌, 직접차단(간섭)

2024

정답 36.③ 37.③ 38.③ 39.② 40.②

제3과목 | 작업환경 관리대책

41 내경이 15mm인 원형관에 비압축성 유체가 40m/min의 속도로 흐른다. 내경이 10mm가 되면 유속(m/min)은? (단, 유량은 같다고 가정한다.)

① 90 ② 120
③ 160 ④ 210

풀이
$$Q = A \times V = \left(\frac{3.14 \times 0.015^2}{4}\right)\text{m}^2 \times 40\text{m/min} = 0.0070\text{m}^3/\text{min}$$
$$\therefore V = \frac{Q}{A} = \frac{0.0070\text{m}^3/\text{min}}{\left(\frac{3.14 \times 0.01^2}{4}\right)\text{m}^2} = 90\text{m/min}$$

42 개인보호구 중 방독마스크의 카트리지 수명에 영향을 미치는 요소와 가장 거리가 먼 것은?

① 흡착제의 질과 양
② 상대습도
③ 온도
④ 오염물질의 입자 크기

풀이 **방독마스크의 정화통(카트리지, cartridge) 수명에 영향을 주는 인자**
㉠ 작업장의 습도(상대습도) 및 온도
㉡ 착용자의 호흡률(노출조건)
㉢ 작업장 오염물질의 농도
㉣ 흡착제의 질과 양
㉤ 포장의 균일성과 밀도
㉥ 다른 가스, 증기와 혼합 유무

43 1시간에 2L의 MEK가 증발되어 공기를 오염시키는 작업장이 있다. K값을 3, 분자량을 72.06, 비중을 0.805, TLV를 200ppm으로 할 때 이 작업장의 오염물질 전체를 환기시키기 위하여 필요한 환기량(m^3/min)은? (단, 21℃, 1기압 기준)

① 약 104 ② 약 118
③ 약 135 ④ 약 154

풀이
- 사용량(g/hr) $= 2\text{L/hr} \times 0.805\text{g/mL} \times 1{,}000\text{mL/L} = 1{,}610\text{g/hr}$
- 발생률(G, L/hr)

$72.06\text{g} : 24.1\text{L} = 1{,}610\text{g/hr} : G$

$$G = \frac{24.1\text{L} \times 1{,}610\text{g/hr}}{72.06\text{g}} = 538.45\text{L/hr}$$

$$\therefore \text{필요환기량}(Q) = \frac{G}{\text{TLV}} \times K = \frac{538.45\text{L/hr} \times 1{,}000\text{mL/L}}{200\text{mL/m}^3} \times 3 = 8076.75\text{m}^3/\text{hr} \times \text{hr}/60\text{min} = 134.61\text{m}^3/\text{min}$$

44 전기집진장치의 장점으로 옳지 않은 것은?

① 미세입자의 처리가 가능하다.
② 전압변동과 같은 조건변동에 적응이 용이하다.
③ 압력손실이 적어 소요동력이 적다.
④ 고온가스의 처리가 가능하다.

풀이 **전기집진장치의 장단점**

(1) 장점
㉠ 집진효율이 높다(0.01μm 정도 포집 용이, 99.9% 정도 고집진효율).
㉡ 광범위한 온도범위에서 적용이 가능하며, 폭발성 가스의 처리도 가능하다.
㉢ 고온의 입자성 물질(500℃ 전후) 처리가 가능하여 보일러와 철강로 등에 설치할 수 있다.
㉣ 압력손실이 낮고 대용량의 가스 처리가 가능하며 배출가스의 온도강하가 적다.
㉤ 운전 및 유지비가 저렴하다.
㉥ 회수가치 입자 포집에 유리하며, 습식 및 건식으로 집진할 수 있다.
㉦ 넓은 범위의 입경과 분진 농도에 집진효율이 높다.

(2) 단점
㉠ 설치비용이 많이 든다.
㉡ 설치공간을 많이 차지한다.
㉢ 설치된 후에는 운전조건의 변화에 유연성이 적다.
㉣ 먼지성상에 따라 전처리시설이 요구된다.
㉤ 분진 포집에 적용되며, 기체상 물질 제거에는 곤란하다.
㉥ 전압변동과 같은 조건변동(부하변동)에 쉽게 적응이 곤란하다.
㉦ 가연성 입자의 처리가 곤란하다.

 정답 41.① 42.④ 43.③ 44.②

45 벤젠 2kg이 모두 증발하였다면 벤젠이 차지하는 부피는? (단, 벤젠의 비중은 0.88이고, 분자량은 78, 21℃, 1기압)

① 약 521L ② 약 618L
③ 약 736L ④ 약 871L

풀이 78g : 24.1L = 2,000g : G(발생 부피)

$$\therefore\ G(\mathrm{L}) = \frac{24.1\mathrm{L}\times 2{,}000\mathrm{g}}{78\mathrm{g}} = 617.94\mathrm{L}$$

46 환기시스템에서 공기 유량(Q)이 0.15m^3/sec, 덕트 직경이 10.0cm, 후드 압력손실계수(F_h)가 0.4일 때 후드 정압(SP_h)은? (단, 공기 밀도 1.2kg/m^3 기준)

① 약 31mmH$_2$O ② 약 38mmH$_2$O
③ 약 43mmH$_2$O ④ 약 48mmH$_2$O

풀이 $\mathrm{SP}_h = \mathrm{VP}(1+F)$

• $\mathrm{VP} = \dfrac{\gamma V^2}{2g} = \dfrac{1.2\times(19.1)^2}{2\times 9.8} = 22.35\mathrm{mmH_2O}$

$$\left(V = \frac{Q}{A} = \frac{0.15\mathrm{m^3/sec}}{\left(\dfrac{3.14\times 0.1^2}{4}\right)\mathrm{m^2}} = 19.1\mathrm{m/sec}\right)$$

$= 22.35(1+0.4) = 31.3\mathrm{mmH_2O}$

47 전체환기를 실시하고자 할 때 고려하여야 하는 원칙과 가장 거리가 먼 것은?

① 먼저 자료를 통해서 희석에 필요한 충분한 양의 환기량을 구해야 한다.
② 가능하면 오염물질이 발생하는 가장 가까운 위치에 배기구를 설치해야 한다.
③ 희석을 위한 공기가 급기구를 통하여 들어와서 오염물질이 있는 영역을 통과하여 배기구로 빠져나가도록 설계해야 한다.
④ 배기구는 창문이나 문 등 개구 근처에 위치하도록 설계하여 오염공기의 배출이 충분하게 한다.

풀이 **전체환기(강제환기)시설 설치 기본원칙**

㉠ 오염물질 사용량을 조사하여 필요환기량을 계산한다.
㉡ 배출공기를 보충하기 위하여 청정공기를 공급한다.
㉢ 오염물질 배출구는 가능한 한 오염원으로부터 가까운 곳에 설치하여 '점환기'의 효과를 얻는다.
㉣ 공기 배출구와 근로자의 작업위치 사이에 오염원이 위치해야 한다.
㉤ 공기가 배출되면서 오염장소를 통과하도록 공기 배출구와 유입구의 위치를 선정한다.
㉥ 작업장 내 압력은 경우에 따라서 양압이나 음압으로 조정해야 한다(오염원 주위에 다른 작업공정이 있으면 공기 공급량을 배출량보다 작게 하여 음압을 형성시켜 주위 근로자에게 오염물질이 확산되지 않도록 한다).
㉦ 배출된 공기가 재유입되지 못하게 배출구 높이를 적절히 설계하고 창문이나 문 근처에 위치하지 않도록 한다.
㉧ 오염된 공기는 작업자가 호흡하기 전에 충분히 희석되어야 한다.
㉨ 오염물질 발생은 가능하면 비교적 일정한 속도로 유출되도록 조정해야 한다.

48 폭 320mm, 높이 760mm의 곧은 각의 관 내에 Q=280m^3/min의 표준공기가 흐르고 있을 때 레이놀즈수(Re)의 값은? (단, 동점성계수는 1.5×10^{-5}m^2/sec이다.)

① 5.76×10^5
② 5.76×10^6
③ 8.76×10^5
④ 8.76×10^6

풀이 레이놀즈수(Re)

$$= \frac{\text{유속}\times\text{관직경}}{\text{동점성계수}}$$

• 유속$(V) = \dfrac{Q}{A} = \dfrac{280\mathrm{m^3/min}\times\mathrm{min/60sec}}{(0.32\times 0.76)\mathrm{m^2}} = 19.19\mathrm{m/sec}$

• 관직경$(D) = \dfrac{2ab}{a+b} = \dfrac{2(0.32\times 0.76)}{0.32+0.76} = 0.45\mathrm{m}$

$$= \frac{19.19\times 0.45}{1.5\times 10^{-5}}$$

$= 576{,}175 \fallingdotseq 5.76\times 10^5$

정답 45.③ 46.① 47.④ 48.①

49 입자상 물질을 처리하기 위한 장치 중 압력손실은 비교적 크나 고효율 집진이 가능하며, 직접차단, 관성충돌, 확산, 중력침강 및 정전기력 등이 복합적으로 작용하는 것은?

① 관성력집진장치
② 원심력집진장치
③ 여과집진장치
④ 전기집진장치

풀이 **여과집진장치(bag filter)**
함진가스를 여과재(filter media)에 통과시켜 입자를 분리·포집하는 장치로서 1μm 이상의 분진의 포집은 99%가 관성충돌과 직접차단에 의하여 이루어지고, 0.1μm 이하의 분진은 확산과 정전기력에 의하여 포집하는 집진장치이다.

50 원심력 송풍기인 방사 날개형 송풍기에 관한 설명으로 옳지 않은 것은?

① 플레이트 송풍기 또는 평판형 송풍기라고도 한다.
② 깃이 평판으로 되어 있고 강도가 매우 높게 설계되어 있다.
③ 깃의 구조가 분진을 자체 정화할 수 있도록 되어 있다.
④ 견고하고 가격이 저렴하며, 효율이 높은 장점이 있다.

풀이 **평판형(radial fan) 송풍기**
㉠ 플레이트(plate) 송풍기, 방사 날개형 송풍기라고도 한다.
㉡ 날개(blade)가 다익형보다 적고, 직선이며 평판 모양을 하고 있어 강도가 매우 높게 설계되어 있다.
㉢ 깃의 구조가 분진을 자체 정화할 수 있도록 되어 있다.
㉣ 시멘트, 미분탄, 곡물, 모래 등의 고농도 분진 함유 공기나 마모성이 강한 분진 이송용으로 사용된다.
㉤ 부식성이 강한 공기를 이송하는 데 많이 사용된다.
㉥ 압력은 다익팬보다 약간 높으며, 효율도 65%로 다익팬보다는 약간 높으나 터보팬보다는 낮다.
㉦ 습식 집진장치의 배치에 적합하며, 소음은 중간 정도이다.

51 다음 중 주물작업 시 발생되는 유해인자와 가장 거리가 먼 것은?

① 소음 발생
② 금속흄 발생
③ 분진 발생
④ 자외선 발생

풀이 **주물작업 시 발생되는 유해인자**
㉠ 분진
㉡ 금속흄
㉢ 유해가스(일산화탄소, 포름알데히드, 페놀류)
㉣ 소음
㉤ 고열

52 호흡용 보호구에 관한 설명으로 가장 거리가 먼 것은?

① 방독마스크는 면, 모, 합성섬유 등을 필터로 사용한다.
② 방독마스크는 공기 중의 산소가 부족하면 사용할 수 없다.
③ 방독마스크는 일시적인 작업 또는 긴급용으로 사용하여야 한다.
④ 방진마스크는 비휘발성 입자에 대한 보호가 가능하다.

풀이 **방진마스크와 방독마스크의 구분**
(1) 방진마스크
㉠ 공기 중의 유해한 분진, 미스트, 흄 등을 여과재를 통해 제거하여 유해물질이 근로자의 호흡기를 통하여 체내에 유입되는 것을 방지하기 위해 사용되는 보호구를 말하며, 분진 제거용 필터는 일반적으로 압축된 섬유상 물질을 사용한다.
㉡ 산소농도가 정상적(18% 이상)이고 유해물의 농도가 규정 이하인 먼지만 존재하는 작업장에서 사용한다.
㉢ 비휘발성 입자에 대한 보호가 가능하다.
(2) 방독마스크
공기 중의 유해가스, 증기 등을 흡수관을 통해 제거하여 근로자의 호흡기 내로 침입하는 것을 가능한 적게 하기 위해 착용하는 호흡보호구이다.

정답 49.③ 50.④ 51.④ 52.①

53 가지덕트를 주덕트에 연결하고자 할 때 다음 중 가장 적합한 각도는?

① 90°
② 70°
③ 50°
④ 30°

풀이 주관과 분지관(가지관)의 연결

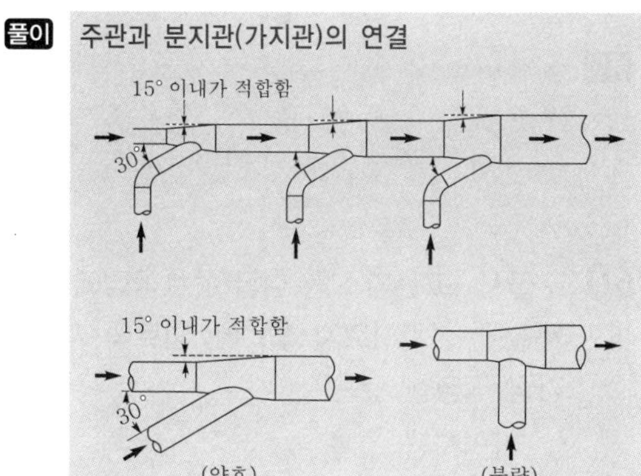

54 보호구의 보호정도와 한계를 나타내는 데 필요한 보호계수를 산정하는 공식으로 옳은 것은? (단, 보호계수 : PF, 보호구 밖의 농도 : C_o, 보호구 안의 농도 : C_i)

① $\mathrm{PF}=C_o/C_i$
② $\mathrm{PF}=(C_i/C_o)\times 100$
③ $\mathrm{PF}=(C_o/C_i)\times 0.5$
④ $\mathrm{PF}=(C_i/C_o)\times 0.5$

풀이 보호계수(PF ; Protection Factor)
보호구를 착용함으로써 유해물질로부터 보호구가 얼마만큼 보호해 주는가의 정도를 의미한다.

$$\mathrm{PF}=\frac{C_o}{C_i}$$

여기서, PF : 보호계수(항상 1보다 크다)
C_i : 보호구 안의 농도
C_o : 보호구 밖의 농도

55 환기시설 내 기류가 기본적인 유체역학적 원리에 따르기 위한 전제조건과 가장 거리가 먼 것은?

① 환기시설 내외의 열교환은 무시한다.
② 공기의 압축이나 팽창은 무시한다.
③ 공기는 절대습도를 기준으로 한다.
④ 대부분의 환기시설에서 공기 중에 포함된 유해물질의 무게와 용량을 무시한다.

풀이 유체역학의 질량보존 원리를 환기시설에 적용하는 데 필요한 네 가지 공기 특성의 주요 가정(전제조건)
㉠ 환기시설 내외(덕트 내부 · 외부)의 열전달(열교환) 효과 무시
㉡ 공기의 비압축성(압축성과 팽창성 무시)
㉢ 건조공기 가정
㉣ 환기시설에서 공기 속 오염물질의 질량(무게)과 부피(용량) 무시

56 다음 중 전체환기를 하는 경우와 가장 거리가 먼 것은?

① 유해물질의 독성이 높은 경우
② 동일 사업장에 다수의 오염발생원이 분산되어 있는 경우
③ 오염발생원이 근로자가 근무하는 장소로부터 멀리 떨어져 있는 경우
④ 오염발생원이 이동성인 경우

풀이 전체환기(희석환기) 적용 시 조건
㉠ 유해물질의 독성이 비교적 낮은 경우, 즉 TLV가 높은 경우 ⇨ 가장 중요한 제한조건
㉡ 동일한 작업장에 다수의 오염원이 분산되어 있는 경우
㉢ 유해물질이 시간에 따라 균일하게 발생될 경우
㉣ 유해물질의 발생량이 적은 경우 및 희석공기량이 많지 않아도 되는 경우
㉤ 유해물질이 증기나 가스일 경우
㉥ 국소배기로 불가능한 경우
㉦ 배출원이 이동성인 경우
㉧ 가연성 가스의 농축으로 폭발의 위험이 있는 경우
㉨ 오염원이 근무자가 근무하는 장소로부터 멀리 떨어져 있는 경우

2024

정답 53.④ 54.① 55.③ 56.①

57 재순환 공기의 CO_2 농도는 900ppm이고, 급기의 CO_2 농도는 700ppm이었다. 급기(재순환 공기와 외부 공기가 혼합된 후의 공기) 중 외부 공기의 함량은? (단, 외부 공기의 CO_2 농도는 330ppm이다.)

① 약 35.1% ② 약 21.3%
③ 약 23.8% ④ 약 17.5%

풀이 급기 중 재순환량(%)

$$=\frac{\begin{pmatrix}\text{급기 공기 중 } CO_2 \text{ 농도}\\ -\text{외부 공기 중 } CO_2 \text{ 농도}\end{pmatrix}}{\begin{pmatrix}\text{재순환 공기 중 } CO_2 \text{ 농도}\\ -\text{외부 공기 중 } CO_2 \text{ 농도}\end{pmatrix}}\times 100$$

$$=\frac{700-330}{900-330}\times 100$$

$=64.91\%$

∴ 급기 중 외부 공기 포함량(%)
$=100-64.91$
$=35.1\%$

58 청력보호구의 차음효과를 높이기 위해 유의해야 할 내용으로 잘못된 것은?

① 청력보호구는 기공(氣孔)이 큰 재료로 만들어 흡음효율을 높이도록 한다.
② 청력보호구는 머리 모양이나 귓구멍에 잘 맞는 것을 사용하여 불쾌감을 주지 않도록 해야 한다.
③ 청력보호구를 잘 고정시켜 보호구 자체의 진동을 최소한도로 줄이도록 한다.
④ 귀덮개 형식의 보호구는 머리가 길 때와 안경테가 굵어 잘 부착되지 않을 때 사용하기 곤란하다.

풀이 **청력보호구의 차음효과를 높이기 위한 유의사항**
㉠ 사용자 머리의 모양이나 귓구멍에 잘 맞아야 할 것
㉡ 기공이 많은 재료를 선택하지 말 것
㉢ 청력보호구를 잘 고정시켜서 보호구 자체의 진동을 최소화할 것
㉣ 귀덮개 형식의 보호구는 머리카락이 길 때와 안경테가 굵어서 잘 부착되지 않을 때에는 사용하지 말 것

59 2개의 집진장치를 직렬로 연결하였다. 집진효율 70%인 사이클론을 전처리장치로 사용하고 전기집진장치를 후처리장치로 사용하였을 때 총 집진효율이 95%라면, 전기집진장치의 집진효율은?

① 83.3% ② 87.3%
③ 90.3% ④ 92.3%

풀이 $\eta_T=\eta_1+\eta_2(1-\eta_1)$
$0.95=0.7+\eta_2(1-0.7)$
∴ η_2(후처리장치 효율)$=0.833\times 100=83.3\%$

60 주물사, 고온가스를 취급하는 공정에 환기시설을 설치하고자 할 때, 덕트의 재료로 가장 적당한 것은?

① 아연도금 강판
② 중질 콘크리트
③ 스테인리스 강판
④ 흑피 강판

풀이 **덕트의 재질**
㉠ 유기용제(부식이나 마모의 우려가 없는 곳) : 아연도금 강판
㉡ 강산, 염소계 용제 : 스테인리스스틸 강판
㉢ 알칼리 : 강판
㉣ 주물사, 고온가스 : 흑피 강판
㉤ 전리방사선 : 중질 콘크리트

제4과목 | 물리적 유해인자관리

61 현재 총 흡음량이 500sabins인 작업장의 천장에 흡음물질을 첨가하여 900sabins을 더할 경우 소음감소량은 약 얼마로 예측되는가?

① 2.5dB ② 3.5dB
③ 4.5dB ④ 5.5dB

풀이 소음감소량 $NR=10\log\frac{500+900}{500}=4.8\text{dB}$

정답 57.① 58.① 59.① 60.④ 61.③

62 충격소음의 노출기준에서 충격소음의 강도와 1일 노출횟수가 잘못 연결된 것은?

① 120dB(A) : 10,000회
② 130dB(A) : 1,000회
③ 140dB(A) : 100회
④ 150dB(A) : 10회

풀이 **충격소음작업**
소음이 1초 이상의 간격으로 발생하는 작업으로서 다음의 1에 해당하는 작업을 말한다.
㉠ 120dB을 초과하는 소음이 1일 1만회 이상 발생되는 작업
㉡ 130dB을 초과하는 소음이 1일 1천회 이상 발생되는 작업
㉢ 140dB을 초과하는 소음이 1일 1백회 이상 발생되는 작업

63 레이저(laser)에 관한 설명으로 틀린 것은?

① 레이저는 유도방출에 의한 광선증폭을 뜻한다.
② 레이저는 보통 광선과는 달리 단일파장으로 강력하고 예리한 지향성을 가졌다.
③ 레이저장애는 광선의 파장과 특정 조직의 광선흡수능력에 따라 장애 출현부위가 달라진다.
④ 레이저의 피부에 대한 작용은 비가역적이며, 수포, 색소침착 등이 생길 수 있다.

풀이 레이저의 피부에 대한 작용은 가역적이며 피부손상, 화상, 수포 형성, 색소침착 등이 생길 수 있고, 눈에 대한 작용으로는 각막염, 백내장, 망막염 등이 있다.

64 다음 중 소음에 의한 청력장애가 가장 잘 일어나는 주파수는?

① 1,000Hz ② 2,000Hz
③ 4,000Hz ④ 8,000Hz

풀이 **C_5-dip 현상**
소음성 난청의 초기단계로 4,000Hz에서 청력장애가 현저히 커지는 현상이다.
※ 우리 귀는 고주파음에 대단히 민감하며, 특히 4,000Hz에서 소음성 난청이 가장 많이 발생한다.

65 다음 중 인공조명에 가장 적당한 광색은?

① 노란색 ② 주광색
③ 청색 ④ 황색

풀이 인공조명 시 주광색에 가까운 광색으로 조도를 높여주며 백열전구와 고압수은등을 적절히 혼합시켜 주광에 가까운 빛을 얻을 수 있다.

66 빛의 단위 중 광도의 단위가 아닌 것은?

① $lumen/m^2$ ② lambert
③ nit ④ cd/m^2

풀이 ① $lumen/m^2$는 조도의 단위이다.
램버트(lambert)
빛을 완전히 확산시키는 평면의 $1ft^2(1cm^2)$에서 1lumen의 빛을 발하거나 반사시킬 때의 밝기를 나타내는 단위이다.
$1lambert=3.18candle/m^2$
※ $candle/m^2$=nit : 단위면적에 대한 밝기

67 다음 중 진동의 크기를 나타내는 데 사용되지 않는 것은?

① 변위(displacement)
② 압력(pressure)
③ 속도(velocity)
④ 가속도(acceleration)

풀이 **진동의 크기를 나타내는 단위(진동 크기 3요소)**
㉠ 변위(displacement)
물체가 정상 정지위치에서 일정 시간 내에 도달하는 위치까지의 거리
※ 단위 : mm(cm, m)
㉡ 속도(velocity)
변위의 시간변화율이며, 진동체가 진동의 상한 또는 하한에 도달하면 속도는 0이고, 그 물체가 정상위치인 중심을 지날 때 그 속도의 최대가 된다.
※ 단위 : cm/sec(m/sec)
㉢ 가속도(acceleration)
속도의 시간변화율이며 측정이 간편하고 변위와 속도로 산출할 수 있기 때문에 진동의 크기를 나타내는 데 주로 사용한다.
※ 단위 : $cm/sec^2(m/sec^2)$, $gal(1cm/sec^2)$

정답 62.④ 63.④ 64.③ 65.② 66.① 67.②

68 다음 중 이상기압의 대책에 관한 설명으로 적절하지 않은 것은?

① 고압실 내의 작업에서는 이산화탄소의 분압이 증가하지 않도록 신선한 공기를 송기한다.
② 고압환경에서 작업하는 근로자에게는 질소의 양을 증가시킨 공기를 호흡시킨다.
③ 귀 등의 장애를 예방하기 위하여 압력을 가하는 속도를 분당 0.8kg/cm^2 이하가 되도록 한다.
④ 감압병의 증상이 발생하였을 때에는 환자를 바로 원래의 고압환경상태로 복귀시키거나, 인공고압실에서 천천히 감압한다.

풀이 **감압병의 예방 및 치료**

㉠ 고압환경에서의 작업시간을 제한하고 고압실 내의 작업에서는 이산화탄소의 분압이 증가하지 않도록 신선한 공기를 송기시킨다.
㉡ 감압이 끝날 무렵에 순수한 산소를 흡입시키면 예방적 효과가 있을 뿐 아니라 감압시간을 25% 가량 단축시킬 수 있다.
㉢ 고압환경에서 작업하는 근로자에게 질소를 헬륨으로 대치한 공기를 호흡시킨다.
㉣ 헬륨-산소 혼합가스는 호흡저항이 적어 심해잠수에 사용한다.
㉤ 일반적으로 1분에 10m 정도씩 잠수하는 것이 안전하다.
㉥ 감압병의 증상 발생 시에는 환자를 곧장 원래의 고압환경상태로 복귀시키거나 인공고압실에 넣어 혈관 및 조직 속에 발생한 질소의 기포를 다시 용해시킨 다음 천천히 감압한다.
㉦ Haldene의 실험근거상 정상기압보다 1.25기압을 넘지 않는 고압환경에는 아무리 오랫동안 폭로되거나 아무리 빨리 감압하더라도 기포를 형성하지 않는다.
㉧ 비만자의 작업을 금지시키고, 순환기에 이상이 있는 사람은 취업 또는 작업을 제한한다.
㉨ 헬륨은 질소보다 확산속도가 크며, 체외로 배출되는 시간이 질소에 비하여 50% 정도밖에 걸리지 않는다.
㉩ 귀 등의 장애를 예방하기 위해서는 압력을 가하는 속도를 분당 0.8kg/cm^2 이하가 되도록 한다.

69 적외선의 파장범위에 해당하는 것은?

① 280nm 이하
② 280~400nm
③ 400~750nm
④ 800~1,200nm

풀이 적외선은 가시광선보다 파장이 길고, 약 760nm에서 1mm 범위이다.

70 다음 중 작업장 내의 직접조명에 관한 설명으로 옳은 것은?

① 장시간 작업 시에도 눈이 부시지 않는다.
② 작업장 내 균일한 조도의 확보가 가능하다.
③ 조명기구가 간단하고, 조명기구의 효율이 좋다.
④ 벽이나 천장의 색조에 좌우되는 경향이 있다.

풀이 **조명방법에 따른 조명관리**

(1) 직접조명
㉠ 작업면의 빛 대부분이 광원 및 반사용 삿갓에서 직접 온다.
㉡ 기구의 구조에 따라 눈을 부시게 하거나 균일한 조도를 얻기 힘들다.
㉢ 반사갓을 이용하여 광속의 90~100%가 아래로 향하게 하는 방식이다.
㉣ 일정량의 전력으로 조명 시 가장 밝은 조명을 얻을 수 있다.
㉤ 장점 : 효율이 좋고, 천장면의 색조에 영향을 받지 않으며, 설치비용이 저렴하다.
㉥ 단점 : 눈부심이 있고, 균일한 조도를 얻기 힘들며, 강한 음영을 만든다.

(2) 간접조명
㉠ 광속의 90~100%를 위로 향해 발산하여 천장, 벽에서 확산시켜 균일한 조명도를 얻을 수 있는 방식이다.
㉡ 천장과 벽에 반사하여 작업면을 조명하는 방법이다.
㉢ 장점 : 눈부심이 없고, 균일한 조도를 얻을 수 있으며, 그림자가 없다.
㉣ 단점 : 효율이 나쁘고, 설치가 복잡하며, 실내의 입체감이 작아진다.

정답 68.② 69.④ 70.③

71 다음 중 방진재료로 적절하지 않은 것은?

① 코일용수철
② 방진고무
③ 코르크
④ 유리섬유

풀이 **방진재료**
㉠ 금속스프링(코일용수철)
㉡ 공기스프링
㉢ 방진고무
㉣ 코르크

72 다음 중 전리방사선의 외부노출에 대한 방어 3원칙에 해당하지 않는 것은?

① 차폐 ② 거리
③ 시간 ④ 흡수

풀이 **방사선의 외부노출에 대한 방어대책**
전리방사선 방어의 궁극적 목적은 가능한 한 방사선에 불필요하게 노출되는 것을 최소화하는 데 있다.
(1) 시간
㉠ 노출시간을 최대로 단축한다(조업시간 단축).
㉡ 충분한 시간 간격을 두고 방사능 취급작업을 하는 것은 반감기가 짧은 방사능 물질에 유용하다.
(2) 거리
방사능은 거리의 제곱에 비례해서 감소하므로 먼 거리일수록 쉽게 방어가 가능하다.
(3) 차폐
㉠ 큰 투과력을 갖는 방사선 차폐물은 원자번호가 크고 밀도가 큰 물질이 효과적이다.
㉡ α선의 투과력은 약하여 얇은 알루미늄판으로도 방어가 가능하다.

73 다음 중 정상인이 들을 수 있는 가장 낮은 이론적 음압은 몇 dB인가?

① 0dB ② 5dB
③ 10dB ④ 20dB

풀이 사람이 들을 수 있는 음압은 0.00002~60N/m^2의 범위이며, 이것을 dB로 표시하면 0~130dB이 되므로 음압을 직접 사용하는 것보다 dB로 변환하여 사용하는 것이 편리하다.

74 18℃ 공기 중에서 800Hz인 음의 파장은 약 몇 m인가?

① 0.35 ② 0.43
③ 3.5 ④ 4.3

풀이 음속$(c)=\lambda\times f$

$\therefore$ 파장$(\lambda)=\dfrac{c}{f}=\dfrac{331.42+(0.6\times18)}{800}=0.43\text{m}$

75 다음과 같은 작업조건에서 1일 8시간 동안 작업하였다면, 1일 근무시간 동안 인체에 누적된 열량은 얼마인가? (단, 근로자의 체중은 60kg이다.)

- 작업대사량 : +1.5kcal/kg/hr
- 대류에 의한 열전달 : +1.2kcal/kg/hr
- 복사열 전달 : +0.8kcal/kg/hr
- 피부에서의 총 땀 증발량 : 300g/hr
- 수분 증발열 : 580cal/g

① 242kcal
② 288kcal
③ 1,152kcal
④ 3,072kcal

풀이 열평형방정식
$\Delta S=M\pm C\pm R-E$
- M(작업대사량)
$=1.5\text{kcal/kg}\cdot\text{hr}\times60\text{kg}\times8\text{hr/day}$
$=720\text{kcal/day}$
- C(대류)
$=1.2\text{kcal/kg}\cdot\text{hr}\times60\text{kg}\times8\text{hr/day}$
$=576\text{kcal/day}$
- R(복사)
$=0.8\text{kcal/kg}\cdot\text{hr}\times60\text{kg}\times8\text{hr/day}$
$=384\text{kcal/day}$
- E(증발)
$=300\text{g/hr}\times580\text{cal/g}\times8\text{hr/day}\times\text{kcal}/1{,}000\text{cal}$
$=1{,}392\text{kcal/day}$

$=720+576+384-1{,}392$
$=288\text{kcal/day}$

2024

정답 71.④ 72.④ 73.① 74.② 75.②

76 다음 중 산소 농도 저하 시 농도에 따른 증상이 잘못 연결된 것은?

① 12~16% : 맥박과 호흡수 증가
② 9~14% : 판단력 저하와 기억상실
③ 6~10% : 의식상실, 근육경련
④ 6% 이하 : 중추신경장애, Cheyne-stoke 호흡

풀이 산소 농도에 따른 인체장애

산소 농도 (%)	산소 분압 (mmHg)	동맥혈의 산소 포화도 (%)	증 상
12~16	90~120	85~89	호흡수 증가, 맥박 증가, 정신집중 곤란, 두통, 이명, 신체기능조절 손상 및 순환기 장애자 초기증상 유발
9~14	60~105	74~87	불완전한 정신상태에 이르고, 취한 것과 같으며, 당시의 기억상실, 전신탈진, 체온상승, 호흡장애, 청색증 유발, 판단력 저하
6~10	45~70	33~74	의식불명, 안면창백, 전신근육경련, 중추신경장애, 청색증 유발, 경련, 8분 내 100% 치명적, 6분 내 50% 치명적, 4~5분 내 치료로 회복 가능
4~6 및 이하	45 이하	33 이하	40초 내에 혼수상태, 호흡정지, 사망

77 다음 중 방사선에 감수성이 가장 큰 신체부위는?

① 위장 ② 조혈기관
③ 뇌 ④ 근육

풀이 전리방사선에 대한 감수성 순서

골수, 흉선 및 림프조직(조혈기관), 눈의 수정체, 임파선(임파구) > 상피세포, 내피세포 > 근육세포 > 신경조직

78 다음 중 직업성 난청에 관한 설명으로 틀린 것은?

① 일시적 난청은 청력의 일시적인 피로현상이다.
② 영구적 난청은 노인성 난청과 같은 현상이다.
③ 일반적으로 초기 청력손실을 C_5-dip 현상이라 한다.
④ 직업성 난청은 처음 중음부에서 시작되어 고음부 순서로 파급된다.

풀이 난청(청력장애)

(1) 일시적 청력손실(TTS)
㉠ 강력한 소음에 노출되어 생기는 난청으로 4,000~6,000Hz에서 가장 많이 발생한다.
㉡ 청신경세포의 피로현상으로, 회복되려면 12~24시간을 요하는 가역적인 청력저하이며, 영구적 소음성 난청의 예비신호로도 볼 수 있다.

(2) 영구적 청력손실(PTS) : 소음성 난청
㉠ 비가역적 청력저하, 강렬한 소음이나 지속적인 소음 노출에 의해 청신경 말단부의 내이코르티(corti)기관의 섬모세포 손상으로 회복될 수 없는 영구적인 청력저하가 발생한다.
㉡ 3,000~6,000Hz의 범위에서 먼저 나타나고, 특히 4,000Hz에서 가장 심하게 발생한다.

(3) 노인성 난청
㉠ 노화에 의한 퇴행성 질환으로, 감각신경성 청력손실이 양측 귀에 대칭적·점진적으로 발생하는 질환이다.
㉡ 일반적으로 고음역에 대한 청력손실이 현저하며 6,000Hz에서부터 난청이 시작된다.

79 다음 중 소음의 흡음평가 시 적용되는 잔향시간(reverberation time)에 관한 설명으로 옳은 것은?

① 잔향시간은 실내공간의 크기에 비례한다.
② 실내 흡음량을 증가시키면 잔향시간도 증가한다.
③ 잔향시간은 음압수준이 30dB 감소하는 데 소요되는 시간이다.
④ 잔향시간을 측정하려면 실내 배경소음이 90dB 이상 되어야 한다.

정답 76.④ 77.② 78.② 79.①

풀이 ② 실내 흡음량을 증가시키면 잔향시간은 감소한다.
③ 잔향시간은 음압수준이 60dB 감소하는 데 소요되는 시간이다.
④ 잔향시간을 측정하려면 실내 배경소음이 60dB 이하가 되어야 한다.

80 열경련(heat cramp)을 일으키는 가장 큰 원인은?

① 체온 상승
② 중추신경 마비
③ 순환기계 부조화
④ 체내 수분 및 염분 손실

풀이 **열경련의 원인**
㉠ 지나친 발한에 의한 수분 및 혈중 염분 손실(혈액의 현저한 농축 발생)
㉡ 땀을 많이 흘리고 동시에 염분이 없는 음료수를 많이 마셔서 염분 부족 시 발생
㉢ 전해질의 유실 시 발생

제5과목 | 산업 독성학

81 다음 중 기관지와 폐포 등 폐 내부의 공기 통로와 가스교환 부위에 침착되는 먼지로서 공기역학적 지름이 30μm 이하의 크기인 것은?

① 흡입성 먼지
② 호흡성 먼지
③ 흉곽성 먼지
④ 침착성 먼지

풀이 **흉곽성 입자상 물질(TPM ; Thoracic Particulates Mass)**
㉠ 기도나 하기도(가스교환 부위)에 침착하여 독성을 나타내는 물질이다.
㉡ 평균입경 : 10μm
㉢ 채취기구 : PM 10

82 다음 중 만성중독 시 코, 폐 및 위장의 점막에 병변을 일으키며, 장기간 흡입하는 경우 원발성 기관지암과 폐암이 발생하는 것으로 알려진 중금속은?

① 납(Pb) ② 수은(Hg)
③ 크롬(Cr) ④ 베릴륨(Be)

풀이 **크롬에 의한 건강장애**
(1) 급성중독
㉠ 신장장애 : 과뇨증(혈뇨증) 후 무뇨증을 일으키며, 요독증으로 10일 이내에 사망한다.
㉡ 위장장애 : 심한 복통, 빈혈을 동반하는 심한 설사 및 구토가 발생한다.
㉢ 급성폐렴 : 크롬산 먼지, 미스트 대량 흡입 시 발생한다.
(2) 만성중독
㉠ 점막장애 : 점막이 충혈되어 화농성 비염이 되고 차례로 깊이 들어가서 궤양이 되며, 코 점막의 염증, 비중격천공 증상을 일으킨다.
㉡ 피부장애
- 피부궤양(둥근 형태의 궤양)을 일으킨다.
- 수용성 6가 크롬은 저농도에서도 피부염을 일으킨다.
- 손톱 주위, 손 및 전박부에 잘 발생한다.
㉢ 발암작용
- 장기간 흡입에 의해 기관지암, 폐암, 비강암(6가 크롬)이 발생한다.
- 크롬 취급자는 폐암에 의한 사망률이 정상인보다 상당히 높다.
㉣ 호흡기 장애 : 크롬폐증이 발생한다.

83 다음 중 진폐증 발생에 관여하는 인자와 가장 거리가 먼 것은?

① 분진의 노출기간
② 분진의 분자량
③ 분진의 농도
④ 분진의 크기

풀이 **진폐증 발생에 관여하는 요인**
㉠ 분진의 종류, 농도 및 크기
㉡ 폭로시간 및 작업강도
㉢ 보호시설이나 장비 착용 유무
㉣ 개인차

2024

정답 80.④ 81.③ 82.③ 83.②

84 다음 중 단시간 노출기준이 시간가중평균 농도(TLV-TWA)와 단기간 노출기준(TLV-STEL) 사이일 경우 충족시켜야 하는 3가지 조건에 해당하지 않는 것은?

① 1일 4회를 초과해서는 안 된다.
② 15분 이상 지속하여 노출되어서는 안 된다.
③ 노출과 노출 사이에는 60분 이상의 간격이 있어야 한다.
④ TLV-TWA의 3배 농도에는 30분 이상 노출되어서는 안 된다.

풀이 ④항의 내용은 노출상한선과 노출시간의 권고사항이다.

85 다음 중 암모니아(NH_3)가 인체에 미치는 영향으로 가장 적절한 것은?

① 고농도일 때 기도의 염증, 폐수종, 치아산식증, 위장장애 등을 초래한다.
② 용해도가 낮아 하기도까지 침투하며, 급성 증상으로는 기침, 천명, 흉부 압박감 외에 두통, 오심 등이 발생한다.
③ 전구증상이 없이 치사량에 이를 수 있으며, 심한 경우 호흡부전에 빠질 수 있다.
④ 피부, 점막에 작용하고, 눈의 결막, 각막을 자극하며, 폐부종, 성대 경련, 호흡장애 및 기관지 경련 등을 초래한다.

풀이 암모니아(NH_3)
㉠ 알칼리성으로 자극적인 냄새가 강한 무색의 기체이다.
㉡ 주요 사용공정은 비료, 냉동제 등이다.
㉢ 물에 용해가 잘 된다. ⇨ 수용성
㉣ 폭발성이 있다. ⇨ 폭발범위 16~25%
㉤ 피부, 점막(코와 인후부)에 대한 자극성과 부식성이 강하여 고농도의 암모니아가 눈에 들어가면 시력장애를 일으킨다.
㉥ 중등도 이하의 농도에서 두통, 흉통, 오심, 구토 등을 일으킨다.
㉦ 고농도의 가스 흡입 시 폐수종을 일으키고 중추작용에 의해 호흡 정지를 초래한다.
㉧ 암모니아 중독 시 비타민 C가 해독에 효과적이다.

86 다음 중 악영향을 나타내는 반응이 없는 농도수준(SNARL ; Suggested No-Adverse-Response Level)과 동일한 의미의 용어는?

① 독성량(TD ; Toxic Dose)
② 무관찰영향수준(NOEL ; No Observed Effect Level)
③ 유효량(ED ; Effective Dose)
④ 서한도(TLVs ; Threshold Limit Values)

풀이 NOEL(No Observed Effect Level)
㉠ 현재의 평가방법으로 독성 영향이 관찰되지 않은 수준을 말한다.
㉡ 무관찰영향수준, 즉 무관찰 작용 양을 의미하며, 악영향을 나타내는 반응이 없는 농도수준(SNAPL)과 같다.
㉢ NOEL 투여에서는 투여하는 전 기간에 걸쳐 치사, 발병 및 생리학적 변화가 모든 실험대상에서 관찰되지 않는다.
㉣ 양-반응 관계에서 안전하다고 여겨지는 양으로 간주된다.
㉤ 아급성 또는 만성 독성 시험에 구해지는 지표이다.
㉥ 밝혀지지 않은 독성이 있을 수 있다는 것과 다른 종류의 동물을 실험하였을 때는 독성이 있을 수 있음을 전제로 한다.

87 다음 설명에 해당하는 중금속은?

- 뇌홍의 제조에 사용
- 소화관으로는 2~7% 정도의 소량으로 흡수
- 금속 형태는 뇌, 혈액, 심근에 많이 분포
- 만성 노출 시 식욕부진, 신기능부전, 구내염 발생

① 납(Pb) ② 수은(Hg)
③ 카드뮴(Cd) ④ 안티몬(Sb)

풀이 수은(Hg)
㉠ 뇌홍[$Hg(ONC)_2$] 제조에 사용된다.
㉡ 금속수은은 주로 증기가 기도를 통해서 흡수되고, 일부는 피부로 흡수되며, 소화관으로는 2~7% 정도 소량 흡수된다.
㉢ 금속수은은 뇌, 혈액, 심근 등에 분포된다.
㉣ 만성 노출 시 식욕부진, 신기능부전, 구내염을 발생시킨다.

정답 84.④ 85.④ 86.② 87.②

88 다음 중 피부에 건강상의 영향을 일으키는 화학물질과 가장 거리가 먼 것은?

① PAH
② 망간흄
③ 크롬
④ 절삭유

풀이 피부질환의 화학적 요인
㉠ 물 : 피부손상, 피부자극
㉡ tar, pictch : 색소침착(색소변성)
㉢ 절삭유(기름) : 모낭염, 접촉성 피부염
㉣ 산, 알칼리, 용매 : 원발성 접촉피부염
㉤ 공업용 세제 : 피부 표면 지질막 제거
㉥ 산화제 : 피부손상, 피부자극(크롬, PAH)
㉦ 환원제 : 피부 각질에 부종

89 다음 중 산업위생관리에서 사용되는 용어의 설명으로 틀린 것은?

① TWA는 시간가중 평균노출기준을 의미한다.
② LEL은 생물학적 허용기준을 의미한다.
③ TLV는 유해물질의 허용농도를 의미한다.
④ STEL은 단시간 노출기준을 의미한다.

풀이 LEL(Lower Explosive Limit)은 폭발농도하한치를 의미한다.

90 뇨 중 화학물질 A의 농도는 28mg/mL, 단위시간당 배설되는 뇨의 부피는 1.5mL/min, 혈장 중 화학물질 A의 농도는 0.2mg/mL라면 단위시간당 화학물질 A의 제거율(mL/min)은 얼마인가?

① 120　② 180
③ 210　④ 250

풀이 제거율(mL/min) $= \dfrac{1.5\text{mL/min} \times 28\text{mg/mL}}{0.2\text{mg/mL}}$
$= 210\text{mL/min}$

91 유기용제류의 산업중독에 관한 설명으로 적절하지 않은 것은?

① 간장장애를 일으킨다.
② 중추신경계를 작용하여 마취, 환각현상을 일으킨다.
③ 장시간 노출되어도 만성중독이 발생하지 않는 특징이 있다.
④ 유기용제는 지방, 콜레스테롤 등 각종 유기물질을 녹이는 성질 때문에 여러 조직에 다양한 영향을 미친다.

풀이 유기용제는 장기간 노출 시 만성중독을 발생시킨다.

92 다음 중 위험도를 나타내는 지표가 아닌 것은 어느 것인가?

① 발생률
② 상대위험비
③ 기여위험도
④ 교차비

풀이 위험도의 종류
㉠ 상대위험도(상대위험비, 비교위험도)
㉡ 기여위험도(귀속위험도)
㉢ 교차비

93 다음 중 동물실험을 통하여 산출한 독물량의 한계치(NOED ; No-Observable Effect Dose)를 사람에게 적용하기 위하여 인간의 안전폭로량(SHD)을 계산할 때 안전계수와 함께 활용되는 항목은?

① 체중　② 축적도
③ 평균수명　④ 감응도

풀이 동물실험을 통하여 산출한 독물량의 한계치(NOEL ; No Observed Effect Level : 무관찰 작용량)를 사람에게 적용하기 위하여 인간의 안전폭로량(SHD)을 계산할 때 체중을 기준으로 외삽(extrapolation)한다.

2024

정답 88.② 89.② 90.③ 91.③ 92.① 93.①

94 구리의 독성에 대한 인체실험 결과, 안전흡수량이 체중 kg당 0.008mg이었다. 1일 8시간 작업 시의 허용농도는 약 몇 mg/m^3인가? (단, 근로자 평균체중은 70kg, 작업 시의 폐환기율은 $1.45m^3/hr$로 가정한다.)

① 0.035 ② 0.048
③ 0.056 ④ 0.064

풀이 안전흡수량(mg) $= C \times T \times V \times R$

∴ 허용농도(mg/m^3) $= \dfrac{\text{안전흡수량}}{T \times V \times R}$

$= \dfrac{0.008mg/kg \times 70kg}{8hr \times 1.45m^3/hr \times 1.0}$

$= 0.048mg/m^3$

95 산업역학에서 상대위험도의 값이 1인 경우가 의미하는 것으로 옳은 것은?

① 노출과 질병발생 사이에는 연관이 없다.
② 노출되면 위험하다.
③ 노출되면 질병에 대하여 방어효과가 있다.
④ 노출되어서는 절대 안 된다.

풀이 **상대위험도(상대위험비, 비교위험도)**
비율비 또는 위험비라고도 하며, 위험요인을 갖고 있는 군(노출군)이 위험요인을 갖고 있지 않은 군(비노출군)에 비하여 질병의 발생률이 몇 배인가를 나타내는 것이다.

$\text{상대위험비} = \dfrac{\text{노출군에서 질병발생률}}{\text{비노출군에서의 질병발생률}}$

$= \dfrac{\text{위험요인이 있는 해당 군의 질병발생률}}{\text{위험요인이 없는 해당 군의 질병발생률}}$

㉠ 상대위험비=1 : 노출과 질병 사이의 연관성 없음
㉡ 상대위험비>1 : 위험의 증가
㉢ 상대위험비<1 : 질병에 대한 방어효과가 있음

96 작업환경 중에서 부유분진이 호흡기계에 축적되는 주요 작용기전이 아닌 것은?

① 충돌 ② 침강
③ 농축 ④ 확산

풀이 **입자의 호흡기계 침적(축적)기전**
㉠ 충돌(관성충돌, impaction)
㉡ 중력침강(sedimentation)
㉢ 차단(interception)
㉣ 확산(diffusion)
㉤ 정전기(static electricity)

97 화기 등에 접촉하면 유독성의 포스겐이 발생하여 폐수종을 일으킬 수 있는 유기용제는?

① 벤젠
② 크실렌
③ 노말헥산
④ 염화에틸렌

풀이 **염화에틸렌**
㉠ 에틸렌과 염소를 반응시켜 만들며, 물보다 밀도가 크고 불용해성이다.
㉡ 약 500℃에서 촉매 접촉 또는 알칼리와 반응하면 염화비닐로 전환된다.
㉢ 화기에 의해 분해되어 유독성 물질인 포스겐이 발생하며, 폐수종을 유발시킨다.

98 다음 중 작업환경 내의 유해물질과 그로 인한 대표적인 장애를 잘못 연결한 것은?

① 이황화탄소 – 생식기능장애
② 염화비닐 – 간장애
③ 벤젠 – 시신경장애
④ 톨루엔 – 중추신경계 억제

풀이 **유기용제별 대표적 특이증상(가장 심각한 독성 영향)**
㉠ 벤젠 : 조혈장애
㉡ 염화탄화수소, 염화비닐 : 간장애
㉢ 이황화탄소 : 중추신경 및 말초신경 장애, 생식기능장애
㉣ 메틸알코올(메탄올) : 시신경장애
㉤ 메틸부틸케톤 : 말초신경장애(중독성)
㉥ 노말헥산 : 다발성 신경장애
㉦ 에틸렌글리콜에테르 : 생식기장애
㉧ 알코올, 에테르류, 케톤류 : 마취작용
㉨ 톨루엔 : 중추신경장애

정답 94.② 95.① 96.③ 97.④ 98.③

99 다음 중 생물학적 노출지표에 관한 설명으로 틀린 것은?

① 노출 근로자의 호기, 뇨, 혈액, 기타 생체 시료로 분석하게 된다.
② 직업성 질환의 진단이나 중독정도를 평가하게 된다.
③ 유해물의 전반적인 노출량을 추정할 수 있다.
④ 현 환경이 잠재적으로 갖고 있는 건강장애 위험을 결정하는 데 지침으로 이용된다.

풀이 **생물학적 노출지수(BEIs ; Biological Exposure Indices)**

(1) BEI 이용상 주의점
㉠ 생물학적 감시기준으로 사용되는 노출기준이며 산업위생 분야에서 전반적인 건강장애 위험을 평가하는 지침으로 이용된다.
㉡ 노출에 대한 생물학적 모니터링 기준값이다.
㉢ 일주일에 5일, 1일 8시간 작업을 기준으로 특정 유해인자에 대하여 작업환경기준치(TLV)에 해당하는 농도에 노출되었을 때의 생물학적 지표물질의 농도를 말한다.
㉣ BEI는 위험하거나 그렇지 않은 노출 사이에 명확한 구별을 해주는 것은 아니다.
㉤ BEI는 환경오염(대기, 수질오염, 식품오염)에 대한 비직업적 노출에 대한 안전수준을 결정하는 데 이용해서는 안 된다.
㉥ BEI는 직업병(직업성 질환)이나 중독정도를 평가하는 데 이용해서는 안 된다.
㉦ BEI는 일주일에 5일, 하루에 8시간 노출기준으로 설정한다(적용한다). 즉 작업시간의 증가 시 노출지수를 그대로 적용하는 것은 불가하다.

(2) BEI의 특성
㉠ 생물학적 폭로지표는 작업의 강도, 기온과 습도, 개인의 생활태도에 따라 차이가 있을 수 있다.
㉡ 혈액, 뇨, 모발, 손톱, 생체조직, 호기 또는 체액 중 유해물질의 양을 측정 · 조사한다.
㉢ 산업위생 분야에서 현 환경이 잠재적으로 갖고 있는 건강장애 위험을 결정하는 데에 지침으로 이용된다.
㉣ 첫 번째 접촉하는 부위에 독성영향을 나타내는 물질이나 흡수가 잘되지 않는 물질에 대한 노출평가에는 바람직하지 못하다. 즉 흡수가 잘 되고 전신적 영향을 나타내는 화학물질에 적용하는 것이 바람직하다.
㉤ 혈액에서 휘발성 물질의 생물학적 노출지수는 정맥 중의 농도를 말한다.
㉥ 유해물의 전반적인 폭로량을 추정할 수 있다.

100 입자상 물질의 하나인 흄(fume)의 발생기전 3단계에 해당하지 않는 것은?

① 입자화
② 증기화
③ 산화
④ 응축

풀이 **흄의 생성기전 3단계**
㉠ 1단계 : 금속의 증기화
㉡ 2단계 : 증기물의 산화
㉢ 3단계 : 산화물의 응축

2024

정답 99.② 100.①

MEMO

MEMO

산업위생관리기사 필기

2024. 1. 10. 초 판 1쇄 발행
2024. 2. 7. 초 판 2쇄 발행
2025. 1. 8. 개정 1판 1쇄 발행
2025. 2. 19. 개정 1판 2쇄 발행

지은이 | 서영민
펴낸이 | 이종춘
펴낸곳 | BM (주)도서출판 성안당
주소 | 04032 서울시 마포구 양화로 127 첨단빌딩 3층(출판기획 R&D 센터)
10881 경기도 파주시 문발로 112 파주 출판 문화도시(제작 및 물류)
전화 | 02) 3142-0036
031) 950-6300
팩스 | 031) 955-0510
등록 | 1973. 2. 1. 제406-2005-000046호
출판사 홈페이지 | **www.cyber.co.kr**
ISBN | 978-89-315-8411-0 (13530)
정가 | 42,000원

이 책을 만든 사람들
책임 | 최옥현
진행 | 이용화, 곽민선
교정 · 교열 | 곽민선
전산편집 | 이다혜, 이지연
표지 디자인 | 박원석
홍보 | 김계향, 임진성, 김주승, 최정민
국제부 | 이선민, 조혜란
마케팅 | 구본철, 차정욱, 오영일, 나진호, 강호묵
마케팅 지원 | 장상범
제작 | 김유석

모든 수험생을 위한 대한민국 No.1 수험서

성안당은 여러분의 합격을
기원합니다!

산업위생관리기사 필기

별책부록

핵심이론 & 핵심공식

핵심써머리

서영민 지음

핵심써머리는
필기시험을 준비하는 데 꼭 알아야 하는
중요 이론과 공식을 정리한 것으로
필기시험의 시작과 마무리를 책임집니다.

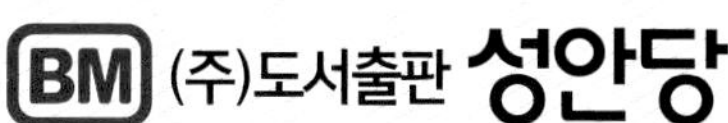

"산업위생관리분야 No.1 수험서"

서영민 저자의 산업위생관리기사 필기는 필수 내용만을 간결하고도 이해하기 쉽게 정리하여 가장 효율적인 공부를 제공하기에 **많은 수험생들이 선택한 산업위생관리분야 베스트 수험서**입니다.

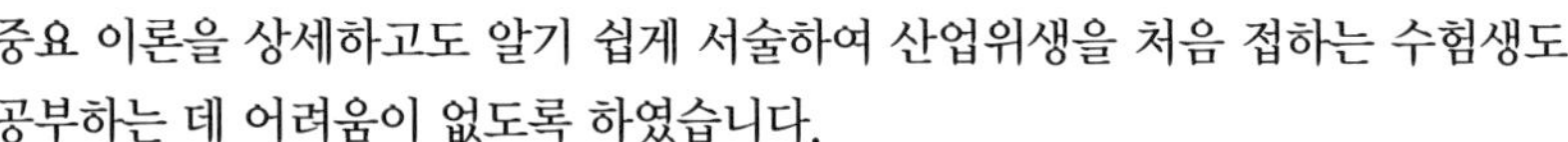

이 책의 특징

1. 알기 쉽고 상세한 이론 구성!

중요 이론을 상세하고도 알기 쉽게 서술하여 산업위생을 처음 접하는 수험생도 공부하는 데 어려움이 없도록 하였습니다.

2. 개정된 법의 내용을 정확하게 반영!

「산업안전보건법」, 「산업안전보건기준에 관한 규칙」 등 관련 법과 기준의 개정된 내용을 이론과 기출에 모두 정확하게 반영하였습니다.

3. 기본개념문제를 통한 적용 연습!

과목별 이론과 기본개념문제를 함께 수록하여 내용에 대한 확인 학습이 바로 이루어질 수 있도록 하였습니다.

4. 다년간의 기출문제를 정확하고 상세하게 풀이!

2024년 3회까지의 기출문제를 정확하고도 상세한 풀이와 함께 수록하였습니다.

5. 저자 직강 동영상 강의 교재!

제대로 가르쳐 한번에 합격시키는 저자 직강 동영상 강의도 준비되어 있습니다.

산업위생관리기사 필기

핵심이론 & 핵심공식

핵심써머리

서영민 지음

BM (주)도서출판 성안당

| 핵심써머리 **차례** |

Chapter 1. 필기 핵심이론

Chapter 2. 필기 핵심공식

필기 핵심이론

핵심이론 01 산업위생 일반

1 산업위생의 정의 및 관리 목적

① 산업위생의 정의 – 미국산업위생학회(AIHA, 1994)
근로자나 일반 대중(지역주민)에게 질병, 건강장애와 안녕방해, 심각한 불쾌감 및 능률 저하 등을 초래하는 작업환경 요인과 스트레스를 예측 · 측정 · 평가하고 관리하는 과학과 기술이다.

② 산업위생관리의 목적
㉠ 작업환경과 근로조건의 개선 및 직업병의 근원적 예방
㉡ 작업환경 및 작업조건의 인간공학적 개선
㉢ 작업자의 건강보호 및 작업능률(생산성) 향상
㉣ 근로자의 육체적 · 정신적 · 사회적 건강을 유지 및 증진
㉤ 산업재해의 예방 및 직업성 질환 유소견자의 작업 전환

2 한국 산업위생의 주요 역사

연도	주요 역사
1953년	「근로기준법」 제정 · 공포(우리나라 산업위생에 관한 최초의 법령) ※ 근로기준법의 주요 내용 : 안전과 위생에 관한 조항 규정 및 산업재해를 방지하기 위하여 사업주로 하여금 의무 강요
1981년	「산업안전보건법」 제정 · 공포 ※ 산업안전보건법의 목적 : 근로자의 안전과 보건을 유지 · 증진, 산업재해 예방, 쾌적한 작업환경 조성
1986년	유해물질의 허용농도 제정
1987년	한국산업안전공단 및 한국산업안전교육원 설립
1991년	원진레이온㈜ 이황화탄소(CS_2) 중독 발생 (1991년에 중독을 발견, 1998년에 집단적 직업병 유발)

3 외국 산업위생의 시대별 주요 인물

시대	인물	내용
B.C. 4세기	Hippocrates	광산에서의 납중독 보고(※ 납중독 : 역사상 최초로 기록된 직업병)
1493~1541년	Philippus Paracelsus	"모든 화학물질은 독물이며, 독물이 아닌 화학물질은 없다. 따라서 적절한 양을 기준으로 독물 또는 치료약으로 구별된다"고 주장(독성학의 아버지)
1633~1714년	Bernardino Ramazzini	• 이탈리아의 의사로, 산업보건의 시조, 산업의학의 아버지로 불림 • 1700년에 「직업인의 질병(De Morbis Artificum Diatriba)」을 저술 • 직업병의 원인을 크게 두 가지로 구분(작업장에서 사용하는 유해물질, 근로자들의 불완전한 작업이나 과격한 동작)
18세기	Percivall Pott	• 영국의 외과의사로, 직업성 암을 최초로 보고 • 어린이 굴뚝청소부에게 많이 발생하는 음낭암(scrotal cancer) 발견하고, 원인물질은 검댕 속 여러 종류의 다환방향족 탄화수소(PAH)라고 규명
20세기	Alice Hamilton	• 미국 최초의 산업위생학자·산업의학자이자, 현대적 의미의 최초 산업위생전문가(최초 산업의학자) • 20세기 초 미국 산업보건 분야에 크게 공헌

4 산업위생 분야 종사자의 윤리강령(윤리적 행위의 기준) – 미국산업위생학술원(AAIH)

구분	주요 역사
산업위생 전문가로서의 책임	• 성실성과 학문적 실력 면에서 최고수준을 유지한다. • 과학적 방법의 적용과 자료의 해석에서 경험을 통한 전문가의 객관성을 유지한다. • 전문 분야로서의 산업위생을 학문적으로 발전시킨다. • 근로자, 사회 및 전문 직종의 이익을 위해 과학적 지식을 공개하고 발표한다. • 산업위생활동을 통해 얻은 개인 및 기업체의 기밀은 누설하지 않는다. • 전문적 판단이 타협에 의하여 좌우될 수 있거나 이해관계가 있는 상황에는 개입하지 않는다.
근로자에 대한 책임	• 근로자의 건강보호가 산업위생전문가의 일차적 책임임을 인지한다. • 근로자와 기타 여러 사람의 건강과 안녕이 산업위생전문가의 판단에 좌우된다는 것을 깨달아야 한다. • 위험요인의 측정·평가 및 관리에 있어서 외부 영향력에 굴하지 않고 중립적(객관적) 태도를 취한다. • 건강의 유해요인에 대한 정보(위험요소)와 필요한 예방조치에 대해 근로자와 상담(대화)한다.
기업주와 고객에 대한 책임	• 결과 및 결론을 뒷받침할 수 있도록 정확한 기록을 유지하고, 산업위생 사업의 전문가답게 전문부서들을 운영·관리한다. • 기업주와 고객보다는 근로자의 건강보호에 궁극적 책임을 두고 행동한다. • 쾌적한 작업환경을 조성하기 위하여 산업위생 이론을 적용하고 책임감 있게 행동한다. • 신뢰를 바탕으로 정직하게 권하고, 성실한 자세로 충고하며, 결과와 개선점 및 권고사항을 정확히 보고한다.
일반 대중에 대한 책임	• 일반 대중에 관한 사항은 학술지에 정직하게 사실 그대로 발표한다. • 적정(정확)하고도 확실한 사실(확인된 지식)을 근거로 전문적인 견해를 발표한다.

5 산업위생 단체와 산업보건 허용기준의 표현

① 미국정부산업위생전문가협의회(ACGIH ; American Conference of Governmental Industrial Hygienists)
매년 화학물질과 물리적 인자에 대한 노출기준(TLV) 및 생물학적 노출지수(BEI)를 발간하여 노출기준 제정에 있어서 국제적으로 선구적인 역할을 담당하고 있는 기관

② 미국산업안전보건청(OSHA ; Occupational Safety and Health Administration)
PEL(Permissible Exposure Limits) 기준 사용(법적 기준, 우리나라 고용노동부 성격과 유사함)

③ 미국국립산업안전보건연구원(NIOSH ; National Institute for Occupational Safety and Health)
REL(Recommended Exposure Limits) 기준 사용(권고사항)

④ 미국산업위생학회(AIHA ; American Industrial Hygiene Association) : WEEL 사용

⑤ 우리나라 고용노동부 : 노출기준 사용

6 ACGIH에서 권고하는 허용농도(TLV) 적용상 주의사항

① 대기오염 평가 및 지표(관리)에 사용할 수 없다.
② 24시간 노출 또는 정상작업시간을 초과한 노출에 대한 독성 평가에는 적용할 수 없다.
③ 기존 질병이나 신체적 조건을 판단(증명 또는 반증자료)하기 위한 척도로 사용할 수 없다.
④ 작업조건이 다른 나라에서 ACGIH-TLV를 그대로 사용할 수 없다.
⑤ 안전농도와 위험농도를 정확히 구분하는 경계선이 아니다.
⑥ 독성의 강도를 비교할 수 있는 지표는 아니다.
⑦ 피부로 흡수되는 양은 고려하지 않은 기준이다.

7 주요 허용기준(노출기준)의 특징

구분	특징
시간가중 평균농도 (TWA ; Time Weighted Average)	1일 8시간, 주 40시간 동안의 평균농도로서, 거의 모든 근로자가 평상 작업에서 반복하여 노출되더라도 건강장애를 일으키지 않는 공기 중 유해물질의 농도
단시간 노출농도 (STEL ; Short Term Exposure Limits)	근로자가 1회 15분간 유해인자에 노출되는 경우의 기준(허용농도)
최고노출기준 (최고허용농도, C ; Ceiling)	근로자가 작업시간 동안 잠시라도 노출되어서는 안 되는 기준(허용농도)
시간가중 평균노출기준 (TLV-TWA)	ACGIH에서의 노출상한선과 노출시간 권고사항 • TLV-TWA의 3배 : 30분 이하 • TLV-TWA의 5배 : 잠시라도 노출 금지

8 노출기준에 피부(SKIN) 표시를 하여야 하는 물질

① 손이나 팔에 의한 흡수가 몸 전체 흡수에 지대한 영향을 주는 물질
② 반복하여 피부에 도포했을 때 전신작용을 일으키는 물질
③ 급성 동물실험 결과 피부 흡수에 의한 치사량(LD_{50})이 비교적 낮은 물질
④ 옥탄올-물 분배계수가 높아 피부 흡수가 용이한 물질
⑤ 다른 노출경로에 비하여 피부 흡수가 전신작용에 중요한 역할을 하는 물질

9 공기 중 혼합물질의 화학적 상호작용(혼합작용) 구분

구분	상대적 독성수치 표현
상가작용(additive effect)	2+3=5
상승작용(synergism effect)	2+3=2
잠재작용(potentiation effect, 가승작용)	2+0=10
길항작용(antagonism effect, 상쇄작용)	2+3=1

10 ACGIH에서 유해물질의 TLV 설정 · 개정 시 이용 자료(노출기준 설정 이론적 배경)

① 화학구조상 유사성
② 동물실험 자료
③ 인체실험 자료
④ 사업장 역학조사 자료 ◀**가장 신뢰성 있음**

11 기관장애 3단계

① **항상성(homeostasis) 유지단계** : 정상적인 상태
② **보상(compensation) 유지단계** : 노출기준 설정단계
③ **고장(breakdown) 장애단계** : 비가역적 단계

핵심이론 02 피로(산업피로)

1 피로(산업피로)의 일반적 특징

① 피로는 고단하다는 주관적 느낌이라 할 수 있다.
② 피로 자체는 질병이 아니라, 가역적인 생체변화이다.
③ 피로는 작업강도에 반응하는 육체적 · 정신적 생체현상이다.
④ 정신적 피로와 신체적 피로는 보통 함께 나타나 구별하기 어렵다.
⑤ 피로현상은 개인차가 심하므로 작업에 대한 개체의 반응을 어디서부터 피로현상이라고 타각적 수치로 나타내기 어렵다.
⑥ 피로의 자각증상은 피로의 정도와 반드시 일치하지는 않는다.
⑦ 노동수명(turn over ratio)으로도 피로를 판정할 수 있다.
⑧ 작업시간이 등차급수적으로 늘어나면 피로회복에 요하는 시간은 등비급수적으로 증가하게 된다.
⑨ 정신 피로는 중추신경계의 피로를, 근육 피로는 말초신경계의 피로를 의미한다.

2 피로의 3단계

① **1단계 – 보통피로** : 하룻밤 자고 나면 완전히 회복
② **2단계 – 과로** : 단기간 휴식 후 회복
③ **3단계 – 곤비** : 병적 상태(과로가 축적되어, 단시간에 회복될 수 없는 단계)

3 피로물질의 종류

크레아틴, 젖산, 초성포도당, 시스테인, 시스틴, 암모니아, 잔여질소

4 피로 측정방법의 구분

① **산업피로 기능검사(객관적 피로 측정방법)**
   ㉠ **연속측정법**
   ㉡ 생리심리학적 검사법 : 역치측정, 근력검사, 행위검사
   ㉢ 생화학적 검사법 : 혈액검사, 뇨단백검사
   ㉣ 생리적 방법 : 연속반응시간, 호흡순환기능, 대뇌피질활동
② **피로의 주관적 측정을 위해 사용하는 방법**
   CMI(Cornell Medical Index)로 피로의 자각증상을 측정

5 지적속도의 의미

작업자의 체격과 숙련도, 작업환경에 따라 피로를 가장 적게 하고 생산량을 최고로 올릴 수 있는 가장 경제적인 작업속도

6 전신피로의 원인(전신피로의 생리학적 현상)

① 혈중 포도당 농도 저하◀**가장 큰 원인**
② 산소공급 부족
③ 혈중 젖산 농도 증가
④ 근육 내 글리코겐 양의 감소
⑤ 작업강도의 증가

7 전신피로 · 국소피로의 평가

구분	전신피로	국소피로
평가방법	작업종료 후 심박수(heart rate)	근전도(EMG)
평가결과	심한 전신피로상태 : HR_1이 110을 초과하고 HR_3와 HR_2의 차이가 10 미만인 경우	정상근육과 비교하여 피로한 근육에서 나타나는 EMG의 특징 • 저주파(0~40Hz) 영역에서 힘(전압)의 증가 • 고주파(40~200Hz) 영역에서 힘(전압)의 감소 • 평균주파수 영역에서 힘(전압)의 감소 • 총 전압의 증가

8 산소부채의 의미

산소부채(oxygen debt)란 운동이 격렬하게 진행될 때 산소 섭취량이 수요량에 미치지 못하여 일어나는 산소부족현상으로, 산소부채량은 원래대로 보상되어야 하므로 운동이 끝난 뒤에도 일정 시간 산소를 소비한다.

9 산소 소비량과 작업대사량

① **근로자의 산소 소비량 구분**
　㉠ 휴식 중 산소 소비량 : 0.25L/min
　㉡ 운동 중 산소 소비량 : 5L/min
② **산소 소비량 - 작업대사량의 환산**
　산소 소비량 1L ≒ 5kcal(에너지량)

10 육체적 작업능력(PWC)

① 젊은 남성이 일반적으로 평균 16kcal/min(여성은 평균 12kcal/min) 정도의 작업을 피로를 느끼지 않고 하루에 4분간 계속할 수 있는 작업강도이다.
② 하루 8시간(480분) 작업 시에는 PWC의 1/3에 해당된다. 즉, 남성은 5.3kcal/min, 여성은 4kcal/min이다.
③ PWC를 결정할 수 있는 기능은 개인의 심폐기능이다.

11 RMR에 의한 작업강도 분류

RMR	작업(노동)강도	실노동률(%)
0~1	경작업	80 이상
1~2	중등작업	80~76
2~4	강작업	76~67
4~7	중작업	67~50
7 이상	격심작업	50 이하

12 교대근무제 관리원칙(바람직한 교대제)

① 각 반의 근무시간은 8시간씩 교대로 하고, 야근은 가능한 짧게 한다.
② 2교대인 경우 최소 3조의 정원을, 3교대인 경우 4조를 편성한다.
③ 채용 후 건강관리로 체중, 위장증상 등을 정기적으로 기록해야 하며, 근로자의 체중이 3kg 이상 감소하면 정밀검사를 받아야 한다.
④ 평균 주작업시간은 40시간을 기준으로, '갑반 → 을반 → 병반'으로 순환하게 한다.
⑤ 근무시간의 간격은 15~16시간 이상으로 하는 것이 좋다.
⑥ 야근 주기는 4~5일로 한다.
⑦ 신체 적응을 위하여 야간근무의 연속일수는 2~3일로 하며, 야간근무를 3일 이상 연속으로 하는 경우에는 피로 축적현상이 나타나게 되므로 연속하여 3일을 넘기지 않도록 한다.
⑧ 야근 후 다음 반으로 가는 간격은 최소 48시간 이상의 휴식시간을 갖도록 하여야 한다.
⑨ 야근 교대시간은 상오 0시 이전에 하는 것이 좋다(심야시간을 피함).
⑩ 야근 시 가면은 반드시 필요하며, 보통 2~4시간(1시간 30분 이상)이 적합하다.

13 플렉스타임(flex-time) 제도

작업장의 기계화, 생산의 조직화, 기업의 경제성을 고려하여 모든 근로자가 근무를 하지 않으면 안 되는 중추시간(core time)을 설정하고, 지정된 주간 근무시간 내에서 자유 출퇴근을 인정하는 제도, 즉 작업상 전 근로자가 일하는 중추시간을 제외하고 주당 40시간 내외의 근로조건하에서 자유롭게 출퇴근하는 제도

14 산업피로의 예방과 대책

① 불필요한 동작을 피하고, 에너지 소모를 적게 한다.
② 동적인 작업을 늘리고, 정적인 작업을 줄인다.
③ 장시간 한 번 휴식하는 것보다 단시간씩 여러 번 나누어 휴식하는 것이 피로회복에 도움이 된다.
④ 작업에 주로 사용하는 팔은 심장 높이에 두도록 하며, 작업물체와 눈과의 거리는 명시거리로 30cm 정도를 유지하도록 한다.
⑤ 원활한 혈액의 순환을 위해 작업에 사용하는 신체부위를 심장 높이보다 위에 두도록 한다.

핵심이론 03 인간공학

1 인간공학 활용 3단계

① 1단계 – 준비단계
인간공학에서 인간과 기계 관계 구성인자의 특성이 무엇인지를 알아야 하는 단계

② 2단계 – 선택단계
세부 설계를 하여야 하는 인간공학의 활용단계

③ 3단계 – 검토단계
인간공학적으로 인간과 기계 관계의 비합리적인 면을 수정 · 보완하는 단계

2 인간공학에 적용되는 인체측정방법

① 정적 치수(구조적 인체치수)
동적인 치수에 비하여 데이터 수가 많아 표(table) 형태로 제시 가능

② 동적 치수(기능적 인체치수)
정적인 치수에 비해 상대적으로 데이터가 적어 표(table) 형태로 제시 어려움

3 동작경제의 3원칙

① 신체의 사용에 관한 원칙
② 작업장의 배치에 관한 원칙
③ 공구 및 설비의 설계에 관한 원칙

핵심이론 04 작업환경, 작업생리와 근골격계 질환

1 L_5/S_1 디스크

L_5/S_1 디스크는 척추의 디스크(disc) 중 앉을 때와 서 있을 때, 물체를 들어 올릴 때와 쥘 때 발생하는 압력이 가장 많이 흡수되는 디스크이다.

2 수평 작업영역의 구분

구분	내용
정상작업역 (표준영역, normal area)	• 상박부를 자연스런 위치에서 몸통부에 접하고 있을 때 전박부가 수평면 위에서 쉽게 도착할 수 있는 운동범위 • 위팔(상완)을 자연스럽게 수직으로 늘어뜨린 채 아래팔(전완)만으로 편안하게 뻗어 파악할 수 있는 영역 • 앉은 자세에서 위팔은 몸에 붙이고, 아래팔만 곧게 뻗어 닿는 범위
최대작업역 (최대영역, maximum area)	• 팔 전체가 수평상에 도달할 수 있는 작업영역 • 어깨에서 팔을 뻗어 도달할 수 있는 최대영역 • 움직이지 않고 상지를 뻗어서 닿는 범위

3 바람직한 VDT 작업자세

① 위쪽 팔과 아래쪽 팔이 이루는 각도(내각)는 90° 이상이 적당하다.

② 화면을 향한 눈의 높이는 화면보다 약간 높은 것이 좋고, 작업자의 시선은 수평선상으로부터 아래로 5~10°(10~15°) 이내여야 한다.

4 노동에 필요한 에너지원

대사의 종류	구분	내용
혐기성 대사 (anaerobic metabolism)	정의	근육에 저장된 화학적 에너지
	대사의 순서 (시간대별)	ATP(아데노신삼인산) → CP(크레아틴인산) → [Glycogen(글리코겐) or Glucose(포도당)]
호기성 대사 (aerobic metabolism)	정의	대사과정(구연산 회로)을 거쳐 생성된 에너지
	대사의 과정	[포도당(탄수화물) / 단백질 / 지 방] + 산소 ⇨ 에너지원

※ 혐기성과 호기성 대사에 모두 에너지원으로 작용하는 것은 포도당(glucose)이다.

5 비타민 B_1의 역할

작업강도가 높은 근로자의 근육에 호기적 산화를 촉진시켜 근육의 열량 공급을 원활히 해주는 영양소로, 근육운동(노동) 시 보급해야 한다.

6 ACGIH의 작업 시 소비열량(작업대사량)에 따른 작업강도 분류(고용노동부 적용)

① **경작업** : 200kcal/hr까지 작업
② **중등도작업** : 200~350kcal/hr까지 작업
③ **중작업(심한 작업)** : 350~500kcal/hr까지 작업

7 근골격계 질환 발생요인

① 반복적인 동작
② 부적절한 작업자세
③ 무리한 힘의 사용
④ 날카로운 면과의 신체 접촉
⑤ 진동 및 온도(저온)

8 근골격계 질환 관련 용어

① 누적외상성 질환(CTDs ; Cumulative Trauma Disorders)
② 근골격계 질환(MSDs ; Musculo Skeletal Disorders)
③ 반복성 긴장장애(RSI ; Repetitive Strain Injuries)
④ 경견완증후군(고용노동부, 1994, 업무상 재해 인정기준)

9 근골격계 질환을 줄이기 위한 작업관리방법

① 수공구의 무게는 가능한 줄이고, 손잡이는 접촉면적을 크게 한다.
② 손목, 팔꿈치, 허리가 뒤틀리지 않도록 한다. 즉, 부자연스러운 자세를 피한다.
③ 작업시간을 조절하고, 과도한 힘을 주지 않는다.
④ 동일한 자세로 장시간 하는 작업을 피하고 작업대사량을 줄인다.
⑤ 근골격계 질환을 예방하기 위한 작업환경 개선의 방법으로 인체 측정치를 이용한 작업환경 설계 시 가장 먼저 고려하여야 할 사항은 조절가능 여부이다.

10 근골격계 부담작업에 근로자를 종사하도록 하는 경우 유해요인 조사

① 설비 · 작업공정 · 작업량 · 작업속도 등 작업장 상황
② 작업시간 · 작업자세 · 작업방법 등 작업조건
③ 작업과 관련된 근골격계 질환 징후 및 증상 유무 등
※ 유해요인 조사는 위 사항을 포함하며 3년마다 실시한다.

핵심이론 05 직무 스트레스와 적성

1 NIOSH에서 제시한 직무 스트레스 모형에서 직무 스트레스 요인

작업요인	환경요인(물리적 환경)	조직요인
• 작업부하 • 작업속도 • 교대근무	• 소음 · 진동 • 고온 · 한랭 • 환기 불량 • 부적절한 조명	• 관리유형 • 역할요구 • 역할 모호성 및 갈등 • 경력 및 직무 안전성

2 직무 스트레스 관리

개인 차원의 관리	집단(조직) 차원의 관리
• 자신의 한계와 문제 징후를 인식하여 해결방안 도출 • 신체검사를 통하여 스트레스성 질환 평가 • 긴장이완훈련(명상, 요가 등)으로 생리적 휴식상태 경험 • 규칙적인 운동으로 스트레스를 줄이고, 직무 외적인 취미, 휴식 등에 참여하여 대처능력 함양	• 개인별 특성요인을 고려한 작업근로환경 • 작업계획 수립 시 적극적 참여 유도 • 사회적 지위 및 일 재량권 부여 • 근로자 수준별 작업 스케줄 운영 • 적절한 작업과 휴식시간 • 조직구조와 기능의 변화 • 우호적인 직장 분위기 조성 • 사회적 지원 시스템 가동

3 산업 스트레스의 발생요인으로 작용하는 집단 갈등 해결방법

집단 간의 갈등이 심한 경우	집단 간의 갈등이 너무 낮은 경우(갈등 촉진방법)
• 상위의 공동 목표 설정 • 문제의 공동 해결법 토의 • 집단 구성원 간의 직무 순환 • 상위층에서 전제적 명령 및 자원의 확대	• 경쟁의 자극(성과에 대한 보상) • 조직구조의 변경(경쟁부서 신설) • 의사소통(커뮤니케이션)의 증대 • 자원의 축소

4 적성검사의 분류

① 신체검사(신체적 적성검사, 체격검사)
② 생리적 기능검사(생리적 적성검사) : 감각기능검사, 심폐기능검사, 체력검사
③ 심리학적 검사(심리학적 적성검사) : 지능검사, 지각동작검사, 인성검사, 기능검사

핵심이론 06 직업성 질환과 건강관리

1 직업병의 원인물질(직업성 질환 유발물질, 작업환경의 유해요인)

① 물리적 요인 : 소음 · 진동, 유해광선(전리 · 비전리 방사선), 온도(온열), 이상기압, 한랭, 조명 등
② 화학적 요인 : 화학물질(유기용제 등), 금속증기, 분진, 오존 등
③ 생물학적 요인 : 각종 바이러스, 진균, 리케차, 쥐 등
④ 인간공학적 요인 : 작업방법, 작업자세, 작업시간, 중량물 취급 등

2 직업성 질환의 예방

① 1차 예방 : 원인 인자의 제거나 원인이 되는 손상을 막는 것
② 2차 예방 : 근로자가 진료를 받기 전 단계인 초기에 질병을 발견하는 것
③ 3차 예방 : 치료와 재활 과정

3 작업공정별 발생 직업성 질환

① 용광로 작업 : 고온장애(열경련 등)
② 제강, 요업 : 열사병
③ 갱내 착암작업 : 산소 결핍
④ 채석, 채광 : 규폐증
⑤ 샌드블라스팅 : 호흡기 질환
⑥ 도금작업 : 비중격천공
⑦ 축전지 제조 : 납중독

4 유해인자별 발생 직업병

① 크롬 : 폐암
② 수은 : 무뇨증
③ 망간 : 신장염
④ 석면 : 악성중피종
⑤ 이상기압 : 폐수종
⑥ 고열 : 열사병
⑦ 한랭 : 동상
⑧ 방사선 : 피부염, 백혈병
⑨ 소음 : 소음성 난청
⑩ 진동 : 레이노(Raynaud) 현상
⑪ 조명 부족 : 근시, 안구진탕증

5 건강진단의 종류

① 일반 건강진단
② 특수 건강진단
③ 배치 전 건강진단
④ 수시 건강진단
⑤ 임시 건강진단

6 건강진단 결과 건강관리 구분

건강관리 구분		건강관리 구분 내용
A		건강한 근로자
C	C_1	직업병 요관찰자
	C_2	일반 질병 요관찰자
D_1		직업병 유소견자
D_2		일반 질병 유소견자
R		제2차 건강진단 대상자

※ "U"는 2차 건강진단 대상임을 통보하고 30일을 경과하여 해당 검사가 이루어지지 않아 건강관리 구분을 판정할 수 없는 근로자를 말한다.

7 신체적 결함에 따른 부적합 작업

① **간기능 장애** : 화학공업(유기용제 취급 작업)
② **편평족** : 서서 하는 작업
③ **심계항진** : 격심 작업, 고소 작업
④ **고혈압** : 이상기온 · 이상기압에서의 작업
⑤ **경견완증후군** : 타이핑 작업
⑥ **빈혈증** : 유기용제 취급 작업
⑦ **당뇨증** : 외상 입기 쉬운 작업

핵심이론 07 실내오염과 사무실 관리

1 실내오염 관련 질환의 종류

① 빌딩증후군(SBS)
② 복합화학물질 민감 증후군(MCS)
③ 새집증후군(SHS)
④ 빌딩 관련 질병현상(BRI) : 레지오넬라병

2 실내오염인자 중 주요 화학물질

① 포름알데히드
㉠ 페놀수지의 원료로서 각종 합판, 칩보드, 가구, 단열재 등으로 사용된다.
㉡ 눈과 상부 기도를 자극하여 기침과 눈물을 야기하고, 어지러움, 구토, 피부질환, 정서불안정의 증상을 나타낸다.
㉢ 접착제 등의 원료로 사용되며, 피부나 호흡기에 자극을 준다.
㉣ 자극적인 냄새가 나고, 메틸알데히드라고도 한다.
㉤ 일반주택 및 공공건물에 많이 사용하는 건축자재와 섬유 옷감이 그 발생원이다.
㉥ 「산업안전보건법」상 사람에 충분한 발암성 증거가 있는 물질(1A)로 분류한다.

② 라돈
㉠ 자연적으로 존재하는 암석이나 토양에서 발생하는 토륨(thorium), 우라늄(uranium)의 붕괴로 인해 생성되는 자연방사성 가스로, 공기보다 9배 정도 무거워 지표에 가깝게 존재한다.
㉡ 무색 · 무취 · 무미한 가스로, 인간의 감각으로 감지할 수 없다.
㉢ 라듐의 α붕괴에서 발생하며, 호흡하기 쉬운 방사성 물질이다.
㉣ 라돈의 동위원소에는 Rn^{222}, Rn^{220}, Rn^{219}가 있고, 이 중 반감기가 긴 Rn^{222}가 실내공간의 인체 위해성 측면에서 주요 관심대상이며, 지하공간에서 더 높은 농도를 보인다.
㉤ 방사성 기체로서 지하수, 흙, 석고실드(석고보드), 콘크리트, 시멘트나 벽돌, 건축자재 등에서 발생하여 폐암 등을 발생시킨다.

3 실내환경에서 이산화탄소의 특징

① 환기의 지표물질 및 실내오염의 주요 지표로 사용된다.
② CO_2의 증가는 산소의 부족을 초래하기 때문에 주요 실내오염물질로 적용된다.
③ 직독식 또는 검지관 kit로 측정한다.
④ 쾌적한 사무실 공기를 유지하기 위해 CO_2는 1,000ppm 이하로 관리해야 한다.

4 사무실 오염물질 관리기준

오염물질	관리기준
미세먼지(PM 10)	$100\mu g/m^3$ 이하
초미세먼지(PM 2.5)	$50\mu g/m^3$ 이하
이산화탄소(CO_2)	1,000ppm 이하
일산화탄소(CO)	10ppm 이하
이산화질소(NO_2)	0.1ppm 이하
포름알데히드(HCHO)	$100\mu g/m^3$ 이하
총휘발성 유기화합물(TVOC)	$500\mu g/m^3$ 이하
라돈(radon)	$148Bq/m^3$ 이하
총부유세균	$800CFU/m^3$ 이하
곰팡이	$500CFU/m^3$ 이하

※ 1. 관리기준은 8시간 시간가중 평균농도 기준이다.
2. 라돈은 지상 1층을 포함한 지하에 위치한 사무실에만 적용한다.

5 베이크아웃

베이크아웃(bake out)이란 새로운 건물이나 새로 지은 집에 입주하기 전 실내를 모두 닫고 30℃ 이상으로 5~6시간 유지시킨 후 1시간 정도 환기를 하는 방식을 여러 번 하여 실내의 VOC나 포름알데히드의 저감효과를 얻는 방법이다.

핵심이론 08 평가 및 통계

1 산업위생 통계의 대푯값

기하평균, 중앙값, 산술평균값, 가중평균값, 최빈값

2 중앙값의 의미

중앙값(median)이란 N개의 측정치를 크기 중앙값 순서로 배열 시 $X_1 \leq X_2 \leq X_3 \leq \cdots \leq X_n$이라 할 때 중앙에 오는 값이다. 값이 짝수일 때는 중앙값이 유일하지 않고 두 개가 될 수 있는데, 이 경우 중앙 두 값의 평균을 중앙값(중앙치)으로 한다.

3 위해도 평가 결정의 우선순위

① 화학물질의 위해성
② 공기 중으로의 확산 가능성
③ 노출 근로자 수
④ 물질 사용시간

핵심이론 09 「산업안전보건법」의 주요 내용

1 중대재해의 정의

① 사망자가 1명 이상 발생한 재해
② 3개월 이상의 요양을 요하는 부상자가 동시에 2명 이상 발생한 재해
③ 부상자 또는 직업성 질병자가 동시에 10명 이상 발생한 재해

2 작업환경 측정 주기 및 횟수

① 사업주는 작업장 또는 작업공정이 신규로 가동되거나 변경되는 등으로 작업환경 측정대상 작업장이 된 경우에는 그 날부터 30일 이내에 작업환경 측정을 실시하고, 그 후 반기에 1회 이상 정기적으로 작업환경을 측정하여야 한다. 다만, 작업환경 측정결과가 다음의 어느 하나에 해당하는 작업장 또는 작업공정은 해당 유해인자에 대하여 그 측정일부터 3개월에 1회 이상 작업환경을 측정해야 한다.
  ㉠ 화학적 인자(고용노동부장관이 정하여 고시하는 물질만 해당)의 측정치가 노출기준을 초과하는 경우
  ㉡ 화학적 인자(고용노동부장관이 정하여 고시하는 물질은 제외)의 측정치가 노출기준을 2배 이상 초과하는 경우

② 제①항에도 불구하고 사업주는 최근 1년간 작업공정에서 공정 설비의 변경, 작업방법의 변경, 설비의 이전, 사용 화학물질의 변경 등으로 작업환경 측정결과에 영향을 주는 변화가 없는 경우 1년에 1회 이상 작업환경 측정을 할 수 있는 경우
  ㉠ 작업공정 내 소음의 작업환경 측정결과가 최근 2회 연속 85dB 미만인 경우
  ㉡ 작업공정 내 소음 외의 다른 모든 인자의 작업환경 측정결과가 최근 2회 연속 노출기준 미만인 경우

3 보건관리자의 업무

① 산업안전보건위원회 또는 노사협의체에서 심의·의결한 업무와 안전보건관리규정 및 취업규칙에서 정한 업무
② 안전인증대상 기계 등과 자율안전확인대상 기계 등 중 보건과 관련된 보호구(保護具) 구입 시 적격품 선정에 관한 보좌 및 지도·조언
③ 위험성평가에 관한 보좌 및 지도·조언
④ 작성된 물질안전보건자료의 게시 또는 비치에 관한 보좌 및 지도·조언
⑤ 산업보건의의 직무
⑥ 해당 사업장 보건교육계획의 수립 및 보건교육 실시에 관한 보좌 및 지도·조언
⑦ 해당 사업장의 근로자를 보호하기 위한 다음의 조치에 해당하는 의료행위
  ㉠ 자주 발생하는 가벼운 부상에 대한 치료
  ㉡ 응급처치가 필요한 사람에 대한 처치
  ㉢ 부상·질병의 악화를 방지하기 위한 처치
  ㉣ 건강진단 결과 발견된 질병자의 요양 지도 및 관리
  ㉤ ㉠부터 ㉣까지의 의료행위에 따르는 의약품의 투여
⑧ 작업장 내에서 사용되는 전체환기장치 및 국소배기장치 등에 관한 설비의 점검과 작업방법의 공학적 개선에 관한 보좌 및 지도·조언
⑨ 사업장 순회점검, 지도 및 조치 건의
⑩ 산업재해 발생의 원인 조사·분석 및 재발 방지를 위한 기술적 보좌 및 지도·조언
⑪ 산업재해에 관한 통계의 유지·관리·분석을 위한 보좌 및 지도·조언
⑫ 법 또는 법에 따른 명령으로 정한 보건에 관한 사항의 이행에 관한 보좌 및 지도·조언
⑬ 업무 수행 내용의 기록·유지
⑭ 그 밖에 보건과 관련된 작업관리 및 작업환경관리에 관한 사항으로서 고용노동부장관이 정하는 사항

4 보건관리자의 자격

① 「의료법」에 따른 의사
② 「의료법」에 따른 간호사
③ 산업보건지도사
④ 「국가기술자격법」에 따른 산업위생관리산업기사 또는 대기환경산업기사 이상의 자격을 취득한 사람
⑤ 「국가기술자격법」에 따른 인간공학기사 이상의 자격을 취득한 사람
⑥ 「고등교육법」에 따른 전문대학 이상의 학교에서 산업보건 또는 산업위생 분야의 학위를 취득한 사람

핵심이론 10 「산업안전보건기준에 관한 규칙」의 주요 내용

1 특별관리물질의 정의

특별관리물질이란 발암성 물질, 생식세포 변이원성 물질, 생식독성 물질 등 근로자에게 중대한 건강장애를 일으킬 우려가 있는 물질을 말한다.

① 벤젠
② 1,3-부타디엔
③ 1-브로모프로판
④ 2-브로모프로판
⑤ 사염화탄소
⑥ 에피클로로히드린
⑦ 트리클로로에틸렌
⑧ 페놀
⑨ 포름알데히드
⑩ 납 및 그 무기화합물
⑪ 니켈 및 그 화합물
⑫ 안티몬 및 그 화합물
⑬ 카드뮴 및 그 화합물
⑭ 6가크롬 및 그 화합물
⑮ pH 2.0 이하 황산
⑯ 산화에틸렌 외 20종

2 허가대상 유해물질 제조 · 사용 시 근로자에게 알려야 할 유해성 주지사항

① 물리적 · 화학적 특성
② 발암성 등 인체에 미치는 영향과 증상
③ 취급상의 주의사항
④ 착용하여야 할 보호구와 착용방법
⑤ 위급상황 시의 대처방법과 응급조치 요령
⑥ 그 밖에 근로자의 건강장애 예방에 관한 사항

3 국소배기장치 사용 전 점검사항

① 덕트 및 배풍기의 분진상태
② 덕트 접속부가 헐거워졌는지 여부
③ 흡기 및 배기 능력
④ 그 밖에 국소배기장치의 성능을 유지하기 위하여 필요한 사항

4 허가대상 유해물질(베릴륨 및 석면 제외) 국소배기장치의 제어풍속

물질의 상태	제어풍속(m/sec)
가스 상태	0.5
입자 상태	1.0

5 소음작업의 구분

구분	관리기준
소음작업	1일 8시간 작업을 기준으로 85dB 이상의 소음이 발생하는 작업
강렬한 소음작업	• 90dB 이상의 소음이 1일 8시간 이상 발생되는 작업 • 95dB 이상의 소음이 1일 4시간 이상 발생되는 작업 • 100dB 이상의 소음이 1일 2시간 이상 발생되는 작업 • 105dB 이상의 소음이 1일 1시간 이상 발생되는 작업 • 110dB 이상의 소음이 1일 30분 이상 발생되는 작업 • 115dB 이상의 소음이 1일 15분 이상 발생되는 작업
충격 소음작업	소음이 1초 이상의 간격으로 발생하는 작업으로서 다음의 1에 해당하는 작업 • 120dB을 초과하는 소음이 1일 1만 회 이상 발생되는 작업 • 130dB을 초과하는 소음이 1일 1천 회 이상 발생되는 작업 • 140dB을 초과하는 소음이 1일 1백 회 이상 발생되는 작업

6 소음작업, 강렬한 소음작업, 충격 소음작업 시 근로자에게 알려야 할 주지사항

① 해당 작업장소의 소음수준
② 인체에 미치는 영향과 증상
③ 보호구의 선정과 착용방법
④ 그 밖에 소음으로 인한 건강장애 방지에 필요한 사항

7 적정공기와 산소결핍

구분	정의
적정공기	• 산소 농도의 범위가 18% 이상 23.5% 미만인 수준의 공기 • 이산화탄소 농도가 1.5% 미만인 수준의 공기 • 황화수소 농도가 10ppm 미만인 수준의 공기 • 일산화탄소의 농도가 30ppm 미만인 수준의 공기
산소결핍	공기 중의 산소 농도가 18% 미만인 상태

8 밀폐공간 작업 프로그램의 수립 · 시행 시 포함사항

① 사업장 내 밀폐공간의 위치 파악 및 관리방안
② 밀폐공간 내 질식 · 중독 등을 일으킬 수 있는 유해 · 위험 요인의 파악 및 관리방안
③ 밀폐공간 작업 시 사전 확인이 필요한 사항에 대한 확인절차
④ 안전보건 교육 및 훈련
⑤ 그 밖에 밀폐공간 작업 근로자의 건강장애 예방에 관한 사항

핵심이론 11 「화학물질 및 물리적 인자의 노출기준」의 주요 내용

1 노출기준 표시단위

① 가스 및 증기 : ppm 또는 mg/m^3
② 분진 : mg/m^3
③ 석면 및 내화성 세라믹 섬유 : 세제곱센티미터당 개수($개/cm^3$)
④ 고온 : 습구흑구온도지수(WBGT)
④ 소음 : dB(A)

2 발암성 정보물질의 표기

① 1A : 사람에게 충분한 발암성 증거가 있는 물질
② 1B : 실험동물에서 발암성 증거가 충분히 있거나, 실험동물과 사람 모두에게 제한된 발암성 증거가 있는 물질
③ 2 : 사람이나 동물에서 제한된 증거가 있지만, 구분 1로 분류하기에는 증거가 충분하지 않은 물질

핵심이론 12 「화학물질의 분류 · 표시 및 물질안전보건자료에 관한 기준」의 주요 내용

1 경고표지의 색상

경고표지 전체의 바탕은 흰색, 글씨와 테두리는 검은색으로 한다.

2 물질안전보건자료 작성 시 포함되어야 할 항목 및 그 순서

① 화학제품과 회사에 관한 정보
② 유해성 · 위험성
③ 구성 성분의 명칭 및 함유량
④ 응급조치 요령
⑤ 폭발 · 화재 시 대처방법
⑥ 누출사고 시 대처방법
⑦ 취급 및 저장 방법
⑧ 노출 방지 및 개인보호구
⑨ 물리 · 화학적 특성
⑩ 안정성 및 반응성
⑪ 독성에 관한 정보
⑫ 환경에 미치는 영향
⑬ 폐기 시 주의사항
⑭ 운송에 필요한 정보
⑮ 법적 규제 현황
⑯ 그 밖의 참고사항

핵심이론 13 산업재해

1 ILO(국제노동기구)의 상해 분류

① 사망
② 영구 전노동 불능 상해(신체장애등급 1~3급)
③ 영구 일부 노동 불능 상해(신체장애등급 4~14급)
④ 일시 전노동 불능 상해
⑤ 일시 일부 노동 불능 상해
⑥ 응급조치 상해
⑦ 무상해 사고

2 산업재해의 기본 원인(4M)

① Man(사람)
② Machine(기계, 설비)
③ Media(작업환경, 작업방법)
④ Management(법규 준수, 관리)

3 재해 발생비율

하인리히(Heinrich)	버드(Bird)
1 : 29 : 300	1 : 10 : 30 : 600
• 1 : 중상 또는 사망(중대사고, 주요 재해) • 29 : 경상해(경미한 사고, 경미 재해) • 300 : 무상해사고(near accident), 유사 재해	• 1 : 중상 또는 폐질 • 10 : 경상 • 30 : 무상해사고 • 600 : 무상해, 무사고, 무손실 고장(위험순간)

4 하인리히의 도미노이론(사고 연쇄반응)

사회적 환경 및 유전적 요소 (선천적 결함) ⇨ 개인적인 결함 (인간의 결함) ⇨ 불안전한 행동·상태 (인적 원인과 물적 원인) ⇨ 사고 ⇨ 재해

5 산업재해 예방(방지) 4원칙

① 예방가능의 원칙
② 손실우연의 원칙
③ 원인계기의 원칙
④ 대책선정의 원칙

6 하인리히의 사고 예방(방지) 대책의 기본원리 5단계

① **제1단계 :** 안전관리조직 구성(조직)
② **제2단계 :** 사실의 발견
③ **제3단계 :** 분석 평가
④ **제4단계 :** 시정방법의 선정(대책의 선정)
⑤ **제5단계 :** 시정책의 적용(대책 실시)

핵심이론 14 작업환경측정

1 보일-샤를의 법칙

① **보일의 법칙**
일정한 온도에서 기체 부피는 그 압력에 반비례한다. 즉, 압력이 2배 증가하면 부피는 처음의 1/2배로 감소한다.
② **샤를의 법칙**
일정한 압력에서 기체를 가열하면 온도가 1℃ 증가함에 따라 부피는 0℃ 부피의 1/273만큼 증가한다.
③ **보일-샤를의 법칙**
온도와 압력이 동시에 변하면 일정량의 기체 부피는 압력에 반비례하고, 절대온도에 비례한다.

2 게이-뤼삭의 기체반응 법칙

게이-뤼삭(Gay-Lussac)의 기체반응 법칙이란 일정한 부피에서 압력과 온도는 비례한다는 표준가스 법칙이다.

3 작업환경측정의 목적 – AIHA

① 근로자 노출에 대한 기초자료 확보를 위한 측정
② 진단을 위한 측정
③ 법적인 노출기준 초과 여부를 판단하기 위한 측정

4 작업환경측정의 종류

구분	내용
개인시료 (personal sampling)	• 작업환경측정을 실시할 경우 시료채취의 한 방법으로서, 개인시료채취기를 이용하여 가스 · 증기, 흄, 미스트 등을 근로자 호흡위치(호흡기를 중심으로 반경 30cm인 반구)에서 채취하는 것 • 작업환경측정은 개인시료채취를 원칙으로 하고 있으며, 개인시료채취가 곤란한 경우에 한하여 지역시료를 채취 • 대상이 근로자일 경우 노출되는 유해인자의 양이나 강도를 간접적으로 측정하는 방법
지역시료 (area sampling)	• 작업환경측정을 실시할 경우 시료채취의 한 방법으로서, 시료채취기를 이용하여 가스 · 증기, 분진, 흄, 미스트 등 유해인자를 근로자의 정상 작업위치 또는 작업행동범위에서 호흡기 높이에 고정하여 채취 • 단위작업장소에 시료채취기를 설치하여 시료를 채취하는 방법

5 작업환경측정의 예비조사

① 예비조사의 측정계획서 작성 시 포함사항
  ㉠ 원재료의 투입과정부터 최종제품 생산공정까지의 주요 공정 도식
  ㉡ 해당 공정별 작업내용, 측정대상 공정 및 공정별 화학물질 사용실태
  ㉢ 측정대상 유해인자, 유해인자 발생주기, 종사 근로자 현황
  ㉣ 유해인자별 측정방법 및 측정소요기간 등 필요한 사항
② 예비조사의 목적
  ㉠ 유사노출그룹(동일노출그룹, SEG ; HEG)의 설정
  ㉡ 정확한 시료채취전략 수립

6 유사노출그룹(SEG) 설정의 목적

① 시료채취 수를 경제적으로 할 수 있다.
② 모든 작업의 근로자에 대한 노출농도를 평가할 수 있다.
③ 역학조사 수행 시 해당 근로자가 속한 동일노출그룹의 노출농도를 근거로, 노출 원인 및 농도를 추정할 수 있다.
④ 작업장에서 모니터링하고 관리해야 할 우선적인 그룹을 결정하기 위함이다.

핵심이론 15 표준기구(보정기구)의 종류

1 1차 표준기구

표준기구	정확도
비누거품미터(soap bubble meter) ◀ 주로 사용	±1% 이내
폐활량계(spirometer)	±1% 이내
가스치환병(mariotte bottle)	±0.05~0.25%
유리 피스톤미터(glass piston meter)	±2% 이내
흑연 피스톤미터(frictionless piston meter)	±1~2%
피토튜브(pitot tube)	±1% 이내

2 2차 표준기구

표준기구	정확도
로터미터(rotameter) ◀ 주로 사용	±1~25%
습식 테스트미터(wet-test meter)	±0.5% 이내
건식 가스미터(dry-gas meter)	±1% 이내
오리피스미터(orifice meter)	±0.5% 이내
열선식 풍속계(열선기류계, thermo anemometer)	±0.1~0.2%

핵심이론 16 가스상 물질의 시료채취

1 증기의 의미

임계온도 25℃ 이상인 액체 · 고체 물질이 증기압에 따라 휘발 또는 승화하여 기체상태로 변한 것을 증기라고 한다.

2 시료채취방법의 종류별 활용

구분	내용
연속시료채취를 활용하는 경우	• 오염물질의 농도가 시간에 따라 변할 때 • 공기 중 오염물질의 농도가 낮을 때 • 시간가중평균치로 구하고자 할 때
순간시료채취를 활용하는 경우	• 미지 가스상 물질의 동정을 알려고 할 때 • 간헐적 공정에서의 순간 농도변화를 알고자 할 때 • 오염 발생원 확인을 요할 때 • 직접 포집해야 하는 메탄, 일산화탄소, 산소 측정에 사용
순간시료채취를 적용할 수 없는 경우	• 오염물질의 농도가 시간에 따라 변할 때 • 공기 중 오염물질의 농도가 낮을 때 • 시간가중평균치를 구하고자 할 때

3 일반적으로 사용하는 순간시료채취기

① 진공 플라스크
② 검지관
③ 직독식 기기
④ 스테인리스 스틸 캐니스터(수동형 캐니스터)
⑤ 시료채취백(플라스틱 bag)

4 다이내믹 매소드(dynamic method)의 특징

① 희석공기와 오염물질을 연속적으로 흘려보내 일정한 농도를 유지하면서 만드는 방법이다.
② 알고 있는 공기 중 농도를 만드는 방법이다.
③ 농도변화를 줄 수 있고 온도 · 습도 조절이 가능하다.
④ 제조가 어렵고, 비용도 많이 든다.
⑤ 다양한 농도범위에서 제조가 가능하다.
⑥ 가스, 증기, 에어로졸 실험도 가능하다.
⑦ 소량의 누출이나 벽면에 의한 손실은 무시할 수 있다.
⑧ 지속적인 모니터링이 필요하다.
⑨ 매우 일정한 농도를 유지하기가 곤란하다.

5 흡착의 종류별 주요 특징

① 물리적 흡착
㉠ 흡착제와 흡착분자(흡착질) 간 반데르발스(Van der Waals)형의 비교적 약한 인력에 의해서 일어난다.
㉡ 가역적 현상이므로 재생이나 오염가스 회수에 용이하다.
㉢ 일반적으로 작업환경측정에 사용한다.

② 화학적 흡착
㉠ 흡착제와 흡착된 물질 사이에 화학결합이 생성되는 경우로서, 새로운 종류의 표면 화합물이 형성된다.
㉡ 비가역적 현상이므로 재생되지 않는다.
㉢ 흡착과정 중 발열량이 많다.

6 파과

① 파과는 공기 중 오염물이 시료채취 매체에 포함되지 않고 빠져나가는 현상이다.
② 흡착관의 앞층에 포화된 후 뒤층에 흡착되기 시작하여 결국 흡착관을 빠져나가고 파과가 일어나면 유해물질 농도를 과소평가할 우려가 있다.
③ 일반적으로 앞층의 1/10 이상이 뒤층으로 넘어가면 파과가 일어났다고 하고, 측정결과로 사용할 수 없다.

7 흡착제 이용 시료채취 시 영향인자

영향인자	세부 영향
온도	온도가 낮을수록 흡착에 좋다.
습도	극성 흡착제를 사용할 때 수증기가 흡착되기 때문에 파과가 일어나기 쉬우며, 비교적 높은 습도는 활성탄의 흡착용량을 저하시킨다.
시료채취속도 (시료채취량)	시료채취속도가 크고 코팅된 흡착제일수록 파과가 일어나기 쉽다.
유해물질 농도 (포집된 오염물질의 농도)	농도가 높으면 파과용량(흡착제에 흡착된 오염물질량)은 증가하나, 파과공기량은 감소한다.
혼합물	혼합기체의 경우 각 기체의 흡착량은 단독 성분이 있을 때보다 적어진다.
흡착제의 크기 (비표면적)	입자 크기가 작을수록 표면적과 채취효율이 증가하지만, 압력강하가 심하다.
흡착관의 크기 (튜브의 내경, 흡착제의 양)	흡착제의 양이 많아지면 전체 흡착제의 표면적이 증가하여 채취용량이 증가하므로 파과가 쉽게 발생되지 않는다.

8 탈착방법의 구분

① **용매탈착** : 비극성 물질의 탈착용매로는 이황화탄소를 사용하고, 극성 물질에는 이황화탄소와 다른 용매를 혼합하여 사용한다.

② **열탈착** : 흡착관에 열을 가하여 탈착하는 방법으로 탈착이 자동으로 수행되며, 분자체 탄소, 다공중합체에서 주로 사용한다.

9 흡착관의 종류별 특징

흡착관의 종류	구분	내용
활성탄관 (charcoal tube)	활성탄관을 사용하여 채취하기 용이한 시료	• 비극성류의 유기용제 • 각종 방향족 유기용제(방향족 탄화수소류) • 할로겐화 지방족 유기용제(할로겐화 탄화수소류) • 에스테르류, 알코올류, 에테르류, 케톤류
	탈착용매	이황화탄소(CS_2)를 주로 사용
실리카겔관 (silica gel tube)	실리카겔관을 사용하여 채취하기 용이한 시료	• 극성류의 유기용제, 산(무기산 : 불산, 염산) • 방향족 아민류, 지방족 아민류 • 아미노에탄올, 아마이드류 • 니트로벤젠류, 페놀류
	장점	• 극성이 강하여 극성 물질을 채취한 경우 물, 메탄올 등 다양한 용매로 쉽게 탈착함 • 추출용액(탈착용매)가 화학분석이나 기기분석에 방해물질로 작용하는 경우는 많지 않음 • 활성탄으로 채취가 어려운 아닐린, 오르토-톨루이딘 등의 아민류나 몇몇 무기물질의 채취가 가능 • 매우 유독한 이황화탄소를 탈착용매로 사용하지 않음
	실리카겔의 친화력 (극성이 강한 순서)	물 > 알코올류 > 알데히드류 > 케톤류 > 에스테르류 > 방향족 탄화수소류 > 올레핀류 > 파라핀류
다공성 중합체 (porous polymer)	장점	• 아주 적은 양도 흡착제로부터 효율적으로 탈착이 가능 • 고온에서 열안정성이 매우 뛰어나기 때문에 열탈착이 가능 • 저농도 측정이 가능
	단점	• 비휘발성 물질(이산화탄소 등)에 의하여 치환반응이 일어남 • 시료가 산화·가수·결합 반응이 일어날 수 있음 • 아민류 및 글리콜류는 비가역적 흡착이 발생함 • 반응성이 강한 기체(무기산, 이산화황)가 존재 시 시료가 화학적으로 변함
분자체 탄소	특징	• 비극성(포화결합) 화합물 및 유기물질을 잘 흡착하는 성질 • 거대 공극 및 무산소 열분해로 만들어지는 구형의 다공성 구조 • 사용 시 가장 큰 제한요인 : 습도

10 액체 포집법에서 흡수효율(채취효율)을 높이기 위한 방법

① 포집액의 온도를 낮추어 오염물질의 휘발성을 제한한다.
② 두 개 이상의 임핀저나 버블러를 연속적(직렬)으로 연결하여 사용하는 것이 좋다.
③ 시료채취속도(채취물질이 흡수액을 통과하는 속도)를 낮춘다.
④ 기포의 체류시간을 길게 한다.
⑤ 기포와 액체의 접촉면적을 크게 한다(가는 구멍이 많은 fritted 버블러 사용).
⑥ 액체의 교반을 강하게 한다.
⑦ 흡수액의 양을 늘려준다.
⑧ 액체에 포집된 오염물질의 휘발성을 제거한다.

11 수동식 시료채취기의 특징

① **원리** : 공기채취 펌프가 필요하지 않고, 공기층을 통한 확산 또는 투과되는 현상을 이용한다.
② **적용원리** : Fick의 제1법칙(확산)
③ **결핍(starvation)현상**
　㉠ 수동식 시료채취기(passive sampler) 사용 시 최소한의 기류가 있어야 하는데, 최소기류가 없어 채취가 표면에서 일단 확산에 의하여 오염물질이 제거되면 농도가 없어지거나 감소하는 현상이다.
　㉡ 결핍현상을 제거하는 데 필요한 가장 중요한 요소는 최소한의 기류 유지(0.05~0.1m/sec)이다.

12 검지관의 장단점

구분	내용
장점	• 사용이 간편함 • 반응시간이 빨라 현장에서 바로 측정 결과를 알 수 있음 • 비전문가도 어느 정도 숙지하면 사용할 수 있지만, 산업위생전문가의 지도 아래 사용되어야 함 • 맨홀, 밀폐공간에서의 산소부족 또는 폭발성 가스로 인한 안전이 문제가 될 때 유용하게 사용 • 다른 측정방법이 복잡하거나 빠른 측정이 요구될 때 사용
단점	• 민감도가 낮아 비교적 고농도에만 적용이 가능 • 특이도가 낮아 다른 방해물질의 영향을 받기 쉽고, 오차가 큼 • 대개 단시간 측정만 가능 • 한 검지관으로 단일물질만 측정이 가능하여 각 오염물질에 맞는 검지관을 선정함에 따른 불편함이 있음 • 색변화에 따라 주관적으로 읽을 수 있어 판독자에 따라 변이가 심하며, 색변화가 시간에 따라 변하므로 제조자가 정한 시간에 읽어야 함 • 미리 측정대상 물질의 동정이 되어 있어야 측정이 가능함

핵심이론 17 입자상 물질의 시료채취

1 흄의 생성기전 3단계

① 1단계 : 금속의 증기화
② 2단계 : 증기물의 산화
③ 3단계 : 산화물의 응축

2 공기역학적 직경과 기하학적 직경

구분		내용
공기역학적 직경 (aero-dynamic diameter)		대상 먼지와 침강속도가 같고 단위밀도가 1g/cm^{3}이며, 구형인 먼지의 직경으로 환산된 직경
기하학적(물리적) 직경	마틴 직경 (Martin diameter)	• 먼지의 면적을 2등분하는 선의 길이로 선의 방향은 항상 일정하여야 함 • 과소평가할 수 있는 단점이 있음
	페렛 직경 (Feret diameter)	• 먼지의 한쪽 끝 가장자리와 다른 쪽 가장자리 사이의 거리 • 과대평가될 가능성이 있는 입자상 물질의 직경
	등면적 직경 (projected area diameter)	• 먼지의 면적과 동일한 면적을 가진 원의 직경으로, 가장 정확한 직경 • 측정은 현미경 접안경에 porton reticle을 삽입하여 측정

3 ACGIH의 입자 크기별 기준(TLV)

입자상 물질	정의	평균입경
흡입성 입자상 물질 (IPM ; Inspirable Particulates Mass)	호흡기의 어느 부위(비강, 인후두, 기관 등 호흡기의 상기도 부위)에 침착하더라도 독성을 유발하는 분진	100μm
흉곽성 입자상 물질 (TPM ; Thoracic Particulates Mass)	기도나 하기도(가스교환 부위)에 침착하여 독성을 나타내는 물질	10μm
호흡성 입자상 물질 (RPM ; Respirable Particulates Mass)	가스교환 부위, 즉 폐포에 침착할 때 유해한 물질	4μm

※ 평균입경 : 폐 침착의 50%에 해당하는 입자의 크기

4 여과 포집 원리(6가지)

① 직접차단(간섭)
② 관성충돌
③ 확산
④ 중력 침강
⑤ 정전기 침강
⑥ 체질

5 각 여과기전에 대한 입자 크기별 포집효율

① 입경 0.01㎛ 이상~0.1㎛ 미만 : 확산
② 입경 0.1㎛ 이상~0.5㎛ 미만 : 확산, 직접차단(간섭)
③ 입경 0.5㎛ 이상 : 관성충돌, 직접차단(간섭)
※ 가장 낮은 포집효율의 입경은 0.3㎛이다.

6 입자상 물질 채취기구

기구	구분	내용
10mm nylon cyclone (사이클론 분립장치)	정의/원리	• 호흡성 입자상 물질을 측정하는 기구 • 원심력을 이용하여 채취하는 원리
	특징	10mm nylon cyclone과 여과지가 연결된 개인시료채취 펌프의 채취유량은 1.7L/min이 가장 적절(이 채취유량으로 채취하여야만 호흡성 입자상 물질에 대한 침착률을 평가할 수 있기 때문)
	입경분립 충돌기에 비해 갖는 장점	• 사용이 간편하고 경제적임 • 호흡성 먼지에 대한 자료를 쉽게 얻을 수 있음 • 시료 입자의 되튐으로 인한 손실 염려가 없음 • 매체의 코팅과 같은 별도의 특별한 처리가 필요 없음
Cascade impactor (입경분립충돌기, 직경분립충돌기, anderson impactor)	정의/원리	• 흡입성 입자상 물질, 흉곽성 입자상 물질, 호흡성 입자상 물질의 크기별로 측정하는 기구 • 공기 흐름이 층류일 경우 입자가 관성력에 의해 시료채취 표면에 충돌하여 채취하는 원리
	장점	• 입자의 질량 크기 분포를 얻을 수 있음 • 호흡기의 부분별로 침착된 입자 크기의 자료를 추정 • 흡입성 · 흉곽성 · 호흡성 입자의 크기별로 분포와 농도를 계산
	단점	• 시료채취가 까다로움 • 비용이 많이 듦 • 채취준비시간이 과다 • 되튐으로 인한 시료의 손실이 일어나 과소분석 결과를 초래할 수 있어 유량을 2L/min 이하로 채취

7 여과지(여과재) 선정 시 고려사항(구비조건)

① 포집대상 입자의 입도분포에 대하여 포집효율이 높을 것
② 포집 시의 흡인저항은 될 수 있는 대로 낮을 것
③ 접거나 구부리더라도 파손되지 않고 찢어지지 않을 것
④ 될 수 있는 대로 가볍고 1매당 무게의 불균형이 적을 것
⑤ 될 수 있는 대로 흡습률이 낮을 것
⑥ 측정대상 물질의 분석상 방해가 되는 것과 같은 불순물을 함유하지 않을 것

8 막여과지의 종류별 특징

① MCE막 여과지(Mixed Cellulose Ester membrane filter)
㉠ 산에 쉽게 용해되고 가수분해되며, 습식 회화되기 때문에 공기 중 입자상 물질 중의 금속을 채취하여 원자흡광법으로 분석하는 데 적당하다.
㉡ 흡습성(원료인 셀룰로오스가 수분 흡수)이 높아 오차를 유발할 수 있어 중량분석에는 적합하지 않다.
㉢ NIOSH에서는 금속, 석면, 살충제, 불소화합물 및 기타 무기물질에 추천한다.
② PVC막 여과지(Polyvinyl chloride membrane filter)
㉠ 가볍고 흡습성이 낮기 때문에 분진의 중량분석에 사용한다.
㉡ 수분에 영향이 크지 않아 공해성 먼지, 총 먼지 등의 중량분석을 위한 측정에 사용하며, 금속 중 6가크롬 채취에도 적용한다.
㉢ 유리규산을 채취하여 X선 회절법으로 분석하는 데 적절하다.
③ PTFE막 여과지(Polytetrafluoroethylene membrane filter, 테프론)
열, 화학물질, 압력 등에 강한 특성을 가지고 있어 석탄 건류나 증류 등의 고열 공정에서 발생하는 다핵방향족 탄화수소를 채취하는 데 이용한다.
④ 은막 여과지(silver membrane filter)
균일한 금속은을 소결하여 만들며, 열적 · 화학적 안정성이 있다.

9 계통오차의 종류

① 외계오차(환경오차) : 보정값을 구하여 수정함으로써 오차를 제거
② 기계오차(기기오차) : 기계의 교정에 의하여 오차를 제거
③ 개인오차 : 두 사람 이상 측정자의 측정을 비교하여 오차를 제거

핵심이론 18 가스상 물질의 분석

1 가스 크로마토그래피(gas chromatography)

① 원리

기체 시료 또는 기화한 액체나 고체 시료를 운반기체(carrier gas)에 의해 분리관(칼럼) 내 충전물의 흡착성 또는 용해성 차이에 따라 전개(분석시료의 휘발성을 이용)시켜 분리관 내에서 이동속도가 달라지는 것을 이용, 각 성분의 크로마토그래피적(크로마토그램)을 이용하여 성분을 정성 및 정량하는 분석기기이다.

② 장치 구성

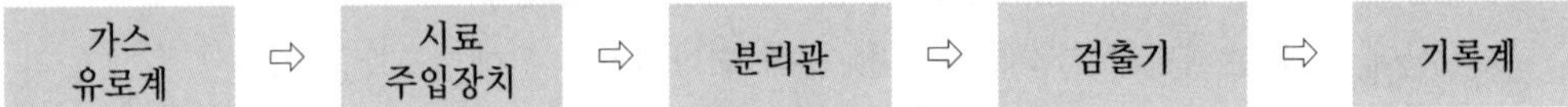

㉠ 분리관(column ; 칼럼, 칼럼오븐)

ⓐ 역할

분리관은 주입된 시료가 각 성분에 따라 분리(분배)가 일어나는 부분으로 G.C에서 분석하고자 하는 물질을 지체시키는 역할을 한다.

ⓑ 분리관 충전물질(액상) 조건

- 분석대상 성분을 완전히 분리할 수 있어야 한다.
- 사용온도에서 증기압이 낮고 점성이 작은 것이어야 한다.
- 화학적 성분이 일정하고 안정된 성질을 가진 물질이어야 한다.

ⓒ 분리관 선정 시 고려사항

- 극성
- 분리관 내경
- 도포물질 두께
- 도포물질 길이

ⓓ 분리관의 분해능을 높이기 위한 방법

- 시료와 고정상의 양을 적게 한다.
- 고체지지체의 입자 크기를 작게 한다.
- 온도를 낮춘다.
- 분리관의 길이를 길게 한다(분해능은 길이의 제곱근에 비례).

㉡ 검출기(detector)

ⓐ 불꽃이온화 검출기(FID)

- 분석물질을 운반기체와 함께 수소와 공기의 불꽃 속에 도입함으로써 생기는 이온의 증가를 이용하는 원리이다.
- 유기용제 분석 시 가장 많이 사용하는 검출기이다(운반기체 : 질소, 헬륨).
- 매우 안정한 보조가스(수소－공기)의 기체 흐름이 요구된다.
- 큰 범위의 직선성, 비선택성, 넓은 용융성, 안정성, 높은 민감성이 있다.

- 할로겐 함유 화합물에 대하여 민감도가 낮다.
- 주분석대상 가스는 다핵방향족 탄화수소류, 할로겐화 탄화수소류, 알코올류, 방향족 탄화수소류, 이황화탄소, 니트로메탄, 메르캅탄류이다.

ⓑ 전자포획형 검출기(ECD)

- 유기화합물의 분석에 많이 사용하는 검출기이다(운반기체 : 순도 99.8% 이상 헬륨).
- 검출한계는 50pg이다.
- 주분석대상 가스는 할로겐화 탄화수소화합물, 사염화탄소, 벤조피렌 니트로화합물, 유기금속화합물이며, 염소를 함유한 농약의 검출에 널리 사용된다.
- 불순물 및 온도에 민감하다.

ⓒ 열전도도 검출기(TCD)

ⓓ 불꽃광도검출기(FPD) : 이황화탄소, 니트로메탄, 유기황화합물 분석에 이용한다.

ⓔ 광이온화검출기(PID)

ⓕ 질소인 검출기(NPD)

2 고성능 액체 크로마토그래피(HPLC ; High Performance Liquid Chromatography)

① 원리

물질을 이동상과 충진제와의 분배에 따라 분리하므로 분리물질별로 적당한 이동상으로 액체를 사용하는 분석기이며, 고정상과 액체 이동상 사이의 물리화학적 반응성의 차이를 이용하여 분리한다.

② 검출기 종류

㉠ 자외선검출기

㉡ 형광검출기

㉢ 전자화학검출기

③ 장치 구성

3 이온 크로마토그래피(IC ; Ion Chromatography)

① 원리

이동상 액체 시료를 고정상의 이온교환수지가 충전된 분리관 내로 통과시켜 시료 성분의 용출상태를 전기전도도 검출기로 검출하여 그 농도를 정량하는 기기로, 음이온 및 무기산류(염산, 불산, 황산, 크롬산) 분석에 이용한다.

② 검출기 : 전기전도도 검출기

③ 장치 구성

용매 전달장치 (pump) ⇨ 시료 주입장치 ⇨ 분리관 ⇨ 검출기 ⇨ 기록계

핵심이론 19 입자상 물질의 분석

1 금속 분석 시 정량법

① 검량선법
② 표준첨가법
③ 내부표준법

2 흡광광도법(분광광도계, absorptiometric analysis)

① 원리
빛(백색광)이 시료 용액을 통과할 때 흡수나 산란 등에 의하여 강도가 변화하는 것을 이용하는 것으로서 시료물질의 용액 또는 여기에 적당한 시약을 넣어 발색시킨 용액의 흡광도를 측정하여 시료 중의 목적성분을 정량하는 방법이다.

② 기기 구성

광원부 ⇨ 파장선택부 ⇨ 시료부 ⇨ 검출기, 지시기

㉠ 광원부
ⓐ 가시부와 근적외부 광원 : 텅스텐램프
ⓑ 자외부의 광원 : 중수소방전관

㉡ 시료부 – 흡수셀의 재질
ⓐ 유리 : 가시부 · 근적외부 파장에 사용
ⓑ 석영 : 자외부 파장에 사용
ⓒ 플라스틱 : 근적외부 파장에 사용

㉢ 측광부(검출기, 지시기)
ⓐ 자외부 · 가시부 파장 : 광전관, 광전자증배관 사용
ⓑ 근적외부 파장 : 광전도셀 사용
ⓒ 가시부 파장 : 광전지 사용

3 원자흡광광도법(atomic absorption spectrophotometry)

① 원리
시료를 적당한 방법으로 해리시켜 중성원자로 증기화하여 생긴 기저상태의 원자가 이 원자 증기층을 투과하는 특유 파장의 빛을 흡수하는 현상을 이용하여 광전 측광과 같은 개개의 특유 파장에 대한 흡광도를 측정하여 시료 중의 원소 농도를 정량하는 방법이다.

② 적용 이론
램버트–비어(Lambert–Beer) 법칙

③ 기기 구성

광원부 ⇨ 시료 원자화부 ⇨ 단색화부 ⇨ 검출기(측광부)

㉠ 광원부 : 속빈 음극램프(중공음극램프, hollow cathode lamp)

㉡ 시료 원자화부 – 불꽃원자화장치

ⓐ 빠르고 정밀도가 좋으며, 매질 효과에 의한 영향이 적다는 장점이 있다.

ⓑ 금속화합물을 원자화시키는 것으로, 가장 일반적인 방법이다.

ⓒ 불꽃을 만들기 위한 조연성 가스와 가연성 가스의 조합 : 아세틸렌–공기

- 대부분의 연소 분석 ◀ **일반적으로 많이 사용**
- 불꽃의 화염온도는 2,300℃ 부근

④ 장점

㉠ 쉽고 간편하다.

㉡ 가격이 흑연로장치나 유도결합플라스마–원자발광분석기보다 저렴하다.

㉢ 분석시간이 빠르다(흑연로 장치에 비해 적게 소요됨).

㉣ 기질의 영향이 작다.

㉤ 정밀도가 높다.

⑤ 단점

㉠ 많은 양의 시료가 필요하며, 감도가 제한되어 있어 저농도에서 사용이 곤란하다.

㉡ 점성이 큰 용액은 분무구를 막을 수 있다.

4 유도결합플라스마 분광광도계(ICP ; Inductively Coupled Plasma, 원자발광분석기)

① 원리

금속원자마다 그들이 흡수하는 고유한 특정 파장이 있다. 이 원리를 이용한 분석이 원자흡광광도계이고, 원자가 내놓는 고유한 발광에너지를 이용한 것이 유도결합플라스마 분광광도계이다.

② 기기 구성

시료 주입장치 ⇨ 광원부 ⇨ 분광장치 ⇨ 검출기

③ 장점

㉠ 비금속을 포함한 대부분의 금속을 ppb 수준까지 측정할 수 있다.

㉡ 적은 양의 시료를 가지고 한 번에 많은 금속을 분석할 수 있는 것이 가장 큰 장점이다.

㉢ 한 번에 시료를 주입하여 10~20초 내에 30개 이상의 원소를 분석한다.

㉣ 화학물질에 의한 방해로부터 거의 영향을 받지 않는다.

㉤ 검량선의 직선성 범위가 넓다. 즉, 직선성 확보가 유리하다.

④ 단점

㉠ 분광학적 방해 영향이 있다.

㉡ 컴퓨터 처리과정에서 교정이 필요하다.

㉢ 유지관리 비용 및 기기 구입가격이 높다.

5 섬유의 정의와 분류

① 섬유(석면)의 정의

공기 중에 있는 길이가 5μm 이상이고, 너비가 5μm보다 얇으면서 길이와 너비의 비가 3 : 1 이상의 형태를 가진 고체로서, 석면섬유, 식물섬유, 유리섬유, 암면 등이 있다.

② 섬유의 구분

㉠ 인조섬유

㉡ 자연섬유(석면)

ⓐ 사문석 계통 : 백석면(크리소타일)

ⓑ 각섬석 계통 : 청석면(크로시돌라이트), 갈석면(아모사이트), 액티노라이트, 트레모라이트, 안토필라이트

6 석면 측정방법의 종류별 특징

측정방법	특징
위상차 현미경법	• 석면 측정에 가장 많이 사용 • 다른 방법에 비해 간편하나, 석면의 감별이 어려움
전자 현미경법	• 석면시료를 가장 정확하게 분석 • 석면의 성분 분석(감별분석)이 가능 • 값이 비싸고, 분석시간이 많이 소요
편광 현미경법	석면 광물이 가지는 고유한 빛의 편광성을 이용
X선 회절법	• 단결정 또는 분말시료(석면 포함 물질을 은막 여과지에 놓고 X선 조사)에 의한 단색 X선의 회절각을 변화시켜 가며 회절선의 세기를 계수관으로 측정하여 X선의 세기나 각도를 자동적으로 기록하는 장치를 이용하는 방법 • 석면의 1차 · 2차 분석에 적용 가능

핵심이론 20 「작업환경측정 및 정도관리 등에 관한 고시」의 주요 내용

1 정확도와 정밀도

① 정확도
정확도란 분석치가 참값에 얼마나 접근하였는가 하는 수치상의 표현이다.

② 정밀도
정밀도란 일정한 물질에 대해 반복 측정 · 분석을 했을 때 나타나는 자료 분석치의 변동 크기가 얼마나 작은가 하는 수치상의 표현이다.

2 단위작업장소

작업환경측정대상이 되는 작업장 또는 공정에서 정상적인 작업을 수행하는 동일노출집단의 근로자가 작업을 행하는 장소이다.

3 시료채취 근로자 수

① 단위작업장소에서 최고 노출근로자 2명 이상에 대하여 동시에 개인시료방법으로 측정하되, 단위작업장소에 근로자가 1명인 경우에는 그러하지 아니하며, 동일 작업 근로자 수가 10명을 초과하는 경우에는 매 5명당 1명 이상 추가하여 측정하여야 한다. 다만, 동일 작업 근로자 수가 100명을 초과하는 경우에는 최대 시료채취 근로자 수를 20명으로 조정할 수 있다.

② 지역시료채취방법으로 측정을 하는 경우 단위작업장소 내에서 2개 이상의 지점에 대하여 동시에 측정하여야 한다. 다만, 단위작업장소의 넓이가 50평방미터 이상인 경우에는 매 30평방미터마다 1개 지점 이상을 추가로 측정하여야 한다.

4 농도 단위

① 가스상 물질 : ppm, mg/m^3
② 입자상 물질 : mg/m^3
③ 석면 : 개/cm^3
④ 소음 : dB(A)
⑤ 고열(복사열) : WBGT(℃)

5 입자상 물질 측정위치

① 개인시료 채취방법으로 작업환경측정을 하는 경우에는 측정기기를 작업 근로자의 호흡기 위치에 장착한다.

② 지역시료 채취방법의 경우에는 측정기기를 분진 발생원의 근접한 위치 또는 작업근로자의 주작업 행동범위 내의 작업 근로자 호흡기 높이에 설치한다.

6 검지관 방식의 측정

① 검지관 방식으로 측정할 수 있는 경우
㉠ 예비조사 목적인 경우
㉡ 검지관 방식 외에 다른 측정방법이 없는 경우
㉢ 발생하는 가스상 물질이 단일물질인 경우

② 검지관 방식의 측정위치
㉠ 해당 작업근로자의 호흡기 및 가스상 물질 발생원에 근접한 위치
㉡ 근로자 작업행동범위의 주작업위치에서, 근로자의 호흡기 높이

7 소음계

① 소음계의 청감보정회로 : A특성
② 소음계의 지시침 동작 : 느림(slow)

8 누적소음노출량 측정기의 기기설정

① criteria=90dB
② exchange rate=5dB
③ threshold=80dB

9 소음측정 위치 및 시간

① 소음측정위치
㉠ 개인시료 채취방법으로 작업환경측정을 하는 경우에는 소음측정기의 센서 부분을 작업근로자의 귀 위치(귀를 중심으로 반경 30cm인 반구)에 장착한다.
㉡ 지역시료 채취방법의 경우에는 소음측정기를 측정대상이 되는 근로자의 주작업행동범위 내의 작업 근로자 귀 높이에 설치한다.

② 소음측정시간
㉠ 단위작업장소에서 소음수준은 규정된 측정위치 및 지점에서 1일 작업시간 동안 6시간 이상 연속 측정하거나 작업시간을 1시간 간격으로 나누어 6회 이상 측정한다.
㉡ 다만, 소음의 발생특성이 연속음으로서 측정치가 변동이 없다고 자격자 또는 지정측정기관이 판단한 경우에는 1시간 동안을 등간격으로 나누어 3회 이상 측정한다.

10 정도관리 종류

① 정기정도관리
② 특별정도관리

11 고열의 측정

① 측정기기
고열은 습구흑구온도지수(WBGT)를 측정할 수 있는 기기 또는 이와 동등 이상의 성능을 가진 기기를 사용한다.

② 측정방법
㉠ 단위작업장소에서 측정대상이 되는 근로자의 주작업위치에서 측정한다.
㉡ 측정기의 위치는 바닥면으로부터 50cm 이상, 150cm 이하의 위치에서 측정한다.
㉢ 측정기를 설치한 후 충분히 안정화시킨 상태에서 1일 작업시간 중 가장 높은 고열에 노출되는 시간을 10분 간격으로 연속하여 측정한다.

12 온도 표시

구분	온도	구분	온도
상온	15~25℃	냉수(冷水)	15℃ 이하
실온	1~35℃	온수(溫水)	60~70℃
미온	30~40℃	열수(熱水)	약 100℃
찬 곳	따로 규정이 없는 한 0~15℃의 곳	-	-

13 용기의 종류 및 사용목적

① **밀폐용기** : 이물이 들어가거나 내용물이 손실되지 않도록 보호
② **기밀용기** : 공기 및 가스가 침입하지 않도록 내용물을 보호
③ **밀봉용기** : 기체 및 미생물이 침입하지 않도록 내용물을 보호
④ **차광용기** : 광화학적 변화를 일으키지 않도록 내용물을 보호

14 분석 용어

① "항량이 될 때까지 건조한다 또는 강열한다"란 규정된 건조온도에서 1시간 더 건조 또는 강열할 때 전후 무게의 차가 매 g당 0.3mg 이하일 때를 말한다.
② 시험조작 중 "즉시"란 30초 이내에 표시된 조작을 하는 것을 말한다.
③ "감압 또는 진공"이란 따로 규정이 없는 한 15mmHg 이하를 뜻한다.
④ 중량을 "정확하게 단다"란 지시된 수치의 중량을 그 자릿수까지 단다는 것을 말한다.
⑤ "약"이란 그 무게 또는 부피에 대하여 ±10% 이상의 차가 있지 아니한 것을 말한다.
⑥ "회수율"이란 여과지에 채취된 성분을 추출과정을 거쳐 분석 시 실제 검출되는 비율을 말한다.
⑦ "탈착효율"이란 흡착제에 흡착된 성분을 추출과정을 거쳐 분석 시 실제 검출되는 비율을 말한다.

핵심이론 21 산업환기와 유체역학

1 산업환기의 목적

① 유해물질의 농도를 감소시켜 근로자들의 건강을 유지 · 증진
② 화재나 폭발 등의 산업재해를 예방
③ 작업장 내부의 온도와 습도를 조절
④ 작업 생산능률을 향상

2 연속방정식

① **연속방정식 적용법칙** : 질량보존의 법칙
② **유체역학의 질량보존 원리를 환기시설에 적용하는 데 필요한 공기 특성의 네 가지 주요 가정(전제조건)**
㉠ 환기시설 내외(덕트 내부와 외부)의 열전달(열교환) 효과 무시
㉡ 공기의 비압축성(압축성과 팽창성 무시)
㉢ 건조공기 가정
㉣ 환기시설에서 공기 속 오염물질의 질량(무게)과 부피(용량)를 무시

3 베르누이 정리

① **베르누이(Bernouili) 정리 적용법칙** : 에너지 보존법칙
② **베르누이 방정식 적용조건**
㉠ 정상유동
㉡ 비압축성 · 비점성 유동
㉢ 마찰이 없는 흐름, 즉 이상유동
㉣ 동일한 유선상의 유동

4 레이놀즈수

① **정의**
레이놀즈수(Reynolds number)란 유체 흐름에서 관성력과 점성력의 비를 무차원수로 나타낸 것으로, Re로 표기한다.
② **크기에 따른 구분**
㉠ 층류($Re < 2{,}100$) : 관성력 < 점성력
㉡ 난류($Re > 4{,}000$) : 관성력 > 점성력

핵심이론 22 압력

1 압력의 종류

① 정압

㉠ 밀폐된 공간(duct) 내 사방으로 동일하게 미치는 압력, 즉 모든 방향에서 동일한 압력이며, 송풍기 앞에서는 음압, 송풍기 뒤에서는 양압이다.

㉡ 공기 흐름에 대한 저항을 나타내는 압력이며, 위치에너지에 속한다.

㉢ 양압은 공간벽을 팽창시키려는 방향으로 미치는 압력이고, 음압은 공간벽을 압축시키려는 방향으로 미치는 압력이다. 즉 유체를 압축시키거나 팽창시키려는 잠재에너지의 의미가 있다.

㉣ 정압을 때로는 저항압력 또는 마찰압력이라고 한다.

㉤ 정압은 속도압과 관계없이 독립적으로 발생한다.

② 동압(속도압)

㉠ 공기의 흐름방향으로 미치는 압력이고 단위체적의 유체가 갖고 있는 운동에너지이다. 즉, 동압은 공기의 운동에너지에 비례한다.

㉡ 공기의 운동에너지에 비례하여 항상 0 또는 양압을 갖는다. 즉, 동압은 공기가 이동하는 힘으로 항상 0 이상이다.

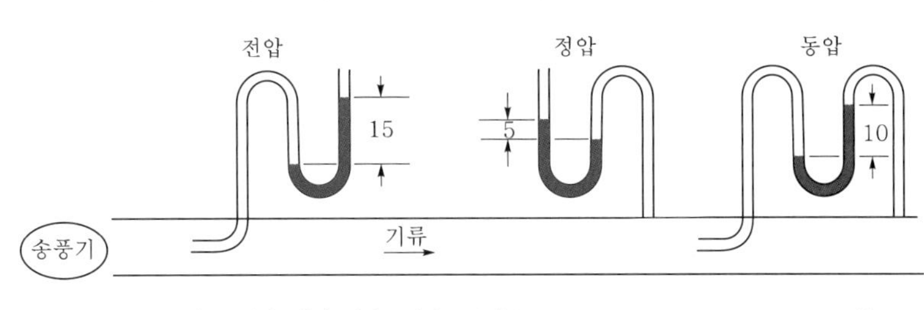

(덕트(배기)에서 전압=정압+동압(15mmH_2O=5mmH_2O+10mmH_2O))

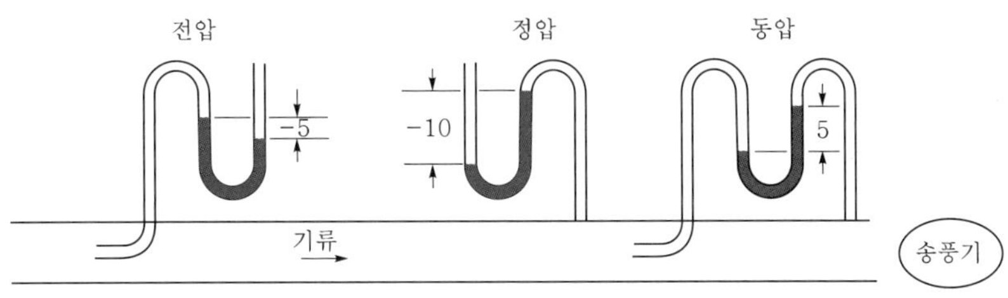

(덕트(흡인)에서 전압=정압+동압(−5mmH_2O=−10mmH_2O+5mmH_2O))

| 송풍기 위치에 따른 정압, 동압, 전압의 관계 |

2 베나수축

① 관 내로 공기가 유입될 때 기류의 직경이 감소하는 현상, 즉 기류면적의 축소현상이다.
② 베나수축에 의한 손실과 베나수축이 다시 확장될 때 발생하는 난류에 의한 손실을 합하여 유입손실이라 하고, 후드의 형태에 큰 영향을 받는다.
③ 베나수축은 덕트 직경 D의 약 $0.2D$ 하류에 위치하며, 덕트의 시작점에서 덕트 직경 D의 약 2배쯤에서 붕괴한다.

3 덕트 압력손실

① 마찰압력손실
② 난류압력손실

4 합류관 연결방법

① 주관과 분지관을 연결 시 확대관을 이용하여 엇갈리게 연결한다.
② 분지관과 분지관 사이 거리는 덕트 지름의 6배 이상이 바람직하다.
③ 분지관이 연결되는 주관의 확대각은 15° 이내가 적합하다.
④ 주관 측 확대관의 길이는 확대부 직경과 축소부 직경 차의 5배 이상 되는 것이 바람직하다.
⑤ 합류각이 클수록 분지관의 압력손실은 증가한다.

5 흡기와 배기의 차이

공기 속도는 송풍기로 공기를 불 때 덕트 직경의 30배 거리에서 1/10로 감소하나, 공기를 흡인할 때는 기류의 방향과 관계없이 덕트 직경과 같은 거리에서 1/10로 감소한다.

핵심이론 23 전체환기(희석환기, 강제환기)

1 전체환기의 정의 및 목적

① 전체환기의 정의
전체환기는 외부에서 공급된 신선한 공기와의 혼합으로 유해물질 농도를 희석시키는 방법으로, 자연환기방식과 인공환기방식으로 구분된다.

② 전체환기의 목적
㉠ 유해물질 농도를 희석 · 감소시켜 근로자의 건강을 유지 · 증진
㉡ 화재나 폭발을 예방
㉢ 실내의 온도 및 습도를 조절

2 전체환기의 적용조건

① 유해물질의 독성이 비교적 낮은 경우. 즉, TLV가 높은 경우 ◂ **가장 중요한 제한조건**
② 동일한 작업장에 다수의 오염원이 분산되어 있는 경우
③ 유해물질이 시간에 따라 균일하게 발생할 경우
④ 유해물질의 발생량이 적은 경우 및 희석공기량이 많지 않아도 될 경우
⑤ 유해물질이 증기나 가스일 경우
⑥ 국소배기로 불가능한 경우
⑦ 배출원이 이동성인 경우
⑧ 가연성 가스의 농축으로 폭발의 위험이 있는 경우
⑨ 오염원이 근무자가 근무하는 장소로부터 멀리 떨어져 있는 경우

3 전체환기시설 설치의 기본원칙

① 오염물질 사용량을 조사하여 필요환기량을 계산한다.
② 배출공기를 보충하기 위하여 청정공기를 공급한다.
③ 오염물질 배출구는 가능한 한 오염원으로부터 가까운 곳에 설치하여 '점환기'의 효과 얻는다.
④ 공기 배출구와 근로자의 작업위치 사이에 오염원을 위치해야 한다.
⑤ 공기가 배출되면서 오염장소를 통과하도록 공기 배출구와 유입구의 위치를 선정한다.
⑥ 작업장 내 압력을 경우에 따라서 양압이나 음압으로 조정해야 한다.
⑦ 배출된 공기가 재유입되지 못하게 배출구 높이를 적절히 설계하고 창문이나 문 근처에 위치하지 않도록 한다.
⑧ 오염된 공기는 작업자가 호흡하기 전에 충분히 희석되어야 한다.
⑨ 오염물질 발생은 가능하면 비교적 일정한 속도로 유출되도록 조정해야 한다.

4 전체환기의 종류별 특징

① 자연환기

㉠ 정의

작업장의 개구부(문, 창, 환기공 등)를 통하여 바람(풍력)이나 작업장 내외의 온도, 기압의 차이에 의한 대류작용으로 행해지는 환기를 의미한다.

㉡ 자연환기의 장단점

구분	내용
장점	• 설치비 및 유지보수비가 적게 들며, 소음 발생 적음 • 적당한 온도 차이와 바람이 있다면 운전비용이 거의 들지 않음
단점	• 외부 기상조건과 내부 조건에 따라 환기량이 일정하지 않아 작업환경 개선용으로 이용하는 데 제한적임 • 정확한 환기량 산정이 힘듦. 즉, 환기량 예측자료를 구하기 힘듦

② 인공환기(기계환기)

㉠ 인공환기의 종류별 특징

종류	특징
급배기법	• 급 · 배기를 동력에 의해 운전하는 가장 효과적인 인공환기방법 • 실내압을 양압이나 음압으로 조정 가능 • 정확한 환기량이 예측 가능하며, 작업환경 관리에 적합
급기법	• 급기는 동력, 배기는 개구부로 자연 배출 • 실내압은 양압으로 유지되어 청정산업(전자산업, 식품산업, 의약산업)에 적용
배기법	• 급기는 개구부, 배기는 동력으로 함 • 실내압은 음압으로 유지되어 오염이 높은 작업장에 적용

㉡ 인공환기의 장단점

구분	내용
장점	• 외부 조건(계절변화)에 관계없이 작업조건을 안정적으로 유지할 수 있음 • 환기량을 기계적(송풍기)으로 결정하므로 정확한 예측이 가능함
단점	• 소음 발생이 큼 • 운전비용이 증가하고, 설비비 및 유지보수비가 많이 듦

핵심이론 24 국소배기

1 국소배기 적용조건

① 높은 증기압의 유기용제인 경우
② 유해물질 발생량이 많은 경우
③ 유해물질 독성이 강한 경우(낮은 허용 기준치를 갖는 유해물질)
④ 근로자 작업위치가 유해물질 발생원에 가까이 근접해 있는 경우
⑤ 발생주기가 균일하지 않은 경우
⑥ 발생원이 고정되어 있는 경우
⑦ 법적 의무 설치사항인 경우

2 전체환기와 비교 시 국소배기의 장점

① 전체환기는 희석에 의한 저감으로서 완전 제거가 불가능하지만, 국소배기는 발생원상에서 포집 · 제거하므로 유해물질의 완전 제거가 가능하다.
② 국소배기는 전체환기에 비해 필요환기량이 적어 경제적이다.
③ 작업장 내의 방해기류나 부적절한 급기에 의한 영향을 적게 받는다.
④ 유해물질로부터 작업장 내의 기계 및 시설물을 보호할 수 있다.
⑤ 비중이 큰 침강성 입자상 물질도 제거 가능하므로 작업장 관리(청소 등) 비용을 절감할 수 있다.
⑥ 유해물질 독성이 클 때도 효과적 제거가 가능하다.

※ 국소배기에서 효율성 있는 운전을 하기 위해 가장 먼저 고려할 사항 : 필요송풍량 감소

3 국소배기장치의 설계순서

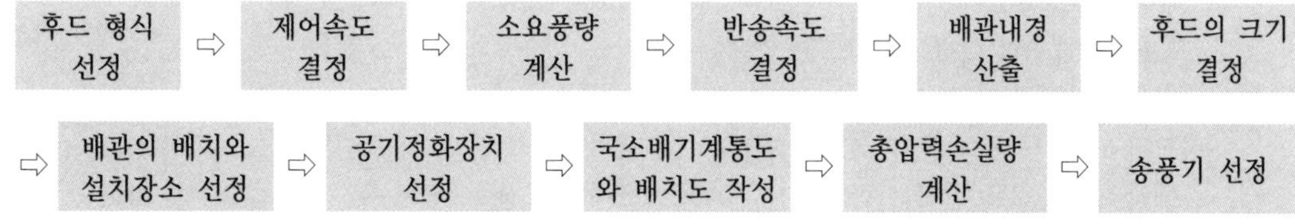

4 국소배기장치의 구성

핵심이론 25 후드

1 후드 설치기준

① 유해물질이 발생하는 곳마다 설치할 것
② 유해인자의 발생형태 및 비중, 작업방법 등을 고려하여 해당 분진 등의 발산원을 제어할 수 있는 구조로 설치할 것
③ 후드의 형식은 가능한 한 포위식 또는 부스식 후드를 설치할 것
④ 외부식 또는 리시버식 후드를 설치하는 때에는 해당 분진 등의 발산원에 가장 가까운 위치에 설치할 것

2 제어속도(포촉속도, 포착속도)

① 정의
후드 근처에서 발생하는 오염물질을 주변 방해기류를 극복하고 후드 쪽으로 흡인하기 위한 유체의 속도, 즉 유해물질을 후드 쪽으로 흡인하기 위하여 필요한 최소풍속
② 제어속도 결정 시 고려사항
㉠ 유해물질의 비산방향(확산상태)
㉡ 후드에서 오염원까지의 거리
㉢ 후드 모양
㉣ 작업장 내 방해기류(난기류의 속도)
㉤ 유해물질의 사용량 및 독성
③ 제어속도 범위(ACGIH)

작업조건	작업공정 사례	제어속도(m/sec)
• 움직이지 않는 공기 중에서 속도 없이 배출되는 작업조건 • 조용한 대기 중에 실제 거의 속도가 없는 상태로 발산하는 경우의 작업조건	• 액면에서 발생하는 가스나 증기, 흄 • 탱크에서 증발 · 탈지 시설	0.25~0.5
비교적 조용한(약간의 공기 움직임) 대기 중에서 저속도로 비산하는 작업조건	• 용접 · 도금 작업 • 스프레이 도장 • 주형을 부수고 모래를 터는 장소	0.5~1.0
발생기류가 높고 유해물질이 활발하게 발생하는 작업조건	• 스프레이 도장, 용기 충전 • 컨베이어 적재 • 분쇄기	1.0~2.5
초고속 기류가 있는 작업장소에 초고속으로 비산하는 경우	• 회전연삭 작업 • 연마 작업 • 블라스트 작업	2.5~10

3 관리대상 유해물질 · 특별관리물질 관련 국소배기장치 후드의 제어풍속

물질의 상태	후드 형식	제어풍속(m/sec)
가스 상태	포위식 포위형	0.4
	외부식 측방 흡인형	0.5
	외부식 하방 흡인형	0.5
	외부식 상방 흡인형	1.0
입자 상태	포위식 포위형	0.7
	외부식 측방 흡인형	1.0
	외부식 하방 흡인형	1.0
	외부식 상방 흡인형	1.2

4 후드가 갖추어야 할 사항(필요환기량을 감소시키는 방법)

① 가능한 한 오염물질 발생원에 가까이 설치한다(포집식 및 리시버식 후드).
② 제어속도는 작업조건을 고려하여 적정하게 선정한다.
③ 작업이 방해되지 않도록 설치해야 한다.
④ 오염물질 발생특성을 충분히 고려하여 설계해야 한다.
⑤ 가급적이면 공정을 많이 포위한다.
⑥ 후드 개구면에서 기류가 균일하게 분포되도록 설계한다.
⑦ 공정에서 발생 또는 배출되는 오염물질의 절대량을 감소시킨다.

5 후드 입구의 공기 흐름(후드 개구면 속도)을 균일하게 하는 방법

① 테이퍼(taper, 경사접합부) 설치
② 분리날개(splitter vanes) 설치
③ 슬롯(slot) 사용
④ 차폐막 이용

6 플레넘(충만실)

플레넘(plenum)은 후드 뒷부분에 위치하며 개구면 흡입유속의 강약을 작게 하여 일정하게 하므로 압력과 공기 흐름을 균일하게 형성하는 데 필요한 장치로, 가능한 설치는 길게 하며 배기효율을 우선적으로 높여야 한다.

7 후드 선택 시 유의사항(후드의 선택지침)

① 필요환기량을 최소화하여야 한다.
② 작업자의 호흡 영역을 유해물질로부터 보호해야 한다.
③ ACGIH 및 OSHA의 설계기준을 준수해야 한다.
④ 작업자의 작업방해를 최소화할 수 있도록 설치해야 한다.
⑤ 상당거리 떨어져 있어도 제어할 수 있다는 생각, 공기보다 무거운 증기는 후드 설치위치를 작업장 바닥에 설치해야 한다는 생각의 설계오류를 범하지 않도록 유의해야 한다.
⑥ 후드는 덕트보다 두꺼운 재질을 선택하고, 오염물질의 물리화학적 성질을 고려하여 후드 재료를 선정한다.
⑦ 후드는 발생원의 상태에 맞는 형태와 크기여야 하고, 발생원 부근에 최소제어속도를 만족하는 정상 기류를 만들어야 한다.

8 후드의 형태별 주요 특징

종류	내용
포위식 후드	• 발생원을 완전히 포위하는 형태의 후드 • 후드의 개구면 속도가 제어속도가 됨 • 국소배기장치의 후드 형태 중 가장 효과적인 형태로, 필요환기량을 최소한으로 줄일 수 있음 • 독성 가스 및 방사성 동위원소 취급 공정, 발암성 물질에 주로 사용
외부식 후드	• 후드의 흡인력이 외부까지 미치도록 설계한 후드이며, 포집형 후드라고도 함 • 작업여건상 발생원에 독립적으로 설치하여 유해물질을 포집하는 후드로, 후드와 작업지점과의 거리를 줄이면 제어속도가 증가함
외부식 슬롯 후드	• 후드 개방부분의 길이가 길고 높이(폭)가 좁은 형태로, [높이(폭)/길이]의 비가 0.2 이하 • 슬롯 후드에서도 플랜지를 부착하면 필요배기량을 저감(ACGIH : 환기량 30% 절약)
리시버식(수형) 천개형 후드	• 운동량(관성력) : 연삭 · 연마 공정에 적용 • 열상승력 : 가열로, 용융로, 용해로 공정에 적용 • 필요송풍량 계산 시 제어속도의 개념이 필요 없음
Push-Pull (밀어 당김형) 후드	• 제어길이가 비교적 길어서 외부식 후드에 의한 제어효과가 문제가 되는 경우에 공기를 밀어주고(push) 당겨주는(pull) 장치로 되어 있음 • 도금조 및 자동차 도장공정과 같이 오염물질 발생원의 상부가 개방되어 있고 개방면적이 큰 작업공정에 적용 • 장점 : 포집효율을 증가시키면서 필요유량을 대폭 감소시키고, 작업자의 방해가 적으며, 적용이 용이함(일반적인 국소배기장치의 후드보다 동력비가 적게 소요) • 단점 : 원료의 손실이 크고, 설계방법이 어려움

9 무효점 이론(Hemeon 이론)

① **무효점(제로점, null point)** : 발생원에서 방출된 유해물질이 초기 운동에너지를 상실하여 비산속도가 0이 되는 비산한계점을 의미한다.

② **무효점 이론** : 필요한 제어속도는 발생원뿐만 아니라, 이 발생원을 넘어서 유해물질의 초기 운동에너지가 거의 감소되어 실제 제어속도 결정 시 이 유해물질을 흡인할 수 있는 지점까지 확대되어야 한다는 이론이다.

10 후드의 분출기류(분사구 직경과 중심속도의 관계)

① **잠재중심부** : 배출구 직경의 5배까지

② **천이부** : 배출구 직경의 5배부터 30배까지

③ **완전개구부** : 배출구 직경의 30배 이상

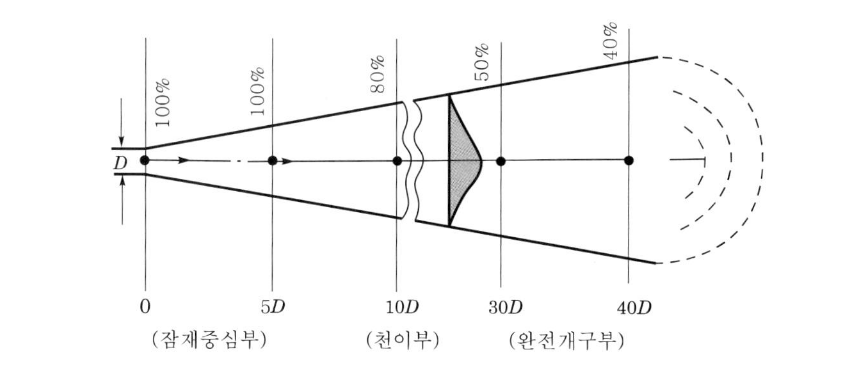

11 공기공급(make-up air) 시스템이 필요한 이유

① 국소배기장치의 원활한 작동과 효율 유지를 위하여

② 안전사고를 예방하기 위하여

③ 에너지(연료)를 절약하기 위하여

④ 작업장 내의 방해기류(교차기류)가 생기는 것을 방지하기 위하여

⑤ 외부 공기가 정화되지 않은 채로 건물 내로 유입되는 것을 막기 위하여

핵심이론 26 덕트

1 덕트 설치기준(설치 시 고려사항)

① 가능하면 길이는 짧게 하고 굴곡부의 수는 적게 할 것
② 접속부의 안쪽은 돌출된 부분이 없도록 할 것
③ 덕트 내부에 오염물질이 쌓이지 않도록 이송속도를 유지할 것
④ 연결부위 등은 외부 공기가 들어오지 않도록 할 것(연결부위는 가능한 한 용접할 것)
⑤ 가능한 후드의 가까운 곳에 설치할 것
⑥ 송풍기를 연결할 때는 최소 덕트 직경의 6배 정도 직선구간을 확보할 것
⑦ 직관은 하향 구배로 하고 직경이 다른 덕트를 연결할 때에는 경사 30° 이내의 테이퍼를 부착할 것
⑧ 원형 덕트가 사각형 덕트보다 덕트 내 유속분포가 균일하므로 가급적 원형 덕트를 사용하며, 부득이 사각형 덕트를 사용할 경우에는 가능한 정방형을 사용하고 곡관의 수를 적게 할 것
⑨ 곡관의 곡률반경은 최소 덕트 직경의 1.5 이상(주로 2.0)을 사용할 것
⑩ 덕트의 마찰계수는 작게 하고, 분지관을 가급적 적게 할 것

2 반송속도의 적용

유해물질	예	반송속도(m/sec)
가스, 증기, 흄 및 극히 가벼운 물질	각종 가스, 증기, 산화아연 및 산화알루미늄 등의 흄, 목재 분진, 솜먼지, 고무분, 합성수지분	10
가벼운 건조먼지	원면, 곡물분, 고무, 플라스틱, 경금속 분진	15
일반 공업 분진	털, 나무 부스러기, 대패 부스러기, 샌드블라스트, 그라인더 분진, 내화벽돌 분진	20
무거운 분진	납 분진, 주조 후 모래털기 작업 시 먼지, 선반 작업 시 먼지	25
무겁고 비교적 큰 입자의 젖은 먼지	젖은 납 분진, 젖은 주조 작업 발생 먼지, 철분진, 요업분진	25 이상

※ 반송속도 : 후드로 흡인한 오염물질을 덕트 내에 퇴적시키지 않고 이송하기 위한 송풍관 내 기류의 최소속도

3 총 압력손실 계산방법

① 정압조절평형법(유속조절평형법, 정압균형유지법)

㉠ 정의

저항이 큰 쪽의 덕트 직경을 약간 크게 하거나 감소시켜 저항을 줄이거나 증가시킴으로써 합류점의 정압이 같아지도록 하는 방법

㉡ 적용

분지관의 수가 적고 고독성 물질이나 폭발성 · 방사성 분진을 대상으로 사용

㉢ 정압조절평형법의 장단점

구분	내용
장점	• 예기치 않은 침식, 부식, 분진 퇴적으로 인한 축적(퇴적) 현상이 일어나지 않음 • 잘못 설계된 분지관, 최대저항경로(저항이 큰 분지관) 선정이 잘못되어도 설계 시 쉽게 발견 가능 • 설계가 정확할 경우 가장 효율적인 시설임
단점	• 설계 시 잘못된 유량을 고치기 어려움(임의로 유량을 조절하기 어려움) • 설계가 복잡하고 시간이 소요됨 • 설치 후 변경이나 확장에 대한 유연성이 낮음 • 효율 개선 시 전체를 수정해야 함

② 저항조절평형법(댐퍼조절평형법, 덕트균형유지법)

㉠ 정의

각 덕트에 댐퍼를 부착하여 압력을 조정하고, 평형을 유지하는 방법

㉡ 적용

분지관의 수가 많고 덕트의 압력손실이 클 때 사용(배출원이 많아서 여러 개의 후드를 주관에 연결한 경우)

㉢ 저항조절평형법의 장단점

구분	내용
장점	• 시설 설치 후 변경에 유연하게 대처가 가능 • 최소 설계 풍량으로 평형 유지가 가능 • 설계 계산이 간편하고, 고도의 지식을 요하지 않음
단점	• 평형상태 시설에 댐퍼를 잘못 설치 시 또는 임의의 댐퍼 조정 시 평형상태가 파괴됨 • 부분적 폐쇄 댐퍼는 침식, 분진 퇴적의 원인이 됨 • 최대저항경로 선정이 잘못되어도 설계 시 쉽게 발견할 수 없음

핵심이론 27 송풍기

1 원심력 송풍기의 종류별 특징

송풍기의 종류	구분	내용
다익형 송풍기 (multi blade fan)	주요 특징	• 전향 날개형(전곡 날개형, forward-curved blade fan)이라고 하며, 많은 날개(blade)를 갖고 있음 • 송풍기의 임펠러가 다람쥐 쳇바퀴 모양으로, 회전날개가 회전방향과 동일한 방향으로 설계됨 • 높은 압력손실에서는 송풍량이 급격하게 떨어지므로 이송시켜야 할 공기량이 많고 압력손실이 작게 걸리는 전체환기나 공기조화용으로 널리 사용
	장점	• 동일 풍량, 동일 풍압에 대해 가장 소형이므로, 제한된 장소에 사용 가능 • 설계가 간단함 • 회전속도가 느려 소음이 적음 • 저가로 제작이 가능
	단점	• 구조 · 강도상 고속 회전이 불가능 • 효율이 낮음(약 60%) • 동력상승률(상승구배)이 크고 과부하되기 쉬워 큰 동력의 용도에 적합하지 않음
평판형 송풍기 (radial fan)	주요 특징	• 플레이트(plate) 송풍기, 방사 날개형 송풍기 • 날개가 다익형보다 적고, 직선으로 평판 모양을 하고 있어 강도가 매우 높게 설계되어 있음 • 깃의 구조가 분진을 자체 정화할 수 있도록 되어 있음
	적용	시멘트, 미분탄, 곡물, 모래 등의 고농도 분진 함유 공기나 마모성이 강한 분진, 부식성이 강한 공기를 이송하는 데 사용
	압력 손실	• 압력손실이 다익형보다 약간 높음 • 효율도 65%로 다익형보다는 약간 높으나, 터보형보다는 낮음
터보형 송풍기 (turbo fan)	주요 특징	• 후향 날개형(후곡 날개형, backward-curved blade fan)은 송풍량이 증가해도 동력이 증가하지 않는 장점을 가지고 있어 한계부하 송풍기라고도 함 • 회전날개(깃)가 회전방향 반대편으로 경사지게 설계되어 있어 충분한 압력을 발생시킬 수 있음
	장점	• 장소의 제약을 받지 않음 • 통상적으로 최고속도가 높아 송풍기 중 효율이 가장 좋으며, 송풍량이 증가해도 동력은 크게 상승하지 않음 • 하향구배 특성이기 때문에 풍압이 바뀌어도 풍량의 변화가 적음 • 송풍기를 병렬로 배치해도 풍량에는 지장이 없음
	단점	• 소음이 큼 • 고농도 분진 함유 공기 이송 시 집진기 후단에 설치해야 함

2 송풍기 법칙(상사 법칙, law of similarity)

구분	법칙
회전속도 (회전수)	• 풍량은 회전속도(회전수)비에 비례한다. • 풍압은 회전속도(회전수)비의 제곱에 비례한다. • 동력은 회전속도(회전수)비의 세제곱에 비례한다.
회전차 직경 (송풍기 크기)	• 풍량은 회전차 직경(송풍기 크기)의 세제곱에 비례한다. • 풍압은 회전차 직경(송풍기 크기)의 제곱에 비례한다. • 동력은 회전차 직경(송풍기 크기)의 오제곱에 비례한다.

3 송풍기의 풍량 조절방법

① 회전수 조절법(회전수 변환법) : 풍량을 크게 바꾸려고 할 때 가장 적절한 방법

② 안내익 조절법(vane control법) : 송풍기 흡입구에 6~8매의 방사상 날개를 부착, 그 각도를 변경함으로써 풍량을 조절

③ 댐퍼 부착법(damper 조절법) : 댐퍼를 설치하여 송풍량을 조절하기 가장 쉬운 방법

핵심이론 28 공기정화장치

1 전처리 집진장치의 종류

① 중력 집진장치

② 관성력 집진장치

③ 원심력 집진장치

2 원심력 집진장치(cyclone)

① 입구 유속

㉠ 접선유입식 : 7~15m/sec

㉡ 축류식 : 10m/sec 전후

② 특징

㉠ 설치장소에 구애받지 않고 설치비가 낮으며, 유지 · 보수 비용이 저렴하다.

㉡ 미세입자에 대한 집진효율이 낮고, 분진 농도가 높을수록 집진효율이 증가한다.

㉢ 미세입자를 제거할 때 가장 큰 영향인자는 사이클론의 직경이다.

㉣ 원통의 길이가 길어지면 선회기류가 증가하여 집진효율이 증가한다.

③ 블로다운(blow-down)

사이클론의 집진효율을 향상시키기 위한 하나의 방법으로서, 더스트박스 또는 호퍼부에서 처리가스의 5~10%를 흡인하여 선회기류의 교란을 방지하는 운전방식이다.

[블로다운의 효과]
㉠ 사이클론 내의 난류현상을 억제시킴으로써 집진된 먼지의 비산을 방지(유효원심력 증대)
㉡ 집진효율 증대
㉢ 장치 내부의 먼지 퇴적을 억제하여 장치의 폐쇄현상을 방지(가교현상 방지)

3 세정식 집진장치(wet scrubber)

① 세정식 집진장치의 종류

구분	종류
유수식(가스분산형)	S형 임펠러형, 로터형, 분수형, 나선안내익형, 오리피스 스크러버
가압수식(액분산형)	벤투리 스크러버, 제트 스크러버, 사이클론 스크러버, 분무탑, 충진탑
회전식	타이젠 워셔, 임펄스 스크러버

② 장단점

장점	단점
• 습한 가스, 점착성 입자를 폐색 없이 처리 가능 • 인화성 · 가열성 · 폭발성 입자를 처리 • 고온가스의 취급이 용이 • 설치면적이 작아 초기비용이 적게 듦 • 단일장치로 입자상 외에 가스상 오염물을 제거	• 폐수 발생 및 폐슬러지 처리비용이 발생 • 공업용수의 과잉 사용 • 연소가스가 포함된 경우에는 부식 잠재성이 있음 • 추울 경우에 동결 방지장치가 필요 • 백연 발생으로 인한 재가열시설이 필요

4 여과 집진장치(bag filter)

① 원리
함진가스를 여과재(filter media)에 통과시켜 입자를 분리 · 포집하는 장치로서 1μm 이상인 분진의 포집은 99%가 관성충돌과 직접 차단, 0.1μm 이하인 분진은 확산과 정전기력에 의하여 포집하는 집진장치이다.

② 탈진방법
㉠ 진동형(shaker type)
㉡ 역기류형(reverse air flow type)
㉢ 펄스제트형(pulse-jet type)

③ 장단점

장점	단점
• 집진효율이 높으며, 집진효율은 처리가스의 양과 밀도변화에 영향이 적음 • 다양한 용량을 처리 • 연속집진방식일 경우 먼지부하의 변동이 있어도 운전효율에는 영향이 없음 • 설치 적용범위가 광범위	• 고온, 산 · 알칼리 가스일 경우 여과백의 수명단축 • 250℃ 이상의 고온가스를 처리할 경우 고가의 특수 여과백을 사용 • 여과백 교체 시 비용이 많이 들고 작업방법이 어려움 • 가스가 노점온도 이하가 되면 수분이 생성되므로 주의

5 전기 집진장치

① 원리

함진가스의 이온화 ⇨ 분진입자의 대전 ⇨ 분진입자 진극으로의 이동 및 포집 ⇨ 포집된 분진입자의 전하상실 및 중성화 ⇨ 집진극으로부터 분진입자의 제거

② 장점

㉠ 집진효율이 높다(0.01μm 정도 포집 용이, 99.9% 정도 고집진효율).

㉡ 광범위한 온도범위에서 적용이 가능하며, 폭발성 가스의 처리도 가능하다.

㉢ 고온의 입자상 물질(500℃ 전후) 처리가 가능하여 보일러와 철강로 등에 설치할 수 있다.

㉣ 압력손실이 낮고 대용량의 가스 처리가 가능하며, 배출가스의 온도강하가 적다.

㉤ 운전 및 유지비가 저렴하며, 넓은 범위의 입경에도 집진효율이 높다.

③ 단점

㉠ 설치비용이 많이 든다.

㉡ 설치공간을 많이 차지한다.

㉢ 설치된 후에는 운전조건 변화에 유연성이 적다.

㉣ 전압변동과 같은 조건변동(부하변동)에 쉽게 적응이 곤란하다.

㉤ 먼지 성상에 따라 전처리시설이 요구되며, 가연성 입자 처리는 곤란하다.

④ 분진의 비저항(전기저항)

㉠ 전기집진장치의 성능 지배요인 중 가장 큰 것이 분진의 비저항이다.

㉡ 집진율이 가장 양호한 범위는 비저항 10^4~$10^{11}\Omega \cdot$cm의 범위이다.

6 배기구 설치규칙(15-3-15)

① 배출구와 공기를 유입하는 흡입구는 서로 15m 이상 떨어져야 한다.

② 배출구의 높이는 지붕 꼭대기나 공기 유입구보다 위로 3m 이상 높게 하여야 한다.

③ 배출되는 공기는 재유입되지 않도록 배출가스 속도를 15m/s 이상으로 유지한다.

7 유해가스 처리장치의 종류별 주요 특징

① 흡수법

구분	내용
흡수액 구비조건	• 용해도가 클 것 • 점성이 작고, 화학적으로 안정할 것 • 독성이 없고, 휘발성이 적을 것 • 부식성이 없고, 가격이 저렴할 것 • 용매의 화학적 성질과 비슷할 것
충진제 구비조건 (충진탑)	• 압력손실이 적고, 충전밀도가 클 것 • 단위부피 내 표면적이 클 것 • 대상 물질에 부식성이 작을 것 • 세정액의 체류현상(hold－up)이 작을 것 • 내식성이 크고, 액가스 분포를 균일하게 유지할 수 있을 것

② 흡착법

구분	내용
흡착제 선정 시 고려사항	• 흡착탑 내에서 기체 흐름에 대한 저항(압력손실)이 작을 것 • 어느 정도의 강도와 경도가 있을 것 • 흡착률이 우수할 것 • 흡착제의 재생이 용이할 것 • 흡착물질의 회수가 용이할 것
특징	• 처리가스의 농도변화에 대응할 수 있음 • 오염가스를 거의 100% 제거 • 회수가치가 있는 불연성 · 희박농도 가스 처리에 적합 • 조작 및 장치가 간단 • 처리비용이 높음

③ 연소법

구분	내용
장점	• 폐열을 회수하여 이용 • 배기가스의 유량과 농도 변화에 잘 적응 • 가스 연소장치의 설계 및 운전조절을 통해 유해가스를 거의 완전히 제거
단점	시설 투자비 및 유지관리비가 많이 소요

핵심이론 29 국소배기장치의 유지관리

1 측정도구

① 흡기 및 배기 능력 검사 측정도구 : 열선식 풍속계
② 후드의 흡입기류 방향 검사 측정도구 : 발연관(연기발생기, smoke tester)

2 송풍관(duct)과 송풍기의 검사

구분	덕트의 두께	덕트의 정압	송풍기 벨트
측정	초음파 측정기	수주마노미터 또는 정압탐침계를 부착한 열식 미풍속계	벨트를 손으로 눌러서 늘어진 치수를 조사
판정	처음 두께의 1/4 이상	초기 정압의 ±10% 이내	벨트의 늘어짐이 10~20mm일 것

3 성능시험 시 시험장비 중 반드시 갖추어야 할 측정기(필수장비)

① 발연관
② 청음기 또는 청음봉
③ 절연저항계
④ 표면온도계 및 초자온도계
⑤ 줄자

4 송풍관 내의 풍속 측정계기

① 피토관
② 풍차 풍속계
③ 열선식 풍속계
④ 마노미터

5 열선식 풍속계의 원리 및 특징

① 열선식 풍속계(thermal anemometer)는 미세한 백금 또는 텅스텐의 금속선이 공기와 접촉하여 금속의 온도가 변하고, 이에 따라 전기저항이 변하여 유속을 측정한다.
② 기류속도가 낮을 때도 정확한 측정이 가능하다.
③ 가열된 공기가 지나가면서 빼앗는 열의 양은 공기의 속도에 비례한다는 원리를 이용하며 국소배기장치 검사에 공기 유속을 측정하는 유속계 중 가장 많이 사용된다.

6 카타온도계의 원리 및 특징

① 카타온도계(kata thermometer)는 기기 내 알코올이 위 눈금(100°F)에서 아래 눈금(95°F)까지 하강하는 데 소요되는 시간을 측정하여 기류를 간접적으로 측정한다.
② 기류의 방향이 일정하지 않은 경우, 실내 0.2~0.5m/sec 정도의 불감기류 측정 시 사용한다.

7 압력 측정기기

① 피토관
② U자 마노미터(U자 튜브형 마노미터)
③ 경사 마노미터
④ 아네로이드 게이지
⑤ 마그네헬릭 게이지

8 정압 측정에 따른 고장의 주원인

① 송풍기 정압이 갑자기 증가한 경우의 원인
㉠ 공기정화장치의 분진 퇴적
㉡ 덕트 계통의 분진 퇴적
㉢ 후드 댐퍼가 닫힘
㉣ 후드와 덕트, 덕트의 연결부위가 풀림
㉤ 공기정화장치의 분진 취출구가 열림
② 공기정화장치 전후에 정압이 감소한 경우의 원인
㉠ 송풍기 자체의 성능 저하
㉡ 송풍기 점검구의 마개가 열림
㉢ 배기 측 송풍관이 막힘
㉣ 송풍기와 송풍관의 플랜지(flange) 연결부위가 풀림

9 후드 성능 불량의 주요 원인

① 송풍기의 송풍량 부족
② 발생원에서 후드 개구면까지의 거리가 긺
③ 송풍관의 분진 퇴적
④ 외기 영향으로 후두 개구면의 기류 제어 불량
⑤ 유해물질의 비산속도가 큼

핵심이론 30 작업환경 개선

1 작업환경 개선의 기본원칙(작업환경 개선원칙의 공학적 대책)

① 대치(대체)
② 격리(밀폐)
③ 환기
④ 교육

2 대치(substitution)의 방법

① 공정의 변경
㉠ 금속을 두드려 자르던 공정을 톱으로 절단하는 공정으로 변경
㉡ 페인트를 분사하는 방식에서 담그는 형태(함침, dipping)로 변경 또는 전기흡착식 페인트 분무방식 사용
㉢ 작은 날개로 고속 회전시키던 송풍기를 큰 날개로 저속 회전시킴
㉣ 자동차산업에서, 땜질한 납을 깎을 때 이용하는 고속 회전 그라인더를 oscillating-type sander로 대치
㉤ 자동차산업에서, 리베팅 작업을 볼트 · 너트 작업으로 대치
㉥ 도자기 제조공정에서, 건조 후 실시하던 점토 배합을 건조 전에 실시

② 시설의 변경
㉠ 고소음 송풍기를 저소음 송풍기로 교체
㉡ 가연성 물질 저장 시, 유리병을 안전한 철제통으로 교체
㉢ 흄 배출 후드의 창을 안전유리로 교체

③ 유해물질의 변경
㉠ 아조염료의 합성원료인 벤지딘을 디클로로벤지딘으로 전환
㉡ 금속제품의 탈지(세척)에 사용하는 트리클로로에틸렌(TCE)을 계면활성제로 전환
㉢ 성냥 제조 시 황린(백린) 대신 적린 사용 및 단열재(석면)를 유리섬유로 전환
㉣ 세탁 시 세정제로 사용하는 벤젠을 1,1,1-트리클로로에탄으로 전환
㉤ 세탁 시 화재 예방을 위해 사용하는 석유나프타를 퍼클로로에틸렌(4-클로로에틸렌)으로 전환
㉥ 세척작업에 사용되는 사염화탄소를 트리클로로에틸렌으로 전환
㉦ 주물공정에서 주형을 채우는 재료를 실리카 모래 대신 그린(green) 모래로 전환
㉧ 금속 표면을 블라스팅(샌드블라스트)할 때 사용하는 재료를 모래 대신 철구슬(철가루)로 전환
㉨ 단열재(보온재)로 사용하는 석면을 유리섬유나 암면으로 전환
㉩ 유연휘발유를 무연휘발유로 전환

3 격리(isolation)의 방법

① 저장물질의 격리
② 시설의 격리
③ 공정의 격리
④ 작업자의 격리

4 분진 발생 억제(발진의 방지)

① 작업공정 습식화
　㉠ 분진의 방진대책 중 가장 효과적인 개선대책
　㉡ 착암, 파쇄, 연마, 절단 등의 공정에 적용
　㉢ 취급 물질은 물, 기름, 계면활성제 사용
② 대치
　㉠ 원재료 및 사용재료의 변경
　㉡ 생산기술의 변경 및 개량
　㉢ 작업공정의 변경

5 발생분진 비산 방지방법

① 해당 장소를 밀폐 및 포위
② 국소배기
③ 전체환기

6 분진 작업장의 환경관리

① 습식 작업
② 발산원 밀폐
③ 대치(원재료 및 사용재료)
④ 방진마스크(개인보호구)
⑤ 생산공정의 자동화 또는 무인화
⑥ 작업장 바닥을 물세척이 가능하도록 처리

핵심이론 31 개인보호구

1 개인보호구의 주요 내용

보호구	구분	내용
방진마스크	여과재의 분진 포집능력에 따른 구분(분리식)	• 특급 : 분진포집효율 99.95% 이상(안면부 여과식은 99.0% 이상) • 1급 : 분진포집효율 94.0% 이상 • 2급 : 분진포집효율 80.0% 이상
	특급방진마스크의 사용장소	• 베릴륨 등과 같이 독성이 강한 물질들을 함유한 분진 등의 발생장소 • 석면 취급 장소
	선정조건 (구비조건)	• 흡기저항 및 흡기저항 상승률이 낮을 것(일반적 흡기저항 범위 : 6~8mmH_2O) • 배기저항이 낮을 것(일반적 배기저항 기준 : 6mmH_2O 이하) • 여과재의 포집효율이 높을 것 • 착용 시 시야 확보가 용이할 것(하방 시야가 60° 이상이어야 함) • 중량은 가벼울 것 • 안면에서의 밀착성이 클 것 • 침입률 1% 이하까지 정확히 평가가 가능할 것
	여과재(필터)의 재질	• 면, 모 • 합성섬유 • 유리섬유 • 금속섬유
방독마스크	흡수제 (흡착제)의 재질	• 활성탄 ◀ **비극성(유기용제)에 일반적으로 사용, 가장 많이 사용되는 물질** • 실리카겔(silicagel) ◀ **극성에 일반적으로 사용** • 염화칼슘(soda lime) • 제오라이트(zeolite)
송기마스크 (공기호흡기)	정의	산소가 결핍된 환경 또는 유해물질의 농도가 높거나 독성이 강한 작업장에서 사용
	종류	• 호스마스크 • 에어라인마스크
	송기마스크를 착용하여야 할 작업	• 환기를 할 수 없는 밀폐공간에서의 작업 • 밀폐공간에서 비상시에 근로자를 피난시키거나 구출하는 작업 • 탱크, 보일러 또는 반응탑의 내부 등 통풍이 불충분한 장소에서의 용접작업 • 지하실 또는 맨홀의 내부, 기타 통풍이 불충분한 장소에서 가스 배관의 해체 또는 부착 작업을 할 때 환기가 불충분한 경우 • 국소배기장치를 설치하지 아니한 유기화합물 취급 특별장소에서 관리대상 물질의 단시간 취급 업무 • 유기화학물을 넣었던 탱크 내부에서 세정 및 도장 업무

보호구	구분	내용	
자가공기 공급장치 (SCBA)	정의	공기통식이라고도 하며, 산소나 공기 공급 실린더를 직접 착용자가 지니고 다니는 호흡용 보호구	
	종류별 특징	폐쇄식 (closed circuit)	• 호기 시 배출공기가 외부로 빠져나오지 않고 장치 내에서 순환 • 개방식보다 가벼운 것이 장점 • 사용시간은 30분~4시간 정도 • 산소 발생장치는 KO_2 사용 • 단점 : 반응이 시작하면 멈출 수 없음
		개방식 (open circuit)	• 호기 시 배출공기가 장치 밖으로 배출 • 사용시간은 30분~60분 정도 • 호흡용 공기는 압축공기를 사용(단, 압축산소 사용은 폭발 위험이 있기 때문에 절대 사용 불가) • 주로 소방관이 사용
차광안경 (차광보호구)	정의	유해광선을 차단하여 근로자의 눈을 보호하기 위한 것(고글, goggles)	
손보호구 (면장갑)	특징	• 날카로운 물체를 다루거나 찰과상의 위험이 있는 경우 사용 • 가죽이나 손가락 패드가 붙어 있는 면장갑 권장 • 촉감, 구부러짐 등이 우수하나 마모가 잘 됨 • 선반 및 회전체 취급 시 안전상 장갑을 사용하지 않음	
산업용 피부보호제 (피부보호용 도포제)	종류별 특징	① 피막형성형 피부보호제 (피막형 크림)	• 분진, 유리섬유 등에 대한 장애 예방 • 적용 화학물질 : 정제 벤드나이드겔, 염화비닐수지 • 분진, 전해약품 제조, 원료 취급 작업 시 사용
		② 소수성 물질 차단 피부보호제	• 내수성 피막을 만들고 소수성으로 산을 중화함 • 적용 화학물질 : 밀납, 탈수라노린, 파라핀, 탄산마그네슘 • 광산류, 유기산, 염류(무기염류) 취급 작업 시 사용
		③ 차광성 물질 차단 피부보호제	• 타르, 피치, 용접 작업 시 예방 • 적용 화학물질 : 글리세린, 산화제이철 • 주원료 : 산화철, 아연화산화티탄
		④ 광과민성 물질 차단 피부보호제 : 자외선 예방 ⑤ 지용성 물질 차단 피부보호제 ⑥ 수용성 물질 차단 피부보호제	
귀마개 (ear plug)	장점	• 부피가 작아서 휴대가 쉬움 • 안경과 안전모 등에 방해가 되지 않음 • 고온 작업에서도 사용 가능 • 좁은 장소에서도 사용 가능 • 귀덮개보다 가격이 저렴	
	단점	• 귀에 질병이 있는 사람은 착용 불가능 • 여름에 땀이 많이 날 때는 외이도에 염증을 유발할 수 있음 • 제대로 착용하는 데 시간이 걸리며 요령을 습득하여야 함 • 차음효과가 일반적으로 귀덮개보다 떨어짐 • 사람에 따라 차음효과 차이가 큼 • 더러운 손으로 만지게 되면 외청도를 오염시킬 수 있음	

보호구	구분	내용
귀덮개 (ear muff)	장점	• 귀마개보다 차음효과가 일반적으로 높으며, 일관성 있는 차음효과를 얻을 수 있음 • 동일한 크기의 귀덮개를 대부분의 근로자가 사용 가능 • 귀에 염증이 있어도 사용 가능 • 귀마개보다 차음효과의 개인차가 적음 • 근로자들이 귀마개보다 쉽게 착용할 수 있고, 착용법을 틀리거나 잃어버리는 일이 적음 • 고음 영역에서 차음효과가 탁월
	단점	• 부착된 밴드에 의해 차음효과가 감소 • 고온에서 사용 시 불편 • 머리카락이 길 때, 안경테가 굵거나 잘 부착되지 않을 때 사용 불편 • 장시간 사용 시 꽉 끼는 느낌이 있음 • 보안경과 함께 사용하는 경우 다소 불편하며, 차음효과가 감소 • 가격이 비싸고, 운반과 보관이 쉽지 않음 • 오래 사용하여 귀걸이의 탄력성이 줄거나 귀걸이가 휜 경우 차음효과가 떨어짐

2 보호장구 재질에 따른 적용물질

보호장구 재질	적용물질
Neoprene 고무	비극성 용제와 극성 용제 중 알코올, 물, 케톤류 등에 효과적
천연고무(latex)	극성 용제 및 수용성 용액에 효과적(절단 및 찰과상 예방)
Viton	비극성 용제에 효과적
면	고체상 물질(용제에는 사용 못함)
가죽	용제에는 사용 못함(기본적인 찰과상 예방)
Nitrile 고무	비극성 용제에 효과적
Butyl 고무	극성 용제에 효과적(알데히드, 지방족)
Ethylene vinyl alcohol	대부분의 화학물질을 취급할 경우 효과적
Polyvinyl chloride	수용성 용제

3 청력보호구의 차음효과를 높이기 위한 유의사항

① 사용자 머리와 귓구멍에 잘 맞을 것
② 기공이 많은 재료를 선택하지 말 것
③ 청력보호구를 잘 고정시켜서 보호구 자체의 진동을 최소화할 것
④ 귀덮개 형식의 보호구는 머리카락이 길 때와 안경테가 굵어서 잘 부착되지 않을 때에는 사용하지 말 것

핵심이론 32 고온 작업과 저온 작업

1 온열요소

① 기온
② 기습(습도)
③ 기류
④ 복사열

2 지적온도와 감각온도

① **지적온도(적정온도, optimum temperature)** : 인간이 활동하기에 가장 좋은 상태인 이상적인 온열조건으로, 환경온도를 감각온도로 표시한 것
② **감각온도(실효온도, 유효온도)** : 기온, 습도, 기류(감각온도 3요소)의 조건에 따라 결정되는 체감온도

3 불감기류

① 0.5m/sec 미만의 기류
② 실내에 항상 존재
③ 신진대사 촉진(생식선 발육 촉진)
④ 한랭에 대한 저항을 강화시킴

4 고온순화기전

① 체온조절기전의 항진
② 더위에 대한 내성 증가
③ 열생산 감소
④ 열방산능력 증가

5 고열 작업장의 작업환경 관리대책

① 작업자에게 국소적인 송풍기를 지급한다.
② 작업장 내에 낮은 습도를 유지한다.
③ 열 차단판인 알루미늄 박판에 기름먼지가 묻지 않도록 청결을 유지한다.
④ 기온이 35℃ 이상이면 피부에 닿는 기류를 줄이고, 옷을 입혀야 한다.
⑤ 노출시간을 한 번에 길게 하는 것보다는 짧게 자주하고 휴식하는 것이 바람직하다.
⑥ 증발방지복(vapor barrier)보다는 일반 작업복이 적합하다.

6 고열장애의 종류와 주요 내용

보호구	구분	주요 내용
열사병 (heatstroke)	정의	고온다습한 환경(육체적 노동 또는 태양의 복사선을 두부에 직접적으로 받는 경우)에 노출될 때 뇌 온도의 상승으로 신체 내부의 체온조절중추에 기능장애를 일으켜서 생기는 위급한 상태로, 고열장애 중 가장 위험성이 큼
	발생	• 체온조절중추(특히 발한중추) 기능장애에 의해 발생(체내에 열이 축적되어 발생) • 혈액 중 염분량과는 관계없음
	증상	• 중추신경계의 장애 • 뇌막혈관이 노출되면 뇌 온도의 상승으로 체온조절중추 기능에 나타나는 장애
	치료	• 체온조절중추에 손상이 있을 때는 치료효과를 거두기 어려우며, 체온을 급히 하강시키기 위한 응급조치방법으로 얼음물에 담가서 체온을 39℃까지 내려주어야 함 • 울열 방지와 체열이동을 돕기 위하여 사지를 격렬하게 마찰
열피로 (heat exhaustion), 열탈진 (열소모)	정의	고온 환경에서 장시간 힘든 노동을 할 때 주로 미숙련공(고열에 순화되지 않은 작업자)에 많이 나타나는 상태
	발생	• 땀을 많이 흘려(과다 발한) 수분과 염분 손실이 많을 때 • 탈수로 인해 혈장량이 감소할 때
	증상	• 체온은 정상범위를 유지하고, 혈중 염소 농도는 정상 • 실신, 허탈, 두통, 구역감, 현기증 증상을 주로 나타냄
	치료	휴식 후 5% 포도당을 정맥주사
열경련 (heat cramp)	정의	• 가장 전형적인 열중증의 형태로서, 주로 고온 환경에서 지속적으로 심한 육체적인 노동을 할 때 나타남 • 주로 작업 중에 많이 사용하는 근육에 발작적인 경련이 일어나는데, 작업 후에도 일어나는 경우가 있음 • 팔이나 다리뿐만 아니라, 등 부위의 근육과 위에 생기는 경우가 있음
	발생	지나친 발한에 의한 수분 및 혈중 염분 손실(혈액의 현저한 농축 발생)
	증상	• 체온이 정상이거나 약간 상승하고, 혈중 Cl^- 농도가 현저히 감소 • 낮은 혈중 염분 농도와 팔 · 다리의 근육 경련(수의근 유통성 경련) • 통증을 수반하는 경련은 주로 작업 시 사용한 근육에서 흔히 발생 • 중추신경계통의 장애는 일어나지 않음
	치료	• 체열 방출을 촉진시키고, 수분 및 NaCl 보충(생리식염수 0.1% 공급) • 증상이 심한 경우 생리식염수 1,000~2,000mL를 정맥주사
열실신 (heat syncope), 열허탈 (heat collapse)	정의	고열 환경에 노출될 때 혈관운동장애가 일어나 정맥혈이 말초혈관에 저류되고 심박출량 부족으로 초래하는 순환부전으로, 대뇌피질의 혈류량 부족이 주원인이며, 저혈압과 뇌의 산소부족으로 실신하거나 현기증을 느낌
	발생	고온에 순화되지 못한 근로자가 고열 작업 수행 시(염분 · 수분 부족은 관계 없음)
	증상	• 체온조절기능이 원활하지 못해 결국 뇌의 산소부족으로 의식을 잃음 • 말초혈관 확장 및 신체 말단부 혈액이 과다하게 저류됨
	치료	예방 관점에서 작업 투입 전 고온에 순화되도록 함
열성발진 (heat rashes), 열성혈압증	정의	작업환경에서 가장 흔히 발생하는 피부장애로 땀띠(prickly heat)라고도 하며, 끊임없이 고온다습한 환경에 노출될 때 주로 문제
	발생	피부가 땀에 오래 젖어서 생기고, 옷에 덮여 있는 피부 부위에 자주 발생
	증상	땀 증가 시 따갑고 통증 느낌
	치료	냉목욕 후 차갑게 건조시키고 세균 감염 시 칼라민 로션이나 아연화 연고를 바름

7 고온과 저온에서의 생리적 반응

① 고온에 순화되는 과정(생리적 변화)

㉠ 간기능이 저하한다(cholesterol/cholesterol ester의 비 감소).

㉡ 처음에는 에너지 대사량이 증가하고 체온이 상승하나, 이후 근육이 이완되고 열생산도 정상으로 된다.

㉢ 위액분비가 줄고 산도가 감소하여 식욕부진, 소화불량을 유발한다.

㉣ 교감신경에 의해 피부혈관이 확장이 된다.

㉤ 심장박출량은 처음엔 증가하지만, 나중엔 정상으로 된다.

㉥ 혈중 염분량이 현저히 감소하고, 수분 부족상태가 된다.

② 저온(한랭)환경에서의 생리적 기전(반응)

㉠ 감염에 대한 저항력이 떨어지며 회복과정에 장애가 온다.

㉡ 피부의 급성일과성 염증반응은 한랭에 대한 폭로를 중지하면 2~3시간 내에 없어진다.

구분	고온	저온
1차 생리적 반응	• 발한(불감발한) 및 호흡 촉진 • 교감신경에 의한 피부혈관 확장 • 체표면 증가(한선)	• 피부혈관(말초혈관) 수축 및 체표면적 감소 • 근육긴장 증가 및 떨림 • 화학적 대사(호르몬 분비) 증가
2차 생리적 반응	• 혈중 염분량 현저히 감소 및 수분 부족 • 심혈관, 위장, 신경계, 신장 장애	• 표면조직의 냉각 • 식욕 변화(식욕 항진 ; 과식) • 혈압 일시적 상승(혈류량 증가)

8 전신체온강하(저체온증)

① **정의** : 저체온증(general hypothermia)은 심부온도가 37℃에서 26.7℃ 이하로 떨어지는 것을 말하며, 한랭환경에서 바람에 노출되거나, 얇거나 습한 의복 착용 시 급격한 체온강하가 일어난다.

② **증상** : 전신 저체온의 첫 증상은 억제하기 어려운 떨림과 냉감각이 생기고, 심박동이 불규칙하게 느껴지며 맥박은 약해지고, 혈압이 낮아진다.

③ **특징** : 장시간의 한랭폭로에 따른 일시적 체열(체온) 상실에 따라 발생하며, 급성 중증 장애이다.

④ **치료** : 신속하게 몸을 데워주어 정상체온으로 회복시켜 주어야 한다.

9 동상의 구분

① **1도 동상** : 홍반성 동상

② **2도 동상** : 수포성 동상

③ **3도 동상** : 괴사성 동상

핵심이론 33 이상기압과 산소결핍

1 고압환경의 특징

① 고압환경 작업의 대표적인 것은 잠함작업이다.
② 수면하에서의 압력은 수심이 10m 깊어질 때 1기압씩 증가한다.
③ 수심이 20m인 곳의 절대압은 3기압이며, 작용압은 2기압이다.
④ 예방으로는 수소 또는 질소를 대신하여 마취현상이 적은 헬륨으로 대치한 공기를 호흡시킨다.

2 고압환경의 2차적 가압현상(2차성 압력현상)

구분	주요 내용
질소가스의 마취작용	• 공기 중의 질소가스는 정상기압에서는 비활성이지만 4기압 이상에서 마취작용을 일으키는데, 이를 다행증(공기 중의 질소가스는 3기압 이하에서는 자극작용)이라고 함 • 질소가스 마취작용은 알코올중독의 증상과 유사
산소중독	• 산소의 분압이 2기압이 넘으면 산소중독 증상을 보임. 즉, 3~4기압의 산소 혹은 이에 상당하는 공기 중 산소분압에 의하여 중추신경계의 장애에 기인하는 운동장애를 나타내는데, 이것을 산소중독이라고 함 • 고압산소에 대한 폭로가 중지되면 증상은 즉시 멈춤(가역적)
이산화탄소의 작용	• 이산화탄소 농도의 증가는 산소의 독성과 질소의 마취작용을 증가시키는 역할을 하고 감압증의 발생을 촉진 • 이산화탄소 농도가 고압환경에서 대기압으로 환산하여 0.2%를 초과해서는 안 됨

3 감압병(decompression, 잠함병)

① 고압환경에서 Henry 법칙에 따라 체내에 과다하게 용해되었던 불활성 기체(질소 등)는 압력이 낮아질 때 과포화상태로 되어 혈액과 조직에 기포를 형성하여 혈액순환을 방해하거나 주위 조직에 기계적 영향을 줌으로써 다양한 증상을 유발한다.
② 감압병의 직접적인 원인은 혈액과 조직에 질소기포의 증가이다.
③ 감압병의 치료로는 재가압 산소요법이 최상이다.
④ 감압병을 케이슨병이라고도 한다.

4 감압에 따른 용해질소의 기포 형성효과

용해질소의 기포는 감압병의 증상을 대표적으로 나타내며, 감압병의 직접적인 원인은 체액 및 지방조직의 질소기포 증가이다.

[감압 시 조직 내 질소기포 형성량에 영향을 주는 요인]
① 조직에 용해된 가스량
② 혈류변화 정도(혈류를 변화시키는 상태)
③ 감압속도

5 감압병의 예방 및 치료

① 고압환경에서의 작업시간을 제한하고, 고압실 내의 작업에서는 이산화탄소의 분압이 증가하지 않도록 신선한 공기를 송기한다.
② 감압이 끝날 무렵에 순수한 산소를 흡입시키면 예방적 효과가 있을 뿐 아니라 감압시간을 25% 가량 단축할 수 있다.
③ 고압환경에서 작업하는 근로자에게 질소를 헬륨으로 대치한 공기를 호흡시킨다.
④ 헬륨-산소 혼합가스는 호흡저항이 적어 심해 잠수에 사용한다.
⑤ 일반적으로 1분에 10m 정도씩 잠수하는 것이 안전하다.
⑥ 감압병 증상 발생 시에는 환자를 곧장 원래의 고압환경상태로 복귀시키거나 인공고압실에 넣어 혈관 및 조직 속에 발생한 질소의 기포를 다시 용해시킨 다음 천천히 감압한다.
⑦ 헬륨은 질소보다 확산속도가 커서 인체 흡수속도를 높일 수 있으며, 체외로 배출되는 시간이 질소에 비하여 50% 정도 밖에 걸리지 않는다. 또한 헬륨은 고압에서 마취작용이 약하다.
⑧ 귀 등의 장애를 예방하기 위해서는 압력을 가하는 속도를 매 분당 0.8kg/cm^2 이하가 되도록 한다.

6 고공증상 및 고공성 폐수종(저기압이 인체에 미치는 영향)

① 고공증상
㉠ 5,000m 이상의 고공에서 비행 업무에 종사하는 사람에게 가장 큰 문제는 산소부족(저산소증)이다.
㉡ 항공치통, 항공이염, 항공부비감염이 일어날 수 있다.
② 고공성 폐수종
㉠ 고공성 폐수종은 어른보다 순화적응속도가 느린 어린이에게 많이 발생한다.
㉡ 고공 순화된 사람이 해면에 돌아올 때 자주 발생한다.
㉢ 산소공급과 해면 귀환으로 급속히 소실되며, 이 증세는 반복해서 발병하는 경향이 있다.

7 산소농도에 따른 인체장애

산소농도(%)	산소분압(mmHg)	동맥혈의 산소포화도(%)	증상
12~16	90~120	85~89	호흡수 증가, 맥박수 증가, 정신집중 곤란, 두통, 이명, 신체기능조절 손상 및 순환기 장애자 초기증상 유발
9~14	60~105	74~87	불완전한 정신상태에 이르고 취한 것과 같으며, 당시의 기억상실, 전신탈진, 체온상승, 호흡장애, 청색증 유발, 판단력 저하
6~10	45~70	33~74	의식불명, 안면창백, 전신근육경련, 중추신경장애, 청색증 유발, 경련, 8분 내 100% 치명적, 6분 내 50% 치명적, 4~5분 내 치료로 회복 가능
4~6 및 이하	45 이하	33 이하	40초 내에 혼수상태, 호흡정지, 사망

※ 공기 중의 산소분압은 해면에 있어서 159.6mmHg(760mmHg×0.21) 정도이다.

8 산소결핍증(hypoxia, 저산소증)

① 저산소상태에서 산소분압의 저하, 즉 저기압에 의하여 발생되는 질환이다.
② 무경고성이고 급성적 · 치명적이기 때문에 많은 희생자가 발생한다. 즉, 단시간에 비가역적 파괴현상을 나타낸다.
③ 생체 중 최대 산소 소비기관은 뇌신경세포이다.
④ 산소결핍에 가장 민감한 조직은 대뇌피질이다.

핵심이론 34 소음진동

1 소음의 단위

① dB : 음압수준을 표시하는 한 방법으로 사용하는 단위로 dB(decibel)로 표시
② sone : 1,000Hz 순음의 음의 세기레벨 40dB의 음의 크기를 1sone으로 정의
③ phon : 1,000Hz 순음의 크기와 평균적으로 같은 크기로 느끼는 1,000Hz 순음의 음의 세기레벨로 나타낸 것

2 음원의 위치에 따른 지향성

구분	지향계수(Q)	지향지수(DI)
음원이 자유공간(공중)에 있을 때	$Q=1$	DI=10log1=0dB
음원이 반자유공간(바닥 위)에 있을 때	$Q=2$	DI=10log2=3dB
음원이 두 면이 접하는 구석에 있을 때	$Q=4$	DI=10log4=6dB
음원이 세 면이 접하는 구석에 있을 때	$Q=8$	DI=10log8=9dB

※ 지향계수(Q) : 특정 방향에 대한 음의 저항도, 특정 방향의 에너지와 평균에너지의 비
지향지수(DI) : 지향계수를 dB단위로 나타낸 것으로, 지향성이 큰 경우 특정 방향 음압레벨과 평균 음압레벨과의 차이

3 등청감곡선과 청감보정회로의 관계

① 40phon : A청감보정회로(A특성)
② 70phon : B청감보정회로(B특성)
③ 100phon : C청감보정회로(C특성)

4 역2승법칙

점음원으로부터 거리가 2배 멀어질 때마다 음압레벨이 6dB씩 감쇠한다.

5 소음성 난청의 특징

① 감각세포의 손상이며, 청력손실의 원인이 되는 코르티기관의 총체적인 파괴이다.
② 전음계가 아니라, 감음계의 장애이다.
③ 4,000Hz에서 심한 이유는 인체가 저주파보다는 고주파에 대해 민감하게 반응하기 때문이다.

6 C_5-dip 현상

소음성 난청의 초기단계로, 4,000Hz에서 청력장애가 현저히 커지는 현상

7 소음성 난청에 영향을 미치는 요소

① **소음 크기** : 음압수준이 높을수록 영향이 크다(유해함).
② **개인 감수성** : 소음에 노출된 모든 사람이 똑같이 반응하지 않으며, 감수성이 매우 높은 사람이 극소수 존재한다.
③ **소음의 주파수 구성** : 고주파음이 저주파음보다 영향이 크다.
④ **소음의 발생특성** : 지속적인 소음 노출이 단속적인(간헐적인) 소음 노출보다 더 큰 장애를 초래한다.

8 우리나라 노출기준 : 8시간 노출에 대한 기준 90dB(5dB 변화율)

1일 노출시간(hr)	소음수준[dB(A)]
8	90
4	95
2	100
1	105
1/2	110
1/4	115

9 우리나라 충격소음 노출기준

소음수준[dB(A)]	1일 작업시간 중 허용횟수
140	100
130	1,000
120	10,000

※ 충격소음 : 최대음압수준이 120dB 이상인 소음이 1초 이상의 간격으로 발생하는 것

10 배경소음의 정의

배경소음이란 환경소음 중 어느 특정 소음을 대상으로 할 경우, 그 이외의 소음을 말한다.

11 누적소음 노출량 측정기의 정의 및 기준

① 정의

누적소음 노출량 측정기(noise dosemeter)란 개인의 노출량을 측정하는 기기로서, 노출량(dose)은 노출기준에 대한 백분율(%)로 나타낸다.

② 법정 설정기준

㉠ criteria : 90dB

㉡ exchange rate : 5dB

㉢ threshold : 80dB

12 소음대책

구분	소음대책
발생원 대책	• 발생원에서의 저감 : 유속 저감, 마찰력 감소, 충돌 방지, 공명 방지, 저소음형 기계의 사용 • 소음기, 방음커버 설치 • 방진 · 제진
전파경로 대책	• 흡음 · 차음 • 거리감쇠 • 지향성 변환(음원 방향의 변경)
수음자 대책	• 청력보호구(귀마개, 귀덮개) 착용 • 작업방법 개선

※ 소음발생의 대책으로 가장 먼저 고려할 사항 : 소음원의 밀폐, 소음원의 제거 및 억제

13 청각기관의 음전달 매질

① 외이 : 기체(공기)

② 중이 : 고체

③ 내이 : 액체

14 진동수(주파수)에 따른 구분

① 전신진동 진동수(공해진동 진동수) : 1~90Hz
② 국소진동 진동수 : 8~1,500Hz
③ 인간이 느끼는 최소진동역치 : 55±5dB

15 진동의 크기를 나타내는 단위(진동 크기 3요소)

① 변위
② 속도
③ 가속도

16 전신진동에 의한 생체반응에 관여하는 인자

① 진동의 강도
② 진동수
③ 진동의 방향(수직, 수평, 회전)
④ 진동 폭로시간(노출시간)

17 공명(공진) 진동수

① 3Hz 이하 : 멀미(motion sickness)를 느낌
② 6Hz : 가슴, 등에 심한 통증
③ 13Hz : 머리, 안면, 볼, 눈꺼풀 진동
④ 4~14Hz : 복통, 압박감 및 동통감
⑤ 9~20Hz : 대 · 소변 욕구, 무릎 탄력감
⑥ 20~30Hz : 시력 및 청력 장애
※ 두부와 견부는 20~30Hz 진동에 공명(공진)하며, 안구는 60~90Hz 진동에 공명한다.

18 레이노 현상(Raynaud's phenomenon)

① 손가락에 있는 말초혈관운동의 장애로 인하여 수지가 창백해지고 손이 차며 저리거나 통증이 오는 현상이다.
② 한랭작업조건에서 특히 증상이 악화된다.
③ 압축공기를 이용한 진동공구, 즉 착암기 또는 해머 같은 공구를 장기간 사용한 근로자들의 손가락에 유발되기 쉬운 직업병이다.
④ Dead finger 또는 White finger라고도 하고, 발증까지 약 5년 정도 걸린다.

19 진동 대책

구분	대책
발생원 대책	• 가진력(기진력, 외력) 감쇠 • 불평형력의 평형 유지 • 기초중량의 부가 및 경감 • 탄성 지지(완충물 등 방진재 사용) • 진동원 제거 • 동적 흡진
전파경로 대책	• 진동의 전파경로 차단(수진점 근방의 방진구) • 거리감쇠

20 주요 방진재료의 장단점

① 금속스프링

장점	단점
• 저주파 차진에 좋음 • 환경요소에 대한 저항성이 큼 • 최대변위 허용	• 감쇠가 거의 없음 • 공진 시에 전달률이 매우 큼 • 로킹(rocking)이 일어남

② 방진고무

장점	단점
• 고무 자체의 내부 마찰로 적당한 저항을 얻을 수 있음 • 공진 시의 진폭도 지나치게 크지 않음 • 설계자료가 잘 되어 있어서 용수철 정수(스프링 상수)를 광범위하게 선택 • 형상의 선택이 비교적 자유로워 여러 가지 형태로 된 철물에 견고하게 부착할 수 있음 • 고주파 진동의 차진에 양호	• 내후성, 내유성, 내열성, 내약품성이 약함 • 공기 중의 오존(O_3)에 의해 산화 • 내부 마찰에 의한 발열 때문에 열화

③ 공기스프링

장점	단점
• 지지하중이 크게 변하는 경우에는 높이 조정변에 의해 그 높이를 조절할 수 있어 설비의 높이를 일정 레벨로 유지시킬 수 있음 • 하중부하 변화에 따라 고유진동수를 일정하게 유지할 수 있음 • 부하능력이 광범위하고 자동제어가 가능 • 스프링정수를 광범위하게 선택할 수 있음	• 사용 진폭이 적은 것이 많아 별도의 댐퍼가 필요한 경우가 많음 • 구조가 복잡하고 시설비가 많이 듦 • 압축기 등 부대시설이 필요 • 안전사고(공기누출) 위험

핵심이론 35 방사선

1 전리방사선과 비전리방사선의 구분

구분	종류
전리방사선(이온화방사선)	• 전자기방사선 : X−Ray, γ선 • 입자방사선 : α선, β선, 중성자
비전리방사선	자외선(UV), 가시광선(VR), 적외선파(IR), 라디오파(RF), 마이크로파(MW), 저주파(LF), 극저주파(ELF), 레이저

※ 전리방사선과 비전리방사선의 경계가 되는 광자에너지의 강도 : 12eV

2 전리방사선의 주요 단위

구분	정의	주요 내용
뢴트겐 (Röntgen, R)	조사선량 단위	• 1R(뢴트겐)은 표준상태에서 X선을 공기 1cc(cm^3)에 조사하여 발생한 1정전단위(esu)의 이온(2.083×10^9개 이온쌍)을 생성하는 조사량으로, 1g의 공기에 83.3erg의 에너지가 주어질 때의 선량을 의미 • $1R=2.58\times10^{-4}$쿨롬/kg
래드 (rad)	흡수선량 단위	• 조사량에 관계없이 조직(물질)의 단위질량당 흡수된 에너지량을 표시하는 단위 • 관용단위인 1rad는 피조사체 1g에 대하여 100erg의 방사선에너지가 흡수되는 선량 단위($=100erg/gram=10^{-2}J/kg$) • 100rad를 1Gy(Gray)로 사용
큐리 (Curie, Ci), 베크렐 (Becquerel, Bq)	방사성 물질량 단위	• 라듐(Radium)이 붕괴하는 원자의 수를 기초로 해서 정해졌으며, 1초간 3.7×10^{10}개의 원자붕괴가 일어나는 방사성 물질의 양(방사능의 강도)으로 정의 • Bq과 Ci의 관계 : $1Bq=2.7\times10^{-11}Ci$
렘 (rem)	생체실효선량 단위	관련식 : rem=rad×RBE 여기서, rem : 생체실효선량, rad : 흡수선량, RBE : 상대적 생물학적 효과비(rad를 기준으로 방사선효과를 상대적으로 나타낸 것) ※ X선, γ선, β입자 : 1(기준) 열중성자 : 2.5, 느린중성자 : 5, α입자 · 양자 · 고속중성자 : 10
그레이 (Gray, Gy)	흡수선량 단위	• 방사선 물질과 상호작용한 결과 그 물질의 단위질량에 흡수된 에너지 • 1Gy=100rad=1J/kg
시버트 (Sievert, Sv)	생체실효선량 · 등가선량 단위	• 흡수선량이 생체에 영향을 주는 정도를 표시 • 1Sv=100rem

※ 흡수선량 : 방사선에 피폭된 물질의 단위질량당 흡수된 방사선의 에너지
생체실효선량 : 전리방사선의 흡수선량이 생체에 영향을 주는 정도를 표시하는 선당량
등가선량 : 인체의 피폭선량을 나타낼 때 흡수선량에 해당 방사선의 방사선 가중치를 곱한 값

3 α선, β선, γ선의 주요 특징

구분	특징
α선(α입자)	• 방사선 동위원소의 붕괴과정 중 원자핵에서 방출되는 입자로서 헬륨 원자의 핵과 같이 2개의 양자와 2개의 중성자로 구성됨. 즉, 선원(major source)은 방사선 원자핵이고 고속의 He 입자 형태 • 외부 조사보다 동위원소를 체내 흡입 · 섭취할 때 내부 조사의 피해가 가장 큰 전리방사선
β선(β입자)	• 원자핵에서 방출되는 전자의 흐름으로, α입자보다 가볍고 속도는 10배 빠르므로 충돌할 때마다 튕겨져서 방향을 바꿈 • 외부 조사도 잠재적 위험이 되나, 내부 조사가 더 큰 건강상 위해
γ선	• 원자핵의 전환 또는 붕괴에 따라 방출하는 자연발생적인 전자파 • 전리방사선 중 투과력이 강함 • 투과력이 크기 때문에 인체를 통할 수 있어 외부 조사가 문제시됨

4 전리방사선의 인체 투과력, 전리작용 및 감수성

① 인체 투과력 순서

중성자 > X선 or γ선 > β선 > α선

② 전리작용 순서

α선 > β선 > X선 or γ선

③ 감수성 순서

[골수, 흉선 및 림프조직(조혈기관) / 눈의 수정체, 임파선(임파구)] > 상피세포 / 내피세포 > 근육세포 > 신경조직

5 방사선의 외부 노출에 대한 방어대책

① **노출시간** : 방사선에 노출되는 시간을 최대로 단축

② **거리** : 거리의 제곱에 비례해서 감소

③ **차폐** : 원자번호가 크고 밀도가 큰 물질이 효과적

6 자기장의 단위

① 자기장의 단위는 전류의 크기를 나타내는 가우스(G, Gauss)이다.

② 자장의 강도는 자속밀도와 자화의 강도로 구한다.

③ 자속밀도의 단위는 테슬라(T, Tesla)이다.

④ G와 T의 관계는 $1T = 10^4G$, $1mT = 10G$, $1\mu T = 10mG$이고, 1mG는 80mA와 같다.

⑤ 자계의 강도 단위는 A/m(mA/m), T(μT), G 등을 사용한다.

7 자외선의 분류와 인체작용

① UV－C(100~280nm) : 발진, 경미한 홍반
② UV－B(280~315nm) : 발진, 경미한 홍반, 피부노화, 피부암, 광결막염
③ UV－A(315~400nm) : 발진, 홍반, 백내장, 피부노화 촉진

8 자외선의 주요 특징

① 280(290)~315nm[2,800(2,900)~3,150Å]의 파장을 갖는 자외선을 도르노선(Dorno－ray)이라고 하며, 인체에 유익한 작용을 하여 건강선(생명선)이라고도 한다.
② 200~315nm의 파장을 갖는 자외선을 안전과 보건 측면에서 중시하여 화학적 UV(화학선)라고도 하며, 광화학반응으로 단백질과 핵산분자의 파괴, 변성작용을 한다.
③ 자외선이 생물학적 영향을 미치는 주요 부위는 눈과 피부이며, 눈에 대해서는 270nm에서 가장 영향이 크고, 피부에서는 295nm에서 가장 민감한 영향을 미친다.
④ 자외선의 전신작용으로는 자극작용이 있으며, 대사가 항진되고 적혈구, 백혈구, 혈소판이 증가한다.
⑤ 자외선은 광화학적 반응에 의해 O_3 또는 트리클로로에틸렌(trichloro ethylene)을 독성이 강한 포스겐(phosgene)으로 전환시킨다.
⑥ 자외선 노출에 가장 심각한 만성 영향은 피부암이며, 피부암의 90% 이상은 햇볕에 노출된 신체부위에서, 특히 대부분의 피부암은 상피세포 부위에서 발생한다.
⑦ 자외선의 파장에 따른 흡수정도에 따라 'arc－eye(welder's flash)'라고 일컬어지는 광각막염 및 결막염 등의 급성 영향이 나타나며, 이는 270~280nm의 파장에서 주로 발생한다.
⑧ 피부 투과력은 체표에서 0.1~0.2mm 정도이고 자외선 파장, 피부색, 피부 표피의 두께에 좌우된다.

9 적외선의 주요 특징

① 적외선은 대부분 화학작용을 수반하지 않는다.
② 태양복사에너지 중 적외선(52%), 가시광선(34%), 자외선(5%)의 분포를 갖는다.
③ 조사 부위의 온도가 오르면 혈관이 확장되어 혈액량이 증가하며, 심하면 홍반을 유발하고, 근적외선은 급성 피부화상, 색소침착 등을 유발한다.
④ 적외선이 흡수되면 화학반응을 일으키는 것이 아니라, 구성분자의 운동에너지를 증가시킨다.
⑤ 유리 가공작업(초자공), 용광로의 근로자들은 초자공 백내장(만성폭로)이 수정체의 뒷부분에서 발병한다.
⑥ 강력한 적외선은 뇌막 자극으로 의식상실(두부장애) 유발, 경련을 동반한 열사병으로 사망을 초래한다.
⑦ 적외선에 강하게 노출되면 안검록염, 각막염, 홍채위축, 백내장 장애를 일으킨다.

10 가시광선의 주요 특징

① 생물학적 작용

㉠ 신체반응은 주로 간접작용으로 나타난다. 즉, 단독작용이 아닌 외인성 요인, 대사산물, 피부이상과의 상호 공동작용으로 발생한다.

㉡ 가시광선의 장애는 주로 조명부족(근시, 안정피로, 안구진탕증)과 조명과잉(시력장애, 시야협착, 암순응의 저하), 망막변성으로 나타난다.

② 작업장에서의 조도기준

작업등급	작업등급에 따른 조도기준
초정밀작업	750lux 이상
정밀작업	300lux 이상
보통작업	150lux 이상
단순일반작업	75lux 이상

11 마이크로파의 주요 특징

① 마이크로파와 라디오파는 하전을 시키지는 못하지만 생체분자의 진동과 회전을 시킬 수 있어 조직의 온도를 상승시키는 열작용에 영향을 준다.

② 마이크로파의 열작용에 가장 영향을 받는 기관은 생식기와 눈이며, 유전에도 영향을 준다.

③ 마이크로파에 의한 표적기관은 눈이다.

④ 중추신경에 대한 작용은 300~1,200MHz에서 민감하고, 특히 대뇌측두엽 표면부위가 민감하다.

⑤ 마이크로파로 인한 눈의 변화를 예측하기 위해 수정체의 ascorbic산 함량을 측정한다.

⑥ 혈액 내의 변화, 즉 백혈구 수 증가, 망상적혈구 출현, 혈소판의 감소를 유발한다.

⑦ 1,000~10,000MHz에서 백내장, ascorbic산의 감소증상이 나타나며, 백내장은 조직온도의 상승과 관계가 있다.

12 레이저의 주요 특징

① 레이저는 유도방출에 의한 광선증폭을 뜻하며, 단색성 · 지향성 · 집속성 · 고출력성의 특징이 있어 집광성과 방향조절이 용이하다.

② 레이저파 중 맥동파는 레이저광 중 에너지의 양을 지속적으로 축적하여 강력한 파동을 발생한다.

③ 레이저광 중 맥동파는 지속파보다 그 장애를 주는 정도가 크다.

④ 감수성이 가장 큰 신체부위, 즉 인체표적기관은 눈이다.

⑤ 피부에 대한 작용은 가역적이며, 피부손상, 화상, 홍반, 수포형성, 색소침착 등이 있다.

⑥ 눈에 대한 작용은 각막염, 백내장, 망막염 등이 있다.

핵심이론 36 조명

1 빛과 밝기의 단위

단위	의미	특징
럭스(lux)	조도	• 1루멘(lumen)의 빛이 $1m^2$의 평면상에 수직으로 비칠 때의 밝기인 조도의 단위 • 조도는 어떤 면에 들어오는 광속의 양에 비례하고, 입사면의 단면적에 반비례 • 조도$(E) = \frac{\text{lumen}}{\text{m}^2}$
칸델라(candela, cd)	광도	광원으로부터 나오는 빛의 세기인 광도의 단위
촉광(candle)	광도	• 빛의 세기인 광도를 나타내는 단위로, 국제촉광을 사용 • 지름이 1인치인 촛불이 수평방향으로 비칠 때 빛의 광강도를 나타내는 단위 • 밝기는 광원으로부터 거리의 제곱에 반비례 • 조도$(E) = \frac{I}{r^2}$
루멘(lumen, lm)	광속	• 1촉광의 광원으로부터 한 단위입체각으로 나가는 광속의 국제단위 • 광속이란 광원으로부터 나오는 빛의 양을 의미하고, 단위는 lumen • 1촉광과의 관계 : 1촉광=4π(12.57)루멘
풋캔들(foot candle)	밝기	• 1루멘의 빛이 1ft 떨어진 $1ft^2$의 평면상에 수직으로 비칠 때 그 평면의 빛 밝기를 나타내는 단위 • 풋캔들(ft cd) $= \frac{\text{lumen}}{\text{ft}^2}$ • 럭스와의 관계 : 1ft cd=10.8lux, 1lux=0.093ft cd
램버트(lambert)	밝기	• 빛의 휘도 단위로, 빛을 완전히 확산시키는 평면의 $1ft^2$($1cm^2$)에서 1lumen의 빛을 발하거나 반사시킬 때의 밝기를 나타내는 단위 • 1lambert=3.18candle/m^2(candle/m^2=nit ; 단위면적에 대한 밝기)

2 채광(자연조명)방법

구분	방법
창의 방향	• 많은 채광을 요구할 경우 남향이 좋음 • 균일한 조명을 요구하는 작업실은 북향(또는 동북향)이 좋음
창의 높이와 면적	• 창을 크게 하는 것보다 창의 높이를 증가시키는 것이 조도에 효과적 • 횡으로 긴 창보다 종으로 넓은 창이 채광에 유리 • 채광을 위한 창의 면적은 방바닥 면적의 15~20%(1/5~1/6 또는 1/5~1/7)가 이상적
개각과 입사각(앙각)	• 창의 실내 각 점의 개각은 4~5°, 입사각은 28° 이상이 좋음 • 개각이 클수록 또는 입사각이 클수록 실내는 밝음

3 조명방법

구분	방법
직접조명	• 반사갓을 이용하여 광속의 90~100%가 아래로 향하게 하는 방식 • 효율이 좋고, 천장면의 색조에 영향을 받지 않고, 설치비용이 저렴 • 눈부심이 있고, 균일한 조도를 얻기 힘들며, 강한 음영을 만듦
간접조명	• 광속의 90~100%를 위로 향해 발산하여 천장, 벽에서 확산시켜 균일한 조명도를 얻을 수 있는 방식 • 눈부심이 없고, 균일한 조도를 얻을 수 있으며, 그림자가 없다. • 효율이 나쁘고, 설치가 복잡하며, 실내의 입체감이 작아지고, 설비비가 많이 소요된다.

4 전체조명과 국부조명의 비

전체조명의 조도는 국부조명에 의한 조도의 1/10 ~ 1/5 정도이다.

5 인공조명 시 고려사항

① 작업에 충분한 조도를 낼 것
② 조명도를 균등하게 유지할 것
③ 주광색에 가까운 광색으로 조도를 높여줄 것
④ 장시간 작업 시 가급적 간접조명이 되도록 설치할 것
⑤ 일반적인 작업 시 빛은 작업대 좌상방에서 비추게 할 것

핵심이론 37 입자상 물질과 관련 질환

1 입자의 호흡기계 침적(축적)기전

① 충돌(관성충돌, impaction) : 지름이 크고(1μm 이상) 공기흐름이 빠르며 불규칙한 호흡기계에서 잘 발생
② 침강(중력침강, sedimentation) : 침강속도는 입자의 밀도와 입자 지름의 제곱에 비례하며, 지름이 크고(1μm) 공기흐름 속도가 느린 상태에서 빨라짐
③ 차단(interception) : 섬유(석면) 입자가 폐 내에 침착되는 데 중요한 역할
④ 확산(diffusion) : 미세입자의 불규칙적인 운동, 즉 브라운 운동에 의해 침적되며, 지름 0.5μm 이하의 것이 주로 해당되고, 전 호흡기계 내에서 일어남
⑤ 정전기

2 입자상 물질에 대한 인체 방어기전

① 점액 섬모운동
 ㉠ 가장 기초적인 방어기전(작용)이며, 점액 섬모운동에 의한 배출 시스템으로 폐포로 이동하는 과정에서 이물질을 제거하는 역할을 한다.
 ㉡ 기관지(벽)에서의 방어기전을 의미한다.
 ㉢ 정화작용을 방해하는 물질 : 카드뮴, 니켈, 황화합물, 수은, 암모니아 등

② 대식세포에 의한 작용(정화)
 ㉠ 대식세포가 방출하는 효소에 의해 용해되어 제거된다(용해작용).
 ㉡ 폐포의 방어기전을 의미한다.
 ㉢ 대식세포에 의해 용해되지 않는 대표적 독성 물질 : 유리규산, 석면 등

3 직업성 천식의 원인물질

구분	원인물질	직업 및 작업
금속	백금	도금
	니켈, 크롬, 알루미늄	도금, 시멘트 취급자, 금고 제작공
화학물	Isocyanate(TDI, MDI)	페인트, 접착제, 도장작업
	산화무수물	페인트, 플라스틱 제조업
	송진 연무	전자업체 납땜 부서
	반응성 및 아조 염료	염료 공장
	Trimellitic anhydride(TMA)	레진, 플라스틱, 계면활성제 제조업
	Persulphates	미용사
	Ethylenediamine	래커칠, 고무 공장
	Formaldehyde	의료 종사자
약제	항생제, 소화제	제약회사, 의료인
생물학적 물질	동물 분비물, 털(말, 쥐, 사슴)	실험실 근무자, 동물 사육사
	목재분진	목수, 목재공장 근로자
	곡물가루, 쌀겨, 메밀가루, 카레	농부, 곡물 취급자, 식품업 종사자
	밀가루	제빵공
	커피가루	커피 제조공
	라텍스	의료 종사자
	응애, 진드기	농부, 과수원(귤, 사과)

4 진폐증의 분류

구 분		종류 및 주요 특징
분진 종류에 따른 분류(임상적 분류)	유기성 분진에 의한 진폐증	농부폐증, 면폐증, 연초폐증, 설탕폐증, 목재분진폐증, 모발분진폐증
	무기성(광물성) 분진에 의한 진폐증	규폐증, 탄소폐증, 활석폐증, 탄광부진폐증, 철폐증, 베릴륨폐증, 흑연폐증, 규조토폐증, 주석폐증, 칼륨폐증, 바륨폐증, 용접공폐증, 석면폐증
병리적 변화에 따른 분류	교원성 진폐증	• 규폐증, 석면폐증, 탄광부진폐증 • 폐포조직의 비가역적 변화나 파괴 • 간질반응이 명백하고 그 정도가 심함 • 폐조직의 병리적 반응이 영구적
	비교원성 진폐증	• 용접공폐증, 주석폐증, 바륨폐증, 칼륨폐증 • 폐조직이 정상이며 망상섬유로 구성 • 간질반응이 경미 • 분진에 의한 조직반응은 가역적인 경우가 많음

5 규폐증과 석면폐증의 원인 및 특징

구 분	규폐증(silicosis)	석면폐증(asbestosis)
원인	• 결정형 규소(암석 : 석영분진, 이산화규소, 유리규산)에 직업적으로 노출된 근로자에게 발생 • 주요 원인물질은 혼합물질이며, 건축업, 도자기작업장, 채석장, 석재공장, 주물공장, 석탄공장, 내화벽돌 제조 등의 작업장에서 근무하는 근로자에게 발생	흡입된 석면섬유가 폐의 미세기관지에 부착하여 기계적인 자극에 의해 섬유증식증이 진행
인체영향 및 특징	• 폐조직에서 섬유상 결절이 발견 • 유리규산(SiO_2) 분진 흡입으로 폐에 만성섬유증식증이 나타남 • 자각증상으로는 호흡곤란, 지속적인 기침, 다량의 담액 등이 있지만, 일반적으로는 자각증상 없이 서서히 진행 • 폐결핵은 합병증으로 폐하엽 부위에 많이 생김	• 석면을 취급하는 작업에 4~5년 종사 시 폐하엽 부위에 다발 • 인체에 대한 영향은 규폐증과 거의 비슷하지만, 폐암을 유발한다는 점으로 구별됨 • 늑막과 복막에 악성중피종이 생기기 쉬우며 폐암을 유발 • 폐암, 중피종암, 늑막암, 위암을 일으킴

6 석면의 주요 특징

① 정의 : 석면은 위상차현미경으로 관찰했을 때 길이가 5μm이고, 길이 대 너비의 비가 최소한 3 : 1 이상인 입자상 물질이다.

② 장애

㉠ 석면 종류 중 청석면(크로시돌라이트, crocidolite)이 직업성 질환(폐암, 중피종) 발생 위험률이 가장 높다.

㉡ 일반적으로 석면폐증, 폐암, 악성중피종을 발생시켜 1급 발암물질군에 포함된다.

핵심이론 38 유해화학물질과 관련 질환

1 유해물질이 인체에 미치는 영향인자

① 유해물질의 농도(독성)
② 유해물질에 폭로되는 시간(폭로빈도)
③ 개인의 감수성
④ 작업방법(작업강도, 기상조건)

2 NOEL(No Observed Effect Level)

① 현재의 평가방법으로는 독성 영향이 관찰되지 않는 수준이다.
② 무관찰 영향수준, 즉 무관찰 작용량을 의미한다.
③ NOEL 투여에서는 투여하는 전 기간에 걸쳐 치사, 발병 및 생리학적 변화가 모든 실험대상에서 관찰되지 않는다.
④ 양-반응 관계에서 안전하다고 여겨지는 양으로 간주한다.
⑤ 아급성 또는 만성독성 시험에 구해지는 지표이다.

3 유해물질의 인체 침입경로

① **호흡기** : 유해물질의 흡수속도는 그 유해물질의 공기 중 농도와 용해도, 폐까지 도달하는 양은 그 유해물질의 용해도에 의해서 결정된다. 따라서 가스상 물질의 호흡기계 축적을 결정하는 가장 중요한 인자는 물질의 수용성 정도이다.
② **피부** : 피부를 통한 흡수량은 접촉 피부면적과 그 유해물질의 유해성과 비례하고, 유해물질이 침투될 수 있는 피부면적은 약 $1.6m^2$이며, 피부흡수량은 전 호흡량의 15% 정도이다.
③ **소화기** : 소화기(위장관)를 통한 흡수량은 위장관의 표면적, 혈류량, 유해물질의 물리적 성질에 좌우되며 우발적이고, 고의에 의하여 섭취된다.

4 금속이 소화기(위장관)에서 흡수되는 작용

① 단순확산 또는 촉진확산
② 특이적 수송과정
③ 음세포 작용

5 발암성 유발물질

① 크롬화합물
② 니켈
③ 석면
④ 비소
⑤ tar(PAH)
⑥ 방사선

6 호흡기에 대한 자극작용 구분(유해물질의 용해도에 따른 구분)

① 자극제의 구분

자극제	종류	
상기도 점막 자극제	• 암모니아(NH_3) • 아황산가스(SO_2) • 아크로레인($CH_2=CHCHO$) • 크롬산 • 염산(HCl 수용액) 및 불산(HF)	• 염화수소(HCl) • 포름알데히드(HCHO) • 아세트알데히드(CH_3CHO) • 산화에틸렌
상기도 점막 및 폐 조직 자극제	• 불소(F_2) • 염소(Cl_2) • 브롬(Br_2) • 황산디메틸 및 황산디에틸	• 요오드(I_2) • 오존(O_3) • 청산화물 • 사염화인 및 오염화인
종말(세)기관지 및 폐포 점막 자극제	• 이산화질소(NO_2) • 염화비소(삼염화비소 : $AsCl_3$)	• 포스겐($COCl_2$)

② 사염화탄소(CCl_4)의 특징
㉠ 특이한 냄새가 나는 무색의 액체로, 소화제, 탈지세정제, 용제로 이용한다.
㉡ 신장장애 증상으로 감뇨, 혈뇨 등이 발생하며, 완전 무뇨증이 되면 사망할 수 있다.
㉢ 피부, 간장, 신장, 소화기, 신경계에 장애를 일으키는데, 특히 간에 대한 독성작용이 강하게 나타난다. 즉, 간에 중요한 장애인 중심소엽성 괴사를 일으킨다.
㉣ 가열하면 포스겐이나 염소(염화수소)로 분해되어 주의를 요한다.

③ 포스겐($COCl_2$)의 특징
㉠ 태양자외선과 산업장에서 발생하는 자외선은 공기 중의 NO2와 올레핀계 탄화수소와 광학적 반응을 일으켜 트리클로로에틸렌을 독성이 강한 포스겐으로 전환시키는 광화학작용을 한다.
㉡ 공기 중에 트리클로로에틸렌이 고농도로 존재하는 작업장에서 아크용접을 실시하는 경우 트리클로로에틸렌이 포스겐으로 전환될 수 있다.
㉢ 독성은 염소보다 약 10배 정도 강하다.

7 질식제의 구분

구 분	정의	종류
단순 질식제	원래 그 자체는 독성 작용이 없으나 공기 중에 많이 존재하면 산소분압의 저하로 산소공급 부족을 일으키는 물질	• 이산화탄소(CO_2) • 메탄가스(CH_4) • 질소가스(N_2) • 수소가스(H_2) • 에탄, 프로판, 에틸렌, 아세틸렌, 헬륨
화학적 질식제	• 직접적 작용에 의해 혈액 중의 혈색소와 결합하여 산소운반능력을 방해하는 물질 • 조직 중의 산화효소를 불활성시켜 질식작용(세포의 산소 수용능력 상실)	• 일산화탄소(CO) • 황화수소(H_2S) • 시안화수소(HCN) : 독성은 두통, 갑상선 비대, 코 및 피부 자극 등이며, 중추신경계 기능의 마비를 일으켜 심한 경우 사망에 이르며, 원형질(protoplasmic) 독성이 나타남 • 아닐린($C_6H_5NH_2$) : 메트헤모글로빈(methemoglobin)을 형성하여 간장, 신장, 중추신경계 장애를 일으킴(시력과 언어 장애 증상)

※ 효소 : 유해화학물질이 체내로 침투되어 해독되는 경우 해독반응에 가장 중요한 작용을 하는 물질

8 유기용제의 증기가 가장 활발하게 발생할 수 있는 환경조건

높은 온도와 낮은 기압

9 할로겐화 탄화수소 독성의 일반적 특성

① 공통적인 독성작용으로 대표적인 것은 중추신경계 억제작용이다.
② 일반적으로 할로겐화 탄화수소의 독성 정도는 화합물의 분자량이 클수록, 할로겐원소가 커질수록 증가한다.
③ 대개 중추신경계의 억제에 의한 마취작용이 나타난다.
④ 포화탄화수소는 탄소수가 5개 정도까지는 길수록 중추신경계에 대한 억제작용이 증가한다.
⑤ 할로겐화된 기능기가 첨가되면 마취작용이 증가하여 중추신경계에 대한 억제작용이 증가하며, 기능기 중 할로겐족(F, Cl, Br 등)의 독성이 가장 크다.
⑥ 알켄족이 알칸족보다 중추신경계에 대한 억제작용이 크다.

10 유기용제의 중추신경계 영향

① 유기화학물질의 중추신경계 억제작용 순서
알칸 < 알켄 < 알코올 < 유기산 < 에스테르 < 에테르 < 할로겐화합물(할로겐족)
② 유기화학물질의 중추신경계 자극작용 순서
알칸 < 알코올 < 알데히드 또는 케톤 < 유기산 < 아민류
③ 방향족 유기용제의 중추신경계에 대한 영향 크기 순서
벤젠 < 알킬벤젠 < 아릴벤젠 < 치환벤젠 < 고리형 지방족 치환 벤젠

11 방향족 유기용제의 종류별 성질

구 분	성질
벤젠 (C_6H_6)	• ACGIH에서는 인간에 대한 발암성이 확인된 물질군(A1)에 포함되고, 우리나라에서는 발암성 물질로 추정되는 물질군(A2)에 포함됨 • 벤젠은 영구적 혈액장애를 일으키지만, 벤젠 치환 화합물(톨루엔, 크실렌 등)은 노출에 따른 영구적 혈액장애는 일으키지 않음 • 주요 최종 대사산물은 페놀이며, 이것은 황산 혹은 글루크론산과 결합하여 소변으로 배출됨(즉, 페놀은 벤젠의 생물학적 노출지표) • 방향족 탄화수소 중 저농도에 장기간 폭로(노출)되어 만성중독(조혈장애)을 일으키는 경우에는 벤젠의 위험도가 가장 큼 • 장기간 폭로 시 혈액장애, 간장장애, 재생불량성 빈혈, 백혈병(급성뇌척수성)을 일으킴 • 혈액장애는 혈소판 감소, 백혈구감소증, 빈혈증을 말하며, 범혈구감소증이라 함 • 골수 독성물질이라는 점에서 다른 유기용제와 다름 • 급성중독은 주로 마취작용이며, 현기증, 정신착란, 뇌부종, 혼수, 호흡정지에 의한 사망에 이름 • 조혈장애는 벤젠 중독의 특이증상임(모든 방향족 탄화수소가 조혈장애를 유발하지 않음)
톨루엔 ($C_6H_5CH_3$)	• 인간에 대한 발암성은 의심되나, 근거자료가 부족한 물질군(A4)에 포함됨 • 방향족 탄화수소 중 급성 전신중독을 유발하는 데 독성이 가장 강한 물질(뇌 손상) • 급성 전신중독 시 독성이 강한 순서 : 톨루엔 > 크실렌 > 벤젠 • 벤젠보다 더 강하게 중추신경계의 억제재로 작용 • 영구적인 혈액장애를 일으키지 않고(벤젠은 영구적 혈액장애), 골수장애도 일어나지 않음 • 생물학적 노출지표는 소변 중 o-크레졸 • 주로 간에서 o-크레졸로 되어 소변으로 배설됨
다핵방향족 탄화수소류 (PAH)	• 일반적으로 시토크롬 P-448이라 함 • 벤젠고리가 2개 이상 연결된 것으로, 20여 가지 이상이 있음 • 대사가 거의 되지 않아 방향족 고리로 구성되어 있음 • 철강 제조업의 코크스 제조공정, 담배의 흡연, 연소공정, 석탄건류, 아스팔트 포장, 굴뚝 청소 시 발생 • 비극성의 지용성 화합물이며, 소화관을 통하여 흡수됨 • 시토크롬 P-450의 준개체단에 의하여 대사되며, 대사에 관여하는 효소는 P-448로 대사되는 중간산물이 발암성을 나타냄 • 대사 중에 산화아렌(arene oxide)을 생성하고, 잠재적 독성이 있음 • 배설을 쉽게 하기 위하여 수용성으로 대사되는데, 체내에서 먼저 PAH가 hydroxylation(수산화)되어 수용성을 도움

12 벤지딘의 주요 특징

① 염료, 직물, 제지, 화학공업, 합성고무 경화제의 제조에 사용한다.

② 급성 중독으로 피부염, 급성방광염을 유발한다.

③ 만성 중독으로는 방광, 요로계 종양을 유발한다.

13 주요 유기용제의 종류별 성질

구 분	성질
메탄올 (CH_3OH)	• 주요 독성 : 시각장애, 중추신경 억제, 혼수상태를 야기 • 대사산물(생물학적 노출지표) : 소변 중 메탄올 • 시각장애기전 : 메탄올 → 포름알데히드 → 포름산 → 이산화탄소 (즉, 중간대사체에 의하여 시신경에 독성을 나타냄)
메틸부틸케톤(MBK), 메틸에틸케톤(MEK)	• 투명 액체로 인화성 · 폭발성이 있음 • 장기 폭로 시 중독성 지각운동, 말초신경장애를 유발 • MBK는 체내 대사과정을 거쳐 2,5-hexanedione을 생성
트리클로로에틸렌 (삼염화에틸렌, 트리클렌, $CHCl=CCl_2$)	• 클로로포름과 같은 냄새가 나는 무색투명한 휘발성 액체로, 인화성 · 폭발성이 있음 • 고농도 노출에 의해 간 및 신장에 대한 장애를 유발 • 폐를 통하여 흡수되고, 삼염화에탄올과 삼염화초산으로 대사됨
염화비닐 (C_2H_3Cl)	• 장기간 폭로될 때 간조직세포에서 여러 소기관이 증식하고, 섬유화 증상이 나타나 간에 혈관육종(hemangiosarcoma)을 유발 • 장기간 흡입한 근로자에게 레이노 현상을 유발
이황화탄소 (CS_2)	• 주로 인조견(비스코스레이온)과 셀로판 생산 및 농약공장, 사염화탄소 제조, 고무제품의 용제 등에 사용 • 중추신경계통을 침해하고 말초신경장애 현상으로 파킨슨증후군을 유발하며, 급성마비, 두통, 신경증상 등을 유발(감각 및 운동 신경 모두 유발) • 급성으로 고농도 노출 시 사망할 수 있고 1,000ppm 수준에서 환상을 보는 정신이상을 유발(기질적 뇌손상, 말초신경병, 신경행동학적 이상) • 청각장애는 주로 고주파 영역에서 발생
노말헥산 [n-헥산, $CH_3(CH_2)_4CH_3$]	• 페인트, 시너, 잉크 등의 용제 및 정밀기계의 세척제 등으로 사용 • 장기간 폭로될 경우 독성 말초신경장애가 초래되어 사지의 지각상실과 신근마비 등 다발성 신경장애 유발 • 2000년대 외국인 근로자에게 다발성 말초신경증을 집단으로 유발한 물질 • 체내 대사과정을 거쳐 2,5-hexanedione 물질로 배설
PCB (polychlorinated biphenyl)	• Biphenyl 염소화합물의 총칭이며, 전기공업, 인쇄잉크 용제 등으로 사용 • 체내 축적성이 매우 높기 때문에 발암성 물질로 분류
아크릴로니트릴 (C_3H_3N)	• 플라스틱 산업, 합성섬유 제조, 합성고무 생산공정 등에서 노출되는 물질 • 폐와 대장에 주로 암을 유발
디메틸포름아미드 (DMF ; Dimethy lformamide)	• 피부에 묻으면 피부를 강하게 자극하고, 피부로 흡수되어 건강장애 등의 중독증상 유발 • 현기증, 질식, 숨가쁨, 기관지 수축을 유발

14 유기용제별 대표적 특이증상(가장 심각한 독성 영향)

유기용제	특이증상
벤젠	조혈장애
염화탄화수소	간장애
이황화탄소	중추신경 및 말초신경 장애, 생식기능장애
메틸알코올(메탄올)	시신경장애
메틸부틸케톤	말초신경장애(중독성)
노말헥산	다발성 신경장애
에틸렌클리콜에테르	생식기장애
알코올, 에테르류, 케톤류	마취작용
염화비닐	간장애
톨루엔	중추신경장애
2-브로모프로판	생식독성

15 피부의 색소 변성에 영향을 주는 물질

① 타르(tar)
② 피치(pitch)
③ 페놀(phenol)

16 화학물질 노출로 인한 색소 증가 원인물질

① 콜타르
② 햇빛
③ 만성 피부염

17 첩포시험

① 첩포시험(patch test)은 알레르기성 접촉피부염의 진단에 필수적이며 가장 중요한 임상시험이다.
② 피부염의 원인물질로 예상되는 화학물질을 피부에 도포하고 48시간 동안 덮어둔 후 피부염의 발생 여부를 확인한다.
③ 첩포시험 결과 침윤, 부종이 지속된 경우를 알레르기성 접촉 피부염으로 판독한다.

18 기관별 발암물질의 구분

① 국제암연구위원회(IARC)의 발암물질 구분

구분	내용
Group 1	인체 발암성 확인물질(벤젠, 알코올, 담배, 다이옥신, 석면 등)
Group 2A	인체 발암성 예측·추정 물질(자외선, 태양램프, 방부제 등)
Group 2B	인체 발암성 가능물질(커피, 피클, 고사리, 클로로포름, 삼염화안티몬 등)
Group 3	인체 발암성 미분류물질(카페인, 홍차, 콜레스테롤 등)
Group 4	인체 비발암성 추정물질

② 미국산업위생전문가협의회(ACGIH)의 발암물질 구분

구분	내용
A1	인체 발암 확인(확정)물질(석면, 우라늄, Cr^{+6} 화합물)
A2	인체 발암이 의심되는 물질(발암 추정물질)
A3	• 동물 발암성 확인물질 • 인체 발암성을 모름
A4	• 인체 발암성 미분류물질 • 인체 발암성이 확인되지 않은 물질
A5	인체 발암성 미의심물질

19 정상세포와 악성종양세포의 차이점

구분	정상세포	악성종양세포
세포질/핵 비율	(악성종양 세포보다) 높음	낮음
세포와 세포의 연결	정상	소실
전이성, 재발성	없음	있음
성장속도	느림	빠름

핵심이론 39 중금속

1 납(Pb)

① **개요** : 기원전 370년 히포크라테스는 금속추출 작업자들에게서 심한 복부 산통이 나타난 것을 기술하였는데, 이는 역사상 최초로 기록된 직업병이다.

② **발생원**

㉠ 납 제련소(납 정련) 및 납 광산

㉡ 납축전지(배터리 제조) 생산

㉢ 인쇄소(활자의 문선, 조판 작업)

③ **축적** : 납은 적혈구와 친화력이 강해, 납의 95% 정도는 적혈구에 결합되어 있다.

④ **이미증(pica)**

㉠ 1~5세의 소아환자에게서 발생하기 쉽다.

㉡ 매우 낮은 농도에서 어린이에게 학습장애 및 기능저하를 초래한다.

⑤ **납중독의 기타 증상** : 연산통, 만성신부전, 피로와 쇠약, 불면증, 골수 침입

⑥ **적혈구에 미치는 작용**

㉠ K^+과 수분 손실

㉡ 삼투압이 증가하여 적혈구 위축

㉢ 적혈구의 생존기간 감소

㉣ 적혈구 내 전해질 감소

㉤ 미숙적혈구(망상적혈구, 친염기성 혈구) 증가

㉥ 혈색소(헤모글로빈) 양 저하, 망상적혈구수 증가, 혈청 내 철 증가

㉦ 적혈구 내 프로토포르피린 증가

⑦ **납중독 확인(진단)검사(임상검사)**

㉠ 소변 중 코프로포르피린(coproporphyrin) 배설량 측정

㉡ 소변 중 델타아미노레불린산(δ-ALA) 측정

㉢ 혈중 징크프로토포르피린(ZPP ; Zinc protoporphyrin) 측정

㉣ 혈중 납량 측정

㉤ 소변 중 납량 측정

㉥ 빈혈검사

㉦ 혈액검사

㉧ 혈중 알파아미노레불린산(α-ALA) 탈수효소 활성치 측정

⑧ **납중독의 치료**

구분	치료
급성중독	• 섭취 시에는 즉시 3% 황산소다 용액으로 위세척 • Ca-EDTA를 하루에 1~4g 정도 정맥 내 투여하여 치료(5일 이상 투여 금지) ※ Ca-EDTA : 무기성 납으로 인한 중독 시 원활한 체내 배출을 위해 사용하는 배설촉진제(단, 신장이 나쁜 사람에게는 사용 금지)
만성중독	• 배설촉진제 Ca-EDTA 및 페니실라민(penicillamine) 투여 • 대중요법으로 진정제, 안정제, 비타민 $B_1 \cdot B_2$를 사용

2 수은(Hg)

① 개요

우리나라에서는 형광등 제조업체에 근무하던 '문송면' 군에게 직업병을 야기시킨 원인인자가 수은이며, 17세기 유럽에서 신사용 중절모자를 제조하는 데 사용함으로써 근육경련(hatter's shake)을 유발시킨 기록이 있다.

② 발생원

구분	발생원
무기수은 (금속수은)	• 형광등, 수은온도계 제조 • 체온계, 혈압계, 기압계 제조 • 페인트, 농약, 살균제 제조 • 모자용 모피 및 벨트 제조 • 뇌홍[$Hg(ONC)_2$] 제조
유기수은	• 의약, 농약 제조 • 종자 소독 • 펄프 제조 • 농약 살포 • 가성소다 제조

③ 축적

㉠ 금속수은은 전리된 수소이온이 단백질을 침전시키고 −SH기 친화력을 가지고 있어 세포 내 효소반응을 억제함으로써 독성작용을 일으킨다.

㉡ 신장 및 간에 고농도 축적현상이 일반적이다.

㉢ 뇌에 가장 강한 친화력을 가진 수은화합물은 메틸수은이다.

㉣ 혈액 내 수은 존재 시 약 90%는 적혈구 내에서 발견된다.

④ 수은에 의한 건강장애

㉠ 수은중독의 특징적인 증상은 구내염, 근육진전, 전신증상으로 분류된다.

㉡ 수족신경마비, 시신경장애, 정신이상, 보행장애, 뇌신경세포 손상 등의 장애가 나타난다.

㉢ 전신증상으로는 중추신경계통, 특히 뇌조직에 심한 증상이 나타나 정신기능이 상실될 수 있다(정신장애).

㉣ 유기수은(알킬수은) 중 메틸수은은 미나마타(minamata)병을 유발한다.

⑤ 수은중독의 치료

구분	치료
급성중독	• 우유와 계란의 흰자를 먹여 단백질과 해당 물질을 결합시켜 침전 • 위세척(5~10% S.F.S 용액) 실시(다만, 세척액은 200~300mL를 넘지 않을 것)
만성중독	• 수은 취급을 즉시 중지 • BAL(British Anti Lewisite) 투여 • 1일 10L의 등장식염수를 공급(이뇨작용 촉진) • Ca−EDTA의 투여는 금기사항

3 카드뮴(Cd)

① 개요

1945년 일본에서 이타이이타이병이란 중독사건이 생겨 수많은 환자가 발생한 사례가 있는데, 이는 생축적, 먹이사슬의 축적에 의한 카드뮴 폭로와 비타민 D의 결핍에 의한 것이었다.

② 발생원

㉠ 납광물이나 아연 제련 시 부산물

㉡ 주로 전기도금, 알루미늄과의 합금에 이용

㉢ 축전기 전극

㉣ 도자기, 페인트의 안료

㉤ 니켈카드뮴 배터리 및 살균제

③ 축적

㉠ 체내에 축적된 카드뮴의 50~75%는 간과 신장에 축적되고, 일부는 장관벽에 축적된다.

㉡ 흡수된 카드뮴은 혈장단백질과 결합하여 최종적으로 신장에 축적된다.

④ 카드뮴에 의한 건강장애

구분	건강장애	
급성중독	• 호흡기 흡입 : 호흡기도, 폐에 강한 자극증상(화학성 폐렴) • 경구 흡입 : 구토 · 설사, 급성 위장염, 근육통, 간 · 신장 장애	
만성중독	• 신장기능 장애 • 폐기능 장애	• 골격계 장애 • 자각 증상

⑤ 카드뮴중독의 치료

㉠ BAL 및 Ca-EDTA를 투여하면 신장에 대한 독성작용이 더욱 심해지므로 금한다.

㉡ 안정을 취하고 대중요법을 이용하는 동시에 산소 흡입, 스테로이드를 투여한다.

㉢ 치아에 황색 색소침착 유발 시 글루쿠론산칼슘 20mL를 정맥주사한다.

㉣ 비타민 D를 피하주사한다(1주 간격으로 6회가 효과적).

4 크롬(Cr)

① 개요

비중격연골에 천공이 대표적 증상으로, 근래에는 직업성 피부질환도 다량 발생하는 경향이 있으며, 3가 크롬은 피부흡수가 어려우나, 6가 크롬은 쉽게 피부를 통과하므로 6가 크롬이 더 해롭다.

② 발생원

㉠ 전기도금 공장

㉡ 가죽, 피혁 제조

㉢ 염색, 안료 제조

㉣ 방부제, 약품 제조

③ 축적

6가 크롬은 생체막을 통해 세포 내에서 3가로 환원되어 간, 신장, 부갑상선, 폐, 골수에 축적된다.

④ 크롬에 의한 건강장애

구분	건강장애
급성중독	• 신장장애 : 과뇨증(혈뇨증) 후 무뇨증을 일으키며, 요독증으로 10일 이내에 사망 • 위장장애 • 급성 폐렴
만성중독	• 점막장애 : 비중격천공 • 피부장애 : 피부궤양을 야기(둥근 형태의 궤양) • 발암작용 : 장기간 흡입에 의한 기관지암, 폐암, 비강암(6가 크롬) 발생 • 호흡기 장애 : 크롬폐증 발생

⑤ 크롬중독의 치료

㉠ 크롬 폭로 시 즉시 중단하여야 하며, BAL, Ca-EDTA 복용은 효과가 없다.

※ 만성 크롬중독의 특별한 치료법은 없다.

㉡ 사고로 섭취 시 응급조치로 환원제인 우유와 비타민 C를 섭취한다.

5 베릴륨(Be)

① 발생원

㉠ 합금, 베릴륨 제조

㉡ 원자로 작업

㉢ 산소화학합성

㉣ 금속 재생공정

㉤ 우주항공산업

② 베릴륨에 의한 건강장애

㉠ 급성중독 : 염화물, 황화물, 불화물과 같은 용해성 베릴륨 화합물은 급성중독을 일으킨다.

㉡ 만성중독 : 육아 종양, 화학적 폐렴 및 폐암을 유발하며, 'neighborhood cases'라고도 한다.

6 비소(As)

① 개요

자연계에서는 3가 및 5가의 원소로서 삼산화비소, 오산화비소의 형태로 존재하며, 독성작용은 5가보다는 3가의 비소화합물이 강하다. 특히 물에 녹아 아비산을 생성하는 삼산화비소가 가장 강력하다.

② 발생원
㉠ 토양의 광석 등 자연계에 널리 분포
㉡ 벽지, 조화, 색소 등의 제조
㉢ 살충제, 구충제, 목재 보존제 등에 많이 이용
㉣ 베어링 제조
㉤ 유리의 착색제, 피혁 및 동물의 박제에 방부제로 사용

③ 흡수
㉠ 비소의 분진과 증기는 호흡기를 통해 체내에 흡수되며, 작업현장에서의 호흡기 노출이 가장 문제가 된다.
㉡ 비소화합물이 상처에 접촉함으로써 피부를 통하여 흡수된다.
㉢ 체내에 침입된 3가 비소가 5가 비소 상태로 산화되며, 반대현상도 나타난다.
㉣ 체내에서 −SH기 그룹과 유기적인 결합을 일으켜서 독성을 나타낸다.

④ 축적
㉠ 주로 뼈, 모발, 손톱 등에 축적되며, 간장, 신장, 폐, 소화관벽, 비장 등에도 축적된다.
㉡ 골(뼈)조직 및 피부는 비소의 주요한 축적장기이다.

7 망간(Mn)

① 개요
철강 제조 분야에서 직업성 폭로가 가장 많으며, 계속적인 폭로로 전신의 근무력증, 수전증, 파킨슨증후군이 나타나고 금속열을 유발한다.

② 발생원
㉠ 특수강철 생산(망간 함유 80% 이상 합금)
㉡ 망간건전지
㉢ 전기용접봉 제조업, 도자기 제조업

③ 망간에 의한 건강장애

구분	건강장애
급성중독	• MMT(Methylcyclopentadienyl Manganese Trialbonyls)에 의한 피부와 호흡기 노출로 인한 증상 • 급성 고농도에 노출 시 조증(들뜸병)의 정신병 양상
만성중독	• 무력증, 식욕감퇴 등의 초기증세를 보이다, 심해지면 중추신경계의 특정 부위를 손상(뇌기저핵에 축적되어 신경세포 파괴)시키고, 노출이 지속되면 파킨슨 증후군과 보행장애가 나타남 • 안면의 변화(무표정하게 됨), 배근력의 저하(소자증 증상) • 언어장애(언어가 느려짐), 균형감각 상실

8 금속증기열

① 개요

㉠ 금속이 용융점 이상으로 가열될 때 형성되는 고농도의 금속산화물을 흄 형태로 흡입함으로써 발생되는 일시적인 질병이다.

㉡ 금속증기를 들이마심으로써 일어나는 열로, 특히 아연에 의한 경우가 많아 아연열이라고도 하는데, 구리, 니켈 등의 금속증기에 의해서도 발생된다.

② 발생 원인물질

㉠ 아연(산화아연)

㉡ 구리

㉢ 망간

㉣ 마그네슘

㉤ 니켈

③ 증상

㉠ 금속증기에 폭로되고 몇 시간 후에 발병되며, 체온상승, 목의 건조, 오한, 기침, 땀이 많이 발생하고, 호흡곤란을 일으킨다.

㉡ 증상은 12~24시간(또는 24~48시간) 후에는 자연적으로 없어진다.

㉢ 기폭로된 근로자는 일시적 면역이 생긴다.

㉣ 금속증기열은 폐렴, 폐결핵의 원인이 되지는 않는다.

㉤ 월요일열(monday fever)이라고도 한다.

핵심이론 40 독성과 독성실험

1 독성과 유해성

① **독성** : 유해화학물질이 일정한 농도로 체내의 특정 부위에 체류할 때 악영향을 일으킬 수 있는 능력으로, 사람에게 흡수되어 초래되는 바람직하지 않은 영향의 범위, 정도, 특성을 의미한다.

② **유해성** : 근로자가 유해인자에 노출됨으로써 손상을 유발할 수 있는 가능성이다.

㉠ 유해성 결정요소(독성과 노출량)

ⓐ 유해물질 자체의 독성

ⓑ 유해물질 자체의 특성

ⓒ 유해물질 발생형태

㉡ 유해성 평가 시 고려요인

ⓐ 시간적 빈도와 시간

ⓑ 공간적 분포

ⓒ 노출대상의 특성

ⓓ 조직적 특성

2 독성실험에 관한 용어

용어	의미
LD_{50}	• 유해물질의 경구투여 용량에 따른 반응범위를 결정하는 독성검사에서 얻은 용량(반응곡선에서 실험동물군의 50%가 일정 기간 동안에 죽는 치사량을 의미) • 치사량 단위는 [물질의 무게(mg)/동물의 몸무게(kg)]로 표시함 • 통상 30일간 50%의 동물이 죽는 치사량 • 노출된 동물의 50%가 죽는 농도의 의미도 있음 • LD_{50}에는 변역 또는 95% 신뢰한계를 명시하여야 함
LC_{50}	• 실험동물군을 상대로 기체상태의 독성물질을 호흡시켜 50%가 죽는 농도 • 시험 유기체의 50%를 죽게 하는 독성물질의 농도
ED_{50}	• 사망을 기준으로 하는 대신, 약물을 투여한 동물의 50%가 일정한 반응을 일으키는 양 • ED는 실험동물을 대상으로 얼마의 양을 투여했을 때 독성을 초래하지 않지만, 실험군의 50%가 관찰 가능한 가역적인 반응이 나타나는 작용량, 즉 유효량을 의미
TL_{50}	시험 유기체의 50%가 살아남는 독성물질의 양
TD_{50}	시험 유기체의 50%에서 심각한 독성반응을 나타내는 양, 즉 중독량을 의미

3 생체막 투과에 영향을 미치는 인자

① 유해화학물질의 크기와 형태
② 유해화학물질의 용해성
③ 유해화학물질의 이온화 정도
④ 유해화학물질의 지방 용해성

4 생체전환의 구분

① **제1상 반응** : 분해반응이나 이화반응(이화반응 : 산화반응, 환원반응, 가수분해반응)
② **제2상 반응** : 제1상 반응을 거친 물질을 더욱 수용성으로 만드는 포합반응

5 독성실험 단계

① **제1단계(동물에 대한 급성폭로 실험)**
  ㉠ 치사성과 기관장애(중독성 장애)에 대한 반응곡선을 작성
  ㉡ 눈과 피부에 대한 자극성 실험
  ㉢ 변이원성에 대하여 1차적인 스크리닝 실험
② **제2단계(동물에 대한 만성폭로 실험)**
  ㉠ 상승작용과 가승작용 및 상쇄작용 실험
  ㉡ 생식영향(생식독성)과 산아장애(최기형성) 실험
  ㉢ 거동(행동) 특성 실험
  ㉣ 장기독성 실험
  ㉤ 변이원성에 대하여 2차적인 스크리닝 실험

6 최기형성 작용기전(기형 발생의 중요 요인)

① 노출되는 화학물질의 양
② 노출되는 사람의 감수성
③ 노출시기

7 생식독성의 평가방법

① 수태능력 실험
② 최기형성 실험
③ 주산, 수유기 실험

8 중요 배출기관

① 신장
㉠ 유해물질에 있어서 가장 중요한 기관이다.
㉡ 사구체 여과된 유해물질은 배출되거나 재흡수되며, 재흡수 정도는 소변의 pH에 따라 달라진다.
② 간
㉠ 생체변화에 있어 가장 중요한 조직으로, 혈액흐름이 많고 대사효소가 많이 존재하며 어떤 순환기에 도달하기 전에 독성물질을 해독하는 역할을 하고, 소화기로 흡수된 유해물질을 해독한다.
㉡ 간이 표적장기가 되는 이유
ⓐ 혈액의 흐름이 매우 풍부하여 혈액을 통해 쉽게 침투가 가능하기 때문
ⓑ 매우 복합적인 기능을 수행하여 기능의 손상 가능성이 매우 높기 때문
ⓒ 문정맥을 통하여 소화기계로부터 혈액을 공급받아 소화기관을 통해 흡수된 독성물질의 일차적인 표적이 되기 때문
ⓓ 각종 대사효소가 집중적으로 분포되어 있고 이들 효소활동에 의해 다양한 대사물질이 만들어져 다른 기관에 비해 독성물질의 노출 가능성이 매우 높기 때문

9 중독 발생에 관여하는 요인

① 공기 중 폭로농도
② 폭로시간
③ 작업강도
④ 기상조건
⑤ 개인감수성
⑥ 인체 내 침입경로
⑦ 유해물질의 물리화학적 성질

핵심이론 41 생물학적 모니터링, 산업역학

1 근로자의 화학물질에 대한 노출 평가방법 종류

① 개인시료 측정(personal sample)
② 생물학적 모니터링(biological monitoring)
③ 건강 감시(medical surveillance)

2 생물학적 모니터링

① 생물학적 모니터링의 목적
㉠ 유해물질에 노출된 근로자 개인에 대해 모든 인체 침입경로, 근로시간에 따른 노출량 등의 정보를 제공한다.
㉡ 개인위생보호구의 효율성 평가 및 기술적 대책, 위생관리에 대한 평가에 이용한다.
㉢ 근로자 보호를 위한 모든 개선대책을 적절히 평가한다.

② 생물학적 모니터링의 장단점

구분	내용
장점	• 공기 중의 농도를 측정하는 것보다 건강상 위험을 보다 직접적으로 평가 • 모든 노출경로(소화기, 호흡기, 피부 등)에 의한 종합적인 노출을 평가 • 개인시료보다 건강상 악영향을 보다 직접적으로 평가 • 건강상 위험에 대하여 보다 정확히 평가 • 인체 내 흡수된 내재용량이나 중요한 조직부위에 영향을 미치는 양을 모니터링
단점	• 시료채취가 어려움 • 유기시료의 특이성이 존재하고 복잡함 • 각 근로자의 생물학적 차이가 나타남 • 분석의 어려움이 있고, 분석 시 오염에 노출될 수 있음

③ 생물학적 모니터링의 방법 분류(생물학적 결정인자)
㉠ 체액(생체시료나 호기)에서 해당 화학물질이나 그것의 대사산물을 측정하는 방법(근로자의 체액에서 화학물질이나 대사산물의 측정)
㉡ 실제 악영향을 초래하고 있지 않은 부위나 조직에서 측정하는 방법(건강상 악영향을 초래하지 않은 내재용량의 측정)
㉢ 표적과 비표적 조직과 작용하는 활성 화학물질의 양을 측정하는 방법(표적분자에 실제 활성인 화학물질에 대한 측정)

3 화학물질의 영향에 대한 생물학적 모니터링 대상

① **납** : 적혈구에서 ZPP
② **카드뮴** : 소변에서 저분자량 단백질
③ **일산화탄소** : 혈액에서 카르복시헤모글로빈
④ **니트로벤젠** : 혈액에서 메트헤모글로빈

4 생물학적 모니터링과 작업환경 모니터링 결과 불일치의 주요 원인

① 근로자의 생리적 기능 및 건강상태
② 직업적 노출특성상태
③ 주변 생활환경
④ 개인의 생활습관
⑤ 측정방법상의 오차

5 생물학적 노출지수(BEI, 노출지표, 폭로지수, 폭로지표)

① 혈액, 소변, 호기, 모발 등 생체시료(인체조직이나 세포)로부터 유해물질 그 자체 또는 유해물질의 대사산물 및 생화학적 변화를 반영하는 지표물질로, 생물학적 감시기준으로 사용되는 노출기준이다.
② ACGIH에서 제정하였으며, 산업위생 분야에서 전반적인 건강장애 위험을 평가하는 지침으로 이용된다.
③ 작업의 강도, 기온과 습도, 개인의 생활태도에 따라 차이가 있다.
④ 혈액, 소변, 모발, 손톱, 생체조직, 호기 또는 체액 중 유해물질의 양을 측정 · 조사한다.
⑤ 첫 번째 접촉하는 부위의 독성 영향을 나타내는 물질이나 흡수가 잘 되지 않은 물질에 대한 노출평가에는 바람직하지 못하고, 흡수가 잘 되고 전신적 영향을 나타내는 화학물질에 적용하는 것이 바람직하다.

6 생체시료의 종류

① 소변
㉠ 비파괴적으로 시료채취가 가능하다.
㉡ 많은 양의 시료 확보가 가능하여 일반적으로 가장 많이 활용한다.
㉢ 시료채취과정에서 오염될 가능성이 있다.
㉣ 불규칙한 소변 배설량으로 농도 보정이 필요하다.
㉤ 보존방법은 냉동상태(−20 ~ −10℃)가 원칙이다.

② 혈액
㉠ 시료채취과정에서 오염될 가능성이 적다.
㉡ 휘발성 물질 시료의 손실 방지를 위하여 최대용량을 채취해야 한다.
㉢ 생물학적 기준치는 정맥혈을 기준으로 하며, 동맥혈에는 적용할 수 없다.
㉣ 분석방법 선택 시 특정 물질의 단백질 결합을 고려해야 한다.
㉤ 시료채취 시 근로자가 부담을 가질 수 있다.
㉥ 약물 동력학적 변이요인들의 영향을 받는다.

③ 호기
㉠ 호기 중 농도 측정은 채취시간, 호기상태에 따라 농도가 변하여 폐포 공기가 혼합된 호기시료에서 측정한다.
㉡ 노출 전과 노출 후에 시료를 채취한다.
㉢ 수증기에 의한 수분 응축의 영향을 고려한다.
㉣ 노출 후 혼합 호기의 농도는 폐포 내 호기 농도의 2/3 정도이다.

7 화학물질에 대한 대사산물(측정대상 물질), 시료채취시기

화학물질	대사산물(측정대상 물질) : 생물학적 노출지표	시료채취시기
납 및 그 무기화합물	혈액 중 납	중요치 않음(수시)
	소변 중 납	
카드뮴 및 그 화합물	소변 중 카드뮴	중요치 않음(수시)
	혈액 중 카드뮴	
일산화탄소	호기에서 일산화탄소	작업 종료 시(당일)
	혈액 중 carboxyhemoglobin	
벤젠	소변 중 총 페놀	작업 종료 시(당일)
	소변 중 t,t-뮤코닉산(t,t-muconic acid)	
에틸벤젠	소변 중 만델린산	작업 종료 시(당일)
니트로벤젠	소변 중 p-nitrophenol	작업 종료 시(당일)
아세톤	소변 중 아세톤	작업 종료 시(당일)
톨루엔	혈액, 호기에서 톨루엔	작업 종료 시(당일)
	소변 중 o-크레졸	
크실렌	소변 중 메틸마뇨산	작업 종료 시(당일)
스티렌	소변 중 만델린산	작업 종료 시(당일)
트리클로로에틸렌	소변 중 트리클로로초산(삼염화초산)	주말작업 종료 시(주말)
테트라클로로에틸렌	소변 중 트리클로로초산(삼염화초산)	주말작업 종료 시(주말)
트리클로로에탄	소변 중 트리클로로초산(삼염화초산)	주말작업 종료 시(주말)
사염화에틸렌	소변 중 트리클로로초산(삼염화초산)	주말작업 종료 시(주말)
	소변 중 삼염화에탄올	
이황화탄소	소변 중 TTCA	–
	소변 중 이황화탄소	
노말헥산(n-헥산)	소변 중 2,5-hexanedione	작업 종료 시(당일)
	소변 중 n-헥산	
메탄올	소변 중 메탄올	–
클로로벤젠	소변 중 총 4-chlorocatechol	작업 종료 시(당일)
	소변 중 총 p-chlorophenol	
크롬(수용성 흄)	소변 중 총 크롬	주말작업 종료 시 주간작업 중
N,N-디메틸포름아미드	소변 중 N-메틸포름아미드	작업 종료 시(당일)
페놀	소변 중 메틸마뇨산(소변 중 총 페놀)	작업 종료 시(당일)

※ 혈액 중 납(mercurytotal inorganic lead in blood)
소변 중 총 페놀(s-phenylmercapturic acid in urine)
소변 중 메틸마뇨산(methylhippuric acid in urine)

8 유병률과 발생률

① 유병률
㉠ 어떤 시점에서 이미 존재하는 질병의 비율, 즉 발생률에서 기간을 제거한 것을 의미한다.
㉡ 일반적으로 기간유병률보다 시점유병률을 사용한다.
㉢ 인구집단 내에 존재하고 있는 환자수를 표현한 것으로, 시간단위가 없다.
㉣ 여러 가지 인자에 영향을 받을 수 있어 위험성을 실질적으로 나타내지 못한다.

② 발생률
㉠ 특정 기간 위험에 노출된 인구집단 중 새로 발생한 환자수의 비례적인 분율, 즉 발생률은 위험에 노출된 인구 중 질병에 걸릴 확률의 개념이다.
㉡ 시간차원이 있고, 관찰기간 동안 평균인구가 관찰대상이 된다.

9 측정타당도

구분		실제값(질병)		합계
		양성	음성	
검사법	양성	A	B	A+B
	음성	C	D	C+D
합계		A+C	B+D	–

① 민감도=A/(A+C)
② 가음성률=C/(A+C)
③ 가양성률=B/(B+D)
④ 특이도=D/(B+D)

필기 핵심공식

핵심공식 01 표준상태와 농도단위 환산

1 표준상태

① 산업위생(작업환경측정) 분야 : 25℃, 1atm(24.45L)
② 산업환기 분야 : 21, 1atm(24.1L)
③ 일반대기 분야 : 0℃, 1atm(22.4L)

2 질량농도(mg/m^3)와 용량농도(ppm)의 환산(0℃, 1기압)

① ppm ⇨ mg/m^3

$$mg/m^3 = ppm(mL/m^3) \times \frac{\text{분자량(mg)}}{22.4mL}$$

② mg/m^3 ⇨ ppm

$$ppm(mL/m^3) = mg/m^3 \times \frac{22.4mL}{\text{분자량(mg)}}$$

3 퍼센트(%)와 용량농도(ppm)의 관계

$$1\% = 10{,}000ppm$$

핵심공식 02 보일-샤를의 법칙

온도와 압력이 동시에 변하면, 일정량의 기체 부피는 압력에 반비례하고 절대온도에 비례한다는 법칙

$$V_2 = V_1 \times \frac{T_2}{T_1} \times \frac{P_1}{P_2}$$

여기서, P_1, T_1, V_1 : 처음의 압력, 온도, 부피
P_2, T_2, V_2 : 나중의 압력, 온도, 부피

핵심공식 03 허용기준(노출기준, 허용농도)

1 시간가중 평균농도(TWA)

$$\text{TWA} = \frac{C_1 T_1 + \cdots\cdots + C_n T_n}{8}$$

여기서, C : 유해인자의 측정농도(ppm 또는 mg/m^3)
T : 유해인자의 발생시간(시간)

2 노출지수(EI ; Exposure Index)

노출지수가 1을 초과하면 노출기준을 초과한다고 평가

$$\text{EI} = \frac{C_1}{\text{TLV}_1} + \frac{C_2}{\text{TLV}_2} + \cdots\cdots + \frac{C_n}{\text{TLV}_n}$$

여기서, C_n : 각 혼합물질의 공기 중 농도
TLV_n : 각 혼합물질의 노출기준

3 액체 혼합물의 구성 성분을 알 경우 혼합물의 허용농도

$$\text{혼합물의 허용농도(mg/m}^3) = \frac{1}{\dfrac{f_a}{\text{TLV}_a} + \dfrac{f_b}{\text{TLV}_b} + \cdots\cdots + \dfrac{f_n}{\text{TLV}_n}}$$

여기서, f_a, f_b, $\cdots$, f_n : 액체 혼합물에서 각 성분의 무게(중량) 구성비(%)
TLV_a, TLV_b, $\cdots$, TLV_n : 해당 물질의 TLV(노출기준, mg/m^3)

4 비정상 작업시간의 허용농도 보정

① OSHA의 보정방법

㉠ 급성중독을 일으키는 물질(대표적인 물질 : 일산화탄소)

$$\text{보정된 노출기준} = \text{8시간 노출기준} \times \frac{\text{8시간}}{\text{노출시간/일}}$$

㉡ 만성중독을 일으키는 물질(대표적인 물질 : 중금속)

$$\text{보정된 노출기준} = \text{8시간 노출기준} \times \frac{\text{40시간}}{\text{작업시간/주}}$$

② Brief와 Scala의 보정방법

$$\text{보정된 노출기준} = \text{RF} \times \text{노출기준(허용농도)}$$

$$\text{이때, 노출기준 보정계수(RF)} = \left(\frac{8}{H}\right) \times \frac{24-H}{16} \quad \left[\text{일주일 : RF} = \left(\frac{40}{H}\right) \times \frac{168-H}{128}\right]$$

여기서, H : 비정상적인 작업시간(노출시간/일, 노출시간/주)
16 : 휴식시간 의미(128 : 일주일 휴식시간 의미)

핵심공식 04 체내흡수량(안전흡수량)

1 체내흡수량(SHD)

$$\text{SHD} = C \times T \times V \times R$$

여기서, C : 공기 중 유해물질 농도(mg/m^3)
T : 노출시간(hr)
V : 호흡률(폐환기율)(m^3/hr)
R : 체내 잔류율(보통 1.0)

2 Haber 법칙

환경 속에서 중독을 일으키는 유해물질의 공기 중 농도(C)와 폭로시간(T)의 곱은 일정(K)하다는 법칙(단시간 노출 시 유해물질지수는 농도와 노출시간의 곱으로 계산)

$$C \times T = K$$

핵심공식 05 중량물 취급의 기준(NIOSH)

1 감시기준(AL)

$$\mathrm{AL\,(kg)} = 40\left(\frac{15}{H}\right)(1-0.004|V-75|)\left(0.7+\frac{7.5}{D}\right)\left(1-\frac{F}{F_{\max}}\right)$$

여기서, H : 대상 물체의 수평거리
V : 대상 물체의 수직거리
D : 대상 물체의 이동거리
F : 중량물 취급 작업의 분당 빈도
$F_{\max}$: 인양 대상 물체의 취급 최빈수

2 최대허용기준(MPL)

$$\mathrm{MPL\,(kg)} = 3 \times \mathrm{AL}$$

3 권고기준(RWL)

$$\mathrm{RWL\,(kg)} = L_C \times \mathrm{HM} \times \mathrm{VM} \times \mathrm{DM} \times \mathrm{AM} \times \mathrm{FM} \times \mathrm{CM}$$

여기서, L_C : 중량상수(부하상수)(23kg : 최적 작업상태 권장 최대무게)
HM : 수평계수
VM : 수직계수
DM : 물체 이동거리계수
AM : 비대칭각도계수
FM : 작업빈도계수
CM : 물체를 잡는 데 따른 계수(커플링계수)

4 중량물 취급기준(LI ; 들기지수)

$$\mathrm{LI} = \frac{\text{물체 무게}}{\mathrm{RWL}}$$

핵심공식 06 작업강도와 작업시간 및 휴식시간

1 피로예방 최대 허용작업시간(작업강도에 따른 허용작업시간)

$$\log T_{\text{end}} = 3.720 - 0.1949E$$

여기서, T_{end} : 허용작업시간(min)
E : 작업대사량(kcal/min)

2 피로예방 휴식시간비(Hertig 식)

$$T_{\text{rest}} = \left(\frac{E_{\text{max}} - E_{\text{task}}}{E_{\text{rest}} - E_{\text{task}}}\right) \times 100$$

여기서, T_{rest} : 피로예방을 위한 적정 휴식시간비(60분 기준으로 산정)(%)
E_{max} : 1일 8시간 작업에 적합한 작업대사량(PWC의 1/3)
E_{rest} : 휴식 중 소모대사량
E_{task} : 해당 작업의 작업대사량

3 작업강도

$$\text{작업강도(\%MS)} = \frac{\text{RF}}{\text{MS}} \times 100$$

여기서, RF : 작업 시 요구되는 힘
MS : 근로자가 가지고 있는 최대 힘

4 적정 작업시간

$$\text{적정 작업시간(sec)} = 671{,}120 \times \text{\%MS}^{-2.222}$$

여기서, %MS : 작업강도(근로자의 근력이 좌우함)

핵심공식 07 작업대사율(에너지대사율)

1 작업대사율(RMR)

$$\mathrm{RMR} = \frac{\text{작업대사량}}{\text{기초대사량}} = \frac{\text{작업 시 소요열량} - \text{안정 시 소요열량}}{\text{기초대사량}}$$

2 계속작업 한계시간(CMT)

$$\log \mathrm{CMT} = 3.724 - 3.25 \log \mathrm{RMR}$$

3 실노동률(실동률)

$$\text{실노동률}(\%) = 85 - (5 \times \mathrm{RMR})$$

핵심공식 08 습구흑구온도지수(WBGT)

1 옥외(태양광선이 내리쬐는 장소)

$$\mathrm{WBGT}(℃) = (0.7 \times \text{자연습구온도}) + (0.2 \times \text{흑구온도}) + (0.1 \times \text{건구온도})$$

2 옥내 또는 옥외(태양광선이 내리쬐지 않는 장소)

$$\mathrm{WBGT}(℃) = (0.7 \times \text{자연습구온도}) + (0.3 \times \text{흑구온도})$$

핵심공식 09 산업재해의 평가와 보상

1 산업재해 평가지표

① 연천인율

$$연천인율=\frac{연간\ 재해자\ 수}{연평균\ 근로자\ 수}\times 1,000=도수율\times 2.4$$

② 도수율(빈도율, FR)

- $도수율=\frac{일정\ 기간\ 중\ 재해발생건수}{일정\ 기간\ 중\ 연\ 근로시간\ 수}\times 1,000,000=\frac{연천인율}{2.4}$
- $환산도수율(F)=\frac{도수율}{10}$

③ 강도율(SR)

- $강도율=\frac{일정\ 기간\ 중\ 근로손실일수}{일정\ 기간\ 중\ 연\ 근로시간수}\times 1,000$

  이때, $근로손실일수=총휴업일수\times\frac{300}{365}$
- $환산강도율(S)=강도율\times 100$

④ 종합재해지수(FSI)

$$종합재해지수=\sqrt{도수율\times 강도율}$$

⑤ 사고사망만인율

$$사고사망만인율=\frac{사고사망자\ 수}{상시근로자\ 수}\times 10,000$$

2 산업재해 보상평가(손실평가)

① 하인리히(Heinrich)

$$총\ 재해코스트=직접비+간접비\ (이때,\ 직접비:간접비=1:4)$$
$$=직접비\times 5$$

② 시몬즈(Simonds)

$$총\ 재해코스트=보험코스트+비보험코스트$$

핵심공식 10 시료의 채취

1 공기채취기구(pump)의 채취유량

$$\text{채취유량(L/min)} = \frac{\text{비누거품이 통과한 용량(L)}}{\text{비누거품이 통과한 시간(min)}}$$

2 정량한계와 표준편차, 검출한계의 관계

$$\begin{aligned}\text{정량한계} &= \text{표준편차} \times 10 \\ &= \text{검출한계} \times 3(\text{또는 } 3.3)\end{aligned}$$

3 회수율과 탈착률

① 회수율

$$\text{회수율(\%)} = \frac{\text{분석량}}{\text{첨가량}} \times 100$$

② 탈착률

$$\text{탈착률(\%)} = \frac{\text{분석량}}{\text{첨가량}} \times 100$$

4 가스상 · 입자상 물질의 농도 계산

① 가스상 물질의 농도(흡착관 이용)

$$\text{농도} = \frac{(\text{앞층 분석량} + \text{뒤층 분석량}) - (\text{공시료 앞층 분석량} + \text{공시료 뒤층 분석량})}{\text{펌프 유량(L/min)} \times \text{시료채취시간(min)} \times \text{탈착효율}}$$

② 입자상 물질의 농도(여과지 이용)

$$\text{농도} = \frac{(\text{채취 후 무게} - \text{채취 전 무게}) - (\text{공시료 채취 후 무게} + \text{공시료 채취 전 무게})}{\text{펌프 유량(L/min)} \times \text{시료채취시간(min)} \times \text{회수효율}}$$

5 Lippmann 식에 의한 침강속도

입자 크기가 1~50μm인 경우 적용

$$V=0.003\times\rho\times d^2$$

여기서, V : 침강속도(cm/sec)
ρ : 입자 밀도(비중)(g/cm³)
d : 입자 직경(μm)

핵심공식 11 누적오차(총 측정오차)

$$\text{누적오차}=\sqrt{E_1^2+E_2^2+E_3^2+\cdots+E_n^2}$$

여기서, E_1, E_2, E_3, ⋯ , E_n : 각 요소에 대한 오차

핵심공식 12 램버트-비어 법칙

$$\text{흡광도}=\log\frac{1}{\text{투과율}}=\log\frac{\text{입사광의 강도}}{\text{투사광의 강도}}$$

핵심공식 13 기하평균과 기하표준편차

산업위생 분야에서는 작업환경측정 결과가 대수정규분포를 취하는 경우, 대푯값으로 기하평균을, 산포도로 기하표준편차를 널리 사용한다.

1 기하평균(GM)

$$\log(\mathrm{GM}) = \frac{\log X_1 + \log X_2 + \cdots + \log X_n}{N}$$

2 기하표준편차(GSD)

$$\log(\mathrm{GSD}) = \left[\frac{(\log X_1 - \log \mathrm{GM})^2 + (\log X_2 - \log \mathrm{GM})^2 + \cdots + (\log X_N - \log \mathrm{GM})^2}{N-1}\right]^{0.5}$$

3 변이계수(CV)

측정방법의 정밀도를 평가하는 계수로, %로 표현되므로 측정단위와 무관하게 독립적으로 산출되며, 변이계수가 작을수록 자료가 평균 주위에 가깝게 분포한다는 의미

$$\mathrm{CV}(\%) = \frac{\text{표준편차}}{\text{평균치}} \times 100$$

4 그래프로 기하평균, 기하표준편차를 구하는 방법

① **기하평균** : 누적분포에서 50%에 해당하는 값

② **기하표준편차** : 84.1%에 해당하는 값을 50%에 해당하는 값으로 나누는 값

$$\mathrm{GSD} = \frac{\text{84.1\%에 해당하는 값}}{\text{50\%에 해당하는 값}} = \frac{\text{50\%에 해당하는 값}}{\text{15.9\%에 해당하는 값}}$$

핵심공식 14 유해 · 위험성 평가

1 표준화값

$$표준화값=\frac{\text{TWA or STEL}}{허용기준}$$

2 최고농도

- $최고농도(ppm)=\frac{증기압 \text{ or } 분압}{760}\times 10^6$
- $최고농도(\%)=\frac{증기압 \text{ or } 분압}{760}\times 10^2$

3 증기화 위험지수(VHI)

$$\text{VHI}=\log\left(\frac{C}{\text{TLV}}\right)$$

여기서, TLV : 노출기준

C : 포화농도(최고농도 : 대기압과 해당 물질의 증기압을 이용하여 계산)

$\frac{C}{\text{TLV}}$: VHR(Vapor Hazard Ratio)

핵심공식 15 압력단위 환산

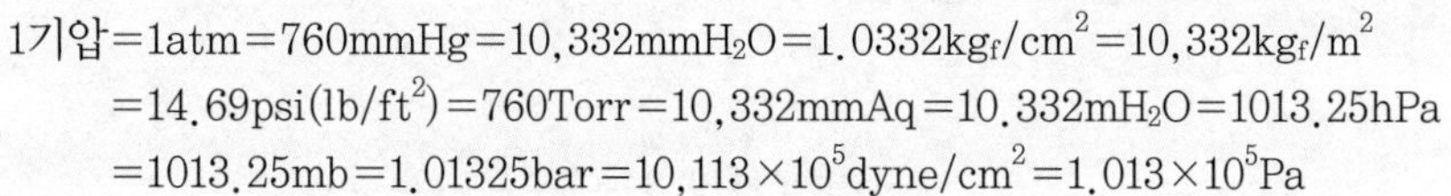

$1기압=1atm=760mmHg=10,332mmH_2O=1.0332kg_f/cm^2=10,332kg_f/m^2$
$=14.69psi(lb/ft^2)=760Torr=10,332mmAq=10.332mH_2O=1013.25hPa$
$=1013.25mb=1.01325bar=10,113\times10^5dyne/cm^2=1.013\times10^5Pa$

핵심공식 16 점성계수와 동점성계수의 관계

$$동점성계수(\nu) = \frac{점성계수(\mu)}{밀도(\rho)}$$

핵심공식 17 유체 흐름과 레이놀즈수

1 단시간에 흐르는 유체의 체적

$$Q = A \times V$$

여기서, Q : 유량, A : 유체 통과 단면적, V : 유체 통과 속도

2 레이놀즈수(Re)

$$Re = \frac{밀도 \times 유속 \times 직경}{점성계수} = \frac{유속 \times 직경}{동점성계수} = \frac{관성력}{점성력}$$

레이놀즈수의 크기에 따른 구분

① 층류($Re < 2,100$)

② 천이 영역($2,100 < Re < 4,000$)

③ 난류($Re > 4,000$)

※ 산업환기 일반 배관 기류 흐름의 Re 범위 : $10^5 \sim 10^6$

핵심공식 18 밀도보정계수

- $d_f(무차원) = \frac{(273+21)(P)}{(℃+273)(760)}$
- $\rho_{(a)} = \rho_{(s)} \times d_f$

여기서, d_f : 밀도보정계수, P : 대기압(mmHg, inHg), ℃ : 온도

$\rho_{(a)}$: 실제 공기의 밀도

$\rho_{(s)}$: 표준상태(21℃, 1atm)의 공기 밀도(1.203kg/m^3)

핵심공식 19 압력 관련식

1 전압과 동압, 정압의 관계

$$전압 = 동압 + 정압$$

※ 전압 : TP(Total Pressure), 동압 : VP(Velocity Pressure), 정압 : SP(Static Pressure)

2 공기 속도와 속도압(동압)의 관계

① 공기 밀도(비중량)가 주어진 경우

$$\mathrm{VP} = \frac{\gamma V^2}{2g}, \quad V = \sqrt{\frac{2g\mathrm{VP}}{\gamma}}$$

② 공기 밀도(비중량)가 주어지지 않은 경우

$$V = 4.043\sqrt{\mathrm{VP}}, \quad \mathrm{VP} = \left(\frac{V}{4.043}\right)^2$$

여기서, V : 공기 속도, VP : 속도압

핵심공식 20 압력손실

1 후드의 압력손실

① 후드의 정압(SP_h)

$$\mathrm{SP}_h = 가손실 + 유입손실 = \mathrm{VP}(1+F)$$

여기서, VP : 속도압(mmH_2O), F : 유입손실계수

② 후드의 압력손실(ΔP)

$$\Delta P = F \times \mathrm{VP}$$

③ 유입계수(Ce) : 후드의 유입효율

$$Ce = \frac{실제\ 유량}{이론적인\ 유량} = \frac{실제\ 흡인유량}{이상적인\ 흡인유량} = \sqrt{\frac{1}{1+F}} \left(이때,\ F = \frac{1}{Ce^2} - 1\right)$$

※ Ce가 1에 가까울수록 압력손실이 작은 후드를 의미한다.

2 덕트의 압력손실

① 덕트의 압력손실(ΔP)

$$\Delta P = \text{마찰압력손실} + \text{난류압력손실}$$

※ 덕트 압력손실 계산의 종류

- 등가길이(등거리) 방법 : 덕트의 단위길이당 마찰손실을 유속과 직경의 함수로 표현하는 방법
- 속도압 방법 : 유량과 유속에 의한 덕트 1m당 발생하는 마찰손실로, 속도압을 기준으로 표현하는 방법이며, 산업환기 설계에 일반적으로 사용

② 원형 직선 덕트의 압력손실(ΔP)

$$\Delta P = \lambda \times \frac{L}{D} \times \text{VP}$$

$$\text{이때, } \lambda = 4f$$

여기서, λ : 관마찰계수(무차원)
L : 덕트 길이(m)
D : 덕트 직경(m)
VP : 속도압
f : 페닝마찰계수

③ 장방형 직선 덕트의 압력손실(ΔP)

$$\Delta P = \lambda(f) \times \frac{L}{D} \times \text{VP}$$

$$\text{이때, } \lambda = f,\ D = \frac{2ab}{a+b}$$

여기서, a, b : 각 변의 길이

④ 곡관의 압력손실(ΔP)

$$\Delta P = \xi \times \text{VP} \times \left(\frac{\theta}{90}\right)$$

여기서, ξ : 압력손실계수
θ : 곡관의 각도

※ 새우등 곡관의 개수

- D(직경) $\le$ 15cm인 경우 : 새우등 3개 이상
- D(직경) $>$ 15cm인 경우 : 새우등 5개 이상

3 확대관의 압력손실

① 정압회복계수(R)

$$R = 1 - \xi$$

② 확대관의 압력손실(ΔP)

$$\Delta P = \xi \times (\mathrm{VP_1} - \mathrm{VP_2})$$

여기서, $\mathrm{VP_1}$: 확대 전의 속도압(mmH_2O)
$\mathrm{VP_2}$: 확대 후의 속도압(mmH_2O)

③ 정압회복량($\mathrm{SP_2} - \mathrm{SP_1}$)

$$\mathrm{SP_2} - \mathrm{SP_1} = (\mathrm{VP_1} - \mathrm{VP_2}) - \Delta P$$

여기서, $\mathrm{SP_1}$: 확대 후의 정압(mmH_2O)
$\mathrm{SP_2}$: 확대 전의 정압(mmH_2O)

④ 확대측 정압($\mathrm{SP_2}$)

$$\mathrm{SP_2} = \mathrm{SP_1} + R(\mathrm{VP_1} - \mathrm{VP_2})$$

4 축소관의 압력손실

① 축소관 압력손실(ΔP)

$$\Delta P = \xi \times (\mathrm{VP_2} - \mathrm{VP_1})$$

여기서, $\mathrm{VP_1}$: 축소 후의 속도압(mmH_2O)
$\mathrm{VP_2}$: 축소 전의 속도압(mmH_2O)

② 정압감소량($\mathrm{SP_2} - \mathrm{SP_1}$)

$$\mathrm{SP_2} - \mathrm{SP_1} = -(\mathrm{VP_2} - \mathrm{VP_1}) - \Delta P = -(1 + \xi)(\mathrm{VP_2} - \mathrm{VP_1})$$

여기서, $\mathrm{SP_1}$: 축소 후의 정압(mmH_2O)
$\mathrm{SP_2}$: 축소 전의 정압(mmH_2O)

핵심공식 21 전체환기량(필요환기량, 희석환기량)

1 평형상태인 경우 전체환기량

$$Q = \frac{G}{\mathrm{TLV}} \times K$$

여기서, G : 시간당 공기 중으로 발생된 유해물질의 용량(L/hr)
TLV : 허용기준
K : 안전계수(여유계수)

※ K 결정 시 고려요인

- 유해물질의 허용기준(TLV) : 유해물질의 독성을 고려
  - 약한 독성의 물질 : TLV ≥ 500ppm
  - 중간 독성의 물질 : 100ppm < TLV < 500ppm
  - 강한 독성의 물질 : TLV ≥ 100ppm
- 환기방식의 효율성(성능) 및 실내 유입 보충용 공기의 혼합과 기류 분포를 고려
- 유해물질의 발생률
- 공정 중 근로자들의 위치와 발생원과의 거리
- 작업장 내 유해물질 발생점의 위치와 수

2 유해물질 농도 증가 시 전체환기량

① 초기상태를 $t_1=0$, $C_1=0$(처음 농도 0)이라 하고, 농도 C에 도달하는 데 걸리는 시간(t)

$$t = -\frac{V}{Q'}\left[\ln\left(\frac{G-Q'C}{G}\right)\right]$$

여기서, V : 작업장의 기적(용적)(m^3)
Q' : 유효환기량(m^3/min)
G : 유해가스의 발생량(m^3/min)
C : 유해물질 농도(ppm) : 계산 시 10^6으로 나누어 계산

② 처음 농도 0인 상태에서 t시간 후의 농도(C)

$$C = \frac{G\left(1-e^{-\frac{Q'}{V}t}\right)}{Q'}$$

3 유해물질 농도 감소 시 전체환기량

① 초기시간 $t_1=0$에서의 농도 C_1으로부터 C_2까지 감소하는 데 걸리는 시간(t)

$$t=-\frac{V}{Q'}\ln\left(\frac{C_2}{C_1}\right)$$

② 작업 중지 후 C_1인 농도에서 t분 지난 후 농도(C_2)

$$C_2=C_1\,e^{-\frac{Q'}{V}t}$$

4 이산화탄소 제거 목적의 전체환기량

① 관련식

$$Q=\frac{M}{C_S-C_O}\times 100$$

여기서, Q : 필요환기량(m^3/hr)
M : CO_2 발생량(m^3/hr)
C_S : 작업환경 실내 CO_2 기준농도(%)(약 0.1%)
C_O : 작업환경 실외 CO_2 기준농도(%)(약 0.03%)

② 시간당 공기교환횟수(ACH)

㉠ 필요환기량 및 작업장 용적

$$\text{ACH}=\frac{\text{필요환기량}(m^3/hr)}{\text{작업장 용적}(m^3)}$$

㉡ 경과된 시간 및 CO_2 농도 변화

$$\text{ACH}=\frac{\ln(\text{측정 초기 농도}-\text{외부 }CO_2\text{ 농도})-\ln(\text{시간 경과 후 }CO_2\text{ 농도}-\text{외부 }CO_2\text{ 농도})}{\text{경과된 시간}}$$

5 급기 중 재순환량 및 외부 공기 포함량

① 급기 중 재순환량

$$\text{급기 중 재순환량}=\frac{\text{급기 중 }CO_2\text{ 농도}-\text{외부 공기 중 }CO_2\text{ 농도}}{\text{재순환공기 중 }CO_2\text{ 농도}-\text{외부 공기 중 }CO_2\text{ 농도}}\times 100$$

② 급기 중 외부 공기 포함량

$$\text{급기 중 외부 공기 포함량}=100-\text{급기 중 재순환량}$$

6 화재 · 폭발 방지 전체환기량

① 전체환기량

$$Q = \frac{24.1 \times S \times W \times C \times 10^2}{\mathrm{M.W} \times \mathrm{LEL} \times B}$$

여기서, Q : 필요환기량($\mathrm{m^3/min}$)

S : 물질의 비중, W : 인화물질 사용량(L/min), C : 안전계수

M.W : 물질의 분자량, LEL : 폭발농도 하한치(%), B : 온도에 따른 보정상수

② 실제 필요환기량(Q_a)

$$Q_a = Q \times \frac{273+t}{273+21}$$

여기서, Q_a : 실제 필요환기량($\mathrm{m^3/min}$)

Q : 표준공기(21℃)에 의한 환기량($\mathrm{m^3/min}$)

t : 실제 발생원 공기의 온도(℃)

7 혼합물질 발생 시 전체환기량

① 상가작용

각 유해물질의 환기량을 계산하고, 그 환기량을 모두 합하여 필요환기량으로 결정

$$Q = Q_1 + Q_2 + \cdots\cdots + Q_n$$

② 독립작용

가장 큰 값을 선택하여 필요환기량으로 결정

8 발열 및 수증기 발생 시 필요환기량

① 발열 시(방열 목적) 필요환기량(Q)

$$Q = \frac{H_s}{0.3\Delta T}$$

여기서, H_s : 작업장 내 열부하량(kcal/hr), ΔT : 급 · 배기(실내 · 외)의 온도차(℃)

② 수증기 발생 시(수증기 제거 목적) 필요환기량(Q)

$$Q = \frac{W}{1.2\Delta G}$$

여기서, W : 수증기 부하량(kg/hr), ΔG : 급 · 배기의 절대습도 차이(kg/kg 건기)

핵심공식 22 열평형 방정식(열역학적 관계식)

$$\Delta S = M \pm C \pm R - E$$

여기서, ΔS : 생체 열용량의 변화(인체의 열축적 또는 열손실)
M : 작업대사량(체내 열생산량)
C : 대류에 의한 열교환, R : 복사에 의한 열교환
E : 증발(발한)에 의한 열손실(피부를 통한 증발)

핵심공식 23 후드의 필요송풍량

1 포위식 후드

$$Q = A \times V$$

여기서, Q : 필요송풍량(m^3/min), A : 후드 개구면적(m^2), V : 제어속도(m/sec)

2 외부식 후드

① 자유공간 위치, 플랜지 미부착(오염원에서 후드까지의 거리가 덕트 직경의 1.5배 이내일 때만 유효)

$$Q = V(10X^2 + A) \text{ : 기본식}$$

여기서, X : 후드 중심선으로부터 발생원(오염원)까지의 거리(m)

② 자유공간 위치, 플랜지 부착(플랜지 부착 시 송풍량을 약 25% 감소)

$$Q = 0.75 \times V(10X^2 + A)$$

③ 작업면 위치, 플랜지 미부착

$$Q = V(5X^2 + A)$$

④ 작업면 위치, 플랜지 부착 ◀가장 경제적인 후드 형태

$$Q = 0.5 \times V(10X^2 + A)$$

3 외부식 슬롯 후드

$$Q = C \cdot L \cdot V_c \cdot X$$

여기서, C : 형상계수[전원주 : 5.0(ACGIH : 3.7)

3/4원주 : 4.1

1/2원주(플랜지 부착 경우와 동일) : 2.8(ACGIH : 2.6)

1/4원주 : 1.6)]

L : 슬롯 개구면의 길이(m)

X : 포집점까지의 거리(m)

4 리시버식(수형) 천개형 후드

① 난기류가 없을 경우(유량비법)

$$Q_T = Q_1 + Q_2 = Q_1\left(1 + \frac{Q_2}{Q_1}\right) = Q_1(1 + K_L)$$

여기서, Q_T : 필요송풍량(m^3/min)

Q_1 : 열상승기류량(m^3/min)

Q_2 : 유도기류량(m^3/min)

K_L : 누입한계유량비

② 난기류가 있을 경우(유량비법)

$$Q_T = Q_1 \times [1 + (m \times K_L)] = Q_1 \times (1 + K_D)$$

여기서, m : 누출안전계수(난기류의 크기에 따라 다름)

K_D : 설계유량비

※ 리시버식 후드의 열원과 캐노피 후드 관계

$$F_3 = E + 0.8H \Rightarrow H/E\text{는 } 0.7 \text{ 이하로 설계}$$

여기서, F_3 : 후드의 직경

E : 열원의 직경

H : 후드의 높이

핵심공식 24 송풍기의 전압, 정압 및 소요동력

1 송풍기 전압(FTP)

$$FTP = TP_{out} - TP_{in}$$
$$= (SP_{out} + VP_{out}) - (SP_{in} + VP_{in})$$

여기서, TP_{out} : 배출구 전압, TP_{in} : 흡입구 전압
VP_{out} : 배출구 속도압, VP_{in} : 흡입구 속도압
SP_{out} : 배출구 정압, SP_{in} : 흡입구 정압

2 송풍기 정압(FSP)

$$FSP = FTP - VP_{out}$$
$$= (SP_{out} - SP_{in}) + (VP_{out} - VP_{in}) - VP_{out}$$
$$= (SP_{out} - SP_{in}) - VP_{in}$$
$$= (SP_{out} - TP_{in})$$

3 송풍기 소요동력(kW, HP)

- $kW = \dfrac{Q \times \Delta P}{6{,}120 \times \eta} \times \alpha$
- $HP = \dfrac{Q \times \Delta P}{4{,}500 \times \eta} \times \alpha$

여기서, Q : 송풍량(m^3/min)
ΔP : 송풍기 유효전압(전압, 정압)(mmH_2O)
η : 송풍기 효율(%)
α : 안전인자(여유율)(%)

핵심공식 25 송풍기 상사법칙

1 회전수비

① 풍량은 회전수비에 비례

$$\frac{Q_2}{Q_1} = \frac{\text{rpm}_2}{\text{rpm}_1},\ Q_2 = Q_1 \times \frac{\text{rpm}_2}{\text{rpm}_1}$$

② 압력손실은 회전수비의 제곱에 비례

$$\frac{\Delta P_2}{\Delta P_1} = \left(\frac{\text{rpm}_2}{\text{rpm}_1}\right)^2,\ \Delta P_2 = \Delta P_1 \times \left(\frac{\text{rpm}_2}{\text{rpm}_1}\right)^2$$

③ 동력은 회전수비의 세제곱에 비례

$$\frac{\text{kW}_2}{\text{kW}_1} = \left(\frac{\text{rpm}_2}{\text{rpm}_1}\right)^3,\ \text{kW}_2 = \text{kW}_1 \times \left(\frac{\text{rpm}_2}{\text{rpm}_1}\right)^3$$

2 송풍기 크기(회전차 직경)비

① 풍량은 송풍기 크기비의 세제곱에 비례

$$\frac{Q_2}{Q_1} = \left(\frac{D_2}{D_1}\right)^3,\ Q_2 = Q_1 \times \left(\frac{D_2}{D_1}\right)^3$$

② 압력손실은 송풍기 크기비의 제곱에 비례

$$\frac{\Delta P_2}{\Delta P_1} = \left(\frac{D_2}{D_1}\right)^2,\ \Delta P_2 = \Delta P_1 \times \left(\frac{D_2}{D_1}\right)^2$$

③ 동력은 송풍기 크기비의 오제곱에 비례

$$\frac{\text{kW}_2}{\text{kW}_1} = \left(\frac{D_2}{D_1}\right)^5,\ \text{kW}_2 = \text{kW}_1 \times \left(\frac{D_2}{D_1}\right)^5$$

핵심공식 26 집진장치와 집진효율 관련식

1 원심력 집진장치의 분리계수

원심력 집진장치(cyclone)의 잠재적인 효율(분리능력)을 나타내는 지표

$$\text{분리계수} = \frac{\text{원심력(가속도)}}{\text{중력(가속도)}} = \frac{V^2}{R \cdot g}$$

여기서, V : 입자의 접선방향 속도(입자의 원주 속도)

R : 입자의 회전반경(원추 하부반경)

g : 중력가속도

※ 분리계수가 클수록 분리효율이 좋다.

2 여과 집진장치 여과속도

$$V = \frac{\text{총 처리가스량}}{\text{여과포 1개의 면적}(\pi DH) \times \text{여과포 개수}}$$

여기서, V : 여과속도

3 직렬조합(1차 집진 후 2차 집진) 시 총 집진율

$$\eta_T = \eta_1 + \eta_2(1 - \eta_1)$$

여기서, η_T : 총 집진율(%)

η_1 : 1차 집진장치 집진율(%)

η_2 : 2차 집진장치 집진율(%)

핵심공식 27 헨리 법칙

$$P = H \times C$$

여기서, P : 부분압력

H : 헨리상수

C : 액체성분 몰분율

핵심공식 28 보호구 관련식

1 방독마스크의 흡수관 파과시간(유효시간)

$$\text{유효시간} = \frac{\text{표준유효시간} \times \text{시험가스 농도}}{\text{작업장의 공기 중 유해가스 농도}}$$

※ 검정 시 사용하는 표준물질 : 사염화탄소(CCl_4)

2 보호계수(PF ; Protection Factor)

보호구를 착용함으로써 유해물질로부터 보호구가 얼마만큼 보호해 주는가의 정도

$$\mathrm{PF} = \frac{C_o}{C_i}$$

여기서, C_o : 보호구 밖의 농도, C_i : 보호구 안의 농도

3 할당보호계수(APF ; Assigned Protection Factor)

작업장에서 보호구 착용 시 기대되는 최소보호정도치

$$\mathrm{APF} \geq \frac{C_{\mathrm{air}}}{\mathrm{PEL}} (= \mathrm{HR})$$

여기서, C_{air} : 기대되는 공기 중 농도
PEL : 노출기준
HR : 유해비

※ APF가 가장 큰 것 : 양압 호흡기 보호구 중 공기공급식(SCBA, 압력식) 전면형

4 최대사용농도(MUC ; Maximum Use Concentration)

APF의 이용 보호구에 대한 최대사용농도

$$\mathrm{MUC} = \text{노출기준} \times \mathrm{APF}$$

5 차음효과(OSHA)

$$\text{차음효과} = (\mathrm{NRR} - 7) \times 0.5$$

여기서, NRR : 차음평가지수

핵심공식 29 공기 중 습도와 산소

1 상대습도

$$상대습도(\%) = \frac{절대습도}{포화습도} \times 100$$

2 산소분압

$$산소분압(mmHg) = 기압(mmHg) \times \frac{산소농도(\%)}{100}$$

핵심공식 30 소음의 단위와 계산

1 음의 크기(sone)와 음의 크기 레벨(phon)의 관계

- $S = 2^{\frac{(L_L - 40)}{10}}$
- $L_L = 33.3\log S + 40$

여기서, S : 음의 크기(sone)
L_L : 음의 크기 레벨(phon)

2 합성소음도(전체소음, 소음원 동시 가동 시 소음도)

$$L_{합} = 10\log\left(10^{\frac{L_1}{10}} + 10^{\frac{L_2}{10}} + \cdots\cdots + 10^{\frac{L_n}{10}}\right)$$

여기서, $L_{합}$: 합성소음도(dB)
$L_1 \sim L_n$: 각 소음원의 소음(dB)

3 음속

$$C = f \times \lambda, \quad C = 331.42 + (0.6t)$$

여기서, C : 음속(m/sec), f : 주파수(1/sec), λ : 파장(m), t : 음 전달 매질의 온도(℃)

핵심공식 31 음의 압력레벨 · 세기레벨, 음향파워레벨

1 음의 압력레벨(SPL)

$$\mathrm{SPL} = 20\log\left(\frac{P}{P_o}\right)$$

여기서, SPL : 음의 압력레벨(음압수준, 음압도, 음압레벨)(dB)
P : 대상 음의 음압(음압 실효치)(N/m^2)
P_o : 기준음압 실효치(2×10^{-5}N/m^2, 20μPa, 2×10^{-4}dyne/cm^2)

2 음의 세기레벨(SIL)

$$\mathrm{SIL} = 10\log\left(\frac{I}{I_o}\right)$$

여기서, SIL : 음의 세기레벨(dB)
I : 대상 음의 세기(W/m^2)
I_o : 최소가청음 세기(10^{-12}W/m^2)

3 음향파워레벨(PWL)

$$\mathrm{PWL} = 10\log\left(\frac{W}{W_o}\right)$$

여기서, PWL : 음향파워레벨(음력수준)(dB)
W : 대상 음원의 음향파워(watt)
W_o : 기준 음향파워(10^{-12}watt)

4 SPL과 PWL의 관계식

① 무지향성 점음원 – 자유공간에 위치할 때

$$SPL = PWL - 20\log r - 11\ (dB)$$

② 무지향성 점음원 – 반자유공간에 위치할 때

$$SPL = PWL - 20\log r - 8\ (dB)$$

③ 무지향성 선음원 – 자유공간에 위치할 때

$$SPL = PWL - 10\log r - 8\ (dB)$$

④ 무지향성 선음원 – 반자유공간에 위치할 때

$$SPL = PWL - 10\log r - 5\ (dB)$$

여기서, r : 소음원으로부터의 거리(m)

※ 자유공간 : 공중, 구면파
　반자유공간 : 바닥, 벽, 천장, 반구면파

5 점음원의 거리감쇠 계산

$$SPL_1 - SPL_2 = 20\log\left(\frac{r_2}{r_1}\right)\ (dB)$$

여기서, SPL_1 : 음원으로부터 r_1(m) 떨어진 지점의 음압레벨(dB)
　　　SPL_2 : 음원으로부터 r_2(m)($r_2 > r_1$) 떨어진 지점의 음압레벨(dB)
　　　$SPL_1 - SPL_2$: 거리감쇠치(dB)

※ 역2승법칙 : 점음원으로부터 거리가 2배 멀어질 때마다 음압레벨이 6dB(=20log2)씩 감쇠

핵심공식 32 주파수 분석

1 1/1 옥타브밴드 분석기

$$\frac{f_U}{f_L}=2^{\frac{1}{1}},\ f_U=2f_L$$

$$\text{중심주파수}(f_c)=\sqrt{f_L\times f_U}=\sqrt{f_L\times 2f_L}=\sqrt{2}\,f_L$$

$$\text{밴드폭}(bw)=f_c\left(2^{\frac{n}{2}}-2^{-\frac{n}{2}}\right)=f_c\left(2^{\frac{1/1}{2}}-2^{-\frac{1/1}{2}}\right)=0.707f_c$$

2 1/3 옥타브밴드 분석기

$$\frac{f_U}{f_L}=2^{\frac{1}{3}},\ f_U=1.26f_L$$

$$\text{중심주파수}(f_c)=\sqrt{f_L\times f_U}=\sqrt{f_L\times 1.26f_L}=\sqrt{1.26}\,f_L$$

$$\text{밴드폭}(bw)=f_c\left(2^{\frac{n}{2}}-2^{-\frac{n}{2}}\right)=f_c\left(2^{\frac{1/3}{2}}-2^{-\frac{1/3}{2}}\right)=0.232f_c$$

핵심공식 33 평균청력손실 평가방법

1 4분법

$$\text{평균청력손실(dB)}=\frac{a+2b+c}{4}$$

여기서, a : 옥타브밴드 중심주파수 500Hz에서의 청력손실(dB)
b : 옥타브밴드 중심주파수 1,000Hz에서의 청력손실(dB)
c : 옥타브밴드 중심주파수 2,000Hz에서의 청력손실(dB)

2 6분법

$$\text{평균청력손실(dB)}=\frac{a+2b+2c+d}{6}$$

여기서, d : 옥타브밴드 중심주파수 4,000Hz에서의 청력손실(dB)

핵심공식 34 소음의 평가

1 등가소음레벨(등가소음도, Leq)

$$\text{Leq} = 16.61\log\frac{n_1 \times 10^{\frac{L_{A1}}{16.61}} + \cdots\cdots + n_n \times 10^{\frac{L_{An}}{16.61}}}{\text{각 소음레벨 측정치의 발생기간 합}}$$

여기서, Leq : 등가소음레벨[dB(A)]
L_A : 각 소음레벨의 측정치[dB(A)]
n : 각 소음레벨 측정치의 발생시간(분)

2 누적소음폭로량

$$D = \left(\frac{C_1}{T_1} + \cdots\cdots + \frac{C_n}{T_n}\right) \times 100$$

여기서, D : 누적소음폭로량(%)
C : 각 소음레벨발생시간
T : 각 폭로허용시간(TLV)

3 시간가중 평균소음수준(TWA)

$$\text{TWA} = 16.61\log\left[\frac{D(\%)}{100}\right] + 90$$

여기서, TWA : 시간가중 평균소음수준[dB(A)]

4 소음의 보정노출기준

$$\text{보정노출기준[dB(A)]} = 16.61\log\left(\frac{100}{12.5 \times h}\right) + 90$$

여기서, h : 노출시간/일

핵심공식 35 실내소음 관련식

1 평균흡음률

$$\bar{\alpha} = \frac{\Sigma S_i \alpha_i}{\Sigma S_i} = \frac{S_1\alpha_1 + S_2\alpha_2 + S_3\alpha_3 + \cdots}{S_1 + S_2 + S_3 + \cdots}$$

여기서, $\bar{\alpha}$: 평균흡음률

S_1, S_2, S_3 : 실내 각 부의 면적(m^2)

α_1, α_2, α_3 : 실내 각 부의 흡음률

2 흡음력

$$A = \sum_{i=1}^{n} s_i \alpha_i$$

여기서, A : 흡음력(m^2, sabin)

S_i, α_i : 각 흡음재의 면적과 흡음률

3 흡음대책에 따른 실내소음 저감량

$$\text{NR} = \text{SPL}_1 - \text{SPL}_2 = 10\log\left(\frac{R_2}{R_1}\right) = 10\log\left(\frac{A_2}{A_1}\right) = 10\log\left(\frac{A_1 + A_\alpha}{A_1}\right)$$

여기서, NR : 소음 저감량(감음량)(dB)

SPL_1, SPL_2 : 실내면에 대한 흡음대책 전후의 실내 음압레벨(dB)

R_1, R_2 : 실내면에 대한 흡음대책 전후의 실정수(m^2, sabin)

A_1, A_2 : 실내면에 대한 흡음대책 전후의 실내흡음력(m^2, sabin)

A_α : 실내면에 대한 흡음대책 전 실내흡음력에 부가(추가)된 흡음력(m^2, sabin)

4 잔향시간

실내에서 음원을 끈 순간부터 직선적으로 음압레벨이 60dB(에너지밀도가 10^{-6} 감소) 감쇠되는 데 소요되는 시간

$$T = \frac{0.161\,V}{A} = \frac{0.161\,V}{S\bar{\alpha}} \quad \left(\text{이때, } \bar{\alpha} = \frac{0.161\,V}{ST}\right)$$

여기서, T : 잔향시간(sec), V : 실의 체적(부피)(m^3)

A : 총 흡음력(m^2, sabin), S : 실내의 전 표면적(m^2)

5 투과손실

① 투과손실(TL ; Transmission Loss)

$$\mathrm{TL(dB)} = 10\log\frac{1}{\tau} = 10\log\left(\frac{I_i}{I_t}\right)$$

$$\text{이때, } \tau = \frac{I_t}{I_i}\left(\tau = 10^{-\frac{TL}{10}}\right)$$

여기서, τ : 투과율

I_i : 입사음의 세기

I_t : 투과음의 세기

② 수직입사 단일벽 투과손실

$$\mathrm{TL(dB)} = 20\log(m \cdot f) - 43$$

여기서, m : 벽체의 면밀도(kg/m^2)

f : 벽체에 수직입사되는 주파수(Hz)

핵심공식 36 진동가속도레벨(VAL)

$$\mathrm{VAL(dB)} = 20\log\left(\frac{A_{rms}}{A_0}\right)$$

여기서, A_{rms} : 측정대상 진동가속도 진폭의 실효치값

A_0 : 기준 실효치값(10^{-5}m/sec^2)

핵심공식 37 증기위험지수(VHI)

$$\mathrm{VHI} = \log\left(\frac{C}{\mathrm{TLV}}\right)$$

여기서, C : 포화농도(최고농도 : 대기압과 해당 물질 증기압을 이용하여 계산)

$\frac{C}{\mathrm{TLV}}$: VHR(Vapor Hazard Ratio)

핵심공식 38 산업역학 관련식

1 유병률과 발생률의 관계

$$유병률(P) = 발생률(I) \times 평균이환기간(D)$$

단, 유병률은 10% 이하, 발생률과 평균이환기간이 시간경과에 따라 일정하여야 한다.

2 상대위험도(상대위험비, 비교위험도)

비노출군에 비해 노출군에서 질병에 걸릴 위험도가 얼마나 큰가를 의미

$$상대위험도 = \frac{노출군에서의\ 질병발생률}{비노출군에서의\ 질병발생률} = \frac{위험요인이\ 있는\ 해당군의\ 해당\ 질병발생률}{위험요인이\ 없는\ 해당군의\ 해당\ 질병발생률}$$

① 상대위험비 = 1인 경우, 노출과 질병 사이의 연관성 없음 의미

② 상대위험비 > 1인 경우, 위험의 증가를 의미

③ 상대위험비 < 1인 경우, 질병에 대한 방어효과가 있음을 의미

3 기여위험도(귀속위험도)

위험요인을 갖고 있는 집단의 해당 질병발생률의 크기 중 위험요인이 기여하는 부분을 추정하기 위해 사용하는 것으로, 어떤 유해요인에 노출되어 얼마만큼의 환자 수가 증가되어 있는지를 의미

$$기여위험도 = 노출군에서의\ 질병발생률 - 비노출군에서의\ 질병발생률$$

4 교차비

특성을 지닌 사람들의 수와 특성을 지니지 않은 사람들의 수와의 비

$$교차비 = \frac{환자군에서의\ 노출\ 대응비}{대조군에서의\ 노출\ 대응비}$$

핵심이론&핵심공식

핵심써머리

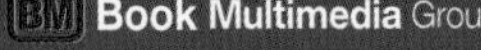

더 쉽게 더 빠르게 합격 플러스